La bible des vivaces du jardinier paresseux

Tome 1

Larry Hodgson

La bible des vivaces
du jardinier paresseux

Tome 1

 Broquet

97-B, Montée des Bouleaux,
Saint-Constant, Qc, Canada J5A 1A9,
Tél.: (450) 638-3338 Fax: (450) 638-4338
Internet: http://www.broquet.qc.ca
Courriel: info@broquet.qc.ca

Catalogage avant publication de Bibliothèque et Archives nationales du Québec et Bibliothèque et Archives Canada

Hodgson, Larry

La bible des vivaces du jardinier paresseux

(Le jardinier paresseux)
Publ. antérieurement sous le titre : Les vivaces. c1997.
L'ouvrage complet comprendra 2 v.
Comprend un index.

ISBN 978-2-89654-147-8 (v. 1)

1. Plantes vivaces. 2. Floriculture. 3. Plantes vivaces - Sélection - Québec (Province). I. Titre. II. Titre : Les vivaces. III. Collection : Hodgson, Larry. Collection Le jardinier paresseux.

SB434.H62 2011   635.9'3281   C2010-942216-3

POUR L'AIDE À LA RÉALISATION DE SON PROGRAMME ÉDITORIAL, L'ÉDITEUR REMERCIE :
le gouvernement du Canada par l'entremise du Programme d'aide au développement de l'industrie de l'édition (PADIÉ) ; la Société de développement des entreprises culturelles (SODEC) ; l'Association pour l'exportation du livre canadien (AELC), le gouvernement du Québec – Programme de crédit d'impôt pour l'édition de livres – Gestion SODEC.

Copyright © Ottawa 2011, Broquet inc.
Dépôt légal — Bibliothèque et Archives nationales du Québec
1er trimestre 2011

Éditeur : Antoine Broquet
Révision : Denis Poulet
Relecture : Diane Martin
Conception graphique de la page couverture : Brigit Levesque
Infographie : Josée Fortin, Annabelle Gauthier, Nancy Lépine
Illustrations : Claire Tourigny
Pictogrammes : Annabelle Gauthier
Photographie : page 2 : © Snehitdesign | Dreamstime.com
Illustrations : page 4-10 : © Dejan Novakov | Dreamstime.com ; pages 12, 14, 16, 18, 21, 24, 42, 54, 59, 62, 82, 83, 85, 183, 337 : © Hareluya | Dreamstime.com

ISBN : 978-2-89654-147-8

Imprimé au Canada

Tous droits de traduction totale ou partielle réservés pour tous les pays. La reproduction d'un extrait quelconque de ce livre, par quelque procédé que ce soit, tant électronique que mécanique, en particulier par photocopie, est interdite sans l'autorisation écrite des éditeurs.

Table des matières

INTRODUCTION	10
QU'EST-CE QU'UNE VIVACE ?	12
Nécessairement rustiques	14
Les zones ailleurs	14
Les zones et les vivaces	15

SECTION 1 — 16

CHAPITRE 1
COMMENT UTILISER LES VIVACES — 18

Assurer un bel effet en toute saison	18
Aménager avec les vivaces	19
Organiser les vivaces dans une plate-bande	22

CHAPITRE 2
LA PLATE-BANDE D'ENTRETIEN MINIMAL — 24

Le sol : le secret du succès	25
Une nouvelle plate-bande selon la méthode du papier journal	26
Convertir à l'entretien minimal une plate-bande établie	30
Quelques mots sur le paillis	31

CHAPITRE 3
LA CULTURE DES VIVACES — 33

Exposition	33
L'analyse de sol	34
La plantation des vivaces cultivées en pot	35
Plantation des vivaces à racines nues	38
La barrière de plantation	39
Comment composer avec la compétition racinaire	39

CHAPITRE 4
L'ENTRETIEN D'UNE PLATE-BANDE D'ENTRETIEN MINIMAL 42
L'arrosage 42
La fertilisation 46
Le tuteurage 47
La taille 48
La taille d'embellissement 49
Le nettoyage et autres travaux plus ou moins utiles 50
Le ménage automnal 50
Le ménage printanier 52
La protection hivernale 53
La division de routine 53

CHAPITRE 5
LA MULTIPLICATION 54
La division 54
Les semis 55
Les boutures de tige 57
Les boutures de racines 57
Le marcottage 58

CHAPITRE 6
LA CULTURE EN POT 59

CHAPITRE 7
MALADIES ET PARASITES 62
Insectes et autres petites bestioles 64
Mammifères 70
Maladies 74
Mauvaises herbes 81

SECTION 2 – LA BIBLE DES VIVACES 82

VIVACES VRAIMENT SANS ENTRETIEN 84

Acanthe de Hongrie	86
Aconit	88
Amsonie	95
Baptisia	100
Cœur-saignant des jardins	107
Fraxinelle	111
Hémérocalle	115
Hosta	134
Pivoine herbacée	154
Renouée polymorphe	178

VIVACES À ENTRETIEN MINIMAL 182

Alchémille	184
Astilbe	188
Aunée	200
Benoîte	205
Bergenia	213
Bétoine	220
Campanule de plate-bande	223
Centaurée	239
Digitale vivace	245
Euphorbe coussin	250
Faux lupin	253
Liatride	257
Lobélie syphilitique	261
Marguerite	265
Marshallia à grandes fleurs	274

Penstemon	275
Phlomis	285
Pigamon	288
Platycodon	299
Polémoine	303
Potentille	310
Sanguisorbe	319
Vergerette	325
Zizia	332
VIVACES À FLORAISON PROLONGÉE	**334**
Achillée	338
Agastache	353
Aster d'été	357
Astrance	363
Cœur-saignant nain	368
Coréopsis	374
Cupidone	387
Échinacée	389
Éphémère	407
Fausse-fumeterre	413
Gaillarde	416
Géranium d'été	423
Héliopside	436
Heuchère à fleurs	441
Knautie	452
Lin	455
Mauve	459
Mertensie	465
Népéta	469
Onagre ou Oenothère	480

Pavot cambrique	488
Renouée	494
Rose trémière	501
Rudbeckie	511
Sauge vivace	526
Scabieuse	537
Scrophulaire	544
Scutellaire	547
Sidalcée	550
Stokesia	554
Tanaisie	557
Trèfle rougeâtre	569
Valériane rouge	571
Véronique	574
Verveine	585
À VENIR DANS LE TOME 2	590
SOURCES	591
GLOSSAIRE	593
BIBLIOGRAPHIE	598
INDEX	600

Introduction

Il y a 13 ans, j'ai écrit un livre, *Les vivaces*, le premier de la série *Le jardinier paresseux*, que je poursuis toujours.

À l'époque, je me désolais des exagérations, des demi-vérités et des mensonges sur le jardinage qui se répétaient et qui faisaient de cette activité un passe-temps exigeant et difficile. On aurait dit qu'une minorité d'« experts » voulaient garder le jardinage pour eux seuls et s'efforçaient de décourager les non-initiés ! Pourtant, il suffit de planter dans un milieu qui lui convient un végétal adapté aux conditions du secteur et il sera presque toujours très facile à cultiver. D'où mon idée de montrer le jardinage sous son vrai jour, comme une activité facile, peu coûteuse et à la portée de tous. D'où aussi l'expression « jardinier paresseux » pour représenter les jardiniers comme moi, qui n'investissent que peu de temps dans l'entretien de leur terrain et se contentent surtout de contempler les résultats de leurs plantations.

Cette idée semble avoir touché une corde sensible. Non seulement ce premier livre s'est-il vendu à des dizaines de milliers d'exemplaires, une première dans le domaine horticole au Québec, mais subitement des centaines de milliers de jardiniers se sont découvert un point commun : eux aussi voulaient et pouvaient jardiner paresseusement.

Depuis, j'ai écrit une quinzaine de livres dans cette perspective (et je projette d'en écrire encore plusieurs dizaines d'autres si je vis assez longtemps), en répandant la bonne nouvelle que le jardinage peut être facile aussi pour les annuelles, les bulbes rustiques, les arbustes et à peu près tout ce qui se cultive.

Cependant, le premier titre de la série, *Les vivaces*, est devenu désuet, notamment parce que les vivaces ont évolué depuis 13 ans. Il y a une foule de nouvelles espèces qui n'étaient pas connues à l'époque, mais qui se sont taillé une place importante

Photos: www.jardinierparesseux.com

sur le marché dans les dernières années. Qui avait entendu parler de la renouée polymorphe, *Persicaria polymorpha*, par exemple, actuellement ma vivace préférée ? De plus, de nombreux nouveaux cultivars de plantes qu'on connaissait déjà ont été lancés, certains de véritables boute-en-train, comme la toujours en fleurs marguerite 'Becky' (*Leucanthemum x superbum* 'Becky') et le non moins florifère géranium Rozanne™ (*Geranium* 'Gerwat'). Il y a eu aussi des changements de nom chez les vivaces déjà sur le marché (le chrysanthème notamment, appelé *Dendranthema* pendant 20 ans, est redevenu un *Chrysanthemum*). Enfin, mes propres connaissances des vivaces et ma compréhension de ces plantes se sont grandement améliorées avec le temps. Je plante annuellement plus de 200 nouvelles vivaces (parfois plus de 400) et vous pouvez imaginer que j'ai hâte de vous faire profiter des résultats de mes expériences.

D'où ce nouveau livre, la *Bible des vivaces,* où vous trouverez des renseignements sur plus de deux fois plus de vivaces que dans le premier volume : de nouveaux genres, de nouvelles espèces, de nouveaux cultivars. Toutes les plantes décrites conviennent bien à un climat tempéré froid, car le livre a été conçu principalement pour le marché du Québec et des provinces avoisinantes. Les lecteurs européens trouveront peut-être qu'il manque des renseignements sur certaines vivaces utilisées couramment sur leur continent, mais comme ces dernières ne se cultivent au Canada que comme fleurs annuelles ou plantes d'intérieur, je les ai exclues de ce livre.

Bonne lecture !

Larry Hodgson

Qu'est-ce qu'une vivace ?

Puisque ce livre traite des plantes vivaces, aussi bien en donner une définition pour commencer. La réponse, toutefois, n'est pas aussi évidente que l'on pourrait s'y attendre. D'abord, d'un point de vue purement botanique, toute plante pérenne, c'est-à-dire qui revient d'année en année, est vivace, et ce, par rapport à une plante annuelle qui ne vit qu'un an ou une plante bisannuelle qui complète son cycle vital en deux ans. Un érable, un nymphéa et un pissenlit sont donc tous trois des vivaces, botaniquement parlant.

Cependant, pour l'horticulteur, la définition est légèrement différente. On dit généralement qu'une vivace est une plante herbacée, donc non ligneuse (sans bois), dont la souche persiste pendant plusieurs années. Par contre, en pratique, on a élargi la définition pour incorporer certaines plantes ligneuses, surtout celles qui sont très basses (thym laineux, pervenche, etc.), de même que certains sous-arbrisseaux qui ont une souche et parfois des branches ligneuses, mais qui dégénèrent presque jusqu'au sol tous les ans (sauge russe, hibiscus vivace). C'est cette définition (plutôt vague, certes, mais qui colle très bien aux habitudes des jardiniers) que nous utiliserons. Autrement dit, si une plante est généralement considérée comme une vivace par les horticulteurs, c'est ainsi que je la traiterai dans ce livre.

En outre, même si, par définition, une vivace vit plusieurs années, cela ne veut pas dire qu'elle est éternelle. Certaines vivaces ont une longévité à peine plus grande qu'une bisannuelle, soit deux ou trois ans, tandis que d'autres vivent plus longtemps qu'un être humain. De toute évidence, les premières sont moins intéressantes pour le jardinier paresseux que les secondes. La plupart des vivaces ont cependant une durée de vie moyenne se situant entre six et quinze ans. Il ne faut donc pas se surprendre si une plante préférée, depuis longtemps établie dans votre plate-bande, commence peu à peu à dépérir, ou encore se dégrade rapidement à la suite d'un soubresaut inhabituel du climat. Elle est tout simplement rendue à la fin de sa vie. Pour maintenir une vivace particulièrement intéressante, il est donc toujours sage de faire une certaine multiplication.

Même si les bulbes, les grimpantes herbacées, les fougères et les graminées sont de véritables vivaces dans plusieurs sens du terme, vous remarquerez peut-être qu'ils sont exclus de cet ouvrage. L'usage veut qu'on traite ces plantes indépendamment des autres. Or, qui suis-je pour vouloir contrer les habitudes de plusieurs générations de jardiniers ? J'aborderai ces plantes dans d'autres livres de cette collection.

QU'EST-CE QU'UNE VIVACE ?

Carte des zones pour le Québec et les provinces limitrophes

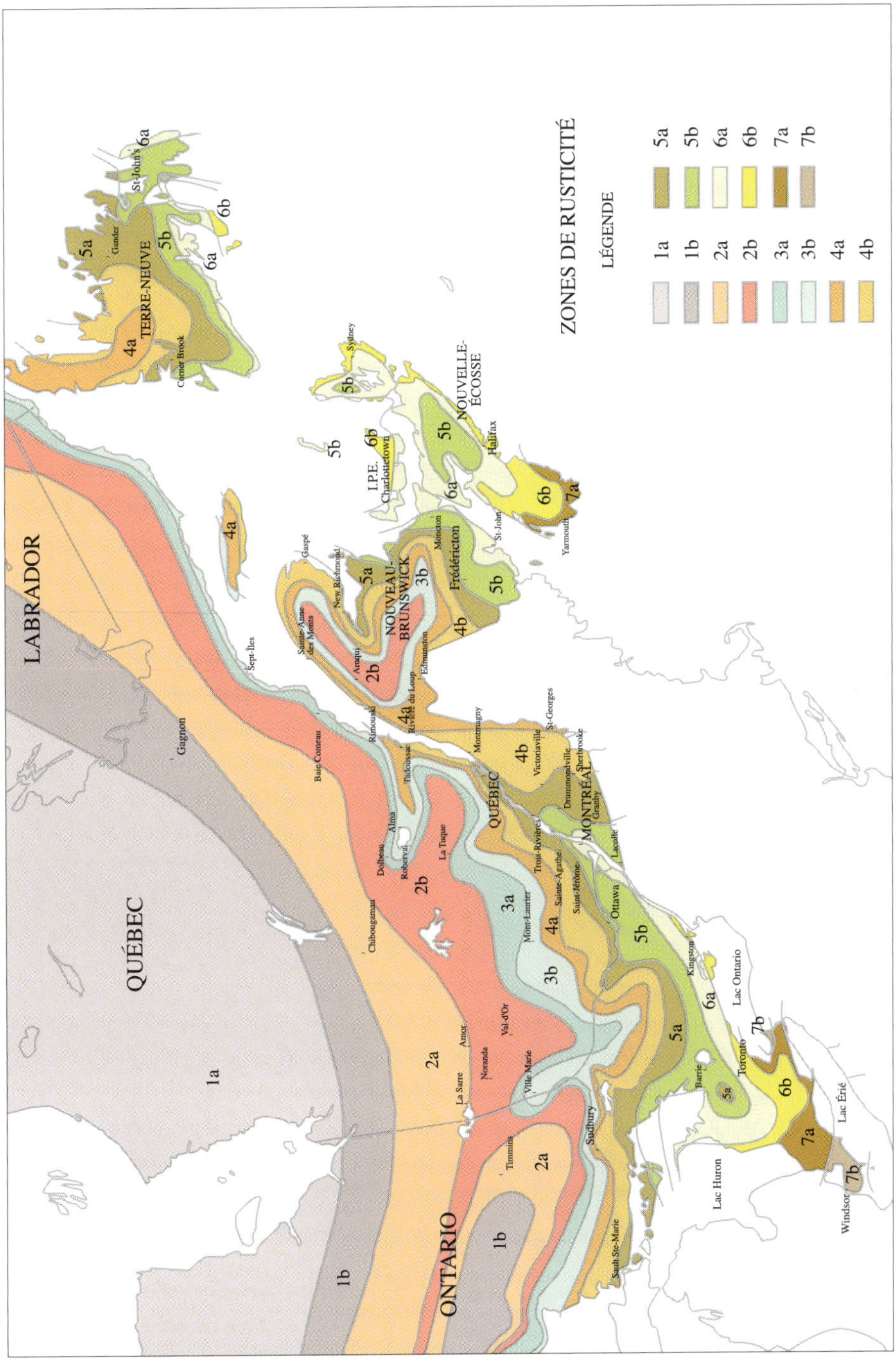

ZONES DE RUSTICITÉ
LÉGENDE

- 5a
- 5b
- 6a
- 6b
- 7a
- 7b
- 1a
- 1b
- 2a
- 2b
- 3a
- 3b
- 4a
- 4b

Nécessairement rustiques

Il manque un élément essentiel à notre définition initiale : il faut ajouter le qualificatif « rustique » au mot « vivace » si l'on veut être bien clair. Une violette africaine (*Saintpaulia ionantha*) est une vivace... dans son Afrique natale, mais au Canada, elle se comporte comme une annuelle : elle meurt à la fin de la première saison si l'on a osé la planter à l'extérieur. Toute vivace présentée dans ce livre se doit d'être *rustique*, c'est-à-dire capable de survivre au froid hivernal. Et voilà que les choses se corsent. En effet, de quel froid parlons-nous ? À Montréal, dans le sud du Québec, -25 °C c'est froid ; à Ivujivik, à l'extrémité nord de la province, à -25 °C on se met en tenue estivale !

C'est pourquoi les jardiniers canadiens se réfèrent à des « zones de rusticité ». Ces zones vont du plus froid au plus chaud, de 0 pour Ivujivik à 5 pour Montréal ; Cancun au Mexique est dans la zone 10. Pour améliorer l'exactitude de notre carte, on peut diviser les zones en deux parties : « a » pour la partie la plus froide de la zone, et « b » pour la partie la plus chaude. Ainsi, Montréal est en zone 5b, qui représente la partie la plus chaude de la province.

C'est Agriculture Canada qui a mis au point la carte des zones de rusticité que vous voyez à la page 13. Ces zones sont principalement basées sur la température minimale dans une région donnée, mais aussi sur d'autres facteurs qui affectent la résistance au froid des plantes, comme la couverture de neige. Il vaut la peine de localiser votre municipalité sur la carte et de connaître votre zone de rusticité par cœur.

La zone de rusticité indiquée pour les vivaces dans ce livre – et généralement aussi en pépinière – correspond à la zone de rusticité la plus froide que la plante peut tolérer sans protection. À titre d'exemple, la pivoine commune (*Paeonia lactiflora*) est cotée 3. Autrement dit, cette plante peut survivre à l'hiver en zone 3 (au Saguenay, par exemple) et *dans toute zone dont le nombre est supérieur*. Selon l'usage au Canada, il suffit en effet de n'indiquer que la zone minimale où la plante peut pousser ; il n'est pas indispensable de préciser « zones 3 à 8 ». Par la zone donnée, ici 3, on sous-entend « et toute zone au nombre supérieur ».

Ces zones de rusticité ne sont pas parfaites. Souvent on peut cultiver une plante au-delà de sa zone. Ainsi, si l'on profite toujours d'une bonne couche de neige en zone 3, une vivace de zone 4 va peut-être s'y plaire. Par contre, comme les hivers se suivent et ne se ressemblent pas – un hiver sans neige n'est pas impossible même dans les régions où il y en a d'habitude beaucoup –, il vaut mieux ne choisir que des plantes de votre zone de rusticité ou de toute zone inférieure. Si vous résidez en zone 3, vous pourriez choisir des vivaces de zone 1, 2 ou 3. Si vous résidez en zone 5, des vivaces de zone 1, 2, 3, 4 ou 5.

Choisir des vivaces suffisamment rustiques pour le lieu où vous allez les planter est une condition de base pour le jardinier paresseux, car les vivaces qui meurent doivent être remplacées et c'est du travail. Or, comme les vivaces suffisamment rustiques risquent moins de mourir que les vivaces peu rustiques, elles demandent tout naturellement moins de travail.

Les zones ailleurs

Sachez aussi que les systèmes des zones de rusticité varient entre le Canada et les États-Unis. Le système américain, basé sur l'échelle de température Fahrenheit, est décalé d'environ une zone par rapport au système canadien. Ainsi, une plante de zone 5 achetée d'un fournisseur américain serait plus ou moins de zone canadienne 6. Il faut donc être prudent quand on fait venir des plantes des États-Unis ou si des plantes produites dans ce pays sont vendues au Canada avec leur étiquette d'origine.

Notez que les jardiniers européens, dont le climat est beaucoup plus tempéré que le climat nord-américain, n'utilisent pas du tout les zones, ou le font très rarement. Imaginez : presque toute la France se trouve dans la zone 8 alors que, au Québec, on peut changer de deux zones en deux ou trois heures de route !

Les zones et les vivaces

Le grand défaut des zones de rusticité en matière de vivaces est que, contrairement aux arbres et aux arbustes où il y a souvent des essais de rusticité très poussés, presque aucune véritable recherche n'a été effectuée sur la rusticité des vivaces. L'information zonale que nous utilisons est donc presque toujours anecdotique. Ainsi, quand une nouvelle « vivace rustique » arrive sur le marché, le marchand fournisseur, souvent de la zone 5, lui accorde généralement une zone 5, car la plante s'est montrée résistante au froid dans ses conditions. Or, beaucoup de jardiniers prennent cette information pour de l'or en barre et sous-estiment nettement la zone de rusticité pour beaucoup de vivaces. Le contraire se produit aussi : le jardinier X a réussi avec une nouvelle vivace en zone 3 et, subitement, elle devient une « vivace de zone 3 », même si la plante n'a survécu qu'à un hiver particulièrement doux ou s'il l'avait plantée avec un maximum de protection.

Il n'en reste pas moins qu'il est très important d'avoir une idée de la zone de rusticité des vivaces que l'on cultive. J'accorde donc une attention particulière à cet élément dans les descriptions de ce livre, même si la source de mes informations est plutôt empirique.

© Teresa Kenney | Dreamstime.com

Section 1

Photos: Josée Fortin

Chapitre 1	▸ Comment utiliser les vivaces	18
Chapitre 2	▸ La plate-bande d'entretien minimal	24
Chapitre 3	▸ La culture des vivaces	33
Chapitre 4	▸ L'entretien d'une plate-bande d'entretien minimal	42
Chapitre 5	▸ La multiplication	54
Chapitre 6	▸ La culture en pot	59
Chapitre 7	▸ Maladies et parasites	62

Chapitre 1

Comment utiliser les vivaces

Assurer un **bel effet** en toute saison

On dit souvent, et non sans raison, une « fleur vivace ». C'est que la majorité des vivaces nous épatent avec leur floraison colorée et, parfois aussi, parfumée. Mais si les vivaces sont des compagnes de longue durée, car elles reviennent fidèlement pendant nombre d'années, on ne peut pas dire que la durée de leur floraison est si intéressante. La plupart des vivaces fleurissent pendant deux ou trois semaines, puis elles cèdent la vedette à d'autres. Il existe bien des vivaces à floraison prolongée (6 semaines ou plus, parfois même 10 ou 12), mais ce sont des exceptions plutôt que la règle.

La façon habituelle d'utiliser les vivaces consiste donc à les mélanger selon leur période d'intérêt afin d'avoir quelque chose en fleurs en tout temps. Il y a en effet des vivaces qui fleurissent au printemps, et d'autres au début de l'été, au milieu de l'été, à la fin de l'été ou à l'automne. Avec un savant mélange de vivaces, il est donc possible d'obtenir une floraison constante.

Cela dit, il demeure intéressant de mélanger les vivaces avec d'autres plantes à fleurs : annuelles, bisannuelles, bulbes, graminées, etc. Les bulbes, notamment, assurent une floraison tôt au printemps quand la majorité des vivaces sont encore en dormance ; on peut donc les utiliser en abondance dans les jardins de vivaces.

Il ne faut pas non plus sous-estimer la valeur d'un beau feuillage. Rares sont les vivaces à feuillage persistant, mais celles qui existent (pachysandres, épimèdes, yuccas, hellébores, etc.) ajoutent de la couleur à l'aménagement durant toute l'année. Et certaines vivaces à feuillage saisonnier sont cultivées presque uniquement pour leur beau feuillage : les hostas (*Hosta*), par exemple, ou les heuchères (*Heuchera*). De telles plantes aident aussi à compenser l'irrégularité de floraison de leurs consœurs.

Une plate-bande de vivaces n'est pas complètement fleurie en tout temps. Les floraisons, se succédant, assurent un bel effet en toute saison.

CHAPITRE 1 ▶ COMMENT UTILISER LES VIVACES

Aménager avec les vivaces

Les vivaces sont principalement utilisées dans les jardins de fleurs que nous appelons « plates-bandes », car, à l'origine, ces jardins étaient longs et étroits, donc en bandes. Elles sont plantées soit au milieu d'autres plantes, selon la tradition de la plate-bande mixte ou à l'anglaise, ce qui est le procédé le plus courant, soit dans des groupes uniformes appelés alors « massifs ». On les emploie également dans des jardins étagés, composés de roches, appelés rocailles. On les utilise pour créer des tapis de verdure sous des arbres ou dans des pentes ; on les appelle alors souvent « couvre-sols ». On peut même faire des gazons avec ces couvre-sols dans des endroits peu passants, donc là où on n'a pas l'intention d'organiser des matchs de football !

On utilise parfois les vivaces dans un pré fleuri. Il s'agit, si l'on veut, d'un « champ » embelli où l'on établit des annuelles, des bisannuelles et des vivaces, en plus des graminées habituelles, de façon à créer une prairie beaucoup plus fleurie qu'un pré ordinaire. Ordinairement on choisit dans ce but surtout des vivaces aux fleurs simples et d'allure « sauvage ». Souvent ces vivaces proviennent de sacs de semences spécifiquement préparées pour les prés fleuris.

Les vivaces à feuillage attrayant, comme ces hostas (*Hosta*), n'ont pas besoin de fleurs pour susciter l'intérêt.

Là où les vivaces nous laissent un peu tomber, c'est dans leur faible hauteur. Oui, il y a quelques vivaces de grande taille, mais peu dépassent 3 m. C'est réellement très peu quand on les compare aux arbres, aux conifères, aux grimpantes et même aux arbustes. Leur effet hivernal est aussi presque toujours faible. Les vivaces à feuillage persistant mentionnées à la page précédente offrent quand même de la couleur – tant qu'elles ne sont pas couvertes de neige –, mais presque sans exception leurs feuilles sont de très faible hauteur, le plus souvent collées au sol. Certaines vivaces à feuilles caduques ont des tiges florales qui, séchant sur place, offrent un certain attrait durant l'hiver, mais rien qui puisse se comparer aux arbres avec leur tronc et leurs branches exposés, aux arbustes souvent à écorce décorative ou ornés de fruits, ou aux conifères toujours de vert vêtus. Comme une plate-bande composée uniquement de vivaces et d'autres plantes herbacées est plutôt sans intérêt durant l'hiver, il est toujours bien avisé d'ajouter quelques arbustes ou conifères à une plate-bande ou à une rocaille pour l'intérêt hivernal.

Plate-bande à l'anglaise

Comment installer un pré fleuri

Un pré fleuri n'est pas du tout comme une plate-bande, car rien n'y est organisé (du moins, pas de façon évidente). C'est un joyeux mélange de fleurs et de graminées apparemment tout à fait naturel, mais, en fait, planté et maintenu par le jardinier. Il convient aux grands espaces ensoleillés, probablement un champ déjà un peu fleuri qu'on voudrait fleurir davantage. Comme son installation est radicalement différente de celle d'une plate-bande, regardons d'un peu plus près comment le préparer.

Trop de jardiniers essaient de faire des prés fleuris avec des semences de fleurs annuelles. Leur succès sera de courte durée. Car, même si les annuelles proposées pour les prés fleuris sont censées se ressemer après la première année, peu le font sous notre climat. Graminées et mauvaises herbes vivaces finissent plutôt par dominer le pré, laissant peu de place aux annuelles pour germer et pousser. Après une première année pendant laquelle les fleurs sont nombreuses et l'effet des plus réussis, la floraison diminue de saison en saison, jusqu'à ce que le « pré fleuri » redevienne un champ comme tout autre. Le secret est d'acheter un mélange composé d'au moins 50 % de fleurs vivaces. Les vivaces ne fleuriront pas la première année, mais elles seront au rendez-vous dès la deuxième année et les années suivantes, et assureront une floraison pendant longtemps.

Contrairement à un pré fleuri d'annuelles, qu'on sème de préférence au printemps, semez votre pré fleuri de vivaces à l'automne, car beaucoup de semences de vivaces ne germent que si elles sont exposées à un hiver froid. Hersez le secteur en septembre ou octobre et semez à la volée de grandes quantités de graines de fleurs sauvages annuelles et vivaces. Dans le sol récemment retourné, les graines trouveront facilement leur place pour germer. La première année, le pré sera dominé par les annuelles; la deuxième et les années suivantes, par les vivaces et les graminées.

Il est important de faucher le pré annuellement, de préférence à l'automne, en laissant les tiges et les feuilles coupées au sol afin qu'elles se décomposent et enrichissent le sol. (Dans la nature, de tels prés brûlent tous les deux ou trois ans, mais on peut difficilement se permettre de tels brûlis dans les zones résidentielles.) Si l'on ne fauche pas, des arbres et arbustes s'installeront avec une rapidité surprenante et le pré deviendra plutôt une forêt.

Au cours des années subséquentes, vous pouvez ajouter, dans les espaces moins fleuris, des plants de quelques vivaces difficiles à semer, mais qui, par leur port, leur ténacité, leur résistance aux intempéries et leur capacité de se propager, conviennent à un pré fleuri.

Notez que le pré fleuri évoluera peu à peu vers un écosystème bien adapté aux conditions locales. Certaines plantes peu adaptées disparaîtront, alors que des plantes indigènes, absentes du mélange d'origine, s'installeront d'elles-mêmes. Même les plantes qui sont des mauvaises herbes ailleurs, comme le chardon du Canada (*Cirsium arvense*), paraissent tout à fait à leur place dans un pré fleuri.

Un pré fleuri

La plate-bande à l'anglaise, où vivaces, bulbes, bisannuelles et arbustes se mélangent, est le type de jardin le plus populaire au Canada.

Les grandes vivaces, comme ces barbes de bouc (*Aruncus dioicus*), font d'excellentes haies.

Il est surprenant de constater que les vivaces sont peu souvent utilisées en haies ou en écrans dans nos aménagements. Pourtant, les grandes vivaces se prêtent parfaitement à cet usage. D'accord, elles ne cachent pas les vues désagréables durant l'hiver (à cette fin, il n'y a vraiment que les conifères et les arbustes qui pourront vous aider), mais très souvent, au contraire, on veut ouvrir la perspective l'hiver, quand on admire le paysage d'une fenêtre plutôt que du terrain. C'est l'été qu'on veut souligner des lignes et créer de l'intimité, et dans ce cas les vivaces, qui disparaissent à l'automne et réapparaissent à la fin du printemps, créent une haie parfaite. De plus, là où les haies de conifères et d'arbustes établies près des routes sont souvent brisées par la neige lancée par les souffleuses ou abîmées par le sel de déglaçage, une haie de vivaces ne sera pas dérangée, car les plantes restent bien cachées sous le sol l'hiver, à l'abri des souffleuses et même du calcium. Dans ce dernier cas, le dommage est surtout causé par les embruns salés qui se fixent sur les végétaux exposés et brûlent leurs bourgeons en dormance. Or, ceux des vivaces sont sous le sol. Il suffit de bien arroser au printemps, si la pluie n'a pas déjà fait le travail, pour diluer le sel et le chasser de la zone des racines par percolation. Parmi les vivaces qui conviennent aux haies estivales, il y a l'amsonie, la barbe de bouc, le phlox des jardins, les eupatoires, les grandes hémérocalles, la persicaire polymorphe et les pivoines. Et planter une haie est si simple : il suffit de planter la vivace choisie selon son espacement habituel mais en ligne droite.

Va pour l'utilisation des vivaces en pleine terre. Il est moins évident de les utiliser en contenant, et pour deux raisons plutôt qu'une sous notre climat. D'abord, beaucoup de variétés sont trop grosses pour un tel usage. Surtout, les vivaces ont rarement une floraison assez soutenue pour être très intéressantes en pot, contrairement aux annuelles dont plusieurs fleurissent tout l'été. Comme les plantes en pot sont nécessairement en vedette, pourquoi mettre en vedette des plantes qui ne sont pas belles ? L'exception, ce sont les vivaces qui sont surtout cultivées pour leur feuillage attrayant, car leurs feuilles sont belles toute la saison, ainsi que les vivaces alpines, de toutes petites plantes avec lesquelles on peut composer des paysages miniatures et dont le feuillage prime souvent la floraison. On peut cultiver ces « exceptions » dans des jardinières (boîtes à fleurs), des bacs, des paniers ou des auges en pierre (ce dernier contenant est surtout populaire dans la création de paysages miniatures de plantes alpines). Pour la culture des vivaces en pot, voir page 59.

Organiser les vivaces dans une plate-bande

Il peut être utile, avant de planter des vivaces, de les placer sur le sol, encore dans leur pot, selon l'espacement recommandé. Ainsi, avec un peu, voire beaucoup d'imagination, on peut en prévoir l'effet. Néanmoins, même les experts déplacent souvent des vivaces les premières années d'une nouvelle plate-bande, question de créer un effet réellement réussi.

CHAPITRE 1 ▶ COMMENT UTILISER LES VIVACES

Avant de planter, placez les vivaces sur le sol et imaginez l'effet qu'elles auront.

Certains éléments de l'aménagement d'une plate-bande vont de soi. Si, par exemple, la plate-bande est appuyée contre un mur, une clôture ou une haie, on placera les plantes les plus basses à l'avant, les plantes de hauteur moyenne au centre et les plantes hautes vers l'arrière. Si la plate-bande est visible de deux côtés, les plantes hautes iront au centre, les moyennes autour et les plus basses en bordure.

Placez les vivaces basses à l'avant-plan, les vivaces de hauteur moyenne au milieu et les grandes vivaces à l'arrière-plan.

À l'intérieur d'un aménagement, il faut prévoir l'effet que les vivaces auront après la plantation. Si vous prévoyez une plate-bande mixte, sans doute que vous voudrez planter vos vivaces par petits groupes, c'est-à-dire par « taches de couleur ». Selon la largeur de la plate-bande, cela veut dire de 5 à 10 petites vivaces par groupe ou de 3 à 5 de taille moyenne. Seules les plus grandes vivaces, comme la persicaire polymorphe (*Persicaria polymorpha*), ont assez de prestance pour former en soi une tache de couleur.

Pour assurer un bel effet, plantez par taches de couleur.

Maintenant, répétez les taches. Le secret de l'harmonie dans un aménagement est tout simplement la répétition des plantes. L'œil *adore* la répétition. Si vous avez une « tache » de *Phlox paniculata* 'David' à droite, placez-en une autre à gauche et peut-être une autre près du centre (n'essayez pas d'obtenir une symétrie parfaite dans un jardin mixte, car il aurait un air trop figé). Faites la même chose avec une autre vivace, puis encore une autre, quatre taches de l'une, trois d'une autre, sept encore d'une autre, etc. N'oubliez pas, en choisissant des vivaces, de vous procurer des plantes pour toute la belle saison, du printemps à l'automne.

Si, au contraire, vous désirez un massif de vivaces ou une bande de la même vivace en bordure, plantez en quinconce plutôt qu'en grille (pour un massif) ou en ligne (pour une bordure). Cela donne une meilleure densité et élimine l'effet de « rang d'oignons » qu'on voit trop souvent.

Chapitre 2

La plate-bande d'entretien minimal

Dans la plate-bande d'entretien minimal, les plantes sont au service du jardinier, pas le contraire.

Le but de ce chapitre est de vous lancer sur la bonne piste, de vous montrer comment obtenir une plate-bande de vivaces qui n'a presque pas besoin d'entretien. Qu'est-ce que je veux dire par entretien minimal ? J'entends par là *aucun* entretien régulier, presque pas de désherbage, très peu d'arrosage et seulement un minimum de nettoyage. Pour une plate-bande « moyenne » d'environ 10 m x 1,5 m, cela signifie environ deux heures d'efforts par année une fois que la plate-bande est établie. C'est réellement très peu.

Le concept d'une plate-bande d'entretien minimal repose sur six facteurs :
- une terre de qualité qui se draine bien ;
- l'élimination préalable des mauvaises herbes ;
- un espacement serré qui ne laisse aucun espace vide de végétation ;
- l'utilisation d'un abondant paillis décomposable ;
- l'emploi d'un tuyau suintant pour l'irrigation (facultatif, selon les conditions) ;
- un ménage minimal au printemps.

La méthode préconise l'élimination de deux techniques traditionnelles qui sont considérées comme nuisibles aux sols et aux plantes :
- le sarclage ;
- le ménage automnal.

Dans le fond, la plate-bande d'entretien minimal imite ce qui se fait dans la nature. Personne ne passe avec un motoculteur ou une binette dans la nature pour retourner le sol tous les printemps comme le font encore beaucoup de jardiniers. Ce n'est pas non plus très écologique, car c'est une cause importante d'érosion et les micro-organismes dans le sol sont détruits Et que de travail ! On laissera plutôt les « déchets » (feuilles et tiges mortes principalement) s'accumuler à la surface du sol et se décomposer peu à peu. Dans la nature, les vers de terre, les insectes et les micro-organismes font descendre les particules décomposées dans le sol et l'enrichissent. Dans une plate-bande d'entretien minimal, on fait la même chose : on arrête de retourner le sol, on dépose de la matière organique (le paillis, les feuilles mortes et les autres déchets) en surface et on laisse les petites bestioles du sol s'occuper d'en distribuer les richesses.

> **Qu'est-ce que le pH ?**
>
> Le pH est une mesure de l'acidité/alcalinité du sol. Un sol au pH de 7 est neutre, alors qu'un pH de moins de 7 est acide et de plus de 7, alcalin.

Le sol : le secret du succès

On peut cultiver des vivaces dans n'importe quelle terre et obtenir des résultats quelconques. Peu importe votre type de sol et les conditions qui y règnent, il y a toujours quelques vivaces qui y réussiront. Mais si vous voulez cultiver une vaste gamme de vivaces, il vaut la peine d'améliorer le sol. En effet, si certaines vivaces tolèrent des conditions extrêmes – sol très sec, sol pauvre en minéraux, sol très acide, sol calcaire, etc. –, la plupart pousseront avec plus de vigueur dans un sol riche en matière organique, bien drainé, légèrement acide (pH d'environ 6 à 7) et toujours un peu humide. Une telle situation réunit le maximum de conditions gagnantes pour le succès des vivaces et vous pourrez cultiver alors presque n'importe quelle espèce.

Malheureusement, l'état des sols de nos terrains est souvent lamentable. C'est que, au moment de la construction, les entrepreneurs prélèvent la bonne terre qui était en surface (la terre dite arable) et la vendent, ou encore l'enterrent sous les résidus de construction, et vous laissent avec une terre de sous-sol, soit souvent des roches, de la glaise ou du sable. La terre arable d'origine était peut-être très proche de l'idéal pour les vivaces, mais le sous-sol n'est pas du tout intéressant.

On a dit à des générations de jardiniers que la meilleure façon d'améliorer un sol de piètre qualité était d'y mélanger beaucoup de matière organique. Celle-ci (compost, tourbe, fumier, etc.) améliore la situation de plusieurs manières. D'abord, elle ajoute des minéraux au sol, qu'elle libérera lentement au cours de sa décomposition, mais surtout elle améliore sa structure.

Les sols glaiseux (argileux) sont souvent très riches en minéraux, mais sont composés de particules très fines qui se tassent les unes contre les autres. C'est ce qui les rend si durs et si impénétrables, et qui les laisse détrempés longtemps au printemps, car ils se drainent mal ; ils sont par ailleurs difficiles à mouiller une fois qu'ils sont secs, car l'eau a peine à y pénétrer. Il y a aussi très peu d'oxygène dans un sol glaiseux, car il y a peu d'espace entre les particules où l'air peut circuler. Or, la majorité des vivaces apprécient une bonne circulation d'air dans leurs racines. Une fois mélangée à la glaise, la matière organique brise la forte

Pendant la construction d'une maison, l'entrepreneur enlève la terre arable ou l'enterre sous une bonne couche de sous-sol impropre à la culture. Il faut payer pour la récupérer.

cohésion des particules, en laissant pénétrer l'eau et l'air. Par contre, mélanger de la matière organique avec de la glaise, quel labeur de misère! La glaise est en effet une terre lourde, et quand on retourne une terre glaiseuse, elle reste en mottes plutôt que de se défaire.

Curieusement, la matière organique aide aussi à corriger les sols sablonneux, pourtant tout le contraire des sols glaiseux. Plutôt que d'être durs et difficilement perméables, ces sols sont légers, faciles à creuser, et l'eau s'y draine comme à travers une passoire. Par contre, alors que les sols argileux sont souvent riches, les sols sablonneux sont généralement très pauvres, car ils sont constamment lessivés par la pluie. La matière organique agit alors comme une éponge en aidant le sol à retenir l'eau qui passe pour la libérer peu à peu, ce qui rend le sol plus « humide ». Et elle apporte aussi des minéraux à ces sols, ce qui les rend plus riches.

Labourer le sol demande beaucoup d'efforts et donne des résultats très peu durables. Tout est à recommencer après seulement quelques années!

Jusqu'ici, tout paraît facile : il suffit d'ajouter de la matière organique à tout sol et sa qualité s'améliorera. C'est très vrai, sauf que… l'effet ne dure pas. La matière organique est faite pour se décomposer et disparaît assez rapidement. Ainsi la terre retourne à ses origines : une terre de sous-sol exécrable qu'il faut améliorer encore et encore, ce qui n'est pas du tout pratique – et souvent même impossible – dans une plate-bande occupée par des plantes permanentes comme les vivaces.

C'est pourquoi je déconseille le labourage dans un jardin ornemental. Pas de labourage, pas de sarclage, pas de binage : selon mon expérience, moins on retourne la terre, meilleurs sont les résultats! Non seulement ne pas retourner la terre donne moins de travail (et comment!), mais en retournant la terre, on détruit sa structure et on élimine en grande partie les micro-organismes nécessaires à la bonne croissance des plantes. Ainsi je suggère, plutôt que de retourner la terre encore et encore dans un effort désespéré pour maintenir sa qualité, de remettre en place la couche arable disparue et de ne plus y toucher.

Une nouvelle plate-bande selon la méthode du papier journal

Quand vous préparez une nouvelle plate-bande ou que vous en réaménagez une ancienne à partir de zéro, il n'est pas nécessaire de retourner la terre en profondeur selon la tradition, une corvée aussi dure pour les mains que pour le dos. Ajoutez tout simplement une bonne couche de terre en surface. Après tout, il y a de la « bonne terre » en vente presque partout, grâce à la construction domiciliaire. Il suffit de l'utiliser. Et voici comment procéder.

Quelques semaines avant de préparer la plate-bande, commencez à accumuler du papier journal (du carton non ciré peut aussi convenir). Si vous tenez à « acheter » (il y a des gens qui aiment mieux dépenser que recycler), il existe des rouleaux de carton servant à

CHAPITRE 2 ▸ LA PLATE-BANDE D'ENTRETIEN MINIMAL

Commencez par recouvrir le sol d'une barrière de papier journal humide, en veillant à ce que les feuilles se chevauchent.

cette fin. Mais il me semble que recycler écologiquement du papier journal ou du carton dans votre aménagement est si facile à faire. Commandez aussi de la terre ; il est plus économique de l'acheter en vrac qu'en sacs. Évitez comme la peste la « terre noire », qui est une terre de troisième qualité, très acide et très pauvre ; vous voulez une terre de jardin... et une terre de qualité. Il faut insister auprès du fournisseur pour avoir de la terre libre de mauvaises herbes. La méthode que je vous propose permet d'éliminer automatiquement et sans peine les mauvaises herbes déjà présentes : pourquoi payer pour en acheter d'autres ? Efforcez-vous de dénicher cette terre riche et meuble : elle existe sur le marché, mais il faut insister pour l'obtenir.

Maintenant, devez-vous mélanger du compost, de l'engrais, du fumier à cette terre fraîchement achetée ? Vous pouvez le faire si vous voulez, mais si vous avez acheté de la terre de qualité, ces ajouts ne seront pas nécessaires, car une bonne terre est à la fois riche et meuble, et n'a pas besoin d'être enrichie.

Contrairement aux autres méthodes utilisées pour faire une nouvelle plate-bande, il n'est pas nécessaire d'enlever le gazon ou les autres plantations déjà sur place. Le papier journal (ou le carton) les étouffera. Par contre, s'il y a de grandes plantes, vous pouvez les faucher ou les tondre, et laisser leurs tiges sur place.

Quand la terre a été livrée, posez un seau près de l'emplacement et placez-y le papier journal, puis remplissez le seau d'eau. C'est que le papier journal sec tend à partir au vent ; le papier mouillé se moulera au sol et ne bougera pas même pendant la pire tempête. Maintenant, recouvrez toute la surface de la future plate-bande de 7 à 10 feuilles de papier. Les feuilles doivent bien se chevaucher et bien recouvrir les coins pour créer une barrière complète. Si par mégarde vous percez le papier avec un outil ou avec le pied, recouvrez la section découverte d'autres feuilles de papier journal : la barrière doit être intacte pour être efficace. En fait, vous êtes en train d'installer une barrière temporaire entre les plantes déjà là, qu'on peut désormais appeler « mauvaises herbes » puisqu'on ne les veut plus, et les vivaces qui vont être plantées. Le papier journal, plus le poids de la terre, empêchera les mauvaises herbes d'avoir accès à la lumière. Et une plante sans lumière est une plante morte.

Maintenant, déposez 20 cm de terre à jardin sur le papier journal. C'est suffisant pour commencer une plate-bande et faire les premières plantations. Plus de 20 cm et vous risquez de nuire aux racines des arbres ou des arbustes déjà présents dans le secteur. S'il n'y a pas d'arbres, de conifères ou d'arbres dans le secteur, vous pouvez étendre 30 cm de terre ou même plus. Mais 20 cm constitue déjà une excellente couche arable.

Déposez 20 cm de bonne terre sur la barrière de papier journal.

CHAPITRE 2 ▶ LA PLATE-BANDE D'ENTRETIEN MINIMAL

Après la plantation, recouvrez le sol d'une couche de paillis.

Vous pouvez commencer les plantations immédiatement après (voir la méthode à la page 35). C'est à cette étape aussi que l'on installe le tuyau suintant (voir page 45), si besoin est. Quand les plantations sont terminées, recouvrez le sol de 7 à 10 cm de paillis décomposable, comme des feuilles déchiquetées, du bois raméal fragmenté, des écailles de cacao ou de sarrasin, etc. Évitez les paillis d'écorce de conifère (paillis de cèdre, paillis de pruche, etc.), plus esthétiques peut-être, mais qui ne stimulent pas la croissance des plantes. Vous voulez un paillis qui enrichira le sol plutôt que de l'appauvrir. Le paillis sert à plusieurs fins (voir page 32), mais sa fonction la plus importante ici est d'empêcher les graines de mauvaises herbes apportées par le vent, les animaux, les outils ou autres de germer. Les graines ne peuvent pas germer *sur* un paillis, et même si elles s'y infiltrent,

BIEN BORDER LA PLATE-BANDE

Devoir fréquemment recouper la bordure d'une plate-bande pour empêcher l'envahissement des graminées de gazon et autres mauvaises herbes est une tâche dont le jardinier paresseux peut facilement se passer.

Une étape supplémentaire s'impose dans l'installation d'une plate-bande selon la méthode du papier journal : il faut installer une bordure de gazon. On a beau étouffer les plantes traçantes indésirables, soit les variétés qui s'étendent par stolons et rhizomes rampants (prêle, chiendent, muguet, vesce jargeau, herbe-aux-goutteux, etc.), dans la nouvelle plate-bande avec du papier journal, mais si elles résident juste à côté dans une pelouse ou un secteur en friche, elles viendront rapidement reprendre leur place. D'ailleurs, le gazon lui-même envahira rapidement une plate-bande non protégée.

La méthode traditionnelle pour empêcher cet envahissement consiste à découper une tranchée libre de végétation tout autour de la plate-bande. L'idée paraît excellente, mais les envahisseurs repousseront rapidement et traverseront la tranchée. Aussi faut-il redécouper manuellement les marges de la plate-bande toutes les semaines ou deux pour empêcher le gazon de les envahir. C'est beaucoup pour le jardinier paresseux !

emportées par l'eau de pluie, pour atteindre le sol où leur germination est désormais possible, elles ne pourront pas germer non plus, car il n'y a plus de lumière; or, la présence de lumière est une condition *sine qua non* de la germination des plantes adventices. Vous commencez donc votre nouvelle plate-bande dans une bonne terre sans mauvaises herbes : c'est un départ très encourageant! Et comme vous êtes parti du bon pied, il sera facile de maintenir cette plate-bande « presque sans entretien » sa vie durant.

Notez que les « mauvaises herbes » recouvertes de papier journal et de terre mourront au cours de la première saison et se décomposeront pour devenir du compost et enrichir le sol. Le papier journal aussi, disparaissant après environ un an, deviendra du compost et enrichira le sol à son tour. Ainsi les racines de vos vivaces pourront-elles descendre à la profondeur requise pour leur bonne croissance.

Vous remarquerez que la qualité du sous-sol a peu d'effet sur la plate-bande posée par-dessus. D'accord, une plate-bande installée sur du sable aura toujours tendance à être un peu plus sèche et un peu moins riche qu'une plate-bande surmontant un sous-sol de glaise, mais la différence n'est pas majeure. Vous arroserez un peu plus et aurez à mettre plus de compost ou d'engrais, voilà tout. Mais vous aurez une excellente plate-bande dans les deux cas.

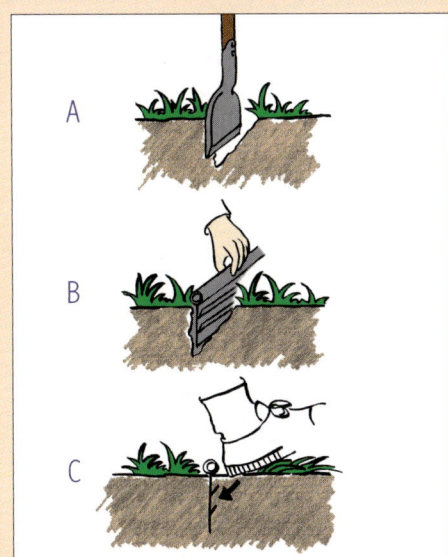

Pour installer une bordure entre une pelouse et une plate-bande :
A. Formez une tranchée tout autour de la plate-bande.
B. Installez la bordure, en la fixant avec des piquets d'ancrage.
C. Repoussez la terre.

Heureusement qu'on peut poser à la place une bordure de gazon en métal ou en plastique et remplacer tout ce travail en quelques minutes.

Pour poser une bordure de métal (chère) ou plastique (bon marché) entre le gazon et une plate-bande, enfoncez une bêche à la verticale tout le long des limites du gazon à une profondeur égale à la hauteur de la bordure et poussez la terre vers la plate-bande de façon à créer une tranchée avec une paroi verticale et l'autre à 45 degrés. Insérez la bordure dans la tranchée, appuyez-la contre la paroi verticale et utilisez, s'il y en a, les piquets d'ancrage fournis pour la tenir en place. Le sommet de la bordure devrait dépasser le sol d'environ 2 cm. Puis, comblez de terre et compactez légèrement !

Notez qu'il existe de nombreux modèles de bordures de gazon. Recherchez-en un d'au moins 12 cm de hauteur. Les bordures de 10 cm et moins sont généralement moins coûteuses, mais elles ne s'enfoncent pas assez profondément dans le sol pour bloquer les rhizomes envahissants.

CHAPITRE 2 ♦ LA PLATE-BANDE D'ENTRETIEN MINIMAL

Convertir à l'entretien minimal une plate-bande établie

Si vous avez déjà une plate-bande dont le sol est de qualité douteuse et que vous ne voulez pas la refaire mais cherchez quand même à en réduire l'entretien, il y a moyen d'y parvenir. Par contre, s'il y a un problème majeur d'envahissement par des mauvaises herbes à racines traçantes – prêle, chiendent, muguet, vesce jargeau, herbe-aux-goutteux, etc. –, mieux vaut tout remettre en question. Il est *très* difficile de contrôler les mauvaises herbes qui courent sans les étouffer sous une barrière, et on peut difficilement le faire dans une plate-bande remplie de vivaces à travers lesquelles les rhizomes peuvent se cacher. Se contenter de les arracher ne suffit jamais : elles repousseront de la moindre section de rhizome laissée en terre. Et si elles sont déjà présentes, elles passeront sans peine à travers les paillis. Les mauvaises herbes annuelles, comme le chou gras et l'herbe à poux, et les mauvaises herbes vivaces non traçantes (c'est-à-dire qui ne courent pas), comme le pissenlit ou le plantain, sont par contre faciles à contrôler : il suffit de les couper ou de les arracher, et de recouvrir le sol de paillis. Si ce sont celles qui dominent dans votre plate-bande, vous pouvez procéder à votre conversion.

Lorsqu'une plate-bande d'entretien minimal est établie, on n'a plus jamais besoin de sarcler (voir page 26), mais pour convertir une plate-bande existante en une plate-bande d'entretien minimal, il faudra la sarcler une dernière fois afin d'ameublir le sol, qui est généralement très compacté, et arracher les mauvaises herbes déjà présentes. Sarclez bien, enlevez manuellement les mauvaises herbes qui ont été déterrées par le sarclage, et appliquez 2 cm de compost et un engrais biologique à dégagement lent, puis sarclez légèrement de nouveau pour faire descendre ces amendements un peu dans le sol. Maintenant, recouvrez le sol d'un épais paillis décomposable (voir page 32) d'environ 7,5 à 10 cm dans le but d'empêcher la germination des graines de mauvaises herbes remontées par le sarclage et de réduire les besoins d'arrosage.

Il est vrai que certaines mauvaises herbes repousseront (cette méthode est un compromis qui ne permet pas de passer l'éponge comme avec du papier journal), mais il suffit de les arracher et de combler les trous avec du paillis. À force de le faire, les mauvaises herbes diminueront en nombre pour disparaître un jour.

Contrairement à la méthode du papier journal, la conversion à l'entretien minimal d'une plate-bande traditionnelle n'améliore pas beaucoup la qualité du sol dans l'immédiat ; il sera donc nécessaire de le fertiliser régulièrement. Toutefois, en se décomposant, le paillis travaillera peu à peu à améliorer la qualité du sol, autant sa richesse que sa structure. Avec le temps, vous remarquerez que les plantes pousseront de mieux en mieux et l'engrais

Pour convertir à l'entretien minimal une plate-bande établie, il faut très bien sarcler, une dernière fois, dans le but d'éliminer toutes les mauvaises herbes.

www.jardinierparesseux.com

CHAPITRE 2 ▶ LA PLATE-BANDE D'ENTRETIEN MINIMAL

sera moins nécessaire, mais il faut continuer de rajouter du paillis pour aider à maintenir la qualité du sol.

Quelques mots sur le paillis

La technique de paillage joue un rôle essentiel dans la plate-bande d'entretien minimal. Cette couche de matière organique reproduit la couche de feuilles mortes en décomposition qu'on trouve dans les forêts (la litière forestière). Le paillis joue ainsi plusieurs rôles :

- il empêche la germination des graines indésirables et élimine ou presque les mauvaises herbes ;
- il réduit l'évaporation à partir du sol, et maintient la terre fraîche et humide, même en plein été ;
- il agit comme une éponge en période de pluies excessives en absorbant le surplus d'eau, ce qui prévient la pourriture ;
- il protège le sol du compactage causé par la force de la pluie et élimine alors le besoin de sarcler pour aérer le sol ;
- il empêche les spores de maladies de monter sur le feuillage et prévient alors beaucoup d'infestations ;
- il réduit (même qu'il élimine) l'érosion du sol par le vent et le ruissellement ;
- il capte la pluie qui tombe plutôt que de la laisser s'écouler dans les égouts ;
- il empêche la pluie de projeter de la terre sur la plante et garde ainsi le feuillage propre ;
- il décourage les limaces, qui préfèrent circuler sur un sol bien tapé ;
- il héberge des insectes bénéfiques, notamment les insectes prédateurs qui répriment les insectes nuisibles ;
- il se décompose en enrichissant le sol en matière organique et en minéraux ;
- les feuilles mortes des arbres qui tombent sur le paillis décomposable s'y fondent et il n'est donc pas nécessaire de les ramasser.

Ainsi, non seulement le paillis réduit-il le travail pour le jardinier paresseux, et de beaucoup, mais la plupart des vivaces poussent mieux avec un paillis.

Mais le paillis a-t-il des défauts ? Oui, quelques-uns :

- il empêche non seulement les graines de mauvaises herbes de germer, mais aussi les graines des plantes désirables : si vous voulez que certaines plantes se ressèment spontanément, il faut laisser des espaces libres de paillis ;
- si 95 % des vivaces préfèrent le sol riche et légèrement humide que donne le paillis, il reste quelques vivaces qui préfèrent un sol pauvre et sec ; ces vivaces pousseraient mieux avec un paillis de pierres ou d'aiguilles de conifère ;
- certains couvre-sols rampants de faible hauteur (thym rampant, herbe aux écus, etc.) se trouveront complètement recouverts si vous appliquez 7 à 10 cm de paillis sur le sol ; à ces emplacements, réduisez l'épaisseur du paillis à 2 ou 3 cm.
- un bon paillis se décompose rapidement et on doit le remplacer souvent.

L'application d'un paillis est une étape essentielle dans la création d'une plate-bande d'entretien minimal.

En passant, il ne faut pas avoir peur que les paillis « enterrent » vos vivaces (autres que les couvre-sols bas). Un paillis est plus léger que la terre, et les plantes ne réagissent pas de la même façon au paillis que si on venait de les recouvrir de 7 à 10 cm de terre. Les plantes passent à travers un paillis comme s'il n'était pas là pour étaler leur feuillage à sa surface.

Le paillis à préférer pour la majorité des vivaces est le paillis « décomposable », un paillis léger fait de matières organiques qui se décomposent rapidement, comme des feuilles déchiquetées, du bois raméal fragmenté, du paillis forestier, des écailles de cacao ou de sarrasin. Les paillis d'écorce de conifère (paillis de cèdre, paillis de pruche, etc.), pourtant populaires, sont à éviter : ils sont pauvres en minéraux et ajoutent peu de matière organique au sol. Au lieu d'enrichir le sol et d'améliorer et de maintenir sa qualité comme le fait le paillis décomposable, les paillis d'écorce de conifère appauvrissent le sol et nuisent à la croissance des plantes. Si vous n'avez pas le choix, ajoutez au moins du compost à ces paillis pour compenser leurs défauts.

Les paillis sont faciles à utiliser. Il s'agit de les appliquer entre les plantes dans la plate-bande à une hauteur de 7 à 10 cm, de préférence immédiatement après la plantation sinon n'importe quand (mieux vaut tard que jamais!). Il n'est pas nécessaire de les retourner ou de les déplacer selon la saison (malgré de curieuses croyances voulant qu'il faille les enlever au printemps pour laisser le sol se réchauffer ou qu'il faille attendre pour les appliquer que le sol soit gelé à l'automne). Vous pouvez les appliquer quand bon vous semble.

Il faut toutefois remplacer les paillis quand ils se décomposent, ce qui peut être très fréquemment avec certains paillis, comme les feuilles déchiquetées. On peut considérer un paillis comme efficace tant et aussi longtemps qu'il a 5 cm d'épaisseur. À moins de 5 cm, la lumière peut y pénétrer, ce qui permet aux graines de mauvaises herbes de germer. C'est pourquoi je recommande de commencer avec 7 à 10 cm de paillis : cela vous donne un peu de répit avant de devoir en remettre. Il n'est toutefois pas nécessaire d'enlever l'ancien paillis quand il devient trop mince ; il suffit de le recouvrir d'une nouvelle couche de paillis frais.

Appliquez le paillis tout autour des vivaces au moment de la plantation.

Si l'application initiale de paillis se fait normalement au moment de la plantation, le moment idéal pour en ajouter est l'automne, quand la plate-bande s'endort pour l'hiver et quand l'un des paillis les plus intéressants, les feuilles déchiquetées, est le plus disponible. On peut alors l'appliquer à la grandeur de la plate-bande sans avoir peur de cacher des fleurs à la vue. On peut aussi l'appliquer au printemps, mais, à moins de le faire très tôt, il faut alors procéder plus lentement pour ne pas enterrer les bulbes qui lèvent. Appliquer du paillis l'été est bien possible, mais c'est plus de travail, car il y a beaucoup de végétation et il faut alors étendre le paillis entre les plantes sans les enterrer plutôt que de l'étaler uniformément sur tout le sol lorsque le feuillage des vivaces est absent, comme c'est le cas à l'automne ou au début du printemps.

Chapitre 3

La culture des vivaces

Il faut le dire: cultiver des vivaces n'est pas sorcier. Les vivaces sont, pour la vaste majorité, des plantes solides qui peuvent résister à presque toutes les épreuves si l'on amorce leur culture du bon pied. Et cela implique nécessairement de les planter au bon endroit. En effet, une vivace de soleil ne prospérera pas à l'ombre, une qui aime un sol humide aura de la difficulté dans un coin sec et une autre qui préfère les sols pauvres va vite disparaître dans un sol riche. « La bonne plante à la bonne place », voilà le premier secret du succès avec *toutes* les plantes. Dans la deuxième section, *Vivaces pour jardiniers paresseux*, vous trouverez des vivaces pour des coins humides ou secs, pour des sols riches ou pauvres, pour le soleil ou l'ombre, et beaucoup plus encore. Mais comment définir ces termes ?

Exposition

Exposition semble un terme très évident. Après tout, un emplacement n'est-il pas soit ensoleillé soit ombragé ? En fait, c'est rarement aussi simple. Peu d'emplacements, sauf peut-être le centre d'un pré d'herbes basses, sont réellement toujours au soleil. Il y a d'ordinaire une ombre quelconque, provenant d'un arbre, d'une structure ou tout simplement d'une vivace avoisinante plus grande. Et c'est la même chose pour l'ombre. Autrement que dans une caverne, l'ombre totale n'existe pas dans la nature. Il y a toujours de la lumière qui perce de quelque part, sinon le lieu serait entièrement noir. Même dans les forêts les plus denses, il ne fait jamais si noir qu'on n'y voit pas. Tout est donc question de degrés, mais comment définir les trois termes les plus courants, soit le soleil, la mi-ombre (ou l'ombre partielle) et l'ombre ?

Calculer les heures d'ensoleillement qu'une plante reçoit est un exercice frustrant.

Traditionnellement, on essaie de définir l'exposition en nombre d'heures : 6 heures et plus serait le plein soleil, 2 à 4 heures l'ombre partielle, et 2 heures et moins l'ombre. Voilà qui est facile à dire, mais presque impossible à vérifier sur le terrain. Pourquoi ? Parce que, dans le fond, personne n'a jamais réussi à mesurer le nombre d'heures de soleil qu'une plante reçoit par jour. Comment pourrait-on le faire? Faut-il que ce soit par une journée sans nuages, les nuages ne comptent-ils pas? Et quand? Au printemps, quand les jours ont 12 heures? Le 21 juin, quand ils en ont 16? L'idée même de devoir passer la journée au jardin avec un chronomètre, en comptant les minutes d'ensoleillement qui passent à travers les branches, frise le ridicule. Je préfère la « méthode du pétunia ».

Pour calculer l'exposition d'un emplacement douteux, essayez la méthode du pétunia.

Plutôt que d'essayer de deviner si un emplacement est assez ensoleillé pour être considéré comme au plein soleil, plutôt mi-ombragé ou ombragé, il suffit d'y planter un pétunia (*Petunia* x *hybrida*). S'il fleurit abondamment et devient gros, cet emplacement est au plein soleil; s'il reste plus petit et fleurit moins vigoureusement, c'est la mi-ombre; et s'il pousse peu et ne fleurit pas, c'est l'ombre.

Idéalement, pour un vaste choix de vivaces, la plate-bande serait au soleil. Presque toutes les vivaces peuvent pousser au soleil, surtout si le sol demeure toujours un peu humide; seules quelques rares plantes ne le tolèrent pas du tout. Le deuxième choix, la mi-ombre, suit de très près, car la plupart des « plantes de plein soleil » peuvent tolérer la mi-ombre; on ne perd donc pas beaucoup de joueurs.

L'ombre, par contre, est très limitative. La majorité des vivaces ne poussent pas bien à l'ombre ou, du moins, n'y fleurissent pas. Les exceptions sont pour la plupart des plantes qui fleurissent peu et qu'on cultive alors surtout pour leur feuillage. Cela veut-il dire qu'on ne peut faire de plate-bande à l'ombre? (Si oui, il y aurait beaucoup de jardiniers très malheureux, car ce n'est pas tout le monde qui a du soleil.) Bien sûr que non, mais le choix de plantes sera nettement réduit, et il faudra oublier l'idée d'une plate-bande de vivaces super fleurie et se contenter de feuillages doux décorés de fleurs à l'occasion. Il y a cependant quelques annuelles qui fleurissent abondamment à l'ombre mais ça, c'est une autre histoire!

L'ombre en soi n'est cependant pas aussi grave que la combinaison d'ombre *et* de racines d'arbres envahissantes. Quand les jardiniers se plaignent des horreurs de l'ombre (et ils le font!), en fait ce n'est pas l'ombre qui est le vrai problème, mais les racines d'arbres. L'ombre jetée par les édifices ou par les arbres à racines profondes permet une culture facile (de plantes appropriées, bien sûr) et peut aisément donner une belle luxuriance. Mais quand il faut se battre aussi contre le réseau racinaire d'arbres aux racines abondantes et superficielles comme les érables et les épinettes, c'est une autre histoire. Je vous propose quelques solutions aux pages 39 à 41.

L'analyse de sol

Si vous voulez avoir du succès avec les vivaces, faites faire une analyse de sol aux quatre à cinq ans. Je dis bien « faites faire », car les trousses d'analyse maison qui existent ne valent pas grand-chose: les résultats qu'elles donnent sont très approximatifs. Une véritable analyse de sol se déroule en laboratoire et on vous remet un document imprimé décrivant les caractéristiques exactes de la terre de votre plate-bande. De plus, on vous fait des recommandations qui sont très valables,

CHAPITRE 3 ▶ LA CULTURE DES VIVACES

Les trousses d'analyse de sol maison ne donnent que des résultats approximatifs : mieux vaut faire faire l'analyse par un laboratoire reconnu.

notamment en ce qui concerne la correction d'un pH (niveau d'acidité) trop haut, donc un sol alcalin, ou trop bas, donc un sol trop acide. Vous remarquerez que souvent la recommandation requiert un traitement sur plusieurs années. En effet, il n'est pas sage de changer le pH du sol trop radicalement sur une courte période. Si votre sol est réellement très acide et que vous cherchez un pH moyen (un pH de 6 à 7 est acceptable pour la vaste majorité des plantes), on va probablement vous recommander d'appliquer tant de chaux une année, tant la deuxième année et même tant la troisième année de façon à le ramener peu à peu à un niveau acceptable. Si votre sol est naturellement déficient en un élément particulier, vous allez aussi le savoir et on vous dira comment corriger cette lacune. Je considère qu'il est important de faire faire une analyse de sol aux quatre à cinq ans pour toute plate-bande, rocaille ou autre jardin, ne serait-ce que pour savoir s'il y a un problème qui se dessine avant que les choses aillent trop loin.

La plantation des vivaces cultivées en pot

De nos jours, les vivaces sont presque toujours vendues en pot, ce qui facilite leur plantation puisqu'on peut les planter avec une motte intacte. Cela signifie que le système racinaire risque beaucoup moins d'être endommagé par les chocs et qu'on peut planter les vivaces sans peine en presque toute saison, du moins tant que le sol n'est pas gelé. Il n'en demeure pas moins que deux saisons sont préférables : le printemps et l'automne, notamment pour le confort du jardinier, car il n'est pas très agréable de faire quoi ce soit pendant les canicules de l'été.

En plantant, il faut s'assurer que les plantes auront assez d'espace pour bien se développer, mais sans laisser d'espace vide ; les mauvaises herbes convoitent en effet les vides dans la plate-bande, mais n'ont aucune chance quand tout l'espace est occupé. Cela signifie une plantation « juste un peu serrée », c'est-à-dire où les plantes se fondront un peu dans leurs voisines à maturité. Le bon espacement pour une vivace équivaut à son diamètre moins un petit 10 à 20 %. Par exemple, si vous savez que telle vivace atteindra 60 cm de diamètre et sa voisine, la même dimension, vous pourriez les espacer d'environ 50 cm.

Par contre, vous remarquerez très rapidement qu'une plate-bande de vivaces bien espacées paraît très vide la première année et encore assez vide la deuxième. En effet, il faut normalement aux vivaces trois ans pour atteindre leur taille d'adulte. Or, on ne veut

Pour planter une vivace dans une plate-bande établie, tassez d'abord le paillis.

CHAPITRE 3 ▶ LA CULTURE DES VIVACES

pas laisser de vide pour ne pas inviter les mauvaises herbes à demeure. Je suggère alors de planter les vivaces à leur espacement idéal (diamètre moins 10 à 20 %), puis de combler les vides avec beaucoup d'annuelles la première année. Vous aurez besoin de moins d'annuelles la deuxième et probablement d'aucune la troisième.

La plantation proprement dite des vivaces n'a rien de sorcier : si vous avez déjà planté quelque végétal que ce soit, vous en connaissez les rudiments.

S'il s'agit d'une nouvelle plate-bande faite selon la méthode du papier journal, il suffit de creuser un trou de plantation, car le sol est déjà de qualité. Si par contre vous ajoutez une vivace dans une plate-bande établie, tassez d'abord le paillis et ajoutez une poignée ou deux de compost à la surface du sol. Le compost se trouvera automatiquement mélangé à la terre prélevée au moment de la plantation.

Creusez un trou deux fois plus large que le diamètre de la motte et aussi profond que sa hauteur. Centrez la motte, dont le sommet doit être au même niveau que la terre autour ou à un niveau légèrement supérieur. Appliquez maintenant des mycorhizes (champignons bénéfiques).

Pour les vivaces de petite et de moyenne taille, remplissez le trou autour de la motte

Creusez un trou deux fois plus large que la motte et de la même hauteur.

DES CHAMPIGNONS UTILES

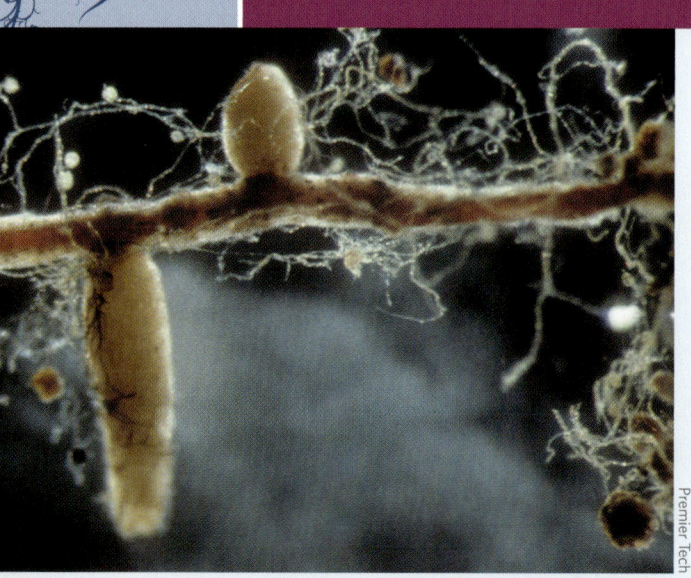

Dans la nature, plus de 95 % des plantes vivent en symbiose avec des champignons bénéfiques appelés champignons mycorhiziens : on appelle cette association une mycorhize. Ces champignons agissent comme des prolongements des racines, et aident la plante à aller chercher plus d'eau et de minéraux, donc de mieux pousser et fleurir. Il y a même de bons indices qui incitent à croire que les mycorhizes aident à prévenir plusieurs maladies. Malheureusement, les champignons mycorhiziens sont généralement absents des terres d'empotage

On voit ici de grosses racines qui peinent à aller chercher minéraux et eau... mais elles sont entourées des filets minces (hyphes) de champignons mycorhiziens qui, eux, parcourent tout le sol et partagent leurs découvertes avec les végétaux.

CHAPITRE 3 ▸ LA CULTURE DES VIVACES

avec la terre prélevée. Tassez avec le pied et arrosez bien. Dans le cas des vivaces de grande taille vendues dans de gros pots, il vaut mieux diviser cette étape en deux : ne comblez le trou qu'à moitié avant de bien arroser. Vous serez ainsi certain que l'eau se rendra jusqu'aux racines inférieures. Par la suite, comblez le trou complètement et arrosez de nouveau pour mouiller les racines supérieures.

On complète toute plantation en replaçant le paillis. Mettez-en s'il n'y en avait pas. Le paillis doit couvrir toute la surface du sol entre les plantes à une hauteur de 7 à 10 cm. Il peut recouvrir complètement le collet de la plante si elle est en dormance, sinon on le tasse autour. La croyance voulant qu'il faille laisser un espace dégagé de paillis autour de la plante pour éviter la pourriture n'est justement

À l'avant-dernière étape de la plantation, comblez le trou de terre et arrosez bien.

Complétez la plantation en replaçant le paillis autour de la plante.

des vivaces et des terres travaillées, ainsi que de celles traitées aux pesticides. La méthode du jardinier paresseux permet aux champignons bénéfiques de revenir, car, quand on a cessé de sarcler le sol, ils recolonisent lentement le sol. Mais pour que cela aille plus rapidement, il est utile d'ajouter des mycorhizes directement sur les racines des vivaces au moment de la plantation. Des spores de mycorhizes sont offertes commercialement : il n'en faut qu'une pincée ou deux par vivace.

Certaines vivaces ne vivent pas en symbiose avec des mycorhizes. C'est le cas des plantes de la famille des Crucifères (arabettes, aubriéties, corbeilles d'or, crambes, ibérides, etc.), de celle des Crassulacées (sédums et joubarbes) et de celle des Caryophylla-

cées (céraistes, gypsophiles, lychnides, œillets, etc.). Par contre, les champignons mycorhiziens ne sont pas nuisibles à ces plantes. Je propose de prendre comme règle générale d'appliquer des mycorhizes sur toutes les vivaces au moment de la plantation à moins d'être certain qu'elles n'en auront pas besoin.

Attention : il ne faut pas appliquer d'engrais chimiques très riches en phosphore (le deuxième chiffre sur l'étiquette), comme des engrais de départ (10-52-10), après l'application de champignons mycorhiziens, car ceux-ci ne « prendront » pas. De toute façon, ces engrais sont inutiles : les vivaces s'enracineront beaucoup mieux en présence de champignons mycorhiziens qu'avec ces engrais d'utilité douteuse.

CHAPITRE 3 ▸ LA CULTURE DES VIVACES

qu'une croyance. Les paillis sont trop aérés pour contribuer à la pourriture.

Votre « travail » la première année suivant la plantation consistera surtout à arroser les vivaces nouvellement plantées. Même les vivaces xérophytes (c'est-à-dire de climat aride), par définition tolérantes à la sécheresse, ont besoin d'arrosages tant que leurs racines ne sont pas bien établies, ce qui prend habituellement un an. Donc, si la pluie fait défaut et que la terre commence à s'assécher malgré le paillis que vous avez appliqué, il faut compenser par des arrosages en profondeur.

Plantation des vivaces à racines nues

Si l'on plante des vivaces à racines nues, c'est habituellement parce qu'on a fait soi-même une division (voir *La division*, page 54) ou qu'on a partagé des plantes avec un voisin. Les vivaces expédiées par la poste sont parfois à racines nues, question de réduire les coûts de transport. Dans les magasins, au printemps, on vend aussi certaines vivaces (pivoines, cœurs-saignants, phlox, etc.) à racines nues dans des sacs remplis de sciure de bois. Habituellement, la plantation des vivaces à racines nues a lieu au printemps ou à l'automne, pendant que les vivaces sont en dormance, pour ne pas les endommager.

Idéalement, il faut transplanter les plantes à racines nues tout de suite après leur prélèvement. Si c'est impossible, arrosez-les bien et enveloppez les racines dans du jute, du papier journal ou du plastique. Il est très important de ne pas les laisser cuire au soleil. Si vous devez les transporter sur une longue distance en automobile, n'oubliez pas de vous garer à l'ombre quand vous vous arrêtez. Si l'attente doit durer plusieurs jours, mieux vaut les planter temporairement dans un pot de taille appropriée. Il faut, bien sûr, les garder humides jusqu'à la plantation, et ce, dans toutes les conditions.

La méthode de plantation d'une plante à racines nues est pratiquement la même que pour la plantation d'une vivace en pot (voir page 35), la principale différence résidant dans le fait qu'il n'y a pas toujours une motte bien définie. Il faut particulièrement veiller à ce que le collet de la plante ne soit ni trop exposé ni trop enterré, mais reste au niveau du sol. Presque toujours vous apercevrez une démarcation très nette entre la partie inférieure, pâle, qui était enterrée, et celle de couleur foncée, qui était exposée au soleil. Idéalement, cette ligne de démarcation sera de niveau avec le sol environnant ou à un niveau à peine supérieur.

Pour que le collet reste au bon niveau, il peut être utile de former, au centre du trou

Pour planter une vivace à racines nues, formez une butte au centre du trou et placez la plante dessus en étalant ses racines tout autour. Vous pouvez utiliser une règle pour vous assurer que le collet de la plante est au bon niveau.

CHAPITRE 3 ▸ LA CULTURE DES VIVACES

de plantation, une petite butte de terre et d'y poser le collet, en ajustant la hauteur de la butte pour que le collet soit au bon niveau. Ensuite, étalez les racines tout autour de la butte et remplissez le trou de terre. Cela empêchera le collet de sombrer sous le sol au moment des arrosages.

Parfois la vivace à racines nues à planter n'est pas une section bien développée mais un simple rejet (petite division) avec quelques racines. Si c'est le cas, il n'est pas nécessaire de creuser un grand trou ; il suffit simplement d'en percer un dans le sol avec un transplantoir en faisant un mouvement vers l'avant et l'arrière. Insérez alors le rejet dans le petit trou en étalant un peu ses racines. N'oubliez pas d'appliquer des mycorhizes sur les racines avant de fermer le trou, d'arroser et de replacer le paillis.

La barrière de plantation

Certaines vivaces sont très envahissantes à cause de leurs rhizomes rampants qui s'enracinent partout. Ce sont, en fait, des mauvaises herbes ornementales. Logiquement, il faudrait bannir ces plantes de la plate-bande d'entretien minimal. Après tout, qui veut d'une plante qui ressort partout et étouffe ses voisines ? Mais il y a une méthode facile pour les contrôler, du moins si on le fait tout de suite au moment de la plantation. Si elles sont déjà hors de contrôle dans votre plate-bande, il n'y a plus rien d'autre à faire que de recommencer à zéro avec la méthode du papier journal.

Le truc est très facile. Prenez un seau en plastique (souvent disponible gratuitement dans les épiceries) ou un pot en plastique noir flexible et enlevez-en le fond. Insérez le pot dans le sol, en le laissant dépasser d'environ 3 cm. Maintenant, plantez l'envahisseur potentiel à l'intérieur de cette barrière. La plante aura beau se multiplier, elle ne pourra se

Un pot ou un seau au fond défoncé fait une excellente barrière pour limiter la croissance des vivaces trop envahissantes. La barrière doit dépasser le sol d'environ 3 cm, question d'empêcher la plante de « sauter la clôture ».

répandre au-delà de la barrière. Ainsi, même des monstres pourront avoisiner les plantes les plus délicates. Vous cacherez la partie de la barrière qui s'élève au-dessus du sol avec du paillis.

Ne craignez pas que la plante sorte de la barrière par le fond absent. À quelques exceptions près (je vous les signalerai dans la Section 2), les rhizomes et stolons de ces plantes courent uniquement à l'horizontale, pas en profondeur.

Comment composer avec la compétition racinaire

L'emplacement le plus difficile pour établir des vivaces se trouve au pied des arbres à racines superficielles, comme les érables, les épinettes, les bouleaux, les hêtres, les peupliers et les micocouliers (Celtis). Ce n'est pas que les vivaces ne peuvent pas y pousser, car on en voit à l'état sauvage dans les forêts d'érables et d'épinettes, mais elles y sont difficiles à *établir*. En effet, si l'arbre est déjà grand, comme c'est habituellement le cas, il a déjà accaparé toute la terre environnante. Creuser un trou de plantation est déjà difficile, car il faut trancher dans une épaisse couche de racines, mais imaginez la pauvre petite plante, déjà fragilisée par sa plantation, aux prises avec une compétition féroce ! Il est quand même possible d'établir de très belles plantations dans de telles conditions si vous savez vous y prendre.

Une barrière de papier journal permet d'installer une nouvelle plate-bande au pied d'un grand arbre ou dans une forêt sans avoir à craindre que les nouvelles plantations soient immédiatement envahies de racines.

Les grosses vivaces bien établies s'adaptent mieux à la compétition racinaire que les petites divisions fragiles.

La première règle est qu'il faut choisir des plantes bien établies. Les petits semis ou de jeunes divisions chétives auront de la difficulté à faire compétition aux nombreuses racines avides des arbres surplombants, qui ne tarderont pas à repousser même si vous les avez coupées. Prenez de gros plants bien établis avec une belle motte de racines denses. Ce seront alors les racines des arbres qui auront de la difficulté à y pénétrer.

La deuxième règle consiste à placer une barrière entre la nouvelle plante et les racines des arbres. Il est toutefois inutile d'essayer d'installer une barrière permanente qui bloquera les racines des arbres indéfiniment, car ces racines sont irrépressibles et trouveront toujours un passage quelque part – par le dessus, par le dessous, par un côté –, et quand elles y seront parvenues, elle reprendront rapidement leurs droits.

Je suggère tout simplement une barrière temporaire composée de 7 à 10 feuilles de papier journal ou encore de carton non ciré. Oui, la même barrière que je recommande pour l'installation d'une nouvelle plate-bande aux pages 26 à 29. D'ailleurs, si vous faites une toute nouvelle plate-bande, vous n'avez qu'à suivre exactement la méthode expliquée dans cette section. La seule différence consiste à appliquer du papier journal tout autour des arbres plutôt que sur une surface dégagée. Notez bien qu'il est doublement important de n'appliquer que 20 cm de terre dans cette situation,

CHAPITRE 3 ▸ LA CULTURE DES VIVACES

jamais plus. Les arbres à racines superficielles sont les plus susceptibles de mourir si l'on rehausse le terrain subitement, et 20 cm est généralement accepté comme le maximum qu'ils peuvent supporter sans souffrir.

La troisième et dernière règle consiste à bien traiter les nouvelles plantes la première année. En effet, le papier journal ne durera qu'un an, puis les racines des arbres seront de retour, d'ailleurs énergisées par la découverte d'une belle couche de terre fraîchement remuée. Il faut donc bien établir les vivaces durant la première année, celle où il n'y a pas de compétition, pour qu'elles soient fortes et prêtes à affronter l'assaut à venir. Il faut notamment veiller à arroser les plantes dès que leur terre commence à s'assécher. Ainsi, elles seront bien établies et en pleine forme quand les racines reviendront la deuxième année. La compétition sera alors d'égal à égal.

Voilà pour la création d'une nouvelle plate-bande dans un sous-bois, mais que faire si vous voulez tout simplement ajouter une vivace ou deux dans une forêt établie, ce qui est, par ailleurs, une méthode d'aménagement très intéressante ? Vous pouvez avoir recours au même truc, soit la barrière de papier journal, mais de façon légèrement différente.

Pour creuser un trou de plantation individuelle sous un arbre, il sera sans doute nécessaire de couper quelques racines.

D'abord, creusez un trou de plantation. « Creuser » n'est peut-être pas le bon mot, car il vous faudra plus qu'une pelle ; sans doute aurez-vous besoin d'un sécateur pour couper les racines moyennes et même d'une hache ou d'une scie pour les racines plus grosses (ne vous inquiétez pas : on peut facilement sectionner 20 % des racines d'un arbre dans une seule année sans lui faire du tort). Pour donner une bonne chance à la nouvelle plante, il faut que le trou soit plus large que la normale, environ trois fois plus que le diamètre de la motte de racines de la vivace.

Tapissez le fond et les côtés du trou de papier journal.

Maintenant, tapissez le fond et les côtés du trou de 7 à 10 feuilles de papier journal, en repliant le surplus pour que le papier ne déborde pas. Centrez la plante dans le trou et comblez de terre fraîche de qualité (aussi bien donner les meilleures conditions possible à la nouvelle vivace). Arrosez bien et mettez un bon paillis.

Durant le premier été, comme pour toute plantation à l'ombre, on doit s'occuper adéquatement de la nouvelle plante, notamment en l'arrosant régulièrement pour qu'elle ne souffre d'aucun stress.

Évidemment, il y a une autre solution pour ajouter des vivaces dans un sous-bois, et c'est encore plus facile que les deux méthodes précédentes : il s'agit tout simplement de cultiver des vivaces en pot et de placer les pots dans le sous-bois. Il suffisait d'y penser.

Chapitre 4

L'entretien d'une plate-bande d'entretien minimal

Contrairement à une plate-bande traditionnelle, où le sol se compacte facilement et les mauvaises herbes sont légion, ce qui vous oblige à sarcler souvent, la plate-bande d'entretien minimal n'a pas besoin de sarclage du tout. Même que, grâce au paillis, elle demandera très peu d'arrosage. On peut aussi se dispenser de la plupart des autres travaux traditionnels recommandés par les jardiniers forcenés. Voyons comment.

L'arrosage

L'arrosage est un «pis-aller». On ne l'utilise que quand dame Nature n'a pas fait son travail. Dans la plupart des situations, une bonne pluie qui laisse tomber au moins 2,5 cm d'eau par semaine est suffisante pour les vivaces. Une telle pluie humidifie le sol à une profondeur d'environ 10 cm, rejoignant ainsi les réserves d'eau plus profondes que la terre contient généralement. Et la plupart des semaines, la plupart des années, il tombe au moins 2,5 cm d'eau dans nos régions. Ou encore il en tombe 5 cm une semaine, ce qui compense la semaine sans pluie. L'arrosage est donc plutôt l'exception que la règle avec les vivaces cultivées en pleine terre.

Par période de canicule, cependant, les besoins en arrosage peuvent doubler si on n'utilise pas de paillis. En effet, le paillis diminue de beaucoup le besoin d'arrosage d'une plate-bande, car l'évaporation du sol peut être réduite jusqu'à 90%. C'est la perte d'eau du sol et non pas la transpiration des feuilles ou la croissance des plantes qui exige la plus grande quantité d'eau. En combinant du paillis avec des plantes tolérantes à la sécheresse (plantes xérophytes), vous pouvez presque éliminer le besoin d'arroser, surtout si vous vivez dans une région où les sécheresses sont rarissimes.

Cela dit, il faut se rappeler que les plantes fraîchement plantées exigent plus d'eau que les autres. Leur système racinaire n'est pas encore très développé et elles n'arrivent pas toujours à aller chercher toute l'eau qu'il leur faut, même si la pluie tombe fréquemment. Prenez donc l'habitude de les surveiller plus étroitement et arrosez abondamment si vous voyez leur feuillage flétrir le moindrement. C'est le cas aussi pour les plantes xérophytes: oui, même un cactus désertique demande des arrosages abondants la première année!

Pour savoir si une plante ou même toute une plate-bande a besoin d'arrosage, tassez le paillis et enfoncez votre doigt dans le sol. Si le sol est humide à 7,5 cm de profondeur environ, il n'est probablement pas nécessaire d'arroser. Si le sol vous paraît sec, par contre, oui, il vaut mieux arroser.

CHAPITRE 4 ▸ L'ENTRETIEN D'UNE PLATE-BANDE D'ENTRETIEN MINIMAL

Enfin, les vivaces cultivées en pot exigent plus d'eau que les mêmes variétés cultivées en pleine terre. Il peut falloir les arroser fréquemment, même quotidiennement si elles sont cultivées au plein soleil et dans de petits pots. Encore là, pour juger si elles ont besoin d'eau, enfoncez votre doigt dans le terreau ; s'il est sec, arrosez lentement jusqu'à ce que toute la motte soit humide. Vous le saurez quand le surplus d'eau commencera à sortir par le trou de drainage.

Arrosage manuel

Quand vous devez arroser ponctuellement quelques nouvelles plantes, le plus simple est d'utiliser un arrosoir ou un boyau d'arrosage. Car votre but n'est pas d'arroser toute la plate-bande, mais bien quelques plantes çà et là. L'économie d'eau est manifeste quand l'arrosage est bien localisé. Et habituellement, on arrose manuellement les vivaces cultivées en pot à moins d'utiliser un système d'irrigation goutte-à-goutte.

Évidemment, si vous devez arroser toute la plate-bande – quand le manque d'eau est généralisé et qu'on ne peut se contenter d'arroser seulement les végétaux nouvellement plantés –, un arrosage manuel est toujours possible, mais prendra beaucoup de temps. Pour arroser plus efficacement et avec moins d'efforts une plate-bande, quatre autres moyens s'offrent alors à vous : l'arroseur, l'irrigation par aspersion, le tuyau suintant et le goutte-à-goutte.

Un arrosage localisé, à l'arrosoir ou au boyau, suffit pour les vivaces nouvellement plantées dans une plate-bande établie.

ARROSAGE PAR ASPERSION

L'arrosage par aspersion se rapporte aux systèmes où l'eau est « lancée dans l'air », ce qui comprend alors l'arroseur et l'irrigation par aspersion. Ces systèmes d'arrosage sont les plus populaires, mais pas les plus efficaces, car la perte d'eau résultant de l'aspersion est souvent importante. En effet, jusqu'à 75 % de l'eau appliquée pendant une journée chaude peut s'évaporer sans avoir aidé les plantes qu'elle était censée approvisionner. C'est énorme ! Il n'est donc pas surprenant que la plupart des municipalités limitent le droit d'arroser par ce moyen en période de sécheresse. Autrement dit, juste au moment où l'on a vraiment besoin d'arroser nos vivaces, l'arrosage par aspersion est souvent défendu. L'autre défaut de l'arrosage par aspersion est qu'il mouille nécessairement le feuillage des plantes, ce qui est non seulement inutile (ce sont les racines qui ont besoin d'eau, pas les feuilles), mais aussi souvent néfaste. En effet, la plupart des maladies végétales commencent sur un feuillage humide, surtout quand il est humide le soir. Si votre municipalité vous permet d'arroser seulement le soir, l'irrigation par aspersion va faire plus de tort que de bien !

43

Arroseur

Vous connaissez sans doute déjà l'arroseur de pelouse qu'on fixe sur un boyau d'arrosage et qu'on déplace çà et là selon les besoins en arrosage. Oscillant ou rotatif, il lance l'eau dans l'air et couvre ainsi une surface plus ou moins grande, selon la pression de l'eau (que vous pouvez d'ailleurs régler vous-même au robinet). On *peut* utiliser un arroseur de pelouse pour arroser une plate-bande, mais le résultat sera sûrement un peu inégal. C'est qu'il est conçu pour arroser une surface plane ; or une plate-bande, avec des végétaux de différentes hauteurs, est tout sauf plane. Il existe des arroseurs sur tige et même des tours d'arrosage, les deux conçus spécifiquement pour les plates-bandes, les potagers et les autres jardins à hauteur variable. Ce sont les arroseurs les plus recommandés pour les vivaces. Voir l'encadré « Arrosage par aspersion » (page 43) pour connaître les défauts de ce type d'arrosage.

Irrigation par aspersion

Un système d'irrigation par aspersion est habituellement installé en permanence, à fort prix d'ailleurs. Des tuyaux souterrains parcourent le terrain et relient différents gicleurs. Presque toujours ce type d'irrigation est relié à une minuterie sophistiquée qui assure un arrosage selon un programme d'irrigation prédéterminé. Très souvent, les gicleurs, escamotables, disparaissent sous le sol quand le système n'est pas en fonction.

En plus des défauts habituels de l'arrosage par aspersion (voir l'encadré « Arrosage par aspersion », page 43), on remarque souvent que les systèmes d'irrigation souterrains arrosent beaucoup trop : les végétaux pourrissent tellement il y a de l'eau. Aussi, les municipalités voient dans ces systèmes des gaspilleurs d'eau impénitents. Quand il y a des restrictions d'arrosage à cause d'une sécheresse, les systèmes d'irrigation souterrains sont les premiers visés. Donc, justement quand vous

L'arroseur sur tige est spécifiquement conçu pour arroser les plates-bandes.

Le système d'irrigation souterrain gaspille souvent beaucoup d'eau.

en avez vraiment besoin, la municipalité bannit leur utilisation. Pas fort comme système, n'est-ce pas ?

Si le gaspillage d'eau est nettement plus important qu'avec un arroseur, c'est que le système d'irrigation souterrain est généralement programmé pour fonctionner automatiquement à une heure précise chaque semaine ou même plusieurs fois par semaine, que les plantes aient besoin d'eau ou non. Souvent on voit de tels systèmes en pleine session d'arrosage pendant un fort orage ! Si vous optez pour un système d'irrigation, soyez le plus écolo possible et exigez au moins que l'installateur y incorpore un détecteur de pluie qui le fermera automatiquement quand la pluie est suffisante.

Tuyau suintant

Les systèmes par aspersion font perdre beaucoup d'eau par évaporation et tendent à provoquer des maladies foliaires, mais l'irrigation par tuyau suintant (qu'on appelle aussi boyau poreux ou boyau suintant) évite ces deux écueils. Même que c'est probablement le système d'arrosage le plus pratique pour le jardinier paresseux.

Il s'agit d'un tuyau qui ressemble plus ou moins à un boyau d'arrosage ordinaire, mais qui est fait de pneus recyclés et est percé de trous minuscules. Quand on ouvre l'eau, celle-ci sort tout autour du tuyau, mais ce ne sont pas des jets d'eau, que des petites gouttes. Le tuyau est posé sur le sol avant l'application de paillis, puis recouvert de paillis. Il arrose invisiblement avec pratiquement aucune perte par évaporation (sauf s'il n'est pas recouvert de paillis, auquel cas la perte est quand même minime). Il s'agit de le faire serpenter entre les plantes, voilà tout. C'est un dispositif peu coûteux (environ 13 $ pour un tuyau de 15 m au début de 2011) et on peut connecter jusqu'à trois tuyaux (60 m) bout à bout ; si l'assemblage est plus long que 60 m, l'extrémité ne recevra pas sa part pleine. C'est plus qu'il n'en faut pour la plupart des plates-bandes. Par contre, dans un terrain où il y a plusieurs jardins à arroser, il est sage d'aménager plusieurs circuits, un pour chaque plate-bande ou section.

Normalement, on place les tuyaux à environ 1,2 m d'espacement. C'est le cas si le sol est riche en matière organique ou glaiseux. On fait alors fonctionner le dispositif une fois par semaine pendant deux à trois heures à la fois (seulement durant les périodes de sécheresse, bien entendu). Dans les sols sablonneux, l'eau a tendance à se drainer très vite et à s'écouler tout de suite vers le bas sans beaucoup humidifier la terre de chaque côté. Il vaut donc mieux placer les tuyaux suintants à 60 cm d'espacement et les faire fonctionner moins longtemps mais plus souvent : deux ou trois fois par semaine, une heure à la fois.

Le tuyau suintant peut être installé en permanence et ne demande aucun entretien. Contrairement aux boyaux d'arrosage ordinaires, il n'est pas nécessaire de le rentrer pour l'hiver. Recherchez un modèle offrant une bonne garantie : les modèles bas de gamme, rarement beaucoup moins chers que les modèles de qualité, n'offrent pas de garantie et, comme par hasard, ne durent

Le boyau suintant, même caché sous un paillis, arrose les vivaces efficacement et sans perte.

pas très longtemps. La garantie habituelle des meilleurs modèles est de 10 ans, mais l'expérience démontre que, en fait, ils durent beaucoup plus longtemps. En réalité, plusieurs des premiers tuyaux suintants installés dans les années 1980 fonctionnent toujours 30 ans plus tard.

Goutte-à-goutte

L'irrigation goutte-à-goutte constitue une dernière catégorie de système d'arrosage. Ce système fonctionne plus ou moins comme un tuyau suintant, avec la particularité qu'il s'agit d'un tuyau principal apportant l'eau à de minces tuyaux spaghettis, chacun muni d'un goutteur. L'eau tombe alors goutte-à-goutte au pied du plant. Souvent le goutte-à-goutte est géré par une minuterie. Ce système est aussi efficace que le tuyau suintant, mais il est plus complexe à installer, plus fragile (on peut facilement le briser en jardinant), et il faut le rentrer pour l'hiver. Il est plus utile pour l'arrosage des vivaces en pot, car il livre l'eau précisément où l'on en a besoin sans arroser inutilement la surface autour. Le tuyau perforé, meilleur marché et plus facile à installer, est préférable pour les plates-bandes.

Pour des renseignements sur l'arrosage des vivaces cultivées en pot, allez à la page 59.

Minuterie

Il est essentiel d'ajouter une minuterie à tout système d'arrosage par tuyau suintant ou goutte-à-goutte, car il est trop facile d'oublier de fermer l'eau à la fin d'une session d'arrosage et de gaspiller ainsi cette ressource précieuse.

Il y a deux sortes de minuteries : manuelle et programmable.

La minuterie manuelle est la plus facile à utiliser. Elle s'insère sur le robinet et on y fixe le tuyau d'alimentation en eau. Vous n'avez par la suite qu'à la régler pour le nombre de

Minuterie programmable (à gauche) ; minuterie manuelle (à droite)

minutes ou d'heures pendant lesquelles vous voulez faire fonctionner le dispositif.

La minuterie programmable ou automatique est un peu plus complexe à utiliser, car, comme le nom le suggère, il faut la programmer au début de chaque saison. Par contre, elle permet d'automatiser complètement l'arrosage. Vous pouvez la faire démarrer une ou deux fois par semaine la même journée à la même heure, suivant les restrictions d'arrosage de votre municipalité. Dans ce cas, vous devez aussi adjoindre au système un détecteur de pluie qui annulera la commande d'arroser s'il est tombé plus de 2,5 cm de pluie au cours de la semaine.

La fertilisation

Si vous plantez des vivaces dans une bonne terre de jardin, que vous les paillez bien et que vous ne ramassez pas leur feuillage fané, vous n'aurez probablement pas besoin de les fertiliser. Le sol fournit une partie des minéraux indispensables, et le paillis et les vieilles feuilles, en se décomposant, le gros du reste. Même les mycorhizes assurent leur part : on vient de découvrir qu'elles attrapent et digèrent des petits insectes, une excellente

CHAPITRE 4 ▸ L'ENTRETIEN D'UNE PLATE-BANDE D'ENTRETIEN MINIMAL

Un sol paillé tend à devenir de plus en plus riche avec le temps, ce qui réduit ou élimine le besoin de fertiliser.

Le tuteurage

Il y a tellement de vivaces qui n'ont pas besoin de tuteurage que le seul comportement logique à adopter à l'égard d'une plate-bande d'entretien minimal consiste à bannir tout simplement les plantes qui nécessitent cette béquille ! Je suggère fortement d'enlever et de détruire les plantes « faibles », comme dans la nature : elles n'ont pas leur place chez vous.

Si vous êtes incapable de détruire une de ces plantes, installez au moins un tuteur qui supporte la plante automatiquement, comme un support à pivoines, soit un cerceau porté sur trois ou quatre tiges. C'est moins de travail qu'avec un tuteur classique (une tige unique, comme une baguette de bambou ou un piquet de bois) auquel il faut fixer la plante tous les ans, car vous n'avez qu'à le poser au printemps par-dessus la plante naissante dont les tiges passeront toutes seules à travers le grillage du cerceau pour s'y appuyer. Et laissez le support en place d'une année à l'autre : c'est quoi l'idée d'enlever un support à pivoines à l'automne pour le remettre à la même place au printemps suivant ?

source d'azote ! D'ailleurs, un des traits que les jardiniers remarquent le plus dans un sol paillé est qu'il devient de plus en plus riche avec le temps plutôt que de plus en plus pauvre.

Si vous avez accès à du compost ou que vous en fabriquez vous-même, vous pouvez enrichir le sol davantage. Il n'est pas nécessaire d'enlever le paillis avant d'appliquer le compost, il suffit de le déposer par-dessus. La pluie et les vers de terre (nombreux sous un paillis décomposable) le mélangeront au sol. Faites attention avec le fumier : s'il n'est pas bien décomposé, il peut contenir beaucoup de graines de mauvaises herbes. Les bons composts sont libres de graines viables.

Si le sol d'origine était de piètre qualité, l'ajout de compost devient encore plus vital. Dans un tel cas, il peut aussi être utile d'ajouter un engrais biologique à dégagement lent tous les ans, selon les recommandations du fabricant. Évitez les engrais aux chiffres supérieurs à 10 (le 20-20-20 par exemple), car ils peuvent brûler les racines des végétaux si on ne les applique pas avec soin ; de plus, ils nuisent aux micro-organismes bénéfiques dans le sol. Il suffit de lancer l'engrais sur le paillis. La pluie aura vite fait de le faire descendre dans le sol.

Un support à pivoines fait un tuteur acceptable pour le jardinier paresseux... à condition que ce dernier ne le rentre pas pour l'hiver.

Le plus souvent, une vivace dont les tiges plient est tout simplement plantée à la mauvaise place. Soit qu'elle manque de lumière (ce qui provoque une croissance étiolée), soit que le sol est trop riche pour cette plante. Plantez-la ailleurs ou débarrassez-vous-en. Toutefois, certaines vivaces hybrides (on pense notamment à plusieurs pivoines) plient toujours à la floraison. C'est un défaut génétique que même une situation idéale ne corrige pas. Ces plantes sont des erreurs génétiques et ne méritent pas de vivre. Je vous suggère de les achever sur-le-champ. Les hybrideurs qui lancent de tels hybrides sur le marché devraient avoir honte!

Dans la deuxième section, *Vivaces pour jardiniers paresseux*, j'indique les vivaces faibles nécessitant un tuteurage de façon que vous puissiez éviter de les acheter.

La taille

La suppression des fleurs fanées

La taille la plus pratiquée chez les vivaces est la suppression des fleurs fanées, une corvée pour les jardiniers qui ont beaucoup de temps à perdre et qui ne savent pas se détendre. Je conçois mal que l'on pratique cette taille à la grandeur d'une plate-bande, où il y a littéralement des centaines, voire des milliers de fleurs : la tâche est trop énorme. Par contre, si votre unique « plate-bande » est un jardin en contenant sur une petite terrasse, allez-y si vous voulez.

La croyance derrière la suppression des fleurs fanées est que produire des graines sape l'énergie des plantes et réduit donc leur floraison future. Cependant, pour la vaste majorité des vivaces, probablement 98 %, la production de graines ne les épuise nullement et il n'y a aucune différence dans les floraisons futures entre une plante dont on a supprimé les fleurs et une autre qu'on a laissée intacte. Pensez-vous vraiment qu'une plante vivace que la production de graines fatigue aurait la moindre chance de survivre dans la nature ? Se reproduire est une affaire « de routine » pour les vivaces et ne les « épuise » pas. Si vous ne me croyez pas, faites-en l'expérience en supprimant méthodiquement les fleurs fanées d'une vivace et pas du tout celles d'une plante identique. Vous découvrirez que, si ce n'est pour quelques rares exceptions, supprimer les fleurs fanées ne donne même pas une seule fleur supplémentaire. Quelle perte de temps !

Les 2 % de vivaces que la production de graines fatigue véritablement sont en fait des bisannuelles ou des vivaces de courte vie, comme les buglosses (*Anchusa*) et certains coréopsis (*Coreopsis grandiflora*, par exemple). Leur stratégie de survie est de produire des milliers de graines pour assurer leur continuité, puis de mourir. Pourquoi les empêcher de vivre leur cycle naturel ? Je suggère soit de récolter

La suppression des fleurs fanées est un travail de moine aussi ennuyeux qu'inutile.

les graines pour en semer d'autres, soit de laisser un espace libre de paillis à leur côté pour qu'elles puissent se ressemer.

Mais, diront sans doute les jardiniers forcenés, supprimer les fleurs fanées stimule aussi une deuxième floraison dans la même année. C'est vrai pour encore moins que 2 % des vivaces : peut-être 0,5 %. En effet, la capacité de refleurir si l'on supprime les fleurs fanées, pourtant courante parmi les annuelles, est tout à fait absente parmi la majorité des vivaces. Et dans les rares exceptions, cette deuxième floraison est-elle vraiment valable ? Peut-être que oui dans quelques cas (l'anthémis des teinturiers, par exemple), mais généralement, la deuxième floraison, lorsqu'il y en a une, est si faible qu'elle n'en vaut pas la peine. Prenez le delphinium (*Delphinium elatum* et ses hybrides), qui produit une haute tige florale de 1,5 m et plus portant des centaines de fleurs quand il fleurit au début de l'été ; si vous coupez sa tige florale, il lui arrive (parfois) de refleurir à l'automne sur une tige florale de 45 cm portant une quinzaine de fleurs. Plutôt décevant, n'est-ce pas ?

Par ailleurs, les forcenés, souvent à cheval sur la propreté, prétendent que les capsules de graines sont laides et méritent d'être supprimées. Je suis bien d'accord que les fleurs de la plupart des vivaces sont plus attrayantes que les graines, mais il est rare que les capsules de graines soient à ce point laides qu'elles déparent la plate-bande ! Et des tiges coupées net à 90 degrés, laissant une blessure béante en pleine vue, est-ce plus beau ? Suggestion de jardinier paresseux : plantez beaucoup de vivaces aux saisons de floraison différentes dans une même plate-bande. L'œil sera toujours attiré par les plantes en fleurs et fera abstraction des vivaces ayant fini de fleurir et moins attrayantes. Ainsi votre plate-bande ne sera pas déparée par les plantes qui ont cessé de fleurir.

La taille d'embellissement

La majorité des vivaces meurent au sol tous les ans, en laissant parfois des tiges encore debout qu'on peut supprimer, mais je considère que cette taille fait plutôt partie du « nettoyage de la plate-bande » (voir page 50). Restent certaines « vivaces » qui ne sont pas véritablement des vivaces mais des sous-arbrisseaux. Leurs tiges, et souvent leurs feuilles, persistent d'une année à l'autre. Il s'agit, pour la plupart, de plantes alpines ou basses qui forment des masses de feuillage et de tiges qui s'élargissent avec le temps à partir d'une souche centrale, comme les thyms, les ibérides, les arabettes et le phlox mousse. Avec les années, il arrive souvent que le cœur de la plante, se dégarnissant, dévoile des tiges nues disgracieuses. Si c'est le cas, la solution est facile : on rabat la plante à 5 cm

L'armoise Silver Mound (*A. schmidtiana*) s'écrase par terre à la mi-été, mais si vous la rabattez au sol, elle repousse. Voici le résultat deux semaines après cette taille.

du sol, immédiatement après la floraison, et elle repoussera aussitôt, très également cette fois. Cette taille serait à reprendre aux sept à huit ans environ. Le plus facile, c'est de tout simplement les tondre à la tondeuse.

Autre petite catégorie qui demande une taille, les quelques vivaces qui ont la curieuse habitude de s'écraser au sol en plein été. Je ne connais que deux plantes qui se comportent ainsi, l'armoise Silver Mound (*Artemisia schmidtiana*) et l'éphémère de Virginie (*Tradescantia* groupe Andersoniana). Il s'agit de passer dessus avec la tondeuse ou un coupe-bordures : elles repousseront aussitôt. L'éphémère sera même en fleurs de nouveau en deux ou trois semaines.

Il y a aussi le cas des vivaces à dormance estivale, un petit groupe de plantes qui comprend deux vivaces très populaires, le pavot d'Orient (*Papaver orientale*) et le cœur-saignant des jardins (*Lamprocapnos spectabilis*, anciennement *Dicentra spectabilis*). Après une très jolie floraison au printemps, ces plantes entrent en dormance en plein été et leur feuillage jaunit disgracieusement, ce qui incite les jardiniers forcenés à sauter tout de suite sur leurs sécateurs. Minute, papillon ! La place de ces grandes vivaces (d'accord, il existe des vivaces plus hautes à floraison automnale, mais au printemps, quand elles fleurissent et que la plate-bande n'est encore qu'à ses premiers balbutiements, ce sont des géantes !) est au fond de la plate-bande. Et au moment même où leurs feuilles commencent à se faner, les vivaces d'été sont en plein développement. Ainsi, si vous y prêtez la moindre attention au moment de la plantation, vous pouvez tout simplement laisser les autres plantes cacher leur feuillage jaunissant. Problème réglé ! Soit dit en passant, au cas où vous vous demanderiez si ce feuillage qui brunit est nuisible à la plante, la réponse est non : vous pouvez le laisser se décomposer sur place et cela n'affectera pas la croissance future de la plante.

Le **nettoyage** et autres travaux plus ou moins utiles

Il est certain qu'une plate-bande a besoin d'un peu de nettoyage. Ramasser des tiges cassées par le chat du voisin, les papiers et autres déchets apportés par le vent ou tout autre objet incongru est tout à fait normal et demande peu d'efforts. Habituellement, on peut faire ce genre de nettoyage simplement au cours de la routinière tournée matinale de sa plate-bande. Est-ce si difficile de se pencher de temps à autre pour ramasser une réclame égarée ?

Le ménage **automnal**

Un des grands mythes au sujet de la plate-bande de vivaces est qu'il faut faire un grand ménage à l'automne. Cette corvée de nettoyage où l'on coupe allègrement tout, tiges florales, feuilles mortes, feuilles vertes, etc., est en fait très nuisible aux vivaces et l'une des premières causes d'échec de leur culture. Imaginez, on se donne la peine de faire un « grand ménage », et après il faut tout replanter !

Le ménage automnal augmente les problèmes d'insectes et de limaces et réduit la résistance au froid des vivaces : est-ce vraiment ce que vous voulez ?

CHAPITRE 4 ▶ L'ENTRETIEN D'UNE PLATE-BANDE D'ENTRETIEN MINIMAL

L'une des rares tailles d'automne utiles : on peut couper la pointe des feuilles de l'iris des jardins pour prévenir une infestation de perceurs de l'iris.

Tenez-vous-le pour dit : le ménage automnal est au mieux inutile et, au pire, nuisible. Ne le faites pas ! Certains prétendent pourtant que supprimer les feuilles des vivaces à l'automne prévient les maladies et les insectes. Théoriquement, cela pourrait être vrai mais seulement si le feuillage était malade ou endommagé. Et même là, c'est loin d'être toujours véridique. Par exemple, des études ont démontré que la suppression des feuilles des plantes souffrant à la fin de l'été du

Les feuilles mortes de vos vivaces ne sont pas des déchets : pourquoi alors les éliminer ?

blanc (mildiou poudreux), comme le phlox des jardins (*Phlox paniculata*) et la monarde (*Monarda*), ou de la rouille, comme la rose trémière (*Alcea*), n'entraîne *aucune* réduction du taux d'infection l'été suivant. Autrement dit, que vous fassiez le ménage ou non, les plantes courent autant le risque d'être malades l'année suivante. Pire, côté insectes, le ménage semble *augmenter* les risques d'infestation dans l'année qui suit ! La raison n'en est pas claire, mais on pense que le ménage automnal élimine les insectes bénéfiques, dont plusieurs hivernent dans les tiges creuses des vivaces ou sous leurs feuilles, alors que les insectes nuisibles, pour la plupart, hivernent dans le sol où le ménage ne les atteint pas. Et contre toute attente, des études ont même démontré que la population des limaces *augmente* dans les plates-bandes nettoyées à l'automne ! Vous pouvez avoir d'autres raisons de nettoyer une plate-bande à l'automne, mais ne dites pas que c'est pour contrôler les insectes et les maladies.

Il existe cependant un cas où le ménage est utile pour prévenir une infestation d'insectes. Le perceur de l'iris pond ses œufs à la pointe des feuilles de l'iris des jardins (*Iris* x *germanica*), où ils hivernent. Au printemps, les larves éclosent et descendent de la feuille pour s'attaquer aux rhizomes. Il serait donc utile de supprimer les feuilles de l'iris des jardins à l'automne si vous en cultivez. Or, je ne considère pas cet iris « digne » des jardiniers paresseux en raison de ses ennuis de santé et je ne le recommande pas ; je propose plutôt des iris qui n'ont pas d'ennuis de santé.

Si le ménage d'automne ne se justifie pas comme méthode de contrôle des insectes et des maladies, ne serait-il pas nécessaire pour au moins nettoyer la plate-bande des déchets ? Une telle intention démontre une incompréhension profonde du cycle naturel.

Les feuilles et les tiges mortes ne sont pas des déchets, mais font partie du cycle naturel de la plante. C'est par les feuilles mortes des années précédentes que le sol se renouvelle en matières organiques et en minéraux. Si l'on supprime impitoyablement les feuilles et les tiges de l'année, le sol en souffrira très rapidement. Il faut alors augmenter les apports de compost et d'engrais. Pourquoi donc s'infliger tout ce travail à l'automne pour ensuite être obligé de travailler encore plus au printemps ? Si vous ne faites pas le ménage automnal, vos plates-bandes pousseront presque sans soins. Si vous faites le ménage, vous devrez compenser les matières manquantes.

Mais le pire est que le ménage de l'automne peut tuer les vivaces. Ces plantes se protègent volontairement du froid en se recouvrant de leurs propres feuilles mortes. D'ailleurs, chez beaucoup de vivaces, les feuilles se recourbent carrément par-dessus le collet pendant l'hiver. Quand on enlève cette couche isolante, le collet peut être endommagé ou tué par le froid. Enfin, le déchaussement des plantes, phénomène souvent constaté au printemps, où l'action répétée du gel et du dégel déterre carrément les vivaces, se voit presque uniquement chez les plantes « nettoyées ». Le pire, c'est quand les jardiniers forcenés, dans leur obsession de « faire propre », coupent même les feuilles des vivaces à feuillage persistant ! Or quand une plante conserve ses feuilles l'hiver, c'est qu'elle en a besoin ! Il ne faut pas rire : beaucoup de jardiniers coupent le feuillage encore vert des vivaces à feuillage persistant sans même savoir que ce n'est pas bien, convaincus que le ménage est « bon pour les vivaces ».

À mon avis, il faut carrément bannir le concept de « ménage automnal » du vocabulaire des jardiniers : il n'a tout simplement pas sa raison d'être.

Le ménage printanier du jardinier paresseux : on casse les rares tiges encore debout et on les remet au pied des plants où elles peuvent se décomposer à l'abri des regards.

Le ménage printanier

La vraie saison pour faire le ménage est le printemps. Les vivaces n'ont alors plus besoin de leur protection hivernale et les insectes bénéfiques qui hivernaient dans leurs tiges et leurs feuilles en sont sortis. On ne cause plus de tort à la plante ni à l'environnement en faisant du nettoyage. Par contre, les « déchets végétaux », si vous persistez à les appeler ainsi, sont encore utiles au sol, car en se décomposant, ils l'enrichissent. Il est d'ailleurs surprenant de constater à quel point les « déchets » de l'automne précédent (feuilles mortes, etc.), que certains jardiniers ont évacués de leurs plates-bandes à la pochetée à l'automne, sont disparus d'eux-mêmes, s'étant décomposés au cours de l'hiver. Par exemple, les feuilles de hostas dont mon voisin remplit tous les ans sept ou huit sacs-poubelles ne sont plus que quelques filaments chez moi à la fonte des neiges et disparaissent complètement quand le sol se réchauffe un peu, ce qui accroît la décomposition.

Je propose donc un « rapide ménage du printemps » qui va vous donner au moins l'impression d'être utile, mais sans nuire au sol. Il s'agit de casser ou de couper les tiges encore debout et de les déposer tout simplement sur le sol hors de vue sous des plantes à feuillage persistant pour leur permettre de compléter leur décomposition naturelle à l'abri des regards.

La **protection** hivernale

Respectez votre zone (voir p. 12), paillez vos vivaces et ne les taillez pas à l'automne, et vous n'aurez pas à vous préoccuper de protection hivernale.

La **division** de **routine**

La division des vivaces est une tradition vénérable, à tel point que plusieurs jardiniers semblent croire qu'il est obligatoire pour leur bonne culture de les diviser aux trois ou quatre ans. Pourtant, il n'en est rien. La division n'est nullement obligatoire pour la survie de la majorité des vivaces. Qui pensez-vous les divise aux trois ou quatre ans dans la nature ? Mon point de vue est qu'on ne devrait diviser les vivaces que si l'on a une bonne raison de le faire. Et les raisons valables sont :

• si l'on veut multiplier la plante ;
• si la touffe devient trop grosse et empiète sur d'autres plantations ;
• si la plante commence à moins fleurir après plusieurs années de culture.

Il sera question de la « division à des fins de multiplication » dans le prochain chapitre, *La multiplication*. Attardons-nous plutôt ici aux deux autres besoins : réduire une plante trop grosse ou entreprenante, et réduire une plante « fatiguée » pour qu'elle fleurisse davantage.

Dans les deux cas, il est rarement nécessaire de déterrer toute la motte de la vivace. Dans le cas de la vivace trop entreprenante, il suffit de découper et d'enlever l'extérieur de la touffe (les parties enlevées peuvent bien sûr servir à des fins de multiplication), puis de remplir l'espace de terre. Si la plante fleurit moins, le problème relève plutôt du centre qui est trop dense. Découpez le centre peu productif à la pelle, enlevez-le, ce qui laissera un trou rond, et remplissez ce trou de terre. En peu de temps, la plante aura rempli le trou et sera de nouveau productive. Ces deux travaux se font surtout au début de la saison ou à l'automne, mais on peut aussi les accomplir en plein été si besoin est.

Pour remettre à sa place une plante trop entreprenante, découpez tout simplement les parties qui débordent de l'espace qui leur a été alloué.

Chapitre 5

La multiplication

Rien ne vous oblige à multiplier vos vivaces. Vous pouvez tout simplement les acheter en pot et les planter. Mais la plupart des vivaces grossissent avec le temps, la touffe d'origine montrant désormais plusieurs pointes de croissance et offrant alors des surplus que vous pouvez utiliser pour agrandir la plate-bande ou en aménager d'autres, ou encore donner à des amis ou échanger avec eux. Et si vous avez besoin d'encore plus de plantes, vous avez aussi la possibilité de multiplier les vivaces par d'autres moyens, comme les semis et les boutures.

Pour diviser une vivace qui pousse en touffe dense, il suffit de prélever une section en pointe de tarte.

La division

C'est la méthode la plus courante pour multiplier les vivaces. D'ailleurs, la majorité des vivaces se multiplient toutes seules par rejets (nouvelles pousses) produits soit tout près de la plante mère, soit à une certaine distance. Et ces rejets sont, à moins d'une mutation, identiques à la plante mère. Ils constituent donc une source très intéressante et facilement disponible de nouveaux plants.

Au besoin, on peut diviser les vivaces en toute saison, mais c'est moins stressant pour la plante si on le fait lorsqu'elle est en dormance, donc au printemps ou à l'automne. D'ailleurs, qui veut travailler en plein été quand il fait si chaud ? De plus, les vivaces n'ont généralement pas de feuilles au printemps. On peut donc mieux voir ce que l'on fait. Quand on fait une division à l'automne, par contre, les feuilles sont souvent encore présentes ; il est généralement plus pratique de les couper pour mieux voir ce que l'on fait.

Si la vivace pousse en touffe dense, imaginez-la comme une tarte : votre but sera de découper une section triangulaire (une « pointe de tarte ») à la pelle pour la transplanter ailleurs. Si vous voulez encore plus de plantes, vous pouvez diviser la « pointe » en parties encore plus petites, car une division n'a besoin que d'une seule tige ou pointe de croissance, avec ses racines, pour bien reprendre.

CHAPITRE 5 ▸ LA MULTIPLICATION

Certaines vivaces ne poussent pas en touffe dense, mais forment plutôt des tapis de plants bien séparés. Dans ce cas, la division est encore plus facile, car on voit très bien où une plante finit et où l'autre commence. Un p'tit coup de pelle et vous avez votre division !

Replantez la division selon la méthode décrite pour une plante à racines nues à la page 38. Évidemment, une plante fraîchement divisée est fragile et mérite des soins attentifs pendant la première année.

Les semis

On peut aussi multiplier nos vivaces en semant les graines qu'on a récoltées dans nos plates-bandes. Il faut cependant savoir que, à l'exception des vivaces trouvées dans la nature, les vivaces modernes sont presque toujours des cultivars, soit des sélections horticoles généralement issues d'une longue lignée de croisements. Comme leur génétique complexe implique plusieurs variétés, voire espèces, différentes, les graines prélevées donnent rarement des plants identiques à la plante mère. On dit alors qu'elles ne sont pas « fidèles au type ».

Par exemple, si vous récoltez des graines de l'échinacée (*Echinacea*) 'Twilight', aux fleurs rouge rosé, les plants qui en résulteront pourront avoir des rayons roses, jaunes, orange, blancs ou rouges. Et la plante pourra être plus grande, plus large ou plus petite que la plante mère, avec une résistance très différente aux maladies. C'est normal, puisque l'échinacée 'Twilight' est issue d'un programme d'hybridation impliquant aux moins trois espèces différentes d'échinacées et de nombreux cultivars. Ainsi, les gènes de tous ces ancêtres peuvent s'exprimer dans les semences produites.

Si vous cherchez plus de fiabilité, essayez les graines vendues dans le commerce. Normale-

Semez les graines à l'intérieur et mettez le contenant au frigo.

ment ces graines ont été soit prélevées dans la nature, où il y a peu de variation, soit produites de lignées stables, reconnues pour leur capacité de donner des plantes identiques de génération en génération. Les graines commerciales devraient donc fournir des plantes qui correspondent à la description donnée sur le sachet de semences.

Les graines de la vaste majorité des vivaces ont besoin d'un traitement au froid humide avant de germer. Sauf preuve du contraire (lisez toujours le verso du sachet de semences s'il s'agit de semences achetées), mieux vaut présumer que c'est le cas. Semez donc les graines à l'intérieur vers le mois de janvier dans un terreau humide en les recouvrant légèrement de terreau. Scellez le contenant dans un sac en plastique transparent et mettez-le au réfrigérateur pour plusieurs semaines.

CHAPITRE 5 ▸ LA MULTIPLICATION

La période minimale du traitement au froid varie beaucoup d'une espèce à une autre ; on peut la prolonger, mais jamais la raccourcir, sinon la germination sera faible ou absente. Je recommande de connaître la période spécifiquement recommandée pour la vivace que vous semez (encore là, c'est le sachet de semences qui vous le dira). Pour beaucoup de vivaces, c'est un traitement de trois mois, qui correspond à un « hiver normal ».

Ensuite, exposez les graines à un éclairage moyen (pas encore du soleil direct) et à la chaleur. Une température de 21 à 24 °C est généralement adéquate. Cette exposition à la chaleur après une période de froid stimule habituellement une germination assez rapidement (dans moins d'un mois pour la plupart des vivaces).

Il existe quand même certaines vivaces qui n'ont pas besoin de traitement au froid humide pour germer (regardez sur le sachet de semences pour savoir si c'est le cas). On les sème de la même manière que les graines exigeant un traitement au froid humide, mais au mois de mars, en plaçant les contenants directement à la chaleur (21 à 24 °C) après le semis.

Dans tous les cas, après la germination, c'est-à-dire quand vous voyez apparaître de petites pousses vertes à la surface du terreau, enlevez le contenant du sac et exposez les semis à plus de lumière, le plein soleil si possible. Quand les plants ont quatre à six feuilles, repiquez-les dans des pots ou des alvéoles individuels. En juin, acclimatez-les aux conditions d'extérieur et plantez-les en pleine terre dans une pépinière ou un autre endroit moins visible, car ils seront vite dominés par d'autres végétaux si vous les plantez directement dans la plate-bande. Les plants grossiront au cours de l'été et seront généralement d'une taille suffisante pour être repiqués en plate-bande à l'automne ou au printemps suivant le semis, sinon, pour les plus fragiles, au deuxième printemps. La plupart fleuriront aussi au cours de l'été suivant le semis, mais prendront quand même encore un an ou deux avant d'atteindre leur taille maximale.

Évidemment, on peut aussi semer les graines de vivaces en pleine terre à l'automne pour une germination au printemps suivant. Après tout, c'est ainsi qu'elles germent dans la nature. Cependant, sauf dans le cas d'un pré fleuri (page 20), où la présence de mauvaises herbes n'est pas un drame, les jeunes semis faits en pleine terre sont vite envahis par des indésirables ; à moins de désherber soigneusement, il est facile de les perdre. Vous aurez plus de chances de réussir des semis si vous les faites à l'intérieur.

Quand les semis ont quatre à six feuilles, repiquez-les dans des pots ou des alvéoles individuels.

Les boutures de tige

Curieusement, même si beaucoup de vivaces peuvent se bouturer, peu de jardiniers semblent le savoir. Or, presque toute vivace qui produit des tiges ramifiées sera un bon sujet pour le bouturage des tiges et c'est si facile ! Entre la mi-juin et la fin de juillet, prenez une section de tige sans fleurs (ou supprimez les fleurs). La tige doit avoir au moins quatre nœuds (point d'attache des feuilles) ou paires de nœuds : une longueur de 10 cm sera appropriée dans la plupart des cas. Supprimez les feuilles inférieures et appliquez une hormone d'enracinement sur la partie inférieure de la tige. Ensuite, insérez la tige dans un pot rempli de terreau humide. Placez le pot dans un sac en plastique pour maintenir une bonne humidité. Conservez la bouture à la mi-ombre jusqu'à ce que de nouvelles feuilles apparaissent, ce qui indique qu'elle est enracinée. Vous pouvez alors enlever le sac en plastique et acclimater le plant (qui n'est plus une bouture mais un jeune plant enraciné) aux conditions d'extérieur. Comme pour les semis, mieux vaut le planter dans une pépinière pendant sa première saison de croissance. Il devrait fleurir l'année suivant le bouturage.

Les boutures de racines

On peut aussi bouturer les racines ou rhizomes de certaines vivaces (anémones, brunneras, chardons bleus [*Echinops*], astilbes, pavots d'Orient, phlox, etc.). Il suffit de découper des

Enlevez les feuilles inférieures (A) et appliquez une hormone d'enracinement avant de piquer la bouture dans un terreau humide (B). Placez le tout dans un sac en plastique transparent jusqu'à l'enracinement (C).

Placez les boutures de racines à l'horizontale et recouvrez-les de terreau.

CHAPITRE 5 ▶ LA MULTIPLICATION

Pour faire les boutures de racines sur place, il suffit de trancher dans le sol près de la plante mère.

racines charnues ou rhizomes en sections d'environ 8 à 10 cm de longueur et de les placer à l'horizontale dans un contenant de terreau humide, en recouvrant les sections de 1 à 2 cm de terreau. Après quelques semaines, des pousses apparaîtront que vous pourrez repiquer en pépinière. Comme pour les semis et les boutures de tige, les boutures de racines seront prêtes pour la plate-bande l'année suivante.

On peut aussi faire des boutures de racines encore plus facilement simplement en enfonçant une pelle dans le sol juste à côté d'une plante appropriée, ce qui coupera inévitablement quelques racines. De jeunes plants naîtront des racines tranchées.

Le marcottage

Cette méthode est peu connue mais très pratiquée! En effet, plusieurs vivaces se marcottent tout naturellement.

Le marcottage est un procédé de multiplication par lequel des tiges couchées au sol prennent racine et forment une nouvelle plante. Ce phénomène se produit très couramment chez les plantes à port rampant : leurs tiges touchent tout naturellement le sol et s'enracinent. Certaines, comme le fraisier, font des plantules sur des stolons qui s'enracinent au contact du sol. Dans les deux cas, on peut ensuite couper la tige et replanter ailleurs les plantes produites.

On peut aussi inciter une vivace à tige dressée à prendre racine en pliant la tige jusqu'au sol et en la fixant avec une pierre ou un piquet. Elle fera des racines là où elle touche le sol.

Les fraisiers (*Fragaria*) produisent des stolons qui portent des plantules. Celles-ci s'enracinent au contact du sol : un marcottage naturel.

Une tige retenue au sol par un piquet ou une pierre va normalement s'enraciner assez rapidement.

Chapitre 6

La culture en pot

On peut cultiver des vivaces en pot... mais cela demande certaines précautions.

La culture des vivaces en contenant doit être abordée distinctement, car elle est très différente de la culture en pleine terre sous plusieurs aspects.

Premièrement, les vivaces cultivées en contenant posent un problème en ce qu'elles subissent davantage de froid et d'écarts de température que les vivaces cultivées en pleine terre. Dans le jardin, l'énorme masse de terre régule la température, l'empêchant de trop baisser ou empêchant le sol de passer du gel au dégel trop souvent. En pot, non seulement le sol devient-il beaucoup plus froid que le sol du jardin, mais il peut passer de très froid au dégel plusieurs fois au cours de l'hiver. De plus, les racines des vivaces sont généralement moins résistantes au froid que leur collet ! Il y a donc un risque important que même les vivaces appropriées à votre zone de rusticité soient endommagées ou tuées par un hiver en pot. Je suggère donc de choisir des vivaces d'au moins une zone inférieure à la vôtre (par exemple, de zone 4 ou même 3 si vous résidez en zone 5). Autre possibilité : choisissez des plantes alpines. Entourées de roches qui laissent passer le froid dans leur milieu naturel, elles ont l'expérience des racines exposées au froid et réussissent souvent mieux en pot que les « vivaces des terres basses ».

Autre détail : la terre que l'on trouve dans les pots est vite lessivée de ses minéraux par les arrosages accrus nécessaires pour empêcher la potée de s'assécher (page 43). Ainsi, même un sol au départ riche devient vite très pauvre. Il est donc utile d'appliquer sur le terreau des vivaces cultivées en pot non seulement un engrais à dégagement lent à chaque printemps, mais aussi un engrais soluble que vous vaporiserez sur le feuillage

CHAPITRE 6 ▸ LA CULTURE EN POT

Une fertilisation ponctuelle avec un engrais liquide peut favoriser une meilleure croissance et une meilleure floraison.

Ne mettez pas de couche de drainage au fond du pot.

Surélevez le contenant (ici sur des pieds de pot) si le drainage pose problème.

des plantes qui ne semblent pas donner les résultats escomptés.

La plantation en pot est assez simple. Assurez-vous que le contenant est pourvu d'un trou de drainage (essentiel), puis remplissez-le de terreau, voilà tout. Les terreaux pour plantes d'intérieur, bacs et balconnières, etc., conviennent parfaitement à la culture des vivaces. Cependant, puisque la plante vivra plusieurs années dans son pot, mieux vaut ajouter une part de charbon activé (cherchez-en dans les boutiques de poissons tropicaux) pour huit parts de terreau : le charbon aidera à maintenir la qualité du sol plus longtemps.

Ne mettez pas de couche de drainage de gravier ou de tessons au fond du pot. En fait, cette couche de drainage aurait pour effet de *réduire* le drainage ! Pour qu'un pot se draine bien, il suffit de le surélever légèrement de la surface sur laquelle on l'a placé. Il se vend des pieds de pot à cet effet, mais on peut improviser des pieds de pot avec des pierres, des blocs de bois, etc.

Quand le pot est rempli de terreau, plantez vos vivaces selon la méthode habituelle (page 35). Comme toujours, une couche de paillis et un bon arrosage en profondeur compléteront la plantation.

CHAPITRE 6 ◆ LA CULTURE EN POT

L'irrigation goutte-à-goutte est idéale pour les vivaces cultivées en pot.

L'arrosage pose un problème aussi. Le terreau des pots sèche beaucoup plus rapidement que la terre de plate-bande, à tel point qu'il peut être nécessaire d'arroser jusqu'à *deux fois par jour*. On peut réduire cette dépendance en eau en utilisant un terreau qui retient plus d'eau (il existe des terreaux spécifiquement conçus pour la culture des plantes en pot), mais surtout, plus que toute autre chose, il faut savoir que plus le pot est gros, moins il aura besoin d'arrosage. Ce sont en effet les petits contenants étroits et surtout peu profonds, comme les boîtes à fleurs, qui demandent les arrosages les plus fréquents. Les grands bacs larges et profonds demandent moins d'arrosages et sont à recommander.

On peut, bien sûr, arroser un pot à l'aide d'un arrosoir ou d'une lance d'arrosage, mais c'est beaucoup de travail vu la fréquence de la tâche. Vous trouverez qu'un système d'irrigation vaut vraiment la peine. Le dispositif le plus commode pour la culture en pot est le goutte-à-goutte. On peut amener l'eau vers un regroupement de pots au moyen d'un tuyau principal, équipé de minces tuyaux secondaires (appelés « tuyaux spaghettis »), munis chacun d'un goutteur, qui courent du tuyau principal jusqu'à chaque pot, où ils sont fixés par des pinces ou des piquets. Avec une minuterie programmable pour contrôler la fréquence d'arrosage et un détecteur de pluie qui ferme le dispositif quand il pleut, il est possible d'automatiser l'arrosage des contenants à tel point qu'on n'a plus à intervenir sauf en début et en fin de saison. Il est en effet sage de démonter le système d'irrigation goutte-à-goutte à l'automne pour l'entreposer à l'intérieur l'hiver, puis de le réinstaller au printemps suivant, car les tuyaux pourraient se fendre sous l'action du gel.

Enfin, l'hiver pose un dernier problème. D'abord, les vivaces exigent un hiver froid et devront passer cette saison à l'extérieur, mais ce ne sont pas tous les pots qui résistent à la pression d'une terre qui prend de l'expansion au moment du gel. Il faut donc demander au moment de l'achat du pot si celui-ci résistera à l'hiver: certains offrent des garanties à cet effet. Deuxièmement, le terreau doit être au moins un peu humide au moment où il gèle (habituellement, nos automnes sont pluvieux, ce qui règle ce problème).

Enfin, si vous croyez que les vivaces choisies manquent d'un peu de rusticité (n'oubliez pas qu'elles doivent être d'une ou même de deux zones inférieures à celle de votre région [voir p. 59]), mieux vaut déplacer les pots vers un lieu plus abrité pour l'hiver, par exemple contre la fondation de la maison (le mur de l'immeuble dans le cas d'un appartement) et les protéger à l'aide d'une matière isolante: feuilles mortes, papier journal, branches de sapin, etc. On peut installer une barrière de carton ou une clôture à neige autour des pots pour empêcher l'isolant de partir au premier vent. On peut également installer les pots dans un garage ou un autre endroit à l'abri des gros gels.

Chapitre 7

Maladies et parasites

Les traitements aux pesticides, même biologiques, ont souvent un effet néfaste sur l'environnement.

Combattre les ennemis des vivaces demande beaucoup d'efforts, d'un côté, et c'est souvent très nuisible pour l'environnement, de l'autre. Même les traitements biologiques éliminent non seulement les insectes et les maladies nuisibles, mais parfois aussi les insectes et les champignons bénéfiques. Or, vous voulez créer un environnement où tout fonctionne presque tout seul : c'est même votre but en tant que jardinier paresseux. Donc, moins on intervient, mieux c'est.

Le principe de base du jardinier paresseux en ce qui concerne le contrôle des maladies et des parasites consiste principalement à éviter les « plantes à problèmes ». Il ne faut pas penser que toutes les plantes ont de gros problèmes de prédateurs. C'est plutôt une minorité. Ces plantes sont donc à éliminer d'office de vos plates-bandes. Et si vous évitez les « plantes à problèmes », vous n'aurez pas à traiter vos vivaces ou vous devez le faire très rarement. La bonne nouvelle, c'est que, dans presque toute catégorie de vivaces, même chez les vivaces reconnues pour une vulnérabilité à un insecte ou à une maladie quelconque, il existe des variétés qui y sont résistantes. Ainsi, il existe des hostas résistants aux limaces, des phlox résistants au blanc, des roses trémières résistantes à la rouille, etc. Pourquoi planter autre chose ?

Dans la deuxième section de ce livre, je signale spécifiquement les variétés et cultivars qui sont naturellement résistants aux prédateurs et aux maladies dans des conditions normales et je donne une cote 🔥 aux variétés qui, au contraire, vous attireront presque certainement des ennuis. À vous de les éliminer de vos plates-bandes au moment de faire vos choix de plantes ! Si donc on élimine d'office les plantes à problèmes de nos jardins et qu'on ne choisit que des plantes résistantes, cela veut-il dire qu'il n'y aura jamais de problèmes de prédateurs dans une plate-bande de jardinier paresseux ? Malheureusement non ! Il y a toujours un risque de problème sporadique. Les pucerons, par exemple, sont très polyvalents et peuvent s'attaquer à presque n'importe quelle plante. Que faire donc quand un problème sporadique survient ?

Je suggère de considérer les mesures proposées à la page suivante :

Quelques traitements

1. **Ne rien faire.** Si c'est un problème mineur ou sporadique, il devrait se résorber tout seul. C'est l'attitude à préconiser pour les infestations qui frappent à l'occasion, puis disparaissent.

2. **Arroser la plante avec un fort jet d'eau.** L'eau a l'avantage de faire tomber les insectes nuisibles et les spores de champignons sans nuire à l'environnement. C'est le traitement de choix pour les pucerons, par exemple.

3. **Vaporiser avec un savon insecticide ou une huile horticole.** Ces deux traitements n'ont qu'un effet très localisé. D'accord, ils peuvent tuer quelques insectes ou champignons bénéfiques en même temps que les nuisibles, mais quand c'est seulement sur une plante, les « dégâts » sont limités. Et il n'y a aucun effet résiduel, car ce ne sont pas des poisons mais des traitements « physiques » (les deux produits bouchent les pores des insectes, ce qui les empêche de respirer, et provoque leur mort, ou, dans le cas des champignons, empêche leurs spores de germer) qui perdent toute efficacité dès qu'ils ont séché. De plus, ce sont des produits biologiques qui se décomposent rapidement.

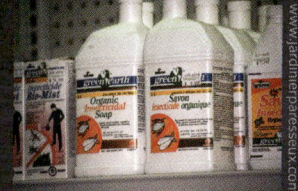

Le savon insecticide agit comme insecticide localisé... et a une certaine efficacité comme fongicide aussi.

4. **Vaporiser avec du neem (huile de neem).** Plus puissant que le savon ou l'huile ordinaire, le neem (une huile extraite du margousier [*Azadirachta indica*], un arbre tropical) est sans effet sur les mammifères (on l'utilise même dans les produits de beauté, les dentifrices et les médicaments) et généralement aussi sans effet sur les insectes bénéfiques, puisque seulement les insectes qui consomment les parties vertes des végétaux (généralement les ennemis de nos plantes) l'ingèrent, mais pas les insectes pollinisateurs et les prédateurs d'autres insectes (les ennemis de nos ennemis). En plus d'être un insecticide, il agit comme fongicide et engrais foliaire. Il a aussi une certaine persistance, efficace même une fois séché. Le seul hic est qu'il n'est pas homologué par Agriculture Canada (il l'est toutefois presque partout ailleurs au monde) et ne peut donc être vendu comme pesticide dans notre pays. On l'offre dans le commerce comme lustrant pour les feuilles.

Le neem est un produit biologique très efficace contre la plupart des insectes nuisibles, mais sans effet sur les insectes bénéfiques, les mammifères, les oiseaux et les amphibiens.

5. **Arracher la plante à problèmes.** C'est la solution du jardinier paresseux pour tous les problèmes récurrents.

Seule solution logique aux problèmes récurrents : se débarrasser des plantes qui en sont affligées !

CHAPITRE 7 ▶ MALADIES ET PARASITES

Insectes et autres petites bestioles

Aleurodes	Galles, mineuses, enrouleuses et perceuses
Altises	Limaces
Araignées rouges	Perce-oreilles
Cercopes	Pucerons
Chenilles	Punaises, charançons
Escargots	Scarabées japonais
Fourmis	Thrips

Le jardinier sage garde toujours l'œil ouvert en cas de « bibittes » : qu'il s'agisse d'insectes, de mites, de mollusques ou autres, ces créatures miniatures peuvent faire beaucoup de dégâts en peu de temps et habituellement se multiplient de façon effrénée. Voici quelques ennemis particulièrement problématiques chez les vivaces.

▶ Aleurodes

Aleurodes

Les aleurodes, aussi appelés mouches blanches, sont surtout un problème sur les plantes d'intérieur, car ils ne survivent pas à nos hivers (du moins, c'était le cas jusqu'à récemment, mais il paraît qu'une espèce nouvellement introduite résisterait aux hivers froids). Par contre, ils migrent à l'extérieur lorsqu'on sort nos plantes d'intérieur pour l'été et peuvent alors infester les plantes d'extérieur, dont les vivaces. Ces insectes sont minuscules mais néanmoins bien visibles, car ils volètent tout autour du plant infesté lorsqu'on les dérange pour atterrir aussitôt sur une plante voisine : on dirait de petites pellicules blanches volantes. On peut les attirer avec une plaquette jaune collante, offerte dans le commerce : le jaune attire les adultes, qui resteront alors prisonniers. Cependant, les aleurodes sont rarement assez nombreux pour causer de réels dégâts aux vivaces, vu notre courte saison de jardinage. Le plus facile est alors d'apprendre à tolérer leur présence.

▶ Altises

Altise et ses dégâts

CHAPITRE 7 ▸ MALADIES ET PARASITES

Ces petits coléoptères sauteurs, noirs ou bleu métallique, percent de nombreux petits trous dans les feuilles, comme si l'on avait tiré sur celles-ci au fusil à plomb. Les altises sont extrêmement courantes, surtout quand l'été est chaud et sec, et certaines espèces ne s'attaquent qu'à des plantes spécifiques. Par contre, les dégâts sont souvent peu apparents, sauf de proche, et habituellement la feuille survit le reste de l'été, même si elle est passablement criblée. Donc, pour les plantes strictement ornementales du moins, le plus facile est de fermer les yeux quand il y a des trous d'altises dans les feuilles.

▸ **Araignées rouges (tétranyques à deux points)**

À peine visible à l'œil nu, l'araignée rouge fait néanmoins beaucoup de dégâts.

Ces petites mites très courantes dans la nature se montrent davantage pendant un été chaud et sec. Les étés pluvieux, l'eau les évacue des plantes et elles font peu de dégâts. Il faut une loupe pour les voir : on ne les remarque généralement que lorsque leurs « fils d'araignée » abondent, signe qu'elles sont très nombreuses. Faisant jaunir le feuillage de la vivace, elles lui donnent une apparence poussiéreuse et minent la santé générale de la plante. Un fort jet d'eau répété deux ou trois fois suffit le plus souvent à les chasser ; sinon, pulvérisez un savon insecticide, une huile horticole ou du neem.

▸ **Cercopes**

Cercope dans son crachat

Quel jardinier n'a pas remarqué des amas de bulles formant une mousse blanche sur les extrémités des tiges des végétaux ? Communément appelées « crachat », ces bulles hébergent généralement une seule larve jaune orangé ou vert pâle. Bien que rarement assez prolifiques pour causer des problèmes, les cercopes peuvent transmettre des maladies d'une plante à l'autre. Le contrôle est toutefois des plus faciles : défaites le crachat avec les doigts et écrasez la larve.

▸ **Chenilles**

Il existe de nombreuses espèces de chenilles. Celle-ci, la chenille du papillon monarque, s'attaque aux asclépiades (*Asclepias*).

Larves de papillons, les chenilles se présentent dans toutes les couleurs, formes, textures et tailles. Sur les vivaces, elles sont généralement sporadiques : elles causent problème une année et disparaissent par la suite. Si vous pouvez les identifier, transportez dans un champ ou une forêt celles qui peuvent se transformer en beaux papillons; elles s'occuperont de trouver des plantes à leur goût. On peut éliminer les autres facilement en les écrasant entre le talon et une roche ou entre deux doigts de la main (gantée). Si elles se présentent en grand nombre, essayez un savon insecticide, une huile horticole ou du neem. Le Btk (*Bacillus thuringiensis kurstii*) est un produit biologique (une bactérie, en fait) spécifique aux chenilles, qu'on peut donc appliquer sans craindre de nuire aux insectes bénéfiques.

▶ Escargots

L'escargot des bois (*Cepaea nemoralis*), qui peut être jaune ou jaune strié de brun, est l'espèce la plus courante au Québec. Normalement, il n'est pas nuisible à nos plantes.

Les escargots (colimaçons) terrestres présentement courants dans l'est du Canada (région visée par ce livre) ne sont pas nuisibles aux végétaux, ou ils le sont très rarement (ils percent quelques trous dans les feuilles du raifort panaché [*Armoracia rusticana* 'Variegata'], mais c'est la seule plante dans ma collection de plus de 2000 espèces et cultivars qui est attaquée). Au contraire, nos espèces d'escargots nettoient les feuilles de nos vivaces des algues qui s'y forment et consomment les feuilles mortes, jaunies ou en décomposition, faisant donc le ménage à notre place.

Il est alors inutile (et illogique) d'éliminer les escargots: laissez-les tranquilles et vous aurez moins de ménage à faire!

Je dois souligner que le cas de l'est du Canada est assez particulier, car il existe dans le monde plusieurs espèces d'escargots très nuisibles aux plantes (les jardiniers européens en savent quelque chose). Pour l'instant, et tant qu'un illuminé ne décidera pas de faire dans nos régions l'élevage du célèbre escargot gris (*Helix aspera*), si délicieux dans l'assiette mais si nuisible au jardin, ou ne l'introduira pas par accident, on peut considérer les escargots de chez nous comme nos amis.

▶ Fourmis

Les fourmis ne sont habituellement pas néfastes aux vivaces et il n'est donc pas nécessaire de les combattre.

En général, les fourmis sont plutôt utiles. Quand vous les voyez circuler dans vos vivaces, sans doute qu'elles sont à la chasse d'insectes nuisibles: laissez-les faire. On en voit souvent sur les pivoines (*Paeonia*), attirées par un liquide sucré que dégagent les boutons floraux. Surveillez toutefois où vont les fourmis: elles se nourrissent aussi du miellat des pucerons et peuvent vous conduire directement à ces derniers.

Par contre, les fourmilières importantes, comme celles que construisent les fourmis noires, peuvent « enterrer » une partie de

CHAPITRE 7 ▸ MALADIES ET PARASITES

votre plate-bande (les petits nids des fourmis brunes ne sont toutefois pas nuisibles). On peut se débarrasser de ces fourmis à l'aide d'un appât à base d'acide borique (borax), disponible dans le commerce.

▸ Galles, mineuses, enrouleuses et perceuses

Les mineuses tracent des galeries dans les feuilles des vivaces, ici une ancolie (*Aquilegia*)

Voici quatre groupes d'arthropodes sur lesquels les insecticides n'auront aucun effet, car ils vivent cachés à l'intérieur des tissus végétaux où le pesticide ne peut les toucher. Les galles forment des bosses sur la tige ou sous les feuilles, les mineuses tracent des sentiers à l'intérieur des feuilles, les tordeuses enroulent les feuilles autour d'elles et les perceuses percent des trous dans les tiges pour s'y réfugier. Chez les vivaces, les dommages occasionnés par les galles, les mineuses et les tordeuses sont généralement d'ordre esthétique et très limités; aucun traitement n'est nécessaire. Si vous ne pouvez tolérer leur présence, supprimez les feuilles ou tiges attaquées. Les perceuses peuvent, par contre, faire plus de dégâts en tuant la tige et les feuilles au-dessus de leur trou d'entrée. Pour les contrôler, coupez les tiges atteintes 10 cm plus bas que la blessure et détruisez-les.

▸ Limaces

Limace

Les limaces représentent peut-être le plus grand fléau pouvant affecter une plate-bande de vivaces. Ces mollusques gluants, sans carapace, aiment les endroits humides et frais, et ont une vie très longue: jusqu'à 10 ans! Plusieurs moyens permettent de les contrôler, mais les résultats s'avèrent meilleurs pour le moral que réels: au moins avez-vous l'impression de faire quelque chose! Malheureusement, bien que vous puissiez en éliminer des centaines tous les ans, il en reviendra autant. Si cela peut vous donner l'impression d'être utile, laissez des soucoupes remplies de bière dans la plate-bande pour qu'elles s'y noient, répandez des coquilles d'œufs écrasées sur le sol (leur effet est éliminé après une première pluie), ou ramassez-les, tôt le matin, et écrasez-les.

Je suggère toutefois d'apprendre à vivre avec elles en éliminant les plantes qu'elles préfèrent pour les remplacer par celles qu'elles n'aiment pas; entre autres, les végétaux à feuillage poilu. Chez les hostas, réputés très vulnérables aux limaces, il existe des centaines de cultivars résistants qu'il suffit de planter pour avoir la paix. Je sais par expérience que, quand on élimine les plantes que les limaces aiment le plus, la population de limaces chute tout naturellement. Notez aussi que les

CHAPITRE 7 ▶ MALADIES ET PARASITES

limaces détestent les paillis; faire usage de paillis mènera donc à une diminution graduelle de leur population.

Appliquer du phosphate de fer, un appât commercial contre les limaces, sur le sol aide aussi à en réduire la population. En outre, c'est un engrais. Et l'on considère que c'est un produit biologique. Évitez toutefois le métaldéhyde, ce mollusquicide populaire autrefois, car il est très toxique pour les mammifères; c'est une menace pour la santé des enfants, des chiens et des chats.

▶ Perce-oreilles (forficules)

Perce-oreilles

Ces insectes, dont l'apparence est peu ragoûtante avec leur abdomen qui se termine par des pinces, sont peu nuisibles aux plantes tant que leur nombre reste limité. Ces omnivores consomment même une grande quantité d'insectes nuisibles. En revanche, si leur nombre augmente, ils se mettent à manger des plantes. Leur préférence va aux plantes nanties de feuilles enroulées ou de fleurs étroites et tubulaires; le jour, ils se cachent dans ces espaces étroits et mangent! Résultat: des feuilles et des fleurs complètement déchiquetées.

Fondés sur leur besoin de se cacher pendant le jour, de nombreux trucs ont été inventés pour attraper les perce-oreilles: balai laissé debout (ils se cachent parmi les fibres), papier journal enroulé, boîte de sardines entrouverte, etc. Il suffit ensuite de secouer le piège au-dessus d'un seau d'eau savonneuse – ou sur un plancher où vous les écraserez avec vos souliers si vous préférez un méthode plus active – pour les tuer. Bien que ces stratagèmes soient très efficaces pour les capturer, pour chaque perce-oreille que vous tuerez, sachez qu'un autre viendra prendre sa place. Durant les années de forte population (le cycle peut durer quatre ou cinq ans), il n'y a essentiellement rien d'autre à faire que d'éliminer de vos plates-bandes les végétaux qu'ils endommagent le plus.

▶ Pucerons

Puceron

Ils ressemblent à de petites boules sur des pattes très minces, et affichent diverses couleurs (vert, orange, noir, etc.) et textures (lisse ou velue). Certains, comme le puceron du lupin (*Macrosiphum albifrons*), sont spécifiques à un seul hôte; d'autres sont généralistes. On les voit rarement seuls, car ils vivent en colonie. À l'occasion, on remarque des individus ailés. Les pucerons dégagent un liquide sucré (miellat) qui peut parfois tacher les feuilles inférieures (voir Fumagine à la page 77). Un jet d'eau suffit normalement à les faire tomber, sinon un traitement au savon, à l'huile horticole ou au neem devrait s'avérer efficace.

CHAPITRE 7 ▸ MALADIES ET PARASITES

▸ Punaises, charançons, etc.

Punaise terne

Ces insectes divers percent des trous dans le feuillage de certaines vivaces à l'occasion, mais provoquent rarement une défoliation importante. On peut s'en débarrasser en utilisant du savon insecticide, une huile végétale ou du neem.

▸ Scarabées japonais

Scarabées japonais

Le scarabée japonais (*Popillia japonica*) est une introduction relativement récente au Québec. Cantonné à l'origine dans quelques endroits de la grande région de Montréal et de la Rive-Sud, il a fait un grand saut en 2008 et investit désormais plusieurs régions de l'ouest et du centre du Québec. En Ontario, il est largement distribué, mais il n'est pas encore connu au Nouveau-Brunswick. Sa larve ressemble au ver blanc, soit la larve des hannetons, et fait des dégâts aux racines de plusieurs vivaces et, de façon encore plus marquée, aux gazons. Cependant, c'est surtout l'adulte qui cause des dégâts visibles.

C'est un gros coléoptère dodu et assez joli, car son corps est d'un brun riche et son « dos » (en fait, ses élytres) est vert métallique irisé. En juin et juillet, il mange le feuillage de toute une liste de plantes (plus de 300 espèces), notamment dans la famille des Malavacées. Il squelettise les feuilles de ses plantes préférées, dont il ne laisse que les nervures. Lorsqu'on l'approche, l'adulte s'envole ou se laisse tomber sur le dos, sur le sol, où il est difficile à voir.

Pour le contrôler, pensez à installer des pièges à scarabées, qui contiennent une phéromone attirant les mâles. Placez ces pièges *loin* des plantes hôtes, sinon ils ne feront qu'empirer le problème. On peut aussi vaporiser du neem sur les plantes et traiter les gazons des environs aux nématodes ou à la maladie laiteuse (*Bacillus populae*), une bactérie qui lui est toxique. (La maladie laiteuse n'est pas homologuée au Canada.) Il reste toutefois que le traitement le plus efficace est d'éliminer les vivaces qu'il aime, notamment les plantes suivantes :

agastache fenouil (*Agastache foeniculum*)
anémone du Japon (*Anemone* x *hybrida* et autres)
coréopsis à feuilles lancéolées (*Coreopsis lanceolata*)
épilobe (*Epilobium* spp.)
eupatoire (*Eupatorium* spp.)
filipendule (*Filipendula* spp.)
fraisier (*Fragaria* spp.)
guimauve (*Althaea officinalis*)
héliopside (*Heliopsis* spp.)
hémérocalle (*Hemerocallis* spp.)
hibiscus vivace (*Hibiscus moscheutos*)
lobélie (*Lobelia* spp.)
mauve (*Malva* spp.)
onagre (*Oenothera* spp.)
phlox des jardins (*Phlox paniculata*)
pivoine (*Paeonia* spp.)
renouée amplexicaule (*Persicaria amplexicaulis*)
rhubarbe (*Rheum* spp.)
rose trémière (*Alcea rosea*)
sauge (*Salvia* spp.)
vernonie (*Vernonia* spp.)

CHAPITRE 7 ❯ MALADIES ET PARASITES

❯ Thrips

Thrips

Le thrips (forme identique au singulier et au pluriel) est un minuscule insecte actif surtout la nuit, ce qui fait qu'on voit généralement les dommages qu'il fait bien avant de voir l'insecte lui-même. Comme il s'attaque aux fleurs et aux feuilles en râpant la surface extérieure, on remarque souvent sa présence quand la partie atteinte grisonne ou se décolore irrégulièrement. On peut aussi voir des petits points noirs sur les parties atteintes: ce sont ses excréments.

Il a environ la taille d'un trait d'union, et il est noir, brun ou jaune avec deux paires d'ailes frangées (un détail qu'il faut une loupe pour remarquer). Les larves, de couleur pâle, ressemblent aux adultes, mais ne volent pas. Comme il y a plusieurs générations par année, on peut dire que le thrips est présent tout au long de la saison de croissance.

On peut contrôler les thrips avec n'importe quel insecticide (savon insecticide, huile horticole, neem, etc.), mais la répression est très difficile, parce que la pupaison se fait dans le sol et non sur la plante. Donc, même si on vaporise adéquatement avec un produit approprié, il y a toujours une génération qui n'a pas été touchée et qui reprendra le dessus dès qu'on aura le dos tourné. Détail important: le thrips est souvent un transporteur important de virus nuisibles.

Il faut normalement être très diligent et avoir de bons yeux pour voir les thrips! Un secret, cependant: soufflez sur la plante ou la fleur que vous pensez infestée, les thrips se mettront à courir et leur mouvement devrait attirer votre regard. Pourquoi? C'est un mystère; trouvent-ils que les humains ont mauvaise haleine?

Mammifères

Campagnols (mulots)	Lapins et lièvres
Cerfs de Virginie (chevreuils)	Marmottes
Chats	

Si beaucoup de mammifères s'intéressent aux plantes potagères et aux fruitiers, heureusement relativement peu trouvent intérêt dans les vivaces. Par contre, quand ils trouvent une vivace à leur goût, ils peuvent la décimer rapidement, vu leur grande taille et leur appétit énorme.

◆ Campagnols (mulots)

Campagnol des champs

Les campagnols, ou mulots (*Microtus* spp.), ces petites « souris » à queue courte, causent rarement des problèmes durant l'été. En hiver, cependant, ils creusent des galeries sous la neige et, affamés, viennent manger les racines et rhizomes dodus de certaines vivaces, comme les baptisias, les iris, les liatrides et les pivoines. Si le nombre de campagnols est restreint, les dégâts sont généralement mineurs. Par contre, au sommet de leur cycle (environ aux sept ans), les campagnols peuvent faire des dégâts incroyables : arbres et arbustes morts, plates-bandes vidées, etc.

Les chats sont efficaces pour réduire les populations en été. Malheureusement, ils sont bien inutiles l'hiver, car les mulots vivent sous la neige. On peut toutefois appliquer de la farine de sang au pied des plantes vulnérables à l'automne pour les éloigner pendant l'hiver.

◆ Cerfs de Virginie (chevreuils)

Jusqu'aux années 1990, on n'entendait presque jamais parler de dommages aux plates-bandes causés par les cerfs de Virginie (*Odocoileus virginianus*, couramment mais faussement appelés chevreuils) dans l'est du Canada. Mais depuis, ils sont devenus l'un des pires fléaux affectant les vivaces. Pourquoi ce revirement radical ? D'abord, beaucoup plus de jardiniers ont abandonné les petits terrains de la proche banlieue pour aller vivre à la campagne en plein territoire des cerfs. Aussi, les cerfs, autrefois très farouches, semblent s'être davantage accoutumés à la présence des humains. Enfin, la population de cerfs, autrefois limitée à certains secteurs, s'étend presque à la grandeur des régions habitées couvertes par ce livre, soit le Québec, l'Ontario et le Nouveau-Brunswick, car les chasseurs les nourrissent maintenant pour augmenter leur population bien au-delà de ce que le terrain pourrait normalement supporter. Désormais les cerfs se promènent librement dans nos plates-bandes, qu'ils semblent considérer comme un supermarché libre-service conçu spécifiquement pour eux !

Les cerfs mangent les bourgeons des arbres, arbustes et conifères l'hiver, mais préfèrent le feuillage des vivaces l'été. Pas n'importe quel feuillage, mais quand ils découvrent qu'une plante a bon goût, souvent ils la mangent jusqu'au sol. Une rangée complète de hostas rasée au sol en plein été, ce n'est pas beau à voir.

Peu importe la méthode choisie pour éloigner les cerfs, elle sera toujours plus efficace si vous l'appliquez *avant* d'avoir un problème. En effet, tant que les cerfs ne savent pas qu'il y a quelque chose d'intéressant pour eux sur votre terrain, ils ne seront pas plus intéressés à visiter votre coin que n'importe quel autre.

Cerf de Virginie

Une fois qu'ils auront découvert qu'il y a un garde-manger extraordinaire chez vous, il sera difficile de les convaincre de ne pas revenir. Quand vous entendez que des voisins ont eu la visite d'un joli cerf, mettez-vous en branle avec des répulsifs, des effaroucheurs, des barrières ou toute autre méthode de votre choix, mais faites quelque chose avant qu'il ne soit trop tard!

Clôture anticerfs

La méthode la plus efficace pour limiter l'accès des cerfs – et aussi la plus coûteuse – consiste à construire une clôture anticerfs tout autour de votre terrain, clôture d'au moins 2,4 m de hauteur et enterrée à la base sur 60 cm, avec une porte que vous garderez fermée en permanence.

Le truc le plus facile pour réduire les dégâts consiste toutefois à remplacer les végétaux que les cerfs aiment par des végétaux qu'ils n'aiment pas! Dans la section 2, le symbole ✖ indique une plante que les cerfs n'apprécient pas particulièrement. Sachez que, en cas de famine, les cerfs mangeront presque n'importe quelle plante (surtout en hiver quand, heureusement, la plupart de nos vivaces sont sagement endormies sous la neige), mais les plantes indiquées résisteront aux cerfs dans les situations normales.

Sachez aussi que les cerfs sont craintifs de nature et cherchent à éviter les nouveaux bruits, mouvements et odeurs. D'où les nombreux effaroucheurs et répulsifs souvent recommandés pour les éloigner des plates-bandes: cheveux humains, poils d'animaux, chiffons blancs ou assiettes d'aluminium suspendues à des cordes, épouvantail, urine de prédateur (coyote, puma, lion, etc.), savons parfumés, farine de sang, œufs pourris, pulvérisations à base d'ail, radio allumée la nuit, appareils à ultrasons, naphtaline (boules à mites), etc. Toutes ces méthodes fonctionneront un certain temps. Après une semaine ou deux, et encore, surtout si les cerfs savent qu'il y a de quoi manger chez vous, ils se rendront compte qu'il n'y a pas de danger et seront de retour. Pour les éloigner, vous pouvez changer régulièrement, disons aux deux semaines, de système ou de produit d'effarouchement; ça fonctionne bien, mais vous viendrez vite à manquer d'idées.

Effaroucheur Scarecrow

L'effaroucheur qui semble embêter les cerfs le plus longtemps est un arroseur muni d'un détecteur de mouvement. On en vend sous la marque «Scarecrow», mais les jardiniers les plus débrouillards et les plus habiles avec les gadgets technologiques pourraient sans doute s'en fabriquer un eux-mêmes. Le truc, c'est de régler le jet pour qu'il couvre la zone que fréquente l'animal *sans* arroser les habitants de la demeure. Il n'y a rien d'aussi efficace que de toucher à l'animal (seulement avec de l'eau, bien sûr) pour lui faire peur. Habituellement, cette méthode élimine complètement les cerfs du secteur.

CHAPITRE 7 ▸ MALADIES ET PARASITES

▸ Chats

Chat

Que les amateurs de chat (*Felix domesticus*) m'excusent mais je dois mettre leur animal préféré sur la liste des animaux nuisibles, car dans la plate-bande, il *est* souvent nuisible. Parfois il se roule dans les plantes, parfois il les déchiquette, mais les pires dégâts viennent plutôt de son habitude de creuser dans les espaces dénudés pour faire ses besoins. Or, dans une plate-bande, ces espaces ne sont *pas* dénudés, pas de notre point de vue du moins. C'est ainsi que le chat arrache ou renverse semis, jeunes plants, etc. De plus, une fois qu'il a choisi un endroit, il revient encore et encore, ce qui rend l'espace non seulement réellement dégarni mais nauséabond aussi.

Voici alors quelques trucs pour chasser les chats indésirables :
- tenez l'emplacement très humide par des arrosages répétés : les chats détestent avoir les pattes humides ;
- mettez un grillage à poule sur les lieux de semis : les chats ne pourront plus gratter le sol, mais les semis pourront pousser à travers le grillage ;
- disposez des poils de chien sur l'emplacement ; à défaut de posséder un chien, vous pouvez demander du poil dans un salon de toilettage ;
- les paillis plutôt rugueux ou même piquants, comme les paillis d'écorce, des cocottes de conifère brisées, des branches d'épinette, des retailles de rosier ou des pierres, tiendront aussi les chats au large ;
- un effaroucheur muni d'un détecteur de mouvement (voir la page précédente) est *très* efficace pour éloigner les chats d'une plate-bande de vivaces.

▸ Lapins et lièvres

Lapin à queue blanche

Autrefois surtout cantonné en Ontario, on voit de plus en plus le minuscule lapin à queue blanche (*Sylvilagus floridanus*) au Québec, notamment dans les jardins de banlieue et même de villes du sud-ouest de la province (il est toutefois absent ailleurs dans la province et les Maritimes), alors que ses grands cousins à oreilles plus longues, le lièvre d'Amérique (*Lepus americanus*) et le lièvre arctique (*Lepus arcticus*), sont abondants partout sur notre territoire mais restent encore essentiellement campagnards. Les trois amis raffolent de nos plates-bandes en été et se délectent de l'écorce de nos arbustes et jeunes arbres l'hiver. Durant l'été, une application de farine de sang sur le sol peut les éloigner quelque temps. L'effaroucheur muni d'un détecteur de mouvement Scarecrow (page 72) est aussi très efficace. Sachez cependant

CHAPITRE 7 — MALADIES ET PARASITES

que les plantes que les cerfs n'apprécient pas (indiquées par le symbole ✗) n'attirent généralement pas les lapins et lièvres non plus. Donc, en sélectionnant judicieusement les végétaux que vous voulez cultiver, vous réduirez les dégâts au minimum.

◆ Marmottes

La marmotte, ou siffleux (*Marmota monax*), est moins un problème dans la plate-bande que dans le potager, mais elle peut quand même raser au sol les vivaces qu'elle trouve intéressantes. Ici encore, comme pour les lapins et les lièvres, les plantes que les cerfs n'aiment pas ne plairont généralement pas aux marmottes non plus. Recherchez donc le symbole ✗ si les marmottes sont problématiques dans vos plates-bandes.

Marmotte

Maladies

Blanc	Mildiou
Carences	Moisissure grise
Fonte des semis	Rouille
Fumagine	Taches foliaires
Gel	Virus

Première chose à savoir sur les maladies des végétaux : on peut parfois les ralentir ou arrêter leur progrès, mais on ne peut effacer les dégâts. Ainsi, la plante souffrante continue d'avoir l'air malade, même quand le traitement est « efficace ». Contrairement aux insecticides, avec lesquels le jardinier constate *de visu* que le « problème » disparaît après le traitement (quand il ne voit plus l'insecte qui le dérangeait), les divers fongicides paraissent peu efficaces, car la plante reste aussi « maladive » qu'auparavant. On peut donc se demander s'il vaut la peine de réagir.

Personnellement, je ne traite presque jamais les maladies qui apparaissent sur mes vivaces. Souvent le problème est sporadique de toute façon : beaucoup de maladies sont transmises par le vent ou par des insectes et apparaissent subitement, favorisées par des conditions climatiques particulières qui ne risquent pas de se répéter, pour ne plus jamais refaire surface. Pourquoi alors réagir ? Si la maladie revient une autre année, il suffit d'arracher la plante infestée et le problème est réglé.

Les maladies peuvent être causées par des champignons, des bactéries, des mycoplasmes, des virus et d'autres organismes encore. Les symptômes sont variables : taches, trous, jaunissement ou poudre sur les feuilles, pourriture ou noircissement des tiges, des

CHAPITRE 7 ▸ MALADIES ET PARASITES

racines ou du collet. Identifier avec précision une maladie prend souvent un œil de maître et de préférence un laboratoire de recherche personnel !

Donc, la prévention demeure le meilleur remède. Dans cette perspective, vous pouvez mettre toutes les chances de votre côté en suivant les règles suivantes :

- donnez aux plantes l'exposition qui leur convient (les végétaux plantés trop à l'ombre sont davantage touchés par les maladies) ;
- assurez une aération adéquate, ce qui assèche le feuillage après une pluie (les maladies se développent fréquemment sur les feuilles qui restent humides) ;
- au cours des arrosages, évitez de mouiller le feuillage des vivaces (un tuyau suintant ou un système d'irrigation goutte-à-goutte, pages 45 et 46, sont très utiles à cet égard). Si vous devez arroser par aspersion, faites-le le matin pour que le feuillage puisse sécher au soleil. Évitez d'arroser en fin de journée ou en soirée, car le feuillage restera humide plus longtemps ;
- évitez le plus possible de tailler les vivaces durant la saison de croissance (suppression des fleurs fanées, par exemple) et, s'il faut le faire, stérilisez le sécateur avec de l'alcool à friction entre chaque coupe, car la transmission des maladies par les outils sales est un facteur majeur dans leur dispersion ;
- arrachez et détruisez les plantes qui souffrent de maladie chronique, et évitez de les ajouter au compost pour ne pas risquer de transmettre la maladie à d'autres végétaux ;
- si la maladie est surtout d'ordre d'esthétique (blanc ou rouille sur le feuillage) et n'empêche pas la plante de fleurir joliment, plantez les végétaux vulnérables au fond de la plate-bande, là où les dégâts sur le feuillage ne seront pas visibles ;
- paillez le sol, car cela garde le pied des plantes plus « propre » ; on sait que la terre projetée sur le bas des végétaux par les gouttes de pluie est une cause importante de transmission de maladies.

▸ Blanc

Phlox infesté de blanc

Quand on voit le premier symptôme du blanc (aussi appelé mildiou poudreux ou parfois oïdium*), soit l'apparition d'une « poudre blanche » sur la feuille, il est déjà trop tard pour intervenir. Cette poudre résulte en fait de l'apparition des sporanges (organes producteurs de spores), soit l'*avant-dernière* étape de la maladie (à la dernière étape, la feuille noircit et meurt). Avant que les sporanges apparaissent, la maladie avait déjà envahi les feuilles depuis des semaines ou même des mois. Il faut donc *prévenir* le blanc, car on ne peut en guérir la plante.

Chez les vivaces, le blanc frappe surtout en fin d'été, quand le sol est sec mais que les feuilles sont couvertes de rosée le matin. Il est généralement spécifique : le blanc des phlox n'est pas le même que le blanc des monardes ni que le blanc des pivoines, et il ne peut pas

---

* *L'oïdium* (Oidium *spp.*) *est seulement l'un des nombreux champignons pouvant causer le blanc.*

infester d'autres végétaux que son hôte. Les spores légères sont transportées d'une plante infestée à une autre par le vent, ce qui rend le blanc difficile à contrôler.

Notez que, du moins chez les vivaces, le blanc est surtout une maladie esthétique : rarement tue-t-il son hôte. On peut alors tout simplement tolérer sa présence. Comme il touche surtout le feuillage inférieur, planter le végétal infesté au deuxième ou troisième plan s'avère une solution intéressante et facile. Les traitements de prévention (des fongicides comme le soufre, le bicarbonate de soude, l'huile horticole ou le neem) doivent être répétés depuis le début de la saison de croissance, mais ils sont rarement très efficaces. Aussi je suggère fortement de détruire les végétaux infestés si vous ne supportez pas la présence de cette maladie plutôt que d'essayer de la traiter. Heureusement, il existe des cultivars résistants au blanc chez la plupart des végétaux sujets à cette maladie (phlox, monarde, aster, pivoine, etc.).

Contrairement à la croyance populaire, couper et brûler les tiges atteintes n'est d'aucune utilité dans la prévention du blanc.

● Carences

Feuillage montrant une probable carence en fer

Une carence n'est pas une véritable maladie et n'est surtout pas transmissible d'une plante à une autre. C'est tout simplement que la plante ne reçoit pas assez d'un élément minéral quelconque. Normalement, on trouve ces éléments minéraux dans le sol, mais un minéral peut être absent, ou encore présent mais non disponible. D'ailleurs, le deuxième cas est le plus fréquent en horticulture : les sols très acides ou très alcalins « retiennent » certains minéraux et ne les libèrent pas facilement au profit des plantes... qui souffrent alors de carence. Habituellement, les feuilles d'une plante souffrant d'une carence jaunissent, rougissent ou présentent des « brûlures » diverses... mais allez donc savoir lequel des 16 éléments et oligoéléments il lui faut !

Les algues marines et les émulsions de poisson contiennent tous les oligoéléments et corrigent alors rapidement la situation : on les vaporise sur le feuillage et la plante reprend généralement sa coloration verte en quelques jours seulement. Si la carence revient ou est généralisée (c'est-à-dire que de nombreux végétaux en souffrent), obtenez une analyse de sol et corrigez tout problème indiqué : un sol trop acide ou alcalin, notamment. L'apport régulier de compost ou l'utilisation d'un paillis qui se décompose a tendance à maintenir un bon équilibre du sol et prévient les carences... à condition de bien contrôler le pH (page 25).

● Fonte des semis

La fonte des semis se manifeste quand de jeunes semis tombent sur le côté sans raison apparente.

CHAPITRE 7 ▸ MALADIES ET PARASITES

La fonte des semis est une maladie qui frappe les jeunes semis. Un jour tout va bien, le lendemain ils sont couchés sur le côté, comme s'ils avaient été pincés à la base. La maladie est très rare sur les semis faits en pleine terre, car il y règne généralement une bonne circulation d'air. La maladie ne se développant que là où l'air stagne, elle est donc plus courante sur les semis faits à l'intérieur.

Pour prévenir la fonte des semis, assurez-vous d'utiliser toujours un sac de terreau fraîchement ouvert et de recouvrir les plateaux et contenants de semis d'un dôme ou d'une feuille de plastique pour empêcher les spores de la maladie, présentes dans l'air en toute saison, d'atteindre les jeunes semis. Ou, encore, saupoudrez le terreau des semis d'une mince couche de sphaigne réduite en poudre (vous pourriez passer de la sphaigne sèche dans un mélangeur). La sphaigne a des propriétés antibiotiques et aide ainsi à prévenir la maladie.

▸ **Fumagine**

Fumagine

Cette maladie aussi est surtout esthétique et suit toujours une infestation d'insectes qui produisent du miellat, notamment les pucerons. Le feuillage et les tiges se couvrent d'une poudre noire qui s'enlève lorsqu'on les frotte avec un linge humide. Les champignons qui causent la fumagine se nourrissent du miellat produit par les insectes et ne touchent pas aux tissus des végétaux. En principe, donc, la plante n'est pas très dérangée par la fumagine, mais quand tout le feuillage en est couvert, la plante n'arrive plus à absorber les rayons du soleil et les feuilles peuvent alors tomber. Pour traiter cette maladie, éliminez *d'abord* l'insecte en cause. Par la suite, vous pouvez laver les feuilles avec un linge savonneux pour enlever la fumagine.

▸ **Gel**

Dommages causés par le gel aux feuilles de hosta.

Non, le gel n'est pas une maladie, mais il fallait bien placer ce problème quelque part dans ce chapitre! Les dégâts dus au gel sont surtout fréquents tôt au printemps et, bien sûr, à l'automne, mais ils peuvent survenir même en été, notamment dans les régions nordiques. On remarque le problème surtout quand un printemps particulièrement hâtif et chaud incite les vivaces à sortir plus tôt que d'habitude et qu'un gel survient par la suite. C'est que les feuilles encore tendres du printemps ne sont pas suffisamment endurcies pour résister à un gel même très léger. Malgré tout, beaucoup de végétaux tolèrent très bien le gel; leurs feuilles peuvent être couvertes de givre le matin et ne montrer aucun dommage en après-midi.

Si l'on sait qu'il y aura du gel, on peut généralement prévenir ses conséquences en recouvrant les végétaux en croissance d'une «tente» faite de piquets enfoncés dans la plate-bande et recouverts sommairement de toile, de géotextile, d'une couverture flottante, de papier journal ou même d'un drap ou d'une couverture, et fixée au sol par des briques ou des roches. Ou on peut tout simplement ouvrir un arroseur: l'eau coulant sur le feuillage l'empêchera de geler.

Si on découvre des dégâts par suite d'un gel – feuillage blanchi, noirci, translucide, etc., notamment à partir de l'extrémité –, on peut couper le feuillage endommagé ou laisser tout simplement les nouvelles feuilles venir le cacher, car la vaste majorité des vivaces produiront beaucoup d'autres feuilles au cours de l'été. Curieusement, peu de *fleurs* printanières sont touchées par le gel, car la plupart des vivaces qui fleurissent tôt au printemps, comme l'hellébore, sont génétiquement résistantes au froid extrême.

À l'automne, le gel est, jusqu'à un certain point, normal. Dans nos régions, le gel automnal est en effet inévitable et surviendra tôt au tard. Un gel sévère met fin à la floraison de toutes les vivaces sauf les plus résistantes, mais elles refleuriront sans problème la saison suivante.

◗ Mildiou

On parle ici de l'*autre* mildiou, le mildiou poudreux étant plus connu sous le nom de blanc. Si le blanc se forme sur le dessus des feuilles, le mildiou commence au revers. Le mildiou tout court (les Anglais l'appellent «downy mildew» ou mildiou duveteux) a été longtemps considéré comme une maladie fongique (c'est-à-dire un champignon), mais on vient de découvrir qu'il s'agit en fait d'une algue. Pourtant, la «mousse blanche duveteuse» qui se forme sous la feuille ressemble très peu à une algue classique. Avec le temps, une tache brune traverse la feuille et provoque parfois du duvet blanc sur le dessus de la feuille aussi. Les feuilles brunissent et s'entortillent. Les tiges et les fleurs sont fréquemment affectées. La maladie se propage rapidement aux tissus sains quand les conditions sont propices et la partie atteinte meurt. Il y a des centaines de lignées de mildiou, la plupart spécifiques à une plante hôte. Ainsi, comme le blanc, le mildiou qui s'attaque à un genre végétal ne peut en toucher un autre.

Le mildiou étant une maladie de saison fraîche et pluvieuse, il est rarement au rendez-vous par un été chaud et surtout sec. Et l'une des meilleures façons de le prévenir est d'arroser avec un tuyau suintant pour ne pas mouiller le feuillage. Aussi, arrosez le matin plutôt que le soir.

Quant au traitement, le plus efficace consiste à couper la partie atteinte. Sachez que le mildiou réagit peu aux fongicides classiques (ce qui n'est pas surprenant, maintenant qu'on sait qu'il s'agit d'une algue et non d'un champignon), mais les traitements au cuivre (la bouillie bordelaise, par exemple) peuvent être efficaces pour arrêter le progrès de la maladie. Si une plante redevient infestée d'année en année, mieux vaut la supprimer et la remplacer par un végétal résistant.

Mildiou

Moisissure grise

Moisissure grise

La moisissure grise, ou botrytis (*Botrytis cinerea*), est surtout fréquente par temps très humide, donc pendant un été particulièrement pluvieux dans un emplacement sombre et tassé. Loin d'être une maladie spécifique, elle peut s'attaquer à presque n'importe quelle plante. Elle infeste surtout les feuilles inférieures, sur lesquelles elle forme des points ou des plaques ressemblant à du duvet gris. Elle peut aussi investir les jeunes tiges et est très fréquente sur les fruits. Les tissus atteints ramollissent et noircissent, puis pourrissent. La maladie commence souvent sur des feuilles mortes ou endommagées, mais s'étend facilement aux tissus sains si les conditions sont propices. Certaines plantes peuvent en mourir (en général des plantes faibles ou pas à leur place), mais la plupart récupèrent très bien.

Habituellement on ne remarque la maladie que lorsqu'elle a fini son œuvre et qu'il y a un amas de tiges ou de feuilles mortes et pourrissantes. Dans ce cas, il y a peu besoin d'agir sinon de couper les sections mortes. Si le problème revient une autre année, par contre, il y a lieu de se demander si les plantations dans le secteur ne sont pas trop denses et, si c'est le cas, d'éclaircir en coupant ou en déterrant les plantes en excès. Il y a peu à faire pour prévenir la moisissure grise, qui a tendance à être très sporadique et dépendante de conditions atmosphériques, sinon de prendre l'habitude d'arroser le matin plutôt que le soir, sans humidifier le feuillage.

Rouille

Feuillage de rose trémière (*Alcea rosea*) atteint de rouille

Il y a des milliers d'espèces de champignons responsables de la rouille, la plupart très spécifiques à certaines espèces. La rouille la plus connue de l'amateur de vivaces est toutefois la rouille de la rose trémière (*Alcea rosea*). On la reconnaît aux pustules orangées à l'arrière de la feuille et aux taches de diverses couleurs sur la surface supérieure. Parfois les taches s'agrandissent pour infester toute la feuille et, en fin de compte, la tuer. Une fois qu'elle a trouvé son hôte, la rouille sera de retour tous les ans (s'il s'agit d'une plante pérenne). Mais elle tue rarement la plante. Habituellement, d'ailleurs, celle-ci était déjà infestée à l'achat !

On *peut* prévenir l'apparition des symptômes de la maladie en vaporisant un fongicide biologique aux 10 jours, du printemps jusqu'à la fin de l'été, mais soyons raisonnables : vous voyez-vous vraiment avoir à faire ça ? La première solution du jardinier paresseux en pareil cas est d'éviter les plantes à problèmes, ou d'arracher et de détruire les plantes touchées.

CHAPITRE 7 ❖ MALADIES ET PARASITES

On peut toutefois apprendre à vivre avec la rouille si l'on est capable de fermer les yeux sur les dégâts inesthétiques qu'elle cause. Dans le cas de la rose trémière, par exemple, la maladie affecte le feuillage inférieur, mais pas la floraison. Alors si on cache le feuillage, le problème est réglé. Comme la rose trémière est une plante très haute, il est facile de cacher ses feuilles inférieures derrière des végétaux plus bas.

Enfin, beaucoup de végétaux fréquemment atteints par la rouille ont de proches parents ou des cultivars qui résistent à la maladie. Plantez-les et vous aurez la paix !

❖ Taches foliaires

Taches foliaires causés par le champignon *Septoria*

Divers champignons, bactéries et virus peuvent causer des taches sur ou sous les feuilles, mais aussi la pollution, la sécheresse et autres problèmes environnementaux. Les taches peuvent être petites ou grandes, s'étendre pour recouvrir la feuille ou non, et sont souvent jaunes, brunes ou noires, mais peuvent être d'autres couleurs. Presque toutes les plantes souffrent de taches foliaires de temps à autre, et il n'y a pas lieu de s'en inquiéter s'il n'y a que quelques taches sur quelques feuilles, surtout si elles ne s'étendent pas. Si le problème devient chronique (présent plus de deux ans d'affilée) et que la plante en est déparée, arrachez-la et remplacez-la par une plante moins vulnérable, car déterminer la véritable cause des taches foliaires, et ainsi peut-être trouver une solution, est très, très difficile.

❖ Virus

Virus X du hosta

Les virus sont certainement les maladies les plus mystérieuses des plantes. Dans plusieurs cas, il n'y a aucun symptôme, sinon que la plante manque de vigueur, et ainsi la maladie peut-elle passer inaperçue. Certains virus présentent cependant des symptômes plus manifestes : la plante reste naine, des bigarrures, des auréoles ou des mosaïques apparaissent sur les feuilles, les fleurs peuvent être décolorées, etc. Parfois les virus sont transportés de plante en plante par des insectes comme les pucerons, les thrips, les aleurodes et les tétranyques, parfois le vecteur principal est l'être humain (les fumeurs, par exemple, transmettent souvent la mosaïque du tabac aux plantes qu'ils touchent), et parfois on ne connaît pas le coupable. Une fois qu'une plante est infestée par un virus, il n'y a plus rien à faire sinon l'arracher et la brûler avant que le virus se propage à d'autres végétaux.

CHAPITRE 7 ▶ MALADIES ET PARASITES

Mauvaises herbes

Arrachez les mauvaises herbes, puis remplissez le trou de paillis pour prévenir la germination d'autres mauvaises herbes.

Nous avons déjà vu qu'on peut éliminer les mauvaises herbes d'une nouvelle plate-bande en y posant une barrière de papier journal (page 26) et qu'un paillis posé par-dessus un sol débarrassé des mauvaises herbes permet de le conserver pratiquement libre de ces indésirables (page 28). Le paillis en prévient la germination, et si une mauvaise herbe ne peut même pas germer, elle n'ira pas loin ! Il reste quand même que quelques mauvaises herbes réussissent à passer à travers cette défense. Alors, comment les contrôler ?

En fait, c'est très facile. Il suffit d'arracher les coupables et de replacer le paillis. Vous remarquerez d'ailleurs que les mauvaises herbes sont faciles à arracher dans une terre paillée, car elle ne se compacte pas. Ainsi, quand vous tirez sur la plante, elle se dégage facilement. Mais il est alors essentiel de remplir de paillis l'espace laissé vide, sinon il restera un trou de lumière qui permettra à d'autres mauvaises herbes de germer.

Ne sarclez surtout pas, vous aggraveriez la situation !

Allons voir maintenant des vivaces intéressantes pour les jardiniers paresseux.

Section 2

Photos: Josée Fortin

La bible des vivaces

Cette section présente un nombre sans précédent de vivaces adaptées aux climats tempérés : plus de 8000 espèces et cultivars ! Pour faciliter la recherche, les plantes ont été regroupées par thèmes : floraison durable, plante d'ombre, plante de milieu humide, etc. Chaque espèce est présentée dans la catégorie la plus logique. Comme une plante peut être dans plus d'une catégorie (par exemple, elle pourrait être à la fois résistante à la sécheresse et une vivace couvre-sol), vous pourrez la localiser dans l'index si elle n'est pas dans le chapitre où vous croyiez la trouver.

Vous noterez également les icônes utilisées pour déterminer rapidement certaines particularités de la plante. La plupart de ces symboles sont classiques et s'interprètent sans problème, mais voici tout de même une légende pour vous aider.

- ☀ Soleil
- ☀ Soleil printanier
  (exige du soleil au printemps, mais tolère l'ombre le reste de l'année)
- ☼ Mi-ombre
- ● Ombre
- 🚫 Attire peu les cerfs et autres herbivores (lièvres, lapins, marmottes, etc.)
- ❤ Coup de cœur : l'une des plantes préférées de l'auteur
- ☠ Plante toxique
- ✿ Floraison durable : 6 semaines ou plus
- 🌸 Parfumé
- 🍃 Pensez-y bien : défaut qu'il vaut mieux connaître avant de cultiver la plante
- 🔥 Variété déconseillée

83

Vivaces vraiment sans entretien

Bienvenue dans le club sélect des jardiniers de vivaces qui peuvent réellement pousser sans votre aide. Dans ce chapitre, je n'ai retenu que les vivaces les plus solides, les plus durables, les plus faciles. Si vous choisissez bien (il y a quand même des choix à faire parmi ces plantes solides, comme choisir des pivoines aux tiges robustes plutôt que des variétés qui s'écrasent au sol à la floraison, ou des hostas résistant aux limaces plutôt que des hostas-charpie), vous pourrez en faire des plates-bandes du tonnerre qui n'exigeront, comme seul entretien, que l'ajout occasionnel de paillis et la suppression de toute tige encore debout au printemps. De plus, la plupart de ces plantes poussent de façon assez dense pour que même les mauvaises herbes n'aient pas de prise sur elles.

Attention, cependant : les vivaces vraiment sans entretien sont généralement à croissance lente mais sûre. Non, vous n'aurez pas la plus belle floraison la première année, ni même la deuxième, mais après quatre ou cinq ans, elles seront vraiment à leur meilleur et le resteront pendant 20 ans, 30 ans ou même plus.

Et ne pensez pas qu'elles vont finir par dominer toute votre plate-bande : ces vivaces forment généralement une touffe qui se densifie avec le temps, mais qui reste à sa place. Et moins vous les divisez, mieux elles fleurissent !

Donc, plantez-les, paillez-les et allez les admirer de votre hamac, car les contempler est à peu près tout le travail que vous aurez à faire avec ces plantes performantes.

Acanthe de Hongrie	86
Aconit	88
Amsonie	95
Baptisia	100
Cœur-saignant des jardins	107
Fraxinelle	111
Hémérocalle	115
Hosta	134
Pivoine herbacée	154
Renouée polymorphe	178

Acanthe de Hongrie

Acanthus hungaricus (A. bulgaricus)

Acanthus hungaricus

Famille : Acanthacées

Origine : Europe et Asie

ACANTHE DE HONGRIE
Acanthus hungaricus (A. bulgaricus)

Nom anglais : Hungarian Bear's Breeches

Dimensions : 75-120 cm x 80 cm

Exposition :

Sol : bien drainé

Floraison : juillet-septembre

Multiplication : boutures de tige, boutures de racine, division, semences

Utilisations : plate-bande, fleur coupée, fleur séchée, plante médicinale

Associations : bergenias, phlomis, heuchères

Zone de rusticité : 4

L'acanthe de Hongrie est la seule espèce rustique d'un genre très connu en Europe. Elle forme une rosette de grandes feuilles vert foncé et luisantes, divisées en plusieurs lobes pointus mais pas véritablement épineux. Par leur forme, les feuilles rappellent des feuilles de chardon extra larges. L'acanthe n'est toutefois nullement apparentée aux véritables chardons (*Cirsium* et autres de la famille des Astéracées). Les feuilles sont d'ailleurs attrayantes en soi ; historiquement, l'acanthe était davantage cultivée pour son feuillage que pour ses fleurs, et la feuille d'acanthe servait de décoration sur les colonnes grecques.

Les fleurs de l'acanthe sont portées en épi sur des tiges épaisses et solides qui ne cassent pas au vent. Chaque fleur est composée d'une corolle blanche ou rose très pâle

SECTION 2 — VIVACES VRAIMENT SANS ENTRETIEN

et d'un calice pourpre très foncé en forme de capuchon qui surplombe la corolle et la cache partiellement. Le calice a une allure un peu sinistre, avec sa couleur sombre et ses épines latérales (oui, même si les feuilles ne sont pas épineuses, les fleurs le sont !); il ressemble vaguement à une tête de dragon. La corolle, relativement durable, persiste trois ou quatre semaines, mais le calice pourpre foncé, qui devient peu à peu rose pourpré, persiste tout l'été et une partie de l'automne avant de jaunir, ce qui donne l'impression d'une floraison qui dure et qui dure. L'épi, pourtant parfaitement résistant aux limaces pendant la véritable floraison, peut toutefois être endommagé par celles-ci à mesure qu'il jaunit.

L'acanthe préfère la mi-ombre et ne souffre nullement du plein soleil. Les plants placés trop à l'ombre font un beau feuillage, mais fleurissent peu. Elle tolère les sols pauvres et secs, même graveleux, mais réussit très bien dans un sol riche aussi. Elle préfère les sols acides aux sols alcalins et supporte la sécheresse une fois établie.

Plantez l'acanthe à demeure : sa croissance est très lente et la plante n'apprécie pas particulièrement les dérangements. Si vous la déplacez, de multiples rejets ressortiront du sol là où elle était, car elle repousse facilement à partir des racines laissées sur place.

Espèce déconseillée

A. mollis
Acanthe molle
(Common Bear's Breeches)
Parfois offerte, mais insuffisamment rustique pour nos régions (zone 7).

▷ **Acanthe de Hongrie**
  Aconit
  Amsonie
  Baptisia
  Cœur-saignant
  Fraxinelle
  Hémérocalle
  Hosta
  Pivoine herbacée
  Renouée polymorphe

Acanthus mollis

www.jardinierparesseux.com

Aconit
Aconitum

Famille : Renonculacées

Origine : hémisphère Nord

Aconitum 'Stainless Steel' www.jardinierparesseux.com

ACONIT
Aconitum

Nom anglais : Monkshood

Dimensions : variables, 60-180 cm x 40-90 cm

Exposition :

Sol : bien drainé, humide et riche en matière organique

Floraison : variable

Multiplication : division, semences, culture *in vitro*

Utilisations : plate-bande, arrière-plan, sous-bois, pré fleuri, fleur coupée, fleur séchée, plante médicinale

Associations : bulbes à floraison printanière, cimicifuges, anémones du Japon, graminées

Zone de rusticité : variable, 2 ou 3

Le genre *Aconitum* compte quelque 250 espèces dispersées un peu partout dans l'hémisphère Nord. La plupart sont de grandes vivaces dressées aux racines fibreuses ou tubéreuses, mais il existe aussi des espèces naines et même des grimpantes. Le feuillage est caractéristique : palmé aux lobes fortement découpés, surtout basilaires et formant donc une grande rosette d'où s'élèvent des tiges florales moins feuillues, coiffées d'une tige de fleurs de forme unique, car couvertes d'un « casque », d'où deux de ses noms communs, « capuchon de moine » et « casque de Jupiter ». Les fleurs sont surtout dans des teintes de bleu, de violet et de blanc, mais il existe aussi des variétés à fleurs roses et à fleurs jaunes.

SECTION 2 ▶ VIVACES VRAIMENT SANS ENTRETIEN

Par son port dressé et son feuillage découpé, ainsi que la couleur de ses fleurs, l'aconit ressemble beaucoup au delphinium, aussi appelé pied d'alouette (*Delphinium*, tome 2), dont il est un très proche parent. Les fleurs capuchonnées de l'aconit permettent toutefois de le distinguer instantanément de son cousin aux fleurs grandes ouvertes. D'ailleurs, l'aconit, de culture facile et longévif, remplace avantageusement les delphiniums, qui sont, pour la plupart, exigeants et plutôt éphémères.

La floraison des aconits, souvent très durable, persiste jusqu'à six semaines, même si, à la fin, les quelques fleurs restantes ont moins d'effet. De plus, comme il existe des aconits hâtifs, mi-saison, tardifs et très tardifs, on peut, si l'on fait attention au moment de la sélection, avoir des aconits en fleurs du début de l'été jusqu'aux neiges.

Notez que l'aconit est très toxique si ingéré : 🍃 si vous le taillez ou le divisez, mieux vaut mettre des gants pour ne pas accidentellement porter la sève à vos lèvres. En Asie, la sève de l'aconit était d'ailleurs utilisée dans la fabrication de flèches empoisonnées.

L'aconit se plaît parfaitement au plein soleil dans le Nord, mais il préférera la mi-ombre là où les étés sont chauds. Il poussera même à l'ombre si elle n'est pas trop dense, 🍃 mais les tiges des variétés très hautes deviennent alors fragiles et peuvent ployer sous leur propre poids. Ainsi, un peu de soleil est préférable.

L'aconit s'adapte facilement à presque tous les sols bien drainés, mais préfère un sol plutôt humide et riche en matière organique, pas trop alcalin. Cette plante à feuillage caduc 🍃 est souvent lente à s'établir (il faut attendre au moins quatre ans pour que certains cultivars donnent leur pleine performance), mais elle est alors permanente : vous la plantez et elle est là à vie. La division n'est jamais nécessaire, car l'aconit se multiplie peu au pied et, de ce fait, ne s'étouffe pas.

🍃 L'aconit n'est pas la plante la plus facile à diviser, car certaines espèces parmi les plus populaires (*A.* x *cammarum*, *A. carmichaelii*, etc.) ont des racines tubéreuses très fragiles et n'aiment pas être dérangées. Les variétés à racines plus minces, comme *A.* 'Ivorine', tolèrent cependant la division sans broncher et sont de ce fait faciles à multiplier.

Pour la multiplication par semences, semez les graines fraîches directement à l'extérieur, sans les recouvrir (elles ont besoin de lumière pour germer), à l'automne. Elles germeront au printemps sans autre effort. Les graines en sachet, c.-à-d. séchées, germent avec moins d'enthousiasme. Semez-les dans la maison dans un terreau humide, puis, après deux à quatre semaines de températures chaudes, exposez-les pendant quatre à six semaines au froid (au frigo, par exemple), puis encore à la chaleur. Un deuxième traitement froid/chaud peut être nécessaire pour les « réveiller ».

Les aconits sont peu touchés par les insectes, 🍃 mais certains (notamment *A.* x *cammarum*) ont des problèmes de taches foliaires causées par la verticillose ou même de pourriture. Pour les prévenir, évitez les sols glaiseux ou détrempés et rapportez aux marchands (en vous plaignant, bien sûr) les plantes qui en souffrent, car généralement ces maladies étaient déjà présentes lors de l'achat de la plante.

Espèces

Impossible de vous décrire tous les aconits dans ce livre. Voici toutefois les variétés les plus courantes.

Acanthe de Hongrie
▷ **Aconit**
Amsonie
Baptisia
Cœur-saignant
Fraxinelle
Hémérocalle
Hosta
Pivoine herbacée
Renouée polymorphe

89

SECTION 2 ▸ VIVACES VRAIMENT SANS ENTRETIEN

Aconitum x cammarum 'Bicolor'

☘️☠️ **Aconitum x cammarum**
Aconit bicolore
(Bicolor Monkshood)

☘️ Demande souvent un tuteur, sujet aux maladies foliaires.

Très ancien hybride de *A. variegatum* et *A. napellus*; on connaît surtout aujourd'hui le cultivar 'Bicolor' (décrit ci-dessous). Les fleurs de l'espèce hybride d'origine, si vous la trouvez, sont assez grosses et bleu violacé, au capuchon bien développé, bien espacées sur ☘️ une tige ramifiée souvent courbée ou tordue. Floraison : juillet-août. 90-120 cm x 60 cm. Zone 2.

☠️ **A. x cammarum 'Bicolor'** (*A. bicolor*) : très ancien cultivar, c'est la forme la plus connue d'*A. x cammarum*, aux fleurs blanches marginées de bleu violacé. ☘️ Malheureusement, ses tiges ploient généralement sous le poids des fleurs et les feuilles sont sujettes aux maladies. Floraison : juillet-août. 90-120 cm x 60 cm. Zone 2.

❤️ ☠️ **A. x cammarum 'Eleanora'** : blanc crème, parfois avec une mince marge bleu-violet. Plus compact que 'Bicolor' et à tige dressée n'exigeant normalement aucun support. Une belle preuve que tous les *A. x cammarum* ne sont pas aussi « poches » que 'Bicolor' ! Floraison : juillet-août. 100 cm x 50 cm. Zone 2.

☠️ **A. x cammarum 'Grandiflorum Album'** : fleurs blanches. Floraison : juillet-août. 90-120 cm x 60 cm. Zone 2.

❤️ ☠️ **A. x cammarum 'Pink Sensation'** : fleurs rose pâle à marge plus foncée. Coloration fidèle qui ne se délave pas, contrairement à celle de plusieurs aconits roses. Floraison : juillet-août. 100-120 cm x 45-60 cm. Zone 3.

Aconitum carmichaelii groupe Arendsii

☠️ ✿ **Aconitum carmichaelii**
Aconit d'automne
(Fall Monkshood)

C'est une espèce très tardive, réellement à floraison automnale : elle est parfois encore en fleurs aux premières neiges ! C'est une plante solide qui n'exige pas de support, et dont le feuillage vert foncé et luisant reste beau toute la saison. Fleurs bleu-violet foncé. L'espèce est rarement cultivée, mais on trouve sur le marché plusieurs cultivars et sélections. Floraison : septembre-octobre. 90-180 cm x 90 cm. Zone 2.

♥ ☠ **A. carmichaelii groupe Arendsii** (syn. *A. fischeri* 'Arendsii') : c'est la forme la plus couramment disponible de *A. carmichaelii*. Très tardif (il fleurit en octobre et novembre chez moi), à grosses fleurs bleu azur. Exceptionnelle variété et l'un des meilleurs aconits ! Un hybride du célèbre obtenteur allemand George Arends, vers 1945. Comme il a été produit par semences et est donc un peu variable, le nom de cultivar 'Arendsii' lui a été retiré ; il faut le considérer comme un groupe plutôt que comme un cultivar, soit groupe Arendsii. Floraison : septembre-octobre. 120-180 cm x 90 cm. Zone 2.

☠ **A. carmichaelii 'Cloudy'** : tiges solides, port compact. Fleurs bicolores bleu-violet pâle et blanches. Très florifère. Floraison hâtive pour un « aconit d'automne » : juillet-août. 85 cm x 50 cm. Zone 2.

☠ **A. carmichaelii 'Royal Flush'** : nouveauté à croissance plus compacte. Feuillage rougeâtre au printemps. Fleurs bleu foncé. Floraison hâtive : juillet-août. 60 cm x 50 cm. Zone 2.

☠ **A. carmichaelii wilsonii** : cette sous-espèce et ses cultivars ont une floraison un peu plus hâtive. Fleurs bleu-violet. Floraison : fin août-septembre. 100-200 cm x 90 cm. Zone 2.

☠ **A. carmichaelii wilsonii 'Barker's Variety'** : fleurs bleu violacé plus clair. Floraison : fin août-septembre. 120-150 cm x 90 cm. Zone 2.

☠ **A. carmichaelii wilsonii 'Kelmscott'** : fleurs bleu lavande. Floraison : fin août-septembre. 140-180 cm x 90 cm. Zone 2.

☠ **A. carmichaelii wilsonii 'Spätlese'** (syn. 'Latecrop') : fleurs bleu clair. Floraison tardive, comme le nom le suggère : septembre-octobre. 120-180 cm x 90 cm. Zone 2.

Aconitum lycoctonum neapolitanum

☠ **Aconitum lycoctonum** (*A. pyrenaicum*)
Aconit tue-loup
(Wolfsbane Monkshood)

Le nom commun n'est pas trop encourageant : tue-loup. Il fait référence à l'utilisation de cette espèce dans les pièges à loups et démontre bien la toxicité commune à tous les aconits, car celle-ci n'est pas réputée plus toxique que les autres. De toute façon, peu de loups fréquentent nos plates-bandes

Espèce presque naine par rapport aux grands aconits, l'aconit tue-loup est particulièrement hâtif. Fleur étroite à capuchon en forme d'éperon courbé vers le haut, donnant un effet presque tubulaire. Fleurs portées assez éparpillées sur de nombreuses tiges qui zigzaguent, ce qui lui donne un effet moins rigide que d'autres aconits.

C'est un bon choix pour les coins plus ombragés, car il y fleurit mieux que les autres aconits. Avec ses racines fibreuses, la division de cette espèce est facile. Floraison : juillet-août. 100-120 cm x 45 cm. Zone 2.

SECTION 2 ▸ VIVACES VRAIMENT SANS ENTRETIEN

- Acanthe de Hongrie
- ▷ **Aconit**
  - Amsonie
  - Baptisia
  - Cœur-saignant
  - Fraxinelle
  - Hémérocalle
  - Hosta
  - Pivoine herbacée
  - Renouée polymorphe

SECTION 2 VIVACES VRAIMENT SANS ENTRETIEN

☠ *A. lycoctonum lycoctonum* : la forme sauvage typique, à fleurs bleu-violet ou bleu-gris, mais rare en culture. Floraison : juillet-août. 100-120 cm x 45 cm. Zone 2.

☠ ☼ *A. lycoctonum neapolitanum* (syn. *A. lamarckii*) : c'est le plus courant des aconits tue-loup en culture, vendu habituellement sous son ancien nom, *A. lamarckii*. Fleurs jaune pâle à blanc crème portées en grand nombre sur des tiges multiples sur une très longue saison : juillet-septembre. 100-120 cm x 45 cm. Zone 2.

🌶 ☠ *A. lycoctonum vulparia* : fleurs jaune pâle à blanc crème souvent très diffuses. 🍃 Demande un certain support et peut même devenir un peu grimpant. Moins attrayant que *A. lycoctonum neapolitanum*. Floraison : juillet-août. 100-120 cm x 45 cm. Zone 2.

Aconitum napellus

☠ **Aconitum napellus**
Aconit napel
(Common Monkshood)

C'est l'aconit classique des jardins, cultivé depuis des temps immémoriaux. Il fut introduit très tôt dans les jardins de simples de la Nouvelle-France, au point que, en se ressemant, il s'est établi à l'état sauvage çà et là au Québec. Dans certaines régions, on l'appelle sabot de la vierge, mais je n'encourage pas cette appellation, car elle provoque la confusion avec les orchidées du genre *Cypripedium*, aussi appelées sabots de la vierge.

C'est une belle plante au feuillage vert foncé, découpé plus que la moyenne pour un aconit, presque en dentelle. La tige florale, légèrement ramifiée, est généralement solide, du moins si on ne le cultive pas trop à l'ombre, et porte de grosses fleurs bleu violacé pendant quatre à six semaines.

Jusqu'à récemment, c'était l'espèce la plus fréquemment offerte en pépinière dans nos régions, mais on lui préfère aujourd'hui les variétés hybrides. Floraison : août-septembre. 90 à 120 cm x 60 cm. Zone 2.

☠ *A. napellus* 'Blue Valley' : un peu plus compact que l'espèce. Fleurs bleu-violet pâle à marge plus foncée. Floraison : août-septembre. 90 cm x 50 cm. Zone 2.

☠ *A. napellus napellus* groupe Anglicum (syn. *A. anglicum*) : fleurs bleu-mauve pâle. Floraison : août-septembre. 80-90 cm x 50 cm. Zone 2.

🌶 ☠ *A. napellus* 'Rubellum' : petites fleurs rose fade 🍃 qui brunissent rapidement. *A. napellus* 'Roseum' semble identique. Floraison : août-septembre. 100 cm x 60 cm. Zone 2.

☠ *A. napellus* 'Schneewittchen' ('Snow White') : fleurs blanches. Très semblable, sinon identique à *A. napellus vulgare* 'Albidum'. Floraison : août-septembre. 90-120 cm x 50 cm. Zone 2.

❤ ☠ *A. napellus vulgare* 'Albidum' ('Album') : fleurs blanc pur. Excellent contraste avec les nombreux aconits pourpres. Très semblable à *A. napellus* 'Schneewittchen', sinon identique. Floraison : août-septembre. 90-120 cm x 50 cm. Zone 2.

SECTION 2 VIVACES VRAIMENT SANS ENTRETIEN

Aconitum napellus 'Carneum'

Acanthe de Hongrie
Aconit
Amsonie
Baptisia
Cœur-saignant
Fraxinelle
Hémérocalle
Hosta
Pivoine herbacée
Renouée polymorphe

A. napellus vulgare **'Carneum'** : fleurs rose un peu saumoné. Spectaculaire là où les nuits sont fraîches, mais rapidement délavé ailleurs pour devenir blanc sale. Floraison : août-septembre. 100 cm x 50 cm. Zone 2.

Hybrides

Les plantes suivantes sont d'une origine hybride trop complexe pour les rattacher à une espèce en particulier.

A. **'Blue Lagoon'** : variété naine, peut-être même le plus petit de tous les aconits. Touffe dense d'épis floraux. Assez grosses fleurs bleu-violet vif. Floraison : juillet-août. 30 cm x 40-50 cm. Zone 3.

A. **'Blue Sceptre'** : variété compacte à tiges solides et à port très érigé. Fleurs blanches à marge bleu-violet en juillet-août. Une nette amélioration sur le populaire mais décevant 'Bicolor' (page 90) ! 65-75 cm x 40-50 cm. Zone 3.

Aconitum 'Blue Lagoon'

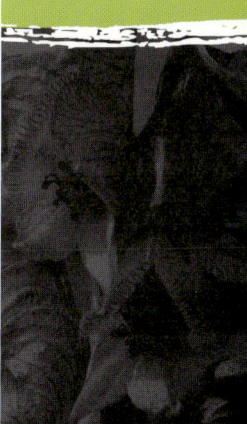

93

SECTION 2 ▸ VIVACES VRAIMENT SANS ENTRETIEN

♥ ☠ **A. 'Bressingham Spire'** : compact, tiges solides. Fleurs pourpre violacé foncé en panicules denses. Floraison : août-septembre. 75-90 cm x 45-60 cm. Zone 3.

classiques à floraison automnale, avec *A. carmichaelii* 'Arendsii'. Fleurs bleu foncé. 🌿 Demande parfois un peu de support. Floraison : septembre-octobre. 120-150 cm x 45-60 cm. Zone 2.

Aconitum 'Ivorine'

♥ ☠ **A. 'Ivorine'** (syn. *A. septrentrionale* 'Ivorine') : né de père inconnu, mais sans doute très près d'*A. lycoctonum* ou d'*A. septentrionale*, 'Ivorine' est le plus hâtif des aconits couramment cultivés et aussi l'un des plus courts. Il fait un excellent couvre-sol si on le plante densément, mais il ne s'étend pas. Plus tolérant à l'ombre profonde que la plupart des aconits. Fleurs plus allongées et étroites que la plupart des aconits, jaune crème devenant ivoire. Floraison : juin-juillet. 60-90 cm x 40 cm. Zone 2.

☠ **A. 'Spark's Variety'** : autrefois considérée comme une sélection de *A. carmichaelii*, cette plante est probablement d'origine hybride. Très vieille variété : l'un des aconits

Aconitum 'Stainless Steel'

♥ ☠ ❋ **A. 'Stainless Steel'** : violet pâle aux reflets métalliques. Tige solide. Longue floraison : deux mois ; même plus si l'été est frais ! Floraison : juillet-août. 100 cm x 50 cm. Zone 2.

Amsonie
Amsonia

Amsonia tabernaemontana
www.jardinierparesseux.com

Famille : Apocynacées

Origine : hémisphère Nord

AMSONIE
Amsonia

Nom anglais : Bluestar

Dimensions : variables, 40-100 cm x 40-120 cm.

Exposition : ☀️ ☀️

Sol : ordinaire, bien drainé, humide

Floraison : juin-juillet, varie selon l'espèce

Multiplication : boutures de tige, division, semences

Utilisations : plate-bande, pré fleuri, haie, fleur coupée, attire les papillons

Associations : hémérocalles, géraniums

Zone de rusticité : variable, 3, 4 ou 5

Le genre *Amsonia* comprend environ 20 espèces de vivaces herbacées, surtout concentrées aux États-Unis, bien qu'il existe quelques espèces eurasiatiques. Le genre a été nommé en l'honneur du docteur John Amson, un médecin anglais qui s'est établi en Virginie vers le milieu du 18e siècle.

Le trait le plus caractéristique de l'amsonie est la couleur bleu ciel de ses fleurs. C'est une couleur si rare dans le monde végétal qu'on l'apprécie davantage que toute autre. Les fleurs étoilées en forme d'entonnoir, à cinq lobes, massées ensemble à l'extrémité des tiges, donnent tout un spectacle. Elles s'épanouissent pendant environ quatre ou cinq semaines au début de l'été.

Après la floraison, la plante demeure attrayante par son beau port ; les tiges, généra-

SECTION 2 VIVACES VRAIMENT SANS ENTRETIEN

lement sans ramifications, solides et légèrement arquées, donnent l'apparence d'un arbuste arrondi. Le feuillage est vert foncé, lancéolé ou rubané et généralement luisant. À l'automne, l'amsonie reprend la vedette, car son feuillage et ses tiges deviennent jaune vif, un effet qui dure plusieurs semaines. Chez certaines espèces, le coloris automnal est même plus saisissant que la floraison!

Enfin, on ne peut pas passer sous silence les fruits. Longs, étroits, tubulaires, verts jusqu'à la fin de l'été, ils font penser aux capsules des asclépiades (*Asclepias*) de nos champs, mais en plus sveltes. Évidemment, l'autre différence est qu'ils ne s'ouvrent pas en aigrettes à la fin de la saison.

L'amsonie ressemble physiquement à un arbuste et aurait pu facilement se trouver dans le chapitre *De faux arbustes* (tome 2). La plante, poussant d'une souche ligneuse, forme une touffe dense qui n'a jamais besoin de division, et les tiges dressées, qui se tiennent solidement debout, sont aussi semi-ligneuses.

L'amsonie demande du soleil ou, du moins, la mi-ombre, et un sol bien drainé et pas trop sec. La qualité du sol et son acidité/alcalinité ne semblent pas être des facteurs d'importance. Cette plante pousse souvent dans la glaise ou le gravier dans la nature. L'amsonie préfère un sol également humide, mais peut tolérer la sécheresse une fois établie.

C'est une plante longévive, mais, comme plusieurs vivaces permanentes, elle est aussi un peu lente à s'établir. Elle ne semble pas avoir de problèmes d'insectes ni de maladies.

Espèces

❤ *Amsonia tabernaemontana*
Amsonie bleue (Eastern Bluestar)

Amsonia tabernaemontana

Commençons par la plus connue des amsonies et, d'ailleurs, la seule qui est largement offerte en pépinière. Le nom *tabernaemontana* n'est d'aucune utilité comme identifiant : il rend hommage au botaniste allemand Jakob Dietrich Bergzabern (1525-1590), Jacobus Theodorus Tabernaemontanus de son nom de plume.

C'est la plus septentrionale des amsonies dans la nature, qu'on trouve à l'état sauvage dans l'est des États-Unis jusque dans l'État de New York, et c'est aussi la plus rustique : une solide zone 3 alors que la plupart des autres sont de zone 4 ou 5. Pour cette raison, l'amsonie bleue restera sans doute la plus populaire des amsonies dans nos régions.

Les fleurs bleu pâle sont nettement étoilées, car les pétales sont très minces. Le feuillage lancéolé, par contre, est plus large que la moyenne pour une amsonie. Luisantes, étroites, pointues, les feuilles font toujours penser à des feuilles de saule. Floraison : juin-juillet. 60-90 cm x 60 cm. Zone 3.

SECTION 2 ▸ VIVACES VRAIMENT SANS ENTRETIEN

A. tabernaemontana montana (*A. montana*) : sous-espèce (ou espèce, les taxonomistes discutent encore) naine à feuilles plus petites. Fleurs comme l'espèce. Floraison : juin-juillet. 30-60 cm x 60 cm. Zone 4.

A. tabernaemontana montana 'Alba' : fleurs blanches. Floraison : juin-juillet. 30-60 cm x 60 cm. Zone 4.

A. tabernaemontana montana 'Short Stack' : la plus naine. Floraison : juin-juillet. 25-30 cm x 60 cm. Zone 4.

A. tabernaemontana salicifolia : sous-espèce à feuilles plus étroites, encore davantage en forme de feuilles de saule (le sens de *salicifolia*). Fleur bleu pâle à œil blanc. Floraison : juin-juillet. 60-90 cm x 60 cm. Zone 3.

♥ **Amsonia hubrichtii**, syn. *A. hubrechtii*
Amsonie d'Arkansas (Threadleaf Bluestar)

Cette espèce introduite plus récemment ne cesse d'accumuler les prix : elle a obtenu un prix Mérite horticole en 2006 au Jardin botanique de Montréal et est la vivace de l'année 2011 (nommée par la Perennial Plant Association). Fleurs très semblables à celles

Amsonia hubrichtii

- Acanthe de Hongrie
- Aconit
- ▷ **Amsonie**
- Baptisia
- Cœur-saignant
- Fraxinelle
- Hémérocalle
- Hosta
- Pivoine herbacée
- Renouée polymorphe

Amsonia hubrichtii au moment où son délicat feuillage commence à prendre ses teintes automnales

de l'amsonie bleue, mais moins nombreuses et d'un bleu encore plus pâle. La floraison est de plus courte durée cependant : deux à trois semaines. Feuilles beaucoup plus étroites, presque comme des aiguilles, et tout aussi vert foncé et luisantes que celles de sa cousine. Après la floraison, on obtient un « arbuste » qui ressemble à un petit pin arrondi. Sa coloration automnale est superbe : un jaune orangé saisissant. On remarque cette plante de plus en plus dans les aménagements américains comme plante à feuillage. Malheureusement, elle est aussi moins rustique que l'amsonie bleue, seulement zone 5. Les pépinières l'offrent comme plante de zone 4, mais, d'après mon expérience, elle disparaît en zone 4 dès que l'hiver est un peu froid. Floraison : juin. 60-80 cm x 90-120 cm. Zone 5.

Amsonia illustris

Amsonia illustris
Amsonie du Texas
(Texas Bluestar)
Très semblable à *A. tabernaemontana*, mais aux fleurs un peu hirsutes. Floraison : juin-juillet. 60-80 cm x 90 cm. Zone 4.

Autres amsonies

Si vous êtes prêt à chercher davantage, vous pourrez peut-être trouver les amsonies suivantes, plus rares que les précédentes.

Amsonia 'Blue Ice'

A. 'Blue Ice'
Amsonie 'Blue Ice'
('Blue Ice' Bluestar)
La première amsonie hybride (mais sûrement pas la dernière maintenant que le genre commence à être plus populaire). C'est une variété naine aux fleurs bleu plus foncé qu'*A. tabernaemontana* et aux pétales plus courts. Je ne la trouve pas aussi vigoureuse que les autres. Floraison : juin-juillet. 40-50 cm x 40 cm. Zone 4.

A. ciliata
Amsonie ciliée
(Fringed Bluestar)
Assez semblable à *A. hubrichtii*, mais à feuilles un peu plus larges et aux tiges et feuilles poilues. Floraison : juin-juillet. 60-90 cm x 90 cm. Zone 5.

SECTION 2 ▶ VIVACES VRAIMENT SANS ENTRETIEN

Amsonia elliptica

Amsonia orientalis

- Acanthe de Hongrie
- Aconit
- ▷ **Amsonie**
  - Baptisia
  - Cœur-saignant
  - Fraxinelle
  - Hémérocalle
  - Hosta
  - Pivoine herbacée
  - Renouée polymorphe

A. elliptica
Amsonie à feuilles elliptiques
(Japanese Bluestar)
Cette espèce est la seule originaire d'Asie (Chine, Corée, Japon). Le nom suggère que les feuilles sont elliptiques, mais elles ne sont pas nécessairement plus elliptiques que celles d'*A. tabernaemontana*. La couleur des fleurs varie entre bleu pâle et bleu riche, et il y a même une sélection à fleurs blanches (sans doute qu'elle aura un jour un nom de cultivar, mais pour l'instant, non). Cette espèce n'a pas encore été essayée sous notre climat et elle est peut-être plus rustique qu'on le dit. Floraison: juin-juillet. 35-45 cm x 40 cm. Zone 5?

A. ludoviciana
Amsonie de la Louisiane
(Louisiana Bluestar)
Feuilles plus larges qu'*A. tabernaemontana* et couvertes de poils blancs au revers. Fleurs bleu ciel pâle. Plante des bayous de la Louisiane où elle pousse dans les sols détrempés. C'est l'espèce à préconiser si votre plate-bande tend à être très humide. Floraison: juin-juillet. 90-100 cm x 90 cm. Zone 5.

A. orientalis, syn. *Rhazya orientalis*
Amsonie orientale
(European Bluestar)
C'est la seule espèce européenne d'amsonie… et même là, à peine, car elle est originaire de la Turquie et de la Grèce, soit en « Orient », cette zone à cheval entre l'Europe et l'Asie. Elle ressemble à l'amsonie bleue (*A. tabernaemontana*) en plus courte, avec des fleurs moins nombreuses d'un bleu plus intense et aux pétales plus larges. Coloration automnale semblable. Floraison: juin-juillet. 45 cm x 45 cm. Zone 4.

A. rigida
Amsonie rigide
(Stiff Bluestar)
Malgré l'origine méridionale de cette espèce – de la Louisiane à la Floride –, elle s'est montrée étonnamment rustique et elle est, avec *A. tabernaemontana*, la plus résistante de son genre au froid. Ses fleurs bleu-gris en bouquets plus lâches créent un effet original. Les tiges sont « rigides ». Floraison: juin-juillet. 60-90 cm x 90 cm. Zone 3.

Baptisia
Baptisia

Baptisia australis — www.jardinierparesseux.com

Famille : Légumineuses

Origine : Amérique du Nord

BAPTISIA
Baptisia

Nom anglais : False Indigo

Dimensions : variables, 25-200 cm x 60-200 cm

Exposition : ☀ ☀

Sol : tout sol bien drainé, même sec

Floraison : juin-juillet

Multiplication : boutures de tige, division, semences

Utilisations : plate-bande, massif, rocaille, pré fleuri, haie, fleur coupée, fleur séchée, plante médicinale, plante tinctoriale

Associations : bulbes à floraison printanière, pavots d'Orient, armoises, thyms

Zone de rusticité : variable, 2, 3 ou 4

Le genre *Baptisia* est limité à l'est de l'Amérique du Nord, de la Floride et du Texas au sud jusqu'à l'Ontario au nord, mais il est absent des provinces maritimes et du Québec. On trouve environ 35 espèces aux fleurs de différentes teintes de pourpre, blanc et jaune. Les fleurs rappellent le lupin, en forme de fleur de pois et portées serrées sur un épi généralement dressé. La plante pousse d'une touffe dense de tiges semi-ligneuses dressées à partir de racines profondes. Les tiges sont très solides et ne cassent jamais, même dans les pires orages. Les feuilles sont généralement bleu-vert et à trois folioles, bien que certaines espèces aient des feuilles simples et même perfoliées.

Le mot *Baptisia*, malgré sa consonance, n'a aucun lien avec le célèbre saint patron des

SECTION 2 ▶ VIVACES VRAIMENT SANS ENTRETIEN

Canadiens français, mais vient plutôt du grec *bapto* qui veut dire teindre, car plusieurs espèces ont été utilisées dans l'industrie de la teinture autrefois. D'ailleurs, on appelle parfois les baptisias « faux-indigotiers », car certaines espèces servaient naguère de substitut pour l'indigo (tiré de la plante *Indigofera tinctoria*), une teinture végétale.

Si vous recherchez une plante peu exigeante pour remplacer le joli lupin vivace (*Lupinus* x *regalis*, tome 2), si difficile à conserver dans le sud-ouest du Québec, voici la sélection idéale. Les fleurs du baptisia sont peut-être portées dans des grappes plus lâches que le lupin hybride, mais elles ont la même forme. Contrairement au lupin à la vie si courte (4 à 5 ans), très vulnérable aux insectes et sensible aux étés chauds, le baptisia vit 60 ans ou plus, n'est que rarement affecté par quelques taches sur ses feuilles et tolère les étés chauds (il aime bien les étés frais aussi). Un de ces jours, croyez-moi, le baptisia aura totalement remplacé le lupin sous notre climat.

D'accord, les fleurs des baptisias présentement disponibles ne sont pas aussi denses que celles du lupin vivace et la gamme des couleurs est beaucoup moins vaste, mais rappelez-vous que le lupin vivace sauvage avait aussi à l'origine des fleurs parsemées dans une gamme limitée de teintes (bleu et pourpre). Il a fallu 100 ans d'hybridation pour créer le lupin moderne. Or, le baptisia n'a été découvert par les hybrideurs que dans les années 1990. Déjà, dans les 13 années suivant la publication du livre *Le jardinier paresseux : les vivaces*, l'un des premiers ouvrages à le mentionner, il y a eu beaucoup de progrès : d'un seul hybride à des dizaines, et de nouvelles espèces sont maintenant offertes. L'avenir du baptisia est des plus prometteurs.

Acanthe de Hongrie
Aconit
Amsonie
▷ **Baptisia**
Cœur-saignant
Fraxinelle
Hémérocalle
Hosta
Pivoine herbacée
Renouée polymorphe

Même sans fleurs, *Baptisia australis*, avec son allure d'arbuste, son feuillage bleuté et ses jolies capsules noires, est attrayant.

Après la floraison du tout début de l'été, le port de la plante prend la relève. Un baptisia sans fleurs ressemble à un arbuste évasé et très symétrique. La couleur bleu-gris du feuillage de la plupart des espèces crée un très bel effet. Vers la fin de l'été, les gousses de graines, passant de vertes à noires, offrent un beau contraste. D'ailleurs, quand les graines sèchent à l'intérieur des gousses et bougent au vent, elles s'entrechoquent et font entendre un joli son, comme un hochet d'enfant. Une plante qui joue de la musique ? Sublime !

Enfin, même au printemps, quand les autres vivaces dorment, le baptisia a des attraits, car il commence à pousser très tôt, en produisant des « turions » qui rappellent une asperge, mais de couleur violacée chez la plupart des espèces.

Le plein soleil est idéal, mais le baptisia tolère l'ombre partielle. En tant que légumineuse, il vit en symbiose avec des bactéries bénéfiques qui ont la capacité de chercher l'azote dans l'air pour le transmettre à la plante. On peut alors comprendre que le baptisia n'exige nullement un sol riche, mais peut tolérer les pires conditions de sol imaginables : sable, roches, etc. Malgré tout, il pousse très bien dans un sol de jardin amélioré. Il produit de longues racines et serait malheureux dans un sol peu profond. Sa tolérance à la sécheresse est excellente, une fois qu'il est établi du moins. Un bon drainage est obligatoire. Il préfère les sols acides, mais peut tolérer un sol légèrement alcalin.

Le baptisia pousse lentement mais sûrement. Il fait souvent piètre figure en pot, avec ses deux ou trois tiges malingres et son feuillage parsemé. En pleine terre, il reprend du poil de la bête, mais lentement : il atteint rarement sa pleine performance avant l'âge de cinq ou six ans. C'est le prix à payer pour les vivaces les plus longévives : elles sont généralement *si* lentes à s'installer.

Il y a peu ou pas de problèmes avec les insectes, les mammifères et les maladies, à part quelques taches peu dérangeantes en de très rares occasions. Son plus gros ennemi est le campagnol, qui s'attaque aux jeunes baptisias l'hiver, sous la neige. Pour les éloigner le temps que la plante s'établisse, recouvrez les jeunes plants de grillage à poule à l'automne ou saupoudrez leur collet de farine de sang ou de fumier de poule, deux répulsifs naturels. Une vaporisation de Ropel, un répulsif, pourrait aussi être efficace.

Espèces

Baptisia australis

♥ *Baptisia australis*
Baptisia austral
(Blue False Indigo)

Présent un peu partout dans l'est des États-Unis, le baptisia austral semble s'adapter à toutes les conditions. C'est le baptisia classique des jardins, avec son beau feuillage trifolié bleu-vert, ses multiples épis de fleurs bleu-violet et ses belles cosses noires, et aussi le parent de plusieurs hybrides. Avec le temps, avec son port évasé, il devient très large – il atteint 120 cm de diamètre, même 200 cm, presque comme un arbuste ! – et exige alors de l'espace. La seule critique que je peux formuler à l'endroit de cette plante est que, comme elle est produite par semences et qu'elle est naturellement variable, 🍁 il peut y avoir une bonne différence de taille, de couleur et de port entre deux plants pourtant achetés à la même jardinerie. Par exemple, certains ont des épis floraux rigidement dressés, d'autres plus lâches. Pour une certaine uniformité (par exemple, si vous voulez en faire une haie), choisissez un beau spécimen et multipliez-le par boutures de tige. C'est cette espèce qu'on utilisait autrefois comme teinture de remplacement pour l'indigo : elle donnait une teinture bleu foncé. Floraison : juin-juillet. 90-150 cm x 90-150 cm. Zone 2.

B. australis 'Caspian Blue' : bleu riche à œil blanc. Floraison : juin-juillet. 90-120 cm x 90-120 cm. Zone 2.

B. australis minor (B. minor) : forme naine, appelée souvent baptisia nain, aussi jolie que l'espèce sinon plus. Fleurs de bleu-violet à pourpre. J'ai vu dans une pépinière américaine une variante à fleurs roses que j'espère voir sur le marché un jour. Floraison : juin-juillet. 45 cm x 60 cm. Zone 2.

B. australis minor 'Blue Pearls' : forme intermédiaire entre l'espèce B. australis et la sous-espèce naine B. austalis minor. Floraison très abondante de fleurs d'un bleu nettement plus clair que l'espèce. Forme un joli monticule arrondi. Floraison : juin-juillet. 60 cm x 60 cm. Zone 2.

Baptisia alba

💗 *Baptisia alba alba*
(syn. *B. alba pendula*, *B. pendula*)
Baptisia blanc (White False Indigo)
Superbe espèce à fleurs blanches, même encore plus belle que *B. australis*, mais malheureusement plus rare sur le marché. Les tiges sont violacées, le feuillage bleu-vert, les fleurs blanches avec parfois une tache pourpre : quelle belle combinaison ! Les cosses sont pourpres. Ne tolère pas les sols alcalins. Floraison : juin-début juillet. 60-90 cm x 90 cm. Zone 3.

B. alba groupe Pendula (*B. alba pendula*, *B. pendula*) : certains baptisias blancs ont des épis pendants et on les classe alors ici. Floraison : juin-début juillet. 150 cm x 120 cm. Zone 3.

B. alba alba 'Wayne's World' : sélection à floraison abondante d'épis floraux de 45 cm de hauteur portés bien au-dessus du feuillage. Fleurs blanches. Floraison : juin-début juillet. 90-120 cm x 90 cm. Zone 3.

SECTION 2 ▸ VIVACES VRAIMENT SANS ENTRETIEN

Acanthe de Hongrie
Aconit
Amsonie
▷ **Baptisia**
Cœur-saignant
Fraxinelle
Hémérocalle
Hosta
Pivoine herbacée
Renouée polymorphe

B. alba macrophylla (syn. *B. leucantha*) : le géant des baptisias : un plant mature atteint jusqu'à 2 m de hauteur ! Épis de fleurs blanches hautes et sveltes, mais moins nombreuses ; tiges et feuilles plus clairsemées. Il vaut mieux planter quatre ou cinq plantes ensemble pour créer un bel effet. Floraison : juin-début juillet. 150-200 cm x 120 cm. Zone 3.

Baptisia sphaerocarpa 'Screaming Yellow'

Baptisia sphaerocarpa
Baptisia jaune
(Yellow False Indigo)

Cette espèce à fleurs jaune vif n'est pas assez connue des jardiniers, car elle est réellement séduisante et très florifère : elle produit jusqu'à une centaine d'épis par plant. Son feuillage ressemble aux autres (bleu-vert, trifolié, etc.), mais – surprise ! – sa gousse n'est pas allongée comme une gousse de haricot, car elle est ronde. C'est d'ailleurs le sens de son nom : *sphaerocarpa*, à fruit sphérique. Contrairement aux autres baptisias, il ne reste pas en touffe dense, mais s'élargit avec le temps. Floraison : juin-juillet. 60-90 cm x 90-120 cm. Zone 4.

B. sphaerocarpa 'Hunt Co. Texas' : nommé d'après le comté où il a été découvert. Floraison : juin-juillet. 75 cm x 90 cm. Zone 4.

B. sphaerocarpa 'Screaming Yellow' : un jaune particulièrement vif qui ne passe pas inaperçu, comme le nom le suggère (qui veut dire « jaune criard »). Floraison : juin-juillet. 60-90 cm x 60-150 cm. Zone 4.

Variétés hybrides

Depuis 15 ans, l'intérêt pour l'hybridation des baptisias a pris son essor et nous commençons à en voir les résultats sur le marché, du moins chez les spécialistes. Comme il semblerait que tous les baptisias peuvent s'entrecroiser, les possibilités paraissent sans limites : on nous promet un arc-en-ciel de couleurs, même le rose et le rouge. Voici quelques cultivars disponibles en 2011... et notez bien qu'aucun de ces cultivars n'est fidèle au type par semences, même si certains marchands peu scrupuleux vendent leurs semences en affichant le nom de cultivar sur l'étiquette.

B. x bicolor 'Starlite' (Starlite Prairieblues™) : croisement entre *B. australis* et *B. bracteata*. Fleurs violet lavande rehaussé de jaune pâle. Floraison : juin-juillet. 90-100 cm x 90-120 cm. Zone 4.

B. 'Carolina Moonlight' : issu d'un croisement entre *B. sphaerocarpa* et *B. alba*. Hauts épis de fleurs jaune beurre. Plant dressé au feuillage bleu-vert. Floraison : juin-juillet. 90-120 cm x 90-120 cm. Zone 4.

B. 'Chocolate Chip' : fleurs supposément « chocolat », mais en fait brun pourpré à marge jaune. Floraison : juin-juillet. 60-90 cm x 60-90 cm. Zone 4.

B. 'Midnite' (Midnite Praireblues™) : hybride complexe impliquant *B. tinctoria*, *B. alba* et probablement *B. australis*. Hauts épis de fleurs pourpre foncé. Plant très dressé et ramifié, formant un genre de parasol de feuillage fin bleu-vert. Floraison prolongée : juin-juillet. 120 cm x 120 cm. Zone 4.

B. **'Purple Smoke'** : le premier hybride lancé, mais non moins intéressant que les autres. On le croit issu d'un croisement fortuit entre un baptisia blanc (*B. alba*) et un baptisia nain (*B. australis aberrans*). Abondantes fleurs violet clair à œil plus foncé sur des tiges gris anthracite. Produit rarement des cosses. Floraison : juin-juillet. 100-130 cm x 90-120 cm. Zone 4.

Baptisia 'Solar Flare'

B. **'Solar Flare'** (Solar Flare Prairieblues™) : croisement complexe entre *B. tinctoria*, *B. alba* et *B. australis*, cette plante offre des fleurs de couleur changeante. Elles sont jaune citron à l'ouverture, deviennent plus orangées avec le temps, pour finalement prendre une teinte pourprée. Les trois couleurs peuvent être présentes sur le même épi. Floraison : juin-juillet. 90-120 cm x 120-135 cm. Zone 4.

Baptisia x *variicolor* 'Twilite'

B. x *variicolor* **'Twilite'** (Twilight Prairieblues™) : ce croisement entre *B. sphaerocephala* et *B. australis* produit des fleurs bicolores violet riche à œil jaune. Plante très vigoureuse devenant gigantesque avec le temps et produisant jusqu'à 100 épis par plant. Floraison : juin-juillet. 100-150 cm x 110-200 cm. Zone 4.

Autres baptisias

On a à peine effleuré la surface des possibilités des baptisias : il en existe plus de 20 espèces dont plusieurs qui ne sont même pas encore cultivées. Voici quelques espèces plus rares que vous pourriez trouver, notamment si vous êtes prêt à les cultiver à partir de semences.

SECTION 2 ▶ VIVACES VRAIMENT SANS ENTRETIEN

Acanthe de Hongrie
Aconit
Amsonie
▷ **Baptisia**
Cœur-saignant
Fraxinelle
Hémérocalle
Hosta
Pivoine herbacée
Renouée polymorphe

SECTION 2 ▸ VIVACES VRAIMENT SANS ENTRETIEN

B. bracteata leucophaea, syn. *B. leucophaea*
Baptisia gris-blanc
(Longbract Wild Indigo)
Baptisia assez spécial au feuillage duveteux et aux épis de fleurs arqués ou même pendants. Les cosses aussi pendent. Les fleurs peuvent être blanches, mais sont habituellement jaune crème. Le feuillage est souvent teinté de pourpre au printemps. Floraison plus hâtive que celle des autres : dès mai. Floraison : mai-juin. 60-75 cm x 60-75 cm. Zone 3.

***B. bracteata leucophaea* 'Butterball'** : on dit que c'est le plus florifère des baptisias, avec de grands épis pendants de fleurs jaune beurre. Floraison : mai-juin. 45 cm x 60 cm. Zone 4.

***B. bracteata leucophaea* 'Little Texas'** : forme très naine, parfait pour la rocaille. Floraison : mai. 20-30 cm x 60 cm. Zone 3.

Baptisia perfoliata
Baptisia perfolié
(Catbells)
Curieuse plante aux feuilles simples bleu-gris perfoliées, c'est-à-dire que la tige traverse la feuille comme si on l'y avait enfilée, donc comme un collier. Le résultat est qu'elle ressemble davantage à un eucalyptus qu'à un autre baptisia. Fleurs jaunes portées de façon très diffuse, gousses rondes. Culture réputée difficile. Plus une curiosité qu'une vivace de plate-bande mixte. Floraison : juin. 100 cm x 90 cm. Zone 5.

❂ *B. tinctoria*
Baptisia des teinturiers
(Yellow Wild Indigo)
Le plus largement distribué des baptisias dans la nature et la seule espèce qu'on trouve naturellement au Canada (en Ontario).

Baptisia tinctoria

Comme le nom le suggère, on l'utilisait autrefois pour faire de la teinture végétale « indigo » (bleu violacé). Ses épis sont courts et ne portent que quelques petites fleurs jaune vif à crème,  ce qui en fait une plante un peu moins voyante que les autres. Par contre, sa saison de floraison est plus longue que celle de ses cousins, puisqu'elle fleurit non seulement sur la tige principale (floraison du début de la saison), mais aussi à l'extrémité des branches secondaires, ce qui prolonge la floraison jusqu'au mois d'août. Elle est excellente pour le pré fleuri, notamment. Le feuillage, plus fin que celui des autres baptisias, donne une allure plus aérée à la plante. Floraison : juillet-août. 60-90 cm x 60-90 cm. Zone 3.

Cœur-saignant des jardins
Lamprocapnos spectabilis (anciennent Dicentra)

Lamprocapnos spectabilis

www.jardinierparesseux.com

Famille : Fumariacées

Origine : est de l'Asie, de la Sibérie au Japon

CŒUR-SAIGNANT DES JARDINS
Lamprocapnos spectabilis

Nom anglais : Common Bleeding Heart

Dimensions : 60-120 cm x 90-120 cm

Exposition :

Sol : bien drainé et profond

Floraison : fin mai et juin

Multiplication : boutures de tige, boutures de racine, division, semences

Utilisations : plate-bande, arrière-plan, sous-bois, fleur coupée, fleur séchée, plante médicinale

Associations : myosotis, tulipes tardives, hostas, ligulaires, fougères, couvre-sols

Zone de rusticité : 2

Cette vivace bien connue en provenance du Japon fut introduite en Europe dès 1846 et y devint rapidement très populaire, puis en Amérique du Nord un peu plus tard. Avec ses fleurs charmantes en forme de cœur, le public jardinier n'a pas tardé à lui trouver des noms évocateurs, comme c'était la coutume à l'époque : cœur-de-Marie, cœur-de-Jeannette, cœur-saignant, cœur-saignant d'amour, etc. On trouve d'ailleurs autour de certaines demeures ancestrales des touffes de cœurs-saignants qui sont peut-être centenaires, car le cœur-saignant n'a nullement besoin de division pour rester beau.

La popularité du cœur-saignant a connu une baisse notable après la Deuxième Guerre mondiale. On cherchait des résultats rapides et des couleurs persistantes, alors que le cœur-

SECTION 2 ◆ VIVACES VRAIMENT SANS ENTRETIEN

saignant avait une croissance lente et une floraison relativement éphémère. Voilà que les fleurs annuelles vinrent à dominer nos plates-bandes et que le cœur-saignant fut relégué aux oubliettes. Ou presque. La mode des vivaces, plus durables que les annuelles, frappa à partir des années 1980 et le cœur-saignant remonta en grade peu à peu. Sans dire qu'il est la plus populaire des vivaces (sa croissance lente demeure un problème pour plusieurs jardiniers avides de résultats instantanés), au moins il est connu de tous. Plus vous jardinerez, plus vous apprécierez une plante aussi fidèle et aussi durable.

Le cœur-saignant des jardins produit des tiges succulentes dressées aux grandes feuilles découpées vert moyen avec parfois une touche bleutée. S'étendant vers l'extérieur, elles donnent un port évasé à la plante. Elles paraissent très tôt au printemps et forment une belle touffe dense colorée, car le feuillage est alors rougeâtre. La plante devient plus grosse et plus luxuriante dans un emplacement protégé du soleil chaud.

Les tiges florales s'érigent avec le feuillage, gracieusement arquées à l'extrémité et supportant des fleurs pendantes roses en forme de cœur. L'apparente simplicité de la fleur est mensongère : elle est plutôt assez complexe, avec deux pétales roses extérieurs renflés et deux pétales blancs intérieurs étroits qui débordent des premiers. Tirez sur les pétales extérieurs si vous voulez les voir clairement. La floraison dure environ deux semaines si le printemps est chaud, un mois ou même plus s'il est frais. Parfois, si le printemps est pluvieux, il y a encore des fleurs en juillet.

Vous noterez que cette vivace a récemment changé de nom botanique. Encore appelé *Dicentra spectabilis* dans les catalogues et les manuels, le cœur-saignant des jardins a

Lamprocapnos spectabilis

SECTION 2 ⬥ VIVACES VRAIMENT SANS ENTRETIEN

été placé dans son propre genre, *Lamprocapnos*, par les taxonomistes. Je ne suis pas du tout surpris, car, si les fleurs des deux types de cœur-saignant, soit les désormais vrais *Dicentra* et le nouveau *Lamprocapnos*, sont relativement semblables, leur culture, leur croissance et même leur apparence générale sont complètement différentes. D'ailleurs, dans la première édition de ce livre, j'avais décrit les deux indépendamment, même s'ils portaient encore le même nom : pourquoi mélanger pommes et oranges ? Le changement de nom n'a fait que confirmer la différence que, je pense, tous les jardiniers perçoivent. Par contre, si vous préférez continuer de l'appeler *Dicentra spectabilis*, grand bien vous fasse : l'industrie horticole ne veut rien savoir de ce changement et vous trouverez notre sujet encore vendu sous ce nom pendant très longtemps.

Notez donc qu'il existe des cœurs-saignants (*Dicentra*) à floraison beaucoup plus durable (vous les trouverez à la page 368), mais ils n'ont pas le charme de celui-ci.

Une fois établi, le cœur-saignant des jardins n'a plus besoin de vous. Et il tolère presque tous les sols, ainsi que des emplacements au soleil ou à l'ombre, dans ce dernier cas pour autant qu'il reçoive du soleil au printemps.

On peut acheter cette vivace en pot ou faire des économies en l'achetant à racines nues au printemps (on le vend souvent en sac avec les bulbes estivaux). Plantez-le avec le collet au niveau du sol, arrosez bien et paillez.

🍃 La plante, assez lente à s'établir, peut prendre quatre ou cinq ans avant d'atteindre sa pleine taille, bien que, quand on la place dans un endroit réellement à son goût (à la mi-ombre dans un sol frais et humide, mais bien drainé et riche), son développement soit parfois assez rapide.

Dans les régions aux étés chauds, cette plante entre en dormance après la floraison : elle jaunit et perd tout son feuillage. Dans ce cas, plantez-la avec d'autres vivaces, comme le ligulaire ou le hosta, qui viendront combler le vide qu'elle laisse en été. Dans les régions aux étés frais, par contre, le feuillage demeure généralement intact jusqu'à l'automne avant de devenir d'un beau jaune lumineux. Il disparaît alors après les premiers gels. Pour s'assurer de la permanence du feuillage dans ces régions, plantez le cœur-saignant dans un emplacement où il recevra du soleil le matin quand il fait frais, mais sera à l'ombre à compter de midi quand le soleil culmine, par exemple du côté est de la maison.

Moins on s'occupe de cette plante, mieux elle réussit. Enlevez le feuillage jaunissant s'il vous dérange, mais la division ou la transplantation la renvoie souvent en enfance et il faut encore attendre quatre ou cinq ans pour qu'elle revienne à son plus beau. Si vous devez la déplacer, faites-le à la fin de l'été ou à l'automne.

🍃 La multiplication du cœur-saignant des jardins est difficile. Oui, on peut faire des boutures de tige ou de racine, des divisions ou le semer, mais le taux de succès est faible et la première floraison, lente à survenir. Mieux vaut acheter des plants !

Espèce

❤ *Lamprocapnos spectabilis*
(anc. *Dicentra spectabilis*)
Cœur-saignant des jardins
(Common Bleeding Heart)
L'espèce, à fleurs roses, demeure de loin le plus populaire des cœur-saignants des jardins, et avec raison. Sa floraison est abondante et gracieuse. Floraison : fin mai et juin. 75-120 cm x 90 cm. Zone 2.

Acanthe de Hongrie
Aconit
Amsonie
Baptisia
▷ **Cœur-saignant**
Fraxinelle
Hémérocalle
Hosta
Pivoine herbacée
Renouée polymorphe

SECTION 2 ▸ VIVACES VRAIMENT SANS ENTRETIEN

Lamprocapnos spectabilis 'Alba'

Lamprocapnos spectabilis **'Alba'** : cette forme, à fleurs entièrement blanches, demeure populaire, mais ne semble pas avoir autant de vigueur que l'espèce. Il y a habituellement moins de tiges florales et moins de fleurs par tige. Elle est toutefois des plus saisissantes en plate-bande. Floraison : fin mai et juin. 60-90 cm x 90 cm. Zone 2.

♥ *Lamprocapnos spectabilis* **'Gold Heart'** : spectaculaire variété relativement nouvelle sur le marché, à feuillage jaune rougeâtre tôt au printemps, mais jaune lumineux au moment de la floraison, une couleur qui met en valeur les nombreuses fleurs roses. Dans les régions où le feuillage persiste l'été, il devient vert lime pour jaunir de nouveau à l'automne. Aussi vigoureux et florifère que l'espèce. Floraison : fin mai et juin. 75-120 cm x 90 cm. Zone 2.

Lamprocapnos spectabilis **'Pantaloons'** : d'après la description, c'est une forme plus vigoureuse et florifère de *D. spectabilis* 'Alba'. Mais comme il n'était pas distribué dans nos régions au moment d'écrire ces lignes, impossible de confirmer ces dires. Je pense personnellement qu'il s'agit de 'Alba' sous un autre nom, car les anglophones l'appellent parfois « Pantaloons » (« culottes »), par allusion aux fleurs pendantes rappelant des culottes mises à sécher sur une corde. Ainsi le nom commun aurait fini par passer pour un nom de cultivar. Floraison : fin mai et juin. 60-120 cm x 90 cm. Zone 2.

Lamprocapnos spectabilis 'Gold Heart'

Fraxinelle
Dictamnus

Dictamnus albus purpureus

www.jardinierparesseux.com

Famille : Rutacées

Origine : Eurasie, nord de l'Afrique

FRAXINELLE
Dictamnus

Nom anglais : Gas Plant

Dimensions : 60-90 cm x 90 cm

Exposition : ☀️ 🌤️

Sol : bien drainé, profond, moyennement riche

Floraison : juin-juillet

Multiplication : boutures de racine, semences

Utilisations : plate-bande, pré fleuri, haie, feuillage parfumé, fleur séchée, plante médicinale

Associations : géraniums, aconits, hémérocalles

Zone de rusticité : 3

Le genre *Dictamnus* est très petit, composé peut-être de seulement une espèce, *D. albus*. Il appartient à la famille des Rutacées, soit la famille des agrumes, et d'ailleurs l'huile volatile dégagée par les feuilles et les tiges sent nettement le citron. 🍃 Notez que cette huile, aussi agréable qu'elle soit à humer, peut causer des problèmes au toucher, car elle peut coller sur la peau et provoquer des rougeurs ou même des cloques chez les personnes sensibles. Curieusement, cette réaction cutanée n'a lieu qu'après une exposition au soleil : ainsi, si vous manipulez la plante par une journée grise, il n'y aura pas de problème, mais si vous la touchez lorsqu'il fait un beau soleil, il peut y avoir des séquelles. D'où l'importance de porter des gants pour manipuler toute fraxinelle et de bien vous laver les mains après si vous avez touché à la plante par une journée de soleil.

Cette huile est inflammable. Linné dit avoir pu faire jaillir des étincelles des fleurs en en approchant une allumette et ce, sans déranger le moindre pétale, car le gaz dégagé brûlerait à basse température. Sans doute moins habile que Linné, je n'ai jamais pu répéter son expérience. On dit qu'il faut le faire par une soirée chaude sans vent, mais à Québec, où je demeure, il fait rarement plus de 25 °C, même en plein jour. Il paraît que l'huile dégagée par les racines serait encore plus inflammable. Si vous devez diviser ou déplacer une fraxinelle, peut-être pourriez-vous sortir votre briquet ? C'est ce « gaz » aromatique produit par la plante qui lui a valu son nom anglais de « gas plant ».

Le nom commun « fraxinelle » est indicatif de l'apparence de la plante, car il veut dire petit frêne. Regardez ses feuilles vert foncé pennées, une parfaite imitation de feuilles de frêne, n'est-ce pas ? Comme le feuillage est visible plus longtemps que les fleurs, soit tout l'été et l'automne, il est bon de savoir que la plante est belle même sans floraison. Avec ses tiges rigides et robustes qui ne cèdent pas un centimètre sous le plus intense des vents et son beau feuillage vert foncé qui n'est jamais tacheté ou jauni, notre fraxinelle sans fleurs fait office de joli petit arbuste.

Durant la floraison, cependant, ce sont les fleurs qui sont en vedette. Elles sont à cinq pétales assez bien espacés, avec de longues étamines, portées sur une tige florale solidement dressée (aucun besoin de tuteur pour cette plante solide). Dans son ensemble, la floraison me fait penser à celle du cléome (*Cleome hassleriana*) en un peu moins élancé. Après la floraison, des capsules étoilées se forment. Comme elles sont attrayantes et sèchent bien, on les trouve abondamment sur le marché des fleurs séchées. Remarquez que, si vous les rentrez dans la maison avant que les capsules soient tout à fait sèches, elles éclateront et lanceront leurs graines partout dans votre salon ; c'est ainsi qu'elles font dans la nature pour les éparpiller. Mieux vaut donc les faire sécher dans un cabanon si vous ne voulez pas sortir l'aspirateur !

Plantez la fraxinelle à demeure, car elle *déteste* les déplacements. Elle préfère un sol bien drainé, un peu humide et moyennement riche, et une place au soleil ou légèrement ombragée.

L'entretien de la fraxinelle est nul, il suffit de rabattre les tiges presque ligneuses au sol au printemps si elles vous dérangent. (Évitez de les tailler à l'automne, sinon vous ne saurez plus où se trouve la plante et c'est important de savoir où elle se trouve, car elle lève tardivement au printemps.) Cette plante solide et permanente peut

Les capsules de graines de *Dictamnus albus* sont attrayantes.

www.jardinierparesseux.com

SECTION 2 ▶ VIVACES VRAIMENT SANS ENTRETIEN

vivre éternellement au même endroit sans nécessiter la moindre division ou fertilisation, même si elle est complètement délaissée. La touffe s'élargit avec le temps, voilà tout. On trouve encore des vieilles fraxinelles dans d'anciens jardins de simples, certains abandonnés depuis plus d'un siècle. Cent ans sans entretien? Il paraît que oui!

Trouver cette plante est compliqué. Les pépiniéristes ne tiennent pas à l'offrir, car il faut plusieurs années de culture pour produire une plante vendable; or, les clients ne sont pas toujours intéressés à payer plus cher pour ce qui leur paraît une plante si mal en point. 🍂 Car en pot, la fraxinelle a toujours l'air à moitié morte. Elle a des racines profondes en forme de carotte qui ne trouvent pas dans un petit pot assez d'espace pour se développer. Ses racines ainsi comprimées, la plante refuse de se développer et ne présente alors que une ou deux tiges peu feuillues, ce qui lui donne un aspect bien malingre. Alors il faut avoir la foi pour acheter une fraxinelle en pépinière. Une fois sortie de son pot et mise en terre, miracle, la fraxinelle reprend peu à peu sa croissance pour devenir une des grandes vedettes de la plate-bande. C'est le genre d'achat qui paraît très douteux – et vos doutes persisteront bien deux ou trois ans, 🍂 tant la plante est lente à s'établir –, mais je ne connais personne qui regrette de l'avoir plantée: c'est une si belle vivace!

La multiplication est théoriquement possible, mais oubliez ça! Elle est difficile à réussir, peu importe la méthode. Autrement dit, si vous voulez de nouvelles fraxinelles, le plus facile est d'acheter des plants!

Enfin, il est intéressant de savoir que la fraxinelle n'a aucun ennemi connu, ni insecte, ni maladie, ni mammifère. Son huile odoriférante et irritante éloigne les cerfs notamment.

Espèce

☠ *Dictamnus albus*, syn. *Dictamnus albus* 'Albiflorus'
Fraxinelle (Gas Plant)

Dictamnus albus 'Albiflorus'

C'est la fraxinelle de l'état sauvage, qui porte des fleurs blanc pur aux étamines vertes. Bien que disponible dans le commerce, *D. albus* est moins cultivé que la variété à fleurs roses, *D. albus purpureus*, décrite à la page suivante. Plusieurs marchands le vendent sous le nom de cultivar 'Albiflorus' pour le distinguer de *D. albus purpureus*, mais une telle pratique est botaniquement incorrecte: son vrai nom est *D. albus* tout court ou, si l'on veut vraiment insister, *D. albus albus*. Floraison: juin-juillet. 60-90 cm x 90 cm. Zone 3.

- Acanthe de Hongrie
- Aconit
- Amsonie
- Baptisia
- Cœur-saignant
- ▷ **Fraxinelle**
- Hémérocalle
- Hosta
- Pivoine herbacée
- Renouée polymorphe

SECTION 2 ▶ VIVACES VRAIMENT SANS ENTRETIEN

Dictamnus albus purpureus

réservé aux plantes originaires d'Europe et du nord de l'Afrique, soit la fraxinelle que nous connaissons. Les plantes asiatiques mériteraient des noms comme *D. angustifolium*, *D. caucasicum*, *D. dayscarpus*, *D. tadshikorum* et encore d'autres. À l'heure actuelle, la plupart des taxonomistes semblent croire que ces variantes, souvent différentes de l'espèce par un feuillage plus grisâtre ou plus étroit, ne sont pas assez importantes pour constituer des espèces à part entière. Ainsi on les considère comme des sous-espèces de *D. albus* ou même seulement comme des variantes très localisées ne méritant pas de nom distinctif. J'ai personnellement fait venir une fraxinelle appelée *D. tadshikorum* en pensant avoir fait une grande découverte, mais, finalement, elle ressemble à *D. albus* comme une goutte d'eau à une autre.

♥ ☠ 🜚 ***D. albus purpureus***, syn. *D. albus* 'Purpureus' (fraxinelle pourpre): même si elle est généralement vendue sous le nom de cultivar 'Purpureus', la fraxinelle pourpre n'est pas un cultivar (on se rappelle que cultivar veut dire « variété cultivée »); on la trouve telle quelle à l'état sauvage et il faut la considérer comme une variété naturelle, d'où son véritable nom botanique, *D. albus purpureus*. C'est la variété vue le plus souvent dans le commerce et dans les jardins. Elle ne diffère de *D. albus* que par la couleur de ses fleurs qui sont roses en bouton et rose pâle aux nervures pourpres à l'épanouissement. Floraison: juin-juillet. 60-90 cm x 90 cm. Zone 3.

↻ Autres fraxinelles

Selon certains taxonomistes, il y a plusieurs espèces différentes de fraxinelle. De leur point de vue, le nom *D. albus* devrait être

D. tadshikorum n'est peut-être qu'une sous-espèce ou variété de *D. albus*.

114

Hémérocalle
lis d'un jour
Hemerocallis

Hemerocallis

www.jardinierparesseux.com

Famille : Hémérocallidacées

Origine : Asie

HÉMÉROCALLE
Hemerocallis

Nom anglais : Daylily

Dimensions : variables, 15-200 cm x 15-90 cm

Exposition : ☼ ☼

Sol : tous les sols

Floraison : variable, entre juin et octobre

Multiplication : division, boutures de tige florale, semences, culture *in vitro*

Utilisations : plate-bande, bordure, massif, rocaille, arrière-plan, pré fleuri, bac, fleur parfumée (certaines variétés), fleur coupée, plante comestible, attire les colibris et les papillons

Associations : presque toutes les plantes

Zone de rusticité : variable, généralement 2 ou 3

Le nom hémérocalle vient du grec *hemera* (jour) et *kallos* (beau) : beauté d'un jour, une référence au fait que les fleurs des hémérocalles ne durent habituellement qu'une seule journée. D'ailleurs, c'est l'origine des noms « lis d'un jour » et « daylily » (le nom anglais). Les fleurs généralement en trompette de l'hémérocalle ressemblent beaucoup aux fleurs du lis (*Lilium* spp.) ; d'ailleurs, jusqu'à récemment, on incluait l'hémérocalle dans la famille du lis, les Liliacées. De récentes études ont cependant montré que les deux ne sont pas d'aussi proches parents qu'on le pensait et beaucoup de taxonomistes accordent aux hémérocalles leur propre famille, les Hémérocallidacées, qu'elles partagent avec seulement quelques autres genres, pour la plupart obscurs.

SECTION 2 ▶ VIVACES VRAIMENT SANS ENTRETIEN

Les hémérocalles sont d'origine asiatique, leur plus grande concentration se trouvant dans l'est du continent (est de la Sibérie et de la Chine, Japon et Corée).

Il existe quelque 25 espèces de *Hemerocallis*, pour la plupart de climat tempéré et à feuillage caduc˙. Certaines sont à feuillage persistant, comme *H. forrestii*, mais elles sont d'origine subtropicale et donc peu rustiques chez nous. En croisant des variétés à feuillage persistant peu rustiques avec les variétés à feuillage caduc très rustiques, les hybrideurs ont toutefois développé des hémérocalles à feuillage persistant qui réussissent bien dans nos régions, même si le feuillage est parfois brûlé par le froid hivernal. Il existe aussi des espèces et des hybrides à feuillage semi-persistant, c'est-à-dire qui conservent leur feuillage toute l'année sous les climats doux, mais le perdent en climat froid. Chez nous, ils le perdent. Malgré tout, les variétés à feuillage caduc et à feuillage semi-persistant, plus acclimatées aux hivers froids, se comportent généralement mieux dans les régions couvertes par ce livre que les hémérocalles à feuillage persistant.

L'hémérocalle forme des touffes denses de feuilles étroitement lancéolées et arquées, donnant un effet de fontaine : sans fleurs, on pourrait la confondre avec une graminée ornementale. Elle produit des tiges, ramifiées ou non et généralement arquées, qui portent à leur extrémité des fleurs en forme de trompette. Il y a six tépales : trois sépales, souvent plus étroits, qui constituent l'extérieur de la corolle, et trois pétales, souvent plus larges, qui en forment l'intérieur. Les sépales et les pétales peuvent être de la même couleur ou de couleurs différentes. Les couleurs de base chez l'hémérocalle sauvage sont le jaune et l'orange, mais on trouve maintenant des cultivars à fleurs blanches (ou du moins crème très pâle), rouges, roses, pourpres et même vertes. Souvent les cultivars sont bi- ou tricolores, plus rarement ont-ils des fleurs doubles.

Les fleurs d'hémérocalle peuvent être diurnes ou nocturnes. Dans le premier cas, elles s'ouvrent le matin et se referment le soir ; elles sont rarement parfumées ou, si c'est le cas, seulement très faiblement. C'est dans ce groupe qu'on trouve, de loin, le plus grand nombre de cultivars et aussi le plus vaste choix de couleurs. Les fleurs des espèces et hybrides à floraison nocturne s'ouvrent le soir et se referment au cours de la matinée le lendemain, certaines aux premiers rayons du soleil, d'autres pas avant midi. Les hémérocalles à fleurs nocturnes ont généralement des fleurs jaune pâle parfumées, souvent très parfumées.

Bien que chaque fleur ne dure qu'une seule journée, il y a presque toujours plus d'un bouton par tige et plus d'une tige par plante (sur les plantes matures). De plus, en général les tiges sont ramifiées, ce qui assure au moins trois semaines de floraison même chez les variétés à floraison unique, mais la plupart des hybrides modernes fleurissent pendant au moins quatre à cinq semaines et plusieurs sont mêmes remontants (voir à la page suivante) et fleurissent durant une bonne partie de la belle saison.

Il existe des hémérocalles qui fleurissent dès le début de juin et d'autres dont la saison de floraison s'étend jusqu'à octobre. Évidemment, le début de la saison varie d'une année à l'autre, notamment selon que le printemps est beau et chaud ou froid et

---

*Les spécialistes des hémérocalles utilisent plutôt, pour décrire les hémérocalles dont les feuilles meurent l'hiver, l'expression « à feuillage dormant » plutôt que « à feuillage caduc », mais c'est à mon avis une mauvaise traduction de l'anglais. D'après moi, c'est la plante qui est dormante, pas son feuillage. Les feuilles, elles, meurent à l'automne. Ainsi je préfère le terme caduc, plus générique.

SECTION 2 ▶ VIVACES VRAIMENT SANS ENTRETIEN

Hemerocallis lilioasphodelus compte parmi les hémérocalles à floraison nocturne.

- Acanthe de Hongrie
- Aconit
- Amsonie
- Baptisia
- Cœur-saignant
- Fraxinelle
- ▷ **Hémérocalle**
- Hosta
- Pivoine herbacée
- Renouée polymorphe

pluvieux, mais on peut classer les espèces et hybrides d'hémérocalles dans l'une des catégories suivantes :

- H – floraison hâtive (juin à début juillet) ;
- M – floraison mi-saison (mi-juillet à mi-août) ;
- T – floraison tardive (août-septembre/début octobre) ;
- Re – floraison remontante.

La dernière catégorie indique une variété qui recommence une autre floraison après sa floraison principale. Elle est souvent combinée à l'une des trois autres catégories. Ainsi, une plante peut être, par exemple, à floraison mi-saison remontante, c'est-à-dire que sa floraison commence à la mi-saison (mi-juillet à mi-août) mais « remonte » par la suite ; ainsi elle fleurira jusqu'en septembre. Ce classement est drôlement important quand vous choisissez des hémérocalles, car en combinant des plantes à floraison hâtive, mi-saison et tardive ou en utilisant beaucoup d'hémérocalles remontantes, vous pourrez vous assurer d'une floraison durant tout l'été.

Les hémérocalles ont la réputation bien méritée d'être très faciles à cultiver : elles poussent bien au soleil et à la mi-ombre (plusieurs peuvent même pousser à l'ombre, mais leur floraison est alors faible ou nulle) et dans tous les sols bien drainés. Pour une performance maximale, offrez-leur du soleil pendant la majeure partie de la journée, un emplacement plutôt frais (de l'ombre au moment des grandes chaleurs de l'après-midi est très appréciée) et un sol riche en matière organique, légèrement acide et plutôt humide. Une fois bien enracinées, les hémérocalles tolèrent la sécheresse. Un paillis organique qui fournit compost, humidité et fraîcheur leur plaira beaucoup. Elles peuvent même tolérer les inondations printanières ou pousser en bordure d'un jardin d'eau pour autant que leur collet soit au-dessus de l'eau durant la belle saison.

Les amateurs d'hémérocalles recommandent souvent de diviser la plante mère aux quatre ou cinq ans pour assurer une floraison maximale. Je suggère plutôt d'y aller au pif. Il existe des cultivars qui exigent des divisions fréquentes si on veut les voir bien performer, alors que d'autres sont encore plus jolis si on les laisse à eux-mêmes pendant 20 ans de culture et plus. Je préfère ces derniers. « Plantez et regardez pousser », voilà le leitmotiv du jardinier paresseux !

Faut-il supprimer les fleurs fanées ? Plusieurs vous diront que oui, que cela augmente le nombre de fleurs, mais j'ai beau chercher, je ne trouve aucune preuve que c'est plus qu'une légende urbaine. Je ne le fais pas et mes hémérocalles fleurissent à profusion. Où est donc le problème ? Par contre, si les fleurs fanées de vos hémérocalles vous dérangent, allez-y, arrachez-les. Vous pouvez tout simplement casser la fleur fanée à sa base, mais en faisant attention de ne pas supprimer par mégarde les boutons floraux en attente de floraison.

Certains experts recommandent de couper le feuillage à l'automne, mais à moins d'y avoir remarqué la rouille de l'hémérocalle (voir ci-dessous), je n'en vois pas l'utilité puisque les feuilles mortes sont invisibles l'été (les nouvelles feuilles cachent les anciennes) et que, de plus, elles nourrissent la plante en se décomposant. On peut toutefois arracher ou couper les tiges florales séchées si elles sont encore debout au printemps.

On multiplie l'hémérocalle surtout par division, au printemps ou à l'automne, ou, pour ceux qui voudraient tenter l'expérience d'hybridation, par semences (les hémérocalles cultivées ne sont presque jamais fidèles au type par semences). Peu de jardiniers savent cependant qu'on peut aussi bouturer la tige florale des hémérocalles. Il suffit de couper une section de tige de 3 à 4 cm de longueur. Cette bouture doit porter une petite feuille, car, à la base de cette feuille, il y a parfois une ou des petites plantules ou, sinon, au moins un bourgeon dormant qui peut devenir un plant. Il suffit d'enfoncer la bouture dans un terreau humide de façon que la plantule ou le bourgeon touche au sol et d'attendre. Certaines variétés s'enracinent facilement et produisent bientôt des racines. D'autres résistent (une hormone d'enracinement peut alors être utile) ou refusent : le taux de succès est donc rarement de 100 % !

L'hémérocalle fait une excellente fleur coupée (attention toutefois au pollen qui peut tacher les vêtements) ; même si la fleur ne dure qu'une seule journée, il y a habituellement assez de boutons floraux sur la tige pour assurer une floraison durable. Aussi, la plante est comestible : les pousses printanières, les racines en forme de carotte, les boutons et même les fleurs sont comestibles, crus ou cuits. Si vous vous lassez d'une hémérocalle, arrachez-la et servez-la au souper !

Les hémérocalles cultivées dans le contexte d'une plate-bande familiale connaissent peu de problèmes. Même les cerfs, les lagomorphes (lièvres et lapins) et les limaces semblent les ignorer, à moins d'être particulièrement affamés. Peu d'insectes semblent les toucher ou, si c'est le cas, les dégâts sont mineurs et localisés. Vous pouvez voir à l'occasion des pucerons et des thrips ou, si l'été est sec, des araignées rouges, mais ils tendent à préférer d'autres plantes de jardin. Consultez les pages 64 à 70 pour des traitements possibles si vous en voyez.

De plus, les hémérocalles souffrent rarement de maladies. Il y a bien la rouille de l'hémérocalle (*Puccinia hemerocallidis*),

SECTION 2 ▸ VIVACES VRAIMENT SANS ENTRETIEN

FAUT-IL ÉVITER LES HÉMÉROCALLES PRODUITES PAR CULTURE *IN VITRO* ?

La culture *in vitro* permet de multiplier rapidement des nouveautés horticoles, mais les plants qui en ressortent ne sont pas toujours parfaitement identiques à la plante mère.

▷ **Hémérocalle**

- Acanthe de Hongrie
- Aconit
- Amsonie
- Baptisia
- Cœur-saignant
- Fraxinelle
- **Hémérocalle**
- Hosta
- Pivoine herbacée
- Renouée polymorphe

Depuis presque deux décennies, la culture *in vitro* (multiplication des végétaux en éprouvette à partir de cellules souches) est devenue la méthode de choix pour la multiplication commerciale des hémérocalles. On peut en effet produire des millions d'exemplaires d'un nouveau cultivar en deux ou trois ans par cette méthode et vendre les plantes qui en résultent à des prix abordables, alors que, auparavant, il fallait attendre 20 ans avant qu'un nouveau cultivar multiplié par simple division végétative arrive sur le marché de masse. On a déjà vu des hémérocalles « neuves » se vendre plus de 300 $ le plant ! Donc, cette technique est aussi avantageuse pour le pépiniériste que pour le jardinier amateur.

Sauf que parfois, pour des raisons inconnues, les plants produits par culture *in vitro* ne sont pas parfaitement identiques à la plante mère.

Les hybrideurs sont souvent outrés par l'idée que la plante qu'ils ont développée et nommée puisse ne pas être fidèle au type et ils soutiennent avec insistance qu'il ne faut jamais acheter des hémérocalles produites par culture *in vitro*. Je dirais pourtant que, pour le jardinier amateur, les avantages de la culture *in vitro* l'emportent sur la mince possibilité que la plante ne soit pas tout à fait fidèle au type. Si vous êtes un hémérocallophile invétéré et disposez d'un énorme budget, allez-y : achetez vos hémérocalles multipliées par division à 300 $ le plant. En tant que jardinier, je préfère payer 20 $ et prendre un certain risque.

mais cette maladie, qui provoque des taches orangées puis noires sur les feuilles, tolérerait difficilement l'hiver sous notre climat. De plus, elle se cantonnerait surtout chez les hémérocalles à feuillage persistant, qui sont peu cultivées chez nous de toute façon. J'ai l'impression que cette maladie, qui est très récente (on l'a remarquée pour la première fois en Amérique du Nord en 2000), sera surtout un problème pour les producteurs d'hémérocalles et les collectionneurs de cette plante, car la promiscuité augmente les risques. L'amateur avec quelques dizaines de variétés bien éparpillées à travers ses plates-bandes mixtes ne devrait pas connaître de gros ennuis.

Notez que l'hôte alternatif obligatoire de cette maladie est *Patrinia* spp. (valériane jaune), décrit dans le tome 2. Cela veut dire que la rouille de l'hémérocalle doit nécessairement vivre une partie de son cycle sur une valériane jaune, sinon elle ne peut pas être transmise. Pour cette raison, je suggère d'éviter de cultiver cette plante tant qu'on

SECTION 2 ▸ VIVACES VRAIMENT SANS ENTRETIEN

n'en sait pas plus sur la transmission de cette nouvelle maladie.

Espèces

Le marché de l'hémérocalle est inondé d'hybrides modernes aux formes et aux couleurs des plus fantastiques. Dans ce contexte, trouver des hémérocalles « botaniques » peut être difficile. Pourquoi se donner la peine si les hybrides sont « meilleurs » ? Ah oui, mais ont-ils le charme suranné des vieilles hémérocalles que nos grands-parents cultivaient ? De plus, les hémérocalles botaniques sont très longévives (souvent on se les transmet dans la même famille depuis deux ou même trois générations), n'ont jamais besoin de division et fleurissent annuellement avec soins ou pas.

Inutile de vous présenter les quelque 25 espèces d'hémérocalle, car certaines ne poussent pas dans nos régions et la plupart sont difficiles à trouver. Je me suis limité à quatre espèces plus couramment cultivées.

♦ *Hemerocallis fulva*
Hémérocalle fauve (Tawny Daylily)

La plupart des hémérocalles sont des plantes bien disciplinées qui restent sagement là où vous les plantez, mais celle-ci fait exception. Plutôt que de former une touffe dense qui ne s'agrandit que lentement, ♦ l'hémérocalle fauve produit des rosettes minces et bien éparpillées séparées les unes des autres par de longs stolons souterrains. Ainsi elle forme rapidement de vastes colonies. D'ailleurs, vous l'avez sûrement vue le long de routes et des chemins de fer partout dans nos régions. En Ontario, on l'appelle « ditch lily » (lis des fossés), tellement elle est courante dans ces endroits. ♦ À moins de vouloir remplir beaucoup d'espace à peu de frais et ne jamais vouloir y jardiner (car la plante est aussi difficile à arracher que le chiendent), évitez-la.

Tout cela n'empêche pas l'hémérocalle fauve d'être jolie avec ses grandes fleurs orange brûlé à cœur jaune portées à l'extrémité de ses tiges arquées pendant trois semaines au mois de juillet.

Réputée légèrement sujette à la rouille de l'hémérocalle.

Floraison : juillet. 100-120 cm x 60 cm. Zone 2.

On trouve des hémérocalles fauves (*Hemerocallis fulva* 'Europa') autour de beaucoup de maisons ancestrales.

Hemerocallis fulva 'Europa'

♦ **H. fulva 'Europa'** : il paraît que c'est la principale hémérocalle fauve naturalisée tant en Europe qu'au Canada et aux États-Unis !

Il s'agirait d'un très vieux cultivar triploïde stérile qui fut apporté il y a plusieurs siècles de l'Asie à l'Europe, où il pousse maintenant de façon subspontanée. On ne connaît pas la date de son arrivée en Europe, mais on a trouvé des descriptions de cette plante (on l'appelait alors *Liriosphodelus phoeniceus*) qui datent de 1570 et qui semblent indiquer qu'elle y était déjà bien établie. 'Europa' est arrivée en Amérique du Nord vers 1720 par la Nouvelle-Angleterre et aurait été apportée au Québec par les loyalistes après la Révolution américaine. Sa croissance fulgurante et sa vitesse de multiplication phénoménale en ont fait une plante facile à partager qu'on retrouve maintenant partout au Québec, en culture aussi bien qu'échappée dans la nature, ainsi que dans toutes les provinces à l'est du Manitoba. Le « maudit lis d'un jour qui envahit mon terrain », c'est lui. Floraison : juillet. 100-120 cm x 60 cm. Zone 2.

Hemerocallis fulva 'Kwanzo'

H. fulva 'Kwanzo' : mutation double du cultivar 'Europa' et tout aussi envahissant que lui. Les tépales supplémentaires rouge orangé sont nombreux, mais placés de manière peu soignée, ce qui n'en fait pas une très belle fleur. C'est aussi un triploïde stérile, comme sa « mère ». Cette plante a été citée pour la première fois en 1712 et est abondamment plantée depuis longtemps dans certaines régions de l'est du Canada, où elle aussi s'échappe fréquemment dans la nature. Floraison : juillet. 90 cm x 60 cm. Zone 4.

H. fulva 'Variegated Kwanzo' : mutation panachée de 'Kwanso', avec les mêmes fleurs doubles ébouriffées rouge orangé. Son attrait principal est que ses feuilles vertes sont striées de blanc. Malheureusement, ce trait est très irrégulier : plusieurs rosettes retournent au type primitif ('Kwanzo'), donc au feuillage vert. Il faut supprimer régulièrement les divisions entièrement vertes pour maintenir la panachure, sinon les parties vertes, plus vigoureuses, prendront le dessus et étoufferont, tôt ou tard, la forme au feuillage bicolore.

Comme sa mère, 'Kwanzo', et sa grand-mère, 'Europa', 'Kwanzo Variegated' est un triploïde stérile. Même si ce cultivar est connu depuis 1784, il demeure très rare, vu sa tendance à redevenir un 'Kwanzo' ordinaire, sans panachure. Floraison : juillet. 90 cm x 60 cm. Zone 4.

Hemerocallis citrina

Hemerocallis citrina
Hémérocalle citron
(Citron Daylily)

L'hémérocalle citron n'a pas une aussi longue histoire de culture en Occident que l'hémérocalle fauve et l'hémérocalle jaune (description suivante), mais elle est cultivée

---

SECTION 2 ▸ VIVACES VRAIMENT SANS ENTRETIEN

Acanthe de Hongrie
Aconit
Amsonie
Baptisia
Cœur-saignant
Fraxinelle
▷ **Hémérocalle**
Hosta
Pivoine herbacée
Renouée polymorphe

121

depuis des millénaires en Asie, où ses fleurs comestibles sont particulièrement appréciées. Ses noms botanique et commun viennent de la couleur jaune citron de ses fleurs, pas du parfum de ces dernières. Ce n'est pas que les fleurs ne sont pas parfumées – bien au contraire, elles sont très odorantes –, mais elles ne sentent nullement le citron. Elles s'ouvrent le soir pour se fermer à midi le lendemain : plantez-la près d'une terrasse où vous passez vos soirées pour profiter au maximum de son parfum ! On la distingue assez facilement de l'hémérocalle jaune (fiche suivante) par les tépales très longs et étroits de la fleur, presque une fleur araignée, et sa floraison plus tardive. Les tiges bien ramifiées produisent beaucoup de fleurs pendant une période relativement courte, à la mi-saison. Floraison : juillet. 110 cm x 75 cm. Zone 3.

H. citrina vespertina : variante particulièrement haute de l'espèce. Floraison : juillet. 1,5-2 m x 75 cm. Zone 3.

Hemerocallis lilioasphodelus

Hemerocallis lilioasphodelus, syn. *H. flava*
Hémérocalle jaune
(Yellow Daylily)
C'est une grande hémérocalle très hâtive (souvent la première à fleurir) aux feuilles nombreuses longues et étroites et aux fleurs suavement parfumées jaune citron. Elles sont d'assez bonne taille, aux tépales étroits. Elles s'ouvrent le soir, mais, contrairement à bien des hémérocalles nocturnes, restent généralement ouvertes toute la journée le lendemain. D'ailleurs, si le temps n'est pas trop chaud, il arrive que les fleurs restent ouvertes deux journées de file.

Cette espèce chinoise a été introduite en Europe il y a si longtemps qu'elle y pousse de façon subspontanée ; Linné, qui l'avait décrite en 1753, l'avait crue indigène du continent. C'est l'hémérocalle jaune de nos grands-parents qu'on retrouve abondamment dans les vieux jardins, mais elle ne fut jamais aussi populaire que l'hémérocalle fauve (*H. fulva*), décrite à la page 120. Comme cette dernière, l'hémérocalle jaune produit des stolons souterrains, mais elle n'est pas aussi agressivement envahissante. Floraison : juin. 100 cm x 60 cm. Zone 3.

Hemerocallis middendorffii
Hémérocalle de l'Amour
(Amur Daylily)
Cette espèce très hâtive n'est pas aussi connue que les trois précédentes, mais on la trouve néanmoins dans quelques catalogues. Elle produit des tiges florales sans ramifications, les boutons brun rougeâtre étant densément assemblés à l'extrémité de la tige unique, bien au-dessus du feuillage. Les fleurs sont plus en étoile et moins réfléchies qu'une hémérocalle typique et sont de petite taille. Elles sont jaune orangé. Bien qu'à floraison hâtive, cette espèce produit souvent quelques fleurs supplémentaires en septembre. Les boutons et les fleurs sont particulièrement délicieux et cette espèce est cultivée comme légume en Chine depuis des millénaires. Floraison : mi-

SECTION 2 ▶ VIVACES VRAIMENT SANS ENTRETIEN

Hemerocallis middendorffii

juin, sporadique en septembre. 60-75 cm x 60 cm. Zone 2.

Hémérocalles hybrides

La majorité des hémérocalles de nos jardins – et de nos jardineries – sont maintenant d'origine hybride. En effet, en croisant des espèces à fleurs de différentes teintes de jaune, d'orange et de « rouge » (plutôt rouge brique qu'écarlate), on a réussi à faire ressortir des teintes, des formes et des textures insoupçonnées, ainsi que des caractéristiques désirables comme la résistance aux maladies et, surtout, la remontance (capacité de refleurir après la première floraison). Une grande innovation fut l'introduction des hybrides tétraploïdes dans les années 1960. Auparavant, les hémérocalles étaient surtout diploïdes, avec 14 chromosomes. En doublant, par des traitements chimiques, le nombre de chromosomes pour en faire des tétraploïdes, donc à 28 chromosomes, on a obtenu des plantes aux tiges florales plus

solides, aux fleurs plus grosses et mieux colorées, et aux tépales moins fragiles. De nos jours, la majorité des nouveaux hybrides sont tétraploïdes.

Qu'une hémérocalle soit diploïde ou tétraploïde ne change pas grand-chose pour le jardinier amateur qui ne veut que des belles fleurs, mais c'est un détail très important pour l'hybrideur. J'ai donc inclus ce renseignement dans les descriptions des cultivars.

La rusticité des hémérocalles hybrides étant rarement connue avec précision, j'ai inscrit d'office zone 3 (2) pour la majorité des variétés. Par là, je veux dire que la plante est rustique en zone 3 et mérite un essai en zone 2.

Puisqu'il est possible d'avoir des hémérocalles en fleurs de juin à septembre, je vous présente ici les cultivars choisis selon leur période de floraison – hâtive, mi-saison ou tardive – pour terminer par le groupe qui est, quant à moi, le plus intéressant : les variétés remontantes dont plusieurs peuvent fleurir tout l'été.

Je vais sûrement décevoir les hémérocallophiles en ne présentant qu'une *sélection* d'hémérocalles, mais je ne pouvais pas étaler les quelque 60 000 cultivars dans un seul livre ! Mon choix étant basé en bonne partie sur la disponibilité des plantes, vous trouverez dans les descriptions présentées ici davantage de cultivars « bien connus », car presque tous les jardineries en vendent, que de plantes de collection, que les vrais hémérocallophiles préfèrent. C'est que le commun des mortels n'a ni accès à ces plantes de collection, ni les moyens de se les payer. Pour ces raisons, vous trouverez ici surtout des variétés sur le marché depuis plusieurs années, qui ont fait leurs preuves et, autre atout non négligeable, dont le prix est désormais abordable. Si vous trouvez

Acanthe de Hongrie
Aconit
Amsonie
Baptisia
Cœur-saignant
Fraxinelle
▷ **Hémérocalle**
Hosta
Pivoine herbacée
Renouée polymorphe

une hémérocalle qui n'est *pas* décrite ici et dont vous aimez l'apparence, n'hésitez pas à l'essayer. Les hémérocalles déçoivent rarement.

Une dernière note: tous les hybrides décrits ci-dessous sont *à feuillage caduc*, à moins d'indication contraire.

Hémérocalles hybrides hâtives

Hemerocallis 'Buckeye'

Hemerocallis 'Mary Todd'

Ces hémérocalles fleurissent au mois de juin ou au début de juillet. La plupart des hémérocalles hâtives sont à fleurs jaunes, mais j'ai réussi à trouver quelques exceptions.

H. **'Bitsy'**: hémérocalle miniature extra hâtive et à longue période de floraison. Fleurs nocturnes parfumées jaune citron. Diploïde à feuillage semi-persistant. 45 cm x 60 cm. Zone 3 (2).

H. **'Buckeye'**: orange à auréole marron. Gorge orange. Vieux cultivar datant des années 1940 qu'on trouve encore sur le marché. Diploïde. 75 cm x 60 cm. Zone 3 (2).

H. **'Mary Todd'**: populaire cultivar lancé en 1967 et l'une des premières hémérocalles tétraploïdes à percer le marché. Les grosses fleurs sont jaune vif avec une marge ondulée. Feuillage semi-persistant. Gagnante de plusieurs prix. 60-65 cm x 60-75 cm. Zone 3 (2).

H. **'Night Wings'**: fleur rouge pourpré presque noir avec une gorge jaune. On dit que c'est la «plus noire» des hémérocalles: idéale pour les amateurs de gothique! Tétraploïde à feuillage persistant. 75 cm x 60-90 cm. Zone 4.

H. **'Spring Purple'**: fleur aux tépales étroits rouge acajou foncé, gorge jaune-vert. Diploïde. 90 cm x 60 cm. Zone 3 (2).

Hémérocalles hybrides mi-saison

Avec leur floraison de la mi-juillet jusqu'à la mi-août, ces hémérocalles ont beaucoup de compagnie, puisque c'est le cœur de la saison de floraison des hémérocalles et d'ailleurs

SECTION 2 ▸ VIVACES VRAIMENT SANS ENTRETIEN

Hemerocallis 'Gentle Shepherd'

- Acanthe de Hongrie
- Aconit
- Amsonie
- Baptisia
- Cœur-saignant
- Fraxinelle
- ▷ **Hémérocalle**
- Hosta
- Pivoine herbacée
- Renouée polymorphe

www.jardinierparesseux.com

des vivaces en général. On en trouve de toutes les tailles et de toutes les couleurs.

H. 'Anzac': grosse fleur rouge à gorge verte. Fleurit surtout à la mi-saison, mais a une certaine remontance. Diploïde. 65-70 cm x 60-70 cm. Zone 3 (2).

H. 'Bonanza': fleur en trompette jaune à auréole rouge brique. Diploïde. 80 cm x 60 cm. Zone 3 (2).

H. 'Canadian Border Patrol': fleur crème auréolée de pourpre et à gorge verte. Tépales ondulés. Tétraploïde à feuillage semi-persistant. 70-75 cm x 60 cm. Zone 3 (2).

H. 'Cool It': grande fleur parfumée jaune très pâle à gorge verte. L'une des hémérocalles les plus blanches. Tétraploïde à feuillage semi-persistant. 70 cm x 60 cm. Zone 3 (2).

H. 'Country Melody': fleur rose pur avec une auréole jaune pâle, une nervure médiane rose pâle et une marge ondulée jaune citron. Gorge verte. Tige florale solide. Tétraploïde. 75 cm x 60-75 cm. Zone 3 (2).

H. 'Eenie Weenie': petite hémérocalle à toutes petites fleurs parfumées jaunes à gorge verte. Début de la mi-saison. Diploïde. 25 cm x 45 cm. Zone 3 (2).

♥ *H.* 'Elfe Marie-Antoinette': il y a beaucoup d'hybrideurs québécois d'hémérocalles, mais les fruits de leurs labeurs sont difficiles à obtenir; ils semblent restés cantonnés uniquement chez les collectionneurs. Voici une exception, de la série Elfe de P. A. Rocheleau. 'Elfe Marie-Antoinette' produit de grosses fleurs orange cuivré auréolées de pourpre et à gorge jaune or. Grâce à une rayure crème dans le centre des pétales, elles paraissent nettement tricolores. Diploïde. 85 cm x 45 cm. Zone 3 (2).

H. 'Gentle Shepherd': de loin la plus populaire des hémérocalles « blanches »; sachez que le blanc pur n'existe pas chez l'hémérocalle, mais blanc crème ou blanc ivoire, si. Chez 'Gentle Shepherd', les fleurs à marge ondulée sont blanc crème à gorge jaune-vert. Diploïde. 75 cm x 60-90 cm. Zone 3 (2).

125

SECTION 2 ▸ VIVACES VRAIMENT SANS ENTRETIEN

Hemerocallis 'Frans Hals'

♥ **H. 'Frans Hals'**: superbe fleur bicolore : les sépales sont jaune crème alors que les pétales sont rouge orangé avec une nervure centrale jaune crème. Hémérocalle classique, lancée en 1955. Fleurissant pendant six semaines et plus, elle déborde nettement sur le mois d'août. Diploïde. 60 cm x 60 cm. Zone 3 (2).

♥ **H. 'Malija' Golden Zebra™**: probablement la meilleure des hémérocalles panachées. Son feuillage est vert fortement strié de blanc. De plus, elle fleurit bien et produit de petites fleurs orange. C'est l'unique hémérocalle panachée que j'ai pu essayer qui était à la fois stable et de culture facile. Diploïde. 30-45 cm x 45-60 cm. Zone 3 (2).

🪴 **H. 'Hyperion'**: une classique ! Ce très vieux cultivar (1924) est toujours populaire, presque 90 ans après son lancement. Elle produit une grosse fleur jaune citron à marge ondulée et est parfumée de surcroît. Diploïde. 100 cm x 60 cm. Zone 3 (2).

H. 'Lady Fingers': fleur de type « araignée », aux longs tépales étroits jaune-vert. Même s'il existe maintenant des centaines d'hémérocalles dans cette catégorie, celle-ci demeure généralement plus appréciée des hémérocallophiles que du grand public. Une hémérocalle aux fleurs araignées reste, pour bien des gens, d'une grande originalité. Diploïde. 75-80 cm x 75-90 cm. Zone 3 (2).

Hemerocallis 'Pandora's Box'

🪴 **H. 'Pandora's Box'**: fleur parfumée crème auréolée de rouge vin avec une gorge verte. Réputée légèrement sujette à la rouille de l'hémérocalle. Diploïde. 50 cm x 45 cm. Zone 3 (2).

🪴 **H. 'Ruffled Apricot'**: grosse fleur abricot à marge ondulée et aux nervures rosées. Légèrement parfumée. Tétraploïde. 70 cm x 60 cm. Zone 3 (2).

H. 'Siloam Baby Talk': la série Siloam est l'œuvre de l'hybrideuse américaine maintenant décédée Pauline Henry, de Siloam, en Arkansas. Beaucoup de gens associent cette série aux hémérocalles miniatures à fleurs auréolées, comme celle-ci, mais en fait Mme Henry avait créé des variétés de taille standard ainsi que plusieurs doubles. 'Siloam Baby Talk' offre une fleur miniature rose pâle auréolée de rose foncé et à gorge rouge. Fleurit au début de la mi-saison. Diploïde. 40 cm x 45 cm. Zone 3 (2).

🪴 **H. 'Siloam Double Classic'**: les fleurs doubles sont rares chez les hémérocalles, donc « doublement » désirables. En voici une

SECTION 2 ▸ VIVACES VRAIMENT SANS ENTRETIEN

Hemerocallis 'Siloam Double Classic'

belle aux fleurs roses d'assez bonne taille et aux tépales joliment ondulés. Diploïde. 35-40 cm x 45-60 cm. Zone 3 (2).

H. '**Siloam June Bug**' : petite fleur jaune or à gorge verte, auréolée de marron foncé. Diploïde. 55 cm x 45 cm. Zone 3 (2).

H. '**Siloam Show Girl**' : fleur ondulée de taille moyenne. Elle est rouge orangé moyen avec une auréole rouge pourpre et une gorge verte. Diploïde. 45 cm x 60 cm. Zone 3 (2).

H. '**Siloam Tee Tiny**' : mini-fleur rose pourpré avec une auréole pourpre foncé et une gorge verte. Diploïde. 45 cm x 60 cm. Zone 3 (2).

Hemerocallis 'Strutter's Ball'

H. '**Siloam Ury Winniford**' : petite fleur à marge crêpée de couleur crème avec un gros œil pourpre et une gorge verte. Diploïde. 60 cm x 45 cm. Zone 3 (2).

H. '**Strutter's Ball**' : grosse fleur violet très foncé auréolée de violet moyen, le tout mis en valeur par une gorge jaune citron. Diploïde. 65-70 cm x 75-90 cm. Zone 3 (2).

H. '**Summer Wine**' : grosses fleurs ondulées rouge vin à gorge jaune-vert. Diploïde. 60 cm x 60 cm. Zone 3 (2).

Hémérocalles hybrides tardives

Hemerocallis 'Autumn Minaret'

Pour terminer la saison, un mélange d'hémérocalles qui commencent à fleurir après le début d'août et surtout après le milieu du mois. Plusieurs sont encore en fleurs au mois de septembre, voire au début d'octobre.

♥ ✿ ☕ H. '**Autumn Minaret**' : je triche un peu en mettant cette hémérocalle dans la catégorie des tardives, car elle commence à fleurir à la mi-été. Mais elle est remontante et, contrairement à la majorité des hémérocalles remontantes, sa floraison *s'intensifie* à l'automne plutôt que de diminuer. Elle donne donc son meilleur spectacle en août-septembre. C'est une très

Acanthe de Hongrie
Aconit
Amsonie
Baptisia
Cœur-saignant
Fraxinelle
▷ **Hémérocalle**
Hosta
Pivoine herbacée
Renouée polymorphe

grande hémérocalle, l'une des plus hautes en fait, avec de longues tiges plutôt dressées, très ramifiées et très florifères. Les fleurs aux pétales étroits, de type araignée, sont jaune orangé rehaussé d'une faible auréole orange rouille. Diploïde. 170 cm x 60 cm. Zone 3 (2).

H. 'Autumn Red': abondantes fleurs rouges avec nervure centrale et cœur jaunes. Croissance rapide. Une classique datant de 1941. Diploïde. 90 cm x 45-60 cm. Zone 3 (2).

H. 'El Desperado': fleur parfumée jaune franc avec une auréole et une bordure rouge vin. Tétraploïde. 70 cm x 60 cm. Zone 3 (2).

H. 'Good-bye Columbus': tiges hautes et solides portant une abondance de fleurs (jusqu'à 50 par tige) jaune or. Les sépales, très recourbés vers l'arrière, laissent les trois pétales en vedette et donnent à la fleur une curieuse forme triangulaire. Fleurit en août et septembre. Tétraploïde. 115 cm x 60 cm. Zone 3 (2).

H. 'Hall's Pink': fleur étoilée de taille moyenne, rose pâle à gorge jaune orangé. Diploïde. 50 cm x 60 cm. Zone 3 (2).

H. 'Sweet Sugar Candy': larges tépales réfléchis à marge ondulée, donnant une apparence presque ronde. Rose clair à auréole rose foncé et à gorge verte. Tétraploïde. 65 cm x 60-75 cm. Zone 3 (2).

Hémérocalles hybrides remontantes et à floraison continuelle

Il s'agit, pour la plupart, d'hémérocalles qui commencent à fleurir en juillet (à la mi-saison) et qui continuent sporadiquement jusqu'en septembre, parfois octobre. Certaines sont plus que remontantes: leur floraison est tellement soutenue qu'on peut, sans trop exagérer, dire qu'elles sont « à floraison continuelle ». Les meilleures du groupe commencent à fleurir en juin, parfois

Hemerocallis 'Stella de Oro'

même au *début* de juin, et n'arrêtent pas de fleurir jusqu'aux premiers gels sévères de l'automne. Sous un climat subtropical, plusieurs fleurissent presque sans arrêt 12 mois par année.

Il n'y a pas beaucoup d'hémérocalles fidèlement remontantes et encore moins qui sont réellement à floraison continuelle. Vous en trouverez une proportion exagérée dans ce livre, car je trouve que ce sont des plantes à promouvoir, au-delà des autres hémérocalles. Notez que le trait « floraison continuelle » s'est avéré très ardu à transmettre par hybridation, car il est récessif et très difficile à faire ressortir dans d'autres couleurs que le jaune pur. C'est pourquoi vous remarquerez un certain « air de famille » chez la plupart des hémérocalles à floraison continuelle. Ce sont, pour la majorité, de petites plantes avec de petites fleurs jaunes, comme 'Stella de Oro', qui fut à l'origine de cette nouvelle vague.

SECTION 2 ▸ VIVACES VRAIMENT SANS ENTRETIEN

Notez que, pour obtenir une floraison vraiment ininterrompue chez les hémérocalles à floraison continuelle, il faut des conditions intéressantes (plutôt le plein soleil que la mi-ombre, sol assez riche, une division de temps en temps, etc.). Un été trop gris et pluvieux peut réduire la floraison de trois mois et plus à trois semaines à peine !

♥ ♣ ☕ *H.* 'Stella de Oro' : commençons nos descriptions des hémérocalles remontantes avec 'Stella de Oro', la grand-maman des hémérocalles à floraison continuelle, puisque parente directe ou indirecte de la plupart des plantes de ce groupe ; c'est l'hémérocalle la plus vendue au monde. Bien que lancée en 1975, ce n'est qu'à la fin des années 1980 que « Stella », comme les jardiniers l'appellent, a vraiment percé le marché horticole mondial. Contrairement à la majorité des (encore très rares) hémérocalles remontantes connues à cette époque et qui n'étaient que faiblement remontantes (une floraison plutôt sporadique après leur floraison principale), 'Stella de Oro' fleurit massivement durant toute la période de floraison des hémérocalles, de juin à septembre, même en octobre ou novembre si le temps demeure doux. En Floride, elle fleurit plus de 300 jours par année ! 🍃 Côté apparence, par contre, il n'y a rien pour écrire à sa mère. C'est une petite hémérocalle à petites fleurs jaune doré, voilà tout. Réputée légèrement sujette à la rouille de l'hémérocalle. Diploïde. 25 à 40 cm x 30-60 cm. Zone 3 (2).

♣ *H.* 'Always Afternoon' : fleur mauve-pourpre à auréole pourpre et à gorge verte. Commence à fleurir tôt et fleurit toute la saison. Floraison continuelle. Tétraploïde à feuillage semi-persistant. 55 cm x 60 cm. Zone 3 (2).

♣ *H.* 'American Revolution' : rouge-violet très foncé, presque noir ; gorge verte. Diploïde. 70 cm x 60-90 cm. Zone 3 (2).

♥ ♣ *H.* 'Apricot Sparklers' : essentiellement à floraison continuelle. Fleurs abricot foncé du début à la fin de l'été. Diploïde. De la série Happy Ever Appster®. 30-35 cm x 40-60 cm. Zone 3 (2).

H. 'Baby Darling' : fleur pourpre, œil foncé. Commence au début de la mi-saison, puis remonte. Diploïde à feuillage persistant. 35-45 cm x 30-35 cm. Zone 3.

Hemerocallis 'Barbara Mitchell'

♥ ♣ *H.* 'Barbara Mitchell' : fleur rose à gorge verte, marge ondulée. Commence à fleurir à la mi-saison. Une de mes préférées parce que… Barbara Mitchell est le nom de ma sœur ! Diploïde. 50 cm x 60 cm. Zone 3 (2).

♥ ♣ ☕ *H.* 'Berrub' Ruby Stella™ : hybride dans la lignée de 'Stella de Oro'. Petites fleurs rouge vin à gorge verte. Parfumées. Floraison continuelle de juin à septembre/octobre. Diploïde. 45-55 cm x 45 cm. Zone 3 (2).

♣ ☕ *H.* 'Big Time Happy' : fleurs assez grosses (10 cm de diamètre) jaune citron doux avec une marge ondulée et une gorge verte. Floraison continuelle. Toujours en fleurs ! Diploïde. 40-45 cm x 45-60 cm. Zone 3 (2).

- Acanthe de Hongrie
- Aconit
- Amsonie
- Baptisia
- Cœur-saignant
- Fraxinelle
- ▷ **Hémérocalle**
- Hosta
- Pivoine herbacée
- Renouée polymorphe

SECTION 2 ▸ VIVACES VRAIMENT SANS ENTRETIEN

♥ ✿ *H.* 'Black Eyed Stella' : abondantes petites fleurs jaune or auréolées de rouge foncé avec une gorge jaune. Commence tôt dans la saison et fleurit presque jusqu'aux gels. Floraison continuelle. Diploïde. 40 cm x 45 cm. Zone 3 (2).

✿ *H.* 'Blueberry Cream' : grande fleur jaune crème à marge et auréole pourpre foncé. Tétraploïde à feuillage semi-persistant. 60 cm x 50 cm. Zone 3 (2).

✿ *H.* 'Blueberry Sundae' : fleur blanc crème à auréole et marge pourpres ; gorge verte. Tétraploïde à feuillage semi-persistant. 55 cm x 60 cm. Zone 3 (2).

✿ ☕ *H.* 'Bobo Anne' : petite hémérocalle à fleurs doubles mandarine pâle. Parfumée. Fleurit au début de la mi-saison, puis remonte. Diploïde à feuillage semi-persistant. 60 cm x 45 cm. Zone 2.

✿ *H.* 'Burning Daylight' : grosse fleur évasée parfumée. Couleur jaune orangé vif. Tétraploïde à feuillage semi-persistant. 90 cm x 60 cm. Zone 3 (2).

♥ ✿ ☕ *H.* 'Buttered Popcorn' : grande fleur parfumée jaune beurre à petite gorge verte. L'une des meilleures hémérocalles remontantes à grandes fleurs pour l'abondance de sa floraison. Tétraploïde. 80 cm x 45-60 cm. Zone 3 (2).

♥ ✿ ☕ *H.* 'Catherine Woodbery' ('Catherine Woodbury') : grosse fleur très parfumée rose lilas pâle devenant jaune au centre puis vert au fond de sa gorge. Floraison prolongée, de la mi-saison au début de l'automne. Réputée sujette à la rouille de l'hémérocalle. Diploïde. 60 cm x 60 cm. Zone 3 (2).

✿ *H.* 'Cherry Cheeks' : rouge cerise à large nervure médiane jaune et à gorge jaune orangé. Mi-saison à tardive. Tétraploïde. 80 cm x 60 cm. Zone 3 (2).

♥ ✿ *H.* 'Chicago Apache' : grosses fleurs à marge ondulée de couleur rouge brique foncé avec une gorge verte. Les hémérocallophiles prétendent que la fleur est rouge écarlate, mais c'est prendre leurs désirs pour la réalité. À mes yeux, aucune hémérocalle n'est véritablement rouge, tout au plus rouge vin, disons. Cette plante fleurit de la mi-saison jusqu'à tard l'automne. 60-70 cm x 60-90 cm. Zone 4.

Hemerocallis 'Buttered Popcorn'

Hemerocallis 'Chicago Apache'

Hemerocallis 'Happy Returns'

- Acanthe de Hongrie
- Aconit
- Amsonie
- Baptisia
- Cœur-saignant
- Fraxinelle
- **Hémérocalle**
- Hosta
- Pivoine herbacée
- Renouée polymorphe

H. **'Cranberry Baby'** : hémérocalle compacte à fleurs rouge framboise à auréole plus foncée, gorge jaune-vert. Fleurit tôt dans la mi-saison, puis remonte. Diploïde. 30 cm x 50 cm. Zone 3 (2).

H. **'Fairy Tale Pink'** : fleur rose saumoné à gorge jaune-vert et tépales ondulés. Diploïde à feuillage semi-persistant. 50-60 cm x 60 cm. Zone 3 (2).

H. **'Forty Second Street'** : fleur double rose crème avec une auréole rouge orangé. Commence à fleurir au milieu de l'été. Diploïde. Feuillage persistant. 60 cm x 60 cm. Zone 4.

H. **'Going Bananas'** : mise en marché comme une 'Happy Returns' améliorée, cette hémérocalle me paraît passablement différente. Les fleurs sont plus grosses, plus pâles (jaune citron) et ont une plus jolie texture. La floraison, par contre, est aussi continuelle. Diploïde. Feuillage semi-persistant. 50-55 cm x 45 cm. Zone 3 (2).

H. **'Happy Returns'** : les fleurs de 7,5 cm de diamètre sont jaune pâle et délicieusement parfumées. Floraison continuelle. Elle fleurit abondamment au début et au milieu de la saison, un peu moins vers la fin. Réputée légèrement sujette à la rouille de l'hémérocalle. Diploïde. 45 cm x 45 cm. Zone 3 (2).

Hemerocallis 'Going Bananas'

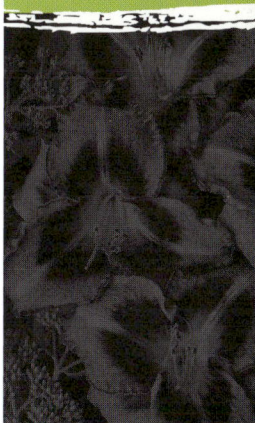

SECTION 2 ▸ VIVACES VRAIMENT SANS ENTRETIEN

❄ ☘ *H.* 'Ice Carnival': grosse fleur parfumée jaune crème très pâle, presque blanche. Gorge verte. Commence à fleurir à la mi-saison. Diploïde. 60 cm x 70 cm. Zone 3 (2).

❄ ☘ *H.* 'Joan Senior': fleur assez grosse légèrement parfumée, blanc crème à gorge vert lime. Diploïde à feuillage persistant. Commence à fleurir à la mi-saison et continue sporadiquement par la suite. Réputée légèrement sujette à la rouille de l'hémérocalle. 60-65 cm x 60 cm. Zone 3 (2).

Hemerocallis 'Little Grapette'

Hemerocallis 'Just Plum Happy'

❤ ❄ *H.* 'Just Plum Happy': fleurs de bonne taille, rose intense avec une large auréole violette et une gorge jaune. Floraison par à-coups de juin à octobre ou plus tard. Diploïde à feuillage semi-persistant. 40 cm x 60 cm. Zone 4.

❤ ❄ *H.* 'Little Grapette': toute petite hémérocalle aux petites fleurs pourpres à gorge vert pâle. Feuillage semi-persistant. Floraison surtout hâtive, mais légèrement remontante, jusqu'au milieu de l'été. Diploïde. 25-30 cm x 45 cm. Zone 3 (2).

❄ *H.* 'Little Missy': fleurs doubles rouge vin. Tépales réfléchis et ondulés. Mi-saison remontante. Diploïde. 50 cm x 45 cm. Zone 3 (2).

❄ *H.* 'Little Wine Cup': hémérocalle de taille moyenne avec une longue période de floraison : elle commence en juin et continue jusqu'à la fin d'août. Petites fleurs abondantes aux pétales larges, légèrement gaufrés, recourbés vers l'arrière, de couleur mauve à cœur vert. Diploïde. 45-50 cm x 45 cm. Zone 3 (2).

❄ *H.* 'Moonlight Masquerade': fleur blanc crème auréolée de pourpre foncé et à gorge verte. Mi-saison à septembre. Tétraploïde à feuillage semi-persistant. 65 cm x 60 cm. Zone 3 (2).

❤ ❄ *H.* 'Moses' Fire': fleur double rouge à mince marge jaune. On distingue un peu de vert dans la gorge. Floraison abondante. Mi-saison remontante. Tétraploïde. 55 cm x 60 cm. Zone 3 (2).

❤ ❄ *H.* 'On and On': les grosses fleurs (11 cm) parfumées sont rose pastel et leur marge est joliment ondulée avec les tépales recourbés vers l'arrière. Cette hémérocalle a les allures d'une *prima donna* et la constitution d'une bête de somme. Fleurit de juin au début de l'automne. Diploïde. 45 cm x 45 cm. Zone 3 (2).

❄ *H.* 'Orchid Candy': fleur lavande très odorante à auréole pourpre et à gorge verte. Tépales à marge crêpée. Tétraploïde. 50-55 cm x 60 cm. Zone 3 (2).

SECTION 2 ▸ VIVACES VRAIMENT SANS ENTRETIEN

Hemerocallis 'Pardon Me'

H. **'Purple Waters'** : ce cultivar robuste de 1942 fut longtemps la plus « pourpre » des hémérocalles. Les fleurs de bonne taille sont rouge violacé satiné avec des étamines pourpres et un cœur jaune. Sa floraison principale est à la mi-saison, mais elle remonte sporadiquement jusqu'aux gels. Diploïde. 105 cm x 75-90 cm. Zone 3 (2).

H. **'Red Rum'** : fleurs de taille moyenne rouge vin à gorge jaune. Diploïde à feuillage semi-persistant. 45-60 cm x 45-60 cm. Zone 3 (2).

Hemerocallis 'Rosy Returns'

H. **'Pardon Me'** : petites fleurs rouge vin avec une gorge jaune verdâtre très contrastante, parfumées de surcroît. Longue période de floraison. Réputée sujette à la rouille de l'hémérocalle. Diploïde. 45 cm x 45 cm. Zone 3 (2).

H. **'Purple de Oro'** : petites fleurs pourpre lavande à gorge jaune. Fleurit abondamment au début de l'été, puis remonte encore et encore. Diploïde. 45-60 cm x 45-60 cm. Zone 3 (2).

H. **'Rosy Returns'** : comme 'Happy Returns', mais à fleurs rose foncé de 10 cm de diamètre avec une gorge jaune. Floraison continuelle de juin jusqu'aux gels. Réputée légèrement sujette à la rouille de l'hémérocalle. Diploïde. 40 cm x 45 cm. Zone 3 (2).

H. **'Strawberry Candy'** : floraison abondante de fleurs roses auréolées de rouge et à gorge verte. La marge des tépales est rouge rosé. Diploïde. 65 cm x 60 cm. Zone 3 (2).

Hemerocallis 'Purple de Oro'

○ ....
Acanthe de Hongrie
Aconit
Amsonie
Baptisia
Cœur-saignant
Fraxinelle
▷ **Hémérocalle**
Hosta
Pivoine herbacée
Renouée polymorphe
○ ....

133

Hosta
Hosta

Famille : Agavacées

Origine : nord-est de l'Asie

Il existe une grande variété de hostas.

www.jardinierparesseux.com

HOSTA
Hosta

Nom anglais : Hosta

Dimensions : 10-120 cm (15-180 cm) x 15-200 cm (selon le cultivar)

Exposition : ☀ ☀ ☀

Sol : humide, bien drainé

Floraison : été (variable selon le cultivar)

Multiplication : division, culture *in vitro*

Utilisations : plate-bande, bordure, massif, rocaille, sous-bois, haie, bac, fleur parfumée (certaines variétés), fleur coupée

Associations : fougères, pavots d'Orient, cœurs-saignants des jardins

Zone de rusticité : 3

Les hostas sont très bien connus des jardiniers nord-américains (curieusement, ils sont beaucoup moins populaires en Europe). Il y a environ 60 espèces de hostas et plus de 7000 cultivars, c'est dire à quel point vous avez du choix. On considère presque toujours les hostas comme de grosses plantes aux feuilles plutôt ovées, mais il existe des cultivars de toutes les tailles, certains d'à peine plus de 10 cm de diamètre à pleine maturité et d'autres de plus de 2 m de diamètre, et les feuilles peuvent varier de rondes ou cordiformes à lancéolées, même linéaires.

Les feuilles sont toujours lisses et sans poils, mais elles peuvent être couvertes de pruine, cette poudre blanche qui donne aux hostas bleus leur coloration unique. Elles ont habituellement les nervures enchâssées

SECTION 2 ▶ VIVACES VRAIMENT SANS ENTRETIEN

Le feuillage automnal lumineux des hostas est un de leurs plus beaux attraits.

Les hostas poussent bien à l'ombre, même au pied des arbres.

- Acanthe de Hongrie
- Aconit
- Amsonie
- Baptisia
- Cœur-saignant
- Fraxinelle
- Hémérocalle
- ▷ **Hosta**
- Pivoine herbacée
- Renouée polymorphe

et parfois la feuille paraît très bosselée. Côté couleurs du feuillage, il y a des hostas panachés (marqués de blanc ou de jaune), bleutés, « dorés » (jaunes ou vert lime) et même verts. Dernier « must » des maniaques de hostas : des pétioles et des tiges florales rougeâtres. Et il ne faut pas passer sous silence les coloris automnaux jaune lumineux des hostas. Dire que certains jardiniers coupent les feuilles à l'automne pendant qu'elles sont encore vertes. Vraiment, c'est triste de ne pas savoir apprécier la beauté !

Le port des hostas est moins varié : en raison de leurs feuilles arquées, presque tous forment un dôme – de hauteur et de largeur variable, selon le cultivar – autour d'une couronne simple ou multiple. Certains présentent toutefois des feuilles plus dressées et affichent donc un port plutôt évasé.

Les hostas, sauf de rares exceptions, sont cultivés surtout pour leur feuillage. Il reste quand même que les fleurs, qui peuvent être en forme d'entonnoir, de cloche ou d'étoile, être grosses ou petites, parfumées ou inodores, blanches ou de différentes teintes de violet, sont un attrait supplémentaire pour la plupart des jardiniers. Pourtant, il y en a qui les coupent à vue !

Les hostas ont la réputation de bien pousser à l'ombre et c'est vrai. On peut les cultiver même dans les emplacements qui semblent être toujours à l'ombre. Par contre, ils ne poussent pas nécessairement très bien, et surtout pas très vite, à l'ombre profonde. Vous remarquerez que les hostas préfèrent l'ombre des arbres à feuilles caduques à l'ombre des conifères. Si votre emplacement est très, très sombre, plantez de gros plants bien établis plutôt que de jeunes plants qui mettraient une éternité à grandir. Tous les hostas se plaisent à la mi-ombre, cependant. C'est le milieu idéal pour un massif de hostas.

Et le soleil ? Dans beaucoup de livres, on vous met en garde contre les méfaits du plein soleil, mais tout dépend de votre climat. Dans le nord, où les rayons du soleil sont moins intenses, on peut généralement cultiver les hostas au soleil sans trop de problèmes. Même là où les étés sont très chauds, un emplacement « ensoleillé » mais qui reçoit le gros de ses rayons dans la matinée convient parfaitement à tous les hostas. Dans le Sud, les hostas doivent nécessairement être relégués à l'ombre.

En général, les hostas à feuillage bleuté réussissent mieux plutôt à l'ombre (le soleil fait disparaître la pruine blanche qui leur donne leur coloration bleutée), tandis que le hosta à feuilles de plantain (*H. plantaginea*) et ses hybrides, comme 'Fragrant Bouquet', sont les plus tolérants au soleil intense. Les

135

SECTION 2 ▸ VIVACES VRAIMENT SANS ENTRETIEN

Les hostas peuvent faire de bons couvre-sols si on les plante assez rapprochés pour qu'ils se touchent à maturité.

hostas « dorés » (plutôt jaune lime) ont une coloration plus intéressante au soleil.

Les hostas tolèrent des sols très divers pour autant qu'ils soient bien drainés, mais ils préfèrent les sols frais, riches en humus et toujours un peu humides. À cette fin, un bon paillis organique peut faire des merveilles, car il enrichit le sol en humus tout en le gardant frais et humide. Les hostas préfèrent les sols légèrement acides à légèrement alcalins (un pH d'environ 6,0 à 7,5). Si votre sol est très acide (moins de 5), l'ajout de chaux peut être utile. Les hostas peuvent tolérer la sécheresse une fois établis, mais ils ne l'apprécient pas: leurs feuilles peuvent s'assécher aux marges dans un sol trop sec.

Cela dit, peut-on cultiver des hostas à l'ombre sèche, comme dans une érablière ? Oui, mais commencez avec de gros plants, paillez-les abondamment et arrosez-les régulièrement les deux premières années. Un tuyau suintant (disponible en jardinerie) ou un autre système d'irrigation rendra l'entretien moins pénible.

Une fois bien établis dans des conditions appropriées, les hostas n'ont vraiment plus besoin de vous. Même que moins on les divise, plus ils sont beaux ! On voit souvent des hostas quinquagénaires en parfait état.

Les jardiniers multiplient leur hostas par division (et c'est très facile à faire). Les pépinières le font surtout par culture *in vitro* (page 119). Cela donne des plantes meilleur marché, mais elles ne sont pas toujours fidèles au type. Le taux de mutation est peut-être faible – un ou deux plants sur cent –, mais si vous êtes un collectionneur de hostas et qu'avoir exactement la bonne variété est très important pour vous, mieux vaut vérifier que la plante correspond bien à sa description avant de l'acheter.

Les hostas ont aussi un attrait important pour le jardinier paresseux : ils créent une

Certains hostas sont vulnérables aux limaces.

SECTION 2 ▶ VIVACES VRAIMENT SANS ENTRETIEN

> 🍃 Certains hostas, mais pas tous, sont très vulnérables aux limaces. Tous sont vulnérables aux cerfs.

Ces hostas ont été rasés par des cerfs.

- Acanthe de Hongrie
- Aconit
- Amsonie
- Baptisia
- Cœur-saignant
- Fraxinelle
- Hémérocalle
- **Hosta**
- Pivoine herbacée
- Renouée polymorphe

ombre si dense que les mauvaises herbes qui poussent à leur pied sont vite étouffées.

À condition de choisir des hostas résistant aux limaces, la plupart des jardiniers n'auront aucun – mais vraiment aucun ! – problème avec leurs hostas. Ce sont des plantes solides et fiables, lentes à se développer, c'est vrai, mais permanentes et résistant à presque tout. Si vous voulez un aménagement vraiment sans entretien, les hostas sont parmi les meilleurs choix.

Mais pour profiter de la beauté et de l'utilité des hostas, 🍃 il faut absolument éliminer de vos plates-bandes les hostas vulnérables aux limaces. Beaucoup de jardiniers pensent, à tort, que tous les hostas subissent les attaques de ces mollusques dégoulinants qui percent des trous dans le feuillage, mais ils se trompent. En général, les limaces évitent les hostas à feuillage épais ou glauque et n'avalent avidement que les hostas à feuilles minces ou lisses. Les hostas résistants aux limaces sont légion : probablement au moins la moitié des quelque 7000 cultivars et espèces. Cela étant, je suis abasourdi de constater que les pépinières continuent de vendre des hostas qui y sont vulnérables et qui causeront des problèmes sans fin à leurs clients. Car dites-vous bien que vous ne gagnerez jamais la bataille contre les limaces ! 🍃 Je recommande rien de moins que d'arracher et de composter les hostas fréquemment endommagés par les limaces et de les remplacer par des variétés résistantes. Une dernière note : de plus en plus, les étiquettes des hostas résistant aux limaces indiquent cet atout ; donc, avant d'acheter, regardez !

Ce problème réglé, il en reste un autre de taille : 🍃 les dommages causés par les cerfs qui broutent les hostas au sol en plein été. Non, ce broutage ne tue pas les hostas et ne semble même pas miner leur santé, mais comme les hostas ne font plus de nouvelles feuilles à partir de l'été, votre aménagement restera dégarni le reste de la saison.

Allez à la page 71 pour quelques conseils sur le contrôle des cerfs, 🍃 mais si vous habitez une région où les cerfs causent des problèmes et que vous ne clôturez pas votre terrain pour les éloigner, il ne vaut même pas la peine de planter des hostas : tous y sont sensibles. Vous trouverez dans ce livre des centaines d'autres plantes résistantes aux cerfs (recherchez le pictogramme ❌) : choisissez vos vivaces dans ce groupe.

Il reste deux problèmes mineurs à souligner : les possibles dommages par le gel et par la grêle. D'abord, quand un printemps très hâtif est suivi d'un gel tardif, 🍃 les feuilles encore tendres des hostas peuvent en être endommagées. Heureusement que ce n'est que temporaire : de nouvelles feuilles pousseront bientôt et cacheront les feuilles abîmées. Si vous paillez vos hostas (ce qui retarde un peu le début de leur croissance au printemps), vous n'aurez plus ce problème. Par ailleurs, les hostas, 🍃 avec leurs feuilles

137

SECTION 2 ▸ VIVACES VRAIMENT SANS ENTRETIEN

VIRUS X DU HOSTA

Ce virus, d'origine inconnu, est apparu vers 1998 quand divers hostaphiles ont remarqué sur certains hostas des marbrures jaunes inégales, variables d'une feuille à l'autre, qui semblaient s'intensifier au cours de la saison. Cette marbrure - peu visible sur les hostas à feuillage pâle, mais très évidente sur les feuilles foncées - a d'abord été prise pour une mutation, mais on a vite remarqué que la vigueur des plantes atteintes était aussi diminuée. On a découvert que la cause était un virus, apparemment transmis uniquement par l'utilisation d'outils contaminés au moment de la division et de la taille, jamais par les insectes. Et la maladie n'est pas transmise par semences non plus.

🍃 Je vous suggère d'éviter d'acheter des hostas au feuillage irrégulièrement marbré à moins de savoir que cette coloration est normale pour le cultivar. Évitez aussi de tailler les hostas (la taille des feuilles à l'automne - tout à fait inutile, soit dit en passant! - est probablement la cause principale de la dissémination de cette maladie) et, au moment de la division, stérilisez vos outils avec de l'alcool à friction avant de passer à un deuxième plant. Surtout, n'achetez vos hostas que de marchands fiables.

larges, peuvent être très endommagés par la grêle. Évidemment, ce dégât est purement esthétique et ne nuit pas à la santé des hostas, mais il est quand même désolant de voir apparaître, du jour au lendemain, des hostas resplendissants qui se sont convertis en gruyères. Et notez que ces trous dureront le reste de la saison. Ce n'est que l'été suivant que de nouvelles feuilles intactes pousseront. 🍃 Les variétés à grosses feuilles qui poussent à découvert sont les plus vulnérables aux dommages dus à la grêle, mais les mêmes variétés plantées sous des arbres s'en sortiront souvent indemnes. C'est donc un problème qu'on peut régler en plaçant judicieusement ses hostas. Mais, à vrai dire, des grêles suffisamment importantes pour causer des dégâts sont peu fréquentes.

UNE QUESTION DE TAILLE

Traditionnellement, on mesure la hauteur d'un hosta d'après son feuillage et en faisant abstraction de ses fleurs. C'est parfait si vous avez l'intention de supprimer les fleurs, mais si vous voulez les conserver, il est utile de connaître aussi leur hauteur. Donc, dans les descriptions qui suivent, j'indique à la fois la hauteur du feuillage et celle des fleurs, en plaçant la deuxième mesure entre parenthèses. Ainsi, 30 cm (70 cm) x 50 cm veut dire que la plante en feuilles mesure 30 cm de hauteur sur 50 cm de diamètre, alors qu'en fleurs elle atteint 70 cm de hauteur.

SECTION 2 ▶ VIVACES VRAIMENT SANS ENTRETIEN

Espèces

En fait, peu des quelque 60 espèces de hostas sauvages sont couramment cultivées : on voit les espèces sauvages surtout dans des jardins botaniques. Quelques espèces et leurs mutations sont toutefois populaires et je les décris ici. Je ne présente cependant que les espèces résistant aux limaces.

Hosta plantaginea

♥ 🪴 *Hosta plantaginea*,
syn. *H. plantaginea grandiflora*
Hosta à feuilles de plantain
(Plantain Hosta, Plantain Lily)

On l'appelle aussi « le hosta parfumé »... et avec raison ! Ses abondantes fleurs blanches sont si odorantes que vous les sentirez de loin. De plus, les fleurs en forme de trompette, gigantesques pour un hosta, mesurent 15 à 17 cm de long. La première fois que je l'ai vu, je pensais que quelqu'un avait planté des lis à travers des feuilles de hosta ! D'ailleurs, à cause de ces fleurs impressionnantes, les botanistes avaient d'abord classifié cette plante parmi les hémérocalles. Avec ses variétés et hybrides, il demeure le seul hosta réellement cultivé davantage pour sa floraison que pour son feuillage. Il fleurit très tardivement, au début de l'automne.

Les feuilles sont vert très foncé à l'ombre (vert-jaune au plein soleil), nettement rainurées et bien lustrées, et ressemblent de ce fait à des feuilles de plantain (*Plantago*), d'où ses noms botanique et commun. Contrairement à beaucoup de hostas, le hosta plantain continue de produire de nouvelles feuilles tout au long de l'été ; ainsi il récupère mieux de la grêle et du gel que la plupart de ses congénères.

Ce hosta tolère bien le soleil et fleurit mieux dans un emplacement plutôt ensoleillé. 🍂 Il n'est pas un bon choix pour l'ombre profonde.

Il existe maintenant nombre de hostas hybrides qui ont hérité des grosses fleurs parfumées du hosta plantain, comme 'Royal Standard' et 'Fragrant Bouquet'.

Floraison : août-septembre. 63 cm (75 cm) x 145 cm. Zone 3.

🔥 *H. plantaginea* 'Aphrodite' :
populaire mais décevante mutation de l'espèce. Les fleurs blanc immaculé sont tout aussi grosses et parfumées que celles de l'espèce, mais très doubles. 🍂 Le hic, c'est que, vu le poids accru des fleurs, elles sont davantage penchées, donc moins visibles. 🍂 Pire, habituellement elles s'écrasent au sol à la première pluie. Les fleurs sont très tardives. Floraison : septembre. 60 cm (75 cm) x 125 cm. Zone 3.

🪴 *H. sieboldiana elegans*
(*H. sieboldiana* 'Elegans')
Hosta de Siebold
(Siebold's Hosta)

C'est l'un des plus populaires hostas du monde, introduit du Japon par l'Allemand Georg Arends (célèbre comme hybrideur d'astilbes) en 1901. *H. sieboldiana elegans* a transmis sa coloration bleutée et sa texture épaisse et bosselée à de nombreux hostas

---

Acanthe de Hongrie
Aconit
Amsonie
Baptisia
Cœur-saignant
Fraxinelle
Hémérocalle
▷ **Hosta**
Pivoine herbacée
Renouée polymorphe

SECTION 2 ❧ VIVACES VRAIMENT SANS ENTRETIEN

Hosta sieboldiana elegans

hybrides; il est notamment un parent direct ou indirect de presque tous les hostas bleus. Pour le jardinier paresseux, le grand point d'intérêt de cette plante est qu'elle est aussi très résistante aux limaces et qu'elle a transmis ce trait à la plupart de ses descendants. Si l'on peut jardiner en paix avec les hostas, c'est en bonne partie à cause de *H. sieboldiana elegans*!

Son feuillage en forme de cœur arrondi est épais et bosselé, bleu devenant vert foncé vers la fin de la saison à mesure que la pruine qui crée l'effet bleuté s'efface. Les fleurs blanches odorantes commencent à s'épanouir au début de l'été, parfois dès la fin de juin. Il est d'ailleurs l'un des premiers hostas à fleurir. ❧ Malheureusement, les fleurs sont souvent en partie cachées par le feuillage.

Notez bien que *H. sieboldiana elegans* n'est pas un cultivar, mais une sous-espèce. Il a souvent été multiplié par semences ❧ et peut de ce fait être un peu variable. Floraison: (juin) juillet-août. 50 cm (60 cm) x 100-190 cm. Zone 3.

Hosta sieboldiana 'Frances Williams': il s'agit d'une mutation de *Hosta sieboldiana* 'Elegans' qui est, comme ce dernier, un classique, connu depuis 1936. Il préfère l'ombre, car ❧ il brûle au soleil; ne le laissez surtout pas s'assécher tant que ses feuilles ne sont pas pleinement épanouies, car cela empirerait le problème. Les feuilles cordiformes rondes, très rugueuses, sont bleutées avec une large bordure jaune. Les fleurs tubulaires blanches s'épanouissent pendant une longue saison à partir de la fin de juin/début juillet. Très populaire. 45 cm (75 cm) x 90 cm. Zone: 3.

Hosta sieboldiana 'Northern Halo': feuilles cordiformes allongées, joliment texturées, bleu-vert à marge blanche devenant crème. Clochettes blanches à partir de la fin de juin ou au début de juillet. 65 cm (75 cm) x 120-175 cm. Zone 3.

Hosta montana

Hosta montana
Hosta des montagnes
(Mountain Hosta)

Le hosta des montagnes forme un dôme érigé et évasé de grosses feuilles épaisses vert moyen aux nervures proéminentes et se terminant en une longue pointe. Les fleurs en forme d'entonnoir sont lavande. Il a une très vaste distribution dans la nature et on le trouve un peu partout au Japon. Les variétés de haute montagne, soit la forme la plus couramment offerte, ont l'avantage de sortir tardivement au printemps, quand il n'y a plus de risque de gel, et ne sont donc presque jamais endommagées par le froid. Contrairement à beaucoup de gros hostas, le hosta des montagnes croît assez rapidement dans sa jeunesse et est très utilisé en hybridation afin de conférer ce trait désirable à d'autres hybrides. Même si les experts le jugent mieux adapté à l'ombre qu'au soleil, dans nos régions, où le soleil est peu intense, il ne faut pas craindre de l'y exposer. Floraison : mi-juillet. 60 cm (120-190 cm) x 90 cm. Zone 3.

H. montana 'Aureomarginata' : mutation du hosta des montagnes avec une marge jaune devenant crème l'été. Il est encore plus connu que son ancêtre. Floraison : mi-juillet. 70 cm (100 cm) x 120 cm. Zone 3.

Hosta nigrescens

Hosta nigrescens
Hosta noir
(Black Hosta)

Le nom « hosta noir » vient de l'épithète botanique *nigrescens*, « noircissant », mais c'est trompeur, car les pousses au printemps sont très foncées, presque noires, puis deviennent vert bleuté par la suite. Donc, il ne noircit pas, il pâlit ! C'est une grande plante en forme de vase érigé aux feuilles vert foncé bleuté au printemps, vert foncé luisant l'été. L'envers de la feuille est très pruineux. Les feuilles forment un cœur pointu bosselé. Les tiges florales sont très hautes – les plus hautes de tous les hostas – et s'épanouissent en de nombreux entonnoirs lavande pâle. Très résistant à l'ombre. Floraison : fin juillet. 60 cm (180 cm) x 75-160 cm. Zone 3.

H. nigrescens 'Elatior' : gros hosta à feuillage vert moyen très lisse, sans la pruine de l'espèce. Fleurs presque blanches à la fin de juillet. En pépinière, on le trouve plus couramment que l'espèce. 78 cm (180 cm) x 190 cm. Zone 3.

Hosta tardiflora
Hosta à fleurs tardives
(Late Hosta)

C'est le réputé « hosta en plastique », ainsi appelé parce qu'il semble à l'épreuve de tout. De petite taille, mais à feuillage épais et coriace, il dément le mythe que seuls les hostas à grosses feuilles sont résistants aux limaces. La feuille élancée est vert foncé et un peu ondulée. Les fleurs tubulaires sont lavande pâle, mais semblent blanches. Comme le nom le suggère, elles paraissent très tard dans la saison, à la fin de septembre ou même en octobre. Notez que *H. tardiflora* n'est peut-être pas une véritable espèce, mais plutôt un hybride de *H. longipes lancea* et d'un hosta d'origine inconnue. Si c'est le cas, son nom devrait être *H.* 'Tardiflora'. Floraison : septembre-octobre. 38 cm (50 cm) x 45 cm. Zone 3.

Espèce déconseillée

Hosta 'Undulata', syn. *H. undulata*, *H. undulata* 'Mediovariegata'
Hosta à feuilles ondulées
(Wavy-leaved Hosta)

Même si vous ne trouvez aucun amateur de

SECTION 2 ▸ VIVACES VRAIMENT SANS ENTRETIEN

Hosta 'Undulata'

hostas qui ait un bon mot à dire sur ce hosta, le hosta à feuilles ondulées demeure, sous l'une ou l'autre de ses formes, le hosta le plus vendu au Canada et aussi le plus commun dans nos jardins et également le hosta qui a le plus nui à la réputation des hostas auprès des jardiniers. 🍁 Car ce hosta, avec les autres du type « undulata », est le plus attaqué par les limaces. Quand la plupart des jardiniers lèvent les yeux d'horreur à la seule mention d'un hosta, entrevoyant des limaces par milliers, ils pensent à cette plante.

Notez bien que cette plante ne fait pas qu'être endommagée par les limaces, 🍁 elle les *attire* carrément ! Si vous la cultivez dans une plate-bande, la population de limaces du secteur pourra souvent être de *trois à cinq fois plus importante* qu'elle le serait sans ce hosta ! N'oubliez pas que les limaces, surtout en surabondance, s'attaquent à beaucoup d'autres plantes. Ainsi, la culture des hostas à feuilles ondulées, par l'augmentation de la population de limaces qu'elle provoque, cause des problèmes à d'autres cultures et rend le jardinage plus difficile.

Malgré ces statistiques alarmantes, les pépiniéristes adorent le hosta à feuilles ondulées, car il est très facile à multiplier et pousse rapidement. Il ne semble pas leur importer que, en le vendant, ils empoisonnent la vie de millions de jardiniers.

Notez que le hosta à feuilles ondulées n'est plus considéré comme une espèce. Jusqu'en 1991, on pensait qu'il s'agissait d'un hosta sauvage naturellement panaché et on lui donnait le nom de *H. undulata*. Aujourd'hui, on sait que c'est un hybride d'origine inconnue, trouvé au Japon à la fin du 19e siècle et introduit très tôt en Amérique du Nord et en Europe. Comme ce n'est pas une espèce, il ne peut plus porter le nom botanique *H. undulata* (les noms en italiques sont réservés aux espèces) et on lui a donné le nom de cultivar *H.* 'Undulata'. (Notez aussi que le nom 'Undulata Mediovariegata' est fautif, même si les pépiniéristes l'emploient. Pour cette plante, *H.* 'Undulata' est le seul nom nécessaire.)

C'est un hosta d'assez petite taille, avec des feuilles minces relativement étroites et bien ondulées, vert foncé avec un centre blanc 🍁 et percées de trous faits par les limaces. 🍁 Les fleurs abondantes mais peu gracieuses sont lavande pâle. Floraison : mi-juillet/mi-août. 30 cm (90 cm) x 80 cm. Zone 3.

Hosta 'Undulata Albomarginata'

🍁 ***H.* 'Undulata Albomarginata'** (syn. *H. undulata* 'Albomarginata') : mutation de *H.* 'Undulata' et presque identique à ce dernier, mais un peu plus gros et avec une panachure inversée : la marge de la feuille est blanche, le centre est vert. Dans nos régions, il est probablement le plus populaire de tous les hostas. 🌿 Les limaces en raffolent! Floraison: mi-juillet/mi-août. 40 cm (90 cm) x 100 cm. Zone 3.

🍁 *H.* **'Undulata Erromena'** : autre mutation de *H.* 'Undulata', cette fois sans la moindre panachure. La feuille est ainsi entièrement verte. Cette réversion se trouve communément dans les plantations de *H.* 'Undulata' et de *H.* 'Undulata Albomarginata'. Notez que *H.* 'Undulata Erromana' est de plus grande taille que ses cousins. Ici encore, comme les deux autres « undulata », c'est une plante très populaire dans le commerce comme dans les jardins, 🌿 même s'il sert essentiellement de pâture aux limaces! Floraison: mi-juillet/mi-août. 60 cm (90 cm) x 120 cm. Zone 3.

Hybrides

Je n'ai inclus ici que des hostas réputés résistants aux limaces, car je considère qu'un hosta vulnérable aux limaces ne mérite pas de mention dans un livre pour jardiniers paresseux. Évidemment, le degré de résistance est variable et certains hostas décrits peuvent à l'occasion présenter un ou deux trous causés par ces mollusques, mais les dégâts ne devraient pas être assez importants pour que vous vous sentiez obligé de vous lever de votre hamac pour les écraser. De toute façon, les hostas suivants *n'attirent pas* les limaces, contrairement aux hostas à feuilles ondulées (*H.* 'Undulata', *H.* 'Undulata Albomarginata', *H.* 'Undulata Erromena' et autres hostas portant le nom 'Undulata').

H. **'Abiqua Drinking Gourd'** : curieux hosta à feuilles presque en forme de coupe qui attrapent la rosée et la pluie. Feuillage bleu-

Hosta 'Abiqua Drinking Gourd'

vert foncé. Clochettes blanches en juillet. Croissance lente. 40 cm (55 cm) x 35 cm. Zone 3.

Hosta 'American Hero'

❤️ *H.* **'American Hero'** : avec sa panachure originale, ce nouveau hosta (lancé en 2011) devrait plaire. Feuilles épaisses vert très foncé avec une très large et irrégulière panachure blanc crème devenant blanche au centre, plus de petites taches vertes dans la panachure. Les Américains ont choisi ce hosta pour représenter les troupes américaines, d'où son nom. Fleurs lavande en juillet. 30 cm (40-50 cm) x 55 cm. Zone 3.

H. **'Aspen Gold'** : grand hosta aux feuilles très épaisses de forme arrondie, fortement bosselées et formant une soucoupe. Elles sont de couleur vert-jaune. Les fleurs en clochettes presque blanches s'épanouissent à la fin de juin et au début de juillet. 🌿 Croissance très lente. 60 cm (55 cm) x 140 cm. Zone 3.

Acanthe de Hongrie
Aconit
Amsonie
Baptisia
Cœur-saignant
Fraxinelle
Hémérocalle
▷ **Hosta**
Pivoine herbacée
Renouée polymorphe

SECTION 2 ❖ VIVACES VRAIMENT SANS ENTRETIEN

💓 *H.* 'August Moon' : feuillage cordiforme vert chartreuse à marge un peu ondulée. Les fleurs en clochette de couleur lavande très pâle, presque blanches, apparaissent de la mi-juillet à la mi-août. Réussit mieux à l'ombre que la plupart des hostas « dorés ». 50 cm (60 cm) x 100 cm. Zone 3.

💓 *H.* 'Big Daddy' : grosses feuilles bleues presque rondes devenant vertes à la fin de l'été. Clochettes lavande très pâle à la fin de juin ou au début de juillet. Devient un superbe spécimen... 🍃 mais est très lent à mûrir. 60 cm (75 cm) x 90-150 cm. Zone 3.

H. 'Big Mama' : très résistant à l'ombre. Grosses feuilles rondes très texturées de couleur bleu-vert devenant vertes. Clochettes lavande pâle au début de juillet. Préfère l'ombre au soleil. 90 cm (120 cm) x 150 cm. Zone 3.

Hosta 'Blue Angel'

H. 'Blue Angel' : l'un des hostas bleus les plus robustes. Il produit des feuilles cordiformes épaisses et très froissées, bleu-vert au soleil, bleues à l'ombre. Les clochettes blanches abondantes poussent densément sur l'épi, en créant un joli effet, un peu comme une jacinthe. Elles paraissent au début de juillet. 90 cm (120 cm) x 120-170 cm. Zone 3.

H. 'Blue Arrow' : hosta de taille moyenne aux feuilles allongées et ondulées bleu-vert. Fleurs bleu lavande à la fin de juillet et en août. 40 cm (70-75 cm) x 105 cm. Zone 3.

Hosta 'Blue Cadet'

H. 'Blue Cadet' : petit hosta bleu. Floraison de clochettes bleues à la fin de juin. 25 cm (40 cm) x 60-90 cm. Zone 3.

H. 'Blue Dimples' : dôme dense de feuilles ovales pointues à marge ondulée. La couleur bleu-vert persiste toute la saison. Fleurs lavande à la fin de juillet. 35 cm (50 cm) x 45 cm. Zone 3.

H. 'Blue Mammoth' : feuilles épaisses, rugueuses et bleu pâle au printemps, devenant vert foncé à la fin de l'été. 🍃 Sa coloration, comme chez tous les hostas bleus, persiste plus longtemps à l'ombre. Clochettes allongées blanches au début de juillet. Pour un grand hosta, sa croissance est assez rapide et c'est un bon choix si vous cherchez un effet sans trop tarder. 90 cm (80 cm) x 165 cm. Zone 3.

H. 'Blue Moon' : feuilles cordiformes allongées un peu en coupe et d'un beau bleu. Clochettes blanches au début de juillet. 15 cm (30 cm) x 35-50 cm. Zone 3.

💓 *H.* 'Blue Mouse Ears' : charmant petit hosta aux feuilles cordiformes... ou, d'après son nom, en forme d'oreilles de souris. Elles sont bleu-vert et très épaisses, très bien disposées sur la plante d'ailleurs, car

SECTION 2 ● VIVACES VRAIMENT SANS ENTRETIEN

Hosta 'Blue Mouse Ears'

elles forment toujours un dôme parfait. Fleurs violet pâle au début de juillet. Hosta de l'année 2008. 20 cm (30 cm) x 50 cm. Zone 3.

H. 'Blue Shadows' : feuilles cordiformes épaisses et rugueuses de couleur vert chartreuse avec une marge irrégulière vert-bleu au début de la saison, vert foncé plus tard. Fleurs presque blanches à la fin de juin et au début de juillet. 40 cm (70 cm) x 100 cm. Zone 3.

H. 'Blue Wedgewood' : souvent utilisé comme hosta couvre-sol. Dôme érigé de feuilles un peu ondulées bleu métallique, gardant bien sa coloration. Clochettes lavande à la fin de juin et au début de juillet. 35 cm (40 cm) x 55-90 cm. Zone 3.

H. 'Blue Whirls' : feuilles ondulées et épaisses, bleu-vert, formant des étages concentriques. Fleurs lavande pâle à la fin de juillet et en août. 55 cm (85 cm) x 130 cm. Zone 3.

H. 'Bold Ruffles' : grandes feuilles rugueuses et très épaisses à marge ondulée et de couleur bleu-vert. Croissance très lente. Floraison hâtive (fin juin) de clochettes blanches. 75 cm (90 cm) x 120 cm. Zone 3.

H. 'Brim Cup' : dôme dense de feuilles vert foncé à marge épaisse blanc crème. Clochettes blanches à la fin de juillet et en août. 30 cm (45 cm) x 40 cm. Zone 3.

H. 'Camelot' : forme un dôme compact de feuilles ovales bleu intense. Fleurs lavande très pâle à la fin de juillet et en août. 40 cm (40-55 cm) x 105 cm. Zone 3.

H. 'Canadian Shield' : feuilles luisantes nervurées en forme de soucoupe. Très beau port et très symétrique. Trompettes lavande en juillet. 30 cm (45p0 cm) x 60 cm. Zone 3.

H. 'Candy Hearts' : feuilles en forme de cœur bleu-vert. Trompettes lavande pâle en juin et au début de juillet. Populaire comme couvre-sol à cause de sa croissance rapide. 38 cm (45 cm) x 75 cm. Zone 3.

Hosta 'Captain Kirk'

H. 'Captain Kirk' : feuillage épais bosselé, jaune à marge verte. Clochettes lavande en juillet. 45 cm (75 cm) x 100 cm. Zone 3.

H. 'Carnival' : feuilles cordiformes vert foncé luisant à marge irrégulièrement panachée de jaune. Entonnoirs lavande à la fin de juillet et en août. 40 cm (90 cm) x 85 cm. Zone 3.

H. 'Christmas Tree' : feuilles cordiformes épaisses et bosselées, vertes à marge mince jaune devenant blanche. Entonnoirs lavande pâle en août. Certains croient que son nom (qui veut dire « sapin de Noël ») vient de son port pyramidal... mais je ne vois rien de bien

- Acanthe de Hongrie
- Aconit
- Amsonie
- Baptisia
- Cœur-saignant
- Fraxinelle
- Hémérocalle
- ▷ **Hosta**
- Pivoine herbacée
- Renouée polymorphe

145

SECTION 2 ▶ VIVACES VRAIMENT SANS ENTRETIEN

différent entre son port (qui me paraît plutôt en dôme) et celui d'un autre hosta. 23 cm (45 cm) x 75 cm. Zone 3.

H. **'Dorset Blue'** : petit dôme dense de feuilles bleu-vert plutôt ovales et modérément rugueuses. Floraison dense de couleur lavande pâle à la mi-août. 25 cm (40 cm) x 60 cm. Zone 3.

Hosta 'Empress Wu'

Hosta 'Earth Angel'

H. **'Earth Angel'** : mutation de 'Blue Angel', 'Earth Angel' offre la même robustesse et la même grande taille. Les grosses feuilles cordiformes sont bleu-vert avec une marge jaune. Fleurs lavande très pâle au début de juillet. Hosta de l'année 2009. 60 cm (100 cm) x 150 cm. Zone 3.

♥ *H.* **'Empress Wu'** : peut-être le plus gros de tous les hostas (du moins, certains marchands le vendent sous cette étiquette) :

la lame de la feuille peut mesurer jusqu'à 60 cm de diamètre ! C'est un plant semi-érigé aux feuilles vert moyen très ondulées et un peu rugueuses, surtout très épaisses. Fleurs lavande pâle à la fin de juin et en juillet. 100-120 cm (110-150 cm) x 170-200 cm et plus.
🍃 Personne ne connaît encore le diamètre final de 'Empress Wu', car il n'est sur le marché que depuis quelques années et, comme tous les gros hostas, prendra 20 ans ou plus pour atteindre sa pleine taille. Zone 3.

H. **'First Frost'** : mutation de 'Halcyon', avec des feuilles ovales pointues bleu-vert à marge blanc crème au début de l'été, vert foncé à marge blanc crème vers la fin de l'été. Fleurs lavande très pâle en juillet. Hosta de l'année 2010. 35 cm (60-70 cm) x 90 cm. Zone 3.

👃 *H.* **'Fragrant Blue'** : dôme compact de feuilles cordiformes pointues bleu-vert devenant plus bleu au cours de la saison. Croissance rapide. Fleurs lavande pâle parfumées en août. Le parfum vient de sa parenté avec *H. plantaginea*. 50 cm (75 cm) x 120 cm. Zone 3.

♥👃 *H.* **'Fragrant Bouquet'** : son nom suggère une floraison parfumée et c'est bien le cas ; les fleurs nombreuses, en forme d'entonnoir, sont blanches et s'épanouissent de la mi-juillet jusqu'en août. Comme le cultivar précédent, c'est un proche parent de *H.*

plantaginea. Le feuillage n'est pas à dédaigner non plus, car les feuilles cordiformes sont vert pâle aux marges jaunes à blanches. Le meilleur des hostas parfumés pour l'ombre... et très tolérant au soleil aussi! Hosta de l'année en 1998. 45 cm (90 cm) x 65 cm. Zone 3.

Hosta 'Francee'

H. **'Francee'**: feuilles très rugueuses vert foncé à marge crème devenant blanche. Fleurs tubulaires lavande en août. Facile à cultiver et à croissance rapide. 45 cm (60 cm) x 115 cm. Zone 3.

H. **'Fried Bananas'**: cette mutation de 'Guacamole' est vert lime à l'ombre, jaune chartreuse au soleil. Feuilles cordiformes aux nervures proéminentes. Fleurs tubulaires lavande très pâle et odorantes de la mi-juillet jusqu'en août. 25 cm (80 cm) x 45 cm. Zone 3.

H. **'Great Expectations'**: feuilles très joliment texturées, bleues avec un cœur jaune chartreuse devenant crème. Trompettes blanches du début à la fin de juin/début de juillet à la mi-août. Mutation de *H. sieboldiana* 'Elegans'. Croissance lente mais sûre. N'aime pas le soleil. 55 cm (85 cm) x 85 cm. Zone 3.

H. **'Grey Ghost'**: le feuillage est presque blanc au printemps, puis devient jaune, et enfin bleu-vert l'été. Fleurs presque blanches en juillet. Pas le hosta le plus vigoureux du

Hosta 'Great Expectations'

monde, mais les collectionneurs apprécieront sa coloration unique. 60 cm (90 cm) x 90 cm. Zone 3.

H. **'Ground Master'**: l'un des rares hostas s'étendant par rhizomes souterrains, ce qui en fait un excellent couvre-sol. Très résistant à la sécheresse. Feuilles lancéolées et ondulées vert foncé avec une large bordure crème devenant blanche. Entonnoirs pourpres fin juillet. 18 cm (40 cm) x 30 cm. Zone 3.

Hosta 'Guacamole'

H. **'Guacamole'**: cette mutation de 'Fragrant Bouquet' produit des feuilles vert lime à marge vert foncé devenant jaune vif à l'automne. Plus coloré à la mi-ombre. Entonnoirs lavande pâle parfumés de la mi-juillet à la mi-août. Hosta de l'année en 2002. 25 cm (85 cm) x 45 cm. Zone 3.

Acanthe de Hongrie
Aconit
Amsonie
Baptisia
Cœur-saignant
Fraxinelle
Hémérocalle
Hosta
Pivoine herbacée
Renouée polymorphe

SECTION 2 ▸ VIVACES VRAIMENT SANS ENTRETIEN

H. 'Guardian Angel' : les feuilles plutôt ovales et nettement ondulées aux nervures proéminentes sont vert foncé avec une grande macule centrale vert pâle de forme irrégulière. Abondantes fleurs tubulaires lavande pâle à la mi-juillet. 60 cm (90 cm) x 90 cm. Zone 3.

💚 *H.* 'Hadspen Blue' : feuilles cordiformes très bleu-vert foncé et profondément nervurées. Sort tôt au printemps. Clochettes lavande pâle à la fin de juillet. 45 cm (120 cm) x 38 cm. Zone 3.

un peu ondulée. Entonnoirs lavande très pâle parfumés de la mi-juillet à la mi-août. 25 cm (50 cm) x 38 cm. Zone 3.

H. 'Joseph' : belles feuilles cordiformes vert foncé. Fleurs violet pâle à la fin de juillet et en août. 50 cm (80 cm) x 115 cm. Zone 3.

H. 'June' : feuilles cordiformes aux nervures prononcées jaune verdâtre à bordure bleu-vert foncé. 🌱 La coloration est meilleure quand il reçoit du soleil matinal. Entonnoirs lavande pâle en juillet. Hosta de l'année en 2001. 38 cm (40 cm) x 75 cm. Zone 3.

Hosta 'Halcyon'

Hosta 'Krossa Regal'

💚 *H.* 'Halcyon' : feuilles ovales bleu poudre. La couleur persiste longtemps, plus que chez la plupart des autres hostas bleus, mais la feuille deviendra néanmoins vert foncé à la fin de l'été. Clochettes lavande pâle à la fin de juillet. Croissance lente mais sûre. Un hosta très aimé des jardiniers ! 53 cm (95 cm) x 65-120 cm. Zone 3.

💚 *H.* 'Invincible' : le nom suggère une bonne résistance à tout et c'est bien le cas ! Il est résistant aux limaces et pousse aussi bien à l'ombre profonde qu'au soleil intense, dans un sol sec aussi bien qu'humide. Feuilles vert foncé en forme de cœur allongé à la marge

❤️ *H.* 'Krossa Regal' : feuilles bleu acier très cireuses en forme de cœur allongé. Elles se tiennent plus droites que celles de la plupart des hostas, ce qui donne une forme évasée. Un classique ! Entonnoirs lavande en juillet. 90 cm (180 cm) x 150-180 cm. Zone 3.

H. 'Leather Sheen' : dôme aplati de feuilles longues vert foncé aux nervures proéminentes. Comme le nom le suggère, les feuilles sont luisantes des deux côtés. Fleurs lavande pâle à partir de la mi-juillet. Croissance rapide. 40 cm (75 cm) x 75 cm. Zone 3.

❤️ *H.* 'Liberty' : cette mutation de 'Sagae' est encore plus panachée que son ancêtre.

SECTION 2 ▸ VIVACES VRAIMENT SANS ENTRETIEN

Acanthe de Hongrie
Aconit
Amsonie
Baptisia
Cœur-saignant
Fraxinelle
Hémérocalle
▷ **Hosta**
Pivoine herbacée
Renouée polymorphe

Hosta 'Liberty'

Les feuilles épaisses et super résistantes aux limaces, presque en forme de cœur, sont jaunes devenant blanc crème avec une grosse panachure centrale bleu-vert. Fleurs lavande en juillet. J'ai ouï dire que ce hosta serait le hosta de l'année 2012! Un excellent hosta à tous points de vue! 65 cm (100 cm) x 100 cm. Zone 3.

H. '**Little Aurora**': petit hosta «doré» à feuillage bien nervuré. Trompettes lavande à la fin de juillet. Illumine les coins ombragés, mais tolère aussi le soleil. 10 cm (25 cm) x 18 cm. Zone 3.

H. '**Love Pat**': feuilles cordiformes épaisses et gaufrées, presque en forme de coupe, bleu acier devenant vert foncé. Trompettes blanches en juillet. Lent à s'établir, mais très robuste. 35 cm (60 cm) x 40-100 cm. Zone 3.

Hosta 'Love Pat'

SECTION 2 ▶ VIVACES VRAIMENT SANS ENTRETIEN

H. '**Loyalist**': feuilles ovales presque blanches, entourées d'une marge vert foncé. Brille de mille feux à l'ombre! Fleurs tubulaires lavande pâle en juillet. 45 cm (65 cm) x 65 cm. Zone 3.

H. '**Marie Robillard**': hybride québécois. Port plutôt évasé. Grosses feuilles gaufrées bleu-vert à marge jaune-vert. Clochettes allongées à la mi-juillet. 90 cm (120 cm) x 70 cm. Zone 3.

H. '**Midwest Magic**': feuilles cordiformes un peu ondulées, vert lime au printemps devenant dorées à marge vert foncé l'été. Fleurs tubulaires lavande pâle à la mi-juillet. 50 cm (60 cm) x 120 cm. Zone 3.

Hosta 'Night Before Christmas'

H. '**Night Before Christmas**': forme un gros dôme un peu dressé de feuilles allongées et pointues, un peu ondulées et plutôt luisantes, vertes à cœur blanc crème devenant blanc. Fleurs tubulaires lavande pâle de la mi-juin à la mi-juillet. 63 cm (100 cm) x 160 cm. Zone 3.

❤ *H.* '**Olive Bailey Langdon**': beau gros hosta à feuilles cordiformes bien nervurées. Elles ont une large bordure jaune qui tranche très bien sur le centre vert foncé. Fleurs blanches à la fin de l'été. 70 cm (80 cm) x 150 cm. Zone 3.

H. '**One Man's Treasure**': les «hostaphiles» deviennent gagas dès qu'on parle d'une nouvelle couleur chez les hostas. Eh bien, voici la dernière trouvaille: des tiges florales et des pétioles de feuille rougeâtres. Pour le non-initié, cette innovation n'est pas encore très spectaculaire, mais qui sait, un jour peut-être les hybrideurs réussiront-ils à développer des hostas à feuilles pourpres! 'One Man's Treasure' n'est qu'un parmi plusieurs «hostas rougissants», mais j'aime qu'il soit résistant aux limaces ('Cherry Berry', le plus populaire de ce groupe, ne l'est pas). On dit qu'il est le «plus rouge des hostas». Du moins, c'était le cas en 2011. Feuille vert foncé un peu ondulée... à pétiole rougeâtre. Il y a même quelques points rouge pourpré à la base de la feuille. Clochettes lavande... sur une tige rougeâtre en juillet-août. 30 cm (40-50 cm) x 75 cm. Zone 3.

❤ *H.* '**Patriot**': feuilles un peu en forme de coupe, ovales et luisantes, vert foncé à la marge crème. Fleurs tubulaires de la mi-juin à la mi-juillet. Hosta de l'année en 1997. 38 cm (75 cm) x 75-125 cm. Zone 3.

Hosta 'Paul's Glory' au printemps, quand la couleur du feuillage est la plus intense.

H. '**Paul's Glory**': dense dôme de feuillage bosselé bleu-vert au centre jaune-vert au printemps, vert foncé au centre blanc crème l'été. Fleur lavande très pâle, presque blanche, à la fin de juin ou au début de juillet. Hosta de l'année en 1999. 45 cm (60 cm) x 65 cm. Zone 3.

H. 'Piedmont Gold': feuilles cordiformes allongées, bien rainurées, vertes en début de saison, mais bientôt jaune chartreuse. Illumine la noirceur! Entonnoirs lavande pâle à la fin de l'été. 60 cm (60 cm) x 90-160 cm. Zone 3.

H. 'Pineapple Upside Down Cake': forme un dôme semi-érigé de feuilles ondulées et relativement étroites. Elles sont entièrement vertes au printemps, mais en été le centre pâlit pour devenir jaune (blanc crème au soleil) tandis que la marge reste verte. Les fleurs tubulaires lavande apparaissent à la fin de l'été. Croissance rapide. 40 cm (71 cm) x 120 cm. Zone 3.

H. 'Pizzazz': feuilles cordiformes épaisses et bosselées, bleu poudre entouré de crème. Clochettes lavande pâle à la fin de juillet et au début d'août. 45 cm (45 cm) x 90 cm. Zone 3.

sont peu apparentes. Hosta de l'année 2011. 45 cm (35 cm) x 35 cm. Zone 3.

H. 'Queen Josephine': port évasé. Feuilles cordiformes luisantes vert foncé à marge jaune devenant crème. Longues fleurs lavande à la mi-juillet. 35 cm (45 cm) x 65-100 cm. Zone 3.

H. 'Regal Splendor': mutation de 'Krossa Regal' à feuilles cordiformes bleu-gris avec une marge irrégulière jaune crème. Port un peu évasé. Clochettes lavande pâle de la mi-juin au début de juillet. Plantez-le à la mi-ombre pour conserver sa coloration bleutée. Hosta de l'année en 2003. 90 cm (120 cm) x 90 cm. Zone 3.

H. 'Robert Frost': large dôme de feuilles cordiformes bleu-vert avec une large bordure jaune au printemps devenant blanc crème l'été. Les fleurs presque blanches apparaissent au début de juillet. 60 cm (50-75 cm) x 125 cm. Zone 3.

- Acanthe de Hongrie
- Aconit
- Amsonie
- Baptisia
- Cœur-saignant
- Fraxinelle
- Hémérocalle
- **Hosta**
- Pivoine herbacée
- Renouée polymorphe

Hosta 'Praying Hands'

♥ **H. 'Praying Hands'**: curieux hosta dont les feuilles très rugueuses s'enroulent un peu et sont dressées vers le ciel, ce qui donne l'impression de mains en prière (il faut toutefois user d'un peu d'imagination!). À planter devant votre grotte dédiée à la Vierge Marie ou à Bouddha! Port évasé. Feuilles vert foncé à très mince marge crème. Clochettes lavande très pâle à la mi-été, mais elles

Hosta 'Sagae'

♥ **H. 'Sagae'** (*H. fluctuans* 'Variegated'): feuilles cordiformes allongées et ondulées pointant vers le haut et donnant à la plante un port évasé. Elles sont bleu-vert à marge jaune crème devenant blanc. Entonnoirs lavande très pâle au début d'août. 🍃 Croissance très lente. Hosta de l'année en 2000. 50 cm (85 cm) x 135-180 cm. Zone 3.

SECTION 2 ▸ VIVACES VRAIMENT SANS ENTRETIEN

H. **'Sea Lotus Leaf'** : gros dôme de feuilles rondes aux nervures proéminentes qui forment un genre de soucoupe qui attrape l'eau de pluie. La couleur est bleu-vert au printemps, vert foncé à la fin de l'été. Fleurs presque blanches au début de juillet. 60-70 cm (75 cm) x 150-180 cm. Zone 3.

H. **'September Sun'** : mutation de 'August Moon'. Feuilles cordiformes et bosselées presque entièrement jaune-vert avec seulement une mince bordure verte. À la fin de juin et au début de juillet, il produit des fleurs lavande très pâle. 60 cm (65 cm) x 85-150 cm. Zone 3.

Hosta 'Spilt Milk'

H. **'Spilt Milk'** : voici un hosta qui serait peut-être plus intéressant pour le collectionneur que pour le jardinier ordinaire, car on le cultive pour la panachure originale de son feuillage... et cette panachure est très discrète. Les feuilles cordiformes épaisses aux nervures très prononcées, bleu-vert, sont parcourues de minces lignes blanches inégales plutôt que par de larges marges blanches ou de cœurs jaunes plus frappants et plus saisissants, plus typiques des hostas panachés. Clochettes blanches au milieu de l'été. Croissance lente. 35 cm (50 cm) x 60-130 cm. Zone 3.

♥ *H.* **'Stained Glass'** : mutation de 'Guacamole'. Feuillage jaune reluisant entouré d'une large bordure vert foncé. Fleurs lavande pâle parfumées à la fin de l'été. Hosta de l'année en 2006. 38 cm (75 cm) x 80 cm. Zone 3.

♥ *H.* **'Striptease'** : feuilles oblongues texturées, vertes avec une longue panachure chartreuse au centre de la feuille. La panachure est de plus bordée de minces lignes blanches, ce qui donne une feuille tricolore. Original ! Trompettes violettes en juillet. Hosta de l'année en 2005. 50 cm (60 cm) x 90 cm. Zone 3.

♥ *H.* **'Sum and Substance'** : l'un des plus massifs de tous les hostas – on a déjà vu un spécimen atteindre 2,9 m de diamètre ! On le reconnaît facilement à ses énormes feuilles épaisses, de véritables pagaies, de forme arrondie et aux nervures très prononcées de couleur chartreuse, presque jaunes dans les coins les plus ombragés. Fleurs blanches de la mi-juillet à la mi-août. Ce hosta gagne tous les concours de popularité... et il semble se plaire dans toutes les conditions, même au soleil. L'un des hostas récents les plus populaires ! Hosta de l'année en 2004. 90 cm (180 cm) x 150 cm. Zone 3.

Hosta 'Sum and Substance'

SECTION 2 ▸ VIVACES VRAIMENT SANS ENTRETIEN

H. **'Sun Power'**: comme le nom le suggère, ce hosta tolère bien le soleil et prend d'ailleurs une plus belle coloration s'il reçoit passablement de soleil. Les feuilles ondulées ovales (elles sont cordiformes chez les spécimens adultes) et nettement nervurées sont jaune pâle au printemps, jaune plus franc l'été. Abondantes fleurs lavande pâle légèrement parfumées entre la mi-juillet et la mi-août. 60 cm (90 cm) x 90 cm. Zone 3.

 H. **'Sweet Marjorie'**: dôme de taille moyenne composé de feuilles ondulées luisantes vert moyen. Fleurs lavande pâle de bonne taille et très parfumées. Floraison: mi-août à début septembre. 60 cm (105 cm) x 120 cm. Zone 3.

 H. **'Sweet Susan'**: feuilles cordiformes vert moyen lisses. Fleurs très odorantes lavande sur une très longue période, de la mi-juillet jusqu'en septembre. Croissance rapide. 60 cm (90 cm) x 125 cm. Zone 3.

H. **'Tokudama'**: très ancien cultivar, importé du Japon au milieu des années 1800. Il a porté plusieurs noms, notamment *H. tokudama*, sous lequel on le trouve encore chez certains marchands, car on croyait que c'était une espèce sauvage. Quand il fut déterminé que la plante n'existait pas à l'état sauvage, mais était plutôt un hybride produit en culture, tokudama, son nom japonais traditionnel, a été retenu comme nom de cultivar. Plant de taille moyenne. Les feuilles épaisses et rugueuses en forme de coupe sont bleu-vert au printemps, vert foncé à la fin de l'été. Les fleurs sont presque blanches et s'épanouissent au début de juillet. 45 cm (60 cm) x 115 cm. Zone 3.

H. **'Tokudama Aureonebulosa'**: mutation du précédent aux feuilles marquées d'une large macule centrale jaune à jaune-vert. Encore plus populaire que son parent. Croissance lente. Floraison: début juillet. 45 cm (60 cm) x 115 cm. Zone 3.

Hosta 'Tokudama Flavocircinalis'

H. **'Tokudama Flavocircinalis'**: autre mutation de 'Tokudama', avec une panachure inversée par rapport à 'Tokudama Aureonebulosa': le centre de la feuille est bleu-vert, le pourtour est jaune-vert. Floraison: juillet. 45 cm (60 cm) x 115 cm. Zone 3.

Hosta 'Wide Brim'

 H. **'Wide Brim'**: feuilles en forme de cœur, épaisses et rugueuses, légèrement ondulées. Elles sont bleu-vert avec une large et irrégulière bordure crème au printemps, plus jaune en été. Fleurs odorantes lavande pâle en août. 50 cm (60 cm) x 75-110 cm. Zone 3.

H. **'Zounds'**: feuilles cordiformes très bosselées en forme de coupe. Elle conserve bien sa coloration vert chartreuse toute la saison. Les fleurs lavande très pâle, presque blanches, s'ouvrent entre la mi-juillet et la mi-août. Lent à s'établir, ce cultivar apprécie le soleil matinal. 75 cm (75 cm) x 100-125 cm. Zone 3.

- Acanthe de Hongrie
- Aconit
- Amsonie
- Baptisia
- Cœur-saignant
- Fraxinelle
- Hémérocalle
- ▸ **Hosta**
- Pivoine herbacée
- Renouée polymorphe

153

Pivoine herbacée
Paeonia spp.

Jardin de pivoines — www.jardinierparesseux.com

Famille : Paéoniacées

Origine : Asie et Europe

PIVOINE HERBACÉE
Paeonia spp.

Nom anglais : Herbaceous Peony

Dimensions : 30-150 cm x 60-90 cm (selon le cultivar)

Exposition : ☀ (parfois ☁ ou ☼, selon le cultivar)

Sol : bien drainé, riche

Floraison : fin du printemps

Multiplication : division, semences (espèces seulement)

Utilisations : plate-bande, massif, sous-bois, pré fleuri, haie, fleur parfumée, fleur coupée, plante médicinale

Associations : bulbes à floraison printanière

Zone de rusticité : variable, 3 à 4

Les pivoines herbacées furent à l'origine cultivées comme plantes médicinales il y a plus de 3000 ans en Chine, mais n'ont commencé à être appréciées comme plantes ornementales que vers l'an 700, encore dans ce pays. De là, la passion des pivoines a graduellement gagné l'Asie, puis l'Europe vers les années 1700. En Amérique du Nord, on commence à les voir dans les plates-bandes vers les années 1830. C'est à la fin du 19e siècle que la passion devient presque une folie et que des hybrideurs français, comme Crousse, Calot et surtout les frères Lemoine. créent d'innombrables hybrides, plusieurs encore populaires aujourd'hui. 🍃 Malheureusement les vieux hybrides, pourtant largement disponibles, n'ont pas les tiges assez solides pour le jardin d'un paresseux ; il faut se tourner vers les

SECTION 2 ▶ VIVACES VRAIMENT SANS ENTRETIEN

Paeonia 'Sarah Bernhardt' (1869) est typique des pivoines anciennes : de belles fleurs, mais les tiges faibles font que les fleurs s'écrasent au sol, et un tuteur est alors nécessaire.

Ne sont pas décrites les pivoines arbustives. Comme leur nom le suggère, elles ont des tiges ligneuses s'allongeant d'année en année et sont alors de véritables arbustes. Elles sont décrites dans d'autres livres de la série *Jardinier paresseux*.

Les pivoines herbacées poussent en touffe, les touffes plus âgées étant plus larges et portant un plus grand nombre de fleurs. Chaque touffe produit de quelques-unes à des dizaines de tiges dressées qui portent des feuilles grossièrement découpées, habituellement à surface lisse et luisante. Une pivoine herbacée forme un grand dôme arrondi dans la plate-bande, qui fait quand même un peu penser à un arbuste. L'un des attraits de ces pivoines est que leur feuillage demeure attrayant même après la floraison. On peut, par exemple, en faire des haies remarquables. Le feuillage de plusieurs pivoines herbacées rougit joliment à l'automne, prenant une teinte rouge bourgogne.

pivoines des 20e et 21e siècles pour trouver quelque chose de réellement intéressant.

Il existe maintenant quelques 5000 cultivars de pivoines herbacées, pour la plupart dérivés de la pivoine commune (*Paeonia lactiflora*), bien que la plus petite et plus hâtive pivoine officinale (*Paeonia officinalis*) ait son lot de cultivars elle aussi. Il y a également des hybrides impliquant ces deux plantes et d'autres pivoines. Plus récemment, les amateurs ont redécouvert les pivoines herbacées « botaniques », comme *P. tenuifolia*, *P. mlokosewitschii* et *P. obovata*, et elles connaissent une certaine popularité. Enfin, il y a les pivoines Itoh (pivoines intersectionnelles), issues de croisements entre les pivoines herbacées et les pivoines arbustives, mais qui se comportent comme des pivoines herbacées. Elles aussi gagnent en popularité. Toutes ces pivoines sont une valeur sûre pour la plate-bande et sont décrites ici.

La plupart des pivoines herbacées prennent de jolies couleurs à l'automne.

- Acanthe de Hongrie
- Aconit
- Amsonie
- Baptisia
- Cœur-saignant
- Fraxinelle
- Hémérocalle
- Hosta
- ▷ **Pivoine herbacée**
- Renouée polymorphe

SECTION 2 ▸ VIVACES VRAIMENT SANS ENTRETIEN

Les pivoines de type japonais ont un amas de pétaloïdes au centre de la fleur, ce qui donne l'effet d'une boule entourée de pétales.

Mais soyons clairs : nous cultivons surtout les pivoines herbacées pour leurs fleurs. Elles sont grosses, en forme de coupe et parfois très parfumées. Elles peuvent être simples, semi-doubles, doubles ou « japonaises », dites aussi à fleurs d'anémone (avec un amas de pétaloïdes – étamines modifiées en pétales étroits – au centre, ce qui donne l'effet d'une boule entourée de pétales). Les couleurs habituelles sont le blanc, le rose et le rouge, mais la variété de teintes à l'intérieur de ces trois couleurs est très vaste. Quelques variétés, notamment parmi les pivoines Itoh, ont des fleurs jaunes.

La floraison des pivoines commence assez tôt au printemps chez certaines espèces, suivies des pivoines officinales et de quelques pivoines hybrides à la mi-printemps, mais la floraison de la majorité des pivoines communes et intersectionnelles est concentrée à la fin du printemps/début de l'été, habituellement en juin dans nos régions. 🍃 La floraison est brève (rarement plus de deux semaines) mais spectaculaire.

Les pivoines herbacées sont des plantes très permanentes. On voit fréquemment des pivoines centenaires, et plus on les néglige, plus elles fleurissent. En contrepartie de cette permanence et de cette facilité de culture, leur croissance est très lente. Avant de vraiment prendre leur envol et de vous donner beaucoup de fleurs, il leur faut quatre ou cinq ans.

La culture de la pivoine est facile mais particulière. Il faut lui accorder une toute petite attention au moment de la plantation, puis après, c'est du gâteau. Mais si on commence du mauvais pied…

D'abord, l'emplacement. D'accord, les pivoines peuvent pousser à la mi-ombre, mais leur tige florale est encore moins solide qu'elle devrait l'être et les risques que les fleurs s'écrasent au sol augmentent. Et le nombre de fleurs sera minime. Il y a certaines exceptions, comme la pivoine des bois (*P. obovata*) qui se régale à la mi-ombre, mais en général, il faut le plein soleil pour avoir de belles pivoines.

Deuxièmement, le sol. Les experts vous diront tous que les pivoines exigent un sol riche et bien drainé. Côté richesse, ce n'est pas si vrai : la pivoine se contente de sols plutôt ordinaires. D'ailleurs, les pivoines préfèrent des sols plutôt glaiseux, pour autant qu'ils ne restent pas longtemps détrempés après la pluie. 🍃 Le sable n'est pas leur fort. Côté drainage, les experts ont absolument raison : un bon drainage est obligatoire. Il faut aussi que le sol soit profond : les racines des pivoines sont longues 🍃 et une mince couche de bonne terre par-dessus de la roche impénétrable ne leur convient pas. Une profondeur minimale de 30 cm est requise.

Essayez de maintenir le sol humide, mais sans exagération. Les plants fraîchement mis en place ne doivent jamais sécher complètement. Les plantes matures, par contre, n'auront probablement besoin d'arrosage que dans les pires sécheresses, surtout si vous les paillez.

SECTION 2 ▸ VIVACES VRAIMENT SANS ENTRETIEN

On voit des pivoines abandonnées fleurir à profusion tous les ans sans la moindre fertilisation, mais pour obtenir une floraison abondante, on peut bien les nourrir en minéraux de temps en temps. À cette fin, un paillis décomposable est idéal, car il libère constamment des minéraux, mais on peut aussi leur offrir du compost de temps à autre.

À propos du paillis, certains experts prétendent qu'il faut le placer autour des tiges, mais jamais directement sur la souche afin de prévenir les maladies. Quel non-sens ! Qu'il est triste que des spécialistes qui devraient en savoir un bout continuent de véhiculer des idées du 19e siècle ! Parole de paresseux, mettez votre paillis également sur toute la plante et vous aurez *moins* de problèmes de maladie.

La plantation et la transplantation des pivoines, même à racines nues, n'est pas si sorcier.

Certains jardiniers semblent croire que la technique de plantation des pivoines est très particulière et qu'il faut suivre le procédé à la lettre. En fait, les pivoines se plantent comme toute autre vivace. 🌱 Il faut juste se rappeler que les bourgeons dormants ne doivent jamais être enterrés à plus de 5 cm. Quand ils sont trop enterrés, la plante devient « borgne » : elle ne produit que du feuillage. Si vous achetez une pivoine en pot, il suffit de la planter au même niveau qu'elle était dans son contenant, voilà tout ! Les pivoines sont toutefois souvent vendues à racines nues. Je vous renvoie à la page 35 sur la plantation des vivaces, en vous rappelant tout simplement de les planter avec les bourgeons dormants près de la surface (moins de 5 cm).

On peut planter les pivoines en pot en toute saison. Le moment idéal pour planter les pivoines à racines nues est à la fin d'août ou l'automne. On peut toutefois les planter tôt au printemps si elles sont disponibles.

Faut-il supprimer les fleurs fanées des pivoines et ainsi les débarrasser de leurs graines ? Plusieurs experts disent que oui, mais ils ne connaissent certainement pas l'expérience faite au Jardin botanique de Chicago, où l'on a systématiquement supprimé les fleurs fanées d'une pivoine, mais pas celles de sa voisine parfaitement identique. Même après trois ans, il n'y avait aucune différence de vigueur et de floraison entre deux plants du même cultivar. Et les capsules peuvent être si jolies ! Si la formation des capsules de graines vous dérange toutefois, supprimez-les ; il n'y a pas de mal à le faire. Moi, je les adore !

Si l'on supprime les fleurs des pivoines, on perd les magnifiques fruits. Ici, ceux de la pivoine officinale (*Paeonia officinalis*).

- Acanthe de Hongrie
- Aconit
- Amsonie
- Baptisia
- Cœur-saignant
- Fraxinelle
- Hémérocalle
- Hosta
- ▷ **Pivoine herbacée**
- Renouée polymorphe

SECTION 2 ▸ VIVACES VRAIMENT SANS ENTRETIEN

Faut-il supprimer les feuilles à l'automne ? Voilà une question plus embêtante. La théorie veut que les maladies des pivoines hivernent dans le feuillage et qu'elles seront alors transmises aux plants le printemps suivant. Mais les spores des maladies des pivoines sont présentes dans le sol aussi. Est-ce qu'il faut alors enlever et remplacer la terre tous les ans ? Je ne peux que parler de mes propres expériences, bien sûr. Je ne supprime pas les feuilles : je les laisse s'écraser au sol à l'automne, comme elles le font dans la nature, et elles se décomposent sur place au cours de l'hiver. Pourtant mes pivoines n'ont jamais eu de maladies. Où donc est le mal ? Par contre, si vos pivoines ont été atteintes de maladies dans le passé, couper le feuillage à l'automne ne peut leur faire de tort et pourrait même aider, du moins en théorie.

Cultiver des pivoines, c'est facile. 🌿 Les multiplier, moins. À moins de vouloir tenter l'expérience de produire vos propres hybrides par semences (les pivoines hybrides ne sont pas fidèles au type par semences), il n'y a que la division qui soit réellement possible. 🌿 Mais diviser une pivoine la renvoie en enfance, et vous aurez à attendre plusieurs années avant de voir une nouvelle floraison satisfaisante. Idéalement, je vous suggère donc d'acheter des pivoines plutôt que de déranger des plants établis et florifères en les divisant.

Si vous avez à *déplacer* une pivoine, par contre, aussi bien la diviser, 🌿 car les plants matures réagissent très mal aux déplacements. En la divisant, vous la rajeunissez et lui permettez de se refaire graduellement.

Le moment idéal pour la division est la fin d'août ou le début de septembre. Commencez par couper le feuillage à 15 cm du sol pour mieux voir ce que vous faites : la tige laissée en place servira de manche par lequel vous pourrez manipuler les plants. Contrairement à la majorité des vivaces, qu'on divise simplement en découpant à la pelle une section de l'extérieur de la motte pour la planter ailleurs, sans déranger la plante mère, 🌿 la division des pivoines exige que vous déterriez la plante au complet. La motte est énorme et lourde, et les racines sont longues et en forme de carotte : vous n'aurez presque pas d'autre choix que d'en trancher quelques-unes pour sortir la plante, mais essayez de les garder aussi longues que possible. Rincez maintenant à grande eau pour enlever la terre, sinon vous ne verrez pas ce que vous faites.

On divise les pivoines au couteau, en coupant entre deux sections de façon à laisser trois à cinq yeux par section.

Vous remarquerez que, dans ce qui paraissait être une souche unie, il y a en fait plusieurs souches plus petites toutes entremêlées. Essayez de distinguer entre les différentes sections naturelles. À moins de vouloir produire un grand nombre de plants qui ne fleuriront pas avant plusieurs années, 🌿 évitez de diviser la plante en petits éclats à seulement un ou deux bourgeons. Préférez des divisions de trois à cinq bourgeons. Tranchez entre les sections avec un couteau stérilisé (trempez-le dans de l'alcool à friction entre chaque coupe). Maintenant, plantez les divisions, en vous assurant que les bourgeons ne soient pas enterrés à plus de 5 cm, arrosez et paillez. Ce n'est pas plus compliqué que cela !

SECTION 2 ▸ VIVACES VRAIMENT SANS ENTRETIEN

Les fourmis montent bien sur les boutons floraux des pivoines, mais ne leur font aucun tort.

Je doute que vous ayez le moindre problème d'insectes ou de mammifères avec les pivoines. Même les limaces ne sont pas intéressées à les manger! Et les célèbres fourmis qui montent sur les boutons floraux ne sont *pas* là pour leur nuire, malgré une croyance bien tenace. Au contraire, en montant sur les boutons à la recherche du nectar sucré dégagé par les fleurs, elles sont plutôt bénéfiques, car elles nettoient le bouton et suppriment parfois des spores de maladies. L'autre croyance, connexe, voulant que, si les fourmis ne « lèchent » pas les fleurs, elles ne s'ouvriront pas, est tout aussi fausse. ⚜ Il y a parfois le bord des feuilles qui est grignoté au cours de l'été (habituellement par le charançon noir de la vigne), mais c'est un dégât bien mineur qui ne nuit pas du tout à la floraison future. Autrement, la pivoine a peu de problèmes d'insectes.

⚜ Les deux maladies qui provoquent le plus d'inquiétude chez les amateurs de pivoines sont la pourriture grise (*Botrytis*) et le blanc. La première est surtout causée par un emplacement mal drainé et mal aéré, car c'est une maladie « d'humidité ». Le symptôme principal est le pourrissement des tiges près de la base, qui tombent alors au sol. Ou il peut y avoir des boutons floraux qui noircissent et qui ne s'ouvrent pas. Contrairement à ce qu'on dit parfois, le paillis aide à *prévenir* la pourriture grise, pas à la favoriser, car il absorbe les surplus d'eau à la manière d'une éponge. ⚜ Sarcler les pivoines, soit la technique utilisée pour désherber et ameublir le sol quand on ne paille pas, est une bonne façon de transmettre la maladie. ⚜ Évidemment, si la pourriture grise apparaît, supprimez les parties atteintes. Et songez à déplacer la plante, qui est sûrement dans un milieu trop mal drainé à son goût.

Feuilles de pivoine herbacée atteintes de blanc.

⚜ Le blanc de la pivoine, nouveau dans nos régions, cause surtout un préjudice esthétique. À la toute fin de l'été, les feuilles deviennent gris-vert, comme si elles étaient recouvertes d'une poudre blanche. La maladie est un résultat, prétend-on, du réchauffement de la planète et notamment des fins d'été plus chaudes et humides qu'autrefois. Je trouve cet effet de feuillage gris-vert très joli et aimerais bien que mes pivoines s'en

Acanthe de Hongrie
Aconit
Amsonie
Baptisia
Cœur-saignant
Fraxinelle
Hémérocalle
Hosta
▷ **Pivoine herbacée**
Renouée polymorphe

SECTION 2 ▸ VIVACES VRAIMENT SANS ENTRETIEN

prévalent, mais je n'ai pas eu ce plaisir jusqu'à maintenant. J'ai toutefois remarqué que les plantes affectées semblaient toujours être dans des situations où elles étaient sujettes à la sécheresse : dans les sols sablonneux, près des fondations des maisons, au sommet d'une pente, etc. Or, chez d'autres plantes, le blanc a la réputation d'affecter surtout des plantes ayant subi un stress hydrique. Je me demande si ce n'est pas aussi le cas des pivoines. Aussi, il paraît que les pivoines modernes sont plus résistantes à cette maladie que les vieilles variétés.

Enfin, je répète que, selon mon expérience, un bon paillis étendu sur toute la plate-bande et même sur la souche des pivoines ne provoque pas les maladies, mais, bien au contraire, aide à les *prévenir*.

Pivoines herbacées botaniques

Les pivoines décrites ici ne sont pas les plus connues. Pour la pivoine classique, allez voir *Pivoines herbacées hybrides* à la page 166. J'ai pensé vous présenter d'abord quelques-unes des pivoines herbacées botaniques (sauvages) que vous pourriez essayer. Elles sont plus difficiles à trouver que les pivoines hybrides, mais pas moins intéressantes. Même, de par leur feuillage souvent fascinant, l'originalité de leurs fleurs et leur port solide, elles sont plus intéressantes que les pivoines hybrides aux tiges faibles couramment vendues dans le commerce. Le hic ? Le prix ! Déjà que les pivoines « traditionnelles » coûtent généralement plus cher que les autres vivaces ! Eh bien, les pivoines botaniques sont souvent encore plus coûteuses. Si vous les trouvez belles, commencez à ramasser vos sous ! Je ne traite ici que des plus connues et des plus disponibles parmi les quelque 30 espèces de pivoines herbacées.

Paeonia emodi

Paeonia emodi
Pivoine de l'Himalaya (Himalayan Peony)

Grosse fleur blanche parfumée en forme de coupe de 8 à 12 cm de diamètre avec d'abondantes étamines jaune or. La fleur n'est pas portée dressée comme chez la plupart des pivoines, mais un peu penchée, bien au-dessus du feuillage glacé profondément découpé. Relativement tolérante à la mi-ombre. On entend dire que cette pivoine serait peu rustique (zone 7 d'après certains), mais elle se comporte à merveille dans plusieurs jardins de la zone 3b. Il serait peut-être sage de la planter là où la neige s'accumule, au cas où. Floraison : mai. 50-90 cm x 75 cm. Zone 3b ?

P. lactiflora (*P. albiflora*)
Pivoine de Chine (Chinese Peony)

C'est la pivoine commune, importée en Europe de la Chine au milieu des années 1700. Le nom suggère des fleurs blanches (*lactiflora* veut dire « fleur de lait »), mais en fait, la forme sauvage vient aussi en rose. Comme toute pivoine botanique, ses fleurs sont simples et en forme de coupe et très parfumées ; elles mesure 10 à 15 cm

SECTION 2 ▸ VIVACES VRAIMENT SANS ENTRETIEN

Paeonia lactiflora

de diamètre. Le feuillage vert foncé luisant et profondément découpé est connu de tous, car cette plante est la parente principale de nos pivoines de jardin: elles en ont hérité leur port, leur feuillage et leur apparence générale. Je vous renvoie à la rubrique *Pivoines herbacées hybrides* pour des descriptions des nombreuses sélections et cultivars de cette plante populaire. L'espèce, par contre, est rarement offerte. Floraison: juin. 60-100 cm x 75 cm. Zone 3.

❤️ ***P. mlokosewitschii***
Pivoine mloko, pivoine de Mlokosewitsch (Molly the Witch)

Le nom polonais imprononçable n'empêche pas les amateurs de pivoines de s'enticher

Acanthe de Hongrie
Aconit
Amsonie
Baptisia
Cœur-saignant
Fraxinelle
Hémérocalle
Hosta
▸ **Pivoine herbacée**
Renouée polymorphe

Paeonia mlokosewitschii

de cette superbe pivoine, la seule pivoine herbacée à fleurs vraiment jaunes. Les amateurs décrivent la couleur comme « jaune doré », mais à mes yeux elle est jaune pâle. Les fleurs sont portées au sommet des tiges tôt dans la saison et mesurent de 8 à 12 cm de diamètre. Le feuillage découpé aux lobes arrondis et un peu glauque fait vaguement penser à une fronde de fougère. Ne supprimez surtout pas les fleurs fanées! Les capsules qui s'ouvrent pour révéler des graines rouge vif (graines stériles) et noires (fertiles) à l'automne sont un des attraits principaux de la plante. Relativement résistante à la mi-ombre. Floraison : mai. 45-75 cm x 60 cm. Zone 3.

Graines de *Paeonia mascula*

 *P. mascula*
Pivoine mâle (Male Peony)

La pivoine mâle est l'une des deux espèces de pivoines indigènes d'Europe et on la retrouve dans une vaste aire allant de l'Espagne à la Chine. Elle demeure cependant rare de nos jours et est disparue dans bien des régions. Le nom curieux de « pivoine mâle » (reflété dans son épithète botanique *mascula*) vient de la croyance que cette espèce était le mâle et que l'autre espèce européenne, *P. officinalis*, appelée *P. femina* à l'époque, la femelle. Il

Paeonia mascula

SECTION 2 — VIVACES VRAIMENT SANS ENTRETIEN

existe de nombreuses sous-espèces de cette plante, mais la majorité ont des fleurs dressées rouges ou rose foncé de 8 à 10 cm de diamètre en forme de coupe arrondie qui contrastent bien avec les nombreuses étamines jaunes, bien qu'on trouve des variétés à fleurs roses. La couleur rouge de cette espèce a été largement utilisée dans le développement des pivoines herbacées hybrides. Comme dans l'espèce précédente, ses graines noires et rouges sont un attrait important à l'automne. Floraison très hâtive, en mai. 60-90 cm 75 cm. Zone 3.

P. obovata
Pivoine des bois (Woodland Peony)

Cette pivoine pousse sous de grands arbres au Japon, en Chine et en Sibérie, et a la réputation d'être la pivoine la plus tolérante à l'ombre. C'est peut-être vrai, mais il reste qu'elle exige passablement de soleil au printemps, pendant que les feuilles des arbres sont absentes, si elle doit survivre à l'ombre estivale. Les fleurs en forme de coupe très arrondie mesurent 8 à 10 cm de diamètre et sont roses. Son feuillage vert un peu glauque porte des lobes plus arrondis que la pivoine commune. Comme chez la pivoine mloko, ses capsules de graines rouges et bleu foncé sont une merveille! Floraison: mai. 40-60 cm x 60-90 cm. Zone 4.

P. obovata alba: fleurs blanches. Floraison: mai. 40-60 cm x 60-90 cm. Zone 4.

P. obovata japonica (*P. japonica*)
Pivoine du Japon (Japanese Peony)
Plante d'origine incertaine, jamais retrouvée à l'état sauvage: il s'agit peut-être d'une pivoine hybride proche de *P. obovata*. C'est la forme de *P. obovata* la plus courante en culture. Fleurs blanches plus ouvertes que les autres *P. obovata*. Floraison: mai. 40-60 cm x 60-90 cm. Zone 4.

- Acanthe de Hongrie
- Aconit
- Amsonie
- Baptisia
- Cœur-saignant
- Fraxinelle
- Hémérocalle
- Hosta
- ▷ **Pivoine herbacée**
- Renouée polymorphe

Paeonia obovata

SECTION 2 ▶ VIVACES VRAIMENT SANS ENTRETIEN

Paeonia officinalis villosa

P. officinalis
Pivoine officinale (European Peony)

Jusqu'à assez récemment, la pivoine officinale était la seule pivoine botanique disponible sur le marché. D'origine méditerranéenne, cette plante médicinale (*officinalis* fait référence à cet usage) fut abondamment plantée partout en Europe à partir de l'époque médiévale et on la trouve naturalisée jusqu'en Écosse. Elle fut aussi la première pivoine importée en Amérique du Nord à des fins médicinales, bien sûr.

On la distingue des pivoines herbacées hybrides proches de *P. lactiflora* par ses fleurs rose pourpré généralement plus hâtives, ses feuilles bien nervurées un peu moins luisantes qui rougissent joliment à l'automne et sa hauteur moindre. Aussi, ses fleurs ne sont pas parfumées. Les fleurs, grosses pour une pivoine botanique, mesurent 10 à 13 cm de diamètre. Floraison : mai-juin. 40-60 cm x 45-60 cm. Zone 3.

P. officinalis 'Alba Plena' : fleurs blanches doubles. Floraison : mai-juin. 45 cm x 45-60 cm. Zone 3.

Paeonia officinalis 'Anemoniflora Rosea'

P. officinalis 'Anemoniflora Rosea' : fleurs rose foncé de type japonais avec une boule de pétaloïdes roses au centre. Intéressante en rocaille à cause de sa petite taille. Floraison : mai-juin. 30-45 cm x 45-60 cm. Zone 3.

P. officinalis 'Rosea Plena' : fleurs doubles rose moyen. Floraison : mai-juin. 45 cm x 45-60 cm. Zone 3.

🔴 *P. officinalis* 'Rubra Plena' : fleurs doubles rouges. Autrefois très populaire. Malgré sa faible hauteur, 🌱 ce cultivar est porté à s'affaler. Floraison : mai-juin. 45 cm x 45-60 cm. Zone 3.

SECTION 2 ▸ VIVACES VRAIMENT SANS ENTRETIEN

Paeonia tenuifolia

Acanthe de Hongrie
Aconit
Amsonie
Baptisia
Cœur-saignant
Fraxinelle
Hémérocalle
Hosta
Pivoine herbacée
Renouée polymorphe

Kareli, Wikimedia Commons

♥ *P. tenuifolia*

Pivoine à feuilles de fougère (Fernleaf Peony) ☼

Voici une pivoine que vous aimerez probablement plus pour son feuillage que pour ses fleurs. D'accord, les fleurs rouge vif bien ouvertes de 7,5 à 10 cm avec leur centre jaune sont attrayantes, et doublement parce qu'elles arrivent si tôt dans la saison (elle est parmi les pivoines les plus précoces). Mais le feuillage très découpé, rougeâtre au printemps, vert l'été, est réellement exceptionnel et persiste bien sûr tout l'été. La pivoine à feuilles de fougère fait donc office de plante à fleurs au début du printemps et de mini-arbuste le reste de l'été. Il ne lui manque qu'une belle coloration automnale pour être parfaite, 🍁 mais malheureusement, contrairement à la majorité des pivoines, qui deviennent au moins un peu pourprées à l'automne, la pivoine à feuilles de fougère jaunit un peu, puis brunit. Plante très compacte. Floraison : mai. 30 à 40 cm x 60 cm. Zone 4.

P. tenuifolia 'Rubra Plena' (*Paeonia tenuifolia* 'Plena') : fleurs rouges très doubles, plus grosses que celles de l'espèce, qui ne laissent paraître aucune trace d'étamines jaunes. Elle est habituellement un peu plus haute que l'espèce et fleurit un peu plus tardivement… mais quand même tôt pour une pivoine. Floraison : mai. 40 à 50 cm x 60 cm. Zone 4.

P. tenuifolia 'Itoba' : forme à pétales simples rouge foncé avec un cœur composé de pétaloïdes jaunes, comme les pivoines de type japonais. Son feuillage est moins finement découpé que celui de l'espèce. Floraison : mai. 30-40 cm x 60 cm. Zone 4.

P. tenuifolia 'Rosea' : identique à l'espèce, mais à fleurs simples roses. Difficile à trouver sur le marché. Floraison : mai. 30-40 cm x 60 cm. Zone 4.

🪴 *P. x smouthii*

(*P.* 'Smouthi') ☼

Cette pivoine aux origines incertaines fut longtemps considérée comme une espèce bota-

165

nique, mais on la croit maintenant d'origine hybride. De par ses feuilles très découpées, on devine qu'elle est sûrement très apparentée à *Paeonia tenuifolia*. Ses fleurs rouge rosé de 11 cm de diamètre s'épanouissent très tôt dans la saison. Floraison: mai. 45-70 cm x 60 cm. Zone 4.

P. veitchii (*P. anomala veitchii*)
Pivoine de Veitch (Veitch's Peony)

Fleurs légèrement penchées rose magenta (parfois blanches) de 7,5 à 10 cm. Feuillage gris-vert très découpé, mais pas autant que *P. tenuifolia*. Fleurit raisonnablement à la mi-ombre. Des boutons secondaires prolongent la floraison. Floraison: mai. 60-75 cm x 60 cm. Zone 3.

Pivoines herbacées hybrides

Voici maintenant une sélection parmi plus de 4000 cultivars de pivoines de jardin, dont principalement la pivoine habituellement appelée «pivoine commune» ou juste «pivoine».

La pivoine commune est dérivée de *P. lactiflora* (page 160), soit la pivoine chinoise, dont elle partage les grosses fleurs dressées et un feuillage luisant moyennement découpé, avec apport plus ou moins important de gènes d'autres espèces selon le cultivar.

Évidemment, la pivoine hybride offre un plus vaste choix de formes, de couleurs et de parfums que l'espèce. Elle est très populaire mais pas toujours avec raison, à mon avis.

C'est que la pivoine commune semble figée dans le 19e siècle, alors que, chez presque toutes les autres plantes que je connais, l'évolution a suivi son cours et les variétés plus performantes ont remplacé les variétés décevantes. Je crois que les vieilles variétés ont toujours un rôle à jouer comme «plantes historiques» – elles sont notamment utiles dans les jardins d'époque –, mais je ne comprends pas qu'elles soient encore vendues à M. et Mme Tout-le-monde. Si on fait une comparaison avec les rosiers (*Rosa* spp.), par exemple, il existe toujours de nombreux «rosiers anciens», de vieux hybrides des siècles passés, très vulnérables aux insectes et aux maladies, souvent peu rustiques et presque toujours à floraison éphémère; ils sont bien présents dans les jardins botaniques et historiques, mais ailleurs on utilise plutôt des rosiers modernes, plus résistants aux maladies, plus rustiques et à floraison perpétuelle; on a même créé une nouvelle catégorie, les «rosiers anglais», qui *ressemblent* aux rosiers anciens, mais sans leurs défauts.

Chez la pivoine, de nouveaux hybrides sont lancés à tout moment, mais ils peinent à percer. Ce sont les premiers hybrides qui demeurent au sommet de la popularité. Pourtant, leurs performances au jardin sont réellement décevantes, notamment en raison de leur faible résistance aux maladies et, surtout, de leur incapacité de résister aux intempéries. Qui n'a pas déjà vu des pivoines penchées jusqu'au sol, les fleurs dans la boue? Elles semblent dire: «Achevez-moi, quelqu'un, je ne mérite pas de vivre!» Mais, plutôt que d'accéder à cette demande évidente, on sort prestement les tuteurs et on essaie de les redresser. Or, de mon point de vue de jardinier paresseux, les «pivoines qui ne peuvent pas rester debout» n'ont aucune valeur dans le jardin moderne, à moins de vouloir conserver une ou deux vieilles variétés pour des raisons historiques ou sentimentales. Il existe désormais des milliers de variétés de pivoine aussi jolies, mais avec des tiges solides. Pourquoi maintenir des variétés ratées?

Curieusement, ce ne sont pas les jardiniers amateurs qui tiennent aux vieilles variétés ! Présentez-leur des pivoines modernes aux belles grosses fleurs parfumées qui demeurent debout solidement, et ils les trouveront plus jolies que les anciennes variétés aux tuteurs trop apparents. Le problème se trouve ailleurs, chez les producteurs chinois. En effet, le gros de nos pivoines proviennent de la Chine, où la main-d'œuvre ne coûte pas cher. Depuis des générations, il y a une industrie de production de pivoines bon marché et, comme si elle était prise dans une distorsion spatiotemporelle, elle produit toujours les mêmes pivoines qu'au début, dans les années 1920. Pourquoi changer, puisque ces vieilles pivoines se vendent ? Or, elles se vendent parce que les acheteurs ne savent pas qu'ils achètent des citrons !

Triste résultat de ce cercle vicieux, la pivoine commune, pourtant une si belle vivace, est en perte de vitesse. Il y a aussi peu que 40 ans, la pivoine était la vivace la plus populaire. De nos jours, elle n'est même plus dans la liste des 100 vivaces les plus vendues. Et sa popularité baisse constamment. Un jardinier débutant, se rappelant sans doute les pivoines de sa grand-mère, achètera bien une pivoine commune, mais quand il se rend compte du travail supplémentaire qu'exige la culture de cette plante, il passe à autre chose.

J'ai une suggestion à faire pour redorer le blason des pivoines. La prochaine fois que vous irez dans une jardinerie et que vous ne verrez que des pivoines « face-dans-la-boue » (voir la liste ci-contre), plaignez-vous. Dites au marchand que ça n'a pas de bon sens de leurrer sa clientèle de cette façon. Il pourra remédier à la situation facilement, car les producteurs de « bonnes pivoines » existent. Il lui suffira de rediriger ses commandes ailleurs.

Pivoines « face-dans-la-boue »

Paeonia lactiflora 'Madame Édouard Doriat' (1924) est typique des pivoines anciennes : ses fleurs sont belles, mais exigent un tuteur.

Voici une courte liste (il y en a d'autres) de pivoines à éviter à cause de leurs tiges faibles qui demandent toujours un tuteurage. Pourtant, ce sont les pivoines les plus souvent offertes. La plupart sont de vieilles variétés du 19e siècle ou du début du 20e.

Paeonia 'Alexandre Dumas' (1862)
P. lactiflora 'Albert Crousse' (1893)
P. lactiflora 'Auguste Dessert' (1920)
P. lactiflora 'Alexander Fleming'
 ('Doctor Alexander Fleming')
P. lactiflora 'Duchesse de Nemours' (1856)
P. lactiflora 'Félix Crousse' ('Victor Hugo')
 (1881)
P. 'lactiflora Festiva Maxima' (1851)
P. lactiflora 'Jeanne d'Arc' (1858)
P. lactiflora 'Karl Rosenfeld' (1908)
P. lactiflora 'Madame Édouard Doriat' (1924)
P. lactiflora 'Monsieur Jules Élie' (1888)
P. lactiflora 'Marie Lemoine (1869)
P. lactiflora 'Sarah Bernhardt' (1869)

Il y a plus de 1000 autres pivoines herbacées « face-dans-la-boue », mais celles qui précèdent sont celles que l'on trouve le plus souvent en jardinerie. Elles sont d'ailleurs, et de loin, les pivoines les plus vendues.

Acanthe de Hongrie
Aconit
Amsonie
Baptisia
Cœur-saignant
Fraxinelle
Hémérocalle
Hosta
▷ **Pivoine herbacée**
Renouée polymorphe

SECTION 2 ▶ VIVACES VRAIMENT SANS ENTRETIEN

Variétés recommandées

Voici maintenant une sélection de pivoines solides qui ne vous causeront pas de problèmes. Le hic, c'est que peu de marchands les offrent! Si vous ne les trouvez pas dans votre coin, faites-les venir par la poste de spécialistes comme la Pivoinerie D'Aoust ou Pivoines Capano. Voir *Sources* à la page 591.

Paeonia 'Adonis'

P. 'Belle Center': pivoine hybride semi-double aux fleurs rouge foncé avec un centre contrastant jaune. Floraison : juin. 60-90 cm x 90 cm. Zone 3.

Paeonia 'Bev'

🍵 *P. lactiflora* 'Adonis' : fleurs très doubles roses devenant rose pâle. Des pétaloïdes jaune pâle, paraissant à travers les pétales du milieu de la fleur, donnent une touche de crème à l'ensemble. Floraison : juin. 90 cm x 90 cm. Zone 3.

🍵 *P.* 'Alexander Woolcott' : fleurs semi-doubles rouge très vif. Étamines jaunes voyantes. Hybride d'une pivoine commune et d'une espèce (*P. peregrina*). Floraison : juin. 60 cm x 90 cm. Zone 3.

❤️ *P. lactiflora* 'Angel Cheeks' : grosses fleurs roses très doubles, parfois avec quelques striures rouges. Gagnante d'une médaille d'or de l'American Peony Society en 2005. Floraison : juin. 80 à 90 cm x 90 cm. Zone 3.

🍵 *P. lactiflora* 'Bev' : fleurs doubles à semi-doubles à pétales découpés et courbés qui sont rose foncé à la base, plus pâle à l'extrémité. La fleur pâlit avec le temps pour devenir blanche avec des touches de rose. Floraison : juin. 90 cm x 90 cm. Zone 3.

❤️ *P. lactiflora* 'Bowl of Beauty' : pivoine japonaise aux pétales rose fuchsia et au centre composé de pétaloïdes étroits blanc crème. Assez bonne distribution commerciale. Floraison : juin. 90 cm x 90 cm. Zone 3.

❤️ *P.* 'Buckeye Belle' : fleurs semi-doubles en forme de coupe rouge très foncé aux étamines jaunes contrastantes. Médaille d'or de l'Americain Peony Society en 2010. Floraison : mai-juin. 75 cm x 90 cm. Zone 3.

SECTION 2 ▶ VIVACES VRAIMENT SANS ENTRETIEN

Paeonia 'Buckeye Belle'

Paeonia 'Clair de Lune'

Paeonia 'Cheddar Gold'

Paeonia 'Cora Stubbs'

P. 'Burma Ruby' : grosses fleurs rouge vif simples aux étamines jaunes et anthères rouges. Floraison un peu plus hâtive que la plupart des pivoines communes. Médaille d'or de l'Americain Peony Society en 2009. Floraison : mai-juin. 70-85 cm x 90 cm. Zone 3.

P. 'Carina' : fleurs semi-doubles rouge clair. Feuillage particulièrement découpé. Floraison : juin. 60-90 cm x 90 cm. Zone 3.

P. lactiflora 'Charles Burgess' : variété à fleurs japonaises ; centre jaune et rouge, pourtour rouge bourgogne. Légèrement parfumée. Floraison : juin. 80-90 cm x 90 cm. Zone 3.

♥ **P. lactiflora 'Cheddar Gold' :** pivoine japonaise aux pétales blancs et aux pétaloïdes centraux jaune crème. Très parfumée. Floraison : juin. 75 cm x 90 cm. Zone 3.

♥ **P. lactiflora 'Clair de Lune' :** fleurs simples jaune très pâle avec une boule d'étamines jaunes au centre. Rare hybride d'une pivoine commune (*P. lactiflora*) et d'une pivoine mloko (*P. mlokosewtischii*). Floraison : mai-juin. 70 cm x 90 cm. Zone 3.

P. lactiflora 'Cora Stubbs' : pivoine japonaise à pétales extérieurs roses et au centre bombé blanc. Parfum intense. Floraison : juin. 80-85 cm x 90 cm. Zone 3.

- Acanthe de Hongrie
- Aconit
- Amsonie
- Baptisia
- Cœur-saignant
- Fraxinelle
- Hémérocalle
- Hosta
- ▷ **Pivoine herbacée**
- Renouée polymorphe

SECTION 2 ❧ VIVACES VRAIMENT SANS ENTRETIEN

Paeonia 'Coral Charm'

♥ ***P.* 'Coral Charm'** : variété hybride à fleurs semi-doubles rose pêche corail. Première pivoine corail ! Gagnante d'une médaille d'or de l'American Peony Society en 1986. Floraison : juin. 100 cm x 90 cm. Zone 3.

♥ 🏺 ***P. lactiflora* 'Coral'n Gold'** : fleurs simples en coupe. Pétales rose corail à base blanche. Nombreuses étamines contrastantes. Floraison : juin. 90 cm x 90 cm. Zone 3.

Paeonia 'Crazy Daisy'

🏺 ***P.* 'Crazy Daisy'** : fleurs simples aux pétales blanc rehaussé de vert et irrégulièrement découpés et marqués de rouge pourpré. Légèrement parfumée. Floraison hâtive : mai-juin. 90 cm x 90 cm. Zone 3.

♥ ***P.* 'Dandy Dan'** : jolie variété semi-double bien hâtive. Fleurs rouges frangées sur feuillage vert clair. Floraison : juin. 60-90 cm x 90 cm. Zone 3.

♥ ***P. lactiflora* 'Early Scout'** : fleurs simples rouge cramoisi très foncé, cœur jaune. Superbe feuillage très découpé, comme une fougère. Croisement entre une pivoine commune et une pivoine à feuilles de fougère. Médaille d'or de l'American Peony Society en 2001. Floraison : mai. 45-60 cm x 60 cm. Zone 3.

***P.* 'Ellen Cowley'** : fleurs semi-doubles rose cerise. Feuillage très attrayant. Floraison : juin. 85 cm x 90 cm. Zone 3.

Paeonia 'Friendship'

***P.* 'Friendship'** : belles grosses fleurs simples qui commencent rose foncé pour devenir presque blanches. Fleurit très abondamment. Floraison : juin. 60 cm x 90 cm. Zone 3.

♥ 🏺 ***P.* 'Gold Standard'** : fleurs doubles aux pétales extérieurs blanc crème et aux pétaloïdes étroits jaunes au centre. Parfum agréable. Floraison : juin. 90 cm x 90 cm. Zone 3.

🏺 ***P.* 'Golden Glow'** : fleurs simples en coupe aux pétales écarlate orangé. Masse d'étamines dorées. Tige solide. Médaille d'or de l'American Peony Society en 1946. Floraison : juin. 90 cm x 90 cm. Zone 3.

Paeonia 'Illini Warrior'

♥ ☕ *P.* **'Illini Warrior'** : produit une quantité incroyable de fleurs simples rouge bourgogne aux étamines dorées. Parfum faible. Floraison : juin. 90-100 cm x 90 cm. Zone 3.

♥ ☕ *P. lactiflora* **'Kansas'** : énormes fleurs, jusqu'à 22 cm de diamètre. Très doubles, fleurs rouge rosé. Malgré le poids de la fleur, la tige épaisse la supporte bien. Rafle tous les prix dans les compétitions. Médaille d'or de l'American Peony Society en 1957. Floraison : juin. 90 cm x 90 cm. Zone 3.

Paeonia 'Krinkled White'

♥ ☕ *P. lactiflora* **'Krinkled White'** : variété très florifère aux fleurs simples blanc pur à la texture de papier crêpé et aux étamines dorées. Parfum léger. Facile à trouver sur le marché. 80-90 cm x 90 cm. Zone 3.

P. **'Laddie'** : surprenante variété à tiges courtes. Floraison hâtive : juin. Fleurs rouge vif simples. 30-35 cm x 60 cm. Zone 3.

☕ *P. lactiflora* **'Lady Alexandra Duff'** ('Alexander Duff', 'Lady A. Duff') : belle preuve que les pivoines anciennes n'étaient pas toutes pourries, ce cultivar (1902) a des tiges très solides. Très grosses fleurs doubles rose-mauve au cœur pâlissant à rose pâle ou crème. Plusieurs fleurs secondaires. Floraison : juin. 90 cm x 90 cm. Zone 3.

Paeonia 'Lancaster Imp'

☕ *P. lactiflora* **'Lancaster Imp'** : plant compact aux fleurs petites et très doubles, blanc crémeux et légèrement parfumées. Floraison : juin. 45-55 cm x 60 cm. Zone 3.

☕ *P. lactiflora* **'Laura Dessert'** : autre très vieux cultivar (1913) aux tiges solides. Fleurs entre une double et une fleur japonaise : pétales extérieurs blancs, gros centre bombé jaune citron blanc. Parfum de rose. Floraison : juin. 85-90 cm x 90 cm. Zone 3.

☕ *P. lactiflora* **'Ludovica'** : semi-doubles rose clair. Fleur presque en boule. Médaille d'or de l'American Peony Society en 1999. Floraison : mai-juin. 90 cm x 90 cm. Zone 3.

♥ ☕ *P. lactiflora* **'Madame de Verneville'** : jolie variété ancienne (1885) pleinement double aux tiges solides ; pas du tout « face-dans-la-boue » comme tant d'autres

---

Acanthe de Hongrie
Aconit
Amsonie
Baptisia
Cœur-saignant
Fraxinelle
Hémérocalle
Hosta
▷ **Pivoine herbacée**
Renouée polymorphe

pivoines de son époque! Fleurs blanches tachetées de rouge. Elles sont plutôt petites, mais, fortement parfumées, sentent la rose. Floraison: juin. 60-90 cm x 90 cm. Zone 3.

P. lactiflora 'Maestro': bonne pivoine rouge double à tige solide qui porte sa fleur bien au-dessus du feuillage. Floraison: juin. 90 cm x 90 cm. Zone 3.

♥ *P.* 'Many Happy Returns': entre une fleur double bombée et une fleur japonaise. Couleur écarlate rosé. Floraison abondante. Feuillage un peu froissé, attrayant même quand la floraison est terminée. Floraison: juin. 60-90 cm x 90 cm. Zone 3.

Paeonia 'Merry Mayshine'

P. 'Merry Mayshine': fleurs simples rouges assez aplaties, cœur jaune, pétales découpés. Très beau feuillage découpé venant d'un de ses parents, la pivoine à feuilles de fougère. Floraison: mai. 60 cm x 90 cm. Zone 3.

🪴 *P.* 'Montezuma': fleurs simples rose-rouge vif légèrement parfumées, avec un grand cœur doré. Floraison: juin. 60-90 cm x 90 cm. Zone 3.

🪴 *P. lactiflora* 'Nice Gal': plante basse aux fleurs semi-doubles rose riche devenant rose argenté. Légèrement parfumée. Feuillage vert moyen. Floraison: juin. 45-55 cm x 90 cm. Zone 3.

♥ *P. lactiflora* 'Paula Fay': spectaculaire fleurs semi-doubles rose brillant aux pétales à l'aspect ciré. Base des pétales marquée de blanc. Étamines jaunes. Très florifère! Floraison: juin. 90 cm x 90 cm. Zone 3.

Paeonia 'Petite Élegance'

🪴 *P. lactiflora* 'Petite Élegance': fleurs semi-doubles un peu plus petites que la normale mais de couleur originale: rose foncé devenant blanc crémeux avec des marques rouges. Bien parfumée. Floraison: juin. 55 cm x 90 cm. Zone 3.

🪴 *P. lactiflora* 'Petite Porcelaine': magnifiques fleurs semi-doubles blanches joliment ondulées et bien parfumées. Floraison: juin. 55 cm x 90 cm. Zone 3.

🪴 *P. lactiflora* 'Philippe Rivoire': belles petites fleurs rouges très doubles avec un excellent parfum. Floraison: juin. 60-90 cm x 90 cm. Zone 3.

♥ *P.* 'Pink Hawaiian Coral': fleurs semi-doubles corail vif en forme de coupe. Fleurit plus tard que la majorité des pivoines herbacées hybrides. Médaille d'or de l'American Peony Society en 2000. Floraison: juin. 75-85 cm x 90 cm. Zone 3.

SECTION 2 ▶ VIVACES VRAIMENT SANS ENTRETIEN

Paeonia 'Pink Hawaiian Coral'

Paeonia 'Rozella'

Acanthe de Hongrie
Aconit
Amsonie
Baptisia
Cœur-saignant
Fraxinelle
Hémérocalle
Hosta
▶ **Pivoine herbacée**
Renouée polymorphe

P. 'Pink Spritzer' : curieuses fleurs qui ne semblent pas pouvoir se décider quant à leur apparence. La fleur simple produit des pétales très frisés qui sont diversement roses, crème et verts. Chaque fleur est unique ! Floraison : juin. 80 cm x 90 cm. Zone 3.

P. 'Rozella' : fleurs très doubles en forme de rose, de couleur rose foncé. Marge des pétales plus pâle. Gagnante de plusieurs prix pour sa performance sans faille en plate-bande. Floraison : juin. 75 cm x 90 cm. Zone 3.

Paeonia 'Red Charm'

Paeonia 'Salmon Chiffon'

P. lactiflora 'Red Charm' : fleurs super doubles de type « cœur bombé ». Rouge pur intense. Médaille d'or de l'American Peony Society en 1956. Floraison : juin. 90 cm x 90 cm. Zone 3.
P. lactiflora 'Rosalie' : plante assez basse portant de belles fleurs roses bien doubles et légèrement parfumées. Floraison : juin. 45 cm x 90 cm. Zone 3.

♥ *P.* 'Salmon Chiffon' : grosses fleurs simples rose corail aux étamines jaunes. Larges pétales ondulés donnant l'impression de chiffon. Donne aussi l'impression d'une fleur semi-double. Floraison : juin. 90 cm x 90 cm. Zone 3.
♥ *P.* 'Scarlet O'Hara' : très grande pivoine à grosses fleurs simples rouge vif et au cœur

SECTION 2 ◆ VIVACES VRAIMENT SANS ENTRETIEN

doré. Longue floraison. Primée pour sa performance en plate-bande. Floraison : juin. 90-110 cm x 90 cm. Zone 3.

♥ 🪴 *P. lactiflora* **'Sea Shell'** : superbe variété rose clair à fleurs simples au centre très jaune. Bien parfumée. Floraison prolongée. Médaille d'or de l'American Peony Association en 1990. Floraison : juin. 100 cm x 90 cm. Zone 3.

Paeonia 'Serenade'

🪴 *P.* **'Serenade'** : fleur simple rose très pâle à blanche, cœur d'étamines dorées cachant partiellement les carpelles rouges. Floraison : mai-juin. 80-90 cm x 90 cm. Zone 3.

🪴 *P. lactiflora* **'Sparkling Star'** : fleur rose simple. Parfum faible. Gagnante d'une médaille d'or de l'American Peony Society en 1995. Floraison : juin. 60-90 cm x 90 cm. Zone 3.

Paeonia 'Spiffy'

🪴 *P. lactiflora* **'Spiffy'** : fleur de type japonais rouge rosé à l'extérieur et rose foncé marqué de crème au centre. Bien parfumée. Floraison : juin. 70-75 cm x 90 cm. Zone 3.

Paeonia 'The Fawn'

🪴 *P.* **'The Fawn'** : fleur rose très double, certains pétales sont frangés, d'autres pas, ce qui donne une allure originale. Vus de près, les pétales sont doucement tachetés de rose plus foncé. Floraison : juin. 90 cm x 90 cm. Zone 3.

♥ *P.* **'Walter Mains'** : superbe pivoine de type japonais rouge vif à dôme central doré. Gagnante d'une médaille d'or de l'American Peony Society en 1974. Floraison : juin. 80-90 cm x 90 cm. Zone 3.

♥ 🪴 *P. lactiflora* **'Westerner'** : grosse fleur de type japonais. Pétales extérieurs rose pâle, dôme central jaune beurre. Médaille d'or de l'American Peony Society en 1982. Floraison : juin. 90 cm x 90 cm. Zone 3.

P. lactiflora **'White Innocence'** : gigantesque plante (on dit que c'est la plus grande des pivoines) mêlant les traits de la pivoine commune avec ceux de la pivoine de l'Himalaya (page 161). Fleurs simples blanches tenues plus ou moins à l'horizontale avec un petit cœur jaune teinté de vert. De nombreuses

SECTION 2 ▶ VIVACES VRAIMENT SANS ENTRETIEN

Paeonia 'White Innocence'

fleurs secondaires pour une floraison durable. Floraison : juin. 150 cm x 90 cm. Zone 3.
P. 'Zuzu' : fleurs semi-doubles rose très pâle devenant rapidement blanc. Léger parfum. Floraison : juin. 60-90 cm x 90 cm. Zone 3.

Pivoines Itoh (pivoines intersectionnelles)

Longtemps on a cru qu'il était impossible de croiser les pivoines herbacées et les espèces arbustives (avec des tiges ligneuses), soit deux sections différentes du genre *Paeonia*, mais un hybrideur japonais, Toichi Itoh, a enfin réussi les premiers hybrides en 1948. Malheureusement, il est mort avant d'avoir vu ses hybrides fleurir, mais on appelle ces pivoines intersectionnelles « pivoines Itoh » en son honneur.

Les pivoines Itoh semble avoir hérité le port des pivoines herbacées (elles meurent au sol l'hiver), mais aussi le feuillage vert de belle apparence et les grosses fleurs des pivoines arbustives (atteignant parfois presque 30 cm de diamètre). Les tiges sont solides et ne nécessitent pas de tuteurage.

Ces nouvelles pivoines ont cependant attiré l'attention en raison de la possibilité d'obtenir des fleurs vraiment jaunes. La seule pivoine herbacée à fleurs jaunes, la pivoine Mloko (*P. mlokosewitschii*), ne transmet pas un jaune très franc à ses descendants (d'ailleurs, les croisements avec elle sont difficiles à réaliser), mais les hybrides de la pivoine arbustive jaune

Acanthe de Hongrie
Aconit
Amsonie
Baptisia
Cœur-saignant
Fraxinelle
Hémérocalle
Hosta
▷ **Pivoine herbacée**
Renouée polymorphe

Paeonia Itoh 'Lemon Dream'

175

(*P. lutea*) et des pivoines herbacées donnent des jaunes véritables. L'engouement pour les pivoines Itoh à fleurs jaunes a fait oublier qu'elles offrent aussi toutes les couleurs des pivoines traditionnelles et même des teintes saumonées uniques.

La culture des pivoines Itoh est pratiquement identique à celle des pivoines herbacées, sinon qu'il faut généralement une scie plutôt qu'un sécateur pour trancher les racines plus ligneuses au moment d'une division. Par ailleurs, elles repartent généralement sous le sol comme les pivoines herbacées, mais parfois de nouvelles tiges paraissent au-dessus du sol si les tiges de l'année précédentes ne sont pas mortes au cours de l'hiver. Pour cette raison, les jardiniers forcenés qui aiment tout tailler au sol à l'automne auraient intérêt à faire une exception pour les pivoines Itoh : les tailler à l'automne peut tuer les bourgeons dormants. Si vous tenez à les tailler, faites-le au printemps quand les nouvelles pousses apparaissent, en taillant juste au-dessus.

Les pivoines Itoh sont aussi rustiques que les pivoines herbacées (généralement une solide zone 3). Elles tendent à fleurir vers la fin de la saison de floraison des pivoines, aidant ainsi à étirer la saison d'intérêt de ces plantes.

Présentement, le défaut majeur des pivoines Itoh est leur prix : en 2011, il ne s'en vend pas beaucoup à moins de 150 $, et 300 $ n'est pas considéré comme un prix exagéré pour une nouveauté. Il faut comprendre que leur multiplication est encore plus lente que celle des pivoines herbacées et qu'elles ne se vendront sans doute jamais au prix de ces dernières. Le prix baisse peu à peu avec le temps, mais les pivoines Itoh resteront probablement toujours des plantes de collectionneurs plutôt que de grand public.

Il n'existe même pas 100 cultivars Itoh dans le monde entier et peu sont couramment disponibles. Voici néanmoins quelques cultivars que vous pourriez trouver, surtout chez les spécialistes.

Paeonia Itoh 'Bartzella'

P. **'Bartzella'** : grosses fleurs jaunes semi-doubles à doubles de 15 à 20 cm. Très grosse plante très florifère avec, après quelques années de culture, plus de 60 fleurs par plante pendant 3 à 4 semaines. Probablement la plus prisée des pivoines Itoh sur le marché. Floraison : juin. 90-120 cm x 90-120 cm. Zone 3.

P. **'Callie's Memory'** : fleurs semi-doubles à doubles, de 15 à 20 cm de diamètre. Pétales jaune crème à base rouge. Le rouge s'étend dans certains pétales sous forme de striures. Floraison : juin. 75-90 cm x 90 cm. Zone 3.

Paeonia Itoh 'Court Jester'

SECTION 2 ▶ VIVACES VRAIMENT SANS ENTRETIEN

P. **'Canary Brilliants'**: fleurs doubles jaune doux avec du rouge rosé à la base des pétales. Parfum de citron. Floraison : juin. 90 cm x 90 cm. Zone 3.

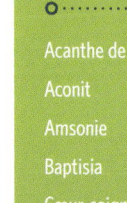 *P.* **'Court Jester'**: fleurs simples orangées avec une macule rouge bourgogne très nette à la base, mais la couleur de la partie extérieure de la fleur pâlit peu à peu pour devenir jaune. Floraison prolongée. Floraison : juin. 80 cm x 90 cm. Zone 3.

Paeonia Itoh 'Garden Treasure'

Paeonia Itoh 'Morning Lilac'

P. **'Garden Treasure'**: fleurs semi-doubles d'un vrai jaune doux avec des taches rouges près du centre. Longue floraison. Bon parfum un peu citronné. Beaucoup de fleurs secondaires, ce qui assure une floraison prolongée. Gagnante d'une médaille d'or de l'American Peony Society en 1996. Floraison : juin. 90 cm x 90 cm. Zone 3.

♥ *P.* **'Julia Rose'**: fleurs simples à semi-doubles rouge cerise foncé devenant orange saumon, puis crème mélangé de rose pâle. Toutes ces couleurs, qui peuvent être présentes sur la plante en même temps, créent un effet unique. Très florifère. Floraison : juin. 90 cm x 90 cm. Zone 3.

P. **'Lemon Dream'**: fleurs simples à semi-doubles jaune pâle, parfois striées de lavande. Floraison : juin. 60 à 90 cm x 90 cm. Zone 3.

P. **'Morning Lilac'**: fleurs simples à semi-doubles rose fuchsia avec des macules rouge foncé à la base. Étamines jaunes contrastantes. Floraison : juin. 75 à 90 cm x 90 cm. Zone 3.

P. **'Prairie Charm'**: semi-doubles jaune vif avec du rouge à la base des pétales. Floraison durable. Prix pour sa performance en plate-bande de l'American Peony Society. Floraison : juin. 70-80 cm x 90 cm. Zone 3.

♥ *P.* **'Scarlet Heaven'**: grandes fleurs simples rouge vif. Étamines dorées. Floraison : juin. 90 cm x 90 cm. Zone 3.

Paeonia Itoh 'Viking Full Moon'

P. **'Viking Full Moon'**: grosses fleurs simples jaune vert très pâle. Floraison : juin. 80-90 cm x 90 cm. Zone 3.

Acanthe de Hongrie
Aconit
Amsonie
Baptisia
Cœur-saignant
Fraxinelle
Hémérocalle
Hosta
▷ **Pivoine herbacée**
Renouée polymorphe

Renouée polymorphe
Persicaria polymorpha, syn. Polygonum polymorphum

Persicaria polymorpha — www.jardinierparesseux.com

Famille : Polygonacées

Origine : Chine et Japon

RENOUÉE POLYMORPHE
Persicaria polymorpha, syn. *Polygonum polymorphum*

Nom anglais : Giant Fleeceflower
Dimensions : 1,2-2,5 m x 1,2-2,5 m
Exposition : ☼ ☼ ☼
Sol : riche et frais
Floraison : tout l'été et début de l'automne
Multiplication : division, boutures de tige, semences
Utilisations : plate-bande, massif, arrière-plan, sous-bois, pré fleuri, haie, fleur parfumée, fleur coupée
Associations : phlox des jardins, grandes marguerites, hémérocalles, hostas, fougères
Zone de rusticité : 3

La renouée polymorphe, aussi appelée grande renouée blanche, persicaire à forme variable et persicaire géante, est une nouveauté relative, introduite à la culture seulement depuis une dizaine d'années. Pendant ce temps, elle a réussi à s'implanter comme vivace fiable et utile et a gagné beaucoup de popularité. Je n'ai aucun doute qu'elle sera sur la liste des vivaces les plus cultivées d'ici peu de temps. Déjà elle est, je le confesse, ma vivace préférée.

De loin, on dirait un astilbe ou une barbe de bouc géante, car les panicules de fleurs blanches à l'extrémité des tiges ont la même apparence plumeuse. De proche cependant, on découvre que le feuillage n'a rien du feuillage découpé des astilbes ou des barbes de bouc : il est entier, elliptique et pointu, vert foncé et

SECTION 2 ▸ VIVACES VRAIMENT SANS ENTRETIEN

plutôt reluisant. Les tiges, très épaisses à la base, rappellent, avec leurs nœuds bien marqués (une caractéristique des renouées, le « nou » du mot se rapportant justement à ces nœuds), des tiges de bambou. Et les tiges sont creuses comme celles des bambous aussi. Se ramifiant en abondance, elles forment une masse très dense dans la partie supérieure.

La plante, en plein été, rappelle davantage un arbuste qu'une vivace. Côté design, il faut d'ailleurs presque considérer cette plante comme un arbuste, car elle en joue le rôle par sa taille et sa prestance. La différence est bien sûr l'absence de bois : les tiges meurent au sol tous les ans, comme chez toute plante herbacée.

Un mot sur la couleur des fleurs. Elles sont d'un blanc très pur au début, mais prennent une teinte crème à mesure que l'été avance. À l'automne, elles s'éclaircissent et prennent une teinte rosée. C'est que les fleurs sont graduellement remplacées par des capsules de graines plutôt rougeâtres. En combinaison avec les fleurs blanches, car la plante continue de fleurir presque jusqu'aux gels, l'effet est plutôt rosé.

Les fleurs de la renouée polymorphe sont parfumées aussi, mais leur fragrance n'est pas typiquement florale. À mes narines, elles sentent le foin coupé ! Chaque fois que je passe à côté de cette plante, j'ai toujours l'impression d'être en pleine campagne.

Notre renouée est au moins aussi polyvalente que polymorphe. Il est d'ailleurs difficile d'imaginer une combinaison de conditions qui ne lui convient pas. Soleil ou ombre, sol riche ou pauvre, sec ou humide, acide ou alcalin, tout semble la satisfaire. Je ne l'ai pas encore essayée en marécage, mais je ne serais pas surpris si elle y poussait plutôt bien.

🍃 La hauteur de la plante est cependant très influencée par les conditions : à l'ombre, dans un sol pauvre ou dans un sol très sec, elle reste plus petite (mais pas chétive et elle fleurit quand même). On y voit parfois des spécimens de « seulement » 120 cm de hauteur. Au plein soleil dans un sol riche et humide, elle dépasse 2 m. Là où l'été est frais et humide, elle est encore plus énorme : on trouve des spécimens de 2,5 m de hauteur et autant de diamètre !

À part des arrosages la première saison, le temps qu'elle s'établisse, la plante exige peu de soins et semble pouvoir se passer de fertilisation et de bichonnage. Il vaut la peine de noter qu'elle n'est pas envahissante, car plusieurs renouées le sont, notamment la terrible renouée du Japon (*Fallopia japonica*). Au contraire, elle forme une belle touffe très dense et ne vagabonde nullement. Je ne l'ai jamais vue se ressemer non plus. Sage comme une image, juré craché !

Persicaria polymorpha

- Acanthe de Hongrie
- Aconit
- Amsonie
- Baptisia
- Cœur-saignant
- Fraxinelle
- Hémérocalle
- Hosta
- Pivoine herbacée
- ▷ **Renouée polymorphe**

SECTION 2 ▶ VIVACES VRAIMENT SANS ENTRETIEN

Persicaria polymorpha

🍃 La plante met trois ou quatre ans à prendre son véritable envol. Ne vous inquiétez pas si votre géante atteint seulement 90 cm le premier été : c'est une fois bien établie qu'elle prospérera vraiment.

🍃 Les tiges sont généralement assez résistantes au vent, mais lorsqu'un spécimen qui a toujours poussé à l'abri est exposé subitement à des rafales très fortes avant que les tiges aient eu le temps de s'endurcir, il peut y avoir de la casse. Coupez les tiges brisées : la plante reprendra bien et fera même une deuxième floraison sur les tiges renouvelées. Dans un sol plutôt pauvre, elle est moins cassante ; 🍃 évitez les engrais riches en azote, qui favorisent une croissance rapide mais fragile. Pour prévenir ce risque de brisure, mieux vaut, curieusement, cultiver cette plante au plein vent. En effet – et ce n'est pas la seule vivace qui réagit ainsi –, une plante qui est constamment ballottée par le vent va s'y acclimater et ne se brisera pas pendant une rafale.

Le feuillage de la renouée polymorphe est si épais qu'il jette une ombre particulièrement dense. Il y a donc peu de risques que des mauvaises herbes l'envahissent. Il serait toutefois sage de placer un bon paillis à son pied, au cas où. 🍃 Par contre, si les mauvaises herbes ne poussent pas bien à son pied, les plantes ornementales ne le feront pas non plus. Installez toute plantation voisine basse à au moins 60 cm de sa base, 90 cm pour les plantes hautes ou de taille moyenne. La renouée a besoin d'autres plantes dans son environnement, car, si elle est parfaitement dense sur sa partie supérieure, 🍃 sa base est plutôt dégarnie sur les premiers 45 cm. À moins de vouloir mettre ses épaisses tiges en évidence (elles sont quand même curieuses), mieux vaut flanquer la plante de compagnes de hauteur moyenne, comme des marguerites ou des hémérocalles, ou, plus à l'ombre, des fougères ou des hostas.

Étant donné ses dimensions (habituellement, elle est aussi large que haute), 🍃 il faut songer à limiter la renouée polymorphe aux plates-bandes larges ; évidemment, ce n'est pas une bonne plante pour une petite cour. Il faudrait toujours l'éloigner d'un sentier d'au moins 1 m, car il serait désagréable de toujours devoir la contourner. C'est l'une

SECTION 2 ▶ VIVACES VRAIMENT SANS ENTRETIEN

des meilleures vivaces pour créer une haie estivale.

🍃 On dit que la renouée polymorphe est parfois légèrement endommagée par les scarabées japonais, mais pas au point que ceux-ci deviennent une plaie. Malheureusement, je ne peux pas le confirmer, cet insecte ne se trouvant pas dans mon environnement. Autrement, elle ne semble vulnérable à aucun insecte ou maladie.

Autres renouées

Les famille des Polygonacées est vaste, avec quelque 50 genres et plus de 1000 espèces, dont plusieurs sont des vivaces herbacées. Les deux genres principaux rustiques sont *Polygonum* et *Persicaria*, ce dernier en fait un « nouveau » genre, récemment séparé de *Polygonum*. Par contre, certaines de ces vivaces sont des mauvaises herbes, d'autres sont des plantes ornementales mais envahissantes dont il faut limiter la croissance, et d'autres sont insuffisamment rustiques pour nos régions. Celles qui offrent un intérêt ornemental sont décrites dans d'autres chapitres, car, avec leurs épis minces roses ou rouges, elles ne ressemblent guère à la renouée polymorphe. Ce sont véritablement des plantes très différentes et aucune ne mérite une place dans ce chapitre de plantes extra intéressantes pour les jardiniers paresseux.

Espèces déconseillées

Il y au moins deux renouées qui ressemblent à la renouée polymorphe par leur port, leur feuillage et leurs fleurs blanches portées en panicules plumeuses, mais qui, malheureusement, sont très envahissantes. Il me semble qu'il vaut mieux rester avec la renouée polymorphe si performante. Ces deux plantes sont nouvelles sur le marché et leur comportement (ainsi que leur rusticité) est insuffisamment connu.

Persicaria wallichii

🔥 *Persicaria wallichii*

(*P. polystachya*, *Polygonum polystachyum*)
Persicaire de l'Himalaya
(Himalayan knotweed)

Similaire à *P. polymorphum*, mais aux feuilles plus grosses (jusqu'à 30 cm x 10 cm pour les feuilles inférieures), souvent avec une nervure rougeâtre. Les fleurs en panicules terminales plumeuses sont blanches ou roses et parfumées. La persicaire de l'Himalaya forme une touffe dense mais produit aussi des rhizomes vagabonds, *beaucoup* de rhizomes vagabonds. Floraison nettement plus tardive que *P. polymorpha*, en septembre et octobre. 90-200 cm x 90-210 cm. Zone 4 ?

🔥 *Persicaria weyrichii*

(*Polygonum weyrichii*)
Persicaire chinoise (Chinese Knotweed)

Panicules de fleurs blanc verdâtre. Feuilles comme *P. polymorpha*, mais au revers duveteux. Très envahissante. Floraison : août-septembre. 100-180 cm x 100-180 cm. Zone 5 ?

Acanthe de Hongrie
Aconit
Amsonie
Baptisia
Cœur-saignant
Fraxinelle
Hémérocalle
Hosta
Pivoine herbacée
▶ **Renouée polymorphe**

Vivaces à entretien minimal

Bonnes deuxièmes dans le palmarès des vivaces pour jardiniers paresseux (les vivaces vraiment sans entretien, présentées dans le chapitre précédent, sont les championnes à cet égard), les vivaces décrites dans ce chapitre exigent juste un peu de travail. Quelques minutes par année, peut-être. Elles peuvent pousser plus ou moins toutes seules, mais demandent à l'occasion un petit coup de main.

En général, comparativement aux vivaces sans entretien, les vivaces d'entretien minimal sont des plantes plus petites, donc plus susceptibles d'être envahies par leurs voisines. Elles ont une vie relativement longue, mais quand même pas jusqu'à 30 ans et plus comme les vivaces sans entretien : on parle ici de 7 ou 8 ans. Comme elles sont parfois un petit peu vagabondes, l'entretien consiste surtout à les contrôler quand elles vont trop loin. Aucune n'est cependant « envahissante », un terme que je réserve aux plantes réellement agressives envers leurs voisines. Pour mériter une place dans ce chapitre, il fallait que la plante soit essentiellement autonome et, surtout, qu'elle n'ait aucune exigence ponctuelle qui puisse déranger la vie du jardinier. D'accord, elles peuvent avoir besoin de division, mais pas chaque année et surtout pas à un moment spécifique. Donc, vous vous en occuperez quand cela vous plaira, et non quand la plante l'exigera !

Plantez de ces vivaces d'entretien minimal en quantité : ce sont des végétaux réellement faciles à cultiver, que même le pouce le plus noir a de la difficulté à tuer !

Alchémille	184
Astilbe	188
Aunée	200
Benoîte	205
Bergenia	213
Bétoine	220
Campanule de plate-bande	223
Centaurée	239
Digitale vivace	245
Euphorbe coussin	250
Faux lupin	253
Liatride	257
Lobélie syphilitique	261
Marguerite	265
Marshallia à grandes fleurs	274
Penstemon	275
Phlomis	285
Pigamon	288
Platycodon	299
Polémoine	303
Potentille	310
Sanguisorbe	319
Vergerette	325
Zizia	332

Alchémille
Alchemilla

Alchemilla mollis

www.jardinierparesseux.com

Famille : Rosacées

Origine : surtout Europe et Asie

ALCHÉMILLE
Alchemilla

Nom anglais : Lady's Mantle

Dimensions : 5-45 cm x 30-60 cm (selon l'espèce)

Exposition :

Sol : humide, bien drainé

Floraison : juin-août

Multiplication : division, semences

Utilisations : bordure, couvre-sol, rocaille, auge, murets, plate-bande, couvre-sol, sous-bois, pentes, fleur coupée, fleur séchée, plante médicinale

Associations : astilbes, rosiers, géraniums vivaces, campanules

Zone de rusticité : 2-3, selon l'espèce

Seules quelques-unes des quelque 300 espèces d'alchémille sont couramment cultivées. Il s'agit de vivaces de petite taille, habituellement d'origine alpine, aux fleurs jaune-vert sans pétales et au feuillage en éventail doucement lobé et couvert de poils blancs, ce qui donne une apparence argentée à la plante et la rend douce au toucher. Le matin après une pluie, de petites gouttelettes d'eau argentées se déposent sur les feuilles hydrofuges et créent un effet très joli : on dirait des billes de mercure !

Justement, le nom « alchémille » renvoie à cette apparence de mercure. Il vient de « alchimiste », car les alchimistes associaient cette plante au mercure, ce mystérieux métal liquide qui forme des billes argentées. L'alchémille a ainsi servi d'ingrédient dans maintes recettes pour la conversion du plomb en or, et aussi dans la magie noire et la magie blanche. On lui a également trouvé des propriétés médicinales reliées au mercure (qui est pourtant toxique, on le sait aujourd'hui), mais cette utilisation est plutôt historique qu'actuelle.

La plupart des espèces sont d'origine alpine et on associe presque toujours les montagnes à un soleil intense. Pourtant, la plupart des alchémilles poussent très bien à la mi-ombre et tolèrent souvent mal le plein soleil dans les régions où les étés sont chauds. Chez nous, où la chaleur estivale est rarement assez intense pour les déranger, on peut les cultiver indifféremment au soleil ou à la mi-ombre. L'alchémille molle (*Alchemilla mollis*), l'espèce la plus couramment cultivée, se plaît à l'ombre aussi.

De loin la plus populaire des alchémilles, l'alchémille molle porte une foule de noms communs, tous reflétant l'originalité de ses feuilles en éventail lobées, légèrement pubescentes et crénelées à la marge : on dit par exemple manteau de Notre-Dame ou mantelet de dame, car la feuille peut ressembler à un petit manteau, ou encore patte de lion, car elle évoque une large patte d'animal. L'alchémille molle forme une rosette basse de feuilles coiffées de masses mousseuses de petites fleurs jaune verdâtre portées sur de courtes tiges faibles. Elles s'élèvent à peine au-dessus du feuillage et donnent même l'impression de se reposer sur les feuilles. Elles sont naturellement un peu indisciplinées, ce qui donne à l'alchémille une petite allure vagabonde absolument ravissante. Elles durent plusieurs semaines au début de l'été, se changeant peu à peu en capsules de graines qui ne diffèrent guère des fleurs ; ainsi la floraison semble-t-elle durer tout l'été ! Les jardiniers trop zélés ont vite fait de supprimer ces « fleurs fanées » et ils manquent la moitié du spectacle.

Variétés

 *Alchemilla mollis*
Alchémille molle (Common Lady's Mantle)

Alchémille
- Astilbe
- Aunée
- Benoîte
- Bergenia
- Bétoine
- Campanule
- Centaurée
- Digitale vivace
- Euphorbe coussin
- Faux lupin
- Liatride
- Lobélie syphilitique
- Marguerite
- Marshallia à grandes fleurs
- Penstemon
- Phlomis
- Pigamon
- Platycodon
- Polémoine
- Potentille
- Sanguisorbe
- Vergerette
- Zizia

Alchemilla mollis

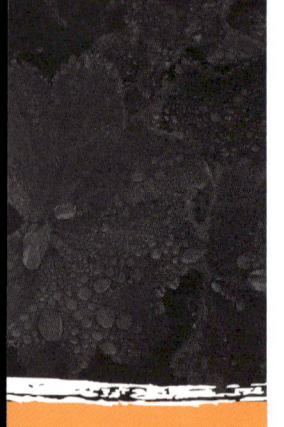

SECTION 2 ▸ VIVACES À ENTRETIEN MINIMAL

Plante passe-partout, l'alchémille molle ne semble pas faire beaucoup de cas de ses conditions de culture, du moins si on lui assure un bon drainage (ce qui est la moindre des choses). Soleil ou ombre (du moment que quelques rayons solaires peuvent pénétrer jusqu'à la plante) et tout sol, même glaiseux. Elle préfère une certaine humidité en tout temps, mais tolère la sécheresse une fois établie. Elle supporte très bien la compétition racinaire des arbres surplombants et fait ainsi un excellent couvre-sol dans les sous-bois ouverts.

Le feuillage persiste jusqu'aux gels et peut même être persistant sous une bonne couche de neige. Sinon, il repoussera et cachera rapidement ce qui reste des vieilles feuilles au printemps.

Le comportement de l'alchémille molle est légèrement indiscipliné, car elle se ressème un peu, apparaissant çà et là dans la plate-bande, et même dans les sentiers et les fissures entre les dalles de la terrasse. Plutôt que de vous en offusquer, profitez de la manne. Avec sa petite taille, elle n'est pas très dérangeante et comble sans peine bien des trous dans l'aménagement.

L'alchémille molle a peu de problèmes d'insectes et de maladies, et les limaces et les cerfs ne semblent pas l'apprécier. Une plante sans problèmes, quoi !

Floraison : juin à début septembre. 30-45 cm x 60 cm. Zone 3.

Cultivars

On a lancé plusieurs versions «améliorées» de l'alchémille molle depuis quelques années – 'Thriller', 'Auslese', 'Improved Form', 'Robusta', 'Senior', etc. –, qui, à cause de leur nouveauté, coûtent la peau des fesses. Je peux vous faire épargner quelques dollars en vous disant qu'elles n'en valent pas la peine. Elles sont tellement similaires à l'espèce que même lorsqu'on les plante côte à côte, on voit à peine la différence. Et il n'y a pas que moi qui le dis. Le directeur des essais végétaux du Chicago Botanic Garden, Richard G. Hawke, affirme qu'«il n'y a aucune bonne raison sauf celle de la disponibilité locale pour choisir un cultivar plutôt que l'espèce». Et vlan pour les hybrideurs !

Autres espèces

Seules quelques autres espèces sont le moindrement cultivées. Et toutes sont des plantes alpines basses qui préfèrent un peu plus de soleil et un meilleur drainage que l'alchémille molle. Elles se cultivent surtout en rocaille, en auge ou comme couvre-sol dans les emplacements bien drainés. De plus, elles drapent joliment le haut des murets. Elles sont toutes aussi solides et durables que l'alchémille molle, et aussi moins susceptibles de se ressemer ; elles restent plutôt là où vous les avez plantées. Toutes sont des plantes de taille plus modeste et aux feuilles plus petites que l'alchémille molle, qui est la «géante» du groupe.

Alchemilla mollis

SECTION 2 ▸ VIVACES À ENTRETIEN MINIMAL

Alchemilla alpina

Alchemilla erythropoda

A. alpina
Alchémille alpine
(Alpine Lady's Mantle)

Ses feuilles persistantes luisantes à la marge argentée sont palmées, comme celles d'un lupin, avec cinq lobes. Très résistante au froid, cette espèce circumboréale pousse non seulement dans les Alpes, comme le nom le suggère, mais dans le Grand Nord aussi, notamment au Groenland et au Labrador. Petites fleurs jaune-vert. Floraison : juin-juillet. 15-20 cm x 30 cm. Zone 2.

A. conjuncta
Alchémille à folioles soudées
(Dwarf Lady's Mantle)

Comme *A. alpina*, mais aux feuilles plus grosses et moins profondément lobées. Elles sont vert foncé et luisantes avec une marge argentée et argentées au revers. Floraison : juin-juillet. 15 cm x 30 cm. Zone 3.

♥ A. erythropoda
Petite alchémille (Dwarf Lady's Mantle)

Ses feuilles persistantes sont trois fois plus petites et plus profondément lobées que celles de l'alchémille molle. Elles sont bleutées aux dents marginales pointues. Elles rougissent à l'automne. Les fleurs sont ramassées en petites boules jaunes. Floraison : juin-juillet. 15-25 cm x 30 cm. Zone 3.

A. glaucescens
Alchémille pubescente
(Waxy Lady's Mantle)

Similaire à *A. erythropoda*, mais plus poilue et au feuillage vert pomme. Floraison : juin-juillet. 20-30 cm x 45 cm. Zone 3.

Variété déconseillée

🔥 A. ellenbeckii
Alchémille d'Ellenbeck
(Creeping Lady's Mantle)

Certains vendeurs entreprenants nous offrent cette alchémille, une espèce stolonifère à petites feuilles adaptée aux sous-bois, en lui accordant la même cote zonière que les autres (zone 3), mais je ne connais personne qui ait réussi à lui faire passer l'hiver. En vérifiant, j'ai découvert qu'elle est originaire des montagnes d'Afrique 🍃 et que sa vraie cote est 7. Pas surprenant qu'elle ne réussisse pas chez nous ! Floraison : juin-juillet. 5-10 cm x 30 cm. Zone 7.

Alchémille
Astilbe
Aunée
Benoîte
Bergenia
Bétoine
Campanule
Centaurée
Digitale vivace
Euphorbe coussin
Faux lupin
Liatride
Lobélie syphilitique
Marguerite
Marshallia à grandes fleurs
Penstemon
Phlomis
Pigamon
Platycodon
Polémoine
Potentille
Sanguisorbe
Vergerette
Zizia

Astilbe
Astilbe

Famille : Saxifragacées

Origine : Asie et Amérique du Nord

Les *Astilbes* se présentent dans une vaste gamme de tailles, de hauteurs et de couleurs. www.jardinierparesseux.com

ASTILBE
Astilbe

Nom anglais : Astilbe

Dimensions : 30-120 cm x 30-90 cm (selon le cultivar)

Exposition : ☀ ☀ (☀)

Sol : bien drainé, humide et riche en matière organique

Floraison : juin-septembre, variable selon le cultivar

Multiplication : division, bouturage de rhizomes

Utilisations : en isolé, bordure, couvre-sol, massif, plates-bandes, rocaille, sous-bois, lieu humide, fleur coupée, fleur séchée

Associations : bulbes de printemps, fougères, pulmonaires, hostas, épimèdes

Zone de rusticité : 4 (3)

L'astilbe est une vivace très populaire, bien connue de la plupart des jardiniers. C'est un très beau plant, autant à cause de son feuillage très découpé et luisant, parfois un peu rougeâtre, que de ses bouquets plumeux composés de fleurs minuscules. Sa floraison dure trois ou quatre semaines, ce qui n'est pas si mal, mais, encore plus intéressant, il y a des cultivars hâtifs, mi-saison, tardifs et très tardifs, ce qui permet de meubler toute la saison du jardinage de ses fleurs, du moins à partir du début de l'été. Évidemment, pour avoir des « astilbes toujours en fleurs », il faut en planter plusieurs variétés différentes. De plus, les fleurs sèchent très joliment sur place et ont encore une très belle apparence : quand elles ne gardent pas leur couleur originale, elles deviennent beiges, brunes ou rouille si on

SECTION 2 ◆ VIVACES À ENTRETIEN MINIMAL

ne les a pas coupées après la floraison sous prétexte qu'elles étaient fanées !

Il existe une vaste gamme d'astilbes (25 espèces et littéralement des centaines de cultivars), qui n'ont pas tous la même forme. Certains ont des feuilles simples (non découpées) ou à peine divisées, mais la majorité ont des feuilles bien divisées, comme une fougère. Les plumes peuvent être dressées ou lâches, denses ou aérées, et se présentent dans différentes teintes de rouge, rose, blanc et lavande. Notez aussi que la hauteur varie beaucoup : il existe des cultivars nains (20 à 30 cm), de hauteur moyenne (45 à 60 cm), hauts (75 à 90 cm) et très hauts (100 à 120 cm). Tous les astilbes ont des feuilles caduques.

L'astilbe a la réputation d'être une plante d'ombre, 🍃 mais ce n'est pas si vrai que cela. D'accord, au sud des États-Unis, où le soleil est plus intense et pénètre plus abondamment à travers le feuillage des arbres, l'astilbe ne réussit bien qu'à l'ombre (il craint trop la chaleur pour tolérer même la mi-ombre sous ces latitudes). Le soleil est toutefois moins intense dans le Nord et un astilbe planté à l'ombre sera réellement très malheureux. À la mi-ombre, par contre, l'astilbe fleurit très généreusement et semble se comporter parfaitement. Il peut même pousser sans la moindre difficulté au plein soleil (du moins dans le nord) pour autant qu'il ne manque jamais d'eau.

D'ailleurs, la clé du succès avec l'astilbe est sans doute davantage l'humidité du sol que la présence ou l'absence de soleil. 🍃 L'astilbe ne tolère pas du tout la sécheresse. Son feuillage séchera en pleine saison de croissance dans de telles conditions. Non pas qu'il en mourra nécessairement, mais il ne faut pas répéter trop souvent ce manque d'eau. 🍃 Il n'aime pas non plus un sol mal drainé : il faut donc éviter autant le marécage que le désert. Par contre, un astilbe qui pousse près d'un plan d'eau est un astilbe très heureux.

Certains jardiniers prétendent qu'il faut diviser les astilbes aux quatre ou cinq ans, sinon leur floraison diminue. Voilà tout un problème si la zone est de plus envahie de racines d'arbres, car diviser est alors presque impossible sans employer de la dynamite ! Selon mon expérience, cette histoire de floraison déclinante est loin d'être vraie :

Alchémille
▷ **Astilbe**
Aunée
Benoîte
Bergenia
Bétoine
Campanule
Centaurée
Digitale vivace
Euphorbe coussin
Faux lupin
Liatride
Lobélie syphilitique
Marguerite
Marshallia à grandes fleurs
Penstemon
Phlomis
Pigamon
Platycodon
Polémoine
Potentille
Sanguisorbe
Vergerette
Zizia

Astilbe 'Feuer'

www.jardinierparesseux.com

la majorité des astilbes fleurissent abondamment jusqu'à au moins sept à huit ans après leur plantation, certains beaucoup plus.

Les astilbes sont faciles à multiplier par division. Si vous voulez utiliser un astilbe comme couvre-sol, sachez même que chaque section de rhizome qui porte un œil (bourgeon) peut donner une nouvelle plante. Ainsi, on peut souvent produire des dizaines de plants à partir d'un seul astilbe mature. Même un astilbe fraîchement acheté offre souvent beaucoup de matière pour la multiplication. Toutefois, pour diviser certains astilbes, il faut un sécateur tranchant, voire une hache ou une scie, car les rhizomes sont presque ligneux.

Les astilbes sont peu vulnérables aux insectes et aux maladies, et les mammifères ne les consoment qu'en cas de famine. La « maladie » la plus couramment observée est la marge des feuilles qui brunit, un signe que la plante est tenue trop sèche.

Il faut souligner que la rusticité des astilbes n'est pas fiable à 100 %. Peu d'entre eux sont parfaitement rustiques au-delà de la zone 5. Pourtant, avec un bon paillis, une couche de feuilles mortes ou même seulement une bonne couverture de neige, il n'y a aucune raison de ne pas les cultiver en zone 4 ou même 3. Il faut tout simplement se rappeler que leur rusticité tient à cette protection minimale. Comme la plupart des jardiniers réussissent sans aucun problème en zone 4, et souvent avec à peine un peu plus d'attention en zone 3, je leur accorde une zone 4 (3) ici, mais il faut toujours savoir qu'on peut les perdre si l'hiver est sans neige et anormalement froid.

Variétés

Impossible de décrire dans ce livre les centaines d'astilbes sur le marché. Je présente donc seulement quelques suggestions.

Des noms vrais et faux

Corrigez votre étiquette : *Astilbe* 'Ostrich Feather' est une traduction illégitime ; le vrai nom de la plante est *A.* 'Straussenfeder'.

De nombreux cultivars d'astilbe sont d'origine allemande (l'hybrideur principal des astilbes était un Allemand nommé Georg Arends) et portent des noms à consonance germanique. Selon la Convention internationale pour la nomenclature des plantes cultivées, un nom de cultivar est une désignation officielle et ne doit jamais être traduit dans une autre langue. Ainsi, la même plante doit porter le même nom partout dans le monde. Malheureusement, cette convention n'a pas toujours été respectée et l'on trouve souvent le même cultivar vendu sous deux ou trois noms différents : l'original (allemand) ainsi qu'un nom anglais ou français. Il faut donc faire très attention avec les astilbes pour ne pas acheter exactement la même plante sous deux noms différents !

SECTION 2 ♦ VIVACES À ENTRETIEN MINIMAL

Les astilbes ont longtemps été classifiés d'après le nom botanique d'un de leurs ancêtres (*A. simplicifolia* 'Sprite', *A. japonica* 'Deutschland', etc.), mais en fait la plupart sont des hybrides complexes de plusieurs espèces et de ce fait n'appartiennent pas à une espèce précise. Dans les descriptions suivantes, j'ai classé les plantes hybrides selon leur nom de cultivar. Pour ceux qui ont l'habitude de l'ancienne classification, elle paraît entre parenthèses lorsqu'elle est connue, mais plusieurs cultivars, notamment parmi les plus modernes, sont des hybrides tellement complexes qu'on ne peut plus faire de lien avec une espèce quelconque.

A. 'Alive and Kicking' (hybride *chinensis*): épis triangulaires de fleurs rose foncé. Tiges très solides. Très robuste. Floraison: juillet. 90-100 cm x 45-60 cm. Zone 4 (3).

Astilbe 'Amethyst'

A. 'Amethyst' (*A.* x *arendsii*): fleurs rose lavande. Floraison: juin-juillet. 60-90 cm x 90 cm. Zone 4 (3).

A. 'Aphrodite' (hybride *simplicifolia*): fleurs rouge saumon. Floraison: juillet-août. 45 cm x 45 cm. Zone 4 (3).

A. 'Augustleucten' (syn. 'August Light') (*A.* x *arendsii*): hautes plumes rouges. Parmi les astilbes rouges les plus tardifs. Floraison: juillet-août. 70 cm x 40-60 cm. Zone 4 (3).

♥ **A. 'Beauty of Ernst'** (*A.* x *arendsii* Color Flash®): très original avec son feuillage qui passe rapidement de vert au printemps à diverses teintes de pourpre, rouge vin et vert durant l'été. L'automne, le spectacle continue avec des teintes de jaune, orange et rouille. Le feuillage est tellement dominant que les fleurs roses diffuses ne créent presque pas d'effet. Floraison: juin-juillet. 50-60 cm x 45 cm. Zone 4 (3).

♥ **A. 'Beauty of Lisse'** (*A.* x *arendsii* Color Flash Lime®): mutation de 'Beauty of Ernst'. Son feuillage est jaune vif à l'épanouissement, vert lime tout l'été. Original! Fleurs roses. Floraison: juin-juillet. 50-60 cm x 40 cm. Zone 4 (3).

Astilbe biternata

A. biternata: seule espèce d'*Astilbe* nord-américaine, originaire du sud-est des États-Unis. Grande plante à fleurs plumeuses blanches très aérées et un peu pendantes, ressemblant presque à une barbe de bouc (*Aruncus dioicus*). Feuillage denté bien découpé. Floraison: juin-juillet. 90-150 cm x 90 cm. Zone 4 (3).

A. 'Bonn' (hybride *japonica*): fleurs rouge carmin foncé. Floraison: juin-juillet. 70 cm x 45 cm. Zone 4 (3).

Alchémille
▷ **Astilbe**
Aunée
Benoîte
Bergenia
Bétoine
Campanule
Centaurée
Digitale vivace
Euphorbe coussin
Faux lupin
Liatride
Lobélie syphilitique
Marguerite
Marshallia à grandes fleurs
Penstemon
Phlomis
Pigamon
Platycodon
Polémoine
Potentille
Sanguisorbe
Vergerette
Zizia

SECTION 2 ▸ VIVACES À ENTRETIEN MINIMAL

Astilbe 'Brautschleier'

💜 **A. 'Brautschleier'** (syn. 'Bridal Veil') (*A.* x *arendsii*) : fleurs blanc crème très diffuses, un peu pendantes. Floraison : juin-juillet. 75 cm x 60 cm. Zone 4 (3).

A. 'Bremen' (hybride *japonica*) : fleurs rose foncé. Floraison : juillet. 60 cm x 45 cm. Zone 4 (3).

A. 'Bressingham Beauty' (*A.* x *arendsii*) : fleurs rose pâle. Feuillage bronzé. Floraison : juillet. 90 cm x 60 cm. Zone 4 (3).

A. 'Bronce Elegans' (syn. 'Bronze Elegans') (hybride *simplicifolia*) : fleurs rouge rosé. Feuillage bronzé. Floraison : juillet-août. 30 cm x 30 cm. Zone 4 (3).

A. 'Bumalda' (*A.* x *arendsii*) : plumes blanches teintées de rose. Floraison : juillet. 60 cm x 45 cm. Zone 4 (3).

A. 'Burgunderrot' (syn. 'Burgundy Red') (*A.* x *arendsii*) : variété assez courte aux fleurs rose saumon denses et duveteuses. Floraison : juillet. 40-45 cm x 40-50 cm. Zone 4 (3).

A. 'Cattleya' (*A.* x *arendsii*) : fleurs lilas. Floraison : juillet-août. 120 cm x 90 cm. Zone 4 (3).

A. chinensis (astilbe chinois) : espèce intéressante pour sa tolérance à l'ombre et à la sécheresse supérieure à celle des autres astilbes. Excellent couvre-sol aussi, car il s'étend par des rhizomes rampants contrairement à la plupart des astilbes, qui poussent en touffes denses. L'espèce elle-même est peu cultivée. Fleurs rose lilas en panicules étroites et dressées. Floraison : juillet-août. 60 cm x 45 cm. Zone 4 (3).

A. chinensis 'Finale' : fleurs rose vif, feuillage foncé. Bon couvre-sol. Floraison : juillet-août. 50-60 cm x 45 cm. Zone 4 (3).

💜 **A. chinensis 'Milk and Honey'** : plumes blanc crème au début, puis rose pâle. Feuillage légèrement marbré d'argent en début de saison. Floraison : juillet-août. 75 cm x 45-50 cm. Zone 4 (3).

Astilbe chinensis pumila

💜 **A. chinensis pumila** : mini-astilbe aux inflorescences rose pourpré presque en forme d'épi. Probablement le plus tardif des astilbes, à floraison nettement automnale, surtout dans le Nord. Excellent couvre-sol et sans doute l'astilbe le plus résistant à l'ombre et à la sécheresse. Floraison : août-septembre. 25 cm x illimité. Zone 4 (3).

💜 **A. chinensis 'Rise and Shine'** : gros épis très denses de fleurs rose bonbon sur des tiges solides. Très robuste. Floraison : juillet. 70 cm x 30-45 cm. Zone 4 (3).

***A. chinensis* 'Snowdrift'** (*A.* x *arendsii*) : panache en losange de fleurs blanc pur. Feuillage vert luisant. Floraison : juillet. 60 cm x 40-50 cm. Zone 4 (3).

***A. chinensis* 'Spätsommer'** (syn. 'Late Summer') : fleurs roses à rouge rosé. Floraison : août-septembre. 50 cm x 45 cm. Zone 4 (3).

Astilbe taquetii 'Purpurlanze'

♥ ***A. chinensis taquetii* 'Purpurlanze'** ('Purpurkerze', 'Purple Candles') : fleurs colonnaires pourpre rougeâtre. Feuillage très foncé. Résistante à la sécheresse. Floraison : août. 120 cm x 60 cm. Zone 4 (3).

***A. chinensis taquetii* 'Superba'** (syn. *A. taquetii* 'Superba') : fleurs magenta intenses en bouquets compacts et élancés. Feuillage teinté de rouge. Tiges brunes solides. Le nom est bien choisi, car c'est une variété superbe ! Floraison : août. 120 cm x 90 cm. Zone 4 (3).

***A. chinensis* 'Valerie'** : épis denses et dressés rose lavande. Floraison abondante. Feuilles vert vif à grosses folioles, certaines moins découpées que celles des autres astilbes. Floraison : juillet-août. 45-50 cm x 30-35 cm. Zone 4 (3).

***A. chinensis* 'Veronica Klose'** : fleurs rose foncé, parfois rougeâtres. Feuillage vert clair.

Croissance compacte. Floraison : juillet-août. 45-60 cm x 45 cm. Zone 4 (3).

***A. chinensis* 'Vision in Pink'** : panicules denses rose pâle un peu parfumées. Une certaine résistance à la sécheresse. Floraison : juillet. 45-50 cm x 45-50 cm. Zone 4 (3).

Astilbe chinensis 'Vision in Red'

♥ 🪴 ***A. chinensis* 'Vision in Red'** : malgré son nom, il n'est pas rouge mais rose pourpre foncé à reflets rougeâtres. Fleurs parfumées. Tiges rouges, feuillage foncé et bronzé. Floraison : juillet-août. 40-45 cm x 45 cm. Zone 4 (3).

♥ 🪴 ***A. chinensis* 'Visions'** : l'une des meilleures introductions récentes, notamment à cause de sa très longue floraison (presque deux mois). Les nouvelles feuilles sont vert moyen, mais les feuilles matures sont bronzées. Fleurs plus denses que la plupart des astilbes, rose pourpré et délicieusement parfumées. La floraison prolongée couvre deux saisons : mi-saison et tardif, commençant chez moi vers la fin de juillet pour se terminer au début de septembre. Notez que la floraison des jeunes plants est moins persistante ; cette « floraison prolongée » est surtout notable sur les plants bien

SECTION 2 ▸ VIVACES À ENTRETIEN MINIMAL

Alchémille
▷ **Astilbe**
Aunée
Benoîte
Bergenia
Bétoine
Campanule
Centaurée
Digitale vivace
Euphorbe coussin
Faux lupin
Liatride
Lobélie syphilitique
Marguerite
Marshallia à grandes fleurs
Penstemon
Phlomis
Pigamon
Platycodon
Polémoine
Potentille
Sanguisorbe
Vergerette
Zizia

SECTION 2 — VIVACES À ENTRETIEN MINIMAL

établis. Enfin, 'Visions' est plus résistant à la sécheresse que la plupart des astilbes; un autre atout en sa faveur. Floraison: juillet-septembre. 40-45 cm x 20 cm. Zone 4 (3).

A. 'Cotton Candy' (*A.* x *arendsii*): fleurs rose bonbon (rose «barbe à papa» d'après le nom). Floraison dense. Feuillage compact. Floraison: juillet. 40 cm x 30-40 cm. Zone 4 (3).

A. 'Country and Western' (*A.* x *arendsii*): abondantes panicules rose doux, très denses. Grosses feuilles vert foncé luisant. Floraison: juin-juillet. 40-45 cm x 40-45 cm. Zone 4 (3).

A. x *crispa* 'Liliput': les *A.* x *crispa* sont ainsi appelés à cause de leurs feuilles un peu tordues. Ces tous petits astilbes font d'excellents compagnons pour les hostas nains. 'Liliput' forme une masse basse de feuilles rougeâtres. Fleurs rose saumon. Croissance lente. Floraison: juillet. 20 cm x 20 cm. Zone 4 (3).

Astilbe x *crispa* 'Perkeo'

A. x *crispa* 'Perkeo': fleurs rose foncé sur des tiges courtes. Feuilles vert très foncé. Croissance lente. Floraison: juillet. 20 cm x 23 cm. Zone 4 (3).

A. 'Darwin's Margot' (*A.* x *arendsii*): fleurs rouge grenat très denses. Feuillage vert foncé luisant. Floraison: juin-juillet. 50 cm x 30 cm. Zone 4 (3).

♥ *A.* 'Delft Lace': boutons saumon rouge donnant des fleurs rose abricot. Tiges rouges. Touffe robuste de feuillage unique: bleu-vert ciré rehaussé de rouge. Remplacement plus robuste de 'Peach Blossom'. 50 cm x 30-40 cm. Zone 4 (3).

A. 'Deutschland' (hybride *japonica*): fleurs blanches parfumées. Floraison: juillet. 45 cm x 30 cm. Zone 4 (3).

Astilbe 'Diamant'

A. 'Diamant' (syn. 'Diamond') (*A.* x *arendsii*): fleurs blanc pur en panicules étroites. Floraison: juin-juillet. 60-90 cm x 60 cm. Zone 4 (3).

A. 'Drum and Bass': fleurs rose vif plumeuses. Feuilles dentelées. Croissance vigoureuse. Floraison: juin-juillet. 50-55 cm x 45-60 cm. Zone 4 (3).

A. 'Dunkellachs' (syn. 'Dark Salmon') (hybride *simplicifolia*): fleurs rose saumon. Feuillage cuivré luisant. Floraison: juillet-août. 35 cm x 30 cm. Zone 4 (3).

SECTION 2 — VIVACES À ENTRETIEN MINIMAL

A. **'Düsseldorf'** (hybride *japonica*): rouge cramoisi pâle. Floraison : juillet. 55-60 cm x 30 cm. Zone 4 (3).
A. **'Eden's Odysseus'** : rose doux. Feuilles dentelées bronzées. Floraison : juillet. 45-60 cm x 45-60 cm. Zone 4 (3).
A. **'Elisabeth van Veen'** (hybride *japonica*) : fleurs rose framboise. Floraison : juin-juillet. 60 cm x 30-45 cm. Zone 4 (3).
A. **'Ellie'** (*A.* x *arendsii*) : fleurs plumeuses denses de couleur blanc crème. Plutôt que de brunir en montant en graines, elles deviennent vertes. Feuillage vert moyen. Floraison : juillet. 65-80 cm x 50. Zone 4 (3).
A. **'Etna'** (hybride *japonica*) : épi dense rouge foncé. Feuilles rougeâtres devenant vert foncé avec une touche de pourpre. Floraison : juin-juillet. 70-75 cm x 30-40 cm. Zone 4 (3).
A. **'Europa'** (syn. *A.* 'Europe') (hybride *japonica*) : épis denses rose pâle. Très florifère. Floraison : juin-juillet. 60 cm x 45 cm. Zone 4 (3).

Astilbe 'Fanal'

♥ *A.* **'Fanal'** (*A.* x *arendsii*) : un classique ! Panicules étroites rouge foncé, feuillage très rouge au printemps, vert un peu bronzé l'été. Floraison : juillet. 55 cm x 45 cm. Zone 4 (3).

A. **'Federsee'** (syn. *A.* 'Catherine Deneuve') (hybride *japonica*) : fleurs rose carmin très plumeuses. Tolère mieux la sécheresse que la plupart des astilbes. Floraison : juillet. 60-75 cm x 45 cm. Zone 4 (3).
♥ *A.* **'Feuer'** (syn. 'Fire') (*A.* x *arendsii*) : panicules étroites de fleurs rouge carmin. Floraison : août. 80 cm x 45 cm. Zone 4 (3).

Astilbe 'Fireberry'

A. **'Fireberry'** (Série Short 'n Sweet™) (*A.* x *arendsii*) : astilbe nain à fleurs rose framboise. Feuillage compact vert moyen finement découpé. Floraison : juillet. 40 cm x 400 cm. Zone 4 (3).
A. **'Flamingo'** (*A.* x *arendsii*) : gros épi dressé et bien ramifié. Fleurs rose flamant. Légèrement parfumées. Feuillage foncé luisant. Floraison : août. 50 cm x 30-40 cm. Zone 4 (3).
A. **'Gloria'** (syn. 'Glory') (*A.* x *arendsii*) : fleurs rose foncé. Floraison : juillet. 80 cm x 60 cm. Zone 4 (3).

Alchémille
Astilbe
Aunée
Benoîte
Bergenia
Bétoine
Campanule
Centaurée
Digitale vivace
Euphorbe coussin
Faux lupin
Liatride
Lobélie syphilitique
Marguerite
Marshallia à grandes fleurs
Penstemon
Phlomis
Pigamon
Platycodon
Polémoine
Potentille
Sanguisorbe
Vergerette
Zizia

195

SECTION 2 ◆ VIVACES À ENTRETIEN MINIMAL

A. 'Glut' (syn. 'Glow') (*A.* x *arendsii*): fleurs rouge foncé en épis étroits et plumeux. Feuillage bronzé au début, puis vert. Floraison: août. 90 cm x 60 cm. Zone 4 (3).

A. 'Gnom' (syn. 'Gnome') (hybride *simplicifolia*): petit astilbe à fleurs rose pâle. Feuillage rougeâtre. Excellent pour la rocaille. Floraison: juillet. 30 cm x 23 cm. Zone 4 (3).

A. 'Granat' (syn. 'Garnet') (*A.* x *arendsii*): fleurs rouge grenat. Feuillage bronzé au début, puis vert. Floraison: juillet. 80 cm x 60 cm. Zone 4 (3).

A. 'Hennie Graafland' (hybride *simplicifolia*): fleurs rose rougeâtre. Feuillage bronzé. Floraison: juillet. 30 cm x 30 cm. Zone 4 (3).

pourpre. Floraison: juillet-août. 35-40 cm x 30 cm. Zone 4 (3).

A. 'Key Largo' (hybride *simplicifolia*): semis de 'Sprite'. Fleurs rose framboise. Légèrement parfumées. Floraison très durable. Feuillage très découpé vert vif devenant vert foncé. Floraison: juillet-août. 40-45 cm x 30 cm. Zone 4 (3).

A. 'Key West' (hybride *simplicifolia*): semis de 'Sprite'. Boutons rouges, fleurs roses. Tiges rouges. Feuillage très découpé rougeâtre devenant vert à marge mince rouge. Croissance vigoureuse. Floraison: juillet-août. Feuillage foncé luisant. 30-35 cm x 30 cm. Zone 4 (3).

Astilbe 'Irrlicht'

Astilbe 'Köln'

A. 'Irrlicht' (*A.* x *arendsii*): fleurs blanches teintées de rose. Floraison: juillet. 60 à 75 cm x 45 cm. Zone 4 (3).

A. 'Jump and Jive': fleurs rose magenta vif à rouge pourpré. Feuillage denté vert moyen. Floraison: juin-juillet. 35-45 cm x 40-45 cm. Zone 4 (3).

A. 'Key Biscayne' (hybride *simplicifolia*): semis de 'Sprite' à fleurs plus denses. Fleurs rose pâle sur une panicule un peu pendante. Tiges rougeâtres. Feuilles vertes ourlées de

A. 'Köln' (hybride *japonica*): fleurs rose foncé. Floraison: juin-juillet. 50 cm x 40 cm. Zone 4 (3).

A. 'Lollipop' (hybride *japonica*): panicules denses rose magenta vif à rouge pourpré. Feuillage denté vert foncé. Floraison: juin-juillet. 40-45 cm x 30-45 cm. Zone 4 (3).

A. 'Maggie Daley': rose pourpré. Feuillage vert foncé luisant. Floraison: juillet. 75 cm x 45 cm. Zone 4 (3).

SECTION 2 ▶ VIVACES À ENTRETIEN MINIMAL

Astilbe 'Mainz'

A. **'Mainz'** (hybride *japonica*) : fleurs rose lilas, presque violettes. Floraison : juillet. 70 cm x 45 cm. Zone 4 (3).
A. **'Moerheimii'** (syn. 'Moerheim') (hybride *thunbergii*) : plumes blanches arquées. Floraison : juillet. 120-50 cm x 60 cm. Zone 4 (3).

Astilbe 'Montgomery'

A. **'Montgomery'** (hybride *japonica*) : fleurs rouge foncé. Feuillage bronzé joliment découpé. Floraison : juillet. 60 cm x 45 cm. Zone 4 (3).
A. **'Nikky'** (*A.* x *arendsii*) : fleurs bicolores rose pâle et rose foncé. Panicule dense et courte.

Tige solide. Floraison : juin-juillet. 65 cm x 30-40 cm. Zone 4 (3).
A. **'Peaches and Cream'** : plumes blanches teintées de rouge ou roses teintées de blanc, selon les conditions. Floraison : juillet. 60 cm x 45 cm. Zone 4 (3).
A. **'Professor van der Wielen'** (hybride *thunbergii*) : hautes tiges de plumes blanches gracieuses un peu pendantes. Excellente fleur coupée. Floraison : juillet. 120 cm x 90 cm. Zone 4 (3).
A. **'Queen of Holland'** (hybride *japonica*) : fleurs blanches. Floraison : juin-juillet. 60 cm x 60 cm. Zone 4 (3).
A. **'Radius'** : épi plutôt triangulaire, boutons rouge vin donnant des fleurs rouge vif. Tige pourpre. Feuillage pourpré au printemps. Floraison : juillet. 50-65 cm x 60 cm. Zone 4 (3).
A. **'Red Sentinel'** (hybride *japonica*) : fleurs rouge vif, tiges rouges. Feuillage vert foncé teinté de rouge. Floraison : juillet. 65-80 cm x 45 cm. Zone 4 (3).

Astilbe 'Rheinland'

A. **'Rheinland'** (syn. 'Rhineland') (hybride *japonica*) : fleurs roses très plumeuses. Floraison : juillet. 50 cm x 35 cm. Zone 4 (3).

Alchémille
▷ **Astilbe**
Aunée
Benoîte
Bergenia
Bétoine
Campanule
Centaurée
Digitale vivace
Euphorbe coussin
Faux lupin
Liatride
Lobélie syphilitique
Marguerite
Marshallia à grandes fleurs
Penstemon
Phlomis
Pigamon
Platycodon
Polémoine
Potentille
Sanguisorbe
Vergerette
Zizia

SECTION 2 — VIVACES À ENTRETIEN MINIMAL

A. **'Rhythm and Blues'** (*A.* x *arendsii*) : épi dense de fleurs plumeuses rose framboise vif. Tiges foncées Feuilles peu découpées, vert moyen. Floraison : juin-juillet. 62 cm x 45-50 cm. Zone 4 (3).

A. **'Rock and Roll'** (*A.* x *arendsii*) : beau contraste entre les fleurs plumeuses blanc pur et les feuilles et tiges rougeâtres. Floraison : juillet. 60 cm x 60 cm. Zone 4 (3).

Astilbe 'Peach Blossom'

Astilbe simplicifolia

♥ *A.* x *rosea* **'Peach Blossom'** : variété classique : l'astilbe rose le plus courant. Plumes rose saumon. Floraison : juin-juillet. 60 cm x 45 cm. Zone 4 (3).

A. **'Sugarberry'** (Série Short 'n Sweet™) (*A.* x *arendsii*) : astilbe nain florifère à fleurs rose pâle. Feuillage vert foncé finement découpé. Floraison : juillet. 40 cm x 400 cm. Zone 4 (3).

A. **simplicifolia** (astilbe à feuilles simples) : on offre souvent des cultivars ('Sprite', 'Aphrodite', etc.) sous le nom de *A. simplicifolia*, mais en fait l'espèce est très rarement cultivée et il est d'ailleurs très original, car ses feuilles, comme le nom le suggère, ne sont nullement découpées en lobes mais entières avec des marges bien dentées. Ce que l'on voit plutôt, ce sont des hybrides de *A. simplicifolia*. Les hybrides ont tout perdu du feuillage simple d'origine, mais ont conservé parfois la petite taille de l'espèce. Floraison : mi-été. 30-45 cm x 30 cm. Zone 4 (3).

A. **'Snowdrift'** (*A.* x *arendsii*) : fleurs blanc pur. Feuillage vert vif. Floraison : juillet. 30 cm x 30 cm. Zone 4 (3).

A. **'Spinell'** (*A.* x *arendsii*) : beau grand astilbe aux fleurs rouge très foncé. Feuillage très bronzé au printemps, vert rougeâtre l'été. Floraison : juillet-août. 60 cm x 45 cm. Zone 4 (3).

A. **'Sprite'** (hybride *simplicifolia*) : vivace de l'année de 1994. Fleurs rose très pâle, presque blanches devenant d'un beau brun rouille en séchant. Floraison : août. 50 cm x 50 cm. Zone 4 (3).

SECTION 2 ▸ VIVACES À ENTRETIEN MINIMAL

♥ *A.* **'Straussenfeder'** (syn. 'Ostrich Plume') (hybride *thunbergii*) : variété classique ! Grandes plumes ouvertes de fleurs rose saumon. Performance solide. Floraison : juillet-août. 90-110 cm x 60 cm. Zone 4 (3).

Astilbe 'Versacarmine'

A. **'Versacarmine'** (Younique Carmine™) (*A.* x *arendsii*) : fleurs plumeuses rouge fuchsia très dense dans un épi triangulaire. Feuillage compact. Floraison : juillet. 40-50 cm x 40-50 cm. Zone 4 (3).

A. **'Verslilac'** (Younique Lilac™) (*A.* x *arendsii*) : fleurs rose lavande très denses. Épi triangulaire très dense. Feuillage compact. Floraison : juillet. 40-50 cm x 40-50 cm. Zone 4 (3).

A. **'Verssilverypink'** (Younique Silvery Pink™) (*A.* x *arendsii*) : fleurs plumeuses rose pâle. Feuillage compact. Floraison : juillet. 40-50 cm x 40-50 cm. Zone 4 (3).

A. **'Verswhite'** (Younique White™) (*A.* x *arendsii*) : fleurs blanc ivoire. Feuillage compact. Floraison : juillet. 40-50 cm x 40-50 cm. Zone 4 (3).

A. **'Washington'** (hybride *japonica*) : fleurs blanches. Floraison : juin-juillet. 70 cm x 45 cm. Zone 4 (3).

A. **'Weisse Gloria'** ('White Glory') (*A.* x *arendsii*) : fleurs blanches. Floraison : août. 80 cm x 45 cm. Zone 4 (3).

Astilbe 'Zuster Theresa'

A. **'Zuster Theresa'** (syn. 'Sister Theresa') (*A.* x *arendsii*) : variété assez courte aux fleurs rose saumon denses et duveteuses. Floraison : juillet. 40-45 cm x 40-50 cm. Zone 4 (3).

A. **'Vesuvius'** (hybride *japonica*) : fleurs rouge carmin. Feuillage vert foncé reluisant. Floraison : juillet-août. 35-60 cm x 50 cm. Zone 4 (3).

A. **'W.E. Gladstone'** ('Gladstone') (hybride *japonica*) : fleurs blanc crème. Feuillage vert foncé. L'un des premiers astilbes à fleurir. Tige solide. Floraison : juin-juillet. 30 cm x 50 cm. Zone 4 (3).

Alchémille
▷ **Astilbe**
Aunée
Benoîte
Bergenia
Bétoine
Campanule
Centaurée
Digitale vivace
Euphorbe coussin
Faux lupin
Liatride
Lobélie syphilitique
Marguerite
Marshallia à grandes fleurs
Penstemon
Phlomis
Pigamon
Platycodon
Polémoine
Potentille
Sanguisorbe
Vergerette
Zizia

Aunée
Inula

Famille : Astéracées

Origine : Europe et Asie

Inula magnifica — www.jardinierparesseux.com

AUNÉE
Inula

Nom anglais : Elecampane

Dimensions : 15-250 cm x 30-120 cm (selon l'espèce)

Exposition : ☀ ☀

Sol : tout sol profond, humide et bien drainé ; préfère les sols riches

Floraison : juillet-août

Multiplication : division, semences

Utilisations : plate-bande, bordure, arrière-plan, pré fleuri, fleur coupée, plante médicinale, attire les papillons

Associations : ligulaires, trolles, miscanthus, crocosmias

Zone de rusticité : 4

Il y a plus de 90 espèces d'aunée, presque toutes des vivaces herbacées. Si les espèces les plus « saisissantes » sont de grands végétaux qui auraient mérité une place dans le chapitre *Des géants dans la plate-bande*, il existe aussi des aunées de petite taille, certaines appropriées même pour une rocaille.

C'est par leurs inflorescences qu'on reconnaît les aunées. Les « fleurs » en forme de marguerite portent un cœur de fleurons jaunes hermaphrodites entouré d'une abondance de rayons (fleurons femelles) jaunes longs et ultra-minces, presque comme des aiguilles. C'est par ces rayons si minces qu'on les reconnaît, car, à part celles du genre proche *Telekia*, décrit à la fin de cette rubrique, les autres « marguerites » jaunes ont des rayons plus larges, plus « typiquement marguerite ».

SECTION 2 ▸ VIVACES À ENTRETIEN MINIMAL

Les aunées sont des vivaces faciles, idéales pour les débutants. Elles s'accommodent de presque tous les sols, vivent longtemps et sont faciles à multiplier par semences. Idéalement, on les plantera au soleil, mais elles acceptent de bonne grâce la mi-ombre. Elles tolèrent la sécheresse, mais seront mieux dans un sol qui demeure un peu humide en tout temps : à cette fin, un paillis est utile.

🌱 Les aunées ont tendance à se ressemer un peu. Un bon paillis aidera à contrôler ce défaut, sinon arrachez les intrus quand ils sont jeunes.

tiges érigées, épaisses et solides, peuvent facilement atteindre 2 mètres. Les feuilles aussi sont grandes. Ovales et finement dentées, elles sont hirsutes, comme d'ailleurs les tiges. Les fleurs de 7 cm de diamètre sont portées en épi au sommet de la plante.

L'épithète *helenium* fait référence à Hélène de Troie, la « belle Hélène ». D'après une légende grecque, ses larmes, en tombant au sol, se seraient changées en aunées. Floraison : fin juillet-septembre. 120-200 cm x 90-120 cm. Zone 4.

Alchémille
Astilbe
▷ **Aunée**
Benoîte
Bergenia
Bétoine
Campanule
Centaurée
Digitale vivace
Euphorbe coussin
Faux lupin
Liatride
Lobélie syphilitique
Marguerite
Marshallia à grandes fleurs
Penstemon
Phlomis
Pigamon
Platycodon
Polémoine
Potentille
Sanguisorbe
Vergerette
Zizia

🔄 Variétés

Inula helenium

🌼 *Inula helenium*
Grande aunée (Elecampane)

C'est l'aunée de nos prés, car la grande aunée a été introduite dans nos régions au début de la colonisation en tant que simple (plante médicinale) et a depuis « pris la clé des champs ». C'est une plante de grande taille, formant avec le temps des touffes importantes, et aromatique dans presque toutes ses parties : frottez une feuille ou une tige pour voir. Les racines sont d'ailleurs cultivées encore à des fins médicinales. Les

Inula ensifolia 'Gold Star'

🌼 *I. ensifolia*
Aunée à feuilles en épée
(Swordleaf Elecampane)

De taille modeste, l'aunée à feuilles en épée forme un dôme de feuilles étroites et pointues, couvert presque tout l'été de « marguerites » jaunes à rayons plus larges et plus courts que les autres aunées, davantage en forme de marguerites. Floraison : juillet-août. 30-60 cm x 30-45 cm. Zone 4.

❤️ *I. ensifolia* 'Compacta' :
forme naine de la précédente. Pour les plates-bandes plus étroites, même pour la bordure ou la rocaille. Floraison : juillet-août. 15-20 cm x 30 cm. Zone 4.

SECTION 2 ▸ VIVACES À ENTRETIEN MINIMAL

I. ensifolia **'Gold Star'**: forme naine, mais plus haute que 'Compacta'. Floraison : juillet-août. 20-30 cm x 30 cm. Zone 4.

Inula magnifica

Inula orientalis

I. magnifica
Aunée magnifique
(Magnificent Elecampane)

Fleurs deux fois plus grosses que celles de la grande aunée (*I. helenium*), jusqu'à 15 cm de diamètre, avec les mêmes rayons ébouriffés longs et étroits. Elles ne sont pas portées en épi toutefois, mais en bouquets très lâches, au-dessus du feuillage, toutes environ à la même hauteur. Probablement plus ornementale que la grande aunée mais moins connue. Les feuilles, qui peuvent mesurer 90 cm de longueur sur la partie inférieure de la plante, attirent l'attention avant la floraison. Les tiges poilues sont striées de pourpre. Floraison : juillet-août. 150-250 cm x 120-150 cm. Zone 4.

I. orientalis (*I. glandulosa*)
Aunée orientale
(Caucasian Elecampane)

Fleurs de 8 cm de diamètre avec un cœur orangé bombé et des rayons jaunes portées sur des tiges ramifiées. Feuilles lancéolées hirsutes. Le feuillage forme une touffe très dense qui grossit lentement. Floraison : juillet. 60-75 cm x 60 cm. Zone 4.

I. orientalis **'Grandiflora'**: comme la précédente, mais à fleurs plus grosses (10 cm). Floraison : juillet. 60-75 cm x 60 cm. Zone 4.

 *I. racemosa*
Aunée à grappes (Showy Elecampane)

Similaire à la grande aunée mais encore plus haute et, comme elle, utilisée en tant que plante médicinale. Feuilles, tiges et racines aromatiques. Fleurs portées en épi. Floraison : juillet-août. 200-250 cm x 90-120 cm. Zone 4.

Inula royleana

 *I. royleana*
Aunée des Himalayas
(Himalayan Elecampane)

Comme une aunée magnifique condensée.

SECTION 2 ▸ VIVACES À ENTRETIEN MINIMAL

Grosses fleurs de 8 à 9 cm de diamètre portées sur des tiges solides au-dessus d'un feuillage large au revers blanc. Boutons noirs. Floraison : août-septembre. 45-60 cm x 45 cm. Zone 4.

I. salicina
Aunée à feuilles de saule
(Willow-leaved Elecampane)
Similaire à l'aunée à feuilles en épée, autant par sa hauteur relativement modeste que par ses feuilles étroites, mais à rayons étroits. Floraison : juillet-août. 45-60 cm x 30-45 cm. Zone 4

Variété déconseillée

I. hookeri
Aunée de Hooker (Hooker's Elecampane)
Cette espèce est envahissante à cause de ses rhizomes coureurs et forme un dense fourré en seulement quelques années en étouffant au passage les végétaux plus petits qu'elle rencontre. Il me semble qu'il y a assez d'aunées qui restent à leur place sans qu'il soit besoin d'introduire dans l'aménagement une variété de nature dominante ! C'est une plante dressée à feuilles ovales de taille modeste et aux inflorescences jaunes à cœur brun. Les boutons sont très hirsutes et les fleurs sont aromatiques. Forme un dôme qui s'élargit à l'infini ! Floraison : août-septembre. 70-120 cm x illimité. Zone 4.

Plantes apparentées

Les deux vivaces suivantes sont tellement proches des aunées en apparence qu'on les confond souvent en culture, même dans certains jardins botaniques. D'ailleurs, les deux ont été, à un moment ou un autre, inclus dans le genre *Inula*.

Buphthalmum salicifolium
(*Inula salicifolium*)
Buphtalme à feuilles de saule
(Willowleaf Oxeye)

Le nom *Buphthalmum* vient de *bous* (bœuf) et *opthalmos* (œuf), en raison du disque central de la fleur, qui est, pendant une bonne

- Alchémille
- Astilbe
- ▸ **Aunée**
- Benoîte
- Bergenia
- Bétoine
- Campanule
- Centaurée
- Digitale vivace
- Euphorbe coussin
- Faux lupin
- Liatride
- Lobélie syphilitique
- Marguerite
- Marshallia à grandes fleurs
- Penstemon
- Phlomis
- Pigamon
- Platycodon
- Polémoine
- Potentille
- Sanguisorbe
- Vergerette
- Zizia

Buphthalmum salicifolium

203

partie de la floraison, bombé avec un cœur déprimé, donc en forme « d'œil de bœuf ». Les rayons de cette espèce sont moins étroits que ceux de la plupart des autres fleurs du complexe *Inula-Buphthalmum-Telekia*, presque de la largeur d'un rayon de marguerite. Les inflorescences terminales parfumées mesurent 5 cm de diamètre et sont portées en succession presque tout l'été, jusqu'en automne. Les feuilles sont longues et étroites, comme des feuilles de saule, et sont blanches au revers. Facile à produire par semences. Ses besoins sont différents de la plupart de ceux des aunées, car elle préfère le plein soleil et un sol plutôt sec et pauvre. 🍃 Dans un sol trop riche, les tiges florales tendent à pencher sous le poids des fleurs. S'étend lentement, mais n'est pas envahissante. Floraison : juillet-septembre. 30-60 cm x 60 cm. Zone 3.

Telekia speciosa (*Buphthalmum speciosum*)
Œil de bœuf (Large Yellow Oxeye)

Genre récemment séparé de *Buphthalmum*, notamment à cause de son feuillage aromatique (celui des vrais *Buphthalmum* est inodore) sentant le houblon. Grandes feuilles sans pétiole à marge finement dentée. Inflorescence en forme de marguerite jaune dont le disque change de couleur en mûrissant. À un moment donné, il sera jaune au centre et brun autour, d'où l'effet « œil de bœuf » suggéré par le nom. Culture très facile. Fleurit la première année d'un semis hâtif. Tolère l'ombre mieux que les aunées. 🍃 L'effet de cette plante diminue après la floraison, car son feuillage s'assèche avant la fin de l'été. Plantez-la en arrière-plan pour que cela ne soit pas trop visible. Floraison : juillet. 130-180 cm x 60 cm. Zone 3.

Telekia speciosa

Benoîte
Geum

Geum 'Fireball' Terranova Nurseries

Famille : Rosacées

Origine : régions tempérées du monde

BENOÎTE
Geum

Nom anglais : Avens

Dimensions : 15-70 cm x 20-45 cm (selon le cultivar)

Exposition : ☀ ☀

Sol : riche en matière organique, humide, bien drainé ; tolère mal la sécheresse

Floraison : mai-septembre, selon la variété

Multiplication : boutures de tige, boutures de racine, division, semences, culture *in vitro*

Utilisation : plate-bande, bordure, massif, rocaille, couvre-sol

Associations : géraniums Rozanne®, alchémilles, heuchères, iris de Sibérie

Zone de rusticité : 2-6, selon la variété

Le genre *Geum* comprend une cinquantaine d'espèces de petites vivaces des régions tempérées et subarctiques du monde. Appelées benoîtes, elles sont de proches parentes des potentilles, la ressemblance est très évidente quand on compare leurs fleurs : petites, en coupe, à cinq pétales et semblables à de petites roses. Elles peuvent être orientées vers le haut ou penchées, selon l'espèce. Ce qui distingue le plus facilement les benoîtes des potentilles sont les feuilles. Les feuilles généralement persistantes ou semi-persistantes des benoîtes sont pennées, avec trois, cinq folioles ou plus de taille et de forme irrégulières dont l'ultime est nettement plus grosse. (Chez les potentilles, la feuille est généralement digitée ou palmée, et il y a d'habitude trois ou cinq folioles.) Les folioles sont profondément

SECTION 2 ◆ VIVACES À ENTRETIEN MINIMAL

nervurées et irrégulièrement dentées, vert foncé l'été et teintées parfois de pourpre l'hiver. Elles forment une rosette basse: en dehors de la période de floraison, la plante ne mesure que 5 à 15 cm de hauteur.

La floraison a lieu habituellement à la fin du printemps/ou au début de l'été, mais certains cultivars refleurissent l'été, même jusqu'en automne. Comme chez les potentilles, 🍂 les tiges florales – des bouquets très lâches – sont rarement très solides, mais il est difficile de tuteurer des tiges aussi minces sans que cela paraisse. Je vous suggère de planter toujours les benoîtes en groupe de cinq plants ou plus, ainsi les tiges florales des différentes plantes se mélangent librement et on ne remarque plus le défaut.

Il y a de bonnes benoîtes et de mauvaises benoîtes, du moins pour le jardinier paresseux. Les bonnes sont des plantes rustiques et fidèles, revenant annuellement pendant une décennie ou plus et ne demandant aucun soin particulier. 🍂 Les mauvaises sont fragiles au froid et de courte vie; pour les maintenir, il faut les diviser aux deux ans, même annuellement. Jusqu'à récemment, ces dernières dominaient le marché. Mais les bonnes benoîtes semblent avoir enfin pris le dessus et les vieux cultivars qui donnaient tant de peine aux jardiniers ne sont plus offerts aussi souvent. Je vous présente les bonnes en premier je garde les mauvaises sous le sous-titre *Espèces et variétés déconseillées*.

Les benoîtes préfèrent une bonne humidité en été, mais demandent un bon drainage l'hiver. Elles poussent mieux au soleil, mais tolèrent la mi-ombre.

Espèces à fleurs orientées vers le haut

Il y a beaucoup de confusion chez les benoî-tes à fleurs dressées, car elles sont en culture depuis fort longtemps et s'entrecroisent facilement. Donc, il y a fort à parier que quand on vous vend une benoîte écarlate ou une benoîte du Chili, par exemple, ce soit en fait une benoîte hybride dont on a perdu la trace des origines.

Geum coccineum

✿ *Geum coccineum*

Benoîte écarlate (Scarlet Avens)
☀️ 🌤️

Cette espèce européenne à fleurs rouge vif est l'ancêtre de la plupart des benoîtes hybrides. En plus de ses fleurs dressées, toujours plus appréciées des jardiniers que les fleurs penchées, elle a transmis une bonne rusticité à ses hybrides contrairement à *G. chiloense*, aussi impliqué dans beaucoup d'hybrides. 🍂 En horticulture, il y a eu beaucoup de confusion entre cette espèce et *G. chiloense* (page 211): quand vous achetez une plante portant seulement le nom *G. coccineum*, vous êtes loin de savoir ce que vous avez ou même si elle sera rustique (*G. chiloense* ne l'est pas). Floraison: mai-juin (juillet). 30-50 cm x 30-45 cm. Zone 2.

❤️ ✿ *Geum coccineum* 'Cooky': fleurs orange vif. Floraison abondante à la fin du printemps, mais remontante jusqu'en septembre. Feuilles luisantes. Floraison: mai-septembre. 40-45 cm x 30 cm. Zone 3.

SECTION 2 ▸ VIVACES À ENTRETIEN MINIMAL

Geum coccineum 'Werner Arends'

♥ *Geum coccineum* **'Eos'** : mutation à feuillage « doré » (jaune lime). Fleurs orange foncé, mais peu abondantes : cultivé surtout pour son feuillage. Intéressant en couvre-sol. Floraison : mai-septembre. 30 cm x 30 cm. Zone 3.

✿ *G. coccineum* **'Queen of Orange'** : comme 'Cooky', mais à fleurs orange pur. Floraison : mai-septembre. 40-45 cm x 30 cm. Zone 3.

✿ *G. coccineum* **'Werner Arends'** (*G.* x *borisii*) : vieux cultivar généralement vendu sous le nom de *G.* x *borisii*. Largement disponible. Fleurs semi-doubles rouge orangé. Floraison : (mai) juin-juillet. 30 cm x 30-45 cm. Zone 3.

G. x borisii (*G.* 'Borisii') : voir *G. coccineum* 'Werner Arends'.

G. montanum
Benoîte des montagnes (Mountain Avens)

Forme une rosette de feuilles pubescentes persistantes, coiffées au printemps de fleurs jaunes. Les graines en aigrettes sont un atout intéressant. C'est une plante alpine attrayante en rocaille. Préfère les étés frais. Floraison : mai-juin. 15-25 cm x 30 cm. Zone 3.

G. reptans
Benoîte rampante (Creeping Avens)

Petite benoîte essentiellement alpine, idéale pour la rocaille. Elle forme une rosette basse de feuilles courtes vert foncé rappelant des

- Alchémille
- Astilbe
- Aunée
- ▷ **Benoîte**
- Bergenia
- Bétoine
- Campanule
- Centaurée
- Digitale vivace
- Euphorbe coussin
- Faux lupin
- Liatride
- Lobélie syphilitique
- Marguerite
- Marshallia à grandes fleurs
- Penstemon
- Phlomis
- Pigamon
- Platycodon
- Polémoine
- Potentille
- Sanguisorbe
- Vergerette
- Zizia

Geum reptans

SECTION 2 ♦ VIVACES À ENTRETIEN MINIMAL

frondes de fougère. Pétioles rouges. Des fleurs jaunes aux étamines nombreuses sont portées sur de courtes tiges au centre de la rosette. À mesure que la floraison avance, des aigrettes plumeuses rougeâtres remplacent les étamines alors que les pétales tiennent toujours, ce qui produit un effet très original. C'est une plante à stolons qui pousse donc comme un fraisier, en s'étendant pour former un tapis. Préfère un sol neutre à alcalin, mais tolère les sols légèrement acides. Exige un bon drainage. Floraison : mai-juin. 15 cm x 20 cm. Zone 4.

Espèces à fleurs penchées

Ces espèces portent des clochettes penchées aux pétales partiellement cachés par un calice souvent pourpré, mais leur floraison moins voyante se trouve compensée par les graines plumeuses qui se forment et qui restent sur la plante le reste de l'été, en étirant sa période d'intérêt. Les plantes indigènes étaient peu disponibles jusqu'à récemment, mais leur nouvelle popularité les a poussées vers le vedettariat, car elles ont une allure « fleur sauvage ».

G. rivale
Benoîte des ruisseaux
(Water Avens)

Espèce circumboréale, indigène partout dans les parties septentrionales de l'hémisphère Nord, dont le Québec. Les pétales rose rouille sont en partie cachés par le calice pourpré. Graines formant une boule d'apparence piquante qui prolonge la saison d'intérêt. Feuilles hérissées comportant 7 à 13 petites folioles. C'est une plante semi-aquatique ou de marécage qui préfère un sol bien humide et peut même pousser en bordure d'un jardin d'eau, bien qu'elle tolère quand même un sol de jardin d'humidité normale. Plus tolérante à l'ombre que les autres benoîtes. Excellent couvre-sol. Floraison : mai-juin. 20-30 cm x 25 cm. Zone 2.

G. rivale 'Alba' : fleurs blanc crème. Calice vert. Floraison : mai-juin. 20-30 cm x 25 cm. Zone 2.

Geum rivale

SECTION 2 ▸ VIVACES À ENTRETIEN MINIMAL

G. rivale 'Leonard's Variety' : les fleurs rouge rosé de ce « cultivar » suggèrent une hybridation avec *G. coccineum*. Les fleurs sont penchées, mais un peu moins que les autres formes de *G. rivale* et ont davantage de pétales. Calice pourpré. Très florifère. Floraison : mai-juin. 20-30 cm x 25 cm. Zone 2.

G. rivale 'Leonard's Double' : comme 'Leonard's Variety', mais à fleurs semi-doubles. Floraison : mai-juin. 20-30 cm x 25 cm. Zone 2.

♥ *G.* 'Coppertone' : hybride de *G. rivale* aux fleurs moins penchées (elles sont portées plus ou moins à la verticale), qui sont donc plus visibles. Elles sont doubles et de couleur jaune cuivré. Floraison : mai-juin. 20-30 cm x 25 cm. Zone 4.

G. triflorum
Benoîte à trois fleurs (Prairie Smoke)

Cette résidente des Prairies nord-américaines offre une floraison des plus discrètes : la tige florale rougeâtre porte habituellement trois fleurs (d'où le nom *triflorum*) nettement penchées, 🍃 mais les pétales couleur crème restent enroulés et sont à peine visibles. On ne voit donc habituellement que les sépales rouge pourpré qui forment le calice. Par contre, après cette floraison plutôt décevante, la tige se redresse et le centre de la fleur s'ouvre en une masse plumeuse d'aigrettes rose argenté : c'est la « fumée des Prairies », signifiée par le nom anglais « Prairie Smoke ». Ainsi, ce sont ses aigrettes, qui durent presque tout l'été, qui sont l'attrait principal de la plante, plutôt que les fleurs. 🍃 Dans un pré fleuri, avec des benoîtes à trois fleurs à perte de vue, l'effet est de toute beauté ! Dans la plate-bande, la benoîte à trois fleurs mérite d'être plantée en groupe, sinon l'effet est trop diffus. Elle fait une excellente fleur séchée.

Feuillage inhabituel pour une benoîte, car les feuilles vert foncé, très dentées, ont des folioles presque symétriques ressemblant à des frondes de fougère. Elles forment une petite rosette assez ouverte. L'effet est intéressant, car le feuillage est persistant et rougit parfois à la fin de l'automne.

- Alchémille
- Astilbe
- Aunée
- ▷ **Benoîte**
- Bergenia
- Bétoine
- Campanule
- Centaurée
- Digitale vivace
- Euphorbe coussin
- Faux lupin
- Liatride
- Lobélie syphilitique
- Marguerite
- Marshallia à grandes fleurs
- Penstemon
- Phlomis
- Pigamon
- Platycodon
- Polémoine
- Potentille
- Sanguisorbe
- Vergerette
- Zizia

Geum triflorum

SECTION 2 ♦ VIVACES À ENTRETIEN MINIMAL

Cette benoîte préfère le plein soleil (elle pousse à la mi-ombre, mais n'y fleurira pas nécessairement) et tolère bien la sécheresse. Malgré tout, elle reste une benoîte, et même dans les Prairies elle pousse dans les lieux plutôt humides. En culture, elle préfère un sol au moins un peu humide en tout temps. Sa culture est facile si vous vous rappelez que son feuillage est très bas et ne tolère pas beaucoup d'ombre. Ainsi, il faut éviter de la placer près de voisins au feuillage dense qui lui couperont son soleil. La plante s'étend par rhizomes mais le fait si lentement qu'on ne pourra jamais la taxer d'être envahissante.

Floraison : mai-juin ; fructification : juin-août. 20-40 cm x 30 cm. Zone 1.

Hybrides recommandés

Les plantes suivantes se rapprochent surtout de G. coccineum avec parfois, dans le cas des variétés à fleurs penchées, une touche de G. rivale, et profitent d'une assez bonne rusticité.

G. 'Beech House Apricot' : fleurs penchées jaune crème ourlées de rouge cardinal. Floraison : juin-août. 20 cm x 20 cm. Zone 4.

Geum 'Dolly North'

G. 'Dolly North' : fleurs semi-doubles orange doré. Floraison : juin-août. 45 cm x 30 cm. Zone 4.

G. 'Fireball' : grosses fleurs jaune orangé à marge rouge. Stérile… ce qui explique peut-

Geum 'Fireball'

être sa très longue saison de floraison. À ne pas confondre avec 'Feuerball', à fleurs rouges, qui est un autre nom de la variété déconseillée *G. chiloense* 'Mrs. J. Bradshaw' (page 212). Floraison : mai-août (septembre). 75 cm x 60 cm. Zone 4.

G. 'Feuermeer' ('Sea of Fire') : fleurs rouge pompier. Floraison prolongée : juin-septembre. 30 cm x 30 cm. Zone 4.

♥ ✺ *G.* 'Flames of Passion' : fleurs semi-doubles écarlates. Tiges pourpre foncé. Longue période de floraison. Floraison : juin-septembre. 40-50 cm x 30-35 cm. Zone 4.

G. 'Georgenberg' : fleurs jaune tendre. Floraison : juin-juillet. 20-25 cm x 30-45 cm. Zone 4.

✺ *G.* 'Lemon Drops' : fleurs penchées jaunes à calice rouge. Floraison : juin-septembre. 40 cm x 40 cm. Zone 4.

G. 'Lionel Cox' : fleurs pendantes jaune pâle. Tiges pourpres. Floraison : juin-juillet. 30 cm x 30 cm. Zone 4.

G. 'Mango Lassi' : fleurs semi-doubles orange pêche. Floraison : juin-juillet. 30 cm x 30 cm. Zone 4.

♥ ✺ *G.* 'Red Wings' : fleurs semi-doubles écarlates. Floraison : juin-septembre. 40-60 cm x 30 cm. Zone 4.

G. 'Prinses Juliana' ('Princess Juliana') : fleurs semi-doubles jaune orangé. Floraison : juin-juillet. 60 cm x 50 cm. Zone 4.

♥ ✺ *G.* 'Tim's Tangerine' (Totally Tangerine®) : tiges hautes portant une profusion de fleur stériles orange rosé. Feuillage duveteux. Floraison : juin-août. 75 cm x 45 cm. Zone 5.

Espèces et variétés déconseillées

💧 ✺ *G. chiloense* (*G. quellyon*)
Benoîte du Chili (Chilean Avens)
☀ ◐

C'est cette espèce, avec ses hybrides, qui a tant nui à la réputation des benoîtes. Pratiquement la seule benoîte dans le commerce jusqu'aux années 1990, 💧 sa faible rusticité et son exigence de la diviser annuellement ou aux deux ans pour lui assurer une certaine survie ont fait croire aux jardiniers que toutes les benoîtes étaient des divas. Et avec la confusion qui persiste encore aujourd'hui dans l'identification des benoîtes, beaucoup de jardiniers reçoivent cette plante sous le nom de *G. coccineum*, qui est censée être rustique, et échouent encore à la cultiver, plantant un autre clou dans le cercueil des benoîtes. On comprend aujourd'hui que le problème vient de l'origine de la plante : le Chili a un climat à peine tempéré et cette plante y est presque une bisannuelle.

La benoîte du Chili est le sosie sud-américain de la benoîte écarlate : elle forme une rosette basse de feuilles pennées longues de 15 à 30 cm aux folioles de taille variable et irrégulièrement dentées. Les fleurs sont rouge écarlate aux étamines jaunes contrastantes. La floraison dure quand même assez longtemps et il y a parfois une certaine reprise de la floraison au début de l'automne.

Pour la cultiver, il faut un emplacement au soleil ou à la mi-ombre qui demeure frais en tout temps. Un bon drainage est essentiel, mais elle ne doit pas non plus manquer d'eau. 💧 Une bonne protection hivernale est nécessaire. 💧 Il faut diviser la plante annuellement ou aux deux ans, au printemps ou à l'automne. 💧 Vraiment pas un bon choix pour le jardinier paresseux à moins de résider en zone 6 ou plus, où elle pousse avec un peu plus d'enthousiasme.

Floraison : juin-août (septembre). 50-60 cm x 45 cm. Zone 6 (7).

SECTION 2 ▸ VIVACES À ENTRETIEN MINIMAL

Alchémille
Astilbe
Aunée
▷ **Benoîte**
Bergenia
Bétoine
Campanule
Centaurée
Digitale vivace
Euphorbe coussin
Faux lupin
Liatride
Lobélie syphilitique
Marguerite
Marshallia à grandes fleurs
Penstemon
Phlomis
Pigamon
Platycodon
Polémoine
Potentille
Sanguisorbe
Vergerette
Zizia

SECTION 2 ◆ VIVACES À ENTRETIEN MINIMAL

Geum chiloense 'Lady Stratheden'

◆ ✦ **G. chiloense 'Lady Stratheden'** ('Goldball') : vieux cultivar vendu encore souvent. Fleurs jaunes semi-doubles. Probablement un hybride d'autres benoîtes, mais proche de ◆ *G. chiloense* par son apparence et sa culture. Peu rustique. Les producteurs l'aiment bien, car il est facile à produire par semences et fleurit en serre, ce qui assure de belles ventes. Floraison : juin-août (septembre). 50-60 cm x 45 cm. Zone 6.

◆ ✦ **G. chiloense 'Mrs. J. Bradshaw'** ('Feuerball') : un autre vieux cultivar qui n'est pas non plus nécessairement une véritable sélection de *G. chiloense*, mais qui est probablement d'origine hybride. Fleurs écarlates semi-doubles. Facile à produire par semences. Floraison : juin-août (septembre). 50-60 cm x 45 cm. Zone 6.

◆ ✦ **G. chiloense 'Red Dragon'** : fleurs écarlates semi-doubles. Facile à produire par semences. Floraison : juin-août (septembre). 50-60 cm x 30-45 cm. Zone 6.

◆ **G. 'Alabama Slammer'** : fleurs doubles rouges à écarlates. ◆ Rusticité faible. Floraison : juin-juillet. 25-35 cm x 25 cm. Zone 6.

◆ **G. 'Blazing Sunset'** : fleurs doubles écarlates de bonne taille. ◆ Rusticité faible. Floraison : juin-juillet. 60 cm x 30-45 cm. Zone 6.

◆ **G. 'Fire Opal'** : abondance de fleurs semi-doubles écarlate orangé. Floraison : juin-juillet. 30 cm x 30 cm. Zone 6.

◆ **G. 'Mai Tai'** : fleurs semi-doubles à simples à pétales froissés. Fleur abricot rosé. Tiges pourpres. ◆ Rusticité faible. Floraison : juin-juillet. 40-45 cm x 35 cm. Zone 6.

◆ **G. 'Starker's Magnificum'** ('Magnificum') : fleurs doubles abricot. Courte vie. Floraison : juin-août (septembre). 50-60 cm x 45 cm. Zone 6.

Geum chiloense 'Mrs. J. Bradshaw'

Bergenia
Bergenia

Bergenia cordifolia

Famille : Saxifragacées

Origine : Asie

BERGENIA
Bergenia

Noms anglais : Bergenia, Pigsqueak

Dimensions : 15-50 cm x 30-60 cm (selon l'espèce)

Exposition :

Sol : tous les sols sauf les plus détrempés

Floraison : mai-juin (parfois remontant)

Multiplication : semences, boutures de racines, division

Utilisations : bordure, couvre-sol, massif, rocaille, murets, plates-bandes, sous-bois, pentes, endroits humides, fleur coupée, feuillage coupé

Associations : brunneras, hellébores, bulbes à floraison printanière

Zone de rusticité : 2-5, selon l'espèce

Le bergenia est une plante relativement basse dont la caractéristique la plus visible est le feuillage. Ses feuilles sont grosses, arrondies ou plutôt en forme de pagaie, généralement lisses (il y a quelques exceptions), vert foncé et très charnues. En fait, elles ressemblent à des feuilles de chou ! L'automne, les feuilles, qui sont persistantes, deviennent partiellement ou entièrement rouges ou pourpres pour reverdir au printemps. Certaines ont une marge pourprée en tout temps. Les feuilles sont regroupées dans des rosettes plutôt lâches d'environ 30 à 60 cm de diamètre. Avec le temps – peut-être 15 ans ou plus –, une seule rosette peut donner, par drageonnement, un tapis de plus de 1,5 m carré !

SECTION 2 ◆ VIVACES À ENTRETIEN MINIMAL

La coloration automnale et hivernale des bergenias est un de leurs attraits principaux. Ici, un *Bergenia* 'Winterglut'.

Une tige florale épaisse, rougeâtre, quelque peu ramifiée et relativement courte (30 à 50 cm) s'élève de chaque rosette de feuilles et porte quelques dizaines de fleurs à cinq pétales, habituellement rose vif, mais parfois rouges, pourpres ou blanches. La saison de floraison normale va du milieu à la fin du printemps. Les fleurs épanouies résistent parfaitement au gel. Il y a aussi certains cultivars, dits remontants, qui refleurissent, l'automne assurément, parfois durant l'été.

Voilà ce que l'on voit bien. Ce qu'on voit moins bien est la grosse tige rampante très épaisse qui court sur le sol, cachée par le feuillage et le paillis. Des tiges secondaires sortent de la première tige, et ainsi les bergenias réussissent à couvrir le sol dans leur secteur. Il ne faut toutefois pas les considérer comme envahissants, car ils avancent lentement, imperceptiblement, jusqu'à ce que vous vous rendiez compte qu'ils sont en train de gagner toute la plate-bande! Heureusement, il est facile de les remettre à leur place en coupant les sections excédentaires.

Il n'y a probablement aucune vivace adaptée à une plus vaste gamme de conditions que le bergenia. Il peut pousser sous les tropiques et au-delà du cercle arctique, au soleil ou à l'ombre, dans les sols riches ou pauvres, etc. Il préfère toutefois les sols moyennement humides, assez riches, et une exposition mi-ombragée. 🍂 Au plein soleil dans le sud du Québec, les feuilles peuvent brûler un peu en période de sécheresse. 🍂 Et si la plante est exposée aux vents hivernaux, les feuilles peuvent aussi être endommagées. Cela n'empêche pas la floraison, et la plante récupère bien avec le retour des beaux jours, mais il n'en reste pas moins vrai que vous serez plus satisfait des résultats si vous le plantez là où la neige s'accumule. Ainsi, c'est l'une de ces plantes qui réussit souvent mieux dans le nord, là où la couche de neige est fiable, que dans les régions du sud du Québec, où la neige n'est pas toujours au rendez-vous.

Le bergenia a la réputation de pousser à l'ombre et c'est vrai. Par contre, pour une bonne floraison, la mi-ombre ou le soleil

SECTION 2 ▸ VIVACES À ENTRETIEN MINIMAL

est nécessaire. L'entretien des bergenias frise le zéro absolu. Il peut toutefois être nécessaire de rabattre les tiges rampantes trop longues après une dizaine d'années.

> Les Européens appellent parfois le bergenia « plante des savetiers » (i.e. des cordonniers), car la feuille est si épaisse et si grosse qu'on a l'impression de pouvoir en faire une semelle de botte !

Bergenia cordifolia

Enfin, le bergenia semble peu vulnérable aux insectes et aux maladies, et même les cerfs de Virginie le boudent. Cependant, on note parfois des dommages mineurs causés par des charançons noirs de la vigne qui percent des trous dans la marge des feuilles. Pour les contrôler, bonne chance, car l'insecte est actif la nuit et nous faisons habituellement les vaporisations le jour ! Toutefois, une application ou deux de nématodes bénéfiques (qui, eux, sont actifs la nuit) pourrait en venir à bout.

Typique des bergenias, il a des feuilles charnues et luisantes d'apparence cirée en forme de cœur et des tiges dressées de fleurs rose vif. Cela dit, l'espèce elle-même est peu cultivée de nos jours, car elle a été remplacée par des sélections et des hybrides (décrits sous *Variétés à floraison printanière* à la page 216 et *Variétés remontantes* à la page 218) très proches, mais plus performants. D'ailleurs, si vous achetez une plante portant l'étiquette *Bergenia cordifolia*, il est presque certain qu'on vous vend un hybride.

Pour des descriptions de cultivars de *B. cordifolia*, voir *Hybrides*.

Floraison : mai-juin. 30-50 cm x 30-60 cm. Zone 2.

> Saviez-vous qu'on peut faire chanter les bergenias ? J'ai appris à le faire quand j'étais enfant. On crache sur une feuille, on la serre entre le pouce et l'index et on tire rapidement. La feuille émet un cri de cochonnet !

Espèces

Il y a une dizaine d'espèces de bergenia, mais quatre ou cinq seulement sont couramment cultivées.

Bergenia cordifolia
Bergenia à feuilles cordées
(Heart-Leaf Bergenia)
C'est de loin le bergenia le plus cultivé.

Bergenia ciliata

♥ B. ciliata
Bergenia cilié (Fringed Bergenia)

Alchémille
Astilbe
Aunée
Benoîte
▸ **Bergenia**
Bétoine
Campanule
Centaurée
Digitale vivace
Euphorbe coussin
Faux lupin
Liatride
Lobélie syphilitique
Marguerite
Marshallia à grandes fleurs
Penstemon
Phlomis
Pigamon
Platycodon
Polémoine
Potentille
Sanguisorbe
Vergerette
Zizia

215

SECTION 2 ▸ VIVACES À ENTRETIEN MINIMAL

Espèce très originale dans un genre principalement composé de plantes à feuilles lisses, car celles du bergenia cilié, comme le nom le suggère, sont couvertes de poils. Avec sa belle rosette très symétrique et ses feuilles vert foncé à la marge un peu ondulée, il ressemble à une violette africaine, du moins quand il n'est pas en fleurs, car ses fleurs rose très pâle ou même blanches sur des tiges pourprées sont typiques des bergenias. Curieusement pour un bergenia, son feuillage est caduc. Floraison : mai-juin. 30-40 cm x 30-60 cm. Zone 5.

B. crassifolia
Bergenia à feuilles charnues
(Leatherleaf Bergenia)

Presque un sosie de *B. cordifolia*. Les feuilles sont toutefois un peu plus allongées, donc ovales plutôt que cordiformes, voilà l'essentiel. Feuilles devenant pourprées l'hiver. Fleurs rose vif assez typiques, mais plus hâtives encore : il fleurit parfois quand il y a encore de la neige dans les parages. Beaucoup des bergenias hybrides contiennent des gènes de *B. crassifolia*. Floraison : avril-mai. 30-45 cm x 30-60 cm. Zone 2.

B. purpurascens
Bergenia pourpre
(Purple Bergenia)

Encore un sosie de *B. cordifolia* et encore une plante très utilisée dans le développement des nombreux bergenias hybrides. C'est lui qui a donné la belle coloration hivernale à bien des hybrides, car son feuillage devient entièrement rouge pourpré l'hiver. Les nouvelles feuilles du printemps sont pourpres également. Fleurs rose vif sur une tige magenta. Floraison : mai. 30-45 cm x 30-60 cm. Zone 2.

Bergenia stracheyi

Bergenia stracheyi
Bergenia de Strachey
(Strachey's Bergenia)

Espèce de petite taille. Fleurs blanches à roses sur une tige compacte. Bon choix pour une petite rocaille. Floraison : mai-juin. 15-30 cm x 15-30 cm. Zone 3.

▸ Variétés à floraison printanière

Il existe des dizaines de cultivars de bergenia. Certains dérivent directement de *B. cordifolia*, mais la plupart sont des hybrides, impliquant notamment *B. cordifolia*, *B. crassifolia* et *B. purpurascens*. Ceux décrits ici sont à floraison unique, au printemps.

B. 'Abendglut' ('Evening Glow') : feuillage un peu rougeâtre l'été, pourpre l'hiver. Fleurs semi-doubles rouge foncé. Port plutôt prostré. Floraison : mai-juin. 25-30 cm x 30 cm. Zone 2.

♥ **B. 'Apple Blossom'** : très grosses fleurs rose pâle ourlé de blanc, devenant peu à peu roses, sur une tige rouge rubis. Floraison : mai-juin. 30-45 cm x 30 cm. Zone 2.

B. 'Baby Doll' : petite variété à croissance lente. Petites feuilles pourpre foncé l'hiver. Fleurs rose pâle. Floraison : mai-juin. 30 cm x 30 cm. Zone 2.

SECTION 2 ▸ VIVACES À ENTRETIEN MINIMAL

B. **'Ballawley'** : variété couvre-sol à grosses feuilles vert luisant allant jusqu'à 30 cm sur 20 cm. Fleurs magenta mais peu nombreuses. Floraison : mai-juin. 60 cm x 60-90 cm. Zone 2.

B. **'Bressingham Bountiful'** : feuillage parfois marginé de rouge l'été, pourpré l'hiver. Tiges florales rouges très ramifiées. Floraison : mai-juin. Fleurs rose vif. 30 cm x 40 cm. Zone 2.

B. **'Bressingham Ruby'** : feuillage bronzé l'été, pourpre l'hiver. Fleurs rose intense. Floraison : mai-juin. 35-45 cm x 45 cm. Zone 2.

B. **'Bressingham Salmon'** : fleurs rose saumon. Feuillage long et étroit, teinté de rose ou de pourpre l'hiver. Floraison : mai-juin. 30 cm x 45 cm. Zone 2.

Bergenia cordifolia 'Purpurea'

B. cordifolia **'Purpurea'** : le bergenia classique, utilisé par des générations de jardiniers. Fleurs rose foncé, presque rouges. Feuillage pourpré l'hiver. Floraison : mai-juin. 45 cm x 60 cm. Zone 2.

B. cordifolia **'Redstart'** : rouge rosé vif. Bonne coloration hivernale. Floraison : mai-juin. 30 cm x 30 cm. Zone 2.

B. **'Eden's Dark Margin'** : rouge rosé vif. Feuillage ourlé de rouge l'été, pourpre l'hiver. Floraison : mai-juin. 30-40 cm x 45-60 cm. Zone 2.

♥ *B.* **'Eroica'** : feuillage typique du genre, mais fleurs rose vif plus durables. Fleurit bien même à l'ombre profonde. Floraison : mai-juin. 30-45 cm x 45 à 60 cm. Zone 2.

♥ *B.* **'Lunar Glow'** : nouvelles feuilles jaunes, devenant vertes l'été et rouge vin l'hiver. Fleurs roses. Floraison : mai-juin. 30-60 cm x 40 cm. Zone 2.

Bergenia 'Bressingham White'

B. **'Bressingham White'** : grosses feuilles. Fleurs blanches. Floraison : mai-juin. 60 cm x 75 cm. Zone 2.

- Alchémille
- Astilbe
- Aunée
- Benoîte
- ▷ **Bergenia**
- Bétoine
- Campanule
- Centaurée
- Digitale vivace
- Euphorbe coussin
- Faux lupin
- Liatride
- Lobélie syphilitique
- Marguerite
- Marshallia à grandes fleurs
- Penstemon
- Phlomis
- Pigamon
- Platycodon
- Polémoine
- Potentille
- Sanguisorbe
- Vergerette
- Zizia

SECTION 2 VIVACES À ENTRETIEN MINIMAL

Bergenia 'Pink Dragonfly'

Bergenia 'Solar Flare'

B. 'Pink Dragonfly': petite variété à feuilles étroites, pourpre vif l'hiver. Beaucoup de fleurs rose vif. Floraison : mai-juin. 30-40 cm x 40-60 cm. Zone 2.

B. 'Profusion' : feuillage arrondi. Fleurs roses. Floraison : mai-juin. 45-60 cm x 60 cm. Zone 2.

B. 'Rotblum' : feuillage vert foncé, teinté de rouge l'hiver. Fleurs rouge pourpré. Floraison : mai-juin. 30-45 cm x 45 cm. Zone 2.

B. 'Solar Flare' : feuillage panaché de jaune, surtout à la marge. Devient vert en été. Fleurs roses. Floraison : mai-juin. 30-60 cm x 45 cm. Zone 2.

B. 'Sunningdale' : feuillage rehaussé de magenta l'hiver. Tiges florales rouge corail, fleurs rose carmin. Floraison : mai-juin. 45 cm x 45 cm. Zone 2.

B. 'Wintermärchen' ('Winter's Tale') : feuilles assez petites, plutôt pointues. Certaines feuilles sont entièrement rouges l'hiver. Fleurs rose foncé. Floraison : mai-juin. 35 cm x 35 cm. Zone 2.

Bergenia 'Silberlicht'

B. 'Silberlicht' (*B.* 'Silver Light') : fleurs blanches devenant roses. Grosses feuilles. Floraison : mai-juin. 30-45 cm x 60 cm. Zone 2.

Variétés remontantes

Voici l'un des secrets les mieux gardés du monde horticole : plusieurs bergenias sont remontants, c'est-à-dire fleurissent plus d'une fois dans la saison. Habituellement, ils refleurissent l'automne, mais parfois aussi en été. Dans une colonie d'une bonne variété remontante, comme 'Morgenröte', il y a d'ailleurs presque toujours quelques fleurs, de la fonte des neiges à leur retour l'hiver suivant. Dans les pays plus tempérés, il peut même y avoir des fleurs à l'année. Voici quelques variétés remontantes intéressantes :

SECTION 2 ▶ VIVACES À ENTRETIEN MINIMAL

♥ ✿ **B. cordifolia** 'Tubby Andrews' : nouvelles feuilles irrégulièrement panachées devenant toutefois vertes l'été. Fleurs rose vif au printemps et à l'automne. Floraison : mai-juin, septembre-octobre. 25-45 cm x 55 cm. Zone 2.

Bergenia 'Herbstblute'

♥ ✿ **B. 'Herbstblute'** (syn. 'Autumn Glory', 'Autumn Magic') : le plus fiable des bergenias remontants. Floraisons abondantes tous les printemps et tous les automnes, plus légères et plus sporadiques l'été. Floraison : mai-juin, septembre-octobre. Fleurs rose vif. 45-50 cm x 60 cm. Zone 2.

♥ ✿ **B. 'Morgenröte'** (syn. 'Morning Red') : bergenia classique qui refleurit assez fidèlement l'automne et parfois aussi l'été. Fleurs rouge carmin. Floraison : mai-juin, septembre-octobre. 35 cm x 40 cm. Zone 2.

✿ **B. 'Purpurglocken'** (syn. 'Purple Bells') : fleurs rouge pourpré riche, en forme de cloche. Fleurit au printemps et à l'automne. Feuilles plus grosses que chez l'espèce. Floraison : mai-juin, septembre-octobre. 40 cm x 50 cm. Zone 2.

✿ **B. 'Rosi Ruffles'** : fleurs rouge rosé au printemps, à l'automne et parfois l'été. Feuilles fortement dentées et aussi légèrement ondulées, mais pas autant que le nom le suggère. Floraison : mai-juin, septembre-octobre. 30 cm x 40 cm. Zone 2.

♥ ✿ **B. 'Winterglut'** ('Winterglow') : fleurs rose vif. Floraison au printemps et à l'automne, parfois l'été. Floraison : mai-juin, septembre-octobre. 30-45 cm x 60 cm. Zone 2.

Bergenia 'Morgenröte'

Alchémille
Astilbe
Aunée
Benoîte
▷ **Bergenia**
Bétoine
Campanule
Centaurée
Digitale vivace
Euphorbe coussin
Faux lupin
Liatride
Lobélie syphilitique
Marguerite
Marshallia à grandes fleurs
Penstemon
Phlomis
Pigamon
Platycodon
Polémoine
Potentille
Sanguisorbe
Vergerette
Zizia

BÉTOINE
Stachys

Famille : Lamiacées

Origine : Europe et Asie

Stachys monieri 'Hummelo'

www.jardinierparesseux.com

BÉTOINE
Stachys

Nom anglais : Betony

Dimensions : 30-75 cm x 45-70 cm (selon le cultivar)

Exposition : ☀ ☀

Sol : bien drainé, ordinaire

Floraison : juin-août, selon l'espèce

Multiplication : division, semences

Utilisations : plate-bande, bordure, massif, rocaille, fleur coupée, plante comestible ou médicinale (certaines espèces)

Associations : sauges vivaces, sédums, nepetas, rosiers

Zone de rusticité : variable, 3

Les bétoines (*Stachys*) forment un genre très diversifié d'annuelles et de vivaces trouvées surtout en Eurasie, mais aussi en Amérique du Nord. Certaines espèces sont des plantes médicinales ou comestibles, d'autres des mauvaises herbes ; seules quelques-unes des quelque 300 espèces servent de plantes ornementales.

La plus connue du genre *Stachys* est l'oreille d'agneau (*S. byzantina*), (voir tome 2), mais elle est réellement une plante très différente des autres, cultivée pour son feuillage ornemental. Le sous-groupe qui nous concerne ici est celui des bétoines, plutôt cultivées pour leurs épis dressés de fleurs souvent très durables. D'ailleurs, *Stachys* vient du grec, signifiant « épi », et l'autre nom commun du genre est épiaire.

SECTION 2 ▸ VIVACES À ENTRETIEN MINIMAL

L'épi est souvent à plusieurs niveaux, comme une pagode, chaque verticille de petites fleurs tubulaires à deux lobes étant séparé du suivant par une section de tige. Je trouve que cette plante ressemble, du moins de loin, à une primevère, mais aucune primevère ne fleurit aussi tardivement ni ne tolère un sol aussi sec.

La couleur rose domine chez les bétoines sauvages, mais on trouve d'autres couleurs, notamment le blanc, en culture.

Le feuillage des bétoines constitue un excellent attrait secondaire. Les feuilles sont plutôt triangulaires et nettement bosselées avec une marge festonnée : les photographes les adorent !

Les bétoines préfèrent le plein soleil, mais tolèrent bien la mi-ombre. Elles s'adaptent à presque tous les sols bien drainés : secs ou plutôt humides, riches ou pauvres. La plante est très résistante à la sécheresse et figure souvent parmi les plantes recommandées pour les jardins xérophytes. La touffe s'élargit peu à peu pour former une petite colonie après quelques années, en étouffant les mauvaises herbes au passage. On peut les laisser pousser toutes seules : ce sont de vraies plantes de jardinier paresseux. 🍃 D'accord, certaines sont un peu envahissantes je vous signalerai si c'est le cas dans les descriptions individuelles.

Espèces

🌼 Stachys macrantha
(syn. *Stachys. grandiflora*)
Grande bétoine (Big Betony)

« Grande bétoine » suggère une très grande taille, mais en fait, c'est une vivace de taille moyenne tout au plus. Les touffes de belles feuilles cordées et suavement gaufrées produisent des épis dressés composés de plu-

Stachys macrantha

sieurs verticilles de fleurs rose violacé foncé. Entre l'épanouissement des premières fleurs en juin et celui des dernières en août, la plante a pratiquement passé tout l'été en fleurs ! 30-60 cm x 30-45 cm. Zone 3.

Stachys macrantha 'Alba'

🌼 **S. macrantha 'Alba' :** fleurs blanches. Floraison : juin-juillet. 45-60 cm x 30-45 cm. Zone 3.

❤️ **S. macrantha 'Robusta' :** fleurs plus grosses rose violacé foncé. Floraison : juin-juillet. 45-60 cm x 30-45 cm. Zone 3.

S. macrantha 'Rosea' : fleurs rose pur. Floraison : juin-août. 45-60 cm x 30-45 cm. Zone 3.

🌼 **S. macrantha 'Superba' :** fleurs plus grosses rose foncé. Floraison : juin-août. 30-60 cm x 30-45 cm. Zone 3.

Alchémille
Astilbe
Aunée
Benoîte
Bergenia
▶ **Bétoine**
Campanule
Centaurée
Digitale vivace
Euphorbe coussin
Faux lupin
Liatride
Lobélie syphilitique
Marguerite
Marshallia à grandes fleurs
Penstemon
Phlomis
Pigamon
Platycodon
Polémoine
Potentille
Sanguisorbe
Vergerette
Zizia

SECTION 2 ▸ VIVACES À ENTRETIEN MINIMAL

S. minima
Bétoine naine (Dwarf Betony)
Même beau feuillage ondulé que les autres, mais sur un plant très bas. Épis denses et courts de fleurs violet-magenta. Pour la rocaille, la bordure et les contenants. Floraison: juillet-août. 15-20 cm x 20-30 cm. Zone 3.

❂ S. monieri (syn. *S. densiflora*)
Bétoine de Monier
(Alpine Betony)
Plante similaire à *S. macrantha*, avec le même beau feuillage, mais plus compacte et dense. Fleurs rose lavande. Produit de courts stolons souterrains, mais ne s'étend que lentement en formant une touffe qui grossit avec le temps. Feuillage semi-persistant. Floraison: juin-août. 20-30 cm x 30 cm. Zone 3.

♥ ❂ S. monieri 'Hummelo' : plus grande plante que l'espèce. Très florifère. Fleurs rose violacé. Présentement la plus populaire des bétoines. Certains taxonomistes placent cette plante dans *S. officinalis*. Floraison: juin-août (parfois septembre). 45-60 cm x 45-60 cm. Zone 3.

S. officinalis
Bétoine officinale
(Purple Betony)
C'est une plante médicinale utilisée depuis des millénaires en Europe, où elle servait à faire baisser la fièvre et à traiter divers maux, mais elle fait aussi une belle plante de plate-bande. La plante en général est plus grande et plus étirée que les autres, et ses feuilles plus poilues sont vert moyen. Par contre, la couleur des fleurs est celle de presque toutes les bétoines sauvages: rose violacé! ⚘ La bétoine officinale a tendance à se ressemer un peu trop. Floraison: juin-juillet. 75 cm x 75 cm. Zone 3.

S. officinalis 'Alba' : fleurs blanches. Floraison: juin-juillet. 75 cm x 70 cm. Zone 3.

Stachys officinalis 'Rosea'

S. officinalis 'Rosea' : fleurs roses. Floraison: juin-juillet. 70 cm x 70 cm. Zone 3.

↻ Variété comestible

S. affinis
Crosne du Japon
(Artichoke Betony)
Cette bétoine est un légume populaire en Asie. On déterre les petites racines tubéreuses, au goût d'artichaut, on les sert en salade, ou on les utilise en garniture ou en plat d'accompagnement. Les Chinois comparent le rhizome abondamment bosselé à un collier de perles, mais j'ai entendu des Québécois dire qu'il leur faisait plutôt penser à un asticot! La floraison du crosne – un épi rose – est plus mince et moins durable que celle des bétoines strictement ornementales, mais il n'en reste pas moins qu'elle est belle. Floraison: juin-juillet. 30-50 cm x 40 cm. Zone 3.

Campanule de plate-bande
Campanula

Campanula glomerata acaulis
www.jardinierparesseux.com

Famille : Campanulacées

Origine : hémisphère Nord

CAMPANULE DE PLATE-BANDE
Campanula

Nom anglais : Bellflower

Dimensions : 8-150 cm x 15-75 cm (selon le cultivar)

Exposition : ☀ ☀

Sol : ordinaire à riche, humide, bien drainé

Floraison : variable selon l'espèce

Multiplication : semences, division, boutures de tige, boutures de racine

Utilisations : plate-bande, bordure, massif, rocaille, couvre-sol, arrière-plan, fleur coupée, feuillage comestible, attire les colibris et les papillons

Associations : géraniums, achillées, cœurs-saignants, hostas

Zone de rusticité : variable, 2-5

Tâche impossible que de présenter toutes les campanules dans une seule rubrique, car il en existe plus de 500 espèces : des annuelles et des bisannuelles, mais surtout des vivaces. Pour faciliter la compréhension de ce grand genre, j'ai divisé la « famille » en trois : les **campanules de plate-bande**, soit les espèces vivaces ayant une certaine hauteur et qui apprécient les sols humides d'une plate-bande ; les **campanules de rocaille**, généralement de petite taille, qui préfèrent les conditions alpines, présentées dans le tome 2 ; et les **campanules bisannuelles**, dont il est question dans le tome 2. Je vous présente ici les campanules qui font de bonnes plantes de plate-bande.

On trouve des campanules sur les trois continents de l'hémisphère Nord, mais

SECTION 2 ▸ VIVACES À ENTRETIEN MINIMAL

principalement en Europe et en proche Asie ; il y en a peu en Amérique du Nord.

Le mot « campanule » vient de cloche et, effectivement, les fleurs des campanules sont en forme de clochette à cinq lobes pointus ou arrondis. Les fleurs peuvent être dressées, horizontales ou penchées, selon l'espèce. Parfois la « clochette » est longue et forme un tube, parfois elle est aplatie et forme alors une étoile, toujours selon l'espèce.

La couleur de base des campanules est le bleu-violet : presque toutes les campanules sauvages sont de cette couleur. Par contre, en culture, on trouve des variétés à fleurs blanches et roses, plus rarement pourpres.

Si les campanules de rocaille, d'origine alpine, préfèrent un sol très bien drainé, les campanules de plate-bande décrites ici sont généralement originaires de terres basses ; elles préfèrent alors un sol plus riche et toujours un peu humide. Un bon drainage est recommandé, mais les campanules de plate-bande poussent quand même assez bien dans les sols glaiseux. Dans la nature, elles croissent plutôt dans les sols neutres ou alcalins, mais ne semblent pas avoir de difficulté avec les sols légèrement acides typiques de nos plates-bandes. Elles font souvent d'excellentes fleurs coupées ; d'ailleurs, 🍃 récolter les fleurs peut aider à stimuler une floraison renouvelée.

Les campanules, faciles à produire par semences, donnent des fleurs dès la deuxième année, et même la première si on les sème assez tôt. La plupart des cultivars sont fidèles au type par semences pour autant qu'il n'y a pas d'autres cultivars dans le secteur pour fausser le résultat par une pollinisation croisée. Voilà pour les espèces et cultivars, 🍃 mais les hybrides interspécifiques (issus de deux espèces) sont habituellement stériles et ne produisent donc aucune semence.

On peut facilement multiplier toutes les campanules vivaces par division ou par bouture de tige, même par bouture de racine pour les espèces rhizomateuses. Ce sont généralement des plantes sans complications, capables de vivre une décennie ou un peu plus sans entretien notable.

Campanules poussant en touffe

On peut subdiviser les campanules de plate-bande en deux catégories : les campanules qui poussent en touffe, donc nullement envahissantes, et les campanules rhizomateuses, qui peuvent parfois être *très* envahissantes. Elles sont décrites séparément à la fin de cette rubrique, à partir de la page 233.

Campanula carpatica

❂ *Campanula carpatica*
Campanule des Carpates
(Carpathian Bellflower)

En raison de sa hauteur réduite, cette campanule est à la limite entre une plante de plate-bande et une plante de rocaille, mais comme elle se plaît dans les conditions de plate-bande ordinaire...

SECTION 2 ▸ VIVACES À ENTRETIEN MINIMAL

C'est probablement la campanule la plus populaire. Elle forme un monticule assez arrondi de feuilles triangulaires vert foncé dentées et est très présentable même sans fleurs. Mais les fleurs en forme de coupe ouverte sont son attrait principal. C'est doublement vrai en ce que la floraison est si durable. La floraison principale est à la fin de juin et en juillet, 🍃 mais la plante refleurit sporadiquement en août aussi, notamment si on supprime les fleurs fanées (passez la tondeuse dessus). Les fleurs sont dressées, de très bonne taille (environ 5 cm) pour une si petite plante, et abondantes. Elles sont bleu-violet chez l'espèce, mais il en existe des dizaines de cultivars, plusieurs aux couleurs plus originales, souvent un peu plus denses et compacts que chez l'espèce.

Cette plante est parfois cultivée en serre et vendue comme plante d'intérieur. Elle crée un bel effet, 🍃 mais ne vit pas longtemps dans un appartement.

Curieusement, les feuilles de la campanule des Carpates sont comestibles.

Floraison : juin-août. 25-30 cm x 30-60 cm. Zone 3.

❂ **C. carpatica alba** : fleurs blanches. Floraison : juin-juillet (août). 25-30 cm x 30-60 cm. Zone 3.

❂ **C. carpatica alba 'Bressingham White'** : fleurs blanches plus grosses. Compacte. Floraison : juin-juillet (août). 15 cm x 30-45 cm. Zone 3.

❂ **C. carpatica alba 'Weisse Clips'** ('White Clips') : la campanule des Carpates classique à fleurs blanches. Facile à trouver sur le marché. Semences facilement disponibles. Floraison : juin-juillet (août). 15-20 cm x 30-45 cm. Zone 3.

❂ **C. carpatica 'Blaue Clips'** ('Blue Clips') : sœur à fleurs bleu-violet de 'Weisse Clips'.

Campanula carpatica alba 'Weisse Clips'

La plus populaire de toutes les campanules. Semences facilement disponibles. Floraison : juin-juillet (août). 15-20 cm x 30-45 cm. Zone 3.

❂ **C. carpatica 'Hellblaue Clips'** ('Light Blue Clips') : variante bleu pâle de 'Blaue Clips'. Floraison : juin-juillet (août). 15-20 cm x 30-45 cm. Zone 3.

❂ **C. carpatica 'Tiefblaue Clips'** ('Dark Blue Clips') : comme 'Blaue Clips', mais de couleur bleu-violet foncé. Floraison : juin-juillet (août). 15-20 cm x 30-45 cm. Zone 3.

Campanula carpatica 'Blue Ball'

C. carpatica 'Blue Ball' ('Thorpedo') : fleurs bleu-violet doubles. Floraison : juin-juillet. 20 cm x 30-45 cm. Zone 3.

❂ **C. carpatica 'Blue Moonlight'** : bleu-violet pâle. Floraison : juin-juillet (août). 15-25 cm x 30-60 cm. Zone 3.

Alchémille
Astilbe
Aunée
Benoîte
Bergenia
Bétoine
▷ **Campanule**
Centaurée
Digitale vivace
Euphorbe coussin
Faux lupin
Liatride
Lobélie syphilitique
Marguerite
Marshallia à grandes fleurs
Penstemon
Phlomis
Pigamon
Platycodon
Polémoine
Potentille
Sanguisorbe
Vergerette
Zizia

SECTION 2 ◆ VIVACES À ENTRETIEN MINIMAL

Campanula carpatica 'Chewton Joy'

♥ ✿ **C. carpatica 'Chewton Joy'**: fleurs bicolores, bleu-violet à la marge avec un centre bleu pâle devenant presque blanc. Floraison : juin-juillet (août). 25 cm x 30-60 cm. Zone 3.

🔥 **C. carpatica 'Mattock's Double'**: fleurs doubles bleu-violet. Plante faible qui vit rarement longtemps. Floraison : juin-juillet. 35 cm x 30-60 cm. Zone 3.

✿ **C. carpatica 'Pearl Deep Blue'**: comme 'Blaue Clips', mais plus compacte et un peu plus hâtive. Floraison : juin-juillet (août). 15-20 cm x 30-45 cm. Zone 3.

✿ **C. carpatica 'Pearl Light Blue'**: version à fleurs bleu-violet pâle de 'Pearl Deep Blue'. Floraison : juin-juillet (août). 15-20 cm x 30-45 cm. Zone 3.

✿ **C. carpatica 'Pearl White'**: comme 'Weisse Clips', mais plus compacte et un peu plus hâtive. Floraison : juin-juillet (août). 15-20 cm x 30-45 cm. Zone 3.

✿ **C. carpatica turbinata**: fleurs bleu-violet. Plante naine, idéale pour la rocaille. Floraison : juin-juillet (août). 8-15 cm x 15 cm. Zone 3.

✿ **C. carpatica turbinata 'Foerster'**: fleurs bleu-violet foncé. Floraison : juin-juillet (août). 8-15 cm x 15 cm. Zone 3.

✿ **C. carpatica turbinata 'Isabel'**: fleurs violet plus foncé et plus largement ouvertes. Floraison : juin-juillet (août). 8-15 cm x 15 cm. Zone 3.

Campanula lactiflora

✿ **C. lactiflora**
Campanule à fleurs laiteuses
(Milky Bellflower)
☀️ 🌤️

Il s'agit d'une vivace classique de la plate-bande à l'anglaise (si vous ne me croyez pas, allez en Angleterre observer de *vraies* plates-bandes à l'anglaise et vous verrez !). Curieusement, elle n'a jamais connu un grand succès en Amérique du Nord, sans doute parce qu'elle ne tolère pas les températures chaudes des États du sud. Aucun problème dans le nord, cependant !

C'est une grande campanule qui peut atteindre 150 cm de hauteur, mais diffère des autres grandes campanules en ce qu'elle produit des tiges très ramifiées donnant un effet de brouillard alors que les autres grandes campanules produisent habituellement des épis dressés sans ramifications, donc plutôt en épée. La quantité de fleurs est phé-

SECTION 2 ♦ VIVACES À ENTRETIEN MINIMAL

noménale : des centaines et des centaines d'étoiles dressées de couleur lilas en même temps. Et la floraison dure et dure : cinq à six semaines. Et juste quand vous pensez que la saison est terminée, elle recommence souvent à fleurir, bien que plus modestement, jusqu'au début de l'automne, 🍂 surtout si on a supprimé les tiges florales fatiguées.

Les feuilles, longues à la base du plant mais petites et sans pétiole au sommet, sont vert moyen et à marge dentée, autrement dit assez typiques des campanules en général.

🍂 La plante, non rhizomateuse, forme une touffe, mais elle peut se ressemer abondamment quand les conditions lui plaisent : un bon paillis aidera à contenir ses élans.

🍂 **Attention !** Contrairement à bien des campanules, les cultivars de *C. lactiflora* ne sont pas fidèles au type par semences, donc si un marchand essaie de vous vendre des semences d'une variété connue, méfiez-vous !

Enfin, d'où vient ce curieux nom de « campanule à fleurs laiteuses » (du latin *lactiflora*) ? Il faut savoir que la toute première plante de cette espèce qu'on a décrite avait des fleurs blanches. Même si l'on a déterminé plus tard que la couleur habituelle de la forme sauvage est le lilas, « lactiflora » lui est resté comme épithète botanique.

🍂 L'espèce est moins cultivée que les cultivars, car ses tiges un peu faibles demandent souvent un tuteurage. Les cultivars, par contre, ont généralement été choisis pour leurs tiges plus solides, ce qui épargne au jardinier un travail bien ingrat.

Floraison : juillet-août (septembre). 120-150 cm x 60 cm. Zone 3.

▪ *C. lactiflora* 'Alba' : fleurs blanches. 🍂 Grand cultivar qui demande parfois un tuteur. Floraison : juillet-août (septembre). 120-150 cm x 60 cm. Zone 3.

Campanula lactiflora 'Alba'

♥ ▪ *C. lactiflora* 'Avalanche' : fleurs blanches plus grosses que celles de 'Alba' sur des tiges plus solides. Floraison : juillet-août (septembre). 120-150 cm x 60 cm. Zone 3.

▪ *C. lactiflora* 'Blue Cross' : bleu lavande pâle. Plus compact que l'espèce. Tiges dressées robustes. Floraison : juillet-août (septembre). 60-75 cm x 45 cm. Zone 3.

▪ 🪴 *C. lactiflora* 'Loddon Anna' : fleurs « roses » (en fait, plutôt rose lilas). Personnellement, je trouve que c'est une couleur des plus insipides, mais ce cultivar demeure probablement le populaire de tous les *C. lactiflora*. 🍂 Exige un tuteur. Floraison : juillet-août (septembre). 120 cm x 60 cm. Zone 3.

♥ ▪ *C. lactiflora* 'Favourite' : fleurs bleu-violet plus intense que chez les autres. Floraison : juillet-août (septembre). 120 cm x 60 cm. Zone 3.

▪ *C. lactiflora* 'Pouffe' : port bas et arrondi, comme un pouf (tabouret rembourré). Fleurs bleu-violet pâle. Floraison : juillet-août (septembre). 25-45 cm x 40 cm. Zone 3.

▪ *C. lactiflora* 'White Pouffe' : variante à fleurs blanches de 'Pouffe'. Floraison : juillet-août (septembre). 70-80 cm x 40 cm. Zone 3.

Alchémille
Astilbe
Aunée
Benoîte
Bergenia
Bétoine
⇨ **Campanule**
Centaurée
Digitale vivace
Euphorbe coussin
Faux lupin
Liatride
Lobélie syphilitique
Marguerite
Marshallia à grandes fleurs
Penstemon
Phlomis
Pigamon
Platycodon
Polémoine
Potentille
Sanguisorbe
Vergerette
Zizia

227

SECTION 2 VIVACES À ENTRETIEN MINIMAL

Campanula lactiflora 'Pritchard's Variety'

♥ ✹ **C. lactiflora 'Pritchard's Variety'** : de plus en plus populaire et avec raison. Des masses de fleurs bleu-violet pâle pendant six semaines et plus sur des tiges assez solides. Floraison : juillet-août (septembre). 70-80 cm x 40 cm. Zone 3.

Campanula latifolia

✹ C. latifolia
Campanule élevée (Great Bellflower)

Belle grande campanule formant une rosette basse de feuilles vert foncé ovales et assez rêches d'où ressortent des tiges florales feuillues en forme d'épée. Il y a quelques fleurs à partir du milieu de la tige, mais le sommet est un épi sans feuilles entièrement réservé aux fleurs. Elles forment des cloches allongées, donc plutôt tubulaires, bleu-violet foncé, de 5 à 7 cm de long et sont portées à l'horizontale. La floraison commence à la base de l'épi pour monter vers le haut, se prolongeant ainsi six semaines ou plus, soit pendant presque tout l'été. Bien que tolérante au soleil, cette plante est à son plus beau à la mi-ombre et réussit passablement bien à l'ombre aussi, même à l'ombre sèche. Excellente fleur coupée ! Floraison : juillet-août. 60-120 cm x 60 cm. Zone 3.

✹ **C. latifolia alba** : fleurs blanches. Floraison : juillet-août. 60-120 cm x 60 cm. Zone 3.

✹ **C. latifolia 'Brantwood'** : fleurs violet très foncé. Plus compact que l'espèce. Floraison : juillet-août. 75 cm x 60 cm. Zone 3.

✹ **C. latifolia 'Gloaming'** : bleu cendré pâle. Floraison : juillet-août. 90-120 cm x 60 cm. Zone 3.

♥ ✹ **C. latifolia macrantha** : la sélection la plus populaire. Grosses fleurs violettes. Floraison : juillet-août. 75-120 cm x 60 cm. Zone 3.

Campanula latifolia macrantha 'Alba'

♥ ✹ **C. latifolia macrantha 'Alba'** : version à fleurs blanches du précédent. La plus populaire des campanules élevées blanches. Floraison : juillet-août. 75-120 cm x 60 cm. Zone 3.

SECTION 2 ▶ VIVACES À ENTRETIEN MINIMAL

Campanula persicifolia

C. persicifolia
Campanule à feuilles de pêcher
(Peachleaf Bellflower)

Populaire dans les bouquets estivaux des fleuristes, la campanule à feuilles de pêcher ne fait que commencer à être reconnue comme une excellente plante de plate-bande. Elle forme une rosette en dôme de feuilles semi-persistantes facilement reconnaissables à leur ressemblance avec les feuilles du pêcher. Du moins, c'est le cas si vous savez à quoi ressemblent les feuilles de pêcher (le pêcher est rarement cultivé dans nos régions). Pour les non-initiés, les feuilles de pêcher sont longues, étroites, courbées et luisantes, en plein le portrait des feuilles de notre campanule! Les fleurs en forme de coupe évasée de 2,5-3 cm de diamètre sont portées à l'horizontale sur des tiges assez minces, mais néanmoins robustes. Elles sont bleu-violet chez l'espèce, et présentent différentes teintes de violet ou sont blanches chez les cultivars. Floraison: juin-juillet. 60-90 cm x 30 cm. Zone 3.

C. persicifolia **alba**: fleurs blanches. Floraison: juin-juillet. 60-90 cm x 30 cm. Zone 3.

C. persicifolia '**Alba Coronata**': fleurs doubles blanches. Floraison: juin-juillet. 55 cm x 30 cm. Zone 3.

C. persicifolia '**Boule de Neige**': autre variété à fleurs doubles blanches. Floraison: juin-juillet. 50 cm x 30 cm. Zone 3.

C. persicifolia '**Blue Bloomers**': fleurs doubles bleu-violet. Floraison: juin-juillet. 60-90 cm x 30 cm. Zone 3.

♥ *C. persicifolia* '**Blue-Eyed Blonde**': feuillage jaune lime au printemps, plus vert l'été. Comme 'Kelly's Gold', mais aux fleurs violet plus foncé. Excellent couvre-sol! Floraison: juin-juillet. 40-45 cm x 30 cm. Zone 3.

Campanula persicifolia 'Chettle Charm'

♥ *C. persicifolia* '**Chettle Charm**': fleurs blanches à marge bleu-violet. Floraison: juin-juillet. 60 cm x 30 cm. Zone 3.

C. persicifolia '**Cornish Mist**': fleurs gris lavande pâle. Floraison: juin-juillet. 45 cm x 30 cm. Zone 3.

C. persicifolia '**Fleur de Neige**': fleurs doubles blanches. 🌿 Je me demande si ce n'est

Alchémille
Astilbe
Aunée
Benoîte
Bergenia
Bétoine
▷ **Campanule**
Centaurée
Digitale vivace
Euphorbe coussin
Faux lupin
Liatride
Lobélie syphilitique
Marguerite
Marshallia à grandes fleurs
Penstemon
Phlomis
Pigamon
Platycodon
Polémoine
Potentille
Sanguisorbe
Vergerette
Zizia

SECTION 2 ⬥ VIVACES À ENTRETIEN MINIMAL

pas la même plante que 'Boule de Neige'! Floraison: juin-juillet. 60-90 cm x 30 cm. Zone 3.

💗 *C. persicifolia* **'Gawen'**: fleurs blanches de type «tasse et soucoupe» (une «fleur» extérieure très large, la soucoupe, avec une «fleur» intérieure plus en coupe, la «tasse»). Floraison: juin-juillet. 60-90 cm x 30 cm. Zone 3.

C. persicifolia **'Hampstead White'**: grosses fleurs blanches de type «tasse et soucoupe». Floraison: juin-juillet. 70 cm x 30 cm. Zone 3.

C. persicifolia **'Kelly's Gold'**: feuillage «doré»: jaune lime au printemps, plus vert l'été. Fleurs blanches à marge bleu-violet pâle, paraissant parfois entièrement blanches. Excellent couvre-sol. Floraison: juin-juillet. 45-60 cm x 30 cm. Zone 3.

💗 *C. persicifolia* **'La Belle'**: fleurs doubles violet foncé. Plant compact. Floraison: juin-juillet. 45 cm x 30 cm. Zone 3.

C. persicifolia **'Moerheimii'**: grosse fleurs doubles blanches un peu frangées. Floraison: juin-juillet. 60-90 cm x 30 cm. Zone 3.

Campanula persicifolia 'Powderpuff'

C. persicifolia **'Powderpuff'**: fleurs doubles blanc crème de bonne taille. Floraison: juin-juillet. 60 cm x 30 cm. Zone 3.

C. persicifolia **'Telham Beauty'**: vieille variété de grande taille. Fleurs bleu-violet. Floraison: juin-juillet. 90-110 cm x 60 cm. Zone 3.

C. latiloba (*C. persicifolia sessiliflora*)
Campanule latilobée
(Delphinium Bellflower)

Cette espèce est très proche de la campanule à feuilles de pêcher (*C. persicifolia*), à tel point que certains taxonomistes la considèrent comme une sous-espèce de cette dernière, sous le nom de *C. persicifolia sessiliflora*. La seule différence notable est que les fleurs sont «sessiles» (fixées directement sur la tige florale, sans pédoncule). Ainsi, la tige florale paraît nettement plus étroite. (Les fleurs de *C. persicifolia* sont portées sur des pédoncules, ce qui donne plus de volume à l'épi.) Autrement, tous les renseignements sur la campanule à feuilles de pêcher s'appliquent ici, jusqu'aux feuilles semi-persistantes. L'espèce, à fleurs en coupe bleu lavande, est peu cultivée, mais certains cultivars sont sur le marché. Floraison: juillet-août. 75-90 cm x 60 cm. Zone 3.

C. latiloba **'Alba'**: fleurs blanches. Floraison: juillet-août. 75-90 cm x 30 cm. Zone 3.

C. latiloba **'Hidcote Amethyst'**: fleurs rose lavande, parfois avec une striure médiane violette. Floraison: juillet-août. 55-75 cm x 30 cm. Zone 3.

💗 *C. latiloba* **'Highcliffe Variety'**: fleurs violet foncé. La plus grande des campanules latilobées. Floraison: juillet-août. 100-150 cm x 30 cm. Zone 3.

C. latiloba **'Percy Piper'**: pourpre riche. Floraison: juillet-août. 60-90 cm x 30 cm. Zone 3.

C. latiloba **'Splash'**: fleurs bleu-violet pâle légèrement strié de lavande. Floraison: juillet-août. 75-90 cm x 30 cm. Zone 3.

Campanula sarmatica

Campanula trachelium 'Bernice'

C. sarmatica
Campanule de Sarmatie
(Sarmatian Bellflower)

Campanule moins connue, formant une belle touffe de feuilles gris-vert en forme de flèche à marge dentée et ondulée. Chaque touffe produit une masse de tiges dressées et arquées aux clochettes bleu-violet pâle, parfois blanches, portées unilatéralement. Plus jolie plantée en groupe, car on remarque alors moins que les tiges florales plient. Floraison: juillet. 40-50 cm x 30 cm. Zone 5.

 C. sarmatica 'Hemelstrahling': fleurs bleu cendré. Nettement plus grand que l'espèce. La forme la plus disponible en horticulture. Floraison: juin-juillet. 65-100 cm x 30 cm. Zone 5.

C. trachelium
Campanule gantelée (Throatwort Bellflower)

On appelle aussi cette plante campanule à feuilles d'ortie, car justement les feuilles plutôt triangulaires, clairement nervurées et très dentées, peuvent faire penser à celles de l'ortie (*Urticaria dioica*), surtout les feuilles inférieures, plus larges. Cependant, une fois en fleurs, cette plante ne ressemble nullement à une ortie, pas du tout avec ses clochettes bleu-violet d'abord plus ou moins dressées, puis penchées (les fleurs de l'ortie sont discrètes à l'extrême). Comme tant de campanules, sa floraison principale a surtout lieu en juillet, mais elle refleurit assez fidèlement en août et même en septembre si l'on coupe ses fleurs pour en faire des bouquets. De culture facile et assez tolérante à l'ombre, elle pousse en touffe et reste alors généralement à sa place. Elle peut toutefois se ressemer. Floraison: juillet (août-septembre). 75 cm x 30 cm. Zone 3.

C. trachelium alba: fleurs blanches. Floraison: juillet (août-septembre). 60 cm x 30 cm. Zone 3.

C. trachelium 'Alba Flore Plena': fleurs blanches doubles. Floraison: juillet (août-septembre). 35 cm x 30 cm. Zone 3.

C. trachelium 'Bernice': fleurs violettes très doubles. La forme la plus populaire. Floraison: juillet (août-septembre). 45 cm x 30 cm. Zone 3.

C. trachelium 'Snowball': fleurs blanches doubles. Peut-être la même plante que 'Alba Flore Plena'. Floraison: juillet (août-septembre). 35 cm x 30 cm. Zone 3.

SECTION 2 — VIVACES À ENTRETIEN MINIMAL

- Alchémille
- Astilbe
- Aunée
- Benoîte
- Bergenia
- Bétoine
- **Campanule**
- Centaurée
- Digitale vivace
- Euphorbe coussin
- Faux lupin
- Liatride
- Lobélie syphilitique
- Marguerite
- Marshallia à grandes fleurs
- Penstemon
- Phlomis
- Pigamon
- Platycodon
- Polémoine
- Potentille
- Sanguisorbe
- Vergerette
- Zizia

SECTION 2 ❯ VIVACES À ENTRETIEN MINIMAL

↪ Hybrides poussant en touffe

L'hybridation des campanules semble plus ou moins à ses balbutiements, mais avec quelque 500 espèces à essayer, le potentiel est énorme. La plupart des hybrides décrits ci-dessous sont des hybrides de *C. punctata*, à fleurs tubulaires pendantes blanc crème à rose pourpré, avec des espèces aux fleurs de couleur plus typique pour un *Campanula*, soit violettes. Le résultat est invariablement des plantes à grosses fleurs pendantes, généralement assez tubulaires, comme *C. punctata*, mais de couleur violette. De plus, alors que *C. punctata* est très envahissant à cause de ses longs rhizomes, les hybrides semblent avoir hérité la croissance en touffe de leur second parent.
☼ ☼

❀ **C. 'Burghaltii'** : *C. latifolia* x *C. punctata*. Longues cloches pendantes violet pâle argenté pendant une très longue saison. Je la trouve lente à s'établir, mais très intéressante après trois ou quatre ans. Floraison : juillet-août (septembre-octobre). 60 cm x 80 cm. Zone 3.

❀ **C. 'Crystal'** : même parenté que 'Burghaltii', mais aux fleurs nettement plus pâles, violettes en bouton, mais lilas cendré à presque blanches à l'épanouissement. Floraison : juillet-août (septembre). 45-60 cm x 80 cm. Zone 3.

🔥 ❀ **C. 'Kent Belle'** : *C. trachelium* x *C. punctata*. 'Kent Belle' a aquis rapidement une grande popularité à cause de sa floraison abondante. Elle produit des fleurs assez grosses et nettement pendantes, comme *C. punctata*, mais de la couleur violet foncé de *C. trachelium*. 🔥 Son port est cependant inégal et ses tiges sont faibles ; donc elle tend à s'écraser au sol en pleine floraison.

Campanula 'Kent Belle'

Je dois admettre que je suis plus qu'un peu déçu. Floraison : juillet-août (septembre). 75-120 cm x 75 cm. Zone 3.

❤ ❀ **C. 'Purple Sensation'** : *C. trachelium* x *C. punctata*. Boutons presque noirs, fleurs pourpre très foncé. Port compact. Floraison : juillet-août (septembre). 40 cm x 40 cm. Zone 3.

Campanula 'Sarastro'

❤ ❀ **C. 'Sarastro'** : même parenté que 'Kent Belle', mais nettement plus compacte et solide. Fleurs plus pâles (bleu-violet), plus longues et un peu plus arrondies. Les tiges arquées sont robustes et n'exigent pas de tuteurage. L'une des meilleures campanules ! Floraison : juillet-août (septembre). 60-70 cm x 45 cm. Zone 3.

SECTION 2 ▸ VIVACES À ENTRETIEN MINIMAL

♥ ✿ C. 'Summertime Blues' : nouveauté que je n'ai pas pu essayer. Clochettes pendantes bleu-violet argenté. On dit qu'elle fleurit plus longtemps que les autres campanules hybrides. Floraison : juin-octobre. 60 cm x 40 cm. Zone 3.

↻ Campanules rhizomateuses

Les plantes suivantes produisent des stolons envahissants et 🌱 plusieurs doivent être plantées avec précaution, peut-être à l'intérieur d'une barrière.

Campanula alliariifolia

🌱 *Campanula alliariifolia*
Campanule à feuilles d'alliaire
(Spurred Bellflower)

Forme une rosette de grosses feuilles cordiformes coiffée d'épis arqués de clochettes pendantes blanc crème. Les fleurs sont unilatérales (portées d'un seul côté de la tige florale). 🌱 C'est une jolie plante mais envahissante, non seulement par ses stolons, mais aussi par ses semences. Fleurit raisonnablement bien à l'ombre. Intéressante surtout en naturalisation. 🌱 Exige souvent un tuteur. Floraison : juillet-août. 60-90 cm x 45-60 cm. Zone 3.

C. alliariifolia 'Ivory Bells' : nom parfois utilisé mais invalide. Voir *Campanula alliariifolia*.

Campanula glomerata

✿ *C. glomerata*
Campanule agglomérée,
campanule à bouquet (Clustered Bellflower)

Campanule populaire formant un monticule bas de feuilles vert foncé hirsutes en forme de cœur allongé. Elle produit de nombreuses tiges dressées aux feuilles plus petites et plus étroites, portant chacune un bouquet allant jusqu'à 15 fleurs bleu-violet. Il y a bien quelques fleurs portées le long des tiges, mais c'est l'effet « bouquet » des fleurs massées au sommet des tiges qui a valu à cette plante ses noms botanique (*glomerata* veut dire « en grappe ») et communs. Une seule tige coupée peut composer un bouquet ! 🌱 Tolère mal les sols très secs.

🌱 Cette espèce est rhizomateuse, mais pas aussi envahissante que d'autres dans cette catégorie, car ses rhizomes sont relativement courts. Par contre, il n'est pas sage de « libérer » cette plante dans une plate-bande de végétaux plus petits, car elle aurait tendance à les étouffer avec le temps. Floraison : juin-juillet. 30-80 cm x 30-60 cm. Zone 3.

Alchémille
Astilbe
Aunée
Benoîte
Bergenia
Bétoine
▷ **Campanule**
Centaurée
Digitale vivace
Euphorbe coussin
Faux lupin
Liatride
Lobélie syphilitique
Marguerite
Marshallia à grandes fleurs
Penstemon
Phlomis
Pigamon
Platycodon
Polémoine
Potentille
Sanguisorbe
Vergerette
Zizia

SECTION 2 — VIVACES À ENTRETIEN MINIMAL

♥ ✲ *C. glomerata acaulis* (campanule acaule) : *acaulis* veut dire « sans tige » et justement, cette forme naine de la campanule agglomérée a des tiges très courtes : les fleurs sont placées juste au-dessus du feuillage basal. Plus hâtif que l'espèce. Fleurs bleu-violet. Intéressant en bordure ou en rocaille. Floraison : juin-juillet. 15-20 cm x 30 cm. Zone 3.

✲ *C. glomerata acaulis alba* : variété à fleurs blanches de la campanule acaule ; aussi un peu plus haute. Floraison : juin-juillet. 20-30 cm x 30 cm. Zone 3.

✲ *C. glomerata alba* : grande variété à fleurs blanches. Floraison : juin-juillet. 30-80 cm x 30-60 cm. Zone 3.

Campanula glomerata alba 'Schneekrone'

✲ *C. glomerata alba* 'Schneekrone' ('Crown of Snow') : populaire variété de hauteur moyenne. Fleurs blanches. Floraison : juin-juillet. 40-50 cm x 30-60 cm. Zone 3.

Campanula glomerata 'Caroline'

✲ *C. glomerata* 'Caroline' : fleurs rose lilas ourlées de rose plus foncé. Couleur unique ! Floraison : juin-juillet. 45-60 cm x 30-45 cm. Zone 3.

♥ ✲ *C. glomerata* 'Emerald' : fleurs de couleur originale : bleu pâle à marge parfois plus foncée. Feuilles vert émeraude. Nouveauté prometteuse. Floraison : juin-juillet. 30-60 cm x 30-60 cm. Zone 3.

✲ *C. glomerata* 'Freya' : fleurs violet foncé au sommet et le long des tiges. Floraison : juin-juillet. 40 cm x 30 cm. Zone 3.

♥ ✲ *C. glomerata* 'Joan Elliot' : fleurs bleu-violet foncé. Commence à fleurir plus tôt que l'espèce et refleurit souvent, même abondamment, ce qui en fait l'une des campanules agglomérées les plus florifères. Excellente fleur coupée. Floraison : juin-juillet (août). 40-45 cm x 30-45 cm. Zone 3.

♥ ✲ *C. glomerata* 'Purple Pixie' : fleurs violet pourpré. « Pixie » (lutin en anglais) suggère une plante naine, mais ce cultivar n'est pas la plus naine des campanules agglomérées. Sans rhizomes, elle pousse en touffe dense et n'est pas envahissante comme les autres. Floraison : juin-juillet. 35-45 cm x 30-45 cm. Zone 3.

✲ *C. glomerata* 'Superba' : grosses fleurs violet foncé. Un peu moins en bouquet que l'espèce, car une bonne partie des fleurs sont portées le long des tiges. Populaire. Floraison : juin-juillet. 60-75 cm x 45 cm. Zone 3.

✲ *C. punctata*

Campanule ponctuée (Spotted Bellflower)
☀ ☀

Cette espèce est bien adaptée aux climats froids, car elle vient du nord de l'Asie, notamment de la Sibérie. Ses tiges arquées portent des fleurs pendantes assez grosses (5 cm de longueur) en forme de clochette tubulaire. Elles sont habituellement blanc crème, mais parfois rose un peu pourpré. Le nom *punctata* (ponctué) fait référence aux taches roses ou rouges à l'intérieur de la fleur. Les fleurs sont abondantes surtout en juillet, mais il y a souvent des fleurs sur la plante jusqu'aux gels. Elle forme une rosette de feuilles cordiformes vert foncé alors que les feuilles sur la tige sont plus étroites.

Très envahissante, mais intéressante comme couvre-sol. On peut la contenir à l'intérieur d'une barrière, auquel cas elle crée un très bel effet. Les limaces aiment bien son feuillage.

Préfère un sol humide et peut mourir au cours d'une sécheresse trop prolongée. L'espèce est peu cultivée, mais les cultivars abondent.

Floraison : juillet (août-octobre). 50-60 cm x illimité. Zone 3.

C. punctata albiflora 'Alba' : fleurs blanc pur. Floraison : juillet (août-octobre). 50-60 cm x illimité. Zone 3.

C. punctata 'Flashing Lights' : variété à feuillage légèrement marbré de crème. Fleurs roses. Pas très vigoureux. Floraison : juillet (août-octobre). 60 cm x illimité. Zone 3.

C. punctata 'Hot Lips' : variété naine à fleurs rose pâle tachetées de pourpre à l'intérieur. Feuillage un peu pourpré. Floraison : juillet (août-octobre). 25-30 cm x illimité. Zone 3.

Campanula punctata 'Pantaloons'

C. punctata 'Pantaloons' : fleur de type « hose-in-hose », avec une corolle emboîtée dans l'autre. Rose pourpré. Floraison : juillet (août-octobre). 30 cm x illimité. Zone 3.

C. punctata 'Pink Chimes' : fleurs rose moyen. Floraison : juillet (août-octobre). 35-45 cm x illimité. Zone 3.

Campanula punctata 'Plum Wine'

C. punctata 'Plum Wine' : fleurs rose pâle légèrement strié de rose pourpré. Feuillage attrayant : luisant, gris bleuté l'été, rouge pourpré l'hiver. Floraison : juillet (août-octobre). 35 cm x illimité. Zone 3.

C. punctata rubriflora : fleurs rouge pourpre sur des tiges rouges. Floraison : juillet (août-octobre). 30-35 cm x illimité. Zone 3.

C. punctata rubriflora 'Bowl of Cherries' : fleurs rouge pourpré. Floraison : juillet (août-octobre). 45-50 cm x illimité. Zone 3.

C. punctata rubriflora 'Cherry Bells' : rose très foncé. Floraison : juillet (août-octobre). 35-40 cm x illimité. Zone 3.

C. punctata rubriflora 'Vienna Festival' : fleurs rouge pourpré foncé. Tiges rouges, feuillage rougeâtre. Floraison : juillet (août-octobre). 75 cm x illimité. Zone 3.

C. punctata rubriflora 'Wine 'n' Rubies' : grosses fleurs rouge pourpré foncé et fortement tachetées. Feuillage très foncé. Tiges rouges. Floraison : juillet (août-octobre). 30 cm x illimité. Zone 3.

SECTION 2 — VIVACES À ENTRETIEN MINIMAL

- Alchémille
- Astilbe
- Aunée
- Benoîte
- Bergenia
- Bétoine
- **Campanule**
- Centaurée
- Digitale vivace
- Euphorbe coussin
- Faux lupin
- Liatride
- Lobélie syphilitique
- Marguerite
- Marshallia à grandes fleurs
- Penstemon
- Phlomis
- Pigamon
- Platycodon
- Polémoine
- Potentille
- Sanguisorbe
- Vergerette
- Zizia

SECTION 2 ▸ VIVACES À ENTRETIEN MINIMAL

♥ ◐ *C. punctata* 'Wedding Bells': fleurs doubles blanches rehaussées de rose, tachetées de rouge à l'intérieur. Fleurs doubles de type « hose-in-hose ». Plante très vigoureuse. Floraison : juillet (août-octobre). 35-45 cm x illimité. Zone 3.

Campanula takesimana

C. takesimana
Campanule de Corée (Korean Bellflower)
☼ ☼

Cette espèce est très proche de la campanule ponctuée (*C. punctata*), avec les mêmes tiges arquées portant les mêmes fleurs tubulaires crème tachetées de rose à l'intérieur, à tel point qu'on peut difficilement distinguer les deux à moins d'examiner leur feuillage. En effet, *C. punctata* a des feuilles vert foncé hirsutes alors que celles de *C. takesimana* sont vert émeraude et lisses, voire luisantes. La différence est toutefois mineure et certains taxonomistes considèrent la campanule de Corée comme une sous-espèce de *C. punctata* : *C. punctata takesimana*. L'espèce est peu cultivée, mais plusieurs cultivars circulent sur le marché.

On trouve la campanule de Corée à l'état sauvage uniquement sur l'île coréenne de Ulleung-do, appelée Takeshima en japonais, d'où le nom latin. Il paraît qu'elle couvre une bonne partie de l'île. ♣ Elle fera sûrement de même dans votre plate-bande, car elle semble encore plus envahissante que *C. punctata*. ♣ Elle fait un moins bon couvre-sol que *C. punctata*, car son feuillage ne forme pas un tapis égal. Floraison : juillet (août-octobre). 30-60 cm x illimité. Zone 3.

C. takesimana 'Beautiful Truth' ('Beautiful Trust') : par suite d'une erreur, cette plante a été publiée sous le nom de 'Beautiful Trust', mais l'hybrideur, Song Ki-hun, de l'arboretum Chollipo en Corée du Sud, affirme que le nom correct est 'Beautiful Truth'. Boutons pendants blancs qui s'ouvrent en fleurs non pas tubulaires comme celles d'une campanule ordinaire, mais complètement découpées en longues languettes comme des espèces d'araignée blanche. Attrayante si vous aimez cette sorte de bizarrerie. Floraison : juillet (août-octobre). 45 cm x illimité. Zone 3.

C. takesimana 'Elizabeth' : grosses fleurs rose pourpré très tachetées à l'intérieur. Floraison : juillet (août-octobre). 60 cm x illimité. Zone 3.

C. takesimana 'Elizabeth II' : mutation de la précédente à fleurs doubles roses. Floraison : juillet (août-octobre). 60 cm x illimité. Zone 3.

♦ *C.* 'Pink Octopus' : hybride de *C. punctata* et *C. takesimana* 'Beautiful Truth'. Il a hérité les fleurs bizarres de 'Beautiful Truth' : ses clochettes pendantes semblent avoir été coupées en lanières par une fée malicieuse. Couleur rose moyen. Le nom de cultivar s'explique quand vous savez que « octopus » signifie « pieuvre » en anglais. Personnellement, je trouve cet effet « correct » dans le cas de 'Beautiful Truth', ♣ mais pas beau du tout chez 'Pink Octopus'. En photo, quelle merveille, mais ses tiges désordonnées (droites, penchées, couchées) et sa crois-

Campanula 'Pink Octopus'

sance trop vagabonde font que l'effet au jardin est beaucoup moins excitant. Pourquoi, mais pourquoi ai-je acheté cette plante? Floraison: juin-juillet (août-octobre). 45 cm x illimité. Zone 3.

C. rapunculoides
Campanule fausse-raiponce
(Creeping Bellflower)

Cette mauvaise herbe a été introduite en Amérique du Nord en provenance d'Europe comme plante ornementale il y a belle lurette (au 19e siècle, suggère un auteur) et s'est depuis échappée de la culture presque partout en Amérique du Nord, notamment au Québec. On la considère comme une mauvaise herbe redoutable. En raison de ses longs stolons, elle forme un tapis de feuilles cordiformes d'où émergent occasionnellement (la plante n'est pas toujours très florifère) des épis dressés de clochettes violettes. Comme elle repousse de la moindre section de racine laissée en terre, elle est pratiquement inextirpable. Se ressème abondamment aussi. Tolérante à l'ombre sèche. Floraison: juillet-août. 60 cm x illimité. Zone 2.

C. rapunculoides 'Afterglow':
croyez-le ou non, quelqu'un (sans doute pas un jardinier) a introduit un cultivar à la culture de cette damnée mauvaise herbe. On le dit «moins envahissant», mais c'est peu dire. Fleurs lavande, tiges pourpres. Je n'en veux pas. Floraison: juillet-août. 35 cm x illimité. Zone 2.

C. rapunculoides 'Alba':
fleurs blanches. Ici encore, voulez-vous vraiment risquer l'envahissement total? Floraison: juillet-août. 35 cm x illimité. Zone 2.

Genre apparenté

Adenophora
Adénophore ou fausse campanule
(Ladybells)

C'est un genre d'environ 40 espèces indigènes d'Eurasie. Comme un des noms communs, fausse campanule, le suggère, elles sont tellement proches des campanules que même les experts ont peine à les distinguer. Botaniquement, la différence se trouve dans la fleur, car les adénophores ont une glande en forme de disque à la base du pistil et les campanules n'en ont pas. Pour les distinguer sans avoir à déchirer la fleur, sachez que, habituellement, les adénophores ont des petites clochettes penchées sur de hauts épis, alors que la plupart des campanules de bonne taille ont des clochettes plus grosses portées plutôt à l'horizontale. Le coloris n'aide pas: la couleur de base chez les adénophores demeure le bleu-violet, comme chez les campanules.

SECTION 2 — VIVACES À ENTRETIEN MINIMAL

- Alchémille
- Astilbe
- Aunée
- Benoîte
- Bergenia
- Bétoine
- **Campanule**
- Centaurée
- Digitale vivace
- Euphorbe coussin
- Faux lupin
- Liatride
- Lobélie syphilitique
- Marguerite
- Marshallia à grandes fleurs
- Penstemon
- Phlomis
- Pigamon
- Platycodon
- Polémoine
- Potentille
- Sanguisorbe
- Vergerette
- Zizia

SECTION 2 ▸ VIVACES À ENTRETIEN MINIMAL

Les adénophores, de culture facile, tolèrent presque tout sol bien drainé relativement riche et n'exigent aucun entretien poussé. Soleil ou mi-ombre, même ombre. Plantes de longue vie.

Adenophora 'Amethyst'
Adénophore hybride
(Hybrid Ladybells)
Hauts épis de clochettes bleu améthyste. Excellente fleur coupée. Floraison : juin-juillet. 60-90 cm x 60 cm. Zone 4.

Adenophora confusa
Adénophore commun
(Common Ladybells)
Malgré le nom commun, cet adénophore n'est pas le plus commun du genre (c'est la plante suivante, *A. liliifolia*, qui l'est), mais on le trouve parfois dans les vieux jardins. Feuilles ovales. Petites clochettes bleu-violet foncé. Racines épaisses et 🍂 fragiles : n'aime pas être dérangé. Floraison : juin-juillet. 60-75 cm x 60 cm. Zone 3.

Adenophora liliifolia

Adenophora liliifolia
Adénophore à feuilles de lis
(Lilyleaf Ladybells)

C'est la seule espèce le moindrement courante... et même là, on la trouvera davantage chez un spécialiste en vivaces que dans une jardinerie ordinaire... ou parfois dans de vieux jardins abandonnés, car elle fut autrefois plus populaire. La plante porte des feuilles ovales à pétiole court à la base de la plante, mais lancéolées et sessiles sur les tiges dressées, comme des feuilles de lis. Elles sont coiffées d'un épi pyramidal de petites clochettes penchées bleu-violet passablement parfumées. Rhizomateux, mais ne s'étend que lentement. 🍂 Il se ressème toutefois, parfois abondamment. Je le trouve trop similaire à la campanule mauvaise herbe *C. rapuncoloides* pour pouvoir vraiment l'apprécier, même si j'admets qu'il est beau et de culture facile. Floraison : juillet-août. 60-120 cm x 30-45 cm. Zone 4.

Adenophora takedae

A. takedae
Adénophore d'automne
(Autumn Ladybells)
Assez nouveau sur le marché. Minces tiges arquées de clochettes pendantes bleu-violet. 🍂 N'apprécie pas les déplacements : une fois qu'il est établi, mieux vaut le laisser tranquille. Préfère plus de soleil que les autres. Floraison : août-septembre. 30-70 cm x 30-45 cm. Zone 5.

CENTAURÉE
Centaurea

Centaurea 'John Coutts'

www.jardinierparesseux.com

Famille : Astéracées

Origine : hémisphère Nord

CENTAURÉE
Centaurea

Nom anglais : Cornflower

Dimensions : 25-120 cm x 30-60 cm (selon l'espèce)

Exposition : ☀ ☀

Sol : bien drainé

Floraison : juin-septembre, selon l'espèce

Multiplication : division, semences, boutures de racine

Utilisations : plate-bande, massif, pré fleuri, fleur coupée, fleur séchée, plante médicinale, attire les papillons

Associations : iris de Sibérie, alchémilles, éphémères de Virginie, campanules

Zone de rusticité : 3-5, selon l'espèce

Le nom *Centaurea* vient des Grecs, qui prétendaient que la plante servait à traiter les centaures malades. D'ailleurs, certaines espèces sont toujours utilisées à des fins médicinales dans plusieurs pays mais plus, autant que je sache, sur des centaures !

Le genre *Centaurea* comprend plus de 350 espèces (certains taxonomistes lui en accordent plus de 600), généralement des vivaces, mais aussi beaucoup d'annuelles et de bisannuelles. Il est très apparenté aux chardons (*Cirsium* et autres). Plusieurs centaurées portent en effet des feuilles piquantes comme celles du chardon, mais aucune des variétés ornementales présentées ici n'est épineuse. Cependant, leurs inflorescences, soit des fleurs plutôt plumeuses surplombant des bractées écailleuses, ressemblent

SECTION 2 ▸ VIVACES À ENTRETIEN MINIMAL

souvent beaucoup aux fleurs de chardon. Elles fleurissent à l'extrémité des tiges au début de l'été et durent assez longtemps, habituellement quatre à cinq semaines. Les feuilles, qui peuvent être simples ou lobées, sont généralement persistantes, du moins les feuilles inférieures.

Nous utilisons plusieurs centaurées annuelles – la centaurée bleuet (*C. cyanus*) notamment – dans nos aménagements, mais les espèces décrites ici sont toutes des vivaces bien rustiques réputées pour leur culture facile. D'ailleurs, la centaurée des montagnes (*C. montana*) est une véritable « plante de débutant », idéale pour aider le jardinier novice à se faire la main sur les vivaces.

Les centaurées sont des « plantes de misère » : elles tolèrent presque tous les sols, même les plus pauvres et sablonneux, supportent assez bien la sécheresse une fois établies, mais elles réussissent quand même très bien dans les sols plutôt riches et humides de nos plates-bandes. Elles réussissent très bien aussi dans les sols alcalins que peu de végétaux tolèrent, ce qui ne veut toutefois pas dire qu'elles exigent un sol alcalin. Le plein soleil est préférable : elles tolèrent la mi-ombre, mais risquent d'y développer un port moins rigide et de moins fleurir. Elles font d'excellentes fleurs coupées et certaines sèchent très bien en bouton. Les papillons les adorent !

🍃 Une centaurée est rarement très jolie après la floraison : le feuillage est généralement très quelconque et tend à dépérir au moins un peu avant la fin de l'été. Idéalement donc, on les met au deuxième ou troisième plan, où cette dégénérescence n'est pas aussi évidente.

🍃 Certaines centaurées, un peu « entreprenantes », se ressèment là où vous ne les voulez pas, mais c'est rarement trop dérangeant si l'on utilise un paillis. De plus, elles sont faciles à arracher s'il y en a trop. D'autres sont envahissantes par leurs rhizomes souterrains. Je vous signalerai ces peccadilles dans les descriptions individuelles.

↪ Variétés

Même s'il existe des centaines d'espèces de *Centaurea*, dont de très jolies, seules les espèces suivantes, avec leurs cultivars respectifs, sont utilisées comme vivaces ornementales.

Centaurea montana

C. montana
Centaurée de montagne
(Mountain Cornflower)
☀️ ☀️

C'est de loin la plus populaire des centaurées vivaces. Inflorescence composée d'une auréole assez diffuse de rayons bleu-violet autour d'un cœur pourpre. Même les boutons sont ornementaux, car les bractées vertes qui les composent sont ourlées de franges noires. Feuilles simples de couleur argentée quand elles sont jeunes, vert foncé l'été. Se ressème facilement, à tel point qu'on utilise rarement d'autres moyens que la transplantation des « brebis égarées » pour la multiplier, mais on peut aussi la diviser ou faire des boutures de racine. La floraison commence à la fin de mai parfois, mais a surtout lieu en juin et déborde un peu sur juillet. 🌱 Se ressème, mais rarement au point de déranger.

🌱 La centaurée des montagnes peut être sujette au blanc en fin d'été, notamment dans les milieux peu aérés, mais cela ne nuit nullement à sa croissance ni à sa floraison. Supprimez les feuilles atteintes si elles vous dérangent.

C. montana '**Alba**' : fleurs entièrement blanches mais assez parsemées. Plus joli en photo qu'au jardin. Floraison : (mai) juin-juillet. 45-60 cm x 60 cm. Zone 3.

C. montana '**Amethyst Dream**' : violet foncé. Floraison : (mai) juin-juillet. 45-60 cm x 60 cm. Zone 3.

Centaurea montana 'Amethyst in Snow'

C. montana '**Amethyst in Snow**' : rayons blancs, cœur violet. Floraison : (mai) juin-juillet. 45 cm x 60 cm. Zone 3.

C. montana '**Blue**' (*C. montana*) : nom invalide utilisé par certains marchands pour distinguer la forme ordinaire, *C. montana*, des autres... mais comme *C. montana* n'est pas un cultivar, il n'a pas besoin d'un nom de cultivar. Floraison : (mai) juin-juillet. 45-60 cm x 60 cm. Zone 3.

C. montana '**Carnea**' : fleurs rose clair. Floraison : (mai) juin-juillet. 45 cm x 60 cm. Zone 3.

C. montana '**Dot Purple**' : similaire à 'Amethyst Dream', donc violet foncé. Floraison : (mai) juin-juillet. 45 cm x 60 cm. Zone 3.

Centaurea montana 'Gold Bullion'

❤ *C. montana* '**Gold Bullion**' : fleurs bleu-violet, typiques de l'espèce mais mises en valeur par un feuillage « doré » (jaune lime). Très beau ! 🌱 **Attention** : les semis spontanés produits ont habituellement des feuilles vertes ! Floraison : (mai) juin-juillet. 35-40 cm x 45 cm. Zone 3.

❤ *C. montana* '**Jordy**' : fleurs violet très foncé, presque noires. Feuillage argenté.

SECTION 2 ♦ VIVACES À ENTRETIEN MINIMAL

Alchémille
Astilbe
Aunée
Benoîte
Bergenia
Bétoine
Campanule
▷ **Centaurée**
Digitale vivace
Euphorbe coussin
Faux lupin
Liatride
Lobélie syphilitique
Marguerite
Marshallia à grandes fleurs
Penstemon
Phlomis
Pigamon
Platycodon
Polémoine
Potentille
Sanguisorbe
Vergerette
Zizia

SECTION 2 ▸ VIVACES À ENTRETIEN MINIMAL

Centaurea montana 'Jordy'

Réellement spectaculaire! Floraison: (mai) juin-juillet. 45-60 cm x 60 cm. Zone 3.

C. montana **'Joyce'**: fleurs rose franc. Floraison: (mai) juin-juillet. 45 cm x 60 cm. Zone 3.

C. montana **'Lady Flora Hastings'**: fleurs blanches à cœur rose pâle. Floraison: (mai) juin-juillet. 45 cm x 60 cm. Zone 3.

♥ *C. montana* **'Parham'**: fleurs rose foncé devenant bleu lavande. Feuilles plus étroites. Floraison: (mai) juin-juillet. 45 cm x 60 cm. Zone 3.

C. montana **'Purple Heart'**: semble identique à 'Amethyst in Snow'. Floraison: (mai) juin-juillet. 45 cm x 60 cm. Zone 3.

C. montana **'Violetta'**: très similaire, sinon identique, à 'Amethyst Dream'. Floraison: (mai) juin-juillet. 45 cm x 60 cm. Zone 3.

C. bella
Centaurée jolie (Beautiful Cornflower)
☼ ☼

Fleurs plumeuses rose violacé. Feuilles persistantes, découpées, gris-vert à revers blanc tomenteux. Les tiges rampantes, s'enracinant au contact du sol, forment un couvre-sol dense. Excellent en rocaille. ⚠ À la manière de beaucoup de couvre-sol, la centaurée jolie peut être envahissante, mais se laisse facilement contrôler par la présence de plantes plus hautes dans ses environs. Comme elle est nouvelle sur le marché au Canada, sa rusticité n'est pas bien connue. Floraison: juin, puis sporadique jusqu'à la fin d'août. 25 cm x 30 cm et plus. Zone 5?

Centaurea dealbata

C. dealbata
Centaurée de Perse (Persian Cornflower)
☼ ☼

Belles grosses fleurs rose lilas dont le cœur rose pâle devient blanc avec le temps. Feuillage découpé, vert foncé sur le dessus et blanc sur le revers. Tiges un peu lâches dans les emplacements trop ombragés. ⚠ **Attention**: il faut planter la centaurée de Perse à l'intérieur d'une barrière, car ses rhizomes vagabonds la rendent très envahissante! Floraison: juin-août. 60-75 cm x 60 cm. Zone 4.

C. dealbata **'Steenburgii'**: variante à fleurs rose plus foncé et à port plus compact. Floraison: juin-août. 50-70 cm x 60 cm. Zone 4.

♻ *C.* **'John Coutts'** (*C. hypoleuca* 'John Coutts', *C. dealbata* 'John Coutts'): plante mystère, longtemps considérée comme une sélection de *C. hypoleuca*, une espèce peu cultivée, mais les autorités lui attribuent maintenant une origine hybride, probablement *C. dealbata* x *C. hypoleuca*. La plante ressemble beaucoup à *C. dealbata*, à tel point que les deux espèces sont parfaitement confondues sur le marché. Les fleurs roses sont presque identiques, mais la plante est plus compacte. Le feuillage argenté, très blanc sur le revers, est découpé à la base de la plante et simple sur la tige florale. C'est d'ailleurs par ses feuilles supérieures simples qu'on peut la distinguer de *C. dealbata*, dont toutes les feuilles sont découpées. Aussi envahissante que *C. dealbata*. Floraison : juin-août. 45-55 cm x 50 cm. Zone 4.

Centaurea macrocephala

C. macrocephala
Centaurée à grosse tête (Globe Cornflower)

Belle grosse vivace d'arrière-plan, très différente de la majorité des centaurées à cause de ses fleurs jaune franc en boule (les autres ayant plutôt des fleurs roses ou violettes en forme de marguerite). Au printemps, une rosette de grosses feuilles vert moyen couvertes de poils fins et ondulés produit bientôt des tiges feuillues épaisses et solides (*aucun* danger qu'elles ne cassent au vent) portant à leur sommet une seule mais énorme inflorescence. Avant même que la fleur s'épanouisse, déjà elle attire les regards grâce aux bractées frangées dorées (oui, vraiment dorées : elles brillent au soleil comme de l'or en barre) qui recouvrent le bouton : on dirait un mini-ananas ! Les fleurons jaune vif très étroits, presque des poils, paraissent bientôt : massés au sommet de l'inflorescence, ils créent un effet de flambeau. L'inflorescence est de taille impressionnante aussi : parfois jusqu'à 10 cm de diamètre ! Les fleurs durent deux ou trois semaines, puis se retirent, mais les bractées sont toujours là et protègent les graines à mesure qu'elles se forment. Au total, l'effet ornemental dure plus de huit semaines. Excellente fleur séchée ! Après la floraison, le feuillage commence à dégénérer à partir de la base. Il faut donc planter la centaurée à grosse tête au deuxième ou même au troisième plan, où l'on ne verra pas sa base en fin d'été. Floraison : juillet-août. 90-120 cm x 45 à 60 cm. Zone 3.

Stemmacantha centaureoides

Stemmacantha centaureoides
(*Centaurea pulchra major*)
Centaurée élégante (Pink Knapweed)

Alchémille
Astilbe
Aunée
Benoîte
Bergenia
Bétoine
Campanule
▷ **Centaurée**
Digitale vivace
Euphorbe coussin
Faux lupin
Liatride
Lobélie syphilitique
Marguerite
Marshallia à grandes fleurs
Penstemon
Phlomis
Pigamon
Platycodon
Polémoine
Potentille
Sanguisorbe
Vergerette
Zizia

SECTION 2 ▸ VIVACES À ENTRETIEN MINIMAL

Je ne peux passer sous silence le «jumeau rose» de la centaurée à grandes fleurs, la centaurée élégante (vendue sous le nom de *Centaurea pulchra major*, mais récemment renommée *Stemmacantha centaureoides*). Elle lui est similaire par son port, ses inflorescences et sa culture, avec la différence que ses bractées sont argentées et que ses fleurons hirsutes sont roses. Tout à fait charmante, mais encore peu courante sur le marché. Contrairement aux autres centaurées, elle préfère les sols lourds (glaiseux) à condition que le sol ne reste pas détrempé en hiver. Une plante à rechercher ! Floraison : juillet-août. 120 cm x 60 cm. Zone 4.

S. rhapontica (*Leuzea rhapontica*)
Rhapontique des Alpes (Giant Knapweed)

Comme une forme géante de la plante précédente, avec une inflorescence aussi grosse que celle de la centaurée à grandes fleurs. Les feuilles, qui ressemblent à celles de la bardane (*Arctium*), sont blanches et duveteuses au revers. Les bractées sont dorées. Floraison : juillet-août. 160 cm x 60 cm. Zone 4.

↻ Variété déconseillée

✹ *C. nigra*
Centaurée noire (Black Knapweed)

J'admets que la centaurée noire est jolie, florifère et facile à cultiver, mais cette plante européenne s'est déjà échappée de la culture dans nos régions où elle se comporte comme une mauvaise herbe nocive. Je ne crois pas qu'il soit sage de l'aider à s'étendre davantage en faisant la promotion de sa culture ! Avec sa petite inflorescence globulaire aux rayons plumeux pourpres coiffant des bractées hirsutes brunes, elle ressemble à un chardon sans épines ; ce n'est pas une critique : le chardon des champs (*Cirsium arvense*) est une très jolie plante – menaçante mais jolie ! Les tiges dressées portent des feuilles étroites un peu ou pas du tout lobées, vert foncé, ce qui donne une plante d'apparence plus aérée que les autres centaurées décrites. Envahissante par ses semences, la plante ne produit pas de rhizomes (contrairement au vrai chardon des champs). Floraison : juillet-septembre. 30-100 cm x 30 cm. Zone 3.

Centaurea nigra

Digitale vivace
Digitalis

Digitalis grandiflora
www.jardinierparesseux.com

Famille :
Plantaginacées (anc. Scrophulariacées)

Origine :
Europe et Asie

DIGITALE VIVACE
Digitalis

Nom anglais : Perennial Foxglove

Dimensions : 30-120 cm x 30-60 cm

Exposition : ☀ ☀

Sol : bien drainé, humide et riche en matière organique

Floraison : juin-septembre, selon l'espèce

Multiplication : division, semences

Utilisations : plate-bande, arrière-plan, sous-bois, endroits humides, fleur coupée, attire les colibris

Associations : cœurs-saignants, cimicifuges, astilbes, barbes de bouc

Zone de rusticité : 2-5, selon l'espèce

Pour bien des jardiniers, il n'y a qu'une digitale : la bonne vieille digitale pourpre (*Digitalis purpurea*), mais il s'agit d'une plante bisannuelle et, pour cette raison, je l'ai placée dans le chapitre *Bisannuelles et autres va-vite*, dans le tome 2. Il reste toutefois presque 25 autres espèces de *Digitalis*, la plupart fidèlement vivaces. Je décris les plus populaires ici.

Il s'agit de plantes formant une rosette basale de feuilles larges ou étroites, souvent semi-persistantes, de laquelle s'élèvent des tiges florales portant des feuilles plus courtes et coiffées d'un épi de fleurs tubulaires, souvent tachetées à l'intérieur. Elles peuvent être courtes ou longues, mais sont toujours nombreuses. En général, les espèces à grosses fleurs les portent d'un côté de l'épi (la floraison est dite unilatérale) tandis que les espèces

SECTION 2 ♦ VIVACES À ENTRETIEN MINIMAL

à petites fleurs les portent tout autour de la tige.

Les espèces décrites ici, de culture facile, s'adaptent à presque tous les sols et sont particulièrement tolérantes aux sols acides. Dans la nature, elles poussent souvent dans les sous-bois ouverts, mais elles tolèrent bien le plein soleil aussi, du moins dans nos régions septentrionales. La plante se divise au pied ou par de courts rhizomes, en formant des touffes qui grandissent lentement sans devenir envahissantes.

☠ Toutes les parties des digitales sont toxiques si ingérées.

Variétés

Digitalis grandiflora

❤ ☠ ❀ **Digitalis grandiflora** (*D. ambigua*)
Digitale à grandes fleurs (Yellow Floxglove)
☀ ◐

C'est la plus populaire des digitales vivaces; elle porte de grandes fleurs jaune soufre tachetées de brun à l'intérieur sur des épis dressés moins denses que ceux de la digitale pourpre. Après une floraison massive au début de l'année, il n'est pas rare de voir cette vivace fleurir de nouveau, plus légèrement, à la fin de l'été. Floraison unilatérale. Les feuilles duveteuses vert foncé sont attrayantes et persistent parfois l'hiver. Floraison: juin-juillet (août). 60-90 cm x 30-45 cm. Zone 2.

***D. grandiflora* 'Carillon':** plus compacte que l'espèce. Floraison: juin-juillet (août). 30-40 cm x 30-45 cm. Zone 2.

☠ ❀ **D. 'Waldigone' Goldcrest®**
Digitale Goldcrest (Goldcrest Foxglove)
☀ ◐

Hybride récent du très obscur *D. obscura* (un nom prédestiné!) à fleurs orangées avec le très vivace *D. grandiflora* à fleurs jaunes. Fleurs jaune pêche rehaussé de rouge à l'extérieur et doucement marbré de roux à l'intérieur. Feuilles étroites vert foncé. Plante stérile produisant des fleurs pendant tout l'été. Floraison: juillet-août. 40-50 cm x 30-40 cm. Zone 5.

❤ ☠ **D. laevigata**
Digitale à feuilles lisses (Grecian Foxglove)
☀

Cette espèce porte des fleurs d'apparence surprenante: jaune orangé veiné de brun à l'intérieur avec un lobe inférieur blanc encore joliment nervuré de brun. Elles sont plus espacées que chez la plupart des digitales à petites fleurs et portées sur une tige rougeâtre. Le feuillage aussi, lancéolé, charnu et lisse, est marginé de rouge lorsqu'il est exposé au plein soleil. Il forme une

SECTION 2 — VIVACES À ENTRETIEN MINIMAL

Digitalis laevigata

attrayante rosette et persiste généralement l'hiver. Cette espèce préfère le plein soleil. Floraison : (juin) juillet. 90-110 cm x 30-60 cm. Zone 3.

Digitalis lanata

☠ D. lanata
Digitale laineuse (Woolly Foxglove)

Curieuse vivace de culture très facile, portant un épi dressé de petites fleurs très denses d'apparence surprenante. En effet, chaque fleuron ressemble à une mini-orchidée ! Les fleurs sont d'un jaune fortement marqué de brun avec un lobe inférieur allongé de couleur blanche. Le feuillage est, comme les noms commun et botanique le suggèrent, grisâtre et duveteux. Floraison : juillet-août. 90 cm x 30 cm. Zone 4.

Digitalis lutea

☠ D. lutea
Digitale jaune (Straw Foxglove)

Ressemble à *D. grandiflora*, mais à fleurs plus petites et plus minces portées sur un épi mince. La plante pousse en touffes denses de feuilles étroites vert foncé et compense la délicatesse des épis floraux en en produisant

- Alchémille
- Astilbe
- Aunée
- Benoîte
- Bergenia
- Bétoine
- Campanule
- Centaurée
- ▷ **Digitale vivace**
- Euphorbe coussin
- Faux lupin
- Liatride
- Lobélie syphilitique
- Marguerite
- Marshallia à grandes fleurs
- Penstemon
- Phlomis
- Pigamon
- Platycodon
- Polémoine
- Potentille
- Sanguisorbe
- Vergerette
- Zizia

SECTION 2 ◆ VIVACES À ENTRETIEN MINIMAL

en quantité. Les fleurs étroites et tubulaires sont de couleur paille. Elles sont unilatérales. Tolère la mi-ombre, mais préfère le soleil. Floraison : juillet-août. 60-90 cm x 20-30 cm. Zone 3.

Digitalis x *mertonensis*

 **D. x mertonensis**
Digitale rose (Strawberry Foxglove)

C'est un hybride de la digitale pourpre, une bisannuelle, et de la digitale à grandes fleurs, une vivace, qui combine les traits des deux parents. Ainsi les fleurs sont rose cuivré, tachetées de brun à l'intérieur, et la plante est une vivace de courte vie. ☘ En effet, si on ne la divise pas, elle disparaît après deux ou trois ans. Floraison unilatérale. C'est une plante stérile, offerte seulement sous forme de plants. Beau feuillage vert velouté. Floraison : juillet-août. 90-120 cm x 45-60 cm. Zone 4.

Digitalis parviflora

 D. parviflora
Digitale espagnole (Spanish Foxglove)

Cette digitale a une couleur rare parmi les fleurs : un beau brun chocolat ! Les fleurs sont petites et portées très densément sur un épi dressé. La rosette de feuilles allongées et persistantes est attrayante, même en hiver. La plante est solidement vivace et produit des talles denses avec le temps. Floraison : juillet. 60 cm x 30 cm. Zone 4.

D. parviflora 'Milk Chocolate' : il paraîtrait qu'un semencier a choisi le nom 'Milk Chocolate' afin de mousser les ventes de ce qui est en fait tout simplement *D. parviflora*. ☘ Ainsi le nom serait illégitime. Floraison : juillet. 60 cm x 30 cm. Zone 4.

SECTION 2 ❯ VIVACES À ENTRETIEN MINIMAL

D. 'Spice Island'
Digitale 'Spice Island' (Spice Island Foxglove)

Cette plante n'est pas une digitale pure laine, mais en fait un croisement entre une digitale (*Digitalis laevigata*) de climat tempéré et un isoplexus (*Isoplexus canariensis*) de climat subtropical. Heureusement qu'elle a hérité la rusticité de la première et la floribondité de la deuxième. Il en résulte une digitale vivace qui produit des tiges florales successives et qui fleurit ainsi presque tout l'été! Fleurs jaune pêche à taches rousses. Feuillage persistant. Floraison: juillet-septembre. 90-120 cm x 30 cm. Zone 5.

D. thapsi
Digitale molène (Mullein Floxglove)

La digitale molène est un peu différente des autres digitales, car ses fleurs pendantes sont portées sur des pédoncules assez loin de la tige qui est, de surcroît, ramifiée, ce qui donne un effet moins pointu et plus aéré à la plante. Feuillage duveteux un peu argenté rappelant celui de la molène (*Verbascum*), d'où les noms botanique et commun. Fleurs rose bonbon à gorge blanche tachetée de rose et plus ouvertes que les autres: presque comme les fleurs de gloxinia. Floraison unilatérale. Préfère le soleil et tolère mieux la sécheresse que les autres. Floraison: juin-juillet. 60 cm x 30 cm. Zone 4.

D. thapsi 'Spanish Peaks': variété naine de la précédente. Intéressante en bordure et en rocaille. Floraison: juin-juillet. 30 cm x 20 cm. Zone 4.

Alchémille
Astilbe
Aunée
Benoîte
Bergenia
Bétoine
Campanule
Centaurée
❯ **Digitale vivace**
Euphorbe coussin
Faux lupin
Liatride
Lobélie syphilitique
Marguerite
Marshallia à grandes fleurs
Penstemon
Phlomis
Pigamon
Platycodon
Polémoine
Potentille
Sanguisorbe
Vergerette
Zizia

Digitalis thapsi

mscs, Wikimedia Commons

249

Euphorbe coussin

Euphorbia polychroma (anc. *E. epithymoides*)

Famille : Euphorbiacées

Origine : Europe

Euphorbia polychroma H.Zell, Wikimedia Commons

EUPHORBE COUSSIN
Euphorbia polychroma (anc. E. epithymoides)

Nom anglais : Cushion Spurge

Dimensions : 30-45 cm x 45 cm

Exposition : ☼ ☼

Sol : sec, bien drainé

Floraison : (mai) juin

Multiplication : boutures de tige, division, semences

Utilisation : plate-bande, bordure, massif, rocaille, couvre-sol, auge, bac

Associations : œillets de Grenoble, sédums, heuchères

Zone de rusticité : 3

Il faut faire attention avec les euphorbes. Plusieurs sont des envahisseuses agressives, au moyen de rhizomes souterrains vagabonds ou de graines qui germent partout. On en parlera dans le chapitre *Vivaces pensez-y bien*. D'autres encore ne sont pas assez rustiques pour être fiables sous notre climat. Mais il y a une euphorbe que j'ai toujours pu recommander à tout jardinier, l'euphorbe coussin (*Euphorbia polychroma*, autrefois connue sous le nom de *E. epithymoides*), qui reste fidèlement à sa place, année après année, et qui résiste aux pires froids.

L'euphorbe coussin forme, comme son nom le dit, un coussin parfait, véritable monticule en dôme. Ses tiges presque ligneuses se couvrent densément de feuilles oblongues vert pâle. Puis survient la floraison ! Tout le

SECTION 2 ▸ VIVACES À ENTRETIEN MINIMAL

sommet de la plante change de couleur. Les feuilles supérieures (en fait, des bractées) deviennent jaune-vert à marge jaune citron, alors que les petites fleurs sont jaune or.

La floraison dure environ un mois, puis la plante entreprend sa coloration estivale vert pâle et ressemble alors à un petit arbuste arrondi. Et quand vient l'automne, surprise ! Toute la plante change de couleur, devenant rouge, pourpre et orange Les vivaces affichant une belle coloration automnale sont si rares ! On comprend facilement alors le sens de son nom botanique, *polychroma* : couleurs multiples. L'euphorbe coussin passe par presque toutes les couleurs de l'arc-en-ciel.

L'euphorbe coussin convient aux emplacements ensoleillés ou mi-ombragés. Tout sol bien drainé fait l'affaire et la plante est très résistante à la sécheresse. De plus, même si la plante arrive au maximum de sa modeste taille dès la deuxième année, elle ne bouge plus par la suite. Quarante ans plus tard, elle sera toujours à la même place sans avoir pris un centimètre de tour de taille : si seulement nous étions tous faits ainsi !

Dans les plates-bandes sarclées, où on laisse beaucoup de terre nue exposée, il arrive que l'euphorbe coussin produise des semis spontanés. On ne peut toutefois pas dire que la plante est envahissante. Dans la plate-bande du jardinier paresseux, jonchée de végétaux et au sol bien paillé, vous ne verrez aucun semis spontané.

Côté multiplication, on peut diviser la plante au printemps ou à l'automne. Les boutures de tige prélevées après la floraison (supprimez les fleurs fanées) prennent assez bien. Ou déplacez des semis égarés s'il y en a.

☠ Si cette plante a un défaut, elle le partage avec les autres euphorbes : sa sève laiteuse blanche est toxique... Pas mortelle, mais l'irritation est terrible si par malheur un peu de sève a pénétré dans un de vos yeux ; vous pourriez vous retrouver à l'hôpital ! Le goût est affreux aussi (je le sais, j'y ai goûté !). Donc, lavez-vous les mains après l'avoir manipulée.

Évidemment, cette sève toxique a des avantages : les mulots, les cerfs et même les insectes n'en veulent rien savoir.

Variétés

Autrefois vivace plutôt obscure, l'euphorbe coussin a pris du galon depuis quelques années et plusieurs cultivars sont maintenant disponibles, certains réellement exceptionnels. En voici quelques exemples.

♥ ☠ *Euphorbia polychroma* 'Bonfire' : cette variété a des feuilles rouge pourpré, très

Euphorbia polychroma 'Bonfire'

Alchémille
Astilbe
Aunée
Benoîte
Bergenia
Bétoine
Campanule
Centaurée
Digitale vivace
▷ **Euphorbe coussin**
Faux lupin
Liatride
Lobélie syphilitique
Marguerite
Marshallia à grandes fleurs
Penstemon
Phlomis
Pigamon
Platycodon
Polémoine
Potentille
Sanguisorbe
Vergerette
Zizia

intense au printemps, un peu moins l'été. Cela ne l'empêche pas de fleurir, et le contraste entre les feuilles rougeâtres et les fleurs jaune soufre est saisissant ! À l'automne, la couleur s'intensifie pour devenir rouge vin. Floraison : (mai) juin. 30-45 cm x 45 cm. Zone 3.

E. polychroma **'Candy'** ('Purpurea') : feuilles pourpres au printemps, vertes l'été. À mon avis, dans le genre « euphorbe pourpre », 'Bonfire' est supérieur. Floraison : (mai) juin. 30-45 cm x 45 cm. Zone 3.

♥ *E. polychroma* **'First Blush'** : la plus polychrome des euphorbes *polychroma*. Les feuilles sont tricolores au printemps : le centre est vert pâle, les marges crème et roses. La couleur rose disparaît après la floraison et les feuilles sont vertes à marge crème l'été. Puis, à l'automne, la couleur rose revient au feuillage, qui devient alors rose, rouge et pourpre, et reste tricolore pour finir l'année. Qui pourrait se plaindre d'une vivace belle à couper le souffle pendant cinq mois ? Floraison : (mai) juin. 30-45 cm x 45 cm. Zone 3.

E. polychroma **'Lacy'** ('Variegata') : feuillage panaché de crème. Fleurs de couleur jaune plus pâle. Floraison : (mai) juin. 30-45 cm x 45 cm. Zone 3.

E. polychroma **'Major'** : plus gros que l'espèce. Fleurs jaune plus pâle. Floraison : (mai) juin. 30-45 cm x 45 cm. Zone 3.

E. polychroma **'Midas'** : fleurs jaune plus vif que l'espèce. Floraison : (mai) juin. 30-45 cm x 45 cm. Zone 3.

E. polychroma **'Sonnengold'** : fleurs jaune chartreuse plus intense. Similaire à 'Midas'. Floraison : (mai) juin. 30-45 cm x 45 cm. Zone 3.

Euphorbia polychroma 'First Blush'

Faux lupin
Thermopsis

Thermopsis villosa
www.jardinierparesseux.com

Famille : Fabacées

Origine : Amérique du Nord et Asie

FAUX LUPIN
Thermopsis

Nom anglais : False Lupin

Dimensions : 10-150 cm x 30-150 (selon l'espèce)

Exposition : ☀️ ☀️

Sol : profond, bien drainé, pauvre à ordinaire

Floraison : juin-juillet

Multiplication : division, semences

Utilisations : plate-bande, massif, naturalisation, pré fleuri, haie, fleur coupée, plante médicinale

Associations : delphiniums, narcisses, brunneras

Zone de rusticité : 3 ou 4

Il y a une vingtaine d'espèces dans le genre *Thermopsis*, la plupart indigènes de l'Amérique du Nord tempérée, mais certaines de l'est de l'Asie. Le nom « faux lupin » suggère une ressemblance avec le lupin (*Lupinus* spp.) (tome 2), et effectivement, les deux non seulement se ressemblent, mais sont des légumineuses. *Thermopsis* veut d'ailleurs dire « qui ressemble à un lupin », car *thermos* est le mot grec pour lupin. Il y a aussi une nette ressemblance avec les baptisias (*Baptisia* spp.) ; d'ailleurs, à l'origine le genre *Thermopsis* était inclus dans le genre *Baptisia*.

La plante se reconnaît à ses feuilles, ses fleurs et ses capsules de graines. Les feuilles vert moyen sont trifoliées, aux folioles lancéolées ou ovées selon l'espèce, à marge lisse et similaires aux feuilles du baptisia tout en étant plus minces et sans le reflet bleuté qu'on trouve chez ce dernier. La feuille est légèrement duveteuse, ce qui lui donne une apparence argentée à l'épanouissement.

Les fleurs sont typiques des fleurs de légumineuses, donc en forme de fleur de pois. Elles sont jaunes et placées sur un épi terminal dressé. La floraison dure environ deux à trois semaines, habituellement de la fin de juin à la mi-juillet. Les gousses qui suivent la floraison sont longues et étroites – vertes au début, brunes à maturité –, et rappellent parfaitement les gousses de haricot ou de pois. ☠ Les graines, comme toute la plante d'ailleurs, sont toxiques.

🍃 On multiplie habituellement le faux lupin par semences, car la plante produit une longue racine pivotante et est difficile à déterrer, du moins une fois établie. Les graines, très dures, doivent être scarifiées (frottées avec un papier de verre) et trempées dans l'eau 24 heures pour que la germination ait lieu. 🍃 Même là, il peut falloir deux semaines à un mois avant que les graines germent. Leur croissance est par contre rapide par la suite et la plante fleurira sans peine la deuxième année.

Voilà pour la majorité des faux lupins, soit ceux qui poussent en touffe. On peut toutefois diviser facilement les quelques faux lupins qui sont rhizomateux.

Plantez les faux lupins qui poussent en touffe dans un sol profond 🍃 (à cause de leurs longues racines pivotantes, ils poussent difficilement dans les sols minces) de presque n'importe quelle qualité, du moment qu'il n'est pas très alcalin. Le sol peut être très pauvre, car, en tant que légumineuse, le faux lupin vit en symbiose avec des bactéries fixatrices d'azote.

Enfin, les faux lupins préfèrent le plein soleil, mais réussiront bien à la mi-ombre, où leurs tiges peuvent toutefois être moins solides.

Variétés

Thermopsis chinensis

☠ *Thermopsis chinensis*
Faux lupin chinois (Chinese False Lupin)
☀ ◐

Relativement nouveau sur le marché, cette espèce asiatique a été classée zone 6 (la zone 5 américaine) sans raison apparente, ce qui décourage les jardiniers de nos régions. Pourtant, elle semble parfaitement à l'aise en zone 4 au Québec et est peut-être plus rustique encore. C'est un très joli faux lupin plus compact que la plupart, mais qui porte l'épi jaune typique de son genre. Il pousse en touffe et n'est nullement envahissant. Floraison : juin-juillet. 60 cm x 60 cm. Zone 4.

♥ ☠ **T. chinensis 'Sophia'** : variante naine de l'espèce. Floraison : juin-juillet. 30-45 cm x 45 cm. Zone 4.

☠ ***T. lanceolata*** (*T. lupinoides*)
Faux lupin de la Sibérie
(Lanceleaf False Lupin)
☀ ◐

SECTION 2 — VIVACES À ENTRETIEN MINIMAL

Thermopsis lanceolata

C'est l'espèce la plus nordique des faux lupins, qui vient de la Sibérie et, d'après certains auteurs, aussi de l'Alaska. Il produit l'habituel épi dressé de fleurs en forme de pois, mais elles sont d'un jaune plus doux que les autres. Aussi, ses folioles sont étroites (lancéolées), donc moins arrondies que celles des autres faux lupins cultivés. Enfin, sa gousse de graines en demi-lune aussi est distinctive. Il tolère mieux la mi-ombre que ses congénères. Poussant en touffe, il n'est pas envahissant. Floraison : juin-juillet. 30-95 cm x 40-60 cm. Zone 3.

☠ *T. rhombifolia*
Faux lupin des Prairies (Prairie False Lupin)
☀ ☼ ☾

Espèce indigène des Prairies canadiennes et américaines, ce faux lupin diffère des autres qu'on a vus jusqu'à maintenant par sa petite taille et sa croissance rhizomateuse. Plutôt que de former des touffes denses, il produit une touffe très aérée de seulement quelques tiges, puis une autre petite touffe se forme plus loin, puis encore une autre selon le déplacement des rhizomes. 🍁 Il peut être passablement envahissant, mais on peut profiter de sa façon de pousser en l'utilisant pour la stabilisation des sols. 🍁 Dans une plate-bande, il est sage de le planter à l'intérieur d'une barrière de plantation.

Ses tiges dressées portent à leur sommet un épi dense de fleurs jaunes. Les feuilles vert foncé couvertes de fins poils argentés ont trois folioles en forme de losange (le sens de *rhombifolia*). Celles portées vers le haut de la tige sont entières. C'est une plante souvent trouvée dans les milieux arides, donc intéressante pour la plate-bande xérophyte. Par contre, on le trouve aussi dans les sols passablement riches et humides, une indication qu'il s'adapte à presque tout. D'ailleurs, il pousse aussi bien à l'ombre qu'au soleil. Floraison : mai-juin. 10-45 cm x 30-40 cm. Zone 3.

Thermopsis rhombifolia montana

☠ *T. rhombifolia montana* (*T. montana*)
Faux lupin des montagnes
(Mountain False Lupin)
☀ ☼

Longtemps considéré comme une espèce à part entière, le faux lupin des montagnes a été réduit à une sous-espèce de *T. rhombifolia*, et ce, bien qu'il soit deux fois plus gros que ce dernier. Les pépinières le vendent toujours sous le nom de *T. montana* toutefois.

Alchémille
Astilbe
Aunée
Benoîte
Bergenia
Bétoine
Campanule
Centaurée
Digitale vivace
Euphorbe coussin
▷ **Faux lupin**
Liatride
Lobélie syphilitique
Marguerite
Marshallia à grandes fleurs
Penstemon
Phlomis
Pigamon
Platycodon
Polémoine
Potentille
Sanguisorbe
Vergerette
Zizia

SECTION 2 ▶ VIVACES À ENTRETIEN MINIMAL

C'est vrai qu'il ressemble à *T. rhombifolia*, avec un feuillage duveteux similaire et les mêmes épis de fleurs jaunes, mais il pousse en touffe assez dense et, même s'il produit des rhizomes, il ne s'étend que lentement. Aussi, ses feuilles sont plus étroites. Il préfère un sol bien drainé mais humide et pousse même dans les sols détrempés dans la nature. Contrairement à sa nouvelle co-espèce, le faux lupin des montagnes n'est pas un bon sujet pour une plate-bande xérophyte! Indigène des montagnes de l'Ouest américain. Floraison: juin-juillet. 60-120 cm x 60 cm. Zone 4.

T. villosa (*T. caroliniana*)
Faux lupin de Caroline (Carolina False Lupin)

Malgré son récent changement de nom, *T. villosa* est encore offert en pépinière sous son ancien nom, *T. caroliniana*. C'est une plante des Appalaches qu'on retrouve depuis la Géorgie dans le sud jusque dans l'État du Maine, donc sous un climat très similaire au nôtre. C'est le faux lupin le plus courant en pépinière, facile à trouver presque partout dans nos régions.

Il produit un épi de fleurs jaune vif très denses et rappelle réellement un lupin pendant sa floraison. Il pousse en touffe et forme, après quelques années, un spécimen magnifique. Si l'on voit des plantes de 1,5 m x 1,5 m dans la nature, en culture on peut habituellement s'attendre à un plant de 90-120 cm x 90-100 cm. Floraison: juin-juillet. 90-150 cm x 90-150 cm. Zone 3.

Thermopsis villosa

Liatride
Liatris

Liatris spicata 'Kolbold'

www.jardinierparesseux.com

Famille :
Astéracées

Origine :
Amérique du Nord

LIATRIDE
Liatris

Nom anglais : Blazing Star

Dimensions : 45-150 cm x 30-65 cm (selon le cultivar)

Exposition : ☀☀

Sol : bien drainé, humide et pauvre à riche en matière organique

Floraison : (juin) juillet-août

Multiplication : division, semences

Utilisations : en isolé, massif, plate-bande, arrière-plan, pré fleuri, endroits humides, fleur coupée, fleur séchée, attire les papillons et les oiseaux granivores

Associations : rudbeckies, échinacées, armoises

Zone de rusticité : 3

Le genre *Liatris* est strictement nord-américain, avec environ 35 espèces allant du Mexique au sud du Canada, dans le centre et l'est du continent. On reconnaît facilement les différentes espèces à leurs feuilles très étroites et rubanées, vert foncé, poussant tout autour de la tige dressée, ce qui donne à la plante une apparence proche d'un plant de lis (*Lilium*). Bien que la liatride appartienne à la famille de la marguerite (les Astéracées), l'inflorescence ne ressemble pas du tout à une marguerite : les minuscules fleurons plumeux, regroupés en petits disques et sans rayons (« pétales »), sont en général massés directement sur la tige principale et produisent plutôt un effet de brosse à bouteille. Chez certaines espèces, cependant, les fleurs sont portées sur de courts pédoncules qui s'éloignent de la tige

SECTION 2 ▸ VIVACES À ENTRETIEN MINIMAL

et font alors office de petits pompons. Elles sont invariablement mauves chez les plantes sauvages. La floraison dure au moins quatre semaines, et jusqu'à six si l'été est plutôt frais.

Les fleurs ont une curieuse habitude : alors que la plupart des vivaces à épi floral produisent des fleurs qui s'épanouissent du bas vers le haut, celles de la liatride fleurissent à l'inverse, du haut vers le bas ! C'est une excellente fleur coupée. Si toutefois vous ne récoltez pas les fleurs, sachez que la tige florale brunissante demeure attrayante dans le jardin. De plus, elle attire à l'automne les oiseaux granivores, dont les chardonnerets.

La plupart des liatrides viennent des Prairies, où elles sont des plantes de plein soleil qui tolèrent bien les sols pauvres et plutôt secs, mais l'espèce la plus courante, *L. spicata*, est au contraire plus à l'aise dans un sol humide et riche, même détrempé ; de plus, elle est très heureuse à la mi-ombre. Rarement a-t-on de la difficulté à cultiver les liatrides : ce sont des plantes faciles, à recommander même aux débutants.

La plupart des espèces produisent un cormus à leur base. Ainsi peut-on les acheter sous forme de « bulbe » au printemps, ce qui coûte beaucoup moins cher qu'une plante en pot. Plantez les cormus à environ 15 cm de profondeur. Les liatrides sont faciles à produire par semences, et plusieurs lignées plus ou moins stables sont offertes dans le commerce. On peut aussi les multiplier en coupant le cormus en sections au printemps, chacune portant au moins un œil.

Variétés

Liatris ligulistylis
Liatride des Rocheuses (Meadow Blazing Star)

C'est une des liatrides à fleurs en panicule : contrairement à notre image d'une liatride, ses inflorescences, qui ne sont pas portées directement sur l'épi mais sur des pédoncules, donnent un air de candélabre étroit à la plante. Fleurs mauve pourpré en pompon. Floraison : août-septembre. 90-150 cm x 45-60 cm. Zone 3.

Liatris ligulistylis

Liatris ligulistylis

SECTION 2 ▶ VIVACES À ENTRETIEN MINIMAL

L. microcephala
Liatride naine (Dwarf Gayfeather)

Espèce plus petite que les autres, avec des inflorescences mauves bien espacées sur un épi étroit. Feuilles très minces, presque comme des aiguilles. Préfère un sol sec et pauvre. Floraison : août-septembre. 45-60 cm x 30-45 cm. Zone 5.

L. microcephala 'Alba' : fleurs blanches. Floraison : 45-60 cm x 30-45 cm. Zone 5.

Liatris pycnostachya

L. pycnostachya
Liatride du Kansas (Kansas Gayfeather)

Grande espèce aux tiges florales en brosse à bouteille, inflorescences mauves. Préfère le plein soleil. Demande un sol plutôt humide l'été, mais bien drainé l'hiver. Peut être de courte vie dans les secteurs trop humides l'hiver. Produit jusqu'à 12 tiges florales par cormus. Floraison : juillet-août. 90-150 cm x 45 cm. Zone 4.

L. pycnostachya 'Alba' : fleurs blanches. Floraison : juillet-août. 90-150 cm x 45 cm. Zone 4.

L. pycnostachya 'Eureka' : fleurs mauve pourpré. Floraison : juillet-août. 90-150 cm x 45 cm. Zone 4.

L. scariosa
Liatride scarieuse (Tall Gayfeather)

Comme chez *L. ligulistylis*, les inflorescences, portées sur des tiges secondaires, donnent un air de candélabre plus que d'épi. Fleurs mauves en pompon. Floraison : août-septembre. 75-150 cm x 45-60 cm. Zone 4.

L. scariosa 'Alba' : fleurs blanches. Floraison : août-septembre. 75-150 cm x 45-60 cm. Zone 4.

L. scariosa 'September Glory' : fleurs mauve pourpré. Floraison : août-septembre. 75-150 cm x 45-60 cm. Zone 4.

L. scariosa 'White Spires' : fleurs blanches. Un peu plus compact que l'espèce. Floraison : août-septembre. 60-120 cm x 45-60 cm. Zone 4.

Liatris spicata 'Floristan Violett'

L. spicata
Liatride à épi (Spike Gayfeather)

- Alchémille
- Astilbe
- Aunée
- Benoîte
- Bergenia
- Bétoine
- Campanule
- Centaurée
- Digitale vivace
- Euphorbe coussin
- Faux lupin
- ▷ **Liatride**
- Lobélie syphilitique
- Marguerite
- Marshallia à grandes fleurs
- Penstemon
- Phlomis
- Pigamon
- Platycodon
- Polémoine
- Potentille
- Sanguisorbe
- Vergerette
- Zizia

SECTION 2 VIVACES À ENTRETIEN MINIMAL

C'est de loin l'espèce la plus cultivée, la liatride classique des plates-bandes avec son épi mauve en forme de brosse à bouteille porté sur une tige solide. Cette espèce est indigène dans le nord-est du continent et est mieux adaptée aux conditions d'humidité et de mi-ombre que les autres. D'ailleurs, on l'appelle parfois liatride des marécages, ce qui souligne son amour des sols humides. Les conditions de plate-bande lui conviennent parfaitement et, une fois établie, elle tolère bien la sécheresse. Floraison : juillet-août. 90-150 cm x 45-60 cm. Zone 3.

L. spicata **'Alba'** : fleurs blanches. Floraison : juillet-août (septembre). 90-150 cm x 45-60 cm. Zone 3.

L. spicata **'Floristan Violett'** ('Floristan Violet') : fleurs mauve pourpré. Produit par semences et donc un peu variable. Floraison : juillet-août. 90-150 cm x 45-60 cm. Zone 3.

L. spicata **'Floristan Weiss'** ('Floristan White') : la variété blanche la plus cultivée. Produit par semences et donc un peu variable. Floraison : juillet-août. 90 cm x 45-60 cm. Zone 3.

L. spicata **'Kobold'** ('Goblin') : fleurs mauves. La variété la plus populaire. Un peu plus hâtif que l'espèce. Produit par semences ; dimensions très variables. Floraison : juillet-août. 45-75 cm x 45 cm. Zone 3.

♥ *L. spicata* **'Kobold Original'** : à l'origine, 'Kobold' était une variété naine, mais à force de multiplier la plante par semences, on a fait disparaître le vrai 'Kobold' du commerce. Cette sélection produite de la souche d'origine et maintenue par multiplication asexuée est un retour aux sources : le vrai 'Kobold'. Un peu plus hâtif que l'espèce. Floraison : juillet-août (septembre). 35 cm x 30 cm. Zone 3.

Liatris spicata 'Floristan Weiss'

Lobélie syphilitique
ou grande lobélie bleue
Lobelia siphilitica

Lobelia siphilitica

www.jardinierparesseux.com

Famille : Lobéliacées

Origine : est de l'Amérique du Nord

LOBÉLIE SYPHILITIQUE
Lobelia siphilitica

Nom anglais : Big Blue Lobelia

Dimensions : 40-105 cm x 30 cm

Exposition : ☼ ☼ ☼

Sol : riche, humide à très humide, bien drainé

Floraison : août-septembre

Multiplication : division, semences

Utilisations : plate-bande, massif, naturalisation, sous-bois, pré fleuri, endroits détrempés, fleur coupée, plante médicinale, attire les colibris et les oiseaux granivores

Associations : grandes fougères, hémérocalles, astilbes, iris de Sibérie

Zone de rusticité : 3

Le genre *Lobelia* est très vaste, avec presque 400 espèces croissant sous presque tous les climats du monde et comprenant vivaces, annuelles, bisannuelles, plantes aquatiques, arbustes et même de petits arbres comme la célèbre lobélie arborescente (*Lobelia gibberoa*) du mont Kilimandjaro. Les lobélies qu'on peut qualifier de vivaces sous notre climat composent un tout petit groupe originaire de l'Amérique du Nord. Elles sont, pour la plupart, des plantes aquatiques ou semi-aquatiques, mais quelques-unes sont adaptées à une vie terrestre.

La lobélie qui nous intéresse ici, *L. siphilitica*, est indigène presque partout dans l'est de l'Amérique du Nord sauf au Québec et dans les Maritimes. On la trouve le long des rivières et dans les sous-bois ouverts. Elle produit

SECTION 2 ▸ VIVACES À ENTRETIEN MINIMAL

une rosette de feuilles ovales à pointues qui s'allonge en une seule tige dressée aux feuilles plus étroites, tige coiffée d'un très dense épi de fleurs en fin d'été. Les fleurs sont faciles à reconnaître : elles ont deux lèvres, la lèvre supérieure avec deux lobes pointus très dressés, souvent se croisant au sommet, et la lèvre inférieure avec trois lobes pointus serrés ensemble qui me font penser à des griffes. La fleur est de couleur bleu moyen (rarement blanche), souvent avec des marques blanches sur les lobes inférieurs.

Ses épithètes botanique et commune viennent de l'utilisation que les Amérindiens en faisaient pour traiter la syphilis. Je vous suggère plutôt d'aller voir un médecin sans tarder.

En général, on peut dire que la lobélie bleue est une plante de mi-ombre qui tolère le soleil quand le sol est assez humide. Elle fleurit très bien à l'ombre des grands arbres dans la nature ☘ mais seulement là où le sol est très humide. Vous comprenez donc que le facteur déterminant est l'humidité du sol : sans être autant semi-aquatique que la belle mais capricieuse lobélie cardinale (*L. cardinalis*, tome 2), elle aime un sol humide et tolère mal la sécheresse.

Sa culture est très facile du moment que le sol demeure humide. Elle n'a pratiquement besoin d'aucun soin, sauf peut-être une division quand la touffe devient trop large. Dans certains livres, on laisse entendre qu'elle est de courte vie, mais cela semble être plus le cas dans le Sud où les étés chauds minent sa longévité. Dans nos régions, où la chaleur estivale est rarement très persistante, elle vit facilement 10 ans et plus, en plein dans la moyenne pour une vivace.

La division est la façon la plus facile de multiplier la lobélie bleue, car on est alors sûr que les plants qui en ressortiront seront fidèles au type. Par contre, elle est facile à produire par semences et se ressèmera toute seule dans un milieu convenable. Ne recouvrez pas les petites semences de terre, car elles ont besoin de lumière pour germer.

☠ La lobélie bleue est légèrement toxique donc à l'épreuve de la plupart des prédateurs. Même les limaces qui se régalent des feuilles de sa sœur, la lobélie cardinale, semblent la laisser tranquille.

Variétés

L'espèce est jolie en soi, mais on offre plutôt des cultivars en jardinerie.

☠ *L. siphilitica* 'Alba' : fleurs blanches. Floraison : août-septembre. 60-105 cm x 45 cm. Zone 3.

♥☠ *L. siphilitica* 'Blue Select' : fleurs bleues. Floraison : août-septembre. 60-105 cm x 30 cm. Zone 3.

Lobelia siphilitica 'Blue Select'

Nova, Wikimedia Commons

SECTION 2 — VIVACES À ENTRETIEN MINIMAL

L. siphilitica 'Blue Peter' : fleurs bleu pâle. Plutôt compact. Floraison : août-septembre. 60-90 cm x 30 cm. Zone 3.

L. siphilitica 'Lilac Candles' : variété naine à fleurs lilas. Floraison : août-septembre. 40 cm x 30 cm. Zone 3.

L. siphilitica 'White Candles' : variété naine à fleurs blanches. Floraison : août-septembre. 40 cm x 30 cm. Zone 3.

L. x *speciosa* (anc. *L.* x *gerardii*)
Lobélie vivace hybride (Hybride Lobelia)

Il s'agit d'hybrides issus de croisements entre *L. siphilitica* et *L. cardinalis* (tome 2) ou *L. splendens*. Superbe plante insuffisamment connue, offrant une vaste gamme de couleurs (rouge, rose, pourpre et blanc, entre autres) et une floraison prolongée qui dure du milieu de l'été au début de l'automne. Le problème, c'est que l'ajout de *L. splendens*, moins rustique (zone 7 ou 8), au mélange met des bâtons dans les roues des jardiniers nordiques : en effet, on n'est jamais certain qu'une nouvelle lobélie vivace hybride sera suffisamment rustique pour notre climat sans l'avoir essayée. Les cultivars présentés ici, certaines des lignées produites par semences, d'autres des clones offerts sous forme de plants, ont toutefois la réputation d'être rustiques, à moins de mention contraire.

L. x *speciosa* 'Cotton Candy' : fleurs rose pâle. Floraison : juillet-septembre. 45-60 cm x 30 cm. Zone 5.

L. x *speciosa* 'Cranberry Crusader' : fleurs rouge canneberge. Extra rustique ! Floraison : juillet-septembre. 60 cm x 30 cm. Zone 3.

L. x *speciosa* 'Dark Crusader' : fleurs rouge rubis foncé, feuilles pourpre foncé. Floraison : juillet-septembre. 90 cm x 30 cm. Zone 4.

Lobelia x *speciosa* série Fan

L. x *speciosa* série Fan : cette série ('Fan Tiefrot', 'Fan Burgundy', etc.) comprend des formes naines (45 à 60 cm de hauteur). Elle pourrait peut-être servir d'annuelle, car elle s'est montrée insuffisamment rustique pour servir de vivace sous notre climat. Floraison : juillet-septembre. 45 cm x 30 cm. Zone 6 ou 7.

L. x *speciosa* 'Fan Blau' ('Fan Blue') : exception à la règle précédente selon laquelle les lobélies de la série Fan ne sont pas rustiques, ce cultivar semble plus proche, par sa forme et sa rusticité, de *L. siphilitica*, à tel point que je ne serais pas surpris d'apprendre que 'Fan Purple' est tout simplement une sélection naine de ce dernier. Fleurs bleu-violet riche. Floraison : juillet-septembre. 45 cm x 30 cm. Zone 3.

L. x *speciosa* 'Gladys Linley' : blanc crème. Floraison : juillet-septembre. 120 cm x 30 cm. Zone 4.

Alchémille
Astilbe
Aunée
Benoîte
Bergenia
Bétoine
Campanule
Centaurée
Digitale vivace
Euphorbe coussin
Faux lupin
Liatride
Lobélie syphilitique
Marguerite
Marshallia à grandes fleurs
Penstemon
Phlomis
Pigamon
Platycodon
Polémoine
Potentille
Sanguisorbe
Vergerette
Zizia

SECTION 2 ▶ VIVACES À ENTRETIEN MINIMAL

Lobelia x *speciosa* 'Grape Knee-Hi'

☠ ✺ *L.* x *speciosa* 'Grape Knee-Hi' : variété naine à fleurs pourpres. Floraison : juillet-septembre. 60 cm x 25 cm. Zone 4.

☠ ✺ *L.* x *speciosa* 'Kompliment Blau' (syn. 'Compliment Blue') : série semi-naine à feuillage vert. Ce cultivar a des fleurs bleu pourpré. Floraison : juillet-septembre. 75 cm x 23 cm. Zone 4.

☠ ✺ *L.* x *speciosa* 'Kompliment Scharlach' (syn. 'Compliment Scarlet') : fleurs rouge écarlate. Floraison : juillet-septembre. 75-90 cm x 23 cm. Zone 4.

☠ ✺ *L.* x *speciosa* 'Kompliment Tiefrot' (syn. 'Compliment Deep Red') : fleurs rouge foncé velouté. Floraison : juillet-septembre. 75-90 cm x 23 cm. Zone 4.

☠ ✺ *L.* x *speciosa* 'Kompliment Violet' (syn. 'Compliment Violet') : fleurs rose-violet foncé. Floraison : juillet-septembre. 90 cm x 23 cm. Zone 4.

☠ ✺ *L.* x *speciosa* 'La Fresco' : fleurs violettes, feuilles très foncées. Floraison : juillet-septembre. 60-90 cm x 30 cm. Zone 4.

♥ ☠ ✺ *L.* x *speciosa* 'Monet Moment' : abondantes fleurs rose foncé. Feuillage vert moyen. Floraison : juillet-septembre. 70-90 cm x 30 cm. Zone 4.

☠ ✺ *L.* x *speciosa* 'Purple Towers' : grande variété à fleurs pourpre foncé velouté et feuillage foncé. Floraison : juillet-septembre. 120-150 cm x 30 cm. Zone 4.

♥ ☠ ✺ *L.* x *speciosa* 'Ruby Slippers' : fleurs rouge rubis velouté. Floraison prolongée : juillet-septembre. Feuillage pourpré. 90-120 cm x 30 cm. Zone 4.

☠ ✺ *L.* x *speciosa* 'Vedrariensis' (*L.* x *gerardii* 'Vedrariensis') : violet pourpré foncé et feuillage foncé rehaussé de rouge. Floraison : juillet-septembre. 120 cm x 30 cm. Zone 3.

☠ ✺ *L.* x *speciosa* 'Wildwood Splendor' : fleurs rouge rubis velouté. Longue floraison : juillet-septembre. 90-120 cm x 30 cm. Zone 4.

Lobelia x *speciosa* 'Monet Moment'

Marguerite
Leucanthemum

Leucanthemum x superbum 'Becky'

www.jardinierparesseux.com

Famille :
Astéracées

Origine :
Eurasie, Afrique du Nord

MARGUERITE
Leucanthemum

Nom anglais : Daisy

Dimensions : 45-100 cm x 45-90 cm (selon le cultivar)

Exposition :

Sol : moyennement riche, humidité normale, bien drainé

Floraison : (mai) juin-août (septembre)

Multiplication : division, semences (certains cultivars)

Utilisations : plate-bande, bordure, massif, pré fleuri, fleur coupée, attire les papillons

Associations : achillées jaunes, nepetas, sédums, échinacées, rudbeckies

Zone de rusticité : variable, 3-5

Le genre *Leucanthemum* provient d'une scission du genre *Chrysanthemum* ayant eu lieu en 1926, mais plusieurs pépinières ne l'ont pas encore compris et étiquettent encore leurs plantes sous le nom de *Chrysanthemum*. Le nouveau genre comprend quand même 70 espèces annuelles et vivaces. Seulement deux sont couramment cultivées comme vivaces dans nos régions.

Tout le monde reconnaît instantanément la marguerite à sa fleur ou plutôt à son inflorescence, car il s'agit d'une fleur composée. Le disque légèrement bombé contient les fleurons fertiles jaunes et est entouré de rayons blancs, les « pétales » du jeu que pratiquent les fillettes pour trouver leur amoureux. En les épluchant un par un, la fillette découvre si son prétendant l'aime un peu, beaucoup, passionnément, à la

SECTION 2 ▸ VIVACES À ENTRETIEN MINIMAL

La « fleur » de la marguerite (ici *Leucanthemum vulgare*) est en fait une inflorescence composée d'un disque de fleurons jaunes fertiles entouré d'une auréole de fleurs stériles blanches appellées rayons.

folie ou pas du tout. Si elle choisit une marguerite double, le jeu durera plus longtemps ! Les fleurs sont toujours blanches ou presque blanches ; d'ailleurs, *Leucanthemum* veut dire « à fleurs blanches ».

🍃 Les fleurs de la marguerite dégagent une odeur – on ne peut pas vraiment dire un parfum ! – que la majorité des gens trouvent inoffensive et d'ailleurs peu perceptible, mais que certains trouvent insupportable. Donc, sentez avant de planter !

Le mode de croissance varie selon l'espèce. La grande marguerite (*L.* x *superbum*), poussant en touffe, s'étend en largeur avec le temps, mais sans être envahissante. La marguerite commune (*L. vulgare*) est rhizomateuse et 🍃 peut être envahissante. Les feuilles des espèces qui nous concernent sont de lancéolées à spatulées, vert foncé et dentées, et peuvent être persistantes là où il y a une bonne protection de neige. Les inflorescences sont produites à l'extrémité de tiges individuelles.

Les marguerites sont des vivaces populaires, sans doute à cause de leur facilité de culture et de leur fiabilité et aussi parce qu'elles font de si jolies fleurs coupées. Il leur faut du soleil ou, tout au plus, la mi-ombre, et un sol bien drainé. Elles semblent mieux se comporter dans un sol pas trop riche et toujours un peu humide.

🍃 La durée de vie des marguerites cause un certain souci : parfois elles disparaissent après seulement deux ou trois ans. C'est peut-être dû à une plantation dans un sol mal drainé, mais aussi à une mauvaise sélection : certains cultivars semblent tout naturellement faiblards. Avec le bon choix de marguerite, vous en aurez pour des années de succès !

🍃 Quant à la multiplication, la plupart des cultivars ne sont pas fidèles au type par

SECTION 2 ⬥ VIVACES À ENTRETIEN MINIMAL

semences et il faut les multiplier par division. Il existe toutefois des lignées offertes par semences et qui sont plus ou moins fidèles au type. Le semis ne demande aucune condition spéciale.

Variétés

Leucanthemum x superbum 'Amelia'

Leucanthemum x superbum

(anc. *Chrysanthemum* x *superbum*, *C. maximum*)

Grande marguerite (Shasta Daisy)

C'est le célèbre hybrideur américain Luther Burbank, plus connu pour sa pomme de terre 'Burbank', qui a lancé, en 1901, après presque 20 ans d'efforts, la grande marguerite (*Leucanthemum* x *superbum*), obtenue en croisant la marguerite du Portugal (*Leucanthemum lacustre*) avec la marguerite des Pyrénées (*Leucanthemum maximum*). Le résultat fut une marguerite blanche à disque jaune ressemblant beaucoup à notre marguerite des champs (*Leucanthemum vulgare*), du moins par sa fleur, mais beaucoup plus grosse. Et sa floraison est plus durable, chaque fleur persistant un mois ou plus.

Cent ans plus tard, il existe plus de 100 cultivars de grande marguerite à fleurs simples, semi-doubles et doubles, certains très fiables, d'autres de courte vie ou peu rustiques.

🌼 Il faut faire attention au moment de la sélection d'une marguerite si on veut une « vivace qui durera ». Doublement attention, car les cultivars les plus vendus sur le marché ne sont pas nécessairement les meilleurs ! Recherchez, dans les descriptions suivantes, la mention « longévif » pour trouver des cultivars qui persisteront pendant des années. On peut toutefois maintenir les variétés de courte vie en les divisant aux deux ou trois ans.

Avec les variétés longévives, ce n'est pas que la plante risque de disparaître si on ne la divise pas, mais la touffe s'élargit quand même avec le temps et il peut être nécessaire de la diviser aux sept ou huit ans pour contrôler son expansion.

🌼 La nouvelle tendance est aux « marguerites jaunes », mais ce coloris, qu'on peut qualifier au mieux de jaune citron, n'est pas très durable. En général, après une journée ou deux, les « marguerites jaunes » sont blanc pur ! Un emplacement à la mi-ombre pourrait aider à conserver la coloration plus longtemps.

Leucanthemum x superbum 'Aglaia'

✿ **Leucanthemum x superbum 'Aglaia'** : fleurs de 7 cm de diamètre aux rayons frangés. Doubles, à pleine maturité elles ne

Alchémille
Astilbe
Aunée
Benoîte
Bergenia
Bétoine
Campanule
Centaurée
Digitale vivace
Euphorbe coussin
Faux lupin
Liatride
Lobélie syphilitique
▷ **Marguerite**
Marshallia à grandes fleurs
Penstemon
Phlomis
Pigamon
Platycodon
Polémoine
Potentille
Sanguisorbe
Vergerette
Zizia

SECTION 2 ◆ VIVACES À ENTRETIEN MINIMAL

montrent qu'une mince tache de jaune au centre. Port très uniforme et très belle plante. 🍃 Pas aussi florifère que d'autres... mais on ne le remarque pas à moins de le placer à côté d'une « bonne marguerite » comme 'Becky' ou 'Amelia'. Divisez régulièrement. Floraison : juin-août. 85 cm x 90 cm. Zone 5.

❂ *L. x superbum* 'Alaska' : marguerite « classique » aux fleurs simples de 10 cm de diamètre. Floraison prolongée, 🍃 mais pas aussi abondante que d'autres. 🍃 Tiges peu solides demandant parfois un tuteur. Souvent des jardiniers l'achètent en présumant que le nom 'Alaska' indique une meilleure rusticité, mais ce n'est pas le cas : le nom devait à l'origine suggérer « blanc comme neige ». 🍃 'Alaska' est même moins rustique que la plupart des marguerites modernes. Divisez régulièrement. Floraison : juin-septembre. 100 cm x 85 cm. Zone 5.

❤ ❂ *L. x superbum* 'Amelia' : nouveauté très intéressante. 'Amelia' produit une abondance de fleurs simples très grosses (15 cm de diamètre, les plus grosses de toutes les marguerites) à partir de la mi-juin (plus tôt que la plupart des autres). D'une lignée produite par semences, elle varie un peu en hauteur, mais est fidèle par sa performance fiable. Longévive. Certains considèrent 'Amelia' comme la meilleure marguerite d'entre toutes ! Floraison : juin-août. 100 cm x 60-90 cm. Zone 3.

❂ *L. x superbum* 'Banana Cream' : serait la plus jaune des marguerites à ce jour. Très grosses fleurs semi-doubles (deux rangées de rayons) de 10 cm et plus sur un plant des plus compacts. Fleurs jaune citron devenant jaune crème, puis blanches. 🍃 Malgré sa coloration pas tout à fait à la hauteur, c'est une excellente marguerite, très densément fleurie pendant presque tout l'été. Floraison : juin-août. 40-45 cm x 40 cm. Zone 3.

❂ *L. x superbum* 'Barbara Bush' : variété à fleurs semi-doubles de 9 cm et aux feuilles panachées de jaune. Florifère, 🍃 mais semble peu durable : divisez-la annuellement pour ne pas la perdre ! Floraison : juin-août. 60 cm x 65 cm. Zone 5.

❂ *L. x superbum* 'Beauté Nivelloise' ('Old Court', 'Shaggy') : fleurs doubles aux rayons frangés de 11 cm de diamètre. Floraison abondante. Comme un 'Aglaia' amélioré. Longévif. Floraison : juin-août. 75 cm x 70 cm. Zone 3.

❤ ❂ *L. x superbum* 'Becky' ('Ryan's White') : 'Becky' a révolutionné le marché des grandes marguerites, mais pas à cause de son apparence, qui est très classique pour son espèce : ses fleurs sont simples, d'environ 7,5 cm de diamètre, et ni frangées ni ondulées. Ce qui surprend plutôt est sa vigueur, l'abondance de fleurs et la longue durée de la floraison : trois mois et plus (11 à 15 semaines) à partir du début de l'été jusqu'au début de l'automne au moins ! La raison de cette floraison continue est que 'Becky' est stérile. Comme ses premières

Photo du fournisseur de *Leucanthemum* x *superbum* 'Banana Cream' : il n'est pas nécessairement aussi jaune en plate-bande !

SECTION 2 — VIVACES À ENTRETIEN MINIMAL

fleurs n'arrivent pas à produire des graines, la plante en produit davantage, et quand la deuxième génération de fleurs n'arrive pas non plus à donner des graines, elle essaie encore une fois… et ainsi de suite le reste de l'été. Port très uniforme. Elle a été désignée « vivace de l'année » par la Perennial Plant Association en 2003. Floraison : juin-septembre. 100 cm x 90 cm. Zone 3.

L. x superbum 'Brightside' : vendue comme une amélioration de 'Becky', mais, à mon avis, cette marguerite a beau ressembler à 'Becky' et fleurir abondamment comme elle, elle n'en a pas la vigueur. Pour obtenir une deuxième floraison, il faut de plus supprimer les fleurs fanées, une tâche très ingrate. Par contre, 'Brightside' est fertile et est d'ailleurs offerte par semences, ce qui en réduit le prix. Elle est aussi plus compacte que 'Becky'. Floraison : juin-août. 75 cm x 90 cm. Zone 3.

Voici ce que donne *Leucanthemum* x *superbum* Broadway Lights™ chez moi : pas très jaune, n'est-ce pas ?

L. x superbum Broadway Lights™ 'Leumayel' : marguerites semi-doubles « jaunes » de 10 à 12 cm de diamètre. En fait, les fleurs sont jaune pâle au début, puis deviennent blanches. Une belle plante, mais sa coloration déçoit. Floraison : juin-août. 45-60 cm x 50-60 cm. Zone 5.

L. x superbum 'Cogham Gold' : fleurs blanches avec un pompon frisé jaune pâle au centre, donnant l'effet d'une fleur jaune pâle. Fleurit abondamment, mais semble peu rustique ou peu longévif, car il survit rarement à l'hiver. Floraison : juin-août. 60 cm x 90 cm. Zone 5.

Deux plantes de *Leucanthemum* x *superbum* 'Crazy Daisy' d'un même semis ne sont pas toujours identiques.

L. x superbum 'Crazy Daisy' : populaire auprès des producteurs de vivaces, car il est produit par semences, ce qui en réduit le coût. Il a d'ailleurs été la première marguerite double offerte par semences. Voilà ses avantages, mais du point de vue d'un jardinier amateur, il est très décevant : on obtient un mélange de formes et de hauteurs, et il faut faire un tri pour arriver à une plante

- Alchémille
- Astilbe
- Aunée
- Benoîte
- Bergenia
- Bétoine
- Campanule
- Centaurée
- Digitale vivace
- Euphorbe coussin
- Faux lupin
- Liatride
- Lobélie syphilitique
- ▷ **Marguerite**
- Marshallia à grandes fleurs
- Penstemon
- Phlomis
- Pigamon
- Platycodon
- Polémoine
- Potentille
- Sanguisorbe
- Vergerette
- Zizia

SECTION 2 ⬧ VIVACES À ENTRETIEN MINIMAL

convenable. Les marchands contournent ce problème en faisant valoir « qu'il n'y a pas deux fleurs pareilles » comme si c'était un attrait! Si vous achetez un plant, assurez-vous qu'il soit en fleurs pour vérifier qu'il correspond à sa description. Dans le meilleur des cas, il donne une fleur double à cœur jaune et aux pétales frangés et tordus, ce qui lui procure une attrayante allure nonchalante. Fleurs de 6-7 cm. Floraison abondante. ♣ De courte vie: divisez souvent. Floraison: juin-août. 50-70 cm x 45-60 cm. Zone 5.

❋ *L. x superbum* 'Esther Read': fleurs très doubles: de véritables pompons, ♣ mais la tige est faible et un tuteur est nécessaire. Floraison peu abondante. Plante de courte vie. Floraison: juin-août. 60-70 cm x 60 cm. Zone 5.

❋ *L. x superbum* 'Exhibition': fleurs simples à semi-doubles de 10 cm de diamètre. Lignée produite par semences et un peu variable. Longévive. Floraison: juin-août. 90 cm x 90 cm. Zone 3.

❋ *L. x superbum* 'Fiona Coghill': très belles fleurs blanches doubles avec un cœur jaune pâle. ♣ Tiges demandant généralement un tuteur. Rusticité limitée. Floraison: juin-août. 90 cm x 75 cm. Zone 5.

❋ *L. x superbum* 'Fluffy': fleurs doubles de 8 cm de diamètre. Longévif. Floraison: juin-août. 70 cm x 70 cm. Zone 3.

❋ *L. x superbum* 'Goldrausch' ('Goldrush'): fleurs doubles « jaunes ». En fait, le disque bombé est jaune crème avec un cœur doré, surtout au début; les rayons autour sont blancs. Grosse fleur; petite plante compacte et dense. Floraison: juin-août. 35-40 cm x 30 cm. Zone 4.

❋ *L. x superbum* 'Hebron Hardy': fleurs simples de 9 cm de diamètre. Sélection faite à partir d'une plante particulièrement longévive trouvée dans une pépinière abandonnée il y a plus d'une décennie. Floraison: juin-août. 85 cm x 90 cm. Zone 3.

❋ *L. x superbum* 'Highland White Dream': nouveauté à fleurs semi-doubles de 10 cm portées sur une tige solide. Comportement et rusticité encore inconnus. Floraison: juin-août. 60-75 cm x 60 cm. Zone 5?.

❋ *L. x superbum* 'Ice Star': fleurs très doubles, ne montrant presque pas le cœur jaune. Port uniforme. ♣ Tiges faibles supportant mal les fleurs lourdes: exigent un tuteur. Floraison: juin-août. 85-90 cm x 60 cm. Zone 5.

❋ *L. x superbum* 'La Crosse': variété naine avec des fleurs curieuses: les rayons, rétrécis à la base, un peu en forme de quille, donnent une fleur plus aérée que la normale. Floraison: juin-août. 30 cm x 30 cm. Zone 4.

❋ *L. x superbum* 'Little Miss Muffet': fleurs semi-doubles de 5 cm. ♣ Courte vie: divisez régulièrement. Floraison: juin-août. 30-40 cm x 30-40 cm. Zone 5.

❋ *L. x superbum* 'Marconi': fleurs semi-doubles frangées de 10 cm de diamètre. ♣ Peu florifère. ♣ De courte vie: divisez régulièrement. Floraison: juin-août. 75 cm x 75 cm. Zone 5.

Leucanthemum x *superbum* 'Palladin'

❋ *L. x superbum* 'Palladin': fleurs semi-doubles blanches avec plusieurs niveaux de rayons. Tiges solides. Longévif. Floraison: juin-août. 50 cm x 40 cm. Zone 5.

SECTION 2 ◆ VIVACES À ENTRETIEN MINIMAL

Leucanthemum x *superbum* 'Phyllis Smith'

❀ *L.* x *superbum* 'Phyllis Smith' : fleurs simples à semi-doubles fortement frisées. ♣ De courte vie. Floraison : juin-août. 90 cm x 60 cm. Zone 4.
❀ *L.* x *superbum* 'Polaris' : fleurs simples de 10 cm. Floraison abondante. Longévif. Floraison : juin-août. 60 cm x 55 cm. Zone 3.
❀ *L.* x *superbum* 'Prieure' : grosses fleurs blanches, très doubles. Plant compact. Produit par semences et, de ce fait, ♣ inégal, notamment en hauteur. ♣ Supprimez notamment les plants aux tiges faibles. Floraison : juin-août. 40-60 cm x 50 cm. Zone 4.
♥ ❀ *L.* x *superbum* 'Rijnsburg Glory' : fleurs simples de 9 cm. Floraison abondante.

Commence à fleurir très tôt, parfois avant la fin de mai. Port très uniforme. Longévif. Plante rhizomateuse. La hâtivité de sa floraison et sa nature rhizomateuse le font ressembler davantage à *L. vulgare* et on peut se demander s'il n'appartient pas véritablement à cette espèce (page 273). Floraison : (mai) juin-juillet. 70 cm x 70 cm. Zone 3.
❀ *L.* x *superbum* 'Sedgewick' : fleurs simples. Demande une division fréquente pour rester en vie. Floraison : juin-août. 45 cm x 60 cm. Zone 4.
❀ *L.* x *superbum* 'Silberprinzesschen' ('Silver Princess', 'Little Princess') : variété naine. Fleurs simples de 8 cm. Longévif. Floraison : juin-août. 40 cm x 45 cm. Zone 3.
❀ *L.* x *superbum* 'Silver Spoons' : curieuses fleurs simples aux rayons blancs enroulés sur une bonne partie de leur longueur, mais s'ouvrant en « cuiller » à l'extrémité, ce qui donne une allure plus légère que pour la majorité des marguerites. Floraison : juin-août. 90-120 cm x 45-60 cm. Zone 4.
♥ ❀ *L.* x *superbum* 'Snowcap' : fleurs simples de 8 cm. Assez nain. Longévif. Réputé bien pousser en zone 3. Floraison : juin-août. 50 cm x 50 cm. Zone 3.

Alchémille
Astilbe
Aunée
Benoîte
Bergenia
Bétoine
Campanule
Centaurée
Digitale vivace
Euphorbe coussin
Faux lupin
Liatride
Lobélie syphilitique
▷ **Marguerite**
Marshallia à grandes fleurs
Penstemon
Phlomis
Pigamon
Platycodon
Polémoine
Potentille
Sanguisorbe
Vergerette
Zizia

Leucanthemum x *superbum* 'Snowcap'

SECTION 2 ▸ VIVACES À ENTRETIEN MINIMAL

🌸 *L.* x *superbum* 'Snowdrift' : fleurs théoriquement doubles très frangées de 9 cm au centre bien visible. Par contre, on trouve des plants à fleurs semi-doubles ou même simples. Cette variabilité vient du fait que c'est une lignée produite par semences. Malgré sa variabilité, c'est une des meilleures marguerites doubles, du moins côté « performance au jardin » : elle fleurit longtemps et surtout abondamment, ce que peu de variétés doubles peuvent offrir. Longévif. Floraison : juillet-août. 55 cm x 60 cm. Zone 3.

🌸 *L.* x *superbum* 'Snow Lady' : variété produite par semences et 🍃 un peu variable, avec des fleurs simples ou semi-doubles de 7 cm. Longévif. Floraison : juin-août. 65 cm x 55 cm. Zone 3.

🌸 *L.* x *superbum* 'Sonnenschein' ('Sunshine') : 🍃 fleurs dites jaune citron, mais devenant rapidement crème puis blanches. Fleurs simples de 9 cm. Floraison peu abondante. Divisez régulièrement. Floraison : juin-août. 85 cm x 85 cm. Zone 3.

🌸 *L.* x *superbum* 'Starburst' : fleurs simples avec quelques rayons supplémentaires. Diamètre : 8 cm. Floraison assez abondante. Longévif. Floraison : juin-août. 80 cm x 80 cm. Zone 3.

🌸 *L.* x *superbum* 'Summer Snowball' : fleurs doubles parfaitement symétriques, rappelant des fleurs de chrysanthème. Floraison abondante. 🍃 Plante de courte vie : il faut la diviser souvent. Floraison : juin-août. 90 cm x 90 cm. Zone 5.

🌸 *L.* x *superbum* 'Sunnyside Up' : centre double jaune bien bombé. Rayons simples. Fleurs de 9 cm de diamètre. Bonne floraison. Longévif. Floraison : juin-août. 90 cm x 85 cm. Zone 3.

❤️ 🌸 *L.* x *superbum* 'Supra' : abondantes fleurs simples de 9 cm. Superbe fleur coupée. Floraison : juin-août. 60 cm x 40 cm. Zone 3.

❤️ 🌸 *L.* x *superbum* 'Switzerland' : fleurs simples de 9 cm produites en abondance pendant une très longue période. Port très uniforme. Longévif. Floraison : juin-septembre. 80 cm x 80 cm. Zone 3.

Leucanthemum x *superbum* 'T.E. Killin'

🌸 *L.* x *superbum* 'T.E. Killin' ('Thomas Killin') : semi-doubles de 9 cm. Tiges très solides. Floraison abondante. Longévif. Floraison : juin-août. 60 cm x 65 cm. Zone 3.

🌸 *L.* x *superbum* 'Tinkerbelle' : petites fleurs simples de 6 cm de diamètre. Floraison abondante. 🍃 Divisez régulièrement. Floraison : juin-août. 40 cm x 60 cm. Zone 3.

🌸 *L.* x *superbum* 'White Knight' : fleurs simples de 10 cm produites en abondance. Floraison débutant deux semaines avant la plupart des autres. Longévif. Floraison : (mai) juin-août. 60 cm x 75 cm. Zone 3.

🌸 *L.* x *superbum* 'Wirral Pride' : variété double aux rayons centraux fins et courts formant un dôme à œil jaune avec une double rangée de rayons longs en auréole. Diamètre : 8 cm. Floraison abondante. Port très uniforme. Longévif. Floraison : juin-août. 60 cm x 40 cm. Zone 3.

SECTION 2 — VIVACES À ENTRETIEN MINIMAL

Leucanthemum x *superbum* 'Wirral Pride'

Leucanthemum vulgare 'Maikönigen'

L. vulgare
(anc. *Chrysanthemum leucanthemum*)
Marguerite commune (Oxeye Daisy)

C'est la marguerite de nos champs, une espèce apportée en Amérique il y a plus d'un siècle en tant que plante ornementale et qui y pousse maintenant presque partout à l'état adventice. On peut la voir comme une jolie fleur sauvage ou une mauvaise herbe, selon la situation. C'est une plante plus petite que la grande marguerite (*L.* x *superbum*) et plus hâtive aussi, d'un mois environ. Les inflorescences, bien sûr, sont blanches à cœur jaune.

Nettement rhizomateuse, la marguerite commune est un peu à très envahissante, selon la situation. Mieux vaut la contrôler par une barrière enfoncée dans le sol si l'on veut la cultiver en plate-bande et aussi supprimer les fleurs avant qu'elles montent en graines. Par contre, c'est un excellent choix pour un champ fleuri ou la naturalisation.

Nul besoin d'acheter une marguerite commune : allez la déterrez le long du chemin ou ramassez des graines dans un champ pour les semer. Par contre, les deux cultivars suivants sont des améliorations de l'espèce sauvage et drôlement intéressants pour le jardinier. Floraison : mai-juin. 40-90 cm x 90 cm. Zone 3.

♥ ✿ **L. vulgare 'Filigran'** : fleurs simples de 5 cm de diamètre. Floraison abondante pendant presque trois mois ! Longévif. Floraison : mai-août. 60 cm x 85 cm. Zone 3.

♥ ✿ **L. vulgare 'Maikönigen'** ('May Queen') : comme 'Filigran', mais plus gros. Fleurs simples de 8 cm de diamètre. Longue et abondante floraison. Disponible par semences. Longévif. Floraison : mai-août. 90 cm x 90 cm. Zone 3.

Alchémille
Astilbe
Aunée
Benoîte
Bergenia
Bétoine
Campanule
Centaurée
Digitale vivace
Euphorbe coussin
Faux lupin
Liatride
Lobélie syphilitique
Marguerite
Marshallia à grandes fleurs
Penstemon
Phlomis
Pigamon
Platycodon
Polémoine
Potentille
Sanguisorbe
Vergerette
Zizia

Marshallia à grandes fleurs
Marshallia grandiflora

Marshallia grandiflora

Famille : Astéracées

Origine : sud-est des États-Unis

MARSHALLIA À GRANDES FLEURS
Marshallia grandiflora

Nom anglais : Barbara's Buttons

Dimensions : 25-45 cm x 25 cm

Exposition : ☀ ☼

Sol : humide à très humide, riche, bien drainé

Floraison : juillet-août

Multiplication : division, semences

Utilisations : plate-bande, bordure, massif, naturalisation, en marge des bassins, sous-bois, attire les papillons

Associations : astilbes, hémérocalles, monardes, iris de Sibérie, hostas

Zone de rusticité : 4

www.jardinierparesseux.com

Ce n'est pas parce qu'une plante est peu connue qu'elle n'est pas intéressante. Et nous avons ici un cas typique. Pourtant, le marshallia est de culture facile, très florifère et attire toujours les regards.

Le genre *Marshallia* ne contient que sept espèces et une seule est occasionnellement cultivée dans nos régions, *M. grandiflora*. Dans son milieu d'origine, entre la Caroline du Nord et la Pennsylvanie, c'est une plante menacée, notamment à cause du drainage des marécages et autres perturbations de son milieu naturel ; le cultiver peut aider à le sauvegarder. Il pousse effectivement dans les marécages, les prés humides et le long des rivières, habituellement dans la zone inondable. En culture, il préfère un sol toujours humide et tolère mal la sécheresse ; les sols détrempés au printemps ne lui font pas peur. Dans une plate-bande, une couche de paillis aidera à conserver le sol plus humide. Il préfère le soleil, sous lequel il atteint une taille plus grande qu'à la mi-ombre, mais vu la difficulté de maintenir le sol humide dans un endroit en plein soleil, il est probablement plus facile de le cultiver à la mi-ombre.

Il forme une touffe de feuilles luisantes spatulées persistantes et produit en été des tiges solides portant chacune à son sommet une inflorescence composée rappelant un peu une scabieuse (*Scabiosa*). Malgré leur ressemblance, les deux plantes appartiennent à des familles différentes. Les fleurs dentelées de 4 cm de diamètre durent trois semaines ou plus.

Présentement, la seule couleur disponible est sa couleur naturelle : rose violacé pâle à cœur parfois un peu plus foncé. Le marshallia pousse pratiquement sans soins.

Penstemon
Penstemon

Penstemon 'Prairie Dusk'

www.jardinierparesseux.com

Famille :
Plantaginacées (anc. Scrophulariacées)

Origine :
Amérique du Nord

PENSTEMON
Penstemon

Noms anglais : Penstemon, Beardtongue

Dimensions : 15-120 cm x 15-60 cm (selon le cultivar)

Exposition : ☀ (☀)

Sol : sec et pauvre à riche et humide, selon l'espèce

Floraison : variable, mais toujours estivale

Multiplication : boutures de tige, division, semences

Utilisations : plate-bande, bordure, massif, rocaille, naturalisation, sous-bois, murets, attire les colibris et les papillons

Associations : heuchères, ancolies, armoises, sauges

Zone de rusticité : très variable : 2-9

Ce genre uniquement nord-américain (la seule espèce asiatique vient d'être transférée à un nouveau genre, *Pennellianthus*) comprend quelque 280 espèces, la plupart herbacées, mais aussi ligneuses et semi-ligneuses. Relativement peu sont cultivées et, si l'on considère la grande beauté des fleurs de la plupart des espèces, il y a encore bien des variétés à découvrir.

La caractéristique la plus évidente des penstemons est leurs fleurs tubulaires à cinq lobes : deux dirigés vers le haut, trois vers le bas. Parfois elles s'ouvrent grand en trompette ou même en cloche, mais d'autres ont des fleurs réellement tubulaires qui s'ouvrent à peine. À l'intérieur, le trait qui détermine leur nom : les cinq étamines (« penta » veut dire cinq, « stemon », étamine). Évidemment, pour

les voir, il faut défaire la fleur. Ce faisant, vous remarquerez que l'une des étamines est stérile et est souvent poilue, d'où le nom anglais « Beardtongue » (langue barbue). Les fleurs sont habituellement dans des teintes de bleu-violet, mais il y a beaucoup d'espèces rouges, roses ou blanches.

Le port ne pourrait être plus variable. Les espèces de l'est du continent, où le climat tend à être humide, forment une rosette de feuilles plutôt larges et des épis de fleurs dressées. Les espèces de l'ouest, où le climat est plus sec, ont souvent une rosette moins définie et des feuilles plus petites ou plus étroites, ou encore des tiges semi-ligneuses ou ligneuses rampantes ou dressées avec des feuilles très étroites, parfois même presque des aiguilles.

On multiplie facilement les penstemons par division ou bouturage et ils sont généralement faciles à produire par semences, car ils n'exigent aucune condition spéciale, sauf certaines espèces qui requièrent un traitement au froid. Les cultivars ne sont pas fidèles au type par semences, à l'exception de certaines lignées fixées vendues justement en sachet.

Impossible de présenter la gamme complète des penstemons ici. D'ailleurs, relativement peu sont offerts dans le commerce. Je me suis limité aux variétés généralement vendues en pépinière.

Enfin, pour ne pas mélanger pommes et oranges, je présente les penstemons botaniques en deux catégories : de sol humide et de sol sec, ce qui reflète bien les besoins des plantes.

Penstemons de sol humide

Les penstemons de l'Est, et certaines espèces des terres basses de l'Ouest, sont des plantes de sols plutôt humides. Ils aiment un sol relativement riche, plutôt neutre ou acide, et une humidité constante. Le sol doit être bien drainé en tout temps. D'accord, ils tolèrent la sécheresse à un certain degré, mais doivent être bien établis avant de l'affronter. Un bon paillis de feuilles leur fera le plus grand bien. Côté exposition, ils aiment bien le soleil, mais poussent bien aussi à la mi-ombre. Ces penstemons tendent à être de longue vie dans l'est du Canada et on le comprend, car le climat correspond très bien à leurs besoins.

Penstemon digitalis
Penstemon digitale
(Smooth White Penstemon)
☀ ◐

Cette espèce est indigène dans l'est des États-Unis, mais on la trouve à l'état adventice dans l'est du Canada, dont le Québec, depuis l'arrivée des Européens. Quand les colons ont coupé les forêts pour créer des champs, ce penstemon a migré vers le nord-est à la recherche de ses milieux préférés : les prés et les clairières. Le penstemon digitale aime bien nos plates-bandes et se cultive sans complications dans toute aire le moindrement ensoleillée. Il s'est montré très rustique (zone 2).

C'est une plante de longue vie et sans complications. Les feuilles sont longues et lisses, plutôt luisantes, et la plante porte une panicule dressée et légèrement ramifiée de trompettes blanches ou blanches aux nervures roses. La fleur ressemble à celle des digitales (*Digitalis*), d'où les noms botanique et commun.

Floraison : juin-juillet. 60-100 cm x 30 cm. Zone 3.

P. digitalis 'Husker Red' : le choix de 'Husker Red' comme vivace de l'année 1996 par la

SECTION 2 ▸ VIVACES À ENTRETIEN MINIMAL

Penstemon digitalis 'Husker Red'

Perennial Plant Association a donné un essor considérable aux penstemons, jusqu'alors plutôt négligés par les jardiniers. 'Husker Red' est désormais un classique qu'on trouve dans presque toutes les pépinières sauf qu'il n'existe pratiquement plus.

Je m'explique. Le trait principal de 'Husker Red' était son feuillage pourpré ; très pourpre au printemps, vert teinté de pourpre l'été. On le jugeait aussi important sinon plus que les fleurs rose très pâle qui, en général, paraissent blanches contre les feuilles si foncées. Malheureusement, des producteurs peu scrupuleux ont commencé à multiplier cette plante par semences sans mot dire. Évidemment, les semis n'étaient pas tout à fait fidèles au type (les semis le sont rarement) et, à force de récolter des graines de plantes de plus en plus éloignées de l'original, on s'est retrouvé avec un 'Husker Red' tout à fait différent sur le marché. Son feuillage est à peine pourpré, même au printemps, ses tiges fièrement dressées sont maintenant lâches et presque retombantes, et il a diminué de taille (le faux fait rarement plus de 50-60 cm alors que l'original atteignait jusqu'à 85 cm).

Il est encore possible de trouver de véritables 'Husker Red', mais il faut les chercher chez un producteur qui peut vous assurer ne jamais avoir multiplié cette plante par semences. Floraison : juin-juillet. 75-85 cm x 30 cm. Zone 2.

P. digitalis 'Husker Red Strain' : une façon honnête de vendre des soi-disant 'Husker Red' produits par semences. Au moins, on sait à l'achat que la plante peut être variable (« strain » veut dire lignée et implique une certaine variabilité). Offert par le semencier allemand Jelitto, qui certifie que les graines proviennent directement du cultivar d'origine, donc il n'est éloigné du vrai que d'une seule génération. Tel père, tel fils ? Floraison : juin-juillet. 75-85 cm x 30 cm. Zone 2.

P. digitalis 'Mystica' : cette plante produite aussi de semis du regretté 'Husker Red' constitue non pas un recul, mais une avancée. Développé par le semencier allemand Ernst Benary après plusieurs années de sélection, ce cultivar est beaucoup plus coloré que l'original, avec des tiges et des feuilles pourpre soutenu, et, surtout, des fleurs rose moyen (les fleurs rose pâlot de 'Husker Red' n'ont jamais créé beaucoup d'effet). L'été, les feuilles deviennent vert pourpré, mais rougissent joliment à l'automne. Disponible par semences et, oui, on nous assure que 'Mystica' *est* fidèle au type. Floraison : juin-juillet. 75 cm x 35 cm. Zone 2.

P. digitalis 'Ruby Tuesday' : sélection plus compacte et plus colorée de 'Husker Red'. Feuilles très pourpres et luisantes : elles me font penser aux feuilles de la betterave ornementale 'Bull's Blood' ('Bloody Mary'). Fleurs blanc rosé. Floraison : juin-juillet. 65 cm x 35 cm. Zone 2.

- Alchémille
- Astilbe
- Aunée
- Benoîte
- Bergenia
- Bétoine
- Campanule
- Centaurée
- Digitale vivace
- Euphorbe coussin
- Faux lupin
- Liatride
- Lobélie syphilitique
- Marguerite
- Marshallia à grandes fleurs
- ▷ **Penstemon**
- Phlomis
- Pigamon
- Platycodon
- Polémoine
- Potentille
- Sanguisorbe
- Vergerette
- Zizia

SECTION 2 ▸ VIVACES À ENTRETIEN MINIMAL

Penstemon x 'Dark Towers'

Penstemon hirsutus pygmaeus

♥ **P. x 'Dark Towers'** : variété hybride largement basée sur 'Husker Red'. Feuilles très pourpres, même en été. Fleurs rose lavande foncé. Cultivez-le au soleil pour une meilleure coloration des feuilles. Floraison : juillet-août. 80-90 cm x 60 cm. Zone 4.

P. hirsutus
Penstemon hirsute (Hairy Beardtongue)
☼ ☼

Venant du nord-est de l'Amérique du Nord, c'est l'unique espèce indigène du Québec (et à peine : on la trouve uniquement dans l'Outaouais). La plante forme plusieurs tiges dressées pourpres aux feuilles vert pomme opposées, étroites et pointues. Les fleurs sont nombreuses et portées bien au-dessus du feuillage. Elles sont tubulaires et lavande, s'ouvrant à peine en lobes blancs. Toute la plante est couverte de poils, même les fleurs, d'où ses noms botanique et vernaculaire. Culture très facile. Plante longévive. Floraison : juin-août. 30-100 cm x 30 cm. Zone 3.

♥ **P. hirsutus pygmaeus** (penstemon hirsute nain) : variété naine de l'espèce. Produit une profusion de fleurs tubulaires lavande à lobes blancs. Facile à trouver en pépinière. Intéressant en bordure et aussi en rocaille, mais attention : cette plante aime un sol humide et sera malheureuse dans une rocaille trop bien drainée ! Floraison : juin-août. 15-30 cm x 15-30 cm. Zone 3.

P. ovatus
Penstemon à feuilles ovées
(Eggleaf Penstemon)
☼ ☼

Les feuilles larges dentées en forme d'œuf (le sens de *ovatus*) à pétioles courts ou absents sont opposées et portées sur des tiges dressées. Les petites fleurs en trompette ont un tube violet et des lobes bleus. Elles sont portées en verticille sur de hautes tiges. Même si cette plante vient de l'Ouest américain et canadien, elle préfère un sol humide. Traitement au froid utile pour stimuler la germination. Floraison : juin-juillet. 60-120 cm x 30-40 cm. Zone 4.

↱ Penstemons de sol sec

Beaucoup d'espèces de l'ouest de l'Amérique – lieu d'origine de la vaste majorité des espèces de *Penstemon* – viennent soit des montagnes (on en trouve presque jusqu'au sommet des Rocheuses), soit des parties

SECTION 2 ► VIVACES À ENTRETIEN MINIMAL

arides des Prairies. On comprend par cela qu'elles sont habituées à un climat plus sec que le nôtre. En culture, elles vont mieux se plaire au plein soleil et dans un sol pauvre et sec, même alcalin dans bien des cas (ce dernier facteur n'est pas très déterminant : la plupart des « plantes de sol alcalin » poussent très bien dans le sol légèrement acide typique de nos plates-bandes). Leur culture s'avère souvent difficile dans l'est du continent, car elles tolèrent mal les hivers humides. On les réussit mieux dans une rocaille, sur une pente, dans un sol sablonneux, autrement dit là où le drainage est parfait. Ces penstemons apprécient bien un paillis d'aiguilles de pin, car il permet de modérer les soubresauts de l'hiver sans garder le sol humide. Malgré nos efforts pour les accommoder, plusieurs penstemons de l'ouest de l'Amérique sont de courte vie dans les plates-bandes de l'est, voire impossibles à cultiver. Je ne présente ici que des variétés qui peuvent vous donner satisfaction.

qu'on associe avec chaleur écrasante et sécheresse, on n'aurait jamais cru que cette plante pousserait dans le froid et humide Nord-Est, mais surprise : il y réussit très bien ! Il suffit que la terre soit bien drainée et qu'il ait amplement de soleil. Ainsi on peut le cultiver en plate-bande ordinaire, avec nos autres vivaces.

La plante forme une touffe de tiges dressées et prend l'apparence d'un petit arbuste. Ses feuilles semi-persistantes sont étroites, parfois linéaires, un peu comme des feuilles de saule, et vert un peu bleuté, car couvertes d'une pruine blanche. Les fleurs sont petites et très étroites, normalement rouge écarlate dans la nature. Les poils jaunes qui ressortent de la gorge expliquent son épithète botanique *barbatus*. Les fleurs sont très tubulaires, leurs deux lobes supérieurs s'élançant vers l'avant alors que les trois lobes inférieurs sont nettement fléchis vers l'arrière. Elles sont portées en verticilles paraissant successivement du bas en haut de la plante pendant une longue période. Fleur écarlate et tubulaire ? C'est une plante à colibris, de toute évidence.

Certains auteurs parlent d'une plante de courte vie, mais quand je parle aux jardiniers, ils affirment tout le contraire. On peut s'attendre à une durée de 10 ans et plus tant que le site est bien drainé et ensoleillé. Si vous trouvez que le vôtre n'est plus à son meilleur, prenez quelques boutures pour le repartir et ainsi le rajeunir.

Floraison : juin-juillet. 45-90 cm x 45 cm. Zone 3.

Penstemon barbatus

P. barbatus
Penstemon barbu (Common Beardtongue)

À voir la distribution naturelle du penstemon barbu, dans le sud-ouest des États-Unis et même au Mexique, une région

P. barbatus 'Hyacinth Mix' : lignée de couleurs mélangées – rouge, éclarlate, lavande, bleu-violet, blanc et rose – offerté par semences. Floraison : juin-juillet. 45-90 cm x 45 cm. Zone 4.

Alchémille
Astilbe
Aunée
Benoîte
Bergenia
Bétoine
Campanule
Centaurée
Digitale vivace
Euphorbe coussin
Faux lupin
Liatride
Lobélie syphilitique
Marguerite
Marshallia à grandes fleurs
▷ **Penstemon**
Phlomis
Pigamon
Platycodon
Polémoine
Potentille
Sanguisorbe
Vergerette
Zizia

SECTION 2 ▸ VIVACES À ENTRETIEN MINIMAL

❂ **P. barbatus 'Iron Maiden' :** sélection plus haute offerte par semences. Fleurs écarlates. Floraison : juin-juillet. 90-120 cm x 45 cm. Zone 4.

Penstemon barbatus praecox nanus 'Pinacolada Deep Rose Shades'

❂ **P. barbatus praecox nanus Série Pinacolada™ :** série très naine offerte par semences en couleurs mélangées ou séparées. Fleurit la première année à partir de semis faits dans la maison. Fleurs nettement plus en trompette que l'espèce. Parmi le lot des hybrides, il y a 'Pinacolada Blue Shades' (bleu-violet), 'Pinacolada Deep Rose Shades' (rose foncé), 'Pinacolada Light Rose Shades' (rose), 'Pinacolada Red Shades' (rouge), 'Pinacolada Rose Red Shades' (rouge rosé), 'Pinacolada Violet Shades' (violet) et 'Pinacolada White Shades' (blanc). Intéressant en pot et en rocaille. ⚐ De courte vie. Floraison : juin-juillet. 20-30 cm x 15-20 cm. Zone 4.

❂ **P. barbatus praecox nanus 'Rondo' :** semences en mélange donnant des fleurs roses, pourpres, lavande et blanches. Plants plus compacts que l'espèce. ⚐ De courte vie. 'Cambridge Mixture' est très similaire. Floraison : juin-juillet. 40-45 cm x 30-45 cm. Zone 4.

Penstemon fruticosus

P. fruticosus
Penstemon arbustif (Shrubby Penstemon)
☀ ☀

C'est un penstemon arbustif aux tiges rampantes qui s'enracinent en touchant le sol pour former un tapis dense, ce qui en fait un excellent couvre-sol. Feuilles charnues persistantes plutôt lancéolées devenant d'un beau rouge vin l'hiver. Fleurs violet lilas portées sur des épis dressés. Floraison : juin-juillet. 15-30 cm x 30-40 cm. Zone 3.

P. glaber
Penstemon glabre (Sawsepal Penstemon)
☀

Abondants épis de fleurs d'un bleu-violet iridescent. Feuillage lisse et sans poils, d'où l'épithète glabre. Floraison : juin-juillet. 35-80 cm x 60 cm. Zone 3.

SECTION 2 ▸ VIVACES À ENTRETIEN MINIMAL

Penstemon grandiflorus

Penstemon pinifolius

P. grandiflorus
Penstemon à grandes fleurs
(Large-Flowered Penstemon)

Forme une touffe de tiges dressées glauques. Feuilles charnues à marge lisse, grosses à la base, petites sur la tige florale, d'une jolie couleur bleu-vert. Grosses fleurs roses à lavande en trompette courte aux lobes larges, portées en verticilles allant de trois à six. Exige un sol parfaitement drainé et le plein soleil. Floraison pendant environ trois semaines en juin-juillet. 30-100 cm x 30-60 cm. Zone 4.

♥ ✤ P. pinifolius
Penstemon à feuilles de pin
(Pineleaf Penstemon)

Les tiges semi-ligneuses plutôt étalées donnent à cette plante une allure d'arbuste. Ses feuilles en forme d'aiguille sont généralement persistantes. Les fleurs tubulaires rouge écarlate aux lobes étroits sont petites mais nombreuses, et la plante crée beaucoup d'effet. Exige un milieu bien drainé et ensoleillé, mais réussit néanmoins très bien dans nos régions. Floraison : juillet-août. 25-50 cm x 30-45 cm. Zone 4.

Penstemon pinifolius 'Mersea Yellow'

✤ **P. pinifolius 'Mersea Yellow'** : fleurs jaune vif. Floraison : juillet-août. 30 cm x 30-45 cm. Zone 4.

✤ **P. pinifolius 'Shades of Mango'** : fleurs orange. Floraison : juillet-août. 30 cm x 30-45 cm. Zone 4.

✤ **P. pinifolius 'Wisley Flame'** : très compact. Fleurs écarlates. Floraison : juillet-août. 20 cm x 30 cm. Zone 4.

Alchémille
Astilbe
Aunée
Benoîte
Bergenia
Bétoine
Campanule
Centaurée
Digitale vivace
Euphorbe coussin
Faux lupin
Liatride
Lobélie syphilitique
Marguerite
Marshallia à grandes fleurs
▷ **Penstemon**
Phlomis
Pigamon
Platycodon
Polémoine
Potentille
Sanguisorbe
Vergerette
Zizia

SECTION 2 ▶ VIVACES À ENTRETIEN MINIMAL

Penstemon strictus

P. strictus
Penstemon dressé
(Rocky Mountain Penstemon)

Il s'agit d'une plante qui pousse en touffe dense de tiges dressées. Les feuilles sont longues et étroites à la base des tiges, plus petites et plus étroites sur les tiges. L'épi unilatéral est coiffé de fleurs d'un bleu-violet intense de 2-3 cm de long et en forme de trompette, les deux lobes supérieurs formant un genre de capuchon. Culture facile. S'étend par rhizomes courts pour former de grosses touffes, mais sans être envahissant. Excellente fleur coupée. Floraison : juin-juillet. 60-90 cm x 60 cm. Zone 3.

P. virgatus
Penstemon rigide
(Upright Blue Beardtongue)

Espèce à tige épaisse se tenant rigoureusement dressée. Feuilles lancéolées vert foncé luisant. Trompettes rouge-violet à lavande pourpre avec une « barbe » blanche sur la lèvre inférieure. Contrairement à bien des penstemons de l'Ouest, il est de culture facile dans tout emplacement bien drainé. Floraison : juin-juillet. 60-65 cm x 30 cm. Zone 4b.

P. virgatus 'Blue Buckle' : forme compacte avec une tige florale comprimée. Fleurs bleu pourpré. Floraison : juin-juillet. 40 cm x 30 cm. Zone 4b.

Variétés hybrides

Les plantes suivantes sont difficiles à classifier. Elles sont issues de croisements souvent très complexes entre diverses espèces de *Penstemon* et présentent différentes formes, couleurs de fleurs et rusticités. En effet, sachant qu'il y a des penstemons alpins et boréaux de zone 2 et d'autres subtropicaux de zone 9, vous pouvez imaginer qu'on ne peut pas prévoir la rusticité d'un penstemon hybride avant de l'avoir essayé. Beaucoup de ces hybrides (notamment les plantes classées sous le nom de *P.* x *gloxinioides*) ont une cote zonière de 7 environ : assez pour passer parfois l'hiver si la saison est douce, mais rarement très persistants dans nos jardins. On cultive plusieurs plantes de ce groupe comme annuelles mais ne les arrachez pas à l'automne : des fois, on a de belles surprises et la plante peut s'avérer bien rustique.

Dans les descriptions suivantes, je fais un effort pour vous guider vers des cultivars reconnus comme assez rustiques pour nos régions, mais il existe des centaines de penstemons hybrides souvent très obscurs et je n'ai sûrement pas inclus toutes les variétés d'intérêt potentiel.

P. 'Elfin Pink' : sélection proche de *P. barbatus*, développée au Nebraska comme penstemon pour les Prairies, donc spécialement rus-

SECTION 2 ▸ VIVACES À ENTRETIEN MINIMAL

Penstemon 'Elfin Pink'

- Alchémille
- Astilbe
- Aunée
- Benoîte
- Bergenia
- Bétoine
- Campanule
- Centaurée
- Digitale vivace
- Euphorbe coussin
- Faux lupin
- Liatride
- Lobélie syphilitique
- Marguerite
- Marshallia à grandes fleurs
- ▸ **Penstemon**
- Phlomis
- Pigamon
- Platycodon
- Polémoine
- Potentille
- Sanguisorbe
- Vergerette
- Zizia

tique. Monticule bas d'étroites feuilles vertes semi-persistantes. Épis dressés de fleurs tubulaires rose clair. Floraison : juin-juillet. 60 cm x 40 cm. Zone 4.

Penstemon x *gloxinioides*

P. x *gloxinioides*
Penstemon à fleurs de gloxinia
(Gloxinia Penstemon)

Ce penstemon est habituellement vendu comme annuelle, mais à l'occasion on trouve des plants plus rustiques, soit par accident quand un semis a survécu à plusieurs hivers, soit des cultivars réputés pour leur résistance aux hivers froids.

Le nom *gloxinioides* n'a en fait aucune validité botanique, mais est utilisé depuis des générations comme fourre-tout pour les penstemons hybrides à grosses fleurs, notamment ceux issus de croisements entre *P. barbatus* (rustique) et *P. campanulatus* (zone 7).

Touffes de tiges bien dressées portant des feuilles lancéolées. Épi de grosses fleurs en trompette. Rouge, pourpre, rose, blanc. Souvent bicolore. Floraison : juillet-août. 30-90 cm x 30 cm. Zone 7.

P. x *mexicali*
Penstemon de Mexicali
(Mexicali Hybrid Penstemon)

Hybride d'origine plutôt vague, impliquant apparemment des espèces mexicaines et américaines (Mexicali est une ville à la frontière du Mexique et de la Californie). D'ailleurs, je suis loin d'être certain que *P.* x

SECTION 2 ▸ VIVACES À ENTRETIEN MINIMAL

mexicali est un véritable nom botanique. Je crois plutôt que l'hybrideur l'a inventé pour mousser l'intérêt pour ses plantes. Toujours est-il que le penstemon de Mexicali s'est montré très rustique et pas du tout difficile à cultiver 🌱 si l'on respecte son besoin d'un sol drainé.

Tiges dressées portant des feuilles luisantes étroites et des fleurs en trompette à gorge généralement tachetée. Les couleurs comprennent le rouge, le violet, le rose et le blanc. Floraison : juin-août. 45 cm x 30-40 cm. Zone 3.

❂ *P.* x *mexicali* 'Pike's Peak Purple' : violet pourpré. Floraison : juin-août. 45 cm x 30-40 cm. Zone 3.

❂ *P.* x *mexicali* Red Rocks® : rose à gorge blanche tachetée de rose. Floraison : juin-août. 45 cm x 30-40 cm. Zone 3.

❂ *P.* x *mexicali* 'Sunburst Colours' : mélange de couleurs produit par semences comprenant le rouge, le rose, le pourpre et le lavande, habituellement à gorge blanche. Des couleurs séparées sont aussi offertes : 'Sunburst Ruby' (rouge rubis à gorge blanche tachetée de rouge) et 'Sunburst Amethyst' (violet à gorge blanche tachetée de violet). Floraison : juin-août. 45 cm x 30-40 cm. Zone 3.

P. 'Pink Chablis' : hybride développé en Saskatchewan pour un climat froid. Touffe basse de feuilles étroites coiffée d'épis dressés de trompettes rose corail. Sans entretien dans un emplacement chaud et sec. Floraison : juin-juillet. 20-45 cm x 45 cm. Zone 3.

♥❂ *P.* 'Prairie Splendor' : série développée en Saskatchewan puis à l'Université du Nebraska pour résister aux hivers froids des Prairies. Par conséquent, bien rustique chez nous... 🌱 si cultivé dans un endroit sec. Hybride très complexe impliquant *P. barbatus*, *P. glaber*, *P. clutei*, *P. palmeri* et d'autres. Le mélange, offert par semences, comprend le blanc, le rose et le lavande. Fleurs tubulaires très étroites. Monticule de feuilles étroites produisant de hautes tiges. Longue période de floraison. Floraison : juin-août. 60-120 cm x 50 cm. Zone 3.

❂ *P.* 'Prairie Dawn' : rose pâle. Floraison : juin-août. 60-120 cm x 50 cm. Zone 3.

♥❂ *P.* 'Prairie Dusk' : pourpre rosé. Floraison : juin-août. 60-120 cm x 50 cm. Zone 3.

❂ *P.* 'Prairie Fire' : rose corail. Floraison : juin-août. 60-120 cm x 50 cm. Zone 3.

❂ *P.* 'Prairie Snow' : blanc. Floraison : juin-août. 60-120 cm x 50 cm. Zone 3.

Penstemon 'Prairie Twilight'

❂ *P.* 'Prairie Twilight' : rose à lèvre inférieure blanche. Floraison : juin-août. 60 cm x 65 cm. Zone 3.

❂ *P.* 'Pretty Petticoat' : type *P.* x *gloxinioides*. Dense épi de fleurs pourpres à gorge blanche. Floraison : juin-août. 60 cm x 30 cm. Zone 4.

❂ *P.* 'Sweet Grapes' : sélection à trompettes pourpres portées sur un épi très compressé. Plant trouvé dans un semis de *P.* 'Prairie Splendor'. Floraison : juin-août. 15 cm x 45 cm. Zone 4.

PHLOMIS
Phlomis

Phlomis russeliana

Famille : Lamiacées

Origine : Eurasie

PHLOMIS
Phlomis

Nom anglais : Jerusalem Sage

Dimensions : 90-180 cm x 60-90 cm (selon l'espèce)

Exposition : ☀☀

Sol : ordinaire à pauvre, bien drainé

Floraison : juin-juillet ou juillet-août, selon l'espèce

Multiplication : boutures de tige, division, semences

Utilisations : plate-bande, massif, haie, jardin xérophyte, fleur coupée, plante médicinale

Associations : graminées, nepetas, sauges, hélénies

Zone de rusticité : 3 ou 5, selon l'espèce

Les phlomis ne semblent pas très connus des jardiniers de l'Amérique francophone. C'est un genre eurasiatique d'assez grande importance, comprenant une centaine d'espèces, mais la majorité sont des arbustes et sont de climat méditerranéen, deux bonnes raisons pour ne pas les inclure dans un livre sur les vivaces herbacées de climat froid. Ils sont pourtant très populaires en Californie, autour de la Méditerranée et dans d'autres régions à climat tempéré doux où l'on trouve des dizaines de variétés. Les deux exceptions à ces règles font toutefois d'excellentes plantes de plate-bande.

Le genre *Phlomis* est très proche des sauges (*Salvia*) et en partage plusieurs traits : des tiges carrés en coupe transversale, des feuilles hirsutes et des fleurs à deux lèvres, la lèvre

SECTION 2 ▸ VIVACES À ENTRETIEN MINIMAL

supérieure en forme de capuchon, l'inférieure à trois lobes étant plus large et plus voyante. Les phlomis ont toutefois les fleurs posées en verticilles denses superposés sur une même tige, ce qui crée un effet de pagode ; la plupart des sauges fleurissent en épi ou panicule.

Si vous voyagez, vous viendrez à associer les phlomis avec le jaune, car c'est de loin la couleur dominante dans le genre. Il existe toutefois des espèces à fleurs roses, violettes et blanches.

Les fleurs sont habituellement pollinisées par les bourdons. Les autres insectes les évitent à cause des poils collants qui les entourent, sans doute un répulsif naturel pour protéger la plante contre les insectes prédateurs. Les mammifères et les limaces ne semblent pas les apprécier non plus.

La plupart des espèces préfèrent un sol plutôt pauvre et bien drainé et tolèrent mal l'humidité hivernale. Le phlomis tubéreux (*P. tuberosa*), tout au contraire, préfère les sols humides et ne craint pas la neige ni la pluie froide.

Variétés

Phlomis russeliana

♥ **Phlomis russeliana**
Phlomis de Russel (Jerusalem Sage)
☼ ☼

Le phlomis de Russel vient de l'Asie Mineure, où il pousse à bonne altitude en plein soleil. Le climat local est humide l'hiver, très sec l'été, et le sol est pauvre et pierreux. En culture, on pourrait présumer qu'il aime les mêmes conditions, sauf que le mien pousse dans un sol riche et à la mi-ombre ! Il reste quand même que l'emplacement est bien drainé (dans une pente). Je pense que le plein soleil et un sol ordinaire à pauvre constituent la combinaison idéale. La plante pousse sans le moindre problème dans les sols sableux et minéraux et tolère les sols calcaires.

Dès le début de l'été, la floraison commence : une inflorescence arrondie se forme à chaque aisselle et devient un verticille de fleurs jaune beurre essentiellement tubulaires, mais qui paraissent enroulées, puisque le lobe supérieur forme un capuchon en demi-lune. Il y a quatre à sept inflorescences superposées, ce qui donne un très bel effet, quasiment comme une pagode aux étages jaunes. Les fleurs persistent presque tout l'été, bien qu'à la fin seules les inflorescences supérieures soient encore épanouies. Qu'à cela ne tienne, car même sans fleurs, les inflorescences arrondies, d'abord vertes puis brunes, restent sur la plante tout l'automne et ne sont pas du tout désagréables à voir. Les tiges et leurs « boules superposées » persistent tout l'hiver s'il n'y a pas trop de neige, ce qui finit bien la saison.

Le feuillage est attrayant aussi : gros, fortement nervuré, gris-vert, avec une belle texture. Il demeure en bon état jusqu'aux neiges. Il est « semi-persistant » : sous d'autres climats, il passe l'hiver mais pas sous le nôtre. Comme les tiges semi-ligneuses sont encore debout au printemps, vous pouvez alors les couper au sol.

Côté rusticité, je ne sais trop que vous dire. Si l'on se fie à la pépinière où j'ai acheté le mien, il serait rustique jusqu'en zone 5. Chez moi, en zone 4, pas de problème, mais alors l'emplacement y est bien protégé par la neige.

Floraison : juillet-août. 90-120 cm x 60-90 cm. Zone 5 (4 sous couvert de neige).

Phlomis russeliana

P. tuberosa

Phlomis tubéreux (Tuberous Jerusalem Sage)

Cette plante est typique d'un phlomis par son port dressé, ses feuilles matelassées, ses inflorescences en boules superposées bien espacées sur une tige dressée, etc., mais elle est atypique à cause de la couleur de ses fleurs : un joli rose lavande dans un genre reconnu pour ses fleurs jaune beurre.

Le phlomix tubéreux forme une rosette de grosses feuilles vert foncé gaufrées à marge crénelée et des tiges dressées rouge pourpré et duveteuses portant des feuilles plus petites. Comme tous les phlomis, il produit des inflorescences sphériques bien espacées aux aisselles des feuilles, lui donnant un air de pagode à étages multiples. Les fleurs rose lavande sont tubulaires, mais couvertes d'un capuchon en demi-lune, ce qui renforce l'apparence sphérique de l'ensemble. Les fleurs s'épanouissent pendant environ quatre à six semaines du début au milieu de l'été.

Mais l'intérêt ne tombe pas avec la chute de la dernière feuille : les inflorescences sphériques étagées, vertes teintées de rouge, portées sur les tiges rouge pourpré, continuent de plaire aux passants le reste de l'été et de l'automne, et même, une fois brunies, durant l'hiver. Évidemment, il ne faut pas couper les tiges florales après la floraison, car la plante perdrait la moitié de son attrait. Au printemps, vous pouvez toutefois rabattre toute tige encore debout.

Comme son nom le suggère, le phlomis tubéreux produit des tubercules, comme des petits bulbes souterrains, mais vous ne les verrez que si vous déterrez la plante.

Plantez le phlomis tubéreux au soleil dans un sol bien drainé mais assez humide (contrairement au phlomis de Russel, qui préfère un sol sec). Il semble bien supporter la sécheresse une fois qu'il est établi. Il réussit mieux dans un sol ordinaire ou même pauvre. Dans les sols très riches ou très fertilisés, notamment à l'azote, il lui arrive de ne pas fleurir. La mi-ombre lui convient, mais il pousse plus vigoureusement au soleil.

Le phlomis tubéreux, pratiquement permanent, peut pousser au même emplacement pendant des années sans exiger de division.

Floraison : juin-juillet. 120-180 cm x 75-90 cm. Zone 3.

P. tuberosa 'Amazone' : je ne vois aucune différence entre l'espèce et ce cultivar. Il ne vaut certainement pas la peine de payer plus cher si jamais vous trouvez les deux dans la même pépinière. Floraison : juin-juillet. 120-180 cm x 75-90 cm. Zone 3.

P. viscosa : il existe un véritable *P. viscosa*, mais il n'est pas cultivé. Les plantes vendues sous ce nom sont *P. russeliana*.

SECTION 2 — VIVACES À ENTRETIEN MINIMAL

Alchémille
Astilbe
Aunée
Benoîte
Bergenia
Bétoine
Campanule
Centaurée
Digitale vivace
Euphorbe coussin
Faux lupin
Liatride
Lobélie syphilitique
Marguerite
Marshallia à grandes fleurs
Penstemon
▷ **Phlomis**
Pigamon
Platycodon
Polémoine
Potentille
Sanguisorbe
Vergerette
Zizia

Pigamon

Thalictrum

Thalictrum aquilegifolium est typique des pigamons asépales.

Famille : Renonculacées

Origine : cosmopolite

PIGAMON
Thalictrum

Nom anglais : Meadow Rue

Dimensions : 8-300 cm x 20-60 cm (selon le cultivar)

Exposition : ☀ ☼ (parfois ☼)

Sol : humide, bien drainé et riche

Floraison : été, variable selon l'espèce

Multiplication : division, semences, culture *in vitro*

Utilisations : plate-bande, massif, rocaille, naturalisation, couvre-sol, arrière-plan, sous-bois, pré fleuri, haie, fleur parfumée, fleur coupée, plante médicinale

Associations : hémérocalles, phlomis, barbes de bouc, fougères, hostas

Zone de rusticité : 3, 4 ou 5, selon l'espèce

Le genre *Thalictrum* est assez vaste (selon différentes autorités, entre 120 et 200 espèces) et distribué sur tous les continents habités sauf l'Australie et l'Antartique. La majorité des espèces sont toutefois de l'hémisphère Nord, dont les 22 espèces d'Amérique du Nord. Dans un si grand genre, on peut s'attendre à avoir un peu de variété, et c'est bien le cas peut-être même plus que normalement. On trouve notamment des végétaux de toutes les tailles, de grandes plantes d'arrière-plan à de petits couvre-sol.

Chez les Renonculacées, les fleurs n'ont pas de pétales; les sépales, normalement verts chez d'autres plantes, ont pris leur place et sont souvent devenus colorés. Mais chez les pigamons, la situation est différente, car dans plusieurs espèces, les sépales tombent à la

SECTION 2 ▸ VIVACES À ENTRETIEN MINIMAL

floraison. D'ailleurs, on peut classer les pigamons en deux groupes d'après leurs fleurs, selon qu'ils conservent leurs sépales à la floraison (pigamons sépalés) ou non (pigamons asépales). Les variétés sépalées ont généralement des fleurs pendantes avec quatre sépales bombés bien écartés qui donnent la couleur de base de la fleur, habituellement violet pâle ou blanc, la masse d'étamines, jaunes ou orangées, ajoutant une deuxième note. Les fleurs asépales sont d'habitude dressées et globulaires, une véritable masse d'étamines, et c'est la couleur des étamines qui détermine la couleur de la fleur.

Comme si cela n'était pas suffisant, les pigamons peuvent être hermaphrodites ou dioïques. Les hermaphrodites ont des étamines et des pistils dans la même fleur; les dioïques (c'est le cas de la plupart des espèces nord-américaines) produisent des fleurs mâles et femelles sur des pieds différents et ne peuvent donc produire des semences à moins que des plants des deux sexes soient présents.

La floraison peut être printanière, estivale ou même automnale, selon l'espèce.

S'il n'est pas toujours facile de reconnaître un pigamon uniquement par ses fleurs, son feuillage, au contraire, est très révélateur. Qu'elles soient grandes ou petites, les feuilles sont toujours plusieurs fois divisées, ce qui, avec leurs folioles lobées, leur donne une ressemblance très nette avec la capillaire (*Adiantum*) ou une ancolie (*Aquilegia*), soit un feuillage assez original que même un novice remarque. Le feuillage caduc est d'ailleurs si typique des pigamons (*Thalictrum* en latin) que plusieurs plantes non apparentées mais qui ont un feuillage semblable ont comme épithète *thalictroides*.

Quant au nom commun pigamon, il serait d'origine grecque. *Peganon* est le vieux mot pour « rue » mais rue dans le sens végétal, soit *Ruta*, une plante médicinale dont les feuilles ressemblent à celles des pigamons.

Il n'est pas facile de faire un résumé des besoins culturaux des pigamons, car ils viennent d'environnements très différents : certains poussent au plein soleil, d'autres à l'ombre, et il y a des plantes de prairie, de sous-bois et de montagne. En général, cependant, ce sont des plantes de mi-ombre qui tolèrent quand même bien le soleil et qui poussent mieux dans un sol riche, humide et bien drainé. Évitez de fertiliser les plus grands pigamons avec un engrais riche en azote, car cela provoque une croissance faible et cassante.

Les pigamons sont toutefois de culture facile sans exception, et aussi de longue vie : on peut les laisser sans le moindre soin pendant des décennies et ils n'en seront que plus beaux. Vous les plantez et vous les oubliez : ils feront le reste.

On peut multiplier les pigamons par division. Ceux qui poussent à partir de rhizomes se prêtent facilement à cette technique, car ils forment des colonies qui, s'élargissant

Le feuillage des pigamons (ici *Thalictrum aquilegifolium*) est généralement assez caractéristique et ressemble au feuillage des ancolies (*Aquilegia*) ou des capillaires (*Adiantum*).

Alchémille
Astilbe
Aunée
Benoîte
Bergenia
Bétoine
Campanule
Centaurée
Digitale vivace
Euphorbe coussin
Faux lupin
Liatride
Lobélie syphilitique
Marguerite
Marshallia à grandes fleurs
Penstemon
Phlomis
▷ **Pigamon**
Platycodon
Polémoine
Potentille
Sanguisorbe
Vergerette
Zizia

SECTION 2 ◆ VIVACES À ENTRETIEN MINIMAL

peu à peu, offrent de nombreux rejets que l'on peut prélever. Ils sont cependant minoritaires dans le genre *Thalictrum*. La majorité des pigamons produisent une touffe unique qui ne s'élargit que lentement. 🍂 Il faut alors s'armer de patience : attendre quelques années avant que la touffe soit assez grosse pour permettre une division. 🍂 D'ailleurs, du moins chez ces espèces, la division ou même la transplantation ralentit leur développement et elles peuvent prendre quelques années avant de s'en remettre.

C'est pour cette raison que, traditionnellement, on procédait davantage par semences que par division pour multiplier les pigamons. Les graines ont généralement besoin d'un traitement au froid pour germer, mais autrement ne sont pas difficiles à semer avec succès.

Voilà pour les espèces. Les cultivars de pigamon étaient autrefois rares et coûteux, car on ne pouvait les multiplier fidèlement que par division. De nos jours, ils sont produits en grande quantité par culture *in vitro*, ce qui les a rendus plus facilement disponibles.

> À l'origine, beaucoup de pigamons étaient cultivés comme plantes médicinales et c'est d'ailleurs encore le cas en Orient. En Occident, cependant, on les utilise presque uniquement comme plantes ornementales.

Espèces

Thalictrum aquilegifolium

♥ **Thalictrum aquilegifolium**
Pigamon à feuilles d'ancolie
(Columbine Meadow-Rue)

Le pigamon à feuilles d'ancolie est un vieux de la vieille, cultivé depuis des générations, d'abord en tant que plante médicinale pour traiter la peste et la jaunisse, et plus tard comme fleur coupée. Il a reçu ses épithètes latine et commune parce que son feuillage ressemble énormément à celui des ancolies (ai-je besoin de dire que *aquilegifolium* veut dire à feuilles d'ancolie ?) : de petites folioles bleu-vert de trois à cinq lobes irréguliers portées par de minces pétioles qui dansent au vent. Les tiges sont solidement dressées, mais les feuilles, petites et nombreuses, sont de toute légèreté et donnent à l'ensemble de la plante une apparence vaporeuse.

L'effet vaporeux ne fait qu'augmenter quand la plante se met à fleurir, car les fleurs asépales sont plumeuses à souhait : une masse arrondie de longues étamines diversement colorées. Les sépales ne viennent pas déranger l'effet mousseux, car ils tombent à l'éclatement de la fleur. La couleur d'origine était lavande, mais en culture, toutes sortes de teintes blanches, roses, lavande et violacées apparaissent. 🍂 Il ne sert à rien de se fier à la couleur des fleurs sur la photo de l'étiquette si vous achetez

SECTION 2 ▸ VIVACES À ENTRETIEN MINIMAL

l'espèce *T. aquilegifolium* plutôt qu'un cultivar spécifique, car votre plante a sans doute été produite par semences; or, cette plante n'est pas très fidèle au type par semences: toutes les couleurs sont alors possibles.

Floraison: juin-juillet. 80-120 cm x 90 cm. Zone 3.

T. aquilegifolium **'Alba'**: fleurs blanches, une couleur qui ressort particulièrement bien sur fond de feuilles bleu-vert. Floraison: juin-juillet. 80-120 cm x 90 cm. Zone 3.

T. aquilegifolium **'Purpureum'** (syn. 'Atropurpureum'): fleurs pourpres et tiges pourprées. Floraison: juin-juillet. 80-120 cm x 90 cm. Zone 3.

T. aquilegifolium **'Roseum'**: fleurs de couleur variable mais toujours dans des teintes de rose. Floraison: juin-juillet. 80-120 cm x 90 cm. Zone 3.

Thalictrum aquilegifolium 'Sparkler'

T. aquilegifolium **'Sparkler'**: grosses fleurs blanches. Floraison: juin-juillet. 80-120 cm x 90 cm. Zone 3.

♥ *T. aquilegifolium* **'Thundercloud'**: grosses fleurs pourpre foncé. Floraison: juin-juillet. 80-120 cm x 90 cm. Zone 3.

♥ *T. aquilegifolium* **'White Cloud'**: fleurs blanches trois fois plus grosses que celles de l'espèce! Floraison: juin-juillet. 80-120 cm x 90 cm. Zone 3.

Thalictrum 'Black Stockings'

T. **'Black Stockings'**: hybride d'origine inconnue mais très évidemment proche de *T. aquilegifolium*. D'ailleurs, je ne serais pas surpris d'apprendre qu'il est tout simplement une sélection de cette espèce. Il porte de hautes tiges d'un pourpre très foncé, presque noir, et des fleurs lavande présentées en bouquets aplatis. Les catalogues lui accordent seulement une zone 6, mais c'est sûrement faux: les commentaires que j'ai recueillis indiquent qu'il est parfaitement rustique en zone 3. Floraison en même temps que les pigamons à feuilles d'ancolie, soit juin-juillet. 80-120 cm x 90 cm. Zone 3?

♥ 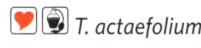 *T. actaefolium*
Pigamon à feuilles d'actée
(Baneberry-leafed Meadow-Rue)

Alchémille
Astilbe
Aunée
Benoîte
Bergenia
Bétoine
Campanule
Centaurée
Digitale vivace
Euphorbe coussin
Faux lupin
Liatride
Lobélie syphilitique
Marguerite
Marshallia à grandes fleurs
Penstemon
Phlomis
▷ **Pigamon**
Platycodon
Polémoine
Potentille
Sanguisorbe
Vergerette
Zizia

SECTION 2 ▸ VIVACES À ENTRETIEN MINIMAL

Cette espèce peu connue était, jusqu'à récemment, peu disponible, mais maintenant qu'on commence à trouver ses photos dans les revues d'horticulture les plus prestigieuses, la donne va sûrement changer. Avec ses fleurs asépales parfumées, plumeuses et bicolores, l'intérêt est grand. Les étamines sont lavande, mais avec une pointe de blanc pur sur chacune. À part les fleurs et un feuillage bleuté découpé un peu différemment, la plante ressemble beaucoup au pigamon à feuilles d'ancolie. Floraison plus tardive : juillet-août. 60-70 cm x 45-90 cm. Zone 3.

🍃 **T. actaefolium brevistylum 'Twinkling Star'** : comme *T. actaefolium*, mais un peu plus haut et aux étamines plus courtes donnant une fleur plus dense. Floraison : juillet-août. 100 cm x 45-90 cm. Zone 3.

🍃 **T. actaefolium brevistylum 'Perfume Star'** : ce cultivar me paraît identique à 'Twinkling Star'. 🍃 Malgré son nom, son parfum, bien que présent, n'est pas aussi intense. Floraison : juillet-août. 100 cm x 45-90 cm. Zone 3.

Thalictrum delavayi

Thalictrum delavayi
Pigamon de Delavay (Yunnan Meadow-Rue)

C'est une plante très haute et aérée au feuillage bleu-vert. Les fleurs sont très différentes de celles du pigamon à feuilles d'ancolie et à feuilles d'actée, puisqu'elles conservent leurs sépales. Il en résulte des bouquets diffus de petites fleurs penchées aux sépales allant du rose au bleu lavande et aux étamines jaune crème. 🍃 Les tiges florales étant un peu faibles, mieux vaut le planter au soleil ou seulement sous une ombre très légère. 🍃 Évitez toutefois les emplacements très chauds. 🍃 Si vous le cultivez à la mi-ombre, entourez-le de grands arbustes sur lesquels les tiges florales pourront s'appuyer joliment. Ainsi vous éviterez le besoin d'y mettre des tuteurs. Floraison : juillet-août (septembre). 120-150 cm x 45 cm. Zone 4.

T. delavayi 'Album' (*T. dipterocarpum* 'Album') : fleurs blanches. Encore assez rare mais très désirable. Floraison : juillet-août (septembre). 120-150 cm x 45 cm. Zone 4.

T. delavayi decorum : gros boutons violets suivis de fleurs rose lavande deux fois plus grosses que celles des autres. Fleurit à 90 cm de hauteur dans sa jeunesse, mais peut atteindre 150 cm x 60 cm. Floraison : juillet-août (septembre). Zone 5.

Thalictrum delavayi 'Hewitt's Double'

❋ **T. delavayi 'Hewitt's Double'** : fleurs doubles rose lavande, les étamines ayant toutes été converties en pseudosépales.

Stérile (ne produit pas de semences). Très populaire dans le commerce, mais il faut le placer où il peut trouver un peu de support (contre un arbuste, par exemple), car les tiges florales, alourdies par les fleurs doubles, penchent beaucoup. Floraison : juillet-septembre. 90-180 cm x 45 cm. Zone 4.

T. dipterocarpum : si vous trouvez une plante vendue sous ce nom, c'est probablement *T. delavayi*, car *T. dipterocarpum* ne semble pas être couramment disponible dans le commerce. Cette confusion est facile à comprendre quand on sait que la seule différence visible entre les deux espèces est que les graines de *T. dipterocarpum* portent deux ailes comparativement à l'aile unique de *T. delavayi* et qu'il faut une loupe pour voir la différence ! Floraison un peu plus tardive que chez son sosie : surtout en septembre. 90-180 cm x 45 cm. Zone 4.

T. 'Splendide' : hybride français de *T. delavayi* et *T. elegans*, il ressemble à un *T. delavayi* géant. Fleurs plus grosses, rose lavande, mais aux étamines moins développées. Commence à fleurir plus tôt que son papa, dès le début de juillet, mais continue aussi longtemps. Tige solide ne demandant pas de support. Floraison : juillet-août (septembre). 180-250 cm x 60 cm. Zone 4.

Thalictrum diffusiflorum
Pigamon à grosses fleurs
(Large-flowered Meadow-Rue)

Les plus grosses fleurs de tous les pigamons, mesurant 2,5 cm de diamètre : ces fleurs pendantes aux gros sépales lavande et aux étamines jaunes me font penser à celles d'une clématite ! Les feuilles, en forme de feuilles d'ancolie, sont très fines et de couleur bleu-vert. La tige mince exige parfois le support d'arbustes voisins. Plante de longue vie mais un peu difficile à établir : on dirait que son séjour en pot l'épuise. Une fois plantée, elle récupère. Floraison : juillet-août. 60-90 cm x 40 cm. Zone 4.

Thalictrum dioicum
Pigamon dioïque (Early Meadow-Rue)

Thalictrum dioicum

SECTION 2 — VIVACES À ENTRETIEN MINIMAL

- Alchémille
- Astilbe
- Aunée
- Benoîte
- Bergenia
- Bétoine
- Campanule
- Centaurée
- Digitale vivace
- Euphorbe coussin
- Faux lupin
- Liatride
- Lobélie syphilitique
- Marguerite
- Marshallia à grandes fleurs
- Penstemon
- Phlomis
- ▷ **Pigamon**
- Platycodon
- Polémoine
- Potentille
- Sanguisorbe
- Vergerette
- Zizia

SECTION 2 ♦ VIVACES À ENTRETIEN MINIMAL

Cette espèce indigène est trouvée dans les forêts feuillues et mixtes du Québec et de l'Ontario, mais est absente des provinces maritimes. Feuillage très découpé gris-vert. Contrairement à la majorité des pigamons décrits ici, la plante est dioïque: elle produit ses fleurs sépalées mâles et femelles sur des plantes différentes. Les deux ont des sépales verts ou vert pourpré, mais les mâles ont de longues étamines jaunes retombantes qui bougent au vent; les femelles, des pistils pourprés. La floraison est relativement insignifiante en soi, mais très appréciée dans les faits, car c'est l'une des premières fleurs sauvages du printemps. Quand le pigamon dioïque reçoit le soleil printanier, il tolérera l'ombre la plus profonde l'été. Il est donc parfaitement adapté à la culture sous les arbres à feuilles caduques. Il aime un sol riche et humide.

🌼 Notez que ce pigamon est pollinisé par le vent et que son pollen peut provoquer chez certaines personnes une allergie saisonnière.

Floraison: mai. 30-60 cm x 30-60 cm. Zone 3.

T. filamentosum
Pigamon filamenteux
(Dwarf Meadow-Rue)

Pigamon bas, intéressant en bordure ou en rocaille pour un emplacement plutôt ombragé. Fleurs blanches asépales plumeuses créant un effet de nuage durant une bonne partie de l'été. Semble préférer l'ombre. Toute la plante devient jaune vif à l'automne. Floraison: juin-août. 50-70 cm x 50 cm. Zone 5.

T. filamentosum tenerum 'Heronswood Form': plus petit et plus florifère que l'espèce. Floraison: juin-août. 20-35 cm x 30-45 cm. Zone 5.

Thalictrum flavum
Pigamon jaune (Yellow Meadow-Rue)

Cette espèce surprend par sa coloration: les autres pigamons ont des fleurs roses, mauves ou blanches, mais les siennes forment des nuages d'étamines jaunes. Les sépales jaune pâle disparaissent rapidement, laissant les étamines dominer. Parfum faible mais agréable. Beau feuillage un peu bleuté. L'espèce est moins cultivée que la sous-espèce suivante. Floraison: juillet-août. 90-150 cm x 45 cm. Zone 3.

Thalictrum flavum glaucum

T. flavum glaucum (syn. *T. speciosissimum*): feuillage très bleuté. C'est la forme de *T. flavum* le plus souvent vendue. 🌼 Il tend à «s'écraser» après la floraison si vous ne le plantez pas avec d'autres végétaux pouvant offrir un peu de support. Floraison: juillet-août. 90-150 cm x 45 cm. Zone 3.

T. flavum glaucum 'True Blue': comme le précédent, mais à feuillage encore plus bleuté… et aux tiges plus solides qui ne demandent pas de tuteurage. Floraison : juillet-août. 90-150 cm x 45 cm. Zone 3.

***T. flavum glaucum* 'Silver Sparkler'** : comme *T. flavum glaucum*, mais à feuillage bleu-vert joliment panaché de blanc. Floraison : juillet-août. 90-150 cm x 45 cm. Zone 3.

 ***T. flavum* 'Illuminator'** : feuillage jaune très pâle au printemps, devenant vert glauque par la suite. Floraison : juillet-août. 90-150 cm x 45 cm. Zone 3.

T. hononense
Pigamon d'Henan (Henan Meadow-Rue)

Couvre-sol aux feuilles pourprées marquées de nervures argentées. Fleurs asépales plumeuses roses en juillet-août. Tout nouveau sur le marché, je ne crois pas qu'il a été essayé au Canada. Sa rusticité reste donc à confirmer. Floraison : juillet-août. 45 cm x 60 cm. Zone 4 ?

T. ichangense
Pigamon d'Ichang
(Chinese Meadow-Rue)

Petit pigamon couvre-sol de toute évidence proche de *T. hononense* mais aux folioles originales : peltées et luisantes, elles le font paraître davantage comme un épimède que comme un pigamon. Les fleurs asépales sont toutefois du pigamon tout craché : de petites boules plumeuses blanches ou roses. Très chic, mais je le croyais peu rustique jusqu'à ce qu'une amie de Calgary (zone 3a) me dise que c'était son pigamon préféré ! Alors, s'il pousse à Calgary, on peut présumer qu'il est au moins de zone 3. Floraison : juin à août. 20-25 cm x 30 cm. Zone 3 ?

***T. ichangense* 'Evening Star'** : superbe couvre-sol au feuillage pourpré aux nervures argentées. Les fleurs passent presque inaperçues.

SECTION 2 — VIVACES À ENTRETIEN MINIMAL

- Alchémille
- Astilbe
- Aunée
- Benoîte
- Bergenia
- Bétoine
- Campanule
- Centaurée
- Digitale vivace
- Euphorbe coussin
- Faux lupin
- Liatride
- Lobélie syphilitique
- Marguerite
- Marshallia à grandes fleurs
- Penstemon
- Phlomis
- ▷ **Pigamon**
- Platycodon
- Polémoine
- Potentille
- Sanguisorbe
- Vergerette
- Zizia

Thalictrum ichangense 'Evening Star'

Fleurs roses. Floraison : juin à août. 20-25 cm x 30 cm. Zone 3 ?

Thalictrum kiusianum

❤️ *Thalictrum kiusianum*
Pigamon de Kyushu (Kyushu Meadow-Rue)

Le plus petit des pigamons… et mon préféré. Stolonifère, il forme un joli tapis au sol et ne craint nullement l'ombre profonde. D'ailleurs, c'est vraiment une plante de sous-bois. Ravissantes feuilles en forme de feuilles d'ancolie. Superbes petites fleurs asépales globulaires lilas au milieu de l'été avec une certaine remontance jusqu'en septembre. Tout à fait mignon et, pourtant, très solide ! Pousse bien sur les roches et donc très élégant en rocaille. Mériterait d'être beaucoup plus connu. 🐌 Son seul défaut : il est parfois endommagé par les limaces. Floraison : juillet-septembre. 8-15 cm x 20 cm. Zone 4.

T. kiusianum 'Album' : fleurs blanches. Floraison : juillet-septembre. 8-15 cm x 20 cm. Zone 4.

❤️ *T. lucidum* (syn. *T. angustifolium*)
Pigamon luisant (Shining Meadow-Rue)

Par sa floraison et son apparence générale, on dirait un plant de *T. flavum* aux fleurs un peu plus pâles, soit jaune crème, car elles forment la même boule plumeuse asépale d'étamines jaunes mais cette fois parfumée et sentant la rose.

Mais quelle différence dans le feuillage ! En effet, c'est le pigamon qui ressemble le moins à un pigamon, car au lieu de feuilles très divisées vert mat ou bleutées ressemblant à celles d'une ancolie ou d'une capillaire, ses feuilles sont vert foncé, très luisantes (d'où ses noms botanique et commun) et pennées, avec des folioles longues et

Thalictrum lucidum

étroites. Tiges solides qui ne s'affaissent pas. Très jolie plante de culture facile mais difficile à trouver dans le commerce. Floraison : juin-juillet. 90-150 cm x 45 cm. Zone 3.

T. minus
Petit pigamon (Lesser Meadow-Rue)

C'est un petit pigamon à fleurs minuscules suspendues sans grand intérêt, aux sépales blanc verdâtre et étamines épaisses jaunes – je gage que nous ne remarquerez même pas qu'il est en fleurs ! –, mais le feuillage est superbe : vert bleuté et joliment découpé. On l'utilise surtout comme couvre-sol. Il a la réputation d'être très résistant aux limaces. Floraison : juin-juillet. 45 cm x 45 cm. Zone 3.

T. minus 'Adiantifolium' : plus gros que le précédent et à feuillage encore plus découpé, semblable à une fronde de capillaire (*Adiantum*). C'est la forme la plus courante en culture. Floraison : juin-juillet. 60-90 cm x 45 cm. Zone 3.

Thalictrum pubescens
Pigamon pubescent (Tall Meadow-Rue)

C'est le plus grand et le plus joli des pigamons indigènes (à mon avis) et aussi le plus largement distribué dans la nature, partout dans l'est de l'Amérique du Nord. Contrairement à beaucoup de pigamons indigènes, dont le milieu naturel est la forêt ou son orée, c'est une espèce des prés ouverts et humides qui préfère le plein soleil et un sol qui ne s'assèche pas. C'est une plante dioïque, donc portant des fleurs mâles et femelles sur des plantes différentes. Curieusement, les fleurs femelles produisent quand même des étamines avec du pollen, mais ce pollen est stérile. Feuillage vert moyen semblable à celui de l'ancolie. Fleurs dressées blanches plumeuses comme un petit feu d'artifice sur une très longue période. Aime un sol humide. Il se répand assez rapidement par rhizomes souterrains et, contrairement à beaucoup de pigamons, il est facile à diviser. Floraison : juin-juillet. 100-250 cm x 60 cm. Zone 3.

T. pubescens 'Purple Haze' : variété femelle dont la base de la fleur est pourpre tout en portant les étamines blanches habituelles. Il en résulte une fleur joliment bicolore ! Cette forme donne par semences des plantes mâles à fleurs entièrement blanches et des plantes femelles bicolores, donc un certain tri est nécessaire si vous la multipliez de cette façon. Floraison : juin-juillet. 100-250 cm x 60 cm. Zone 3.

Thalictrum pubescens

SECTION 2 — VIVACES À ENTRETIEN MINIMAL

Alchémille
Astilbe
Aunée
Benoîte
Bergenia
Bétoine
Campanule
Centaurée
Digitale vivace
Euphorbe coussin
Faux lupin
Liatride
Lobélie syphilitique
Marguerite
Marshallia à grandes fleurs
Penstemon
Phlomis
Pigamon
Platycodon
Polémoine
Potentille
Sanguisorbe
Vergerette
Zizia

SECTION 2 ◆ VIVACES À ENTRETIEN MINIMAL

Thalictrum rochebrunianum

Thalictrum rochebrunianum
Pigamon de Rochebrun
(Giant Meadow-Rue, Lavender Mist)

C'est un très haut pigamon japonais, assez semblable à *T. delavayi*, mais plus grand et à fleurs lilas plus foncé aux étamines orange en panicules aérées. Le feuillage bleuté est porté sur des tiges pourpres. Je trouve ses tiges, malgré leur hauteur supérieure, plus solides que celles de *T. delavayi*, donc moins sujettes à casser si on le cultive un peu trop à l'ombre. Plantez-le par groupes de trois ou plus, car la plante a un port très aéré et paraît presque insipide si on la cultive seule. Floraison : août-septembre. 120 à 180 cm x 45 cm. Zone 4.

T. rochebrunianum 'Lavender Mist' : je ne vois aucune différence entre cette plante et l'espèce. Comme Lavender Mist est aussi un des noms communs de *T. rochebrunianum*, je crois qu'il est devenu celui d'un cultivar par accident. Certains auteurs disent toutefois que les fleurs sont plus pourprées que l'espèce, mais il serait intéressant de les cultiver côte à côte pour pouvoir comparer. 'Purple Mist' aussi serait la même plante. Floraison : août-septembre. 120-280 cm x 45 cm. Zone 4.

Thalictrum 'Elin'

❤ **T. 'Elin'** : cet hybride de l'asépale *T. flavum glaucum* et *T. rochebrunianum* sépalé ressemble plus à ce dernier parent, car il conserve ses sépales durant la majeure partie de la floraison. À la différence de celles de *T. rochebrunianum*, ses fleurs, pas aussi retombantes, sont portées plutôt à l'horizontale, et les étamines sont plus denses et nombreuses. Vers la fin de la floraison, les sépales lavande tombent et la fleur, changeant complètement d'allure, devient une belle étoile d'étamines jaunes. Feuillage bleu acier. Tige pourprée très solidement dressée. Le plus grand des pigamons couramment disponibles. Cet hybride stérile ne produit pas de semences. Floraison : juillet-août. 200-300 cm x 60 cm. Zone 4.

T. 'Anne' : issu du même croisement que 'Elin' mais plus coloré et un peu plus bas. Fleurs rose lavande au début, puis jaunes quand les sépales tombent. Feuillage bleuté. Tiges pourpres. Floraison : juillet-août. 220-260 cm x 60 cm. Zone 4.

Platycodon
Platycodon grandiflorus

Platycodon grandiflorus

Famille : Campanulacées

Origine : est de l'Asie

PLATYCODON
Platycodon grandiflorus

Nom anglais : Balloon Flower

Dimensions : 25-75 cm x 30 cm (selon le cultivar)

Exposition : ☀ ☀

Sol : bien drainé, humide et riche en matière organique

Floraison : juillet-août, parfois septembre

Multiplication : division, semences

Utilisations : bordure, massif, rocaille, murets, plate-bande, arrière-plan, pré fleuri, pentes, fleur coupée, plante médicinale, attire les papillons

Associations : achillées, astrances, knautias

Zone de rusticité : 3

Une belle plante pour les jardiniers paresseux et plutôt patients, car elle est lente à s'établir pleinement : trois à cinq ans. Sa ressemblance avec les campanules (*Campanula* spp.) n'est pas un effet de votre imagination, car le platycodon est étroitement apparenté à ces plantes, dont il diffère surtout par ses gros boutons renflés en forme de ballon (d'ailleurs, les anglophones l'appellent « ballon flower »). Les enfants s'amusent à les faire éclater en les pressant entre le pouce et l'index : ils émettent alors un bruit sourd.

Ouverte, la fleur forme une grosse clochette à cinq sépales allant jusqu'à 7 cm de diamètre, d'où le nom botanique *Platycodon* : cloche large. Ai-je besoin d'expliquer le sens de *grandiflorus* ?

SECTION 2 VIVACES À ENTRETIEN MINIMAL

Les fleurs peuvent être simples ou doubles; les doubles sont de type «hose in hose», c'est-à-dire qu'elles ressemblent à une fleur posée dans une autre fleur, ou encore à une étoile. Parfois les plantes doubles donnent quelques fleurs simples, surtout quand elles sont jeunes. La floraison, très durable, couvre six semaines ou plus à partir du milieu de juillet, parfois jusqu'en septembre.

La plante pousse à partir d'un collet souterrain (à la plantation, couvrez-la de 2 cm de terre) et produit des tiges dressées et des feuilles vertes. La forme originale, dressée et assez haute (environ 75 cm), manque parfois de solidité et peut demander un tuteur, mais la plupart des cultivars modernes ont un port plus compact et arrondi et des tiges plus solides qui se tiennent bien debout.

On peut cultiver le platycodon au soleil ou à la mi-ombre, mais les meilleurs résultats sont au soleil. D'ailleurs, il n'apprécie pas la compétition de voisins plus hauts et sera à son mieux en avant-plan ou dans une rocaille, entouré de plantes basses. À la rigueur, tout sol bien drainé peut convenir – acide ou alcalin, riche ou pauvre –, mais un bon sol de jardin riche donnera les meilleurs résultats. Les plantes bien établies tolèrent, sans nécessairement l'apprécier, la sécheresse.

Notez bien l'emplacement de vos platycodons, car la plante sort très tardivement du sol à la toute fin du printemps, bien après les autres vivaces. On peut l'endommager en essayant de planter autre chose à sa place.

La multiplication se fait surtout par semences (la plupart des lignées sont fidèles au type). On peut aussi le diviser, mais sa croissance est tellement lente que peu de jardiniers oseront le déranger par une initiative aussi draconienne.

Enfin, on utilise les racines de cette plante dans la médecine chinoise.

Cultivars

Il n'y a qu'une seule espèce de *Platycodon*, *P. grandiflorus*, mais il existe un assez bon nombre de lignées.

Platycodon grandiflorus 'Albus'

P. grandiflorus 'Albus': fleurs simples blanches, parfois aux nervures violettes. Tiges peu solides. Floraison: juillet-août. 70-75 cm x 30 cm. Zone 3.

P. grandiflorus groupe Apoyama: fleurs simples bleu-violet. Plant compact n'ayant pas besoin de tuteur. Floraison: juillet-août. 20-35 cm x 30 cm. Zone 3.

P. grandiflorus 'Astra Blue': fleurs simples bleu violacé. Très nain. Floraison: juillet-août. 20-25 cm x 30 cm. Zone 3.

P. grandiflorus 'Astra Blue Semi-Double' ('Astra Double Blue'): fleurs doubles bleu violacé. Très nain. Floraison: juillet-août. 20-25 cm x 30 cm. Zone 3.

P. grandiflorus 'Astra Lavender Semi-Double' ('Astra Double Lavender'): fleurs doubles bleu lavande. Très nain. Floraison: juillet-août. 20-25 cm x 30 cm. Zone 3.

SECTION 2 ❖ VIVACES À ENTRETIEN MINIMAL

Platycodon grandiflorus 'Astra Blue Semi-Double'

❂ *P. grandiflorus* 'Astra Pink' : fleurs simples rose pâle. Très nain. Floraison : juillet août. 20-25 cm x 30 cm. Zone 3.

❂ *P. grandiflorus* 'Astra White' : fleurs simples blanches. Très nain. Floraison : juillet-août. 20-25 cm x 30 cm. Zone 3.

❂ *P. grandiflorus* 'Astra White Semi-double' : fleurs doubles blanches. Très nain. Floraison : juillet-août. 20-25 cm x 30 cm. Zone 3.

❂ *P. grandiflorus* 'Fairy Snow' ('Apoyama Fairy Snow') : variété naine à fleurs blanches aux nervures violettes. Floraison : juillet-août. 20-35 cm x 30 cm. Zone 3.

Platycodon grandiflorus 'Astra Pink'

Platycodon grandiflorus 'Freckles'

❂ *P. grandiflorus* 'Freckles' : fleurs simples blanches théoriquement tachetées de violet, ⚜ mais la couleur est peu stable. Floraison : juillet-août. 65 cm x 30 cm. Zone 3.

- Alchémille
- Astilbe
- Aunée
- Benoîte
- Bergenia
- Bétoine
- Campanule
- Centaurée
- Digitale vivace
- Euphorbe coussin
- Faux lupin
- Liatride
- Lobélie syphilitique
- Marguerite
- Marshallia à grandes fleurs
- Penstemon
- Phlomis
- Pigamon
- ⇨ **Platycodon**
- Polémoine
- Potentille
- Sanguisorbe
- Vergerette
- Zizia

SECTION 2 ◆ VIVACES À ENTRETIEN MINIMAL

✿ *P. grandiflorus* 'Fuji Blue': fleurs simples bleu-violet. Développé pour la fleur coupée. ⚘ Peut demander un tuteur. Floraison : juillet-août. 70-75 cm x 30 cm. Zone 3.

✿ *P. grandiflorus* 'Fuji Pink': fleurs simples rose pâle. Développé pour la fleur coupée. ⚘ Peut demander un tuteur. Floraison : juillet-août. 70-75 cm x 30 cm. Zone 3.

✿ *P. grandiflorus* 'Fuji White': comme les autres Fuji mais à fleurs simples blanches. Floraison : juillet-août. 70-75 cm x 30 cm. Zone 3.

✿ *P. grandiflorus* 'Hakone Blue' ('Hakone', 'Hakone Double Blue'): fleurs doubles bleu-violet. Tige assez solide. Floraison : juillet-août. 40-50 cm x 30 cm. Zone 3.

✿ *P. grandiflorus* 'Hakone White': fleurs doubles blanches. Tige assez solide. Floraison : juillet-août. 40-50 cm x 30 cm. Zone 3.

Platycodon grandiflorus 'Komachi'

✿ *P. grandiflorus* 'Komachi': curieuse variété aux gros boutons bleu-violet qui restent en boule, ne s'ouvrent jamais. Floraison : juillet-août. 60-75 cm x 30 cm. Zone 3.

✿ *P. grandiflorus* 'Mariesii': fleurs simples bleu-violet. Première variété compacte, ⚘ elle est maintenant un peu dépassée par des variétés modernes à tiges plus solides. Floraison : juillet-août. 45-60 cm x 30 cm. Zone 3.

✿ *P. grandiflorus* 'Misato Purple': fleurs simples violet foncé. Compact. Floraison : juillet-août. 35-45 cm x 30 cm. Zone 3.

✿ *P. grandiflorus* 'Plenus': fleurs doubles bleu-violet. Vieille variété aux fleurs moins symétriques que les variétés doubles modernes. Floraison : juillet-août. 70-75 cm x 30 cm. ✿ Zone 3.

Platycodon grandiflorus 'Sentimental Blue'

♥ ✿ 🪴 *P. grandiflorus* 'Sentimental Blue': fleurs simples bleu-violet. Très nain. Populaire. Floraison : juillet-août. 15-23 cm x 30 cm. Zone 3.

✿ 🪴 *P. grandiflorus* 'Sentimental White': fleurs simples blanches. Très nain. Floraison : juillet-août. 15-23 cm x 30 cm. Zone 3.

✿ *P. grandiflorus* 'Shell Pink': variété plus ancienne à fleurs simples rose pâle. Floraison : juillet-août. 45-60 cm x 30 cm. Zone 3.

✿ *P. grandiflorus* 'Zwerg' ('Dwarf'): fleurs simples bleu-violet. Très nain. Floraison : juillet-août. 20 cm x 30 cm. Zone 3.

POLÉMOINE
POLEMONIUM

Polemonium caeruleum

www.jardinierparesseux.com

Famille : Polémoniacées

Origine : hémisphère Nord

POLÉMOINE
Polemonium

Nom anglais : Polemonium

Dimensions : 8-110 cm x 30-60 cm (selon le cultivar)

Exposition :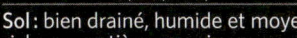

Sol : bien drainé, humide et moyennement riche en matière organique

Floraison : (mai) juin-juillet

Multiplication : boutures de tige, division, semences

Utilisations : plate-bande, massif, rocaille, couvre-sol, sous-bois, pré fleuri, fleur parfumée, fleur coupée, plante médicinale et tinctoriale, attire les papillons

Associations : fougères, campanules, benoîtes, pulmonaires

Zone de rusticité : variable, 2-5

Le genre *Polemonium* se retrouve un peu partout dans l'hémisphère Nord, surtout dans les zones tempérées froides et en altitude. Il y a 30 espèces, la plupart se ressemblant passablement. Ce sont des vivaces (rarement des annuelles) portant des feuilles pennées persistantes aux folioles lancéolées, un ensemble pouvant faire penser à une fougère lorsque la plante n'est pas en fleurs. Par contre, aucune confusion possible quand la plante fleurit, car les fleurs à cinq pétales, portées en grappes à l'extrémité des tiges, sont très voyantes. La couleur habituelle est bleu-violet.

Les polémoines viennent habituellement de prés et de sous-bois humides. Ce sont des plantes de culture facile, s'adaptant bien aux conditions de plate-bande typique et

SECTION 2 ◆ VIVACES À ENTRETIEN MINIMAL

demandant peu de soins. Elles s'adaptent au soleil ou à la mi-ombre (l'ombre pour certaines espèces) et aux sols plutôt riches et toujours un peu humides. Leur multiplication est facile par bouturage ou division pour les cultivars; on peut multiplier les espèces par semences.

🍃 D'ailleurs, si les polémoines ont un défaut, c'est sans doute que leurs semis spontanés les rendent un peu envahissantes. Entourez-les d'un épais paillis et ce ne sera plus un problème.

Variétés

Polemonium caeruleum

🪴 **Polemonium caeruleum**
Polémoine bleue, valériane grecque, échelle de Jacob (Jacob's Ladder, Greek Valerian)
☀️☀️
De loin la plus populaire des polémoines. Ses noms communs – valériane grecque et échelle de Jacob – viennent, d'un côté, d'une supposée ressemblance avec la valériane (*Valeriana officinalis*) et, de l'autre, de la façon dont les folioles des feuilles sont disposées, à la manière des barreaux d'une échelle. Une multitude de noms communs indique habituellement une plante qui est en culture depuis fort longtemps; or, justement, *P. caeruleum* a une longue histoire d'utilisations médicinales et tinctoriales remontant à l'Antiquité grecque. Elle est indigène un peu partout en Europe ainsi que dans l'ouest de l'Asie.

C'est une plante dressée aux feuilles persistantes très découpées, comptant jusqu'à 23 folioles vert foncé lisses. Les feuilles de la rosette sont les plus longues et larges avec le maximum de folioles et un long pétiole, alors que les feuilles de la tige florale sont plus petites, comptent moins de folioles et n'ont souvent aucun pétiole.

Les fleurs sont produites en bouquets terminaux assez denses. Elles sont en forme de coupe et bleu lavande avec des étamines jaunes contrastantes et offrent un joli spectacle pendant trois à quatre semaines. Parfumées, elles sentent, du moins pour moi, le raisin.

🍃 **Attention:** les chats aiment bien l'odeur du feuillage et peuvent réduire la plante en miettes! Après une plantation, couvrez la plante d'une petite cage faite de broche à poule pendant quatre ou cinq jours, le temps que les blessures causées par la transplantation se cicatrisent, et les chats n'arriveront plus à la trouver.

🍃 C'est une plante relativement durable qui se divise au pied avec le temps sans jamais devenir envahissante. Elle peut, par contre, se ressemer à outrance si les conditions lui conviennent: utilisez toujours un paillis pour empêcher cette génération trop spontanée.

Floraison: juin-juillet. 45-110 cm x 45-60 cm. Zone 2.

🪴 **P. caeruleum album**: fleurs blanches. Vieille variété trouvée parfois dans les jardins abandonnés mais nullement dépassée malgré sa rareté sur le marché. Jolie en combinaison avec les polémoines bleues. Fidèle au type par semences quand elle pousse loin des autres polémoines. Sinon, elle peut donner un mélange de fleurs blanches et bleues. Floraison : juin-juillet. 60-80 cm x 45-60 cm. Zone 2.

Polemonium caeruleum 'Blanjou' Brise d'Anjou™

P. caeruleum 'Blanjou' Brise d'Anjou™ : cette plante a créé toute une sensation quand elle a été lancée au début des années 2000… et toute une déception quand les jardiniers avides l'ont essayée. *A priori*, elle avait tout pour séduire : non seulement les belles fleurs bleu lavande de la valériane grecque normale, mais surtout, un feuillage joliment panaché, car chaque feuille était ourlée de blanc jusqu'à la dernière foliole. Rarement ai-je vu un aussi beau feuillage ! Mais la plante s'est montrée peu florifère, peu vigoureuse et portée à mourir très rapidement. Beaucoup de jardiniers l'ont achetée, peu ont réussi à la conserver. 'Snow and Sapphires' est son remplacement plus solide. Floraison : juin-juillet. 45-70 cm x 45-60 cm. Zone 5.

P. caeruleum 'Lace Towers' : sélection de plus grande taille. Fleurs bleu lavande typiques de l'espèce. Floraison : juin-juillet. 90-110 cm x 45-60 cm. Zone 2.

Polemonium caeruleum 'Snow and Sapphires'

P. caeruleum 'Snow and Sapphires' : sosie de Brise d'Anjou, avec les mêmes feuilles panachées de blanc mais plus vigoureuse. Malgré tout, pas aussi performante que d'autres polémoines panachées, comme *P. reptans* 'Stairway to Heaven'. Floraison : juin-juillet. 60 cm x 45-60 cm. Zone 2.

Polemonium boreale
Polémoine boréale (Boreal Jacob's Ladder)

Très petite plante d'origine arctique et de distribution circumboréale. Elle forme un dôme assez aplati de feuilles hirsutes comportant 13 à 23 folioles luisantes, couvertes

SECTION 2 — VIVACES À ENTRETIEN MINIMAL

Alchémille
Astilbe
Aunée
Benoîte
Bergenia
Bétoine
Campanule
Centaurée
Digitale vivace
Euphorbe coussin
Faux lupin
Liatride
Lobélie syphilitique
Marguerite
Marshallia à grandes fleurs
Penstemon
Phlomis
Pigamon
Platycodon
➔ **Polémoine**
Potentille
Sanguisorbe
Vergerette
Zizia

SECTION 2 ◆ VIVACES À ENTRETIEN MINIMAL

d'assez grosses fleurs en coupe bleu-violet à œil jaune. Sans fleurs, on dirait une fougère. Un spécimen en pleine floraison est spectaculaire mais petit! 🍃 On l'utilise habituellement en rocaille, où les pierres découragent la limace, sa pire ennemie. 🍃 Parfum désagréable. 🍃 Pas la plus facile des polémoines pour beaucoup de jardiniers, car elle exige les conditions d'une rocaille fraîche pour bien réussir. Toutefois, elle est merveilleuse là où les étés sont frais à froids. Floraison: mai-juin. 30 cm x 45 cm. Zone 2.

Polemonium boreale 'Heavenly Habit'

P. boreale '**Heavenly Habit**': fleurs un peu plus grosses, bleu plus clair à œil jaune avec un centre blanc. Floraison: mai-juin. 30 cm x 45 cm. Zone 2.

P. boreale '**Iceberg Point**' ('San Juan Skies'): sélection à feuillage plus argenté. Floraison: mai-juin. 8-30 cm x 45-55 cm. Zone 2.

❤️🪴 ***P. foliosissimum***
Polémoine feuillue (Leafy Polemonium)
☀️🌤️

Version nord-américaine de *P. caeruleum*, trouvée dans les montagnes de l'Ouest américain. Tiges plus épaisses et solides que *P. caeruleum* et fleurs bleu lavande plus grosses aux étamines jaunes proéminentes. Probablement la meilleure grande polémoine. Malgré ses noms botanique et commun (*foliosissimum* veut dire « maximum de feuilles ou de folioles »), elle n'est pas plus « feuillue » qu'une autre polémoine et ses folioles ne sont pas nécessairement plus nombreuses non plus. Elle peut porter jusqu'à 25 folioles, mais en a souvent bien moins. Floraison: juin-juillet. 60-120 cm x 45-60 cm. Zone 4.

Polemonium reptans

P. reptans
Polémoine rampante
(Creeping Polemonium)
☀️🌤️🌑

Cette espèce est indigène de l'est de l'Amérique du Nord et se plaît sous notre climat, au point qu'on peut dire que c'est vraiment la plus « facile » des polémoines dans notre région. Malgré l'épithète « rampante » qui semble suggérer une plante couvre-sol envahissante, elle ne s'étend pas à outrance par rhizomes. 🍃 Comme *P.*

caeruleum, elle peut toutefois se ressemer trop abondamment si l'on n'applique pas du paillis pour empêcher la germination.

Bouquets de fleurs inodores et presque tubulaires. Elles sont bleu plus clair et moins denses que *P. caeruleum*, sur une tige plutôt lâche mais sur une plante aussi basse; le fait que les tiges ne soient pas tout à fait rigides n'est pas du tout désagréable. Feuillage en « rangs d'échelle », mais avec moins de folioles que sa cousine plus populaire.

Cette plante est à son mieux à la mi-ombre, et pousse et fleurit assez bien à l'ombre. Excellent choix pour le sous-bois. Floraison : mai-juin. 30-35 cm x 45 cm. Zone 2.

P. reptans 'Blue Pearl' : fleurs théoriquement plus bleues que chez l'espèce. Personnellement, je ne vois aucune différence ! Floraison : mai-juin . 30-35 cm x 45 cm. Zone 2.

P. reptans 'Firmament' : fleurs comme chez l'espèce. Feuillage vert-gris au printemps. Floraison : mai-juin. 30-35 cm x 45 cm. Zone 2.

P. reptans 'Pink Dawn' : fleurs rose pourpré : une couleur très originale pour une polémoine ! Floraison : mai-juin . 30 cm x 30 cm. Zone 2.

♥ *P. reptans* 'Stairway to Heaven' : la plus vigoureuse des polémoines panachées jusqu'à maintenant. Les feuilles sont marginées de rose au printemps, de crème l'été. Fleurs bleu pâle. Une plante réellement charmante, longévive et non envahissante; l'une des meilleures polémoines. Floraison : mai-juin . 40 cm x 45 cm. Zone 2.

♥ *P. reptans* 'Touch of Class' : mutation de 'Stairway to Heaven', à feuillage panaché de blanc. Boutons roses donnant de très petites fleurs bleu pâle. Très florifère, ce qui compense la petitesse des fleurs. Floraison : mai-juin . 30-35 cm x 45 cm. Zone 2.

P. reptans 'Virginia White' : fleurs blanches. Floraison : mai-juin. 30-35 cm x 45 cm. Zone 2.

Polemonium viscosum

Polemonium viscosum
Polémoine visqueuse
(Sticky Polemonium, Skunkweed)

Polemonium reptans 'Stairway to Heaven'

SECTION 2 — VIVACES À ENTRETIEN MINIMAL

Alchémille
Astilbe
Aunée
Benoîte
Bergenia
Bétoine
Campanule
Centaurée
Digitale vivace
Euphorbe coussin
Faux lupin
Liatride
Lobélie syphilitique
Marguerite
Marshallia à grandes fleurs
Penstemon
Phlomis
Pigamon
Platycodon
▷ **Polémoine**
Potentille
Sanguisorbe
Vergerette
Zizia

307

SECTION 2 ◆ VIVACES À ENTRETIEN MINIMAL

Petite plante alpine à feuillage unique pour une polémoine : de courtes feuilles pennées à multiples folioles, mais chaque petite foliole est à son tour découpée en trois à cinq segments. Les segments massés sur le pétiole produisent un effet de verticille. Dans son ensemble, la feuille rappelle celle de certaines achillées. 🍃 Les feuilles sentent la mouffette lorsqu'on les écrase, d'où le nom anglais « skunkweed ». Les fleurs en trompette sont portées en bouquets arrondis et sont d'un bleu violacé assez intense. Elles sont très parfumées, mais leur parfum ne fait pas l'unanimité : certains disent qu'elles sentent le miel, d'autres la mouffette ! Toute la plante est couverte de courts poils visqueux sauf les fleurs. Préfère le plein soleil et un emplacement frais. Intéressante en rocaille. Floraison : juin-juillet. 15-25 cm x 10-20 cm. Zone 4.

🪴 *P. viscosum* 'Blue Whirl' : fleurs bleu-violet plus pâle que chez l'espèce. Floraison : juin-juillet. 15-25 cm x 10-20 cm. Zone 4.

🪴 *P. yezoense*
Polémoine à feuilles pourpres
(Purple Leaf Polemonium)

Espèce japonaise originaire de l'île nordique d'Hokkaido, anciennement Yeso ou Yezo… d'où le nom botanique. C'est une polémoine assez typique, avec les mêmes feuilles en forme d'échelle et bouquets de fleurs bleu lavande que la plupart des autres. La différence principale vient de la coloration pourprée des feuilles au printemps, couleur que les plantes reprennent à l'automne. Préfère la mi-ombre et réussit assez bien à l'ombre. Plante rhizomateuse, mais pas vraiment envahissante. Floraison : juin-juillet. 55 cm x 35 cm. Zone 3.

🪴 *P. yezoense* 'Polbress' Bressingham Purple™ : comme l'espèce, mais la coloration pourprée du feuillage est plus intense et persiste plus longtemps. 🍃 Malgré tout, au moment de la floraison, le feuillage est presque toujours vert. Fleurs plus foncées : bleu lavande plus pourpré. Floraison : juin-juillet. 40 cm x 30 cm. Zone 3.

❤️ 🪴 *P. yezoense hidakanum* 'Purple Rain' : comme l'espèce mais à feuillage plus pourpré. Le pourpre se maintient plus longtemps, souvent pendant la floraison. 🍃 L'été, cependant, le feuillage verdit. Floraison : juin-juillet. 45-55 cm x 30-40 cm. Zone 3.

Polemonium yezoense 'Purple Rain Strain'

🪴 *P. yezoense hidakanum* 'Purple Rain Strain' : plante moins coûteuse produite par semences mais pratiquement identique au cultivar précédent. Semence disponible aussi. Floraison : juin-juillet. 45-55 cm x 30-40 cm. Zone 3.

SECTION 2 ▸ VIVACES À ENTRETIEN MINIMAL

Hybrides

Il y a chez les polémoines hybrides un avantage qu'il faut souligner : la plupart sont stériles. *A priori*, cela ne vous excite pas, je le sais, mais pensez à une chose : l'un des défauts que bien des jardiniers trouvent aux polémoines, c'est leur tendance à se ressemer trop vigoureusement. Or, les hybrides stériles ne peuvent se ressemer et restent donc à leur place.

P. **'Heaven Scent'** : hybride de *P. reptans* et *P. yezoense* 'Purple Rain' au feuillage rougeâtre au printemps suivi de fleurs bleu-violet très parfumées, à la senteur de raisin. Floraison : juin-juillet. 45-60 cm x 30-45 cm. Zone 4.

P. **'Lambrook Mauve'** : fleurs mauves. Stérile et non envahissant. Floraison : juin-juillet. 30-45 cm x 45 cm. Zone 4.

♥ *P.* **'Northern Lights'** (*P. caeruleum* 'Northern Lights') : similaire à *P. caeruleum* et vendu parfois comme un cultivar nain de cette espèce, mais en fait un hybride interspécifique. Le résultat est une plante stérile qui, de plus, ne sait pas arrêter de fleurir. Aussi, ne se ressème pas. Très parfumé. Floraison : juin-septembre. 40 cm x 45 cm. Zone 2.

P. **'Sonia's Bellflower'** : fleurs bleu ciel à cœur plus pâle. Légèrement parfumées. Feuillage rouge vin au printemps, vert foncé l'été. Floraison : juin-juillet. 60-90 cm x 60 cm. Zone 4.

Polemonium 'Northern Lights'

Alchémille
Astilbe
Aunée
Benoîte
Bergenia
Bétoine
Campanule
Centaurée
Digitale vivace
Euphorbe coussin
Faux lupin
Liatride
Lobélie syphilitique
Marguerite
Marshallia à grandes fleurs
Penstemon
Phlomis
Pigamon
Platycodon
▷ **Polémoine**
Potentille
Sanguisorbe
Vergerette
Zizia

www.jardinierparesseux.com

POTENTILLE
POTENTILLA

Potentilla 'Gibson's Scarlet'

www.jardinierparesseux.com

Famille : Rosacées

Origine : régions tempérées de l'hémisphère Nord

POTENTILLE
Potentilla

Nom anglais : Cinquefoil

Dimensions : 8-80 cm x 15-90 cm (selon le cultivar)

Exposition : ☀ ☼

Sol : bien drainé, ordinaire à pauvre et plutôt sec

Floraison : variable, mai-septembre

Multiplication : division, semences

Utilisations : plate-bande, bordure, massif, rocaille, naturalisation, couvre-sol, auge, murets, jardin xérophyte, plante médicinale, fleur coupée, attire les papillons

Associations : graminées, hémérocalles, géraniums

Zone de rusticité : variable selon l'espèce, 2-5

Pour la majorité des jardiniers, le mot « potentille » évoque immédiatement une image de potentille arbustive (*P. fruticosa*), un arbuste populaire dans nos aménagements paysagers et présent d'ailleurs dans la nature, puisqu'il est indigène presque partout dans l'hémisphère Nord. Relativement peu de jardiniers savent toutefois que le genre *Potentilla*, riche d'environ 500 espèces, est principalement composé de plantes vivaces. D'ailleurs, il y en a tant presque partout dans la nature que vous avez presque assurément une ou des potentilles sauvages dans un champ près de chez vous.

Les potentilles vivaces sont, pour la vaste majorité, des plantes relativement basses, presque toujours de moins de 60 cm, souvent beaucoup moins. Elles poussent en rosette et

SECTION 2 — VIVACES À ENTRETIEN MINIMAL

peuvent être rhizomateuses ou stolonifères. Plusieurs font de bons couvre-sol.

Dans la nature, on les trouve généralement dans des emplacements exposés : Grand Nord, haute montagne, prés, etc., généralement au plein soleil ou seulement légèrement ombragés. En culture, leur petitesse relative en fait des plantes de bordure et de contenant (petites espèces) ou du milieu de la plate-bande (plus grandes espèces).

Leurs feuilles sont généralement palmées ou digitées, typiquement avec cinq folioles à marge dentée, mais parfois trois ou sept, rarement plus. Les fleurs ont cinq pétales, une caractéristique typique de leur famille, les Rosacées. Si vous trouvez que les potentilles ressemblent au fraisier (*Fragus* spp.), vous avez bien raison. D'ailleurs, d'après plusieurs taxonomistes, le fraisier devrait appartenir au genre *Potentilla*.

🍃 Les tiges florales des potentilles sont rarement très solides et penchent à divers degrés. Sur des espèces basses, elles s'appuient sur le feuillage et ce détail est moins évident. Les plus grandes potentilles, par contre, avec leurs tiges qui vont dans tous les sens, sont parfois traitées de « désordonnées » par les jardiniers très méticuleux. Il y a une solution facile à ce « problème » : plantez toujours les potentilles en groupe de cinq plantes ou plus. Comme les tiges florales hors contrôle de l'une se mélangeront avec celles vagabondes de ses voisines et vice-versa, cela donnera une belle densité et ce qui était à l'origine désordonné paraîtra alors parfaitement rangé.

🍃 Attention aux sols trop riches, qui tendent à produire des plantes verdoyantes mais peu florifères et aux tiges particulièrement lâches.

Avec tant d'espèces, chacune avec ses préférences, il n'est pas facile de généraliser quant aux préférences culturales des potentilles, mais la plupart sont des plantes de plein soleil ou, au plus, de mi-ombre, et de sol bien drainé (notamment pour les espèces alpines, qui ne tolèrent pas les sols trop humides, surtout l'hiver). Malgré tout, il y a des espèces qui poussent jusque dans les marécages, une belle preuve qu'il n'y a probablement aucun emplacement où une espèce ou une autre de potentille ne pourrait profiter !

> Le nom *Potentilla* veut dire « petite puissance », une référence, paraît-il, aux pouvoirs médicinaux attribués aux potentilles dans le passé et à leur petite taille. Les anglophones les appellent « cinquefoils », un mot dérivé du français quinte-feuille et qui veut dire, bien sûr, « à cinq folioles ».

Variétés

Potentilla alba
Potentille blanche (White Cinquefoil)

Plante d'origine alpine, basse et aux feuilles à cinq folioles vert foncé et luisantes, argentées au revers. Les fleurs blanches à cœur jaune font penser à celles du fraisier, mais elle ne produit pas de stolons et reste sagement à sa place. Excellent choix pour la rocaille ou la bordure. Floraison : mai-juin (juillet). 8-12 cm x 30 cm. Zone 5.

P. argentea
Potentille argentée (Silvery Cinquefoil)

Plante eurasiatique maintenant bien établie dans plusieurs régions d'Amérique du Nord en tant que plante adventice et d'ailleurs courante au Québec le long des chemins et

---

- Alchémille
- Astilbe
- Aunée
- Benoîte
- Bergenia
- Bétoine
- Campanule
- Centaurée
- Digitale vivace
- Euphorbe coussin
- Faux lupin
- Liatride
- Lobélie syphilitique
- Marguerite
- Marshallia à grandes fleurs
- Penstemon
- Phlomis
- Pigamon
- Platycodon
- Polémoine
- ▷ **Potentille**
- Sanguisorbe
- Vergerette
- Zizia

311

SECTION 2 ◆ VIVACES À ENTRETIEN MINIMAL

Potentilla argentea

dans les champs abandonnés. Feuilles à cinq folioles très découpées, argentées au revers. Fleurs jaunes aux pétales bien espacés portées sur des tiges très lâches: plantez en massif pour un effet intéressant. Pas très florifère, mais au moins la floraison dure très longtemps, presque tout l'été. Préfère un sol pauvre, tolère bien la sécheresse. Floraison: juin-août. 15-40 cm x 90 cm. Zone 3.

✿ *P. atrosanguinea*
Potentille rubis (Himalayan Cinquefoil)

Fleurs d'apparence veloutée de couleur variable, rouge à orange, mais souvent rouge sang foncé. Elles sont portées sur des tiges lâches dirigées dans tous les sens: pour un bel effet, toujours la planter en groupe. Joli feuillage trifolié aux folioles vert luisant et très dentées, aux marges touchées d'argent. Cette plante est en fait rarement cultivée; la plupart des plantes de jardin portant ce nom sont des hybrides à fleurs plus grosses et plus voyantes, dont plusieurs sont décrits ci-dessous. Floraison: juin-août. 30 cm x 40 cm. Zone 4.

✿ *P. atrosanguinea argyrophylla*: forme plus alpine et plus naine de l'espèce. Fleurs jaunes à centre orangé. Feuillage argenté. Floraison: juillet-août. 15-25 cm x 40 cm. Zone 4.

✿ *P. atrosanguinea* hybrides: la plupart des potentilles hybrides présentement sur le marché (et il y en a des dizaines) dérivent de *P. atrosanguinea*. Elles sont souvent d'ailleurs identifiées *P. atrosanguinea* suivi du nom de cultivar, mais il faut comprendre que ce sont en fait des hybrides interspécifiques. Quant à leur performance en plate-bande, les hybrides dépassent nettement l'espèce avec des fleurs plus grosses et plus nombreuses dans une plus vaste variété de couleurs. Quand vous imaginez une « potentille vivace », vous pensez à cette plante. 🍁 De culture facile mais, comme chez tant de potentilles vivaces, leurs tiges sont lâches et les plantes paraissent mieux lorsqu'elles sont cultivées en groupe. Floraison: juin-août. 45 cm x 60 cm. Zone 4.

✿ *P.* 'Arc-en-ciel': fleurs de bonne taille, doubles, rouges à marge jaune. Floraison: juin-août. 45 cm x 60 cm. Zone 4.

✿ *P.* 'Flamenco': fleurs simples écarlates, centre plus foncé. Étamines jaunes. Floraison: juin-août. 45 cm x 60 cm. Zone 4.

✿ *P.* 'Gibson's Scarlet': fleurs simples écarlates, centre plus foncé. Floraison: juin-août. 45 cm x 60 cm. Zone 4.

✿ *P.* 'Monsieur Rouillard': fleurs doubles rouge orangé. Floraison: juin-août. 45 cm x 60 cm. Zone 4.

✿ *P.* 'Volcan' ('Vulcan'): fleurs doubles d'un rouge très foncé. Floraison: juin-août. 45 cm x 60 cm. Zone 4.

✿ *P.* 'William Rollison': fleurs semi-doubles orange foncé, jaunes au revers. Floraison: juin-août. 45 cm x 60 cm. Zone 4.

SECTION 2 — VIVACES À ENTRETIEN MINIMAL

Potentilla 'William Rollison'

Potentilla 'Yellow Queen'

 P. 'Yellow Queen' : fleurs doubles ou semi-doubles jaune vif. Floraison : juin-août. 40 cm x 60 cm. Zone 4.

P. aurea
Potentille dorée (Golden Cinquefoil)

Plante tapissante des Alpes européennes aux feuilles à cinq folioles vert luisant et dentées, marge hirsute. Nombreuses fleurs jaune or. Couvre-sol ou plante alpine. Floraison : juin-juillet. 10 cm x 20-30 cm. Zone 4.

P. x hopwoodiana
Potentille de Hopwood (Hopwood's Cinquefoil)

Croisement entre *P. nepalensis* et *P. recta*. Pétales tricolores : rose pêche marqué de blanc avec une tache rouge à la base. Le cœur de la fleur est rouge pourpré foncé. Feuillage vert foncé. Tiges plutôt lâches. Excellent couvre-sol. Floraison : juin-août. 45 cm x 30-45 cm. Zone 5.

Potentilla hyparctica

P. hyparctica
Potentille arctique (Arctic cinquefoil)

Plante d'origine circumboréale, trouvée dans le Grand Nord et en montagne. Forme un dôme de petites feuilles trifoliées poilues très dentées coiffées de fleurs jaune vif en coupe. Elles sont portées sur de courtes tiges juste au-dessus du feuillage. Plante de rocaille demandant un très bon drainage. Floraison : mai-juin. 10-15 cm x 20-30 cm. Zone 2.

P. hyparctica nana : variante plus compacte et plus argentée que l'espèce. La forme le plus souvent vue en horticulture. Intéressante en auge. Floraison : mai-juin. 8 cm x 20-30 cm. Zone 2.

Alchémille
Astilbe
Aunée
Benoîte
Bergenia
Bétoine
Campanule
Centaurée
Digitale vivace
Euphorbe coussin
Faux lupin
Liatride
Lobélie syphilitique
Marguerite
Marshallia à grandes fleurs
Penstemon
Phlomis
Pigamon
Platycodon
Polémoine
▷ **Potentille**
Sanguisorbe
Vergerette
Zizia

SECTION 2 ▸ VIVACES À ENTRETIEN MINIMAL

Potentilla megalantha

♥ ✿ *P. megalantha*
Potentille à grosses fleurs
(Woolly Cinquefoil)
☀ ☀

Jolie rosette de feuilles trifoliées rappelant celles des fraisiers, mais pubescentes, très argentées au printemps, plus vertes l'été. Assez grosses fleurs (c'est le sens de *megalantha*) jaune vif portées au-dessus du feuillage. Elles sont plus nombreuses à la fin du printemps, mais la plante refleurit sporadiquement jusqu'à l'automne. Excellent couvre-sol. Floraison : mai-juin (juillet-septembre). 20-25 cm x 30 cm. Zone 4.

✿ *P. megalantha fragiformis* (*P. fragiformis*) : variante de l'espèce précédente à feuilles plus étroites et à fleurs plus petites, mais plus nombreuses. Floraison : mai-juin (juillet-septembre). 20-25 cm x 30 cm. Zone 4.

✿ *P. megalantha* 'Gold Sovereign' : fleurs encore plus grosses que celles de l'espèce. Floraison : mai-juin (juillet-septembre). 20-25 cm x 30 cm. Zone 4.

✿ *P. nepalensis*
Potentille du Népal (Nepal Cinquefoil)
☀ ☀

L'une des plus hautes potentilles vivaces. Ses tiges semblent faire des efforts pour dépasser 60 cm de hauteur… mais commencent alors à plier selon la tendance habituelle des potentilles vivaces. Feuilles vert foncé à cinq folioles lobées, celles provenant de la rosette portées sur de longs pétioles. Fleurs assez petites mais très nombreuses, portées sur une panicule très ramifiée et s'épanouissant sur une longue période. Chez l'espèce (peu cultivée), les fleurs varient de rouge carmin à bourgogne. Les cultivars dont la description suit ont des fleurs plus grosses. Floraison : juin-août. 45-60 cm x 60-80 cm. Zone 3.

✿ *P. nepalensis* 'Miss Willmott' : fleurs rouge rosé à cœur rouge vin. Très populaire. Floraison : juin-août. 30-60- cm x 60 cm. Zone 3.

✿ *P.* 'Melton Fire' (*P. nepalensis* 'Melton Fire') : serait en fait un hybride d'autres espèces, mais très proche de *P. nepalensis*. Fleurs rouge framboise, auréolées de jaune citron et à marge rouge plus pâle, cœur pourpre. Floraison : juin-août. 45 cm x 60 cm. Zone 3.

✿ *P. nepalensis* 'Ron McBeath' : similaire à 'Miss Willmott', avec des fleurs rouge rosé à cœur foncé, mais plus compact et plus florifère. Floraison : juin-août. 30-45 cm x 45 cm. Zone 3.

✿ *P. nepalensis* 'Roxana' : fleurs rouge orangé avec une touche de rose. Floraison : juin-août. 45 cm x 60 cm. Zone 3.

SECTION 2 ▶ VIVACES À ENTRETIEN MINIMAL

Potentilla nepalensis 'Shogran'

❂ **P. nepalensis 'Shogran'** : variété plus compacte à petites feuilles. Fleurs rouge carmin. Floraison : juin-août. 25-30 cm x 60-90 cm. Zone 3.

P. neumanniana 'Nana' : forme naine de la plante précédente. Populaire en rocaille. Floraison : mai-juin. 8-15 cm x 15-30 cm. Zone 4.

Potentilla neumanniana

Potentilla crantzii

P. neumanniana (*P. tabernaemontani, P. verna*)
Potentille du printemps (Spring Cinquefoil)
☀ ◐

Originaire des montagnes d'Europe, cette espèce alpine forme un tapis bas de feuilles persistantes à cinq ou sept folioles dentées, coiffées au printemps de fleurs jaune or. Les tiges rampantes s'enracinent en touchant au sol, ce qui en fait un excellent couvre-sol. Intéressante aussi en rocaille. Floraison : mai-juin. 15-25 cm x 25-30 cm. Zone 4.

P. crantzii
Potentille de Crantz (Alpine Cinquefoil)
☀ ◐

Assez similaire à l'espèce précédente, mais généralement de plus grande taille. Fleurs jaune vif, souvent avec une tache d'orange à la base des pétales. Feuilles persistantes vert moyen ; les feuilles de la rosette sont digitées avec cinq folioles, mais généralement palmées sur les tiges. Floraison : mai-juin. 5-30 cm x 15-30 cm. Zone 4.

Alchémille
Astilbe
Aunée
Benoîte
Bergenia
Bétoine
Campanule
Centaurée
Digitale vivace
Euphorbe coussin
Faux lupin
Liatride
Lobélie syphilitique
Marguerite
Marshallia à grandes fleurs
Penstemon
Phlomis
Pigamon
Platycodon
Polémoine
▷ **Potentille**
Sanguisorbe
Vergerette
Zizia

SECTION 2 ▸ VIVACES À ENTRETIEN MINIMAL

Potentilla recta

❂ P. recta
Potentille dressée (Sulphur Cinquefoil)

Grande potentille avec, pour une fois, une tige solidement dressée qui ne s'écrase pas. Les feuilles digitées ont six ou sept folioles étroites et fortement dentées, parfois plus, et ressemblent un peu, en plus petites, à des feuilles de marijuana (*Cannabis sativa*). Les fleurs, nombreuses et très attrayantes, sont habituellement jaune soufre, mais on trouve souvent des plantes à fleurs jaune franc et même à fleurs blanches. Presque toute la plante, sauf les pétales des fleurs, est couverte de petits poils. Cette plante eurasiatique est bien établie comme plante adventice presque partout en Amérique du Nord, mais seulement de façon localisée. Au Québec, on la trouve surtout dans l'ouest de la province.

🌱 **Attention :** cette plante s'échappe facilement de culture et peut devenir une mauvaise herbe ! Il est sage de supprimer les fleurs pour empêcher que les graines mûrissent. Floraison : juin-septembre. 50-80 cm x 45-60 cm. Zone 4.

♥ ❂ **P. recta sulphurea :** fleurs jaune soufre. C'est la forme habituelle dans nos régions. Floraison : juin-septembre. 50-80 cm x 45-60 cm. Zone 4.

♥ ❂ **P. recta 'Warrenii'** (*P. recta macrantha*) : fleurs jaune serin vif. Un peu plus compact que l'espèce. On dit que ce cultivar se ressème peu ou ne se ressème pas et, pour cette raison, est plus intéressant pour les jardiniers paresseux. Floraison : juin-septembre. 45-60 cm x 45 cm. Zone 4.

❂ P. reptans
Potentille rampante, quinte-feuille (Common Cinquefoil)

Potentille nettement rampante faisant penser à un fraisier à cinq folioles. Feuilles persistantes portées sur de longs pétioles. Fleurs jaunes. Tiges rampantes s'enracinant en touchant le sol. 🌱 Trop envahissante pour la plate-bande, mais fait un joli couvre-sol. Plante européenne bien établie comme plante adventice dans plusieurs régions de l'Amérique du Nord, incluant certaines régions du Québec. Floraison importante surtout au début de l'été, mais la plante refleurit sporadiquement jusqu'en septembre. Floraison : juin-septembre. 10-15 cm x illimité. Zone 4.

Potentilla reptans 'Pleniflora'

316

SECTION 2 — VIVACES À ENTRETIEN MINIMAL

P. reptans 'Pleniflora': comme *P. reptans*, mais à fleurs doubles. Floraison: juin-septembre. 10-15 cm x illimité. Zone 4.

P. thurberi
Potentille écarlate (Scarlet Cinquefoil)

Potentille originaire du sud-ouest des États-Unis, poussant dans la nature dans des sols riches, souvent près de l'eau. En culture aussi, elle aime un sol riche et n'est pas aussi adaptée aux sols secs que la plupart des potentilles. Les plantes bien établies toléreront la sécheresse mais fleuriront plus faiblement. La potentille écarlate porte des feuilles semi-persistantes à cinq ou sept folioles. Masses de fleurs de différentes teintes de rouge foncé, avec un centre encore plus sombre. Floraison: juillet-septembre. 30-75 cm x 30-45 cm. Zone 3.

P. thurberi 'Monarch's Velvet': la forme le plus souvent cultivée. Fleurs rouge foncé à cœur plus sombre. Presque toujours en fleurs. Tiges lâches typiques des potentilles. Floraison: juin-septembre. 30-60 cm x 30-45 cm. Zone 3.

P. x tonguei
Potentille de Tongue (Tongue Cinquefoil)

Potentilla x tonguei

Hybride de *P. anglica* x *P. nepalensis*. Fleurs abricot au centre rouge. Feuillage persistant comportant trois à cinq folioles. Floraison: juin-septembre. 8-15 cm x 15-30 cm. Zone 4.

Plantes apparentées

Les deux végétaux décrits ici faisaient partie des *Potentilla*, mais les taxonomistes ont décidé qu'ils méritaient leurs propres genres. Les deux sont encore vendus, par contre, sous le nom de *Potentilla*.

Argentina anserina

Argentina anserina (*Potentilla anserina*)
Argentine ansérine, potentille ansérine (Common Silverweed)

Plante basse à feuillage très différent de celui des potentilles, car ses feuilles ne sont pas palmées ou digitées mais pennées: les folioles sont plutôt placées de part et d'autre de l'axe central, comme les barbes d'une plume. Les folioles dentées, couvertes de poils blancs, notamment au revers, donnent un effet argenté à l'ensemble, surtout au printemps (le feuillage est plus vert l'été). La marge des feuilles demeure argentée durant tout l'été.

Alchémille
Astilbe
Aunée
Benoîte
Bergenia
Bétoine
Campanule
Centaurée
Digitale vivace
Euphorbe coussin
Faux lupin
Liatride
Lobélie syphilitique
Marguerite
Marshallia à grandes fleurs
Penstemon
Phlomis
Pigamon
Platycodon
Polémoine
▷ **Potentille**
Sanguisorbe
Vergerette
Zizia

Si le feuillage de cette plante diffère radicalement des feuilles typiques d'une potentille, les fleurs jaunes à cinq pétales en forme de petite coupe sont exactement comme celles des autres *Potentilla*. La plante produit des stolons à la manière d'un fraisier et couvre rapidement de vastes surfaces.

Cette plante est indigène presque partout dans l'hémisphère Nord, notamment en bordure de mer et des cours d'eau, dans le gravier et le sable, toujours là où la nappe phréatique n'est pas trop profonde. Elle profite toutefois des sols perturbés et s'installe facilement dans les gazons et les champs, le long des routes et les chemins de fer, etc. Il est probable que les plantes établies dans les villes et les terrain vagues du Québec et ailleurs en Amérique du Nord sont de souche eurasiatique, car les plantes de l'Ancien Monde semblent plus tolérantes aux sols plutôt secs que la forme nord-américaine, laquelle aime bien une humidité constante.

Cette plante est généralement considérée comme une mauvaise herbe, mais il ne faut pas la condamner trop vite. C'est un couvre-sol hors pair à feuillage attrayant à l'année, l'un des rares qui tolère parfaitement le passage des pieds. Ainsi on pourrait facilement l'utiliser comme remplaçant du gazon là où la tonte est difficile.

Cette plante a une longue histoire d'utilisation médicinale et peut même servir de légume, car ses racines sont comestibles. Le nom *anserina* renvoie aux oies qui, paraît-il, consomment la plante goulûment.

Floraison: mai-juillet. 8-35 cm x illimité. Zone 2.

A. anserina 'Golden Treasure': feuillage panaché de jaune. Floraison: mai-juillet. 8-35 cm x illimité. Zone 2.

A. anserina sericea: feuillage plus densément couvert de poils blancs donnant un effet argenté en toute saison. Floraison: mai-juillet. 8-35 cm x illimité. Zone 2.

Sibbaldiopsis tridentata (Potentilla tridentata)
Potentille tridentée (Three-toothed Cinquefoil)

Petite plante couvre-sol de l'est de l'Amérique du Nord, du Groenland jusqu'en Géorgie, mais plus courante dans les régions froides que dans le Sud. Elle forme une rosette de feuillage trifolié, chaque foliole se terminant par trois dents (d'où son nom). Le feuillage coriace est persistant, vert foncé l'été, un beau rouge vin à l'automne. Les fleurs sont blanches, avec les cinq pétales typiques des potentilles et des étamines assez longues. S'étend lentement mais sûrement par rhizomes souterrains ligneux. Exige un sol bien drainé. Floraison: mai-juin. 5-30 cm x 25-30 cm. Zone 2.

Sibbaldiopsis tridentata 'Nuuk'

S. tridentata 'Nuuk': sélection faite au Groenland d'une plante de hauteur égale. Floraison: mai-juin. 10-15 cm x 20-30 cm. Zone 2.

Sanguisorbe
ou Pimprenelle
Sanguisorba

Sanguisorba obtusa

Famille : Rosacées

Origine : régions tempérées de l'hémisphère Nord

SANGUISORBE
Sanguisorba

Nom anglais : Burnet

Dimensions : 30-200 cm x 40-75 cm (selon le cultivar)

Exposition : ☀☀

Sol : ordinaire, humide, bien drainé

Floraison : variable, juin-novembre

Multiplication : boutures de tige, division, semences

Utilisations : plate-bande, massif, naturalisation, sous-bois, pré fleuri, fleur parfumée, fleur coupée, fleur séchée, plante comestible, plante médicinale, attire les oiseaux granivores

Associations : graminées, astilbes, aconits, véronicastres

Zone de rusticité : variable, 2-4

Ce genre d'une vingtaine d'espèces est peu connu des jardiniers. C'est un membre aberrant de la famille des roses, les Rosacées, car, dans une famille reconnue pour ses fleurs en coupe à cinq pétales, les *Sanguisorba* n'ont aucun pétale, mais plutôt des fleurs aux longues étamines densément regroupées sur un épi et formant un chaton dressé ou pendant, selon l'espèce. L'inflorescence duveteuse me fait toujours penser à un boa de plumes et ajoute une note de fantaisie à l'aménagement : il n'y a vraiment pas d'autres fleurs (parmi les plantes rustiques, du moins) qui ont tout à fait l'allure de celles des sanguisorbes ; elles font changement avec les fleurs plus « consistantes » de tant d'autres vivaces.

À ces fleurs originales et souvent bien durables s'ajoute un très beau feuillage, lui

SECTION 2 ▸ VIVACES À ENTRETIEN MINIMAL

aussi assez original. Les feuilles sont pennées et les 7 à 25 folioles vertes ou bleu-vert sont duveteuses et crénelées, une combinaison tout à fait séduisante qui me fait penser au feuillage de la grande mélianthe (*Melianthus major*), un arbuste ornemental subtropical qu'on cultive parfois pour son feuillage dans nos régions, mais toujours strictement comme annuelle ou plante de serre.

Côté culture, les sanguisorbes sont très adaptables. Du moment qu'il y a du soleil ou seulement une ombre très légère, elles vont probablement bien réussir. Évitez toutefois les sols très riches, surtout dans le cas des espèces de grande taille, car leurs tiges deviennent alors lâches. Elles se multiplient facilement par semences ou division, mais aussi par boutures de tige.

Une barrière de plantation (page 39) peut être utile pour retenir leur élan : presque toutes les sanguisorbes ont des rhizomes – courts peut-être, mais néanmoins des rhizomes – et n'hésiteront pas à vagabonder dans votre plate-bande s'il n'y a pas trop de compétition.

> Les sanguisorbes ont une longue tradition d'utilisation médicinale. D'ailleurs le nom *Sanguisorba* veut dire « qui étanche le sang », car autrefois on utilisait les feuilles comme anticoagulant. Aussi, les feuilles et racines de plusieurs espèces sont comestibles. D'ailleurs, si vous frottez les feuilles de la plupart des espèces, vous remarquerez qu'elles dégagent une odeur agréable, souvent proche de celle du concombre. De nos jours, on les utilise plutôt rarement en cuisine, surtout comme condiment à ajouter aux recettes pour en rehausser le goût ; autrefois, certaines espèces étaient carrément cultivées comme légumes.

Variétés

Sanguisorba canadensis

Sanguisorba canadensis (*Poterium canadensis*)
Sanguisorbe du Canada (Canadian Burnet)

C'est l'espèce indigène dans nos régions, et d'ailleurs dans une bonne partie de l'Amérique du Nord, où on la trouve dans les coins humides et le long des routes. Elle forme une dense rosette de feuilles pennées vert moyen et produit en fin d'été, jusqu'en automne dans les régions froides, de nombreuses tiges dressées coiffées de longs épis de fleurs blanches en forme de brosse à bouteille. Les fleurs sèchent sur place et demeurent attrayantes. Contrairement à d'autres sanguisorbes aux tiges parfois un peu lâches, celles de la sanguisorbe du Canada sont très solides, du moins quand elle pousse au plein soleil. Dans un sol de jardin typique, la plante reste à sa place, mais elle peut devenir un peu plus entreprenante dans un sol humide. Feuilles comestibles mais après cuisson. Floraison : juillet-septembre (octobre). 30-160 cm x 60 cm. Zone 2.

SECTION 2 ▸ VIVACES À ENTRETIEN MINIMAL

Sanguisorba dodecandra

S. dodecandra
Sanguisorbe italienne (Italian Burnet)

Espèce moins connue venant du nord de l'Italie. Inflorescences plutôt inclinées, blanches ou jaune crème. Feuilles vert moyen. Floraison : juillet-août. 85-100 cm x 45-60 cm. Zone 3.

Sanguisorba menziesii

S. menziesii
Sanguisorbe de l'Alaska (Alaska Burnet)

Espèce qui surprend par la couleur bleutée de son feuillage joliment denté. Fleurs en « brosse à bouteille » rouge pourpré. Espèce indigène de l'Alaska à l'État de Washington, donc de la côte ouest de l'Amérique du Nord, et jusqu'à récemment considérée d'origine strictement nord-américaine, mais on a récemment trouvé *S. menziesii* en Chine aussi. Les formes nord-américaines fleurissent au milieu de l'été, mais les formes asiatiques, à l'automne. Cette espèce est très proche de *S. officinalis* ; certains taxonomistes la considèrent comme une sous-espèce de ce dernier. Pour le jardinier, cependant, le feuillage bleuté fait d'elle une plante très différente ! Floraison : juillet-août. 60-90 cm x 50-70 cm. Zone 2.

S. menziesii 'Dali Marble' :
mutation à feuillage vert ourlé de blanc. De source asiatique, donc à floraison très tardive, n'arrivant pas toujours à s'épanouir dans les zones 3 et 4. Floraison : octobre-novembre. 150 cm x 50-70 cm. Zone 3.

Sanguisorba minor

S. minor
Petite pimprenelle (Salad Burnet)

Mérite seulement une mention en passant, car cette espèce est surtout d'intérêt en médecine et en cuisine, puisqu'elle n'a

- Alchémille
- Astilbe
- Aunée
- Benoîte
- Bergenia
- Bétoine
- Campanule
- Centaurée
- Digitale vivace
- Euphorbe coussin
- Faux lupin
- Liatride
- Lobélie syphilitique
- Marguerite
- Marshallia à grandes fleurs
- Penstemon
- Phlomis
- Pigamon
- Platycodon
- Polémoine
- Potentille
- ▷ **Sanguisorbe**
- Vergerette
- Zizia

SECTION 2 ▸ VIVACES À ENTRETIEN MINIMAL

aucun attrait ornemental. Il s'agit de la pimprenelle traditionnelle des alchimistes et des herboristes, utilisée à toutes les sauces en magie noire et en médecine naturelle, aux feuilles ayant goût de concombre. Les feuilles sont assez attrayantes (elles le sont toujours chez les sanguisorbes), mais les fleurs sont insignifiantes. Petites et globulaires, pas du tout en brosse à bouteille comme les fleurs des autres sanguisorbes, elles sont vertes avec des étamines roses. Floraison : mai-juin. 40-90 cm x 45-60 cm. Zone 4.

Sanguisorba obtusa

S. obtusa
Sanguisorbe du Japon (Japanese Burnet)

C'est l'espèce la plus courante en culture au Canada, reconnaissable à ses feuilles aux folioles plus arrondies que celles des autres, parfois vert-gris, et à ses inflorescences rose bonbon penchées ou pendantes, de 10 cm de long, qui ressemblent à des chenilles roses dodues. Sa taille modeste en fait un bon choix pour les plates-bandes plus petites. Très chic ! À l'état sauvage, c'est une espèce très répandue en Asie, notamment dans le nord, et très variable aussi, difficile à distinguer d'autres espèces proches. Floraison : juillet-août. 60-110 cm x 60-70 cm. Zone 3.

S. obtusa **'Beth Chatto'** : version compacte, formant un monticule dense de feuillage bleu-vert. Fleurs plumeuses blanches. Floraison : juillet-août. 45 cm x 45 cm. Zone 3.

S. albiflora (*S. magnifica alba*)
Sanguisorbe à fleurs blanches
(White-flowered Burnet)

Essentiellement une forme blanche du populaire *S. obtusa*. Limité au Japon dans la nature. Feuillage vert. Floraison : juillet-août. 60-110 cm x 60-70 cm. Zone 3.

Sanguisorba hakusanensis

S. hakusanensis
Sanguisorbe du mont Hakusan
(Hakusan Burnet)

Nommée d'après le mont Hakusan au Japon, cette espèce nippo-coréenne est encore une proche parente de *S. obtusa* et en diffère surtout par la plus grande densité de ses étamines roses. Ses fleurs sont très légèrement parfumées et ses pétioles sont rouges. Floraison : juillet-août. 60-110 cm x 60-70 cm. Zone 3.

S. **'Pink Brushes'** : serait un hybride de *S. hakusanensis* de plus grande taille et aux inflorescences beaucoup plus grosses, jusqu'à 20 cm de long ! Floraison : juillet-août. 100-140 cm x 60-70 cm. Zone 3.

SECTION 2 ⏵ VIVACES À ENTRETIEN MINIMAL

Sanguisorba officinalis

S. officinalis
Sanguisorbe officinale, grande pimprenelle (Great Burnet)

C'est une espèce très variable et très répandue, qu'on trouve presque partout en Europe et en Asie, mais aussi dans l'Ouest nord-américain et, de façon très localisée, dans l'Est aussi. Les feuilles sont assez typiques pour une sanguisorbe – vertes et pennées aux folioles crénelées –, mais les inflorescences dressées sont courtes, rarement plus de 3 cm de long, plutôt ovales que longues et donc moins en forme de brosse à bouteille que chez la plupart des sanguisorbes. Elles sont rouge pourpré, souvent très foncé. Les fleurs, curieusement, s'épanouissent de haut en bas (le contraire de la plupart des fleurs en épis). La tige florale est bien dressée, parfois teintée de rouge.

La période principale de floraison est juillet-août pour les plantes d'origine européenne, mais les souches asiatiques fleurissent plus tardivement, parfois en octobre ou même novembre! Cette plante a une longue histoire d'utilisation en médecine et en cuisine. Les jeunes feuilles au goût de concombre sont d'ailleurs délicieuses en salade. 🍃 Une barrière de plantation peut être utile pour cette plante un peu envahissante. Floraison: juillet-septembre (octobre-novembre). 90-180 cm x 70 cm. Zone 4.

Sanguisorba officinalis 'Lemon Splash'

S. officinalis 'Lemon Splash': feuillage tacheté de jaune. Fleurs rouge pourpré foncé. Cultivez au soleil pour une meilleure coloration du feuillage. Floraison: août-octobre. 60-90 cm x 45-60 cm. Zone 4.

S. officinalis 'Pink Tanna': semis de 'Tanna' (décrit plus loin) avec les mêmes tiges minces et rêches, mais aux fleurs rose bonbon sur un épi plus long. Serait-ce un hybride d'une autre espèce? Floraison: juillet-septembre. 90 cm x 50 cm. Zone 4.

S. officinalis 'Red Thunder': petites inflorescences rouge pourpré. Floraison très abondante. Superbe quand naturalisé dans un pré fleuri! Floraison: juillet-octobre. 100-120 cm x 60 cm. Zone 4.

❤ **S. officinalis 'Shiro-fukurin':** feuillage joliment ourlé de blanc. 🍃 Supprimez toute réversion. Fleurs rouge pourpré, 🍃 mais cette plante arrive rarement à fleurir au Québec, car notre saison de croissance est trop courte. Floraison: octobre-novembre. 60-100 cm x 60 cm. Zone 4.

S. officinalis 'Tanna': sélection naine. Fleurs rouge pourpré sur des tiges minces et rêches. 🍃 S'étend rapidement si on n'utilise pas de

Alchémille
Astilbe
Aunée
Benoîte
Bergenia
Bétoine
Campanule
Centaurée
Digitale vivace
Euphorbe coussin
Faux lupin
Liatride
Lobélie syphilitique
Marguerite
Marshallia à grandes fleurs
Penstemon
Phlomis
Pigamon
Platycodon
Polémoine
Potentille
⏵ **Sanguisorbe**
Vergerette
Zizia

barrière. Si la plante que vous avez mesure plus de 50 cm de hauteur, vous avez plutôt 'Tanna Seedling' (voir ci-dessous). Floraison : juillet-septembre. 25-30 cm (rarement jusqu'à 50 cm) x 40 cm. Zone 4.

S. officinalis **Tanna Seedling** : les producteurs de vivaces multiplient souvent 'Tanna' par semences même s'il n'est pas fidèle au type par semences, et le résultat est une plante similaire, mais passablement plus haute, que certains pépiniéristes honnêtes appellent 'Tanna Seedling' (semis de 'Tanna') pour le distinguer du vrai. Même fleurs rouge pourpré, mais sur des tiges plus hautes. Si vous achetez 'Tanna' au Québec, il y a de fortes chances qu'on vous ait vendu Tanna Seedling. Floraison : juillet-septembre. 45-90 cm x 45-60 cm. Zone 4.

S. **'Chocolate Tip'** ('Chocolate Tips') : serait un hybride très proche de *S. officinalis,* avec les mêmes inflorescences rouge pourpré presque rondes. Son attrait ? Un feuillage vert aux marges colorées brun chocolat. Floraison : juillet-septembre. 75 cm x 45-60 cm. Zone 4.

S. tenuifolia
Sanguisorbe à feuilles fines
(Slender-leaf Burnet)

Même si cette plante de la Chine et du Japon est passablement variable dans la nature, un détail permet de l'identifier instantanément : l'étroitesse de son feuillage. Les feuilles sont pennées comme chez toutes les sanguinaires, mais les folioles de *S. tenuifolia* sont linéaires, à marge finement dentelée, ayant l'apparence d'une fronde de fougère. Le feuillage est concentré à la base de la plante et les nombreuses tiges florales, presque nues, paraissent alors particulièrement hautes et minces. Les fleurs sont normalement rouges (on trouve toutefois des populations à fleurs roses et blanches dans la nature) et les épis pendouillent comme des chiffons sur une corde à linge, bougeant doucement au vent : de véritables boas à plumes ! L'effet est original, tout à fait léger et très élégant. Floraison : août-septembre. 100-200 cm x 75 cm. Zone 4.

♥ *S. tenuifolia alba* : fleurs pendantes faisant penser à autant de chenilles blanches éméchées. Destiné à une très bonne popularité ! Floraison : août-septembre. 140-160 cm x 75 cm. Zone 4.

S. tenuifolia alba **'Korean Snow'** : version plus haute et plus tardive du précédent. Floraison : août-octobre. 180-200 cm x 75 cm. Zone 4.

S. tenuifolia **'Big Pink'** : inflorescences pendantes rose bonbon. Floraison : août-septembre. 150 cm x 75 cm. Zone 4.

♥ *S. tenuifolia* **'Pink Elephant'** : fleurs rose moyen. Spectaculaire ! Floraison : août-septembre. 120 cm x 60 cm. Zone 4.

Sanguisorba tenuifolia 'Purpurea'

S. tenuifolia **'Purpurea'** : boas dressés à pendants pourpre foncé. Floraison extra tardive : septembre-octobre. 100-200 cm x 75 cm. Zone 4.

Vergerette
Erigeron

E. x *hybridus* 'Prosperity'

www.jardinierparesseux.com

Famille :
Astéracées

Origine :
Amérique du Nord et Europe

VERGERETTE
Erigeron

Nom anglais : Fleabane

Dimensions : 5-100 cm x 10-60 cm (selon l'espèce)

Exposition : ☼ ☼

Sol : tout sol bien drainé pas trop riche

Floraison : surtout estivale, mais variable selon l'espèce

Multiplication : boutures de tige, division, semences

Utilisations : plate-bande, bordure, massif, rocaille, couvre-sol, fleur coupée, attire les papillons et les oiseaux granivores

Associations : coréopsis, phlox, armoises, rudbeckies, éryngres

Zone de rusticité : variable, 2-7

Il existe presque 400 espèces de vergerette partout dans le monde. Le genre comprend des annuelles, des bisannuelles et beaucoup de vivaces. Malgré cette distribution mondiale, la majorité des espèces qui nous intéressent ici viennent des régions tempérées d'Amérique du Nord, où d'ailleurs on trouve la plus grosse concentration d'espèces d'*Erigeron*. D'ailleurs, nos champs et marges de forêt contiennent des dizaines d'espèces de cette plante presque omniprésente dans la nature.

> Le nom botanique vient de deux mots grecs signifiant « hâtif » (eri) et « vieil homme » (geron), évoquant les poils gris qui recouvrent le feuillage printanier de certaines espèces.

SECTION 2 ◆ VIVACES À ENTRETIEN MINIMAL

Les vergerettes appartiennent aux Astéracées, la famille de la marguerite, et ont des fleurs typiques de leur famille: un disque de petites fleurs fertiles jaunes entouré de rayons (fleurs stériles) diversement colorés, notamment dans des teintes de blanc, rose et violet. Elles ressemblent beaucoup aux asters (*Aster* spp.); on peut les distinguer surtout par la floraison estivale des vergerettes (la majorité des asters fleurissent à l'automne) et le fait que les vergerettes ont habituellement deux rangées ou plus de rayons alors que les quelques asters à floraison estivale n'en ont qu'une seule. Malgré tout, les deux genres sont très similaires et il est facile de les confondre.

Les vergerettes pérennes sont des plantes de petite à moyenne taille formant une touffe de tiges dressées et ramifiées. Les fleurs sont terminales.

Leur culture est simple: il suffit d'un peu de soleil et d'un sol bien drainé pas trop riche (les tiges florales tendent à s'affaisser dans un sol riche en azote). Les vergerettes aiment, pour la plupart, un sol plutôt humide, mais tolèrent la sécheresse une fois établies. On les multiplie facilement par semences, par boutures de tige ou division. Plusieurs des «cultivars» sont en fait des lignées stables et sont fidèles au type par semences.

Variétés de plate-bande

E. glaucus
Vergerette glauque (Beach Fleabane)

Il s'agit d'une petite vergerette de la côte ouest américaine, où elle pousse près de la mer, dans le sable, les galets et les falaises. Intéressante dans un sol pauvre et sec ou une rocaille, et tolérante aux brumes salines, qu'elles viennent de la mer ou des routes

E. glaucus

traitées aux déglaçants. Elle forme une dense rosette de feuilles spatulées à presque rondes qui sont persistantes, vert glauque, charnues et coriaces. Les tiges florales dressées portent des petites «marguerites» dans différentes teintes de violet et de pourpre ainsi que blanches.

La vergette glauque est de culture facile et très performante au plein soleil et dans un sol bien drainé seulement, sinon ses tiges s'affaissent. Elle aime bien le bord de la mer! Floraison: juin-août. 5-30 cm x 20-30 cm. Zone 4.

E. glaucus **'Albus'**: fleurs blanches. Floraison: juin-août. 20-30 cm x 20-30 cm. Zone 4.

E. glaucus **'Elstead Pink'**: rose vif. Floraison: juin-août. 20-30 cm x 20-30 cm. Zone 4.

E. glaucus **'Sea Breeze'**: le cultivar le plus populaire. Fleurs mauve rosé. Floraison: juin-août. 20-30 cm x 20-30 cm. Zone 4.

E. **'Wayne Roderick'**: hybride dérivé de *E. glaucus* et très similaire par son port et sa floraison. Bleu lavande. Floraison: juin-août. 30 cm x 30 cm. Zone 4.

SECTION 2 — VIVACES À ENTRETIEN MINIMAL

E. philadelphicus

E. speciosus

E. philadelphicus
Vergerette de Philadelphie (Philadelphia Fleabane)

C'est la vergerette sauvage la plus courante dans nos régions et indigène presque partout en Amérique du Nord sauf dans la région arctique. Elle forme une rosette de feuilles spatulées et des tiges très dressées, ramifiées, portant une profusion de petites « marguerites » terminales aux minces rayons blancs, rose pâle ou lavande. Vous n'avez pas besoin d'acheter cette plante; elle atterrira dans vos plates-bandes d'elle-même!

On peut la considérer comme une mauvaise herbe ou une jolie fleur sauvage, selon le point de vue, mais au moins elle n'est pas rhizomateuse, elle pousse strictement en touffe. Elle s'étend seulement par semis. Donc, si vous voulez contrôler sa dispersion, supprimez les fleurs avant qu'elles montent en graines! La laissant aller à sa guise, je l'arrache (facile à faire) tout simplement quand elle est dans un emplacement où je ne veux pas la voir.

La plante individuelle est de courte vie (parfois même annuelle), mais apparaît çà et là tous les ans sur mon terrain. Excellente en pré fleuri! Floraison : juin-octobre. 30-100 cm x 45 cm. Zone 2.

E. speciosus
Vergerette gracieuse (Showy Fleabane)

Cette espèce de l'Ouest canadien et américain est en fait rarement cultivée, mais ses hybrides sont très nombreux (voir *E. x hybridus*). La plante produit une rosette de feuilles spatulées aux pétioles ailés et des tiges dressées portant des feuilles sessiles lancéolées. Les tiges ramifiées sont coiffées de « marguerites » à nombreux rayons (plus de 100). Et la plante se couvre très littéralement de fleurs! La couleur est habituellement une teinte quelconque de violet, mais on trouve des populations à fleurs blanches. Floraison : juin-août. 15-80 cm x 30-60 cm. Zone 3.

E. speciosus 'Blue' : fleurs bleu-violet. Floraison : juin-août. 95 cm x 40 cm. Zone 3.

E. speciosus macranthus (*E. macranthus*) : comme l'espèce, mais à feuilles plus larges et à fleurs plus grosses dans diverses teintes de violet. Floraison : juin-août. 30-80 cm x 30-60 cm. Zone 3.

E. x hybridus
Vergerette hybride (Garden Fleabane)

Le nom *E. x hybridus* a été proposé pour les hybrides d'*Erigeron* proches de *E. speciosus*,

- Alchémille
- Astilbe
- Aunée
- Benoîte
- Bergenia
- Bétoine
- Campanule
- Centaurée
- Digitale vivace
- Euphorbe coussin
- Faux lupin
- Liatride
- Lobélie syphilitique
- Marguerite
- Marshallia à grandes fleurs
- Penstemon
- Phlomis
- Pigamon
- Platycodon
- Polémoine
- Potentille
- Sanguisorbe
- ▷ **Vergerette**
- Zizia

SECTION 2 ▸ VIVACES À ENTRETIEN MINIMAL

E. x *hybridus* 'Rosa Juwel'

mais impliquant diverses autres espèces dont *E. alpinus*, *E. aurantiacus* et *E. glaucus*. Il n'a toutefois pas été accepté par les taxonomistes, pointilleux sur l'attribution de noms hybrides, notamment aux plantes à la généalogie complexe. Je l'aime bien, par contre, car il permet d'« encadrer » un groupe de plantes aux traits similaires. Vous me pardonnerez mon choix taxonomique non conforme à la norme !

La vergerette hybride est de loin la plus populaire des vergerettes. On la trouve à l'exclusion de presque toute autre variété en jardinerie et pourquoi pas? C'est une belle plante facile à cultiver, très florifère pendant une longue saison et offerte dans une belle gamme de couleurs. Elle ressemble beaucoup à *E. speciosus*, son parent principal, mais ses fleurs sont plus grosses et sont offertes dans une plus vaste gamme de couleurs.

Ce qui est curieux est que cet hybride, largement basé sur *E. speciosus* de l'Ouest canadien et américain, soit si peu utilisé sur son continent d'origine. Les Européens l'emploient abondamment, mais les Nord-Américains, si peu. Je pense que la familiarité est en cause: les vergerettes sauvages sont tellement abondantes sur notre continent qu'on en vient à les associer à des mauvaises herbes et qu'on n'arrive pas à comprendre que les variétés cultivées de mauvaises herbes sont souvent parmi les meilleures plantes de jardin. Et, justement, je considère la vergerette hybride comme l'une des meilleures vivaces qui soit.

🍃 Le défaut unique de cette plante est que sa tige manque un peu d'échine et plie sous le poids des fleurs. On peut remédier à ce problème en la plantant avec, pour voisines, des plantes aux tiges plus solides sur lesquelles elle peut s'appuyer. Ou encore, au début de l'été – quand les tiges atteignent 15 cm de hauteur, mais avant que

SECTION 2 — VIVACES À ENTRETIEN MINIMAL

les boutons floraux apparaissent –, rabattez les tiges de moitié ; cela forcera la plante à produire de nouvelles tiges qui seront, cette fois, plus courtes et plus solides. Par contre, cette opération retarde la floraison de deux semaines. Ou tuteurez la plante ! Un support à pivoine (page 47) installé en permanence sur la plante offrira tout le support dont elle peut avoir besoin et ne vous demandera aucun effort après que vous l'aurez installé.

Beaucoup des hybrides suivants sont offerts par semences.

Floraison : juin-août. 25-60 cm x 30-60 cm. Zone 3.

E. x *hybridus* 'Azurfee' ('Azure Fairy') : fleurs lavande semi-doubles. Hauteur : 75 cm. Floraison : juin-août. 60-75 cm x 30-45 cm. Zone 3.

E. x *hybridus* 'Blue Beauty' : bleu lavande foncé. Floraison : juin-août. 60-70 cm x 45-60 cm. Zone 3.

E. x *hybridus* 'Charity' : violet-mauve. Floraison : juin-août. 50 cm x 40 cm. Zone 3.

E. x *hybridus* 'Dunkelste Alle' ('Darkest of All') : violet foncé. Floraison : juin-août. 60 cm x 40 cm. Zone 3.

E. x *hybridus* 'Dignity' : violet-mauve. Floraison : juin-août. 50 cm x 50 cm. Zone 3.

E. x *hybridus* 'Dimity' : fleurs rose abricot devenant rose lilas. Variété naine. Floraison : juin-août. 25-30 cm x 40 cm. Zone 3.

E. x *hybridus* 'Foerster's Liebling' ('Foerster's Darling') : fleurs presque doubles rose moyen. Floraison : juin-août. 45-60 cm x 40-60 cm. Zone 3.

E. x *hybridus* 'Prosperity' : fleurs semi-doubles bleu lavande. Floraison : juin-août. 45-50 cm x 45 cm. Zone 3.

E. x *hybridus* 'Quakeress' : mauve-rose très pâle devenant presque blanc. Floraison : juin-août. 45-60 cm x 30-45 cm. Zone 3.

E. x *hybridus* 'Rosa Juwel' ('Pink Jewel') : fleurs rose vif. Populaire, mais je trouve ses

E. x *hybridus* 'Quakeress'

Alchémille
Astilbe
Aunée
Benoîte
Bergenia
Bétoine
Campanule
Centaurée
Digitale vivace
Euphorbe coussin
Faux lupin
Liatride
Lobélie syphilitique
Marguerite
Marshallia à grandes fleurs
Penstemon
Phlomis
Pigamon
Platycodon
Polémoine
Potentille
Sanguisorbe
▷ **Vergerette**
Zizia

SECTION 2 — VIVACES À ENTRETIEN MINIMAL

tiges peu rigides. Floraison : juin-août. 50-60 cm x 30-60 cm. Zone 3.

♥ ✿ *E.* x *hybridus* 'Schneewittchen' ('Snow White') : blanc pur. Floraison : juin-août. 50-60 cm x 30-60 cm. Zone 3.

♥ ✿ *E.* x *hybridus* 'Schwarzes Meer' ('Black Sea') : violet très foncé, plus foncé que 'Dunkelste Alle'. Floraison : juin-août. 40 cm x 40 cm. Zone 3.

E. x *hybridus* 'Sommerneuschnee'

✿ *E.* x *hybridus* 'Sommerneuschnee' ('Summer New Snow') : fleurs blanches. Floraison : juin-août. 45-60 cm x 30-45 cm. Zone 3.

✿ *E.* x *hybridus* 'White Quakeress' : blanc crème. Floraison : juin-août. 45-60 cm x 30-45 cm. Zone 3.

Variétés alpines

Il existe un vaste choix de vergerettes adaptées aux rocailles et aux jardins alpins... une utilisation qui dépasse un peu le cadre de ce livre. Voici quelques sélections couramment disponibles dans les jardineries généralistes. Des spécialistes en plantes alpines peuvent vous en montrer bien d'autres ! Pour diverses suggestions de plantes pour la rocaille, voyez le chapitre *Pour la rocaille* (tome 2).

*E. aureu*s
Vergerette à fleurs jaunes (Alpine Yellow Fleabane)
☀ ☼

Vergerette alpine des Rocheuses aux fleurs jaunes. Très naine avec une rosette de feuilles spatulées gris-vert et hirsutes. Floraison : juin-juillet. 8-15 cm x 10-15 cm. Zone 3.

E. aureus 'Nana' : encore plus petit que l'espèce. Floraison : juin-juillet. 6-10 cm x 10-12 cm. Zone 3.

E. aureus 'Canary Bird'

E. aureus 'Canary Bird' : fleurs jaune crème plus petites que chez l'espèce, mais sur une plante plus compacte aussi. La forme la plus populaire. Floraison : juin-juillet. 10 cm x 12 cm. Zone 3.

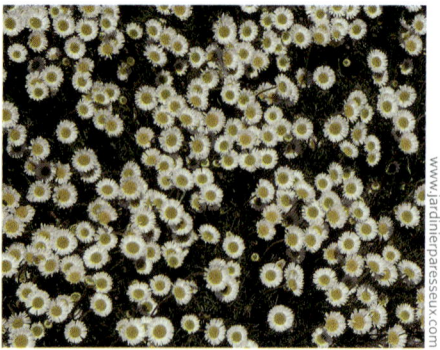

E. compositus discoideus

E. compositus discoideus
Vergerette à feuilles segmentées
(Cutleaf Alpine Fleabane)

Plante alpine et arctique, indigène dans presque toutes les régions froides de l'Amérique du Nord, dont le Grand Nord québécois. Touffe dense de feuilles gris-vert très découpées. Nombreuses petites « marguerites » blanches, roses ou violettes à disque jaune. Exige un excellent drainage, mais pas difficile à cultiver. Facile à partir de semences. Il existe des dizaines de sélections de *E. compositus*. Floraison : mai-juillet. 5-10 cm x 15-20 cm. Zone 2.

Variétés déconseillées

Erigeron aurantiacus
Vergerette orangée (Orange Fleabane)

Très jolie espèce asiatique parfois offerte comme vivace rustique. Elle forme une rosette basse de feuilles spatulées et des tiges épaisses dressées portant une jolie inflorescence rouge orangé à orange, une couleur inhabituelle chez les vergerettes. Malheureusement, cette plante n'est pas aussi rustique qu'on le dit : l'étiquette que j'ai vue au Québec indique zone 5, mais la plante n'est réellement rustique qu'à -15 °C au minimum, soit zone 7 environ. Ainsi, elle se comporte en annuelle dans nos régions, à moins que l'hiver ait été particulièrement doux. Floraison : juin-juillet. 20-30 cm x 30 cm. Zone 7.

E. karvinskianus
Vergerette de Karvinski,
pâquerette des murailles
(Mexican Fleabane)

Originaire de l'Amérique du Sud et Centrale, cette plante s'est naturalisée un peu partout dans les régions méditerranéennes du globe. La plante forme des masses de tiges semi-rampantes portant des feuilles étroites vert-gris et des fleurs terminales sous forme de petites « marguerites » blanches à roses (souvent les deux couleurs sur la même plante). La quantité de fleurs est incroyable, et la saison de floraison couvre tout l'été et l'automne. Pourtant, cette plante n'est pas pérenne sous notre climat et il est décourageant de voir les pépinières la vendre comme vivace. C'est une excellente annuelle, facile à cultiver à partir de semences, et superbe en rocaille ou dans un muret, mais, à moins que vous ne résidiez en zone 7, 8 ou 9, elle ne mérite pas la mention « vivace ». Deux cultivars sont offerts : 'Profusion' et 'Blütenmer' ('Blood Sea'), mais ils ne diffèrent nullement de l'espèce, et les taxonomistes considèrent les deux noms comme illégitimes. Floraison : juin-octobre. 15-20 cm x 15-20 cm. Zone 7.

E. karvinskianus

SECTION 2 — VIVACES À ENTRETIEN MINIMAL

Alchémille
Astilbe
Aunée
Benoîte
Bergenia
Bétoine
Campanule
Centaurée
Digitale vivace
Euphorbe coussin
Faux lupin
Liatride
Lobélie syphilitique
Marguerite
Marshallia à grandes fleurs
Penstemon
Phlomis
Pigamon
Platycodon
Polémoine
Potentille
Sanguisorbe
▷ **Vergerette**
Zizia

www.jardinierparesseux.com

331

Zizia
Zizia

Zizia aurea

Famille : Apiacées

Origine : Amérique du Nord

ZIZIA
Zizia

Nom anglais : Alexander

Dimensions : 30-100 cm x 30-60 cm

Exposition : ☀ ☀

Sol : humide, bien drainé

Floraison : mai-juin

Multiplication : division, semences

Utilisations : plate-bande, massif, naturalisation, pré fleuri, haie, bac, endroits détrempés, marge de bassin, fleur coupée, plante médicinale, attire les papillons

Associations : astilbes, hostas verts, fougères, lysimaques

Zone de rusticité : 3

C'est un tout petit genre strictement nord-américain et qui comprend seulement trois espèces, une obscure, rare et rarement cultivée (*A. trifoliata*), les autres très largement répandues dans la nature et parfois offertes commercialement. Le genre fait partie des Ombellifères. Les fleurs en dôme s'épanouissent pendant environ quatre semaines à la fin du printemps et au début de l'été sur des tiges solides. Le feuillage vert foncé est très luisant. La plante est d'ailleurs jolie sans fleurs, des capsules vertes remplaçant le feuillage et persistant tout l'été alors que le feuillage est saisissant durant toute la belle saison.

🍃 La plante est très facile de culture et aurait en fait mérité une place dans le chapitre précédent, *Des vivaces vraiment sans entretien*, si ce n'était un petit détail : elle est très difficile

SECTION 2 ▸ VIVACES À ENTRETIEN MINIMAL

à trouver. Les zizias sont presque absents du marché et même les semences ne sont jamais offertes localement: c'est une plante qu'on doit commander par la poste. Par contre, l'intérêt accru pour les plantes indigènes favorisera sans doute une plus grande commercialisation du zizia. Après tout, peu de plantes, même indigènes, sont aussi belles et aussi faciles à cultiver.

Le zizia pousse tout naturellement dans les prés et sous-bois humides et le long des rivières, et est donc très à l'aise dans les sols humides, même inondés au printemps. Malgré cela, il pousse très bien dans un sol de plate-bande ordinaire, pour autant qu'on ne lui inflige pas des sécheresses trop profondes. Côté exposition, il pousse très bien au soleil mais réussit néanmoins souvent mieux à la mi-ombre, car il est plus facile d'y maintenir le sol humide qu'il préfère.

Le zizia est facile à multiplier par semences et c'est la méthode la plus utilisée. La division est possible mais complexe, car la plante produit une longue racine pivotante difficile à déterrer.

🍃 Comme bien des Ombellifères, le zizia est parfois l'hôte d'une chenille bariolée, celle du magnifique papillon du céleri (*Papilio polyxenes*), noir marqué de jaune vif avec une fine extension sur chaque aile. Si vous êtes incapable de tolérer la présence d'un insecte sur vos plantes, transportez au moins la chenille dans un champ proche et libérez-la sur une autre ombellifère, comme une carotte sauvage (*Daucus carotta*).

Variétés

Zizia aurea
Zizia doré (Golden Alexander)

C'est l'espèce de l'est du continent nord-américain la plus courante au Québec et dans les Maritimes. On distingue le zizia doré de son proche parent, le zizia des marais (*Z. aptera*), par ses feuilles toujours composées et à folioles angulaires. Les feuilles sont «biternées», c'est-à-dire doublement divisées en trois: chaque feuille se divise en trois segments qui sont, à leur tour, divisés en trois folioles. Floraison: mai-juin. 30-100 cm x 30-60 cm. Zone 3.

Zizia aurea

Derek Ramsey, Wikimedia Commons

Z. aptera
Zizia des marais (Heartleaf Alexander)

Cette espèce, la plus répandue en Amérique du Nord, pousse de l'État de New York jusqu'en Colombie-Britannique et de la Floride jusqu'en Alaska, mais elle est absente de la Nouvelle-Angleterre et des provinces maritimes, et elle est très rare et peut-être disparue au Québec. On distingue facilement le zizia des marais du zizia doré par ses feuilles inférieures entières en forme de cœur. Ses feuilles supérieures sont souvent trifoliées, mais les folioles sont ovales, pas angulaires comme celles du zizia doré. Feuilles et folioles sont finement dentées. Autrement, les deux sont très semblables. Il est encore plus rare en culture que son cousin de l'est. Floraison: mai-juin. 30-100 cm x 30-60 cm. Zone 3.

Alchémille
Astilbe
Aunée
Benoîte
Bergenia
Bétoine
Campanule
Centaurée
Digitale vivace
Euphorbe coussin
Faux lupin
Liatride
Lobélie syphilitique
Marguerite
Marshallia à grandes fleurs
Penstemon
Phlomis
Pigamon
Platycodon
Polémoine
Potentille
Sanguisorbe
Vergerette
▷ Zizia

Vivaces à floraison prolongée

Ailleurs dans ce livre, je signale les plantes à « floraison durable » par le symbole ✿. Pour le mériter, elles doivent fleurir pendant au moins six semaines. C'est déjà deux fois plus longtemps qu'une vivace normale. Eh bien, pour mériter une place dans ce chapitre sélect, il faut que la floraison dure *au moins huit* semaines ! Certaines plantes présentées fleurissent pendant 10 semaines, 12 semaines, voire 14 ! C'est beaucoup. Et c'est assez pour assurer une floraison durant tout l'été.

Un nombre croissant de vivaces satisfont à notre critère, soit fleurir pendant huit semaines et plus, car, tous les ans, de nouvelles variétés s'ajoutent à la liste. Mais pourquoi ? D'où viennent-elles ?

Origine des vivaces à floraison prolongée

Certaines vivaces à floraison prolongée sont tout naturellement comme cela : c'est ainsi qu'elles poussent dans la nature, mais elles sont en minorité. Chez les vivaces, la nature semble favoriser une période de floraison concentrée, après laquelle la plante arrête de fleurir et produit ses semences. Les vivaces à floraison naturellement très longue sont connues depuis longtemps et peu de nouvelles recrues viennent gonfler cette liste.

La plupart des « vivaces presque toujours en fleurs » ne viennent pas de l'état sauvage. Ce sont des sélections horticoles, des plantes qui, pour une raison quelconque, ont abandonné la floraison saisonnière de leurs ancêtres pour continuer de s'épanouir durant tout l'été.

C'est parfois que la plante a un « défaut génétique » défavorable à sa survie dans la nature, mais oh combien apprécié en horticulture : des fleurs stériles, incapables de produire des semences viables. Comme une des pulsions les plus importantes de tout être vivant est de se multiplier à tout prix, la réaction de plusieurs plantes à l'absence de formation de graines est d'essayer de fleurir une deuxième fois, puis une troisième et ainsi de suite. On trouve à l'occasion de telles mutations dans une population normale et le jardinier avisé a vite fait de prendre soin de partager avec ses amis la « petite tarée » qui offre une floraison sans fin.

Les plantes issues d'une hybridation interspécifique (entre deux espèces différentes) sont souvent (mais pas toujours) stériles. C'est donc sans grande surprise que la majorité des vivaces qui refleurissent pour cause de stérilité sont des hybrides.

Mais les plantes à floraison continuelle viennent de programmes d'hybridation pour une autre raison. C'est que, quand on croise des plantes à saisons de floraison différentes, il arrive que la progéniture reçoive des instructions contradictoires : les gènes d'un parent commandent de fleurir tôt, ceux de l'autre parent, de fleurir tard. Avec un peu de chance, la plante fera les deux. Ou encore la plante d'origine était programmée pour fleurir à un signal quelconque, comme « seulement par jours longs » ou « seulement quand les jours raccourcissent », ou « arrêter quand la température atteint 24 °C ». Or, quand on multiplie les croisements, le gène qui doit normalement dire à la plante d'attendre avant de fleurir ou de cesser de fleurir est perdu ou se fait « enterrer » sous d'autres gènes, et « la pôvre » se met à fleurir sans arrêt.

Geranium 'Gerwat' Rozanne™ est un exemple de vivace stérile qui fleurit longtemps.

Longtemps, mais rarement très tôt

Il y a trois groupes de vivaces à floraison prolongée : celles qui commencent à fleurir au début de l'été et qui continuent jusqu'au début de l'automne ; celles qui commencent en fin d'été et qui fleurissent jusque tard à l'automne ; et celles qui commencent au printemps et qui fleurissent tout l'été et tout l'automne.

La floraison de la plupart des vivaces à floraison prolongée commence au début de l'été pour se poursuivre jusqu'à la fin d'août, voire jusqu'à l'automne. Plusieurs de ces plantes donnent une floraison massive au début de la saison et

Pseudofumaria alba compte parmi les rares vivaces qui fleurissent du début du printemps jusqu'aux premières chutes de neige.

une autre plus réduite, mais néanmoins valable, par la suite. D'autres fleurissent assez également durant cette période.

La deuxième vague commence à fleurir en août, juste quand les plantes du premier groupe commencent à ralentir; ainsi prend-elle la relève, fleurissant jusque tard à l'automne. Combinez les deux et vous obtiendrez à coup sûr une floraison continuelle de juin à octobre.

Mais cela laisse quand même un gros trou dans la floraison: au début de la saison. Il faut donc accepter que, pour assurer une floraison continue au jardin du printemps jusqu'à la fin de l'automne, il va falloir ajouter des vivaces à floraison printanière. Il existe de nombreuses vivaces à floraison printanière (voir quelques exemples dans le tome 2) et aussi beaucoup de bulbes à floraison printanière (consultez le livre *Le jardinier paresseux: Les bulbes rustiques* pour les découvrir.)

Il reste pourtant un dernier groupe de vivaces à floraison prolongée, celles qui fleurissent dès le printemps. Ne pourraient-elles pas nous aider?

Il faut dire que c'est le groupe le plus petit et le plus durable aussi! La fausse-fumeterre blanche (*Pseudofumaria alba*, page 413), la vivace à la floraison la plus longue que je connaisse, commence dès le début de mai (même avril si le printemps est hâtif) et continue de fleurir jusqu'à ce que le sol gèle à l'automne, en novembre, parfois même décembre. Mais elle fait partie d'une très petite minorité. Il faut donc se résigner à devoir ajouter des vivaces à floraison printanière pour assurer une floraison continue du printemps jusqu'à la fin de l'automne.

Des conditions parfaites

Une dernière remarque! Bien que plusieurs vivaces à floraison prolongée s'accommodent d'un ensoleillement moins que parfait, leur floraison en souffrira. Ainsi vous découvrirez que, pour profiter des vivaces à floraison prolongée, il faut pouvoir leur offrir des conditions parfaites. Si une plante est ambivalente (capable de s'adapter à la mi-ombre et à l'ombre, par exemple), l'emplacement le plus éclairé donnera normalement de meilleurs résultats. Si elle peut tolérer un sol pauvre mais préfère un sol riche, eh bien, c'est le sol riche qui va assurer la floraison durable que vous recherchez. Si elle aime un sol humide mais tolère la sécheresse, seul le sol humide donnera la floraison continuelle tant convoitée.

Pour obtenir une floraison prolongée, il faut donc offrir à la plante les meilleures conditions possible, selon ses besoins. Tenez-vous-le pour dit!

Achillée	338
Agastache	353
Aster d'été	357
Astrance	363
Cœur-saignant nain	368
Coréopsis	374
Cupidone	387
Échinacée	389
Éphémère	407
Fausse-fumeterre	413
Gaillarde	416
Géranium d'été	423
Héliopside	436
Heuchère à fleurs	441
Knautie	452
Lin	455
Mauve	459
Mertensie	465
Népéta	469
Onagre	480
Pavot cambrique	488
Renouée	494
Rose trémière	501
Rudbeckie	511
Sauge vivace	526
Scabieuse	537
Scrophulaire	544
Scutellaire	547
Sidalcée	550
Stokesia	554
Tanaisie	557
Trèfle rougeâtre	569
Valériane rouge	571
Véronique	574
Verveine	585

Achillée
Achillea

Achillea 'Coronation Gold'
www.jardinierparesseux.com

Famille : Astéracées

Origine : Europe et Asie (rarement Amérique)

ACHILLÉE
Achillea

Nom anglais : Yarrow

Dimensions : 15-150 cm x 20-75 cm (selon l'espèce)

Exposition : ☀ ☀ (☀)

Sol : ordinaire à pauvre, bien drainé à sec

Floraison : été (automne), variable selon l'espèce

Multiplication : division, semences, boutures de tige

Utilisations : plate-bande, bordure, massif, rocaille, naturalisation, couvre-sol, pré fleuri, jardin xérophyte, feuillage aromatique, fleur coupée, fleur séchée, plante médicinale, pots-pourris, attire les papillons

Associations : érynges, sauges, graminées ornementales, rudbeckies, hémérocalles

Zone de rusticité : variable, 2-4

Le nom *Achillea* vient bien sûr du héros légendaire grec Achille, qui aurait été guéri par un traitement avec cette plante. Le genre contient plus de 80 espèces, presque toutes originaires d'Europe ou d'Asie. Ce sont des plantes très variées. La plupart ont un « petit air de famille », mais certaines ressemblent à tout sauf à une achillée.

Il y a essentiellement deux types de fleurs : à inflorescences en corymbe (dôme) et à inflorescences individuelles.

Le premier type regroupe la majorité des espèces. Les inflorescences sont petites, en forme de bouton et composées de dizaines de fleurons jaunes individuels, puis elles sont massées à leur tour en un corymbe (comme une ombelle) densément serré, formant le dôme aplati qu'on associe aux achillées.

SECTION 2 ▸ VIVACES À FLORAISON PROLONGÉE

Achillée

Agastache
Aster d'été
Astrance
Cœur-saignant nain
Coréopsis
Cupidone
Échinacée
Éphémère
Fausse-fumeterre
Gaillarde
Géranium d'été
Héliopside
Heuchère à fleurs
Knautie
Lin
Mauve
Mertensie

Achillée (*Achillea* 'Schwellenberg') à fleurs en corymbe

Achillée (*Achillea ptarmica*) à fleurs individuelles, en forme de marguerite

Chez beaucoup de ces espèces, il n'y a pas de rayons (« pétales »); c'est alors la couleur jaune des fleurons qui donne le ton au corymbe. D'autres, par contre, ont des rayons (habituellement blancs, mais parfois d'autres couleurs) et, si c'est le cas, le corymbe est dominé par cette couleur.

Le deuxième type ne forme pas de corymbe, mais produit des inflorescences individuelles bien séparées les unes des autres. Chez ces variétés, ces inflorescences ressemblent à de petites marguerites blanches ou jaunes, selon la couleur des rayons, et sont à cœur crème ou jaune.

Le feuillage aussi peut varier. Il est habituellement très découpé, pas seulement penné, mais bipenné ou même tripenné, souvent hirsute et grisâtre. Par contre, certaines espèces ont des feuilles simples ou sont de couleur vert foncé. Les feuilles sont presque toujours persistantes et aromatiques.

Il y a des espèces basses pouvant servir de couvre-sol ou en rocaille, et aussi de grandes espèces plus à l'aise au fond de la plate-bande et toutes les tailles possibles entre les deux.

La plupart des achillées demandent le plein soleil ou à peine un peu d'ombre, et réussissent mieux quand le sol est légèrement humide et pas trop riche 🍂 (dans un sol riche et très humide, les tiges ont tendance à s'affaisser). Ces achillées supportent la sécheresse sans trop souffrir. Elles semblent aimer avoir un peu d'espace et peuvent être étouffées par des voisines qui leur jettent de l'ombre. Par contre, d'autres espèces, comme *A. ptarmica*, préfèrent un sol plus humide et réussissent très bien à la mi-ombre.

Enfin, la majorité des achillées poussent en touffe et restent parfaitement à leur place. Si la floraison diminue après sept ou huit ans, une division les rajeunira. 🍂 Il y a toutefois des espèces rhizomateuses qui peuvent être envahissantes. Je vous préviendrai le cas échéant.

La floraison est naturellement très longue chez la plupart des achillées, 🍂 mais on peut la prolonger davantage en supprimant les premières fleurs (sachez qu'elles font d'excellentes fleurs coupées) : la plupart refleuriront à la fin de l'été, même à l'automne. D'ailleurs la plupart refleuriront, modestement du moins, même si on ne supprime pas la première floraison.

Les achillées font donc, disais-je, d'excellentes fleurs coupées, fraîches (attendez que les fleurons des disques produisent du pollen, sinon elles ne dureront pas) ou séchées. Elles sèchent même sur place en plate-bande, pâlissant mais conservant longtemps une partie de leur couleur.

SECTION 2 ▸ VIVACES À FLORAISON PROLONGÉE

Espèces à floraison prolongée

Achillea ageratum

A. ageratum (*A. ageratum*)
Achillée odorante (Sweet Yarrow)

Cette fine herbe peu connue est habituellement utilisée comme plante condimentaire pour ses feuilles aromatiques au goût doux qu'on ajoute aux soupes et ragoûts. Mais la plante est très jolie aussi avec ses tiges dressées portant à leur extrémité un dense dôme de boules jaunes, sans rayons, présentant ainsi une apparence attrayante et surprenante. Les feuilles inférieures sont pennées, tandis que celles qui se trouvent sur la tige florale sont entières et joliment dentées, comme le rostre d'un poisson-scie. Feuillage persistant vert. Pousse en touffe. Excellente fleur coupée, elle conserve son parfum même une fois séchée. Floraison : juin-septembre. 45-80 cm x 30-60 cm. Zone 3b.

A. 'Moonwalker' : sans doute un hybride de *A. ageratum*. Corymbes jaune vif. Variété offerte par semences. Floraison : juin-août. 60 cm x 60 cm. Zone 2.

A. 'W.B. Childs' : serait un hybride de *A. ageratum* et d'une achillée inconnue à fleurs blanches. On le confond souvent avec l'achillée musquée (*A. moschata*), une espèce médicinale connue surtout des herboristes, même s'il est trop fois plus haut que cette dernière, une plante alpine rase-mottes.

Le corymbe est très ouvert, laissant facilement voir les petites « marguerites » blanches aux rayons arrondis et au disque crème. Fleurit surtout en début d'été, mais recommence de plus belle en août. Feuillage vert penné aromatique utilisé en cuisine, comme celui de *A. ageratum*. Croissance en touffe. Floraison : juin-août. 60 cm x 45 cm. Zone 3b.

A. chrysocoma
Achillée à cheveux dorés (Yellow Yarrow)

Petites marguerites jaunes en larges corymbes. Plante tapissante aux feuilles vert vif bi- ou tripennées. Feuillage aromatique. Joli en rocaille, mais peut être envahissant. Floraison : juin-septembre. 15-30 cm x 30 cm. Zone 3.

A. chrysocoma 'Grandiflora' : fleurs plus grosses. Floraison : juin-septembre. 15-30 cm x 30 cm. Zone 3.

Achillea clavennae

A. clavennae
Achillée argentée (Silvery Yarrow)

SECTION 2 — VIVACES À FLORAISON PROLONGÉE

Petits bouquets de « marguerites » blanches. Feuilles soyeuses gris-vert, aromatiques, généralement entières mais parfois lobées. Plein soleil et sol plutôt sec. Floraison : juin-juillet. 30-50 cm x 25 cm. Zone 3.

A. clypeolata
Achillée des Balkans (Balkan Yarrow)

Ses feuilles aromatiques gris argenté pennées ou bipennées sont superbes, et il transfère ses belles feuilles à ses hybrides. Corymbes larges et aplatis de fleurs jaunes. Excellente fleur séchée. Demande un sol bien drainé et le plein soleil. N'apprécie pas un sol qui reste humide l'hiver. Croissance en touffe. L'espèce est peu cultivée, mais elle a donné naissance à plusieurs cultivars très connus. Floraison : juin-août. 50-60 cm x 30 cm. Zone 4.

Hybrides d'*A. clypeolata*

A. clypeolata a été beaucoup utilisé en hybridation, notamment pour son si beau feuillage. Les plantes suivantes sont de toute évidence sa progéniture, car son feuillage unique se transfère assez bien. Plusieurs sont des hybrides de *A. millefolium* ou d'autres achillées, souvent rétrocroisées avec *A. clypeolata*, ce qui donne des plantes de culture plus facile (plus tolérantes aux sols humides et à la mi-ombre). Malgré tout, un bon drainage et un excellent ensoleillement donneront de meilleurs résultats.

A. 'Anblo' Anthea™ : semis de 'Moonshine', peut-être rétrocroisé avec *A. clypeolata*. Feuillage gris argenté très dentelé. Fleurs jaune soufre pâlissant à jaune crème. Fleurit tout l'été, surtout si l'on supprime les fleurs fanées. Tiges solides malgré sa hauteur importante. Croissance en touffe. Floraison : juillet-septembre. 60-75 cm x 45 cm. Zone 3.

Achillea 'Coronation Gold'

A. 'Coronation Gold' : très populaire cultivar issu de *A. filipendulina* x *A. clypeolata* et lancé à l'occasion du couronnement de la reine Élisabeth en 1953. Probablement l'achillée la plus cultivée du monde, notamment pour l'industrie de la fleur coupée. Large dôme aplati de fleurs jaune vif porté sur des tiges solides n'ayant pas besoin de tuteur. Feuillage très découpé, vert légèrement argenté. Variété envahissante. Des marchands peu scrupuleux vendent des semences de 'Coronation Gold' qui ne sont autres que *A. filipendulina*, puisque 'Coronation Gold' ne produit pas de semences viables ! Floraison : juin-août (septembre). 70-90 cm x 45 cm. Zone 3.

A. 'Moonshine' : hybride de *A. clypeolata* x *A.* 'Taygetea'. Très beau feuillage gris-vert très découpé. Grands corymbes de fleurs jaune citron. Croissance en touffe. Floraison : juin-août (septembre). 50-60 cm x 45-60 cm. Zone 3.

Achillée
Agastache
Aster d'été
Astrance
Cœur-saignant nain
Coréopsis
Cupidone
Échinacée
Éphémère
Fausse-fumeterre
Gaillarde
Géranium d'été
Héliopside
Heuchère à fleurs
Knautie
Lin
Mauve
Mertensie

341

SECTION 2 ❯ VIVACES À FLORAISON PROLONGÉE

Achillea 'Schwellenberg'

Achillea filipendulina

♥ ❁ 🪴 *A.* 'Schwellenberg' : serait un hybride de *A. clypeolata*. Superbe feuillage bleu argenté, découpé à la manière d'un corail éventail. Les fleurs en dôme sont jaune moutarde. Le corymbe est plus petit que chez d'autres achillées jaunes, mais il est proportionnel à la taille de la plante, car 'Schwellenberg' est plus petit que la plupart des achillées de sa catégorie. Personnellement, je trouve que 'Schwellenberg' est la plus belle de toutes les achillées ! Croissance en touffe. Ne se ressème jamais. Floraison : juin-août (septembre). 30-45 cm x 30-60 cm. Zone 3.

❁ 🪴 *A.* 'Taygetea' (*A. aegyptiaca taygetea*) : hybride putatif de *A. millefolium* et *A. clypeolata*… mais certains experts prétendent que c'est une sous-espèce (*A. aegyptiaca taygetea*). Peu importe, ce vieux cultivar (cultivé depuis au moins 1938) demeure une très bonne plante. Dôme de fleurs jaunes devenant rapidement crème. Feuilles très découpées grisâtres. Floraison : juin-septembre. 45 cm x 60-75 cm. Zone 3.

❁ 🪴 *A. filipendulina*
Achillée jaune (Fernleaf Yarrow)
☀

C'est une grande plante aux fleurs en grappes aplaties, jaune franc au début, devenant jaune moutarde. Feuillage bipenné très découpé et un peu grisâtre, mais pas argenté comme chez *A. clypeolata* et ses hybrides. Feuillage aromatique. Réussit mieux dans un sol pauvre, bien drainé et au plein soleil. 🌱 Peut demander un tuteur quand le sol est trop riche ou le soleil, trop faible. Floraison : juin-août. 100-150 cm x 90 cm. Zone 2.

❁ 🪴 *A. filipendulina* 'Cloth of Gold' : larges inflorescences de couleur jaune moutarde. Tige généralement plus solide que celle de l'espèce. Floraison : juin-août. 120-150 cm x 90 cm. Zone 2.

Achillea filipendulina 'Gold Plate'

SECTION 2 ◆ VIVACES À FLORAISON PROLONGÉE

❁ 🪴 *A. filipendulina* 'Gold Plate': fleurs jaune vif en corymbes massifs. Feuillage plus gris que chez l'espèce. ☙ Exige souvent un tuteur. Floraison: juin-août. 120-150 cm x 90 cm. Zone 2.

❁ 🪴 *A. filipendulina* 'Parker's Variety': comme 'Gold Plate', mais un peu plus court. Floraison: juin-août. 90-120 cm x 90 cm. Zone 2.

❁ 🪴 *A.* 'Credo': hybride de *A. filipendulina* et de *A. millefolium*, mais très près de *A. filipendulina* en apparence et comportement (notamment, il n'est pas envahissant). Dômes de fleurs jaune soufre devenant jaune crème. Très longue floraison. Tiges solides. Floraison: juin-septembre (octobre). 90-130 cm x 90 cm. Zone 2.

❁ 🪴 *A.* 'Gold Coin Dwarf' ('Gold Coin'): censé être une sélection naine de 'Parker's Variety' qui n'atteint que 40 cm de haut, ☙ mais les plantes que j'ai vues dans les étalages des pépinières mesuraient 90 cm et plus! Je crois que cette forme plus grande est un imposteur, soit en provenance d'un producteur qui s'est amusé à essayer de multiplier 'Gold Coin Dwarf' par semis (on sait à quel point les achillées sont infidèles à partir de semences!), soit en raison d'une confusion d'étiquetage. Le vrai 'Gold Coin Dwarf' existe toujours et il vaut la peine de le cultiver. Floraison: juin-août. 40 cm x 30 cm. Zone 2.

❁ 🪴 *A.* 'Schwefelblüte' ('Flowers of Sulphur', 'Sulphur Flower'): *A. filipendulina* x *A. ptarmica*. Fleurs jaune soufre en corymbes aplatis. Feuillage gris. Floraison: juin-août. 50-60 cm x 45 cm. Zone 2.

A. grandiflora (*A. macrophylla*): il existe un véritable *A. grandiflora*, mais il n'est pas souvent cultivé. Habituellement, les plantes vendues sous ce nom sont de la tanaisie à grandes feuilles (*Tanacetum macrophyllum*), décrite à la page 560.

Achillea millefolium

❁ 🪴 *A. millefolium*
Achillée millefeuille, herbe à dinde
(Common Yarrow)

De distribution circumboréale, l'achillée millefeuille est l'une des rares *Achillea* qui n'est pas strictement d'origine eurasiatique. Il existe de nombreuses variétés et sous-espèces d'achillée millefeuille, dont plusieurs nord-américaines. Dans l'est du Canada, on dénombre les sous-espèces *A. millefolium borealis*, *A. millefolium occidentalis* et *A. millefolium nigrescens*, toutes indigènes, mais la variété la plus commune est *A. millefolium millefolium*, introduite d'Europe comme plante médicinale, mais maintenant bien établie comme plante adventice. Nos sous-espèces indigènes sont surtout limitées aux régions nordiques, alpines et maritimes; *A. millefolium millefolium* est avant tout une plante des champs abandonnés, des terrains vagues et des pelouses!

La forme sauvage a presque toujours des fleurs blanches. On dit qu'on trouve occasionnellement des plantes à fleurs roses ou rouges dans la nature, mais je n'en ai jamais

▷ **Achillée**
Agastache
Aster d'été
Astrance
Cœur-saignant nain
Coréopsis
Cupidone
Échinacée
Éphémère
Fausse-fumeterre
Gaillarde
Géranium d'été
Héliopside
Heuchère à fleurs
Knautie
Lin
Mauve
Mertensie

SECTION 2 ◆ VIVACES À FLORAISON PROLONGÉE

vu personnellement. La plante porte une profusion de noms communs, la plupart reliés à ses prétendues utilisations médicinales, notamment sa capacité d'étancher le sang. C'est ainsi qu'on voit des noms comme herbe aux coupures, herbe au charpentier, herbe aux cochers et herbe aux militaires (elle servait donc à soigner les blessures dans une diversité d'occupations!). D'autres noms, par contre, soulignent sa capacité de *provoquer* le saignement (saigne-nez) et d'autres encore n'ont aucune raison d'être que je sache: herbe de la Saint-Jean, herbe de Saint-Joseph, sourcil de Vénus, etc.

En Amérique française, on appelle couramment la forme sauvage « herbe à dinde » (on ne sait trop pourquoi) et la forme cultivée « achillée millefeuille » ou tout simplement « millefeuille. » L'origine du dernier terme vient du latin *millefolium* et est facile à comprendre: la feuille est bipennée ou tripennée avec tellement de lobes qu'elle a l'air divisée en 1000 segments.

La plante produit une multitude de rosettes de feuilles odorantes assez longues et de tiges dressées aux feuilles plus courtes. Les feuilles sont plutôt vertes chez l'espèce; les formes à feuillage un peu argenté qu'on voit dans les jardins sont habituellement des hybrides d'autres espèces. Chaque tige produit un corymbe de petites « marguerites » densément serrées. En culture, on voit rarement la couleur originale, le blanc, mais surtout différentes teintes de rouge, rose et violet chez les « millefeuilles pure laine »; les hybrides ont souvent des fleurs jaunes, orange ou écarlates à cause de la présence d'un gène donnant la couleur jaune, une couleur absente chez la véritable achillée millefeuille, mais très fréquente chez d'autres espèces d'achillée. La couleur de la fleur tend à pâlir avec le temps, notamment dans le cas des variétés aux couleurs foncées. Certains marchands, tournant ce « défaut » en avantage, promettent des « coloris en évolution constante » pour les cultivars aux couleurs peu persistantes.

🍃 C'est une plante rhizomateuse, et la forme sauvage, surtout, est très envahissante. Les variétés horticoles le sont souvent moins, car ce sont surtout des hybrides d'espèces non rhizomateuses qui ont parfois hérité une croissance plus touffue. Néanmoins, il faut toujours prévoir installer une barrière de plantation dans le sol pour contenir une achillée millefeuille de parenté inconnue, à moins de vouloir l'utiliser comme couvre-sol. 🍃 Comme la plante se ressème souvent, même une barrière n'est pas toujours suffisante. Malgré ce défaut, il reste que l'achillée millefeuille est une vivace *très* populaire.

L'achillée millefeuille est de culture facile et pousse du plein soleil à la mi-ombre et dans tout sol bien drainé, même les plus secs et pauvres. 🍃 Évitez si possible les sols riches, car la plante tend à produire des tiges trop frêles qui s'affaissent. Notez que le même cultivar peut varier beaucoup en hauteur: plus bas s'il est cultivé au plein soleil dans un sol pauvre et sec, plus haut s'il pousse à la mi-ombre dans un sol plus riche et plus humide. La différence peut être surprenante.

Les fleurs sont superbes et durables en bouquet frais et sèchent bien aussi.

L'achillée millefeuille se multiplie facilement par division. Par semences aussi, elle fleurit même la première année, mais les cultivars ne sont pas toujours aussi fidèles au type que les vendeurs de semences veulent nous faire croire.

Floraison: juin-septembre. 30-90 cm x 60 cm. Zone 2.

SECTION 2 ▸ VIVACES À FLORAISON PROLONGÉE

Note : Dans les descriptions suivantes, j'ai inclus à la fois les achillées millefeuilles pures (*Achillea millefolium* et ses sélections) et les hybrides proches. De toute façon, on vend les deux sous le nom d'achillée millefeuille dans le commerce.

A. **'Apfelblüte'** (série Galaxy) ('Appleblossom') : rose pêche pâlissant à blanc. Floraison : juin-septembre. 60 cm x 60 cm. Zone 2.

Achillea 'Cerise Queen'

Achillea 'Apricot Delight'

A. **'Apricot Delight'** (série Tutti Frutti™) : fleurs changeantes, presque rouges devenant abricot pâle en passant par des teintes de saumon. Variété compacte à tiges plus solides. Floraison : juin-septembre. 30-40 cm x 60 cm. Zone 2.

A. millefolium **'Cassis'** : lignée produite par semences et assez variable, notamment en hauteur. Rouge cerise devenant rouge rosé. Floraison : juin-septembre. 50-80 cm x 60 cm. Zone 2.

A. millefolium **'Cerise Queen'** : dans sa forme originale, ce vieux cultivar avait des fleurs rouge cerise et une tige florale assez solide. On le produit toutefois par semences, ce qui donne une certaine variabilité. Je trouve les plantes produites par semences envahissantes et aux tiges faibles comparativement à l'original. Fleurs rouge cerise à rouge pourpré. Floraison : juin-septembre. 40-80 cm x 60 cm. Zone 2.

A. millefolium **'Christel'** : rouge rosé devenant rose magenta. Feuillage vert foncé. Floraison : juin-septembre. 45-70 cm x 60 cm. Zone 2.

A. millefolium **'Debutante'** (série Galaxy) : mélange tiré de la série Galaxy. Produit par semences. Couleurs : rouge, rose, citron, orange, violet, etc. Floraison : juin-septembre. 60 cm x 60 cm. Zone 2.

A. **'Fanal'** (série Galaxy) ('The Beacon') : fleurs d'un rouge riche à disque jaune. Floraison : juin-septembre. 60 cm x 60 cm. Zone 2.

- **Achillée**
  - Agastache
  - Aster d'été
  - Astrance
  - Cœur-saignant nain
  - Coréopsis
  - Cupidone
  - Échinacée
  - Éphémère
  - Fausse-fumeterre
  - Gaillarde
  - Géranium d'été
  - Héliopside
  - Heuchère à fleurs
  - Knautie
  - Lin
  - Mauve
  - Mertensie

SECTION 2 ◆ VIVACES À FLORAISON PROLONGÉE

Achillea 'Feuerland' : rouge au début, puis abricot fauve

⚙️ 🪴 **A. 'Feuerland'** ('Fireland') : fleurs rouge vif devenant roses puis abricot fauve. Très haut. Pousse en touffe. Floraison : juin-septembre. 90-100 cm x 60 cm. Zone 2.

❤️ ♻️ 🪴 **A. *millefolium* 'Forncett Fletton'** (série Forncett) : fait partie d'une série populaire en Europe, mais peu disponible ici. Fleurs rouge brique à disque jaune or. Devient orange ocré avec le temps. Pousse en touffe. Floraison : juin-août. 60 cm x 60 cm. Zone 2.

♻️ 🪴 **A. *millefolium* groupe Colorado :** lignée produite par semences comprenant toute la gamme des teintes possibles : rouge, rose, jaune, beige, crème, abricot, etc. Floraison : juin-septembre. 60-100 cm x 60 cm. Zone 2.

⚙️ 🪴 **A. groupe Summer Pastels :** lignée produite par semences dans les tons pastel : rose, jaune, blanc, lavande, etc. Floraison : juin-septembre. 50-75 cm x 60 cm. Zone 2.

⚙️ 🪴 **A. 'Heidi' :** rose pastel devenant saumon. Floraison : juin-septembre. 60-70 cm x 60 cm. Zone 2.

⚙️ 🪴 **A. 'Hoffnung'** (série Galaxy) ('Great Expectations', 'Hope') : jaune primevère. Floraison : juin-septembre. 60-70 cm x 60 cm. Zone 2.

⚙️ 🪴 **A. hybrides Galaxy :** mélange d'origine allemande, issu d'un croisement entre *A. millefolium* et *A.* 'Taygetea'. Ressemble à l'achillée millefeuille, mais avec des tiges plus fortes, un feuillage grisâtre et un corymbe plus large. C'est cette série qui a introduit les premières couleurs jaune, orangée et écarlate des achillées millefeuilles. Le mélange contient plusieurs couleurs, dont rose, rouge, blanc et jaune. Les cultivars de cette série, comme 'Hoffnung', 'Paprika' et 'Apfelblüte', sont décrits individuellement. Floraison : juin-août. 60-90 cm x 60 cm. Zone 2.

❤️ ⚙️ 🪴 **A. 'Inca Gold' :** floraison à plusieurs niveaux : environ 40 cm, 60 cm et 90 cm. Boutons terre cuite, fleurs couleur rouille devenant orange pâle puis crème. Tiges solides. Floraison : juin-septembre. 40-75 cm x 60 cm. Zone 2.

Achillea groupe Summer Pastels

Achillea 'Lachsschönheit'

SECTION 2 ▸ VIVACES À FLORAISON PROLONGÉE

❂ ☕ *A.* **'Lachsschönheit'** (série Galaxy) ('Salmon Beauty'): corymbe large de fleurs jaunes devenant saumon puis crème. Floraison: juin-septembre. 60-90 cm x 60 cm. Zone 2.

❂ ☕ *A. millefolium* **'Lilac Beauty'** ('Lavender Beauty'): fleurs lilas rose devenant crème. Tiges solides. 🔥 Se ressème beaucoup. Floraison extra longue: juin-octobre. 50-60 cm x 60 cm. Zone 2.

Achillea 'Pretty Belinda'

Achillea 'Paprika'

❂ ☕ *A.* **'Pretty Belinda'**: fleurs rose lilas devenant rose pâle. Variété compacte aux tiges solides. Floraison: juin-septembre. 50 cm x 45 cm. Zone 2.

❂ ☕ *A. millefolium* **'Pretty Woman'**: rouge orangé. Relativement dense. Floraison: juin-septembre. 60 cm x 30 cm. Zone 2.

Achillea 'Red Beauty'

❂ ☕ *A. millefolium* **'Paprika'** (série Galaxy): fleurs rouge orangé devenant saumon puis jaune crème. Floraison: juin-septembre. 60-85 cm x 60 cm. Zone 2.

❂ ☕ *A.* **'Peachy Seduction'**: rose pêche. Floraison: juin-août. 60 cm x 60 cm. Zone 2.

❂ ☕ *A.* **'Pink Grapefruit'** (série Tutti Frutti™): fleurs rose vif devenant rose crème. Tiges solides. Floraison: juin-septembre. 60 cm x 60 cm. Zone 2.

❂ ☕ *A. millefolium* **'Pomegranate'** (série Tutti Frutti™): fleurs rouge velouté. Floraison: juin-août. 60-75 cm x 60 cm. Zone 2.

❂ ☕ *A. millefolium* **'Red Beauty'**: rouge cerise à disque jaune. Floraison: juin-septembre. 60 cm x 60 cm. Zone 2.

▷ **Achillée**
Agastache
Aster d'été
Astrance
Cœur-saignant nain
Coréopsis
Cupidone
Échinacée
Éphémère
Fausse-fumeterre
Gaillarde
Géranium d'été
Héliopside
Heuchère à fleurs
Knautie
Lin
Mauve
Mertensie

SECTION 2 ▸ VIVACES À FLORAISON PROLONGÉE

♥ *A. millefolium* 'Red Velvet' : rouge vin velouté. Conserve bien sa coloration. Floraison : juin-septembre. 45-60 cm x 60 cm. Zone 2.

A. millefolium 'Saucy Seduction' : fleurs rouge fuchsia à œil blanc devenant rose pâle. Plant compact. Floraison : juin-septembre. 45-60 cm x 60 cm. Zone 2.

Achillea 'Terracotta'

A. 'Terracotta' : fleurs rouge brique au début, puis terre cuite, puis jaune pêche. Feuillage assez argenté. Tige peu solide. Floraison : juin-septembre. 60-100 cm x 60 cm. Zone 2.

A. 'Walther Funcke' : fleurs rouge orangé à rouge brique. Œil orange devenant jaune. Feuillage gris. Tiges solides. Floraison : juin-septembre. 50 cm x 60 cm. Zone 2.

A. 'Weserstandstein' : fleurs rose saumon devenant rose crème. Floraison : juin-septembre. 50-60 cm x 60 cm. Zone 2.

A. millefolium 'White Beauty' : fleurs blanches. Ressemble à l'herbe à dinde sauvage et serait d'ailleurs une sélection tirée de la sous-espèce *A. millefolium occidentalis*, originaire d'Amérique du Nord. Floraison : juin-septembre. 50-60 cm x 60 cm. Zone 2.

A. 'Wonderful Wampee' (série Tutti Frutti™) : rose riche devenant rose pâle. Tiges solides. Floraison : juin-septembre. 50 cm x 50 cm. Zone 2.

Achillea 'Strawberry Seduction'

A. millefolium 'Strawberry Seduction' : ressemble réellement à une fraise quand les fleurs sont fraîches, car elles sont rouge vif à œil jaune. Pâlissent toutefois rapidement à une couleur jaune fauve. Floraison : juin-septembre. 60 cm x 60 cm. Zone 2.

A. 'Summerwine' (série Galaxy) ('Summer Wine') : rouge vin à œil pâle devenant rose-mauve. Tiges solides. Floraison : juin-septembre. 60-100 cm x 60 cm. Zone 2.

A. 'Sunny Seduction' : jaune citron devenant jaune pâle. Floraison : juin-septembre. 60 cm x 60 cm. Zone 2.

Achillea nobilis
Achillée noble (Noble Yarrow)

Espèce moins connue. Ressemble à *A. millefolium*, mais elle n'est pas rhizomateuse, et les fleurs sont plus nombreuses et plus

SECTION 2 — VIVACES À FLORAISON PROLONGÉE

petites. Fleurs blanc crème en gros corymbes. Feuillage argenté très finement découpé. Tiges et feuilles duveteuses. Floraison : juin-août. 50 cm x 60 cm. Zone 4.

A. nobilis neilreichii : c'est la forme la plus courante en pépinière. Plus compacte que l'espèce, avec des fleurs plus proches du jaune que du blanc. Cette forme est rhizomateuse. Floraison : juin-août. 30 cm x 60 cm. Zone 4.

Achillea ptarmica

A. ptarmica
Achillée sternutatoire (Sneezewort)

Assez différente des autres achillées par ses feuilles linéaires à peine dentées : aucune trace des feuilles fortement découpées de la majorité des espèces. Aussi, les inflorescences sont individuelles, en forme de marguerite blanche à disque crème. Pour confondre encore davantage le jardinier, les fleurs de presque tous les cultivars de *A. ptarmica* sur le marché sont doubles, en forme de pompon. Dans l'ensemble, on peut difficilement imaginer une plante qui ressemble moins à notre image d'une achillée !

Côté culture, la plante est très différente aussi. Elle préfère le soleil, mais tolère mieux la mi-ombre que les autres achillées. Et le sol sera, de préférence, riche et plutôt humide. Non pas que la plante ne peut pas tolérer la sécheresse, mais elle aime mieux des « conditions normales de plate-bande » plutôt que la « vie à la dure » que préfèrent les autres achillées.

> L'adjectif « sternutatoire » veut dire « qui provoque l'éternuement », mais n'ayez pas crainte que votre achillée sternutatoire provoque des allergies ! Au 18e siècle, quand le tabac à priser était devenu une habitude très à la mode parmi les élites, le tabac coûtait trop cher pour la classe montante. Celle-ci avait trouvé le moyen d'économiser en le mélangeant avec des feuilles de cette achillée réduites en poudre. C'était priser le tabac qui faisait éternuer, non pas l'achillée !

La plante ne forme pas de rosette mais plutôt des tiges dressées indépendantes, séparées par des rhizomes rampants. Vous aurez compris que l'achillée sternutatoire est envahissante : une barrière de plantation est presque une obligation. Le feuillage est vert foncé et aromatique, comme celui de presque toutes les achillées. Un certain tuteurage est parfois nécessaire, surtout quand la plante manque de lumière.

L'espèce (*A. ptarmica*), une plante de bonne taille, n'est presque jamais cultivée, mais il existe bon nombre de cultivars sur le marché, tous de taille bien moindre. Floraison : juin-août (septembre). 90-150 cm x 75 cm. Zone 3.

A. ptarmica 'Angel's Breath' : fleurs blanches doubles en forme de boule. Version un peu plus compacte de 'Boule de Neige'. Floraison : juin-août (septembre). 60 cm x 60 cm. Zone 3.

Achillée
Agastache
Aster d'été
Astrance
Cœur-saignant nain
Coréopsis
Cupidone
Échinacée
Éphémère
Fausse-fumeterre
Gaillarde
Géranium d'été
Héliopside
Heuchère à fleurs
Knautie
Lin
Mauve
Mertensie

SECTION 2 ▸ VIVACES À FLORAISON PROLONGÉE

❄ 🪴 **A. ptarmica 'Ballerina'** ('Nana Ballerina') : variété naine à fleurs doubles blanches, de vrais petits pompons. La véritable achillée sternutatoire 'Ballerina' est difficile à trouver. Beaucoup de pépinières vendent 'Boule de Neige' sous ce nom, peut-être par inadvertance, car en pot les deux sont très semblables. En plate-bande, par contre, la différence est nette : la vraie 'Ballerina' est nettement plus petite que 'Boule de Neige'. Floraison : juin-août (septembre). 40 cm x 40 cm. Zone 3.

Achillea ptarmica groupe 'Boule de Neige'

❄ 🪴 **A. ptarmica groupe 'Boule de Neige'** ('The Pearl', 'La Perle', 'Schneeball') : vieux cultivar français à fleurs doubles et de loin la plus populaire des achillées sternutatoires. 🍃 Il est vendu sous une foule de noms : les Allemands ont traduit le nom « boule de neige » par 'Schneeball' ; les Anglais, dédaigneux des termes français, ont vu dans les fleurs rondes et blanches une perle et l'ont appelé 'The Pearl' ; au Québec, on n'aime pas les termes anglais et on a traduit ce dernier nom par 'La Perle'. Le résultat ? Plusieurs pépinières vendent la même plante sous deux ou trois noms et se fendent en quatre pour expliquer les différences (inexistantes) dans leurs catalogues. Je vais donc vous faire économiser : achetez la plante une seule fois, sous n'importe lequel des quatre noms, car c'est toujours la même.

🍃 Ou presque... Depuis quasiment plus de 100 ans qu'on cultive 'Boule de Neige', il semble avoir muté un peu. Les premières descriptions parlaient d'une « tige très solide, aucun besoin de tuteurage », alors que plusieurs clones modernes ont des tiges faibles. La hauteur (45-60 cm à l'origine) est devenue plus variable aussi. Les autorités identifient maintenant ce « cultivar » sous le nom de *A. ptarmica* groupe Boule de Neige, le mot « groupe » dans ce contexte servant à souligner qu'il y a dans le commerce différents clones portant le même nom.

Malgré tous ces déboires, elle est jolie, la 'Boule de Neige', avec ses boules blanches et son feuillage mince. Elle me fait penser à un souffle de bébé (*Gypsophila paniculata*) aux fleurs plus grosses. 🍃 L'astuce, c'est de trouver un bon clone aux tiges solides !

Floraison : juin-août (septembre). 45-60 cm (75-85 cm pour certains clones) x 60 cm. Zone 3.

❄ 🪴 **A. ptarmica 'Gipi Whit' Gypsy White®** : nouveauté naine à petites fleurs doubles, mais pas aussi globulaires que chez 'Boule de Neige'. Forme un joli monticule ! Intéressant en rocaille, en bordure et en contenant. Floraison : juin-août (septembre). 20-30 cm x 30-45 cm. Zone 3.

❄ 🪴 **A. ptarmica 'Nana Compacta'** : variété naine à fleurs simples, des « marguerites » blanches à cœur crème. Floraison : juin-août (septembre). 20-30 cm x 30 cm. Zone 3.

❄ 🪴 **A. ptarmica 'Perry's White'** : fleurs doubles moins symétriques que chez 'Boule de Neige', style « tête ébouriffée ». 🍃 Tiges peu solides, mais elles se mêlent joliment

SECTION 2 — VIVACES À FLORAISON PROLONGÉE

ensemble et l'effet un peu indiscipliné, autant des fleurs que des tiges, n'est pas désagréable. Floraison : 60 cm x 60 cm. Zone 3.

Achillea sibirica 'Love Parade'

A. sibirica
Achillée de Sibérie (Siberian Yarrow)

Jolie achillée avec un très beau feuillage penné vert foncé aux lobes linéaires donnant une allure moins dense que d'autres achillées. Ses petites « marguerites » sont portées en bouquets lâches et se composent d'un disque jaune et de courts rayons blancs à roses. Facile à produire par semences, fleurissant la première année. Peut s'affaisser dans un sol trop riche, trop humide ou si la plante est trop à l'ombre. Floraison : juin-août (septembre). 30-75 cm x 45-60 cm. Zone 2.

A. sibirica camtschatica : similaire à l'espèce, à fleurs blanches. Floraison : juin-août (septembre). 30-75 cm x 45-60 cm. Zone 2.

A. sibirica camtschatica 'Love Parade' : lignée offerte par semences. Fleurs rose vif, plus grosses que chez l'espèce. Floraison : juin-août (septembre). 60 cm x 45 cm. Zone 2.

A. sibirica 'Stephanie Cohen' : variété compacte à fleurs relativement grosses, rose pâle. Floraison : juin-août (septembre). 30-50 cm x 45 cm. Zone 2.

Espèces à floraison moins durable

Achillea ageratifolia
Achillée à feuilles d'agérate (Greek Yarrow)

C'est l'une de ces achillées qui fait exception à la règle : ses inflorescences sont portées non pas en bouquets denses mais sur des tiges bien séparées et ressemblent alors à des marguerites. La petite inflorescence est blanche à disque blanc crème ou jaune et mesure environ 3 cm de diamètre. La plante forme un tapis dense et bas (rarement plus de 6 cm de hauteur) de petites feuilles argentées aromatiques. Certaines variétés ont des feuilles entières et lancéolées, d'autres des feuilles entières et dentées, et d'autres enfin ont des feuilles profondément découpées, comme des petites frondes de fougère. Les fleurs, portées sur des tiges solides, dépassent nettement le feuillage. Tolère les sols secs et pauvres. Préfère le soleil, mais pousse quand même très bien à la mi-ombre. Intéressante en rocaille, en auge ou sur un muret. Superbe couvre-sol pour les endroits d'entretien difficile. Floraison : juin-juillet. 20-25 cm x 30-45 cm. Zone 3b.

A. ageratifolia aizoon' : fleurs blanches comme chez l'espèce. Feuilles spatulées à marge profondément dentée. Floraison : juin-juillet. 20-25 cm x 30-45 cm. Zone 3b.

Achillea x kellereri (*A. pseudopectinata*)
Achillée de Kellerer (Kellerer's Yarrow)

▷ **Achillée**
- Agastache
- Aster d'été
- Astrance
- Cœur-saignant nain
- Coréopsis
- Cupidone
- Échinacée
- Éphémère
- Fausse-fumeterre
- Gaillarde
- Géranium d'été
- Héliopside
- Heuchère à fleurs
- Knautie
- Lin
- Mauve
- Mertensie

SECTION 2 ▸ VIVACES À FLORAISON PROLONGÉE

Hybride de *A. clypeolata* et de *A. ageratifolia*. Ressemble davantage au deuxième parent. Petites « marguerites » blanches à cœur crème. Fleurs pennées argentées. Floraison : juin-juillet. 15-20 cm x 20 cm. Zone 3b.

Achillea tomentosa

A. tomentosa
Achillée laineuse (Woolly Yarrow)

Petite achillée de rocaille ou de bordure. Espèce rampante au feuillage penné gris argenté, couvert de poils blanc et, comme le nom commun le suggère, de texture laineuse. Fleurs ressemblant à de petites marguerites jaune soufre en bouquets assez denses. Floraison : mai-juin. Hauteur : 15-30 cm x 45 cm. Zone 3.

A. tomentosa **'Aurea'** ('Maynard's Gold') : comme le précédent, mais plus nain et à fleurs d'un jaune plus vif. Floraison : mai-juin. Hauteur : 15 cm x 35 cm. Zone 3.

A. tomentosa **'Golden Fleece'** : pratiquement identique à 'Aurea'. Lignée offerte par semences. Floraison : mai-juin. Hauteur : 15 cm x 35 cm. Zone 3.

A. x *lewisii*
Achillée laineuse hybride
(Hybrid Woolly Yarrow)

Hybride de *A. tomentosa* et de *A. clavennae*. Joli feuillage gris-vert, pas aussi argenté et poilu que chez *A. tomentosa*. Fleurs jaunes. Floraison : mai-juin. 15-30 cm x 20-30 cm. Zone 3.

A. x *lewisii* **'King Edward'** : comme le précédent, mais un peu plus compact et à fleurs jaune soufre. Floraison : mai-juin. 15-25 cm x 20-25 cm. Zone 3.

Achillea x *lewisii* 'King Edward'

Agastache
Agastache

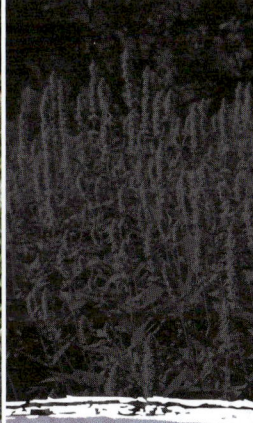

Agastache 'Blue Fortune'

Famille : Lamiacées

Origine : Amérique du Nord (Asie)

www.jardinierparesseux.com

AGASTACHE
Agastache

Nom anglais : Giant Hyssop

Dimensions : 60-300 cm x 45-75 cm (selon l'espèce)

Exposition : ☀ ☀

Sol : humide, riche, bien drainé

Floraison : juillet-septembre (octobre)

Multiplication : boutures de tige, division, semences

Utilisations : plate-bande, massif, naturalisation, haie, fleur parfumée, feuillage aromatique, plante comestible, plante médicinale, attire les colibris, attire les papillons

Associations : rudbeckies, monardes, géraniums, népétas, origans

Zone de rusticité : variable, 2-7

Le genre *Agastache* est nord-américain à l'exception d'une seule espèce asiatique (*A. rugosa*). C'est un petit genre d'une dizaine d'espèces divisé nettement en deux groupes : les espèces septentrionales, qui sont des vivaces rustiques, et les espèces méridionales, surtout originaires du Mexique mais aussi du sud des États-Unis, qui sont aussi des vivaces mais traitées comme des annuelles chez nous à cause de leur faible rusticité (zone 7 tout au plus).

Les agastaches sont des Lamiacées, donc proche parentes des menthes, avec lesquelles elles ont plusieurs points en commun : tiges quadrangulaires, feuilles dentées aux nervures proéminentes, petites fleurs tubulaires à deux lèvres et, bien sûr, feuilles très aromatiques. Une grande différence cependant : les menthes

SECTION 2 ▶ VIVACES À FLORAISON PROLONGÉE

sont rhizomateuses ou stolonifères et, de ce fait, très envahissantes ; les agastaches produisent des tiges très dressées et poussent en touffe dense, il n'y a aucun signe de rhizome !

Les feuilles des agastaches dégagent une odeur qu'on juge très agréable : proche de la réglisse, du fenouil ou de l'anis. Les animaux ne la trouvent pas aussi attirante : c'est un répulsif naturel pour les mammifères et plusieurs insectes. Les humains utilisent les feuilles dans les salades, les gelées et les tisanes, et leur ont trouvé des propriétés médicinales.

Les fleurs des agastaches sont petites, mais groupées en épis denses au sommet des tiges. Elles attirent beaucoup d'abeilles, de colibris et de papillons, et font d'excellentes fleurs coupées. Les variétés rustiques semblent toutes avoir des fleurs violettes ou blanches. 🍃 Si vous voyez une agastache à fleurs orangées ou rouges, vous pouvez être certain qu'elle ne sera pas rustique !

Leur culture est simple, car les agastaches s'accommodent des conditions normales de plate-bande. Elles peuvent même tolérer la sécheresse une fois établies.

On multiplie facilement les agastaches par semences (elles n'ont aucun besoin de traitement spécial) ou par boutures de tige (qui s'enracinent en seulement quelques jours). On peut aussi les diviser. 🍃 La plupart des espèces se ressèment abondamment, parfois trop : il faut les surveiller. Plusieurs cultivars, par contre, sont stériles et restent précisément là où on les a plantés.

🍃 Variétés rustiques

❤️ 🪴 🏺 *Agastache foeniculum*
Agastache fenouil (Fennel Giant Hyssop)
☀️ 🌤️

Agastache foeniculum

Cette espèce est indigène au nord de l'Amérique du Nord et surtout commune dans les Prairies. Elle est présente mais plutôt rare au Québec. Elle forme une touffe dense de tiges dressées aux feuilles cordiformes pointues et dentées. Les fleurs forment un long épi dressé en brosse à bouteille et présentent différents tons de violet, de lavande à pourpre à violet foncé. L'agastache fenouil préfère un sol bien drainé. 🍃 Se ressème très abondamment, au point parfois d'être déplaisante. Fleurit la première à partir de semences.

🍃 La plupart des pépinières ne lui accordent qu'une zone 4, ce qui est surprenant puisque c'est une plante nordique, présente jusque dans les Territoires du Nord-Ouest, qui trouve les étés en zone 6 un peu trop chauds à son goût. À mon avis, la plante est plus rustique que la plupart des vivaces !

Floraison : juillet-septembre. 60-90 cm x 60-75 cm. Zone 2.

🪴 🏺 *A. foeniculum* 'Alabaster' : fleurs blanches. Floraison : juillet-septembre. 60-90 cm x 60-75 cm. Zone 2.

SECTION 2 ▸ VIVACES À FLORAISON PROLONGÉE

♻ 🪴 *A. foeniculum* 'Alba' : similaire sinon identique à 'Alabaster'. Floraison : juillet-septembre. 60-90 cm x 60-75 cm. Zone 2.

❤ ♻ 🪴 *A. foeniculum* 'Aurea' : superbe feuillage jaune lime. Denses épis de fleurs lavande. Fidèle au type par semis. Plus longévif que *A. rugosa* 'Golden Jubilee' auquel il ressemble. Floraison : juillet-septembre. 60-90 cm x 45-60 cm. Zone 2.

A. foeniculum 'Golden Jubilee' : voir *A. rugosa* 'Golden Jubilee'.

❤ ♻ 🪴 *A.* 'Blue Fortune' : hybride de *A. foeniculum* et de *A. rugosum*. Très belle plante au comportement quasiment parfait. Fleurit massivement tout l'été et une bonne partie de l'automne. Fleurs bleu lavande. Essentiellement stérile et ne se ressème donc pas. Floraison : juillet-septembre (octobre). 60-90 cm x 45-60 cm. Zone 2.

Note : L'hybrideur néerlandais Coen Jansen s'est entêté à essayer d'obtenir des graines viables de 'Blue Fortune' et a fini, après trois ans d'efforts, par en obtenir deux. Les deux semis ont donné des plantes remarquables, décrites ci-dessous.

❤ ♻ 🪴 *A.* 'Black Adder' : superbe plante formant des boutons violet foncé qui s'ouvrent en fleurs bleu-violet mises en valeur par des bractées presque noires. Aussi joli que 'Blue Fortune, sinon plus ! Ne se ressème pas. Floraison : juillet-septembre (octobre). 60-90 cm x 45-60 cm. Zone 2.

♻ 🪴 *A.* 'Purple Haze' : comme le précédent, mais à fleurs pourpre violacé. Stérile. Floraison : juillet-septembre (octobre). 90 cm x 45-60 cm. Zone 2.

Agastache nepetoides

♻ 🪴 **A. nepetoides**
Agastache faux-népéta (Catnip Giant Hyssop)
☀ ☽

Espèce indigène dans l'est de l'Amérique du Nord, dont au Québec. Floraison plutôt discrète, car les petites fleurs jaune crème à blanches dépassent à peine le calice, mais avec son port en candélabre dressé et sa très bonne taille, il pourrait offrir de l'intérêt à l'arrière-plan de la plate-bande. Excellente plante mellifère et l'une des meilleures plantes pour attirer les papillons.

Agastache 'Purple Haze'

Achillée
▷ **Agastache**
Aster d'été
Astrance
Cœur-saignant nain
Coréopsis
Cupidone
Échinacée
Éphémère
Fausse-fumeterre
Gaillarde
Géranium d'été
Héliopside
Heuchère à fleurs
Knautie
Lin
Mauve
Mertensie

355

SECTION 2 ▸ VIVACES À FLORAISON PROLONGÉE

⚠ **Attention :** il se ressème abondamment ! Floraison : juillet-septembre. 150-300 cm x 75 cm. Zone 2.

❂ ❂ **A. rugosa**
Agastache coréenne (Korean Giant Hyssop)
☀ ☁

Seule espèce asiatique d'*Agastache* et de toute évidence très proche parente d'*A. foeniculum* à laquelle elle ressemble beaucoup. Semble être de vie plus courte que sa cousine nord-américaine (trois ou quatre ans seulement), mais elle se ressème assez pour pouvoir se maintenir. Épi plus court que celui d'*A. foeniculum* et fleurs d'un lavande plus rosé. Le feuillage a la même odeur de réglisse que les autres agastaches.

Comme pour *A. foeniculum*, les marchands sous-estiment la rusticité de cette plante, lui accordant une faible zone 6. Pourtant, des essais faits à trois endroits différents en Alberta montrent qu'elle est rustique en zone 3 et peut-être même moins.

Floraison : juillet-septembre. 60-90 cm x 45-60 cm. Zone 3?

❂ ❂ **A. rugosa albiflora** ('Alba', 'Liquorice White', 'Snow Spike') : fleurs blanches. Floraison : juillet-septembre. 60-90 cm x 45-60 cm. Zone 3?

❂ ❂ **A. rugosa** 'Blue Spike' et 'Liquorice Blue' : lignées offertes par semences et apparemment identiques à l'espèce. Floraison : juillet-septembre. 60-90 cm x 45-60 cm. Zone 3?

❂ ❂ **A. rugosa** 'Golden Jubilee' (*A. foeniculum* 'Golden Jubilee') : ressemble à *A. foeniculum* 'Aureum', mais plus basse et ⚠ moins longévive. Feuillage jaune lime. Fleurs bleu lavande. En raison d'une confusion, elle est presque universellement vendue comme une variété de *A. foeniculum*, mais ses épis

Agastache rugosa 'Golden Jubilee'

plus courts rose violacé la trahissent. Offerte par semences et fidèle au type. Se ressème abondamment. Double gagnant en 2003 : Sélections All-America et Fleuroselect ! Floraison : juillet-septembre. 60 cm x 45-60 cm. Zone 3 ?

❂ ❂ **A. rugosa** 'Honey Bee Blue' : mêmes fleurs bleu violacé que chez l'espèce, mais plant un peu plus compact. Floraison : juillet-septembre. 60-75 cm x 45-60 cm. Zone 4.

❂ ❂ **A. rugosa albiflora** 'Honey Bee White' : fleurs blanches. Floraison : juillet-septembre. 60-75 cm x 45-60 cm. Zone 4.

Agastaches non rustiques

Curieusement, les mêmes vendeurs de plantes qui semblent inévitablement sous-estimer la rusticité des agastaches nordiques, comme *A. foeniculum* et *A. rugosum*, surestiment énormément la rusticité des espèces mexicaines et californiennes. ⚠ On nous assure fréquemment que *A. cana*, *A. aurantiaca*, *A. barberi*, *A. rupestris* et leurs divers hybrides sont rustiques en zone 5, mais ils sont tout au plus de zone 7. Il faut les considérer strictement comme des annuelles dans nos régions.

Aster d'été
Aster

Aster x *frikartii* 'Mönch'

Famille : Astéracées

Origine : Eurasie

www.jardinierparesseux.com

ASTER D'ÉTÉ
Aster

Nom anglais : Summer Aster

Dimensions : 15-90 cm x 30-90 cm (selon l'espèce)

Exposition : ☼ ☼

Sol : ordinaire à pauvre, bien drainé, tolère les sols alcalins

Floraison : variable, surtout estivale-automnale

Multiplication : boutures de tige, division, semences

Utilisations : plate-bande, massif, pré fleuri, jardin xérophyte, fleur coupée, attire les papillons

Associations : hémérocalles, géraniums, achillées

Zone de rusticité : 3-5

Le genre *Aster* a été scindé dans les années 1990 et la majorité des quelque 600 espèces ont été transférées dans d'autres genres. Il reste environ 180 espèces dans le genre *Aster* réduit, toutes (avec une seule exception) originaires d'Eurasie. Contrairement aux asters nord-américains, à floraison automnale, les « vrais asters » sont généralement à floraison estivale, même printanière. Typiquement, elles produisent des fleurs en forme de marguerite à disque jaune, généralement à rayons bleu-violet.

Les asters d'été et les vergerettes (*Erigeron*, page 325), se ressemblant passablement, fleurissent notamment à la même saison, mais on peut habituellement les distinguer par les « pétales » (en fait, il s'agit de rayons) moins nombreux et plus larges chez les asters

SECTION 2 ▸ VIVACES À FLORAISON PROLONGÉE

(les rayons des vergerettes sont presque en forme d'aiguilles). Les asters d'été non hybrides n'ont qu'une seule rangée de rayons, les vergerettes en ont deux ou plus.

Les asters d'été se présentent en différentes tailles, de rase-mottes (les espèces alpines) à gratte-ciel (A. tataricus, par exemple). Ils forment habituellement une rosette de feuilles dentées plus ou moins lancéolées. Les espèces basses produisent généralement des tiges peu ou pas feuillues, coiffées d'une seule inflorescence ; les variétés plus grosses ont le plus souvent des tiges ramifiées produisant une profusion de fleurs, soit au sommet de la plante ou le long des tiges.

Contrairement aux asters nord-américains, friands de sols riches et humides un peu acides, les asters d'été proviennent habituellement d'endroits où le sol est plutôt pauvre et sec, souvent même alcalin. Ce dernier point n'a pas trop d'importance (la plupart des plantes « de sol alcalin » se comportent à merveille dans les sols légèrement acides), 🍁 mais vous verrez que vos asters d'été seront sujets à problèmes dans les sols trop riches et humides, surtout quand le sol reste humide l'hiver. 🍁 Les tiges florales peuvent alors être faibles et nécessiteront un tuteurage, et il peut y avoir des pertes au cours de l'hiver. Ma suggestion : plantez-les dans un sol bien drainant, mais assurez un certain arrosage l'été et vous aurez un beau succès. Contrairement aux asters nord-américains, les asters d'été sont rarement sujets au blanc.

🍁 Je trouve les asters d'été de courte vie : une division aux trois ou quatre ans les rajeunira. Les asters d'été poussent en touffe ou ont des rhizomes courts, donc restent plus ou moins en place dans la plate-bande. Ils sont faciles à produire par semences.

Variétés

Aster amellus

🌼 *Aster amellus*
Aster amelle, œil du Christ (Italian Aster)
☀️ 🌤️

C'est l'espèce type dans le genre *Aster* et, de ce fait, il ne risque pas de changer de nom ! C'est une plante maintenant plutôt rare dans la nature, mais distribuée sur un grand territoire couvrant une bonne partie de l'Europe centrale et de l'ouest de l'Asie, surtout en altitude, à l'orée des bois et sur les pentes dénudées. Le nom « amellus » vient de Melle, une rivière en Italie.

L'aster amelle est une plante dense et trapue, formant une touffe buissonnante. Les tiges et les feuilles sont rugueuses au toucher. L'espèce est réputée pour l'abondance des fleurs qu'elle produit du milieu de l'été jusqu'à l'automne. Chez l'espèce, les inflorescences sont bleu-violet avec un disque jaune orangé, mais l'espèce est rarement cultivée. Il existe plus de 50 cultivars de cette plante en Europe, mais seulement une poignée ont traversé l'Atlantique.

SECTION 2 ▶ VIVACES À FLORAISON PROLONGÉE

L'aster amelle préfère le soleil, mais tolère bien la mi-ombre. Rappelez-vous qu'un bon drainage est essentiel si vous voulez le voir survivre longtemps.

Floraison : juillet-septembre. 60-75 cm x 60 cm. Zone 4.

A. amellus 'Blue King' : bleu lilas. Parfois besoin de tuteur. Floraison : juillet-septembre. 30 cm x 45 cm. Zone 4.

A. amellus 'Flora's Delight' : un peu plus compact que les autres et moins sujet à nécessiter un tuteur. Fleurs rose lilas. Floraison : juillet-septembre. 45-60 cm x 45 cm. Zone 4.

A. amellus 'King George' : vieille variété lancée en 1914. Il paraît que l'hybrideur, l'Anglais Amos Perry, allait appeler la plante 'Kaiser Wihelm', mais qu'il changea d'avis avec le début de la Première Guerre mondiale. Fleur violet pourpré. Floraison : juillet-septembre. 60 cm x 45 cm. Zone 4.

A. amellus 'Rosa Erfüllung' ('Pink Zenith') : fleur d'un rose intense. Floraison : juillet-septembre. 50-70 cm x 45 cm. Zone 4.

Aster amellus 'Veilchenkönigin'

A. amellus 'Veilchenkönigin' ('Violet Queen') : probablement le cultivar le plus populaire. C'est un hybride du célèbre hybrideur allemand Karl Foerster. Fleurs d'un riche violet pourpré. Floraison : juillet-septembre. 45-60 cm x 30 cm. Zone 4.

Aster x *frikartii* 'Mönch'

A. x *frikartii*
Aster de Frikart (Frikart's Aster)

Cet aster d'origine hybride, créé par le Révérend Wolley-Dod en 1892 et lancé dans l'indifférence totale, a vite disparu. L'hybrideur suisse Karl Frikart a répété le même croisement vers 1918, et cette fois le nouvel hybride a connu un succès bœuf, à tel point que l'un des premiers cultivars lancés, 'Mönch', demeure populaire presque 100 ans plus tard !

L'aster de Frikart résulte d'un croisement entre le populaire *A. amellus*, d'Europe, et l'obscur *A. thomsonii*, de l'Himalaya. Port plutôt buissonnant, avec feuilles vert moyen et coiffé de « marguerites » violettes pendant 10 semaines et plus. Comme aux autres asters d'été, il faut lui offrir un sol bien drainé si vous voulez qu'il persiste longtemps. Floraison : juillet-septembre. 60-75 cm x 60-90 cm. Zone 5.

▷ **Aster d'été**

Achillée
Agastache
Astrance
Cœur-saignant nain
Coréopsis
Cupidone
Échinacée
Éphémère
Fausse-fumeterre
Gaillarde
Géranium d'été
Héliopside
Heuchère à fleurs
Knautie
Lin
Mauve
Mertensie

SECTION 2 ▸ VIVACES À FLORAISON PROLONGÉE

❋ *A.* x *frikartii* 'Mönch': le cultivar le plus connu. Fleurs bleu lavande. Peut exiger un tuteur. Floraison: juillet-septembre. 60-75 cm x 60-90 cm. Zone 5.

❋ *A.* x *frikartii* 'Wunder von Stäfa': théoriquement à fleurs d'un violet plus pâle que 'Mönch' et à tiges plus solides (n'exige pas de tuteur), mais tous les 'Wunder von Stäfa' que j'ai vus jusqu'à maintenant en Amérique du Nord étaient des 'Mönch'! Il faut croire qu'il y a une erreur d'étiquetage qui se perpétue depuis des décennies! On peut trouver les deux en Europe, cependant. Floraison: juillet-septembre. 45-60 cm x 60-90 cm. Zone 5.

❋ *A. pyrenaeus*
Aster des Pyrénées (Pyranean Aster)

Aster indigène rare des Pyrénées et de la cordillère Cantabrique, plus commun en culture qu'à l'état sauvage. Similaire à *A. amellus* et autrefois considéré comme une variante de cette espèce. Rayons plus longs et feuilles plus étroites. Floraison: juillet-septembre. 60 cm x 60 cm. Zone 5.

❋ *A. pyrenaeus* 'Lutetia': le cultivar usuel. Masses aérées et très gracieuses de fleurs lavande portées sur des tiges minces qui s'arquent mais ne s'affaissent pas. Floraison: août-septembre. 40 cm x 50 cm. Zone 5

❋ *A. tataricus* 'Blue Lake'
Aster de Tatarie nain (Dwarf Tatarian Aster)

Le très haut aster de Tatarie (*A. tataricus*), décrit dans le tome 2, fleurit à l'automne et n'a bien sûr pas sa place dans un texte sur les asters d'été. Mais il a donné naissance à un cultivar, 'Blue Lake', qui fleurit tout l'été! Alors

Aster tataricus 'Blue Lake'

que son parent est à jours courts et ne peut commencer à produire des boutons floraux avant août, ce cultivar serait apériodique et peut fleurir dès qu'il a emmagasiné assez d'énergie solaire. Du moins, c'est ma théorie pour expliquer pourquoi une fleur automnale se met à fleurir dès le début de l'été! Cette plante aberrante a été découverte dans un champ de production de fleurs coupées d'*A. tataricus* au Japon.

L'aster de Tatarie nain produit une rosette de grosses feuilles suivie de tiges solides portant des masses de « marguerites » bleu lavande. Aucun tuteur nécessaire. La floraison principale survient au début de l'été et dure six semaines et plus, suivie, parfois après une courte pause, par une deuxième floraison en août-septembre. Floraison: juin-septembre. 60-90 cm x 30-45 cm. Zone 4.

❋ *A. tataricus* 'Violet Lake': hybride du précédent. Très nain. Fleurs violettes. Commence à fleurir un peu plus tardivement que 'Blue Lake'. Floraison: juillet-septembre. 40-50 cm x 30-40 cm. Zone 4.

SECTION 2 ▸ VIVACES À FLORAISON PROLONGÉE

Asters du printemps

Les espèces suivantes sont appelées asters du printemps en Europe, mais leur floraison est souvent plutôt estivale dans nos régions. Malgré tout, je préfère les traiter à part, car leur floraison n'est pas aussi durable que celle des asters d'été.

Aster alpinus

A. alpinus
Aster alpin (Alpine Aster)

Espèce alpine très basse, indigène dans la plupart des zones montagneuses eurasiatiques et aussi dans les Rocheuses. Il est, de ce fait, le seul « vrai » aster (c.-à-d. *Aster* « sensu stricto ») indigène du Nouveau Monde. Tapissant, il forme une touffe qui s'agrandit lentement et est coiffé de nombreuses petites « marguerites » très tôt dans la saison. La plante offre toute une palette de couleurs, même à l'état sauvage. La couleur de base est le bleu-violet, mais on trouve des plantes à fleurs roses, blanches et de presque tous les tons de violet et de pourpre. Excellente rusticité et plus longévif que la plupart des asters d'été. Superbe plante de bordure et de rocaille. Se ressème quand les conditions lui conviennent. Floraison: mai-juin. 15-35 cm x 35 cm. Zone 3.

A. alpinus albus: fleurs blanches. Floraison: mai-juin. 30 cm x 40 cm. Zone 3.
A. alpinus 'Dunkle Schöne' ('Dark Beauty'): fleurs bleu-violet foncé. Floraison: mai-juin. 30 cm x 35 cm. Zone 3.
A. alpinus 'Goliath': bleu clair. Floraison: mai-juin. 35 cm x 35 cm. Zone 3.

Aster alpinus 'Happy End'

♥ *A. alpinus* 'Happy End': fleurs semi-doubles rose moyen. Floraison: mai-juin. 30 cm x 35 cm. Zone 3.
A. alpinus 'Märchenland' ('Fairyland'): mélange de couleurs offert par semences. Fleurs surtout semi-doubles (parfois simples) roses, violettes, lavande et blanches. Floraison: mai-juin. 30 cm x 35 cm. Zone 3.

Achillée
Agastache
▷ **Aster d'été**
Astrance
Cœur-saignant nain
Coréopsis
Cupidone
Échinacée
Éphémère
Fausse-fumeterre
Gaillarde
Géranium d'été
Héliopside
Heuchère à fleurs
Knautie
Lin
Mauve
Mertensie

SECTION 2 ◆ VIVACES À FLORAISON PROLONGÉE

A. alpinus 'Pinkie' : fleur rose-violet. Floraison : mai-juin. 30-35 cm x 35 cm. Zone 3.

Aster tongolensis

A. tongolensis
Aster de printemps (East Indies Aster)

Malgré son nom botanique, qui veut dire « de Tonga », cet aster ne provient pas de ces îles polynésiennes – qui ne sont guère un endroit intéressant pour trouver des vivaces rustiques (il n'y en a aucune!) – mais de l'ouest de la Chine. Le nom aurait été donné par erreur. De plus, le nom français de cette plante, « aster de printemps », sonne faux au Canada : si en Europe il peut commencer à fleurir au printemps (fin mai), ici il commence rarement à fleurir avant le début de l'été. Sa floraison dure environ quatre semaines – peu pour un aster –, mais si vous coupez la plante à 10 cm de hauteur après la floraison (une tondeuse est très appropriée), elle refleurira légèrement à la fin de l'été et à l'automne.

C'est une plante rampante et rhizomateuse, formant avec le temps un tapis dense de feuilles hirsutes vert foncé. Les fleurs – des « marguerites » violettes à cœur orange – sont produites individuellement sur des tiges dressées habituellement solides. Exige le plein soleil et un sol très bien drainé pour prospérer. Intéressant en rocaille. Floraison : juin-juillet (août-septembre). 30-70 cm x 30 cm. Zone 4.

Cultivars de *A. tongolensis*

Voici une liste des cultivars disponibles. Je me suis fié aux catalogues des producteurs pour décrire les différences, car, personnellement, j'ai peine à les distinguer.

A. tongolensis 'Berggarten' : abondantes fleurs bleu-violet de 5 à 7 cm de diamètre. Floraison : juin-juillet (août-septembre). 45 cm x 30 cm. Zone 4.

A. tongolensis 'Leuchtenberg' : similaire aux autres. Floraison : juin-juillet (août-septembre). 50 cm x 50 cm. Zone 4.

A. tongolensis 'Napsbury' : fleurs mauves à violettes. Floraison : juin-juillet (août-septembre). 40 cm x 30 cm. Zone 4.

Aster tongolensis 'Wartburgstern'

A. tongolensis 'Wartburgstern' ('Wartburg Star') : fleurs bleu-violet foncé à disque orange. Floraison : juin-juillet (août-septembre). 50-60 cm x 30 cm. Zone 4.

Astrance
Astrantia

Famille :
Apiacées

Origine :
Europe et Caucase

Astrantia major involucrata 'Shaggy' www.jardinierparesseux.com

ASTRANCE
Astrantia

Nom anglais : Masterwort
Dimensions : 45-90 cm x 40-60 cm
Exposition : ☀ ☀ ☀
Sol : humide et riche
Floraison : juillet-septembre
Multiplication : division, semences
Utilisations : plate-bande, massif, naturalisation, couvre-sol, sous-bois, pré fleuri, en marge des bassins, fleur coupée, attire les papillons
Associations : astilbes, hostas, fougères, iris de Sibérie, pulmonaires
Zone de rusticité : 3

Le genre *Astrantia* est plutôt petit, avec seulement 7 à 10 espèces. De ce nombre, seulement trois sont couramment cultivées.

L'astrance est un membre un peu anormal des Apiacées, autrefois appelées Ombellifères

La fleur de l'astrantia est composée de bractées formant une étoile de petits fleurons portés en « pelote d'épingles ».

SECTION 2 ▸ VIVACES À FLORAISON PROLONGÉE

– c'est la famille de la carotte, réputée pour ses larges ombelles de minuscules fleurs. C'est que les fleurs de l'astrance ne paraissent pas, à première vue, former une ombelle (dôme), mais ont plutôt la forme d'une étoile. Si vous regardez attentivement toutefois, vous verrez que ce qui semble être une fleur est en fait une petite ombelle entourée de bractées. Ce sont les petites « boules » qui composent la petite ombelle qui sont les vrais fleurons. Elles donnent l'effet d'une pelote d'épingles. Les fleurons individuels sont assez insignifiants, mais l'ensemble de l'inflorescence, avec sa « pelote d'épingles » entourée de bractées pointues, crée un bel effet. Les « fleurs » peuvent être vertes, blanches, roses ou rouges, parfois marquées de vert.

Les inflorescences sont portées sur des tiges minces mais solides, plusieurs fois ramifiées. Les tiges se ramifient encore et encore, et ainsi les inflorescences se succèdent tout au long de l'été, souvent jusqu'au mois de septembre.

Les feuilles sont attrayantes aussi, palmées, dentées, à plusieurs lobes. On dirait une feuille d'érable, ou peut-être une étoile. Justement, le mot « astrance » dérive du latin « aster », qui signifie étoile. Avec des inflorescences et des feuilles étoilées, l'astrance mérite bien son nom.

Dans la nature, les astrances sont des plantes de sous-bois ouverts et de prés humides. On les retrouve un peu partout en Europe jusqu'au Caucase, plutôt en altitude ou dans le Nord, car elles n'apprécient pas les étés chauds du Sud. En culture, elles aiment des conditions semblables : une ombre partielle (la plante pousse bien à l'ombre, mais y fleurit moins) ou, si on les cultive au soleil, un sol toujours un peu humide. Un paillis épais (7 à 10 cm) aidera à maintenir le sol frais et humide. 🍃 Les astrances peuvent survivre à la sécheresse, mais celle-ci abrégera la durée de la floraison.

Souvent les plantes cultivées au soleil et celles cultivées à l'ombre fleurissent bien au début de l'été, mais la floraison s'arrête là à la mi-août. C'est généralement à la mi-ombre que la floraison est la plus abondante et la plus durable, car elle persiste jusqu'en septembre. Par contre, des plantes au plein soleil peuvent montrer une floraison extraordinaire pour autant qu'elles ne manquent pas d'eau. Et pensez que le soleil du matin est plus frais que le soleil de l'après-midi Or, les astrances aiment la fraîcheur.

La capacité des astrances de composer avec la compétition racinaire des arbres surplombants les rend très utiles dans les jardins ombragés.

Avec le temps, la plante grossira et s'étendra grâce à ses rhizomes souterrains. Ils sont toutefois courts et la plante n'est *pas* envahissante ; la touffe grossira graduellement, voilà tout. Après 7 à 10 ans, il peut être nécessaire de la diviser pour freiner ses élans.

🍃 L'astrance radiaire se ressème, notamment dans des emplacements frais ou un peu ombragés, comme un sous-bois ouvert où la compétition n'est pas aussi forte qu'au plein soleil. Si vous n'êtes pas un maniaque de cultivars spécifiques, vous pouvez laisser faire. Les couleurs se modifieront lentement : habituellement les rouges deviennent de plus en plus roses, les roses de plus en plus près du blanc. On hérite donc, avec le temps, d'un magnifique tapis multicolore.

🍃 Si vous êtes puriste et tenez à conserver les cultivars intacts, il ne faut pas, bien sûr, garder les plants spontanés, lesquels, même s'ils ressemblent souvent à leurs parents, sont toujours un peu différents. Un bon paillis suffit pour arrêter le gros des semis

SECTION 2 ▶ VIVACES À FLORAISON PROLONGÉE

spontanés : les astrances ne peuvent pas se ressemer quand le paillis est épais !

Si vous voulez semer l'astrance à l'intérieur, sachez qu'il faut lui administrer un traitement au froid pour stimuler la germination.

Variétés

Astrantia major 'Abbey Road'

◼ ***Astrantia major***
Grande astrance (Great Masterwort)
☀️🌤️🌑

On cultive beaucoup les cultivars de cette espèce, notamment à fleurs roses ou rouges, mais rarement l'espèce elle-même, aux fleurs blanches avec des pointes et nervures vertes et un centre rose. Floraison : juillet-septembre. 60-90 cm x 60 cm. Zone 3.

❤️ ◼ ***A. major* 'Abbey Road'** : fleurs aux extrémités rouge marron, mais à base blanche. Tiges pourpre foncé. Floraison : juillet-septembre. 60 cm x 45-50 cm. Zone 3.

◼ ***A. major* 'Alba'** : similaire à l'espèce, mais sans coloration rose. Ainsi les fleurs sont blanches aux extrémités vertes. Floraison : juillet-août. 60 cm x 45-50 cm. Zone 3.

◼ ***A. major* 'Claret'** : rouge vin foncé. Floraison : juillet-septembre. 60-70 cm x 45-50 cm. Zone 3.

◼ ***A. major involucrata* 'Moira Reid'** : grosses fleurs blanches marquées de vert, un peu rosées à l'épanouissement. Floraison : juillet-septembre. 80 cm x 45-50 cm. Zone 3.

❤️ ◼ ***A. major involucrata* 'Shaggy'** (syn. *Astrantia major involucrata* 'Majorie Fish') : similaire à 'Moira Reid'. Grosses fleurs blanches aux nervures vertes. Longue période de floraison : juillet-septembre. 80 cm x 45-50 cm. Zone 3.

◼ ***A. major* 'Lars'** : fleurs rouge foncé. Longue période de floraison : juillet-septembre. 70 cm x 45-50 cm. Zone 3.

Astrantia major 'Magnum Blush'

◼ ***A. major* 'Magnum Blush'** : fleurs bicolores, rose bonbon et blanches. Très chic ! Floraison : juillet-septembre. 60 à 65 cm x 45-50 cm. Zone 3.

Astrantia major 'Pink Pride'

Achillée
Agastache
Aster d'été
▷ **Astrance**
Cœur-saignant nain
Coréopsis
Cupidone
Échinacée
Éphémère
Fausse-fumeterre
Gaillarde
Géranium d'été
Héliopside
Heuchère à fleurs
Knautie
Lin
Mauve
Mertensie

365

SECTION 2 ▸ VIVACES À FLORAISON PROLONGÉE

❂ *A. major* 'Pink Pride' : fleurs rose clair. Floraison hâtive et durable : juillet-septembre. 60 cm x 45-50 cm. Zone 3.

❂ *A. major* 'Primadonna' : semences en mélange surtout dans des tons de rose et de rouge. Floraison : juillet-septembre. 60-90 cm x 45-50 cm. Zone 3.

❂ *A. major rosea* : fleurs rose pâle aux nervures vertes. Floraison : juillet-septembre. 60-90 cm x 45-50 cm. Zone 3.

Astrantia major 'Sunningdale Variegated'

♥ ❂ *A. major* 'Sunningdale Variegated' : fleurs blanches striées de vert. Feuillage panaché de jaune au printemps, mais la panachure disparaît l'été. Floraison : juillet-septembre. 60 cm x 45-50 cm. Zone 3.

❂ *A. major* 'Sunningdale Gold' : mutation de 'Sunningdale Variegated' à feuillage entièrement jaune chartreuse au printemps, mais vert moyen l'été. Floraison : juillet-septembre. 60 cm x 45-50 cm. Zone 3.

❂ *A. major* 'Temptation Star' : variété vigoureuse. Fleurs rose lavande. Floraison : juillet-septembre. 50 cm x 45-50 cm. Zone 3.

❂ *A. major* 'Venice' : petites fleurs bourgogne. Floraison : juillet-septembre. 50 cm x 45-50 cm. Zone 3.

Astrantia major 'Rosensymphonie'

❂ *A. major* 'Rosensymphonie' : fleurs roses, bractées argentées. Variable, car produit par semences. Floraison : juillet-septembre. 60 cm x 45-50 cm. Zone 3.

❂ *A. major* 'Rubra' : rouge. Floraison : juillet-septembre. 70 cm x 45-50 cm. Zone 3.

❂ *A. major* 'Ruby Cloud' : bractées blanches aux extrémités rouges, fleurons rouges. Floraison : juillet-septembre. 75 cm x 45-50 cm. Zone 3.

❂ *A. major* 'Ruby Wedding' : fleurons roses, bractées rouges à base blanche. Floraison : juillet-septembre. 70-80 cm x 45-50 cm. Zone 3.

❂ *A. major* 'Snow Star' : grosses fleurs blanches aux pointes vert lime : la plus blanche des astrances. Floraison : juillet-septembre. 65-80 cm x 45-50 cm. Zone 3.

Astrantia carniolica

SECTION 2 ▸ VIVACES À FLORAISON PROLONGÉE

A. carniolica
Astrance mineure (Lesser Masterwort)

Très similaire à *A. major*, mais plus petit et plus hâtif. Fleurs blanches teintées de vert. Floraison: juin-août. 30 à 45 cm x 45 cm. Zone 3.

A. carniolica 'Rubra': bractées vertes et fleurons rouges. Floraison: juin-août. 30-45 cm x 45 cm. Zone 3.

Astrantia maxima

A. maxima
Astrance à feuilles d'hellébore
(Large Masterwort)

Beaucoup moins courant que *A. major* et surtout différent par ses plus grandes feuilles et sa préférence pour le plein soleil. À l'état sauvage, l'espèce tend plutôt vers le rose (*A. major* tend plutôt vers le blanc), mais est néanmoins très variable. Refleurit rarement. Floraison: juin-juillet. 60 à 90 x 60 cm. Zone 4.

Astrances hybrides

Les plantes suivantes sont des hybrides de *A. major* et *A. maxima*. Comme les deux espèces sont déjà très semblables, vous pouvez vous imaginer qu'il est difficile de distinguer les hybrides de leurs parents. En général, les hybrides sont de taille intermédiaire. Surtout, ils sont stériles ou presque, et ne produisent que rarement des graines viables. Cela procure deux avantages: ils peuvent difficilement devenir envahissants et, comme aucune énergie n'est dépensée à produire des graines, leur floraison, plus durable, se poursuit sans peine jusqu'au début de l'automne.

♥ **A. x 'Buckland':** fleurons roses et bractées roses à la base aux pointes argentées. Floraison: juillet-septembre. 60 cm x 60 cm. Zone 3.

A. x 'Dark Shiny Eyes': fleurs rouges à centre argenté. Floraison: juillet-septembre. 50-60 cm x 45-50 cm. Zone 3.

♥ **A. x 'Hadspen Blood':** rouge très foncé. Nouvelles feuilles teintées de rouge. 70-75 cm x 45-50 cm. Zone 3.

Astrantia x 'Moulin Rouge'

A. x 'Moulin Rouge': fleurs rouge foncé, bractées pourpre foncé, presque noires. 45 cm x 45-50 cm. Zone 3.

A. x 'Roma': grosses fleurs rose lumineux. Les bractées sont blanches à la base, roses à l'extrémité. Floraison: juillet-septembre. 70 cm x 45-50 cm. Zone 3.

- Achillée
- Agastache
- Aster d'été
▷ **Astrance**
- Cœur-saignant nain
- Coréopsis
- Cupidone
- Échinacée
- Éphémère
- Fausse-fumeterre
- Gaillarde
- Géranium d'été
- Héliopside
- Heuchère à fleurs
- Knautie
- Lin
- Mauve
- Mertensie

Cœur-saignant nain
Dicentra

Famille : Fumariacées

Origine : Amérique du Nord (Asie)

Dicentra x 'Luxuriant'   www.jardinierparesseux.com

CŒUR-SAIGNANT NAIN
Dicentra

Nom anglais : Dwarf Bleeding Heart

Dimensions : 15-40 cm x 20-60 cm

Exposition : ☀ ☼ ☼

Sol : bien drainé, humide, riche en matière organique

Floraison : mai-septembre (octobre)

Multiplication : division, bouturage de rhizomes, semences

Utilisations : plate-bande, bordure, massif, rocaille, naturalisation, couvre-sol, sous-bois, bac, attire les colibris

Associations : bulbes de printemps, fougères, brunneras, hellébores

Zone de rusticité : 3

Le genre *Dicentra*, tel que redéfini depuis le transfert du cœur-saignant des jardins (*Lamprocapnos spectabilis,* page 107) à son propre genre, *Lamprocapnos*, est un petit regroupement de huit espèces presque exclusivement nord-américaines ; une seule espèce (*D. peregrina*) vient d'ailleurs, soit l'Asie et même là, très près de l'Amérique du Nord (la côte ouest du continent, plus proche de l'Alaska que de Pékin). Il s'agit de petites plantes vivaces ou à tubercules au feuillage très découpé ressemblant à des frondes de fougère et aux fleurs très originales, en forme de cœur suspendu.

Les fleurs sont très curieuses. Elles se composent de deux pétales extérieurs portant des éperons arrondis pressés ensemble, qui ressemblent à un cœur allongé. Une aile à la

SECTION 2 ▸ VIVACES À FLORAISON PROLONGÉE

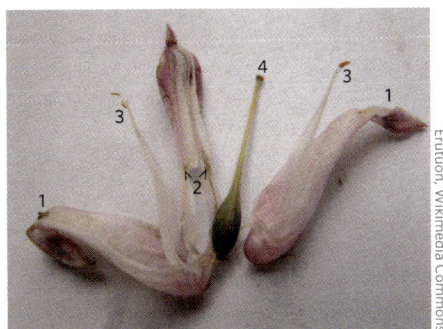

Fleur de *Dicentra eximia*

1 – Pétales extérieurs
2 – Pétales intérieurs
3 – Étamines
4 – Pistil

base de chaque pétale est orientée presque à angle droit, ce qui ajoute une note de fantaisie à la fleur. Enfin, il y a deux pétales intérieurs formant un tube qui dépasse le « cœur ». Les « cœurs » sont portés en petits bouquets assez denses sur des tiges arquées sans feuilles.

Les cœurs-saignants nains, principalement à croissance et floraison printanières, sortent rapidement à la fonte des neiges et fleurissent abondamment à partir du milieu du printemps. Dans la nature, ils entrent souvent en dormance estivale, arrêtant de fleurir et perdant même leur feuillage s'il y a une sécheresse trop profonde. À l'automne, avec le retour des températures plus fraîches et la pluie, il leur arrive de recommencer à pousser et à fleurir. En culture, par contre, il est possible de stimuler une croissance et même une floraison durant tout l'été et même une bonne partie de l'automne : il s'agit de voir à ce qu'ils ne manquent jamais d'eau ! Et qu'ils n'aient pas trop chaud non plus (plus d'une semaine à 40 °C et la floraison s'arrête, mais dans nos régions, c'est rarement un problème).

Cultivez-les dans presque tout sol et dans presque toutes les conditions, mais c'est dans un sol riche, humide et dans un emplacement à l'abri du soleil intense qu'on obtient une floraison prolongée. Ils réussissent très bien dans les sous-bois ouverts et tolèrent bien la compétition racinaire. Un bon paillis est utile. Dans les meilleures conditions, ils fleurissent massivement au printemps et au début de l'été, et plus légèrement l'été avec une petite remontée au retour des temps plus frais de l'automne.

🍃 La plupart des cœurs-saignants nains sont des plantes rhizomateuses qui peuvent voyager un peu à beaucoup, selon le cultivar. On apprécie cette qualité quand on les utilise comme couvre-sols, car ils forment alors un tapis dense en peu de temps, mais moins dans une plate-bande contrôlée.

La multiplication se fait par division et par bouturage des rhizomes. Les graines fraîches germent assez facilement (semez-les à l'extérieur pour une germination au printemps suivant), mais si elles ont séché, elles sont difficiles à « réveiller ». Certains semenciers, comme Gardens North, expédient des graines conservées à l'humidité plutôt qu'au sec ; elles germent alors facilement après un traitement au froid.

Insectes et maladies sont peu fréquents.

☠ La plante étant toxique, elle est peu touchée par les mammifères.

Variétés

 *Dicentra eximia*
Cœur-saignant remarquable
(Fringed Bleeding Heart)

Cette espèce est indigène dans l'est des États-Unis, de la Géorgie au Vermont et du Tennessee au Michigan. Les fleurs sont en

○
Achillée
Agastache
Aster d'été
Astrance
▷ **Cœur-saignant nain**
Coréopsis
Cupidone
Échinacée
Éphémère
Fausse-fumeterre
Gaillarde
Géranium d'été
Héliopside
Heuchère à fleurs
Knautie
Lin
Mauve
Mertensie
○

SECTION 2 ▸ VIVACES À FLORAISON PROLONGÉE

Dicentra eximia

forme de cœur étroit, généralement rose pâle, parfois blanches. Les pétales tubulaires dépassent nettement le « cœur » : c'est une façon de distinguer cette espèce de son sosie, *D. formosa*. Le feuillage très découpé est de vert à vert-gris et forme une touffe dense. Cette espèce est peu portée à « vagabonder ». Des deux espèces sosies, *D. eximia* est, quant à moi, la plus belle. Floraison : mai-août. 15-40 cm x 20-50 cm. Zone 3.

♥ ☠ ✿ *D. eximia* 'Snowdrift' (*D. eximia* 'Alba') : fleurs blanc pur, feuillage bleu-vert. Floraison : mai-août. 15 à 40 cm x 20 à 50 cm. Zone 3.

☠ ✿ *D. formosa*
Cœur-saignant du Pacifique
(Western Bleeding Heart)

Presque identique au précédent, mais tandis que *D. eximia* occupe l'est du continent nord-américain, *D. formosa* longe la côte ouest, de la Californie à la Colombie-Britannique. Vous ne verrez pas grande différence, sinon que ses fleurs sont plus larges et que les pétales intérieurs dépassent à peine le cœur. Par contre, il ne produit que de petites touffes de quelques feuilles bien séparées par des rhizomes. 🍃 Ainsi, il est nettement plus envahissant. Les feuilles varient de vert tendre à vert bleuté ; les fleurs sont habituellement rose pourpré. 🍃 Je le trouve un peu « chétif » comparativement à *D. eximia* et à ses hybri-

Dicentra formosa

SECTION 2 ▸ VIVACES À FLORAISON PROLONGÉE

des. Floraison : mai-septembre. 25 à 40 cm x 20 à 60 cm. Zone 3.

♥ ☠ ✿ *D. formosa* 'Aurora' (*D. eximia* 'Aurora') : fleurs blanc pur, feuillage bleu-gris. ☘ S'étend passablement. Intéressant en naturalisation. Floraison : mai-septembre. 30-45 cm x 30 à 60 cm. Zone 3.

Dicentra formosa 'Bacchanal'

☠ ✿ *D. formosa* 'Bacchanal' : les fleurs les plus foncées parmi les cœurs-saignants : rouge vin foncé. Feuillage vert pomme. ☘ Vagabonde. Floraison : juin-septembre. 25 à 30 cm x 20 à 60 cm. Zone 3.

☠ ✿ *D. formosa* 'Fusd' Snowflakes™ : fleurs blanches. Feuillage vert. Floraison : mai-septembre. 30 à 45 cm x 25 cm. Zone 3.

☠ ✿ *D. formosa* 'Langtrees' ('Pearl Drops') : fleurs blanc crème teintées de rose. Feuillage vert glauque. Floraison : juin-septembre. 25-30 cm x 30-45 cm. Zone 3.

☠ ✿ *D. formosa oregana* : fleurs blanches rehaussées de rose. Plus petit que la moyenne. Floraison : juin-septembre. 20 cm x 30 cm. Zone 3.

♥ ☠ ✿ *D. formosa* 'Spring Gold' : fleurs d'un rose foncé plus pâle à la pointe, joliment mises en valeur par le feuillage, « doré »

(vert lime) au printemps, vert pomme l'été. Attrayant même sans fleurs. Floraison : mai-juillet. 40 à 65 cm. Zone 3.

☠ ✿ *D. formosa* 'Spring Magic' : fleurs rose pâle sur des tiges dressées. Feuillage argenté. Floraison : mai-juillet. 33 à 60 cm. Zone 3.

☠ ✿ *D. formosa* x *D. eximia*
Cœur-saignant du Pacifique hybride
(Hybrid Westen Bleeding Heart)
☀ ☀ ☀

Les deux espèces sosies ont été fréquemment croisées, ce qui a donné des plantes généralement à croissance plus en touffe que *D. formosa*, mais à croissance moins dense que *D. eximia*. Floraison : 25 à 40 cm x 20 à 60 cm. Zone 3.

☠ ✿ *D.* x 'Adrian Bloom' : hybride vigoureux à fleurs rose rubis riche. Feuillage gris vert.

Dicentra formosa 'Luxuriant'

☠ ✿ *D.* x 'Luxuriant' : fleurs rose foncé. C'est le cultivar le plus courant. Floraison : mai-août. 30 à 45 cm x 60 cm. Zone 3.

☠ ✿ *D.* x 'Margery Fish' : fleurs blanches, feuillage très bleuté ; peut-être le plus bleu des cœurs-saignants hybrides. Floraison : juin-septembre. 30 à 45 cm x 60 cm. Zone 3.

Achillée
Agastache
Aster d'été
Astrance
▸ **Cœur-saignant nain**
Coréopsis
Cupidone
Échinacée
Éphémère
Fausse-fumeterre
Gaillarde
Géranium d'été
Héliopside
Heuchère à fleurs
Knautie
Lin
Mauve
Mertensie

371

SECTION 2 ▸ VIVACES À FLORAISON PROLONGÉE

Dicentra x 'Stuart Boothman'

☠ ☀ **D. x 'Stuart Boothman'**: fleurs rose doux. Feuillage vert glauque plus finement découpé que chez les autres. Floraison : juin-septembre. 30 cm x 60 cm. Zone 3.

☠ ☀ **D. x 'Sweetheart'**: fleurs blanches. Feuillage vert pomme. Très longue floraison : juin-septembre. 30 cm x 60 cm. Zone 3.

☠ ☀ **D. x 'Zestful'**: fleurs rose foncé. Feuillage vert-gris pâle. Floraison : juin-septembre. 30 cm x 60 cm. Zone 3.

Dicentra 'King of Hearts'

☠ **(D. formosa x D. eximia) x D. peregrina**
Cœur-saignant série Hearts
(Hearts Series Bleeding Heart)
☀ ◐ ●

Cette petite série est composée d'hybrides de cœur-saignant pèlerin (*D. peregrina*), une petite espèce alpine capricieuse (page 373), et des plantes du complexe *D. formosa/D. eximia*. Le résultat est une plante avec les belles fleurs séduisantes et le beau feuillage si découpé de *D. peregrina*, mais le comportement et la vigueur des *D. formosa/D. eximia*. Ou presque. 🌱 Je ne les trouve pas aussi robustes que les *D. formosa/D. eximia* et 🌱 ils sont certainement moins rapides à s'établir. Par ailleurs, les Hearts ne s'étendent pas autant, mais forment plutôt des touffes denses qui ne s'élargissent que lentement. Cela dit, ce sont d'excellentes plantes et surtout très jolies ! On les distingue des cœurs-saignants *D. formosa/D. eximia* non seulement par leurs fleurs plus voyantes, mais aussi par leurs tiges florales arquées et leur feuillage généralement très bleuté. Leur floraison est très durable, du printemps à l'automne... 🌱 du moins quand les conditions leur plaisent ! Floraison : mai-septembre. 30 cm x 30 à 40 cm. Zone 3.

Dicentra 'Burning Hearts'

☠ ☀ ◐ **D. x 'Burning Hearts'**: fleurs rouge foncé à marge blanche. Feuillage bleuté. Floraison : mai-septembre. 20-25 cm x 30-35 cm. Zone 3.

☠ ☀ **D. x 'Candy Hearts'**: fleurs roses. Feuillage bleu poudre. Floraison : mai-septembre. 25 à 30 cm x 35 à 40 cm. Zone 3.

SECTION 2 — VIVACES À FLORAISON PROLONGÉE

☠ ❀ *D.* x 'Ivory Hearts': fleurs blanches. Feuillage très bleu. Floraison : mai-septembre. 25-30 cm x 30 à 40 cm. Zone 3.

♥ ☠ ❀ *D.* x 'King of Hearts' (syn. *D. formosa* 'King of Hearts') : fleurs rose vif. Feuillage bleu-vert. Côté vigueur et même port, c'est cette plante qui est la plus proche des *D. formosa*/*D. eximia*. C'est le plus facile des Hearts. Floraison : mai-septembre. 20 à 25 cm x 30-40 cm Zone 3.

☠ ❀ ⚱ *D.* x 'Red Fountain' : pas dans la série 'Hearts', mais issu des mêmes parents. Fleurs rouge vif. Feuillage très bleuté. Floraison : mai-septembre. 30 cm x 30-40 cm Zone 3.

Variété déconseillée

Dicentra peregrina

☠ ❀ *D. peregrina*
Cœur-saignant pèlerin
(Komakusa Bleeding Heart)

Le cœur-saignant pèlerin a sans doute les fleurs les plus merveilleusement formées de tous les cœurs-saignants : d'un rose satiné (rarement blanches), elles sont des bijoux, en forme de cœur parfait, mais avec de longues ailes courbées qui leur donnent une grâce insoupçonnée. Et le feuillage super découpé et super dense est presque turquoise ! Vous en tomberez instantanément amoureux ! 🔆 Mais c'est aussi le cœur-saignant le plus difficile à cultiver, à tel point que je ne peux même pas vous le conseiller. Si vous insistez pour essayer cette petite plante fragile, prévoyez un drainage parfait, un sol riche en humus, et un emplacement à la mi-ombre toujours, toujours frais. Une rocaille un peu ombragée reproduira bien les conditions naturelles de cette plante d'origine alpine.

Floraison : juin. 8 cm x 10 cm. Zone 3.

Variétés tubéreuses

Ce livre porte sur les plantes vivaces, pas les plantes à bulbes et à tubercules. Toutefois, je ne peux m'empêcher ici d'attirer l'attention sur deux cœurs-saignants tubéreux extraordinaires, indigènes dans l'est de l'Amérique, dont au Québec, de surcroît : le dicentre à capuchon (*D. cucullaria*) et le dicentre du Canada (*D. canadensis*). Spectaculaires en fleurs, mais éphémères dans leur comportement (les deux sortent et fleurissent au printemps et disparaissent sous le sol durant l'été). Extraordinaires ! Pour plus de renseignements sur leur culture, consultez *Le jardinier paresseux : Les bulbes rustiques*.

Dicentra cucullaria

Achillée
Agastache
Aster d'été
Astrance
▷ **Cœur-saignant nain**
Coréopsis
Cupidone
Échinacée
Éphémère
Fausse-fumeterre
Gaillarde
Géranium d'été
Héliopside
Heuchère à fleurs
Knautie
Lin
Mauve
Mertensie

373

Coréopsis
Coreopsis

Coreopsis verticillata 'Grandiflora'

www.jardinierparesseux.com

Famille : Astéracées

Origine : Amérique du Nord et du Sud

CORÉOPSIS
Coreopsis

Noms anglais : Tickseed, Coreopsis

Dimensions : 15-250 cm x 15-90 cm (selon l'espèce)

Exposition : ☀ (☀)

Sol : ordinaire à pauvre, très bien drainé

Floraison : (juin) juillet-septembre (octobre)

Multiplication : boutures de tige, division, semences

Utilisations : plate-bande, bordure, massif, rocaille, naturalisation, couvre-sol, pré fleuri, fleur coupée, attire les papillons

Associations : échinacées, penstemons, graminées, sauges russes

Zone de rusticité : variable, 3-7+

Le genre *Coreopsis* se compose de 35 espèces du Nouveau Monde, surtout d'Amérique du Nord, mais quelques espèces viennent de l'Amérique du Sud et de l'Amérique centrale. Plusieurs espèces sont des annuelles, d'autres, des vivaces mais de climat doux, et il y a enfin des vivaces rustiques, surtout originaires de l'est et du centre de l'Amérique du Nord.

Il s'agit pour la plupart de plantes de taille modeste (*C. tripteris* fait exception à cette règle) aux feuilles étroites produisant, l'été et l'automne, des dizaines et même des centaines de fleurs jaunes en forme de marguerite. Les rayons sont peu nombreux (huit habituellement) mais larges, souvent dentés à leur extrémité, entourant bien les fleurons fertiles du disque central. Les graines de plusieurs espèces ont deux dents et ont la forme de

SECTION 2 — VIVACES À FLORAISON PROLONGÉE

punaises. C'est le sens de *Coreopsis* (« comme une punaise »). Le nom anglais, Tickseed, suggère que les graines ressemblent plutôt à des tiques.

Les coréopsis sont depuis longtemps populaires dans les jardins, car leur profusion de fleurs est difficile à battre et elles font d'excellentes fleurs coupées. La plupart des espèces sont peu longévives toutefois : deux ou trois ans, rarement plus. On peut cependant les diviser aux deux ans afin de les rajeunir, donc de les conserver. Comme pour compenser cette courte vie, ils sont en général d'une facilité surprenante à produire par semences et les espèces qui vivent peu longtemps fleurissent à qui mieux mieux dès la première année.

Il faut souligner que les coréopsis n'ont pas tous la vie courte. Certaines espèces sont nettement plus durables : *C. auriculata* et *C. verticillata* vivront 10 ans et plus sans demander le moindre soin. *C. tripteris* est pratiquement éternel.

Les coréopsis sont des plantes de plein soleil. Une légère ombre est acceptable, mais ils réussiront mieux là où le soleil plombe. La plupart exigent un bon drainage : un hiver passé dans un sol détrempé peut leur être fatal. Préférez un sol pas trop riche, car quand la terre est très fertile, les tiges ont tendance à s'affaisser. Ce problème est moindre de nos jours, car la plupart des cultivars vendus sont compacts et présentent des tiges courtes qui ne s'écrasent pas facilement, quel que soit le sol.

La multiplication est facile par semences. En général, les variétés à vie courte sont fidèles au type, donc on peut même multiplier les cultivars de cette façon. Les variétés hybrides (identifiées par un « x » dans le texte), par contre, ne sont pas fidèles au type et plusieurs sont d'ailleurs stériles.

De toute façon, les coréopsis se multiplient facilement par division des touffes et par boutures de tige.

Variétés

Coreopsis auriculata 'Nana'

Coreopsis auriculata
Coréopsis auriculé (Mouse Ear Coreopsis)

Dans un genre surtout composé de plantes à feuilles assez étroites, ce coréopsis du sud-est des États-Unis surprend par ses feuilles spatulées ou même assez rondes, souvent avec un ou deux lobes à la base. D'ailleurs, c'est le sens du nom (*auriculata* veut dire « en forme d'oreille »). Les fleurs à huit rayons sont jaune or et mesurent environ 2,5 à 5 cm de diamètre. L'extrémité des rayons est joliment dentée. La plante forme une rosette très basse de feuilles persistantes, avec des feuilles plus petites paraissant sur la tige florale. La plante longévive produit des stolons courts, mais elle n'est pas envahissante : elle s'étend lentement mais sûrement. C'est un bon couvre-sol pour un emplacement ensoleillé. Floraison : juin-juillet. 30-60 cm x 30 cm. Zone 4.

Achillée
Agastache
Aster d'été
Astrance
Cœur-saignant nain
▷ **Coréopsis**
Cupidone
Échinacée
Éphémère
Fausse-fumeterre
Gaillarde
Géranium d'été
Héliopside
Heuchère à fleurs
Knautie
Lin
Mauve
Mertensie

SECTION 2 ▸ VIVACES À FLORAISON PROLONGÉE

C. auriculata 'Elfin Gold': forme plus compacte que l'espèce et à floraison prolongée. Fleurs simples jaunes. Floraison: juin-septembre. 25 cm x 25-30 cm. Zone 4.

C. auriculata 'Nana': le cultivar le plus offert dans le commerce. Nain. Fleurs simples jaune orangé. Superbe couvre-sol. Le « vrai » 'Nana' est stérile. On voit par contre des semences de 'Nana' en vente. De toute évidence, les plantes vendues sous ce nom sont des imposteurs. D'ailleurs, elles sont plus hautes que le maximum chez 'Nana' (25 cm). Floraison: juin-août. 15-25 cm x 25-30 cm. Zone 4.

C. auriculata 'Superba': fleurs plus grosses à centre acajou. Floraison: juin-juillet (août-septembre). 40 cm x 30 cm. Zone 4.

C. auriculata 'Zamphir': très jolie sélection aux fleurs jaune orangé de 5 cm de diamètre. Sur la plupart des fleurs, les rayons sont bien espacés et enroulés en un tube qui s'ouvre seulement à la pointe, comme une trompette. Parfois certaines fleurs ont des rayons normaux. Mutation de 'Nana'. Floraison: juin-août. 45 cm x 30-45 cm. Zone 4.

C. x 'Jethro Tull': hybride de *C. grandiflora* 'Early Sunrise' et *C. auriculata* 'Zamphir' avec des fleurs similaires à celles de ce dernier. Plus florifère que 'Zamphir'. La proportion de rayons enroulés en tube est nettement plus importante. Floraison: juin-septembre. 35-45 cm x 45 cm. Zone 4.

Coreopsis x 'Jethro Tull'

SECTION 2 ▸ VIVACES À FLORAISON PROLONGÉE

Coreopsis grandiflora

❁ *C. grandiflora*
Coréopsis à grandes fleurs
(Large-Flowered Tickseed)

Ce coréopsis est indigène dans le centre et l'est des États-Unis et a longtemps été le plus cultivé des coréopsis (*C. verticillata* lui a ravi cette place). C'est une plante au port buissonnant, produisant une profusion de tiges feuillues aux feuilles plutôt lancéolées. Les feuilles inférieures sont simples; celles portées sur les tiges florales ont trois à cinq lobes. Les « marguerites » de 2,5 à 6 cm de diamètre sont jaune orange aux rayons joliment dentés. La floraison se poursuit tout l'été et jusqu'en automne; plus abondante encore si on supprime les fleurs fanées.

Malgré ces attraits, c'est une plante qui a fait sacrer bien des jardiniers et qui a donné mauvaise réputation à tous les coréopsis. Pourquoi ? 🍂 Elle est de vie réellement très courte: deux ans, parfois trois. Idéalement on la divisera ou la ressèmera tous les deux ans afin de pouvoir la préserver. Elle est, par contre, très facile à produire par semences et fleurit facilement la première année du semis.

Des cultivars du coréopsis à grandes fleurs gagnent des prix internationaux dans les concours Sélections All-America et Fleuroselect beaucoup plus souvent que toute autre vivace. Pourquoi ? Il faut comprendre qu'il s'agit de compétitions portant sur les plantes *produites par semences*. Or, peu de vivaces fleurissent aussi rapidement à partir de semences que le coréopsis à grandes fleurs (il est en fleurs en aussi peu que sept semaines) et il est par ailleurs facile de créer des lignées stables de coréopsis. Donc, contrairement à la plupart des vivaces hybrides, qui ne sont presque jamais fidèles au type par semences, les coréopsis à grandes fleurs le sont presque toujours !

Floraison: juin-septembre (octobre). 40-90 cm x 30 cm. Zone 3.

❁ *C. grandiflora* **'Balcorsunay' Sunny Day™**: juin-septembre (octobre). Sélection de taille moyenne. Assez grosses fleurs jaune or. Tiges généralement assez solides qui n'ont pas besoin de tuteurage. Floraison: juin-septembre (octobre). 45-60 cm x 30-45 cm. Zone 3.

❁ *C.* x **'Calypso'**: semble identique à *C.* x 'Tequila Sunrise'.

Coreopsis grandiflora 'Early Sunrise'

❁ *C. grandiflora* **'Early Sunrise'**: cette plante a créé tout un émoi quand on l'a lancée en

▸ **Coréopsis**

Achillée
Agastache
Aster d'été
Astrance
Cœur-saignant nain
Coréopsis
Cupidone
Échinacée
Éphémère
Fausse-fumeterre
Gaillarde
Géranium d'été
Héliopside
Heuchère à fleurs
Knautie
Lin
Mauve
Mertensie

SECTION 2 ❯ VIVACES À FLORAISON PROLONGÉE

1989 en tant que premier coréopsis à fleurs doubles pouvant se multiplier fidèlement par semences. 🍁 En fait, il n'est pas fidèle au type à 100 % - certaines fleurs sont semi-doubles -, mais la plante a maintenu sa popularité pendant plus de 20 ans. Doublement couronnée, elle a gagné un prix Sélections All-America et une médaille d'or Fleuroselect. Avec ses rayons dentés et une fleur si double, c'est une plante qui attire l'attention. Facile et rapide par semences: l'un des premiers coréopsis à fleurir au printemps. Un excellent choix pour le débutant voulant expérimenter la culture des vivaces à l'aide de semences! Floraison: juin-septembre (octobre). 40 cm x 30 cm. Zone 3.

❂ **C. grandiflora 'Heliot'**: plante dense et compacte, idéale pour les petits terrains. Belles fleurs simples jaune or à auréole rouge vin. Fleurit facilement la première année à partir de semences. Floraison: juin-septembre (octobre). 25-35 cm x 25-30 cm. Zone 3.

Coreopsis grandiflora 'Presto'

❂ **C. grandiflora 'Presto'**: encore un gagnant Fleuroselect, cette fois en 2007. C'est un des rares coréopsis à combiner un port compact avec des fleurs de bonne taille. Produit tout l'été une pléthore de fleurs doubles à semi-doubles de 5 cm de diamètre. Couleur: jaune or. Floraison: juin-septembre (octobre). 15-20 cm x 15-20 cm. Zone 3.

❂ **C. grandiflora 'Rising Sun'**: le plus hâtif de tous les coréopsis, fleurissant deux semaines avant 'Early Sunrise'. A remporté une médaille d'or Fleuroselect en 2005. Fleurs doubles frangées jaune or de 5 cm de diamètre joliment marquées de rouge à la base des rayons. Floraison: juin-septembre (octobre). 45-60 cm x 40-45 cm. Zone 3.

❂ **C. grandiflora 'Rotkehlchen'** ('Rubythroat', *C. lanceolata* 'Rotkehlchen'): variété très naine. Fleurs semi-doubles jaunes à auréole rouge. Floraison: juin-septembre (octobre). 30 cm x 30 cm. Zone 3.

♥ ❂ **C. grandiflora 'Schnittgold'** ('Cutting Gold', 'Gold Cut'): grande variété aux tiges minces et flexibles, mais non cassantes, développée pour la fleur coupée. Je le trouve drôlement intéressant pour la plate-bande aussi, car il fait changement avec tous ces coréopsis bas à croissance en boule. Belles grosses fleurs jaune or qui me font penser à des cosmos. Floraison: juin-septembre (octobre). 80 cm x 40 cm. Zone 3.

❂ **C. grandiflora 'Sunburst'**: grosses fleurs doubles à semi-doubles de la couleur jaune or commune aux coréopsis à grandes fleurs. Grand coréopsis, idéal pour la fleur coupée. 🍁 Peut exiger un tuteur. Floraison: juin-septembre (octobre). 75-90 cm x 30-45 cm. Zone 3.

❂ **C. grandiflora 'Sunfire'**: fleurs simples jaune or à auréole rouge vin. Gagnant Fleuroselect en 2004. Floraison: juin-septembre (octobre). 40-45 cm x 30-45 cm. Zone 3.

SECTION 2 ▶ VIVACES À FLORAISON PROLONGÉE

Coreopsis grandiflora 'Sunray'

🌼 **C. grandiflora 'Sunray'** : gagnant d'un prix Fleuroselect en 1980. Fleurs doubles jaune or. Plant compact et florifère. Floraison : juin-septembre (octobre). 45-60 cm x 30-60 cm. Zone 3.

🌼 **C. x 'Tequila Sunrise'** : on ne sait pas si cette plante est un *C. grandiflora* pur ou un croisement avec *C. lanceolata*. C'est l'un des rares coréopsis panachés : son feuillage est vert olive à marge jaune crème, rehaussé de rose au printemps et de rouge foncé à l'automne. 🍃 Cette variété n'est *pas* fidèle au type par semences. Fleurit abondamment au début de l'été, sporadiquement jusqu'à l'automne. Semble plus longévif que la plupart des autres coréopsis à grandes fleurs et tant mieux, car il coûte généralement plus cher ! *C.* x 'Calypso' semble identique. Floraison : juin-septembre (octobre). 40-42 cm x 30-40 cm. Zone 3.

🌼 **C. grandiflora 'Unwins Gold'** : fleurs simples jaune or à auréole rouge bronzé. Gagnant Fleuroselect en 2002. Floraison : juin-septembre (octobre). 40 cm x 30 cm. Zone 3.

🌼 **C. grandiflora 'Walcoreop' Flying Saucers™** : sélection produite végétativement. Port très égal. Ramification accrue. Excellente performance au jardin. Grosses fleurs simples jaune or. Fleurit abondamment toute la saison, même sans suppression des fleurs fanées. Floraison : juin-octobre. 50 cm x 40 cm. Zone 3.

Coreopsis grandiflora 'Unwins Gold'

Coreopsis lanceolata

🌼 **C. lanceolata**
Coréopsis à feuilles lancéolées, œil de jeune fille (Lanceleaf Coreopsis)

Achillée
Agastache
Aster d'été
Astrance
Cœur-saignant nain
▷ **Coréopsis**
Cupidone
Échinacée
Éphémère
Fausse-fumeterre
Gaillarde
Géranium d'été
Héliopside
Heuchère à fleurs
Knautie
Lin
Mauve
Mertensie

379

SECTION 2 VIVACES À FLORAISON PROLONGÉE

C'est le coréopsis le plus largement distribué dans la nature, de l'Atlantique au Pacifique, de l'Ontario au Mexique, mais il est absent du Québec et des Maritimes à l'état sauvage. En culture, on le trouve désormais partout dans le monde.

Cette plante et le coréopsis à grandes fleurs se ressemblent comme deux gouttes d'eau, avec les mêmes « marguerites » jaune orange à marge dentelée. Comment les distinguer? Le coréopsis à grandes fleurs a des tiges florales feuillues presque jusqu'au sommet, alors que le coréopsis à feuillage lancéolé n'a pas de feuilles sur la moitié supérieure de sa tige florale. Cela donne l'impression d'une plante plus éthérée. De plus, le coréopsis à feuillage lancéolé présente une plus grande longévité: il survit quatre ou cinq années, et davantage, bien sûr, si on le rajeunit en le divisant. L'espèce fleurit surtout en juin-juillet, mais les cultivars ont une plus longue saison de floraison. Floraison: juin-juillet. 30-60 cm x 60 cm. Zone 3.

C. lanceolata 'Goldfink': plant compact. Grosses fleurs jaune or de 5 cm. Il faut supprimer les fleurs fanées pour assurer une floraison maximale. Intéressant en avant-plan ou en rocaille. Floraison: juin-juillet (août-septembre). 30-60 cm x 60 cm. Zone 3.

C. x 'Little Sundial': masse de fleurs jaune or à auréole acajou de 4 cm. Très compact et uniforme. Fleurit tout l'été. Floraison: juin-septembre. 15-30 cm x 20-35 cm. Zone 3.

C. lanceolata 'Rotkehlchen': voir *C. grandiflora* 'Rotkelchen'.

C. lanceolata 'Sonnenkind' ('Baby Gold', 'Baby Sun'): monticule bas de feuilles charnues vert foncé. Fleurs simples jaune doré à auréole rouge vin. Floraison: juin-septembre. 35 cm x 35 cm. Zone 3.

Coreopsis lanceolata 'Sterntaler'

C. lanceolata 'Sterntaler': fleurs simples jaune vif à auréole acajou allant jusqu'à 3 cm de diamètre. Fleurit tout l'été si l'on supprime les fleurs fanées. Floraison: juin-juillet (août-septembre). 40 cm x 30-40 cm. Zone 3.

Coreopsis rosea

C. rosea
Coréopsis rose (Pink Coreopsis)

Tout à fait original dans un genre où le jaune domine largement, le coréopsis rose produit bel et bien des fleurs roses très roses et beaucoup de fleurs. Elles sont petites, mais produites en grande quantité sur des tiges minces portant des feuilles très minces, presque des aiguilles. En silhouette, les fleurs sont typiques des coréopsis, avec un disque cen-

SECTION 2 ▸ VIVACES À FLORAISON PROLONGÉE

tral jaune et des rayons dentés, mais toutes petites. Le feuillage est loin d'être dense et on peut voir à travers la plante comme à travers un brouillard. La floraison est très soutenue, qu'on supprime ou non les fleurs fanées Et c'est tant mieux, car où commencer pour faire « le ménage » d'une plante qui produit tant de petites fleurs si éparpillées ?

Cette espèce, indigène du Delaware à la Nouvelle-Écosse, pousse près de l'océan dans des sols sablonneux ou tourbeux, toujours humides. En culture, le coréopsis rose semble aimer un certain mouvement d'air et surtout un sol qui se draine bien l'hiver, une pente par exemple. 🍂 Je trouve cette plante capricieuse : elle pousse et fleurit magnifiquement l'été, dans presque n'importe quel lieu où on la place, mais n'est souvent plus là au printemps à moins que les conditions soient parfaites. Souvent il faut traiter le coréopsis rose comme une annuelle. Là où il est heureux, par contre, il se multipliera peu à peu par rhizomes.

🍂 La rusticité de cette plante est discutable. Les marchands affichent souvent une zone 3. Je la crois moins rustique et trouve une cote « zone 4b » plus que généreuse. Même les jardiniers de zone 6 perdent souvent des plantes ! Je ne veux pourtant pas qualifier le coréopsis rose de « variété déconseillée » (🍂), ce verdict tant appréhendé, car il est si beau et certains réussissent très bien à le cultiver, 🍂 mais je ne le recommanderais certainement pas à un débutant. Surtout, faites quelques essais avant d'en planter un massif de 150 ! Pour la forme de *C. rosea* couramment vendue dans le commerce, voir *C. rosea* 'Nana'.

Floraison : juillet-septembre (octobre). 60 cm x 60-90 cm. Zone 4b.

❁ ***C. rosea* 'Nana'** (*C. verticillata rosea nana*) : la forme de *C. rosea* vendue sous ce nom dans le commerce est la moitié moins haute que l'espèce sauvage et correspond davantage à la description du cultivar 'Nana' qu'à celle de l'espèce. Elle forme un petit « arbuste » translucide au port lâche. Floraison : juillet-septembre (octobre). 30 cm x 45-60 cm. Zone 4b.

Coreopsis tripteris

♥ ❁ ***C. tripteris***
Coréopsis trifolié (Tall Coreopsis)
☀

Grande espèce indigène dans la moitié est de l'Amérique du Nord, mais absente du nord-est, y compris du Québec. Masses aérées de fleurs jaune clair à disque brun et rayons non dentés. La floraison dure facilement deux mois, souvent plus, mais commence plus tard que chez les autres coréopsis. Fleurs et feuillage sentent l'anis. Tiges solides qui ne demandent jamais de support. Feuilles trifoliées (parfois quinquefoliées) à segments lancéolés.

Je ne pense pas que cette plante soit un *Coreopsis*, dont elle n'a ni la taille ni le comportement, et je suis convaincu que, tôt ou tard, les taxonomistes vont la changer

- Achillée
- Agastache
- Aster d'été
- Astrance
- Cœur-saignant nain
- ▸ **Coréopsis**
- Cupidone
- Échinacée
- Éphémère
- Fausse-fumeterre
- Gaillarde
- Géranium d'été
- Héliopside
- Heuchère à fleurs
- Knautie
- Lin
- Mauve
- Mertensie

SECTION 2 ▸ VIVACES À FLORAISON PROLONGÉE

de genre. Si elle reste un coréopsis, eh bien, c'est vraiment un coréopsis pas comme les autres!

Il pousse bien dans les sols riches et humides, mais alors il atteint souvent 2 m à 2,5 m de haut. Dans les sols secs et pauvres où il s'adapte bien aussi, il reste «nanifié», à seulement 1,2 m. 🍂 Certains livres disent qu'il se ressème à outrance, mais ne mentionnent pas qu'il est envahissant par ses rhizomes. Or, j'ai expérimenté tout le contraire: il ne se ressème nullement mais court partout! Il faut soit le naturaliser dans un lieu où son envahissement sera apprécié (pré fleuri, orée de bois, etc.), soit le cultiver à l'intérieur d'une barrière de plantation. Très longue vie: plantez-le et oubliez-le!

🍂 C'est l'un des rares coréopsis dont les graines exigent un traitement au froid pour germer.

Floraison: août-septembre (octobre). 1,2-2,5 m x 60-80 cm. Zone 3.

❂ **C. tripteris** 'Lightning Flash': mutation à feuillage «doré» (jaune lime). La couleur persiste toute la saison. Fleurs jaune pâle peu visibles sur le feuillage de couleur similaire. Plus compact que l'espèce, mais convenant quand même à l'arrière-plan. Floraison: août-septembre (octobre). 90-150 cm x 60-80 cm. Zone 3.

❂ **C. verticillata**
Coréopsis à feuilles verticillées
(Threadleaf Coreopsis)

Un vrai bijou de plante! Son feuillage très finement découpé fait en sorte que les fleurs jaune vif en forme de petites marguerites semblent flotter sur un nuage de verdure. Il se propage par la base sans devenir envahissant. Un coréopsis solide et de longue vie.

Coreopsis verticillata

La plante s'accommode de presque tous les sols, mais aime bien un bon drainage. 🍂 **Attention!** Elle sort très tardivement au printemps. Marquez bien son emplacement, sinon vous oublierez qu'elle est là, bien cachée sous le sol, et planterez autre chose à sa place. Floraison: (juin) juillet-septembre. 90 cm x 60 cm. Zone 4.

❂ **C. verticillata** 'Golden Gain': comme l'espèce, mais un peu plus compact. Floraison longue et abondante: (juin) juillet-septembre. 45-60 cm x 40 cm. Zone 4

❂ **C. verticillata** 'Grandiflora' ('Golden Shower', 'Golden Showers'): abondantes fleurs jaune or plus grosses que celles de l'espèce. Floraison: (juin) juillet-septembre. 60-75 cm x 40 cm. Zone 4

♥❂ **C. verticillata** 'Moonbeam': maintenant le plus populaire de tous les coréopsis! Les

Coreopsis verticillata 'Moonbeam'

SECTION 2 ▸ VIVACES À FLORAISON PROLONGÉE

fleurs d'un jaune citron pâle (couleur très rare chez les vivaces) sont portées au-dessus d'un feuillage fin et plumeux et la floraison dure tout l'été. Floraison : (juin) juillet-septembre (octobre). 40-45 cm x 40 cm. Zone 4

❂ **C. verticillata 'Moonray'** : mutation de 'Moonbeam' de plus grande taille. Floraison : (juin) juillet-septembre. 45-60 cm x 45-60 cm. Zone 4

❂ **C. verticillata 'Sunbeam'** : mutation de 'Moonbeam' aux fleurs d'un jaune un peu plus foncé et au feuillage d'une couleur unique : vert foncé avec une touche d'argenté. Floraison : (juin) juillet-septembre. 45-60 cm x 60-75 cm. Zone 4.

Coreopsis 'Limerock Ruby', la plante qui a révélé le pot aux roses, c'est-à-dire que les hybrideurs ne vérifient pas la rusticité de leurs plantes.

Coreopsis verticillata 'Zagreb'

♥ ❂ **C. verticillata 'Zagreb'** : version à fleurs jaune franc de 'Moonbeam'. Solide et performante : mieux encore que 'Moonbeam' ! Floraison : (juin) juillet-septembre. 40 cm x 40 cm. Zone 4.

↻ Hybrides « pensez-y bien »

Laissez-moi vous raconter une histoire. En 2002, un tout nouveau coréopsis hybride a été lancé : 'Limerock Ruby'. Cet hybride de *C. verticillata* et *C. rosea* ressemble au très populaire *C. verticillata* 'Moonbeam' par son port et son apparence générale, mais il est à fleurs rouge rubis, une couleur tout à fait unique et inattendue. La plante n'avait pas encore été essayée en champ, mais puisque les deux parents étaient rustiques, pourquoi pas leur bébé ? La nouveauté s'est abondamment vendue : plus de 100 000 plants en une seule saison, un record pour une vivace fraîchement introduite ! Et quelle performance au jardin ! Des masses de fleurs rouges sur un feuillage si fin pendant quatre mois et plus ! Tout le monde fut enchanté jusqu'au printemps suivant. Alors, ce fut le désastre. Presque aucun plant de 'Limerock Ruby' n'avait survécu à l'hiver au-delà de la zone 6 USDA (zone 7 d'Agriculture Canada). Et même en zone 6/7, plus de la moitié étaient morts. Conclusion ? 'Limerock Ruby' est beaucoup moins rustique que la majorité des coréopsis ; c'est essentiellement une annuelle pour la plupart des jardiniers septentrionaux.

Depuis ce temps, les pépinières qui lancent des nouveautés horticoles sont beaucoup plus hésitantes à préciser la rusticité des vivaces nouvelles. La politique actuelle de la majorité des pépinières américaines est d'attribuer, au plus, une zone 6 (USDA zone 5) à toute nouvelle introduction. Ils semblent se dire : « On lancera la plante avec une étiquette zone 6 et on corrigera plus

- Achillée
- Agastache
- Aster d'été
- Astrance
- Cœur-saignant nain
- ▸ **Coréopsis**
- Cupidone
- Échinacée
- Éphémère
- Fausse-fumeterre
- Gaillarde
- Géranium d'été
- Héliopside
- Heuchère à fleurs
- Knautie
- Lin
- Mauve
- Mertensie

SECTION 2 ▶ VIVACES À FLORAISON PROLONGÉE

Coreopsis 'Autumn Blush'

tard quand on connaîtra la vraie zone. » Sauf qu'une fois qu'une zone est publiée, on dirait qu'elle a force de loi. Personne n'ose plus y toucher. Et c'est le jardinier amateur de climat froid qui en paie le prix, car bon nombre de nouvelles vivaces sont assez rustiques pour sa région, mais l'étiquette zone 6 qu'elles portent le décourage de les essayer.

Les coréopsis suivants sont tous des hybrides complexes. Certains ont jusqu'à huit espèces différentes dans leur généalogie ! On peut cependant dire que le feuillage de type *C. verticillata* domine. Aucun n'a été correctement testé au-delà de la zone 6 (USDA zone 5). Comment alors prédire leur rusticité ?

J'ai décidé de présenter les nouveaux coréopsis qui pourraient être rustiques chez nous. Tous ne le seront pas, mais plusieurs le sont presque certainement. La zone mentionnée est celle que la pépinière indique (traduite en zone canadienne, bien sûr). À nous de faire nos expériences !

Une chose est certaine, toutes ces plantes feront d'excellentes annuelles. Seront-elles des vivaces rustiques ? Le temps le dira.

🍁 Notez que plusieurs de ces cultivars, sinon tous, sont en vente au Québec, où on leur attribue une zone 5, voire 3 ! *Caveat emptor* (Comportez-vous en acheteur vigilant) !

✿ **C. x 'American Dream'** : proche de *C. rosea*. Fleurs rose pâle. Floraison : juillet-septembre (octobre). 20-40 cm x 45-60 cm. Zone 6 ?

✿ **C. x 'Autumn Blush'** (série Hardy*) : hybride proche de *C. auriculata*. Fleurs jaune pêche à cœur rouge vin au début de la saison ; rose foncé avec l'arrivée des températures fraîches de l'automne. Floraison : juin-septembre (octobre). 65 cm x 70-75 cm. Zone 6 ?

✿ **C. x 'Cosmic Evolution'** (série Big Bang™) : très grosses fleurs de 5 à 7 cm. Elles sont blanc crème à œil jaune au printemps, mais deviennent de plus en plus magenta sous l'influence des températures fraîches de l'automne. Fleurs stériles. Floraison : juin-

*La série Hardy (du mot anglais pour « rustique ») comprend des végétaux rustiques au moins jusqu'à la zone 6. Il n'y a pas de garantie que ces plantes soient rustiques dans nos régions (zone 5 et moins).

SECTION 2 ▸ VIVACES À FLORAISON PROLONGÉE

septembre (octobre). 45-60 cm x 45 cm. Zone 6 ?

❁ *C.* x 'Cosmic Eye' (série Big Bang™) : variété compacte donnant des fleurs jaune soleil vif à œil rouge vin. Floraison : juin-septembre (octobre). 30-35 cm x 30-35 cm. Zone 6 ?

❁ *C.* x 'Cranberry Ice' (série Hardy) : port compact. Fleurs rouge canneberge à marge irrégulière blanche. Floraison : juin-septembre (octobre). 25 cm x 50 cm. Zone 6 ?

❁ *C.* x 'Crembru' Crème Brulée™ : hybride de *C. grandiflora* et *C. verticillata*. Fleurs jaune crème. Forme un dôme aplati. Floraison : juin-septembre (octobre). 40-50 cm x 90 cm. Zone 6 ?

❁ *C.* x 'Dream Catcher' : proche de *C. rosea*. Fleurs rose magenta à œil pourpre foncé. Cœur orange. Port semi-érigé. Mutation de 'Sweet Dreams'. Floraison : juin-septembre (octobre). 35-45 cm x 45-60 cm. Zone 6 ?

Coreopsis 'Full Moon'

❁ *C.* x 'Full Moon' (série Big Bang™) : grosses fleurs jaune serin allant jusqu'à 7 cm de diamètre. Port dressé. Floraison : juin-septembre (octobre). 60-75 cm x 30-45 cm. Zone 6 ?

❁ *C.* x 'Galaxy' (série Big Bang™) : fleurs jaune serin de 5 cm. Feuillage plus large que la plupart des hybrides, un legs de *C. grandifora*. Floraison : juin-septembre (octobre). 30 cm x 70-75 cm. Zone 6 ?

❁ *C.* x 'Gold Nugget' (série Hardy) : très florifère. Fleurs jaune or à œil rouge vif. Port arrondi. Floraison : juin-septembre (octobre). 65 cm x 80 cm. Zone 7 ?

❁ *C.* x 'Heaven's Gate' : proche de *C. rosea*. Mutation de 'Sweet Dreams'. Fleurs roses à œil rouge mesurant presque 5 cm de diamètre. Floraison : juillet-septembre (octobre). 45-60 cm x 30-45 cm. Zone 6 ?

❁ *C.* x 'Moonlight' (série Hardy) : fleurs jaune pastel à œil orangé. Floraison : juin-septembre (octobre). 45 cm x 60 cm. Zone 6 ?

❁ *C.* x 'Pinwheel' (série Hardy) : fleurs jaune beurre très originales, en forme de moulinet. Floraison : juin-septembre (octobre). 65 cm x 80 cm. Zone 7 ?

❁ *C.* x 'Redshift' (série Big Bang™) : fleurs jaune pâle à cœur rouge vin. La fleur devient plus pourprée sous la fraîcheur de l'automne. Floraison : juin-septembre (octobre). 75-90 cm x 60-75 cm. Zone 6 ?

❁ *C.* x 'Route 66' : semble être un hybride proche de *C. verticillata*. Les fleurs, nombreuses, sont jaune pâle avec un œil rouge. Le rouge s'étend de plus en plus sur le jaune durant l'été, ce qui donne une fleur presque entièrement rouge à l'automne. Jamais deux fleurs exactement pareilles ! Floraison : (juin) juillet-septembre. 60-70 cm x 60 cm. Zone 6 ?

❁ *C.* x 'Ruby Frost' : grosses fleurs rouge pourpré foncé bordées de blanc. Floraison : juin-septembre (octobre). 65 cm x 80 cm. Zone 6 ?

❁ *C.* x 'Sienna Sunset' : mutation de 'Crème Brûlée'. Grosses fleurs ocre orangé. Floraison : juin-septembre (octobre). 35-50 cm x 85 cm. Zone 6 ?

Achillée
Agastache
Aster d'été
Astrance
Cœur-saignant nain
▷ **Coréopsis**
Cupidone
Échinacée
Éphémère
Fausse-fumeterre
Gaillarde
Géranium d'été
Héliopside
Heuchère à fleurs
Knautie
Lin
Mauve
Mertensie

SECTION 2 — VIVACES À FLORAISON PROLONGÉE

🌸 *C.* x 'Snowberry' (série Hardy): fleurs blanc crème à auréole rouge foncé. Floraison: juin-septembre (octobre). 70 cm x 80 cm. Zone 6?

🌸 *C.* x 'Star Cluster' (série Big Bang™): fleurs stériles blanc crème à œil jaune or. Une auréole pourpre foncé se forme sur les fleurs lorsque les températures baissent l'automne. Feuillage vert vif. Floraison: juin-septembre (octobre). 45-60 cm x 45-60 cm. Zone 6?

Coreopsis 'Sweet Dreams'

🌸 *C.* x 'Sweet Dreams': proche de *C. rosea*. Fleurs presque deux fois plus grosses que chez l'espèce, blanches à œil rouge qui deviennent roses avec le temps. Comme il y a toujours des fleurs fraîches, l'effet bicolore demeure constant. Floraison: juillet-septembre (octobre). 40-55 cm x 40 cm. Zone 6?

🌸 *C.* x 'Tahitian Sun': mutation de 'Gold Nugget'. Fleurs rouge rouille à marge jaune or et à cœur orangé. Feuillage bleuté. Floraison: juin-septembre (octobre). 65 cm x 70-75 cm. Zone 7?

Variétés annuelles

Les coréopsis suivants sont soit tout naturellement des annuelles (*C. tinctoria*, par exemple) ou insuffisamment rustiques pour nos régions. Cultivez-les si vous voulez, mais pas en tant que vivaces!

🌸 *C.* x série Coloropsis: 'Jive', 'Mambo', 'Salsa' et 'Limbo'.

🌸 *C.* x série Jewel: 'Citrine', 'Garnet' et 'Ruby Frost'.

Coreopsis 'Strawberry Lemonade'

🌸 *C.* x série Lemonade™: 'Cherry Lemonade', 'Pink Lemonade', 'Strawberry Lemonade' et 'Tropical Lemonade'.

🌸 *C.* x série Limerock: 'Limerock Dream', 'Limerock Passion' et 'Limerock Ruby'.

🌸 *C.* x série Pie™: 'Cherry Pie', 'Little Penny', 'Pineapple Pie' et 'Pumpkin Pie'.

🌸 *C. pubescens* 'Sunshine Superman'.

🌸 *C.* x série Punch™: 'Fruit Punch', 'Lemon Punch', 'Mango Punch' et 'Rum Punch'.

🌸 *C.* x 'Tahitian Sunset' (pas la même plante que 'Tahitian Sun').

🌸 *C. tinctoria* (calliopsis).

Cupidone
Catananche

Catananche caerulea
www.jardinierparesseux.com

Famille : Astéracées

Origine : Europe

CUPIDONE
Catananche

Nom anglais : Cupid's Dart

Dimensions : 45-90 cm x 30 cm

Exposition : ☼

Sol : pauvre à ordinaire, très bien drainé, pas trop riche

Floraison : (juin) juillet-septembre

Multiplication : boutures de tige, boutures de racine, division, semences

Utilisations : plate-bande, bordure, rocaille, pré fleuri, jardin xérophyte, fleur parfumée, fleur coupée, fleur séchée, plante médicinale, attire les papillons

Associations : fétuques bleues, sédums, joubarbes, thyms

Zone de rusticité : 4

Originaire des régions montagneuses d'Europe et d'Afrique du Nord, la cupidone bleue est fin seule de son petit genre de cinq espèces à avoir une certaine popularité. On la trouve davantage en Europe, où elle est passablement populaire, mais en Amérique, peu de gens la connaissent.

Le nom « cupidone » est pourtant évocateur. Il vient de l'utilisation de cette plante dans les philtres d'amour. *Catananche* veut dire « incitation forte » : une allusion à la pulsion sexuelle qui suit la consommation de la plante. Dans le langage des fleurs, ajouter une fleur de cupidone à un bouquet servait à annoncer son amour... disons passionné.

C'est une plante qui semble assez similaire à une graminée en début de saison, car elle forme une dense touffe de feuilles linéaires

Catananche caerulea

grisâtres persistantes. Des tiges grêles sans feuilles portent à leur extrémité une seule fleur, mais les fleurs se succèdent durant tout l'été, dès juin si le printemps est le moindrement hâtif, et jusqu'à l'automne. Les fleurs sont en forme de marguerite bleu-violet avec un centre violet foncé. De loin, elles me font penser à la chicorée sauvage, autant par leur forme que par leur couleur. Quand elles se fanent, elles laissent un attrayant réceptacle arrondi couvert de bractées argentées ayant la texture papyracée d'une immortelle. C'est une excellente fleur coupée, fraîche ou séchée.

La cupidone n'est pas très à l'aise dans un sol humide régulièrement enrichi de compost. Dans de telles conditions, elle disparaît rapidement, souvent après une seule année de culture. Elle préfère les emplacements ensoleillés au sol ordinaire à pauvre et très bien drainé. Une pente lui va à merveille, ou une rocaille. Elle n'aime pas être pressée par ses voisins non plus : laissez-lui un peu d'espace ou ne cultivez que des plantes basses à son pied. Elle tolère bien la sécheresse, d'ailleurs mieux qu'un système d'irrigation, mais on doit quand même l'arroser si la sécheresse dure trop longtemps, sinon elle arrêtera de fleurir. Dans la nature, elle pousse autant dans les sols alcalins que dans les sols légèrement acides, et elle ne semble pas avoir de préférence en culture non plus.

C'est une plante de courte vie (quatre ou cinq ans, même dans de bonnes conditions), qu'on rajeunira en la divisant aux trois ou quatre ans ou, encore plus facilement, en refaisant des semis. Elle fleurit facilement la première année si on la sème à l'intérieur au mois de mars. Les cultivars sont généralement fidèles au type par semis.

Variétés

Catananche caerulea
Cupidone bleue (Cupid's Dart)

Fleurs bleu-violet. C'est la forme habituellement cultivée. Floraison : (juin) juillet-septembre. 45-90 cm x 30 cm. Zone 4.

C. caerulea 'Alba' : fleurs blanches. Floraison : (juin) juillet-septembre. 45-90 cm x 30 cm. Zone 4.

C. caerulea 'Bicolor' : fleurs blanches à cœur violet. Floraison : (juin) juillet-septembre. 45-90 cm x 30 cm. Zone 4.

ÉCHINACÉE
Echinacea

Echinacea purpurea
www.jardinierparesseux.com

Famille : Astéracées

Origine : Amérique du Nord

ÉCHINACÉE
Echinacea

Nom anglais : Purple Coneflower

Dimensions : 15-150 cm x 15-120 cm

Exposition : ☀ (☀)

Sol : tout sol humide et bien drainé

Floraison : juillet-septembre (octobre)

Multiplication : division, semences

Utilisations : plate-bande, bordure, massif, naturalisation, pré fleuri, fleur parfumée, fleur coupée, fleur séchée, plante médicinale, attire les papillons et les oiseaux granivores

Associations : rudbeckies, graminées, coréopsis, phlox

Zone de rusticité : 3 ou 4, selon l'espèce

Cette « classique » de la plate-bande appartient à un petit genre de neuf espèces, toutes originaires de l'Amérique du Nord. Jusqu'à récemment, on avait l'habitude de les appeler « rudbeckies pourpres », car effectivement elles ressemblent aux rudbeckies (*Rudbeckia*), mais depuis quelques années, le nom « échinacée » semble avoir enfin pris racine, notamment après que la racine d'échinacée a été adoptée comme médicament miracle par les médias.

C'est une plante herbacée qui pousse en rosette dense de feuilles vert foncé le plus souvent ovales, mais parfois linéaires. Durant l'été et jusqu'à l'automne, la plante produit des tiges florales solides, souvent rugueuses au toucher, ramifiées ou non. Les espèces portent à leur extrémité de grosses « marguerites »

SECTION 2 ❧ VIVACES À FLORAISON PROLONGÉE

C'est son disque piquant qui lui a mérité le nom *Echinacea*, qui veut dire hérisson. Ici *Echinacea purpurea*.

habituellement roses, parfois jaunes. La gamme des couleurs est encore plus vaste chez les hybrides. Au centre de l'inflorescence, un disque bombé piquant a donné au genre son nom, *Echinacea*, qui veut dire hérisson. Les fleurs sont parfois parfumées. Après la floraison, qui est très durable, non seulement le disque reste attrayant encore plusieurs semaines, mais, si on ne les coupe pas, les fleurs attirent les oiseaux granivores. Malgré une croyance perfide prétendant le contraire, supprimer les fleurs fanées de cette plante n'aide nullement à stimuler une deuxième floraison et enlève le plaisir d'attirer les oiseaux l'automne.

Si les échinacées viennent en bonne partie des Prairies, il ne faut pas penser qu'elles aiment un sol pauvre et sec. Elles *tolèrent* de telles conditions, mais vous aurez plus de fleurs et de plus belles fleurs dans un sol riche et toujours humide. Il doit toutefois être bien drainé, surtout pour *E. pallida* et *E. paradoxa*. Le soleil ou, tout au plus, la mi-ombre, est nécessaire pour une belle floraison abondante.

C'est une plante de culture facile que je peux facilement recommander aux débutants. Elle vit normalement 5 à 7 ans environ... et 15 à 25 dans un sol réellement bien drainé. (Une plate-bande surélevée peut faire toute une différence dans leur survie à long terme!) Si la plante montre des signes de fatigue, on peut la rajeunir par division. Les graines germent facilement à la température de la pièce et les plants fleurissent la deuxième année.

C'est une excellente fleur coupée fraîche ; on peut aussi faire sécher les capitules après la floraison pour des arrangements plus permanents.

Les échinacées ont rarement des problèmes d'insectes ou de maladies sous notre climat.

RAYONS DROITS OU PENDANTS ?

La plupart des échinacées botaniques ont des rayons qui s'arquent un peu vers le bas (*E. purpurea* et *E. angustifolia*, par exemple) ou même qui pendent mollement comme des guenilles (le cas de *E. atrorubens*). *E. tennessessensis* est l'exception, car ses rayons sont portés nettement à l'horizontale, comme ceux d'une fleur de marguerite. Par contre, la mode actuelle est aux échinacées aux fleurs horizontales, toute tendance à « pendouiller » étant jugée *si* démodée. Les hybrideurs font donc beaucoup d'efforts pour « redresser les rayons » de leurs bébés et ça paraît dans les variétés lancées sur le marché. Gageons que, une fois qu'on aura éliminé complètement les rayons pendants de la palette des jardiniers, cette forme plus relaxe redeviendra de nouveau très *hot* : ainsi va la vie avec la mode !

SECTION 2 ▸ VIVACES À FLORAISON PROLONGÉE

Variétés

Echinacea purpurea

Echinacea purpurea 'Alba'

♥ ❁ 🌱 ***Echinacea purpurea***
Échinacée pourpre (Purple Coneflower)
☼ (☼)

Jusqu'à récemment, c'était la seule échinacée couramment disponible. La forme sauvage a des fleurs roses; en culture, il y a de nombreux cultivars à fleurs blanches et même quelques-uns à fleurs vertes. Le nom *purpurea* vient des racines de couleur pourpre foncé. C'est une belle plante de culture facile : qu'elle soit si populaire n'est pas surprenant ! Contrairement aux autres échinacées, elle n'a pas de racine pivotante et est donc facile à transplanter. Elle a donné une profusion de cultivars ! Floraison : juillet-septembre (octobre). 60-150 cm x 45-60 cm. Zone 3.

❁ ***E. purpurea* 'Alaska'** : fleurs de taille moyenne à larges rayons blancs et dôme central brun verdâtre. Floraison : juillet-septembre (octobre). 50-55 cm x 30-45 cm. Zone 3.

❁ ***E. purpurea* 'Alba'** : très vieille lignée produite par semences, à fleurs blanches. Hauteur très inégale. Floraison : juillet-septembre (octobre). 60-150 cm x 45-60 cm. Zone 3.

❁ ***E. purpurea* 'Amado'** : fleurs blanches aux rayons un peu pendants. Disque verdâtre devenant brun orangé. Port dressé. Floraison : juillet-septembre (octobre). 60-90 cm x 45-60 cm. Zone 3.

♥ ❁ ***E. purpurea* 'Avalanche'** : variété naine aux fleurs blanches et à cœur vert aux pointes jaunes. Plante florifère et très symétrique. N'arrête pas de fleurir ! Peut-être la meilleure échinacée blanche naine. Floraison : juillet-octobre (novembre). 40-45 cm x 25-30 cm. Zone 3.

❁ ***E. purpurea* 'Baby Swan Pink'** : lignée semi-naine produite par semences. Fleurs roses. Floraison : juillet-septembre (octobre). 50 cm x 45 cm. Zone 3.

❁ ***E. purpurea* 'Baby Swan White'** : lignée semi-naine produite par semences. Fleurs blanches. Floraison : juillet-septembre (octobre). 50 cm x 45 cm. Zone 3.

Achillée
Agastache
Aster d'été
Astrance
Cœur-saignant nain
Coréopsis
Cupidone
▷ **Échinacée**
Éphémère
Fausse-fumeterre
Gaillarde
Géranium d'été
Héliopside
Heuchère à fleurs
Knautie
Lin
Mauve
Mertensie

SECTION 2 ▸ VIVACES À FLORAISON PROLONGÉE

Echinacea purpurea 'Coconut Lime' et 'Pink Double Delight'

♥ ✿ ***E. purpurea* 'Coconut Lime'** (série Conefections) : fleurs doubles en forme de gros pompon central arrondi vert lime, rayons blancs à vert lime à la pointe encochée. Port plutôt dressé, très ramifié. Floraison : juillet-septembre (octobre). 60-75 cm x 45-60 cm. Zone 3.

♥ ✿ ***E. purpurea* 'Cotton Candy'** : double de type anémone. Sélection de 'Razzmatazz' à fleurs plus grosses (10 cm). Aussi, le disque est jaune et, même à maturité, il y a une tache de jaune au centre du pompon rose. Floraison : juillet-septembre (octobre). 85 cm x 80 cm. Zone 3.

✿ ***E. purpurea* 'Cygnet White'** : variété compacte à fleurs blanches. Rayons horizontaux ou à peine pendants. Gros disque orange cuivré. Floraison : juillet-septembre (octobre). 50 cm x 30-45 cm. Zone 3.

ÉCHINACÉES DOUBLES

Ne soyez pas trop déçu si votre échinacée à fleurs doubles donne des fleurs simples. D'abord, les jeunes plants ne produisent souvent que des fleurs simples la première année, mais, même à maturité, la fleur est simple, avec un disque bombé dénué de tout rayon, à son épanouissement. C'est à mesure que la fleur mûrit que des rayons secondaires émergent du disque. S'ils sont longs et qu'on distingue à peine la différence entre les rayons primaires et secondaires, la fleur au complet ressemblera à un pompon et sera considérée comme « pleinement double » ; s'ils sont courts, on parle d'un « type anémone » : on dirait alors un pompon plus petit entouré d'une collerette.

SECTION 2 ▶ VIVACES À FLORAISON PROLONGÉE

Echinacea purpurea 'Doppelganger'

❤ ⚙ *E. purpurea* 'Doppelganger' ('Doubledecker') : fleurs curieuses, avec un « toupet » de rayons de quantité et longueur irrégulières au sommet du disque très bombé. Souvent à fleurs simples la première année. Sélection plus stable du vieux cultivar 'Indiaca' mais pas assez stable à mon goût ! Comme dans bien des lignées produites par semences, les résultats ne sont pas fiables. Sur 15 plants semés, j'en ai obtenu seulement 3 dont toutes les fleurs avaient le « toupet » qui distingue ce cultivar. Les autres avaient surtout des fleurs simples avec l'occasionnel toupet ou que des fleurs simples sauf un qui était pleinement double et d'ailleurs le plus beau des 15 ! Floraison : juillet-septembre (octobre). 90-100 cm x 60-65 cm. Zone 3.

❤ ⚙ *E. purpurea* 'Elbrook' Elton Knight™ : tiges pourpres. Fleurs s'étendant jusqu'à 12 cm sur une plante pourtant compacte. Rayons horizontaux rose magenta vif. Disque orange bronzé. Excellente ramification. Toutes les fleurs sont portées à la même hauteur, ce qui donne une plante très originale. Hybride de *E. purpurea* 'Rosenelf' et de *E. purpurea* 'The King'. Floraison : juillet-septembre (octobre). 45-60 cm x 30-45 cm. Zone 3.

⚙ *E. purpurea* 'Fancy Frills' : échinacée rose caractérisée par de multiples rangées de rayons donnant un effet frangé. Cœur rouge foncé. Floraison : juillet-septembre (octobre). 75 cm x 60 cm. Zone 3.

❤ ⚙ 🪴 *E. purpurea* 'Fatal Attraction' : fleurs aux rayons très horizontaux, même un peu dressés. Couleur très intense : magenta pourpré. Disque aplati orange bronzé. Parfum doux. Tiges rouge vin foncé. Floraison : juillet-octobre. 65 cm x 45-60 cm. Zone 3.

⚙ *E. purpurea* 'Finale White' : comme 'White Swan', mais à fleurs plus grosses sur des tiges plus courtes. Fleurs blanches de 10 cm à disque orange cuivré. Floraison : juillet-septembre (octobre). 60-90 cm x 45-60 cm. Zone 3.

Echinacea purpurea 'Fragrant Angel'

❤ ⚙ *E. purpurea* 'Fragrant Angel' : deux rangées de rayons blancs horizontaux extra larges. Dôme jaune orangé très parfumé. Port dressé. Mutation de *E. purpurea* 'Ruby Giant'. L'une des meilleures échinacées à fleurs blanches. Floraison : juillet-septembre (octobre). 100 cm x 45-60 cm. Zone 3.

⚙ 🪴 *E. purpurea* 'Green Eyes' ('Green Eye') : fleurs rose magenta à « œil » vert, surtout sur les fleurs fraîchement épanouies (il devient jaune orangé à maturité). 10-12 cm de diamètre. Floraison : juillet-septembre (octobre). 60-90 cm x 30-45 cm. Zone 3.

- Achillée
- Agastache
- Aster d'été
- Astrance
- Cœur-saignant nain
- Coréopsis
- Cupidone
- ▷ **Échinacée**
- Éphémère
- Fausse-fumeterre
- Gaillarde
- Géranium d'été
- Héliopside
- Heuchère à fleurs
- Knautie
- Lin
- Mauve
- Mertensie

SECTION 2 ◆ VIVACES À FLORAISON PROLONGÉE

Echinacea 'Green Jewel'

Echinacea purpurea 'Kim's Knee High'

❂ ⚘ ***E. purpurea* 'Green Jewel'**: grosses fleurs de 10 à 12 cm de diamètre à disque vert foncé et à rayons vert lime. Serait la plus fidèlement « verte » des échinacées vertes. Floraison: juillet-septembre (octobre). 50-60 cm x 45 cm. Zone 4.

♥ ❂ ⚘ ***E. purpurea* 'Hope'**: fleurs à gros disque central orange foncé. Rayons larges rose doux, la même couleur que le ruban rose de la Fondation du cancer du sein. À chaque vente d'un plant de 'Hope' (« espoir » en anglais), un don est fait à cette société. Tige solide. Floraison: juillet-septembre (octobre). 60-90 cm x 45-60 cm. Zone 3.

❂ ***E. purpurea* 'Jade'**: supposément à fleurs vertes, mais en fait le centre est vert et les rayons n'ont qu'une toute petite touche de vert qui disparaît assez rapidement. L'effet dans la plate-bande est celui d'un échinacée blanche à disque vert foncé. Floraison: juillet-septembre (octobre). 70 cm x 50 cm. Zone 3.

♥ ❂ ***E. purpurea* 'Kim's Knee High'**: variété naine originale de *E. purpurea* qui demeure un choix très intéressant. Fleurs roses à disque orange cuivré devenant bronze foncé. Hauteur variable: plus court en début de saison, jusqu'à 60 cm à la fin. Floraison: juillet-septembre (octobre). 40-60 cm x 30-60 cm. Zone 3.

❂ ⚘ ***E. purpurea* 'Kim's Mop Head'**: variété compacte. Mutation à fleurs blanches de 'Kim's Knee High'. Disque verdâtre. Floraison: juillet-septembre (octobre). 35-40 cm x 25-30 cm. Zone 3.

❂ ***E. purpurea* 'Leuchtstern'** ('Bright Star'): vieille lignée produite par semences. Grosses fleurs rose foncé. Disque marron. Hauteur un peu variable. Floraison: juillet-septembre (octobre). 75-120 cm x 45-60 cm. Zone 3.

❂ ***E. purpurea* 'Verbesserte Leuchtstern'** ('Bright Star Improved'): nouvelle version de la variété précédente. Très similaire mais plus fiable, notamment quant à la hauteur. Lignée produite par semences. Floraison: juillet-septembre (octobre). 100 cm x 45-60 cm. Zone 3.

❂ ⚘ ***E. purpurea* 'Lilliput'**: fleurs de taille moyenne sur un plant dense et compact. Gros disque d'un jaune bronzé foncé et parfumé. Rayons horizontaux rose foncé. Floraison: juillet-septembre (octobre). 35-45 cm x 30-45 cm. Zone 3.

❂ ⚘ ***E. purpurea* 'Little Angel'**: fleurs parfumées de petite taille sur une petite plante. Rayons blancs. Disque orange. Floraison: juillet-septembre (octobre). 40 cm x 40 cm. Zone 3.

SECTION 2 ▸ VIVACES À FLORAISON PROLONGÉE

Echinacea purpurea 'Little Giant'

❁ 🏺 *E. purpurea* **'Little Giant'** : variété naine à grosses fleurs de 10 à 12 cm. Rayons rose pourpré, gros disque orange foncé. Mutation de 'Ruby Giant'. Floraison : juillet-septembre (octobre). 40 cm x 25-30 cm. Zone 3.

❁ *E. purpurea* **'Lucky Star'** : dérivé de 'Rubinstern'. Fleurs blanches à disque jaune orangé. Rayons horizontaux. Lignée produite par semences. Floraison : juillet-septembre (octobre). 100 cm x 45 cm. Zone 3.

❁ *E. purpurea* **'Lustre Hybrids'** : mélange produit par semences. Rayons pendants roses, rose pourpré et blancs. Floraison : juillet-septembre (octobre). 120 cm x 45-60 cm. Zone 3.

❁ *E. purpurea* **'Magnus'** : vieux cultivar très populaire, produit par semences. Rayons roses très larges portés à l'horizontale. Disque foncé. Vivace de l'année de la Perennial Plant Association en 1998. Floraison : juillet-septembre (octobre). 75-90 cm x 45-60 cm. Zone 3.

❁ *E. purpurea* **'Magnus Superior'** : sélection plus fiable du vieux 'Magnus', notamment à hauteur plus constante. Aussi, fleurs et tiges plus foncées. Produit par semences. Floraison : juillet-septembre (octobre). 100 cm x 45-60 cm. Zone 3.

❁ 🏺 *E. purpurea* **'Mars'** : gros disque orangé. Rayons rose pourpré. Tige robuste. Floraison : juillet-septembre (octobre). 70 cm x 80 cm. Zone 3.

❁ *E. purpurea* **'Meringue'** (série Cone-fections) : échinacée naine de type anémone. Pompon blanc crème entouré de rayons blancs. Similaire à 'Coconut Lime', mais à tiges plus courtes et sans nuance verte dans la fleur. Floraison : juillet-septembre (octobre). 40-50 cm x 30-45 cm. Zone 3.

♥ ❁ *E. purpurea* **'Merlot'** : grosses fleurs de 12 cm. Rayons roses étroits. Disque orange bronzé. Tiges rouge vin distinctives. Floraison : juillet-octobre. 85 cm x 45-60 cm. Zone 3.

♥ ❁ *E. purpurea* **'Milkshake'** (série Conefections) : double de type anémone. Fleurs

Echinacea purpurea 'Magnus'

Echinacea purpurea 'Milkshake'

Achillée
Agastache
Aster d'été
Astrance
Cœur-saignant nain
Coréopsis
Cupidone
▷ **Échinacée**
Éphémère
Fausse-fumeterre
Gaillarde
Géranium d'été
Héliopside
Heuchère à fleurs
Knautie
Lin
Mauve
Mertensie

395

SECTION 2 — VIVACES À FLORAISON PROLONGÉE

entièrement blanches, sauf au centre un œil jaune or qui disparaît quand la fleur est pleinement mature. Retient parfaitement sa coloration. Port plutôt dressé, très ramifié. Réellement une plante supérieure ! Floraison : juillet-septembre (octobre). 60-90 cm x 60-90 cm. Zone 3.

E. purpurea 'Mistral' : variété naine à floraison prolifique. Rayons roses. Floraison : juillet-septembre (octobre). 45-50 cm x 35-40 cm. Zone 3.

E. purpurea 'Norwhinat' White Natalie™ : plant compact avec de grosses fleurs de 11 cm de diamètre. Rayons blancs un peu penchés. Disque bombé brun orangé. Mutation de *E. purpurea* 'White Swan'. Floraison : juillet-septembre (octobre). 45-60 cm x 30-45 cm. Zone 3.

E. purpurea 'Ovation' : rayons pendants rose vif. Cœur bombé orange cuivré. Floraison : juillet-septembre (octobre). 75-90 cm x 45-60 cm. Zone 3.

E. purpurea 'Pica Bella' : cultivar nain aux fleurs de type cactus : rayons d'un rose riche enroulés et étroits. Original ! Disque rouge orangé. Semis de *E. purpurea* 'Abenstem'. Floraison : juillet-septembre (octobre). 45-60 cm x 30-45 cm. Zone 3.

E. purpurea 'Pink Double Delight' (série Cone-fections) : fleurs pleinement doubles de 7 cm de diamètre. Rose foncé aux rayons rose plus pâle. La fleur prend une teinte lavande en mûrissant. Floraison : juillet-septembre (octobre). 45-60 cm x 30-45 cm. Zone 3.

E. purpurea 'Pink Poodle' : grosses fleurs pleinement doubles rose vif de 10 cm. La plus double des doubles ! Excellente plante ! Semis de *E. purpurea* 'Doppelganger'. Floraison : juillet-septembre (octobre). 60-70 cm x 55-60 cm. Zone 3.

E. purpurea 'PowWow White' : lignée produite par semences. Fleurs blanches de 7 à 10 cm. Rayons larges un peu pendants. Disque jaune à brun jaunâtre. Floraison : juillet-septembre (octobre). 60-90 cm x 30-45 cm. Zone 3.

Echinacea purpurea 'PowWow Wild Berry'

E. purpurea 'PowWow Wild Berry' : larges rayons rose pourpré qui se chevauchent à la base. Disque brun orangé. Très ramifié. Variété particulièrement hâtive. Offert par semences. Gagnant d'un prix Sélections All-America en 2010. Fleurit la première année d'un semis en février. Florai-

Echinacea purpurea 'Pink Double Delight'

SECTION 2 ▸ VIVACES À FLORAISON PROLONGÉE

son: (juin) juillet-septembre (octobre). 60-90 cm x 30-45 cm. Zone 3.

❂ *E. purpurea* 'Prairie Frost' : surtout cultivé pour son feuillage panaché. Feuilles à marges irrégulières blanches. Fleurs de 7 cm aux rayons rose pourpré et cœur brun bronzé. Plant trouvé dans un semis de 'Bravado'. 🍂 La plus intéressante des échinacées panachées jusqu'à maintenant, mais pas très impressionnante malgré tout. Floraison: juillet-septembre (octobre). 65 cm x 45-60 cm. Zone 3.

❂ *E. purpurea* 'Prairie Giant' : grande variété aux fleurs géantes : 15 à 22 cm. Rayons épars, longs, pendants, rose pâle. Disque foncé. Floraison: juillet-septembre (octobre). 90-100 cm x 45-60 cm. Zone 3.

❂ *E. purpurea* 'Prairie Splendor' : variété compacte. Fleurs de 10 à 12 cm aux rayons arqués rose magenta. Cœur orange foncé. Floraison deux semaines plus tôt que les autres sélections de *E. purpurea*. Gagnante d'une médaille d'or Fleuroselect en 2007. Produit par semences. Floraison: (juin) juillet-septembre (octobre). 60 cm x 30-60 cm. Zone 3.

❂ *E. purpurea* 'Primadonna Deep Rose' : grosses fleurs de 12 à 15 cm de diamètre. Rayons rose foncé un peu penchés. Disque bombé brun orangé. Bien ramifié. Lignée produite par semences. Floraison: juillet-septembre (octobre). 75-90 cm x 60 cm. Zone 3.

❂ *E. purpurea* 'Primadonna White' : version du précédent à fleurs blanches. Produit par semences. Floraison: juillet-septembre (octobre). 75-90 cm x 60 cm. Zone 3.

❂ *E. purpurea* 'Purity' : plant compact et vigoureux produisant une floraison abondante. Fleurs allant jusqu'à 11 cm de diamètre. Larges rayons blancs. Gros disque bombé orange. Floraison: juillet-septembre (octobre). 45-60 cm x 30-45 cm. Zone 3.

Echinacea purpurea 'Razzmatazz'

❂ *E. purpurea* 'Razzmatazz' : fleurs doubles de type anémone : pompon rouge pourpré, rayons rose vif. Fleurs de 8-10 cm de diamètre. A été la première échinacée double sur le marché. 🍂 Tiges un peu lâches. Floraison: juillet-septembre (octobre). 60-75 cm x 45-60 cm. Zone 3.

❂ *E. purpurea* 'Red Knee High' : mutation de 'Kim's Knee High' aux fleurs « rouges » (🍂 à mes yeux, il n'y a rien de rouge là-dedans, mais un rose plus intense que chez la plupart des échinacées, proche de magenta). Rayons pendants. Cœur orange cuivré devenant bronze. Floraison: juillet-septembre (octobre). 45 cm x 30-45 cm. Zone 3.

❂ 🍵 *E. purpurea* 'Rubinglow' ('Ruby Glow', 'Rubin Glow') : très parfumé. Rayons rose carmin foncé. Disque bombé brun foncé. Port compact. Floraison: juillet-septembre (octobre). 60 cm x 40 cm. Zone 3.

❂ *E. purpurea* 'Rubinstern' ('Ruby Star') : lignée produite par semences. Rayons foncés : rose carmin à pourpres. Fleurs de 10 cm de diamètre. Gros disque brun bronzé foncé. C'est du moins la description théorique de 'Rubinstern' ; 🍂 malheureusement, selon la source des semences, on obtient des plantes très différentes. Floraison: juillet-

Achillée
Agastache
Aster d'été
Astrance
Cœur-saignant nain
Coréopsis
Cupidone
▸ **Échinacée**
Éphémère
Fausse-fumeterre
Gaillarde
Géranium d'été
Héliopside
Heuchère à fleurs
Knautie
Lin
Mauve
Mertensie

397

SECTION 2 ▶ VIVACES À FLORAISON PROLONGÉE

septembre (octobre). 60-90 cm x 45-60 cm. Zone 3.

♥ ✿ *E. purpurea* 'Ruby Giant' : fleurs géantes de 17 cm de diamètre. Rayons horizontaux rose rubis. Gros disque brun orangé. Sélection issue de 'Rubinstern' et multipliée végétativement. Superbe plante ! Floraison : juillet-septembre (octobre). 60-75 cm x 45-60 cm. Zone 3.

Echinacea purpurea 'Sparkler'

♦ ✿ 🪴 *E. purpurea* 'Sparkler' : plant compact au feuillage panaché picoté de blanc. Fleurs de 10 cm à rayons rose foncé. Disque brun orangé. Fleurs roses. Mutation de *E. purpurea* 'Ruby Giant'. Habituellement, j'aime les plantes panachées, 🍃 mais celle-ci a l'air de souffrir d'une maladie et, de plus, elle pousse faiblement. Floraison : juillet-septembre (octobre). 60-75 cm x 45 cm. Zone 3.

✿ *E. purpurea* 'Springbrook's Crimson Star' : rayons horizontaux rose cramoisi. Disque aplati orange cuivré. Floraison : juillet-septembre (octobre). 60-75 cm x 45-60 cm. Zone 3.

✿ *E. purpurea* 'The King' : grande variété à grosses fleurs (15 cm) rose foncé. Disque rouge vin foncé. Floraison : juillet-septembre (octobre). 120-150 cm x 90-120 cm. Zone 3.

♥ ✿ 🪴 *E. purpurea* 'Vintage Wine' : rayons rose foncé pourpré, horizontaux ou même un peu dressés. Disque à pointes rouge foncé. Parfum agréable mais faible. Floraison : juillet-septembre (octobre). 60-75 cm x 45-60 cm. Zone 3.

♥ ✿ 🪴 *E. purpurea* 'Virgin' : variété compacte à fleurs blanches de 11,5 cm de diamètre. Double rangée de rayons blancs horizontaux à extrémité encochée. Cœur bombé vert à parfum agréable. Floraison : juillet-septembre (octobre). 45-60 cm x 30-45 cm. Zone 3.

✿ *E. purpurea* 'White Lustre' : rayons pendants blancs. Disque bombé orange cuivré. Plante compacte. Floraison : juillet-septembre (octobre). 60-75 cm x 45-60 cm. Zone 3.

✿ *E. purpurea* 'White Swan' : grosses fleurs blanches aux rayons légèrement penchés. Disque orangé cuivré teinté de vert. Probablement la meilleure lignée d'échinacées produite par semences. Floraison : juillet-septembre (octobre). 60-90 cm x 45-60 cm. Zone 3.

Echinacea angustifolia

SECTION 2 ▸ VIVACES À FLORAISON PROLONGÉE

E. angustifolia
Échinacée à feuilles étroites
(Narrow-leaved Coneflower)

Disque en forme de boule. Rayons pendants rose moyen à pâle. Feuilles étroites. Contrairement à celles de la plupart des échinacées, ses semences exigent un traitement au froid pour germer. Tolère bien les sols alcalins. C'est l'espèce la plus appréciée pour ses propriétés médicinales. Indigène sur un vaste territoire au centre du continent, du Texas à l'Alberta et à la Saskatchewan. Floraison : juin-juillet. 30-90 cm x 45-60 cm. Zone 3.

E. atrorubens
Échinacée rouge foncé
(Reflexed Coneflower)

Espèce menacée dans la nature, originaire du sud des États-Unis. Ressemble à l'échinacée pourpre, mais avec des rayons rose moyen à très foncé, presque rouges, qui sont plus pendants. Par ailleurs, les feuilles sont lisses et non pas rugueuses. Racine pivotante. La plus hâtive des échinacées, mais sa floraison n'est pas aussi durable que chez d'autres. Floraison : juin-juillet. 60-120 cm x 45-60 cm. Zone 4.

E. pallida
Échinacée pâle (Pale Coneflower)

Fleurs rose pâle aux rayons pendants très étroits. Disque bombé brun. Seule échinacée à pollen blanc. Feuilles très étroites. Effet très aéré. Tolère bien les sols alcalins. Racine pivotante rendant la division plus difficile. Espèce indigène dans le centre et l'est de l'Amérique du Nord, du Texas à l'Ontario et au Nouveau-Brunswick. Floraison : juillet-septembre (octobre). 60-120 cm x 45-60 cm. Zone 3b.

Echinacea pallida

Echinacea paradoxa

E. paradoxa
Échinacée jaune (Yellow Coneflower)

Dans la plus grosse partie de son aire du Midwest américain, *E. paradoxa* produit des rayons roses (plus rarement blancs), comme toutes les échinacées sauvages, mais dans une petite partie de l'Oklahoma, ils sont jaunes. C'est cette curieuse combinaison de traits qui lui a valu le nom de *paradoxa*. Croisée avec *E. purpurea* et d'autres échinacées à

SECTION 2 — VIVACES À FLORAISON PROLONGÉE

fleurs roses, l'échinacée jaune a réussi à injecter non seulement du jaune chez les échinacées hybrides, mais aussi toutes les teintes d'orange et de pêche qui sont si populaires. Ses rayons sont très étroits et carrément pendants, une caractéristique qui va à contre-courant des tendances actuelles mais qui lui donne un aspect original non négligeable. Son disque, presque rond, est brun foncé : avec ses rayons jaunes en plus, on pourrait facilement la prendre pour une rudbeckie ! Les feuilles vert foncé sont étroites, presque en ruban. Préfère des conditions plutôt sèches et un sol plutôt acide. Racine pivotante. On peut obtenir E. paradoxa par semences, mais il tend alors à être plutôt bisannuel. Floraison : juillet-août. 60-100 cm x 45-60 cm. Zone 4.

❤ **E. paradoxa 'Mellow Yellow'** : identique à l'espèce en apparence, mais une véritable vivace. Floraison prolongée : juillet-août (octobre). 60-150 cm x 45-60 cm. Zone 3.

❀ **E. simulata**
Échinacée des Ozarks (Wavyleaf Coneflower)
☀ (☀)
Similaire à *E. pallida* (*simulata* veut dire « ressemble à »), mais au pollen jaune (*E. pallida* produit du pollen blanc). Longs rayons pendants d'un rose plus pâle. Disque arrondi brun orangé. Racine pivotante. Floraison : juillet-août (septembre). 60-90 cm x 45-60 cm. Zone 3.

❀ **E. tennesseensis**
Échinacée du Tennessee
(Tennessee Coneflower)
☀ (☀)
Fleurs roses aux rayons portés à l'horizontale, voire légèrement dressés. Curieusement, les fleurs penchent toujours vers l'est. Feuilles lancéolées hirsutes. Disque vert. Racine pivotante. Préfère un sol plutôt acide. Très longévif sous notre climat. Floraison : juin-août. 45-60 cm x 30 cm. Zone 4.

❤ ❀ **E. tennesseensis 'Rocky Top'** : plus souvent offert que l'espèce, plus haut et vigoureux. Rayons horizontaux roses, disque noir. Feuilles étroites. Floraison : juillet-septembre (octobre). 60-75 cm x 30 cm. Zone 4.

❀ **E. tennesseensis 'Rocky Top Hybrids'** : nom donné à une lignée produite par semences dérivée de 'Rocky Top'. Floraison : juillet-septembre (octobre). 60-75 cm x 30 cm. Zone 4.

Echinacea tennesseensis

SECTION 2   VIVACES À FLORAISON PROLONGÉE

Echinacea 'Art's Pride' Orange Meadowbrite™

Hybrides interspécifiques

E. x
Échinacée hybride
(Hybrid Purple Coneflower)

Depuis 2004, quand 'Art's Pride', vendu sous le nom commercial de Orange Meadowbrite™, a été lancé, c'est l'explosion des nouvelles variétés d'échinacée provenant de croisements entre deux espèces différentes et plus (hybrides interspécifiques). En combinant notamment des gènes de *E. purpurata* et d'autres espèces et sélections à fleurs roses ou blanches avec l'échinacée à fleurs jaunes, *E. paradoxa*, on a réussi à développer des cultivars de toutes sortes de couleurs, du jaune pâle au rouge tomate, à fleurs simples et doubles, et de différentes tailles. Ces cultivars sont produits à grande échelle par culture *in vitro*, car ils ne sont pas fidèles au type par semences. Plusieurs, d'ailleurs, stériles ou presque, produisent surtout des graines non viables.

E. x 'Adam Saul' Crazy Pink™ : tiges solides bien ramifiées. Abondantes fleurs roses aux rayons un peu pendants. Gros disque arrondi orangé légèrement parfumé. Feuillage grisâtre plutôt lancéolé. Quantité phénoménale de fleurs! Floraison : juillet-septembre. 60-75 cm x 45-60 cm. Zone 4.

Echinacea 'All That Jazz'

E. x 'All That Jazz' : fleurs surprenantes aux rayons spatulés – enroulés à la base, mais ouverts à l'extrémité –, ce qui donne un effet de moulinet. Diamètre : 10 cm. Rose

- Achillée
- Agastache
- Aster d'été
- Astrance
- Cœur-saignant nain
- Coréopsis
- Cupidone
- **Échinacée**
- Éphémère
- Fausse-fumeterre
- Gaillarde
- Géranium d'été
- Héliopside
- Heuchère à fleurs
- Knautie
- Lin
- Mauve
- Mertensie

SECTION 2 — VIVACES À FLORAISON PROLONGÉE

moyen. Centre bombé orange. Floraison : juillet-septembre (octobre). 75-90 cm x 45 cm. Zone 4.

E. x 'Amazing Dream' : hybride de *E. tennesseensis*. Très florifère. Fleurs rose foncé. Port compact. Floraison : juillet-septembre (octobre). 60 cm x 50 cm. Zone 4.

E. x 'Amber Mist' : échinacée compacte aux rayons jaunes à jaune orange un peu pendants. Disque vert jaunâtre. Floraison : juillet-septembre (octobre). 30-60 cm x 45-60 cm. Zone 4.

E. x 'Art's Pride' Orange Meadowbrite™ : c'est la toute première échinacée hybride (*E. purpurea* 'Alba' x *E. paradoxa*). Développé en 1998 et lancé en 2004. Rayons étroits et pendants de couleur orange. Parfumé. Feuilles lancéolées assez luisantes. Floraison : juillet-septembre (octobre). 60-90 cm x 45-60 cm. Zone 4.

E. x 'CBG Cone 2' Pixie Meadowbrite™ : variété naine aux petites fleurs portant des rayons horizontaux rose vif. Disque foncé. Floraison : juillet-septembre (octobre). 40-50 cm x 50-60 cm. Zone 4.

E. x 'CG Cone 3' Mango Meadowbrite™ : mutation de 'Art's Pride'. Rayons étroits jaune orangé : une couleur très vive. Disque orangé. Parfumé. Floraison : juillet-septembre (octobre). 60-90 cm x 45-60 cm. Zone 4.

E. x 'Coral Reef' : fleurs doubles de type anémone formant un pompon central rouge corail entouré de rayons rose corail un peu pendants. Floraison : juillet-septembre (octobre). 80-90 cm x 45-60 cm. Zone 4.

E. x 'Cranberry Cupcake' : grosses fleurs doubles de type anémone et de couleur canneberge avec un pompon central et des rayons roses pendants. Plant compact et large. Très florifère. Floraison : juillet-septembre (octobre). 55 cm x 55 cm. Zone 4.

E. x 'Daydream' : fleurs d'un jaune franc pâlissant à jaune doux. Parfum agréable. Floraison : juillet-septembre (octobre). 65 cm x 40 cm. Zone 4.

E. x 'Emily Saul' Big Sky After Midnight™ : plante naine aux fleurs assez grosses (9 cm) rouge pourpré aux rayons légèrement arqués vers le bas. Disque bombé

Echinacea 'Coral Reef'

rouge très foncé, presque noir. Tiges presque noires. Floraison : juillet-septembre (octobre). 30 cm x 30 cm. Zone 4.

Echinacea 'Evan Saul' Big Sky Sundown™

❤️ 🌼 🏺 *E.* x 'Evan Saul' Big Sky Sundown™ : port dressé presque colonnaire. Tiges solides. Larges rayons orange rouille et disque brun foncé. Légèrement parfumé. Floraison : juillet-septembre (octobre). 75-90 cm x 45 cm. Zone 4.

🌼 *E.* x 'Firebird' : fleurs curieuses et jolies en forme de volant de badminton. Disque rond brun orangé foncé. Rayons écarlate vif dirigés vers le bas. Tiges robustes bien ramifiées. Floraison : juillet-septembre (octobre). 75-90 cm x 45 cm. Zone 4.

🌼 🏺 *E.* x 'Flame Thrower' : fleurs de 9 cm de diamètre aux rayons étroits bicolores orange à la base, jaune riche à l'extrémité. Disque ambre foncé. Très florifère. Floraison : juillet-septembre (octobre). 90-100 cm x 45-60 cm. Zone 4.

🌼 *E.* x 'Green Envy' : fleurs vertes, avec un disque vert foncé et des rayons vert lime spatulés prenant une teinte rose pourpré à la base avec le temps. 🌱 Curieux, mais pas toujours beau une fois que le rose a commencé à envahir le vert. Du moins, c'est mon point de vue ! Floraison : juillet-septembre (octobre). 75-90 cm x 45-60 cm. Zone 4.

🌼 *E.* 'Guava Ice' (série Cone-fections) : double de type anémone. Fleurs de bonne taille (10 cm) orange pêche. Floraison : juillet-septembre (octobre). 60-75 cm x 60-75 cm. Zone 3.

🌼 *E.* x 'Gum Drop' : énormes fleurs doubles de type anémone. Pompon central rose foncé. Rayons rose moyen extra larges. Tiges robustes. Floraison : juillet-septembre (octobre). 80 cm x 80 cm. Zone 4.

🌼 *E.* x 'Heavenly Dream' : variété compacte. Fleurs de 7-10 cm aux rayons blancs arqués vers le bas. Gros disque jaune vert. Floraison : juillet-septembre (octobre). 45-60 cm x 30-45 cm. Zone 4.

🌼 🏺 *E.* x 'Hot Papaya' (série Cone-fections) : double de type anémone. Pompon et rayons pendants rouge orangé. Fleurs très parfumées. Floraison : juillet-septembre (octobre). 75-90 cm x 60-75 cm. Zone 4.

Echinacea 'Hot Lava'

🌼 🏺 *E.* x 'Hot Lava' : fleurs de 10 cm aux rayons arqués rouge orangé. Disque orange foncé. Floraison : juillet-septembre (octobre). 90-120 cm x 45-60 cm. Zone 4.

SECTION 2 ▸ VIVACES À FLORAISON PROLONGÉE

Achillée
Agastache
Aster d'été
Astrance
Cœur-saignant nain
Coréopsis
Cupidone
▷ **Échinacée**
Éphémère
Fausse-fumeterre
Gaillarde
Géranium d'été
Héliopside
Heuchère à fleurs
Knautie
Lin
Mauve
Mertensie

SECTION 2 ▸ VIVACES À FLORAISON PROLONGÉE

❂ ⚱ *E.* x **'Hot Summer'** : port dressé. Grosses fleurs de 11 cm de couleur changeante : commence jaune orangé pour devenir orange puis rouge foncé. Comme la plante fleurit continuellement, donc avec des fleurs de tous les âges, elle aurait plusieurs couleurs en même temps. Floraison : juillet-septembre (octobre). 80-90 cm x 45-50 cm. Zone 4.

Echinacea 'Mac 'n' Cheese'

Echinacea 'Irresistable'

❂ ⚱ *E.* x **'Irresistable'** : couleur variable. La fleur est simple au début avec un disque orange et des rayons jaune pastel. Puis se forme un pompon central rose foncé aux rayons rose corail. À maturité, le pompon développe un cœur jaune citron et les rayons pâlissent à rose pêche. Floraison : juillet-septembre (octobre). 80 cm x 75 cm. Zone 4.

❂ ⚱ *E.* x **'Katie Saul' Big Summer Sky**™ : grosses fleurs de 12 cm. Les rayons sont rose foncé à la base, saumon au milieu et jaunes à l'extrémité. Disque orange foncé. Délicieusement parfumé. Floraison : juillet-septembre (octobre). 60-90 cm x 45-60 cm. Zone 4.

❂ *E.* x **'Little Annie'** mini-échinacée, mutation de 'Kim's Knee High'. Fleurs rose lavande de 6 cm. Gros disque bombé orange foncé. Feuilles assez étroites. Floraison : juillet-septembre (octobre). 15-25 cm x 15-30 cm. Zone 4.

♥ ❂ *E.* x **'Mac 'n' Cheese'** : plant compact bien ramifié. Fleurs de 11 cm. Rayons horizontaux jaune vif. Disque arrondi ambre. Floraison : juillet-septembre (octobre). 50-65 cm x 45-60 cm. Zone 4.

❂ *E.* x **'Mama Mia'** (série Broadway™) : très grosses fleurs rouge orangé en mutation constante, passant de plutôt rouge à orange à rose corail. Floraison : juillet-septembre (octobre). 75 cm x 65 cm. Zone 4.

❂ ⚱ *E.* x **'Marmalade'** (série Confections) : fleurs doubles de type anémone à pompon et rayons orange marmelade. Floraison : juillet-septembre (octobre). 65-75 cm x 60-75 cm. Zone 4.

Echinacea 'Matthew Saul' Big Sky Harvest Moon™

SECTION 2 — VIVACES À FLORAISON PROLONGÉE

♥ ✿ 🌱 *E.* x 'Matthew Saul' Big Sky Harvest Moon™ : port plutôt colonnaire. Fleurs légèrement parfumées aux rayons un peu pendants jaune or. Cœur orange. Floraison : juillet-septembre (octobre). 60-75 cm x 45 cm. Zone 4.

✿ 🌱 *E.* x 'Maui Sunshine' : fleurs de 10 cm aux rayons étroits un peu pendants jaune vif. Cœur bombé orange. 82 cm x 90 cm. Zone 4.

✿ *E.* x 'Now Cheesier' : fleurs orange cheddar pâlissant à jaune sous l'effet de la chaleur. Bien ramifié. Floraison : juillet-septembre (octobre). 65 cm x 55 cm. Zone 4.

✿ *E.* x 'Paranoia' : variété naine. Fleurs jaune pâle. Rayons étroits un peu penchés. Tiges rigides. Feuilles étroites. Florifère. ⚠ Il faut le diviser souvent, car il n'est pas très longévif. Floraison : juillet-septembre (octobre). 25 cm x 30 cm. Zone 4.

✿ *E.* x 'Phoenix' : port compact. Fleurs en forme de volant de badminton : gros disque arrondi brun bronzé foncé, rayons tombants jaune orangé. Floraison : juillet-septembre (octobre). 55 cm x 35-40 cm. Zone 4.

✿ *E.* x 'Pink Mist' : plant compact formant une touffe dense et dressée. Tiges très ramifiées. Fleurs rose vif à disque au centre orange cuivré foncé. Floraison : juillet-septembre (octobre). 40-50 cm x 30-45 cm. Zone 4.

✿ 🌱 *E.* x 'Raspberry Tart' : plante compacte. Rayons horizontaux magenta rosé. Gros disque orange bronzé. Floraison : juillet-septembre (octobre). 45 cm x 45-60 cm. Zone 4.

✿ *E.* x 'Raspberry Truffle' (série Confections) : double de type anémone de 10 cm à gros pompon framboise pêche à cœur brun chocolat. Rayons horizontaux rose pêche. Croissance rapide. Floraison : juillet-septembre (octobre). 70-80 cm x 50-60 cm. Zone 4.

✿ *E.* x 'Secret Desire' (série Secret™) : fleurs doubles de type anémone. Pompon orange rosé. Rayons roses à presque jaunes. Très vigoureux. Floraison : juillet-septembre (octobre). 65 cm x 90 cm. Zone 4.

✿ *E.* x 'Secret Lust' (série Secret™) : fleurs doubles de type anémone. Pompon rouge orangé foncé. Rayons roses. Port compact. Floraison : juillet-septembre (octobre). 78 cm x 90 cm. Zone 4.

Echinacea 'Raspberry Tart'

Echinacea 'Secret Passion'

✿ *E.* x 'Secret Passion' (série Secret™) : fleurs doubles de type anémone. Pompon rose flamant. Rayons plus pâles. Très longue floraison : juillet-octobre. 65 cm x 90 cm. Zone 4.

- Achillée
- Agastache
- Aster d'été
- Astrance
- Cœur-saignant nain
- Coréopsis
- Cupidone
- ▷ **Échinacée**
- Éphémère
- Fausse-fumeterre
- Gaillarde
- Géranium d'été
- Héliopside
- Heuchère à fleurs
- Knautie
- Lin
- Mauve
- Mertensie

SECTION 2 ▸ VIVACES À FLORAISON PROLONGÉE

❂ *E.* x 'Secret Romance' (série Secret™): fleurs doubles de type anémone. Pompon rose saumoné. Rayons rose pâle. Bien ramifié. Floraison : juillet-septembre (octobre). 75 cm x 75 cm. Zone 4.

❂ *E.* x 'Southern Belle' (série Conefections): fleurs pleinement doubles rose magenta avec une collerette de rayons rose moyen. Floraison : juillet-septembre (octobre). 75-90 cm x 75-90 cm. Zone 4.

☕ *E.* x 'Summer Sun': grande échinacée très dressée à fleurs orange devenant jaune orangé. Parfumée. Floraison : juillet-septembre (octobre). 100 cm x 30-45 cm. Zone 4.

Echinacea 'Sunrise' Big Sky Sunrise™

♥ ❂ ☕ *E.* x 'Sunrise' Big Sky Sunrise™: port dressé. Fleurs de 12 cm. Délicieusement parfumé. Rayons horizontaux jaune citron. Disque vert devenant orange à pleine maturité. Issu d'un croisement de *E. purpurea* 'White Swan' avec *E. purpurea* x *E. paradoxa*. Floraison : juillet-septembre (octobre). 75-90 cm x 30-60 cm. Zone 4.

❂ ☕ *E.* x 'Sunset' Big Sky Sunset™: port dressé ramifié. Fleurs de 6,5 cm de diamètre aux rayons légèrement pendants orange. Disque bombé brun roux. Hybride de *E. purpurea* 'White Swan' et de *E. paradoxa*. Floraison : juillet-septembre (octobre). 60-75 cm x 45-60 cm. Zone 4.

❂ ☕ *E.* x 'Tangerine Dream': fleurs de 10 cm aux rayons légèrement réfléchis orange. Disque brun foncé. Parfum doux. Plant bien ramifié. Floraison : juillet-septembre (octobre). 45-60 cm x 60-75 cm. Zone 4.

♥ ❂ *E.* x 'Tiki Torch': port dressé. Très ramifié. Rayons pendants orange foncé. Disque brun rougeâtre. Floraison : juillet-septembre (octobre). 60-90 cm x 45-60 cm. Zone 4.

Echinacea 'Tomato Soup'

♥ ❂ *E.* x 'Tomato Soup': rayons rouge tomate. Disque arrondi brun rehaussé de jaune. Floraison : juillet-septembre (octobre). 60-90 cm x 45-60 cm. Zone 4.

❂ ☕ *E.* x 'Twilight' Big Sky Twilight™: bien ramifié. Fleurs de 9 cm aux rayons pendants encochés rose rouge. Disque rouge pourpré. Hybride de *E. purpurea* 'White Swan' et de *E. paradoxa*. Floraison : juillet-septembre (octobre). 60-75 cm x 45-60 cm. Zone 4.

❂ *E.* x 'White Mist': plante compacte. Rayons blancs pendants. Disque jaune. Floraison : juillet-septembre (octobre). 40-50 cm x 30-45 cm. Zone 4.

ÉPHÉMÈRE
Tradescantia

Tradescantia virginiana

Famille : Commélinacées

Origine : Amérique du Nord

ÉPHÉMÈRE
Tradescantia

Nom anglais : Spiderwort

Dimensions : 22-90 cm x 22-90 cm (selon l'espèce)

Exposition :

Sol : humide, même très humide, et riche en matière organique

Floraison : juin-septembre

Multiplication : division, semences

Utilisations : plate-bande, bordure, massif, naturalisation, sous-bois ouvert, pré fleuri, endroits détrempés

Associations : fougères, heuchères, hémérocalles, ligulaires

Zone de rusticité : 4

Le genre *Tradescantia* est d'origine nord- et sud-américaine. Le nom honore les botanistes anglais père et fils John Tradescant l'Ancien et John Tradescant le Jeune qui rapportèrent la première espèce, *T. virginiana*, de leur premier voyage en Amérique du Nord en 1629.

Le genre, d'environ 70 espèces, comprend surtout des espèces tropicales. D'ailleurs, on en utilise plusieurs, aux longues tiges rampantes et retombantes, comme plantes d'intérieur. Il s'agit des « misères » : *T. fluminensis*, *T. zebrina* et autres. On les appelle ainsi, car rien ne semble les tuer. Ce qui nous intéresse ici, c'est plutôt un petit groupe d'environ sept espèces rustiques qui poussent, non pas dans les jungles d'Amérique du Sud, mais dans le sud du Canada et dans le centre et l'est des

SECTION 2 ▶ VIVACES À FLORAISON PROLONGÉE

États-Unis. Contrairement à leurs cousins tropicaux, elles n'ont pas des tiges rampantes mais plutôt dressées.

Les *Tradescantia* rustiques ressemblent à des graminées par leur port et leur feuillage, de longues feuilles linéaires et arquées, engainées à la base et pliées dans le sens de la longueur. Elles poussent en une touffe dense en forme de monticule. Dès la fin du printemps, des tiges charnues s'élèvent de la masse de feuilles et s'ouvrent peu après pour révéler de petites grappes de fleurs à trois pétales, toujours dans des tons de violet pour les espèces, aux étamines jaunes contrastantes. Chaque fleur ne dure qu'une seule journée, fermant même à midi là où le soleil plombe, d'où leurs noms communs éphémère et éphémérine. Mais le spectacle ne s'arrête pas après une journée, car chaque bouquet contient quantité de boutons. De plus, durant tout l'été, les plantes produisent une succession de nouvelles tiges florales. La plupart des plantes seront encore en fleurs en septembre si les conditions leur conviennent.

> Une fois coupée, la tige des éphémères exsude une sève transparente et visqueuse. Si on la touche du doigt et l'étire, cette sève forme de minces fils comme des fils d'araignée, d'où le nom commun anglais « spiderwort » (« spider » = araignée).

Leur culture est la facilité même : presque tout sol pas trop sec conviendra, même les sols passablement détrempés, au soleil ou à la mi-ombre. Des arrosages ponctuels en période de sécheresse leur seront utiles, mais utilisez un paillis pour garder le sol naturellement plus humide. 🍃 Pour obtenir une belle croissance sans provoquer inutilement des tiges hautes qui pourraient s'affaisser, offrez-leur un sol riche en matière organique, mais évitez les engrais à forte teneur en azote. Un apport annuel de compost maintiendra une belle floraison pendant des décennies.

Dans les régions chaudes des États-Unis, on recommande les éphémères pour l'ombre et la mi-ombre, car le soleil y est plus intense et pénètre plus loin. Dans nos régions, l'ombre est à proscrire. La mi-ombre leur convient toutefois et elles s'accommodent parfaitement du soleil aussi, du moment que le sol ne s'assèche pas trop en profondeur.

🍃 Faciles à cultiver, oui, mais pas si faciles à contrôler. Les éphémères courent passablement et formeront de grosses colonies si on les laisse faire. Idéalement, on les plantera à l'intérieur d'une barrière de plantation. 🍃 Mais même là, elles peuvent s'échapper en se ressemant ; cela ne risque pas d'arriver si vous paillez bien le sol. De plus, les jeunes plants sont faciles à arracher.

🍃 Puis il y a la « fonte des éphémères » en juillet. Vers le milieu du mois, la plante, jusqu'alors parfaitement heureuse en apparence, a tendance à s'affaisser mollement au sol, comme si une marmotte l'avait utilisée comme couchette. La solution est facile et rapide : rabattez les plants près du sol ! Moi, je passe la tondeuse ou le coupe-bordure. Après ce traitement radical et violent, les plantes repoussent instantanément et sont de nouveau en fleurs en moins de trois semaines. 🍃 Ce ne sont cependant pas toutes les éphémères qui s'écrasent ainsi : les variétés modernes, généralement plus compactes, se tiennent bien... et sont les meilleurs choix pour les jardiniers paresseux.

La multiplication se fait par division. Les plantes se cultivent facilement par semences, mais ne sont pas fidèles au type, car presque toutes sont des hybrides. Par exemple, les graines récoltées des variétés à feuillage « doré » donnent des plantes à la fois vertes et à feuillage jaune lime.

Variétés

Tradescantia virginiana

T. virginiana
Éphémère de Virginie (Virginia Spiderwort)

C'est l'espèce principale à l'origine des éphémères de jardin, mais elle est peu cultivée, car elle a été remplacée par ses hybrides. Fleurs bleu-violet. Originaire de l'est des États-Unis, du Maine à la Louisiane. Floraison : juin-septembre. 60-90 cm x 45-60 cm. Zone 4.

T. groupe Andersoniana
Éphémère hybride (Hybrid Spiderwort)

Des éphémères hybrides issues de *T. virginiana*, *T. ohiensis*, *T. subaspera* et peut-être d'autres espèces existent depuis longtemps, mais n'avaient pas de désignation botanique. En 1935, des chercheurs avaient proposé *T. x andersoniana* pour donner un nom à ces hybrides, mais n'avaient jamais publié le changement selon les critères taxonomiques. Ce nom n'a donc jamais été accepté officiellement, même si on l'a beaucoup utilisé, notamment dans les catalogues horticoles et sur les étiquettes d'identification. On emploie de nos jours le nom *T.* groupe Andersoniana, terme officiellement accepté. C'est lourd, mais que voulez-vous : ce que taxonomiste veut, Dieu le veut !

On pourrait difficilement distinguer ces plantes de *T. virginiana*, sinon que leurs fleurs sont généralement plus grosses et la plante, plus compacte. Floraison : juin-septembre. 22-60 cm x 22-60 cm. Zone 4.

Tradescantia x 'Bilberry Ice'

T. x 'Bilberry Ice' : rose mauve à marges presque blanches. Floraison : juin-septembre. 40-60 cm x 45-60 cm. Zone 4.

T. x 'Blue Stone' : bleu violacé vif. Floraison : juin-septembre. 60 cm x 45-60 cm. Zone 4.

T. x 'Blue and Gold' : voir 'Sweet Kate'.

SECTION 2 ▸ VIVACES À FLORAISON PROLONGÉE

Achillée
Agastache
Aster d'été
Astrance
Cœur-saignant nain
Coréopsis
Cupidone
Échinacée
▷ **Éphémère**
Fausse-fumeterre
Gaillarde
Géranium d'été
Héliopside
Heuchère à fleurs
Knautie
Lin
Mauve
Mertensie

SECTION 2 ▸ VIVACES À FLORAISON PROLONGÉE

Tradescantia x 'Concord Grape'

Tradescantia x 'Mac's Double'

❂ *T.* x 'Concord Grape' : vieux classique. Fleurs pourpres de la couleur d'un raisin 'Concord' (bon, peut-être un peu plus pâle). Floraison : juin-septembre. 40-45 cm x 45-60 cm. Zone 4.

❂ *T.* x 'Hawaiian Punch' : rouge-rose vif. Floraison : juin-septembre. 40-45 cm x 45-60 cm. Zone 4.

♥ ❂ *T.* x 'Innocence' : grosses fleurs blanches. Floraison : juin-septembre. 60 cm x 40-60 cm. Zone 4.

❂ *T.* x 'Isis' : fleurs bleu foncé. Variété assez haute. Floraison : juin-septembre. 60 cm x 60 cm. Zone 4.

❂ *T.* x 'J. C. Weguelin' : grosses fleurs violet lavande pâle. Floraison : juin-septembre. 50 cm x 45 cm. Zone 4.

❂ *T.* x 'Karminglut' : fleurs rose carmin vif. Tiges solides. Floraison : juin-septembre. 45-60 cm x 45-60 cm. Zone 4.

❂ *T.* x 'Little Doll' : variété compacte. Fleurs bleu-violet pâle. Peu porté à s'affaisser. Floraison : juin-septembre. 22-30 cm x 22-30 cm. Zone 4.

❂ *T.* x 'Little White Doll' : variété compacte. Fleurs blanches. Peu porté à s'affaisser. Floraison : juin-septembre. 22-30 cm x 22-30 cm. Zone 4.

❂ *T.* x 'Lucky Charm' (série Charm™) : très proche de 'Sweet Kate', mais de plus petite taille. Fleurs violettes, feuillage jaune lime. Tiges assez solides. Floraison : juin-septembre. 50 cm x 40 cm. Zone 4.

❂ *T.* x 'Mac's Double' : fleurs doubles bleu lavande. Floraison : juin-septembre. 50 cm x 45 cm. Zone 4.

❂ *T.* x 'Mariella' : port compact. Fleurs bleues. Feuillage jaune lime. Floraison : juin-septembre. 35 cm x 45 cm. Zone 4.

❂ *T.* x 'Navajo Princess' : petites fleurs blanches rehaussées de violet pâle au centre. Floraison : juin-septembre. 40-45 cm x 45-60 cm. Zone 4.

♥ ❂ *T.* x 'Osprey' : fleurs blanches à cœur violet pâle et étamines violettes à pointe jaune. Sublime ! Floraison : juin-septembre. 60 cm x 45 cm. Zone 4.

❂ *T.* x 'Perrine's Pink' : rose doux. Feuillage bleu-vert. Floraison : juin-septembre. 30-45 cm x 45-60 cm. Zone 4.

❂ *T.* x 'Pink Chablis' : fleurs rose vif à marge blanche, étamines magenta. Floraison : juin-septembre. 30-45 cm x 45-60 cm. Zone 4.

♥ ❂ *T.* x 'Purple Profusion' : fleurs violet foncé. Feuilles plus étroites que la plupart. Floraison : juin-septembre. 30-45 cm x 30-45 cm. Zone 4.

SECTION 2 ▶ VIVACES À FLORAISON PROLONGÉE

Tradescantia x 'Red Cloud'

❋ *T.* x **'Red Cloud'** : fleurs rose pourpré, pas du tout rouges. Floraison : juin-septembre. 40-45 cm x 45-60 cm. Zone 4.

❋ *T.* x **'Red Grape'** : petites fleurs rouge vin foncé. Floraison : juin-septembre. 40-45 cm x 45-60 cm. Zone 4.

❋ *T.* x **'Rubra'** (*T.* x *andersoniana* rouge) : fleurs rouge-magenta. Floraison : juin-septembre. 30-60 cm x 45-60 cm. Zone 4.

❋ *T.* x **'Satin Doll'** : variété compacte. Fleurs rose vif. Peu porté à s'affaisser. Floraison : juin-septembre. 22-30 cm x 22-30 cm. Zone 4.

❋ *T.* x **'Snowcap'** : fleurs blanc pur. Floraison prolongée : juin-septembre (octobre). 30-60 cm x 30-60 cm. Zone 4.

❋ *T.* x **'Sunshine Charm'** (série Charm™) : fleurs rose lavande, feuillage jaune lime. Tiges assez solides. Floraison : juin-septembre. 50 cm x 40 cm. Zone 4.

Tradescantia x 'Sweet Kate'

❤ ❋ *T.* x **'Sweet Kate'** : pousses orange vif au printemps, feuillage jaune lime l'été. Fleurs pourpre riche qui ressortent superbement du feuillage. La même plante est aussi vendue sous le nom 'Blue and Gold'. Donne des semis à la fois à feuillage doré et à feuillage vert. Floraison : juin-septembre. 50 cm x 60 cm. Zone 4.

❋ *T.* x **'True Blue'** : théoriquement, fleurs bleu ciel, mais je les vois bleu-violet pâle. Floraison : juin-septembre. 45-50 cm x 45-60 cm. Zone 4.

Tradescantia x 'Zwanenburg Blue'

❋ *T.* x **'Zwanenburg Blue'** : fleurs bleu-violet extra grosses. Floraison : juin-septembre. 45-60 cm x 60-90 cm. Zone 4.

Tradescantia ohiensis

T. ohiensis
Éphémère de l'Ohio (Ohio Spiderwort)

Achillée
Agastache
Aster d'été
Astrance
Cœur-saignant nain
Coréopsis
Cupidone
Échinacée
▷ **Éphémère**
Fausse-fumeterre
Gaillarde
Géranium d'été
Héliopside
Heuchère à fleurs
Knautie
Lin
Mauve
Mertensie

SECTION 2 ▶ VIVACES À FLORAISON PROLONGÉE

Assez semblable à *T. virginiana*, mais aux feuilles plus minces et un peu grisâtres, et généralement plus haut. Fleurs bleu-violet pâle. Le feuillage s'empourpre l'automne. Préfère les emplacements chauds et humides. Originaire de l'est de l'Amérique du Nord, de l'Ontario et du Nouveau-Brunswick jusqu'au Texas… Bien sûr, il est présent dans l'État qui lui a donné son nom, l'Ohio. Floraison : juin-juillet. 60-120 cm x 60-90 cm. Zone 3.

❂ *T. subaspera*
Éphémère scabre (Zigzag Spiderwort)

Tiges zigzagantes. Feuilles plus larges que chez *T. virginiana*. Fleurs bleu-violet à pourpre. Est des États-Unis. Floraison : juin-septembre. 60 cm x 60 cm. Zone 4.

Variété déconseillée

Tradescantia fluminensis 'Maiden's Blush', mieux connu sous le nom de *Tradescantia* x *andersoniana* 'Blushing Bride'

T. fluminensis 'Maiden's Blush'
(*T.* groupe Andersoniana 'Blushing Bride')
Misère (Wandering Jew)

Quand j'ai entendu parler d'une nouvelle éphémère rustique à feuillage panaché, 'Maiden's Blush', je l'ai bien sûr fait venir par la poste. On la vendait (et on la vend encore) sous le nom de *T.* x *andersoniana* 'Blushing Bride', avec une rusticité de zone 4, mais aussitôt que j'eus déballé la plante, j'ai compris qu'il y avait une erreur. Ce n'était nullement une éphémère du groupe Andersoniania : elle n'y ressemblait pas, mais me faisait davantage penser aux misères que je cultivais comme plantes d'intérieur.

T. fluminensis 'Maiden's Blush' produit des tiges rampantes portant des feuilles beaucoup plus larges que les feuilles de toute éphémère rustique. Le trait principal de cette plante réside dans les nouvelles feuilles entièrement rose pâle au revers magenta et les feuilles matures vertes portant une grosse tache rose pâle (devenant blanche au cours de l'été) à leur base : jolie et originale ! Mais la plante avait plutôt l'allure d'une misère (*T. fluminensis*), avec ses tiges rampantes qui s'enracinent en courant sur le sol. Est-ce qu'une plante de ce type peut être rustique ? La réponse est non ! Ma plante était morte au printemps ; tous ceux qui l'ont essayée l'ont perdue aussi, sauf les plus intelligents qui ont réalisé la supercherie et l'ont rentrée dans leur demeure pour l'hiver.

🍁 À force de vérifier, j'ai découvert qu'elle s'appelle véritablement *T. fluminensis* 'Maiden's Blush', qu'elle vient d'Amérique du Sud et qu'elle n'est nullement rustique, à moins que, pour vous, une plante de zone 9 soit rustique. Donc, l'ex 'Blushing Bride' fait une bonne plante d'intérieur ou de terrasse estivale, mais n'est pas pérenne sous notre climat ou tout autre climat au nord de la Géorgie ! Floraison : absente. 20-30 cm x 45-120 cm. Zone 9.

Fausse-fumeterre
Pseudofumaria

Pseudofumaria alba

Famille : Fumariacées

Origine : Europe

FAUSSE-FUMETERRE
Pseudofumaria

Nom anglais : Corydalis

Dimensions : 30-40 cm x 45 cm (selon l'espèce)

Exposition :

Sol : bien drainé, léger, plutôt sec ; tolère les sols alcalins

Floraison : (avril) mai-septembre (octobre-décembre)

Multiplication : semences, semis spontanés

Utilisations : plate-bande, rocaille, naturalisation, sous-bois, murets, couvre-sol, jardin xérophyte

Associations : fougères, bulbes de printemps, sanguinaires, campanules alpines

Zone de rusticité : 4

Nouveau genre, nouveau nom commun : deux plantes autrefois incluses dans le genre *Corydalis*, soit *C. lutea* et *C. ochroleuca*, ont maintenant leur propre genre – *Pseudofumaria* – et s'appellent désormais *P. lutea* et *P. alba* (ce dernier porte une épithète bien plus appropriée, quant à moi, que l'incompréhensible *ochroleuca*).

Seulement quelques années après le changement, les publications botaniques françaises ont déjà opté pour « fausse-fumeterre » comme nom vernaculaire. Bonne idée : cela évitera bien des confusions un jour. Pour l'instant, sachez qu'il va y avoir une confusion considérable, le temps que les jardiniers professionnels et amateurs viennent à accepter le changement. Sachez donc que les deux plantes seront vendues sous les noms de

SECTION 2 ▸ VIVACES À FLORAISON PROLONGÉE

Corydalis lutea et *C. ochroleuca* pendant encore bien des années.

S'il y a des plantes qui méritent une place dans ce chapitre sur les vivaces à floraison prolongée, ce sont bien ces deux-là. Presque dès la fonte des neiges, la fausse-fumeterre blanche (*P. alba*) est déjà en fleurs... et le restera tout l'été et tout l'automne, au-delà des premiers gels et jusqu'aux neiges. Chez moi, je l'ai déjà vue en fleurs en décembre ! Faites le calcul : c'est sept mois de floraison, parfois plus et en zone 4b, de surcroît ! Aucune plante ne la bat.

La floraison de sa cousine, la fausse-fumeterre jaune (*P. lutea*), est juste un peu moins durable : mai à septembre ou octobre. En effet, elle semble s'arrêter au premier gel.

Les deux fausses-fumeterres (le genre européen ne contient que les deux espèces) sont de petites plantes ne produisant que quelques tiges et portant des feuilles très découpées vert bleuté. Le feuillage fait penser à une fougère ou, plus encore, à un pigamon (*Thalictrum*), et il est persistant, du moins quand l'hiver n'est pas trop sévère. Quant aux fleurs, elles sont portées en petits bouquets juste au-dessus du feuillage et se succèdent toute la saison.

Pseudofumaria alba

Kurt Stueber, Wikimedia Commons

Les fleurs sont de forme curieuse : tubulaires et arquées avec un seul éperon qui se projette vers l'arrière. Elles ressemblent un peu, en plus étroit, aux fleurs des cœurs-saignants (*Lamprocapnos* et *Dicentra*), qui sont justement de proches parents. Et elles sont encore plus proches des fleurs des corydales (*Corydalis*), leur ancien genre, décrit dans le tome 2.

Les fausses-fumeterres ne sont pas très longévives. Elles ne vivent que quelques années et comptent sur leur capacité de se ressemer pour se maintenir. Elles se ressèment d'ailleurs toujours un peu... mais rarement dans la plate-bande. C'est une plante de montagne et de falaise, et vous allez donc souvent la voir s'insérer dans des roches ou des pierres, même dans les interstices des sentiers de dalles. Elle semble d'ailleurs mieux pousser dans des emplacements où il n'y a aucune terre : un simple interstice ou une fracture dans la roche lui suffit. Les fausses-fumeterres sont ainsi d'excellent sujets pour une rocaille ou un muret ; d'autant plus qu'elles se ressèment modestement et ne deviennent pas des mauvaises herbes. Si elles vont trop loin dans leurs semis spontanés, elles sont faciles à arracher. 🍃 Par contre, si vous êtes du genre qui préférez qu'une plante reste strictement à sa place, les fausses-fumeterres ne sont pas pour vous : elles ne sont pas vraiment envahissantes, mais elles sont vagabondes.

Les fausses-fumeterres semblent préférer la mi-ombre, mais se comportent bien aussi à l'ombre. Leur culture au soleil est plus embêtante, car elles aiment un emplacement frais ; or « ensoleillé » et « frais » vont rarement de pair. Si vous avez un tel endroit chez vous, elles le trouveront ! Ce sont des plantes très tolérantes à la sécheresse et qui d'ailleurs requièrent un bon drainage. On les voit parfois s'établir parmi les racines d'un grand arbre, preuve que la compétition racinaire n'est pas un problème.

SECTION 2 — VIVACES À FLORAISON PROLONGÉE

Les fausses-fumeterres produisent une longue racine pivotante difficile à extraire – encore plus quand elles poussent dans les interstices des roches! – et il est donc difficile de les diviser avec succès. Si vous avez besoin d'autres plants, le plus facile est de les laisser se ressemer, puis de prélever et déplacer de jeunes plants au pivot encore court. Ou encore de les laisser tout simplement pousser où elles veulent, comme je le fais chez moi.

Il n'est pas pour autant facile de multiplier les fausses-fumeterres par semences. Les semences commerciales germent difficilement, car les graines entrent dans une dormance profonde quand on les laisse sécher (notez que Gardens North offre justement des semences humides pour contrer cet effet, ce qui vous oblige toutefois à les semer sans tarder quand le sachet arrive par la poste). Il peut falloir plusieurs traitements alternés entre le froid et une bonne chaleur avant de voir des résultats. Idéalement donc, vous récolterez les graines vous-même pour les semer aussitôt. Comme elles ont besoin de froid pour germer, sans doute qu'elles germeront au printemps suivant.

Enfin, les fausses-fumeterres connaissent peu d'ennemis. Elles sont d'ailleurs toxiques, du moins pour les mammifères, donc les chevreuils et les lièvres ne risquent pas de les consommer.

Variétés

Pseudofumaria alba
(*Corydalis ochroleuca*)
Fausse-fumeterre blanche (White Corydalis)

Cette espèce a des fleurs blanches à gorge jaune; la pointe des pétales est marquée de vert. L'effet d'ensemble, vu d'une certaine distance, est d'un blanc crème. C'est la plus facile des deux à cultiver et celle qui offre la floraison la plus durable, car elle est pratiquement toujours en fleurs, mais sa coloration assez discrète la rend moins « saisissante » que sa cousine. Elle est très difficile à trouver sur le marché. Il faut souvent se résigner à l'acheter par la poste. Floraison: (avril) mai-septembre (octobre-décembre). 30-40 cm x 45 cm. Zone 4.

Pseudofumaria lutea

Pseudofumaria lutea (*Corydalis lutea*)
Fausse-fumeterre jaune (Yellow Corydalis)

Ses fleurs sont jaune vif et ressortent assez clairement des endroits mi-ombragés où elle se plaît souvent. Je la trouve un peu capricieuse, car elle ne réussit que dans les sols réellement bien drainés. Par contre, si vous l'avez placée à un endroit qu'elle n'aime pas, neuf fois sur dix elle se déplacera toute seule vers son milieu de prédilection, généralement dans des roches, grâce à ses semences passe-partout. Floraison: mai-septembre (octobre). 30-40 cm x 45 cm. Zone 4.

- Achillée
- Agastache
- Aster d'été
- Astrance
- Cœur-saignant nain
- Coréopsis
- Cupidone
- Échinacée
- Éphémère
- **Fausse-fumeterre**
- Gaillarde
- Géranium d'été
- Héliopside
- Heuchère à fleurs
- Knautie
- Lin
- Mauve
- Mertensie

415

Gaillarde
Gaillardia

Gaillardia x *grandiflora*

www.jardinierparesseux.com

Famille :
Astéracées

Origine :
Nouveau Monde

GAILLARDE
Gaillardia

Nom anglais : Blanket Flower

Dimensions : 25-90 cm x 25-60

Exposition :

Sol : ordinaire à riche en matière organique, très bien drainé

Floraison : (mai) juin-septembre (octobre)

Multiplication : boutures de tige, division, semences

Utilisations : plate-bande, bordure, massif, naturalisation, pré fleuri, jardin xérophyte, fleur coupée, plante médicinale, attire les papillons et les oiseaux granivores

Associations : rudbeckies, échinacées, hémérocalles, népétas

Zone de rusticité : 3

Le genre *Gaillardia* contient une trentaine d'espèces d'Amérique du Nord et du Sud, mais la plupart des espèces sont d'origine subtropicale ou, encore, des annuelles. Il n'y a qu'une espèce botanique qu'on peut réellement qualifier de « vivace rustique » : *G. aristata*. Le genre tire son nom d'un mécène français de la botanique du 18e siècle, Gaillard de Charentonneau.

On reconnaît facilement les gaillardes rustiques à leur inflorescence en forme de marguerite à disque globulaire poilu et aux rayons habituellement bicolores, rouge et jaune. Quand la floraison prend fin, le disque rond ressemble à un pompon. Elles forment une rosette basse de feuilles vert moyen avec des dents grossières, un peu comme un pissenlit un peu duveteux. Les tiges dressées portent

SECTION 2 ▸ VIVACES À FLORAISON PROLONGÉE

des feuilles rubanées et plus petites, souvent sans pétiole.

On associe la gaillarde avec les Prairies et c'est certainement un peu justifié, car elle y pousse abondamment mais pas nécessairement dans les zones les plus sèches. On la trouve souvent dans les vallées plus humides et dans les régions alpines. En culture, cette plante est généralement plus heureuse dans un sol relativement riche et humide, mais seulement à condition qu'il soit bien drainé. Un sol glaiseux ou qui reste humide l'hiver mène souvent à sa rapide disparition. Une plate-bande surélevée est le moyen le plus sûr de la conserver longtemps. Non pas qu'elle ne puisse tolérer la sécheresse, mais mieux vaut que ce soit une exception plutôt que la règle.

Pour avoir réellement de bons résultats avec les gaillardes, il faut un maximum de soleil. Il vaut même mieux les planter là où il y a peu de voisines hautes qui pourraient ombrager son feuillage plutôt bas. D'accord, la plante poussera à la mi-ombre et fleurira abondamment la première année, mais elle risque de ne plus être là la deuxième année ou sa floraison pourrait être réduite.

La multiplication de la vaste majorité des gaillardes vivaces s'est toujours faite par semences; par conséquent, les gaillardes cultivées étaient traditionnellement de lignées fidèles au type par semences. Depuis quelques années, cependant, la culture *in vitro* est devenue la méthode de choix pour les hybrides modernes, et ceux-ci ne sont plus aussi fidèles au type. À la maison, on peut les multiplier par division ou par bouturage des tiges.

Les semences de gaillarde germent sans traitement spécial, et si on fait les semis dès le début de mars, elles donnent souvent des plants qui fleurissent dès la première année. Les gaillardes se ressèmeront d'ailleurs assez facilement là où les conditions leur conviennent.

La gaillarde ne semble pas avoir beaucoup d'ennemis, mais il arrive qu'elle soit affectée par une maladie incurable appelée phyllodie, laquelle transforme les fleurs en touffes de feuilles vertes. Dans ce cas, détruisez immédiatement les sujets atteints avant que la maladie s'attaque aux autres végétaux. On remarque notamment cette maladie lorsqu'il y a un champ de fleurs sauvages à proximité, moins fréquemment en ville ou en banlieue.

Un autre mythe déboulonné

Une croyance tenace veut que supprimer les fleurs fanées des gaillardes augmente la floraison. Or, la floraison de cette plante a été beaucoup étudiée, car c'est une plante très importante pour l'industrie horticole, et toutes les études sont unanimes: les gaillardes sont aussi florifères si on ne supprime pas leurs fleurs que si on le fait. Comme les « fleurs fanées » des gaillardes sont attrayantes - de jolies boules rondes souvent rouge vin - et qu'en outre elles attirent les oiseaux granivores au jardin, je vous suggère de les laisser mourir de leur belle mort.

Variétés

🌼 *Gaillardia aristata*
Gaillarde aristée (Common Blanketflower)
☀️ ☀️

C'est la gaillarde vivace la plus courante dans la nature. Elle est présente presque partout

— Achillée
— Agastache
— Aster d'été
— Astrance
— Cœur-saignant nain
— Coréopsis
— Cupidone
— Échinacée
— Éphémère
— Fausse-fumeterre
▷ **Gaillarde**
— Géranium d'été
— Héliopside
— Heuchère à fleurs
— Knautie
— Lin
— Mauve
— Mertensie

417

SECTION 2 ◆ VIVACES À FLORAISON PROLONGÉE

Gaillardia aristata

Gaillardia x *grandiflora* 'Burgunder'

dans l'Ouest nord-américain, jusqu'au Yukon et dans les Territoires du Nord-Ouest, et apparaît dans l'Est là où il y a des prairies naturelles. Avec ses « marguerites » à disque rouge et aux rayons jaunes, rouges ou rouge et jaune, elle et la gaillarde que nous cultivons se ressemblent comme deux gouttes d'eau ; peut-être la gaillarde aristée est-elle un peu plus haute, mais nous ne la cultivons presque jamais. On lui préfère la beaucoup plus florifère gaillarde à grande fleurs (*G.* x *grandiflora*), une espèce hybride qui fleurit non seulement huit semaines comme la gaillarde aristée, mais tout l'été.

L'épithète « aristé » veut dire « aux poils raides », une référence à son disque poilu.

L'avantage de cette plante est sa plus longue durée de vie au jardin comparativement aux gaillardes hybrides : sept ans et plus. Par contre, elle ne fleurit que la deuxième année à partir de semences. Floraison : juillet-septembre. 30-90 cm x 30-60 cm. Zone 2.

❂ *G.* x *grandiflora*
Gaillarde à grandes fleurs
(Hybrid Blanketflower)
☀ (☀)

Cette espèce, *la* gaillarde des jardins, résulte d'un croisement entre une espèce vivace, *G. aristata*, décrite ci-dessus, et une espèce annuelle, *G. pulchella*. L'opération a donné une combinaison intéressante de caractéristiques, notamment la rusticité d'une espèce vivace et l'abondance ainsi que la durée de floraison d'une espèce annuelle. ◊ Cependant, le défaut le plus décrié des gaillardes vivaces – leur faible longévité – y trouve son origine : vous comprenderez que l'ajout de gènes d'une plante annuelle a réduit de beaucoup la durée de vie de l'espèce hybride.

◊ Justement, les gaillardes vivent rarement plus de quatre ou cinq ans. Le sachant, vous pouvez vous y préparer : une division aux deux ou trois ans les préservera longtemps. En outre, beaucoup de cultivars se multiplient facilement et rapidement par semences, et ils fleurissent abondamment la première année. Donc, récolter des semences est une bonne façon de les préserver.

Les hybrides modernes varient non seulement par la couleur (rouge, jaune, orange ou rouge et jaune), mais aussi par la hauteur. Ainsi, de petits cultivars conviendront bien à une rocaille alors que d'autres plus hauts produiront un meilleur effet au centre ou au fond d'une plate-bande.

◊ La rumeur veut que cette plante ait tendance à « fleurir à mort » : en continuant à fleurir jusqu'en octobre, elle « oublierait » de se préparer à hiverner ; ainsi, au printemps suivant, elle n'y serait plus. Donc, plusieurs suggèrent de couper toutes ses fleurs à partir du mois d'août pour lui « donner une chance ». Mon expérience contredit cette croyance. Du moment que je place mes gaillardes dans un emplacement ensoleillé au sol bien drainé, elles vivront trois à cinq ans – la durée de vie normale pour cette espèce –, que je supprime leurs fleurs ou non. Pourquoi donc sacrifier deux mois de floraison pour un mythe ? Acceptez que vos gaillardes aient une vie relativement courte et multipliez-les en conséquence, voilà tout !

Floraison : juin-septembre (octobre). 25-90 cm x 25-60 cm. Zone 3.

Gaillardia x *grandiflora* 'Amber Wheels'

♥ ❂ *G.* x *grandiflora* 'Amber Wheels' (*G. aristata* 'Amber Wheels') : rayons jaune vif joliment frangés. Disque rouge ambré. Lignée produite par semences. Fleurit la deuxième année. Floraison : juin-octobre. 70-80 cm x 60 cm. Zone 3.

❂ *G.* x *grandiflora* 'Arizona Sun' : gagnante des prix Fleuroselect et Sélections All-America en 2005. Variété naine au port arrondi portant de grosses fleurs rouge et jaune à rayons frangés. J'ai eu de la difficulté à « pérenniser » cette plante au début ; elle se comportait inévitablement en annuelle et mourait à la fin de la saison. Un sol parfaitement drainé a enfin été la clé du succès, 🍃 mais elle vit rarement plus de trois ans. Lignée produite par semences et donc un peu variable. Floraison : juin-septembre. 20-25 cm x 30 cm. Zone 3.

❂ *G.* x *grandiflora* 'Arizona Red Shades' : sélection de 'Arizona Sun' à fleurs rouge vin, parfois à la pointe jaune. Lignée relativement fidèle au type par semences. Floraison : juin-septembre. 25-30 cm x 30 cm. Zone 3.

❂ *G.* x *grandiflora* 'Baby Cole' : lignée très naine. Fleurs rouge et jaune. Assez fidèle au type par semences. Floraison : juin-septembre. 20 cm x 30 cm. Zone 3.

❂ *G.* x *grandiflora* 'Bijou' : lignée extra petite du populaire 'Kolbold'. Fleurs rouges à pointes jaunes. Fleurit la première année à partir de semences. Assez fidèle au type. Floraison : juin-septembre. 25 cm x 35-40 cm. Zone 3.

❂ *G.* x *grandiflora* 'Bremen' : vieille lignée produite par semences. Fleurs écarlate foncé ourlées de jaune. Fleurit la première année. Floraison : juin-septembre. 75 cm x 60 cm. Zone 3.

❂ *G.* x *grandiflora* 'Burgunder' ('Burgundy') : fleurs rouge vin. Assez fidèle au type par semences. 🍃 A besoin d'un tuteur si on le cultive à la mi-ombre. Fleurit la première année. Floraison : juin-septembre. 75 cm x 30-60 cm. Zone 3.

❂ *G.* x *grandiflora* 'Dazzler' : fleurs jaunes à disque brun orangé. Lignée produite par semences. Fleurit la première année. Floraison : juin-septembre. 75 cm x 60 cm. Zone 3.

❂ *G.* x *grandiflora* 'El Fuego' : variété aux rayons tubulaires, comme 'Fanfare', mais à fleurs rouges. Dérivé de 'Burgunder'. Port compact et arrondi. N'est pas fidèle au type par semences. Floraison : juin-octobre. 30-40 cm x 30-45 cm. Zone 3.

❂ *G.* x *grandiflora* 'Fackelschein' ('Torchlight') : grosses fleurs de 10 cm rouge foncé à large

Achillée
Agastache
Aster d'été
Astrance
Cœur-saignant nain
Coréopsis
Cupidone
Échinacée
Éphémère
Fausse-fumeterre
▷ **Gaillarde**
Géranium d'été
Héliopside
Heuchère à fleurs
Knautie
Lin
Mauve
Mertensie

pointe jaune. Lignée produite par semences. Fleurit la première année. Floraison : juin-octobre. 75 cm x 60 cm. Zone 3.

Gaillardia x grandiflora 'Fanfare'

Gaillardia x grandiflora 'Fancy Wheeler'

♥ ✿ *G.* x *grandiflora* 'Fanfare' : lancé en 2005, 'Fanfare' a créé tout un émoi par ses fleurs uniques (à l'époque, car ce type de fleurs a été abondamment copié depuis) : des rayons en forme de trompette. Comme les rayons sont plus minces que les rayons d'une gaillarde ordinaire et ne se touchent pas, l'inflorescence a une apparence plus aérée que la normale, une allure dentelée. L'effet est si original que même les non-initiés sont saisis. Chez ce cultivar, les rayons sont rouge orangé avec une pointe jaune, le disque est rouge vin. Aussi, c'est une plante naine, intéressante à l'avant-plan ou en rocaille.

Donc, une floraison unique et c'est déjà très bien. Mais la durée de cette floraison est encore plus surprenante. Chez moi, en zone 4b, la gaillarde 'Fanfare' fleurit sans flancher pendant quatre mois, même plus, de la mi-juin à la fin d'octobre ! Comme elle n'est pas plus longévive que les autres gaillardes à grandes fleurs, je la divise tous les deux printemps, juste pour être certain de ne pas la perdre l'année suivante. 'Fanfare' n'est pas fidèle au type par semences.

Floraison : juin-octobre. 40 cm x 60 cm. Zone 3.

✿ *G.* x *grandiflora* 'Fancy Wheeler' (série Wheeler) : variété compacte à grosses fleurs, formant un dôme arrondi en plate-bande. Fleurs rouges à pointes frangées jaunes. Produite par culture *in vitro* : n'est pas fidèle au type par semences. Floraison : juin-septembre. 25 cm x 40 cm. Zone 3.

♥ ✿ 🪴 *G.* x *grandiflora* 'Frenzy' (série Commotion) : fleurs aux rayons en trompette, comme chez 'Fanfare', mais ils sont entièrement rouges. Disque rouge pourpré à centre jaune au début. N'est pas fidèle au type par semences. Floraison : juin-octobre. 45-60 cm x 45-60 cm. Zone 3.

✿ *G.* x *grandiflora* série Gallo™ : série comprenant des plants compacts à grosses fleurs. Elle comprend 'Gallo Dark Bicolor' (rouge et jaune), 'Gallo Peach' (orange doux auréolé de jaune), 'Gallo Red' (rouge foncé à disque rouge vin) et 'Gallo Yellow' (jaune).

N'est pas fidèle au type par semences. Floraison : juin-septembre. 30-40 cm x 45 cm. Zone 3.

🌼 *G.* x *grandiflora* 'Granada' : fleurs rouges auréolées de jaune. Port très compact. Très hâtif. Produit par semences. Floraison : juin-septembre. 10-15 cm x 30 cm. Zone 3.

🌼 *G.* x *grandiflora* 'Jazzy Wheeler' (série Wheeler) : variété compacte à grosses fleurs, formant un dôme arrondi. Fleurs orange mandarine à pointes frangées jaunes. Disque jaune ourlé d'orange. Produit par culture *in vitro* : n'est pas fidèle au type par semences. Floraison : juin-septembre. 30 cm x 40 cm. Zone 3.

enroulés en trompette comme chez 'Fanfare'. Les rayons sont rouges à la base, jaunes à l'extrémité. Produit par culture *in vitro* : n'est pas fidèle au type par semences. Floraison : juin-septembre. 25-30 cm x 40 cm. Zone 3.

🌼 *G.* x *grandiflora* 'Mandarin' : orange vif auréolé de jaune. Disque rouge vin. Grosse fleur. N'est pas fidèle au type par semences. Floraison : juin-septembre. 60 cm x 45 cm. Zone 3.

🌼 *G.* x *grandiflora* 'Maxima Aurea' ('Indian Yellow', 'Aurea Pura') : fleurs jaune pur. Lignée produite par semences et fleurissant la première année. Floraison : juin-septembre. 75 cm x 60 cm. Zone 3.

Gaillardia x *grandiflora* 'Kobold'

🌼 *G.* x *grandiflora* 'Kobold' ('Goblin', 'Dwarf Goblin') : cultivar nain populaire à fleurs rouges auréolées de jaune à l'extrémité des raies. Assez fidèle au type par semences. Fleurit la première année. Floraison : juin-septembre. 30-35 cm x 60 cm. Zone 3.

🌼 *G.* x *grandiflora* 'Goldkobold' ('Golden Goblin') : sélection à fleurs jaunes du précédent. Assez fidèle au type par semences. Floraison : juin-septembre. 30 cm x 60 cm. Zone 3.

🌼 *G.* x *grandiflora* 'Lucky Wheeler' (série Wheeler) : variété compacte à grosses fleurs, formant un dôme arrondi. Rayons

Gaillardia x *grandiflora* 'Mesa Yellow'

❤️ 🌼 *G.* x *grandiflora* 'Mesa Yellow' ('Mesa') : gagnant de prix Fleuroselect et Sélections All-America en 2010. Fleurs jaune vif à cœur jaune de bonne taille : 6 à 9 cm. Port dressé, tiges solides. Extra hâtif. Hybride F_1 produit par semences… mais, comme c'est

SECTION 2 ▸ VIVACES À FLORAISON PROLONGÉE

habituellement le cas des hybrides F_1, n'est pas fidèle au type par semences. Floraison : (mai) juin-septembre. 40-45 cm x 50-55 cm. Zone 3.

◼ *G. x grandiflora* groupe Monarch : vieille lignée offerte sous forme de semences. Fleurs aux couleurs rouge et jaune diversement réparties. Fleurit la première année. Floraison : (juin) juillet-septembre (octobre). 75 cm x 60 cm. Zone 3.

Gaillardia x *grandiflora* 'Oranges and Lemons'

Gaillardia x *grandiflora* 'Summer's Kiss'

◼ *G. x grandiflora* 'Oranges and Lemons' : fleurs orange doux à pointes jaunes. Disque jaune ourlé d'orange fauve. N'est pas fidèle au type par semences. Floraison : juin-octobre. 55-65 cm x 30-45 cm. Zone 3.

◼ *G. x grandiflora* 'Primavera' : fleurs rouge vif à pointes jaunes. Plant compact et florifère. Lignée produite par semences et fleurissant la première année. Floraison : juin-septembre. 30 cm x 40 cm. Zone 3.

◼ *G. x grandiflora* 'Summer's Kiss' : ce cultivar doit donner des fleurs abricot, 🍂 mais cela ne s'est pas produit chez moi. Les fleurs sont orange et pâlissent vers quelque chose comme « orange pâle », une teinte que je trouve assez fade. La floraison est toutefois très durable. N'est pas fidèle au type par semences. Floraison : juin-octobre. 45 cm x 60 cm. Zone 3.

◼ *G. x grandiflora* série Sunburst : série comprenant des plants compacts à grosses fleurs. Inclut 'Sunburst Burgundy Picotee' (rouge auréolé d'une mince marge jaune), 'Sunburst Burgundy Silk' (rouge vin), 'Sunburst Scarlet Halo' (fleur classique : rouge et jaune), 'Sunburst Tangerine' (orange doux ourlé de jaune) et 'Sunburst Yellow' (jaune). Ces cultivars ne sont pas fidèles au type par semences. Floraison : juin-octobre. 35-50 cm x 30-45 cm. Zone 3.

◼ ◼ *G. x grandiflora* 'Tizzy' (série Commotion) : fleurs de 8 cm de diamètre aux rayons en trompette. Rayons orange, disque brun rouille. N'est pas fidèle au type par semences. Floraison : juin-octobre. 45-60 cm x 45-60 cm. Zone 3.

◼ *G. x grandiflora* 'Tokajer' : grosses fleurs (8-10 cm) orange marmelade à disque rouge vin. 🍂 Peut nécessiter un tuteur. Floraison : juin-septembre. 55-60 cm x 45 cm. Zone 3.

Géranium d'été
Geranium

Geranium psilostemon
www.jardinierparesseux.com

Famille : Géraniacées

Origine : distribution mondiale

GÉRANIUM D'ÉTÉ
Geranium

Nom anglais : Cranesbill

Dimensions : 20-150 cm x 30-200 cm (selon l'espèce)

Exposition : ☀️ ☀️

Sol : tout sol humide, bien drainé et non glaiseux

Floraison : (mai) juin-août (septembre)

Multiplication : boutures de tige, division, semences

Utilisations : plate-bande, bordure, massif, rocaille, naturalisation, couvre-sol, sous-bois, murets, attire les papillons

Associations : hémérocalles, hélénies, héliopsides, hélianthes, pivoines

Zone de rusticité : variable, 3-5

Le genre *Geranium*, très vaste, comprend plus de 400 espèces, la plupart de climat tempéré ou, pour les espèces qui poussent dans les pays chauds, de haute altitude. La plus grosse concentration d'espèces se trouve cependant en Europe et en Asie. L'Amérique du Nord est, en comparaison, un refuge assez pauvre, avec seulement une quinzaine d'espèces indigènes.

Les géraniums sont des plantes herbacées, pour la plupart vivaces, mais il existe aussi des espèces annuelles et bisannuelles. On les reconnaît à leur feuillage palmé découpé en forme de feuille d'érable, leurs tiges souvent frêles et toujours duveteuses, leurs petites fleurs en forme de coupe à cinq pétales, et surtout leurs capsules de graines longues et pointues en « bec de grue ». C'est d'ailleurs le

SECTION 2 ▸ VIVACES À FLORAISON PROLONGÉE

La capsule de graines des géraniums, en forme de bec de grue, est caractéristique.

sens du nom botanique, car *geranos* signifie grue en grec.

Il faut bien faire la différence entre les géraniums vivaces acclimatés au froid (*Geranium*) et les géraniums gelifs (*Pelargonium*) que l'on utilise généralement comme plantes annuelles sous notre latitude. Les *Pelargonium* appartiennent aussi à la famille des Géraniacées, mais, avec leurs tiges épaisses semi-ligneuses et leur incapacité de supporter nos hivers, ils sont vraiment dans une catégorie à part.

Les géraniums sont des plantes bien adaptables. La plupart pousseront dans presque n'importe quel sol relativement aéré qui n'est pas détrempé, qu'il soit riche ou pauvre. 🍃 Évitez cependant les sols lourds et glaiseux si vous tenez à les voir vivre longtemps : ils tendent à y pourrir. Ils aiment bien une certaine humidité en tout temps. Presque toutes les espèces toléreront la sécheresse une fois établies, 🍃 mais il ne faut pas qu'elle soit trop profonde.

Il y a des géraniums de soleil et d'autres d'ombre. Et les deux sortes poussent bien à la mi-ombre. Dans ce chapitre, réservé aux espèces à floraison prolongée, ce sont les espèces de soleil et de mi-ombre qui dominent. Vous trouverez que la plupart poussent mieux dans un endroit qui est quand même protégé du soleil chaud de l'après-midi.

En général, mieux vaut fertiliser les géraniums doucement, au moyen de compost ou d'un paillis qui se décompose lentement. 🍃 On évitera les engrais riches en azote qui stimulent une croissance exagérée et mènent à l'affaissement.

🍃 Les géraniums vivaces ne sont pas des échinacées, avec des tiges presque en béton. Leurs tiges sont frêles et lâches et s'affaissent souvent sous de fortes pluies. Pourtant, il n'y a rien qui paraît plus bizarre qu'une plante aux tiges frêles tenue debout par de solides tuteurs ! Je suggère plutôt d'entourer les géraniums de plantes solides qui peuvent leur donner un certain appui ou de piquer quelques branches d'arbuste çà et là dans leur secteur au printemps comme support éventuel.

La multiplication des géraniums se fait par division et par boutures de tige pour les cultivars. Quant aux espèces, elles sont fidèles au type par semences et on peut les multiplier de cette façon. 🍃 Presque tous les géraniums botaniques se ressèment, certains un peu trop abondamment. Je vous préviendrai quand ce sera le cas. Beaucoup d'hybrides, tout au contraire, sont stériles et ne peuvent pas se multiplier spontanément.

Les géraniums sont relativement libres d'insectes et de maladies, 🍃 sauf de la pourriture dans les sols mal drainés. Leur résistance aux cerfs varie, mais est généralement bonne : ceux à feuillage odoriférant, surtout, sont peu touchés.

SECTION 2 ▸ VIVACES À FLORAISON PROLONGÉE

Variétés

Il existe une foule d'espèces de *Geranium* adaptées à notre climat, mais nous allons nous concentrer dans ce chapitre sur les espèces à floraison estivale, habituellement à floraison assez prolongée. Les espèces utilisées surtout comme couvre-sols sont présentées dans le chapitre *Tapis de verdure* (tome 2), les espèces alpines sont décrites dans le chapitre *Pour la rocaille* (tome 2), et celles cultivées surtout à l'ombre ont leur place dans le chapitre *Des fleurs à l'ombre* (tome 2).

Espèces à floraison prolongée

Geranium psilostemon

◉ *Geranium psilostemon* (*G. armenum*) Géranium d'Arménie (Armenian Cranesbill) ☼ ☼

C'est un géant parmi les géraniums vivaces : probablement le plus haut de tous. Dans le Nord, il atteint jusqu'à 1,5 m ; dans les régions aux étés chauds, il est plus modeste : moins de 1 m. Il produit une rosette basale aux feuilles cordiformes assez grosses (15

à 20 cm de diamètre) et fortement lobées. Mais vous ne verrez pas le feuillage à sa base très longtemps. Rapidement il produit une foule de tiges minces légèrement entremêlées et couvertes à intervalles de petites feuilles découpées un peu en forme de feuille d'érable. Tout cela est coiffé d'innombrables fleurs magenta vif avec un cœur noir contrastant. En climat froid, les fleurs se succèdent tout au long de la saison, jusqu'aux gels. Chez moi, c'est l'une des vivaces à la floraison la plus longue : plus de cinq mois. La floraison, curieusement, peut ne durer que deux semaines dans les régions aux étés chauds.

La plante n'a pas nécessairement beaucoup de tonus. S'il n'y a pas de pluies torrentielles, elle se tient assez bien, mais après une bonne séance de grêle, votre plante de 1 m pourrait ne plus mesurer que 60 cm. Mais elle repousse. Attendez-vous donc à une masse qui gonfle et dégonfle, puis regonfle comme de la pâte à pain. Les mordus du tuteurage seront au désespoir : comment soutenir un tel fouillis ? Quand on insère des tuteurs çà et là, la plante ressemble à une tente qu'on démonte. C'est pourquoi je préfère laisser le géranium d'Arménie pousser au naturel. Si vous tenez à le voir à sa hauteur maximale, plantez-le parmi des arbustes qui pourront le soutenir à mi-hauteur.

L'automne, la floraison continue même quand la plante commence à changer de couleur, car ses feuilles rougissent sous l'influence des nuits fraîches.

Floraison : juin-octobre. 90-150 cm x 100 cm. Zone 4b.

◉ *G. psilostemon* 'Bressingam Flair' : variété plus compacte. Fleurs d'un rose un peu plus pâle que chez l'espèce. Floraison : juin-octobre. 60-90 cm x 40-90 cm. Zone 4b.

- Achillée
- Agastache
- Aster d'été
- Astrance
- Cœur-saignant nain
- Coréopsis
- Cupidone
- Échinacée
- Éphémère
- Fausse-fumeterre
- Gaillarde
- ▷ **Géranium d'été**
- Héliopside
- Heuchère à fleurs
- Knautie
- Lin
- Mauve
- Mertensie

425

SECTION 2 ◆ VIVACES À FLORAISON PROLONGÉE

Les plantes suivantes sont toutes des hybrides proches de G. psilostemon.

Geranium x 'Ann Folkard'

🌸 **G. x 'Ann Folkard'** (*G. procurrens* x *G. psilostemon*) : c'est le plus célèbre des hybrides de *Geranium psilostemon*. Sans être tout à fait rampantes, ses longues tiges s'étalent un peu dans tous les sens en se mêlant aux végétaux environnants : un effet charmant dans une plate-bande à l'anglaise, moins désirable dans une plate-bande à la française, plus guindée. Les feuilles ont beaucoup d'éclat, jaunes au printemps et vert lime l'été. Les fleurs ont la même couleur que celles de son parent, soit magenta à cœur noir, et la floraison est aussi durable. Ce géranium peut être bas et très large (20-35 cm x 90-200 cm) si la plante peut courir sur le sol. Si par contre elle peut s'appuyer sur des plantes voisines ou se mélanger à leur feuillage (on ne peut pas dire qu'elle est vraiment grimpante, mais...), elle sera plus haute et moins large (50-75 cm x 45-90 cm). Floraison : juin-octobre. 20-75 cm x 45 à 200 cm. Zone 5 (zone 4 sous couvert de neige).

🌸 **G. x 'Anne Thompson'** : ce géranium est le frère de 'Ann Folkard', car il partage les mêmes parents, *G. procurrens* x *G. psilostemon*. Il se présente dans les mêmes couleurs aussi (feuillage jaune, fleurs magenta), mais son port est plus dressé. Floraison : juin-octobre. 60 cm x 60 cm. Zone 5 (zone 4 sous couvert de neige).

Geranium x 'Dragon Heart'

🌸 **G. x 'Dragon Heart'** : autre frérot de 'Ann Folkard'. Ses fleurs, de la même couleur magenta vif que les autres, et presque deux fois plus grosses, assurent une excellente couverture. L'effet d'un tapis doré fortement maculé de magenta est *très* réussi. Floraison : juin-octobre. 60 cm x 50 cm. Zone 5 (zone 4 sous couvert de neige).

🌸 **G. x 'Patricia'** (*Geranium endressii* x *Geranium psilostemon*) : produit des fleurs de la même couleur magenta à œil noir que les autres hybrides de *Geranium psilostemon*, mais elles sont beaucoup plus grosses. Les grosses feuilles vert foncé mesurent 25 cm de diamètre et la plante croît avec beaucoup de vigueur. 🔥 Tiges assez lâches. Floraison : juin-octobre. 60-75 cm x 80 cm. Zone 4b.

🌸 **G. x 'Pink Penny'** : fleurs rose magenta assez grosses, sans l'œil noir des autres frères de 'Ann Folkard'. Fleurit tout l'été et souvent jusqu'aux gels. Petites feuilles. Port bas et rampant. Les promoteurs prétendent que c'est une variété rose de 'Gerwat'

SECTION 2 ▶ VIVACES À FLORAISON PROLONGÉE

Rozanne™, mais ils prennent leurs désirs pour la réalité. Floraison : juin-octobre. 30-45 cm x 45-60 cm. Zone 4b.

✽ *G.* x **'Red Admiral'** : serait soit un hybride de *G. psilostemon,* soit une sélection de l'espèce. Fleurs rouge pourpre foncé. Le feuillage rougit à l'automne. Floraison : juin-octobre. 60 cm x 75 cm. Zone 4b.

✽ *G.* x **'Sandrine'** : semble être encore un frérot de 'Ann Folkard'. Même belle fleur magenta vif à œil noir, mais deux fois plus grosse. Feuillage jaune lumineux au printemps, vert tendre l'été. Port aussi lâche, mais sur un plant un peu plus restreint. Floraison : juin-octobre. 35-40 cm x 90-120 cm. Zone 5 (zone 4 sous couvert de neige).

✽ *G. endressii* **'Jean Poligne'** : variété française très compacte. Fleurs rose moyen. Floraison : juin-juillet (août-septembre). 20 cm x 30 cm. Zone 3.

G. endressii **'Wargrave Pink'** : ce cultivar, encore vendu sous le nom de *G. endressii* 'Wargrave Pink', appartiendrait plutôt, d'après les taxonomistes, à l'espèce hybride *G.* x *oxonianum.* Décrit dans le tome 2.

Geranium endressii

✽ ***G. endressii***
Géranium des Pyrénées
(Cranesbill Geranium)

Fleurs roses aux pétales encochés de la fin du printemps jusqu'à la mi-été. Dans les régions aux étés frais, la floraison se poursuit jusqu'à l'automne. Feuilles semi-persistantes profondément lobées et dentées. Floraison : juin-juillet (août-septembre). 30-45 cm x 60 cm. Zone 3.

Geranium platypetalum

✽ ***G. platypetalum*** (*G. ibericum platypetalum*)
Géranium à larges pétales
(Broad-petaled Geranium)

Ce géranium eurasiatique pousse dans la nature dans une vaste gamme de conditions, ce qui lui assure une bonne adaptation en culture aussi. Fleurs rose vif à violettes portées sur des tiges collantes. Feuilles hirsutes de 10 à 15 cm de diamètre, plutôt arrondies en silhouette. Sept à neuf lobes. Floraison : (mai) juin-août. 50-60 cm x 40-80 cm. Zone 5.

- Achillée
- Agastache
- Aster d'été
- Astrance
- Cœur-saignant nain
- Coréopsis
- Cupidone
- Échinacée
- Éphémère
- Fausse-fumeterre
- Gaillarde
- ▷ **Géranium d'été**
- Héliopside
- Heuchère à fleurs
- Knautie
- Lin
- Mauve
- Mertensie

SECTION 2 ♦ VIVACES À FLORAISON PROLONGÉE

❂ *G. pratense*
Géranium des prés (Meadow Cranesbill)
☼ ☼

Géranium très largement distribué dans la nature, indigène dans les champs et espaces ouverts de presque toute l'Eurasie. Il est très variable aussi, en hauteur, en port et en couleur de fleur, qui varie entre blanc, rose et violet. Feuilles très découpées, presque en lanières, formant une touffe arrondie. Fleurs abondantes mais petites en forme de coupe aplatie. Préfère le soleil et un sol humide. ⚜ Peut demander un tuteur si on le cultive trop à l'ombre. ⚜ Se ressème allègrement et peut donc être envahissant par semences; paillez abondamment pour prévenir cette situation ou plantez des cultivars à fleurs doubles, car ils sont stériles. La floraison est surtout intense au début de l'été et va en diminuant jusqu'en août. Notez que la vaste majorité des cultivars sont de dimensions nettement moindres que l'espèce. Floraison: (mai) juin-août. 60-130 cm x 50-90 cm. Zone 3.

❂ *G. pratense* 'Bittersweet': fleurs rose pourpré fortement nervurées à cœur violet foncé. Floraison plus durable que chez la plupart des cultivars de cette espèce. Floraison: (mai) juin-août. 60-90 cm x 30 cm. Zone 3.

❂ *G. pratense* 'Black Beauty': surtout cultivé pour son feuillage pourpre foncé. Fleurs bleu-violet d'assez bonne taille (pour un géranium des prés!). Résistant au blanc. A remplacé 'Midnight Reiter' comme le plus «sombre» des géraniums rustiques. Ses semis donnent souvent des plants à feuillage foncé. Floraison: (mai) juin-août. 35 cm x 45 cm. Zone 3.

❂ *G. pratense* 'Dark Reiter': sélection multipliée par culture *in vitro* à partir de la lignée Midnight Reiter. Fleurs bleu-violet. Feuillage pourpre foncé au printemps et à l'automne, vert pourpré l'été. Floraison: (mai) juin-août. 20-25 cm x 30 cm. Zone 3.

❂ *G. pratense* 'Double Jewel' ('Alegra Double'): fleurs doubles blanches étoilées avec, au centre, une masse de pétaloïdes roses à violettes. Feuillage vert. Plant compact et

Geranium pratense 'Dark Reiter'

Même sans fleurs, *Geranium pratense* 'Dark Reiter' demeure attrayant.

SECTION 2 ▸ VIVACES À FLORAISON PROLONGÉE

uniforme. Fleurs stériles, donc la plante n'est pas envahissante. Floraison : (mai) juin-septembre. 20-45 cm x 30-50 cm. Zone 3.

✿ *G. pratense* 'Gernic' Summer Skies™ : fleurs doubles bleu-violet pâle avec un amas de pétaloïdes blancs au centre. Stérile, donc ce cultivar n'est pas envahissant. Feuillage vert. Floraison : (mai) juin-août. 60 cm x 30 cm. Zone 3.

✿ *G. pratense* 'Hocus Pocus' : feuillage pourpre foncé. Fleurs relativement grosses violet lavande à cœur presque blanc et aux anthères noires. Floraison : (mai) juin-août. 30-40 cm x 30-45 cm. Zone 3.

✿ *G. pratense* 'Laura' : abondantes fleurs pleinement doubles blanc pur. Feuillage vert. Plant robuste. Plante stérile qui ne peut pas se ressemer. Mutation de 'Plenum Album'. Floraison : (mai) juin-août. 50 cm x 60 cm. Zone 3.

Geranium x 'Midnight Blues'

✿ *G. pratense* 'Midnight Blues' : sélection de la lignée Midnight Reiter à fleurs bleu pâle aux nervures rouges. Même feuillage foncé. Aussi, plante plus vigoureuse. Floraison : (mai) juin-août. 35 cm x 35-40 cm. Zone 3.

✿ *G. pratense* 'Midnight Clouds' : mutation de 'Hocus Pocus' à fleurs blanches. Feuillage pourpre foncé. Floraison : (mai) juin-août. 30-40 cm x 30-45 cm. Zone 3.

✿ *G. pratense* 'Midnight Reiter' : le « vrai » cultivar, maintenant très rare, multiplié uniquement par culture *in vitro*. Fleurs bleu-violet. Feuillage pourpre foncé au printemps et à l'automne, vert pourpré l'été. Variété naine intéressante en rocaille et en auge. À l'origine, un semis de 'Victor Reiter Junior'. Floraison : (mai) juin-août. 20 cm x 30 cm. Zone 3.

✿ *G. pratense* lignée Midnight Reiter ('Midnight Reiter') : forme la plus courante du précédent, produite par semences. ⚠ Coloration du feuillage peu fiable. Si vous achetez un plant étiqueté 'Midnight Reiter', c'est probablement cette plante... à moins que le marchand ne spécifie qu'il a pris des mesures spéciales pour obtenir le vrai 'Midnight Reiter'. Floraison : (mai) juin-août. 20 cm x 30 cm. Zone 3.

✿ *G. pratense* 'Mrs. Kendall Clark' : vieux cultivar au feuillage vert et à fleurs bleu-violet pâle aux nervures blanc rosé. ⚠ Tiges hautes peu solides qui ont besoin d'appui. On voit beaucoup de variations dans la couleur de la fleur dans le commerce, sans doute en raison de sa multiplication par semences. Floraison : (mai) juin-août. 60-90 cm x 60 cm. Zone 3.

✿ *G. pratense* 'New Dimension' : feuilles vert pourpré. Fleurs bleu lavande. Floraison : (mai) juin-août. 30 cm x 35 cm. Zone 3.

✿ *G. pratense* 'Okey Dokey' : feuillage pourpre foncé au printemps et à l'automne, vert teinté de pourpre l'été. Floraison : (mai) juin-août. 45 cm x 60 cm. Zone 3.

✿ *G. pratense* 'Plenum Album' : vieux cultivar plus que centenaire. Fleurs doubles blanc pur. Stérile. ⚠ Port lâche. Floraison : (mai) juin-août. 60 cm cm x 50 cm. Zone 3.

✿ *G. pratense* 'Plenum Caeruleum' : fleurs pleinement doubles bleu-violet, plus foncé au centre. Stérile. ⚠ Port lâche. Floraison : (mai) juin-août. 60 cm x 50 cm. Zone 3.

Achillée
Agastache
Aster d'été
Astrance
Cœur-saignant nain
Coréopsis
Cupidon
Échinacée
Éphémère
Fausse-fumeterre
Gaillarde
▸ **Géranium d'été**
Héliopside
Heuchère à fleurs
Knautie
Lin
Mauve
Mertensie

SECTION 2 ▸ VIVACES À FLORAISON PROLONGÉE

Geranium pratense 'Plenum Violaceum'

◉ **G. pratense 'Plenum Violaceum'**: fleurs pleinement doubles bleu-violet, plus foncé au centre. Stérile. 🌱 Port lâche. Floraison : (mai) juin-août. 60 cm x 50 cm. Zone 3.

◉ **G. pratense 'Purple-haze'** ('Purple Haze') : lignée par semences donnant des plants un peu variables. Généralement le feuillage est vert ourlé de pourpre l'été, mais parfois il est entièrement vert. Feuillage bien bronzé au printemps et à l'automne. Fleurs violet-mauve. Floraison : (mai) juin-août. 60 cm x 50-60 cm. Zone 3.

Geranium pratense 'Striatum'

◉ **G. pratense 'Striatum'** ('Splish Splash') : vieux cultivar presque oublié dont la vie a pris un nouvel élan à la suite de son lancement sous le nom illégitime de 'Splish Splash'. Maintenant, c'est le plus vendu des G. pratense! Feuillage vert. Fleurs blanches très irrégulièrement striées de bleu-violet. Floraison : (mai) juin-août. 90 cm x 40-60 cm. Zone 3.

◉ **G. pratense lignée Victor Reiter Junior** ('Victor Reiter Jr') : le premier G. pratense à feuillage foncé, donc parent de tous les autres Reiter, Midnight et Hocus Pocus. 🌱 Malheureusement, la plante d'origine semble disparue, car on l'avait multipliée par semences plutôt que végétativement. Les plants que nous cultivons de nos jours sont des semis des semis du plant d'origine mais quand même assez proches de celui-ci par leur port et leur coloration. Fleurs bleu pourpré. Feuillage pourpre foncé au printemps et à l'automne, vert pourpré l'été. Floraison : (mai) juin-août. 40-60 cm x 40-60 cm. Zone 3.

Geranium 'Spinners'

◉ **G. x 'Spinners'** : plante née de parents inconnus, mais très apparentée à G. pratense. Grand géranium aux feuilles très découpées. 🌱 Exige un sol plutôt sec et pauvre : dans un sol trop riche et humide, les tiges plient sous leur propre poids. Nombreuses fleurs bleu pourpré à l'extrémité de rameaux ramifiés. Floraison : juin-juillet. 80-90 cm x 70 cm. Zone 3.

SECTION 2 ⟩ VIVACES À FLORAISON PROLONGÉE

Geranium 'Gerwat' Rozanne™

Hybrides interspécifiques à floraison prolongée

Geranium wlassovianum

🌸 *G. wlassovianum*
Géranium de Sibérie (Wlassov's Cranesbill)
☀️🌤️

Espèce provenant du nord de l'Asie, notamment de la Sibérie. Feuillage vert velouté marbré de brun au printemps, joliment coloré à l'automne. Nombreuses fleurs violet pourpré à rose, fortement nervurées et à cœur blanc. Fleurit pendant plus de trois mois. Floraison : juin-septembre (octobre). 40 cm x 60 cm.. Zone 3.

🌸 *G. wlassovianum* 'Blue Star' : bleu lavande. Floraison : juin-septembre (octobre). 40 cm x 45-60 cm. Zone 3.

🌸 *G. wlassovianum* 'Lakwijk Star' : assez grosses fleurs pourpre violacé, fortement nervurées de violet foncé. Feuilles rose bronze au printemps, puis vert teinté de brun en été et rouge brunâtre en automne. Floraison : juin-septembre (octobre). 40 cm x 45-60 cm. Zone 3.

🌸 *G.* x 'Fay Anna' : cette plante naine serait un hybride de *G. wlassovianum*. Fleurs rose pâle à cœur blanc presque tout l'été. Feuillage superbement coloré : rose cuivré à marge verte. Floraison : juin-août. 20 cm x 30 cm. Zone 3.

Le lancement en 2004 du géranium 'Gerwat' Rozanne™ (page 432), à floraison abondante du printemps jusqu'à l'automne, a provoqué un engouement pour de nouveaux géraniums aussi performants. Ainsi, dans le monde tempéré, des hybrideurs travaillent à créer de nouvelles variétés dans de nouvelles couleurs qui pourraient égaler ou dépasser la vedette. Les résultats ont seulement commencé à paraître sur le marché pendant que je préparais ce livre, ce qui fait que, au moment de rédiger les descriptions, je n'avais pas d'informations concluantes pour beaucoup de ces plantes, notamment en matière de rusticité. Je m'attends à voir apparaître encore bien d'autres « géraniums hybrides à floraison prolongée » au cours des années à venir.

G. x
Géranium vivace hybride
(Hybrid Hardy Cranesbill)
☀️🌤️

Les cultivars suivants sont d'origine hybride interspécifique, souvent issus de programmes impliquant trois espèces et plus, et ne

---

○
Achillée
Agastache
Aster d'été
Astrance
Cœur-saignant nain
Coréopsis
Cupidone
Échinacée
Éphémère
Fausse-fumeterre
Gaillarde
⟩ **Géranium d'été**
Héliopside
Heuchère à fleurs
Knautie
Lin
Mauve
Mertensie
○

SECTION 2 ▸ VIVACES À FLORAISON PROLONGÉE

sont pas particulièrement proches d'une espèce en particulier. Alors je vous les présente tout simplement en ordre alphabétique. Sauf mention contraire, toutes les plantes suivantes préfèrent le soleil et la mi-ombre, et un sol humide, assez riche et bien drainé. Si la zone est suivie d'un point d'interrogation, c'est que la plante est une nouveauté et que cette zone n'est pas connue avec précision.

❂ *G.* x **'Azure Rush'**: assez grosses fleurs bleu-violet pâle jusqu'aux gels. Port compact, très ramifié. Vigoureux. Floraison: juin-octobre. 45-50 cm x 60-70 cm. Zone 5?

❂ *G.* x **'Blogold' Blue Sunrise™**: fleurs bleu-violet pâle aux nervures magenta et cœur blanc. Feuillage « doré » (jaune lime), notamment au printemps, rougissant à l'automne. Préfère un sol très bien drainé. Floraison: juin-août (septembre). 40 cm x 60 cm. Zone 5?

♥ ❂ *G.* x **'Blue Cloud'**: serait un semis de 'Nimbus'. Abondantes fleurs bleu pâle aux nervures magenta. Feuilles très découpées vert foncé devenant rouges à l'automne. Rafle toujours tous les prix dans les essais par sa robustesse, sa floribondité et sa bonne tenue. Floraison: juin-octobre. 60 cm x 60 cm. Zone 5?

❂ *G.* x **'Brookside'** (*G. pratense* x *G. clarkei* 'Kashmir Purple'): produit de grandes fleurs bleu violacé clair avec un centre blanc et fleurit tout l'été jusqu'au début de l'automne. Les feuilles sont finement divisées et mesurent environ 15 cm de diamètre. On dit qu'il est « le remplaçant de 'Johnson's Blue' », jusqu'à récemment le géranium à battre. Floraison: juin-octobre. 60 cm x 70 cm. Zone 3.

❂ *G.* x **'Crystal Lake'**: fleurs bleu « cristal » à cœur blanc et aux nervures contrastantes violet foncé. Floraison: juillet-septembre. 30-60 cm x 30-60 cm. Zone 5?

♥ ❂ *G.* x **'Eureka Blue'**: mutation plus vigoureuse du populaire 'Orion'. Port dense en monticule. Grosses fleurs bleu-violet à cœur plus pâle. Feuillage profondément découpé prenant des teintes rouges à l'automne. Floraison: juin-août. 75 cm x 100 cm. Zone 3.

♥ ❂ *G.* x **'Gerwat' Rozanne™**: chez moi, 'Rozanne' bat tous les autres géraniums pour la floraison. Non seulement les fleurs sont-elles abondantes, grosses et belles, mais elles recouvrent la plante presque entièrement… durant tout l'été jusqu'à la fin d'octobre (même une partie de novembre si la température le permet). L'effet est difficile

Geranium x 'Brookside'

Geranium x 'Gerwat' Rozanne™

SECTION 2 ▸ VIVACES À FLORAISON PROLONGÉE

à imaginer : il faut le voir pour le croire. Cette plante a remporté le prix du Mérite horticole 2004 du Jardin botanique de Montréal, puis a été nommée vivace de l'année 2008 par la Perennial Plant Association. C'est dire à quel point tout le monde l'apprécie.

Les fleurs à cinq pétales sont d'un bleu-mauve iridescent avec un cœur presque blanc, des nervures magenta et des anthères noires. Elles mesurent 6 cm de diamètre : énormes pour un géranium ! Les feuilles sont plus ou moins orbiculaires avec cinq lobes et sont vert foncé durant l'été. Elles deviennent rouges à l'automne.

La plante a un port dressé au début, jusqu'à 45 cm de hauteur puis, s'étalant, elle couvre une largeur de 60 cm avant la fin du premier été. Après trois ans, elle mesure jusqu'à 120 cm de diamètre. C'est deux fois plus large que le diamètre indiqué sur l'étiquette, mais c'est bien le résultat que j'obtiens. Notez que 'Gerwat' Rozanne ne s'enracine pas aux nœuds, donc n'est jamais envahissant.

Cette plante est un hybride naturel de *Geranium wallichianum* 'Buxton's Variety' et de *Geranium himalayense*. C'est un couple de jardiniers amateurs britanniques, Donald et Rozanne Waterer, qui l'a trouvé dans une plate-bande.

Comme 'Gerwat' Rozanne™ est stérile, on le multiplie surtout par bouturage des tiges ou par division. Floraison : juin-octobre (novembre). 45 cm x 60 à 120 cm. Zone 4.

Geranium x 'Johnson's Blue'

❁ **G. x 'Johnson's Blue'** : considéré longtemps comme le *nec plus ultra* des géraniums vivaces, mais ce croisement entre *G. himalayense* et *G. pratense* commence à accuser son âge. En effet, le monde des géraniums a tellement évolué depuis son lancement dans les années 1950 qu'il fait maintenant un peu pépère. 'Gerwat' Rozanne ou 'Sweet Heidy' le battent à son propre jeu, soit en tant que géranium à fleurs bleues qui fleurit longtemps. Toutefois, il est encore facilement disponible et bon marché. Fleurs bleu lavande aux nervures rougeâtres, de bonne taille, théoriquement pendant tout l'été, mais plutôt sporadiques après la floraison initiale au début de l'été. ♠ Tiges un peu lâches. Partiellement stérile, mais se ressème un peu. S'étend par rhizomes. Floraison : juin-juilllet (août). 30-45 cm x 45 cm+. Zone 3.

❁ **G. x 'Jolly Bee'** (*G. shikokianum yoshiianum* x *G. wallichianum* 'Buxton's Variety') : similaire à 'Gerwat' Rozanne (voir page 432). Ses fleurs sont presque de la même couleur (bleu-mauve à cœur blanc), mais seraient encore plus grandes : 7 cm. Son port est aussi un plus dressé que celui de 'Gerwat' Rozanne. Plantez l'un ou l'autre à votre guise : les deux sont superbes ! Floraison : juin-octobre. 60 cm x 60-90 cm. Zone 4.

❁ **G. x 'Lilac Ice'** : mutation de 'Gerwat' Rozanne™, à fleurs lilas pâle aux nervures plus foncées. Revient parfois au type d'origine. Floraison : juin-octobre (novembre). 45 cm x 60-120 cm. Zone 4.

- Achillée
- Agastache
- Aster d'été
- Astrance
- Cœur-saignant nain
- Coréopsis
- Cupidone
- Échinacée
- Éphémère
- Fausse-fumeterre
- Gaillarde
- ▷ **Géranium d'été**
- Héliopside
- Heuchère à fleurs
- Knautie
- Lin
- Mauve
- Mertensie

SECTION 2 ▸ VIVACES À FLORAISON PROLONGÉE

Geranium x 'Nimbus'

♥ ✿ **G. x 'Nimbus'** (*G. collinum* x *G. clarkei* 'Kashmir Purple'): superbe feuillage finement découpé, un peu doré au printemps, formant une touffe en dôme. Abondantes fleurs lavande pâle à centre bleu et aux nervures foncées. Floraison au début et au milieu de l'été, sporadique par la suite jusqu'à l'automne : juin-juillet (août-septembre). 45-60 cm x 60 cm. Zone 4.

✿ **G. x 'Nova'** : produit de belles fleurs mauves aux nervures et cœur noirs tout l'été et l'automne. Son feuillage vert clair fait ressortir la couleur des fleurs. C'est une plante très compacte, plutôt tapissante, très jolie en panier suspendu aussi. Floraison : juin-octobre. 15 cm x 30 cm. Zone 3.

Geranium x 'Orion'

♥ ✿ **G. x 'Orion'** (*Geranium* 'Brookside' x *Geranium himalayense* 'Gravetye') : autre variété à grandes fleurs bleu-mauve, similaire à son parent 'Brookside', mais produisant encore plus de fleurs sur une plus longue saison. Très florifère et vigoureuse. Feuillage profondément découpé rougissant à l'automne. Floraison : juin-août. 50 cm x 50 cm. Zone 3.

✿ **G. x 'Sue Crûg'** : grosses fleurs fortement nervurées, rose doux à œil pourpre. Forme un dôme aplati de feuilles fortement découpées. Floraison : juin-octobre. 15-20 cm x 45 à 60 cm. Zone 5.

Geranium x 'Sweet Heidy'

♥ ✿ **G. x 'Sweet Heidy'** (syn. G. 'Sweet Heidi') : fleur multicolore à cœur blanc entouré de rose vif qui se fond dans une extrémité bleu-mauve, le tout rehaussé de nervures noires. Les fleurs sont produites en grand nombre sur une très longue saison. La plante a un port arrondi rampant, comme 'Gerwat' Rozanne™. Floraison : juin-octobre. 35-45 cm x 60-90 cm. Zone 4.

Autres géraniums d'été

Les géraniums décrits jusqu'à maintenant étaient tous à floraison estivale prolongée : la plupart fleurissent jusqu'au début de l'automne. Voici d'autres géraniums à floraison estivale mais un peu moins durable.

SECTION 2 ▸ VIVACES À FLORAISON PROLONGÉE

Geranium renardii

Geranium x 'Phillipe Vapelle'

G. renardii

Géranium de Renard (Velvety Cranesbill)

Géranium cultivé surtout pour son feuillage superbement texturé. La feuille presque ronde aux lobes larges et arrondis est vert cendré et recouverte de petites bosses : on dirait qu'elle a été sablée ! Fleurs blanches rehaussées de violet pâle et nervurées de violet. Forme un joli monticule dense dans la plate-bande. Indigène du Caucase et habitué aux sols rocailleux et secs. La plante a la réputation d'être capricieuse, mais pousse chez moi depuis des années sans le moindre problème. Il lui faut toutefois un bon drainage et plus de soleil que la majorité des géraniums. Floraison : juin-juillet. 30 cm x 30-45 cm. Zone 4.

G. renardii 'Tschelda' : fleurs bleu lavande. Floraison : juin-juillet. 30 cm x 30 cm. Zone 4
G. renardii 'Zetterlund' : fleurs lavande plus abondantes. Floraison : juin-juillet. 30 cm x 30 cm. Zone 4

♥ *G.* x 'Phillipe Vapelle' : hybride de *G. renardii* et très semblable, sauf la couleur des fleurs, pourpre lavande à nervures plus foncées. Alors que son papa a la réputation d'être capricieux, tous s'accordent pour dire que le fils est bien accommodant et tolère notamment mieux la mi-ombre et les sols plus humides. Floraison : juin-juillet. 25 à 40 cm x 30 cm. Zone 4.

Variété déconseillée

G. bohemicum 'Orchid Blue'

Géranium de Bohème (Bohemian Cranesbill)

J'ai acheté des semences de cette plante sur la foi que c'était une vivace (c'était inscrit ainsi dans le catalogue de Thompson & Morgan). Or, c'est une *annuelle*. Non pas qu'elle n'est pas belle et florifère, mais dans un livre sur les vivaces ! Les pépiniéristes d'ici vendent aussi ce géranium comme vivace, donc il y a de mauvaises informations qui circulent. Considérez donc cette description comme un avertissement.

La plante fleurit massivement, mais pendant seulement quelques semaines ; elle produit des fleurs bleu orchidée aux nervures foncées. Feuilles profondément lobées. Port buissonnant. Capsules de graines noires. Se ressème abondamment. C'est une « annuelle hivernante » : elle germe et commence à pousser à l'automne, puis termine son cycle au printemps suivant. Floraison : juin-juillet. 30-45 cm x 30-45 cm. Zone 3 (survie des semis).

Achillée
Agastache
Aster d'été
Astrance
Cœur-saignant nain
Coréopsis
Cupidone
Échinacée
Éphémère
Fausse-fumeterre
Gaillarde
▸ **Géranium d'été**
Héliopside
Heuchère à fleurs
Knautie
Lin
Mauve
Mertensie

HÉLIOPSIDE
Heliopsis

Heliopsis helianthoides

www.jardinierparesseux.com

Famille : Astéracées

Origine : Amérique du Nord et du Sud

HÉLIOPSIDE
Heliopsis

Nom anglais : Heliopsis

Dimensions : 35-150 cm x 30-75 cm (selon le cultivar)

Exposition : ☀ (☀)

Sol : tout sol bien drainé

Floraison : juillet-septembre (octobre)

Multiplication : boutures de tige, division, semences

Utilisations : plate-bande, naturalisation, arrière-plan, pré fleuri, haie, jardin xérophyte, fleur coupée, attire les papillons et les oiseaux frugivores

Associations : hélénies, asters, phlox, monardes, verges d'or, sauges russes

Zone de rusticité : 3

Le genre *Heliopsis* ne contient que six espèces et une seule peut être considérée comme une vivace rustique, *H. helianthoides*. Le genre, très similaire à *Helianthus* (hélianthe ou tournesol, tome 2), partage avec celui-ci une fleur jaune en forme de marguerite. D'ailleurs, *helianthoides* veut dire « qui ressemble à un *Helianthus* ». *Heliopsis* veut dire « qui ressemble à un soleil », car la fleur est jaune et en forme de soleil.

Variétés

Heliopsis helianthoides
Héliopside faux-hélianthe
(Sunflower Heliopsis)
☀ (☀)
C'est la seule espèce d'héliopside couramment

SECTION 2 — VIVACES À FLORAISON PROLONGÉE

Heliopsis helianthoides 'Midwest Dreams'

cultivée. La plante est indigène sur un vaste territoire comprenant presque tout le centre et l'est de l'Amérique du Nord, où elle pousse dans les prés et à l'orée des bois. Elle est bien établie dans l'ouest du Québec, mais il n'est pas certain qu'elle y soit indigène; il est possible qu'elle soit arrivée de l'Ontario en suivant les chemins de fer.

L'héliopside faux-hélianthe produit une touffe de tiges dressées portant des feuilles ovales pointues vert foncé et, chez la sous-espèce la plus cultivée, *H. helianthoides scabra*, rugueuses des deux côtés. Les tiges se ramifient et portent chacune une seule inflorescence composée ressemblant à une marguerite jaune. Les rayons, souvent à extrémité incisée, sont toujours jaunes, le disque varie en couleur de jaune à brun. La floraison, très durable, commence chez certains cultivars à la mi-été pour se terminer au début de l'automne, alors que d'autres sont vraiment à floraison automnale. Si l'on ne supprime pas les fleurs fanées (je ne le fais jamais), les graines attireront les oiseaux à la fin de l'automne et durant l'hiver.

C'est une plante de culture très facile, qui s'adapte à presque toutes les conditions ensoleillées et réussit même dans les sols secs et pauvres. Par contre, pour de meilleurs résultats, offrez-lui un sol au moins moyennement riche et moyennement humide. Évitez les sols détrempés.

La multiplication est facile par division des touffes au printemps ou à l'automne, mais aussi par semences et par boutures de tige. La plupart des cultivars sont au moins relativement fidèles au type par semences.

La plante a deux petits problèmes dont je m'accommode très bien. D'abord, quand l'air est humide et le sol sec, notamment après une période de sécheresse, elle tend à souffrir du blanc. Cette maladie peut faire des dégâts considérables chez d'autres plantes en faisant noircir le feuillage et en affectant beaucoup la qualité ornementale de la plante, mais dans le cas de l'héliopside, elle semble se limiter à un simple saupoudrage blanc léger du feuillage qui n'est pas très dérangeant. Ce blanc est spécifique aux héliopsides et ne touche aucune autre plante de jardin, donc on n'a pas à craindre qu'il s'étendra.

Ces pucerons adorent les héliopsides mais ne font pas de dommages.

- Achillée
- Agastache
- Aster d'été
- Astrance
- Cœur-saignant nain
- Coréopsis
- Cupidone
- Échinacée
- Éphémère
- Fausse-fumeterre
- Gaillarde
- Géranium d'été
- ▷ **Héliopside**
- Heuchère à fleurs
- Knautie
- Lin
- Mauve
- Mertensie

SECTION 2 ▸ VIVACES À FLORAISON PROLONGÉE

🍃 Secundo, il y a des petits pucerons rouge orangé qui en été s'installent sur les tiges, où ils se multiplient rapidement. Ils semblent spécifiques aux héliopsides et ne dérangent pas les autres plantes de jardin. D'ailleurs, même sur l'héliopside, ils ne semblent pas causer de dégâts et je les ai toujours laissés faire, car ils attirent les colibris en bon nombre et, de toute façon, disparaissent d'eux-mêmes assez rapidement. Si vous êtes un maniaque du contrôle, tirez-leur dessus avec un fusil à eau.

L'espèce est généralement plus haute que les cultivars et à floraison plus tardive. 🍃 Elle se ressème passablement et peut devenir envahissante dans certaines situations. Les cultivars sont plus disciplinés.

Floraison : août-octobre. 90-150 cm x 60-75 cm. Zone 3.

Variétés

❤️ ✤ *H. helianthoides* 'Helhan' Loraine Sunshine™ : cette mutation découverte à l'état sauvage dans le Wisconsin a fait tourner beaucoup de têtes, car son feuillage est abondamment et originalement panaché : le limbe de la feuille est blanc, mais les nervures sont vertes. La première fois que j'ai vu cette plante, j'étais certain qu'elle allait être chétive, car à coup sûr une plante aussi panachée ne pourrait pas faire assez de photosynthèse pour se maintenir ! À ma grande surprise, elle est solide comme une roche. Le feuillage est dense, les tiges sont robustes, les fleurs sont nombreuses, mais elle est de petite taille pour un héliopside (ce qui n'est pas un défaut, tout simplement une constatation). Fleurs simples jaunes. Floraison :

Heliopsis helianthoides 'Helhan' Loraine Sunshine™

SECTION 2 ▸ VIVACES À FLORAISON PROLONGÉE

Heliopsis helianthoides scabra 'Goldgefieder'

juillet-septembre. 60-80 cm x 45-60 cm. Zone 3.

🌼 *H. helianthoides* (**variegata**) : nom utilisé par certains marchands quand ils vendent des semis de 'Helhan'. La panachure remarquable du feuillage se transmet à sa progéniture et les fleurs sont aussi jaunes, mais il peut bien sûr y avoir quelques différences avec le cultivar. Floraison : juillet-septembre. 60-90 cm x 45-60 cm. Zone 3.

🌼 *H. helianthoides scabra* '**Asahi**' : variété courte à fleurs jaunes doubles formant des pompons entourés d'un anneau de rayons un peu plus longs. Floraison : juillet-septembre. 60 cm x 45 cm. Zone 3.

❤️🌼 *H. helianthoides scabra* '**Bressingham Doubloon**' : fleurs semi-doubles jaunes. Il y a tellement de rayons que la fleur n'est pas loin d'être double. Ils laissent seulement apparaître un peu du disque jaune au centre. Tiges solides. Floraison : juillet-septembre. 120-150 cm x 45 cm. Zone 3.

🌼 *H. helianthoides scabra* '**Goldgefieder**' ('Golden Plume') : vieux cultivar encore bien intéressant. Fleurs jaunes semi-doubles (plusieurs rangées de rayons). Cœur jaune. Floraison : juillet-septembre. 60-100 cm x 60-75 cm. Zone 3.

❤️🌼 *H. helianthoides scabra* '**Goldgrünherz**' ('Goldgreenheart') : vieux cultivar de l'hybrideur allemand Karl Foerster. Fleurs doubles jaune vif à disque vert et à rayons centraux teintés de vert au début de la floraison. Plus tard, la fleur est entièrement jaune. Floraison : juillet-septembre. 80 cm x 70 cm. Zone 3.

🌼 *H. helianthoides scabra* '**Hohlspiegel**' ('Concave Mirror') : vieux cultivar d'origine allemande. Fleurs jaunes semi-doubles. Floraison : juillet-septembre. 90-120 cm x 45-60 cm. Zone 3.

🌼 *H. helianthoides scabra* '**Midwest Dreams**' : forme compacte. Fleurs simples jaunes à disque vert au début, puis jaune. Floraison : juillet-septembre. 80-90 cm x 45-60 cm. Zone 3.

Achillée
Agastache
Aster d'été
Astrance
Cœur-saignant nain
Coréopsis
Cupidone
Échinacée
Éphémère
Fausse-fumeterre
Gaillarde
Géranium d'été
▷ **Héliopside**
Heuchère à fleurs
Knautie
Lin
Mauve
Mertensie

SECTION 2 ▸ VIVACES À FLORAISON PROLONGÉE

❤ ❀ *H. helianthoides scabra* 'Prairie Sunset' : fleurs jaune vif à cœur rougeâtre, auréolé de rouge marron. Tiges pourpres. Feuillage vert foncé à nervures pourpres. Tout à fait remarquable ! Floraison : juillet-septembre. 120 cm x 75 cm. Zone 3.

Heliopsis helianthoides scabra 'Sommersonne'

❀ *H. helianthoides scabra* 'Sommersonne' ('Summer Sun') : l'héliopside classique des jardins d'autrefois. Fleurs jaunes à disque jaune orangé. Floraison : juillet-septembre. 60-120 cm x 45-60 cm. Zone 3.

❀ *H. helianthoides scabra* 'Spitzentanzerin' ('Ballerina', 'Ballet Dancer') : variété compacte aux fleurs jaunes semi-doubles composées de plusieurs rangées de rayons. Floraison : juillet-septembre. 60-90 cm x 45-60 cm. Zone 3.

❤ ❀ *H. helianthoides scabra* 'Summer Nights' : reconnu pour ses tiges rouge vin et son feuillage légèrement pourpré. Fleurs simples jaunes devenant plus orangées avec le temps. Disque rouge acajou. Floraison : juillet-septembre. 120 cm x 60-75 cm. Zone 3.

❀ *H. helianthoides scabra* 'Summer Pink' : mutation de 'Summer Nights'. Feuillage panaché de blanc rosé ! Fleurs simples jaunes. Floraison : juillet-septembre. 65 cm x 60 cm. Zone 3.

❀ *H. helianthoides scabra* 'Heliopsis 'Summer Stripe' : tiges rouges. Feuilles vert pâle aux nervures vert foncé. Fleurs simples jaune orangé. Floraison : juillet-septembre. 65 cm x 60 cm. Zone 3.

❀ *H. helianthoides scabra* 'Venus' : forme compacte. Fleurs jaunes semi-doubles aux rayons jaunes et à disque jaune plus foncé. Floraison : juillet-septembre. 75-90 cm x 30-60 cm. Zone 3.

❀ *H. helianthoides* 'Summer Green' : mutation de 'Helhan' au feuillage panaché de façon similaire, mais le limbe de la feuille est jaune citron plutôt que blanc. Tiges pourpre très foncé, presque noires. Disque orangé. Floraison : juillet-septembre. 65 cm x 60 cm. Zone 3.

❤ ❀ *H. helianthoides* 'Tuscan Sun' : variété naine. Fleurs jaunes à disque orange doré. Floraison : juillet-septembre. 35-50 cm x 35-30 cm. Zone 3.

Heliopsis helianthoides scabra 'Summer Nights'

Heuchère à fleurs
Heuchera

Heuchera sanguinea

Famille :
Saxifragacées

Origine :
Amérique du Nord

HEUCHÈRE À FLEUR
Heuchera

Noms anglais : Coral Bells, Alumroot

Dimensions : 45-90 cm x 25-60 cm (selon la variété)

Exposition : ☀ ☀

Sol : riche et bien drainé

Floraison : juin-août (septembre)

Multiplication : boutures de tige florale, division, semences

Utilisations : plate-bande, bordure, massif, rocaille, naturalisation, couvre-sol, sous-bois, fleur coupée, plante médicinale, attire les colibris et les papillons

Associations : astilbes, bulbes à floraison printanière, petites graminées, fougères

Zone de rusticité : 3

Il y a plus de 50 espèces d'*Heuchera*, toutes originaires d'Amérique du Nord, où elles poussent dans divers environnements, des forêts humides de l'Est aux canyons asséchés du Sud-Ouest. En général, les heuchères sont des plantes basses formant une rosette de feuilles persistantes autour d'un collet à fleur de sol. Les feuilles, qui peuvent être lisses ou poilues, sont portées par des pétioles de longueur inégale et sont habituellement en forme soit de cœur soit de feuille d'érable, avec des lobes plus ou moins découpés. La marge des feuilles porte habituellement des dents arrondies ou pointues. Chez certains cultivars, la feuille est un peu ou très ondulée. La feuille est verte chez les espèces, parfois rehaussée d'un peu d'argent. Le revers est souvent pourpre ou, du moins, de couleur plus foncée que la face supérieure.

SECTION 2 ▸ VIVACES À FLORAISON PROLONGÉE

La tige florale, dressée, porte souvent de petites feuilles à la base. Bien que mince, elle est robuste. Les fleurs en forme de clochette sont minuscules et souvent blanches, roses, rouges ou pourpres, mais parfois vertes. La floraison a lieu habituellement au début de l'été pour les heuchères botaniques, bien qu'il y ait des espèce à floraison tardive et même automnale. Beaucoup de cultivars ont une floraison remontante qui se maintient du début de l'été jusqu'à l'automne et même parfois jusqu'aux gels.

Il y a deux catégories d'heuchères : les variétés cultivées surtout pour leur feuillage coloré – décrites dans le tome 2 – et celles cultivées avant tout pour leur floraison. Il sera question dans cette rubrique des heuchères à belles fleurs.

L'espèce de base des heuchères cultivées pour leurs fleurs est *Heuchera sanguinea*, avec ses belles petites clochettes rouges. Les horticulteurs ont vite ajouté d'autres espèces aux croisements et, de nos jours, la majorité des heuchères à belles fleurs sont des hybrides interspécifiques. On voit quand même des traces de *H. sanguinea* dans presque tous ces hybrides, car c'est une des rares heuchères aux fleurs très colorées.

Les « nouvelles » heuchères à fleurs sont des plantes souvent plus imposantes que *H. sanguinea*, avec beaucoup plus de tiges florales et beaucoup plus de fleurs par tige, ce qui assure une floraison plus consistante. Chez la plupart, la floraison est au moins un peu remontante. La majorité fleurissent maintenant tout l'été et certaines continuent l'automne. Autre changement, le feuillage des nouvelles variétés est très souvent coloré (il était vert uni chez *H. sanguinea*). Sans nécessairement avoir les couleurs flamboyantes des heuchères à feuillage ornemental (car, avec un feuillage dominant, on ne remarque plus les fleurs), presque toutes présentent des feuilles marquées d'argent ou de pourpre, ou des deux, ou du moins des feuilles joliment ondulées.

Pour bien fleurir, une plante à fleurs a besoin de plus d'énergie qu'une plante à feuillage. Alors que les heuchères à feuillage coloré sont de bons sujets pour l'ombre, les heuchères à fleurs sont à leur meilleur à la mi-ombre et peuvent même pousser au soleil. Elles préfèrent un sol riche, humide et bien drainé, mais tolèrent des sols ordinaires et même des sécheresses occasionnelles. 🍂 Évitez les endroits exposés au vent l'hiver : le feuillage persistant peut brûler. Et bien sûr, puisque le feuillage est persistant, il ne faut pas le supprimer à l'automne. Un bon paillis aidera non seulement à garder le sol plus frais et plus humide, mais aussi à prévenir le déchaussement, un problème avec les heuchères après trois ou quatre années.

🍂 Effectivement, beaucoup d'heuchères « vieillissent mal » : à mesure que les vieilles feuilles à la base de la rosette meurent et que de nouvelles feuilles se forment au sommet, leur collet, au niveau du sol à l'origine, s'allonge pour devenir une épaisse tige dénudée sauf au sommet, et la plante devient faible et moins florifère. Le problème est manifeste surtout dans les sols glaiseux ou durs. On le prévient en bonne partie en plantant les heuchères dans un sol meuble et en paillant abondamment pour le garder meuble. Alors, si votre sol est bien meuble, il suffit, au printemps, d'enfoncer la plante dans le sol en poussant dessus avec le talon : de nouvelles racines se formeront sur la partie désormais enterrée. 🍂 Si votre sol n'est pas meuble, vous pouvez diviser la plante aux trois ou quatre ans : replantez les jeunes sections et débarrassez-vous de la plante mère fatiguée. On note ce problème surtout chez les hybrides proches de *H. americana* et beaucoup moins chez les espèces ayant une bonne part de *H. villosa*.

La multiplication se fait plus couramment par division, mais beaucoup de cultivars peuvent repousser depuis une bouture de tige florale (supprimez toutefois l'épi de fleurs lui-même) ou même d'une bouture de feuille. C'est une opération délicate, mais qui réussit assez souvent. 🌱 Les hybrides ne sont pas fidèles au type par semences, mais on peut utiliser des semences pour multiplier les espèces. Par ailleurs, les catalogues horticoles offrent sous forme de semences certaines lignées aux caractéristiques connues et qui sont relativement fidèles au type.

Espèces

Voici un survol rapide des principales espèces derrière les hybrides modernes. Peu de ces espèces botaniques sont couramment offertes en pépinière, car elles ont été largement remplacées par les hybrides (page 446), mais on peut en trouver des semences et les heuchères sont faciles à cultiver à partir de graines. Aussi, pour quelques espèces, il y a un certain choix de cultivars.

H. americana
Heuchère américaine (American Alumroot)

C'est l'espèce de l'est des États-Unis et de l'Ontario. Elle est toutefois absente du Québec, des provinces maritimes et du nord de la Nouvelle-Angleterre. C'est une plante de sous-bois, très adaptée à l'ombre, qui a transmis aux hybrides cette tolérance à l'ombre. Son feuillage est cordiforme à arrondi avec cinq à sept lobes. Le feuillage est souvent marbré d'argent au printemps et parfois tout l'été, puis très pourpré l'hiver, encore un trait qui a été transféré à maints hybrides. Ses minces épis de fleurs blanc verdâtre, par contre, n'ont pas beaucoup d'attrait en soi. Toutefois, cette espèce a été très utilisée dans le développement des heuchères à fleurs hybrides.

Floraison : juin-juillet (août). 45-90 cm x 45 cm. Zone 3.

> Le nom anglais de cette plante, « alumroot », fait référence à l'utilisation médicinale des racines comme astringent (« alum » est le mot anglais pour alun).

H. cylindrica
Heuchère à feuilles cylindriques (Roundleaf Alumroot)

Heuchera americana

Heuchera cylindrica

SECTION 2 ▸ VIVACES À FLORAISON PROLONGÉE

Feuillage cordiforme très lobé, rond en silhouette, vert foncé et parfois marbré d'argent. Fleurs vert crème à brunâtres. Rhizomateuse et excellent couvre-sol, l'heuchère à feuilles cylindriques a transmis sa capacité de s'étendre à certains hybrides. Floraison : juin-juillet. 60-75 cm x 30 cm. Zone 3.

***H. cylindrica* 'Greenfinch'** : on le cultive pour son feuillage marbré d'argent prenant des teintes pourprées à l'automne, mais aussi pour ses épis de fleurs blanc verdâtre. La couleur ne semble pas inspirante à première vue, mais cette plante suprend tellement elle est jolie une fois en fleurs. Floraison : juin-juillet. 60-75 cm x 30 cm. Zone 3.

Heuchera micrantha

H. micrantha
Heuchère à petites fleurs
(Small-Flowered Alumroot)

Version occidentale de *H. americana*, dont elle diffère surtout par son feuillage moins coloré et ses fleurs plus voyantes blanc crème à la fin du printemps. Floraison : juin-juillet. 60 cm x 30 cm. Zone 4.

Heuchera sanguinea

H. sanguinea
Heuchère sanguine (Coral Bells)

C'est la « maman » des heuchères à belles fleurs. Indigène du sud-ouest des États-Unis (Nouveau-Mexique et Arizona), guère une région réputée pour ses hivers froids, elle est néanmoins bien rustique. Feuilles plus petites que chez les autres, vert moyen. Épis minces de petites clochettes rouge corail pendant une bonne partie de l'été ; un aimant pour les colibris ! On cultive encore plusieurs cultivars de cette plante, même si sa plus grande contribution à nos plates-bandes a été son ajout de jolies fleurs colorées aux heuchères hybrides. Floraison : juin-août. 45 cm x 30 cm. Zone 3.

***H. sanguinea* 'Alba'** : fleurs blanc crème. Floraison : juin-août. 50 cm x 30 cm. Zone 3.
***H. sanguinea* 'Frosty'** : fleurs rose corail. C'est, avec 'Monet', 'Snow Angel' et 'Snow Storm', l'une des heuchères sanguines au

SECTION 2 — VIVACES À FLORAISON PROLONGÉE

feuillage le plus coloré, car ses feuilles sont irrégulièrement panachées de blanc. Floraison : juin-août. 50 cm x 35 cm. Zone 3.

H. sanguinea 'Monet' : belles fleurs rouges. Feuilles très panachées de blanc. Floraison : juin-août. 50 cm x 35 cm. Zone 3.

Heuchera sanguinea 'Ruby Bells'

H. sanguinea 'Ruby Bells' : lignée produite par semences. Abondantes fleurs rouge rubis parfumées. Floraison : juin-août. 40 cm x 30-45 cm. Zone 3.

H. sanguinea 'Sioux Falls' : clochettes rouge vif. Feuillage vert foncé. Offert par semences. Floraison : juin-août. 60 cm x 30 cm. Zone 3.

H. sanguinea 'Snow Angel' : fleurs rose foncé. Feuillage vert doucement picoté de blanc. Chez moi, la plus vigoureuse des heuchères sanguines panachées. Floraison : juin-juillet. 38 cm x 30 cm. Zone 3.

H. sanguinea 'Snow Storm' : fleurs rouge cerise. Feuillage fortement panaché de blanc. Floraison : juin-juillet. 45-50 cm x 30 cm. Zone 3.

H. sanguinea 'Splendens' : l'heuchère sanguine classique, faisant partie du répertoire des jardiniers depuis plus de 100 ans. Abondantes fleurs rouge écarlate vif. Floraison : juin-août. 45 cm x 30 cm. Zone 3.

H. sanguinea 'White Cloud' : comme le nom le suggère, produit un nuage de petites fleurs blanches : une floraison phénoménale. Feuillage arrondi vert. Variété produite par semences. Floraison : juin-août. 60 cm x 45 cm. Zone 3.

Heuchera x *brizoides*

H. x *brizoides*

Heuchère brisoïde (Hybrid Coral Bells)

Hybride primaire de *H. sanguinea* et de *H. americana* combinant les belles fleurs du premier avec la robustesse et souvent le feuillage marbré d'argent du deuxième. Feuillage arrondi. Fleurs dans différentes teintes de blanc, rose et rouge, sur des épis minces. Ce trait est souligné par l'épithète *brizoides*, renvoyant à une graminée, *Briza maxima*, à épis sveltes. Cet hybride semble être plus ou moins disparu de la culture, emporté par les hybrides plus complexes qui ont suivi, mais il se peut que vous rencontriez son nom dans vos pérégrinations horticoles. Beaucoup d'heuchères hybrides (page 446)

Achillée
Agastache
Aster d'été
Astrance
Cœur-saignant nain
Coréopsis
Cupidone
Échinacée
Éphémère
Fausse-fumeterre
Gaillarde
Géranium d'été
Héliopside
▷ **Heuchère à fleurs**
Knautie
Lin
Mauve
Mertensie

445

SECTION 2 ▸ VIVACES À FLORAISON PROLONGÉE

sont très proches de cette vieille lignée et en portent souvent le nom même si les autorités modernes prétendent qu'elles n'en ont pas le droit. En effet, pour mériter le nom *H. x brizoides*, la plante doit être strictement un croisement entre *H. sanguinea* et *H. americana*; la présence dans la généalogie d'une heuchère de toute autre espèce a pour résultat qu'elle est « illégitime » ! Floraison : juin-août. 60-75 cm x 50 cm. Zone 3.

Heuchera villosa

♥ *H. villosa*
Heuchère velue (Hairy Alumroot)

Cette heuchère diffère des autres par ses très grandes feuilles en forme de feuille d'érable, feuilles qui sont visiblement hirsutes (les autres heuchères ont un feuillage d'apparence lisse), et par ses fleurs blanches en grandes panicules ouvertes, plus hautes et nettement plus larges que chez les autres heuchères. Aussi, la floraison est très tardive, réellement automnale. Même si ses fleurs sont un peu subtiles (blanches ou rose pâle un peu verdâtre, elles n'ont pas le panache des fleurs rose vif et rouge écarlate de *H. sanguinea* et de ses hybrides), par leur densité et leur abondance elles créent un très bel effet au jardin.

L'heuchère velue tolère mieux les sols très secs que les autres heuchères cultivées et semble aussi à l'aise au plein soleil brûlant qu'à l'ombre. La compétition racinaire ne la dérange nullement et, en la plantant à un espacement d'environ 45 cm, on peut en faire un superbe couvre-sol très dense qui étouffera les mauvaises herbes. Je n'hésite pas à dire que l'heuchère velue est la plus facile à cultiver de toutes les heuchères ; solide comme une roche ! *H. villosa* a donné aussi des cultivars à feuillage pourpre que je présente dans le tome 2, avec les autres heuchères à feuillage coloré. Floraison : août-octobre (novembre). 75-90 cm x 45-60 cm. Zone 3.

Heuchères hybrides

Heuchera x

Elles sont légion ! Les plantes présentées sont parfois très proches de *H. sanguinea* ou de *H. x brizoides*, auquel cas leur feuillage sera surtout petit et vert, parfois plus proches des heuchères à feuillage coloré (tome 2), comme le signale un feuillage plus gros et diversement marbré d'argent et de pourpre, sinon de jaune, d'orange ou de rouge. Impossible de vous les présenter toutes : je me limite à une sélection des cultivars les plus disponibles.

♥ ✿ ***H.* x 'Brandon Pink'** : hybride développé par Agriculture Canada pour les conditions difficiles des Prairies. Extra robuste ! Abondantes fleurs roses. Floraison : juin-août. 45-60 cm x 30-45 cm. Zone 2b.

⚜ *H.* x **'Bressingham Hybrids'** (*H. sanguinea* 'Bressingham Hybrids'): mélange offert par semences et comprenant des plantes à feuillage vert et à fleurs blanches, roses et rouges. Floraison : juin-septembre. 60 cm x 45 cm. Zone 3.

Heuchera x 'Chablo' Charles Bloom™

H. x **'Chablo' Charles Bloom™** : fleurs rose doux portées en grand nombre. Feuillage vert. Floraison : juin-juillet. 50 cm x 30 cm. Zone 3.

⚜ *H.* x **'Chatterbox'** (*H.* x *brizoides* 'Chatterbox') : vieux cultivar à fleurs rose riche. Feuillage vert à nervures plus foncées. Floraison : juin-septembre. 55 cm x 40 cm. Zone 3.

H. x **'Cherries Jubilee'** : fleurs rouge rouille. Feuillage bronzé, parfois rehaussé d'argent. Floraison : juin-juillet. 50 cm x 30 cm. Zone 3.

H. x **'Cherry Cola'** (série Soda) : épis de fleurs mousseuses rouge cerise sur fond de feuillage rouge-brun cuivré. Floraison : juin-juillet. 45 cm x 35 cm. Zone 3.

Heuchera x 'Cherry Cola'

⚜ *H.* x **'Chinook'** : variété très florifère aux gros boutons roses donnant des fleurs saumon. Le feuillage vert foncé est très ondulé et luisant ; il devient brun pourpré au soleil. Floraison : juin-août. 40 cm x 40 cm. Zone 3.

Heuchera x 'Cinnabar Silver'

♥ ⚜ *H.* x **'Cinnabar Silver'** : petite plante aux fleurs rouge vif, excellente pour la rocaille. Les feuilles sont d'abord pourpres, puis argentées. Floraison : juin-août. 45 cm x 30-35 cm. Zone 3.

H. x **'City Lights'** : fleurs jaune crème. Feuillage rouge pourpré. Floraison : juin-juillet. 45-75 cm x 35 cm. Zone 3.

SECTION 2 ◆ VIVACES À FLORAISON PROLONGÉE

Achillée
Agastache
Aster d'été
Astrance
Cœur-saignant nain
Coréopsis
Cupidone
Échinacée
Éphémère
Fausse-fumeterre
Gaillarde
Géranium d'été
Héliopside
▷ **Heuchère à fleurs**
Knautie
Lin
Mauve
Mertensie

SECTION 2 ▸ VIVACES À FLORAISON PROLONGÉE

***H.* x 'Florist's Choice':** hauts épis de fleurs rouge cerise. Spécialement développé pour la fleur coupée. Feuillage vert. Floraison : juin-juillet. 60-75 cm x 45-60 cm. Zone 3.

Heuchera x 'Freedom'

Heuchera x 'Havana'

❂ ***H.* x 'Freedom'** (*H.* x *brizoides* 'Freedom') : vieux cultivar à fleurs roses. Feuillage vert à nervures plus foncées. Floraison : juin-septembre. 55 cm x 40 cm. Zone 3.

❂ ***H.* x 'Geisha's Fan':** feuilles en forme d'éventail, pourpres rehaussées d'argent. Épis de fleurs rose pâle. Floraison : juin-septembre. 75 cm x 45 cm. Zone 3.

***H.* x 'Ginger Ale'** (série Soda) : tiges florales rouges portant des fleurs blanc crème. Feuillage brun rouille rehaussé de marbrures argentées. Floraison : juin-juillet. 45 cm x 25 cm. Zone 3.

❂ ***H.* x 'Gypsy Dancer':** feuillage ondulé argenté aux nervures pourpre foncé. Floraison abondante et durable de petites clochettes rose pâle. Variété compacte, intéressante en avant-plan. Floraison : juin-septembre. 50 cm x 30 cm. Zone 3.

❂ ***H.* x 'Harmonic Convergence':** fleurs roses frangées. Feuillage bronzé marqué d'argent. Floraison : juin-août. 45-60 cm x 35 cm. Zone 3.

♥ ❂ ***H.* x 'Havana':** plant compact. Épi portant une masse dense de fleurs rose cerise à cœur plus pâle. Refleurit abondamment. Feuillage jaune lime doucement marbré d'argent qui met vraiment les fleurs en valeur. Préfère l'ombre ou la mi-ombre. Floraison : juin-août. 35 cm x 30 cm. Zone 3.

***H.* x 'Helen Dillon':** hauts épis de clochettes rouge vif. Feuillage vert menthe maculé de blanc. Floraison : juin-juillet. 30-50 cm x 30-45 cm. Zone 3.

***H.* x 'Hercules':** fleurs rouge écarlate foncé. Petites feuilles fortement marbrées de crème. Floraison : juin-juillet. 45-50 cm x 35-40 cm. Zone 3.

***H.* x 'Heurose' Rosemary Bloom™:** clochettes rose corail à gorge jaune citron. Feuillage vert riche. Floraison : juin-août. 45-60 cm x 30 cm. Zone 3.

Heuchera x 'Hollywood'

SECTION 2 ▸ VIVACES À FLORAISON PROLONGÉE

♥ ✿ *H.* x 'Hollywood' : superbe plante, la meilleure heuchère à fleurs que j'aie jamais essayée, avec des épis assez courts portant des fleurs corail doubles densément serrées. Chez moi, en fleurs de juin jusqu'aux gels, même à l'ombre! Les feuilles sont vert argenté aux nervures sombres et joliment ondulées. Floraison : juin-octobre (novembre). 40 cm x 30 cm. Zone 3.

♥ ✿ *H.* x 'Jefmist' Arctic Mist® : fleurs rouge vif. Feuillage vert très panaché. Développé spécialement pour résister aux conditions difficiles des Prairies. Très adapté au soleil intense. Floraison : juin-août. 60 cm x 30 cm. Zone 3.

✿ *H.* x 'Magic Wand' : épis de fleurs rouge cerise densément serrés. Feuillage vert luisant à marge gaufrée. Floraison : juin-août. 55-70 cm x 40 cm. Zone 3.

✿ *H.* x 'Milan' : floraison soutenue de fleurs roses à cœur blanc, portées densément sur de courtes tiges. Petits feuilles très denses d'un vert fortement argenté, devenant rouge argenté à l'automne. Floraison : juin-septembre. 35 cm x 45 cm. Zone 3.

Heuchera x 'June Bride'

✿ *H.* x 'June Bride' (*H.* x *brizoides* 'June Bride') : nuage de fleurs blanches. Feuillage vert foncé légèrement marbré d'argent. Vieux cultivar. Floraison : juin-août. 75 cm x 45 cm. Zone 3.

✿ ☀ *H.* x 'Leuchtkafer' ('Firefly', *H. sanguinea* 'Firefly') : lignée produite par semences. Fleurs écarlates. Feuillage vert arrondi à marge découpée. Floraison : juin-août. 50 cm x 30 cm. Zone 3.

✿ *H.* x 'Lipstick' : nombreux épis aérés créant une brume rouge vif. Feuillage vert fortement rehaussé d'argent. Floraison : juin-septembre. 45 cm x 35 cm. Zone 3.

Heuchera x 'Mysteria'

✿ *H.* x 'Mysteria' : épis de fleurs rose corail. Feuillage vert l'été, pourpré au printemps et à l'automne, toujours rehaussé d'argent. Marge des feuilles ondulée. Floraison : juin-septembre. 60 cm x 40 cm. Zone 3.

✿ *H.* x 'Northern Fire' : fleurs rouge rubis. Feuillage ondulé vert foncé. Censé être plus rustique que la plupart des heuchères. Floraison : juin-août. 60 cm x 30 cm. Zone 2b.

Achillée
Agastache
Aster d'été
Astrance
Cœur-saignant nain
Coréopsis
Cupidone
Échinacée
Éphémère
Fausse-fumeterre
Gaillarde
Géranium d'été
Héliopside
▷ **Heuchère à fleurs**
Knautie
Lin
Mauve
Mertensie

449

SECTION 2 ◆ VIVACES À FLORAISON PROLONGÉE

Heuchera x 'Paris'

♥ ✿ *H.* x **'Paris'** : floraison continuelle jusqu'aux gels. Fleurs rose foncé. Feuillage vert très argenté. Bien adapté à l'ombre. Floraison : juin-septembre. 35 cm x 35 cm. Zone 3.

✿ *H.* x **'Peppermint Spice'** : fleurs rose foncé. Feuillage très similaire à celui de certains *H. americana* : assez large, vert aux nervures brun-violet, le tout rehaussé d'argent. Floraison : juin-août. 45 cm x 30 cm. Zone 3.

✿ *H.* x **'Pink Lipstick'** : nombreux épis aérés créant une brume rose pâle. Feuillage vert tendre. Floraison : juin-août. 45 cm x 35 cm. Zone 3.

✿ *H.* x **'Pluie de Feu'** (*H.* x *brizoides* 'Pluie de Feu') : l'une des premières heuchères hybrides. Fleurs rouge vif. Feuillage vert. Floraison : juin-août. 50 cm x 30 cm. Zone 3.

✿ *H.* x **'Raspberry Chiffon'** : tiges pourpres portant de grosses fleurs (pour une heuchère) blanches. Feuillage bronze pourpre marbré d'argent. Floraison : juin-août. 60 cm x 55 cm. Zone 3.

✿ *H.* x **'Raspberry Regal'** : hauts épis de fleurs assez grosses rouge framboise. Feuilles vert tendre à marge festonnée. Floraison : juin-août. 50 cm x 30 cm. Zone 3.

✿ *H.* x **'Rave On'** : variété très florifère portant des masses de fleurs roses. Feuilles

Heuchera x 'Rave On'

SECTION 2 ▸ VIVACES À FLORAISON PROLONGÉE

vertes aux nervures argentées. Floraison : juin-août. 50 cm x 35 cm. Zone 3.

H. x 'Red Spangles' : fleurs rouge rosé. Feuillage vert foncé teinté de pourpre à l'automne. Floraison : juin-août. 50 cm x 30 cm. Zone 3.

Heuchera x 'Root Beer'

H. x 'Root Beer' (série Soda) : fleurs crème sur tiges rouges. Feuilles rouge-brun cuivré. Floraison : juin-juillet. 45 cm x 35 cm. Zone 3.

❂ *H.* x 'Shamrock' : fleurs jaune lime. Feuillage vert rehaussé d'argent. Floraison : juin-août. 50-90 cm x 45-55 cm. Zone 3.

♥ ❂ *H.* x 'Shangai' : fleurs blanches sur tiges pourpres. Feuillage très coloré : pourpre foncé marbré d'argent. Feuilles extrêmement résistantes aux conditions hivernales. Floraison : juin-août. 45 cm x 30 cm. Zone 3.

♥ ❂ *H.* x 'Silver Scrolls' : bonne variété si vous aimez fleurs et feuillage ! Les feuilles sont très argentées avec des nervures bronze foncé très contrastantes, comme celles d'un bégonia rex. Jolies fleurs blanches en forme de cloche pendant tout l'été. Floraison : juin-août. 60 cm x 45 cm. Zone 3.

❂ *H.* x 'Silver Veil' : feuilles argentées avec des nervures vertes très nettes. Fleurs rouge cerise se succédant du printemps à l'automne. Floraison : juin-septembre. 50 cm x 40 cm. Zone 3.

❂ *H.* x 'Vesuvius' : parfaite combinaison de beau feuillage et de belles fleurs. Les fleurs rouge orangé sur de hauts épis se succèdent durant tout l'été et le feuillage est d'un beau pourpre royal rehaussé de gris. Floraison : juin-août. 60 cm x 40 cm. Zone 3.

❂ *H.* x 'Vienna' : fleurs rose vif remontantes tout l'été. Feuillage orange à rose orangé, rehaussé d'argent. Floraison : juin-septembre. 50 cm x 30 cm. Zone 3.

Heuchera x 'White Marble'

❂ *H.* x 'White Marble' : fleurs assez grosses, blanc rehaussé de rose. Feuillage vert marbré d'argent. Variété plus ancienne. Floraison : juin-août. 50 cm x 30 cm. Zone 3.

Pour plus de renseignements sur les *Heuchera* cultivés surtout pour leur feuillage, consultez le tome 2.

▸ Plante apparentée

Il existe un genre hybride entre les heuchères (*Heuchera*) et les tiarelles (*Tiarella*) : x *Heucherella*. Vous trouverez des renseignements sur cette plante dans le tome 2.

- Achillée
- Agastache
- Aster d'été
- Astrance
- Cœur-saignant nain
- Coréopsis
- Cupidone
- Échinacée
- Éphémère
- Fausse-fumeterre
- Gaillarde
- Géranium d'été
- Héliopside
- ▸ **Heuchère à fleurs**
- Knautie
- Lin
- Mauve
- Mertensie

451

KNAUTIE
Knautia

Knautia macedonica
www.jardinierparesseux.com

Famille : Dipsacacées

Origine : Eurasie

KNAUTIE
Knautia

Nom anglais : Knautia

Dimensions : 30-100 cm x 30-100 cm (selon la variété)

Exposition : ☀

Sol : ordinaire à riche, bien drainé

Floraison : juin-octobre (novembre)

Multiplication : boutures de tige, semences

Utilisations : plate-bande, bordure, naturalisation, pré fleuri, fleur coupée, fleur séchée, attire les papillons et les oiseaux granivores

Associations : mauves, scabieuses, armoises, astrances, miscanthus

Zone de rusticité : 3

Le genre *Knautia* contient une cinquantaine d'espèces, à la fois des annuelles et des vivaces, toutes indigènes dans différentes régions d'Europe et d'Asie. Seules deux espèces sont distribuées en horticulture. Elles sont décrites ici.

Dans la nature, les knauties poussent dans les champs, où elles produisent une longue racine pivotante et une rosette de feuilles entières. La rosette produit une profusion de tiges qui se ramifient allègrement, portant des feuilles maintenant pennées et plus petites. Le feuillage est presque absent de la partie supérieure des tiges minces, ce qui fait que les fleurs, nombreuses, semblent presque flotter dans l'air et créent un effet de brouillard. Les inflorescences sont composées de multiples fleurons assemblés en dôme:

SECTION 2 — VIVACES À FLORAISON PROLONGÉE

on dit souvent que la fleur ressemble à une pelote d'épingles. Après la floraison, le réceptacle vert, en forme de boule et entouré de bractées vertes, reste et n'est pas dénué de charme, car il se mêle joyeusement au brouillard créé par les fleurs.

Chez les knauties, même les fleurs fanées sont attrayantes ! Ici *Knautia macedonica*.

La capacité des knauties à fleurir est incroyable. Des masses de fleurs tout l'été jusque tard l'automne ; c'est souvent la première neige qui met fin au spectacle !

Leur culture est des plus faciles, surtout quand on les produit par semences. Il faut toutefois du soleil et un sol bien drainé. Trop d'ombre fait étioler la plante et affaiblit les tiges, tout comme trop d'engrais. La knautie aime bien un sol riche en matière organique, mais ne l'exige pas. Elle tolère, sans trop souffrir, les sols pauvres et secs, mais y fleurit moins longtemps.

On pourrait toujours diviser une knautie au printemps ou à l'automne, mais pourquoi le faire quand elle est si facile à produire par semences ? Les graines semées en février fleuriront un peu tardivement le premier été, mais elles le feront quand même. Et oui, sauf une exception, même les cultivars sont fidèles au type. Les graines n'exigent aucun traitement spécial pour germer. On peut aussi faire des boutures de tige en début d'été. Une fois qu'elles sont implantées, les knauties se ressèment spontanément. Ainsi, la technique de multiplication la plus utilisée consiste tout simplement à déplacer des semis spontanés à l'endroit désiré.

On dit que les knauties ne vivent pas longtemps : quatre ou cinq ans tout au plus. Je ne saurais le confirmer ni le nier. Comme tout jardinier qui cultive des knauties, je n'ai jamais eu à le remarquer : elles se ressèment toujours assez pour se maintenir. Qui pourrait dire alors si la plante mère est passée de vie à trépas ?

L'allure aérée et un peu indisciplinée des knauties en fait un superbe choix pour la plate-bande à l'anglaise ainsi que pour les prés fleuris. Elles trouvent moins leur place dans un jardin classique très contrôlé, d'autant plus qu'elles se ressèment parfois un peu trop abondamment pour un aménagement aussi rigide.

On me dit que les plantes stressées par un arrosage insuffisant peuvent faire du blanc. Il faut croire que mes knauties n'ont jamais souffert de sécheresse, car je n'y ai jamais vu le moindre signe de maladie.

> Les knauties ont déjà été placées dans le genre *Scabiosa*. Il est possible que vous les voyiez encore vendues sous ce nom.

Variétés

Knautia arvensis (*Scabiosa arvensis*)
Knautie des champs
(Bluebuttons, Field Scabious)

Cette espèce est indigène presque partout en Europe, jusque dans le Caucase, et elle est partout, comme le nom le suggère, une habitante courante des prés et des champs. Elle s'est aussi naturalisée par endroits en

---

Achillée
Agastache
Aster d'été
Astrance
Coeur-saignant nain
Coréopsis
Cupidone
Échinacée
Éphémère
Fausse-fumeterre
Gaillarde
Géranium d'été
Héliopside
Heuchère à fleurs
▷ **Knautie**
Lin
Mauve
Mertensie

SECTION 2 ▸ VIVACES À FLORAISON PROLONGÉE

Knautia arvensis

Knautia macedonica 'Mars Midget'

Amérique du Nord, dont au Québec, dans le même type de milieu. Les fleurs sont bleu lilas avec un cœur plus pâle, parfois un peu rosé. Floraison : (juin) juillet-septembre (octobre-novembre). 75-100 cm x 60-100 cm. Zone 3.

K. arvensis **'Blue Buttons'** : identique à l'espèce. 'Blue Buttons' est en fait le nom vernaculaire de l'espèce et a été mal employé ici. Floraison : (juin) juillet-septembre (octobre-novembre). 75-100 cm x 60-100 cm. Zone 3.

K. macedonica (*Scabiosa rumelica*)
Knautie macédonienne (Macedonian Knautia)
☼
Cette plante de l'Europe centrale est la plus couramment cultivée des knauties, mais n'est pas très connue des jardiniers de nos régions. Je dois admettre que je ne comprends pas du tout qu'une plante aussi facile, aussi belle et toujours en fleurs ne soit pas au sommet de la liste des vivaces préférées des jardiniers mais il est vrai qu'elle nécessite beaucoup de soleil, une denrée rare pour bien des jardiniers. Les fleurs sont d'une teinte magnifique de rouge foncé, une couleur presque unique dans le monde végétal. Floraison : (juin) juillet-septembre (octobre-novembre). 60-100 cm x 45-75 cm. Zone 3.

K. macedonica **'Mars Midget'** : est en tous points identique à l'espèce, avec les mêmes fleurs rouge foncé, mais plus court. Offert à la fois sous forme de semences et de plants, et fidèle au type par semences. Floraison : (juin) juillet-septembre (octobre-novembre). 30-45 cm x 45 cm. Zone 3.

K. macedonica **'Melton Pastels'** : mélange qui se présente dans des couleurs pastel : bleu, mauve, rouge, rose et saumon. Quel sacrilège ! Le rouge bordeaux de la knautie macédonienne est son attrait principal, et voilà qu'on introduit une lignée colorée comme chez n'importe quelle autre vivace ! Floraison : (juin) juillet-septembre (octobre-novembre). 45-75 cm x 45 cm. Zone 3.

K. macedonica **'Red Knight'** : variété plus compacte que l'espèce, mais un peu plus haute que 'Mars Midget'. Floraison : (juin) juillet-septembre (octobre-novembre). 45-60 cm x 45-60 cm. Zone 3.

K. macedonica **'Thunder and Lightning'** : Nouvelle variété panachée, aux feuilles ourlées de blanc. Fleurs rouges habituelles. N'est pas fidèle au type par semences. Floraison : (juin) juillet-août. 30-45 cm x 30-60 cm. Zone 3.

Lin
Linum

Linum perenne
www.jardinierparesseux.com

Famille : Linacées

Origine : distribution mondiale

LIN
Linum

Nom anglais : Flax

Dimensions : 8-90 cm x 20-30 cm (selon l'espèce)

Exposition : ☀

Sol : ordinaire et très bien drainé

Floraison : juin-août

Multiplication : boutures de tige, division, semences

Utilisations : plate-bande, massif, rocaille, naturalisation, pré fleuri, jardin xérophyte, plante médicinale, plante textile, attire les papillons

Associations : liatrides, scabieuses, pavots, fétuques bleues

Zone de rusticité : variable, 2-5

Il y a quelque 200 espèces de *Linum* et on en trouve au moins une ou deux dans presque toute les régions tempérées ou subtropicales du monde. Les plantes ont des formes très variables, mais sont habituellement menues. Elles portent des fleurs à cinq pétales en panicules à l'extrémité de leurs tiges. L'image que l'on se fait d'un lin est celle d'une fleur bleu ciel et, justement, des fleurs vraiment bleues abondent dans ce genre, mais beaucoup d'espèces ont des fleurs jaunes et certaines, des fleurs roses, blanches ou même rouges. 🌱 Habituellement les fleurs s'ouvrent le matin pour se refermer dans l'après-midi et peuvent ne pas s'ouvrir pendant les journées grises.

Les lins peuvent être des vivaces, des bisannuelles ou des annuelles, même des arbustes.

SECTION 2 ▸ VIVACES À FLORAISON PROLONGÉE

Relativement peu sont cultivés comme vivaces ornementales.

Ce sont des plantes de plein soleil, poussant habituellement dans les prés ouverts ou en montagne dans la nature. Leurs besoins varient, mais en général ils poussent mieux dans les sols pas trop riches et très bien drainés : ils risquent de pourrir au cours de l'hiver si l'humidité persiste dans le sol. Les lins peuvent devenir envahissants par leurs nombreux semis, mais ceux-ci ne réussiront pas à s'implanter si un paillis organique recouvre le sol.

La plupart des espèces rustiques couramment cultivées sont des vivaces de courte vie : habituellement trois ou quatre ans. On pourrait y remédier en les divisant ou en faisant des boutures de tige, mais elles sont très faciles à reproduire par semences et plusieurs d'ailleurs se ressèment spontanément, ce qui annule le besoin de les « sauver ». Pour que les lins se ressèment, toutefois, il leur faut des espaces dénudés ; ils ne germeront pas dans un sol paillé ou ombragé.

Linum perenne et *L. perenne* 'Album'

Cette plante des Alpes européennes est de loin le lin ornemental le plus cultivé. C'est même pratiquement le seul qu'on trouve en pépinière, à moins de rendre visite à un spécialiste. Les fleurs en entonnoir sont bleu ciel aux nervures plus foncées. C'est une plante tout à fait gracile : tiges minces courbées à l'extrémité, feuilles peu nombreuses et très fines, fleurs qui semblent presque posées sur un nuage vert tendre. Malgré leur minceur et leur doux balancement sous la moindre brise, les tiges sont en fait très robustes. Essayez d'en casser une et vous verrez : c'est comme si elles étaient en fer ! Il n'est pas surprenant que les tiges de lin aient une si grande utilité dans la fabrication de textiles et de cordages !

Le lin vivace est si aéré qu'il vaut mieux le planter en groupes de trois ou plus si vous voulez créer le moindre effet. Chaque fleur ne dure que moins d'une journée – elles se ferment avant la fin de l'après-midi –, mais les fleurs se renouvellent pendant tout l'été. Floraison : juin-août. 45-75 cm x 30 cm. Zone 2.

> Le lin cultivé (*L. usitatissimum*) est le principal lin utilisé pour ses fibres (toile de lin, cordages, etc.), ses graines comestibles et médicinales, et son huile. C'est une annuelle à fleurs bleu ciel. Le lin vivace (*L. perenne*), une variété ornementale décrite ci-dessous qui lui ressemble beaucoup, peut aussi servir à ces trois fins, ce qui est notamment le cas en Europe.

Variétés

❀ *Linum perenne*
Lin vivace (Perennial Flax)
☀

SECTION 2 ▸ VIVACES À FLORAISON PROLONGÉE

🌸 ***L. perenne* 'Album'** : fleurs blanches. Fidèle au type. Floraison : juin-août. 45-75 cm x 30 cm. Zone 2.

🌸 ***L. perenne alpinum*** (*L. perenne* 'Alpinum') : version alpine de l'espèce. Plus nain mais moins florifère. On le dit moins rustique aussi. Floraison : juin-août. 20-30 cm x 30 cm. Zone 5.

♥🌸 ***L. perenne* 'Blau Saphir'** ('Blue Sapphire', 'Saphir', 'Nanum Saphir') : variété plus compacte à fleurs bleues. Fidèle au type. Floraison : juin-août. 25-30 cm x 30 cm. Zone 2.

🌸 ***L. perenne* 'Diamant'** ('Nanum Diamant', 'Diamant White') : variété plus compacte à fleurs blanches. Fidèle au type. Floraison : juin-août. 25-30 cm x 30 cm. Zone 2.

♥🌸 ***L. perenne* 'Himmelszelt'** : fleurs bleu ciel. Forme compacte. Fidèle au type. Floraison : juin-août. 35 cm x 30 cm. Zone 2.

🌸 ***L. perenne lewisii*** (*L. lewisii*) : sous-espèce (certains taxonomistes le considèrent comme une espèce) indigène dans l'ouest et le nord de l'Amérique du Nord, dont au Québec. Au

Linum perenne lewisii

jardin, on ne voit vraiment aucune différence avec l'espèce européenne, sinon qu'il est parfois un peu plus haut. La différence majeure résiderait dans la longueur des étamines ! Floraison : juin-août. 30-90 cm x 30 cm. Zone 2.

🌸 ***L. flavum***
Lin doré (Golden Flax)
☀

Linum flavum

- Achillée
- Agastache
- Aster d'été
- Astrance
- Coeur-saignant nain
- Coréopsis
- Cupidone
- Échinacée
- Éphémère
- Fausse-fumeterre
- Gaillarde
- Géranium d'été
- Héliopside
- Heuchère à fleurs
- Knautie
- ▷ **Lin**
- Mauve
- Mertensie

SECTION 2 ❖ VIVACES À FLORAISON PROLONGÉE

Il est curieux que ce lin, qui est à bien des égards le plus facile des lins vivaces, ne soit pas cultivé plus couramment. Pourtant, c'est une belle plante très symétrique et bien florifère, qui, de plus, vit plusieurs années en plate-bande, sept à huit ans au moins, contrairement aux autres lins plutôt éphémères décrits ici. Le lin doré produit une touffe de tiges légèrement évasées et très robustes ; elles sont partiellement ligneuses, donc résistent bien aux intempéries. Les feuilles sont petites et lancéolées, portées assez densément (pour un lin) sur les tiges. Les fleurs sont produites quelques-unes à la fois par de denses grappes à l'extrémité de la tige. Elles sont jaune doré et se succèdent pendant pratiquement tout l'été.

Plante alpine, le lin doré préfère un sol très bien drainé et réussit mieux sur une pente face au sud ou à l'ouest. Un léger paillis hivernal aéré qui modérera les fluctuations de température hivernales tout en assurant une bonne aération, comme les aiguilles de pin, est utile dans les sites exposés. Floraison : juin-août. 35-45 cm x 30 cm. Zone 4.

♥ ✦ *L. flavum* 'Compactum' : sélection naine, idéale en bordure ou en rocaille. Le lin jaune le plus disponible commercialement. Floraison : juin-août. 15-20 cm x 30 cm. Zone 4.

↳ Variétés déconseillées

🔥 ✦ *L.* 'Gemmell's Hybrid' (*L. campanulatum* x *L. elegans*) : hybride similaire à *L. flavum* 'Compactum', mais encore plus nain. Forme un dôme de feuilles gris-vert. Abondantes fleurs jaune beurre. Pour la bordure, la rocaille ou l'auge. 🍃 Rusticité faible. Floraison : juin-juillet. 10-15 cm x 20 cm. Zone 6.

Linum narbonense

🔥 ✦ *L. narbonense*
Lin de Narbonne (Narbonne Flax)
☀️

Espèce très similaire à *L. perenne*, indigène dans le sud de l'Europe. Fleurs un peu plus grosses bleu ciel à œil blanc. Feuilles en forme d'aiguilles. Très florifère, 🍃 mais à durée de floraison moindre. Si l'on rabat la plante, elle refleurira toutefois un peu en septembre. Ce lin a la réputation d'être de plus longue vie que *L. perenne*... 🍃 mais étant donné sa faible rusticité, cela risque de ne pas être le cas chez nous. Je peux difficilement le recommander pour le Québec et les régions limitrophes en raison de cette rusticité limitée. Floraison : juin-juillet (septembre). 45-60 cm x 30 cm. Zone 6.

✦ *L. narbonense* 'Heavenly Blue' : plus compact que l'espèce. 🍃 Faible rusticité. Floraison : juin-juillet (septembre). 30-35 cm x 30 cm. Zone 6.

Mauve
Malva

Malva alcea fastigiata

Famille : Malvacées

Origine : Eurasie

MAUVE
Malva

Nom anglais : Mallow

Dimensions : 40-150 cm x 40-70 cm (selon l'espèce)

Exposition : ☀ (☀)

Sol : ordinaire et bien drainé, voire assez sec et pauvre ; tolère les sols calcaires

Floraison : (juin) juillet-septembre (octobre)

Multiplication : boutures de tige, semences

Utilisations : plate-bande, naturalisation, arrière-plan, pré fleuri, haie, jardin xérophyte, fleur coupée, plante médicinale et comestible, attire les papillons

Associations : phlox, boltonies, coréopsis, véronicastres

Zone de rusticité : 3

Le genre *Malva* contient environ 25 espèces d'annuelles, de bisannuelles et de vivaces. Il est présent en Europe, en Asie et en Afrique, mais les quelques espèces cultivées comme vivaces sont toutes d'origine eurasiatique. Plusieurs mauves sont des mauvaises herbes pernicieuses et 🍃 presque toutes les mauves vivaces peuvent d'ailleurs se ressemer assez abondamment, au point que certains jardiniers les considéreront aussi comme des mauvaises herbes. Personnellement, j'apprécie leur spontanéité et leur capacité de remplir des trous dans mon aménagement. Le fait qu'elles fleurissent sans arrêt n'est pas étranger à mon appréciation : je pardonne moins facilement aux plantes envahissantes qui ne sont pas attrayantes longtemps.

SECTION 2 ❖ VIVACES À FLORAISON PROLONGÉE

Malgré leurs origines eurasiatiques, les trois espèces décrites ici sont toutes bien naturalisées en Amérique, où on les trouve dans les champs abandonnés, les prés, et le long des routes et des chemins de fer. Les premiers colons les avaient importées comme légumes (leur feuillage est comestible) et plantes médicinales.

Les mauves cultivées produisent des tiges ramifiées et des feuilles lobées. Généralement les feuilles inférieures ont trois ou cinq lobes peu profonds, mais les feuilles supérieures sont profondément lobées, presque disséquées. Les fleurs sont typiques des Malvacées: une fleur en forme de soucoupe avec cinq pétales plutôt triangulaires, portant souvent une grosse encoche à l'extrémité. La couleur de base est le rose.

Il est facile de confondre les mauves (*Malva*) avec les lavatères (*Lavatera*, tome 2), qui ont des fleurs non seulement de presque la même forme, mais souvent de la même couleur. Sachez que les mauves sont habituellement plus petites et à feuillage davantage découpé.

Les mauves poussent rapidement et arrivent généralement à fleurir la première année à partir de semences, même si cette première floraison est un peu tardive par rapport à la normale. Par contre, 🍃 elles n'ont pas une longue vie et cette vie courte (rarement plus de cinq ans) est abrégée davantage dans nos plates-bandes, car on aime bien les enrichir alors qu'elles croissent mieux dans un sol de qualité ordinaire et tolèrent très bien les sols pauvres et même alcalins (elles préfèrent toutefois un sol légèrement acide). Trop d'arrosage mène souvent à leur perte prématurée: pour vraiment leur plaire, le sol sera bien drainé et même un peu sec. D'ailleurs, quand l'été est frais et pluvieux, les mauves, ne remplissant pas leur promesse de « fleurir tout l'été », s'arrêtent à la fin de juillet; quand l'été est chaud et sec, les voilà encore en fleurs en septembre, voire octobre!

Côté exposition, les résultats sont nettement meilleurs au soleil, mais on peut obtenir une certaine floraison à la mi-ombre.

La multiplication se fait généralement par semences et elles sont normalement fidèles au type, même les cultivars. Faites les semis à l'extérieur à l'automne ou tôt au printemps. Pour être certain d'avoir des fleurs la première année, semez-les à l'intérieur. Aucun traitement spécial n'est nécessaire.

On peut aussi bouturer les mauves, mais les plants ainsi produits ne poussent pas plus rapidement que les plants semés, alors pourquoi se donner cette peine? 🍃 La division est difficile à réussir: non seulement la plante se divise-t-elle peu au pied, mais ses racines n'apprécient pas les dérangements. D'ailleurs, plutôt que de transplanter une mauve et de provoquer un état de choc duquel elle ne récupère pas toujours, il est plus facile de démarrer une nouvelle plante par semences.

🍃 Toutes les mauves ornementales se ressèment quand les conditions leur conviennent, notamment quand le sol est dénudé de paillis. Elles sont toutefois faciles à arracher, contrairement à certaines espèces non cultivées et moins attrayantes qui sont de véritables mauvaises herbes, comme la mauve négligée (*M. neglecta*), une espèce rampante aux fleurs insignifiantes.

🍃 Les mauves seraient vulnérables aux scarabées japonais. Dans les secteurs où cet insecte sévit, il serait peut-être sage de cultiver autre chose.

SECTION 2 ▶ VIVACES À FLORAISON PROLONGÉE

Variétés

Malva alcea fastigiata

♥ ✿ *Malva alcea fastigiata*
(*M. alcea* 'Fastigiata')
Mauve alcée (Hollyhock Mallow)
☀ (☽)

Quelle différence en seulement quelques années! Quand j'ai écrit *Le jardinier paresseux : Les vivaces* en 1996, personne ne connaissait la mauve alcée. Depuis, elle a largement remplacé l'ancienne «vedette», *M. moschata*, dans nos plates-bandes. Et pourquoi pas? Elle fleurit plus longtemps et elle a un port plus intéressant.

C'est une plante au port dressé (c'est le sens de *fastigiata*) produisant habituellement une tige principale centrale et de nombreuses ramifications. Les feuilles sont en forme de feuille d'érable, superficiellement lobées à la base de la plante, presque digitées au sommet des tiges. Les fleurs de 5 cm sont tout à fait typiques des mauves : en forme de soucoupe, aux pétales triangulaires encochés et de couleur rose. Elles se succèdent pratiquement tout l'été jusqu'au début de l'automne.

L'épithète *alcea* vient du grec par le latin et veut dire « qui guérit ». Cette plante, comme à peu près toutes les mauves, a en effet une longue histoire comme plante médicinale.

🍃 Si vous aimez les plantes qui restent sagement à leur place, ne plantez pas la mauve alcée! Non pas qu'elle coure (elle n'est pas rhizomateuse), mais elle se ressème spontanément de façon assez prolifique. Elle ajoute pourtant une jolie note durable de rose aux plates-bandes quand elle vagabonde, donc si vous avez le cœur grand...

Dans les sols trop riches, à la mi-ombre et dans les emplacements trop protégés, 🍃 la mauve alcée peut demander un tuteur... ou coupez tout simplement toute tige qui plie pour en faire des fleurs coupées. Elle résiste mieux à la pluie qui la fait basculer quand on la cultive dans un sol plutôt pauvre et un emplacement au soleil et au moins un peu venteux (les végétaux brassés par le vent depuis leur enfance produisent des tiges plus robustes que ceux qui en ont toujours été protégés).

🍃 **Attention!** Vous trouverez souvent cette plante vendue sous le nom de *M. moschata* en pépinière.

Floraison : (juin) juillet-septembre (octobre). 90-120 cm x 45 cm. Zone 3.

Malva moschata et *M. moschata alba*

♥ ✿ 🪴 *M. moschata*
Mauve musquée (Muskmallow)
☀ (☽)

Achillée
Agastache
Aster d'été
Astrance
Coeur-saignant nain
Coréopsis
Cupidone
Échinacée
Éphémère
Fausse-fumeterre
Gaillarde
Géranium d'été
Héliopside
Heuchère à fleurs
Knautie
Lin
▷ **Mauve**
Mertensie

461

SECTION 2 ◆ VIVACES À FLORAISON PROLONGÉE

Cette espèce s'est abondamment échappée de la culture un peu partout en Amérique du Nord, et ce, depuis le début de la colonisation. Vous n'aurez pas à acheter des plants : allez dans un champ près de chez vous et récoltez quelques graines !

Jusqu'à récemment, c'était aussi l'espèce la plus cultivée en plate-bande, mais la mauve alcée, plus haute et donc plus apte à dépasser les autres végétaux dans sa quête de soleil, est plus populaire maintenant. La mauve musquée, très héliophile, se laisse souvent dépasser par d'autres végétaux et rend l'âme, alors que sa cousine plus grande résiste.

La mauve musquée est justement un sosie de la plante précédente, dont elle diffère surtout par son port étalé plutôt que dressé. Si vous froissez une feuille, elle dégage une odeur musquée, d'où ses noms botanique et commun. Les feuilles supérieures sont encore plus découpées que celles de la mauve alcée. Floraison : (juin) juillet-août. 40-60 cm x 40-60 cm. Zone 3.

❂ *M. moschata alba* (*M. moschata* 'Alba', 'White Perfection') : comme l'espèce, mais à fleurs blanches avec une touche de rose très pâle au centre. On le trouve échappé de la culture aussi, mais pas aussi fréquemment que l'espèce. Fidèle au type. Floraison : (juin) juillet-août. 40-60 cm x 40-60 cm. Zone 3.

♥ ❂ *M. moschata* '**Appleblossom**' ('Apple Blossom') : rose très pâle. Floraison : (juin) juillet-août. 40-60 cm x 40-60 cm. Zone 3.

❂ *M. moschata rosea* (*M. moschata* 'Rosea') : semble identique à l'espèce. Je pense que c'est tout simplement un nom commercial inventé pour distinguer la forme normale (à fleurs roses) de la forme à fleurs blanches (*M. moschata alba*). Floraison : (juin) juillet-août. 40-60 cm x 40-60 cm. Zone 3.

❂ *M. moschata* '**Snow White**' : variété naine qui se couvre littéralement de fleurs blanches au cœur rose pâle. Fidèle au type. Floraison : (juin) juillet-août. 30-35 cm x 30-35 cm. Zone 3.

❂ *M.* x '**Sweet Sixteen**' : mauve d'origine inconnue, peut-être un hybride de *M. alcea* et de *M. moschata*. Fleurs roses typiques. Feuillage très découpé, encore plus que chez *M. moschata*. Fidèle au type. Floraison : (juin) juillet-août. 50-75 cm x 45 cm. Zone 3.

Espèce pensez-y bien

Malva sylvestris 'Brave Heart'

❂ ❂ *M. sylvestris*
Grande mauve, mauve des bois
(Wood Mallow)
☀ ☀

Plante de vie très courte, poussant comme annuelle hivernante dans nos régions : elle germe et commence à pousser à l'automne, puis se met en vitesse accélérée au printemps, et arrive à fleurir dès juin (régions plus tempérées) ou juillet (la plupart des régions). La floraison se maintient ensuite jusqu'à la fin de l'été, parfois de l'automne. Les semis semblent bien résistants au froid, mais la plante adulte semble rarement hiverner dans nos régions. Sous d'autres climats, c'est une vivace, mais de courte vie.

SECTION 2 ▸ VIVACES À FLORAISON PROLONGÉE

La plante produit une ou plusieurs tiges dressées et continue de pousser tout l'été. Les tiges ne sont pas toujours solides, et un tuteur peut être nécessaire là où la plante pousse trop à l'ombre ou quand le sol est trop riche. Les grosses feuilles vert foncé sont moins découpées que chez les autres mauves vivaces : presque rondes à la base, superficiellement lobées et en forme de feuille d'érable au sommet.

> Saviez-vous que la couleur mauve est dérivée des fleurs de cette plante ? En effet, la forme sauvage de *M. sylvestris* est de couleur violet pâle, c'est-à-dire mauve.

Les fleurs sont portées serrées sur la tige, à l'aisselle des feuilles supérieures. Elles sont roses ou violet pâle, presque toujours fortement marquées de nervures très larges plus foncées qui donnent le ton. La plante se multiplie spontanément par semences et tant mieux, sinon il n'y aurait plus rien au printemps. Elle se multiplie si fidèlement que la plupart des jardiniers ne remarquent pas que la plante mère est morte : dès la fonte des neiges, il y a déjà des semis tout autour de leur aïeule. Floraison : (juin) juillet-septembre. 120-150 cm x 60-70 cm. Zone 7.

◉ *M. sylvestris* 'Brave Heart' : fleurs roses, rayures pourpre foncé. Assez fidèle au type. Floraison : (juin) juillet-septembre. 120-150 cm x 60-70 cm. Zone 7.

◉ *M. sylvestris mauritania* : sous-espèce de la péninsule ibérique. Grosses fleurs pourpres à nervures prune. Fidèle au type. Floraison : (juin) juillet-octobre. 120-150 cm x 45-60 cm. Zone 7.

◉ *M. sylvestris mauritania* 'Bibor Felho' : il s'agit d'un nom hongrois qui signifie « nuage pourpre » : justement, la fleur est violet pâle et fortement nervurée de pourpre foncé. Assez fidèle au type. Floraison : (juin) juillet-octobre. 120-150 cm x 45-60 cm. Zone 7.

◉ *M. sylvestris* 'Mystic Merlin' : lignée produite par semences. Couleurs variées, rose ou violet aux nervures rouges ou pourpres. Certains fleurs paraissent violettes ou rouge pourpré de loin. Floraison : (juin) juillet-septembre. 120-150 cm x 45-60 cm Zone 7.

Malva sylvestris mauritania

Malva sylvestris 'Primley Blue'

🔥 ◉ *M. sylvestris* 'Primley Blue' : variété stérile à fleurs bleu-violet striées de violet

Achillée
Agastache
Aster d'été
Astrance
Coeur-saignant nain
Coréopsis
Cupidone
Échinacée
Éphémère
Fausse-fumeterre
Gaillarde
Géranium d'été
Héliopside
Heuchère à fleurs
Knautie
Lin
▷ **Mauve**
Mertensie

SECTION 2 ▸ VIVACES À FLORAISON PROLONGÉE

foncé. Comme la plante ne produit pas de semences et n'est pas plus rustique que les autres grandes mauves, elle meurt à la fin de la saison sans laisser de descendants. Il faut considérer cette plante et d'autres *M. sylvestris* stériles, par exemple 'Dema' Marina®, comme des annuelles tendres sous notre climat. Contrairement à celles des autres grandes mauves, les tiges de 'Primley Blue' sont très faibles et la plante adopte alors un port rampant. Floraison : (juin) juillet- septembre. 60-90 cm x 60-70 cm. Zone 7.

Iliamna rivularis

Malva sylvestris 'Zebrina'

🌸 *M. sylvestris* 'Zebrina' : fleurs plus petites que les autres, rose pâle à blanc aux nervures rouge framboise à pourpre foncé. On dit que ce cultivar serait plus rustique que les autres, mais j'ai des doutes. Assez variable, surtout après quelques années d'ensemencement spontané. Floraison : (juin) juillet-septembre. 100-180 cm x 45-60 cm. Zone 5 ?

↪ Autre plante apparentée

🌸 *Iliamna rivularis* (*I. remota*)
Mauve royale (Kankakee Mallow)
☀️ 🌤️

Espèce peu connue, indigène dans les Rocheuses. La plante produit des tiges raides et robustes, partant d'une souche ligneuse. Son port est dressé et un peu évasé. Les feuilles vert-gris sont en forme de feuille d'érable. Elle porte tout l'été des fleurs relativement petites mais très nombreuses, plus en forme de coupe que celles des véritables mauves. Elles sont roses à rose pâle ou blanches. La culture est identique à celle des mauves. Floraison : juillet-septembre. 90-150 cm x 40-70 cm. Zone 4.

↪ Une fausse mauve

En pépinière, on trouve parfois de curieux *Malva* au port très dressé, mais en fait ce ne sont pas des mauves ; c'est une toute nouvelle plante intergénérique, X *Alcalthaea suffrutescens*. Pour plus de renseignements sur les plantes suivantes, allez la page 510 :

X *Alcalthaea suffrutescens* 'Parkallee' (*Malva* 'Parkallee')

X *A. suffrutescens* 'Parkfrieden' (*Malva* 'Parkfrieden')

X *A. suffrutescens* 'Parkrondell' (*Malva* 'Parkrondell')

Mertensie
Mertensia

Mertensia maritima — www.jardinierparesseux.com

Famille : Borginacées

Origine : hémisphère Nord

MERTENSIE
Mertensia

Nom anglais : Bluebells

Dimensions : 10-60 cm x 25-40 cm (selon l'espèce)

Exposition : (*M. maritima*) ☀ ; (*M. sibirica*) ☀ ◐

Sol : variable, toujours bien drainé

Floraison : juin-août

Multiplication : division, semences

Utilisations : plate-bande, bordure, rocaille, naturalisation, sous-bois, murets, bac, plante comestible, plante médicinale

Associations : (*M. maritima*) gazons d'Espagne, sédums, raisins d'ours, saxifrages, fétuques bleues ; (*M. sibirica*) petites fougères, petits hostas, astilbes, épimèdes

Zone de rusticité : variable, 1-3

La plante la plus connue du genre Mertensia est la mertensie de Virginie (*Mertensia virginica*), décrite dans le tome 2, mais je pouvais difficilement inclure cette plante à floraison printanière, éphémère mais spectaculaire, dans un chapitre sur les plantes à floraison prolongée ! En fait, le genre *Mertensia* est composé de plantes particulièrement variées quant à leur culture et à leur performance, et il comprend quelques espèces dont la floraison dure tout l'été, donc aux antipodes de la mertensie de Virginie.

Les quelque 40 espèces du genre *Mertensia* semblent être des championnes des conditions impossibles : certaines poussent au sommet des montagnes, exposées au vent et à la neige, d'autres en bordure de mer, où elles sont soumises à longueur d'année aux bruines

SECTION 2 ▸ VIVACES À FLORAISON PROLONGÉE

salines, et d'autres encore poussent dans les forêts les plus sombres, entremêlées aux racines des arbres surplombants. Le genre comprend des plantes grandes et petites, dressées et rampantes, à feuillage mince et succulent, etc. Seul point commun, des fleurs en clochette, habituellement bleu ciel, une couleur si rare en horticulture et, pour cette raison, si appréciée.

Les deux espèces décrites ici sont justement de deux mondes différents quant à leur culture. Allons voir !

Variétés

Mertensia maritima
(*M. asiatica, M. simplicissima*)
Mertensia maritime (Oysterleaf)

Voici une petite plante indigène des bords de mer et de grands lacs où elle pousse dans les galets et les roches. On la trouve uniquement dans les régions froides, notamment sur le pourtour de l'Atlantique nord et du Pacifique nord, et aussi dans l'Arctique. Sa rusticité est, comme vous pouvez l'imaginer, exceptionnelle.

Il y a deux formes de feuillage sur la plante : les feuilles basales forment une rosette arrondie d'environ 30 cm de diamètre, alors que les feuilles portées sur les tiges prostrées sont un peu plus sombres. Les deux types sont petits et en forme de cuillère, mais surtout, les feuilles sont d'un superbe bleu poudre pâle, tranchant sur les feuilles de toute autre plante dans les environs. Dans un concours de « plantes à feuillage bleu », la mertensie gagne la palme haut la main : le meilleur hosta bleu a l'air vert olive à côté !

Les feuilles charnues sont pleines de sève mucilagineuse transparente. C'est un

Mertensia maritima dans son milieu naturel du golfe du Saint-Laurent

SECTION 2 — VIVACES À FLORAISON PROLONGÉE

moyen pour la plante de faire des réserves d'eau, vu qu'elle pousse dans la nature dans un milieu tellement exposé (très peu d'autres végétaux terrestres réussissent à survivre si près de la mer). La pruine blanche qui recouvre les feuilles, leur donnant leur coloration bleu poudre, sert à repousser le sel marin qui les assécherait autrement.

Les tiges florales couvertes de feuilles bleues, plutôt dressées en début de saison, dominent le feuillage d'une dizaine de centimètres, mais se couchent rapidement sur le sol pour devenir rampantes, ce qui crée un effet de pieuvre. Les boutons de fleurs se présentent sur ces tiges. Ils sont roses, mais curieusement, quand ils s'épanouissent, les fleurs en forme de petite clochette sont bleues. Vraiment bleues, pas le genre de bleu lavande qui passe habituellement pour du bleu aux yeux de certains horticulteurs. Et elles se succèdent durant tout l'été, mais vraiment *tout* l'été.

Sachant que la mertensie pousse en bordure de mer, vous allez probablement la planter dans le carré de sable et l'arroser avec de l'eau salée, n'est-ce pas ? En effet, vous pourriez, mais ce n'est pas nécessaire. Elle s'adapte à tous les sols bien drainés, riches ou pauvres. Elle a besoin du soleil, par contre : plantez-la dans un endroit où des végétaux plus gros ne risquent pas de lui couper le soleil.

Cette plante appartient à l'école des « plante-moi-puis-laisse-moi-tranquille » : elle n'aime pas qu'on farfouille près de ses racines et encore moins qu'on la divise ou la déplace. Achetez un plant en pot, ne dérangez pas trop la motte de racines en le plantant, et voilà, il n'y a plus rien à faire ! Elle pousse assez lentement la première année (une caractéristique de toutes les mertensies : il leur faut du temps, semble-t-il, pour récupérer du choc de la transplantation), mais elle prendra toute sa place la deuxième.

> Saviez-vous que le feuillage de la mertensie maritime est comestible ? Les Américains l'appellent d'ailleurs « oyster plant » en prétendant que ses feuilles goûtent les huîtres. Je ne suis pas d'accord. Ma plante ne goûte en rien les huîtres (peut-être parce que, loin de la mer, elle n'a pas eu sa part d'eau salée !), mais la texture mucilagineuse de la feuille rappelle bien celle des huîtres.

On la multiplie surtout par semences en pot au printemps ou à l'automne, sans traitement spécial. La croissance est lente au début. Repiquez les plants en pleine terre quand ils auront environ un an. Les boutures des tiges rampantes réussissent parfois. On peut diviser avec grand soin les plants aux rosettes multiples, mais c'est une manœuvre risquée, autant pour le « bébé » que pour la mère.

Ne récoltez jamais cette plante à l'état sauvage, car son milieu naturel est très fragile et les chances de réussir la transplantation, très minimes.

La mertensie maritime est peu vulnérable aux insectes, aux mammifères et aux maladies, mais elle est très sujette aux limaces. Je présume que c'est parce qu'elle a évolué dans un milieu libre de limaces (les limaces de jardin, ne tolérant pas le sel, ne peuvent vivre en bordure de mer). Donc, si vous avez un problème de limaces chez vous, plantez votre mertensie maritime là où il y a du sel (chez moi, c'est près du bord du chemin) ou vaporisez son feuillage d'eau salée.

Floraison : juin-août. 10-20 cm x 25-30 cm. Zone 1.

Achillée
Agastache
Aster d'été
Astrance
Coeur-saignant nain
Coréopsis
Cupidone
Échinacée
Éphémère
Fausse-fumeterre
Gaillarde
Géranium d'été
Héliopside
Heuchère à fleurs
Knautie
Lin
Mauve
▷ **Mertensie**

SECTION 2 ▸ VIVACES À FLORAISON PROLONGÉE

Mertensia sibirica

♥ ✿ *M. sibirica*
Mertensie de Sibérie (Siberian Bluebells)

J'adore le mot *sibirica*. Il m'indique tout de suite que la plante qui le porte réussira chez moi, car peu de climats dans le monde se ressemblent autant que le climat de la Sibérie et celui de mon terrain ! Et cette plante ne dément pas cette croyance. Elle réussit *très* bien chez moi sous les épinettes devant ma maison. Même leurs racines nombreuses et à fleur de sol ne la dérangent pas : la mertensie de Sibérie est l'une des rares plantes très solides dans un tel milieu. Une fois en place, elle se multiplie tranquillement par semis spontanés et peut éventuellement faire un beau tapis de verdure, ou de « bleuture » plutôt, car, comme chez sa cousine du bord de mer, telle est la couleur de son feuillage.

C'est cependant une plante très différente de la mertensie maritime. Elle produit des touffes de tiges dressées portant des feuilles lancéolées lisses et bleu-gris ; pas aussi bleues que celles de la mertensie maritime, plutôt comme celles d'un hosta bleu. D'ailleurs, la pruine blanche qui les recouvre repousse l'eau un peu comme chez une alchémille : les gouttes forment des billes argentées à leur surface. Le matin d'une bonne rosée, elle est superbe ! Dès juin et pour le reste de l'été, elle produit, sur des tiges arquées, des masses de petites fleurs bleues en trompettes pendantes. Les boutons sont rose vif, donc on peut profiter des deux couleurs en même temps.

Tout bon sol raisonnablement humide et bien drainé lui convient. Dans la nature, elle pousse dans les tourbières, entre autres, mais elle ne semble pas exiger un sol aussi acide. La mi-ombre donnera la plus grande concentration de fleurs, mais la plante fleurira quand même tout l'été à l'ombre des conifères. On la multiplie plus facilement que sa cousine, par division des touffes, ou encore par semences.

Floraison : juin-août. 30-60 cm x 30-40 cm. Zone 3.

Népéta
Nepeta

Nepeta groupe *faassenii* 'Walker's Low'
Steven Still, Perennial Plant Association

Famille : Lamiacées

Origine : Eurasie et Afrique

NÉPÉTA
Nepeta

Noms anglais : Catmint, Catnip

Dimensions : 25-130 cm x 45-180 cm (selon l'espèce)

Exposition : ☀ ☀

Sol : riche à pauvre, bien drainé

Floraison : (juin) juillet-septembre (novembre)

Multiplication : boutures de tige, division, semences

Utilisations : plate-bande, bordure, massif, couvre-sol, pré fleuri, jardin xérophyte, feuillage parfumé, plante comestible, plante médicinale, attire les colibris et les papillons

Associations : rosiers, pivoines, échinacées, géraniums

Zone de rusticité : variable, 2-5

Il y a plus de 250 espèces dans le genre *Nepeta*... et un choix déconcertant d'espèces et de cultivars disponibles en jardinerie aussi. Il n'est pas facile de dresser un parfait portrait global de plantes aussi variées, mais on peut en général dire les choses suivantes sans trop se tromper :

1. Les népétas ressemblent en gros à des menthes (qui sont d'ailleurs de proches parentes), mais sans les longs rhizomes envahissants de ces dernières.
2. Ils ont des fleurs tubulaires à deux lèvres.
3. Les fleurs sont généralement dans des teintes de bleu violacé (chez les espèces du moins).
4. Ils ont des tiges quadrangulaires (comme toutes les Lamiacées).

SECTION 2 ▶ VIVACES À FLORAISON PROLONGÉE

5. Les feuilles sont cordiformes et à marge bien dentée.
6. Leur feuillage, généralement aromatique, dégage une odeur de menthe agréable.

On peut diviser le groupe en deux catégories grosso modo. Les népétas bas ont un port arrondi et servent souvent à border les plates-bandes (🌱 il faut se rappeler que c'est dans leur nature de déborder, donc il importe de ne les planter que le long d'une allée assez large) ou de couvre-sol, notamment sous les rosiers (ils ont la réputation d'éloigner, par leur odeur, les ennemis des rosiers). Habituellement, ils ont de minuscules fleurs massées en épis denses à l'extrémité des tiges ; on ne remarque pas vraiment les fleurs individuelles, sauf de très près.

Les grands népétas sont plus dressés, bien que parfois aux tiges lâches, et servent au centre ou à l'arrière de la plate-bande. 🌱 Ils peuvent avoir besoin de support (si c'est le cas, je les plante avec des arbustes sur lesquels ils peuvent s'appuyer). Leurs fleurs individuelles sont nettement plus grosses et voyantes, très évidemment tubulaires et davantage espacées sur des épis longs, ce qui fait qu'on distingue bien chacune.

Les népétas sont des plantes très conciliantes quant à leur culture : presque tout leur convient du moment que le sol est bien drainé. Ils s'adaptent ainsi aux sols riches ou pauvres, acides ou légèrement alcalins, humides ou plutôt secs. On peut toutefois distinguer quelques besoins spécifiques en regardant leur feuillage. Les variétés à feuillage grisâtre tolèrent mieux les sols secs et tiennent à avoir un bon drainage, notamment l'hiver. Elles conviennent même à la plate-bande xérophyte. Les variétés à feuillage vert préfèrent un sol un peu humide en tout temps et sont moins tolérantes à la sécheresse. Un bon paillis qui assure une humidité égale va leur plaire.

Ce sont des plantes longévives qui poussent en touffe. Comme les touffes ne grossissent que lentement, il n'est pas nécessaire de les diviser souvent. 🌱 Par contre, les népétas peuvent être envahissants par leurs semences : paillez-les abondamment pour les en empêcher. La plupart des népétas hybrides sont cependant stériles (ou presque) et ne se ressèment pas.

Les népétas sont justement réputés pour leur très longue floraison et sont capables de fleurir tout l'été sans le moindre entretien. 🌱 Par contre, certaines variétés fleurissent de moins en moins à mesure que la saison avance. Si c'est le cas, on peut les rabattre d'un tiers. La plupart reprendront alors une floraison plus abondante dans les deux ou trois semaines, floraison qui durera jusqu'à l'automne dans plusieurs cas.

Arturo Mann, Wikimedia Commons

Les abeilles adorent les népétas.

Si vous plantez des népétas, j'espère que vous aimez les abeilles et les chats. 🌱 Les

SECTION 2 ▸ VIVACES À FLORAISON PROLONGÉE

abeilles bourdonnent à qui mieux mieux quand les népétas sont en fleurs (ce qui est presque tout le temps!). Personnellement, j'adore le mouvement que cela donne à l'aménagement, et le bourdonnement est pour moi la musique de mon jardin. Les abeilles ne sont pas agressives; elles ne s'attaquent aux humains que si elles se sentent menacées. Combien de fois ai-je travaillé dans une plate-bande avec des abeilles tout autour de moi et je n'ai jamais été piqué, même pas une fois. Les deux fois dans ma vie où j'ai bel et bien été piqué, j'étais nu-pieds et j'avais marché dessus. Admettons que c'était plutôt ma faute! 🌱 Par contre, si vous craignez les abeilles ou êtes allergiques à leurs piqûres, ne plantez pas de népétas!

Maintenant, le cas des chats. La célèbre cataire ou herbe-aux-chats est un népéta: *Nepeta cataria* (page 478). La cataire dégage une phéromone, la népétalactone, qui rend

la déchirent, et tout cela en ronronnant et miaulant. Notez que ce ne sont pas tous les chats qui sont attirés par la cataire: environ un sur trois y est insensible. La plupart des népétas ornementaux produisent la même hormone, mais à un moindre degré, et les chats ne semblent pas s'y intéresser en temps normal. Mais attention à la plantation! On dirait que les plantes fraîchement mises en terre, peut-être parce qu'on a manipulé leur feuillage et brisé quelques racines, dégagent plus de phéromone, et 🌱 il n'est pas rare que les chats les attaquent et même les déracinent. Après avoir planté un népéta, il est donc toujours sage de le protéger d'un grillage métallique (de la «broche à poule») pendant les premiers jours pour éviter les mauvaises surprises. Rappelez-vous que c'est la plantation qui semble éveiller les chats à la présence de népétas dans la plate-bande. Si vous *semez* vos népétas, les chats ne les dérangeront pas.

Pour la multiplication, quelle facilité! Les boutures sont ce qu'il y a de plus facile à réaliser. Si vous voulez faire une longue bordure de népétas, achetez trois ou quatre plants, et coupez et bouturez toutes les tiges. Vous aurez tout de suite tout le matériel nécessaire pour réaliser la multiplication... et à peu de frais. On peut aussi les diviser et les produire par semences pour les espèces qui en produisent (plusieurs hybrides, notamment le très populaire *N.* x *faasenii*, sont stériles). Les graines germent facilement et donnent des plantes suffisamment substantielles dont plusieurs fleuriront la première année.

Enfin, presque tous les népétas sont aromatiques et ont une longue histoire d'utilisation en cuisine en tant que plantes condimentaires. La plupart présentent aussi des propriétés médicinales.

▷ **Népéta**
Onagre
Pavot cambrique
Renouée
Rose trémière
Rudbeckie
Sauge vivace
Scabieuse
Scrophulaire
Scutellaire
Sidalcée
Stokesia
Tanaisie
Trèfle rougeâtre
Valériane rouge
Véronique
Verveine

Chat se roulant dans l'herbe-aux-chats (*Nepeta cataria*).

les chats complètement dingues. 🌱 Ils se frottent sur la plante, s'y roulent, la grattent,

SECTION 2 ▶ VIVACES À FLORAISON PROLONGÉE

Variétés

Nepeta clarkei

Nepeta clarkei

Népéta de l'Himalaya (Himalayan Catmint)

Feuilles gris-vert sur un plant assez compact. Épis terminaux de fleurs bleu ciel marqué de blanc. Floraison : juillet-août. 45-75 cm x 45-60 cm. Zone 5.

Nepeta x faassenii

N. x *faassenii*

(*N. mussenii*, parfois *N. racemosa*)

Népéta de Faassen (Faassen's Catmint)

De loin le plus populaire des népétas ornementaux, cette espèce hybride (*N. nepetella* x *N. racemosa*) doit une bonne partie de sa popularité au fait qu'elle est essentiellement stérile (elle ne produit que rarement des semences). Cela donne au népéta de Faassen un avantage par rapport aux autres népétas : il n'est nullement envahissant. Les tiges poussent presque à l'horizontale au début, mais se redressent à l'extrémité et forment un dôme arrondi. Les feuilles sont petites et grisâtres. Les petites fleurs sont portées en épi terminal et se présentent dans différentes teintes de violet. Floraison presque constante, même si l'on ne supprime pas les fleurs fanées.

C'est une excellente plante pour la bordure de plate-bande. Je la considère comme une « lavande pour jardiniers nordiques ». Le népéta de Faassen ressemble en effet de loin à la lavande et est même parfumé (bien qu'il ne sente nullement la lavande), mais il ne risque pas de mourir au cours d'un hiver froid ou humide.

Il en existe plusieurs cultivars : choisissez selon votre goût ! Floraison : juin-septembre. 45-60 cm x 45 cm. Zone 4.

N. x *faassenii* (par semences) : on voit souvent des sachets de graines de *N.* x *faassenii* dans les catalogues. Or, il est presque stérile et ces semences se révèlent être *N. racemosa* (page 476).

N. x *faassenii* 'Alba' : fleurs blanches. Floraison : juin-septembre. 40-45 cm x 75 cm. Zone 4.

N. x *faassenii* 'Kit Cat' : fleurs bleu-violet pâle, calice rougeâtre. Variété très naine. Excellent couvre-sol. Floraison : juin-septembre. 20 cm x 50 cm. Zone 4.

N. groupe *faassenii*

Népéta de Faassen hybride

(Hybrid Faassen's Catmint)

Des études aux Pays-Bas ont montré que certains *N.* x *faassenii* plus développés contenaient des gènes d'autres espèces que

SECTION 2 — VIVACES À FLORAISON PROLONGÉE

N. nepetella et *N. racemosa*. Ils n'ont donc pas le droit de porter le nom botanique *N.* x *faassenii*. Le nom *N.* groupe *faassenii* a été proposé pour les accueillir. Voici quelques-unes des variétés dont il s'agit :

N. groupe *faassenii* 'Dropmore' : développé au Manitoba et plus rustique que la plupart des népétas de Faassen. Feuillage moins gris que la moyenne. Fleurs bleu lavande vif. Floraison : juin-septembre. 45 cm x 60-80 cm. Zone 3.

Nepeta groupe *faassenii* 'Six Hills Giant'

N. groupe *faassenii* 'Six Hills Giant' : grande taille. Fleurs bleu-violet plus grosses et plus voyantes portées sur de très longs épis. Feuillage gris-vert. Justement populaire. Floraison : juin-octobre. 60-90 cm x 60-120 cm. Zone 4.

Nepeta groupe *faassenii* 'Walker's Low'

N. groupe *faassenii* 'Walker's Low' (*N.* x *faassenii* 'Walker's Low') : vivace de l'année 2007 de la Perennial Plant Association. Fleurs bleu-violet moyen plus grosses que les autres de sa catégorie. Feuillage gris-vert.

Il y a beaucoup de confusion au sujet des dimensions de cette plante. Plusieurs pépiniéristes l'ont décrite comme une variété naine, en interprétant le mot anglais « low » comme signifiant « bas ». Mais ils ont mal saisi le sens. « Low » peut aussi vouloir dire « fond ». Or, la plante a été nommée par référence au jardin où on l'a trouvée, Walker's Low, qui se trouve justement au fond d'une vallée. Donc, en fait, 'Walker's Low' n'est pas une variété naine, peu importe ce que votre pépiniériste vous a dit. Elle est même plus haute que la plupart des népétas de sa catégorie et devient, après quelques années, d'une largeur impressionnante !

Floraison : juin-septembre (octobre). 60-90 cm x 75-110 cm. Zone 4.

Nepeta govaniana

N. govaniana
Népéta jaune (Yellow Catmint)

Curieuse exception à la règle selon laquelle les népétas ont des fleurs violacées, le

> **Népéta**
> Onagre
> Pavot cambrique
> Renouée
> Rose trémière
> Rudbeckie
> Sauge vivace
> Scabieuse
> Scrophulaire
> Scutellaire
> Sidalcée
> Stokesia
> Tanaisie
> Trèfle rougeâtre
> Valériane rouge
> Véronique
> Verveine

SECTION 2 ▸ VIVACES À FLORAISON PROLONGÉE

népéta jaune a bel et bien des fleurs jaunes : un jaune pâle. Elles sont grosses pour des fleurs de népéta et bien espacées à l'aisselle de ses tiges longues et aérées. Feuillage vert tendre aromatique. Racine tubéreuse. Préfère la mi-ombre et un sol plutôt humide. Pas aussi résistant à la sécheresse que la plupart des népétas : un paillis est fortement recommandé. Floraison : juillet-septembre. 70-90 cm x 60 cm. Zone 5.

Nepeta grandiflora 'Dawn to Dusk'

Nepeta grandiflora

N. grandiflora
Népéta géant (Giant Catmint)

Pas tout à fait aussi géant que son nom courant le suggère, mais c'est quand même un népéta de bonne taille, utilisé plus en deuxième plan qu'à l'avant. Épis denses de calices pourprés d'où émergent des trompettes bleu-violet. Feuillage vert moyen, souvent utilisé en médecine traditionnelle. Floraison : juin-août. 75-110 cm x 60 cm. Zone 4.

N. grandiflora 'Bramdean' : fleurs bleu indigo foncé. Floraison : juin-septembre. 75-90 cm x 60-100 cm. Zone 4.

N. grandiflora 'Dawn to Dusk' : fleurs rose pâle mises en valeur par un calice violet. Floraison : juin-août. 90-110 cm x 60-90 cm. Zone 4.

N. grandiflora 'Pool Bank' : fleurs bleu lavande au calice pourpre. Floraison : juin-octobre. 90-130 cm x 90-130 cm. Zone 4.

N. grandiflora 'Wild Cat' : lavande pourpré, calices pourpres. Floraison : juin-août. 100-130 cm x 120-180 cm. Zone 4.

N. latifolia
Népéta à feuilles larges (Broadleaf Catmint)

Épis minces de bractées pourpres et de fleurs lilas sur d'épaisses tiges argentées. Large feuillage gris-vert porté très densément. Floraison : juillet-septembre. 90-105 cm x 60 cm. Zone 4.

N. latifolia 'Super Cat' : fleurs bleu-violet en épis très dressés. Feuillage gris-vert. Floraison : juillet-septembre. 120-130 cm x 60 cm. Zone 4.

Nepeta longipes

SECTION 2 — VIVACES À FLORAISON PROLONGÉE

 N. longipes hort.*
Népéta lilas (Lilac Catmint)

Serait un hybride impliquant *N. multibracteata* et non pas une véritable espèce. Par contre, il est présentement sans nom botanique officiel, donc j'ai conservé l'ancien nom. Fleurs aromatiques lilas. Épis ramifiés. Tiges pourpres. Feuilles gris-vert très aromatiques. Floraison : juin-août. 60-90 cm x 45-60 cm. Zone 4.

N. x 'Veluws Blauwtje' : hybride très proche de *N. longipes*. Feuillage denté gris-vert. Denses épis de fleurs lilas. Semble nécessiter un support. Floraison : juin-septembre (octobre). 75 cm x 90 cm. Zone 4.

N. mussinii : ce nom est considéré comme invalide. Voir *N. racemosa* et *N.* x *faassenii*.

Nepeta nervosa

 N. nervosa
Népéta nervé (Veined Catmint)

Fleurs bleu lavande en épis très denses ressemblant à des brosses à bouteille et portées sur des tiges solidement dressées. Me fait penser davantage à une bétoine qu'à un népéta. Longues feuilles lancéolées vert moyen et profondément nervurées. S'étale lentement pour former un tapis. Excellent couvre-sol. Convient aussi à la rocaille. Fleurit la première année à partir de semences. Floraison : juin-octobre. 40-50 cm x 50-65 cm. Zone 4.

N. nervosa 'Blue Carpet' ('Blue Moon') : fleurs bleu-violet. Offert en semences. Floraison : juin-août. 30 cm x 55 cm. Zone 4.

N. nervosa 'Forncett Select' : théoriquement très compact, mais je n'ai pas constaté vraiment de différence de hauteur marquée avec l'espèce. Fleurs bleu-violet riche. Petites feuilles. Beaucoup d'effet. Excellent en bordure ou rocaille. Floraison : juin-septembre. 40-50 cm x 60 cm. Zone 4.

 N. nervosa 'Pink Cat' : fleurs rose intense. Superbe plante ! Floraison : juin-août. 25-50 cm x 60 cm. Zone 4.

N. nuda
Népéta nu (Hairless Catmint)

Comme le nom le suggère, la plante est sans poils. Grand népéta au feuillage lancéolé vert surtout concentré à la base de la plante. Fleurs portées en gros candélabres dressés presque sans feuilles, un port original pour un népéta. On dirait une agastache ! Tiges rouge vin. Couleur : bleu lavande tacheté de pourpre. Atteint normalement 90 à 110 cm, mais parfois plus. Floraison : juin-août. 90-150 cm x 75-120 cm. Zone 3.

N. nuda albiflora (*N. nuda alba*) : fleurs blanches. Floraison : juin-août. 90-110 cm x 75-90 cm. Zone 3.

N. nuda 'Anne's Choice' : fleurs lilas pâle. Floraison : juin-août. 90-110 cm x 75-90 cm. Zone 3.

*hort. indique que le nom n'est pas considéré comme valide botaniquement.

Népéta
Onagre
Pavot cambrique
Renouée
Rose trémière
Rudbeckie
Sauge vivace
Scabieuse
Scrophulaire
Scutellaire
Sidalcée
Stokesia
Tanaisie
Trèfle rougeâtre
Valériane rouge
Véronique
Verveine

SECTION 2 ▸ VIVACES À FLORAISON PROLONGÉE

Nepeta racemosa 'Blue Wonder'

N. racemosa (*N. mussinii*, *N. reichenbachiana*, parfois *N.* x *faassenii*)
Népéta à racèmes (Persian Catmint)

Il y a eu beaucoup de confusion au sujet de cette plante et de son hybride, *N.* x *faassenii*, et beaucoup de sélections de *N. racemosa* ont été incorrectement attribuées à l'hybride. Des études génétiques commencent toutefois à clarifier la situation. Je présente ces sélections selon ce que j'en sais.

N. racemosa est un népéta typique, très similaire justement à *N.* x *faassenii*, donc une plante de taille relativement modeste au feuillage vert-gris et aux tiges évasées portant des épis de fleurs bleu violacé pâle à foncé. Feuillage denté plus arrondi que chez *N.* x *faassenii*. Culture comme pour la majorité des népétas. Se ressème très abondamment. Floraison : mai-septembre. 30-50 cm x 50-60 cm. Zone 4.

N. racemosa alba : fleurs blanches. Floraison : mai-septembre. 30 cm x 50-75 cm. Zone 4.

N. racemosa 'Blue Ice' : lavande très pâle. Floraison : mai-septembre. 25 cm x 60-75 cm. Zone 4.

N. racemosa 'Blue Wonder' : bleu-violet. Floraison : mai-septembre. 40-60 cm x 75-95 cm. Zone 4.

N. racemosa 'Little Titch' : fleurs bleu lavande pâle. Très nain. Superbe en bordure! Floraison : mai-septembre. 15-25 cm x 60-75 cm. Zone 4.

N. racemosa 'Select' (*N.* x *faassenii* 'Select', 'Select Blue') : fleurs bleu-violet. Plus dressé que la plupart des *N. racemosa*. Très beau port. Floraison : juin-septembre (octobre). 35-40 cm x 60-75 cm. Zone 4.

N. x racemosa 'Senior' : fleurs bleues. Beau feuillage grisâtre. Très vigoureux. Floraison : mai-septembre. 45 cm x 45 cm. Zone 4.

N. racemosa 'Snowflake' : fleurs blanches. Variété basse qui s'étale joliment. Floraison : mai-septembre. 30 cm x 60-75 cm. Zone 4.

N. racemosa 'Superba' : fleurs bleu-violet foncé. Floraison : juin-septembre (octobre). 50-60 cm x 75-100 cm. Zone 4.

Nepeta sibirica 'Souvenir d'André Chaudron'

N. sibirica (*N. macrantha*)
Népéta de Sibérie (Siberian Catmint)

Tiges dressées. Fleurs bleu-violet en épis ouverts. Les fleurs, plus grosses et plus tubulaires que celles des autres népétas, font le délice des colibris. Fleurs assez larges un peu grisâtres aux dents arrondies. Se ressème. Aussi, cette espèce est rhizomateuse et s'étend plus rapidement que les autres. Floraison : juillet-août. 60-90 cm x 60 cm. Zone 3.

♥ **N. sibirica 'Souvenir d'André Chaudron'** ('Blue Beauty') : le grand népéta classique. Grosses fleurs bleu-violet. Floraison : (juin) juillet-septembre. 75-90 cm x 75-90 cm. Zone 3.

♥ **N. x 'Joanna Reed'** (*N. sibirica* x *N.* x *faassenii*) : hybride spontané trouvé dans la plate-bande d'une horticultrice amatrice américaine, Joanna Reed. Assez semblable à *N. sibirica*, mais à fleurs bleu-violet vif. Tiges très solides : ne s'affaisse jamais. Fleurit abondamment toute la saison, même sans taille. Un gagnant ! Floraison : juin-octobre. 60-90 cm x 60-120 cm. Zone 4.

N. stewartiana
Népéta de Stewart (Stewart's Catmint)

Cette plante asiatique est très proche du népéta de Sibérie. Les tiges sont dressées au début, mais s'arquent sous le poids des fleurs plus tard dans la saison. Les fleurs sont bleu-violet avec des marques blanches. Les feuilles sont oblongues ou lancéolées, blanches au revers. Très longue période de floraison : juin-octobre (novembre). 45-90 cm x 45-90 cm. Zone 4.

Nepeta subsessilis

N. subsessilis
Népéta subsessile, népéta du Japon (Japanese Catmint)

Port très dressé, aux épis en forme de brosse à bouteille. Fleurs de 3,5 cm de long ; elles sont bleu lavande, occasionnellement blanches. Assez grosses feuilles vert foncé luisant aux nervures enfoncées et à marge très dentée. Les fleurs fanées brunes, s'accumulant avec le temps, diminuent la qualité de la floraison. Préfère un emplacement mi-ombragé au sol riche et humide. Floraison : juin-septembre. 70-80 cm x 70-80 cm. Zone 4.

N. subsessilis 'Blue Dreams' : fleurs bleu-violet vif. Bractées rose vin. Lignée produite par semences. Floraison : juin-août. 60 cm x 45-60 cm. Zone 4.

N. subsessilis 'Candy Cat' : fleurs rose lavande pâle. Parfum de menthe agréable. Plant compact. Floraison : juin-septembre. 35 cm x 60-70 cm. Zone 4.

N. subsessilis 'Cool Cat' : fleurs lavande. Floraison : juin-octobre. 75 cm x 90 cm. Zone 4.

N. subsessilis 'Pink Dreams' : fleurs roses. Lignée produite par semences. Floraison : juin-août. 60 cm x 45-60 cm. Zone 4.

N. subsessilis 'Sweet Dreams' : fleurs rose pâle. Bractées rose vin. Floraison : juin-septembre. 50 cm x 90 cm. Zone 4.

N. yunnanensis
Népéta du Yunnan (Yunnan Catmint)

Plante très vigoureuse au port d'abord dressé, puis plus étalé. Petites feuilles lancéolées vertes. Calices pourpres. Grandes fleurs bleu-violet, plus foncées que les fleurs de presque tout autre népéta. Préfère un sol humide ou, si l'emplacement est sec,

SECTION 2 — VIVACES À FLORAISON PROLONGÉE

▷ **Népéta**
Onagre
Pavot cambrique
Renouée
Rose trémière
Rudbeckie
Sauge vivace
Scabieuse
Scrophulaire
Scutellaire
Sidalcée
Stokesia
Tanaisie
Trèfle rougeâtre
Valériane rouge
Véronique
Verveine

SECTION 2 VIVACES À FLORAISON PROLONGÉE

Nepeta yunnanensis

un certain ombrage. Se ressème, parfois agressivement. Floraison : juin-octobre. 90-120 cm x 75-90 cm. Zone 4.

Variétés déconseillées

Nepeta cataria

N. cataria
Herbe-aux-chats, cataire, chataire (Catnip)

C'est la plante qui rend les chats dingues. Elle est intéressante à cultiver si vous avez des chats… mais pas comme vivace ornementale. D'abord, elle n'est pas si ornementale : elle est dressée et bien feuillue, mais les petites fleurs portées en épi terminal, blanches ou violettes avec des taches plus foncées, sont petites et assez insignifiantes. Et la plante se ressème souvent très abondamment. Autrement dit, c'est presque une mauvaise herbe. Semez-la dans un endroit perdu de votre terrain, mais pas dans une plate-bande.

Plus tolérante à l'ombre que les autres népétas. Facile par semences : semez à l'extérieur l'automne ou à l'intérieur, à la noirceur, en mars. Floraison : juillet-octobre. 60-90 cm x 30-50 cm. Zone 3.

N. cataria 'Citriodora' : variété développée pour utilisation en cuisine (tisane, assaisonnement, etc.). Le feuillage sent le citron. Fleurs blanches. Floraison : juillet-octobre. 60 cm x 30-50 cm. Zone 3.

N. cataria 'Lemony' *(N. cataria citriodora 'Lemony')* : encore plus citronné. Fleurs blanches. Floraison : juillet-octobre. 60 cm x 30-50 cm. Zone 3.

Genre apparenté

Calamintha
Calament (Calamint)

Ce genre de huit espèces (il y en a déjà eu plus de 30, mais la majorité ont été transférées à d'autres genres) est botaniquement très proche de *Nepeta*. Il se présente habituellement sous forme d'une petite plante buissonnante portant des petites feuilles cordiformes aromatiques et des fleurs tubulaires à deux lèvres, exactement comme celles des népétas. Plusieurs espèces sont cultivées comme fines herbes ; les deux qui sont présentées ici peuvent servir de fines herbes, mais elles sont aussi cultivées comme plan-

SECTION 2 ▶ VIVACES À FLORAISON PROLONGÉE

Calamintha grandiflora

Calamintha nepeta

▷ **Népéta**

Onagre
Pavot cambrique
Renouée
Rose trémière
Rudbeckie
Sauge vivace
Scabieuse
Scrophulaire
Scutellaire
Sidalcée
Stokesia
Tanaisie
Trèfle rougeâtre
Valériane rouge
Véronique
Verveine

tes ornementales. Floraison : juillet-août (septembre). 25-45 cm x 30 cm. Zone 4.

Calamintha grandiflora
Calament à grandes fleurs
(Large-Flowered Calamint)

Plante buissonnante aux petites feuilles vertes et aux fleurs tubulaires comparativement grosses de couleur rose. 🌱 Envahissant à cause de ses rhizomes : plantez-le à l'intérieur d'une barrière pare-racines. Floraison : juillet-septembre. 45-50 cm x 30 cm. Zone 4.

✾ *C. grandiflora* 'Elfin Purple' : variété naine. Rose pourpré. Produit par semences. Floraison : juillet-septembre. 20 cm x 30 cm. Zone 4.

✾ *C. grandiflora* 'Variegata' : comme l'espèce, mais au feuillage joliment marbré de blanc crème. Moins florifère que l'espèce. Floraison : juillet-septembre. 45 cm x 30 cm. Zone 4.

Calamintha nepeta
Petit calament (Savory Calamint)

Plante formant un dôme arrondi de minces tiges dressées à évasées au-dessus d'un monticule de minuscules feuilles très aromatiques, sentant la menthe. Les fleurs bleu lavande pâle à roses à presque blanches sont vraiment minuscules.

Il m'a fallu du temps avant de m'éveiller à la beauté de cette plante. Quand je l'ai plantée la première fois, je trouvais les fleurs si petites que je me suis demandé quel intérêt ornemental elle pouvait bien avoir. Mais après quelques mois de culture, j'ai compris que ce n'était pas une question de fleurs individuelles, mais de l'effet d'ensemble, car le petit calament produit un véritable brouillard de mini-fleurs juste au-dessus de son feuillage très discret, un peu comme un souffle de bébé (*Gypsophila paniculata*) compact. De plus, il est pour ainsi dire toujours en fleurs. Formidable pour créer une bordure diffuse. Charmant aussi en rocaille et en pot. Et une délicieuse saveur de menthe en cuisine !

Floraison : juillet-août. 40-60 cm x 30-45 cm. Zone 4.

✾ *C. nepeta glandulosa* 'Blue Cloud' : le nom de cultivar exprime bien son effet : c'est exactement un « nuage bleu ». Minuscules fleurs bleu lavande. Lignée produite par semences. Floraison : juillet-août. 25-30 cm x 30 cm. Zone 4.

✾ *C. nepeta glandulosa* 'White Cloud' : et voici un nuage blanc ! Minuscules fleurs blanches. Floraison : juillet-août. 25-30 cm x 30 cm. Zone 4.

Onagre ou Oenothère
Oenothera

Oenothera fruticosa

Famille : Onagracées

Origine : Nouveau Monde

ONAGRE OU OENOTHÈRE
Oenothera

Noms anglais : Evening Primose, Sundrops

Dimensions : 8-90 cm x 15-60 cm (selon l'espèce)

Exposition : ☀️ ☀️

Sol : bien drainé

Floraison : juin-août

Multiplication : boutures de tige, division, semences

Utilisations : plate-bande, bordure, massif, rocaille, naturalisation, couvre-sol, pré fleuri, jardin xérophyte, fleur parfumée, plante comestible, plante médicinale

Associations : baptisies, graminées, népétas, sauges

Zone de rusticité : variable, 3-8

Le genre *Oenothera* est strictement américain. On croit qu'il a évolué en Amérique centrale avant de prendre d'assaut les continents nord et sud. Plusieurs espèces se sont échappées de la culture en Europe et ailleurs, et les *Oenothera* ont désormais une distribution mondiale. Il y a quelque 125 espèces, dont des annuelles, des bisannuelles et des vivaces. Une dizaine seulement sont couramment cultivées comme vivaces ornementales.

Les onagres ont surtout en commun leur fleur en trompette : un tube s'ouvrant en une coupe composée de quatre pétales. Chez certaines espèces, la trompette est très visible, car le tube est long et la coupe, relativement petite. Chez d'autres, la coupe est démesurément grosse et le tube, petit, et c'est la fleur qui paraît être en forme de coupe. Une

SECTION 2 ▸ VIVACES À FLORAISON PROLONGÉE

> Le nom commun « onagre » vient de l'ancien nom du genre, *Onagra*, qui veut dire « nourriture de l'âne », car le nom commun de la plante était autrefois « herbe aux ânes ». Curieusement, la plupart des mammifères n'aiment pas les onagres, mais on prétend que les ânes mangent presque n'importe quoi. L'étymologie de leur nom actuel, *Oenothera*, est incertaine, mais une théorie veut qu'il vienne du grec « onos theras », pour « attrapeur d'ânes ». Les Amérindiens consomment plusieurs sortes d'onagre, notamment les racines et les jeunes feuilles tendres. Et ils les utilisent aussi comme plantes médicinales.

Népéta
▷ **Onagre**
Pavot cambrique
Renouée
Rose trémière
Rudbeckie
Sauge vivace
Scabieuse
Scrophulaire
Scutellaire
Sidalcée
Stokesia
Tanaisie
Trèfle rougeâtre
Valériane rouge
Véronique
Verveine

caractéristique permettant de distinguer les onagres d'autres plantes à fleur en trompette est le long stigmate en forme de croix qui ressort nettement de la fleur. Les fleurs sont généralement jaunes, mais parfois roses ou blanches.

Certaines onagres, la majorité des espèces d'ailleurs, ont des fleurs qui s'ouvrent le soir et se referment avant midi le lendemain. L'ouverture se fait en moins d'une minute et on peut alors voir la fleur en action... si on sait à quel moment précis regarder! Les autres onagres ont des fleurs qui s'ouvrent le matin et se referment le soir. Habituellement, les onagres à floraison nocturne sont parfumées et les onagres diurnes ne le sont pas, mais il y a des exceptions. Les premières onagres cultivées par les jardiniers étaient à floraison nocturne, mais on dit que cette caractéristique est moins populaire de nos jours, car on semble délaisser de plus en plus les onagres nocturnes en faveur des diurnes.

Côté croissance, les onagres forment une rosette basse de feuilles lancéolées ou ovales, généralement entières, mais parfois profondément lobées. Plus tard, les feuilles poussent en spirale autour de la tige, qui peut être dressée ou rampante. Certaines espèces sont très basses, d'autres atteignent 120 cm ou plus. Il y a des espèces qui poussent en touffe et restent à leur place, 🌱 d'autres qui se ressèment terriblement, et 🌱 d'autres encore aux stolons longs et envahissants qu'on doit contenir: un vrai pot-pourri que ces onagres!

Pour comprendre la culture des onagres, il est bon d'en savoir plus sur leur rôle dans la nature. Ce sont des plantes pionnières qui s'installent dans les sols perturbés, souvent pauvres, et qui profitent du manque de compétition pour proliférer. Par contre, quand des plantes plus hautes s'installent, les onagres, très héliophiles, abandonnent la partie et disparaissent. On peut en conclure que la qualité du sol n'est pas un problème quand on cultive des onagres: riche ou désespérément pauvre, glaiseux, sablonneux, rocailleux, cela importe peu pour ces plantes, du moment qu'il y a un bon drainage. Et qu'elles poussent rapidement: une plante pionnière n'a pas de temps à perdre! Beaucoup fleuriront la première

Les onagres se distinguent d'autres fleurs semblables par leur stigmate en forme de croix. Ici, *Oenothera perennis*.

481

SECTION 2 ♦ VIVACES À FLORAISON PROLONGÉE

année d'un semis fait au printemps, même en pleine terre. 🍂 Par contre, elles tolèrent difficilement la compétition des plantes plus grandes : il faut toujours voir à leur ménager un espace bien à elles.

La multiplication se fait facilement par semences, mais aussi par bouturage des tiges et par division. 🍂 Attention aux scarabées japonais qui, paraît-il, adorent cette plante!

Notez que la nomenclature des *Oeonothera* est extrêmement confuse, car ce sont des plantes assez plastiques et difficiles à définir. Ainsi les noms botaniques changent fréquemment et la plante que vous achetez sous un nom risque d'en porter un autre quelques années plus tard!

rouges. La rosette basse et les feuilles dentées lui donnent une allure de pissenlit! Mais elle n'a rien d'un pissenlit quand elle fleurit. Ses fleurs nocturnes sont parfumées, blanches à leur épanouissement, parfois roses le lendemain avant de se faner, ce qu'elles font habituellement avant 10 heures. La plante se couvre de fleurs de 8 cm de diamètre ou presque au faîte de sa floraison.

🍂 Cette plante a de la difficulté à survivre à l'hiver dans nos régions, non pas à cause du froid (après tout, elle vient de l'Alberta), mais en raison de l'humidité. On la réussit plus facilement dans un endroit très bien drainé, comme une rocaille ou une pente dénudée. Floraison: juin-août. 10-20 cm x 30 cm. Zone 3.

Variétés

Oenothera caespitosa

❁ 🌿 *Oenothera caespitosa*
Onagre cespiteuse
(Tufted Evening Primrose)
☀

Plante des Prairies, indigène de l'Alberta et de la Saskatchewan jusqu'au Mexique, poussant souvent dans la glaise dans des conditions de grande aridité. Elle forme une touffe dense (c'est le sens de cespiteuse) sans tige apparente et composée de feuilles longues, étroites et poilues aux pétioles

Oenothera fruticosa 'Fyrverkeri'

❁ *O. fruticosa* (*O. tetragona*)
Onagre frutescente (Common Sundrops)
☀

Cette espèce, indigène dans l'est de l'Amérique du Nord, est l'onagre la plus populaire de nos jardins. Elle forme des touffes de tiges dressées, souvent rougeâtres, portant des feuilles lancéolées sans pétioles. Les fleurs sont portées en bouquets au sommet des tiges. Les boutons peuvent être jaunes ou rougeâtres et s'ouvrent en jolies fleurs jaune vif. Les fleurs sont diurnes et se succèdent pendant la majeure partie de l'été. Elles sont suivies de capsules de graines en forme de massue. La plante grossit lentement en largeur, mais n'est pas envahissante, et elle vit longtemps sans le moindre soin. Contrairement à bien des onagres, l'onagre frutescente n'a besoin d'aucune condition spéciale et s'adapte facilement aux conditions normales de plate-bande.

Frutescent (*fruticosa*) veut habituellement dire « qui a des tiges ligneuse comme un arbre », mais ici le sens semble être que la plante a un port qui rappelle un arbre.

Floraison : juin-août. 45-60 cm x 30-60 cm. Zone 3.

♥ ❁ *O. fruticosa* '**African Sun**' (*O.* x 'African Sun') : variété différente des onagres frutescentes classiques par ses tiges très ramifiées, donnant un port plus arrondi et diffus, avec des fleurs portées non seulement au sommet de la plante, mais à tous les niveaux. Fleurs jaunes typiques de son espèce. Très florifère. Floraison : juin-septembre. 30-40 cm x 30-40 cm. Zone 3.

♥ ❁ *O. fruticosa* '**Fyrverkeri**' (*O. fruticosa* 'Fireworks', *O. tetragona* 'Fireworks') : l'onagre la plus populaire : une classique de nos plates-bandes. Port dressé très égal. Tiges et feuilles un peu rehaussées de rouge. Boutons rouges, fleurs jaune vif. Floraison : juin-août. 30-45 cm x 30-60 cm. Zone 3.

❁ *O. fruticosa* '**Camel**' : feuillage très panaché, marbré de jaune, rose et vert au printemps, jaune et vert l'été. Fleurs jaunes. Floraison : juin-août. 45-60 cm x 30-60 cm. Zone 3.

❁ *O. fruticosa* '**Erica Robin**' : les nouvelles feuilles sont jaunes à leur épanouissement, jaune rehaussé de rouge tôt au printemps. Fleurs jaunes habituelles. Floraison : juin-août. 30-60 cm x 30-60 cm. Zone 3.

❁ *O. fruticosa glauca* (*O. fraseri, O. glauca, O. tetragona*) : c'est la forme « locale », indigène dans le Nord-Est du continent. En fait, c'est une onagre frutescente assez typique. Fleurs jaune pâle. Port dressé. Feuillage parfois un peu glauque, mais souvent teinté de rouge à son épanouissement. Floraison : juin-août. 50-75 cm x 30-60 cm. Zone 3.

❁ *O. fruticosa glauca* '**Frühingsgold**' ('Spring Gold') : variété à feuilles panachées. Elles sont rose et blanc quand la plante sort au printemps, vert et blanc le reste de la saison. Fleurs jaune vif. Floraison : juin-août. 30-40 cm x 40 cm. Zone 3.

❁ *O. fruticosa* '**Innoeono131**' Lemon Drop® : hybride impliquant 'African Sun' et qui lui ressemble en un peu plus petit, avec le même port buissonnant. Les fleurs sont toutefois jaune citron. Floraison : juin-août. 30-30 cm x 30-40 cm. Zone 3.

Oenothera fruticosa 'Sonnenwende'

♥ ❁ *O. fruticosa glauca* '**Sonnenwende**' ('Summer Solstice') : fleurs jaune vif plus grosses que chez les autres. Boutons très rouges et le feuillage retient une teinte rougeâtre durant toute la saison. Floraison : juin-août. 45 cm x 30-60 cm. Zone 3.

❁ *O. fruticosa* '**Youngii**' : autre « classique » de cette espèce, avec 'Fyrverkeri'. Plante produite par semences. Fleurs jaune serin. Floraison : juin-août. 45-60 cm x 30-60 cm. Zone 3.

Népéta
▷ **Onagre**
Pavot cambrique
Renouée
Rose trémière
Rudbeckie
Sauge vivace
Scabieuse
Scrophulaire
Scutellaire
Sidalcée
Stokesia
Tanaisie
Trèfle rougeâtre
Valériane rouge
Véronique
Verveine

SECTION 2 ▸ VIVACES À FLORAISON PROLONGÉE

Oenothera x 'Cold Crick'

Contrairement au comportement de bien des onagres, la même fleur revient plusieurs jours d'affilée. Produit des capsules de graines ailées. Intéressante pour le jardin xérophyte. Bon couvre-sol pour les endroits secs et ensoleillés. ☀ Les feuilles tardent à sortir au printemps : si vous ne voyez aucun signe de vie au début de juin, cela ne veut pas dire que la plante est morte. Floraison : juin-août. 15-30 cm x 30-60 cm. Zone 3.

❁ *O.* x 'Cold Crick' : cette plante, très similaire à *O. fruticosa* 'African Sun', serait un hybride spontané de *O. fruticosa* et d'une espèce inconnue. La seule différence notable avec *O. fruticosa* est qu'elle ne produit pas de semences. Port ramifié buissonnant avec, comme chez 'African Sun', des fleurs à plusieurs niveaux. Fleurs jaune vif. Floraison : juin-août. 25-30 cm x 30 cm. Zone 3.

❁ ♨ *O. macrocarpa* 'Greencourt Lemon' : feuillage légèrement argenté. Fleurs jaune citron. Floraison : juin-août. 15-30 cm x 30-60 cm. Zone 3.

❁ ♨ *O. macrocarpa freemontii* 'Lemon Silver' (*O. freemontii* 'Lemon Silver') : fleurs jaune doux, feuilles argentées. Floraison : juin-août. 15-30 cm x 30-60 cm. Zone 3.

❁ ♨ *O. macrocarpa incana* (*O. macrocarpa* 'Silver Blade') : fleurs jaunes, feuillage argenté. Floraison : juin-août. 15-30 cm x 30-60 cm. Zone 3.

❁ ♨ *O. macrocarpa* 'Pewter Moon' : fleurs jaune citron. Floraison : juin-août. 15-30 cm x 30-60 cm. Zone 3.

Oenothera macrocarpa

❁ ♨ *O. macrocarpa* (*O. missouriensis*)
Onagre du Missouri (Ozark Sundrops)
☀

Espèce originaire des Prairies américaines. Port évasé avec des tiges rampantes dressées à l'extrémité. Feuilles lancéolées argentées au revers et parfois sur le dessus. Énormes fleurs diurnes jaunes (jusqu'à 12 cm) de texture crêpée et légèrement parfumées.

Oenothera pallida 'Innocence'

❁ ♨ *O. pallida*
Onagre blanche (White Evening Primrose)
☀

Cette plante ressemble beaucoup à *O. macrocarpa*, mais avec des tiges plus hautes et, surtout, des fleurs blanches à cœur vert lime de 9 cm de diamètre. Elles sont très parfumées, à odeur d'amande. Elles s'ouvrent le soir et rosissent le matin avant de se fermer. Tiges rampantes. Feuilles linéaires bleu-vert. Bon couvre-sol pour les endroits très bien drainés ou le jardin xérophyte. Floraison: juin-août. 10-20 cm x 30 cm. Zone 5.

O. pallida 'Innocence': fleurs un peu plus grosses que chez l'espèce, blanches le soir, un blanc légèrement rehaussé de rose le matin. Floraison: juin-août. 10-20 cm x 30 cm. Zone 5.

O. perennis (*O. pumila*)
Onagre pérennante (Small Sundrops)

Indigène dans l'est de l'Amérique du Nord, dont au Québec, cette onagre est mieux adaptée à nos hivers humides que beaucoup d'autres, mais elle apprécie quand même un bon drainage. C'est une plante plutôt dressée, aux tiges rougeâtres et à petites feuilles, produisant de nombreuses fleurs jaune beurre. Elle commence à fleurir quand les tiges sont encore très courtes (20-30 cm), puis continue de grandir, portant ses fleurs de plus en plus haut à mesure que l'été avance. Fleur diurne. Adaptée aux sols ordinaires. Malgré son nom, cette plante n'est pas très pérenne: elle se comporte souvent comme une bisannuelle, sinon comme une vivace de courte vie. Elle se maintient toutefois en se ressemant. Surtout utile pour le pré fleuri et le jardin de fleurs indigènes. Floraison: juin-août. 30-60 cm x 30-45 cm. Zone 3.

Oenothera speciosa

O. speciosa
Onagre rose (Showy Evening Primrose)

Espèce indigène dans le centre et le sud des États-Unis, *a mari usque ad mare*. C'est une des rares onagres stolonifères, qui peut être très envahissante quand les conditions lui plaisent: une barrière pare-racines est une mesure très sage. Tiges dressées à inclinées. Feuilles vertes pubescentes légèrement pennées à la base, entières sur les tiges, tachetées de rouge. Les fleurs sont portées à l'extrémité des tiges. Malgré le nom commun, onagre rose, elles sont en fait blanches à l'épanouissement, mais d'un beau rose pâle le lendemain. Comme la fleur reste ouverte toute la journée avant de se fermer (exceptionnel chez les onagres), on la considère comme une plante à fleurs roses. Nécessite un sol bien drainé, mais pas nécessairement sec. Excellent couvre-sol pour les endroits ensoleillés en pente. Floraison: juin-août. 30-60 cm x 50 cm. Zone 5.

O. speciosa 'Rosea' (*O. berlandieri*): fleurs roses le soir et le jour. Port prostré. Moins envahissant que l'espèce. Floraison: juin-août. 15-30 cm x 50 cm. Zone 5.

Népéta
Onagre
Pavot cambrique
Renouée
Rose trémière
Rudbeckie
Sauge vivace
Scabieuse
Scrophulaire
Scutellaire
Sidalcée
Stokesia
Tanaisie
Trèfle rougeâtre
Valériane rouge
Véronique
Verveine

SECTION 2 ▸ VIVACES À FLORAISON PROLONGÉE

Oenothera speciosa 'Siskiyou'

🔲 🪴 ***O. speciosa* 'Siskiyou'** : très jolies fleurs rose tendre, plus grosses que celles de l'espèce. Floraison : juin-août. 20 cm x 50 cm. Zone 5.

🔲 🪴 ***O. speciosa* 'Woodside White'** : fleurs blanches à œil vert lime, de plus grosse taille que les autres *O. speciosa*. Floraison : juin-août. 35 cm x 50 cm. Zone 5.

Variétés déconseillées

Oenothera kunthiana 'Glowing Magenta'

🔲 🪴 ***O. kunthiana***
Onagre de Kunth (Kunth's Evening Primrose)
☀️

Non pas que cette onagre ne soit pas jolie, mais quand même : une plante indigène du Guatemala au Texas, indiquée de zone USDA 7 (donc 8 au Canada) et vendue aux jardiniers de nos régions ? J'ai de forts doutes sur sa rusticité. Pourtant, des marchands bien de chez nous lui ont accordé une cote zonière de 5 ! Cette plante n'avait pas encore passé son premier hiver en sol québécois au moment où j'écris ce texte, mais...

Voici une courte description, au cas où je me tromperais. Tiges évasées ou rampantes. Fleurs de 3,5 cm de diamètre, blanches le soir, rose pâle le lendemain matin. Elles se ferment avant midi. Feuilles lancéolées. 🍃 Pour emplacements au drainage parfait. Je recommande un paillis d'aiguilles de pin pour modérer les effets de l'hiver… et beaucoup de prières. Floraison : juin-août. 10 cm x 30 cm. Zone 8 ?

🔲 ***O. kunthiana* 'Glowing Magenta'** : c'est le cultivar que certains marchands offrent. Fleurs roses le soir, rose magenta le lendemain. Port prostré, formant un dôme arrondi. Rusticité véritable inconnue. Floraison : juin-août. 15-30 cm x 15-30 cm. Zone 8 ?

Oenothera versicolor 'Sunset Boulevard'

🔲 🪴 ***O. versicolor***
Onagre versicolore
(California Evening Primrose)
☀️ ☀️

Annuelle ou bisannuelle venant d'Amérique du Sud, vendue chez nous, pour des raisons incompréhensibles, comme vivace. Sauf pour la couleur de la fleur, elle ressemble à s'y

SECTION 2 ⬧ VIVACES À FLORAISON PROLONGÉE

méprendre à la redoutée onagre bisannuelle (*O. biennis*, syn. *O. muricata*, *O. victorinii* et autres), une mauvaise herbe commune dans nos régions.

La plante, poussant d'une rosette aplatie, produit habituellement une seule épaisse tige dressée de couleur rougeâtre, mais qui se ramifie parfois. La floraison commence quand la tige est encore assez courte, mais continue tout l'été à mesure que la tige s'allonge. Les fleurs sont jaunes quand elles s'ouvrent le soir, orangées le lendemain matin. La floraison se termine vers midi, plus tard si la journée est sombre.

La plante produit d'innombrables capsules de graines qui donneront, au printemps suivant, des centaines de bébés. Malheureusement, notre saison n'est pas assez longue pour qu'ils puissent mûrir et ils meurent l'automne suivant sans avoir fleuri. Par contre, vous pouvez semer les graines à l'intérieur en février et ainsi obtenir des plants qui fleuriront tout l'été.

Vous comprenez que l'onagre versicolore est une « variété déconseillée » seulement si vous la cultivez comme vivace. C'est une excellente annuelle chez nous et une bonne bisannuelle dans les zones 8 à 12. Mais elle n'a tout simplement pas sa place dans la section « Vivaces » de votre aménagement. Floraison : juin-septembre. 60-90 cm x 30-45 cm. Zone 8.

O. versicolor 'Lemon Sunset' : fleurs jaune soufre le soir, jaune orangé le lendemain. Tiges et boutons rougeâtres. Bisannuelle (zones 8 et plus), annuelle ailleurs. Floraison : juin-septembre. 60 cm x 30-45 cm. Zone 8.

O. versicolor 'Sunset Boulevard' : fleurs jaune doux le soir, orange melon le matin, presque rouges à midi. Bisannuelle ou annuelle, selon le climat, mais annuelle chez nous. Floraison : juin-septembre. 60-90 cm x 30-45 cm. Zone 8.

Genre apparenté

Calylophus serrulatus

Calylophus serrulatus (*Oenothera serrulata*) Onagre denticulée (Tooth-leaved Sundrops)

Par suite d'un changement taxonomique, cette plante, longtemps considérée comme une *Oenothera*, est devenue un *Calylophus*, mais son nom commun n'a pas encore changé et pour les jardiniers, elle est bien une onagre. C'est une plante indigène dans le centre du continent nord-américain, du Mexique à l'Ontario et à l'Alberta. Elle forme des tiges dressées aux feuilles linéaires fortement dentées, le tout coiffé de fleurs jaunes diurnes. Très florifère. Nécessite un bon drainage. Intéressante pour les jardins xérophytes et les prés fleuris. Floraison : juin-août. 35 cm x 30-45 cm. Zone 3.

C. serrulatus 'Prairie Lode' : forme plus dense, intéressante comme couvre-sol pour la rocaille ou comme bordure de plate-bande. Floraison : juin-août. 15-30 cm x 30-45 cm. Zone 3.

Népéta
⬧ **Onagre**
Pavot cambrique
Renouée
Rose trémière
Rudbeckie
Sauge vivace
Scabieuse
Scrophulaire
Scutellaire
Sidalcée
Stokesia
Tanaisie
Trèfle rougeâtre
Valériane rouge
Véronique
Verveine

Pavot cambrique
Meconopsis cambrica

Famille : Papavéracées

Origine : Europe

Meconopsis cambrica

www.jardinierparesseux.com

PAVOT CAMBRIQUE
Meconopsis cambrica

Nom anglais : Welsh Poppy

Dimensions : 30-60 cm x 30 cm (selon l'espèce)

Exposition :

Sol : humide, bien drainé

Floraison : mai-juillet (août-septembre)

Multiplication : boutures de tige, division, semences

Utilisations : naturalisation, sous-bois, fleur coupée, plante médicinale, attire les papillons

Associations : fougères, hostas, trilles, primevères

Zone de rusticité : 3

Le pavot cambrique, aussi appelé pavot du pays de Galles, est la seule espèce du genre *Meconopsis* qui soit indigène d'Europe, les autres étant toutes asiatiques. On connaît surtout le genre pour le célèbre pavot bleu, *M. betonicifolia,* une plante de culture pointilleuse décrite dans le tome 2… parmi les vivaces à éviter. Mais *M. cambrica* n'est pas difficile à cultiver. Bien au contraire, s'il pose une difficulté, c'est de l'arrêter !

Il tient son nom botanique (*Meconopsis*) de sa ressemblance avec un pavot (*mekon* = pavot et *opsis* = apparence). *Cambrica* rappelle par ailleur sa présence au pays de Galles (Cambria est le nom latin de ce pays). On ne le trouve cependant pas uniquement au pays de Galles, mais ailleurs dans les îles britanniques et aussi sur le continent.

SECTION 2 ▸ VIVACES À FLORAISON PROLONGÉE

Le pavot cambrique produit des feuilles pennées vert moyen, très loin des feuilles entières des pavots bleus. Elles poussent surtout en touffe à la base de la plante, avec des feuilles plus petites portées jusqu'au milieu de la tige florale. Le bouton floral poilu penche, mais se redresse à la floraison ; ainsi les fleurs font face au ciel. Elles sont composées de quatre pétales de texture mince et crêpée, habituellement jaunes à l'état sauvage. Au centre de la fleur, il y a un stigmate bien épais et une auréole d'étamines jaunes très nombreuses. Les fleurs se succèdent pendant environ 8 à 10 semaines, jusqu'au milieu de l'été. Il y a parfois une deuxième floraison plus légère en août et septembre, notamment si le jardinier a coupé les fleurs de la première génération. Les fleurs font de jolies fleurs coupées, mais à condition de passer la tige coupée sous une flamme afin de la cautériser et d'arrêter ainsi l'écoulement de sève qui, autrement, les ferait faner très rapidement.

Cultivez le pavot cambrique dans presque n'importe quel sol bien drainé. Dans la nature, il pousse dans les forêts ouvertes, mais aussi dans des lieux plus exposés, notamment en montagne. En culture, il préfère la mi-ombre et peut même tolérer l'ombre, mais également, sous notre climat du moins, le soleil (dans les régions plus chaudes que la nôtre, il brûle si on l'expose au plein soleil). On le cultive surtout dans les sous-bois, car il semble tolérer sans peine la compétition racinaire et l'ombre sèche qu'on y trouve. Il peut pousser dans les milieux rocheux et s'installe aisément dans des fissures de roche.

🌱 Le plus gros défaut du pavot cambrique est aussi son plus grand avantage : il se ressème. Pour les jardiniers qui aiment garder le contrôle sur tout, cette plante est une horreur, une mauvaise herbe de la pire espèce. Les jardiniers plus décontractés, par contre, le trouvent merveilleux : on n'a qu'à le planter à l'orée d'un boisé et le laisser le coloniser ! C'est donc une plante parfaite pour la naturalisation, mais pas un bon choix pour une plate-bande classique. À moins de cultiver des variétés doubles ! Les pavots cambriques doubles sont presque stériles et ne se ressèment que peu ou pas du tout. Ainsi, ils restent là où vous les avez placés. L'autre avantage des variétés doubles est qu'elles refleurissent fidèlement en août et septembre sans qu'il soit besoin de supprimer leurs fleurs fanées.

On peut bien sûr acheter des plants de pavot cambrique, mais habituellement on les démarre par semis. Le plus facile, c'est de les semer directement en pleine terre à l'automne, sans les couvrir. Les graines

UNE PLANTE ANNUELLE ?

Certaines sources affirment que le pavot cambrique est une plante annuelle. Mais je vous assure qu'il est bien vivace. Qui a raison ? Il faut comprendre que le pavot cambrique est une plante de climat frais. Dans les régions chaudes, il se comporte effectivement comme une annuelle : il germe à l'automne, se développe l'hiver, fleurit au printemps et meurt l'été sous la chaleur écrasante, mais non sans avoir produit des graines. Puis le cycle recommence. Dans nos régions, par contre, il lui faut deux ans avant d'arriver à fleurir (à moins de le semer à l'intérieur) et par la suite il vit plusieurs années. Voilà la réponse !

Népéta
Onagre
▷ **Pavot cambrique**
Renouée
Rose trémière
Rudbeckie
Sauge vivace
Scabieuse
Scrophulaire
Scutellaire
Sidalcée
Stokesia
Tanaisie
Trèfle rougeâtre
Valériane rouge
Véronique
Verveine

SECTION 2 — VIVACES À FLORAISON PROLONGÉE

germeront au printemps sans le moindre soin. On peut aussi les semer à l'intérieur, de préférence dans des godets de tourbe, car leurs racines sont fragiles et tolèrent mal le repiquage.

Pour les variétés doubles, on peut bouturer la base de tiges florales (supprimez toutefois le bouton floral). Ces variétés produisent aussi quelques graines viables que vous pouviez récolter et semer. Les pavots cambriques doubles sont fidèles au type ou presque : il peut être nécessaire de supprimer quelques plants semi-doubles d'un semis de doubles.

Quant à la division, je la déconseille. La plante a une longue racine pivotante et est difficile à extraire. D'après mon expérience, les plantes repiquées boudent longtemps avant de reprendre. Les démarrer par semences est bien plus facile.

Cultivars

M. cambrica : la forme normale, à fleurs jaunes. Fidèle au type s'il ne pousse pas en compagnie de plantes à fleurs orange. Floraison : mai-juillet (août-septembre). 30-40 cm x 30 cm. Zone 3.

Un faux *Meconopsis* ?

Je suis convaincu que le pavot cambrique ne devrait pas faire partie du genre *Meconopsis*, mais qu'il est en fait un véritable pavot (*Papaver*). D'ailleurs, autrefois on l'appelait *Papaver cambrica*, mais il a été transféré au genre *Meconopsis*, le genre des pavots bleus, pour la simple raison que sa sève était jaune. En effet, les pavots (*Papaver* spp.) dégagent normalement un latex blanc quand on les blesse ; les *Meconopsis*, un latex jaune. Donc, même si *M. cambrica* n'avait rien d'autre en commun avec les pavots bleus sinon d'appartenir à la famille des Papavéracées, le transfert fut officialisé. Le problème, c'est que depuis, on a trouvé plusieurs *Papaver* à sève jaune ! Un de ces jours, on verra sûrement le pavot cambrique regagner son genre d'origine, sans doute sous son nom d'origine, *Papaver cambrica*.

Le feuillage découpé de *Meconopsis cambrica* (à gauche) ne ressemble nullement au feuillage entier de *Meconopsis betonicifolia* (à droite).

Photos : www.jardinierparesseux.com

SECTION 2 ▸ VIVACES À FLORAISON PROLONGÉE

Meconopsis cambrica aurantiaca

♥ ✿ ***M. cambrica aurantiaca*** : la forme à fleurs orange. Fidèle au type s'il ne pousse pas en compagnie de plantes à fleurs jaunes. Floraison : mai-juillet (août-septembre). 30-40 cm x 30 cm. Zone 3.

✿ ***M. cambrica* 'Anne Greenaway'** : fleurs abricot doubles. Apparemment stérile. Très longue floraison : mai-septembre. 30-40 cm x 30 cm. Zone 3.

✿ ***M. cambrica flore-pleno*** (*M. cambrica* 'Flore Pleno') : fleurs jaunes doubles. Presque stérile, donc aucun problème d'envahissement. Floraison : mai-septembre. 30-60 cm x 30 cm. Zone 3.

Meconopsis aurantiaca flore-pleno forme orange

✿ ***M. cambrica flore-pleno* forme orange** : fleurs orange doubles. Presque stérile. Floraison : mai-septembre. 30-60 cm x 30 cm. Zone 3.

✿ ***M. cambrica* 'Florence Perry'** : fleurs rouge orangé simples. Se ressème peu. Floraison : mai-septembre. 30-40 cm x 30 cm. Zone 3.

♥ ✿ ***M. cambrica* 'Muriel Brown'** : fleurs rouge orangé doubles. Presque stérile. Floraison : mai-septembre. 30-40 cm x 30 cm. Zone 3.

Plantes apparentées

Vous trouverez différents pavots dans plusieurs chapitres : *Des vivaces pensez-y bien, Des fleurs à l'ombre, Bisannuelles et autres va-vite*, etc. Après tout, c'est un grand genre composé de plantes très variées. Voici maintenant de véritables pavots qui appartiennent à la catégorie des vivaces à floraison prolongée.

Papaver atlanticum 'Flore Pleno'

☠ ✿ ***Papaver atlanticum***
(*P. rupifragum atlanticum*)
Pavot de l'Atlas (Moroccan Poppy)
☀

Il y a beaucoup de confusion entre cette plante et les deux suivantes, le pavot d'Espagne (*P. rupifragum*) et le pavot d'Arménie (*P. lateritium*), et pour cause : les trois sont de

---

Népéta
Onagre
▸ **Pavot cambrique**
Renouée
Rose trémière
Rudbeckie
Sauge vivace
Scabieuse
Scrophulaire
Scutellaire
Sidalcée
Stokesia
Tanaisie
Trèfle rougeâtre
Valériane rouge
Véronique
Verveine

proches parents et se ressemblent énormément. 🍃 Sur le marché, c'est la confusion totale : *P. atlanticum* est vendu pour *P. rupifragum*, *P. rupifragum* pour *P. lateritium*, et ainsi de suite. C'est presque un miracle s'ils sont correctement identifiés ! Mon avis ? Ne vous cassez pas trop la tête à essayer de les distinguer. Leur comportement est identique, leur apparence, presque, et vous n'avez sûrement pas besoin de cultiver trois plantes aussi semblables de toute façon. Donc, l'un ou l'autre devrait faire votre affaire. Vous tenez vraiment à le savoir ? Touchez à la tige florale : si elle est lisse, c'est un pavot d'Espagne ; si elle est légèrement poilue et soyeuse au toucher, vous avez un pavot de l'Atlas ; et si elle est très poilue et rude au toucher, il s'agit d'un pavot d'Arménie.

Le pavot de l'Atlas vient des montagnes du Maroc, mais il est bien établi çà et là comme plante naturalisée dans plusieurs pays, dont le nôtre. Il forme une rosette de feuilles gris-vert dentelées, parfois pennées, pubescentes au revers. La tige florale est svelte et porte une seule fleur orange à quatre pétales qui ressemblent à du papier de soie. Les pétales des variétés cultivées sont larges et se touchent, mais la forme sauvage a des pétales bien espacés. La floraison est sporadique durant tout l'été, mais plus abondante au début de la saison. La plante préfère un sol bien drainé (elle n'est pas difficile quant à sa qualité et peut même pousser dans du gravier) et le plein soleil. 🍃 Habituellement, le pavot de l'Atlas se ressème modestement, mais peut quand même déborder de l'espace que vous lui avez alloué. Les plantes individuelles ne vivent pas très longtemps (trois ou quatre ans), mais se remplacent sournoisement par semis spontanés, au point qu'on remarque rarement qu'elles sont disparues.

🍃 La plante adulte tolère difficilement les déplacements, car sa longue racine pivotante est difficile à extraire intacte. Plutôt que de la diviser, si vous voulez d'autres plantes, prélevez et déplacez de jeunes semis à la racine encore courte.

Floraison : juin-septembre. 40-60 cm x 30 cm. Zone 3.

☠️ ❀ *P. atlanticum* 'Flore Pleno' : fleurs doubles ou semi-doubles un peu penchées, plus grosses que celles de l'espèce… et, à mon avis, plus jolies aussi. Se reproduit assez fidèlement par semences, 🍃 mais il est nécessaire de faire une sélection et d'éliminer les plants semi-doubles si vous voulez la forme considérée comme « idéale ». Floraison : juin-septembre. 40-60 cm x 30 cm. Zone 3.

Papaver rupifragum

❀ *P. rupifragum*
Pavot d'Espagne (Spanish Poppy)
☀️

Sosie du précédent, ce pavot pousse juste de l'autre côté du détroit de Gibraltar, en Espagne. Il se distingue du pavot de l'Atlas surtout par sa tige florale sans poils. Autrement, tout ce que j'ai écrit sur le pavot de l'Atlas s'applique au pavot d'Espagne. Floraison : juin-septembre. 40-60 cm x 30 cm. Zone 3.

♥ 🌸 *P. rupifragum* 'Flore Pleno' : fleurs doubles à semi-doubles. Voir la description de *P. atlanticum* 'Flore Pleno' : si l'on ne considère que la fleur, les deux sont presque indistincts ! Floraison : juin-septembre. 40-60 cm x 30 cm. Zone 3.

🌸 *P. rupifragum* 'Tangerine Dream' ('Orange Feathers') : variété semi-double à double aux pétales très irréguliers – longs et courts, larges et étroits –, donnant un effet plus ébouriffé. Facilement disponible par semences. La forme la plus vendue au Québec mais son identité botanique n'est pas certaine à 100 %. Floraison : juin-septembre. 40-60 cm x 30 cm. Zone 3.

P. lateritium
Pavot d'Arménie (Armenian Poppy)
☀

D'accord, ce pavot n'a pas une floraison aussi persistante que ses deux cousins, mais il leur ressemble tellement. C'est une plante autrement plus poilue que les deux autres et, en outre, son feuillage est entier, pas penné. Côté fleurs, par contre, il est difficile de le distinguer. Floraison : juin-juillet. 40-50 cm x 30 cm. Zone 3.

P. lateritium 'Fire Ball' (*P. lateritium* 'Nanum Flore Pleno', *lateritium* 'Nana Plena', *P.* x *hybridum* 'Flore Pleno') : fleurs très doubles aux pétales inégaux. Plante plus courte. C'est peut-être un hybride. *P. rupifragum* 'Tangerine Dream' lui ressemble énormément. Peut-être qu'il y a une autre confusion ! Floraison : juin-septembre. 40-50 cm x 30 cm. Zone 3.

Népéta
Onagre
▷ **Pavot cambrique**
Renouée
Rose trémière
Rudbeckie
Sauge vivace
Scabieuse
Scrophulaire
Scutellaire
Sidalcée
Stokesia
Tanaisie
Trèfle rougeâtre
Valériane rouge
Véronique
Verveine

Papaver lateritium

Degeije, Wikimedia Commons

Renouée
Persicaria

Persicaria bistorta 'Superba'

Famille : Polygonacées

Origine : hémisphère Nord

RENOUÉE
Persicaria

Noms anglais : Knotweed, Fleeceflower

Dimensions : 35-150 cm x 50-120 cm (selon l'espèce)

Exposition : ☀ ☀ (☀)

Sol : humide à très humide, riche en matière organique

Floraison : variable selon l'espèce : été à automne

Multiplication : boutures de tige, division, semences

Utilisations : plate-bande, bordure, massif, naturalisation, arrière-plan, couvre-sol, pré fleuri, fleur coupée, fleur séchée, plante comestible, plante médicinale, attire les papillons

Associations : graminées, asters, aconits, monardes, filipendules, rodgersias

Zone de rusticité : variable, 3-7

Le genre *Persicaria* est nouveau, relativement parlant. Dans les années 1990, le genre *Polygonum* a été scindé en plusieurs parties et certaines des espèces ont « atterri » dans le genre *Persicaria*. Le nom veut dire « à feuilles de pêcher », une description relativement appropriée, car la plupart des espèces ont des feuilles plus ou moins semblables à celles de cet arbre. Dans le nouveau genre, il y a environ 35 espèces vivaces et annuelles de climat tempéré à assez chaud. Le genre comprend, en plus de plantes ornementales, plus que sa part de mauvaises herbes. La renouée de Pennsylvanie (*Persicaria pensylvanicum*) est une mauvaise herbe annelle très courante dans nos régions, par exemple. Il y a par ailleurs dans ce genre plusieurs plantes aquatiques, et même des fines herbes et des plantes médicinales.

SECTION 2 ▸ VIVACES À FLORAISON PROLONGÉE

Les plantes du genre *Persicaria* semblent avoir conservé leur nom commun, renouée, même si l'on entend de plus en plus « persicaire ». Le « nou » dans renouée se rapporte aux nœuds saillants sur les tiges, la caractéristique la plus évidente de la famille des Polygonacées. Les feuilles sont alternes et engainées à la base, habituellement lancéolées ou ovales, et toujours à marge lisse (si les feuilles sont dentées, la plante n'est pas une renouée). Les fleurs minuscules sont assemblées en épis souvent terminaux et sont souvent de couleur rose.

Les renouées sont rarement difficiles à cultiver. 🌱 Au contraire, elles ont tendance à être un peu envahissantes. Je vous expliquerai la situation dans chaque cas, car le degré varie. En général, elles préfèrent un sol plutôt humide (🌱 elles ne résistent pas trop à la sécheresse) et pousseront même dans des sols lourds et glaiseux, presque détrempés. Les renouées apprécient un sol riche, bien qu'elles s'adaptent aux sols plus pauvres. Le soleil et la mi-ombre leur conviennent.

La multiplication est facile par division et par boutures de tige. Certaines espèces se multiplient facilement par semences, mais elles sont rarement disponibles dans le commerce. Certaines se ressèment un peu ou beaucoup, d'autres jamais.

Variétés

D'autres renouées paraissent dans d'autres chapitres : l'extraordinaire renouée polymorphe (*P. polymorpha*) à la page 178, les renouées couvre-sol dans le tome 2, et enfin la terrifiante renouée japonaise (*Fallopia japonica*) aussi dans le tome 2. Voici maintenant une belle poignée de renouées intéressantes surtout par leur floraison très durable.

Persicaria amplexicaulis

Persicaria amplexicaulis
(*Polygonum amplexicaule*)
Renouée amplexicaule
(Mountain Fleeceflower)

C'est une grande renouée à tiges dressées poussant à partir de rhizomes. Les feuilles ovales et pointues sans pétioles entourent la tige à la base, un effet assez attrayant en soi. Les tiges filiformes se ramifient beaucoup vers le sommet et se terminent en épis minces de minuscules fleurs rouges (c'est du moins le cas chez l'espèce ; les cultivars se présentent aussi en rose et en blanc). La plante forme un dense fourré, ayant l'effet d'un arbuste.

L'espèce botanique vient de l'Himalaya et est rarement cultivée. 🌱 D'ailleurs elle a la réputation d'avoir des rhizomes très vagabonds et envahissants. Je vous suggère de l'éviter. Il y a toutefois une foule de cultivars, tous choisis, en partie, pour leur « bon comportement au jardin ». Ils ont une croissance plus restreinte en raison de leurs rhizomes plus courts. Il n'empêche qu'une renouée amplexicaule prend toujours de l'espace, car ses tiges non seulement poussent vers le haut, mais s'arquent vers l'extérieur. C'est toute une plante !

- Népéta
- Onagre
- Pavot cambrique
- ▸ **Renouée**
- Rose trémière
- Rudbeckie
- Sauge vivace
- Scabieuse
- Scrophulaire
- Scutellaire
- Sidalcée
- Stokesia
- Tanaisie
- Trèfle rougeâtre
- Valériane rouge
- Véronique
- Verveine

SECTION 2 ▸ VIVACES À FLORAISON PROLONGÉE

Multipliez cette plante par bouturage des tiges (facile au début de l'été si vous supprimez les boutons de fleurs des tiges choisies). 🌱 La division est presque impossible sans tronçonneuse, car les rhizomes sont passablement ligneux et très difficiles à extraire. (🌱 D'ailleurs, choisissez bien où vous plantez votre renouée, car vous ne voudrez pas avoir à la déplacer!) 🌱 Même les semis venant d'un plant bien discipliné pourraient donner des bébés aussi envahissants que l'espèce, donc la multiplication par semences n'est pas recommandée. Heureusement que la plante ne semble pas produire des graines sous notre climat (peut-être que notre saison est trop courte!) et n'est donc pas portée à se ressemer.

Floraison: juillet-septembre (octobre). 120-150 cm x illimité. Zone 4.

♥ ❂ *P. amplexicaulis* 'Alba' : fleurs blanches portées sur des tiges pourpres et feuillage de la même teinte. Charmant! Floraison: juillet-septembre (octobre). 75 cm x 90-120 cm. Zone 4.

Persicaria amplexicaulis 'Blotau' Taurus®

❂ *P. amplexicaulis* 'Atrosanguinea' : fleurs rouge foncé. Épi plus court que chez d'autres cultivars. Floraison: juillet-septembre (octobre). 90-120 cm x 90-120 cm. Zone 4.

❂ *P. amplexicaulis* 'Blackfield' : fleurs rouge sang foncé. Bouton rouge presque noir. Grande variété très dense pour l'arrière-plan. Floraison: juillet-septembre (octobre). 90-100 cm x 90-120 cm. Zone 4.

❂ *P. amplexicaulis* 'Blotau' Taurus® : fleurs d'un écarlate très foncé. Floraison: juillet-septembre (octobre). 60-90 cm x 90-120 cm. Zone 4.

♥ ❂ *P. amplexicaulis* 'Firedance' : fleurs rouge saumoné intense. Épi plus dense que la normale. Saisissant! Serait un hybride de 'Firetail'. Variété compacte. Floraison: juillet-octobre. 60 cm x 60-75 cm. Zone 4.

Persicaria amplexicaulis 'Firetail'

♥ ❂ *P. amplexicaulis* 'Firetail' : fleurs cramoisies. Fleurit jusqu'aux gels chez moi! Floraison: juillet-octobre. 90-120 cm x 90-120 cm. Zone 4.

❂ *P. amplexicaulis* 'Golden Arrow' : feuillage jaune lime. Fleurs rouge cardinal qui pâlissent à rose. Floraison: juillet-septembre (octobre). 60-90 cm x 60-75 cm. Zone 4.

❂ *P. amplexicaulis* 'Inverleith' : épis particulièrement épais de fleurs rouges qui conservent bien leur coloration. Variété naine.

SECTION 2 — VIVACES À FLORAISON PROLONGÉE

Floraison : juillet-septembre (octobre). 45 cm x 60 cm. Zone 4.

P. amplexicaulis 'Orange Field' : pas vraiment orange, mais une teinte inhabituelle pour cette espèce, rose saumon. Floraison : juillet-septembre (octobre). 80-95 cm x 90-120 cm. Zone 4.

P. amplexicaulis 'Pink Elephant' : fleurs roses. Variété naine. Floraison extra longue : juillet-octobre. 35-45 cm x 45-60 cm. Zone 4.

P. amplexicaulis 'Rosea' : fleurs rose doux. Floraison : juillet-septembre (octobre). 75 cm x 90-120 cm. Zone 4.

Persicaria bistorta 'Superba'

P. bistorta (*Polygonum bistorta*)
Bistorte, renouée bistorte (Common Bistort)

Quel changement de vie pour cette plante d'origine européenne longtemps cultivée uniquement à des fins médicinales ! Aujourd'hui on l'a sortie du jardin de simples et on l'utilise surtout comme plante ornementale.

C'est une plante à rhizomes courts qui forme des touffes denses. Les feuilles vert moyen sont ovales, larges et arquées, ondulées un peu sur le bord. La plante crée une ombre dense : il y a peu de risques de mauvaises herbes avec cette plante dans les environs. Elle fait donc un excellent couvre-sol même si elle est plus haute que ce qu'on imagine habituellement pour une plante tapissante. Des tiges dressées légèrement feuillues dépassent la masse de feuilles à la base de la plante et portent chacune un long épi dressé de fleurs roses en forme de brosse à bouteille. Elles ont l'air plumeuses en raison des nombreuses étamines qui dépassent des pétales. Quelle superbe fleur coupée ! La floraison dure presque deux mois, surtout au début de l'été, mais avec une certaine reprise jusqu'à sa fin.

La bistorte préfère un sol toujours un peu humide. En période de sécheresse profonde, elle peut même entrer en dormance estivale et perdre son feuillage, mais elle repoussera au printemps suivant. Elle semble préférer la mi-ombre, mais pousse bien au soleil aussi. Elle donne une performance acceptable à l'ombre également, du moins en tant que couvre-sol, car elle y fleurit moins.

Ne cherchez pas l'espèce botanique, plus grande et moins dense que les bistortes de jardin, sur le marché ; elle semble exister seulement à l'état sauvage. En culture, on utilise habituellement le cultivar suivant.

Floraison : juin-août. 100 cm x 75-100 cm. Zone 3.

P. bistorta 'Superba' : fleurs rose moyen sur un épi plus haut et plus épais. C'est le cultivar le plus classique, populaire depuis des générations. Floraison : juin-août. 50-75 cm x 50 cm. Zone 3.

P. bistorta carnea : beaucoup moins connu que le cultivar précédent, à fleurs rose corail et épis plus courts et plus sveltes. Feuilles plus étroites aussi. Tolère mieux les sols secs. Floraison : juin-août. 60 cm x 50 cm. Zone 3.

Népéta
Onagre
Pavot cambrique
▷ **Renouée**
Rose trémière
Rudbeckie
Sauge vivace
Scabieuse
Scrophulaire
Scutellaire
Sidalcée
Stokesia
Tanaisie
Trèfle rougeâtre
Valériane rouge
Véronique
Verveine

SECTION 2 ▸ VIVACES À FLORAISON PROLONGÉE

Variétés pensez-y bien

🔥 ✱ *P. virginiana*
(*Polygonum virginianum, Tovara virginiana*)
Renouée de Virginie (Jumpseed)
☀️ 🌤️ 🌑

Cette plante, indigène dans l'est et le centre de l'Amérique du Nord, de la Floride et du Texas jusqu'au Québec et en Ontario, n'est *pas* utilisée comme plante ornementale. Pour la plante cultivée, voir la sous-espèce *P. virginiana filiformis*. 🍃 Avec son feuillage vert ordinaire et ses fleurs des plus insignifiantes (vert blanc et minuscules, portées bien espacées sur de longues « queues de rat »), il ne viendrait à l'esprit de personne de la cultiver, sauf peut-être comme couvre-sol vert. 🍃 La plante est également envahissante par ses rhizomes et ses semences. C'est une mauvaise herbe en perspective. Mais au moins l'espèce est rustique, ce qui n'est pas nécessairement le cas de la sous-espèce qu'on nous offre habituellement. Pousse très bien à l'ombre.

Floraison : août-octobre. 70-120 cm x illimité. Zone 3.

Persicaria virginiana filiformis 'Painter's Palette'

Malgré l'épithète *virginiana*, cette plante ne vient pas du Nouveau Monde, mais est le pendant japonais de l'espèce nord-américaine. 🍃 Elle est beaucoup moins rustique que la forme indigène : seulement zone 6. Cette information n'a jamais réellement été diffusée, mais explique pourquoi tant de jardiniers échouent avec une plante qu'on disait indigène et qui devrait alors être d'une rusticité sans faille.

La forme japonaise est beaucoup plus jolie que l'espèce. Les grandes feuilles sont marquées d'un gros « V » brun pourpré, assurant notre intérêt dès le début de l'été (les feuilles sortent tardivement au printemps, toutefois). Et les tiges florales, aussi longues et minces que chez l'espèce, mais pas plus malgré l'épithète *filiformis*, sont rougeâtres. Elles portent des fleurs non pas vertes mais rouges. Une seule tige florale aussi mince ne créerait aucun intérêt, mais la plante en produit des dizaines, voire des centaines, et elle finit alors l'été dans un brouillard rouge, un effet des plus sophistiqués.

Plantez-la à la mi-ombre ou à l'ombre dans un milieu plutôt humide. La plante peut malgré tout survivre à la sécheresse occasionnelle et compose bien avec la compétition racinaire. 🍃 Au soleil, les couleurs du feuillage de ses cultivars risquent de pâlir.

> Touchez à la tige et la plante lancera ses graines partout comme des projectiles sur une distance allant jusqu'à 4 mètres. C'est l'origine du nom commun anglais, « jumpseed » ou « graines sauteuses ». 🍃 Malheureusement elles collent sur nos vêtements et sur les poils de nos chiens et chats. Pas très agréable !

✱ *P. virginiana filiformis*
(*Polygonum filiforme, Tovara filiforme*)
Renouée filiforme (Japanese Jumpseed)
☀️ 🌤️ 🌑

🍃 Aux États-Unis, on se plaint que cette plante est trop envahissante pour être un bon choix pour la plate-bande. À la limite, on peut peut-être la naturaliser dans un sous-bois, mais quelle horreur dans une plate-bande! Car elle produit non seulement des rhizomes très envahissants, mais une quantité industrielle de semis. Mais ça, c'est plus au sud. Chez nous, il n'y a aucun risque d'envahissement. 🍃 C'est plutôt la rusticité faible qui nous cause problème. Il faut planter la renouée filiforme dans un emplacement protégé du vent où la neige s'accumule. Aussi, le paillis épais avec lequel on doit recouvrir son sol pour le conserver humide a une double utilité: il la protège également des caprices du temps. Habituellement la plante ne fait que se maintenir et ne vagabonde pas. Quant aux potentiels semis égarés, peu importe: ils ne survivront pas sans protection.

Floraison: août-octobre. 60 cm x 60 cm. Zone 6.

❂ *P. virginiana filiformis* 'Compton's Form': feuillage vert-gris. Le « V » brun pourpré est plus foncé et plus soutenu, ce qui crée une véritable barre. Fleurs rouges. Floraison: août-octobre. 60 cm x 60 cm. Zone 6.

encore plus en valeur. Fleurs rouges. Floraison: août-octobre. 60 cm x 60 cm. Zone 6.

Persicaria virginiana filiformis 'Painter's Palette'

❂ *P. virginiana filiformis* 'Painter's Palette': « Palette de peintre » en effet! La feuille verte porte le « V » brun pourpré habituel, mais toute la feuille est irrégulièrement panachée de blanc crème. Là où la panachure rencontre le « V » brun pourpré, il est désormais rouge vif. Tout à fait chic et assez pour que j'aie essayé cette plante trois fois, sans succès. À l'époque, je ne savais pas qu'elle n'était pas rustique dans nos régions: l'étiquette indiquait zone 4. 🍃 Elle survivait habituellement à un premier hiver, mais repoussait sans vigueur. Le printemps suivant, elle n'était plus là. Si j'avais su! Floraison: août-octobre. 60 cm x 60 cm. Zone 6.

Persicaria virginiana filiformis 'Lance Corporal'

❂ *P. virginiana filiformis* 'Lance Corporal': feuilles vert tendre, ce qui met le « V » rouge

Persicaria virginiana groupe Variegata

❂ **P. virginiana groupe Variegata** (*P. virginiana* 'Variegata', *P. virginiana filiformis* 'Varie-

---

Népéta
Onagre
Pavot cambrique
▷ **Renouée**
Rose trémière
Rudbeckie
Sauge vivace
Scabieuse
Scrophulaire
Scutellaire
Sidalcée
Stokesia
Tanaisie
Trèfle rougeâtre
Valériane rouge
Véronique
Verveine

SECTION 2 ▸ VIVACES À FLORAISON PROLONGÉE

gata') : feuillage amplement panaché de blanc crème, mais sans les marques rouge pourpré et roses de 'Painter's Palette'. Il y a plus d'un clone sur le marché qui porte cette coloration. Ceux à fleurs vert-blanc dérivent de l'espèce *P. virginiana* et sont plus rustiques (zone 3). Ils peuvent aussi être envahissants. Ceux à fleurs rouges ou roses sont de la sous-espèce *P. virginiana filiformis* et ne sont pas très rustiques. Floraison : août-octobre. 60 cm x 60 cm. Zone 3 (formes à fleurs vertes); zone 6 (formes à fleurs rouges).

Variétés déconseillées

P. microcephala
(*Polygonum microcephalum*)
Renouée microcéphale
(Red Dragon Fleeceflower)

Cette plante avait une longue histoire de culture comme plante médicinale en Chine, mais malgré les petites boules de fleurs blanches paraissant à l'extrémité de ses tiges et ses feuilles vertes cordiformes marquées d'un « V » vert plus foncé, elle n'était pas considérée comme une plante ornementale… et ne l'est toujours pas. Mais son cultivar 'Red Dragon', par contre… Floraison : juillet-août. 60-120 cm x 60-90 cm. Zone 7.

P. microcephala 'Red Dragon': au milieu des années 1990, l'Américain Greg Speichert a remarqué une plante anormale dans une production commerciale chinoise de *P. microcephala*. Les tiges étaient rouges et les feuilles rouge pourpré marquées d'une tache triangulaire pourpre foncé mise en valeur par un « V » argenté. La feuille perd sa coloration rouge au cours de l'été et devient vert olive, mais la tache pourpre et le « V » argenté persistent. Les tiges aussi gardent leur couleur.

Persicaria microcephala 'Red Dragon'

Les fleurs blanches si insignifiantes chez l'espèce sont davantage mises en valeur par le feuillage coloré. Speichert a rapporté cette mutation aux États-Unis, d'où elle a connu une diffusion mondiale.

La renouée 'Red Dragon' fait une excellente annuelle à feuillage coloré pour la plate-bande estivale ou le jardin d'eau (elle adore l'eau), et on peut la rentrer l'hiver et la cultiver comme plante d'intérieur, mais on peut difficilement dire qu'elle est une « vivace » sous notre climat. D'où sa catégorie de plante déconseillée. Floraison : juillet-août. 60-120 cm x 60-90 cm. Zone 7.

Il existe maintenant plusieurs cultivars colorés de cette espèce. Étant donné leur utilisation limitée sous notre climat, je ne présente que le plus populaire comme exemple.

P. microcephala 'Silver Dragon': sélection plus argentée de 'Red Dragon'. Floraison : juillet-août. 60-120 cm x 60-90 cm. Zone 7.

Rose trémière
Alcea

Alcea rosea
www.jardinierparesseux.com

Famille : Malvacées

Origine : Eurasie

ROSE TRÉMIÈRE
Alcea

Nom anglais : Hollyhock

Dimensions : 70-300 cm x 45-75 cm (selon l'espèce)

Exposition : ☀ ☀

Sol : bien drainé

Floraison : juin-août (septembre-octobre)

Multiplication : semences

Utilisations : plate-bande, naturalisation, arrière-plan, pré fleuri, haie, fleur coupée, fleur séchée, plante comestible, plante médicinale, attire les colibris et les papillons

Associations : campanules lactiflores, miscanthus, hémérocalles, sauges russes

Zone de rusticité : 2-3

Une classique du jardin champêtre, la rose trémière, aussi appelé passe-rose, est cultivée depuis fort longtemps, au moins depuis le 13e siècle. Ce nom curieux de rose trémière ou rose de trémière viendrait de « rose d'outre-mer », car la plante est arrivée en France par bateau, apportée de la Turquie durant les croisades. Quant à « passe-rose », l'origine est plus évidente : la plante était tellement haute qu'elle « passait » (dépassait) les roses.

La rose trémière fut introduite en Amérique peu après l'arrivée des Européens, car c'était à l'époque une plante importante de la pharmacopée européenne. D'ailleurs, son nom botanique, *Alcea*, dériverait du grec *althos*, « guérir ». Elle s'est souvent échappée de la culture dans son continent d'adoption, mais

SECTION 2 ▸ VIVACES À FLORAISON PROLONGÉE

tend à rester près des habitations humaines. Elle pousse encore en grand nombre autour de bien des maisons de campagne, par exemple.

Il y a quelque 60 espèces d'*Alcea*, toutes originaires de l'Asie. La majorité ont le même mode de croissance : la plante forme une rosette basale de feuilles cordiformes, lobées ou non, de laquelle s'élèvent une ou des tiges florales dressées portant des feuilles plus petites. La partie supérieure de la tige est dominée par des fleurs en forme de coupe qui peuvent être roses, jaunes ou blanches chez les espèces sauvages, mais de bien d'autres couleurs chez les cultivars. Les plantes sont généralement de grande taille : au moins 1,5 m, souvent 2 ou 3 m.

La majorité des espèces sauvages sont bisannuelles : elles produisent une rosette la première année et fleurissent la deuxième. Ensuite, la plante mère meurt, mais les graines germent et une nouvelle génération commence. Il existe aussi des *Alcea* vivaces… dont je décrirai plusieurs variétés ici.

Cultivez les roses trémières au plein soleil ou sous une ombre très légère dans n'importe quel sol bien drainé, riche ou pauvre. Elles tolèrent bien la sécheresse une fois établies. 🍃 Évitez les engrais trop riches en azote : ils provoquent des tiges faibles sujettes à s'affaisser. Une application annuelle de compost ou un paillis qu'on laisse décomposer donneront aux roses trémières tout ce qu'il leur faut de minéraux.

🍃 Les hautes tiges peuvent avoir besoin de tuteurage, notamment dans le cas des grandes variétés à fleurs doubles. La solution la plus facile est d'éviter les grandes variétés à fleurs doubles ! Pour vous assurer que les autres résistent au vent, plantez-les, en dépit du bon sens, dans un emplacement exposé. C'est que les roses trémières plantées à l'abri

> Autrefois en Angleterre, on plantait toujours des roses trémières près des latrines. Pourquoi ? Pas parce qu'elles cachaient grand-chose ou masquaient les odeurs (les roses trémières sont pratiquement inodores), mais parce qu'il était beaucoup plus délicat de dire qu'on sortait « admirer les roses trémières » que d'admettre qu'on avait des besoins naturels !

du vent ne développent pas des tiges très robustes ; un seul coup de vent vagabond et les voilà sur le dos ! Par contre, les plants qui se sont toujours fait brasser par le vent depuis leur jeunesse forment des tiges plus fibreuses qui savent résister à un ouragan.

Les *Alcea* poussent si rapidement par semences qu'on utilise presque exclusivement cette méthode pour les multiplier. C'est d'autant plus vrai que, sauf de rares exceptions (certains hybrides F_1), elles sont fidèles au type par semences à moins qu'on les ait cultivés en compagnie d'autres variétés, auquel cas il peut y avoir eu quelques croisements indiscrets. 🍃 La division est difficile, car la plante produit un long pivot et est ardue à déterrer. De plus, les roses trémières adultes n'ont pas tendance à bien récupérer du choc de la transplantation. Non, le semis est réellement la méthode à préconiser pour multiplier les roses trémières.

Semez les grosses graines aplaties en pleine terre au début de l'été pour avoir des fleurs l'été suivant. Ou semez des graines au mois de février pour obtenir (peut-être) des plants qui fleuriront la première année. La technique traditionnelle, par contre, consiste tout simplement à laisser les roses trémières se ressemer d'elles-mêmes, ce qu'elles font sans se faire prier, et à enlever tout simplement les plants excédentaires.

SECTION 2 ▸ VIVACES À FLORAISON PROLONGÉE

Les roses trémières ont toutefois un défaut qui dérange bien des jardiniers : 🍁 plusieurs espèces sont sujettes à la rouille (*Puccinia malvacearum*), une maladie qui fait d'abord jaunir puis mourir les feuilles, surtout celles à la base du plant. Or, cette maladie n'est pas mortelle et n'affecte pas la floraison ; même une plante sévèrement atteinte repoussera l'année suivante, aussi florifère que jamais. Spécifique aux roses trémières, la rouille ne met pas en jeu la santé de vos autres plantes. 🍁 Bien que le jardinier méticuleux n'ait de cesse qu'il ait réglé le problème à l'aide de fongicides, le jardinier paresseux corrigera la lacune en installant cette plante au fond de la plate-bande, là où le feuillage affecté échappera aux regards. Ou, encore plus facile, il plantera des variétés résistantes à la maladie. Vous trouverez d'autres solutions à la page 79.

🍁 Quant au scarabée japonais, il paraît qu'il raffole des feuilles de rose trémière. Plutôt que de le nourrir, je suggère de ne pas cultiver de roses trémières si vous subissez une infestation de cet insecte.

Variétés

🌼 *Alcea rosea*
Rose trémière commune (Garden Hollyhock)
☀️ 🌤️

Commençons par la rose trémière commune, la bonne vieille variété connue de tous. C'est une grande plante aux feuilles cordiformes et aux fleurs simples ou doubles se présentant dans un bon choix de couleurs : rouge, violet, rose, jaune ou blanc, même le « noir » (en fait, un rouge pourpré très, très foncé). Les pétales, à la texture satinée, peuvent avoir une marge lisse ou frangée.

À l'origine, cette plante, une bisannuelle, mourait la deuxième année après avoir fleuri,

Alcea rosea 'Nigra'

mais au cours des siècles de sa culture, elle a convolé à plusieurs occasions avec d'autres espèces plus longévives, notamment *A. rugosa*, et sa progéniture a hérité une constitution plus solide. Ainsi, l'*Alcea rosea* que nous cultivons n'est pas tout à fait authentique, mais le jardinier apprécie le fait qu'il soit devenu une vivace plutôt qu'une bisannuelle. Non pas que la rose trémière soit la vivace la plus longévive qui existe (🍁 elle rend généralement l'âme après quatre ou cinq ans), mais du moins on n'a pas besoin de penser à la remplacer tous les deux ans. D'ailleurs elle se ressème suffisamment pour qu'on ait rarement besoin de la remplacer : très souvent un semis poussera littéralement au pied de la plante mère, prêt à la remplacer quand elle mourra. 🍁 Cela explique pourquoi une rose trémière peut « changer de couleur » après quelques années. Elle n'a pas changé de couleur, elle a été remplacée par un semis à la génétique un peu différente.

Népéta
Onagre
Pavot cambrique
Renouée
▷ **Rose trémière**
Rudbeckie
Sauge vivace
Scabieuse
Scrophulaire
Scutellaire
Sidalcée
Stokesia
Tanaisie
Trèfle rougeâtre
Valériane rouge
Véronique
Verveine

503

SECTION 2 ▸ VIVACES À FLORAISON PROLONGÉE

> Avec leurs 3 m et quelques poussières, vous pensez que vos roses trémières sont grandes ? Sachez que le record mondial pour une rose trémière est de 7,39 m !

Alcea rosea 'Chater's Double Pink'

🍁 La rose trémière qui cause tout un émoi à cause de la rouille, c'est celle-ci, la rose trémière commune. Vous la planterez donc au deuxième plan pour ne pas voir le dépérissement de son feuillage. 🍁 Pensez aussi que les populaires grandes variétés doubles auront probablement besoin de tuteur. Je vous préviendrai au moyen du symbole 🍁 dans les descriptions suivantes. Les variétés à fleurs simples sont aussi jolies et restent solidement debout. Si vous avez des roses trémières à fleurs doubles, plantez plutôt une des variétés naines de ce type : leurs tiges sont très solides.

On vend souvent des lignées « annuelles » de rose trémière. En fait, il s'agit de variétés vivaces qui peuvent fleurir la première année si on les sème à l'intérieur en février. 🍁 Par contre, elles seront plus fournies et fleuriront plus longtemps si on ne les « force » pas de cette façon et qu'on les sème en mars pour une floraison la deuxième année.

Floraison : juin-août (septembre). 1,5-3 m x 45-60 cm. Zone 3.

🍁 ⚘ *A. rosea* **'Appleblossom'** : fleurs doubles rose pâle. Floraison : juin-septembre (octobre). 1,5-2,5 m x 45-60 cm. Zone 3.
⚘ *A. rosea* **'Blacknight'** (série Spotlight) : fleur simple pourpre foncé. Floraison : juin-septembre (octobre). 150-210 cm x 45-60 cm. Zone 3.
🍁 ⚘ *A. rosea* série **'Chater's Double'** : lignée offerte en mélange ou en couleurs séparées. Fleurs très doubles qui ressemblent à des pompons. 🍁 Demande un tuteur. Les variétés sont : 'Chater's Double Chamois' ('Chater's Double Apricot') : abricot pâle ; 'Chater's Double Chestnut-Brown' ('Chater's Maroon') : rouge acajou ; 'Chater's Double Pink' : rose ; 'Chater's Double Purple' : rouge pourpré ; 'Chater's Double Red' ('Chater's Double Scarlet') : rouge écarlate ; 'Chater's Double Salmon Pink' : rose saumon ; 'Chater's Double Violet' ('Chater's Double Purple') : pourpre ; 'Chater's Double Yellow' : jaune pâle ; et 'Chater's Double White' ('Chater's Double Icicle') : blanc. Floraison : juin-septembre (octobre). 1,5-2,2 m x 45-60 cm. Zone 3.
⚘ *A. rosea* **'Crème de Cassis'** : fleurs doubles, semi-doubles et simples sur la même tige. Pourpre foncé à marge lavande. Tiges généralement robustes. Floraison : juin-septembre (octobre). 2-3 m x 45-60 cm. Zone 3.
⚘ *A. rosea* **'Fiesta Time'** : variété naine qui peut fleurir la première année. Fleurs doubles frangées rose cerise. Floraison : juin-septembre (octobre). 75-110 cm x 45-60 cm. Zone 3.

SECTION 2 ▶ VIVACES À FLORAISON PROLONGÉE

❋ *A. rosea* 'Halo White' : fleurs simples blanches à cœur jaune tendre. Floraison : juin-septembre (octobre). 1,8 m x 45-60 cm. Zone 3.

❋ *A. rosea* 'Indian Spring' : mélange de couleurs. Fleurs simples, rarement semi-doubles. Gagnant d'un prix Sélections All-America en… 1949 ! Floraison : juin-septembre (octobre). 1,5-3 m x 45-60 cm. Zone 3.

❋ *A. rosea* groupe 'Majorette' : fleurs semi-doubles en mélange. Couleurs : blanc, jaune, rose, rouge. Variété naine. Peut fleurir la première année. Gagnant d'un prix Sélections All-America en 1976. Floraison : juin-septembre (octobre). 90-110 cm x 45-60 cm. Zone 3.

Alcea rosea 'Mars Magic'

❋ *A. rosea* 'Mars Magic' (série Spotlight) : fleurs simples dans des teintes de rouge vif. Floraison : juin-septembre (octobre). 150-210 cm x 45-60 cm. Zone 3.

❋ *A. rosea* 'Nigra' ('Jet Black', 'Arabian Nights') : fleurs « noires » (en fait, rouge pourpré très foncé). Floraison : juin-septembre (octobre). 1,5-3 m x 45-60 cm. Zone 3.

💧❋ *A. rosea* 'Peaches'N Dreams' : fleurs doubles rose pêche. Floraison : juin-septembre (octobre). 1,5-2,2 m x 45-60 cm. Zone 3.

Alcea rosea 'Polarstar'

❋ *A. rosea* 'Polarstar' (série Spotlight) : fleurs simples blanches à œil jaune. Floraison : juin-septembre (octobre). 150-210 cm x 45-60 cm. Zone 3.

Alcea rosea 'Queeny Purple'

❋ *A. rosea* 'Queeny Purple' : très nain. Gagnant d'un prix Sélections All-America en

Népéta
Onagre
Pavot cambrique
Renouée
▷ **Rose trémière**
Rudbeckie
Sauge vivace
Scabieuse
Scrophulaire
Scutellaire
Sidalcée
Stokesia
Tanaisie
Trèfle rougeâtre
Valériane rouge
Véronique
Verveine

SECTION 2 ▸ VIVACES À FLORAISON PROLONGÉE

2004. Fleurs doubles pourpre canneberge à marge très frangée. Peut fleurir la première année. Floraison : juin-septembre (octobre). 75 cm x 45 cm. Zone 3.

✿ **A. rosea 'Simplex'** : mélange. Fleurs simples. Jaune, blanc, rose et rouge. Floraison : juin-septembre (octobre). 150-210 cm x 45-60 cm. Zone 3.

✿ **A. rosea série 'Powderpuff'** : lignée offerte en mélange ou en couleurs séparées. Fleurs très doubles qui ressemblent à des pompons. Tiges plus solides que chez la plupart des grandes variétés doubles. Floraison : juin-septembre (octobre). 1,2-1,8 cm x 45-60 cm. Zone 3.

✿ **A. rosea 'Spring Celebrities'** : lignée naine qui peut fleurir la première année. Fleurs semi-doubles de type anémone, marges frangées. Teintes de rose, rouge, jaune, blanc et saumon. Floraison : juin-septembre (octobre). 70 cm x 45-60 cm. Zone 3.

❤ ✿ **A. rosea 'Summer Carnival'** : lignée double comprenant le jaune, le blanc, le rouge et différentes teintes de rose. A la réputation d'être plus résistant à la rouille. 🍃 Tuteur généralement nécessaire. Floraison : juin-septembre (octobre). 1,5-2,10 m x 45-60 cm. Zone 3.

✿ **A. rosea 'Sunshine'** (série Spotlight) : fleurs simples jaune pâle. Floraison : juin-septembre (octobre). 150-210 cm x 45-60 cm. Zone 3.

❤ ✿ **A. ficifolia**
Rose trémière à feuilles de figuier
(Figleaf Hollyhock, Antwerp Hollyhock)
☀ ☀

Cette espèce vient de la Sibérie et offre à la fois une meilleure résistance au froid et à la rouille. Fleurs simples jaune pâle. Port très semblable à A. rosea, bien que sa rosette soit un peu plus large. Feuilles très lobées (en

Alcea ficifolia

forme de feuille de figuier). 🍃 Cette espèce a davantage tendance à être bisannuelle que A. rosea.

Attention toutefois ! On vend depuis quelques années des hybrides de A. ficifolia et A. rosea sous le nom de A. ficifolia. Si votre source de A. ficifolia dit que son plant est offert dans d'autres couleurs que le jaune, ce n'est probablement pas le vrai A. ficifolia. Le but de ces croisements était de développer des roses trémières d'apparence classique, mais qui auraient la résistance à la rouille de la rose trémière à feuilles de figuier. 🍃 Le problème est que le contraire est arrivé : ces hybrides ont hérité une sensibilité à la rouille de leur parent A. rosea. Ils sont toutefois un peu plus résistants à cette maladie et leur feuillage est touché à un moindre degré, devenant parfois tacheté, mais ne brûlant pas complètement. Floraison : juin-septembre (octobre). 1,5-2,25 m x 60-75 cm. Zone 2.

✿ **A. x 'Antwerp'** : lignée hybride issue d'un croisement entre A. ficifolia et A. rosea. Le mélange le plus souvent offert. Fleurs simples

SECTION 2 ◆ VIVACES À FLORAISON PROLONGÉE

de couleur pastel (jaune, rose, pêche, etc.). Relativement résistant à la rouille. Floraison : juin-septembre (octobre). 150-80 cm x 45-60 cm. Zone 3.

❂ **A.** x **'Single Hybrids'**: vendu comme sélection de *A. ficifolia*, mais semble être encore une lignée interspécifique, probablement *A. ficifolia* x *A. rosea*. Fleurs simples de teintes pastel. Peu sujet à la rouille. Floraison : juin-septembre (octobre). 2-3 m x 45-60 cm. Zone 3.

❂ **A.** x **'Happy Lights'**: *A. ficifolia* x *A. rosea*. Fleurs simples jaunes, cuivrées, roses, rouges et blanches. Résistant à la rouille. Floraison : juin-septembre (octobre). 150-200 cm x 60-90 cm. Zone 3.

Alcea kurdica

❤❂ ***A. kurdica***
Rose trémière du Kurdistan
(Kurdistan Hollyhock)
☀ ☀

Espèce un peu différente des autres, avec des tiges ramifiées et un comportement de vivace durable. Fleurs jaune pâle lumineux. Floraison : juin-septembre. 180 cm x 45-60 cm. Zone 3.

❂ ***A. pallida***
Rose trémière pâle (Pale Rose Hollyhock)
☀ ☀

Fleurs rose lilas ou blanches à pétales encochés et à cœur vert lime. Feuillage persistant plus charnu et moins découpé que chez les autres roses trémières. *Pallida* veut dire « pâle », bien sûr, mais ne fait pas référence aux fleurs. C'est plutôt le feuillage qui est gris-vert, donc plus pâle que celui des autres roses trémières. Excellente résistance à la rouille. 🌱 Plutôt bisannuelle. Floraison : juin-septembre (octobre). 120-180 cm x 60-75 cm. Zone 4.

Alcea x 'Summer Memories'

❤❂ **A.** x **'Summer Memories'**: *A. ficifolia* x *A. rosea*. Mélange. Fleurs simples dans une bonne gamme de couleurs, dont jaune pâle, blanc, rose et rouge foncé. La couleur jaune domine toutefois. Feuilles lobées comme chez *A. ficifolia*. Bonne résistance à la rouille. Floraison : juin-septembre (octobre). 1,50-2,10 m x 45-60 cm. Zone 3.

- Népéta
- Onagre
- Pavot cambrique
- Renouée
- ▷ **Rose trémière**
- Rudbeckie
- Sauge vivace
- Scabieuse
- Scrophulaire
- Scutellaire
- Sidalcée
- Stokesia
- Tanaisie
- Trèfle rougeâtre
- Valériane rouge
- Véronique
- Verveine

SECTION 2 ▸ VIVACES À FLORAISON PROLONGÉE

❤ ✿ A. rugosa
Rose trémière à feuilles rugueuses
(Russian Hollyhock)
☀ ◐

La plante forme une rosette basale de feuilles cordiformes à trois, cinq ou sept lobes. Elles sont persistantes et gris-vert, à la texture rugueuse, plus duveteuses que chez la rose trémière commune. Le deuxième été, elle produit de hautes tiges florales, épaisses et solides, portant quelques feuilles plus petites, mais surtout une bonne quantité de grosses fleurs jaune citron en forme de coupe avec une colonne centrale jaune plus foncé. Il n'y a pas de variétés à fleurs doubles, contrairement à la rose trémière commune. 🌱 Vivace de courte vie (quatre ou cinq ans), mais qui se ressème et se maintient donc sans votre aide. Résistante à la rouille. Floraison : juillet-septembre. 1,2-2,5 m x 60-75 cm. Zone 3.

Alcea rugosa

↻ Plante apparentée

Althaea officinalis

✿ *Althaea officinalis*
Guimauve officinale (Marshmallow)
☀ ◐ ☀

Jusqu'au milieu du 20ᵉ siècle, les roses trémières (*Alcea*) étaient classées dans un autre genre, *Althaea*, le genre de la guimauve. Les deux plantes sont apparentées, bien sûr : on le voit facilement dans les fleurs en forme de soucoupe. Il est toutefois facile de distinguer les guimauves des roses trémières : les fleurs blanches ou roses des guimauves ainsi que leurs feuilles sont plus petites et, si on peut dire que la rose trémière a un port en flèche, la guimauve, avec ses branches bien ramifiées, a un port évasé nettement arbustif.

Il y a une dizaine d'espèces en Europe et en Asie, plusieurs cultivées comme plantes médicinales et même comme légumes. Elles ne font que commencer à percer en tant que plantes ornementales, aidées en cela par leur constitution en fer et leur floraison abondante et durable. Pour le moment, c'est surtout

SECTION 2 — VIVACES À FLORAISON PROLONGÉE

la guimauve officinale (*Althaea officinalis*) qui est disponible. Vous la trouverez plus facilement dans les catalogues de fines herbes que dans les étalages de vivaces des pépinières.

Cette plante, autrefois cultivée pour ses tiges et racines utilisées en médecine traditionnelle, s'est échappée de la culture un peu partout au Québec et ailleurs en Amérique du Nord, où on la trouve notamment dans les marécages ensoleillés. C'est avec les racines de cette plante à la sève mucilagineuse qu'on a fabriqué à l'origine les guimauves que les enfants aiment tant. De nos jours, les guimauves commerciales ne contiennent plus de véritable guimauve, mais plutôt des substituts artificiels.

Cultivez la guimauve dans un emplacement ensoleillé au sol riche et humide. Elle peut tolérer une sécheresse occasionnelle, mais pas plus. La plante se multiplie facilement par semences et boutures de tige, et on peut aussi la diviser. Elle est de longue vie et n'est pas sujette à la rouille. C'est, en somme, une vivace des plus faciles à cultiver.

Floraison : juillet-septembre. 90-150 cm x 120 cm. Zone 3.

Genre hybride

X *Alcalthaea suffrutescens*
Guimauve trémière (Hollymallow)

Croyez-le ou non, on a réussi à croiser la rose trémière commune (*Alcea rosea*) avec la guimauve officinale (*Althaea officinalis*). La plante qui en a résulté, appelée X *Alcalthaea suffrutescens*, que je propose d'appeler guimauve trémière, est une vivace qui ressemble à une rose trémière plus svelte, avec des tiges plus ramifiées. Les feuilles sont toutefois nettement plus petites et plus ou moins triangulaires, avec trois lobes. Toute la plante, sauf les fleurs, est couverte de fins poils blancs, ce qui lui donne une apparence givrée.

X *Alcalthaea suffrutescens* 'Parkallee'

La guimauve trémière fleurit plus tardivement que l'un ou l'autre de ses parents. Les fleurs sont de taille intermédiaire entre les deux, deux fois plus petites que celles de la rose trémière donc, et, pour l'instant, les seuls cultivars offerts ont des fleurs semi-doubles. Ils sont stériles et se multiplient par bouturage. Chez moi, ils fleurissent d'août jusqu'aux gels.

Côté conditions de culture, je trouve que la guimauve trémière ressemble davantage à la rose trémière en ce qu'elle préfère un sol bien drainé et pas trop riche. Par contre, elle a la durabilité, la robustesse et la longévité de l'inébranlable guimauve. Aucun besoin de tuteurage, notamment. La plante semble avoir hérité, Dieu sait d'où, une souche ligneuse. Elle ne repousse pas à partir du pied mais de ses branches inférieures. Ne la taillez donc pas au sol, vous pourriez la tuer ! Attendez plutôt au printemps que la

- Népéta
- Onagre
- Pavot cambrique
- Renouée
- **Rose trémière**
- Rudbeckie
- Sauge vivace
- Scabieuse
- Scrophulaire
- Scutellaire
- Sidalcée
- Stokesia
- Tanaisie
- Trèfle rougeâtre
- Valériane rouge
- Véronique
- Verveine

SECTION 2 ▸ VIVACES À FLORAISON PROLONGÉE

plante commence à repousser et taillez tout simplement au-dessus les bourgeons en croissance pour éliminer les tiges mortes.

Les rares vendeurs de cette plante ont indiqué une zone de rusticité 6, assez pour décourager n'importe quel jardinier de région froide ! Pourtant, les deux parents sont très rustiques : zone 3 pour les deux. Selon mon expérience, les hybrides sont solidement rustiques en zone 4, où ils reviennent d'année en année sans le moindre soin, comme une guimauve. Je gage qu'ils se montreraient rustiques en zone 3 aussi. À essayer !

Curieusement, les pépinières qui offrent ces hybrides ne semblent nullement les connaître et les vendent sous le nom de… *Malva* ! Pourtant, il n'y a pas une goutte de sang de mauve – oups, je vieux dire sève ! – qui coule dans leurs veines.

Floraison : août-octobre. 1,5-2,5 m x 1,2 m. Zone 3 ?

❂ X *Alcalthaea suffrutescens* 'Parkallee' (*Malva* 'Parkallee') : fleurs semi-doubles jaune pâle. Floraison : août-octobre. 1,5-2,5 m x 1,2 m. Zone 3 ?

❂ X *Alcalthaea suffrutescens* 'Parkfrieden' (*Malva* 'Parkfrieden') : fleurs semi-doubles rose pâle. Floraison : août-octobre. 1,5-2,5 m x 1,2 m. Zone 3 ?

❂ X *Alcalthaea suffrutescens* 'Parkrondell' (*Malva* 'Parkrondell') : fleurs semi-doubles roses. Floraison : août-octobre. 1,5-2,5 m x 1,2 m. Zone 3 ?

X *Alcalthaea suffrutescens* 'Parkrondell'

RUDBECKIE
Rudbeckia

Rudbeckia hirta tel qu'on le retrouve dans nos champs. Notez que cette forme est habituellement bisannuelle.

Circeus, Wikimedia Commons

Famille : Astéracées

Origine : Amérique du Nord

RUDBECKIE
Rudbeckia

Nom anglais : Coneflower

Dimensions : 30-200 cm x 30-90 cm (selon l'espèce)

Exposition : ☀ ☀

Sol : tout sol bien drainé

Floraison : juillet-septembre (octobre)

Multiplication : boutures de tige, division, semences

Utilisations : plate-bande, bordure, massif, naturalisation, arrière-plan, pré fleuri, fleur coupée, fleur séchée, plante médicinale, attire les papillons et les oiseaux granivores

Associations : eupatoires, échinacées, graminées, sauges russes

Zone de rusticité : variable, 3-7

Qui ne connaît pas la « marguerite jaune » (*Rudbeckia hirta*), tantôt fleur des champs, tantôt plante domestiquée très sophistiquée ? Son inflorescence la caractérise remarquablement bien : de larges raies jaunes circonscrivant un disque conique, habituellement brun ou noir, parfois vert. Mais ce n'est pas la seule espèce offerte : il y a environ 30 espèces de *Rudbeckia*, toutes indigènes en Amérique du Nord et toutes à disque bombé et à rayons jaunes. Certaines sont des annuelles ou des bisannuelles, d'autres de véritables vivaces, mais toutes sont à coup sûr de culture facile.

Le genre honore les Suédois Olof Rudbeck père (1630-1702) et fils (1660-1740). Les deux furent médecins et professeurs à l'Université d'Uppsala. Olof Rudbeck fils fut professeur

SECTION 2 ▸ VIVACES À FLORAISON PROLONGÉE

de Linné et avait la réputation d'être un botaniste hors pair. Il est peu probable qu'il ait jamais vu la plante qui porte maintenant son nom, car les rudbeckies étaient alors peu connues en Europe. Voilà qui a bien changé ! Les rudbeckies sont, de nos jours, parmi les vivaces les plus populaires partout dans les zones tempérées.

Les fleurs ressemblent à un soleil, comme un signe du ciel de leur emplacement préféré. Les rudbeckies tolèrent la mi-ombre, mais la majorité sont effectivement des amatrices de soleil. Peu exigeantes quant au sol, elles réussissent bien pour autant que celui-ci soit bien drainé, qu'il soit riche ou pauvre. Certaines préfèrent un sol plus humide, mais on en parlera davantage dans les descriptions individuelles. Leur floraison a surtout lieu à la fin de l'été et l'automne, car ce sont généralement des plantes à jours longs (leur floraison n'est amorcée que par exposition à des nuits de moins de 12 heures, donc des jours longs) ; certaines arrivent à la floraison dès le mois de juillet, mais d'autres pas avant août ou même septembre. La floraison est toujours très durable : six semaines et plus ; trois mois chez certaines espèces !

Une application annuelle de compost et la suppression des tiges séchées au printemps constituent le seul entretien habituel. 🍂 Pour les espèces drageonnantes ou qui se ressèment un peu trop agressivement, une division occasionnelle ou la suppression des plants vagabonds sera toutefois nécessaire, du moins dans les plates-bandes très contrôlées.

On multiplie la rudbeckie hérissée (*Rudbeckia hirta*), plutôt annuelle ou bisannuelle, presque exclusivement par semences. Elle germe d'ailleurs sans la moindre complication et fleurit la première année d'un semis fait en mars dans la maison. Les lignées de cette rudbeckie sont généralement fidèles au type à moins que vous ne cultiviez plusieurs variétés ensemble, auquel cas il y a risque d'entrecroisement ; la génération suivante portera alors un mélange des traits de ses parents.

Les autres rudbeckies (*R. laciniata*, *R. fulgida*, etc.) peuvent aussi se multiplier par semences, mais celles-ci exigent souvent un traitement au froid pour bien germer, et encore fleurissent-elles rarement la première année. De plus, les cultivars de ces espèces sont rarement fidèles au type lorsqu'ils sont cultivés de cette façon. Pour maintenir les cultivars, il faut donc les multiplier surtout par division, de préférence au printemps, sinon tard l'automne, après la floraison, ou par boutures de tige.

Les fleurs sont populaires auprès des papillons et leurs graines attirent la gent ailée l'automne et l'hiver. Toutes font de superbes et durables fleurs coupées.

Les rudbeckies ont peu d'ennemis importants, 🍂 mais quand les perce-oreilles (forficules) sont en surabondance, ils aiment bien ronger les rayons de leurs fleurs, qu'ils laissent alors en mauvais état. Suggestion : durant les années d'infestation majeure de perce-oreilles, ne cultivez pas de rudbeckies !

🍂 Aussi, il n'est pas rare de voir le feuillage des rudbeckies souffrir du blanc, de la tache septorienne ou d'autres maladies, surtout si elles sont cultivées dans des emplacements humides, ombragés ou peu aérés. 🍂 La tache septorienne, causée par le champignon *Septoria rudbeckiae*, provoque des taches noires sur les feuilles, qui peuvent parfois devenir presque entièrement noires. Habituellement, la floraison est importante malgré l'infestation, donc les dégâts ne paraissent pas beaucoup, du moins de loin. « Arroser le sol, pas le feuillage » et bien

SECTION 2 — VIVACES À FLORAISON PROLONGÉE

espacer les plants sont les moyens de prévenir ces maladies ou du moins de les réduire à un « dérangement » plutôt que de subir une « catastrophe ».

Variétés

Rudbeckia fulgida fulgida

Rudbeckia fulgida
Rudbeckie orangée (Orange Coneflower)

De loin la plus connue des rudbeckies vivaces, et ce, surtout grâce au cultivar très populaire *R. fulgida sullivantii* 'Goldsturm', présent dans presque toutes les plates-bandes. D'ailleurs l'engouement des jardiniers pour cette plante a pour effet que 'Goldsturm', décrit plus loin, occupe presque tout le marché au détriment des autres variétés de *R. fulgida*.

La rudbeckie orangée forme une rosette basse de feuilles entières vert foncé un peu rugueuses et, à partir du milieu de l'été, des tiges rugueuses faiblement ramifiées et peu feuillues portant chacune à son extrémité une inflorescence typiquement rudbeckienne : un disque très bombé brun foncé entouré de larges rayons jaune riche, d'ailleurs bien jaunes à mes yeux malgré le nom commun rudbeckie orangée. La floraison dure un bon huit semaines, parfois plus, jusqu'en septembre.

L'espèce produit une abondance de drageons et, se ressemant aussi, peut être un tantinet envahissante. Ses cultivars sont généralement moins dominateurs, car ils ne s'élargissent que lentement, comme une vivace typique, et sont peu portés à se ressemer à outrance. Cette espèce s'adapte à tous les sols bien drainés et tolère bien la sécheresse.

Floraison : juillet-septembre. 90-120 cm x 60 cm. Zone 3.

R. fulgida 'Blovi' Viette's Little Suzy™ : la plus naine des rudbeckies orangées. Cette plante dérive peut-être de la sous-espèce *R. fulgida speciosa*. Floraison : juillet-septembre. 30-35 cm x 38 cm. Zone 3.

R. fulgida 'City Garden' : très compact et ainsi idéal, comme le nom le suggère, pour un « jardin de ville ». Floraison : juillet-septembre. 40 cm x 30 cm. Zone 3.

Rudbeckia fulgida deamii

R. fulgida deamii : il y a cinq sous-espèces reconnues de *R. fulgida*, mais peu sont disponibles dans le commerce. Voici une exception. C'est une plante plus petite que l'espèce, aux feuilles plus dentées et plus étroites. Les tiges, moins ramifiées, portent des feuilles plus grosses. L'inflorescence est typique de l'espèce : disque brun foncé,

- Népéta
- Onagre
- Pavot cambrique
- Renouée
- Rose trémière
- **Rudbeckie**
- Sauge vivace
- Scabieuse
- Scrophulaire
- Scutellaire
- Sidalcée
- Stokesia
- Tanaisie
- Trèfle rougeâtre
- Valériane rouge
- Véronique
- Verveine

SECTION 2 ◆ VIVACES À FLORAISON PROLONGÉE

rayons jaune riche, d'environ 7,5 cm de diamètre. Floraison : juillet-septembre. 60-70 cm x 60 cm. Zone 3.

✿ *R. fulgida fulgida* : la sous-espèce la plus largement distribuée dans la nature. À la fin de la floraison, les rayons tombent plutôt que de sécher sur place, ce qui donne une apparence plus propre. Le réceptacle noir qui reste est attrayant durant tout l'automne et l'hiver. Sa floraison débute plus tardivement que chez 'Goldsturm', mais il fleurit aussi longtemps, ce qui aide à prolonger la saison à l'automne. Floraison : août-octobre. 60-75 cm x 75 cm. Zone 3.

✿ *R. fulgida sullivantii* : cette sous-espèce qui a donné naissance à 'Goldsturm' (ci-dessous) n'est que rarement cultivée elle-même. On la distingue d'ailleurs difficilement de sa célèbre progéniture, sinon par sa croissance moins dense et moins régulière et sa taille légèrement supérieure : 90-100 cm plutôt que 80-90 cm. Aussi, les fleurs sont plus petites (rarement plus de 7,5 cm de diamètre) et moins nombreuses que celles de 'Goldsturm'. Floraison : juillet-septembre. 90-100 cm x 75 cm. Zone 3.

✿ *R. fulgida sullivantii* 'Goldsturm' : domine le marché et représente, aux yeux de bien des jardiniers, la « vraie » rudbeckie. Ce cultivar allemand de l'après-guerre, choisi par le célèbre horticulteur Karl Foerster, est une sélection un peu variable (puisque produite par semences, ce qui mène toujours à une certaine irrégularité) de la sous-espèce *R. f. sullivantii*. 'Goldsturm' est surtout caractérisé par une taille moindre (80-90 cm) que la sous-espèce et ses fleurs plus grosses (jusqu'à 10 cm de diamètre) et nombreuses.

'Goldsturm' veut dire « orage d'or » en allemand. On le voit souvent étiqueté, par erreur, 'Goldstrum' (le « u » et le « r » ayant été inversés). Cette plante fut nommée, très justement, vivace de l'année 1999 par la Perennial Plant Association. Floraison : juillet-septembre. 80-90 cm x 75 cm. Zone 3.

Rudbeckia fulgida sullivantii 'Goldsturm'

SECTION 2 ▸ VIVACES À FLORAISON PROLONGÉE

Rudbeckia fulgida sullivantii 'Early Bird Gold'

Rudbeckia fulgida sullivantii 'Pot of Gold'

♥ ✿ **R. fulgida sullivantii 'Early Bird Gold'** : nouvelle introduction qui mériterait de remplacer 'Goldsturm'. C'est en fait une mutation de 'Goldsturm' qui lui ressemble en un peu plus petit. La grosse différence – et elle est majeure ! – est que ce cultivar est à jours neutres. Autrement dit, il n'a pas besoin de jours longs pour commencer à fleurir. Donc, sa floraison peut commencer plus tôt que chez 'Goldsturm' (parfois dès juin) et continuer plus tard. Ses promoteurs laissent entendre qu'il peut fleurir deux mois avant 'Goldsturm' et jusqu'à deux mois plus tard, mais cela dépend sans doute du climat. Chez nous, 'Early Bird Gold' commence à fleurir environ 30 jours avant 'Goldsturm' (45 jours si le printemps est précoce) et continue de produire de nouvelles fleurs tout au long de l'automne, jusqu'aux neiges, alors que 'Goldsturm' est bien fatigué à la mi-septembre. En Floride, il paraît qu'il fleurit sans arrêt, oui, 12 mois par année ! À essayer ! Floraison : juin-octobre. 60-70 cm x 45-60 cm. Zone 3.

✿ **R. fulgida sullivantii 'Pot of Gold'** : un peu plus compact et uniforme que 'Goldsturm', aux fleurs un peu plus grosses. Floraison : juillet-septembre. 50-60 cm x 45-60 cm. Zone 3.

✿ **R. fulgida speciosa** (*R. newmanii*) : sous-espèce parfois cultivée, moins dense que 'Goldsturm' et un peu plus haute. Surtout utilisé en pré fleuri. Floraison : juillet-septembre. 75-100 cm x 45-60 cm. Zone 3.

✿ **R. fulgida speciosa 'Summerblaze'** ('Summer Blaze') : port compact et dressé. Longue floraison : juillet-septembre. 60-75 cm x 45-60 cm. Zone 3.

Rudbeckia hirta vivace

✿ **R. hirta**
Rudbeckie hérissée (Gloriosa Daisy)
☀ ☀

La rudbeckie hérissée est la rudbeckie de nos champs et prés, indigène dans l'Ouest canadien et américain, et arrivée toute seule dans l'Est, où les pâturages créés pour le bétail imitaient à perfection sa prairie naturelle.

Népéta
Onagre
Pavot cambrique
Renouée
Rose trémière
▶ **Rudbeckie**
Sauge vivace
Scabieuse
Scrophulaire
Scutellaire
Sidalcée
Stokesia
Tanaisie
Trèfle rougeâtre
Valériane rouge
Véronique
Verveine

SECTION 2 ◆ VIVACES À FLORAISON PROLONGÉE

Elle se serait déplacée en suivant les chemins de fer ou encore ses graines furent accidentellement mélangées avec celles de céréales qui partaient pour l'Est. Peu importe comment elle a migré, elle est désormais bien établie partout en Amérique du Nord, et maintenant aussi en Europe.

C'est une plante très variable dans la nature, mais facilement reconnaissable à son feuillage et à ses tiges recouverts de courts poils dressés, d'où son nom, rudbeckie hérissée. Elle peut être grande ou courte, à fleurs grosses ou petites, jaunes ou bicolores (jaune avec une auréole acajou). Le disque central bombé est habituellement brun foncé, presque noir (on l'appelle « black-eyed susan » en anglais), mais peut être vert chez certains cultivars. Il existe aussi des cultivars doubles et semi-doubles.

🍁 la rudbeckie hérissée sauvage est généralement annuelle (climats doux) ou bisannuelle (climats froids). Dans nos prés, par exemple, germant l'été, elle forme une petite rosette qui survit à l'hiver. Elle fleurit l'été suivant, sous l'influence des jours longs. Sa floraison se maintient par la suite tout l'été et se prolonge souvent même l'automne. 🍁 Après avoir produit des graines, la plante meurt. Toutes les rudbeckies hérissées se multiplient très volontiers par semences, 🍁 au point d'être un peu envahissantes dans une plate-bande non paillée.

Mais pourquoi inclure une annuelle/bisannuelle dans un livre sur les vivaces ? C'est que, dans les années 1950, des chercheurs ont réussi à dédoubler les chromosomes de la rudbeckie hérissée, en faisant un tétraploïde. Or, la forme tétraploïde de la rudbeckie hérissée s'est avérée vivace dans la plupart des cas. Non pas une vivace de longue vie, mais du moins la plante survit à nos hivers pour fleurir pendant trois à cinq ans.

Comme elle se ressème et fournit toujours des remplaçants, on ne remarque pas toujours que le plant meurt relativement jeune. Habituellement, ces rudbeckies tétraploïdes vivaces, appelées « gloriosa daisies » par les anglophones, sont plus hautes que les formes annuelles/bisannuelles et leurs fleurs sont plus grosses aussi.

🍁 Il est cependant de plus en plus difficile de trouver des rudbeckies hérissées solidement vivaces. C'est que la forme annuelle est très à la mode, car elle fleurit plus tôt dans la saison (elle est dérivée principalement de rudbeckies hérissées du Sud de l'aire naturelle de l'espèce qui sont à jours neutres). On la produit en serre, l'expose aux jours longs pour la faire fleurir dès le mois de mai et la vend partout comme annuelle à repiquer. Le marché étant dominé par la forme annuelle, la rudbeckie hérissée vivace peine à se tailler une place. Vous la trouverez dans le rayon des vivaces de certaines pépinières et dans la section « fleurs vivaces » de certains catalogues de semences. Idéalement, vous la cultiverez par semences, pour des raisons pratiques autant qu'économiques, car la forme vivace est tout aussi facile à cultiver et à faire fleurir par semences que la forme annuelle. D'ailleurs, elle fleurit dès la première année ! Pourquoi payer le gros prix pour un plant unique quand, pour le prix d'un sachet de semences, vous aurez des dizaines de plants ?

Les lignées décrites ici se sont toutes montrées vivaces sous notre climat, offrant donc au moins trois années de floraison si on les cultive dans un sol bien drainé. Floraison : (juin) juillet-septembre (octobre). 60-90 cm x 30 cm. Zone 3.

❂ *R. hirta* 'Autumn Colors' : très florifère, avec de grosses fleurs simples (12 cm de diamètre) dans les teintes de jaune à acajou, très souvent bicolores. Gagnant d'un prix Fleuroselect. Floraison : (juin) juillet-septembre (octobre). 70 cm x 45 cm. Zone 4.

Rudbeckia hirta 'Gloriosa Double'

R. hirta 'Double Gold' : fleurs jaunes doubles (le disque est alors caché) à semi-doubles (le disque brun est encore visible). Floraison : (juin) juillet-septembre (octobre). 75-90 cm x 30-60 cm. Zone 3.

R. hirta 'Gloriosa' : la rudbeckie tétraploïde originale. Très grosses fleurs de 12 à 20 cm de diamètre sur de hautes tiges. Coloration très variable, mais généralement la pointe des rayons est jaune ou orange, et la base, acajou, ce qui donne un effet auréolé. Le disque est toujours brun foncé. Exige parfois un certain support. Malgré sa vie relativement courte (trois ou quatre ans), la floraison de cette plante est si spectaculaire qu'elle demeure l'une de mes plantes préférées. Je la cultive depuis mon enfance ! Floraison : (juin) juillet-septembre (octobre). 90-120 cm x 30-60 cm. Zone 3.

R. hirta 'Gloriosa Double' : forme semi-double ou parfois double du précédent. Gagnant d'un prix Sélections All-America en 1961. Son défaut principal : ses fleurs ploient sous le poids des tiges, alors un tuteur est souvent nécessaire. Floraison : (juin) juillet-septembre (octobre). 90-120 cm x 30-60 cm. Zone 3.

R. hirta 'Indian Summer' : vendu comme annuelle, ce cultivar tétraploïde est pourtant une vivace de courte vie. Grosses fleurs jaunes à disque brun foncé. Tiges très solides, floraison dense et abondante. Gagnant aux Sélections All-America 1995. Floraison : (juin) juillet-septembre (octobre). 75 cm x 30-45 cm. Zone 3.

Népéta
Onagre
Pavot cambrique
Renouée
Rose trémière
▷ **Rudbeckie**
Sauge vivace
Scabieuse
Scrophulaire
Scutellaire
Sidalcée
Stokesia
Tanaisie
Trèfle rougeâtre
Valériane rouge
Véronique
Verveine

Rudbeckia hirta 'Gloriosa'

SECTION 2 ▸ VIVACES À FLORAISON PROLONGÉE

♥ ☀ **R. hirta 'Irish Eyes'**: le disque vert plutôt que brun foncé est sa marque de commerce. Rayons jaunes. Joli et original. La plus pérenne des rudbeckies hérissées à disque vert. Floraison : (juin) juillet-septembre (octobre). 70-80 cm x 30-45 cm. Zone 3.

☀ **R. hirta 'Tetraploid'** : pas le nom le plus sexy du monde, mais au moins il est clair que c'est une variété tétraploïde. Fleurs jaunes doubles à semi-doubles. Le cultivar 'Double Gold' semble sinon identique, du moins très semblable à 'Tetraploid'. Floraison : (juin) juillet-septembre (octobre). 60-90 cm x 40-60 cm. Zone 3.

Rudbeckia hirta 'Prairie Sun'

☀ **R. hirta 'Prairie Sun'** : comme chez 'Irish Eyes', son disque est vert plutôt que brun. Les rayons, par contre, sont jaune orangé à la base, jaune citron à l'extrémité. Un double gagnant : Sélections All-America et Fleuroselect 2003. 🍃 Cette sélection n'est que faiblement pérenne : certains plants survivent jusqu'à une troisième année, mais plusieurs meurent au cours du deuxième hiver. Floraison : (juin) juillet-septembre (octobre). 90 cm x 45 cm. Zone 3.

☀ **R. hirta 'Sonora'** : fleurs de 12 à 15 cm de diamètre, jaunes avec une auréole brun foncé très large, presque de la même couleur que le disque central. Floraison : (juin) juillet-septembre (octobre). 60 cm x 30-45 cm. Zone 3.

Rudbeckia laciniata

☀ **R. laciniata**
Rudbeckie laciniée (Cutleaf Coneflower)
☀ ☀ ☀

C'est la seule rudbeckie indigène du Québec et des Maritimes ; d'ailleurs, on la trouve presque partout en Amérique du Nord. C'est une très grande rudbeckie : elle atteint parfois 2 m de hauteur. Elle porte des inflorescences d'apparence un peu ébouriffée, composées de rayons jaunes retombants autour d'un disque central jaune bombé, verdâtre au début, brunissant vers la fin de la floraison. L'inflorescence ainsi que les rayons bougent gracieusement au moindre vent, ce qui crée un effet charmant.

SECTION 2 ❯ VIVACES À FLORAISON PROLONGÉE

La rudbeckie laciniée se distingue de la plupart des autres rudbeckies par ses feuilles découpées en trois à sept lobes jusque sur la tige florale (la plupart des autres rudbeckies ont des feuilles entières ou encore lobées seulement sur la partie inférieure de la plante), mais aussi par sa culture. C'est en fait une rudbeckie de milieu humide et mi-ombragé, qui pousse dans la nature à l'orée des bois et le long des rivières. En culture, elle s'adapte donc mieux aux sols humides et est plus tolérante à l'ombre. Par contre, elle convient très bien aussi au soleil et aux sols de jardin « normaux », ni secs ni humides. 🍃 Elle tend toutefois à faire du blanc en fin de saison si on la plante dans un emplacement réellement sec. 🍃 Et trop d'ombre donne des tiges faibles qui tendent à s'affaisser.

La rudbeckie laciniée varie aussi de la majorité des autres rudbeckies par sa façon de pousser. 🍃 Plutôt que de ne former qu'une rosette centrale, elle produit une touffe plus ouverte de tiges dressées, qui grossit avec le temps. Normalement cet étalement n'est pas si dérangeant, surtout si on l'entoure d'autre végétaux assez dominants, mais il peut falloir découper le surplus aux trois ou quatre ans. 🍃 L'un des cultivars, 'Hortensia', est par contre très agressif et doit être contenu d'une façon quelconque.

🍃 La rudbeckie laciniée est parfois attaquée par des pucerons rouge orangé vif (*Tritogenaphis rudbeckiae*), mais qui ne semblent lui faire aucun tort. Au contraire, ils attirent au jardin des prédateurs (coccinelles, chrysopes, etc.) qui, par la suite, peuvent aider à contrôler des pucerons moins gentils qui s'attaquent à d'autres plantes.

Cette rudbeckie fut populaire bien avant les *R. hirta* et *R. fulgida* qui ont présentement le haut du pavé. On trouve d'ailleurs encore 'Hortensia', le plus ancien cultivar, échappé de culture autour des sites de jardins abandonnés depuis parfois plus d'un siècle.

Floraison : juillet-septembre. 150-200 cm x 60-90 cm. Zone 3.

Rudbeckia laciniata 'Goldquelle'

♥ ✦ ***R. laciniata* 'Goldquelle'** (syn. 'Gold Fountain', 'Gold Drop', *R. nitida* 'Goldquelle') : très joli cultivar aux grosses fleurs doubles jaune vif (7,5 à 9 cm de diamètre) formant un véritable pompon. Leur centre est vert en début de saison, mais devient rapidement entièrement caché par des rayons jaunes. 'Goldquelle' pousse en touffe dense et n'est pas envahissant. De plus, ses tiges, courtes pour une rudbeckie laciniée, sont généralement assez solides pour supporter les lourdes fleurs. 🍃 Il faut toutefois un emplacement plutôt ensoleillé ; à l'ombre, ses tiges peuvent effectivement ployer sous le poids des fleurs. 🍃 Il y a parfois une touche de blanc sur les feuilles inférieures à la fin de l'été, mais rien de très dérangeant. Floraison : août-septembre. 60-75 cm x 45-70 cm. Zone 3.

♥ ✦ ***R. laciniata* 'Herbstsonne'** (syn. 'Autumn Sun', *R. nitida* 'Herbstsonne') : solide et beau, pas envahissant, un peu moins haut que l'espèce et très, très florifère, ce cultivar à fleurs simples jaune soufre (moins intense que chez l'espèce) a tout pour plaire. Fleurit

Népéta
Onagre
Pavot cambrique
Renouée
Rose trémière
❯ **Rudbeckie**
Sauge vivace
Scabieuse
Scrophulaire
Scutellaire
Sidalcée
Stokesia
Tanaisie
Trèfle rougeâtre
Valériane rouge
Véronique
Verveine

SECTION 2 ▸ VIVACES À FLORAISON PROLONGÉE

Rudbeckia laciniata 'Herbstsonne'

plus tardivement que l'espèce, à partir de la mi-août et durant tout l'automne. Il pousse en touffe dense et n'est jamais envahissant. C'est l'une des plus jolies rudbeckies. Certaines autorités pensent que ce cultivar relève de l'espèce *R. nitida* ou qu'il est un hybride de *R. laciniata* et de *R. nitida*. C'est possible, car il semble stérile (ses graines ne sont pas viables, ce qui est fréquemment le cas quand une plante est un hybride interspécifique). Floraison: août-septembre. 120-180 cm x 45-90 cm. Zone 3.

Voici le port habituel du *Rudbeckia laciniata* 'Hortensia': penché sinon écrasé au sol!

R. laciniata 'Hortensia', syn.: 'Golden Glow': introduit il y a plus d'un siècle, en 1894, c'est la plus ancienne rudbeckie encore cultivée et aussi la moins intéressante pour le jardinier moderne. Ses fleurs pleinement doubles peuvent plaire, mais elles sont petites (6,5 à 7,5 cm comparativement à 7,5 à 9 cm pour 'Goldquelle'), et ses tiges faibles ploient sous le poids des fleurs et exigent souvent un tuteur. De plus, il est réellement très envahissant et exige beaucoup d'espace... et il est très sujet au blanc. À moins de le cultiver pour des raisons historiques ou sentimentales, mieux vaut choisir un cultivar avec moins de défauts. Il faut lui donner quelques points, par contre, pour sa persistance: une plante qui réussit à pousser depuis 100 ans sans le moindre soin – et qu'on trouve souvent parfaitement naturalisée autour de jardins depuis longtemps abandonnés! – a au moins une bonne vigueur. Floraison: août-septembre. 180-200 cm x illimité. Zone 3.

R. laciniata 'Juligold': comme l'espèce, mais à floraison plus hâtive de presque un mois, de la mi-juillet à septembre. La disponibilité de ce cultivar européen est faible. 150-200 cm x 60-90 cm. Zone 3.

R. laciniata 'Starcadia Razzle Dazzle': nouvelle sélection poussant en touffe dense et donc nullement envahissante. Fleurs simples jaune vif. Tiges solides. Comme celle du précédent, sa disponibilité est faible. Floraison: août-septembre. 200 cm x 50-75 cm. Zone 3.

R. maxima
Rudbeckie à feuilles bleues
(Giant Coneflower)

C'est la plus originale des rudbeckies. Tant qu'elle ne fleurit pas, vous ne verrez pas de ressemblance avec une rudbeckie, mais plutôt avec un hosta. En effet, les feuilles de cette rudbeckie, appelée aussi rudbeckie à feuilles de chou, sont grosses, en forme de

SECTION 2 ▸ VIVACES À FLORAISON PROLONGÉE

Rudbeckia maxima

pagaie, parfaitement lisses et sans poils, et d'un très joli bleu craie. Cette coloration vient de la pruine blanche qui recouvre la feuille : son rôle dans la nature est de protéger la plante contre les rayons trop ardents du soleil texan, là d'où elle provient. 🍃 La pruine s'efface au toucher et avec le temps, notamment sous notre climat pluvieux : à la fin de l'été, les feuilles sont davantage bleu-vert que bleu craie.

Les feuilles sont assemblées en une rosette basale d'environ 45 cm de hauteur. À ce moment, on dirait un hosta ! Au début de l'été, cependant, une tige florale monte lentement et se ramifie un peu en grossissant. Elle porte quelques feuilles du même bleu craie que la rosette, mais plus petites. Sa taille est impressionnante : 1,8 à 2 m environ. Malgré sa hauteur, la tige est solide et ne casse pas au vent.

À partir du milieu de l'été jusqu'au début de l'automne, des fleurs s'épanouissent au sommet des tiges. Là, c'est de la rudbeckie pur sang, impossible de se tromper. Une grosse inflorescence avec un disque bombé vert qui devient rapidement brun foncé presque noir, entouré d'une auréole de rayons jaunes. Chaque inflorescence dure un bon cinq à six semaines. Il y a une certaine suite à la floraison, généralement avec une fleur ou deux encore ouvertes en octobre, mais la floraison est surtout manifeste à partir de la mi-juillet jusqu'en août.

Ne vous trompez pas cependant : il n'y a pas abondance de fleurs comme chez 'Goldsturm', mais seulement quatre à sept par tige. Et l'effet de la plante n'est pas le même non plus. La rudbeckie à feuilles bleues a une apparence dépouillée et architecturale à mille lieues de l'apparence « bouquet de fleurs » de 'Goldsturm'. 🍃 Pour obtenir un effet de masses de fleurs, il faut planter des masses de rudbeckies à feuilles bleues !

Sa culture est aussi simple que pour toute autre rudbeckie : plein soleil de préférence et un sol légèrement humide de presque n'importe quelle qualité. 🍃 Bien qu'elle supporte la sécheresse, elle n'y est pas aussi résistante que, disons, la rudbeckie orangée. Un paillis est fortement conseillé non seulement pour aider à modérer l'humidité et la température du sol l'été, mais aussi pour protéger un peu la souche l'hiver. Effectivement, dans les emplacements où la neige n'est pas fiable, l'action du gel et du dégel pourrait endommager ses racines.

Je ne connais aucun cultivar de cette plante somme toute assez récente sur le marché, mais j'espère qu'on pourra développer des lignées plus basses et plus densément fleuries, mieux adaptées aux petits jardins que la grande plante qu'est la forme sauvage.

Floraison : juillet-octobre. 150 à 200 cm x 60 cm. Zone 4.

Népéta
Onagre
Pavot cambrique
Renouée
Rose trémière
▷ **Rudbeckie**
Sauge vivace
Scabieuse
Scrophulaire
Scutellaire
Sidalcée
Stokesia
Tanaisie
Trèfle rougeâtre
Valériane rouge
Véronique
Verveine

SECTION 2 ⟐ VIVACES À FLORAISON PROLONGÉE

Rudbeckia missouriensis

⬛ R. missouriensis
Rudbeckie du Missouri
(Missouri Coneflower)
☀️ 🌤️

⬛ Rudbeckie du Missouri (*Rudbeckia missouriensis*) : Cette plante ne serait pas assez rustique pour notre climat d'après les références. Mais les références se trompent souvent en matière de rusticité, largement parce que peu d'expériences de rusticité sont effectuées au-delà de la zone 6 (zone de rusticité USDA 5). Mon petit doigt me dit que la rudbeckie du Missouri serait bien plus rustique qu'on le prétend. Au moins une zone 5, peut-être une zone 4. C'est une plante produisant des tiges dressées et hirsutes, bien ramifiées, portant l'inflorescence typique d'une rudbeckie : disque brun très foncé et rayons jaunes un peu tombants. Les feuilles hérissées sont très étroites. D'ailleurs, la plante ressemble à une rudbeckie hérissée (*R. hirta*) à feuilles moins larges. Tolère les sols alcalins. Floraison : juillet-septembre (octobre). 60-90 cm x 45 cm. Zone 6 ?

🔥⬛ Rudbeckia nitida
Rudbeckie nitida (Shining Coneflower)
☀️ 🌤️ 🌥️

Cette espèce de l'extrême sud-est des États-Unis semble avoir été confondue en pépinière avec son sosie nordique, *R. laciniata*. Elle se distinguerait de ce dernier par son feuillage plus luisant et moins découpé, parfois même entier, et sa hauteur moindre. Aussi et surtout, par sa faible rusticité, car cette plante, limitée dans la nature à la Floride et aux États avoisinants, ne serait certainement pas rustique dans nos régions. Par contre, on voit dans le commerce des plantes étiquetées *R. nitida* qui poussent très bien en zone 3 ! Est-ce une simple erreur d'identification ? Ou est-ce, comme certains autres experts le suggèrent, que les plantes vendues sous le nom de *R. nitida* sont en fait des hybrides de *R. laciniata* ? Je donne ma langue au chat et vous renvoie à *R. laciniata* (page 518) en ce qui concerne les soi-disant *R. nitida* trouvés présentement sur le marché, car si ce sont bel et bien deux plantes différentes, leur culture et leur comportement sont identiques. Je demeure convaincu que le *R. nitida* qu'on nous vend est un imposteur et que le vrai *R. nitida* n'est tout simplement pas disponible au Canada. Floraison : août-septembre. 120-150 cm x 60 cm. Zone 7 ou 8 ?

Rudbeckia occidentalis 'Black Beauty'

🔥⬛ R. occidentalis
Rudbeckie occidentale (Black Coneflower)
☀️ 🌤️

SECTION 2 ▶ VIVACES À FLORAISON PROLONGÉE

🍁 C'est la plus bizarre des rudbeckies et on la cultive d'ailleurs pour son apparence curieuse plutôt que pour sa beauté. Au cours de son évolution, cette plante a perdu ses rayons, ces « pétales » jaunes qui entourent le disque central des autres rudbeckies et qui attirent tous les regards. Donc, plutôt que de séduire par la couleur flamboyante de ses fleurs comme les autres rudbeckies, la rudbeckie occidentale attire l'attention par le disque central bombé presque noir, par les rangs de petits fleurons fertiles jaunes qui recouvrent graduellement le disque pendant quelques semaines (toutes les rudbeckies ont ces fleurons fertiles jaunes… mais, comme les rayons sont bien plus voyants, on les remarque peu) et par le calice composé de sépales verts qui remplacent, visuellement, les rayons manquants. On dirait une fleur verte ! Les autres rudbeckies aussi ont un calice vert, mais il est caché sous l'inflorescence jaune et on ne le remarque pas. L'absence de rayons ici le met en évidence. Je ne sais pas quel insecte visite cette fleur dans la nature, mais je présume qu'il doit être daltonien !

Beaucoup de jardiniers essaient cette plante par curiosité, mais peu répètent l'expérience, car son effet dans la plate-bande est faible. Ses admirateurs soulignent qu'elle fait une excellente fleur séchée, mais les autres rudbeckies aussi. Retirez leurs rayons et vlan ! Elles ressemblent à la rudbeckie occidentale à s'y méprendre ! 🍁 Je considère cette plante de faible intérêt pour le jardinier et lui donne une cote « navet », mais j'admets que je l'ai cultivée moi-même par curiosité et sans doute que vous aussi le ferez ! C'est d'ailleurs une plante de culture facile qu'on peut facilement reproduire par semences ou par division.

Floraison : juillet-octobre. 100-150 cm x 60 cm. Zone 3.

🔴 ⚫ *R. occidentalis* 'Black Beauty' : forme plus naine que l'espèce et pas plus impressionnante. Floraison : juillet-octobre. 90 cm x 30 cm. Zone 3.

🔴 ⚫ *R. occidentalis* 'Green Wizard' : semble identique à l'espèce. Sans doute qu'on lui a donné un nom de cultivar pour susciter un certain intérêt. Floraison : juillet-octobre. 100-150 cm x 60 cm. Zone 3.

🔴 ⚫ ☕ *R. alpicola* (syn. *R. occidentalis alpicola*) : j'ai peu de renseignements à partager sur cette plante de l'État de Washington qui est très proche de *R. occidentalis*, sauf qu'elle ressemble à ce dernier par son inflorescence sans rayons. Elle serait plus courte que *R. occidentalis* avec des sépales verts plus développés. Aussi, ses fleurs sont parfumées. Je n'ai jamais senti la moindre envie de le cultiver ! Floraison : juillet-octobre. 35 cm x 30 cm. Zone inconnue.

Rudbeckia subtomentosa

⚫ ☕ *R. subtomentosa*
Rudbeckie subtomenteuse
(Sweet Coneflower)

Cette rudbeckie n'avait jamais fait de vagues avant l'arrivée sur le marché en 2007

- Népéta
- Onagre
- Pavot cambrique
- Renouée
- Rose trémière
▷ **Rudbeckie**
- Sauge vivace
- Scabieuse
- Scrophulaire
- Scutellaire
- Sidalcée
- Stokesia
- Tanaisie
- Trèfle rougeâtre
- Valériane rouge
- Véronique
- Verveine

de son cultivar 'Henry Eilers', décrit ci-dessous. Depuis, on commence à s'intéresser à l'espèce, originaire du centre et de l'est des États-Unis, et elle s'est avérée une très bonne et belle vivace. Il s'agit d'une rudbeckie de taille moyenne (pour une rudbeckie) portant des feuilles gris-vert, trilobées sur la plus grande partie de la plante, mais entières au sommet, des tiges duveteuses, et de nombreuses fleurs jaunes aux rayons jaunes étroits et souvent un peu pendants placés autour d'un disque bombé brun pourpré. La fleur de 7,5 cm de diamètre, agréablement mais légèrement parfumée, sent l'anis, et le feuillage froissé sent la vanille. Elle pousse en touffe dense et n'est pas envahissante. De loin, on dirait une grande rudbeckie hérissée à feuillage plus découpé. Son arrivée toute récente sur le marché ne permet pas de dire grand-chose de plus à son sujet, mais elle s'est montrée bien adaptée dans l'est du Canada jusqu'à maintenant. Floraison : août-octobre. 90-150 cm x 60-90 cm. Zone 4

Rudbeckia subtomentosa 'Henry Eilers'

Terra Nova Nurseries Inc.

***R. subtomentosa* 'Henry Eilers' :** très belle variété aux rayons enroulés en tube et s'ouvrant en deux « dents » à l'extrémité, ce qui crée un joli effet de roue de chariot. Floraison : août-octobre. 120-180 cm x 60-90 cm. Zone 4.

Rudbeckie trilobée

Rudbeckia triloba

www.jardinierparesseux.com

R. triloba

Rudbeckie trilobée (Three-Lobed Coneflower)

La rudbeckie trilobée est une vivace très ramifiée au port presque arbustif. Malgré son nom, les feuilles vert foncé ne sont pas toutes trilobées. Celles près du sommet, par exemple, sont presque toujours entières. Elle produit, pendant presque quatre mois, une très grande quantité de petites inflorescences aux rayons jaunes et à disque bombé noir. C'est la rudbeckie aux fleurs les plus petites, mais aussi les plus nombreuses. Elle est même beaucoup plus florifère que 'Goldsturm', aussi étonnant que cela paraisse. Il n'y a pas de danger de les confondre, car, même si les fleurs sont de la même couleur, non seulement les fleurs de la rudbeckie trilobée sont-elles plus petites, mais la plante, avec ses tiges brun-rouge plus ramifiées, paraît moins rigide, ce qui donne une allure plus « légère » à l'aménagement. Je trouve les petites « marguerites jaunes » tout à fait sympathiques. Quelle belle fleur coupée !

Note sur la floraison : elle semble très reliée au climat. La rudbeckie trilobée fleurit donc bien plus hâtivement dans le sud que dans le nord. Alors que mes amis de

SECTION 2 ▸ VIVACES À FLORAISON PROLONGÉE

Montréal profitent déjà de ses fleurs à la fin de juillet, je dois, à Québec, attendre le mois de septembre pour voir une première fleur, à moins que le printemps n'ait été particulièrement hâtif. Par contre, la floraison se prolonge jusqu'aux neiges chez moi ; une fois, ce fut même jusqu'au mois de décembre !

Cette plante américaine est indigène presque partout dans l'est des États-Unis et est depuis longtemps établie comme plante spontanée en Ontario et au Québec.

La culture de cette rudbeckie est typique de son genre (plein soleil, tout sol bien drainé, etc.) avec une exception : on nous dit que c'est une vivace de courte vie, presque une bisannuelle. Curieusement, chez moi, en zone 4b, elle paraît vivre bien plus longtemps : mes plants avaient, au moment d'écrire ces lignes, huit ans et étaient encore en pleine forme. Comment expliquer cette différence ? Je ne saurais le dire, mais je peux penser à quatre explications.

Premièrement, peut-être que mes plants sont d'une souche spécialement durable. Ils viennent de graines que j'ai récoltées sur une plante sauvage au Minnesota. Deuxièmement, mes plants viennent de semis faits en pleine terre et n'ont jamais été transplantés ; peut-être que les plants repiqués vivent moins longtemps que les plants dont les racines n'ont jamais été dérangées ? Troisièmement, je ne coupe jamais mes plants l'automne, alors que la majorité des jardiniers le font « pour faire propre » (dans le cas de cette plante, on manquerait le bel effet des nombreux réceptacles noirs contre le fond de neige blanc et aussi les nuées de chardonnerets qui viennent les visiter ; or, j'ai depuis toujours remarqué que les vivaces coupées à l'automne étaient plus susceptibles de mourir au cours de l'hiver que les plantes qu'on laisse tranquilles. Enfin (c'est mon quatrièmement), le climat a peut-être un effet ; les gens qui prétendent que cette plante ne vit pas longtemps vivent sous des climats passablement plus chauds que le mien ; est-ce que le climat frais de ma région en prolonge la vie ?

Bon ! Même si la rudbeckie trilobée se montre de courte vie chez vous, vous ne la perdrez pas, car elle se multiplie toute seule, par semis spontanés. Il y a donc toujours des remplaçantes pour toute plante qui meurt. On multiplie d'ailleurs cette rudbeckie uniquement par semences. Les graines germent facilement après un traitement au froid, la plante fleurissant parfois la première année, ou on peut les semer en pleine terre l'automne. Floraison : juillet-octobre (novembre). 60-120 cm x 45 cm. Zone 3.

Rudbeckia triloba **'Prairie Glow'** : lignée produite par semences aux fleurs de couleur acajou : seule la pointe de la fleur est jaune. Je ne peux garantir son comportement à long terme au Québec : mes plants n'en sont qu'à leur deuxième année. Ils ont fleuri légèrement la première année et abondamment la deuxième. Reste à voir leur comportement futur ! Floraison : juillet-octobre (novembre). 60-150 cm x 45 cm. Zone 3.

Rudbeckia triloba **'Takao'** (*R.* 'Takao') : je n'ai que peu de renseignements sur ce cultivar, qu'on vend avec seulement le nom de cultivar, comme si c'était un hybride. Pourtant, il ressemble à une rudbeckie trilobée typique. Les rares descriptions insistent sur ses tiges « robustes » : voilà peut-être la différence mais *R. triloba* a généralement des tiges bien solides. Plante mystère, donc. Floraison : juillet-octobre (novembre). 60-120 cm x 45 cm. Zone 3.

- Népéta
- Onagre
- Pavot cambrique
- Renouée
- Rose trémière
- ▷ **Rudbeckie**
- Sauge vivace
- Scabieuse
- Scrophulaire
- Scutellaire
- Sidalcée
- Stokesia
- Tanaisie
- Trèfle rougeâtre
- Valériane rouge
- Véronique
- Verveine

Sauge vivace
Salvia

Salvia nemorosa 'Ostfriesland'

www.jardinierparesseux.com

Famille : Lamiacées

Origine : Europe et Asie

SAUGE VIVACE
Salvia

Nom anglais : Perennial Sage

Dimensions : 20-120 cm x 25-120 cm (selon l'espèce)

Exposition : ☀ ☀ (☀)

Sol : bien drainé, plutôt sec, pas trop riche

Floraison : (juin) juillet-août (septembre-octobre)

Multiplication : boutures de tige, division, semences

Utilisations : plate-bande, bordure, massif, naturalisation, pré fleuri, jardin xérophyte, feuillage aromatique, fleur coupée, plante comestible, plante médicinale, attire les colibris et les papillons

Associations : sédums, achillées, souffles de bébé, armoises, hémérocalles

Zone de rusticité : variable, 3-7

Le genre *Salvia*, qu'on appelle couramment « sauge », est sûrement l'un des plus diversifiés dans la palette du jardinier avec presque 900 espèces trouvées presque partout dans le monde. On connaît avant tout, bien sûr, la sauge de notre cuisine, soit la sauge officinale (*Salvia officinalis*), mais il y a aussi des sauges annuelles populaires, comme la sauge écarlate (*Salvia splendens*) et la sauge farineuse (*Salvia farinacea*) ; des bisannuelles, comme la sauge argentée (*Salvia argentea*, tome 2) et la sauge sclarée ou toute bonne (*Salvia sclarea*, aussi dans le tome 2) ; et même des arbustes et des petits arbres, mais ces derniers sont tropicaux. Pourtant les sauges vivaces rustiques, qui peuvent donc servir en permanence dans nos jardins, sont plutôt rares.

SECTION 2 ▶ VIVACES À FLORAISON PROLONGÉE

Le nom *Salvia* vient du latin *salvare*, « sauver », car les sauges étaient reconnues dans l'Antiquité pour leurs vertus médicinales. D'ailleurs, même de nos jours, différents peuples des quatre coins du monde utilisent toujours différentes sauges à des fins pharmaceutiques.

Les diverses espèces de sauge possèdent des points en commun : une tige quadrangulaire, des feuilles opposées généralement dentées, des fleurs à deux lèvres portées en épi, souvent avec des bractées ou des calices colorés et, surtout, un feuillage aromatique. D'ailleurs, beaucoup de plantes qui ont des feuilles similairement odoriférantes ont comme nom commun « sauge » : la sauge russe (*Perovskia*) en est un bon exemple.

Les sauges réellement rustiques et pérennes composent une cinquantaine d'espèces venant surtout d'Asie et d'Europe, notamment de la région méditerranéenne et des steppes de Russie. Quelques-unes viennent aussi du nord de l'Amérique du Nord. Ce sont des plantes de taille petite et moyenne, poussant en touffe ou à partir d'une souche ligneuse. Dans la nature, elles croissent dans une assez vaste gamme de conditions, mais on peut dire qu'elles nécessitent un sol bien drainé et pas trop riche. 🍃 Les engrais riches en azote, notamment, sont à éviter. La vaste majorité sont des plantes de plein soleil qui tolèrent la mi-ombre, mais il existe quelques sauges qui préfèrent l'ombre (la sauge glutineuse, *S. glutinosa*, par exemple).

Les sauges ont une floraison tout naturellement durable, huit semaines et plus. Cela vient en partie du fait que, même quand les fleurs sont tombées, le calice de la fleur (son enveloppe extérieure), qui est vert chez la plupart des plantes, est souvent très coloré, ce qui donne l'impression d'une floraison qui ne veut pas s'arrêter. D'ailleurs, même les espèces aux calices verts ont souvent des bractées colorées. Ainsi bien des sauges sont en « fleurs » de juin ou juillet jusqu'en août.

Pour une floraison prolongée qui se poursuit l'automne, par contre, 🍃 il peut être nécessaire de supprimer les fleurs fanées de la première floraison. Il suffit de les rabattre de moitié au coupe-bordure électrique : le travail est fait vite et bien. De plus en plus de sauges, cependant, refleurissent bien même si on ne les taille pas. Je suggère de laisser les vôtres croître sans les rabattre la première année ; ainsi vous saurez si le rabattage est utile dans vos conditions ou non.

La multiplication des sauges se fait le plus facilement par boutures de tige ou par semences pour les variétés offertes sous cette forme. On peut diviser les sauges qui poussent en touffe mais pas celles à souche ligneuse.

Les sauges mexicaines, comme *S. guaranitica*, *S. greggi* et, ici, *S. leucantha*, sont certes attrayantes, mais ne sont nullement rustiques chez nous.

Les sauges sont généralement résistantes aux insectes, aux maladies et aux mammifères. D'ailleurs le feuillage que les humains trouvent si agréablement aromatique est bourré de produits chimiques dissuasifs qui éloignent les prédateurs ! 🍃 Les fleurs attirent toutefois les insectes pollinisateurs en grand nombre : papillons, syrphes et abeilles,

Népéta
Onagre
Pavot cambrique
Renouée
Rose trémière
Rudbeckie
▷ **Sauge vivace**
Scabieuse
Scrophulaire
Scutellaire
Sidalcée
Stokesia
Tanaisie
Trèfle rougeâtre
Valériane rouge
Véronique
Verveine

SECTION 2 ◆ VIVACES À FLORAISON PROLONGÉE

beaucoup d'abeilles! Si vous n'aimez pas les abeilles, ne plantez pas de sauges!

🍃 Quand vous achetez une sauge, faites attention de vous en procurer une adaptée à votre climat. Plusieurs sauges mexicaines, notamment, sont vendues comme vivaces aux États-Unis, car elles le sont véritablement dans les zones 8 et 9. Le problème, c'est que les marchands de chez nous, notamment les grandes surfaces, qui ne sont pas toujours de fins connaisseurs d'horticulture et importent parfois ces espèces gélives, les vendent toujours comme vivaces. Donc, avant d'acheter, renseignez-vous!

Variétés

Salvia x *sylvestris* 'Mainacht'

Salvia nemorosa et ses hybrides
Sauge superbe (Garden Sage)

Commençons avec la plus populaire des sauges vivaces: la sauge superbe. Il s'agit en fait de trois espèces très similaires – *S. nemorosa*, *S.* x *superba* et *S.* x *sylvestris* –, tellement similaires que même un botaniste aurait de la difficulté à les distinguer. D'ailleurs, *S. nemorosa* est l'un des parents des deux autres espèces. L'espèce hybride *S.* x *sylvestris* résulte du croisement de *S. nemo-*

rosa avec *S. pratensis* (page 532). En général, cela donne une plante plus haute, mais qui ressemble autrement à *S. nemorosa*. *S.* x *sylvestris,* souvent partiellement stérile, produit du pollen fertile mais des graines non viables. C'est en croisant *S.* x *sylvestris* avec *S. amplexicaulis* qu'on obtient la troisième espèce, *S.* x *superba*, qui a de plus fortes chances encore d'être stérile.

Voilà pour l'explication «officielle». Je suis loin d'être certain que les trois espèces citées sont vraiment valables. D'après moi, il s'agit d'une seule espèce variable et si c'est le cas, tout l'effort que j'ai mis à trouver le bon nom botanique pour chaque plante dans les descriptions suivantes était inutile!

La sauge superbe forme une touffe dense composée de nombreuses tiges très dressées portant des feuilles vert moyen plutôt lancéolées, aromatiques si on les froisse, et coiffées de minces épis floraux chargés de fleurs bilabiées minuscules. Les fleurs se présentent surtout dans des teintes particulièrement vives de bleu et de violet, mais il existe aussi des cultivars à fleurs rouges, roses ou blanches. Le calice est habituellement coloré. Les plantes fleurissent très longtemps, de juin à août, et plusieurs refleuriront à l'automne.

🍃 Les cultivars plus anciens avaient tendance à s'affaisser au milieu de l'été, mais c'est moins souvent le cas avec les cultivars modernes. On les plante, on les arrose une fois et on les laisse fleurir, voilà tout! La floraison des sauges superbes, notamment des cultivars modernes, est très prolongée. La plupart fleuriront tout l'été, puis, même sans rabattage, reprendront un peu à l'automne.

Côté conditions, la sauge superbe est parfaitement adaptée aux «conditions de plate-bande»: elle préfère un sol un peu plus riche et un peu plus humide que la plupart des autres sauges, soit exactement l'environnement d'une plate-bande moyenne. Elle peut toutefois tolérer la sécheresse au besoin. Et comme pour toute sauge, un bon drainage est essentiel : 🍂 on ne perd pas de sauges superbes à cause d'un hiver froid, mais en cas d'hiver humide, oui !

Comme la majorité des sauges superbes sont presque stériles, il n'est pas possible de les multiplier par semences (les quelques lignées offertes sous forme de semences, toutefois, germent facilement sans traitement spécial). On les multiplie facilement par boutures de tige et par division. Floraison : juin-août (septembre). 20-60 cm x 25-60 cm. Zone 3.

❄️🌸 **S. nemorosa 'Amethyst'** : fleurs bleu-violet, calices rouge pourpré. Floraison : juin-août (septembre). 60 cm x 45-60 cm. Zone 3.

❄️🌸 **S. x sylvestris 'Blaukönigen'** ('Blue Queen') : fleurs bleu-violet foncé. Produit par semences. Floraison : juin-août (septembre). 40-50 cm x 60 cm. Zone 3.

Salvia x sylvestris 'Blauhügel'

❤️❄️🌸 **S. x sylvestris 'Blauhügel'** (*S. nemorosa* 'Blue Hill', 'Blue Mound') : variété compacte. Abondance de fleurs bleu violacé. La plus « bleue » des sauges superbes. Floraison : juin-septembre (octobre). 50 cm x 40-45 cm. Zone 3.

Salvia nemorosa 'Caradonna'

❤️❄️🌸 **S. nemorosa 'Caradonna'** : tiges pourpre foncé. Fleurs violettes. Voté « meilleure nouvelle introduction » en 2000 par l'International Hardy Plant Union. Floraison : juin-octobre (novembre). 60 cm x 45 cm. Zone 3.

❄️🌸 **S. nemorosa 'Haeunmanarc' Marcus™** : violet foncé. Très nain. Serait un semis de 'Ostfriesland'. Stérile. Très beau en bordure. Floraison : juin-août (septembre). 20-30 cm x 25-30 cm. Zone 3.

❄️🌸 **S. nemorosa 'Lubecca'** : version améliorée de 'Ostfriesland'. Fleurs bleu-violet saisissant. Floraison prolongée : juin-septembre (octobre). 45-60 cm x 45-60 cm. Zone 3.

❤️❄️🌸 **S. x sylvestris 'Mainacht'** (*S. nemorosa* 'May Night') : fleurs violet très foncé. Vivace de l'année 1997 de la Perennial Plant Association. Floraison : juin-août (septembre). 45-60 cm x 45-60 cm. Zone 3.

SECTION 2 ▸ VIVACES À FLORAISON PROLONGÉE

Népéta
Onagre
Pavot cambrique
Renouée
Rose trémière
Rudbeckie
▸ **Sauge vivace**
Scabieuse
Scrophulaire
Scutellaire
Sidalcée
Stokesia
Tanaisie
Trèfle rougeâtre
Valériane rouge
Véronique
Verveine

SECTION 2 ▸ VIVACES À FLORAISON PROLONGÉE

Salvia x *superba* 'Merleau'

🌸 🪴 *S.* x *superba* **'Merleau'** ('Merleau Blue'): fleurs bleu-violet. Médaille d'or Fleuroselect 2007. Lignée produite par semences. Floraison : juin-août (septembre). 40 cm x 30-35 cm. Zone 3.

🌸 🪴 *S.* x *superba* **'Merleau Rose'** : version à fleurs rose-rouge du précédent. Lignée produite par semences. Floraison : juin-août (septembre). 40 cm x 30-45 cm. Zone 3.

❤️ 🌸 🪴 *S. nemorosa* **'Ostfriesland'** : fleurs pourpre-violet. Tiges pourpres. Variété presque stérile. Floraison : juin-août (septembre). 40-45 cm x 45-60 cm. Zone 3.

🌸 🪴 *S. nemorosa* **'Pink Friesland'** : fleurs rose lavande. Floraison : juin-août (septembre). 45 cm x 45 cm. Zone 3.

Salvia nemorosa 'Putzaflamme' Plumosa™

❤️ 🌸 🪴 *S. nemorosa* **'Putzaflamme' Plumosa™** : pourpre très foncé. Épis ramifiés particulièrement épais et plumeux, très différents de ceux des autres sauges superbes. Floraison : juin-août (septembre). 40-45 cm x 40-45 cm. Zone 3.

🌸 *S.* x *sylvestris* **'Rosakönigin'** ('Rose Queen') : fleurs rose vif. Produit par semences. Floraison : juin-septembre (octobre). 40-60 cm x 30-45 cm. Zone 3.

🌸 🪴 *S.* x *sylvestris* **'Rosenwein'** ('Rose Wine') : bourgeons et calices rouge vin, fleurs rose vif. Produit par semences. Floraison : juin-septembre (octobre). 60 cm x 45-60 cm. Zone 3.

❤️ 🌸 🪴 *S.* x *sylvestris* **'Schneehügel'** (*S.* x *superba* 'White Hill') : mutation à fleurs blanches de 'Blauhügel'. Compact. Floraison : juin-août (septembre). 50 cm x 40-45 cm. Zone 3.

Salvia nemorosa 'Sensation Rose'

🌸 🪴 *S. nemorosa* **série Sensation** : plants compacts de différentes couleurs. 'Sensation Blue' : bleu violacé ; 'Sensation Blue Improved' : bleu-violacé intense ; 'Sensation Deep Blue Improved' : bleu violet foncé ; 'Sensation

Deep Rose Improved' : rose-rouge ; 'Sensation Rose' : rose vif ; 'Sensation Sky Blue' : bleu-violet pâle ; 'Sensation White' : blanc. Floraison : juin-août (septembre). 30 cm x 35 cm.

❁ 🪴 *S. nemorosa tesquicola* : fleurs bleu-violet. Feuillage duveteux. Très résistant à la sécheresse. Bonne fleur coupée. Floraison : juin-août (septembre). 60 cm x 45-60 cm. Zone 3.

❁ 🪴 *S.* x *sylvestris* 'Viola Klose' : bleu-violet foncé. Floraison : juin-septembre (octobre). 40-45 cm x 30-45 cm. Zone 3.

Salvia glutinosa

❤ ❁ 🪴 *S. glutinosa*
Sauge glutineuse (Sticky Sage)
☀ 🌤 (🌑)

Sauge de sous-bois, bien adaptée à l'ombre. Il s'agit d'une vivace buissonnante aux feuilles vert moyen en forme de tête de flèche. Presque toute la plante est couverte de poils glanduleux collants qui provoquent une drôle de sensation quand on frôle la plante. Parfois des insectes restent prisonniers de ces poils, qui servent peut-être à protéger la plante de prédateurs. Les glandes des feuilles dégagent également une odeur agréable que l'on sent lorsqu'on frotte la feuille ou même par journée chaude. L'huile aurait des propriétés médicinales et on en tire une huile essentielle.

La floraison dure du début de l'été presque jusqu'aux gels. Les fleurs sont curieuses, avec deux lèvres très longues et arquées ; elles sont très grosses pour une sauge. Les fleurs sont jaune pâle avec une gorge parfois un peu marquée de brun. C'est une couleur qu'on voit très bien à l'ombre où elle est si à l'aise. Tolère bien la sécheresse et la compétition racinaire. 🍃 Un défaut : elle est envahissante par ses semences, un trait qu'on trouve cependant moins négatif à l'ombre sèche ; il y est si difficile d'y établir

Salvia forsskaolii

❁ 🪴 *S. forsskaolii*
(S. forskahlei, S. forskahlii)
Sauge des Balkans (Indigo Woodland Sage)
☀ 🌤 (🌑)

Fleurs bleu-violet à lèvre inférieure marquée de blanc. Ressemble aux fleurs de *S. pratensis* à cause de son capuchon très long et arqué. Fleurs portées en verticilles bien espacés sur une tige ramifiée en candélabre. Grandes feuilles vert foncé faisant un bon couvre-sol. Aime mieux la mi-ombre. Tolère la compétition racinaire. Très grande sauge qui se ressème... 🍃 parfois un peu excessivement. Floraison : juin-août. 100 cm x 100 cm. Zone 4.

SECTION 2 ▸ VIVACES À FLORAISON PROLONGÉE

- Népéta
- Onagre
- Pavot cambrique
- Renouée
- Rose trémière
- Rudbeckie
- ▸ **Sauge vivace**
- Scabieuse
- Scrophulaire
- Scutellaire
- Sidalcée
- Stokesia
- Tanaisie
- Trèfle rougeâtre
- Valériane rouge
- Véronique
- Verveine

531

SECTION 2 ▸ VIVACES À FLORAISON PROLONGÉE

des végétaux qu'on apprécie qu'au moins une plante s'y plaise! Floraison: juillet-septembre. 60-90 cm x 45 cm. Zone 3.

S. koyamae: autre sauge à fleurs jaunes bien adaptée à l'ombre. Fleurs jaune pâle. Grosses feuilles en forme de flèche vert tendre totalement recouvertes de duvet. Se ressème et peut devenir envahissant, mais fait un excellent couvre-sol pour l'ombre. On peut le distinguer de *S. glutinosa* par ses tiges florales plus rigides et ses feuilles plus grosses. Aussi, les poils ne sont pas collants. Floraison: septembre-octobre. 60-75 cm x 50 cm. Zone 5.

Salvia nipponica 'Fuji Snow'

S. nipponica 'Fuji Snow': encore une sauge à fleurs jaunes bien adaptée à l'ombre. C'est la plus naine des trois, cultivée surtout pour son feuillage curieusement triangulaire panaché de blanc, coloration plus intense au printemps. Les feuilles deviennent presque vertes l'été. Fleurs jaune pâle. Utilisée comme couvre-sol mais peine à survivre sous notre climat trop froid pour elle. Impossible de recommander une plante aussi fragile, aussi jolie soit-elle! Floraison: septembre-octobre. 30 cm x 45-60 cm. Zone 6-7.

Salvia nutans

S. nutans
Sauge penchée (Nodding Sage)

Sauge très originale qu'on ne saurait confondre avec aucune autre. Forme une rosette basse de grandes feuilles rugueuses. Produit en été des tiges hautes courbées à l'extrémité et portant des épis suspendus de fleurs bleu-violet. Mêmes les fleurs sont portées à l'envers! Espèce très rustique, originaire de l'Europe centrale et de l'Asie jusqu'en Sibérie. Floraison: juin-septembre. 80-90 cm x 50 cm. Zone 3.

S. pratensis
Sauge des prés (Meadow Sage)

Cette sauge est connue depuis longtemps en Europe, où c'est une fleur des champs très commune, mais on commence à peine à la découvrir en Amérique. Ses fleurs sont remarquables, avec une lèvre supérieure

SECTION 2 ❯ VIVACES À FLORAISON PROLONGÉE

Salvia pratensis

bien développée et arquée, en forme de demi-lune, et une lèvre inférieure plus courte mais plus large : on dirait un bébé perroquet, bouche ouverte, qui attend sa becquée ! Les fleurs sont portées en verticilles sur une haute tige florale ramifiée et ont différentes teintes de violet chez l'espèce, plus rarement roses ou blanches. Les feuilles sur les tiges sont petites et engainent leur support ; les feuilles inférieures sont pétiolées et rugueuses, ondulées et dentées à la marge. Elles forment une rosette dense. On la multiplie le plus facilement par boutures de tige. Préfère le plein soleil et les arrosages modérés. 🍃 Cette sauge est une vivace de courte vie – trois ou quatre ans – qui se maintient toutefois en se ressemant. Floraison : juin-août. 30-90 cm x 90 cm. Zone 4.

Beaucoup des plantes suivantes, bien qu'offertes sous le nom de *S. pratensis*, ont un peu ou beaucoup de *S. nemorosa* dans leur patrimoine génétique.

❤ 🌸 🍷 *S. pratensis* 'Indigo' : fleurs bleu indigo. Floraison : juin-août (septembre). 60-70 cm x 45 cm. Zone 4.

🌸 🍷 *S. pratensis* 'Pink Delight' : fleurs rose lavande. Floraison : juin-août (septembre). 45-60 cm x 45 cm. Zone 4.

🌸 🍷 *S. pratensis* 'Rhapsody in Blue' : fleurs bleu-violet. Port très dressé. Feuillage un peu grisâtre. Floraison : juin-août (septembre). 60 cm x 45 cm. Zone 4.

Salvia pratensis 'Rose Rhapsody'

🌸 🍷 *S. pratensis* 'Rose Rhapsody' (série Ballet) : fleurs roses. Produit par semences. Floraison : juin-août (septembre). 50 cm x 45 cm. Zone 4.

🌸 🍷 *S. pratensis* 'Swan Lake' (série Ballet) : fleurs blanc pur. Produit par semences. Floraison : juin-août (septembre). 50 cm x 45 cm. Zone 4.

🌸 🍷 *S. pratensis* 'Sweet Esmeralda' (série Ballet) : fleurs rose intense à lèvre inférieure rose carmin. Produit par semences. Floraison : juin-août (septembre). 50 cm x 45 cm. Zone 4.

🌸 🍷 *S. pratensis* 'Twilight Serenade' (série Ballet) : fleurs bleu-violet. Produit par semences. Floraison : juin-août (septembre). 50 cm x 45 cm. Zone 4.

❤ 🌸 🍷 *S.* x 'Eveline' : hybride de toute évidence proche de *S. pratensis*, mais qui

---

Népéta
Onagre
Pavot cambrique
Renouée
Rose trémière
Rudbeckie
❯ **Sauge vivace**
Scabieuse
Scrophulaire
Scutellaire
Sidalcée
Stokesia
Tanaisie
Trèfle rougeâtre
Valériane rouge
Véronique
Verveine

SECTION 2 ▸ VIVACES À FLORAISON PROLONGÉE

n'est pas classé sous ce nom par les experts. Fleur rose pâle avec une gorge pourpre ; les boutons sont rose vif. Port érigé. Semble fidèle au type par semences. Floraison : juin-août. 60 cm x 40 cm. Zone 4.

Salvia x 'Madeline'

❤️ ✿ 🪴 **S. x 'Madeline' :** encore un hybride proche de *S. pratensis*. Fleurs nettement bicolores, avec un capuchon bleu-violet et une lèvre inférieure blanche ourlée de violet-bleu. Résiste bien aux intempéries. Floraison : juin-août. 70-80 cm x 50 cm. Zone 4.

Salvia transsylvanica

✿ 🪴 ***S. transsylvanica*** (*S. baumgartenii*)
Sauge de Transylvanie (Transylvanian Sage)
☀️ 🌗

Ressemble à un *S. pratensis* de plus grandes dimensions. Rosette de feuilles très dentées. Fleurs bleu-violet produites en verticilles sur une tige florale ramifiée. Relativement rare en culture, mais facile à produire à partir de semences. Excellente fleur coupée. Se ressème parfois un peu agressivement. Demande un sol bien drainé. Floraison : juin-août (septembre). 80-90 cm x 45 cm. Zone 4.

✿ 🪴 ***S. transsylvanica* 'Blue Spire' :** lignée produite par semences. Apparemment identique à l'espèce. Floraison : juin-août (septembre). 80-90 cm x 45 cm. Zone 4.

Salvia verticillata

✿ 🪴 ***S. verticillata***
Sauge verticillée (Lilac Sage)
☀️ 🌗

Il s'agit d'une plante qui pousse en touffe composée de feuilles en forme de flèche. Elles sont dentées, ondulées et couvertes d'un duvet blanc mince qui lui confère une texture très douce nous donnant envie de la flatter. Et quel plaisir de le faire, puisque les feuilles sont non seulement soyeuses au toucher mais délicieusement aromatiques !

SECTION 2 ▶ VIVACES À FLORAISON PROLONGÉE

Elle produit dès le début de l'été et jusqu'à l'automne, si on supprime les fleurs fanées, des tiges florales dressées, un peu arquées au sommet, de fleurs regroupées en verticilles bien espacés. Comme la tige est de couleur rouge vin, cela donne l'effet d'un collier à fil bourgogne portant des perles violet cendré. Ce qui est doublement intéressant est que le calice aussi est violet, à peu près de la même couleur que les petites fleurs tubulaires. Ainsi, quand les fleurs tombent, l'effet persiste.

La sauge verticillée provient des régions arides de l'Europe et de l'Asie, et aime le soleil et les sols pauvres et bien drainés, même secs et sablonneux. Elle tolère toutefois la mi-ombre, mais tout juste. Elle s'adapte bien aux sols plus riches et plus humides, mais son besoin d'un drainage parfait demeure absolu : 🍂 une sauge verticillée qui passe l'hiver dans un sol détrempé est une sauge verticillée morte. 🍂 Évitez les engrais riches en azote (le premier chiffre sur l'étiquette de l'engrais) qui provoquent, eux aussi, des tiges fragiles aux éléments. Floraison : juin-août (septembre-octobre). 75 cm x 45 cm. Zone 3.

Salvia verticillata 'Alba'

🌸🪴 **S. verticillata 'Alba'** : fleurs blanches. Produit par semences. Floraison : juin-août (septembre-octobre). 60 cm x 45 cm. Zone 3.

🌸🪴 **S. verticillata 'Endless Love'** : épi plus dense : on voit moins clairement les verticilles individuels. Fleurs bleu-violet. Épis plus dressés. Floraison : juin-août (septembre-octobre). 55 cm x 45 cm. Zone 3.

Salvia verticillata 'Purple Rain'

❤️🌸🪴 **S. verticillata 'Purple Rain'** : plus compact que l'espèce, aux tiges plus arquées à l'extrémité, presque pleureuses. C'est d'ailleurs le sens du nom 'Purple Rain', qui veut dire « pluie pourpre ». Mêmes fleurs violet cendré que chez l'espèce. Floraison : juin-août (septembre-octobre). 60 cm x 45 cm. Zone 3.

❤️🌸🪴 **S. verticillata 'White Rain'** : mutation de 'Purple Rain' à fleurs blanches. Floraison : juin-août (septembre-octobre). 60 cm x 45 cm. Zone 3.

Variétés déconseillées

🍷🪴 **S. azurea**
Sauge azurée (Azure Sage)
☀️
Cette espèce du sud-est des États-Unis est parfois offerte comme une plante de zone 5. 🍂 Peut-être, mais de la zone USDA 5, pas de la zone canadienne. Et d'autres sources

Népéta
Onagre
Pavot cambrique
Renouée
Rose trémière
Rudbeckie
▷ **Sauge vivace**
Scabieuse
Scrophulaire
Scutellaire
Sidalcée
Stokesia
Tanaisie
Trèfle rougeâtre
Valériane rouge
Véronique
Verveine

SECTION 2 ▸ VIVACES À FLORAISON PROLONGÉE

Salvia azurea

américaines ne lui accordent qu'une zone USDA 6. Autrement dit, cette grande sauge d'allure arbustive ne sera jamais autre chose chez nous qu'une annuelle. C'est regrettable, car ses feuilles lancéolées et ses fleurs bleu azur à la lèvre inférieure très développée en font une plante exceptionnelle. La variété *S. azurea grandiflora* serait légèrement plus rustique (zone 6b), mais toujours trop frileuse pour que l'on puisse affirmer qu'on peut la cultiver sans problème, surtout que ❦ les sauges azurées demandent un drainage parfait, pas toujours facile à offrir sous un climat neigeux. Si vous voulez essayer, paillez-la abondamment à l'automne. Floraison: septembre-octobre. 90-120 cm x 120 cm. Zone 6 ou 7.

❦ 🪴 S. lyrata
Sauge à feuilles de lyre (Cancer Weed)
☼ ☼ ☀

❦ Cette espèce est une mauvaise herbe commune chez nos voisins du sud. Elle est peu cultivée sous sa forme normale, car on la considère comme sans attraits, mais elle a donné une variante à feuillage pourpre qui est populaire, *S. lyrata purpureorubra*.

L'espèce botanique forme une rosette assez aplatie de feuilles persistantes en forme de violon et de minces tiges florales dressées portant de petites fleurs violettes assez insignifiantes. De plus, seules les fleurs à la base de l'épi s'épanouissent ; les fleurs du sommet sont cléistogames : elles s'autopollinisent sans même s'ouvrir. ❦ **Attention**: cette sauge se ressème parfois trop abondamment et peut envahir les gazons à proximité! Le nom anglais, Cancer Weed, souligne qu'on a déjà cru que cette plante pouvait traiter le cancer. Floraison: juin-juillet. 30-60 cm x 30-40 cm. Zone 4.

Salvia lyrata purpureorubra

❦ 🪴 **S. lyrata purpureorubra** ('Burgundy Bliss'. 'Purple Knockout', 'Purple Volcano' et autres noms): cette plante a été commercialisée sous plusieurs noms différents, mais les experts disent qu'il n'y a aucune différence entre les soi-disant cultivars et la forme *S. lyrata purpureorubra*. C'est une forme naine de l'espèce précédente au feuillage vert foncé au printemps, mais très pourpré l'été. Fleurs encore plus petites et plus insignifiantes que chez l'espèce : mieux vaut les couper à vue pour que la plante ne monte pas en graines. Plus joli en photo que dans la plate-bande! Extrêmement envahissant à cause de ses semis vagabonds. Fidèle au type par semences. Floraison : juin-juillet. 20 à 25 cm x 25 cm. Zone 4.

Scabieuse
Scabiosa

Scabiosa columbaria 'Butterfly Blue'

www.jardinierparesseux.com

Famille : Dipsacacées

Origine : Europe et Asie

SCABIEUSE
Scabiosa

Nom anglais : Pincushion Flower

Dimensions : 15-75 cm x 20-60 cm (selon l'espèce)

Exposition : ☼

Sol : bien drainé, humide et riche en matière organique

Floraison : juin-août (septembre-octobre)

Multiplication : boutures de tige, division, semences

Utilisations : plate-bande, bordure, massif, rocaille, pré fleuri, fleur parfumée, fleur coupée, fleur séchée, plante médicinale, plante tinctoriale, attire les papillons

Associations : coréopsis, calaments, agastaches, sauges, campanules

Zone de rusticité : variable, 3-8

Le genre *Scabiosa* contient une soixantaine d'espèces. Des vivaces pour la plupart, mais aussi des annuelles. D'ailleurs, l'une des scabieuses les plus populaires est une annuelle : *S. atropurpurea*, page 543, très utilisée dans l'industrie de la fleuristerie. Seules quatre ou cinq espèces pérennes sont le moindrement cultivées et, même là, elles ne sont pas très bien connues, en dépit du fait qu'elles fleurissent abondamment et pratiquement pendant tout l'été.

Je soupçonne que le nom commun n'est pas étranger au manque de popularité de la scabieuse. Si elle s'appelait étoile filante ou feu d'artifice, tout le monde voudrait en avoir. Mais scabieuse évoque une maladie pestilentielle (scabieux veut dire galeux). Heureusement que la plante n'est pas galeuse, mais elle servait autrefois à guérir la gale, d'où son nom.

La scabieuse forme un coussin bas de feuilles souvent entières à la base, mais pennées et très découpées à la base de la tige florale. Les fleurs sont portées sur des tiges filiformes qui démentent leur apparence chétive, car elles sont en fait très robustes. Chacune porte une inflorescence bombée composée de plusieurs dizaines de petits fleurons. Les fleurons d'extérieur – les rayons – plus longs et larges et joliment ondulés, créent une collerette attrayante. Ceux qui forment le dôme au centre sont coiffés d'étamines plus longues, ce qui donne à l'ensemble une allure de pelote d'épingles.

Il n'y a rien de bien compliqué dans la culture de la scabieuse, du moins si l'on a un emplacement ensoleillé à lui offrir : elle a depuis toujours été considérée comme une « plante de débutant ». Elle sera très à l'aise dans tout sol de plate-bande du moment qu'il n'est pas détrempé, même la glaise. Un sol assez riche et également humide donnera les meilleurs résultats, mais la scabieuse se contente de sols pauvres s'il le faut et ne souffrira pas trop d'une sécheresse si elle ne dure pas très longtemps. 🍃 Attention toutefois à son voisinage : la scabieuse n'aime pas la cohabitation avec des végétaux denses plus hauts qui peuvent lui couper son soleil. La scabieuse est toujours plus florifère quand c'est elle qui domine les autres. Ainsi, un emplacement assez dégagé (rocaille, bordure, etc.) donnera de meilleurs résultats qu'un centre de plate-bande chargé.

Les fleurs fanées laissent un réceptacle en boule qui n'est pas désagréable à voir. D'ailleurs, on les récolte comme fleurs séchées. 🍃 Sous les climats chauds, on recommande aux jardiniers de les supprimer pour stimuler une floraison renouvelée ; dans nos régions, où les étés frais rappellent davantage le milieu montagneux de ses origines, elle tend à continuer de fleurir jusqu'à la fin de l'été, qu'on supprime les fleurs fanées ou non.

Soit dit en passant, les fleurs font d'excellentes fleurs coupées ; prélevez-les avant que les fleurs du disque soient épanouies pour leur assurer une plus longue durée.

🍃 Si les tiges de la scabieuse s'affaissent, c'est que le sol est trop riche ou que la plante est trop à l'ombre. Comme il est difficile de tuteurer de façon discrète une plante au port aussi aérien, mieux vaut la changer de place.

La plante se multiplie par semences, pour les variétés qui sont fidèles au type du moins, ce qui est le cas de la majorité. La plupart fleuriront la première année d'un semis fait à l'intérieur en mars et aucun traitement spécial n'est requis pour assurer une bonne germination. Les semences sont même assez faciles à obtenir, du moins par catalogue postal. On peut aussi les multiplier par boutures de tige ou diviser la plante mère.

Variétés

Scabiosa caucasica

❁ 🍂 *Scabiosa caucasica*
Scabieuse du Caucase
(Caucasian Pincushion Flower)
☀

SECTION 2 ▶ VIVACES À FLORAISON PROLONGÉE

C'est la scabieuse traditionnelle, la scabieuse de nos grand-mères, et une habitante classique de tout jardin campagnard digne de ce nom. Son feuillage est grisâtre et léger, concentré à sa base. Les tiges sont hautes et coiffées d'inflorescences de bonne taille : 8 à 10 cm de diamètre. L'espèce a des fleurs bleu lavande avec un disque plus pâle, les cultivars se présentent dans différentes teintes de lavande, mais peuvent aussi être roses ou blancs.

Cette plante a la réputation de tolérer les sols calcaires, mais réussit parfaitement bien dans les sols légèrement acides aussi. La majorité des cultivars sont produits par semences et sont fidèles au type. Si vous préférez diviser cette plante, faites-le quand elle est jeune (avant l'âge de quatre ou cinq ans). Les vieux plants développent une souche ligneuse difficile à diviser et qui réagit souvent mal au repiquage. Floraison : juin-août. 45-75 cm x 35 cm. Zone 3.

🌸 🪴 **S. caucasica alba** : fleurs blanches. Floraison : juin-août. 45-75 cm x 35 cm. Zone 3.

🌸 🪴 **S. caucasica 'Clive Greaves'** : variété classique. Fleurs lilas à disque blanc crème. Floraison : juin-août. 60 cm x 35 cm. Zone 3.

🌸 🪴 **S. caucasica 'Fama'** : grosses fleurs bleu lavande foncé : jusqu'à récemment la plus foncée des scabieuses vivaces. Floraison : juin-août. 35-50 cm x 35 cm. Zone 3.

🌸 🪴 **S. caucasica 'Kompliment'** ('Compliment') : lavande foncé. Floraison : juin-août. 60-75 cm x 35 cm. Zone 3.

🌸 🪴 **S. caucasica 'Miss Willmot'** : blanc crème. Floraison : juin-août. 75 cm x 35 cm. Zone 3.

🌸 🪴 **S. caucasica série Perfecta** : relativement compact, tige solide. Excellente fleur coupée. 'Perfecta Alba' ('White Perfection') :

blanc ; 'Perfecta Blue' ('Blue Perfection') : bleu lavande ; 'Perfecta Lilac Blue' : lilas. Floraison : juin-août. 45-55 cm x 35 cm. Zone 3.

Scabiosa caucasica 'Ultra Violet'

🌸 🪴 **S. caucasica 'Ultra Violet'** : bleu-violet, probablement la couleur la plus foncée de toutes les scabieuses vivaces. 🌼 Cette variété n'est pas fidèle au type. Floraison : juin-août. 17 cm x 33 cm. Zone 3.

Scabiosa columbaria 'Nana'

🌸 🪴 **S. columbaria**
Scabieuse colombaire
(Small Pincushion Flower)

Avant 2000, personne ne connaissait la scabieuse colombaire. Puis le cultivar 'Butterfly

- Népéta
- Onagre
- Pavot cambrique
- Renouée
- Rose trémière
- Rudbeckie
- Sauge vivace
▷ **Scabieuse**
- Scrophulaire
- Scutellaire
- Sidalcée
- Stokesia
- Tanaisie
- Trèfle rougeâtre
- Valériane rouge
- Véronique
- Verveine

539

SECTION 2 VIVACES À FLORAISON PROLONGÉE

Blue' est devenu la vivace de l'année de la Perennial Plant Association, et tout d'un coup la scabieuse colombaire était le *nec plus ultra* des vivaces! C'est essentiellement une version réduite de *S. caucasica*: presque le même feuillage, les mêmes fleurs, les mêmes couleurs mais plus petit d'un tiers. Et ses cultivars et sélections sont encore plus petits! Ce qui est remarquable avec cette espèce est l'abondance et la durée de la floraison. *S. caucasica* fleurit le plus massivement au début de l'été, puis de moins en moins pour s'arrêter en août, tandis que *S. columbaria* fleurit sans faillir de juin jusqu'à la fin de septembre.

Il y a toutefois un prix à payer pour cette abondance: la plante est de courte vie, soit trois ou quatre ans, rarement plus. Certains auteurs ont suggéré de couper toute fleur après la fin d'août pour obliger la plante à «se reposer». Mais voyons! Si on plante une vivace à floraison prolongée, c'est justement parce que sa floraison est durable! Des essais ont démontré de toute façon que cela ne change rien. Idéalement donc, vous bouturerez ou diviserez cette plante aux deux ou trois ans pour la maintenir.

Autre problème potentiel: cette espèce serait sujette au blanc. Ce renseignement me vient de jardiniers de la région de Montréal et il est possible que ce problème résulte des étés chauds et secs du secteur. Assurer un arrosage égal pourrait régler le problème, car le blanc résulte généralement d'un arrosage en dents de scie.

Notez que la plupart des cultivars de cette espèce ne sont *pas* fidèles au type, au contraire de ceux de sa grande cousine *S. caucasica*. Je vous préviendrai dans le cas contraire.

Floraison: juin-septembre. 45-60 cm x 35 cm. Zone 3.

Scabiosa columbaria 'Butterfly Blue'

S. columbaria 'Butterfly Blue': cette plante fleurit tôt et longtemps, et produit des quantités de fleurs à la fois. Pas surprenant qu'elle ait été nommée vivace de l'année! Fleurs bleu lavande. Floraison: juin-septembre. 30-40 cm x 35 cm. Zone 3.

Scabiosa columbaria 'Pink Mist'

S. x 'Pink Mist': cette plante a été lancée rapidement après que 'Butterfly Blue' eut tant fait parler de lui. Elle devait être la «version à fleurs roses de 'Butterfly Blue'» mais quelle déception! D'abord, 'Pink Mist' n'est pas fidèlement rose, mais change de couleur selon la lumière. Parfois il est nettement lavande. Et il n'est pas aussi florifère ni persistant. Il est cependant de la même taille et forme générale que 'Butterfly Blue' et relativement robuste. Floraison : juin-septembre. 30 cm x 30 cm. Zone 3.

S. columbaria 'Balharbu' Harlequin Blue™ : fleurs bleu lavande. Un peu plus haut que 'Butterfly Blue' et plus robuste. Floraison : juin-septembre. 30-45 cm x 30-40 cm. Zone 3.

S. columbaria 'Blue Note' : bleu lavande. Fidèle au type par semences. Floraison : juin-septembre. 15-20 cm x 8-12 cm. Zone 3.

Scabiosa columbaria 'Misty Butterflies'

S. columbaria 'Misty Butterflies' : très semblable à 'Pink Mist', avec sa coloration indéfinie : parfois bleu-violet pâle, parfois plutôt rose lavande. Fidèle au type par semences. Floraison : juin-septembre. 25-30 cm x 25-30 cm. Zone 3.

S. columbaria 'Nana' (*S. columbaria* 'Pincushion Blue') : variété naine. Fleurs bleu-mauve. Presque toujours en fleurs. Fidèle au type par semences. Floraison : juin-octobre. 30 cm x 35 cm. Zone 3.

S. columbaria 'Pink Lemonade' : mutation de 'Butterfly Blue' à fleurs rose lavande et à feuillage panaché de jaune. Floraison : juin-septembre. 20-30 cm x 40 cm. Zone 3.

Scabiosa columbaria 'Pincushion Pink'

S. columbaria 'Pincushion Pink' (*S. columbaria nana* 'Pincushion Pink') : fleurs d'un rose pur. Plante naine. Une nette amélioration par rapport au très fade 'Pink Mist'. Intéressant en rocaille ou en pot. Fidèle au type par semences. Floraison : juin-septembre. 25 cm x 15-20 cm. Zone 3.

S. columbaria 'Walminiblue' Blue Buttons™ : variété naine à fleurs d'un bleu lavande un peu plus foncé que chez 'Butterfly Blue'. Très florifère. Floraison : juin-septembre. 10-18 cm x 10-20 cm. Zone 3.

S. x 'Vivid Violet' : hybride de 'Pink Mist' et de *S. anthemifolia* 'Giant Blue'. Fleurs un peu plus grosses de couleur « violet vif », d'après le nom. À mes yeux, c'est à peu près la même teinte bleu lavande que chez tant d'autres scabieuses ou peut-être à peine un peu plus foncé. Floraison : juin-septembre. 35 cm x 45 cm. Zone 4.

SECTION 2 ▸ VIVACES À FLORAISON PROLONGÉE

- Népéta
- Onagre
- Pavot cambrique
- Renouée
- Rose trémière
- Rudbeckie
- Sauge vivace
- ▷ **Scabieuse**
- Scrophulaire
- Scutellaire
- Sidalcée
- Stokesia
- Tanaisie
- Trèfle rougeâtre
- Valériane rouge
- Véronique
- Verveine

SECTION 2 ▸ VIVACES À FLORAISON PROLONGÉE

Scabiosa columbaria ochroleuca

❁ ⚘ ***S. columbaria ochroleuca***
(*S. ochroleuca*)
Scabieuse à fleurs de lait
(Cream Pincushion Flower)
☼

Longtemps considérée comme une espèce à part entière (*S. ochroleuca*), cette plante a été déclarée par les experts une sous-espèce de *S. columbaria*. Je gage que nous ne verrons pas les étiquettes changer avant très longtemps !

Elle présente une couleur inhabituelle pour une scabieuse : jaune pâle. La plante forme une rosette de feuilles un peu lobées tandis que les feuilles portées sur la tige sont fortement découpées et créent un effet de brouillard. Les fleurs de 3 à 5 cm de diamètre sont produites dans une abondance peu croyable. Floraison : juin-octobre. 60-90 cm x 60 cm. Zone 3.

❁ ⚘ ***S. columbaria ochroleuca* 'Moon Dance'** (*S. ochroleuca* 'Moon Dance') : plant plus compact. Fleurs un peu plus jaunes. Très florifère. Floraison : juin-octobre. 40 cm x 60 cm. Zone 4.

Scabiosa graminifolia

❁ ⚘ ***S. graminifolia***
Scabieuse à feuilles de graminée
(Grassleaf Pincushion Flower)
☼

Il est vrai que les feuilles étroites et linéaires de cette espèce, portées en touffe dense, ressemblent à celles d'une petite graminée. Les fleurs lilas pâle sont petites, mais produites en bonne quantité pendant presque deux mois. Floraison : juin-septembre. 20-25 cm x 30 cm. Zone 4.

❁ ⚘ ***S. graminifolia* 'Pink Cushion'** : fleurs rose pâle. Feuillage argenté. Floraison : juin-septembre. 25 cm x 25 cm. Zone 3.

❁ ⚘ ***S. japonica alpina***
Scabieuse japonaise alpine
(Alpine Japanese Pincushion Flower)
☼

Très petite espèce à floraison prolongée : presque toujours en fleurs, mais les fleurs ne sont pas aussi abondantes que chez 'Butterfly Blue'. Idéale pour la rocaille ou la

SECTION 2 ▸ VIVACES À FLORAISON PROLONGÉE

Scabiosa japonica alpina

culture en pot. Floraison : juin-septembre. 25 cm x 20 cm. Zone 3.

S. x 'Blue Diamonds' : hybride proche de *S. japonica alpina* et souvent vendu comme cultivar de cette espèce. Très nain. Fleurs bleu lavande tout l'été. Floraison : juin-septembre. 15 cm x 10 cm. Zone 3.

Variétés déconseillées

S. atropurpurea
Scabieuse des jardins (Sweet Scabious)

Non, je n'ai rien contre cette superbe fleur annuelle… du moment qu'on la vend comme annuelle. Mais on dirait que des marchands ambitionnent toujours sur le pain bénit et essaient d'insérer cette plante parmi les vivaces, une catégorie plus payante. Or, elle n'est nullement vivace, du moins pas au nord de la zone 7 ou 8, selon le cultivar. Elle se présente dans une vaste gamme de couleurs : bleu-violet, rose, blanc, rouge, etc., mais ce sont les cultivars à fleurs « noires » (rouge très foncé) qui attirent toujours les regards. 'Beaujolais Bonnets' et 'Burgundy Bonnets', vendus comme vivaces au Québec, appartiennent à ce groupe. Floraison : juin-septembre. 30-90 cm x 20-25 cm. Zone 7 ou 8.

Scabiosa atropurpurea 'Beaujolais Bonnets'

Népéta
Onagre
Pavot cambrique
Renouée
Rose trémière
Rudbeckie
Sauge vivace
▷ **Scabieuse**
Scrophulaire
Scutellaire
Sidalcée
Stokesia
Tanaisie
Trèfle rougeâtre
Valériane rouge
Véronique
Verveine

Scrophulaire
Scrophularia

Scrophularia macrantha

Famille :
Scrophulariacées

Origine :
hémisphère Nord

SCROPHULAIRE
Scrophularia

Nom anglais : Figwort

Dimensions : 40-110 cm x 45-50 cm

Exposition : ☀ ☀

Sol : (*S. macrantha*) ordinaire à pauvre, bien drainé et même sec ; (*S. auriculata*) humide et riche en matière organique

Floraison : variable selon l'espèce

Multiplication : boutures de tige, division, semences

Utilisation : plate-bande, pré fleuri, jardin xérophyte, plante médicinale, attire les colibris

Associations : (*S. macrantha*) sédums, graminées, gaillardes ; (*S. auriculata*) astilbes, liguaires, rodgersias

Zone de rusticité : 4 ou 4b

Vous n'avez jamais entendu parler des scrophulaires ? Vous n'êtes pas le seul. Même s'il y a plus de 200 espèces trouvées presque partout dans l'hémisphère Nord, les *Scrophularia* sont rarement cultivées comme plantes ornementales. À vrai dire, la majorité des scrophulaires n'ont ni un feuillage attrayant ni des fleurs très voyantes. D'ailleurs, la couleur la plus courante pour une fleur de scrophulaire est le brun ! Et plusieurs ont des fleurs vertes ! Autrement dit, elles vont de plutôt à très insignifiantes. Heureusement qu'il y a des exceptions à cette règle, dont une surtout, qui compte parmi les vivaces les plus extraordinaires et les plus exotiques que vous pourrez jamais connaître.

En général, les scrophulaires sont des vivaces ou des bisannuelles qui ressemblent aux

SECTION 2 ▸ VIVACES À FLORAISON PROLONGÉE

plantes de la famille des Lamiacées (lamiers, menthes, sauges, etc.), même si elles n'y sont pas apparentées : fleurs à deux lèvres, feuilles opposées, tiges quadrangulaires, etc. Mais à la différence de celui des Lamiacées, le feuillage des scrophulaires est rarement aromatique et, quand il l'est, il pue plutôt que de sentir bon. Par ailleurs, les fleurs ont la lèvre supérieure nettement plus développée que l'inférieure (chez les Lamiacées, la lèvre inférieure est plus grosse ou, du moins, plus large). Les fleurs souvent dressées ont la base renflée : on dit qu'elles ressemblent à un casque romain renversé. Elles sont portées en bouquets ramifiés à l'extrémité des tiges.

Le nom *Scrophularia* vient du fait que certaines scrophulaires furent autrefois utilisées dans le traitement de la scrofule, une maladie tuberculeuse affectant la peau du cou. Encore aujourd'hui, plusieurs *Scrophularia* sont cultivées comme plantes médicinales.

Côté culture, les deux espèces présentées ici ont des besoins radicalement différents. Gardons donc les explications pour plus tard. Par contre, on peut dire que les deux se multiplient facilement par boutures de tige et par division. Par semences aussi, mais l'une de nos vedettes n'est pas fidèle au type par semences.

Variétés

Scrophularia macrantha (*S. coccinea*)
Scrophulaire écarlate (Redbirds in a Tree)

C'est une plante très rare dans la nature, trouvée seulement dans quelques régions montagneuses isolées du Nouveau-Mexique. Elle n'a été introduite en horticulture qu'au milieu des années 1990 et demeure quasiment inconnue dans nos régions.

La plante, avec son port dressé et très ramifié, ressemble à un arbuste. Les feuilles sont vert foncé et fortement dentées. La plante produit des épis terminaux de fleurs vivement colorés pendant tout l'été, ce qui provoque parfois des chicanes de colibris qui semblent tenir à cette plante plus qu'à toute autre. C'est d'ailleurs la seule scrophulaire au monde qui n'est pas pollinisée par les insectes ; ses fleurs écarlates tubulaires sont conçues très spécifiquement pour attirer les colibris et sont d'ailleurs remplies de nectar à leur intention.

Les fleurs ont une forme très curieuse, comme un petit oiseau bedonnant. Je trouve d'ailleurs le nom anglais de cette plante particulièrement évocateur : Redbirds in a Tree. En effet, chaque fleur ressemble à un petit oiseau rouge perché dans un arbre. Et l'arbre est *rempli* d'oiseaux !

Scrophularia macrantha

Pour une plante à distribution si limitée dans la nature, la scrophulaire écarlate est drôlement adaptable en culture. Elle aime le soleil, tolère bien la mi-ombre et semble

Népéta
Onagre
Pavot cambrique
Renouée
Rose trémière
Rudbeckie
Sauge vivace
Scabieuse
▷ **Scrophulaire**
Scutellaire
Sidalcée
Stokesia
Tanaisie
Trèfle rougeâtre
Valériane rouge
Véronique
Verveine

SECTION 2 ▸ VIVACES À FLORAISON PROLONGÉE

aussi heureuse dans les sols pauvres que relativement riches. 🍁 Par contre, son besoin d'un bon drainage est absolu : un hiver dans un sol humide lui sera sûrement fatal. La placer dans une plate-bande surélevée ou une pente pourrait être utile. La scrophulaire écarlate semble assez longévive (sept ou huit ans).

🍁 Côté rusticité, cette plante a été peu essayée dans l'est de l'Amérique du Nord et on ne connaît pas ses limites exactes. Je lui ai accordé une zone 4b, basée uniquement sur ma propre expérience, mais vous devez savoir qu'elle a toujours passé l'hiver sous une bonne couche de neige. Un épais paillis d'aiguilles de pin serait sans doute approprié dans un emplacement où la neige n'est pas fiable.

Floraison : juillet-septembre (octobre). 40-120 cm x 45 cm. Zone 4b ?

🔴 **S. auriculata** (*S. aquatica*)
Scrophulaire à oreillettes, scrophulaire aquatique (Water Figwort)
☀️ ⛅ ⚫

Je vous avais dit que les deux espèces avaient des besoins très différents. La première préfère un emplacement sec ou du moins bien drainé et le plein soleil, mais celle-ci affectionne plutôt un sol humide et même détrempé et la mi-ombre. Son deuxième nom commun va toutefois un peu trop loin : cette scrophulaire n'est pas vraiment aquatique, bien qu'elle puisse pousser en marge d'un bassin d'eau, les racines inondées. En fait, un sol de plate-bande normalement humide lui convient parfaitement et elle tolère même des sécheresses occasionnelles. Chez moi, elle pousse à merveille dans un emplacement ombragé sous de grandes épinettes et tolère sans difficulté l'ombre sèche. Même si on la considère surtout comme une plante

> La scrophulaire à oreillettes est aussi cultivée comme plante médicinale, mais son feuillage pue tellement quand on le froisse que vous auriez de la difficulté à me faire avaler cette plante en tisane !

d'ombre, elle peut aussi tolérer le plein soleil à condition que son sol reste toujours humide.

La plante, drageonnant avec le temps, forme une touffe de plus en plus large mais sans être envahissante. On peut par contre profiter de ce développement pour la diviser.

Après les fleurs, le pot. 🍁 La plante n'est pas très ornementale : ses tiges solidement dressées et ses grandes feuilles dentées vert foncé sont « correctes », sans plus, et ses minuscules fleurs brunes sont des plus insignifiantes même si elles sont produites en grand nombre sur des bouquets ouverts au sommet. Je ne l'aurais même pas présentée dans ce livre n'eût été du cultivar suivant.

Floraison : juillet-août. 90-120 cm x 45-50 cm. Zone 4.

❤️ **S. auriculata 'Variegata'** (*S. nodosa* 'Variegata') : certains disent que c'est la crème de la crème des plantes panachées. Une chose est certaine, la texture et la symétrie des grandes feuilles combinées à la netteté de la panachure crème sont difficiles à battre. Quant aux petites fleurs brunes, sans être saisissantes, au moins on les distingue mieux sur un feuillage panaché que sur un feuillage vert et leur forme a l'avantage d'être intrigante. Malgré tout, bien des jardiniers les suppriment et concentrent leur affection sur les feuilles colorées. Ce cultivar doit être multiplié par boutures ou division, car ses semis donnent des plantes entièrement vertes. Floraison : juillet-août. 90-120 cm x 45-50 cm. Zone 4.

Scutellaire
Scutellaria

Scutellaria alpina
www.jardinierparesseux.com

Famille : Lamiacées

Origine : mondiale

SCUTELLAIRE
Scutellaria

Nom anglais : Skullcap

Dimensions : 20-120 cm x 20-60 cm (selon l'espèce)

Exposition : ☀ ☼ (☼)

Sol : sol ordinaire bien drainé.

Floraison : variable selon l'espèce

Multiplication : boutures de tige, division, semences

Utilisations : plate-bande, bordure, massif, rocaille, naturalisation, couvre-sol, auge, sous-bois, murets, jardin xérophyte, plante médicinale, attire les colibris

Associations : petites graminées, hémérocalles, sédums, sauges

Zone de rusticité : variable, 3-5

Le genre *Scutellaria* est vaste, avec environ 350 espèces réparties dans le monde, mais, à part *Scutellaria costaricana*, une plante tropicale ayant connu un certain succès comme plante d'intérieur, la plupart des espèces sont peu connues des jardiniers. Pourtant, il y a de très belles plantes dans cette famille et plusieurs sont des vivaces bien rustiques. Je crois que les scutellaires auraient besoin d'un bon publicitaire !

Le genre est un très proche parent des sauges (*Salvia*), avec les mêmes tiges quadrangulaires, les feuilles opposées et les fleurs à deux lèvres, mais les feuilles ne sont pas aromatiques. La lèvre supérieure est généralement en forme de capuchon arqué, un trait qu'on trouve également chez beaucoup de sauges. Pour les distinguer à coup sûr, regardez

SECTION 2 ▶ VIVACES À FLORAISON PROLONGÉE

derrière la fleur. Il y a une projection en forme de bouclier sur le calice des scutellaires, mais rien sur celui des sauges. Vous aurez deviné que le nom *Scutellaria* vient de ce trait : *scutellum* veut dire « petit bouclier ».

Les fleurs de certaines variétés sont relativement courtes et me font beaucoup penser aux fleurs du muflier (*Antirrhinum majus*), aussi appelé gueule de loup, une annuelle populaire. D'autres ont un long tube et s'arquent vers le haut et l'extérieur. Cette forme rappelle les fleurs de columnéa (*Columnea* spp.).

La culture des scutellaires est simple… pour autant qu'on puisse leur offrir un sol bien drainé. En effet, la plupart des espèces poussent soit en montagne, soit sur des falaises, et n'ont pas l'habitude des sols qui restent détrempés, surtout l'hiver. La plupart poussent mieux au soleil ou à la mi-ombre, mais il y a des espèces d'ombre aussi. En général, les scutellaires poussent rapidement et facilement à partir de semences et peuvent fleurir la première année si on les sème à l'intérieur. On peut aussi bouturer leurs tiges ou les diviser.

Variétés

Scutellaria alpina
Scutellaire des Alpes (Alpine Skullcap)

C'est une petite plante alpine produisant des coussins denses de tiges courtes, rampantes à la base, dressées à l'extrémité, portant de petites feuilles à peine dentées de 2 à 3 cm de longueur. Les fleurs se produisent en épis terminaux courts et sont violettes avec la lèvre inférieure blanche ou rose lavande. Elles ressemblent aux fleurs de muflier. Il

Scutellaria alpina 'Alba'

SECTION 2 ▶ VIVACES À FLORAISON PROLONGÉE

existe des cultivars à fleurs blanches, roses ou jaunes. Pour la bordure ou la rocaille. Les cultivars sont habituellement fidèles au type par semences. Floraison : juin-août. 20-30 cm x 20-30 cm. Zone 5.

S. alpina 'Alba' : fleurs blanches. Floraison : juin-août. 20-30 cm x 20-30 cm. Zone 5.

S. alpina 'Arcobaleno' : mélange de couleurs (*arcobaleno* en italien signifie arc-en-ciel). Fleurs bleu-violet pâle et foncé, blanches, roses et jaune pâle, souvent avec une lèvre inférieure de couleur différente. Floraison : juin-août. 20-30 cm x 20-30 cm. Zone 5.

S. alpina 'Moonbeam' : fleurs jaune pâle avec lèvre inférieure dorée. Floraison : juin-août. 20-30 cm x 20-30 cm. Zone 5.

S. baicalensis
Scutellaire du lac Baïkal (Baikal Skullcap)

Espèce du nord de l'Asie. Feuillage lancéolé. Port buissonnant arrondi. Fleurs de type columnéa bleu pourpré. Surtout connue comme plante médicinale chinoise, mais réellement très attrayante et facile à cultiver. Dans la nature, elle pousse dans un sol rocailleux et nécessite donc un sol très bien drainé. Floraison : juillet-septembre. 30-45 cm x 30-45 cm. Zone 4.

S. incana
Scutellaire blanchie (Downy Skullcap)

Espèce de l'est des États-Unis. Feuilles lancéolées dentées, souvent ourlées de pourpre. Les tiges aussi sont souvent pourprées. Les deux sont couvertes d'un fin duvet blanc. Produit des épis terminaux ramifiés en forme de candélabre. Fleurs violet pâle de type columnéa, très attrayantes. Demande un sol bien drainé. Tolère la sécheresse. Floraison :

Scutellaria incana

juillet-septembre. 80-120 cm x 45-60 cm. Zone 4.

Scutellaria ovata

S. ovata
Scutellaire cordifoliée (Heartleaf Skullcap)

Indigène dans le centre et l'est des États-Unis. Plante couvre-sol à feuilles duveteuses crénelées en forme de cœur. Fleurs bleu pourpré rappelant des fleurs de muflier. S'étend par stolons souterrains courts pour créer, avec le temps, un tapis égal. Tolère l'ombre sèche. Floraison : juin-septembre. 40-60 cm x 40-60 cm. Zone 4.

Népéta
Onagre
Pavot cambrique
Renouée
Rose trémière
Rudbeckie
Sauge vivace
Scabieuse
Scrophulaire
▷ **Scutellaire**
Sidalcée
Stokesia
Tanaisie
Trèfle rougeâtre
Valériane rouge
Véronique
Verveine

Sidalcée
Sidalcea

Sidalcea x 'Oberon'   www.jardinierparesseux.com

Famille : Malvacées

Origine : ouest de l'Amérique du Nord

SIDALCÉE
Sidalcea

Nom anglais : Checker-Mallow

Dimensions : 20-110 cm x 30-60 cm (selon l'espèce)

Exposition : ☀ ☀

Sol : fertile, profond, humide, bien drainé, riche en matière organique

Floraison : juillet-août (septembre)

Multiplication : boutures de tige, division, semences

Utilisations : plate-bande, sous-bois, pré fleuri, en marge des bassins, fleur coupée, attire les colibris et les papillons

Associations : penstemons, échinacées, physostégies, armoises, monardes

Zone de rusticité : 3 ou 4

Le petit genre des *Sidalcea* vient de l'ouest de l'Amérique du Nord. Il contient environ 20 espèces, à la fois des annuelles et des vivaces. Son nom botanique combine les mots *sida* (mauve) et *alcea* (rose trémière). C'est bien à propos, car la plante a la taille d'une mauve (*Malva*), mais le port dressé d'une rose trémière. Le port oui, mais elle n'est pas sujette à la rouille comme la rose trémière.

Il s'agit donc d'une plante aux tiges relativement minces mais néanmoins robustes. Elle produit deux sortes de feuilles : les feuilles inférieures sont plutôt rondes, les feuilles portées sur la tige florales sont digitées et profondément lobées. Les fleurs, en forme de soucoupe parabolique et à la texture satinée, s'ouvrent successivement de bas en haut de la tige. Elles peuvent avoir différentes teintes de

SECTION 2 ▸ VIVACES À FLORAISON PROLONGÉE

rouge, de rose ou de blanc, et leur marge est lisse ou frangée.

Chaque fleur ne dure qu'une journée, mais il y a toujours quelques fleurs ouvertes chaque jour pendant huit semaines et plus. Si vous voulez stimuler une deuxième floraison plutôt automnale, rabattez les tiges florales de moitié quand la première floraison est presque terminée et elle reprendra de plus belle.

C'est une plante toute faite pour la plate-bande, car elle adore les conditions qui y règnent : sol constamment amendé de compost, assez fertile, toujours un peu humide. Le plein soleil est parfait. À la mi-ombre, la sidalcée pousse et fleurit bien, mais ses tiges peuvent être un peu faibles. Dans ce cas, entourez-la d'autres végétaux qui la soutiendront. Vous pouvez couper les tiges à l'automne si vous voulez, mais laissez les feuilles de la rosette intactes, car elles sont semi-persistantes et aident à protéger la souche des dommages hivernaux, ce qui assure une bonne rusticité.

> Le curieux nom anglais, « Checker-Mallow », vient du mot « checkers » : jeu de dames. Comme les fleurs des sidalcées sauvages étaient de la même taille que des pions de dames et restaient ouvertes 24 heures quand on les prélevait, on pouvait les utiliser comme pions. Mais alors, on devait jouer à blancs contre roses plutôt que rouges contre noirs !

On multiplie les sidalcées, qui sont presque toujours des hybrides F_1, surtout par boutures de tige ou division. On peut aussi acheter des semences F_1 et les semer soi-même : les sidalcées germent facilement, sans entretien spécial. Il est parfois difficile d'extraire les sidalcées du sol pour la division ou la transplantation, car elles ont de longues racines pivotantes.

Les sidalcées se ressèment assez volontiers, mais tendent à retourner vers la forme sauvage quand on les laisse faire.

Variétés

Sidalcea malviflora

Sidalcea malviflora
Sidalcée à fleurs de mauve
(Dwarf Checker-Mallow, Prairie Mallow)

C'est le parent principal des hybrides modernes, responsable des couleurs rose à rouge, de la croissance en touffe et du port relativement compact des cultivars (beaucoup d'espèces sauvages de *Sidalcea* atteignent 1,5 et même 1,8 m de hauteur). Elle pousse naturellement à l'orée des bois et dans les prairies humides. Vous ne la verrez probablement jamais en culture, car les hybrides l'ont depuis longtemps remplacée, mais si c'est le cas, elle se présente dans différentes teintes de rose à rose lilas, souvent avec des nervures plus foncées. Floraison : juillet-août (septembre). 60-100 cm x 60 cm. Zone 3.

Népéta
Onagre
Pavot cambrique
Renouée
Rose trémière
Rudbeckie
Sauge vivace
Scabieuse
Scrophulaire
Scutellaire
▷ **Sidalcée**
Stokesia
Tanaisie
Trèfle rougeâtre
Valériane rouge
Véronique
Verveine

SECTION 2 ▶ VIVACES À FLORAISON PROLONGÉE

Sidalcea candida

❂ S. candida

Sidalcée blanche (White Checker-Mallow) ☀️ 🌤️

C'est l'autre parent principal des hybrides modernes. C'est aussi une espèce comparativement compacte. Les fleurs sont plus petites que celles de *S. malviflora*. Cette espèce est rhizomateuse et 🍃 peut être envahissante. Mieux vaut la contenir avec une bordure pare-racines. Floraison: juillet-août (septembre). 60-90 cm x 45 cm. Zone 4.

❂ *S. candida* 'Bianca': fleurs blanches plus grosses. 🍃 Aussi envahissant que l'espèce. Floraison: juillet-août (septembre). 60-90 cm x 60 cm. Zone 4.

❂ S. oregana

Sidalcée de l'Orégon (Oregon Checker-Mallow) ☀️ 🌤️

Fleurs d'un rose moyen à pâle aux nervures foncées. Pétale encoché à l'extrémité. Pousse plutôt dans les marécages et aime avoir le pied dans l'eau, mais peut tolérer un sol de plate-bande normale. Floraison: juillet-août (septembre). 20-60 cm x 30 cm. Zone 4.

↪ Hybrides

❂ S. x

Sidalcée hybride (Hybrid Checker-Mallow) ☀️ 🌤️

Les variétés suivantes sont des hybrides de *S. malviflora* et *S. candida*, parfois avec l'ajout de gènes d'autres espèces. Elles poussent en touffe.

Sidalcea x 'Brilliant'

❤️ ❂ S. x 'Brilliant' (*S. oregana* 'Brilliant'): fleurs « rouges » (rose foncé). Floraison: juillet-août (septembre). 60-75 cm x 45 cm. Zone 4.

❂ S. x 'Elise Heugh': la sidalcée classique de nos plates-bandes. Rose pâle, marge frangée. Floraison: juillet-août (septembre). 60-90 cm x 45 cm. Zone 4.

SECTION 2 ▶ VIVACES À FLORAISON PROLONGÉE

Sidalcea x 'Little Princess'

❤️🌼 **S. x 'Party Girl'** : rose riche satiné à cœur blanc. Floraison : juillet-août (septembre). 60-90 cm x 45 cm. Zone 4.

🌼 **S. x 'Prairie Mallow'** : nom invalide. En fait, l'un des noms communs anglais du genre. 💡 Les marchands semblent utiliser ce nom pour les plantes dont ils ont perdu la véritable identité ! Floraison : juillet-août (septembre). 60-90 cm x 45 cm. Zone 4.

🌼 **S. x 'Purpetta'** : rose pourpré. Floraison : juillet-août (septembre). 110 cm x 45 cm. Zone 4.

🌼 **S. x 'Rosanna'** : rouge rosé. Floraison : juillet-août (septembre). 100 cm x 45 cm. Zone 4.

🌼 **S. x 'Rosaly'** : rose pâle. Floraison : juillet-août (septembre). 90-120 cm x 45-60 cm. Zone 4.

🌼 **S. x 'Stark's Hybrids'** (*S. malviflora* 'Stark's Hybrids') : mélange. Différentes teintes de rose. Floraison : juillet-août (septembre). 75-100 cm x 45 cm. Zone 4.

🌼 **S. x 'Little Princess'** : variété naine. Fleurs rose très pâle. Floraison : juillet-août (septembre). 40-60 cm x 30-45 cm. Zone 4.

🌼 **S. x 'Oberon'** : rose coquillage. Floraison : juillet-août (septembre). 100 cm x 45 cm. Zone 4.

Népéta
Onagre
Pavot cambrique
Renouée
Rose trémière
Rudbeckie
Sauge vivace
Scabieuse
Scrophulaire
Scutellaire
▷ **Sidalcée**
Stokesia
Tanaisie
Trèfle rougeâtre
Valériane rouge
Véronique
Verveine

Sidalcea x 'Party Girl'

Stokesia
Stokesia

Stokesia laevis 'Klaus Jelitto'
www.perennialresearch.com

Famille : Astéracées

Origine : sud-est des États-Unis

STOKESIA
Stokesia

Nom anglais : Stoke's Aster

Dimensions : 20-90 cm x 12-45 cm

Exposition : ☼

Sol : humide, bien drainé

Floraison : juillet-août (septembre)

Multiplication : division, semences,

Utilisations : plate-bande, bordure, massif, fleur coupée, attire les papillons

Associations : sidalcées, liatrides, hémérocalles, asters d'été

Zone de rusticité : 5

Le genre *Stokesia* est monotypique, c'est-à-dire qu'il ne contient qu'une seule espèce, *S. laevis*. Il forme une rosette dense et arrondie de feuilles lancéolées vert foncé à marge lisse, sauf à la base des feuilles où il y a quelques petites projections d'allure piquante. La nervure centrale, souvent blanche, assure un excellent contraste avec le feuillage. Les feuilles sont persistantes et, franchement, créent un bel effet en dehors de la saison de floraison.

Évidemment, on ne cultive pas le stokesia pour ses feuilles mais pour ses grosses inflorescences bleu lavande (roses, violettes ou blanches chez les cultivars). Elles font penser à une centaurée (*Centaurea*) géante ; les Français appellent d'ailleurs cette plante « bleuet d'Amérique », une référence à la centaurée des montagnes (*C. montana*), appelée bleuet en France. Évidemment, une telle nomenclature ne passerait pas au Québec, où un bleuet est un fruit (« myrtille » en France). Par contre, si vous voulez cultiver un « bleuet gros comme une assiette », vous aurez plus de chances avec ce bleuet d'Amérique, dont les fleurs sont déjà aussi grosses qu'une soucoupe, qu'avec le petit fruit du Lac-Saint-Jean !

La « fleur » est en fait une inflorescence composée, bien sûr. Comme chez une marguerite ou une centaurée, il y a des fleurons fertiles au centre entouré d'une rangée de rayons plus longs et, dans ce cas-ci, frangés. La fleur peut mesurer presque 12 cm de diamètre, mais 8 à 10 est plus normal. Chaque tige produit deux à quatre inflorescences, mais il y en a rarement plus d'une ouverte sur une seule tige en même temps. Si on supprime les fleurs à mesure qu'elles se fanent, ou si on prélève assez de fleurs pour les bouquets, la floraison, déjà assez longue, se prolongera jusqu'à l'automne.

On plante le stokesia dans tout bon sol de jardin à un emplacement également humide (un paillis est utile à cette fin), mais quand même bien drainé. Le plein soleil est de rigueur, bien qu'une ombre passagère aux heures les plus chaudes ne soit pas à dédaigner.

Sauf quelques hybrides nouveaux produits par culture *in vitro*, les stokesias qu'on achète ont presque tous été produits par semences, à partir de lignées fixées. Cette plante ne se ressème presque jamais sous notre climat, mais vous pouvez récolter les semences et les planter à l'intérieur en mars. Traitez les graines comme celles d'une annuelle, les faisant germer à la chaleur et les cultivant par la suite un peu plus au frais. Vous obtiendrez quelques fleurs la première année, mais le vrai spectacle commencera la deuxième.

Le défaut principal des stokesias sous notre climat est leur faible rusticité. Même en zone 5, on peut les perdre si l'hiver est difficile. Un bon paillis peut aider à les préserver. Mon jardin est en zone 4b, donc au-delà de la zone normale, et j'en ai perdu plusieurs au cours des années. Pour les gens hors zone comme moi, le truc semble de trouver un endroit ensoleillé l'été, mais où la neige persiste longtemps au printemps. Il reste que cette plante n'est pas une « valeur sûre » sous notre climat.

Stokesia laevis 'Alba' : fleurs blanches. Floraison : juillet-août (septembre). 40-45 cm x 40-45 cm. Zone 5.

Stokesia laevis 'Blue Danube'

S. laevis 'Blue Danube' : vieux cultivar qui a déjà été l'un des meilleurs, mais qui est maintenant un peu dépassé. Bleu lavande. Floraison : juillet-août (septembre). 40-45 cm x 40-45 cm. Zone 5.

S. laevis 'Blue Star' : bleu lilas à disque plus pâle. Floraison : juillet-août (septembre). 30-40 cm x 40-45 cm. Zone 5.

S. laevis 'Colorwheel' : les fleurs changent de couleur, de blanc le matin à lavande

Népéta
Onagre
Pavot cambrique
Renouée
Rose trémière
Rudbeckie
Sauge vivace
Scabieuse
Scrophulaire
Scutellaire
Sidalcée
▷ **Stokesia**
Tanaisie
Trèfle rougeâtre
Valériane rouge
Véronique
Verveine

SECTION 2 ▸ VIVACES À FLORAISON PROLONGÉE

à midi à violet foncé le soir. ⚜ Je n'ai aucun succès avec ce cultivar. Floraison : juillet-août (septembre). 40-45 cm x 40-45 cm. Zone 5.

✿ **S. laevis 'Elf'** : la tendance la plus récente chez les stokesias est au stokesia nain. Celui-ci produit des fleurs bleu lavande de seulement 5 à 6 cm de diamètre (la moitié de la taille des autres), mais la plante est proportionnelle. Produit par culture *in vitro*; n'est pas fidèle au type. Floraison : juillet-août (septembre). 20 cm x 12 cm. Zone 5.

Stokesia laevis 'Peachie's Pick'

✿ **S. laevis 'Peachie's Pick'** : grosses fleurs bleu lavande sur une plante extra haute. Floraison : juillet-août (septembre). 45-60 cm x 40-45 cm. Zone 5.

✿ **S. laevis 'Purple Pixie'** : fleurs bleu-violet abondantes et de bonne taille sur une plante compacte. Produit par culture *in vitro*; n'est pas fidèle au type. Floraison : juillet-août (septembre). 25-30 cm x 35 cm. Zone 5.

♥ ✿ **S. laevis 'Purple Parasols'** : fleurs changeantes qui vont de bleu pâle à pourpre foncé. C'est le stokesia le plus solide chez moi. On dirait qu'il est plus rustique que les autres. Floraison : juillet-août (septembre). 40-45 cm x 40-45 cm. Zone 4 ?

✿ **S. laevis 'Träumerei'** ('White Star') : blanc à disque très légèrement rosé. Variété plus compacte que la plupart. Floraison : juillet-août (septembre). 30 cm x 40-45 cm. Zone 5.

Stokesia laevis 'Honeysong Purple'

✿ **S. laevis 'Honeysong Purple'** : grosses fleurs pourpre foncé à disque rouge pourpré. Floraison : juillet-août (septembre). 40-45 cm x 40-45 cm. Zone 5.

✿ **S. laevis 'Klaus Jelitto'** : fleurs bleu lavande de bonne taille. Floraison : juillet-août (septembre). 40-45 cm x 40-45 cm. Zone 5.

✿ **S. laevis 'Mary Gregory'** : couleur très originale pour un stokesia : jaune pâle. Floraison : juillet-août (septembre). 40-45 cm x 40-45 cm. Zone 5.

✿ **S. laevis 'Omega Skyrocket'** : fleurs bleu lavande. Tiges bien plus hautes que chez les autres. Excellente fleur coupée ! Floraison : juillet-août (septembre). 75 à 90 cm x 45 cm. Zone 5.

Stokesia laevis 'Purple Parasols'   *Stokesia laevis* 'Träumerei'

TANAISIE
TANACETUM

Tanacetum corymbosum

Famille : Astéracées

Origine : hémisphère Nord

TANAISIE
Tanacetum

Nom anglais : Tansy

Dimensions : 15-160 cm x 15 cm-illimité (selon l'espèce)

Exposition : ☀️ ☀️

Sol : tout sol bien drainé

Floraison : estivale, varie selon l'espèce

Multiplication : division, semences

Utilisations : plate-bande, bordure, massif, naturalisation, arrière-plan, pré fleuri, jardin xérophyte, feuillage aromatique, fleur coupée, fleur séchée, plante médicinale, pot-pourri, attire les papillons

Associations : polémoines, sauges, centaurées, phlox, verveines

Zone de rusticité : variable, 3-8

Quel fouillis ! Le genre *Tanacetum*, qui ne contenait à l'origine que quelques dizaines d'espèces, notamment la tanaisie commune (*T. vulgare*), a énormément grossi par suite de transferts d'autres genres depuis les années 1990. Il est devenu, du point de vue d'un jardinier, un véritable fourre-tout. On y trouve d'anciens *Chrysanthemum*, *Pyrethrum*, *Matricaria*, *Leucanthemum* et beaucoup plus encore. Pour les taxonomistes, cependant, ce « ramassage » n'est pas du tout fortuit : on a regroupé des plantes apparemment disparates qui sont en fait de proches parentes, voilà tout.

Si je me plains, c'est que cela dérange mes habitudes. J'avais l'habitude de considérer telle plante X comme un chrysanthème, telle plante Y comme un pyrèthre, etc. Dans le fond, quand je regarde les plantes du nouveau genre

SECTION 2 ▸ VIVACES À FLORAISON PROLONGÉE

Tanacetum, riche maintenant de plus de 160 espèces, je comprends le raisonnement des taxonomistes : ces plantes ont souvent des traits en commun… Cela dérange mes habitudes néanmoins, et qui aime ça ?

Un portrait global du genre avant de commencer à le disséquer en espèces individuelles ? C'est à la fois facile et difficile à faire. D'abord, on peut dire que ces plantes ont presque toutes un feuillage qui sent beaucoup, d'ailleurs une odeur médicinale. Rien de surprenant là, car plusieurs *sont* des plantes médicinales, d'autres donnent même des insecticides ! L'odeur peut être agréable ou non ; certaines sont censées chasser les mouches du jardin !

Aussi, les feuilles sont généralement très découpées – pennées, bipennées ou même tripennées –, mais il y a une espèce à feuilles entières aussi.

Le trait le plus manifeste de toute parenté botanique est habituellement la fleur, mais, chez les tanaisies, ce n'est pas aussi évident que leur feuillage odoriférant et découpé. Il faut étudier le cas pour le comprendre. Toutes les espèces produisent des inflorescences composées de fleurs jaunes fortement serrées les unes contre les autres en une boule ou bouton. Ces inflorescences sont, à leur tour, réunies en corymbe, ressemblant à une ombelle, mais le corymbe peut être très serré, donc évident, ou très lâche, auquel cas les inflorescences paraissent individuelles. Mais le plus frappant est qu'il y a des rayons (des « pétales » si vous voulez) dans certaines espèces, où les fleurs ressemblent alors à des marguerites, et pas dans d'autres, où elles demeurent des « boutons ».

Côté culture, il y a quand même beaucoup de similitudes mais aussi des différences. Ce sont des plantes de plein soleil (certaines tolèrent la mi-ombre) qui préfèrent les sols ordinaires à pauvres et demandent un excellent drainage. La moitié des espèces sont des vivaces de courte vie (il y a aussi des annuelles et des bisannuelles dans le genre *Tanacetum*) qui, pour la plupart, se ressèment, parfois très abondamment. Certaines sont, ou peuvent devenir, des mauvaises herbes. À l'opposé des tanaisies de courte vie, se trouvent celles qui sont pratiquement éternelles. Habituellement, ces dernières produisent des rhizomes et peuvent être envahissantes.

On multiplie ces plantes, pour la vaste majorité, par semis, mais on peut aussi diviser les tanaisies rhizomateuses. Le bouturage de tige est également possible.

N'êtes-vous pas un peu confus ? Moi si ! Je vous propose donc ceci : lisez les descriptions suivantes en considérant ces plantes non pas comme des cousines pour lesquelles il faut trouver des liens, mais comme des plantes individuelles qui, par pure coïncidence, portent le même nom. Les tanaisies, c'est comme une grande famille dont tous les enfants ont été adoptés !

Variétés

Tanacetum balsamita
Balsamite (Costmary)

Cette plante a une foule de noms communs : chrysanthème balsamique, menthe coq, tanaisie balsamite, barbe au coq, grande balsamite, menthe romaine, menthe-de-Notre-Dame et j'en passe. Et plusieurs anciens noms botaniques aussi : *Chrysanthemum balsamita*, *Pyrethrum balsamita* et probablement plus. C'est une grande vivace à feuilles simples (cas exceptionnel chez les *Tanacetum*), ovales et à marge crénelée. Les fleurs sont des petites boules jaunes portées en dômes

SECTION 2 ▸ VIVACES À FLORAISON PROLONGÉE

Tanacetum balsamita balsamitoides

ouverts au-dessus du feuillage. Son feuillage entier pose problème pour certains taxonomistes, qui lui accordent son propre genre : *Balsamita* (serait alors *B. major*).

La balsamite a une longue histoire d'utilisation comme plante médicinale et aussi comme plante comestible et condimentaire. On en tire d'ailleurs un insecticide, la thuyone. Ainsi, la balsamite est à la fois bénéfique et toxique : il ne faut pas s'en inquiéter trop, presque toutes les « fines herbes » sont toxiques à un faible degré. Il s'agit de n'en consommer que de petites quantités à la fois, voilà tout !

Toutes les parties de cette plante dégagent une odeur agréable lorsqu'on les froisse : selon le clone, l'odeur peut être celle de la menthe, de la baume ou… de la gomme balloune ! Comme les feuilles séchées conservent leur parfum, c'est un excellent ajout à un pot-pourri.

La balsamite se multiplie par rhizomes relativement courts et n'est donc pas réellement envahissante, mais il faut la remettre à sa place de temps en temps. Elle ne produit pas de graines viables sous notre climat, sans doute parce qu'elle fleurit trop tard et que ses graines n'ont pas le temps de mûrir.

La balsamite est très tolérante à des conditions variables, mais semble préférer le plein soleil et les sols plutôt pauvres et secs. Originaire de l'Asie, elle est largement échappée de la culture en Europe. En Amérique du Nord, dont au Québec, on la trouve naturalisée plus rarement, surtout près d'anciens jardins.

Floraison : août-octobre. 45-80 cm (parfois jusqu'à 150 cm) x 70 cm. Zone 4.

🔥 ⚙ 🪴 ***T. balsamita balsamita*** : la description précédente s'applique à cette sous-espèce, aux fleurs sans rayons. Je ne trouve pas cette forme si attrayante et ne considère pas cette plante comme un bon choix pour la plate-bande ornementale. Floraison : août-octobre. 45-80 cm (parfois jusqu'à 150 cm) x 70 cm. Zone 4.

❤ ⚙ 🪴 ***T. balsamita balsamitoides*** : cette sous-espèce produit des fleurs à rayons blancs et constitue la forme la plus ornementale. Très impressionnant dans la plate-bande pendant une très longue saison ! Floraison : août-octobre. 45-80 cm (parfois jusqu'à 150 cm) x 70 cm. Zone 4.

Tanacetum corymbosum

❤ 🪴 ***T. corymbosum***
Tanaisie en corymbe (Scentless Feverfew)

Encore de multiples noms : chrysanthème en corymbe, leucanthème en corymbe et

---

Népéta
Onagre
Pavot cambrique
Renouée
Rose trémière
Rudbeckie
Sauge vivace
Scabieuse
Scrophulaire
Scutellaire
Sidalcée
Stokesia
▷ **Tanaisie**
Trèfle rougeâtre
Valériane rouge
Véronique
Verveine

SECTION 2 ▸ VIVACES À FLORAISON PROLONGÉE

matricaire en corymbe pour les noms communs ; *Chrysanthemum corymbosum*, *Leucanthemum corymbosum* et *Matricaria corymbosa* pour les noms botaniques. C'est l'une des plus jolies tanaisies et l'une des plus commodes pour le jardinier. Son feuillage aromatique vert foncé est très découpé, comme une fougère ou, pour citer un parent plus proche, comme le pyrèthre (page 566). Il produit des masses de petites « marguerites » blanches inodores sur des tiges très ramifiées. Bien qu'elles se balancent à la moindre brise, les tiges sont robustes et la plante ne s'affaisse pas à condition de la cultiver au soleil. À la mi-ombre, elle fleurit très bien, 🍁 mais sa tige peut être moins solide. La plante est durable et forme une touffe qui s'étend lentement mais qui n'est pas envahissante. Elle se ressème, d'accord, mais pas à outrance. Un bijou ! Floraison : juin-juillet. 60-80 cm x 45 cm. Zone 3.

très localement, près des Grands Lacs, d'où son nom. Dans la nature, la tanaisie du lac Huron est une plante des rivages rocailleux et sablonneux. En culture, elle n'exige toutefois pas un milieu aussi sec et pauvre, et se comporte parfaitement dans un sol de jardin ordinaire pas trop riche.

La plante forme des touffes de tiges dressées portant des feuilles aromatiques vert foncé et très découpées, encore plus qu'une fougère. C'est un excellent choix pour remplacer les fougères, qui aiment l'humidité et l'ombre, dans les endroits secs et au soleil brûlant. Les fleurs sont regroupées en dôme à l'extrémité des tiges. De loin, on voit surtout des petits boutons jaunes, mais de près on découvre qu'il y a aussi des petits fleurons tubulaires, appelés pseudo-rayons, tout autour de chaque disque. Ils sont du même jaune que les fleurons du disque, donc peu visibles 🍁 Dans les sols sablonneux, la tanaisie du lac Huron peut devenir envahissante à cause de ses rhizomes vagabonds ; dans un sol de jardin plus lourd, elle tend à rester à sa place. Elle ressemble passablement à la tanaisie commune (*T. vulgare*), mais en diffère par son feuillage duveteux et sa croissance plus restreinte. Floraison : juin-août. 60-80 cm x 45 cm. Zone 2.

Tanacetum huronense terrae-novae

 *T. huronense*
(*T. bipinnatum huronense*)
Tanaisie du lac Huron (Lake Huron Tansy)

Espèce indigène un peu partout au Canada, de Terre-Neuve à la Colombie-Britannique, et de la frontière sud du pays jusqu'au Grand Nord. Elle n'est présente aux États-Unis que

T. huronense terrae-novae : serait la sous-espèce présente dans l'est du Canada, dont le Québec. Pour le jardinier, il n'y a pas de différence notable avec l'espèce. Floraison : juin-août. 60-80 cm x 45 cm. Zone 2.

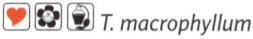 *T. macrophyllum*
Tanaisie à grandes feuilles (Big Leaf Tansy)

Encore une tanaisie à multiples identités ! On la vend sous les noms de *Chrysanthemum*

SECTION 2 ▸ VIVACES À FLORAISON PROLONGÉE

Tanacetum macrophyllum

🌸 🪴 **T. macrophyllum 'Cream Klenza'**: comme l'espèce, mais à fleurs plus éclatantes, le disque gris ayant été remplacé par un disque crème. Floraison: (juin) juillet-août. 90-160 cm x 90-120 cm. Zone 4.

Tanacetum niveum 'Jackpot'

🌸 🪴 **T. niveum**
Tanaisie neigeuse (Silver Tansy)
☀️ ⛅

Cette belle grande vivace est assez nouvelle sur le marché. Il s'agit d'une plante à croissance rapide (elle fleurit la première année si vous faites un semis à l'intérieur). Elle produit des feuilles duveteuses vert foncé très découpées et, à partir de la mi-été, une profusion de petites fleurs (2,5 cm de diamètre) exactement comme des mini-marguerites: blanches à cœur jaune.

La tanaisie neigeuse vient de climats plutôt secs et tolère parfaitement les sols pauvres et secs. 🌿 Pour une floraison abondante et surtout durable, cependant, paillez, ce qui permettra d'éviter une sécheresse trop profonde. Elle pousse très bien au soleil, mais demeure un peu plus petite à la mi-ombre.

🌿 Ce n'est pas une vivace de très longue vie (trois à quatre ans), mais elle se ressème modestement, assez pour se maintenir. On

macrophyllum, *Pyrethrum macrophyllum* et même *Achillea grandiflora* (ce dernier est en fait une plante différente). Moi-même, je l'ai achetée deux fois en croyant avoir affaire à deux plantes différentes, ce qui démontre l'un des désavantages de cette valse des noms botaniques.

C'est une grande vivace à tiges très robustes (nul besoin de tuteur) et aux feuilles vert moyen très grosses. Elles sont profondément découpées mais pas aussi dentelées que chez d'autres tanaisies. Les feuilles sont aromatiques, bien sûr. Les fleurs ont la forme de petites marguerites à disque grisâtre et à rayons blancs, regroupées dans une grosse ombelle: on dirait un sureau, mais qui n'a pas besoin de taille pour entrer dans une cour normale. La plante occupe quand même beaucoup d'espace, mais le jeu en vaut la chandelle: c'est une vivace facile qui demeure attrayante pendant des mois.

La tanaisie à grandes feuilles semble tolérer presque toutes les conditions de jardin, mais évitez les sols détrempés. Elle se multiplie facilement par division et n'est pas portée à sortir de ses gonds, ni par semis ni par drageons.

Floraison: (juin) juillet-août. 90-160 cm x 90-120 cm. Zone 4.

Népéta
Onagre
Pavot cambrique
Renouée
Rose trémière
Rudbeckie
Sauge vivace
Scabieuse
Scrophulaire
Scutellaire
Sidalcée
Stokesia
▸ **Tanaisie**
Trèfle rougeâtre
Valériane rouge
Véronique
Verveine

SECTION 2 ◆ VIVACES À FLORAISON PROLONGÉE

peut aussi la multiplier par division ou par boutures de tige.

Floraison : juillet-septembre. 90-120 cm x 60-90 cm. Zone 4.

❤ ✿ 🪴 **T. niveum 'Jackpot'** : très similaire à l'espèce, mais théoriquement plus compacte. Le catalogue dans lequel cette plante fut offerte pour la première fois suggérait une hauteur de seulement 40 ou 50 cm, mais chez moi, c'est vrai seulement pour les jeunes plants ; à maturité, elle fait plus près de 90 cm. Aussi florifère que l'espèce : on dit que 'Jackpot' peut produire plus de 1000 fleurs à la fois ! Floraison : juillet-septembre. 60-90 cm x 60-90 cm. Zone 4.

Tanacetum parthenium

✿ 🪴 **T. parthenium**
Matricaire blanche (Feverfew)

Comme d'habitude dans ce genre, il faut commencer par un dépouillement des noms possibles : grande camomille, pyrèthre mousse, tanaisie parthénium et partenelle pour les noms communs ; *Matricaria parthenium*, *Leucanthemum parthenium*, *Chrysanthemum parthenium* et probablement d'autres pour les noms botaniques.

Cette plante médicinale est immanquablement confondue avec la camomille romaine (*Anthemis nobilis*, tome 2) et la camomille allemande (*Matricaria recutita*) dans le commerce, mais même si les trois ont des feuilles découpées, celles de la matricaire blanche (*T. parthenium*) sont assez substantielles, tandis que celles des deux autres sont si fines qu'on peut voir à travers ! Les trois ont quand même des fleurs assez semblables : des « mini-marguerites » blanches à disque bombé jaune.

La matricaire blanche ressemble à un mini-arbuste dressé et très ramifié, poussant d'une tige unique. La forme sauvage est assez grande, jusqu'à 90 cm, mais les cultivars sont nettement plus petits. Elle se coiffe de petites fleurs de la mi-été jusqu'aux gels. L'espèce a des fleurs blanches à disque jaune, mais les cultivars peuvent avoir des fleurs simples ou doubles, et blanches ou jaunes. Le feuillage peut être vert ou « doré ».

La matricaire blanche est d'abord et avant tout une plante médicinale : le goût amer et l'odeur désagréable de ses feuilles fait en sorte qu'on ne la consomme pas en tisane pour le plaisir, comme la camomille romaine. Non seulement sert-elle en médecine traditionnelle à guérir presque tous les maux, mais on l'utilise aussi en médecine moderne, notamment dans certains traitements contre le cancer.

Selon l'auteur qui vous la présente, la matricaire blanche est soit une annuelle, soit une bisannuelle, 🍃 soit une vivace de courte vie. J'opte pour la dernière définition et voici pourquoi. D'abord, elle ne peut pas être une annuelle, du moins sous notre climat, car les plants qui germent au printemps n'arrivent pas à fleurir la première année, à moins de les semer dans la maison. Ensuite, son comportement n'est pas du tout celui d'une bisannuelle, qui fait habituellement une rosette de feuilles la première année, et fleurit et fructifie la deuxième ; en fait, elle ne fait pas de rosette du tout ! À mon avis, donc, c'est une vivace opportuniste : elle fleurira dès la première année si elle le peut (à partir de semis faits à l'intérieur, par exemple), assurément la deuxième année, et elle continuera encore une ou deux années supplémentaires si les conditions lui conviennent.

Plante facile à cultiver, elle s'adapte à tout emplacement ensoleillé ou mi-ombragé au sol bien drainé.

La matricaire blanche se ressème abondamment, trop dans le cas de l'espèce et de certains cultivars qui sont véritablement des mauvaises herbes, mais modestement pour la plupart des autres. Je n'hésite pas à la recommander pour les aménagements campagnards ou de style anglais, où une plante qui se ressème ajoute une note de fantaisie bienvenue. Si votre plate-bande est très contrôlée, par contre, vous n'aimerez pas cette plante.

La multiplication se fait habituellement par semis spontané. D'ordinaire, on déterre un semis égaré et le transplante où l'on veut. On peut aussi le semer à l'intérieur sans traitement spécial. Les semences sont assez facilement disponibles dans le commerce. Les différents cultivars sont presque tous fidèles au type par semences. Il y a en Europe certains cultivars qui sont stériles ('Rowallane', par exemple) et qu'on maintient par bouturage, mais je ne pense pas qu'ils soient offerts chez nous.

Floraison : juillet-septembre. 60-90 cm x 40-60 cm. Zone 3.

Tanacetum parthenium 'Aureum'

T. parthenium : l'espèce, à petites « marguerites » blanches, est jolie en soi, mais trop envahissante pour être recommandable. Floraison : juillet-septembre. 60-90 cm x 40-60 cm. Zone 3

T. parthenium 'Aureum' : fleurs blanches simples ou semi-doubles sur un feuillage jaune au printemps, vert lime l'été. Offre un excellent contraste avec les plantes à feuillage pourpré ou vert foncé. Très populaire. Facile à trouver sur le marché. Floraison : juillet-septembre. 20-45 cm x 20-45 cm. Zone 3.

T. parthenium Double White : pas vraiment un cultivar, mais un nom appliqué à différentes variétés à fleurs doubles blanches. Chaque lignée est assez fidèle au type, mais il est difficile de prévoir le résultat exact, notamment en ce qui concerne la hauteur. Floraison : juillet-septembre. 20-45 cm x 20-45 cm. Zone 3.

Tanacetum parthenium 'Golden Ball'

T. parthenium 'Golden Ball' : fleur jaune très double, en forme de pompon. Floraison : juillet-septembre. 20-25 cm x 20-25 cm. Zone 3.

Népéta
Onagre
Pavot cambrique
Renouée
Rose trémière
Rudbeckie
Sauge vivace
Scabieuse
Scrophulaire
Scutellaire
Sidalcée
Stokesia
▷ **Tanaisie**
Trèfle rougeâtre
Valériane rouge
Véronique
Verveine

SECTION 2 — VIVACES À FLORAISON PROLONGÉE

♥ ✿ ⚱ *T. parthenium* 'Golden Moss': variété très naine à feuillage vert lime. Fleurs blanches simples. Floraison: juillet-septembre. 15 cm x 15 cm. Zone 3.

♦ ✿ ⚱ *T. parthenium* 'Select': grande variété à fleurs simples. Port ouvert et aéré, comme l'espèce, mais à tiges rouges. ♣ Se ressème trop agressivement: déconseillée. Floraison: juillet-septembre. 60-90 cm x 40-60 cm. Zone 3.

Tanacetum vulgare

Tanacetum parthenium 'Snowball'

✿ *T. parthenium* 'Snowball': fleurs doubles ivoire en forme de pompon. Plant compact. Floraison: juillet-septembre. 30 cm x 20 cm. Zone 3.

✿ *T. parthenium* 'Ultra White Double': fleurs blanches doubles en forme de dôme. Cœur jaune. Floraison: juillet-septembre. 25-30 cm x 20-45 cm. Zone 3.

♥ ✿ *T. parthenium* 'White Stars': fleurs de type anémone: rayons blancs entourant un pompon de la même couleur. Floraison: juillet-septembre. 20-25 cm x 20-25 cm. Zone 3.

♦ ☠ ✿ ⚱ *T. vulgare*
Tanaisie commune (Common Tansy)

C'est la «vraie tanaisie», celle que depuis toujours on appelait tout simplement tanaisie. Mais avec l'avènement d'autres tanaisies, il fallait lui donner un surnom pour la distinguer.

La tanaisie commune est indigène en Europe et en Asie, mais elle a été apportée partout où les Européens se sont établis, car c'est une plante importante dans leur pharmacopée, si bien qu'elle est solidement établie dans presque tous les pays tempérés du monde, notamment dans nos campagnes, où elle prend facilement la clé des champs.

Elle ne pousse pas en touffes, mais forme de multiples plants individuels, attachés ensemble par les rhizomes. Les tiges sont droites et robustes, rougeâtres, et les feuilles vert foncé, très découpées, sont très aromatiques au toucher ♣ mais à l'odeur désagréable.

Les fleurs, apparaissant vers la fin de l'été, forment des dômes aplatis au sommet de la plante. Il n'y a pas de rayons et l'inflorescence semble composée de petites boules jaunes.

La tanaisie pousse dans presque toutes les conditions et tolère même le sel (c'est la raison pour laquelle elle pousse si abondamment le long de nos routes traitées aux déglaçants). Il lui faut toutefois du soleil et un certain drainage.

La multiplication se fait par division.

♣ Il ne faut pas se leurrer: la tanaisie devient rapidement une mauvaise herbe

SECTION 2 ▸ VIVACES À FLORAISON PROLONGÉE

dans la plupart des situations, ses rhizomes s'étendent presque à l'infini. À moins de vouloir la naturaliser dans un coin perdu, il faut vraiment la conserver à l'intérieur d'une barrière pare-racines, sinon on en perd vite le contrôle.

Malgré sa longue histoire d'utilisation médicinale et même condimentaire, 🍃 la tanaisie commune est passablement toxique et il faut l'utiliser avec modération. 🍃 Beaucoup de gens y sont allergiques et font des réactions cutanées à sa sève. On peut aussi en faire des décoctions insecticides et vermifuges. 🍃 Notez que l'odeur du feuillage, très forte quand on le froisse, est difficile à supporter.

🍃 Personnellement, je ne vois pas vraiment de bonnes raisons de cultiver la tanaisie commune... mais certains de ses cultivars sont des plantes de choix ! Floraison : juillet-septembre. 90-120 cm x illimité. Zone 3.

La plante est beaucoup moins agressive que l'espèce, 🍃 mais quand même portée à errer ; une barrière pare-racines est donc recommandée. L'odeur du feuillage aussi est moins agressante. J'apprécie surtout cette plante quand l'été a été sec et que tous les autres végétaux sont jaunis et séchés : la voici avec son feuillage mousseux vert foncé, aussi fraîche que par une journée de printemps ! Peu de vivaces tolèrent aussi bien la sécheresse.

Notez que cette variante est cultivée surtout pour son feuillage ornemental : 🍃 elle fleurit rarement, peut-être une tige sur dix dans une bonne année produira-t-elle un corymbe de fleurs jaunes en forme de bouton !

Floraison : rare. 60 cm x illimité. Zone 3.

Tanacetum vulgare 'Isla Gold'

Tanacetum vulgare crispum

❤️ ☠️ 🪴 ***T. vulgare* crispum** (*T. vulgare* 'Crispum') : forme à feuillage « crispé » (doublement penné), presque mousseux, comme le persil frisé, ce qui crée un très bel effet.

❤️ ☠️ 🪴 ***T. vulgare* 'Isla Gold'** : cultivar à feuillage doré, aussi florifère que l'espèce... 🍃 et aussi envahissant. Je ne dis pas de ne pas le cultiver – il est réellement joli ! –, mais il faut absolument le planter à l'intérieur d'une barrière. Floraison : juillet-septembre. 90-120 cm x illimité. Zone 3.

☠️ 🪴 ***T. vulgare* 'Silver Lace'** : comme l'espèce, mais à feuillage panaché de blanc. 🍃 Il faut le planter à l'intérieur d'une barrière. Floraison : juillet-septembre. 600 cm x illimité. Zone 3.

Népéta
Onagre
Pavot cambrique
Renouée
Rose trémière
Rudbeckie
Sauge vivace
Scabieuse
Scrophulaire
Scutellaire
Sidalcée
Stokesia
▷ **Tanaisie**
Trèfle rougeâtre
Valériane rouge
Véronique
Verveine

SECTION 2 ▸ VIVACES À FLORAISON PROLONGÉE

Variétés déconseillées

Tanacetum cinerariifolium

🔥 🌿 🪴 *T. cinerariifolium*
Pyrèthre, pyrèthre de Dalmatie
(Dalmatian Pyrethrum)
☀️

Cette plante, de laquelle dérive l'insecticide pyrèthre, est offerte sous divers autres noms botaniques : *Pyrethrum cinerariifolium*, *Chrysanthemum cinerariaefolium* et probablement d'autres encore. On l'appelle aussi chrysanthème à feuilles de cinéraire et pyrèthre à feuilles de cinéraire à cause de ses feuilles argentées. C'est une plante à feuillage très finement découpé de couleur gris-vert qui porte de petites « marguerites » blanches à disque jaune au sommet de ses hautes tiges. La floraison est durable, mais les fleurs sont tellement diffuses qu'il faut le planter en masse pour avoir un bel effet.

De temps en temps le pyrèthre connaît un sommet de popularité quand un média quelconque annonce qu'il suffit de le planter près d'une plante vulnérable aux insectes pour les en éloigner. 🍃 Évidemment, les gens découvrent vite qu'il n'en est rien et notre pyrèthre replonge dans les limbes, défavorisé par 🍃 sa faible rusticité et son intolérance aux hivers humides. Si vous tenez à le cultiver (les fleurs séchées font un excellent insecticide !), il faut un maximum de soleil et un drainage parfait.

Floraison : (mai) juin-septembre. 45-60 cm x 30 cm. Zone 6.

Tanacetum coccineum 'Robinson's Red' : notez comme les fleurs des pyrèthres roses sont souvent déformées.

🔥 🪴 *T. coccineum*
Pyrèthre rose (Painted Daisy)
☀️ ☀️

Parmi les autres noms botaniques désuets de cette plante, il y a *Chrysanthemum coccineum*, *C. roseum*, *Pyrethrum coccineum* et *P. roseum*. Il est toujours vendu beaucoup sous le nom de *C. coccineum*.

Cette vivace fut très populaire dans les années 1970, quand la mode des vivaces déferla pour la première fois sur l'Amérique. Les jardiniers ont rapidement déchanté quand ils ont découvert 🍃 qu'il n'était pas très persistant et même pas si beau qu'on le prétendait dans le jardin, 🍃 avec ses tiges qui semblent toujours s'affaisser. Il fait une excellente fleur coupée, toutefois, et mérite un place dans un jardin réservé à la production de bouquets.

SECTION 2 ▶ VIVACES À FLORAISON PROLONGÉE

De nos jours, on trouve rarement cette vivace dans les jardineries véritables, mais encore dans les grandes surfaces dans le secteur des « petites vivaces pas chères, pas chères », car il est très facile pour les producteurs américains (source de ces plantes bon marché) d'en produire rapidement à peu de frais.

Si l'on en fait une description sommaire, le pyrèthre rose paraît très bien : de belles fleurs en forme de marguerite aux rayons roses, rouges ou blancs, un feuillage aromatique vert foncé joliment découpé, une croissance rapide, facile à produire par semences (il fleurit aisément durant la première année à partir de graines semées à l'intérieur), etc. Mais ses défauts sont tout aussi nombreux, sinon plus : une période de floraison assez courte, un manque d'attrait après la floraison, une longévité assez restreinte dans le jardin (deux ou trois ans), une vulnérabilité au blanc, aux pucerons et aux tétranyques, des tiges florales ployant sous le poids des fleurs, des fleurs souvent déformées, etc. Si au moins la plante se donnait la peine de se ressemer avant de mourir, on aurait une certaine persistance, mais non. Donc, une vivace abondamment plantée, mais qui disparaît rapidement.

Vous êtes prêt à investir des efforts supplémentaires ? D'accord. Si vous trouvez que le jeu en vaut la chandelle, voici quelques conseils. Si vous taillez les vieilles tiges florales presque au sol après la floraison, non seulement votre plante aura-t-elle meilleure apparence, mais elle pourra refleurir légèrement au cours de l'été. En outre, plutôt que d'essayer de diviser le plant mère lorsqu'il vieillit (une intervention qu'il supporte mal), faites des semis pour obtenir de nouveaux pyrèthres tous les deux ou trois ans. Enfin, comme les maladies et les insectes qui affectent cette plante ne sont pas mortels, vous pourriez toujours vous dispenser de les traiter.

Souvent des jardiniers cultivent cette plante en la confondant avec le pyrèthre à la source de l'insecticide du même nom, et en pensant soit que sa seule présence éloignera les insectes, soit qu'ils pourront produire leur propre insecticide, mais ils se trompent de plante. Le pyrèthre insecticide, c'est *T. cinerariifolium*, décrit précédemment.

Cette plante est si démodée qu'elle me semble due pour un regain de popularité ! Je suis convaincu qu'un hybrideur tenace, à force de choisir des plants plus solides et plus durables à chaque génération, sera capable de convertir cette plante débraillée en une bonne plante de jardin. Après tout, les fleurs sont si belles !

Notez que les cultivars de pyrèthre sont produits par semences et peuvent se montrer pas tout à fait conformes à leur description.

Floraison : juin-juillet. 45-90 cm x 30-45 cm. Zone 3.

Tanacetum coccineum 'Double Mix'

T. coccineum 'Double Mix' ('Robinson's Double Mix') : mélange. Fleurs théoriquement doubles, mais généralement semi-doubles ou simples. Teintes de rouge, rose et blanc.

Népéta
Onagre
Pavot cambrique
Renouée
Rose trémière
Rudbeckie
Sauge vivace
Scabieuse
Scrophulaire
Scutellaire
Sidalcée
Stokesia
▷ **Tanaisie**
Trèfle rougeâtre
Valériane rouge
Véronique
Verveine

567

SECTION 2 ▸ VIVACES À FLORAISON PROLONGÉE

Floraison : juin-juillet. 45-75 cm x 30-45 cm. Zone 3.

🔴 *T. coccineum* 'Dura' : grosses fleurs rouge pourpré. Longues tiges. Développé pour la fleur coupée. Floraison : juin-juillet. 70-80 cm x 30-45 cm. Zone 3.

🔴 *T. coccineum* 'Eileen May Robinson' : fleurs rose saumon. Floraison : juin-juillet. 60 cm x 30-45 cm. Zone 3.

🔴 *T. coccineum* 'James Kelway' : grosses fleurs simples rouge vif. Tiges plus solides que chez la plupart des autres, l'un des meilleurs. Floraison : juin-juillet. 60 cm x 30-45 cm. Zone 3.

🔴 *T. coccineum* série Robinson's Giant ('Robinson's', 'Robinson's Mixed') : vieille lignée classique à fleurs simples, offerte en mélange de couleurs (rouge, rose et blanc) ou en couleurs séparées. 'Robinson's Crimson' : cramoisi ; 'Robinson's Pink' ('Robinson's Rose') : rose ; 'Robinson's Red' : rouge. Floraison : juin-juillet. 75-90 cm x 30-45 cm. Zone 3.

🔴 *T. coccineum* 'Super Duplex' : annoncé comme un mélange à fleurs doubles, mais en fait surtout composé de semi-doubles et de simples. Diverses teintes de rouge, rose et blanc. Floraison : juin-juillet. 60-80 cm x 30-45 cm. Zone 3.

🔴 *T. haradjanii* (*T. densum amanii, C. haradjanii*) Tanaisie de Syrie (Silverlace Tansy)

Sans doute l'un des plus beaux feuillages du monde végétal ! Chaque feuille bipennée est une véritable plume argentée, d'une douceur de coton au toucher. La plante forme un dôme aplati qui s'élargit avec le temps. Quant aux fleurs... mais quelles fleurs ? 🍃 Cette plante ne produira sûrement jamais ses ombelles de petites fleurs jaunes aux courts rayons chez vous, pas plus qu'elle ne survivra à l'hiver. Originaire de l'est de la Méditerranée, la tanaisie de Syrie veut du plein soleil, un drainage parfait, un hiver sec et frais, mais pas froid, 🍃 style zone 7 ou 8, ce qui n'empêche pas certains marchands de la vendre avec une étiquette « zone 5 » ! Même en Syrie, ses fleurs sont plutôt rares, mais encore une fois, quel feuillage de rêve ! L'un des grands plaisirs de visiter une rocaille dans un pays au climat doux est de voir cette plante dans toute sa splendeur. Mais à moins de pouvoir la rentrer dans une serre froide pour l'hiver, 🍃 elle n'est tout simplement pas un bon choix pour notre climat. Floraison : juillet-août. 10-15 cm x 20-60 cm. Zone 7 ou 8.

Tanacetum haradjanii

Trèfle rougeâtre
Trifolium rubens

Trifolium rubens
www.jardinierparesseux.com

Famille : Fabacées (Légumineuses)

Origine : distribution mondiale

TRÈFLE ROUGEÂTRE
Trifolium rubens

Nom anglais : Red Feather Clover

Dimensions : 60 cm x 30-45 cm

Exposition : ☀️ ☀️

Sol : ordinaire, bien drainé

Floraison : juin-août

Multiplication : boutures de tige, division

Utilisations : plate-bande, massif, naturalisation, couvre-sol, pré fleuri, fleur coupée, attire les colibris

Associations : géraniums, pavots, lins, petites hémérocalles, fétuques

Zone de rusticité : 4

Qui ne connaît pas le trèfle blanc (*Trifolium repens*), cette petite fleur sauvage si omniprésente dans nos champs et gazons ? Il offre plusieurs formes ornementales et fait un excellent couvre-sol. Je le présente à cette fin dans le chapitre *Tapis de verdure*, dans le tome 2. Mais il ne s'agit qu'une des quelque 300 espèces du genre *Trifolium*, de distribution mondiale, qui comprend des annuelles, des bisannuelles et, surtout, des vivaces, presque toutes de climat tempéré.

Le trèfle rougeâtre (*T. rubens*) n'est pas le petit trèfle typique des champs et des gazons, mais son cousin beaucoup plus gros, presque géant par rapport aux plantes qu'on connaît. Il forme des touffes de tiges dressées et ramifiées portant des feuilles trifoliées, comme il se doit pour un trèfle (*Trifolium* veut dire « à

SECTION 2 — VIVACES À FLORAISON PROLONGÉE

trois feuilles »). Elles sont vert moyen et plus allongées que celles des trèfles des champs et des pelouses. Au début de l'été et presque jusqu'à sa fin, des inflorescences se forment : d'énormes boutons argentés, non pas ronds comme chez les autres trèfles, mais allongés comme des chandelles, qui se couvrent rapidement de petites fleurs rouge cramoisi. Comme pour la majorité des fleurs en épi, la floraison commence à la base pour monter peu à peu. Les fleurs sèchent en se parant d'un beau brun-rouge, ce qui prolonge l'effet de la floraison. On ne remarque pas trop qu'il y a seulement une ou deux rangées de fleurs vraiment rouges en même temps, car le rouge s'impose sur l'ensemble. Même quand elles sèchent enfin, il reste une « chandelle » brun-roux qui est encore attrayante et qui contribue à prolonger l'intérêt de la plante jusqu'à la fin de l'automne.

Le trèfle rougeâtre s'adapte à la plupart des conditions de jardin, pour autant qu'il soit placé au soleil ou à la mi-ombre. Les sols riches à ordinaires lui conviennent, et même les sols pauvres car, en tant que légumineuses, les trèfles ont des nodules sur les racines. Ces nodules sont habités de bactéries particulières qui ont la capacité de transformer l'azote atmosphérique en azote qu'ils peuvent utiliser pour leur croissance, même quand le sol qui les entoure est pauvre comme Job. Offrez à ce trèfle un sol bien drainé (pas de marécage, SVP), mais quand même légèrement humide. À cette fin, un bon paillis peut aider, car il gardera le sol plus également humide et plus frais. Le trèfle rougeâtre tolère bien la sécheresse aussi, du moins une fois qu'il est bien enraciné dans son nouveau milieu.

Enfin, on le multiplie par division au printemps ou à l'automne, ou par semences.

Floraison : juillet-août. 60 cm x 30-45 cm. Zone 4.

❂ *T. rubens* 'Peach Pink' : fleurs rose pêche. Floraison : juillet-août. 60 cm x 30-45 cm. Zone 4.

❂ *T. rubens* 'Red Feathers' : identique à l'espèce. Floraison : juillet-août. 60 cm x 30-45 cm. Zone 4.

Autres espèces

Trifolium ochroleucon

❂ *T. ochroleucon*
Trèfle jaunâtre (Sulphur Clover)

Si le trèfle rougeâtre est assez méconnu, le trèfle jaunâtre l'est encore plus. Il a un port assez semblable à celui de son cousin rouge et fleurit pendant une aussi longue saison, mais ses inflorescences sont plutôt en boule qu'en forme de chandelle. Les fleurs sont de couleur blanc crème, d'où son nom (*ochroleucon* veut dire blanc jaune). Les deux ensemble font un très beau couple ! Floraison : juillet-août. 40-60 cm x 30-45 cm. Zone 4.

❂ *T. pannonicum*
Trèfle de Hongrie (Hungarian Clover)

Plante intermédiaire entre les deux précédentes, avec l'épi floral allongé de *T. rubens* et la couleur jaune crème de *T. ochroleucon*. Encore plus rare en culture que les autres ! Floraison : juillet-août. 60 cm x 30-45 cm. Zone 4.

Valériane rouge
Centranthus ruber

Centranthus ruber acheté sous forme de semences en mélange
www.jardinierparesseux.com

Famille : Valérianacées

Origine : région méditerranéenne

VALÉRIANE ROUGE
Centranthus ruber

Nom anglais : Red Valerian

Dimensions : 60-90 cm x 30-60 cm

Exposition :

Sol : ordinaire et très bien drainé, même alcalin

Floraison : juin-octobre

Multiplication : division, semences

Utilisations : plate-bande, bordure, rocaille, naturalisation, murets, pré fleuri, jardin xérophyte, fleur parfumée, fleur coupée, plante médicinale, attire les papillons

Associations : échinacées, népétas, pavots d'Orient, géraniums

Zone de rusticité : 4

Certains auteurs disent que le genre *Centranthus* est monotypique, c'est-à-dire qu'il ne contient qu'une seule espèce, *C. ruber*, mais en fait il existe une dizaine d'autres espèces, toutes relativement à très obscures. Donc, du point de vue du jardinier, c'est vrai qu'il n'y a qu'une seule valériane rouge : *C. ruber*.

La valériane rouge est une vivace au port buissonnant qui se distingue par ses tiges dressées, ses feuilles ovales bleu craie, pétiolées à la base du plant, mais sans pétioles ailleurs sur la plante, et de denses grappes de petites fleurs rouges, roses ou blanches. Sa floraison, luxuriante au début de l'été, se poursuit à un degré moindre jusqu'à la fin de l'automne, ce qui en fait l'une des vivaces à la floraison la plus longue. Les tiges florales penchent toujours vers le soleil, un facteur à

SECTION 2 ▶ VIVACES À FLORAISON PROLONGÉE

Centranthus ruber poussant à l'état sauvage en France

noter pour l'emplacement de cette plante : si vous la plantez du côté nord d'une allée, par exemple, l'effet sera moindre que si vous l'aviez plantée du côté sud.

Dans la nature, la valériane rouge pousse dans des falaises, sur des montagnes ou parmi des roches. On comprend de cela que la plante nécessitera un sol très bien drainé et pas nécessairement riche. 🍀 Elle craint l'humidité hivernale, surtout. Son sol d'origine est souvent calcaire (alcalin), mais comme pour la plupart des plantes calciphiles, cette alcalinité n'est pas nécessaire à sa bonne croissance et elle réussit très bien dans les sols de plate-bande, pour la plupart légèrement acides. Et le plein soleil est idéal. 🍀 La plante *tolère* la mi-ombre, mais la durée de sa floraison y est sérieusement réduite. C'est une vivace de longue vie – 20 ans et plus – là où les conditions lui plaisent.

🍀 Un mystère plane sur cette plante : les gens du sud-ouest du Québec se plaignent de ne pas la réussir, alors que les jardiniers d'ailleurs au Québec soutiennent qu'ils n'ont aucune difficulté avec elle. Pourtant, le sud-ouest de la province est la partie la plus chaude (zone 5). Pourquoi cette plante réussit-elle mieux en zone 4 qu'en zone 5 ? Je me demande si ce n'est pas la couche de neige plus constante qui les protège. Ou les hivers avec moins de soubresauts de température (gel, dégel, gel, dégel… ce n'est bon pour aucune plante). Je suggère aux gens de la région où sa culture est douteuse de bien le recouvrir d'un paillis léger, donc qui ne retient pas l'humidité, à l'automne. Des aiguilles de pin, par exemple.

La valériane rouge produit une longue racine pivotante qui rend la division difficile. On y a recours, ainsi qu'au bouturage des tiges (prélevez une tige à la base de la plante : elle aura peut-être quelques racines déjà), uniquement pour multiplier les cultivars qui ne sont pas fidèles au type. La plupart des cultivars *sont* fidèles au type, toutefois, et c'est donc la multiplication par semences qui est la méthode la plus utilisée. Un semis fait tôt (en février) donnera peut-être quelques fleurs la première année.

Les jeunes semis se transplantent bien. C'est moins le cas des plantes cultivées en pot, qui semblent frustrées de voir leur pivot ainsi comprimé. Vous trouverez cette plante parmi les assez rares vivaces qui sont plus faciles à établir par semences que par plants achetés.

Je n'ai jamais vu de semis spontanés dans mes plates-bandes, mais je dois admettre que je paille abondamment, ce qui ne leur donne pas de chance. La plante est pourtant réputée capable de se ressemer : c'est sans doute le cas là où le sol est dégagé. Elle n'est pas pour autant considérée comme envahissante ; de plus, avec leur feuillage bleu craie, les semis sont faciles à voir et à éliminer.

Centranthus ruber 'Albus'

Variétés

C. ruber : fleurs rouge rosé. Floraison : juin-octobre. 60-90 cm x 30-60 cm. Zone 4.

C. ruber 'Atrococcineus' : rouge foncé. Seul cultivar non fidèle au type : on le multiplie par bouturage. Floraison : juin-octobre. 60-90 cm x 30-60 cm. Zone 4.

C. ruber 'Albus' ('Snowcloud') : fleurs blanches. Floraison : juin-octobre. 60-90 cm x 30-60 cm. Zone 4.

C. ruber coccineus : fleurs rouge cerise, une couleur qui flamboie sur le feuillage bleu craie. On dit que cette forme est plus compacte, mais je ne vois aucune différence avec les autres. Floraison : juin-octobre. 60-90 cm x 30-60 cm. Zone 4.

C. ruber 'Rosenrot' : rouge rosé... à peu près la même couleur que celle de la forme sauvage. Floraison : juin-octobre. 60-90 cm x 30-60 cm. Zone 4.

Centranthus ruber 'Coccineus'

- Népéta
- Onagre
- Pavot cambrique
- Renouée
- Rose trémière
- Rudbeckie
- Sauge vivace
- Scabieuse
- Scrophulaire
- Scutellaire
- Sidalcée
- Stokesia
- Tanaisie
- Trèfle rougeâtre
- **Valériane rouge**
- Véronique
- Verveine

VÉRONIQUE
Veronica

Veronica spicata

Famille : Plantaginacées

Origine : mondiale

VÉRONIQUE
Veronica

Nom anglais : Speedwell

Dimensions : 10-120 cm x 25-90 cm (selon l'espèce)

Exposition : ☀ ☀

Sol : bien drainé, humide et riche en matière organique

Floraison : (mai-juin) juillet-août (septembre-octobre)

Multiplication : boutures de tige, division, semences

Utilisations : plate-bande, bordure, massif, naturalisation, sous-bois, pré fleuri, fleur coupée, plante médicinale, attire les colibris et les papillons

Associations : asters, aconits, géraniums, bétoines, campanules

Zone de rusticité : 3

Le genre *Veronica*, dans le sens classique, contient environ 250 espèces. Certains botanistes y incluent aussi le genre néo-zélandais *Hebe* et d'autres genres proches, ce qui en ferait presque doubler le nombre d'espèces. Même si cet ajout se justifie, il n'a pas d'impact sur les jardiniers de nos régions, car les espèces supplémentaires sont toutes de climat doux, incapables de supporter nos hivers.

La plante doit son nom à sainte Véronique, qui aurait recueilli un linge portant les traits de Jésus et aurait, grâce à ce linge, guéri l'empereur Tibère de la lèpre. Or, la véronique officinale (*Veronica officinalis*) était utilisée autrefois en application sur les plaies des lépreux, d'où son nom commun d'herbe-aux-ladres (lépreux). D'autres véroniques auraient aussi des propriétés médicinales.

SECTION 2 — VIVACES À FLORAISON PROLONGÉE

Les véroniques dans le sens traditionnel (excluant donc les *Hebe* et leurs amis) sont des plantes vivaces ou annuelles trouvées surtout dans l'hémisphère Nord. Les fleurs sont à quatre lobes (rarement cinq) à l'extrémité d'un tube court, avec deux étamines habituellement jaunes ressortant de la gorge de la fleur. Elles sont généralement très petites, mais souvent assemblées très densément en une grappe étroite similaire à un épi, ce qui crée beaucoup d'effet. Chez certaines espèces, par contre, il n'y a pas d'épi et les fleurs paraissent directement à l'aisselle des feuilles. La couleur de base des fleurs est bleu-violet, généralement avec des nervures plus foncées, mais elles se présentent aussi en rose et en blanc.

Les feuilles sont souvent opposées à la base de la plante, alternes ou en verticilles sur la tige florale. Leur taille et leur port varient considérablement aussi : dans ce chapitre, je ne présente que les « véroniques de plate-bande », celles qui poussent en touffe et ont un port buissonnant ou érigé. Elles varient quand même de 10 cm à peine de hauteur à plus de 1 m. Pour les véroniques à port rampant qui servent de couvre-sol ou de plantes tapissantes pour la rocaille, allez au chapitre *Tapis de verdure* dans le tome 2.

Côté culture, les véroniques de plate-bande sont des vivaces « typiques », ayant les mêmes besoins que la majorité des vivaces : du soleil ou un peu d'ombre, un sol à la fois humide et bien drainé, plutôt riche que pauvre. Leur entretien est minimal : tout au plus faut-il diviser au bout de quelques années les variétés qui poussent en touffe. Il n'y a rien non plus de particulier à signaler sur leur multiplication. Boutures de tige, division et semis sont possibles et faciles.

Évidemment, il y a des exceptions à tout cela : des véroniques qui préfèrent un sol extra drainé, d'autres qui sont aquatiques, etc., mais le portrait de base convient à la majorité.

Variétés

Veronica alpina tel qu'on le trouve dans la nature.

V. alpina
Véronique des Alpes (Alpine Speedwell)

Véronique poussant en touffe, comme les grandes variétés, mais toute petite. Feuilles luisantes de 3 cm de longueur. Rhizomateuse, mais pas envahissante, elle ne forme pas un véritable tapis. Épis denses de fleurs violettes, d'assez bonne taille comparativement au plant. Fleurit massivement à la fin du printemps, puis sporadiquement presque jusqu'aux neiges. Pour la bordure ou la rocaille. Floraison : mai-octobre (novembre). 10-20 cm x 30 cm. Zone 3.

V. alpina 'Alba' :
fleurs blanches. C'est la forme qu'on voit le plus souvent. Floraison : mai-octobre (novembre). 10-20 cm x 30 cm. Zone 3.

Népéta
Onagre
Pavot cambrique
Renouée
Rose trémière
Rudbeckie
Sauge vivace
Scabieuse
Scrophulaire
Scutellaire
Sidalcée
Stokesia
Tanaisie
Trèfle rougeâtre
Valériane rouge
Véronique
Verveine

Meneerke bloem, Wikimedia Commons

SECTION 2 ▶ VIVACES À FLORAISON PROLONGÉE

Veronica x 'Goodness Grows'

♥ ✲ ***V.* x 'Goodness Grows'** : cet hybride de *V. alpina* et *V. spicata* a donné un mélange attrayant : une plante au port généralement bas, mais coiffé d'épis dressés portant des fleurs bleu violacé plus grosses que celles de *V. spicata*. Fleurit presque jusqu'aux neiges ! Floraison : juin-octobre. 35 cm x 55 cm. Zone 3.

Veronica austriaca teucrium

✲ ***Veronica austriaca***
Véronique d'Autriche (Austrian Speedwell)
☀ ☀

Cette espèce des Alpes (mais pas strictement de l'Autriche, contrairement à ce que le nom suggère) produit des tiges dressées de feuilles plutôt lancéolées, vert foncé, formant un petit buisson. Les fleurs à quatre pétales de tailles inégales sont portées sur de courtes grappes étroites en forme d'épi. Notez que les épis ne sont jamais produits à l'extrémité de la tige, mais toujours à l'aisselle des feuilles supérieures. Non pas que cela paraisse beaucoup, mais comme les autres véroniques poussant en touffe ont des épis qui paraissent directement à la tête des tiges, ce détail pourrait vous aider à mettre le bon nom sur la plante.

⚠ Cette plante tend à s'affaisser. Pour prévenir ce problème, plantez-la au plein soleil dans un sol pas trop riche. C'est une espèce très variable en taille, avec cinq sous-espèces, dont deux surtout ont une certaine diffusion dans le commerce : *V. austriaca austriaca* et *V. austriaca teucrium*. Floraison : mai-juillet. 30-90 cm x 30-60 cm. Zone 3.

♥ ✲ ***V. austriaca austriaca* 'Ionian Skies'** : plant d'apparence aérée, car les feuilles linéaires produisent un effet de nuage. Abondantes fleurs bleu ciel. Floraison : mai-juin (juillet). 30-40 cm x 45-60 cm. Zone 3.

✲ ***V. austriaca teucrium*** (*V. teucrium*) : la sous-espèce la plus populaire. Connue sous le nom de véronique germandrée, car ses feuilles nettement plus ovales que celles de *V. austriaca austriaca* ressemblent à celles de la germandrée (*Teucrium* spp.). Fleurs dans différentes teintes de bleu violacé. L'espèce est d'assez grande taille (jusqu'à 100 cm) et peut aller au centre de la plate-bande, mais les cultivars sont généralement des sélections naines convenant à la bordure ou à la rocaille. Floraison : mai-juillet. 60-90 cm x 40-50 cm. Zone 3.

✲ ***V. austriaca teucrium* 'Crater Lake Blue'** : la variété la plus vendue. Épis courts de fleurs bleu gentiane intense. Port arrondi. Excellente en bordure ou plantée en massif. Floraison : mai-juillet. 60 cm x 75-90 cm. Zone 3.

SECTION 2 ▸ VIVACES À FLORAISON PROLONGÉE

Veronica austriaca teucrium 'Crater Lake Blue'

✿ **V. austriaca teucrium 'Kapitän'** : variété très naine. Fleurs bleu-violet foncé. Floraison : mai-juillet. 20-25 cm x 25-30 cm. Zone 3.

✿ **V. austriaca teucrium 'Royal Blue'** ('Königsblau') : port dressé. Fleurs bleu royal. Floraison : mai-juillet. 30-45 cm x 30 cm. Zone 3.

✿ **V. x 'Shirley Blue'** : hybride de *V. austriacum teucrium*. Fleurs bleu ciel. Très compact, formant un monticule large et bas. Floraison : mai-juillet. 15-20 cm x 30-45 cm. Zone 3.

✿ ***V. longifolia***
Véronique à longues feuilles
(Long-Leaf Speedwell)
☼ ☼

La plus grande des véroniques couramment cultivées, elle peut facilement dépasser 1 m de haut dans un emplacement au sol riche et humide. La plupart des cultivars sont toutefois plus compacts. C'est une plante dressée aux feuilles au moins deux fois plus grosses que celles des autres espèces. Elles sont lancéolées à la marge dentée et peuvent être opposées à la base de la plante, mais sont souvent verticillées par groupes de trois ou quatre sur la tige florale. La plante est coiffée de grappes terminales de fleurs en forme d'épi qui sont très hauts, souvent joliment courbés avant d'arriver à leur plein épanouissement.

La couleur d'origine est variable, diverses teintes de bleu-violet et de mauve, mais aussi des formes roses et blanches en

Veronica longifolia

Népéta
Onagre
Pavot cambrique
Renouée
Rose trémière
Rudbeckie
Sauge vivace
Scabieuse
Scrophulaire
Scutellaire
Sidalcée
Stokesia
Tanaisie
Trèfle rougeâtre
Valériane rouge
▸ **Véronique**
Verveine

SECTION 2 ▸ VIVACES À FLORAISON PROLONGÉE

culture. Originaire des lieux humides et bords d'eau dans le nord de l'Europe, la véronique à longues feuilles préfère un sol nettement plus humide que les autres véroniques décrites ici, mais elle réussit quand même très bien dans une plate-bande typique au sol bien drainé et peut tolérer un peu de sécheresse.

Floraison : juillet-août. 60-120 cm x 60-75 cm. Zone 3.

Veronica longifolia 'Alba'

❂ *V. longifolia* 'Alba' : fleurs blanches. Lignée produite par semences. Floraison : juin-septembre. 60-120 cm x 60 cm. Zone 3.

❂ *V. longifolia* 'Blauriesin' ('Blue Giant', 'Blue Giantess') : vieux cultivar. La variété la plus courante… 🔥 mais pas la plus florifère et 🔥 sujette à s'affaisser si on ne la tuteure pas. Fleur bleu-violet foncé. Feuillage un peu grisâtre. Floraison : juin-septembre (octobre). 75-90 cm x 75-90 cm. Zone 3.

❤ ❂ *V. longifolia* 'Blue John' : forme compacte. Feuilles lancéolées vert foncé. Fleurs bleu-violet sur une grappe très mince. Super florifère ! Floraison : juin-septembre (octobre). 90 cm x 80 cm. Zone 3.

❂ *V. longifolia* 'Blue Shades' : lignée produite par semences. Différentes teintes de bleu et de violet. Floraison : juin-septembre (octobre). 75-100 cm x 60 cm. Zone 3.

❂ *V. longifolia* 'Joseph's Coat' : feuilles étroites panachées de rose et de crème. Épis de fleurs bleu-violet pâle. 🔥 Floraison plutôt faible comparativement à d'autres du genre, mais le feuillage compense bien. Floraison : juillet-septembre. 50-55 cm x 40-45 cm. Zone 3.

❂ *V. longifolia* 'Lilac Fantasy' (série Harmony™) : hauts épis lilas. Feuillage vert foncé luisant. Floraison : juin-septembre. 50 cm x 35 cm. Zone 3.

Veronica longifolia 'Pink Shades'

❂ *V. longifolia* 'Pink Shades' : lignée produite par semences. Fleurs roses à rose pâle. Floraison : juin-septembre (octobre). 75-100 cm x 60 cm. Zone 3.

❤ ❂ *V. longifolia* 'Schneeriesin' ('White Giant') : fleurs blanches. Très longue florai-

SECTION 2 — VIVACES À FLORAISON PROLONGÉE

son : juin-septembre (octobre). 75-120 cm x 30-60 cm. Zone 3.

Les hybrides suivants sont proches de *V. longifolia* par leur port et leur taille, et la plupart ont cette espèce comme parent principal.

Veronica x 'Eveline'

V. x 'Eveline' (*V. longifolia* 'Eveline') : hybride proche de *V. longifolia* et souvent vendu comme un cultivar de cette espèce. Port dressé et compact. Fleurs violet rosé. Floraison : juin-septembre. 50 cm x 60 cm. Zone 3.

V. x 'First Love' : épis rose fluo saisissants ! Très compact. Floraison : juillet-septembre. 30 cm x 30 cm. Zone 3.

V. x 'Heraud' : fleurs bleu pourpré produites en très bonne quantité. Floraison : juin-septembre. 75 cm x 60 cm. Zone 3.

V. x 'Lavender Plume' : plante au port très original, produisant de multiples épis sur chaque tige plutôt qu'un seul épi terminal ou un épi terminal et quelques épillets, comme chez les autres. Cela donne un effet plumeux enchanteur : on dirait presque une verge d'or (*Solidago*) bleu-violet ! Floraison : juin-août. 50 cm x 35 cm. Zone 3.

V. x 'Midnight' (série Harmony™) : variété tardive. Fleurs pourpres sur des épis dressés. Semble sujet à une maladie foliaire indéterminée. Floraison : juillet-août. 45 cm x 60 cm. Zone 3.

V. x 'Pink Damask' : fleurs rose pâle. Très florifère. Majestueux ! Floraison : juin-septembre. 90 cm x 90 cm. Zone 3.

Veronica x Harmony™ 'Purplelicious'

V. x 'Purplelicious' (série Harmony™) : hauts épis de fleurs pourpres. Plant très ramifié. Floraison abondante. Floraison : juin-septembre (octobre). 45 cm x 60 cm. Zone 3.

V. x 'Royal Pink' : rose doux. Exige le plein soleil et un sol pas trop riche, sinon les tiges s'affaissent. Floraison : juin-septembre (octobre). 60 cm x 50 cm. Zone 3.

V. x 'Sonja' : fleur rose pourpré. Floraison : juillet-septembre (octobre). 65-75 cm x 60 cm. Zone 3.

Népéta
Onagre
Pavot cambrique
Renouée
Rose trémière
Rudbeckie
Sauge vivace
Scabieuse
Scrophulaire
Scutellaire
Sidalcée
Stokesia
Tanaisie
Trèfle rougeâtre
Valériane rouge
▷ **Véronique**
Verveine

❂ *V.* x 'White Jolanda' : fleurs blanches. Floraison : juin-octobre. 75-80 cm x 75-80 cm. Zone 3.

❂ *V. spicata*

Véronique en épi (Spiked Speedwell)

Non seulement c'est la véronique la plus cultivée, mais elle a aussi transmis ses gènes à la plupart des véroniques hybrides. De loin, elle donne l'effet d'une forme compacte de *V. longifolia*. De près, cependant, on remarque ses feuilles toujours lancéolées mais plus larges que celles de sa cousine et qui sont opposées plutôt que d'être en verticilles. Enfin, ses étamines sont violettes plutôt que jaunes.

Cette véronique produit des touffes de tiges courtes dressées coiffées de feuilles un peu luisantes à marge dentée. La plante est légèrement rhizomateuse et s'élargit avec le temps. Les hybrideurs ont magnifié cette caractéristique pour certains cultivars, qui font alors de bonnes plantes tapissantes. De ses tiges basses émergent des épis dressés étroits, parfois deux fois plus hauts que le feuillage, composés de petites fleurs bleu violacé à étamines longues.

La véronique en épi sauvage est généralement assez haute (45-60 cm). Toutefois, la mode est aux plantes basses et la plupart des cultivars modernes sont plus bas avec des épis beaucoup plus courts. Il y a aussi un plus vaste choix de couleurs : à part le bleu-violet original, il y a le rouge, le rose, le blanc, le pourpre et toutes les teintes imaginables de violet.

Cultivez la véronique en épi au plein soleil ou à la mi-ombre dans un sol riche et bien drainé. Dans la nature, elle pousse dans les sols plutôt secs, tout le contraire de la véronique à longues feuilles.

Floraison : juin-septembre. 10-75 cm x 30-75 cm. Zone 3.

❂ *V. spicata* 'Alba' : vieux cultivar produit par semences. Fleurs blanches sur une plante d'assez grande taille. ♣ Moins florifère que les hybrides modernes et ♣ les fleurs mortes brunes s'accumulent très visiblement sur les épis, réduisant l'effet en fin de saison. Floraison : juin-septembre. 55-65 cm x 60 cm. Zone 3.

♥ ❂ *V. spicata* 'Baby Doll' (série Harmony™) : rose moyen. Floraison très abondante. Floraison : juin-septembre. 45 cm x 55 cm. Zone 3.

❂ *V. spicata* 'Blaufuschs' ('Blue Fox') : bleu-violet vif. ♣ Tiges parfois un peu faibles. Floraison : juin-août. 40 cm x 70 cm. Zone 3.

Veronica x *spicata* 'Nana Blauteppich'

❂ *V. spicata* 'Nana Blauteppich' ('Blue Carpet') : variété naine rhizomateuse, formant un tapis bas décoré de fleurs bleu-violet sur de courts épis. Florifère. Lignée produite par semences. Floraison : juin-septembre. 18 cm x 35 cm. Zone 3.

❂ *V. spicata* 'Blue Peter' : bleu-violet. ♣ Tiges un peu faibles. Floraison : juin-septembre. 55-60 cm x 55-60 cm. Zone 3.

SECTION 2 ◆ VIVACES À FLORAISON PROLONGÉE

V. spicata **'Erika'**: rose magenta. Floraison abondante. Floraison : juin-septembre. 40 cm x 60 cm. Zone 3.

V. spicata **'Foxy Lady'**: mutation de 'Rotfuchs', à fleurs rose magenta foncé striées de blanc. Floraison : juin-septembre. 50 cm x 60 cm. Zone 3.

Veronica x *spicata* 'Glory' Royal Candles™

V. spicata **'Glory' Royal Candles™**: violet foncé. Très florifère. Floraison : juin-septembre (octobre). 45 cm x 45 cm. Zone 3.

V. spicata **'Heidekind'**: magenta. Variété naine. Floraison : juin-septembre. 30 cm x 30-45 cm. Zone 3.

V. spicata **'High Five'** (série Harmony™) : grande variété bleu lavande. Floraison abondante. Floraison : juin-septembre. 75 cm x 75 cm. Zone 3.

V. spicata **'Icicle'**: fleurs blanches. Floraison plus « propre » que celle de 'Alba'. La meilleure véronique en épi blanche.

Veronica x *spicata* 'Icicle'

Floraison : juin-septembre (octobre). 60 cm x 60 cm. Zone 3.

V. spicata **'Minuet'**: rose moyen. Feuillage un peu argenté. Floraison : juin-septembre. 45 cm x 55-60 cm. Zone 3.

V. spicata **'Noah Williams'**: variété naine à fleurs blanches et à feuillage panaché ourlé de blanc et de crème. Apparemment une mutation de 'Icicle'. Floraison faible et plante sans vigueur. Floraison : juin-septembre. 30 cm x 35 cm. Zone 3.

V. spicata **'Pavane'**: fleurs roses. Floraison dense et très abondante. Floraison : juin-septembre. 40-45 cm x 60 cm. Zone 3.

V. spicata **'Pink Panther'** (série Harmony™) : très longs épis de fleurs rose violacé. Feuillage vert pomme. Floraison : juin-septembre. 45 cm x 35 cm. Zone 3.

V. spicata **'Romiley Purple'**: violet foncé. Cultivar peu connu mais très florifère. Mérite d'être davantage cultivé. Floraison : juin-octobre. 50 cm x 60 cm. Zone 3.

Népéta
Onagre
Pavot cambrique
Renouée
Rose trémière
Rudbeckie
Sauge vivace
Scabieuse
Scrophulaire
Scutellaire
Sidalcée
Stokesia
Tanaisie
Trèfle rougeâtre
Valériane rouge
▷ **Véronique**
Verveine

SECTION 2 ▸ VIVACES À FLORAISON PROLONGÉE

Veronica x spicata 'Pink Goblin'

🌣 *V. spicata* 'Pink Goblin' ('Rosenrot'): rose magenta. Très similaire au plus populaire 'Rotfuchs'. Produit par semences. Floraison: juin-septembre. 30 cm x 50 cm. Zone 3.

🌣 *V. spicata* 'Rotfuchs' ('Red Fox'): variété populaire à fleurs «rouges» (rose magenta foncé). Floraison abondante. Floraison: juin-septembre. 50 cm x 60 cm. Zone 3.

🌣 *V. spicata* 'Sightseeing': mélange produit par semences. Rose, bleu-violet et blanc. Floraison: juin-septembre. 70 cm x 50 cm. Zone 3.

🌣 *V. spicata* 'Snow White': blanc. Floraison: juin-septembre. 60 cm x 50 cm. Zone 3.

🌣 *V. spicata* 'Spitzentraum': bleu pourpré. Grande variété... 🌿 mais sujette à s'affaisser. Floraison: juin-septembre. 75 cm x 50 cm. Zone 3.

🌣 *V. spicata* 'Total Eclipse' (série Harmony™): le plus foncé des *V. spicata*: fleurs violet sombre. Floraison: juin-septembre. 35 cm x 30 cm. Zone 3.

🌣 *V. spicata* 'Twilight' (série Harmony™): «Twilight» veut dire «tombée du jour» en anglais et, effectivement, le bleu lavande foncé de la fleur est similaire à la couleur du ciel au soleil couchant. Fleurit abondamment. Floraison: juin-septembre. 55 cm x 50 cm. Zone 3.

❤️ 🌣 *V. spicata* 'Ulster Dwarf Blue': épis de fleurs bleu-violet produits en grande quantité. L'une des meilleures véroniques en épi naines. Floraison: juin-septembre (octobre). 30 cm x 35 cm. Zone 3.

Les plantes suivantes sont des hybrides interspécifiques généralement associés à *V. spicata*. Souvent, ce sont des hybrides de *V. longifolia*, mais il peut y avoir d'autres espèces dans leur généalogie.

🌣 *V.* x série Atomic™: série tout à fait nouvelle au moment où j'écrivais ces lignes, donc je ne peux pas faire bien plus que de présenter les noms et quelques détails. Ce sont des plantes très compactes et bien ramifiées portant des épis minces de fleurs de différentes couleurs: 'Atomic Sky Ray': bleu-violet à étamines roses; 'Atomic Lavender': lavande pourpré; 'Atomic Amethyst Ray': lilas à étamines roses; 'Atomic Pink Ray': rose moyen à étamines rose pâle; et 'Atomic Violet Ray': bleu lilas à étamines roses. Floraison: juin-septembre. 30-40 cm x 30 cm. Zone 3.

🌣 *V.* x 'Darwin's Blue': épis coniques de fleurs bleu-violet. Floraison: juin-septembre (octobre). 65 cm x 50 cm. Zone 3.

❤️ 🌣 *V.* x 'Fairytale' (série Harmony™): rose pâle à anthères rose foncé contrastantes. Feuillage argenté. Presque toujours en fleurs! Floraison abondante. Floraison: juin-septembre (octobre). 80 cm x 70 cm. Zone 3.

❤️ 🌣 *V.* x 'Giles Van Hees': la plupart des véroniques en épi naines ne sont pas très florifères, mais cet hybride change la donne.

582

SECTION 2 ▶ VIVACES À FLORAISON PROLONGÉE

Veronica x 'Giles Van Hees'

Fleurs rose intense portées en quantité, presque jusqu'aux neiges! Floraison : juin-septembre (octobre). 20-25 cm x 35 cm. Zone 3.

Veronica x 'Hocus Pocus'

♥ ❂ **V. x 'Hocus Pocus'** : feuillage bas, mais épis très longs : deux fois plus hauts que le feuillage. Cette plante me fait penser à la célèbre vipérine de Madère (*Echium pininana*), mais en plus compact... et bien plus rustique! Fleurs violettes. Floraison : juin-septembre. 40-50 cm x 30 cm. Zone 3.

❂ **V. x 'Sweet Lullaby'** : semis de 'Giles Van Hees'. Épis de fleurs rose pâle. Intéressant en bordure ou en pot. Floraison : juin-septembre. 15 cm x 25-30 cm. Zone 3.

Veronica spicata incana

❂ **V. spicata incana** (*V. incana*)
Véronique argentée (Woolly Speedwell)
☀

La véronique argentée fut longtemps considérée comme une espèce à part entière, mais aujourd'hui les taxonomistes disent que c'est une sous-espèce de *V. spicata*. La différence principale est que toute la plante sauf la fleur est couverte de poils blancs. Ainsi les tiges paraissent blanches et les feuilles, argentées, un effet bien aimé des jardiniers. Autre différence : la plante est d'une taille un peu moindre, du moins comparativement à l'espèce *V. spicata*.

Népéta
Onagre
Pavot cambrique
Renouée
Rose trémière
Rudbeckie
Sauge vivace
Scabieuse
Scrophulaire
Scutellaire
Sidalcée
Stokesia
Tanaisie
Trèfle rougeâtre
Valériane rouge
▷ **Véronique**
Verveine

Porte de minces épis de fleurs bleu pourpré, mais le feuillage argenté donne un effet violet cendré aux fleurs. Naturellement drageonnant et formant un beau couvre-sol.

La forme botanique de cette plante est encore très cultivée, contrairement à la plupart des autres véroniques touffues où l'on trouve surtout des cultivars et des hybrides. Floraison : juin-septembre. 50 cm x 65 cm. Zone 3.

❂ *V. spicata incana nana* : fleurs violet foncé. Très bas. Floraison : juin-septembre. 20 cm x 30 cm. Zone 3.

❂ *V. spicata incana* 'Silbersee' ('Silver Sea') : forme compacte. Fleurs comme chez l'espèce : violet cendré. Lignée produite par semences. Floraison : juin-septembre. 30 cm x 35 cm. Zone 3.

❂ *V. spicata incana* 'Silver Carpet' : variété naine. Fleurs violet foncé. Similaire sinon identique à *V. spicata incana nana*. Excellent couvre-sol. Floraison : juin-septembre. 20 cm x 30 cm. Zone 3.

❂ *V. grandis*

Véronique cordifoliée (Heartleaf Speedwell) ☀☀

Espèce japonaise moins connue, proche de *V. spicata* en apparence et utilisation, mais à feuilles plus larges et plus luisantes, à marge dentelée. Épis de 30 cm de couleur bleu royal foncé sur des tiges dressées. Floraison : juillet-septembre. 90 cm x 30-60 cm. Zone 3.

❂ *V.* x 'Blue Charm' ('Lavender Charm') : serait une sélection ou un hybride de *V. grandis*. Denses épis de fleurs bleu lavande. Floraison : juin-septembre. 90-95 cm x 30-45 cm. Zone 3.

❂ *V.* x 'Sunny Border Blue' : encore une probable sélection ou un hybride de *V. grandis*. Épis dressés de fleurs bleu-violet. Nommé vivace de l'année 1993 par la Perennial Plant Association. Ce cultivar fit révolution à l'époque, mais il est maintenant surpassé par d'autres hybrides plus performants. Floraison : juillet-septembre. 55 cm x 55 cm. Zone 3.

Veronica x 'Sunny Border Blue'

Verveine
Verbena

Verbena hastata — Cody Hough, Wikimedia Commons

Famille : Verbénacées

Origine : Amérique du Nord et du Sud, Europe

VERVEINE
Verbena

Nom anglais : Verbena

Dimensions : 60-180 cm x 25-90 cm (selon l'espèce)

Exposition : ☀ (☀)

Sol : humide, bien drainé

Floraison : juillet-septembre

Multiplication : boutures de tige, division, semences

Utilisations : plate-bande, naturalisation, arrière-plan, pré fleuri, endroits trempés, jardin xérophyte, fleur coupée, plante médicinale, attire les papillons

Associations : oreilles d'agneau, rudbeckies, échinacées, galanes, aconits

Zone de rusticité : 3

Le genre *Verbena* contient presque 250 espèces annuelles et vivaces, mais la majorité viennent de climats bien plus chauds que le nôtre. Ainsi, plusieurs espèces « vivaces » ailleurs ne sont pas pérennes ici et on les cultive plutôt comme annuelles. Il existe beaucoup de verveines qui sont pérennes en zone 8, encore plusieurs qui au moins vivotent en zone 6, mais très peu qu'on peut dire vivaces dans nos régions, zone 5 et moins.

Au départ, si vous connaissez l'origine d'une verveine, vous aurez une bonne idée de sa rusticité. Les nombreuses verveines sud-américaines, comme *V. bonariensis*, *V. rigida* et *V. tenuisecta*, sont vivaces en zone 8 et plus, mais traitées comme des annuelles chez nous. Les espèces du sud des États-Unis, comme *V. canadensis*, *V. neomexicana* et *V. perennis*, sont

SECTION 2 ▸ VIVACES À FLORAISON PROLONGÉE

habituellement relativement solides jusqu'en zone 6, certainement en zone 7, et peuvent parfois survivre à un hiver doux sous notre climat, mais on ne les cultiverait jamais comme vivaces ici. Les vraies verveines vivaces sont les plantes indigènes du nord de l'Amérique, *V. hastata* et *V. stricta*, ainsi que quelques autres espèces moins connues.

Il s'agit, pour les espèces vivaces, de plantes dressées aux feuilles larges ou étroites, portant des tiges menues mais néanmoins robustes. Les fleurs sont portées en épis hauts et étroits produisant d'innombrables boutons de fleurs. L'épi est loin d'être tout en fleurs en même temps ; les fleurs commencent plutôt à la base et montent peu à peu vers le sommet. Il y a donc toujours un mince cercle de fleurs qui entoure l'épi pendant la plus grande partie de l'été.

Les petites fleurs sont en trompette à cinq lobes mais il faut être très près pour remarquer les détails, car elles sont minuscules. La couleur de base est lavande pourpré, mais on trouve d'autres couleurs chez les cultivars et même parfois à l'état sauvage.

Comme les besoins culturaux des verveines varient, je vous les présenterai dans les descriptions particulières. Côté multiplication cependant, elles ont plus en commun. On peut théoriquement diviser ou faire des boutures de tige avec les verveines, mais on les multiplie habituellement par semences. Semez-les l'automne ou, si vous les semez à l'intérieur, donnez aux graines un traitement au frigo pour stimuler la germination. Les verveines vivaces fleuriront abondamment dès la deuxième année suivant le semis, peut-être même la première année pour *V. hastata*. Pour l'instant, il n'y a aucun hybride complexe chez les verveines rustiques, donc tant les espèces que les cultivars sont fidèles au type par semences.

Variétés

Verbena hastata

 **Verbena hastata**
Verveine hastée
(Blue Verbena, Swamp Verbena)

Le nom *hastata* veut dire en forme de hallebarde… mais je ne sais vraiment pas à quoi cette forme se rapporte. C'est une vivace très répandue dans la nature, trouvée presque partout au Canada et aux États-Unis, sauf dans le Grand Nord. La plante est dressée, très dressée : la tige mince et quadrangulaire part du sol en se divisant régulièrement, comme un candélabre. Malgré une assez bonne hauteur (jusqu'à 1,8 m dans un sol riche et humide), la verveine hastée ne mesure jamais plus de 20 à 30 cm de diamètre. Les feuilles sont longues et lancéolées, vert foncé, dentées, rugueuses au toucher, aux nervures enfoncées. Elles sont surtout portées sur les deux tiers inférieurs de la plante. Les tiges continuent leur montée en se divisant, sauf que maintenant elles sont devenues des épis floraux étroits, très étroits

SECTION 2 ◆ VIVACES À FLORAISON PROLONGÉE

Verbena hastata

des « queues de rat » comme mon fils les appelait quand il était jeune et se montrait fasciné par les papillons qui semblaient trouver cette plante si attrayante. Les épis nombreux et toujours aussi dressés que les tiges complètent l'allure d'un candélabre. C'est une plante de très belle apparence, svelte, légère et très florifère ! Chez la plante sauvage, les fleurs sont lavande pourpré à bleu violacé, même occasionnellement roses.

Le deuxième nom commun chez les anglophones est « Swamp Verbena », verveine des marécages, et l'on comprend pourquoi. On trouve cette plante abondamment dans les marécages, les prés humides, le long des cours d'eau, etc., partout où il y a une conjonction de soleil et d'humidité. En plate-bande, elle s'adapte quand même très bien aux sols un peu moins humides, mais un paillis est toujours utile pour que la plante ne sèche pas trop en profondeur. En plus de 20 ans de culture, je n'avais jamais vu le moindre problème de maladie chez cette plante jusqu'à un été particulièrement sec. La plante s'est très bien comportée et a continué de fleurir, mais à l'automne, le feuillage était infesté de blanc. D'accord, d'accord, le blanc en fin de saison n'est pas dramatique, mais cela démontre que la sécheresse l'affaiblit.

On dit que la verveine est de courte vie, mais ce n'est pas très facile à prouver, puisque la plante se ressème toujours et assure ainsi une présence constante. Comment alors déterminer si la plante que vous voyez est l'originale ou une descendante qui a sournoisement pris sa place ?

Enfin, si vous aimez les plantes qui restent sagement à leur place, la verveine hastée n'est peut-être pas pour vous. Elle se répand toute seule par semences, pas très agressivement (et elle est facile à arracher), mais elle se déplace !

Floraison : juillet-septembre. 60-180 cm x 25-30 cm. Zone 3.

V. hastata 'Alba' : fleurs blanches. Floraison : juillet-septembre. 60-180 cm x 25-30 cm. Zone 3.

V. hastata 'Blue Spires' : malgré le nom, aucunement bleu, mais pourpre plutôt. Floraison : juillet-septembre. 90-120 cm x 25-30 cm. Zone 3.

V. hastata 'Pink Spires' : fleurs rose violacé. Le plus joli cultivar, à mon avis. Floraison : juillet-septembre. 90-120 cm x 25-30 cm. Zone 3.

V. hastata rosea : variante naturelle de l'espèce, plus adaptée aux sols secs. Floraison : juillet-septembre. 90-150 cm x 5-30 cm. Zone 3.

V. hastata 'White Spires' : fleurs blanches. Floraison : juillet-septembre. 90-120 cm x 25-30 cm. Zone 3.

V. stricta
Verveine veloutée (Hoary Verbena)

C'est la seule autre espèce de verveine vivace qu'on trouve dans le commerce et même là, pas très souvent. On la considère souvent comme une plante des Prairies

- Népéta
- Onagre
- Pavot cambrique
- Renouée
- Rose trémière
- Rudbeckie
- Sauge vivace
- Scabieuse
- Scrophulaire
- Scutellaire
- Sidalcée
- Stokesia
- Tanaisie
- Trèfle rougeâtre
- Valériane rouge
- Véronique
- ▷ **Verveine**

587

SECTION 2 ▸ VIVACES À FLORAISON PROLONGÉE

Verbena stricta

américaines, mais en fait, on l'a découverte à l'état sauvage un peu partout aux États-Unis, ainsi que dans l'extrême sud du Québec et de l'Ontario.

Cette plante semble très différente en apparence de la verveine hastée en début de saison, car ses feuilles ovales sont nettement plus larges et fortement couvertes de poils blancs, ce qui leur donne une apparence joliment argentée et une douce texture veloutée. Quand la plante fleurit, par contre, on la reconnaît davantage comme verveine, avec ses épis longs et très étroits ayant seulement quelques fleurs bleu pourpré à rose ouvertes en même temps. Cette plante se ramifie moins que sa cousine et elle est nettement plus large à la base, mais a quand même le port en forme de candélabre si caractéristique des verveines rustiques.

Juste à voir son feuillage argenté, on peut présumer que la verveine veloutée préfère le soleil et un sol bien drainé, voire sec... et c'est vrai. C'est tout le contraire de *V. hastata*, qui aime bien l'humidité.

Floraison: juillet-septembre. 60-120 cm x 60-90 cm. Zone 3.

V. stricta 'Prairie Candles': fleurs blanches. Floraison: juillet-septembre. 90-120 cm x 25-30 cm. Zone 3.

Variétés déconseillées

Les deux espèces suivantes appartiennent à la même catégorie: de très belles plantes parfois vendues comme vivaces, mais qui sont en fait des annuelles dans notre région. Notez que si vous avez des doutes sur la rusticité d'une verveine, il y a un petit truc: les espèces rustiques semblent toutes produire des épis floraux très étroits, alors que la majorité des verveines « subtropicales » ont un épi très court ressemblant à une ombelle.

Verbena bonariensis

V. bonariensis

Verveine bonne à rien, verveine de Buenos Aires (Buenos Aires Verbena)

D'abord, je n'ai rien contre cette plante si éthérée, que je trouve absolument superbe dans une plate-bande, mais je m'oppose quand on dit que c'est une plante vivace. Quand j'entends dire qu'elle est « vivace par ses semences », un terme qu'utilisent

SECTION 2 ▸ VIVACES À FLORAISON PROLONGÉE

certains marchands pour la décrire, j'ai envie d'étriper quelqu'un ! Cette phrase s'emploie de plus en plus pour désigner de simples annuelles. D'accord, elles se ressèment et sont donc présentes tous les ans, mais… c'est ce que les annuelles sont *censées* faire ! Le fait qu'une annuelle repousse chaque printemps des graines qui tombent à l'automne n'en fait pas pour autant une plante pérenne, qui, par définition, vit deux ans et plus.

D'accord, la verveine bonne à rien (c'est moi qui ai lancé ce terme, que je trouve particulièrement amusant) *est* pérenne dans son Amérique du Sud natale. Et aussi dans les zone 8 à 10 de l'Amérique du Nord. Mais chez nous, la pauvre doit se contenter de se maintenir par sa progéniture, car nos hivers la tuent inexorablement. Sous notre climat, ses graines survivent au froid, germent au printemps, et il arrive à ces semis de fleurir – un peu seulement - à la toute fin de la saison. Connaissant sa capacité de fleurir durant tout l'été si on la sème à l'intérieur, c'est de cette façon que je recommande de la cultiver : en annuelle à semer dans la maison 8 à 10 semaines avant le dernier gel. Vivace mon œil !

Floraison : juillet-octobre. 60-120 cm x 120 cm. Zone 8.

 *V. canadensis*
Verveine du Canada (Trailing Verbena)

Une mention rapide seulement de cette jolie « vivace » qui ne vient pas du Canada, comme les noms le suggèrent, mais du sud des États-Unis et qui n'est pas du tout pérenne dans le pays dont elle porte le nom. Il faut comprendre que, à l'époque de la découverte de cette plante, le Canada s'étendait jusqu'à la Louisiane ; il n'était pas juste le pays nordique que nous connaissons aujourd'hui. Cela explique pourquoi une plante presque subtropicale peut légitimement porter le nom *canadensis*. Donc, ne soyez pas leurré par un nom qui semble prometteur : la verveine du Canada, comme la verveine bonne à rien décrite précédemment, ne sera jamais autre chose qu'une annuelle chez nous.

C'est une plante au port lâche formant un large dôme de feuilles découpées et coiffées d'ombelles de fleurs roses à pourpres ou blanches, un effet qui me fait penser à une ibéride. 'Homestead Purple' est le cultivar le plus populaire – en fait, il est probablement un hybride d'une autre verveine quelconque – et est à fleurs rose pourpré.

Floraison : juillet-septembre. 20-50 cm x 45-100 cm. Zone 7 ou 8.

Népéta
Onagre
Pavot cambrique
Renouée
Rose trémière
Rudbeckie
Sauge vivace
Scabieuse
Scrophulaire
Scutellaire
Sidalcée
Stokesia
Tanaisie
Trèfle rougeâtre
Valériane rouge
Véronique
▷ **Verveine**

Verbena canadensis

À venir dans le Tome 2

**Plus de 3 000 variétés de vivaces,
regroupées dans les chapitres suivants :**

Pour un printemps fleuri !

Finir la saison en beauté

Tapis de verdure

De faux arbustes

Des géants dans la plate-bande

Des pseudo-bulbes

Le pied à l'eau

Des vivaces de milieu sec

Pour la rocaille

Les immortelles

Des fleurs à l'ombre

Surtout pour le feuillage

Un peu de piquant dans la plate-bande

Bisannuelles et autres va-vite

Des presque tropicales

Des vivaces « pensez-y bien »

Des vivaces à éviter

Sources

BEAUPRÉ ET JARDIN
211, chemin Royal, Saint-Jean-de-l'île-d'Orléans
G0A 3W0
www.eco-jardins.com

BOUGHEN NURSERIES VALLEY RIVER
P.O. Box 12, Valley River (MB) R0L
www.boughennurseries.net
Arbres, arbustes, vivaces

CANNING PERENNIALS
RR 22, Paris (ON) N3L 3E2
www.canningperennials.com
Vivaces

CHILTERN SEEDS
Bortree Stile, Ulverston, Cumbria LA12 7PB
England
www.chilternseeds.co.uk
Semences d'annuelles, de vivaces et d'arbres

CHUCK CHAPMAN IRIS
RR 1, 8790 WR 124, Guelph (ON) N1H 6H7
www.chapmaniris.com
Iris

EL SUMMIT PERENNIALS NURSERY
1051 Hwy#1, Mt. Uniacke (NS) B0N 1Z0
plants.chebucto.biz
Vivaces

ENFIN DES FLEURS
C.P. 57, Boucherville (QC) J4B 5E6
www.enfindesfleurs.com
Plantes inusitées et méconnues

FERME LES CHAMPS FLEURIS
993, ch. Iberville
Saint-Lambert-de-Lauzon (QC) G0S 2W0
www.champsfleuris.com
Iris

FERNCLIFF GARDENS
8502 McTaggart St, Mission (BC) V2V 6S6
www.ferncliffgardens.com
Dahlias, iris, hémérocalles, pivoines

FLORAL AND HARDY GARDENS
6729 Leslie Lane, RR3, Moorefield (ON) N0G 2K0
www.floralandhardy.ca
Vivaces

FRASER'S THIMBLE FARMS
175 Arbutus Rd, Salt Spring Island (BC) V8K 1A3
www.thimblefarms.com
Vivaces rares

FREE SPIRIT NURSERY INC.
20405 32e Ave., Langley (BC) V2Z 2C7
www.freespiritnursery.ca
Vivaces rares

GARDEN IMPORT
PO Box 760, Richmond Hill (ON) L4B 4R7
www.gardenimport.com
Plantes diverses

GARDENS PLUS
136 County Rd. #4 (Donwood)
Peterborough (ON) K9L 1V6
www.gardensplus.ca
Hostas, hémérocalles et autres vivaces

GARDENS NORTH
www.gardensnorth.com
Semences de vivaces nordiques

HÉMÉROCALLIS MONTFORT
349, des Montfortains
Wentworth-Nord (QC) J0T 1Y0
www.hemerocallismontfort.com
Hémérocalles

HORTICLUB
2914, boul. Curé-Labelle, Laval (QC) H7P 5R9
www.horticlub.com
Semences et plantes

JARDINS LAC BROME
C.P. 3776, 2612, ch. du Mont Écho
Knowlton (QC) J0E 1V0
www.hemerocallesjardinslacbrome.com
Hémérocalles

SOURCES

JARDINS OSIRIS, LES
818, rue Monique, Saint-Thomas de Joliette
Québec J0K 3L0
www.lesjardinsosiris.com
Pivoines, hostas, hémérocalles et autres

J. L. HUDSON
Box 337, La Honda, CA 94020-0337, USA
www.jlhudsonseeds.net
Semences de plantes rares

LEE VALLEY TOOLS
PO Box 6295, STN J, Ottawa (ON) K2A 1T4
www.leevalley.com
Outils de jardinage

MCFAYDEN SEEDS
1000 Parker Blvd, Brandon (MB) R7A 6N4
www.mcfayden.com
Semences diverses

PARK SEED CO
1 Parkton Avenue, Greenwood, South Carolina
29647-0001, USA
www.parkseed.com
Semences diverses

PICKERING NURSERIES
3043 County Road #2, RR 1
Port Hope (ON) L1A 3V5, tél. : 1 866 269-9282
www.pickeringnurseries.com
Vivaces

PIVOINERIE D'AOUST
C.P. 220, Hudson Heights (QC) J0P 1J0
www.paeonia.com
Pivoines

PIVOINES CAPANO
566, route 138
Saint-Augustin-de-Desmaures (QC) G7H 5A7
www.pivoinescapano.com
Pivoines

RICHTERS HERBS
357 Highway 47, Goodwood (ON) L0C 1A0
www.richters.com
Fines herbes

SEMENCES MAJELLA LAROCHELLE
www.larochelle.net/catalogue
Semences et plantes de vivaces rares

SEMENCES STOKES
PO Box 10, Thorold (ON) L2V 5E9
www.stokeseeds.com
Semences diverses

T & T SEEDS
Box 1710, Winnipeg (MB) R3C 3P6
www.ttseeds.com
Semences diverses

THE PLANT FARM
177 Vesuvius Bay Rd
Salt Spring Island (BC), V8K 1K3
www.theplantfarm.ca
Bambous, hémérocalles et plus

THOMPSON & MORGAN
47-220 Wyecroft Rd, PO Box 306
Oakville (ON) L6J 5A2
www.thompsonmorgan.ca
Semences diverses

VESEY'S SEEDS
PO Box 9000, Charlottetown (PEI) C1A 8K6
www.veseys.com
Semences de légumes et de fleurs pour saisons courtes

VIVACES DE L'ISLE
16 200, boul. Bécancour, Bécancour (QC) G9H 2M1
www.vivaces.net
Vivaces

VIVACES NORDIQUES
1131, rang Barthélemy
Saint-Léon (Québec) J0K 2W0
www.vivacesnordiques.com
Hémérocalles

WHITEHOUSE PERENNIALS
594 Rae Rd., RR 2, Almonte, ON K0A 1A0
www.whitehouseperennials.com
Vivaces rares et inhabituelles

WRIGHTMAN ALPINES
RR#3, Kerwood (ON) N0M 2B0
www.wrightmanalpines.com
Plantes alpines et de rocailles

Glossaire

Acaule : sans tige visible.
Acide : se dit d'un sol au pH inférieur à 7.
Adventice : se dit d'une plante introduite accidentellement d'un autre pays.
Alcalin : se dit d'un sol au pH supérieur à 7.
Allélopathie : effets nuisibles que les composés de certaines plantes ont sur d'autres plantes.
Alternes : se dit de feuilles placées de chaque côté de la tige à des hauteurs différentes (le contraire est « opposé »).
Annuel(le) : concerne une plante qui complète son cycle de vie en un an.
Annuelle hivernante : plante annuelle qui germe à l'automne pour continuer son cycle au printemps suivant.
Anthère : partie terminale de l'étamine, là où se trouve le pollen.
Apériodique : qui n'est pas influencé par la longueur du jour. On dit aussi « à jours neutres ».
Apétale : qui n'a pas de pétales.
Arborescent : qui prend la forme d'un arbre.
Arbustif : se dit d'un arbuste ou d'une plante ayant le port d'un arbuste.
Aréole : organe en forme de coussinet, caractéristique des cactées et portant des poils, des tiges, des fleurs et des épines.
Argileux : qui contient de l'argile. Voir aussi *Glaiseux*.
Asépale : qui n'a pas de sépales.
Autofécondes : désigne les fleurs qui peuvent être fécondées par leur propre pollen.
Autostérile : se dit d'une plante qui doit être pollinisée par un autre cultivar pour produire des fruits.

Barrière pare-racines : barrière insérée dans le sol pour prévenir l'expansion des racines et rhizomes.
Bilabié : qui forme deux lèvres.
Bipenné : deux fois penné, comme plusieurs fougères.
Bisannuel(le) : se dit d'une plante qui complète son cycle de vie en deux ans.
Biterné : doublement divisé en trois.
Blanc : maladie provoquée par un champignon où les feuilles, fleurs ou fruits se recouvrent d'une poudre blanche ; appelée aussi « oïdium ».
Bractée : feuille différente des autres, qui accompagne une fleur et aide souvent à attirer les pollinisateurs.
Buisson : arbuste généralement bas et dense.
Buissonnant : ayant le port d'un buisson.
Bulbe : bourgeon charnu, généralement souterrain. Par extension, tout organe souterrain charnu.

Caduc, caduque : se dit d'un organe qui tombe à un moment donné, par exemple une feuille. Voir aussi *Décidu*.
Calcaire : se dit d'un sol riche en carbonate de chaux.
Calcicole : se dit d'une plante qui aime les sols calcaires.
Calcifuge : se dit d'une plante qui n'aime pas les sols calcaires.
Calciphile : qui aime ou tolère un sol calcaire.
Calice : enveloppe extérieure de la fleur, composée des sépales. Généralement vert, mais coloré chez certaines espèces.
Capitule : inflorescence formée de plusieurs fleurs serrées ensemble et donnant l'impression d'une seule fleur (une marguerite, par exemple).
Capsule : fruit sec et arrondi contenant de nombreuses graines.
Carpelle : base du pistil contenant l'ovaire.
Caulescent : pourvu d'une tige apparente.
Cespiteux : qui croît en touffes compactes.
Chimère : organisme possédant des cellules d'origines génétiques différentes.
Cléistogame : se dit d'une fleur qui reste fermée à maturité, la fécondation s'effectuant par autopollinisation.
Composée : se dit d'une feuille constituée de plusieurs folioles sur un pétiole commun. Aussi, plante de la famille des composées, caractérisée par son inflorescence constituée de multiples petites fleurs fertiles densément serrées en capitule.
Cordé, cordiforme : en forme de cœur.
Corolle : ensemble des pétales d'une fleur.
Corymbe : inflorescence dont les pédoncules partent de différents niveaux, mais arrivent à la même hauteur environ, comme une inflorescence d'achillée.
Couverture flottante : couverture translucide utilisée pour protéger les cultures du froid ou des insectes nuisibles tout en laissant passer la lumière et l'eau. Le matériau léger repose habituellement directement sur les plants ; les bords de la couverture sont assujettis avec de la terre, des pierres ou des crampons.

GLOSSAIRE

Croisement : synonyme d'hybridation.
Cultivar : variété obtenue et multipliée par l'humain. Son nom apparaît entre des guillemets anglais simples (' ').
Culture *in vitro* : technique de laboratoire visant à produire beaucoup de plantes à partir d'une seule cellule.
Cyme : inflorescence formée d'axes portant chacun une seule fleur.

Décidu : se dit d'un organe qui tombe à un moment donné et, par extension, d'un arbre qui perd ses feuilles à l'automne. Voir aussi Caduc.
Digité : ramifié en forme de doigts.
Dioïque : fleurs mâles et femelles se présentant sur des plants différents.
Diploïde : ayant deux représentants de chaque chromosome. C'est l'état normal des cellules non reproductrices des végétaux.
Division : séparation d'une plante poussant en touffe, en deux ou en plusieurs sections. Aussi, plante résultant d'une division.
Double : ayant plus de pétales que la moyenne, généralement au moins le double.
Drageon : jeune tige produite à la base d'une plante.

Éclaircir : supprimer en partie des semis ou des fruits dans le but de permettre aux autres de mieux se développer.
Endémique : se dit d'une plante qui est propre à un lieu donné. Voir aussi Indigène.
Ensiforme : en forme d'épée.
Entier, entière : se dit d'une feuille qui n'est ni divisée ni dentée.
Entre-nœud : espace entre deux nœuds.
Éperon : projection tubulaire de la fleur, comme l'éperon d'une ancolie.
Épi : inflorescence dont chaque fleur est attachée à un pédoncule vertical commun, comme un épi de blé.
Espèce : division du genre. Groupe de plantes trouvées dans la nature et possédant des caractéristiques essentiellement identiques. Son nom suit celui du genre et est normalement écrit en italique ou souligné. Exemple : *vulgaris*, dans *Beta vulgaris*.
Étamine : organe mâle de la fleur.
Étendard : pétale supérieur dressé, notamment chez les Fabacées (gesses, pois, etc.) et les iris.
Étiolement : allongement anormal des tiges, parfois accompagné d'une décoloration et généralement dû à un manque de lumière.
Évasé : largement ouvert, en parlant des fleurs ou du port des arbres et arbustes.

F_1 : symbole indiquant la première génération après le croisement de deux plantes.
F_2 : symbole indiquant la deuxième génération après le croisement de deux plantes.
Famille : en botanique, regroupement de genres ayant des caractères communs.
Fécondation : fusion des gamètes mâles et femelles.
Fertile : se dit d'un sol riche qui permet une culture abondante. Aussi, fécond ou apte à être pollinisé.
Fidèle au type : qui donne un plant essentiellement identique à la plante mère lorsque produit par semences.
Filiforme : en forme de fil.
Fleur : organe reproducteur des plantes supérieures.
Fleuron : fleur généralement tubulaire faisant partie d'une inflorescence, notamment chez les Composées.
Florifère : qui produit beaucoup de fleurs ; aussi, qui porte des fleurs.
Foliole : petite feuille faisant partie d'une feuille composée.
Fonte des semis : maladie attaquant les jeunes semis en les faisant pourrir au pied.
Frugivore : qui mange des fruits.
Frutescent : qui a le port d'un arbuste.

Gélif : sensible à la gelée.
Gène : unité héréditaire.
Générique : ayant rapport au genre.
Genre : terme botanique désignant un ensemble d'espèces ayant des caractéristiques communes. Une famille botanique peut comporter plusieurs genres qui, à leur tour, se divisent en espèces. Le nom du genre prend la majuscule et s'écrit en italique. Par exemple, *Rudbeckia*, dans *Rudbeckia hirta*.
Germer : en parlant d'une graine, sortir de son enveloppe et former ses premières racines et feuilles.
Germination : action de germer ou moment où le semis apparaît.
Glabre : dépourvu de poils.
Glaiseux : se dit d'une terre riche en glaise (argile). Voir aussi Argileux.
Glauque : recouvert de pruine blanchâtre.
Globulaire, globuleux : en forme de sphère.
Godet : petit pot, généralement utilisé pour les semis.
Gourmand : pousse vigoureuse et élancée se développant soit sur une branche charpentière, soit (dans le cas des plantes greffées) à partir du porte-greffe.
Gousse : fruit sec à une seule loge qui s'ouvre en deux.

Graine : organe résultant de la fécondation de l'ovule et contenu dans le fruit. Elle donne en germant une nouvelle plante.
Graminée : plante faisant partie de la famille des graminées de gazon, dont le blé, le bambou, etc.
Graminiforme : en forme de graminée.
Grappe : inflorescence formée d'un axe primaire portant des axes secondaires terminés par une fleur. Se dit aussi d'un ensemble de raisins réunis sur une tige.
Grimpante (plante grimpante) : plante qui grimpe.

Haie : écran végétal. La haie peut être taillée ou libre.
Héliophile : qui aime le soleil.
Herbacé : qui a la consistance molle de l'herbe. Se dit aussi des plantes n'ayant pas de tiges ligneuses.
Hormone d'enracinement : substance servant à stimuler le développement des racines.
Hose-in-hose : type de fleur à deux corolles emboîtées l'une dans l'autre.
Hybridation : action de croiser deux plantes pour obtenir une nouvelle variété.
Hybride : plante résultant du croisement de deux races, espèces ou genres.
Hybride F_1 : hybride de première génération.
Hyphe : filament d'un champignon jouant un rôle de racine.

Indigène : se dit d'une plante qui croît spontanément dans un pays.
Inflorescence : ensemble de fleurs regroupées.
Intergénérique : se dit d'un croisement entre deux genres.
Intersectionnel : se dit d'un croisement entre des plantes de deux sections différentes d'une famille.
Interspécifique : se dit d'un croisement entre deux espèces.

Jardinerie : commerce où l'on vend des plantes.
Jours neutres : qui n'est pas influencé par la longueur du jour.

Lagomorphe : lapin, lièvre ou autre animal apparenté.
Lancéolé : en forme de lance.
Latex : suc blanc laiteux.
Lignée : ensemble de la descendance des mêmes parents.
Ligneux : qui a la consistance du bois.
Linéaire : allongé et étroit, comme une feuille de graminée.
Linguiforme : ayant la forme d'une langue.

Litière : partie du sol composée de débris organiques plus ou moins décomposés.
Loam : terre particulièrement riche en humus.
Lobe : découpure arrondie d'une feuille ou d'une fleur qui n'atteint pas la nervure médiane.
Lobé : divisé en lobes.

Maculé : marqué d'une tache irrégulière.
Marcottage : méthode de multiplication végétative dans laquelle les branches touchant le sol forment des racines et, plus tard, une nouvelle plante.
Marcotte : plant produit par marcottage.
Massif : association de diverses plantes en un ensemble décoratif.
Matière organique : produit issu de la décomposition d'êtres vivants qui forme l'humus.
Mellifère : qui permet de produire du miel.
Meuble : friable, facile à travailler.
Monocarpique : qui ne fleurit qu'une seule fois et meurt par la suite.
Monoïque : fleurs mâles et fleurs femelles sur le même plant. Exemple : la courge.
Monotypique : se dit d'un genre ou d'une famille qui ne contient qu'une seule espèce.
Multiplication : reproduction et propagation des végétaux.
Multiplication sexuée : production de plantes au moyen d'organes sexuels, qui s'effectue généralement par graines.
Multiplication végétative : production de plantes sans fécondation, par le bouturage, le marcottage, la division, etc.
Mutation : apparition brusque de nouvelles caractéristiques qui se maintiennent au cours des générations suivantes.
Mycoplasme : micro-organisme proche d'un virus.
Mycorhizes : champignons symbiotiques bénéfiques qui se fixent sur ou dans les racines et aident les végétaux à mieux absorber eau et minéraux.

Naturalisé : se dit d'une plante se comportant comme une plante autochtone, mais qui n'est pas indigène. Aussi, se dit d'un végétal planté dans le but de donner l'impression d'une plantation spontanée.
Naturaliser : planter en permanence un végétal dans le but de donner l'impression d'une plantation spontanée.
Nectaire : organe de certaines plantes produisant un liquide sucré, le nectar.
Nectar : liquide sucré produit par des nectaires.

GLOSSAIRE

Nectarifère : qui produit du nectar.
Nervure : élément de la charpente de la feuille.
Neutre : se dit d'un sol dont le pH correspond à 7.
Nœud : point d'insertion d'une feuille sur une tige.
Nomenclature : ensemble des règles régissant l'appellation et la classification des plantes.

Obconique : en forme de cône renversé.
Oblong : arrondi aux deux extrémités et plus long que large.
Obovale, obové, obovoïde : en forme d'œuf, avec la partie élargie en haut.
Obtus : au sommet arrondi.
Œil : bourgeon.
Ombelle : inflorescence en forme de parasol.
Opposés : se dit de feuilles ou autres organes disposés par paires et qui se font face.
Ovaire : partie inférieure du pistil renfermant les ovules.
Ovale, ové, ovoïde : en forme d'œuf, avec la partie élargie à la base.

Paillis : couche d'un matériau répandu à la surface du sol pour diverses raisons.
Palmé : se dit d'une feuille lobée qui rappelle une main ouverte.
Panaché : se dit d'une feuille ou tige marquée de deux couleurs. Souvent les plantes panachées portent le terme *variegata* dans leur nom botanique.
Panicule : inflorescence de forme plus ou moins triangulaire.
Papilionacé : corolle en forme de pois de senteur.
Papyracé : ayant la texture du papier.
Paripenné : se dit d'une feuille pennée sans foliole à l'extrémité.
Parthénocarpique : se dit d'une plante qui produit des graines sans fécondation.
Pas japonais : sentier composé de dalles disposées à distance d'un pas humain.
Pédicelle : ramification du pédoncule.
Pédoncule : support d'une fleur.
Pelouse : surface recouverte de gazon.
Pelté : se dit d'un organe, notamment une feuille, qui est arrondi et fixé par le centre.
Penné : qui est disposé de chaque côté du pétiole, comme les barbes d'un plume.
Pépinière : lieu où l'on cultive des plantes, notamment où on sème, bouture ou marcotte des plantes. Se dit aussi d'une jardinerie.
Pérenne, pérennant : qui peut vivre plusieurs années. Synonyme de vivace.
Perfoliée : feuille qui, entourant la tige, semble traversée par elle.

Persistant : restant sur la plante pendant plus d'une saison.
Pétale : division de la corolle.
Pétaloïde : qui ressemble à un pétale ; organe qui ressemble à un pétal.
Pétiole : organe mince et allongé de la feuille qui la relie à la tige.
pH : échelle de notation de 0 à 14 qui indique l'acidité ou l'alcalinité d'un sol.
Photopériodisme : réaction des plantes à l'alternance des périodes de noirceur et de lumière.
Photosynthèse : fonction par laquelle les plantes vertes forment différents composants organiques sous l'influence de la lumière.
Phototoxique : produit qui rend la peau hypersensible à la lumière.
Phyllodie : mutation ou maladie de la fleur où les pétales sont changés en feuilles.
Pistil : organe femelle de la fleur, composé de l'ovaire, du style et du stigmate.
Pivotant : se dit d'une racine principale qui s'enfonce profondément dans le sol.
Plante tapissante : type de plante à croissance basse qui peut remplacer le gazon.
Pleureur : aux feuilles ou branches retombantes.
Pruine : matière cireuse blanchâtre qui recouvre certains fruits ou feuilles.
Pubescent : garni de petits poils.
Pyramidal : qui a la forme d'une pyramide.

Quadripenné : quatre fois penné, comme plusieurs fougères.
Quinquefolié : qui a cinq feuilles ou cinq folioles.

Rampant : se dit de plantes à port bas et étalé.
Raquette : division aplatie de certaines cactées.
Rayon : fleur colorée en forme de pétale située au bord extérieur d'une fleur composée.
Réceptacle : prolongement du pédicelle de la fleur.
Réfléchi : recourbé vers la terre.
Rejet : drageon ou gourmand.
Remontant : se dit des plantes dont la floraison se répète au cours de la saison.
Remonter : refleurir.
Réniforme : en forme de rein.
Rétrocroiser : croiser un hybride avec un de ses parents.
Réversion : retour à la forme originale chez une mutation.
Rhizomateux : qui produit des rhizomes.
Rhizome : tige épaissie horizontale, en général au moins partiellement souterraine.
Rocaille : jardin rappelant un flanc de montagne où les roches dominent.

GLOSSAIRE

Rosette : ensemble de feuilles disposées en cercle.
Rouille : diverses maladies caractérisées par la formation de pustules orangées.
Rubané : très allongé et de faible largeur.
Rustique : qui s'adapte bien aux conditions climatiques du secteur. Au Canada, on utilise ce terme surtout pour désigner une plante résistante au froid dans une zone donnée.

Sableux, sablonneux : qui contient du sable.
Sarmenteux : se dit de plantes au port grêle qui s'appuient sur d'autres sans être de véritables plantes grimpantes.
Scarification : incision dans l'épiderme d'une graine dans le but de hâter la germination.
Semence : graine ou, le cas échéant, toute partie de la plante pouvant assurer sa multiplication.
Semi-aquatique : qui vit dans l'eau ou près de l'eau.
Semi-double : ayant plus de pétales que la moyenne, mais de façon insuffisante pour atteindre le double.
Semi-persistant : qui conserve ses feuilles l'hiver dans certaines conditions, mais les perd dans d'autres.
Semis : méthode de multiplication des végétaux à partir de la graine. Aussi, plants issus de semis.
Sépale : chacune des pièces du calice. Les sépales entourent le bouton floral.
Sépalé : qui porte des sépales.
Serré : à dents aiguës.
Sessile : dépourvu de pédoncule, attaché directement à la tige.
Sève : liquide circulant dans les vaisseaux des plantes.
Simple : comme adjectif, se dit d'une feuille non composée, d'une tige ou d'une inflorescence non ramifiée ou d'une fleur ayant seulement un rang de pétales ; comme nom, plante médicinale.
Sous-arbrisseau : plante ligneuse à la base dont les rameaux sont herbacés.
Sous-espèce : plante qui se distingue assez de l'espèce type pour être distinctive, mais sans constituer une espèce en elle-même.
Sous-ligneux : intermédiaire entre une consistance herbacée et une consistance ligneuse.
Spatulé : en forme de cuiller.
Spontané : qui croît à l'état sauvage.
Sport : mutation.
spp. : espèces (on utilise cette abréviation avec un nom de genre pour signifier plusieurs espèces).
Stérile : inapte à la reproduction.
Stipule : appendice à la base d'une feuille.
Stolon : tige rampante qui s'enracine pour donner de nouvelles plantes.
Stolonifère : muni de stolons.

Stratification : opération consistant à soumettre une graine à des conditions particulières dans le but d'en hâter la germination.
Succulent : se dit d'une plante aux tissus gonflés.

Tapissant : qui pousse en largeur et non en hauteur, qui recouvre le sol.
Taxonomie : science de la classification des espèces.
Taxonomiste : spécialiste de taxonomie.
Tépale : partie du périanthe qui n'est pas clairement un sépale ni un pétale mais qui a les caractéristiques des deux.
Terminal : à l'extrémité de la tige.
Tétraploïde : ayant quatre représentants de chaque chromosome.
Tige : organe qui porte des feuilles.
Tomenteux : couvert de poils cotonneux.
Tortueux : aux rameaux tordus.
Tourbe : matière végétale partiellement décomposée. On dit aussi « peat moss ».
Tourbière : habitat humide très acide largement composé de mousses en décomposition.
Traçant : se dit de racines et rhizomes rampants.
Transplantation : opération consistant à déplacer une plante d'un endroit à un autre.
Tripenné : trois fois penné, comme plusieurs fougères.
Triploïde : ayant trois représentants de chaque chromosome.
Tubercule : renflement souterrain de la tige ou de la racine (souvent appelé bulbe). Aussi, toute excroissance.
Tubéreux : en forme de tubercule ou doté de tubercules.
Tuteur : support pour les plantes.

Variété : plante différant légèrement de l'espèce. Si elle est trouvée à l'état sauvage, on l'appelle sous-espèce ; si elle apparaît en culture, on dit que c'est un cultivar.
Végétatif : qui concerne la vie des plantes.
Verticille : ensemble d'organes autour d'un axe.
Vivace : se dit d'une plante herbacée qui persiste plusieurs années.

Xérophyte : se dit d'une plante ou d'un jardin adapté aux milieux secs.

Zone climatique, de rusticité : chiffre qui indique le degré de tolérance d'une plante donnée par rapport au froid.

Bibliographie

Livres

Anisko, Tomasz. **When Perennials Bloom: An Almanac for Planning and Planting,** Portland, Timber Press, 2008, 510 p.

Armitage, Allan M. **Herbaceous Perennial Plants: A Treatise on their Identification, Culture, and Garden Attributes** (3rd ed.), Stipes, s.v., 2008, 1109 p.

Bown, Deni. **Encyclopedia of Herbs & their uses,** Londres, Dorling Kindersley Ltd, 1995, 424 p.

Carter, S., Becker, C. & Bob Lilly. **Perennials: The Gardener's Reference,** Portland, Timber Press, 2007, 542 p.

Coll. **The New Royal Horticultural Society Dictionary of Gardening,** tomes 1-4. New York, Grove's Dictionaries inc, 1999, 3240 p.

Froissart, Christian. **La connaissance des sauges,** Aix-en-Provence, Édisud, 2008, 318 p.

Gerritsen, H. & P. Oudolf. **Dream plants for the Natural Garden,** Portland, Timber Press, 2000, 144 p.

Giguère, Rock. **Les pivoines,** Montréal, Les éditions de l'Homme, 2006, 311 p.

Gill, S., Cloyd, R.A., Baker, J.R., Clement, D.L. & E. Dutky. **Pests & Diseases of Herbaceous Perennials: the biological approach** (2nd ed.), Batavia, Ball Pub., 2006, 422 p.

Grey Wilson, Christopher. **Poppies: The poppy family in the wild and in cultivation,** Portland, Timber Press, 1996, 208 p.

Hinkley, Daniel J. **The Explorer's Garden: Rare and Unusual Perennials,** Portland, Timber Press, 1999, 380 p.

Hodgson, Larry. **Jardins d'ombre du jardinier paresseux,** tome 1 (Collection Le jardinier paresseux), Saint-Constant, Broquet, 2009, 623 p.

Hodgson, Larry. **Les bulbes rustiques,** tome 1 (Collection Le jardinier paresseux), Saint-Constant, Broquet, 2004, 760 p.

Hodgson, Larry. **Les 1500 trucs du jardinier paresseux** (Collection Le jardinier paresseux), Saint-Constant, Broquet, 2006, 704 p.

Hodgson, Larry. **Les coups de cœur du jardinier paresseux,** tome 2 : Plantes paysagères (Collection Le jardinier paresseux), Saint-Constant, Broquet, 2008, 491 p.

Hodgson, Larry. **Les vivaces** (Collection Le jardinier paresseux), Saint-Constant, Broquet, 1997, 542 p.

Hodgson, Larry. **Vivaces** (Collection Les idées du jardinier paresseux), Saint-Constant, Broquet, 2007, 159 p.

Laramée, L. & I. Langlois. **Symphonie jardin - Plantes vivaces et fines herbes: les 4 saisons,** Saint-Eustache, La maison des fleurs vivaces, 82 p.

Laramée, Louisette. **Plantes vivaces: Guide pratique - Répertoire illustré,** Saint-Eustache, La maison des fleurs vivaces, 1999, 512 p.

MacKenzie, David S. **Perennial Ground Covers,** Portland, Timber Press, 1997, 379 p.

Marie-Victorin, Frère & coll. **Flore Laurentienne** (3e éd.), Boucherville, Gaëtan Morin Éditeur, 2002, 1093 p.

Millette, Réjean D. **Les hémérocalles,** Montréal, Les éditions de l'Homme, 2005, 347 p.

Millette, Réjean D. **Les hostas,** Montréal, Les éditions de l'Homme, 2003, 348 p.

Millette, Réjean D. **Les iris,** Montréal, Les éditions de l'Homme, 2007, 349 p.

Munson Jr, R.W. ***Hemerocallis, The Daylily,*** Portland, Timber Press, 1989, 144 p.

Otis, Michel André. ***Plantes vivaces*** (collection Secrets de jardinier), Boucherville, Bertrand Dumont éd., 2006, 192 p.

Phillips, Roger & Nicky Foy. ***The Random House Book of Herbs,*** New York, Random House, 1990, 192 p.

Phillips, Roger & Martyn Rix. ***The Random House Book of Perennials,*** Vol. 2 : Late perennials, New York, Random House, 1991, 252 p.

Rivière, Jean-Luc. ***Pivoines*** (collection Côté jardin), Paris, Marabout, 2000, 207 p.

Skinner, Hugh & Sara Williams. ***Best Groundcovers & Vines for the Prairies,*** Calgary, Fifth House, 2007, 234 p.

Société des Amis du Jardin Van den Hende & coll. ***Botanique et horticulture dans les jardins du Québec – Guide 2002,*** Sainte-Foy, Éd. MultiMondes, 2002, 214 p.

Société des Amis du Jardin Van den Hende & coll. ***Botanique et horticulture dans les jardins du Québec – Volume 2,*** Sainte-Foy, Éd. MultiMondes, 2003, 174 p.

Thomas, Graham Stuart. ***Perennial Garden Plants or The Modern Florilegium,*** (3rd ed). Portland, Sagapress inc./Timber Press, 1994, 463 p.

Turner, Roger. ***Tall Perennials : Larger-than-Life Plants for Gardens of All Sizes,*** Portland, Timber Press, 2009, 260 p.

Valleau, John M. ***Perennial Gardening Guide,*** Abbotsford, BC, Valleybrook International Ventures, 2003, 176 p.

Zillis, Mark R. ***The Hostapedia : An Encyclopedia of Hostas,*** Rochelle, Q & Z Nursery, Inc., 2009, 1125 p.

Catalogues et sites Internet consultés

Gardens North – www.gardensnorth.com.

Heritage Perennials – www.perennials.com.

Jardins Michel Corbeil – jardinsmichelcorbeil.com.

Royal Horticultural Society (RHS) – www.rhs.org.uk.

Vivaces de l'Isle – www.vivaces.net - vivaces.

INDEX

A

Acanthe de Hongrie, 86
Acanthe molle, 87
Acanthus bulgaricus Voir *Acanthus hungaricus*
Acanthus hungaricus, 86, 87
Acanthus mollis, 87
Acaule – définition, 593
Acclimatation – semis, 56
Achillea, 338, 339, 340
Achillea aegyptiaca taygetea Voir *Achillea* 'Taygetea'
Achillea ageratifolia, 351, 352
Achillea ageratifolia aizoon, 351
Achillea ageratum, 340
Achillea 'Anblo', 341
Achillea Anthea™ Voir *Achillea* 'Anblo'
Achillea 'Apfelblüte', 345, 346
Achillea 'Appleblossom' Voir *Achillea* 'Apfelblüte'
Achillea 'Apricot Delight', 345
Achillea chrysocoma, 340
Achillea chrysocoma 'Grandifora', 340
Achillea clavennae, 340, 341, 352
Achillea clypeolata, 341, 342, 352
Achillea 'Coronation Gold', 338, 341
Achillea 'Credo', 343
Achillea 'Fanal', 345
Achillea 'Feuerland', 346
Achillea filipendulina, 341, 342, 343
Achillea filipendulina 'Cloth of Gold', 342
Achillea filipendulina 'Gold Plate', 342, 343
Achillea filipendulina 'Parker's Variety', 343
Achillea 'Fireland' Voir *Achillea* 'Feuerland'
Achillea 'Flowers of Sulphur' Voir *Achillea* 'Schwefelblüte'
Achillea 'Gold Coin Dwarf', 343
Achillea grandiflora, 343 Voir *Tanacetum macrophyllum*
Achillea 'Great Expectations' Voir *Achillea* 'Hoffnung'
Achillea groupe Summer Pastels, 346
Achillea 'Heidi', 346
Achillea 'Hoffnung', 346
Achillea 'Hope' Voir *Achillea* 'Hoffnung'
Achillea hybrides Galaxy, 346
Achillea 'Inca Gold', 346
Achillea x *kellereri*, 351
Achillea 'Lachsschönheit', 347
Achillea x *lewisii*, 352
Achillea x *lewisii* 'King Edward', 352
Achillea macrophylla Voir *Achillea grandiflora*
Achillea millefolium, 343, 344, 345, 346, 347, 348, 349
Achillea millefolium borealis, 343
Achillea millefolium 'Cassis', 345
Achillea millefolium 'Cerise Queen', 345
Achillea millefolium 'Christel', 345
Achillea millefolium 'Debutante', 345
Achillea millefolium 'Forncett Fletton', 346
Achillea millefolium groupe Colorado, 346
Achillea millefolium 'Lavender Beauty' Voir *Achillea millefolium* 'Lilac Beauty'
Achillea millefolium 'Lilac Beauty', 347
Achillea millefolium millefolium, 343
Achillea millefolium nigrescens, 343
Achillea millefolium occidentalis, 343, 348
Achillea millefolium 'Paprika', 346, 347
Achillea millefolium 'Pomegranate', 347
Achillea millefolium 'Pretty Woman', 347
Achillea millefolium 'Red Beauty', 347
Achillea millefolium 'Red Velvet', 348
Achillea millefolium 'Saucy Seduction', 348
Achillea millefolium série Forncett, 346
Achillea millefolium 'Strawberry Seduction', 348
Achillea millefolium 'White Beauty', 348
Achillea 'Moonshine', 341
Achillea 'Moonwalker', 340
Achillea moschata, 340
Achillea nobilis, 348, 349
Achillea nobilis neilreichii, 349
Achillea 'Peachy Seduction', 347
Achillea 'Pink Grapefruit', 347
Achillea 'Pretty Belinda', 347
Achillea pseudopectinata Voir *Achillea* x *kellereri*
Achillea ptarmica, 339, 343, 349, 350, 351
Achillea ptarmica 'Angel's Breath', 349
Achillea ptarmica 'Ballerina', 350
Achillea ptarmica 'Gipi Whit', 350
Achillea ptarmica groupe 'Boule de Neige', 350
Achillea ptarmica Gypsy White® Voir *Achillea ptarmica* 'Gipi Whit'
Achillea ptarmica 'La Perle' Voir *Achillea ptarmica* groupe 'Boule de Neige'
Achillea ptarmica 'Nana Ballerina' Voir *Achillea ptarmica* 'Ballerina'
Achillea ptarmica 'Nana Compacta', 350
Achillea ptarmica 'Perry's White', 350, 351
Achillea ptarmica 'Schneeball' Voir *Achillea ptarmica* groupe 'Boule de Neige'
Achillea ptarmica 'The Pearl' Voir *Achillea ptarmica* groupe 'Boule de Neige'
Achillea 'Salmon Beauty' Voir *Achillea* 'Lachsschönheit'
Achillea 'Schwefelblüte', 343
Achillea 'Schwellenberg', 342
Achillea série Tutti Frutti™, 345, 347, 348
Achillea sibirica, 351
Achillea sibirica camtschatica, 351
Achillea sibirica camtschatica 'Love Parade', 351
Achillea sibirica 'Stephanie Cohen', 351
Achillea 'Sulphur Flower' Voir *Achillea* 'Schwefelblüte'
Achillea 'Summerwine', 348
Achillea 'Sunny Seduction', 348
Achillea 'Taygetea', 341-342, 346
Achillea 'Terracotta', 348
Achillea 'The Beacon' Voir *Achillea* 'Fanal'
Achillea tomentosa, 352
Achillea tomentosa 'Aurea', 352
Achillea tomentosa 'Golden Fleece', 352
Achillea tomentosa 'Maynard's Gold' Voir *Achillea tomentosa* 'Aurea'
Achillea 'W.B. Childs', 340
Achillea 'Walther Funcke', 348
Achillea 'Weserstandstein', 348
Achillea 'Wonderful Wampee', 348
Achillée, 338
Achillée à cheveux dorés, 340
Achillée à feuilles d'agérate, 351
Achillée argentée, 340
Achillée de Sibérie, 351
Achillée des Balkans, 341
Achillée jaune, 342
Achillée laineuse, 352
Achillée laineuse hybride, 352
Achillée millefeuille, 343, 344
Achillée musquée, 340
Achillée noble, 348
Achillée odorante, 340
Achillée sternutatoire, 349
Acide – définition, 593
Acidité du sol, 25
Aconit, 88
Aconit bicolore, 90
Aconit d'automne, 90
Aconit napel, 92
Aconit tue-loup, 91
Aconitum, 88, 89
Aconitum anglicum Voir *Aconitum napellus napellus* groupe Anglicum
Aconitum bicolor Voir *Aconitum* x *cammarum* 'Bicolor'
Aconitum 'Blue Lagoon', 93
Aconitum 'Blue Sceptre', 93
Aconitum 'Bressingham Spire', 94
Aconitum x *cammarum*, 89, 90
Aconitum x *cammarum* 'Bicolor', 89, 90
Aconitum x *cammarum* 'Eleanora', 90
Aconitum x *cammarum* 'Grandiflorum Album', 90
Aconitum x *cammarum* 'Pink Sensation', 90
Aconitum carmichaelii, 89, 90, 94
Aconitum carmichaelii 'Cloudy', 91
Aconitum carmichaelii groupe *Arendsii*, 90, 91
Aconitum carmichaelii 'Royal Flush', 91
Aconitum carmichaelii wilsonii, 91
Aconitum carmichaelii wilsonii 'Barker's Variety', 91
Aconitum carmichaelii wilsonii 'Kelmscott', 91
Aconitum carmichaelii wilsonii 'Latecrop' Voir *Aconitum carmichaelii wilsonii* 'Spätlese'
Aconitum carmichaelii wilsonii 'Spätlese', 91
Aconitum fischeri 'Arendsii' Voir *Aconitum carmichaelii* groupe *Arendsii*
Aconitum 'Ivorine', 94
Aconitum lamarckii, 92
Aconitum lycoctonum, 91, 94
Aconitum lycoctonum lycoctonum, 92
Aconitum lycoctonum neapolitanum, 91, 92
Aconitum lycoctonum vulparia, 92
Aconitum napellus, 90, 92
Aconitum napellus 'Blue Valley', 92
Aconitum napellus napellus groupe Anglicum, 92
Aconitum napellus 'Roseum', 92
Aconitum napellus 'Rubellum', 92
Aconitum napellus 'Schneewittchen', 92
Aconitum napellus 'Snow White' Voir *Aconitum napellus* 'Schneewittchen'
Aconitum napellus vulgare 'Albidum', 92

INDEX

Aconitum napellus vulgare 'Album' Voir *Aconitum napellus vulgare* 'Albidum'
Aconitum napellus vulgare 'Carneum', 93
Aconitum pyrenaicum Voir *Aconitum lycoctonum*
Aconitum septentrionale, 94
Aconitum septentrionale 'Ivorine' Voir *Aconitum* 'Ivorine'
Aconitum 'Spark's Variety', 94
Aconitum 'Stainless Steel', 88, 94
Aconitum variegatum, 90
Adenophora, 237, 238
Adenophora 'Amethyst', 238
Adenophora confusa, 238
Adenophora liliifolia, 238
Adenophora takedae, 238
Adénophore, 237
Adénophore à feuilles de lis, 238
Adénophore commun, 238
Adénophore d'automne, 238
Adénophore hybride, 238
Adventice – définition, 593
Aération, 75
Agastache, 353
Agastache, 353
Agastache aurantiaca, 356
Agastache barberi, 356
Agastache 'Black Adder', 355
Agastache 'Blue Fortune', 353, 355
Agastache cana, 356
Agastache coréenne, 356
Agastache faux-népéta, 355
Agastache fenouil, 69, 354
Agastache foeniculum, 69, 354, 355, 356
Agastache foeniculum 'Alabaster', 354
Agastache foeniculum 'Alba', 355
Agastache foeniculum 'Aurea', 355
Agastache foeniculum 'Golden Jubilee' Voir *Agastache rugosa* 'Golden Jubilee'
Agastache 'Purple Haze', 355
Agastache nepetoides, 355
Agastache rugosa, 356
Agastache rugosa 'Alba' Voir *Agastache rugosa albiflora*
Agastache rugosa albiflora, 356
Agastache rugosa albiflora 'Honey Bee White', 356
Agastache rugosa 'Blue Spike', 356
Agastache rugosa 'Golden Jubilee', 355, 356
Agastache rugosa 'Honey Bee Blue', 356
Agastache rugosa 'Liquorice Blue', 356
Agastache rugosa 'Liquorice White' Voir *Agastache rugosa albiflora*
Agastache rugosa 'Snow Spike' Voir *Agastache rugosa albiflora*
Agastache rugosum, 355
Agastache rupestris, 356
Alaska Burnet, 321
Alcalin – définition, 593
Alcalinité du sol, 25
X *Alcalthaea suffrutescens*, 464, 509, 510
X *Alcalthaea suffrutescens* 'Parkallee', 509, 510
X *Alcalthaea suffrutescens* 'Parkfrieden', 510
X *Alcalthaea suffrutescens* 'Parkrondell', 510
Alcea, 501, 502, 503

Alcea x 'Antwerp', 506
Alcea ficifolia, 506, 507
Alcea x 'Happy Lights', 507
Alcea kurdica, 507
Alcea pallida, 507
Alcea rosea, 69, 501, 503, 504, 506, 507, 509
Alcea rosea 'Appleblossom', 504
Alcea rosea 'Arabian Nights' Voir *Alcea rosea* 'Nigra'
Alcea rosea 'Blacknight', 504
Alcea rosea 'Chater's Double Apricot' Voir *Alcea rosea* 'Chater's Double Chamois'
Alcea rosea 'Chater's Double Chamois', 504
Alcea rosea 'Chater's Double Chestnut-Brown', 504
Alcea rosea 'Chater's Double Icicle' Voir *Alcea rosea* 'Chater's Double White'
Alcea rosea 'Chater's Double Pink', 504
Alcea rosea 'Chater's Double Purple' Voir *Alcea rosea* 'Chater's Double Violet'
Alcea rosea 'Chater's Double Purple', 504
Alcea rosea 'Chater's Double Salmon Pink', 504
Alcea rosea 'Chater's Double Red', 504
Alcea rosea 'Chater's Double Scarlet' Voir *Alcea rosea* 'Chater's Double Red'
Alcea rosea 'Chater's Double Violet', 504
Alcea rosea 'Chater's Double White', 504
Alcea rosea 'Chater's Double Yellow', 504
Alcea rosea 'Chater's Maroon' Voir *Alcea rosea* 'Chater's Double Chestnut-Brown'
Alcea rosea 'Crème de Cassis', 504
Alcea rosea 'Fiesta Time', 504
Alcea rosea groupe 'Majorette', 505
Alcea rosea 'Halo White', 505
Alcea rosea 'Indian Spring', 505
Alcea rosea 'Jet Black' Voir *Alcea rosea* 'Nigra'
Alcea rosea 'Mars Magic', 505
Alcea rosea 'Nigra', 503, 505
Alcea rosea 'Peaches'N Dreams', 505
Alcea rosea 'Polarstar', 505
Alcea rosea 'Queeny Purple', 505, 506
Alcea rosea série 'Chater's Double', 504
Alcea rosea série 'Powderpuff', 506
Alcea rosea série Spotlight, 504, 505, 506
Alcea rosea 'Simplex', 506
Alcea rosea 'Spring Celebrities', 506
Alcea rosea 'Summer Carnival', 506
Alcea rosea 'Sunshine', 506
Alcea rugosa, 508
Alcea x 'Single Hybrids', 507
Alcea x 'Summer Memories', 507
Alchemilla, 184, 185
Alchemilla alpina, 187
Alchemilla conjuncta, 187
Alchemilla ellenbeckii, 187
Alchemilla erythropoda, 187
Alchemilla glaucescens, 187
Alchemilla mollis, 184, 185, 186
Alchemilla mollis 'Auslese', 186
Alchemilla mollis 'Improved Form', 186
Alchemilla mollis 'Robusta', 186
Alchemilla mollis 'Senior', 186
Alchemilla mollis 'Thriller', 186
Alchémille, 184

Alchémille à folioles soudées, 187
Alchémille alpine, 187
Alchémille d'Ellenbeck, 187
Alchémille molle, 185
Alchémille pubescente, 187
Alcool à friction, 75
Aleurodes, 64, 80
Alexander, 332
Allélopathie – définition, 593
Alpine Aster, 361
Alpine Cinquefoil, 315
Alpine Japanese Pincushion Flower, 542
Alpine Lady's Mantle, 187
Alpine Skullcap, 548
Alpine Speedwell, 575
Alpine Yellow Fleabane, 330
Alterne – définition, 593
Althaea, 508
Althaea officinalis, 69, 508, 509
Altises, 64, 65
Alumroot, 441
American Alumroot, 443
Ameublir sol, 30
Amsonia, 95
Amsonia 'Blue Ice', 98
Amsonia ciliata, 98
Amsonia elliptica, 99
Amsonia hubrechtii Voir *Amsonia hubrichtii*,
Amsonia hubrichtii, 97, 98
Amsonia illustris, 98
Amsonia ludoviciana, 99
Amsonia montana Voir *Amsonia tabernaemontana*
Amsonia orientalis, 99
Amsonia rigida, 99
Amsonia tabernaemontana, 95, 96, 97, 98, 99
Amsonia tabernaemontana 'Alba', 97
Amsonia tabernaemontana salicifolia, 97
Amsonia tabernaemontana 'Short Stack', 97
Amsonie, 95
Amsonie à feuilles elliptiques, 99
Amsonie ciliée, 98
Amsonie d'Arkansas, 97
Amsonie de la Louisiane, 99
Amsonie du Texas, 98
Amsonie orientale, 99
Amsonie rigide, 99
Amur Daylily, 122
Analyse de sol, 34, 35
Analyse de sol – en laboratoire, 34, 35
Analyse de sol – fréquence, 35
Analyse de sol – trousse, 34, 35
Anémone du Japon, 69
Anemone x *hybrida*, 69
Annuelle, 12
Annuelle – définition, 593
Annuelle hivernante, 593
Anthère – définition, 593
Antwerp Hollyhock, 506
Apériodique – définition, 593
Apétale – définition, 593
Araignées rouges, 65
Arborescent – définition, 593
Arbustif – définition, 593
Arctic cinquefoil, 313

INDEX

Aréole – définition, 593
Argentina anserina, 317, 318
Argentina anserina 'Golden Treasure', 318
Argentina anserina sericea, 318
Argentine ansérine, 317
Argileux – définition, 593
Armenian Cranesbill, 425
Armenian Poppy, 493
Armoise Silver Mound, 50
Armoracia rusticana 'Variegata', 66
Arrosage, 42, 75
Arrosage – culture en pot, 61
Arrosage – déterminer le besoin, 42
Arrosage – en période de canicule, 42
Arrosage – fréquence, 42
Arrosage – pour traiter parasites, 63
Arrosage – vivaces cultivées en pot, 43
Arrosage manuel, 43
Arrosage par aspersion, 43
Arroseur, 44
Arroseur de pelouse, 44
Arroseur oscillant, 44
Arroseur rotatif, 44
Arroseur sur tige, 44
Arrosoir, 43
Artemisia schmidtiana, 50
Artichoke Betony, 222
Aruncus dioicus, 191
Asépale – définition, 593
Assurer une floraison constante, 18
Aster, 357
Aster alpin, 361
Aster alpinus, 361
Aster alpinus albus, 361
Aster alpinus 'Dark Beauty' Voir *Aster alpinus* 'Dunkle Schöne'
Aster alpinus 'Dunkle Schöne', 361
Aster alpinus 'Fairyland' Voir *Aster alpinus* 'Märchenland'
Aster alpinus 'Goliath', 361
Aster alpinus 'Happy End', 361
Aster alpinus 'Märchenland', 361
Aster alpinus 'Pinkie', 362
Aster amelle, 358
Aster amellus, 358, 359
Aster amellus 'Blue King', 359
Aster amellus 'Flora's Delight', 359
Aster amellus 'King George', 359
Aster amellus 'Pink Zenith' Voir *Aster amellus* 'Rosa Erfüllung'
Aster amellus 'Rosa Erfüllung', 359
Aster amellus 'Veilchenkönigin', 359
Aster amellus 'Violet Queen' Voir *Aster amellus* 'Veilchenkönigin'
Aster d'été, 357, 358
Aster de Frikart, 359
Aster de printemps, 362
Aster de Tatarie, 360
Aster de Tatarie nain, 360
Aster des Pyrénées, 360
Aster du printemps, 361
Aster x frikartii, 359
Aster x frikartii 'Mönch', 357, 359
Aster x frikartii 'Wunder von Stäfa', 360
Aster pyrenaeus, 360
Aster pyrenaeus 'Lutetia', 360

Aster tataricus, 358, 360
Aster tataricus 'Blue Lake', 360
Aster tataricus 'Violet Lake', 360
Aster thomsonii, 359
Aster tongolensis, 362
Aster tongolensis 'Berggarten', 362
Aster tongolensis 'Leuchtenberg', 362
Aster tongolensis 'Napsbury', 362
Aster tongolensis 'Wartburgstern', 362
Astilbe, 188-199
Astilbe à feuilles simples, 198
Astilbe 'Alive and Kicking', 191
Astilbe 'Amethyst', 191
Astilbe 'Aphrodite', 191
Astilbe x arendsii, 191-199
Astilbe x arendsii Color Flash Lime® Voir *Astilbe* 'Beauty of Lisse'
Astilbe x arendsii Color Flash® Voir *Astilbe* 'Beauty of Ernst'
Astilbe 'August Light' Voir *Astilbe* 'Augustleucten'
Astilbe 'Beauty of Ernst', 191
Astilbe 'Beauty of Lisse', 191
Astilbe biternata, 191
Astilbe 'Bonn', 191
Astilbe 'Brautschleier', 192
Astilbe 'Bremen', 192
Astilbe 'Bressingham Beauty', 192
Astilbe 'Bridal Veil' Voir *Astilbe* 'Brautschleier'
Astilbe 'Bronce Elegans', 192
Astilbe 'Bronze Elegans' Voir *Astilbe* 'Bronce Elegans'
Astilbe 'Bumalda', 192
Astilbe 'Burgunderrot', 192
Astilbe 'Burgundy Red' Voir *Astilbe* 'Burgunderrot'
Astilbe 'Catherine Deneuve' Voir *Astilbe* 'Federsee'
Astilbe 'Cattleya', 192
Astilbe chinensis, 192
Astilbe chinensis 'Finale', 192
Astilbe chinensis 'Late Summer' Voir *Astilbe chinensis* 'Spätsommer'
Astilbe chinensis 'Milk and Honey', 192
Astilbe chinensis 'Rise and Shine', 192
Astilbe chinensis 'Snowdrift', 193
Astilbe chinensis 'Spätsommer', 193
Astilbe chinensis 'Valerie', 193
Astilbe chinensis 'Veronica Klose', 193
Astilbe chinensis 'Vision in Pink', 193
Astilbe chinensis 'Vision in Red', 193
Astilbe chinensis 'Visions', 193, 194
Astilbe chinensis japonica 'Purple Candles' Voir *Astilbe chinensis japonica* 'Purpurlanze'
Astilbe chinensis japonica 'Purpurkerze' Voir *Astilbe chinensis japonica* 'Purpurlanze'
Astilbe chinensis japonica 'Purpurlanze' 193
Astilbe chinensis japonica 'Superba', 193
Astilbe chinensis pumila, 192
Astilbe chinoise, 192
Astilbe 'Cotton Candy', 194
Astilbe 'Country and Western', 194
Astilbe x crispa, 194
Astilbe x crispa 'Liliput', 194

Astilbe x crispa 'Perkeo', 194
Astilbe 'Dark Salmon' Voir *Astilbe* 'Dunkellachs'
Astilbe 'Darwin's Margot', 194
Astilbe 'Delft Lace', 194
Astilbe 'Deutschland', 194
Astilbe 'Diamant', 194
Astilbe 'Diamond' Voir *Astilbe* 'Diamant'
Astilbe 'Drum and Bass', 194
Astilbe 'Dunkellachs', 194
Astilbe 'Düsseldorf', 195
Astilbe 'Eden's Odysseus', 195
Astilbe 'Elisabeth van Veen', 195
Astilbe 'Ellie', 195
Astilbe 'Etna', 195
Astilbe 'Europa', 195
Astilbe 'Europe' Voir *Astilbe* 'Europa'
Astilbe 'Fanal', 195
Astilbe 'Federsee', 195
Astilbe 'Feuer', 195
Astilbe 'Fire' Voir *Astilbe* 'Feuer'
Astilbe 'Fireberry', 195
Astilbe 'Flamingo', 195
Astilbe 'Garnet' Voir *Astilbe* 'Granat'
Astilbe 'Gladstone' Voir *Astilbe* 'W.E. Gladstone'
Astilbe 'Gloria', 195
Astilbe 'Glory' Voir *Astilbe* 'Gloria'
Astilbe 'Glow' Voir *Astilbe* 'Glut'
Astilbe 'Glut', 196
Astilbe 'Gnom', 196
Astilbe 'Granat', 196
Astilbe 'Hennie Graafland', 196
Astilbe hybride *chinensis*, 191
Astilbe hybride *japonica*, 191, 192, 194, 195, 196, 197, 199
Astilbe hybride *simplicifolia*, 191, 192, 196, 198
Astilbe hybride *thunbergii*, 197, 199
Astilbe 'Irrlicht', 196
Astilbe japonica, 191
Astilbe japonica 'Superba' Voir *Astilbe chinensis japonica* 'Superba'
Astilbe 'Jump and Jive', 196
Astilbe 'Key Biscayne', 196
Astilbe 'Key Largo', 196
Astilbe 'Key West', 196
Astilbe 'Köln', 196
Astilbe 'Lollipop', 196
Astilbe 'Maggie Daley', 196
Astilbe 'Mainz', 197
Astilbe 'Moerheimii', 197
Astilbe 'Montgomery', 197
Astilbe 'Nikky', 197
Astilbe 'Ostrich Plume' Voir *Astilbe* 'Straussenfeder'
Astilbe 'Peaches and Cream', 197
Astilbe 'Professor van der Wielen', 197
Astilbe 'Queen of Holland', 197
Astilbe 'Radius', 197
Astilbe 'Red Sentinel', 197
Astilbe 'Rheinland', 197
Astilbe 'Rhineland' Voir *Astilbe* 'Rheinland'
Astilbe 'Rhythm and Blues', 198
Astilbe 'Rock and Roll', 198
Astilbe x rosea 'Peach Blossom', 198
Astilbe série Short 'n Sweet™, 195

INDEX

Astilbe simplicifolia, 191, 198
Astilbe 'Sister Theresa' Voir *Astilbe* 'Zuster Theresa'
Astilbe 'Snowdrift', 198
Astilbe 'Sprite', 198
Astilbe 'Straussenfeder', 199
Astilbe 'Sugarberry', 198
Astilbe 'Versacarmine', 199
Astilbe 'Verslilac', 199
Astilbe 'Verssilverypink', 199
Astilbe 'Verswhite', 199
Astilbe 'Vesuvius', 199
Astilbe 'W.E. Gladstone', 199
Astilbe 'Washington', 199
Astilbe Younique Carmine™, 199
Astilbe Younique Silvery Pink™, 199
Astilbe Younique White™, 199
Astilbe 'Zuster Theresa', 199
Astrance, 363
Astrance à feuilles d'hellébore, 367
Astrance hybride, 367
Astrance mineure, 367
Astrantia, 363, 364, 365
Astrantia x 'Buckland', 367
Astrantia carniolica, 366, 367
Astrantia carniolica 'Rubra', 367
Astrantia x 'Dark Shiny Eyes', 367
Astrantia x 'Hadspen Blood', 367
Astrantia major, 365, 367
Astrantia major 'Abbey Road', 365
Astrantia major 'Alba', 365
Astrantia major 'Claret', 365
Astrantia major 'Lars', 365
Astrantia major involucrata 'Majorie Fish' Voir *Astrantia major involucrata* 'Shaggy'
Astrantia major involucrata 'Moira Reid', 365
Astrantia major involucrata 'Shaggy', 363, 365
Astrantia major 'Magnum Blush', 365
Astrantia major 'Pink Pride', 365, 366
Astrantia major 'Primadonna', 366
Astrantia major 'Rosensymphonie', 366
Astrantia major rosea, 366
Astrantia major 'Rubra', 366
Astrantia major 'Ruby Cloud', 366
Astrantia major 'Ruby Wedding', 366
Astrantia major 'Snow Star', 366
Astrantia major 'Sunningdale Gold', 366
Astrantia major 'Sunningdale Variegated', 366
Astrantia major 'Temptation Star', 366
Astrantia major 'Venice', 366
Astrantia maxima, 367
Astrantia x 'Moulin Rouge', 367
Astrantia x 'Roma', 367
Aunée, 200
Aunée à feuilles de saule, 203
Aunée à feuilles en épée, 201
Aunée à grappes, 202
Aunée de Hooker, 203
Aunée des Himalayas, 202
Aunée magnifique, 202
Aunée orientale, 202
Austrian Speedwell, 576
Autoféconde – définition, 593
Autostérile – définition, 593
Autumn Ladybells, 238

Avens, 205
Azadirachta indica, 63
Azote, 47

B

Bacillus thuringiensis kurstii, 66
Baikal Skullcap, 549
Balkan Yarrow, 341
Balloon Flower, 299
Balsamite, 558
Baneberry-leafed Meadow-Rue, 291
Baptisia, 100-102
Baptisia, 100-102, 253
Baptisia alba, 103, 104
Baptisia alba alba, 103
Baptisia alba alba 'Wayne's World', 103
Baptisia alba groupe Pendula, 103
Baptisia alba macrophylla, 104
Baptisia alba pendula Voir *Baptisia alba alba*
Baptisia austral, 102
Baptisia australis, 100, 102, 103
Baptisia australis 'Caspian Blue', 103
Baptisia australis minor, 103
Baptisia australis minor 'Blue Pearls', 103
Baptisia x *bicolor* 'Starlite', 104
Baptisia x *bicolor* Starlite Prairieblues™ Voir *Baptisia* x *bicolor* 'Starlite'
Baptisia blanc, 103
Baptisia bracteata leucophaea, 106
Baptisia bracteata leucophaea 'Butterball', 106
Baptisia bracteata leucophaea 'Little Texas', 106
Baptisia 'Carolina Moonlight', 104
Baptisia 'Chocolate Chip', 104
Baptisia des teinturiers, 106
Baptisia gris-blanc, 106
Baptisia jaune, 104
Baptisia leucantha Voir *Baptisia alba macrophylla*
Baptisia leucophaea Voir *Baptisia bracteata leucophaea*
Baptisia 'Midnite', 104
Baptisia Midnite Praireblues™ Voir *Baptisia* 'Midnite'
Baptisia minor Voir *Baptisia australis minor*
Baptisia pendula Voir *Baptisia alba alba*
Baptisia perfoliata, 106
Baptisia perfolié, 106
Baptisia 'Solar Flare', 105
Baptisia Solar Flare Prairieblues™ Voir *Baptisia* 'Solar Flare'
Baptisia sphaerocarpa, 104
Baptisia sphaerocarpa 'Hunt Co. Texas', 104
Baptisia sphaerocarpa 'Screaming Yellow', 104
Baptisia tinctoria, 106
Baptisia x *variicolor* 'Twilite', 105
Baptisia x *variicolor* Twilight Prairieblues™ Voir *Baptisia* x *variicolor* 'Twilite'
Barbara's Buttons, 274
Barbe au coq, 558
Barrière de papier journal, 27
Barrière de plantation, 39, 40
Barrière pare-racines, 39, 40, 593
Beach Fleabane, 326
Beardtongue, 275

Beautiful Cornflower, 242
Bellflower, 223
Benoîte, 205
Benoîte à trois fleurs, 209
Benoîte des montagnes, 207
Benoîte des ruisseaux, 208
Benoîte du Chili, 211
Benoîte écarlate, 206
Benoîte rampante, 207
Bergenia, 213-219
Bergenia, 213-219
Bergenia à feuilles charnues, 216
Bergenia à feuilles cordées, 215
Bergenia 'Abendglut', 216
Bergenia 'Apple Blossom', 216
Bergenia 'Autumn Glory' Voir *Bergenia* 'Herbstblute'
Bergenia 'Autumn Magic' Voir *Bergenia* 'Herbstblute'
Bergenia 'Baby Doll', 216
Bergenia 'Ballawley', 217
Bergenia 'Bressingham Bountiful', 217
Bergenia 'Bressingham Ruby', 217
Bergenia 'Bressingham Salmon', 217
Bergenia 'Bressingham White', 217
Bergenia ciliata, 215, 216
Bergenia cilié, 215
Bergenia cordifolia, 213, 215
Bergenia cordifolia 'Purpurea', 217
Bergenia cordifolia 'Redstart', 217
Bergenia cordifolia 'Tubby Andrews', 219
Bergenia crassifolia, 216
Bergenia de Strachey, 216
Bergenia 'Eden's Dark Margin', 217
Bergenia 'Eroica', 217
Bergenia 'Evening Glow' Voir *Bergenia* 'Abendglut'
Bergenia 'Herbstblute', 219
Bergenia 'Lunar Glow', 217
Bergenia 'Morgenröte', 219
Bergenia 'Morning Red' Voir *Bergenia* 'Morgenröte'
Bergenia 'Pink Dragonfly', 218
Bergenia 'Profusion', 218
Bergenia pourpre, 216
Bergenia 'Purple Bells' Voir *Bergenia* 'Purpurglocken'
Bergenia purpurascens, 216
Bergenia 'Purpurglocken', 219
Bergenia 'Rotblum', 218
Bergenia 'Silberlicht', 218
Bergenia stracheyi, 216
Bergenia 'Sunningdale', 218
Bergenia 'Winter's Tale' Voir *Bergenia* 'Wintermärchen'
Bergenia 'Winterglow' Voir *Bergenia* 'Winterglut'
Bergenia 'Winterglut', 214, 219
Bergenia 'Wintermärchen', 218
Bétoine, 220
Bétoine naine, 222
Bétoine officinale, 222
Betony, 220
Bicolor Monkshood, 90
Big Betony, 221
Big Blue *Lobelia*, 261

INDEX

Big Leaf Tansy, 560
Bilabié – définition, 593
Binage, 26
Bipenné – définition, 593
Bisannuelle, 12, 48
Bisannuelle – définition, 593
Bistorte, 497
Biterné – définition, 593
Black Coneflower, 522
Black Hosta, 141
Black Knapweed, 244
Black-eyed susan, 516
Blanc, 75, 76
Blanc – définition, 593
Blanc – *Paeonia*, 159, 160
Blanket Flower, 416
Blazing Star, 257
Bleuet, 555
Bleuet d'Amérique, 554
Blue False Indigo, 102
Blue Verbena, 586
Bluebells, 465
Bluebuttons, 453
Bluestar, 95
Bohemian Cranesbill, 435
Bois raméal fragmenté, 32
Bonne plante à la bonne place, 33
Bordure de gazon, 28, 29
Bordure de gazon – hauteur, 29
Bordure de plate-bande, 28, 29
Bordure de plate-bande – installation, 29
Boreal Jacob's Ladder, 305
Botrytis, 79, 159
Botrytis cinerea, 79
Boutures de racines, 57, 58
Boutures de rhizomes, 57, 58
Boutures de tige, 57
Boyau d'arrosage, 43, 44
Boyau poreux, 45
Boyau suintant, 45
Bractée – définition, 593
Broadleaf Catmint, 474
Broad-petaled Geranium, 427
Btk, 66
Buenos Aires Verbena, 588
Buisson – définition, 593
Buissonnant – définition, 593
Bulbe – définition, 593
Bulbes, 12
Bulbes à floraison printanière, 336
Buphtalme à feuilles de saule, 203
Buphthalmum, 204
Buphthalmum salicifolium, 203, 204
Buphthalmum speciosum Voir *Telekia speciosa*
Burnet, 319

C

Caduc – définition, 593
Calament, 478
Calament à grandes fleurs, 479
Calamint, 478
Calamintha, 478, 479
Calamintha grandiflora, 479
Calamintha grandiflora 'Elfin Purple', 479
Calamintha grandiflora 'Variegata', 479
Calamintha nepeta, 479
Calamintha nepeta glandulosa 'Blue Cloud', 479
Calamintha nepeta glandulosa 'White Cloud', 479
Calcaire – définition, 593
Calcicole – définition, 593
Calcifuge – définition, 593
Calciphile – définition, 593
Calice – définition, 593
California Evening Primrose, 486
Calliopsis, 386
Calylophus serrulatus, 487
Calylophus serrulatus 'Prairie Lode', 487
Camomille, 562
Campagnols, 71
Campagnols des champs, 71
Campanula, 223-237
Campanula alliariifolia, 233
Campanula alliariifolia 'Ivory Bells', 233
Campanula 'Burghaltii', 232
Campanula carpatica, 224, 225, 226
Campanula carpatica alba, 225
Campanula carpatica alba 'Bressingham White', 225
Campanula carpatica alba 'Weisse Clips', 225
Campanula carpatica alba 'White Clips' Voir *Campanula carpatica alba* 'Weisse Clips'
Campanula carpatica 'Blaue Clips', 225
Campanula carpatica 'Blue Ball', 225
Campanula carpatica 'Blue Clips' Voir *Campanula carpatica* 'Blaue Clips'
Campanula carpatica 'Blue Moonlight', 225
Campanula carpatica 'Chewton Joy', 226
Campanula carpatica 'Dark Blue Clips' Voir *Campanula carpatica* 'Tiefblaue Clips'
Campanula carpatica 'Hellblaue Clips', 225
Campanula carpatica 'Light Blue Clips' Voir *Campanula carpatica* 'Hellblaue Clips'
Campanula carpatica 'Mattock's Double', 226
Campanula carpatica 'Pearl Deep Blue', 226
Campanula carpatica 'Pearl Light Blue', 226
Campanula carpatica 'Pearl White', 226
Campanula carpatica 'Thorpedo' Voir *Campanula carpatica* 'Blue Ball'
Campanula carpatica 'Tiefblaue Clips', 225
Campanula carpatica turbinata, 226
Campanula carpatica turbinata 'Foerster', 226
Campanula carpatica turbinata 'Isabel', 226
Campanula 'Crystal', 232
Campanula glomerata acaulis, 223
Campanula glomerata acaulis alba, 234
Campanula glomerata alba, 234
Campanula glomerata alba 'Crown of Snow' Voir *Campanula glomerata alba* 'Schneekrone'
Campanula glomerata alba 'Schneekrone', 234
Campanula glomerata 'Caroline', 234
Campanula glomerata 'Emerald', 234
Campanula glomerata 'Freya', 234
Campanula glomerata 'Superba', 234
Campanula 'Kent Belle', 232
Campanula lactiflora, 226, 227
Campanula lactiflora 'Alba', 227
Campanula lactiflora 'Avalanche', 227
Campanula lactiflora 'Blue Cross', 227
Campanula lactiflora 'Favourite', 227
Campanula lactiflora 'Loddon Anna', 227
Campanula lactiflora 'Pouffe', 227
Campanula lactiflora 'Pritchard's Variety', 228
Campanula lactiflora 'White Pouffe', 227
Campanula latifolia, 228, 232
Campanula latifolia alba, 228
Campanula latifolia 'Brantwood', 228
Campanula latifolia 'Gloaming', 228
Campanula latifolia macrantha, 228
Campanula latifolia macrantha 'Alba', 228
Campanula latiloba, 230
Campanula latiloba 'Alba', 230
Campanula latiloba 'Hidcote Amethyst', 230
Campanula latiloba 'Highcliffe Variety', 230
Campanula latiloba 'Percy Piper', 230
Campanula latiloba 'Splash', 230
Campanula persicifolia, 229
Campanula persicifolia alba, 229
Campanula persicifolia 'Alba Coronata', 229
Campanula persicifolia 'Blue Bloomers', 229
Campanula persicifolia 'Blue-Eyed Blonde', 229
Campanula persicifolia 'Boule de Neige', 229
Campanula persicifolia 'Chettle Charm', 229
Campanula persicifolia 'Cornish Mist', 229
Campanula persicifolia 'Fleur de Neige', 229, 230
Campanula persicifolia 'Gawen', 230
Campanula persicifolia 'Hampstead White', 230
Campanula persicifolia 'Kelly's Gold', 230
Campanula persicifolia 'La Belle', 230
Campanula persicifolia 'Moerheimii', 230
Campanula persicifolia 'Powderpuff', 230
Campanula persicifolia 'Telham Beauty', 230
Campanula persicifolia sessiliflora Voir *Campanula latiloba*
Campanula 'Pink Octopus', 236, 237
Campanula punctata, 232, 234, 236
Campanula punctata albiflora 'Alba', 235
Campanula punctata 'Flashing Lights', 235
Campanula punctata 'Hot Lips', 235
Campanula punctata 'Pantaloons', 235
Campanula punctata 'Pink Chimes', 235
Campanula punctata 'Plum Wine', 235
Campanula punctata 'Wedding Bells', 236
Campanula punctata rubriflora, 235
Campanula punctata rubriflora 'Bowl of Cherries', 235
Campanula punctata rubriflora 'Cherry Bells', 235
Campanula punctata rubriflora 'Vienna Festival', 235
Campanula punctata rubriflora 'Wine 'n' Rubies', 235
Campanula 'Purple Sensation', 232
Campanula rapunculoides, 237
Campanula rapunculoides 'Afterglow', 237
Campanula rapunculoides 'Alba', 237
Campanula 'Sarastro', 232
Campanula sarmatica, 231
Campanula sarmatica 'Hemelstrahling', 231

INDEX

Campanula 'Summertime Blues', 233
Campanula takesimana, 236
Campanula takesimana 'Beautiful Trust' Voir Campanula takesimana 'Beautiful Truth'
Campanula takesimana 'Beautiful Truth', 236
Campanula takesimana 'Elizabeth', 236
Campanula takesimana 'Elizabeth II', 236
Campanula trachelium, 231, 232
Campanula trachelium alba, 231
Campanula trachelium 'Alba Flore Plena', 231
Campanula trachelium 'Bernice', 231
Campanula trachelium 'Snowball', 231
Campanule à feuilles d'alliaire, 233
Campanule à feuilles de pêcher, 229
Campanule à fleurs laiteuses, 226
Campanule de Corée, 236
Campanule de plate-bande, 223
Campanule de Sarmatie, 231
Campanule des Carpates, 224
Campanule élevée, 228
Campanule fausse-raiponce, 237
Campanule gantelée, 231
Campanule latilobée, 230
Campanule ponctuée, 234
Canadian Burnet, 320
Cancer Weed, 536
Canicule – arrosage, 42
Capitule – définition, 593
Capsule – définition, 593
Capuchon de moine, 88
Carences, 76
Carolina False Lupin, 256
Carotte sauvage, 333
Carpathian Bellflower, 224
Carpelle – définition, 593
Carte des zones de rusticité, 13
Carton non ciré, 26, 40
Casque de Jupiter, 88
Cataire, 478
Catananche, 387
Catananche caerulea, 388
Catananche caerulea 'Alba', 388
Catananche caerulea 'Bicolor', 388
Catbells, 106
Catmint, 469
Catnip, 469, 478
Catnip Giant Hyssop, 355
Caucasian Elecampane, 202
Caucasian Pincushion Flower, 538
Caulescent – définition, 593
Centaurea, 239, 240, 241, 242, 243, 554
Centaurea cyanus, 240
Centaurea dealbata, 242
Centaurea dealbata 'John Coutts' Voir Centaurea 'John Coutts'
Centaurea dealbata 'Steenburgii', 242
Centaurea hypoleuca 'John Coutts' Voir Centaurea 'John Coutts'
Centaurea 'John Coutts', 239, 242, 243
Centaurea macrocephala, 243
Centaurea montana, 240, 241, 555
Centaurea montana 'Alba', 241
Centaurea montana 'Amethyst Dream', 241
Centaurea montana 'Amethyst in Snow', 241
Centaurea montana 'Blue' Voir Centaurea montana

Centaurea montana 'Dot Purple', 241
Centaurea montana 'Gold Bullion', 241
Centaurea montana 'Jordy', 241
Centaurea montana 'Joyce', 242
Centaurea montana 'Lady Flora Hastings', 242
Centaurea montana 'Violetta', 242
Centaurea nigra, 244
Centaurea pulchra major Voir Stemmacantha centaureoides
Centaurée, 239
Centaurée à grosse tête, 243
Centaurée bleuet, 240
Centaurée de montagne, 240
Centaurée de Perse, 242
Centaurée jolie, 242
Centaurée noire, 244
Centranthus ruber, 571, 572, 573
Centranthus ruber 'Albus', 573
Centranthus ruber 'Atrococcineus', 573
Centranthus ruber coccineus, 573
Centranthus ruber 'Rosenrot', 573
Centranthus ruber 'Snowcloud' Voir Centranthus ruber 'Albus'
Cepaea nemoralis, 66
Cercopes, 65
Cerfs de Virginie, 71
Cespiteux – définition, 593
Champignons bénéfiques, 36, 37
Champignons nuisibles, 63
Charançons, 69
Charbon activé, 60
Chardon du Canada, 20
Chataire, 478
Chats, 71, 73
Chaux, 35
Checker-Mallow, 550
Chenilles, 65, 66
Chevreuils, 71
Chiendent, 28, 30
Chilean Avens, 211
Chimère – définition, 593
Chinese False Lupin, 254
Chinese Knotweed, 181
Chinese Meadow-Rue, 295
Chinese Peony, 160
Chou gras, 30
Chrysanthème balsamique, 558
Chrysanthème en corymbe, 559
Chrysanthemum, 11, 265
Chrysanthemum balsamita Voir Tanacetum balsamita
Chrysanthemum cinerariaefolium Voir Tanacetum cinerariifolium
Chrysanthemum corymbosum Voir Tanacetum corymbosum
Chrysanthemum haradjanii Voir Tanacetum haradjanii
Chrysanthemum leucanthemum Voir Leucanthemum vulgare
Chrysanthemum macrophyllum Voir Tanacetum macrophyllum
Chrysanthemum maximum Voir Leucanthemum x superbum
Chrysanthemum parthenium Voir Tanacetum parthenium

Chrysanthemum x superbum Voir Leucanthemum x superbum
Cinquefoil, 310
Circulation d'air aux racines, 25
Cirsium arvense, 20
Citron Daylily, 121
Cléistogame – définition, 593
Clôture anticerfs, 72
Cœur-saignant – à racines nues, 38
Cœur-saignant des jardins, 50, 107, 368
Cœur-saignant du Pacifique, 370
Cœur-saignant du Pacifique hybride, 371
Cœur-saignant nain, 368, 369
Cœur-saignant pèlerin, 373
Cœur-saignant remarquable, 369
Cœur-saignant série Hearts, 372
Colimaçons, 66
Columbine Meadow-Rue, 290
Comment utiliser les vivaces, 18
Common Bear's Breeches, 87
Common Beardtongue, 279
Common Bistort, 497
Common Blanketflower, 417
Common Bleeding Heart, 107
Common Cinquefoil, 316
Common Lady's Mantle, 185
Common Ladybells, 238
Common Monkshood, 92
Common Silverweed, 317
Common Sundrops, 482
Common Tansy, 564
Common Yarrow, 343
Compactage – comment le prévenir, 31
Compétition racinaire, 34, 39, 40
Compétition racinaire – nouvelle plate-bande, 40, 41
Compétition racinaire – plantation, 41
Composée – définition, 593
Compost, 27, 29, 47
Coneflower, 511
Contenants, 22
Convention internationale pour la nomenclature des plantes cultivées, 190
Convertir une plate-bande à l'entretien minimal, 30
Coral Bells, 441, 444
Cordé – définition, 593
Cordiforme – définition, 593
Coreopsis, 374, 375
Coréopsis, 374
Coreopsis 'Autumn Blush', 384
Coréopsis à feuilles lancéolées, 69, 379
Coréopsis à grandes fleurs, 377
Coreopsis x 'American Dream', 384
Coreopsis auriculata, 375
Coreopsis auriculata 'Elfin Gold', 376
Coreopsis auriculata 'Nana', 375, 376
Coreopsis auriculata 'Superba', 376
Coreopsis auriculata 'Zamphir', 376
Coréopsis auriculé, 375
Coreopsis x 'Autumn Blush', 384
Coreopsis x 'Calypso', 377
Coreopsis x 'Cherry Lemonade', 386
Coreopsis x 'Cherry Pie', 386
Coreopsis x 'Citrine', 386
Coreopsis x 'Cosmic Evolution', 384

INDEX

Coreopsis x 'Cosmic Eye', 385
Coreopsis x 'Cranberry Ice', 385
Coreopsis x 'Crembru', 385
Coreopsis Crème Brulée™ Voir *Coreopsis* x 'Crembru'
Coreopsis x 'Dream Catcher', 385
Coreopsis x 'Fruit Punch', 386
Coreopsis x 'Full Moon', 385
Coreopsis x 'Galaxy', 385
Coreopsis x 'Garnet', 386
Coreopsis x 'Gold Nugget', 385
Coreopsis grandiflora, 377, 379
Coreopsis grandiflora 'Balcorsunay', 377
Coreopsis grandiflora 'Cutting Gold' Voir *Coreopsis grandiflora* 'Schnittgold'
Coreopsis grandiflora 'Early Sunrise', 376, 377
Coreopsis grandiflora Flying Saucers™ Voir *Coreopsis grandiflora* 'Walcoreop'
Coreopsis grandiflora 'Gold Cut' Voir *Coreopsis grandiflora* 'Schnittgold'
Coreopsis grandiflora 'Heliot', 378
Coreopsis grandiflora 'Presto', 378
Coreopsis grandiflora 'Rising Sun', 378
Coreopsis grandiflora 'Rotkehlchen', 378
Coreopsis grandiflora 'Rubythroat' Voir *Coreopsis grandiflora* 'Rotkehlchen'
Coreopsis grandiflora 'Schnittgold', 378
Coreopsis grandiflora 'Sunburst', 378
Coreopsis grandiflora 'Sunfire', 378
Coreopsis grandiflora 'Sunray', 379
Coreopsis grandiflora Sunny Day™ Voir *Coreopsis grandiflora* 'Balcorsunay'
Coreopsis grandiflora 'Unwins Gold', 379
Coreopsis x 'Heaven's Gate', 385
Coreopsis x 'Jethro Tull', 376
Coreopsis x 'Jive', 386
Coreopsis grandiflora 'Walcoreop', 379
Coreopsis lanceolata, 379, 380
Coreopsis lanceolata 'Baby Gold' Voir *Coreopsis lanceolata* 'Sonnenkind'
Coreopsis lanceolata 'Baby Sun' Voir *Coreopsis lanceolata* 'Sonnenkind'
Coreopsis lanceolata 'Goldfink', 380
Coreopsis lanceolata 'Rotkehlchen' Voir *Coreopsis grandiflora* 'Rotkehlchen'
Coreopsis lanceolata 'Sonnenkind', 380
Coreopsis lanceolata 'Sterntaler', 380
Coreopsis x 'Lemon Punch', 386
Coreopsis x 'Limbo', 386
Coreopsis x 'Limerock Dream', 386
Coreopsis x 'Limerock Passion', 386
Coreopsis x 'Limerock Ruby', 383, 386
Coreopsis x 'Little Penny', 386
Coreopsis x 'Little Sundial', 380
Coreopsis x 'Mambo', 386
Coreopsis x 'Mango Punch', 386
Coreopsis x 'Moonlight', 385
Coreopsis x 'Pineapple Pie', 386
Coreopsis x 'Pink Lemonade', 386
Coreopsis x 'Pinwheel', 385
Coreopsis pubescens 'Sunshine Superman', 386
Coreopsis x 'Pumpkin Pie', 386
Coreopsis x 'Redshift', 385
Coréopsis rose, 380

Coreopsis rosea, 380, 381, 383, 386
Coreopsis rosea 'Nana', 381
Coreopsis x 'Route 66', 385
Coreopsis x 'Ruby Frost', 385, 386
Coreopsis x 'Rum Punch', 386
Coreopsis x 'Salsa', 386
Coreopsis x série Big Bang™, 384, 385, 386
Coreopsis x série Coloropsis, 386
Coreopsis x série Hardy, 384, 385, 386
Coreopsis x série Jewel, 386
Coreopsis x série Lemonade™, 386
Coreopsis x série Limerock, 386
Coreopsis x série Pie™, 386
Coreopsis x série Punch™, 386
Coreopsis x 'Sienna Sunset', 385
Coreopsis x 'Snowberry', 386
Coreopsis x 'Star Cluster', 386
Coreopsis x 'Strawberry Lemonade', 386
Coreopsis x 'Sweet Dreams', 386
Coreopsis x 'Tahitian Sun', 386
Coreopsis x 'Tahitian Sunset', 386
Coreopsis x 'Tequila Sunrise', 377, 379
Coreopsis tinctoria, 386
Coréopsis trifolié, 381
Coreopsis tripteris, 381, 382
Coreopsis tripteris 'Lightning Flash', 382
Coreopsis x 'Tropical Lemonade', 386
Coreopsis verticillata, 382, 383, 384
Coreopsis verticillata 'Golden Gain', 382
Coreopsis verticillata 'Golden Shower' Voir *Coreopsis verticillata* 'Grandiflora'
Coreopsis verticillata 'Grandiflora', 374, 382
Coreopsis verticillata 'Moonbeam', 382
Coreopsis verticillata 'Moonray', 383
Coreopsis verticillata 'Sunbeam', 383
Coreopsis verticillata 'Zagreb', 383
Coreopsis verticillata rosea nana Voir *Coreopsis rosea* 'Nana'
Cornflower, 239
Corolle – définition, 593
Corydalis, 413
Corydalis lutea Voir *Pseudofumaria lutea*
Corydalis ochroleuca Voir *Pseudofumaria alba*
Corymbe, 338, 339, 593
Costmary, 558
Couche de drainage, 60
Coupe-bordures, 50
Couverture flottante – définition, 593
Couvre-sols rampants vs paillis, 31
Crachat, 65
Cranesbill, 423
Cranesbill Geranium, 427
Cream Pincushion Flower, 542
Creeping Avens, 207
Creeping Bellflower, 237
Creeping Lady's Mantle, 187
Creeping Polemonium, 306
Croisement – définition, 594
Crosne du Japon, 222
Cultivar, 55, 190
Cultivar – définition, 594
Culture – vivaces, 33
Culture en pot, 59, 61
Culture en pot – arrosage, 43, 61
Culture en pot – drainage, 60
Culture en pot – fertilisation, 59, 60

Culture en pot – irrigation goutte à goutte, 61
Culture en pot – plantation, 60
Culture en pot – protection hivernale, 59, 61
Culture en pot – rusticité, 59, 61
Culture en pot – taille du contenant, 61
Culture en pot – vivaces alpines, 59
Culture *in vitro*, 119, 594
Culture *in vitro* – réversions, 119
Cupid's Dart, 387, 388
Cupidone, 387
Cupidone bleue, 388
Cushion Spurge, 250
Cutleaf Alpine Fleabane, 331
Cutleaf Coneflower, 518
Cyme – définition, 594

D

Daisy, 265
Dalmatian Pyrethrum, 566
Daucus carotta, 333
Daylily, 115
Déchaussement, 442
Décidu – définition, 594
Défauts génétiques, 48
Delphinium, 89
Delphinium Bellflower, 230
Delphinium elatum, 49
Dendranthema, 11
Désherbage manuel, 30
Détecteur de pluie, 45, 46
Dicentra, 368, 369
Dicentra x 'Adrian Bloom', 371
Dicentra x 'Burning Hearts', 372
Dicentra canadensis, 373
Dicentra x 'Candy Hearts', 372
Dicentra cucullaria, 373
Dicentra eximia, 369, 370
Dicentra eximia 'Alba' Voir *Dicentra eximia* 'Snowdrift'
Dicentra eximia 'Aurora' Voir *Dicentra formosa* 'Aurora'
Dicentra eximia 'Snowdrift', 370
Dicentra formosa, 370, 372
Dicentra formosa 'Aurora', 371
Dicentra formosa 'Fusd', 371
Dicentra formosa 'King of Hearts' Voir *Dicentra* x 'King of Hearts'
Dicentra formosa 'Langtrees', 371
Dicentra formosa oregana, 371
Dicentra formosa 'Pearl Drops' Voir *Dicentra formosa* 'Langtrees'
Dicentra formosa Snowflakes™ Voir *Dicentra formosa* 'Fusd'
Dicentra formosa 'Spring Gold', 371
Dicentra formosa 'Spring Magic', 371
Dicentra formosa x *Dicentra eximia*, 371
Dicentra peregrina, 368, 372, 373
Dicentra x 'Ivory Hearts', 373
Dicentra x 'King of Hearts', 373
Dicentra x 'Luxuriant', 368, 371
Dicentra x 'Margery Fish', 371
Dicentra x 'Red Fountain', 373
Dicentra spectabilis Voir *Lamprocapnos spectabilis*

INDEX

Dicentra x 'Stuart Boothman', 372
Dicentra x 'Sweetheart', 372
Dicentra x 'Zestful', 372
Dicentre à capuchon, 373
Dicentre du Canada, 373
Dictamnus, 111, 112, 113
Dictamnus albus, 113, 114
Dictamnus albus 'Albiflorus' Voir *Dictamnus albus*
Dictamnus albus purpureus, 111, 114
Dictamnus caucasicum, 114
Dictamnus dayscarpus, 114
Dictamnus tadshikorum, 114
Digitale à feuilles lisses, 246
Digitale à grandes fleurs, 246
Digitale espagnole, 248
Digitale Goldcrest, 246
Digitale jaune, 247
Digitale laineuse, 247
Digitale molène, 249
Digitale pourpre, 245
Digitale rose, 248
Digitale 'Spice Island', 249
Digitale vivace, 245
Digitalis, 245, 246, 247, 248, 249
Digitalis ambigua Voir *Digitalis grandiflora*
Digitalis Goldcrest® Voir *Digitalis* 'Waldigone'
Digitalis grandiflora, 245, 246, 247
Digitalis grandiflora 'Carillon', 246
Digitalis laevigata, 246, 247, 249
Digitalis lanata, 247
Digitalis lutea, 247, 248
Digitalis x *mertonensis*, 248
Digitalis obscura, 246
Digitalis parviflora, 248
Digitalis parviflora 'Milk Chocolate', 248
Digitalis purpurea, 245
Digitalis 'Spice Island', 249
Digitalis thapsi, 249
Digitalis thapsi 'Spanish Peaks', 249
Digitalis 'Waldigone', 246
Digité – définition, 594
Dioïque – définition, 594
Diploïde – définition, 594
Ditch lily, 120
Division, 54, 55
Division – définition, 594
Division – pour réduire une plante fatiguée, 53
Division – pour réduire une plante trop grosse, 53
Division – saison, 54
Division de routine, 53
Division de routine – raisons, 53
Double – définition, 594
Downy Skullcap, 549
Drageon – définition, 594
Drainage – culture en pot, 60
Dwarf Betony, 222
Dwarf Bleeding Heart, 368
Dwarf Checker-Mallow, 551
Dwarf Gayfeather, 259
Dwarf Lady's Mantle, 187
Dwarf Meadow-Rue, 294
Dwarf Tatarian Aster, 360

E

Early Meadow-Rue, 293
East Indies Aster, 362
Eastern Bluestar, 96
Écailles de cacao, 32
Écailles de sarrasin, 32
Échelle de Jacob, 304
Echinacea, 389-406
Echinacea x 'Adam Saul', 401
Echinacea x 'All That Jazz', 401
Echinacea x 'Amazing Dream', 402
Echinacea x 'Amber Mist', 402
Echinacea angustifolia, 390, 398, 399
Echinacea x 'Art's Pride', 401, 402
Echinacea atrorubens, 390, 399
Echinacea x Big Sky After Midnight™ Voir *Echinacea* x 'Emily Saul'
Echinacea x Big Sky Harvest Moon™ Voir *Echinacea* x 'Matthew Saul'
Echinacea x Big Sky Sundown™ Voir *Echinacea* x 'Evan Saul'
Echinacea x Big Sky Sunrise™ Voir *Echinacea* x 'Sunrise'
Echinacea x Big Sky Sunset™ Voir *Echinacea* x 'Sunset'
Echinacea x Big Sky Twilight™ Voir *Echinacea* x 'Twilight'
Echinacea x Big Summer Sky™ Voir *Echinacea* x 'Katie Saul'
Echinacea x 'CBG Cone 2', 402
Echinacea x 'CBG Cone 3', 402
Echinacea x 'Coral Reef', 402
Echinacea x 'Cranberry Cupcake', 402
Echinacea x Crazy Pink™ Voir *Echinacea* x 'Adam Saul'
Echinacea x 'Daydream', 402
Echinacea x 'Emily Saul', 402
Echinacea x 'Evan Saul', 403
Echinacea x 'Firebird', 403
Echinacea x 'Flame Thrower', 403
Echinacea x 'Green Envy', 403
Echinacea x 'Guava Ice', 403
Echinacea x 'Gum Drop', 403
Echinacea x 'Heavenly Dream', 403
Echinacea x 'Hot Lava', 403
Echinacea x 'Hot Papaya', 403
Echinacea x 'Hot Summer', 404
Echinacea x 'Irresistable', 404
Echinacea x 'Katie Saul', 404
Echinacea x 'Little Annie', 404
Echinacea x 'Mac 'n' Cheese', 404
Echinacea x 'Mama Mia', 404
Echinacea x Mango Meadowbrite™ Voir *Echinacea* x 'CBG Cone 3'
Echinacea x 'Marmalade', 404
Echinacea x 'Matthew Saul', 405
Echinacea x 'Maui Sunshine', 405
Echinacea x 'Now Cheesier', 405
Echinacea x Orange Meadowbrite™ Voir *Echinacea* x 'Art's Pride'
Echinacea pallida, 399
Echinacea paradoxa, 399, 400, 406
Echinacea paradoxa 'Mellow Yellow', 400
Echinacea x 'Paranoia', 405
Echinacea x 'Phoenix', 405
Echinacea x 'Pink Mist', 405

Echinacea x Pixie Meadowbrite™ Voir *Echinacea* x 'CBG Cone 2'
Echinacea purpurea, 389-406
Echinacea purpurea 'Abenstem', 396
Echinacea purpurea 'Alaska', 391
Echinacea purpurea 'Alba', 391
Echinacea purpurea 'Amado', 391
Echinacea purpurea 'Avalanche', 391
Echinacea purpurea 'Baby Swan Pink', 391
Echinacea purpurea 'Baby Swan White', 391
Echinacea purpurea 'Bright Star Improved', 394
Echinacea purpurea 'Bright Star' Voir *Echinacea purpurea* 'Leuchtstern'
Echinacea purpurea 'Coconut Lime', 392
Echinacea purpurea 'Cotton Candy', 392
Echinacea purpurea 'Doppelganger', 393, 396
Echinacea purpurea 'Doubledecker' Voir *Echinacea purpurea* 'Doppelganger'
Echinacea purpurea 'Elbrook', 393
Echinacea purpurea Elton Knight™ Voir *Echinacea purpurea* 'Elbrook'
Echinacea purpurea 'Fancy Frills', 393
Echinacea purpurea 'Fatal Attraction', 393
Echinacea purpurea 'Finale White', 393
Echinacea purpurea 'Fragrant Angel', 393
Echinacea purpurea 'Green Eyes', 393
Echinacea purpurea 'Green Jewel', 394
Echinacea purpurea 'Hope', 394
Echinacea purpurea 'Indiaca', 393
Echinacea purpurea 'Jade', 394
Echinacea purpurea 'Kim's Knee High', 394, 397
Echinacea purpurea 'Kim's Mop Head', 394
Echinacea purpurea 'Leuchtstern', 394
Echinacea purpurea 'Lilliput', 394
Echinacea purpurea 'Little Angel', 394
Echinacea purpurea 'Little Giant', 395
Echinacea purpurea 'Lucky Star', 395
Echinacea purpurea 'Lustre Hybrids', 395
Echinacea purpurea 'Magnus Superior', 395
Echinacea purpurea 'Magnus', 395
Echinacea purpurea 'Mars', 395
Echinacea purpurea 'Meringue', 395
Echinacea purpurea 'Merlot', 395
Echinacea purpurea 'Milkshake', 395
Echinacea purpurea 'Mistral', 396
Echinacea purpurea 'Norwhinat', 396
Echinacea purpurea 'Ovation', 396
Echinacea purpurea 'Pica Bella', 396
Echinacea purpurea 'Pink Double Delight', 392, 396
Echinacea purpurea 'Pink Poodle', 396
Echinacea purpurea 'PowWow White', 396
Echinacea purpurea 'PowWow Wild Berry', 396
Echinacea purpurea 'Prairie Frost', 397
Echinacea purpurea 'Prairie Giant', 397
Echinacea purpurea 'Prairie Splendor', 397
Echinacea purpurea 'Primadonna Deep Rose', 397
Echinacea purpurea 'Primadonna White', 397
Echinacea purpurea 'Purity', 397
Echinacea purpurea 'Razzmatazz', 397
Echinacea purpurea 'Red Knee High', 397
Echinacea purpurea 'Rosenelf', 393

INDEX

Echinacea purpurea 'Rubin Glow' Voir *Echinacea purpurea* 'Rubinglow'
Echinacea purpurea 'Rubinglow', 397
Echinacea purpurea 'Rubinstern', 395, 397
Echinacea purpurea 'Ruby Giant', 393, 398
Echinacea purpurea 'Ruby Glow' Voir *Echinacea purpurea* 'Rubinglow'
Echinacea purpurea 'Ruby Star' Voir *Echinacea purpurea* 'Rubinstern'
Echinacea purpurea 'Sparkler', 398
Echinacea purpurea 'Springbrook's Crimson Star', 398
Echinacea purpurea 'The King', 393, 398
Echinacea purpurea 'Verbesserte Leuchtstern', 394
Echinacea purpurea 'Vintage Wine', 398
Echinacea purpurea 'Virgin', 398
Echinacea purpurea 'White Lustre', 398
Echinacea purpurea 'White Swan', 393, 398, 406
Echinacea purpurea White Natalie™ Voir *Echinacea purpurea* 'Norwhinat'
Echinacea x 'Raspberry Tart', 405
Echinacea x 'Raspberry Truffle', 405
Echinacea x 'Secret Romance', 406
Echinacea série Broadway™, 404
Echinacea série Cone-fections, 392, 395, 396, 403, 405, 406
Echinacea série Secret™, 405, 406
Echinacea simulata, 400
Echinacea x 'Southern Belle', 406
Echinacea x 'Summer Sun', 406
Echinacea x 'Sunrise', 406
Echinacea x 'Sunset', 406
Echinacea x 'Tangerine Dream', 406
Echinacea tennesseensis, 400, 402
Echinacea tennesseensis 'Rocky Top', 400
Echinacea x 'Tiki Torch', 406
Echinacea x 'Tomato Soup', 406
Echinacea x 'Twilight', 406
Echinacea x 'White Mist', 406
Échinacée, 389
Échinacée à feuilles étroites, 399
Échinacée des Ozarks, 400
Échinacée double, 392
Échinacée du Tennessee, 400
Échinacée hybride, 401
Échinacée jaune, 399
Échinacée pâle, 399
Échinacée pourpre, 391
Échinacée rouge foncé, 399
Echium pininana, 583
Éclaircir – définition, 594
Effaroucheur, 72
Effaroucheur Scarecrow, 72, 73
Eggleaf Penstemon, 278
Elecampane, 200
Embruns salés, 22
Empêcher la germination des mauvaises herbes, 28, 31, 81
Endémique – définition, 594
Engrais, 27, 46, 47
Engrais – culture en pot, 59, 60
Engrais de départ, 37
Engrais riche en phosphore, 37
Enrouleuses, 67

Ensiforme – définition, 594
Entier – définition, 594
Entre-nœud – définition, 594
Entretien – plate-bande, 42
Éperon – définition, 594
Éphémère, 407
Éphémère de l'Ohio, 411
Éphémère de Virginie, 50, 409
Éphémère hybride, 409
Éphémère scabre, 412
Épi – définition, 594
Épilobe, 69
Epilobium, 69
Erigeron, 325, 326, 327, 357
Erigeron alpinus, 328
Erigeron aurantiacus, 328, 331
Erigeron aureus, 330
Erigeron aureus 'Canary Bird', 330
Erigeron aureus 'Nana', 330
Erigeron compositus discoideus, 331
Erigeron glaucus, 326
Erigeron glaucus 'Albus', 326
Erigeron glaucus 'Elstead Pink', 326
Erigeron glaucus 'Sea Breeze', 326
Erigeron x *hybridus*, 327, 328, 329
Erigeron x *hybridus* 'Azure Fairy' Voir *Erigeron* x *hybridus* 'Azurfee'
Erigeron x *hybridus* 'Azurfee', 329
Erigeron x *hybridus* 'Black Sea' Voir *Erigeron* x *hybridus* 'Schwarzes Meer'
Erigeron x *hybridus* 'Blue Beauty', 329
Erigeron x *hybridus* 'Charity', 329
Erigeron x *hybridus* 'Darkest of All' Voir *Erigeron* x *hybridus* 'Dunkelste Alle'
Erigeron x *hybridus* 'Dignity', 329
Erigeron x *hybridus* 'Dimity', 329
Erigeron x *hybridus* 'Dunkelste Alle', 329
Erigeron x *hybridus* 'Foerster's Darling' Voir *Erigeron* x *hybridus* 'Foerster's Liebling'
Erigeron x *hybridus* 'Foerster's Liebling', 329
Erigeron x *hybridus* 'Prosperity', 325, 329
Erigeron x *hybridus* 'Quakeress', 329
Erigeron x *hybridus* 'Rosa Juwel', 328
Erigeron x *hybridus* 'Schneewittchen', 330
Erigeron x *hybridus* 'Schwarzes Meer', 330
Erigeron x *hybridus* 'Snow White' Voir *Erigeron* x *hybridus* 'Schneewittchen'
Erigeron x *hybridus* 'Sommerneuschnee', 330
Erigeron x *hybridus* 'Summer New Snow' Voir *Erigeron* x *hybridus* 'Sommerneuschnee'
Erigeron x *hybridus* 'White Quakeress', 330
Erigeron karvinskianus, 331
Erigeron karvinskianus 'Blood Sea' Voir *Erigeron karvinskianus* 'Blütenmer'
Erigeron karvinskianus 'Blütenmer', 331
Erigeron karvinskianus 'Profusion', 331
Erigeron macranthus Voir *Erigeron speciosus macranthus*
Erigeron philadelphicus, 327
Erigeron speciosus, 327
Erigeron speciosus 'Blue', 327
Erigeron speciosus macranthus, 327
Erigeron 'Wayne Roderick', 326
Érosion du sol – comment la prévenir, 31

Escargot des bois, 66
Escargot gris, 66
Escargots, 66
Espacement – plantation, 35, 36
Espèce – définition, 594
Étamine – définition, 594
Étendard – définition, 594
Étiolement – définition, 594
Eupatoire, 69
Eupatorium, 69
Euphorbe coussin, 250
Euphorbia epithymoides Voir *Euphorbia polychroma*
Euphorbia polychroma, 250, 251, 252
Euphorbia polychroma 'Bonfire', 251, 252
Euphorbia polychroma 'First Blush', 252
Euphorbia polychroma 'Lacy', 252
Euphorbia polychroma 'Major', 252
Euphorbia polychroma 'Midas', 252
Euphorbia polychroma 'Sonnengold', 252
Euphorbia polychroma 'Variegata' Voir *Euphorbia polychroma* 'Lacy'
European Bluestar, 99
European Peony, 164
Évaporation – comment la réduire, 31
Évasé – définition, 594
Evening Primrose, 480
Exposition, 33

F

F_1 – définition, 594
F_2 – définition, 594
Fall Monkshood, 90
False Indigo, 100
False Lupin, 253
Famille – définition, 594
Fausse campanule, 237
Fausse-fumeterre, 413
Fausse-fumeterre blanche, 336, 414, 415
Fausse-fumeterre jaune, 414, 415
Faux lupin, 253
Faux lupin chinois, 254
Faux lupin de Caroline, 256
Faux lupin de la Sibérie, 254
Faux lupin des montagnes Voir
Faux lupin des Prairies, 255
Fécondation – définition, 594
Felix domesticus, 73
Fennel Giant Hyssop, 354
Fernleaf Peony, 165
Fernleaf Yarrow, 342
Fertile – définition, 594
Fertilisation, 46, 47
Fertilisation – culture en pot, 59, 60
Feuilles déchiquetées, 32
Feverfew, 562
Fidèle au type, 55
Fidèle au type – définition, 594
Figleaf Hollyhock, 506
Figwort, 544
Filiforme – définition, 594
Filipendula, 69
Filipendule, 69
Flax, 455
Fleabane, 325
Fleeceflower, 494

INDEX

Fleur – définition, 594
Fleuron – définition, 594
Fleurs stériles, 334
Florifère – définition, 594
Foliole – définition, 594
Fonte des éphémères, 408
Fonte des semis, 76, 77
Fonte des semis – définition, 594
Forficules, 68
Fougères, 12
Fourmis, 66, 67
Fourmis – *Paeonia*, 159
Fragaria, 58, 69
Fraisier, 58, 69
Fraxinelle, 111, 112
Fraxinelle pourpre, 114
Frikart's Aster, 359
Fringed Bergenia, 215
Fringed Bleeding Heart, 369
Fringed Bluestar, 98
Frugivore – définition, 594
Frutescent – définition, 594
Fumagine, 77
Fumier, 27, 47

G

Gaillarde, 416, 417
Gaillarde à grandes fleurs, 418
Gaillarde aristée, 417
Gaillardia aristata, 416, 417, 418
Gaillardia aristata 'Amber Wheels' Voir *Gaillardia* x *grandiflora* 'Amber Wheels'
Gaillardia pulchella, 418
Gaillardia x *grandiflora*, 416, 418, 419
Gaillardia x *grandiflora* 'Amber Wheels', 419
Gaillardia x *grandiflora* 'Arizona Red Shades', 419
Gaillardia x *grandiflora* 'Arizona Sun', 419
Gaillardia x *grandiflora* 'Aurea Pura' Voir *Gaillardia* x *grandiflora* 'Maxima Aurea'
Gaillardia x *grandiflora* 'Baby Cole', 419
Gaillardia x *grandiflora* 'Bijou', 419
Gaillardia x *grandiflora* 'Bremen', 419
Gaillardia x *grandiflora* 'Burgunder', 418, 419
Gaillardia x *grandiflora* 'Burgundy' Voir *Gaillardia* x *grandiflora* 'Burgunder'
Gaillardia x *grandiflora* 'Dazzler', 419
Gaillardia x *grandiflora* 'Dwarf Goblin' Voir *Gaillardia* x *grandiflora* 'Kobold'
Gaillardia x *grandiflora* 'El Fuego', 419
Gaillardia x *grandiflora* 'Fackelschein' Voir *Gaillardia* x *grandiflora* 'Fancy Wheeler', 420
Gaillardia x *grandiflora* 'Fanfare', 421
Gaillardia x *grandiflora* 'Frenzy', 420
Gaillardia x *grandiflora* 'Gallo Dark Bicolor', 420
Gaillardia x *grandiflora* 'Gallo Peach', 420
Gaillardia x *grandiflora* 'Gallo Red', 420
Gaillardia x *grandiflora* 'Gallo Yellow', 420
Gaillardia x *grandiflora* 'Goblin' Voir *Gaillardia* x *grandiflora* 'Kobold'
Gaillardia x *grandiflora* 'Golden Goblin' Voir *Gaillardia* x *grandiflora* 'Goldkobold'
Gaillardia x *grandiflora* 'Goldkobold', 421
Gaillardia x *grandiflora* 'Granada', 421
Gaillardia x *grandiflora* groupe Monarch, 422

Gaillardia x *grandiflora* 'Indian Yellow' Voir *Gaillardia* x *grandiflora* 'Maxima Aurea'
Gaillardia x *grandiflora* 'Jazzy Wheeler', 421
Gaillardia x *grandiflora* 'Kobold', 421
Gaillardia x *grandiflora* 'Lucky Wheeler', 421
Gaillardia x *grandiflora* 'Mandarin', 421
Gaillardia x *grandiflora* 'Maxima Aurea', 421
Gaillardia x *grandiflora* 'Mesa Yellow', 421, 422
Gaillardia x *grandiflora* 'Mesa' Voir *Gaillardia* x *grandiflora* 'Mesa Yellow'
Gaillardia x *grandiflora* 'Oranges and Lemons', 422
Gaillardia x *grandiflora* 'Primavera', 422
Gaillardia x *grandiflora* série Commotion, 420
Gaillardia x *grandiflora* série Gallo™, 420
Gaillardia x *grandiflora* série Sunburst, 422
Gaillardia x *grandiflora* série Wheeler, 420, 421
Gaillardia x *grandiflora* 'Summer's Kiss', 422
Gaillardia x *grandiflora* 'Sunburst Burgundy Picotee', 422
Gaillardia x *grandiflora* 'Sunburst Burgundy Silk', 422
Gaillardia x *grandiflora* 'Sunburst Scarlet Halo', 422
Gaillardia x *grandiflora* 'Sunburst Tangerine', 422
Gaillardia x *grandiflora* 'Sunburst Yellow', 422
Gaillardia x *grandiflora* 'Tokajer', 422
Gaillardia x *grandiflora* 'Torchlight' Voir *Gaillardia* x *grandiflora* 'Fackelschein'
Galles, 67
Garden Fleabane, 327
Garden Hollyhock, 503
Garden Sage, 528
Gas Plant, 111
Gel, 77, 78
Gélif – définition, 594
Gène – définition, 594
Générique – définition, 594
Genre – définition, 594
Géranium, 423, 424, 425
Geranium, 423, 424, 425
Géranium à larges pétales, 427
Geranium x 'Ann Folkard', 426
Geranium x 'Anne Thompson', 426
Geranium armenum Voir *Geranium psilostemon*
Geranium x 'Azure Rush', 432
Geranium x 'Blogold', 432
Geranium x 'Blue Cloud', 432
Geranium x Blue Sunrise™ Voir *Geranium* x 'Blogold'
Geranium bohemicum 'Orchid Blue', 435
Geranium 'Brookside', 432, 434
Geranium clarkei 'Kashmir Purple', 434
Geranium clarkei 'Kashmir Purple', 432
Geranium collinum, 434
Geranium x 'Crystal Lake', 432
Géranium d'Arménie, 425
Géranium d'été, 423, 424, 425
Géranium de Bohème, 435
Géranium de Renard, 435
Géranium de Sibérie, 431

Géranium des prés, 428
Géranium des Pyrénées, 427
Geranium x 'Dragon Heart', 426
Geranium endressii, 426, 427
Geranium endressii 'Jean Poligne', 427
Geranium endressii 'Wargrave Pink' Voir *Geranium* x *oxonianum* 'Wargrave Pink'
Geranium x 'Eureka Blue', 432
Geranium x 'Fay Anna', 431
Géranium gelif Voir *Pelargonium*
Geranium 'Gerwat', 11, 335, 431
Geranium himalayense, 433
Geranium himalayense 'Gravetye', 434
Geranium ibericum platypetalum Voir *Geranium platypetalum*
Geranium x 'Johnson's Blue', 433
Geranium x 'Jolly Bee', 433
Geranium x 'Nimbus', 434
Geranium x 'Nova', 434
Geranium x 'Orion', 434
Geranium x *oxonianum* 'Wargrave Pink', 427
Geranium x 'Patricia', 426
Geranium x 'Phillipe Vapelle', 435
Geranium x 'Pink Penny', 426
Geranium platypetalum, 427
Geranium pratense, 428, 432
Geranium pratense 'Alegra Double' Voir *Geranium pratense* 'Double Jewel'
Geranium pratense 'Bittersweet', 428
Geranium pratense 'Black Beauty', 428
Geranium pratense 'Dark Reiter', 428
Geranium pratense 'Double Jewel', 428, 429
Geranium pratense 'Gernic', 429
Geranium pratense 'Hocus Pocus', 429
Geranium pratense 'Laura', 429
Geranium pratense lignée Midnight Reiter, 428, 429
Geranium pratense lignée Victor Reiter Junior, 430
Geranium pratense 'Midnight Blues', 429
Geranium pratense 'Midnight Clouds', 429
Geranium pratense 'Midnight Reiter', 429
Geranium pratense 'Mrs. Kendall Clark', 429
Geranium pratense 'New Dimension', 429
Geranium pratense 'Okey Dokey', 429
Geranium pratense 'Plenum Album', 429
Geranium pratense 'Plenum Caeruleum', 429
Geranium pratense 'Plenum Violaceum', 430
Geranium pratense 'Purple-haze', 430
Geranium pratense 'Splish Splash' Voir *Geranium pratense* 'Striatum'
Geranium pratense 'Striatum', 430
Geranium pratense Summer Skies™ Voir *Geranium pratense* 'Gernic'
Geranium pratense 'Victor Reiter Jr' Voir *Geranium pratense* lignée Victor Reiter Junior
Geranium procurrens, 426
Geranium psilostemon, 423, 425, 426
Geranium psilostemon 'Bressingam Flair', 425
Geranium x 'Red Admiral', 427
Geranium renardii, 435
Geranium renardii 'Tschelda', 435
Geranium renardii 'Zetterlund', 435
Geranium Rozanne™ Voir *Geranium* 'Gerwat'

INDEX

Geranium x 'Sandrine', 427
Geranium shikokianum yoshiianum, 433
Geranium x 'Spinners', 430
Geranium x 'Sue Crûg', 434
Geranium x 'Sweet Heidy', 434
Géranium vivace, 424
Géranium vivace hybride, 431, 432
Geranium wallichianum 'Buxton's Variety', 433
Geranium wlassovianum, 431
Geranium wlassovianum 'Blue Star', 431
Geranium wlassovianum 'Lakwijk Star', 431
Germer – définition, 594
Germination – définition, 594
Geum, 205, 206, 207, 208, 209, 210, 211, 212
Geum 'Alabama Slammer', 212
Geum 'Beech House Apricot', 210
Geum 'Blazing Sunset', 212
Geum x *borisii* Voir *Geum coccineum* 'Werner Arends'
Geum chiloense, 206, 211
Geum chiloense 'Feuerball' Voir *Geum chiloense* 'Mrs. J. Bradshaw'
Geum chiloense 'Goldball' Voir *Geum chiloense* 'Lady Stratheden'
Geum chiloense 'Lady Stratheden', 212
Geum chiloense 'Mrs. J. Bradshaw', 211, 212
Geum chiloense 'Red Dragon', 212
Geum coccineum, 206
Geum coccineum 'Eos', 207
Geum coccineum 'Queen of Orange', 207
Geum coccineum 'Werner Arends', 207
Geum 'Coppertone', 209
Geum 'Dolly North', 210
Geum 'Feuermeer', 211
Geum 'Fire Opal', 212
Geum 'Fireball', 205, 210, 211
Geum 'Flames of Passion', 211
Geum 'Georgenberg', 211
Geum 'Lemon Drops', 211
Geum 'Lionel Cox', 211
Geum 'Magnificum' Voir *Geum* 'Starker's Magnificum'
Geum 'Mai Tai', 212
Geum 'Mango Lassi', 211
Geum montanum, 207
Geum 'Princess Juliana' Voir *Geum* 'Prinses Juliana'
Geum 'Prinses Juliana', 211
Geum quellyon Voir *Geum chiloense*
Geum 'Red Wings', 211
Geum reptans, 207
Geum rivale, 208
Geum rivale 'Leonard's Double', 209
Geum rivale 'Leonard's Variety', 209
Geum 'Sea of Fire' Voir *Geum* 'Feuermeer'
Geum 'Starker's Magnificum', 212
Geum 'Tim's Tangerine', 211
Geum Totally Tangerine®, 211
Geum triflorum, 209, 210
Giant Catmint, 474
Giant Coneflower, 520
Giant Fleeceflower, 178
Giant Hyssop, 353
Giant Meadow-Rue, 298
Gicleur escamotable, 44

Glabre – définition, 594
Glaiseux – définition, 594
Glauque – définition, 594
Globe Cornflower, 243
Globulaire – définition, 594
Globuleux – définition, 594
Gloriosa Daisy, 515
Gloxinia Penstemon, 283
Godet – définition, 594
Goldcrest Foxglove, 246
Golden Alexander, 333
Golden Cinquefoil, 313
Golden Flax, 457
Gourmand – définition, 594
Gousse – définition, 594
Goutte-à-goutte, 46
Goutte-à-goutte – entretien hivernal, 46
Goutteur, 61
Graine – définition, 595
Graminée, 12
Graminée – définition, 595
Graminiforme – définition, 595
Grande astrance, 365
Grande aunée, 201
Grande balsamite, 558
Grande bétoine, 221
Grande lobélie bleue, 261
Grande marguerite, 267
Grande mauve, 462
Grande pimprenelle, 323
Grappe – définition, 595
Grassleaf Pincushion Flower, 542
Great Bellflower, 228
Great Burnet, 323
Great Masterwort, 365
Grecian Foxglove, 246
Greek Valerian, 304
Greek Yarrow, 351
Grimpante – définition, 595
Grimpantes herbacées, 12
Guimauve, 69, 508
Guimauve officinale, 508
Guimauve trémière, 509
Gypsophila paniculata, 479

H

Haie – définition, 595
Haie de vivaces, 22
Haie de vivaces – avantages, 22
Haie de vivaces – établissement, 22
Hairless Catmint, 475
Hairy Alumroot, 446
Hairy Beardtongue, 278
Hakusan Burnet, 322
Harmonie, 23
Heartleaf Alexander, 333
Heart-Leaf Bergenia, 215
Heartleaf Skullcap, 549
Heartleaf Speedwell, 584
Hearts Series Bleeding Heart, 372
Hebe, 574
Héliophile – définition, 595
Héliopside, 69, 436
Heliopsis, 69, 436
Heliopsis helianthoides, 436, 437, 438, 439
Heliopsis helianthoides 'Helhan', 438, 440

Heliopsis helianthoides Loraine Sunshine™ Voir *Heliopsis helianthoides* 'Helhan'
Heliopsis helianthoides 'Midwest Dreams', 437
Heliopsis helianthoides scabra 'Asahi', 439
Heliopsis helianthoides scabra 'Ballerina' Voir *Heliopsis helianthoides scabra* 'Spitzentanzerin'
Heliopsis helianthoides scabra 'Ballet Dancer' Voir *Heliopsis helianthoides scabra*
Heliopsis helianthoides scabra 'Bressingham Doubloon', 439
Heliopsis helianthoides scabra 'Concave Mirror' Voir *Heliopsis helianthoides scabra* 'Hohlspiegel'
Heliopsis helianthoides scabra 'Golden Plume' Voir *Heliopsis helianthoides scabra* 'Goldgefieder'
Heliopsis helianthoides scabra 'Goldgefieder, 439
Heliopsis helianthoides scabra 'Goldgreenheart' Voir *Heliopsis helianthoides scabra* 'Goldgrünherz'
Heliopsis helianthoides scabra 'Goldgrünherz', 439
Heliopsis helianthoides scabra 'Heliopsis 'Summer Stripe', 440
Heliopsis helianthoides scabra 'Hohlspiegel', 439
Heliopsis helianthoides scabra 'Midwest Dreams', 439
Heliopsis helianthoides scabra 'Prairie Sunset', 440
Heliopsis helianthoides scabra 'Sommersonne', 440
Heliopsis helianthoides scabra 'Spitzentanzerin', 440
Heliopsis helianthoides scabra 'Summer Nights', 440
Heliopsis helianthoides scabra 'Summer Pink', 440
Heliopsis helianthoides scabra 'Summer Sun' Voir *Heliopsis helianthoides scabra* 'Sommersonne'
Heliopsis helianthoides scabra 'Venus', 440
Heliopsis helianthoides 'Summer Green', 440
Heliopsis helianthoides 'Tuscan Sun', 440
Heliopsis helianthoides (variegata), 439
Helix aspera, 66
Hémérocalle, 69, 115, 116, 117, 118, 119, 120
Hémérocalle citron, 121
Hémérocalle de l'Amour, 122
Hémérocalle fauve, 120
Hémérocalle jaune, 122
Hemerocallis, 69, 115, 130, 131, 132, 133
Hemerocallis – classes, 117
Hemerocallis – rusticité, 123
Hemerocallis à feuillage caduc, 116
Hemerocallis à feuillage dormant Voir *Hemerocallis* à feuillage caduc
Hemerocallis à feuillage persistant, 116
Hemerocallis à feuillage semi-persistant, 116
Hemerocallis à floraison diurne, 116
Hemerocallis à floraison nocturne, 116, 117
Hemerocallis 'Always Afternoon', 129
Hemerocallis 'American Revolution', 129

INDEX

Hemerocallis 'Anzac', 125
Hemerocallis 'Apricot Sparklers', 129
Hemerocallis 'Autumn Minaret', 127
Hemerocallis 'Autumn Red', 128
Hemerocallis 'Baby Darling', 129
Hemerocallis 'Barbara Mitchell', 129
Hemerocallis 'Berrub' Ruby Stella™, 129
Hemerocallis 'Big Time Happy', 129
Hemerocallis 'Bitsy', 124
Hemerocallis 'Black Eyed Stella', 130
Hemerocallis 'Blueberry Cream', 130
Hemerocallis 'Blueberry Sundae', 130
Hemerocallis 'Bobo Anne', 130
Hemerocallis 'Bonanza', 125
Hemerocallis 'Buckeye', 124
Hemerocallis 'Burning Daylight', 130
Hemerocallis 'Buttered Popcorn', 130
Hemerocallis 'Canadian Border Patrol', 125
Hemerocallis 'Catherine Woodbery', 130
Hemerocallis 'Cherry Cheeks', 130
Hemerocallis 'Chicago Apache', 130
Hemerocallis citrina, 121
Hemerocallis citrina vespertina, 122
Hemerocallis 'Cool It', 125
Hemerocallis 'Country Melody', 125
Hemerocallis 'Cranberry Baby', 131
Hemerocallis diploïde, 123
Hemerocallis 'Eenie Weenie', 125
Hemerocallis 'El Desperado', 128
Hemerocallis 'Elfe Marie-Antoinette', 125
Hemerocallis 'Fairy Tale Pink', 131
Hemerocallis flava Voir *Hemerocallis lilioasphodelus*
Hemerocallis forrestii, 116
Hemerocallis 'Forty Second Street', 131
Hemerocallis 'Frans Hals', 126
Hemerocallis fulva, 120
Hemerocallis fulva 'Europa', 120, 121
Hemerocallis fulva 'Kwanzo', 121
Hemerocallis fulva 'Variegated Kwanzo', 121
Hemerocallis 'Gentle Shepherd', 125
Hemerocallis 'Going Bananas', 131
Hemerocallis Golden Zebra™ Voir *Hemerocallis* 'Malija'
Hemerocallis 'Good-bye Columbus', 128
Hemerocallis 'Hall's Pink', 128
Hemerocallis 'Happy Returns', 131
Hemerocallis hâtifs, 124
Hemerocallis 'Hyperion', 126
Hemerocallis 'Ice Carnival', 132
Hemerocallis 'Joan Senior', 132
Hemerocallis 'Just Plum Happy', 132
Hemerocallis 'Lady Fingers', 126
Hemerocallis lilioasphodelus, 117, 122
Hemerocallis 'Little Grapette', 132
Hemerocallis 'Little Missy', 132
Hemerocallis 'Little Wine Cup', 132
Hemerocallis 'Malija' Golden Zebra™, 126
Hemerocallis 'Mary Todd', 124
Hemerocallis mi-saison, 124
Hemerocallis middendorffii, 122, 123
Hemerocallis 'Moonlight Masquerade', 132
Hemerocallis 'Moses' Fire', 132
Hemerocallis 'Night Wings', 124
Hemerocallis 'On and On', 132
Hemerocallis 'Orchid Candy', 132

Hemerocallis 'Pandora's Box', 126
Hemerocallis 'Pardon Me', 133
Hemerocallis 'Purple de Oro', 133
Hemerocallis 'Purple Waters', 133
Hemerocallis 'Red Rum', 133
Hemerocallis remontants, 128
Hemerocallis 'Rosy Returns', 133
Hemerocallis Ruby Stella™ Voir *Hemerocallis* 'Berrub'
Hemerocallis 'Ruffled Apricot', 126
Hemerocallis 'Siloam Baby Talk', 126
Hemerocallis 'Siloam Double Classic', 126, 127
Hemerocallis 'Siloam June Bug', 127
Hemerocallis 'Siloam Show Girl', 127
Hemerocallis 'Siloam Tee Tiny', 127
Hemerocallis 'Siloam Ury Winniford', 127
Hemerocallis 'Spring Purple', 124
Hemerocallis 'Stella de Oro', 128, 129
Hemerocallis 'Strawberry Candy', 133
Hemerocallis 'Strutter's Ball', 127
Hemerocallis 'Summer Wine', 127
Hemerocallis 'Sweet Sugar Candy', 128
Hemerocallis tardifs, 127
Hemerocallis tétraploïdes, 123
Henan Meadow-Rue, 295
Herbacé – définition, 595
Herbaceous Peony, 154
Herbe à dinde, 343
Herbe à poux, 30
Herbe au charpentier, 344
Herbe-aux-chats, 471, 478
Herbe aux cochers, 344
Herbe aux coupures, 344
Herbe aux militaires, 344
Herbe-aux-gouttteux, 28, 30
Herbe-aux-ladres, 574
Herbe de la Saint-Jean, 344
Herbe de Saint-Joseph, 344
Heuchera, 18, 441, 442, 443
Heuchera americana, 443, 444, 445, 450
Heuchera x Arctic Mist® Voir *Heuchera* x 'Jefmist'
Heuchera x 'Brandon Pink', 446
Heuchera x 'Bressingham Hybrids', 447
Heuchera x *brizoides*, 445, 446
Heuchera x *brizoides* 'Chatterbox' Voir *Heuchera* x 'Chatterbox'
Heuchera x *brizoides* 'Freedom' Voir *Heuchera* x 'Freedom'
Heuchera x *brizoides* 'June Bride' Voir *Heuchera* x 'June Bride'
Heuchera x *brizoides* 'Pluie de Feu' Voir *Heuchera* x 'Pluie de Feu'
Heuchera x 'Chablo', 447
Heuchera x Charles Bloom™ Voir *Heuchera* x 'Chablo'
Heuchera x 'Chatterbox', 447
Heuchera x 'Cherries Jubilee', 447
Heuchera x 'Cherry Cola', 447
Heuchera x 'Chinook', 447
Heuchera x 'Cinnabar Silver', 447
Heuchera x 'City Lights', 447
Heuchera cylindrica, 443, 444
Heuchera x 'Firefly' Voir *Heuchera* x 'Leuchtkafer'
Heuchera x 'Florist's Choice', 448

Heuchera x 'Freedom', 448
Heuchera x 'Geisha's Fan', 448
Heuchera x 'Ginger Ale', 448
Heuchera x 'Gypsy Dancer', 448
Heuchera x 'Harmonic Convergence', 448
Heuchera x 'Havana', 448
Heuchera x 'Helen Dillon', 448
Heuchera x 'Hercules', 448
Heuchera x 'Heurose', 448
Heuchera x 'Hollywood', 448, 449
Heuchera x 'Jefmist', 449
Heuchera x 'June Bride', 449
Heuchera x 'Leuchtkafer', 449
Heuchera x 'Lipstick', 449
Heuchera x 'Magic Wand', 449
Heuchera x 'Milan', 449
Heuchera x 'Mysteria', 449
Heuchera x 'Northern Fire', 449
Heuchera x 'Paris', 450
Heuchera x 'Peppermint Spice', 450
Heuchera x 'Pink Lipstick', 450
Heuchera x 'Pluie de Feu', 450
Heuchera x 'Raspberry Chiffon', 450
Heuchera x 'Raspberry Regal', 450
Heuchera x 'Rave On', 450, 451
Heuchera x 'Red Spangles', 451
Heuchera x 'Root Beer', 451
Heuchera x Rosemary Bloom™ Voir *Heuchera* x 'Heurose'
Heuchera sanguinea, 441, 444, 445
Heuchera sanguinea 'Alba', 445
Heuchera sanguinea 'Firefly' Voir *Heuchera* x 'Leuchtkafer'
Heuchera sanguinea 'Frosty', 444
Heuchera sanguinea 'Monet', 445
Heuchera sanguinea 'Ruby Bells', 445
Heuchera sanguinea 'Sioux Falls', 445
Heuchera sanguinea 'Snow Angel', 445
Heuchera sanguinea 'Snow Storm', 445
Heuchera sanguinea 'Splendens', 445
Heuchera sanguinea 'White Cloud', 445
Heuchera x série Soda, 447, 451
Heuchera x 'Shamrock', 451
Heuchera x 'Shangai', 451
Heuchera x 'Silver Scrolls', 451
Heuchera x 'Silver Veil', 451
Heuchera x 'Vesuvius', 451
Heuchera x 'Vienna', 451
Heuchera villosa, 446
Heuchera x 'White Marble', 451
Heuchère à feuilles cylindriques, 443
Heuchère à fleur, 441
Heuchère à petites fleurs, 444
Heuchère américaine, 443
Heuchère brisoïde, 445
Heuchère hybride, 446
Heuchère sanguine, 444
Heuchère velue, 446
Hibiscus moscheutos, 69
Hibiscus vivace, 69
Himalayan Catmint, 472
Himalayan Cinquefoil, 312
Himalayan Elecampane, 202
Himalayan knotweed, 181
Himalayan Peony, 160
Hoary Verbena, 587

INDEX

Hollyhock, 501
Hollyhock Mallow, 461
Hollymallow, 509
Hooker's Elecampane, 203
Hopwood's Cinquefoil, 313
Hormone d'enracinement, 57, 595
Hose-in-hose, 300, 595
Hosta, 18, 19, 134-153
Hosta – dimensions, 138
Hosta – dommages causés par la grêle, 138
Hosta – dommages causés par le gel, 137
Hosta – résistance aux limaces, 137
Hosta – utilisation comme couvre-sol, 136
Hosta à feuilles de plantain, 139
Hosta à feuilles ondulées, 141
Hosta à fleurs tardives, 141
Hosta 'Abiqua Drinking Gourd', 143
Hosta 'American Hero', 143
Hosta 'August Moon', 144
Hosta 'Big Daddy', 144
Hosta 'Blue Angel', 144
Hosta 'Blue Arrow', 144
Hosta 'Blue Cadet', 144
Hosta 'Blue Dimples', 144
Hosta 'Blue Mammoth', 144
Hosta 'Blue Moon', 144
Hosta 'Blue Mouse Ears', 144, 145
Hosta 'Blue Shadows', 145
Hosta 'Blue Wedgewood', 145
Hosta 'Blue Whirls', 145
Hosta 'Bold Ruffles', 145
Hosta 'Brim Cup', 145
Hosta 'Camelot', 145
Hosta 'Canadian Shield', 145
Hosta 'Candy Hearts', 145
Hosta 'Captain Kirk', 145
Hosta 'Carnival', 145
Hosta 'Christmas Tree', 145
Hosta de Siebold, 139
Hosta des montagnes, 140
Hosta 'Dorset Blue', 146
Hosta 'Earth Angel', 146
Hosta 'Empress Wu', 146
Hosta en plastique, 141
Hosta 'First Frost', 146
Hosta fluctuans 'Variegated' Voir *Hosta* 'Sagae'
Hosta 'Fragrant Bouquet', 146
Hosta 'Fragrant Blue', 146
Hosta 'Francee', 147
Hosta 'Fried Bananas', 147
Hosta 'Great Expectations', 147
Hosta 'Grey Ghost', 147
Hosta 'Ground Master', 147
Hosta 'Guacamole', 147
Hosta 'Guardian Angel', 148
Hosta 'Hadspen Blue', 148
Hosta 'Halcyon', 148
Hosta 'Invincible', 148
Hosta 'Joseph', 148
Hosta 'June', 148
Hosta 'Krossa Regal', 148
Hosta 'Leather Sheen', 148
Hosta 'Liberty', 148, 149
Hosta 'Little Aurora', 149
Hosta 'Love Pat', 149
Hosta 'Loyalist', 150

Hosta 'Marie Robillard', 150
Hosta 'Midwest Magic', 150
Hosta montana, 140
Hosta montana 'Aureomarginata', 141
Hosta nigrescens, 141
Hosta nigrescens 'Elatior', 141
Hosta 'Night Before Christmas', 150
Hosta noir, 141
Hosta 'Olive Bailey Langdon', 150
Hosta 'Patriot', 150
Hosta 'Paul's Glory', 150
Hosta 'Piedmont Gold', 151
Hosta 'Pineapple Upside Down Cake', 151
Hosta 'Pizzazz', 151
Hosta plantaginea, 139, 147
Hosta plantaginea 'Aphrodite', 139
Hosta plantaginea grandiflora Voir *Hosta plantaginea*
Hosta 'Queen Josephine', 151
Hosta 'Regal Splendor', 151
Hosta 'Robert Frost', 151
Hosta 'Sagae', 151
Hosta 'Sea Lotus Leaf', 152
Hosta 'September Sun', 152
Hosta sieboldiana elegans, 139
Hosta sieboldiana 'Frances Williams', 140
Hosta sieboldiana 'Northern Halo', 140
Hosta 'Spilt Milk', 152
Hosta 'Stained Glass', 152
Hosta 'Striptease', 152
Hosta 'Sum and Substance', 152
Hosta 'Sun Power', 153
Hosta 'Sweet Marjorie', 153
Hosta 'Sweet Susan', 153
Hosta 'Tokudama Aureonebulosa', 153
Hosta 'Tokudama Flavocircinalis', 153
Hosta 'Tokudama', 153
Hosta 'Undulata', 141, 142, 143
Hosta 'Undulata Albomarginata', 142
Hosta 'Undulata Erromena', 143
Hosta undulata 'Mediovariegata' Voir *Hosta* 'Undulata'
Hosta 'Wide Brim', 153
Hosta 'Zounds', 153
Hostas résistants aux limaces, 62
Huile de neem, 63
Huile horticole, 63
Hungarian Bear's Breeches, 86
Hungarian Clover, 570
Hybrid Blanketflower, 418
Hybrid Checker-Mallow, 552
Hybrid Coral Bells, 445
Hybrid Faassen's Catmint, 472
Hybrid Hardy Cranesbill, 431
Hybrid Ladybells, 238
Hybrid Purple Coneflower, 401
Hybrid Spiderwort, 409
Hybrid Westen Bleeding Heart, 371
Hybrid Woolly Yarrow, 352
Hybridation – définition, 595
Hybridation interspécifique, 335
Hybride – définition, 595
Hybride F1 – définition, 595
Hyphe, 36
Hyphe – définition, 595

I

Icônes, 83
Iliamna remota Voir *Iliamna rivularis*
Iliamna rivularis, 464
Indigène – définition, 595
Indigo (teinture), 106
Indigo Woodland Sage, 531
Inflorescence – définition, 595
Insectes, 64, 65, 66, 67, 68, 69, 70
Insectes bénéfiques, 31
Intergénérique – définition, 595
Intersectionnel – définition, 595
Interspécifique – définition, 595
Inula, 200, 201
Inula ensifolia, 201
Inula ensifolia 'Compacta', 201
Inula ensifolia 'Gold Star', 201, 202
Inula glandulosa Voir *Inula orientalis*
Inula helenium, 201
Inula hookeri, 203
Inula magnifica, 200, 202
Inula orientalis, 202
Inula orientalis 'Grandiflora', 202
Inula racemosa, 202
Inula royleana, 202, 203
Inula salicifolium Voir *Buphthalmum salicifolium*
Inula salicina, 203
Iris – suppression de la pointe des feuilles, 51
Iris des jardins, 51
Iris x germanica, 51
Irrigation goutte à goutte, 46
Irrigation goutte à goutte – culture en pot, 61
Irrigation goutte à goutte – entretien hivernal, 46
Irrigation par aspersion, 44
Isoplexus, 249
Isoplexus canariensis, 249
Italian Aster, 358
Italian Burnet, 321

J

Jacob's Ladder, 304
Japanese Bluestar, 99
Japanese Burnet, 322
Japanese Catmint, 477
Japanese Jumpseed, 498
Japanese Peony, 163
Jardinerie – définition, 595
Jerusalem Sage, 285, 286
Jours neutres – définition, 595
Jumpseed, 498

K

Kankakee Mallow, 464
Kansas Gayfeather, 259
Knautia, 452, 453
Knautia arvensis, 453, 454
Knautia arvensis 'Blue Buttons' Voir *Knautia arvensis*
Knautia macedonica, 452, 454
Knautia macedonica 'Mars Midget', 454
Knautia macedonica 'Melton Pastels', 454
Knautia macedonica 'Red Knight', 454

INDEX

Knautia macedonica 'Thunder and Lightning', 454
Knautie, 452
Knautie des champs, 453
Knautie macédonienne, 454
Knotweed, 494
Komakusa Bleeding Heart, 373
Kunth's Evening Primrose, 486
Kurdistan Hollyhock, 507
Kyushu Meadow-Rue, 296

L

Labourage, 26
Lady's Mantle, 184
Ladybells, 237
Lagomorphe – définition, 595
Lake Huron Tansy, 560
Lamprocapnos spectabilis, 50, 107, 108, 109, 368
Lamprocapnos spectabilis 'Alba', 110
Lamprocapnos spectabilis 'Gold Heart', 110
Lamprocapnos spectabilis 'Pantaloons', 110
Lanceleaf *Coreopsis*, 379
Lanceleaf False Lupin, 254
Lancéolé – définition, 595
Lapins, 73
Lapins à queue blanche, 73
Large Masterwort, 367
Large Yellow Oxeye, 204
Large-Flowered Calamint, 479
Large-flowered Meadow-Rue, 293
Large-Flowered Penstemon, 281
Large-Flowered Tickseed, 377
Late Hosta, 141
Latex – définition, 595
Lavatera, 460
Lavatère, 460
Lavender Mist, 298
Leafy Polemonium, 306
Leatherleaf Bergenia, 216
Lepus americanus, 73
Lepus arcticus, 73
Lesser Masterwort, 367
Lesser Meadow-Rue, 297
Leucanthème en corymbe, 559
Leucanthemum, 265, 266, 267
Leucanthemum corymbosum Voir *Tanacetum corymbosum*
Leucanthemum lacustre, 267
Leucanthemum maximum, 267
Leucanthemum parthenium Voir *Tanacetum parthenium*
Leucanthemum x *superbum*, 267, 273
Leucanthemum x *superbum* 'Aglaia', 267
Leucanthemum x *superbum* 'Alaska', 268
Leucanthemum x *superbum* 'Amelia', 267, 268
Leucanthemum x *superbum* 'Banana Cream', 268
Leucanthemum x *superbum* 'Barbara Bush', 268
Leucanthemum x *superbum* 'Beauté Nivelloise', 268
Leucanthemum x *superbum* 'Becky', 11, 265, 268, 269
Leucanthemum x *superbum* 'Brightside', 269

Leucanthemum x *superbum* Broadway Lights™ 'Leumayel', 269
Leucanthemum x *superbum* 'Cogham Gold', 269
Leucanthemum x *superbum* 'Crazy Daisy', 269, 270
Leucanthemum x *superbum* 'Esther Read', 270
Leucanthemum x *superbum* 'Exhibition', 270
Leucanthemum x *superbum* 'Fiona Coghill', 270
Leucanthemum x *superbum* 'Fluffy', 270
Leucanthemum x *superbum* 'Goldrausch', 270
Leucanthemum x *superbum* 'Goldrush' Voir *Leucanthemum* x *superbum* 'Goldrausch'
Leucanthemum x *superbum* 'Hebron Hardy', 270
Leucanthemum x *superbum* 'Highland White Dream', 270
Leucanthemum x *superbum* 'Ice Star', 270
Leucanthemum x *superbum* 'La Crosse', 270
Leucanthemum x *superbum* 'Little Miss Muffet', 270
Leucanthemum x *superbum* 'Little Princess' Voir *Leucanthemum* x *superbum* 'Silberprinzesschen'
Leucanthemum x *superbum* 'Marconi', 270
Leucanthemum x *superbum* 'Old Court' Voir *Leucanthemum* x *superbum* 'Beauté Nivelloise'
Leucanthemum x *superbum* 'Palladin', 270
Leucanthemum x *superbum* 'Phyllis Smith', 271
Leucanthemum x *superbum* 'Polaris', 271
Leucanthemum x *superbum* 'Prieure', 271
Leucanthemum x *superbum* 'Rijnsburg Glory', 271
Leucanthemum x *superbum* 'Ryan's White' Voir *Leucanthemum* x *superbum* 'Becky'
Leucanthemum x *superbum* 'Sedgewick', 271
Leucanthemum x *superbum* 'Shaggy' Voir *Leucanthemum* x *superbum* 'Beauté Nivelloise'
Leucanthemum x *superbum* 'Silberprinzesschen', 271
Leucanthemum x *superbum* 'Silver Princess' Voir *Leucanthemum* x *superbum* 'Silberprinzesschen'
Leucanthemum x *superbum* 'Silver Spoons', 271
Leucanthemum x *superbum* 'Snow Lady', 272
Leucanthemum x *superbum* 'Snowcap', 271
Leucanthemum x *superbum* 'Snowdrift', 272
Leucanthemum x *superbum* 'Sonnenschein', 272
Leucanthemum x *superbum* 'Starburst', 272
Leucanthemum x *superbum* 'Summer Snowball', 272
Leucanthemum x *superbum* 'Sunnyside Up', 272
Leucanthemum x *superbum* 'Sunshine' Voir *Leucanthemum* x *superbum* 'Sonnenschein'
Leucanthemum x *superbum* 'Supra', 272
Leucanthemum x *superbum* 'Switzerland', 272
Leucanthemum x *superbum* 'T.E. Killin', 272

Leucanthemum x *superbum* 'Thomas Killin' Voir *Leucanthemum* x *superbum* 'T.E. Killin'
Leucanthemum x *superbum* 'White Knight', 272
Leucanthemum x *superbum* 'Wirral Pride', 272, 273
Leucanthemum vulgare, 266, 267, 273
Leucanthemum vulgare 'Filigran', 273
Leucanthemum vulgare 'Maikönigen', 273
Leucanthemum vulgare 'May Queen' Voir *Leucanthemum vulgare* 'Maikönigen'
Leuzea rhapontica Voir *Stemmacantha rhapontica*
Liatride, 257
Liatride des Rocheuses, 258
Liatride du Kansas, 259
Liatride naine, 259
Liatride scarieuse, 259
Liatris, 257, 258, 259, 260
Liatris ligulistylis, 258, 259
Liatris microcephala, 259
Liatris microcephala 'Alba', 259
Liatris pycnostachya, 259
Liatris pycnostachya 'Alba', 259
Liatris pycnostachya 'Eureka', 259
Liatris scariosa, 259
Liatris scariosa 'Alba', 259
Liatris scariosa 'September Glory', 259
Liatris scariosa 'White Spires', 259
Liatris spicata, 260
Liatris spicata 'Alba', 260
Liatris spicata 'Floristan Violet' Voir *Liatris spicata* 'Floristan Violett'
Liatris spicata 'Floristan Violett', 259, 260
Liatris spicata 'Floristan Weiss', 260
Liatris spicata 'Floristan White' Voir *Liatris spicata* 'Floristan Weiss'
Liatris spicata 'Goblin' Voir *Liatris spicata* 'Kobold'
Liatris spicata 'Kobold', 257, 260
Liatris spicata 'Kobold Original', 260
Lièvre arctique, 73
Lièvre d'Amérique, 73
Lièvres, 73
Lignée – définition, 595
Ligneux – définition, 595
Lilac Sage, 534
Lilyleaf Ladybells, 238
Limaces, 31, 67, 68
Lin, 455
Lin cultivé, 456
Lin de Narbonne, 458
Lin vivace, 456
Linéaire – définition, 595
Linguiforme – définition, 595
Linum, 455, 456
Linum campanulatum, 458
Linum elegans, 458
Linum flavum, 457
Linum flavum 'Compactum', 458
Linum 'Gemmell's Hybrid', 458
Linum lewisii Voir *Linum perenne lewisii*
Linum narbonense, 458
Linum narbonense 'Heavenly Blue', 458
Linum perenne, 455, 456, 457, 458
Linum perenne 'Album', 456, 457

INDEX

Linum perenne alpinum, 457
Linum perenne 'Blau Saphir', 457
Linum perenne 'Blue Sapphire' Voir *Linum perenne* 'Blau Saphir'
Linum perenne 'Diamant White' Voir *Linum perenne* 'Diamant'
Linum perenne 'Diamant', 457
Linum perenne 'Himmelszelt', 457
Linum perenne lewisii, 457
Linum perenne 'Nanum Diamant' Voir *Linum perenne* 'Diamant'
Linum perenne 'Nanum Saphir' Voir *Linum perenne* 'Blau Saphir'
Linum perenne 'Saphir' Voir *Linum perenne* 'Blau Saphir'
Linum usitatissimum, 456
Lis d'un jour, 115
Lis des fossés, 120
Litière – définition, 595
Litière forestière, 31
Loam – définition, 595
Lobe – définition, 595
Lobé – définition, 595
Lobelia, 69
Lobelia cardinalis, 262, 263
Lobelia x *gerardii* Voir *Lobelia* x *speciosa*
Lobelia x *gerardii* 'Vedrariensis' Voir *Lobelia* x *speciosa* 'Vedrariensis'
Lobelia siphilitica, 261
Lobelia siphilitica 'Alba', 262
Lobelia siphilitica 'Blue Peter', 263
Lobelia siphilitica 'Blue Select', 262
Lobelia siphilitica 'Lilac Candles', 263
Lobelia siphilitica 'White Candles', 263
Lobelia x *speciosa*, 263
Lobelia x *speciosa* 'Compliment Blue' Voir *Lobelia* x *speciosa* 'Kompliment Blau'
Lobelia x *speciosa* 'Compliment Deep Red' Voir *Lobelia* x *speciosa* 'Kompliment Tiefrot'
Lobelia x *speciosa* 'Compliment Scarlet' Voir *Lobelia* x *speciosa* 'Kompliment Scharlach'
Lobelia x *speciosa* 'Compliment Violet' Voir *Lobelia* x *speciosa* 'Kompliment Violet'
Lobelia x *speciosa* 'Cotton Candy', 263
Lobelia x *speciosa* 'Cranberry Crusader', 263
Lobelia x *speciosa* 'Dark Crusader', 263
Lobelia x *speciosa* 'Fan Blau', 263
Lobelia x *speciosa* 'Fan Blue' Voir *Lobelia* x *speciosa* 'Fan Blau'
Lobelia x *speciosa* 'Fan Burgundy', 263
Lobelia x *speciosa* 'Fan Tiefrot', 263
Lobelia x *speciosa* 'Gladys Linley', 263
Lobelia x *speciosa* 'Grape Knee-Hi', 264
Lobelia x *speciosa* 'Kompliment Blau', 264
Lobelia x *speciosa* 'Kompliment Scharlach', 264
Lobelia x *speciosa* 'Kompliment Tiefrot', 264
Lobelia x *speciosa* 'Kompliment Violet', 264
Lobelia x *speciosa* 'La Fresco', 264
Lobelia x *speciosa* 'Monet Moment', 264
Lobelia x *speciosa* 'Purple Towers', 264
Lobelia x *speciosa* 'Ruby Slippers', 264
Lobelia x *speciosa* série Fan, 263
Lobelia x *speciosa* 'Vedrariensis', 264

Lobelia x *speciosa* 'Wildwood Splendor', 264
Lobélie, 69
Lobélie cardinale, 262
Lobélie syphilitique, 261, 262, 263
Longbract Wild Indigo, 106
Longévité des vivaces, 12
Long-Leaf Speedwell, 577
Louisiana Bluestar, 99
Lupinus, 253

M

Macedonian Knautia, 454
Macrosiphum albifrons, 68
Maculé – définition, 595
Magnificent Elecampane, 202
Maladies, 31, 62, 74, 75, 76, 77, 78, 79, 80
Maladies – prévention, 75
Maladies – taille, 75
Male Peony, 162
Mallow, 459
Malva, 69, 459, 460
Malva alcea, 462
Malva alcea fastigiata, 461
Malva moschata, 461, 462
Malva moschata alba, 461, 462
Malva moschata 'Appleblossom', 462
Malva moschata rosea Voir *Malva moschata*
Malva moschata 'Snow White', 462
Malva moschata 'White Perfection' Voir *Malva moschata alba*
Malva neglecta, 460
Malva 'Parkallee' Voir X *Alcalthaea suffrutescens* 'Parkallee'
Malva 'Parkfrieden' Voir X *Alcalthaea suffrutescens* 'Parkfrieden'
Malva 'Parkrondell' Voir X *Alcalthaea suffrutescens* 'Parkrondell'
Malva x 'Sweet Sixteen', 462
Malva sylvestris, 462, 463
Malva sylvestris 'Brave Heart', 462, 463
Malva sylvestris mauritania, 463
Malva sylvestris mauritania 'Bibor Felho', 463
Malva sylvestris 'Mystic Merlin', 463
Malva sylvestris 'Primley Blue', 463, 464
Malva sylvestris 'Zebrina', 464
Mammifères nuisibles, 70, 71, 73, 74
Marcottage, 58
Marcottage – définition, 595
Marcotte – définition, 595
Margousier, 63
Marguerite, 265
Marguerite 'Becky', 11
Marguerite commune, 273
Marguerite des champs, 267
Marguerite des Pyrénées, 267
Marguerite du Portugal, 267
Marmota monax, 74
Marmottes, 74
Marshallia à grandes fleurs, 274
Marshallia grandiflora, 274
Marshmallow, 508
Massif – définition, 595
Masterwort, 363
Matière organique, 25, 26, 595
Matricaire blanche, 562
Matricaire en corymbe, 560

Matricaria corymbosa Voir *Tanacetum corymbosum*
Matricaria parthenium Voir *Tanacetum parthenium*
Mauvaises herbes, 27, 29, 81
Mauvaises herbes à racines traçantes, 30
Mauvaises herbes annuelles, 30
Mauvaises herbes vivaces non traçantes, 30
Mauve, 69, 459
Mauve alcée, 461
Mauve des bois, 462
Mauve musquée, 461
Mauve négligée, 460
Mauve royale, 464
Meadow Blazing Star, 258
Meadow Cranesbill, 428
Meadow Rue, 288
Meadow Sage, 532
Meconopsis, 490
Meconopsis betonicifolia, 490
Meconopsis cambrica, 488, 489, 490
Meconopsis cambrica 'Anne Greenaway', 491
Meconopsis cambrica aurantiaca, 491
Meconopsis cambrica 'Flore Pleno', 491
Meconopsis cambrica flore-pleno forme orange, 491
Meconopsis cambrica 'Florence Perry', 491
Meconopsis cambrica 'Muriel Brown', 491
Mellifère – définition, 595
Ménage automnal, 50, 51, 52
Ménage printanier, 52, 53
Menthe coq, 558
Menthe romaine, 558
Menthe-de-Notre-Dame, 558
Mertensia, 465, 466
Mertensia asiatica Voir *Mertensia maritima*
Mertensia maritima, 465, 466
Mertensia sibirica, 465, 468
Mertensia simplicissima Voir *Mertensia maritima*
Mertensia virginica, 465
Mertensie, 465
Mertensie de Sibérie, 468
Mertensie de Virginie, 465
Mertensie maritime, 466, 467
Métaldéhyde, 68
Méthode du papier journal, 26, 27, 28, 30
Méthode du pétunia, 34
Meuble – définition, 595
Mexicali Hybrid Penstemon, 283
Mexican Fleabane, 331
Micro-organismes bénéfiques vs engrais, 47
Micro-organismes du sol, 24, 26
Microtus spp., 71
Miellat, 77
Mildiou, 78
Milky Bellflower, 226
Millefeuille, 344
Minéraux, 46
Mineuses, 67
Minuterie, 44, 46
Minuterie manuelle, 46
Minuterie programmable, 46
Mi-ombre, 33, 34
Misère, 412
Missouri Coneflower, 522

INDEX

Moisissure grise, 79
Mollusquicide, 68
Molly the Witch, 161
Monkshood, 88
Monocarpique – définition, 595
Monoïque – définition, 595
Monotypique – définition, 595
Moroccan Poppy, 491
Mouches blanches, 64
Mountain Avens, 207
Mountain Cornflower, 240
Mountain False Lupin Voir *Thermopsis rhombifolia montana*
Mountain Fleeceflower, 495
Mountain Hosta, 140
Muguet, 28, 30
Mullein Floxglove, 249
Mulots, 71
Multiplication, 54
Multiplication – définition, 595
Multiplication des végétaux en éprouvette Voir Culture *in vitro*
Multiplication sexuée, 595
Multiplication végétative, 595
Muskmallow, 461
Mutation – définition, 595
Mycoplasme – définition, 595
Mycorhizes, 36, 37, 46
Mycorhizes – définition, 595
Mycorhizes – engrais riches en phosphore, 37

N

Narbonne Flax, 458
Narrow-leaved Coneflower, 399
Naturalisé – définition, 595
Naturaliser – définition, 595
Nectaire – définition, 595
Nectar – définition, 595
Nectarifère – définition, 596
Neem, 63
Nepal Cinquefoil, 314
Népéta, 469, 470, 471
Népéta à feuilles larges, 474
Nepeta cataria, 471, 478
Nepeta cataria 'Citriodora', 478
Nepeta cataria 'Lemony', 478
Nepeta cataria citriodora 'Lemony' Voir *Nepeta cataria* 'Lemony'
Nepeta clarkei, 472
Népéta de Faassen hybride, 472
Népéta de l'Himalaya, 472
Népéta de Sibérie, 476
Népéta de Stewart, 477
Népéta du Japon, 477
Népéta du Yunnan, 477
Nepeta x *faassenii*, 472, 476
Nepeta x *faassenii* 'Alba', 472
Nepeta x *faassenii* 'Kit Cat', 472
Nepeta x *faassenii* 'Select', 476
Népéta géant, 474
Nepeta govaniana, 473, 474
Nepeta grandiflora, 474
Nepeta grandiflora 'Bramdean', 474
Nepeta grandiflora 'Dawn to Dusk', 474
Nepeta grandiflora 'Pool Bank', 474

Nepeta grandiflora 'Wild Cat', 474
Nepeta groupe *faassenii*, 472, 473
Nepeta groupe *faassenii* 'Dropmore', 473
Nepeta groupe *faassenii* 'Six Hills Giant', 473
Nepeta groupe *faassenii* 'Walker's Low', 469, 473
Nepeta x 'Joanna Reed', 477
Nepeta latifolia, 474
Nepeta latifolia 'Super Cat', 474
Nepeta longipes, 474, 475
Nepeta macrantha Voir *Nepeta sibirica*
Nepeta multibracteata, 475
Nepeta mussenii Voir *Nepeta* x faasseni et *N. racemosa*
Nepeta nepetella, 472, 473
Népéta nervé, 475
Nepeta nervosa, 475
Nepeta nervosa 'Blue Carpet', 475
Nepeta nervosa 'Blue Moon' Voir *Nepeta nervosa* 'Blue Carpet'
Nepeta nervosa 'Forncett Select', 475
Nepeta nervosa 'Pink Cat', 475
Népéta nu, 475
Nepeta nuda, 475
Nepeta nuda 'Anne's Choice', 475
Nepeta nuda alba Voir *Nepeta nuda albiflora*
Nepeta nuda albiflora, 475
Nepeta racemosa, 472, 473, 476 Voir aussi *Nepeta* x *faasseni*
Nepeta racemosa alba, 476
Nepeta racemosa 'Blue Ice', 476
Nepeta racemosa 'Blue Wonder', 476
Nepeta racemosa 'Little Titch', 476
Nepeta racemosa 'Select Blue' Voir *Nepeta racemosa* 'Select'
Nepeta racemosa 'Select', 476
Nepeta racemosa 'Senior', 476
Nepeta racemosa 'Snowflake', 476
Nepeta racemosa 'Superba', 476
Nepeta reichenbachiana Voir *Nepeta racemosa*
Nepeta sibirica, 476, 477
Nepeta sibirica 'Blue Beauty' Voir *Nepeta sibirica* 'Souvenir d'André Chaudron'
Nepeta sibirica 'Souvenir d'André Chaudron', 476, 477
Nepeta stewartiana, 477
Népéta subsessile, 477
Nepeta subsessilis, 477
Nepeta subsessilis 'Blue Dreams', 477
Nepeta subsessilis 'Candy Cat', 477
Nepeta subsessilis 'Cool Cat', 477
Nepeta subsessilis 'Pink Dreams', 477
Nepeta subsessilis 'Sweet Dreams', 477
Nepeta x 'Veluws Blauwtje', 475
Nepeta yunnanensis, 477, 478
Nervure – définition, 596
Nettoyage – plate-bande, 50
Neutre – définition, 596
Noble Yarrow, 348
Nodding Sage, 532
Nomenclature – définition, 596
Nouvelle plate-bande, 26, 27, 28
Nouvelle plate-bande – zone de compétition racinaire, 40, 41

O

Obconique – définition, 596
Oblong – définition, 596
Obovale – définition, 596
Obové – définition, 596
Obovoïde – définition, 596
Obtus – définition, 596
Odocoileus virginianus, 71
Œil – définition, 596
Œil de bœuf, 204
Œil de jeune fille, 379
Œil du Christ, 358
Oenothera, 480, 481, 482
Oenothera x 'African Sun' Voir *Oenothera fruticosa* 'African Sun'
Oenothera berlandieri Voir *Oenothera speciosa* 'Rosea'
Oenothera biennis, 487
Oenothera caespitosa, 482
Oenothera x 'Cold Crick', 484
Oenothera fraseri Voir *Oenothera fruticosa glauca*
Oenothera freemontii 'Lemon Silver' Voir *Oenothera macrocarpa freemontii* 'Lemon Silver'
Oenothera fruticosa, 480, 482, 483
Oenothera fruticosa 'African Sun', 483
Oenothera fruticosa 'Camel', 483
Oenothera fruticosa 'Erica Robin', 483
Oenothera fruticosa 'Fireworks' Voir *Oenothera fruticosa* 'Fyrverkeri'
Oenothera fruticosa 'Fyrverkeri', 482, 483
Oenothera fruticosa glauca, 483
Oenothera fruticosa glauca 'Frühingsgold', 483
Oenothera fruticosa glauca 'Sonnenwende', 483
Oenothera fruticosa glauca 'Spring Gold' Voir *Oenothera fruticosa glauca* 'Frühingsgold'
Oenothera fruticosa glauca 'Summer Solstice' Voir *Oenothera fruticosa glauca* 'Sonnenwende'
Oenothera fruticosa 'Innoeono 131', 483
Oenothera fruticosa Lemon Drop" Voir *Oenothera fruticosa* 'Innoeono 131'
Oenothera fruticosa 'Youngii', 483
Oenothera glauca Voir *Oenothera fruticosa glauca*
Oenothera kunthiana, 486
Oenothera kunthiana 'Glowing Magenta', 486
Oenothera macrocarpa, 484, 485
Oenothera macrocarpa freemontii 'Lemon Silver', 484
Oenothera macrocarpa 'Greencourt Lemon', 484
Oenothera macrocarpa 'Pewter Moon', 484
Oenothera missouriensis Voir *Oenothera macrocarpa*
Oenothera muricata Voir *Oenothera biennis*
Oenothera pallida, 484, 485
Oenothera pallida 'Innocence', 485
Oenothera perennis, 485
Oenothera pumila, 485
Oenothera serrulata Voir *Calylophus serrulatus*
Oenothera speciosa, 485

INDEX

Oenothera speciosa 'Rosea', 485
Oenothera speciosa 'Siskiyou', 486
Oenothera speciosa 'Woodside White', 486
Oenothera tetragona, 482 Voir Oenothera fruticosa glauca
Oenothera versicolor, 486
Oenothera versicolor 'Lemon Sunset', 487
Oenothera versicolor 'Sunset Boulevard', 487
Oenothera victorinii Voir Oenothera biennis
Oenothère, 480
Ohio Spiderwort, 411
Oïdium, 75, 593
Ombelle, 338
Ombelle – définition, 596
Ombre, 33, 34
Ombre partielle, 33, 34
Onagre, 69, 480
Onagre bisannuelle, 487
Onagre blanche, 484
Onagre cespiteuse, 482
Onagre de Kunth, 486
Onagre denticulée, 487
Onagre du Missouri, 484
Onagre frutescente, 482
Onagre pérennante, 485
Onagre rose, 485
Onagre versicolore, 486
Opposé – définition, 596
Orange Coneflower, 513
Orange Fleabane, 331
Oregon Checker-Mallow, 552
Ovaire – définition, 596
Ovale – définition, 596
Ové – définition, 596
Ovoïde – définition, 596
Oxeye Daisy, 273
Oysterleaf, 466
Ozark Sundrops, 484

P

Paeonia, 69, 154-177
Paeonia – blanc, 159, 160
Paeonia – culture, 156, 157
Paeonia – fourmis, 159
Paeonia – multiplication, 158
Paeonia – paillis, 157
Paeonia – plantation, 157
Paeonia – pourriture grise, 159
Paeonia – suppression des feuilles, 158
Paeonia albiflora Voir Paeonia lactiflora
Paeonia 'Alexander Woolcott', 168
Paeonia 'Alexandre Dumas', 167
Paeonia anomala veitchii Voir Paeonia veitchii
Paeonia 'Bartzella', 176
Paeonia 'Belle Center', 168
Paeonia botanique, 160
Paeonia 'Buckeye Belle', 168, 169
Paeonia 'Burma Ruby', 169
Paeonia 'Callie's Memory', 176
Paeonia 'Canary Brilliants', 177
Paeonia 'Carina', 169
Paeonia 'Coral Charm', 170
Paeonia 'Court Jester', 176, 177
Paeonia 'Crazy Daisy', 170
Paeonia 'Dandy Dan', 170
Paeonia 'Ellen Cowley', 170
Paeonia emodi, 160
Paeonia 'Friendship', 170
Paeonia 'Garden Treasure', 177
Paeonia 'Gold Standard', 170
Paeonia 'Golden Glow', 170
Paeonia hybrides, 166
Paeonia 'Illini Warrior', 171
Paeonia Itoh, 175, 176
Paeonia japonais, 156
Paeonia japonica Voir Paeonia obovata japonica
Paeonia 'Julia Rose', 177
Paeonia lactiflora, 160, 161, 164, 166
Paeonia lactiflora 'Adonis', 168
Paeonia lactiflora 'Albert Crousse', 167
Paeonia lactiflora 'Alexander Duff' Voir Paeonia lactiflora 'Lady Alexandra Duff'
Paeonia lactiflora 'Alexander Fleming', 167
Paeonia lactiflora 'Angel Cheeks', 168
Paeonia lactiflora 'Auguste Dessert', 167
Paeonia lactiflora 'Bev', 168
Paeonia lactiflora 'Bowl of Beauty', 168
Paeonia lactiflora 'Charles Burgess', 169
Paeonia lactiflora 'Cheddar Gold', 169
Paeonia lactiflora 'Clair de Lune', 169
Paeonia lactiflora 'Cora Stubbs', 169
Paeonia lactiflora 'Coral'n Gold', 170
Paeonia lactiflora 'Doctor Alexander Fleming' Voir Paeonia lactiflora 'Alexander Fleming'
Paeonia lactiflora 'Duchesse de Nemours', 167
Paeonia lactiflora 'Early Scout', 170
Paeonia lactiflora 'Félix Crousse', 167
Paeonia lactiflora 'Festiva Maxima', 167
Paeonia lactiflora 'Jeanne d'Arc', 167
Paeonia lactiflora 'Kansas', 171
Paeonia lactiflora 'Karl Rosenfeld', 167
Paeonia lactiflora 'Krinkled White', 171
Paeonia lactiflora 'Lady A. Duff' Voir Paeonia lactiflora 'Lady Alexandra Duff'
Paeonia lactiflora 'Lady Alexandra Duff', 171
Paeonia lactiflora 'Lancaster Imp', 171
Paeonia lactiflora 'Laura Dessert', 171
Paeonia lactiflora 'Ludovica', 171
Paeonia lactiflora 'Madame de Verneville', 171
Paeonia lactiflora 'Madame Édouard Doriat', 167
Paeonia lactiflora 'Maestro', 172
Paeonia lactiflora 'Marie Lemoine', 167
Paeonia lactiflora 'Monsieur Jules Élie', 167
Paeonia lactiflora 'Nice Gal', 172
Paeonia lactiflora 'Paula Fay', 172
Paeonia lactiflora 'Petite Élegance', 172
Paeonia lactiflora 'Petite Porcelaine', 172
Paeonia lactiflora 'Philippe Rivoire', 172
Paeonia lactiflora 'Red Charm', 173
Paeonia lactiflora 'Rosalie', 173
Paeonia lactiflora 'Sarah Bernhardt', 167
Paeonia lactiflora 'Sea Shell', 174
Paeonia lactiflora 'Sparkling Star', 174
Paeonia lactiflora 'Spiffy', 174
Paeonia lactiflora 'Victor Hugo' Voir Paeonia lactiflora 'Félix Crousse'
Paeonia lactiflora 'Westerner', 174
Paeonia lactiflora 'White Innocence', 174
Paeonia 'Laddie', 171
Paeonia 'Lemon Dream', 175, 177
Paeonia lutea, 176
Paeonia 'Many Happy Returns', 172
Paeonia mascula, 162, 163
Paeonia 'Merry Mayshine', 172
Paeonia mlokosewitschii, 155, 161, 162
Paeonia 'Montezuma', 172
Paeonia 'Morning Lilac', 177
Paeonia obovata, 155, 163
Paeonia obovata alba, 163
Paeonia obovata japonica, 163
Paeonia officinalis, 164
Paeonia officinalis 'Alba Plena', 164
Paeonia officinalis 'Anemoniflora Rosea', 164
Paeonia officinalis 'Rosea Plena', 164
Paeonia officinalis 'Rubra Plena', 164
Paeonia officinalis villosa, 164
Paeonia 'Pink Hawaiian Coral', 172, 173
Paeonia 'Pink Spritzer', 173
Paeonia 'Prairie Charm', 177
Paeonia 'Rozella', 173
Paeonia 'Salmon Chiffon', 173
Paeonia 'Sarah Bernhardt', 155
Paeonia 'Scarlet Heaven', 177
Paeonia 'Scarlet O'Hara', 173
Paeonia 'Serenade', 174
Paeonia x smouthii, 165, 166
Paeonia tenuifolia, 155, 165, 166
Paeonia tenuifolia 'Itoba', 165
Paeonia tenuifolia 'Plena' Voir Paeonia tenuifolia 'Rubra Plena'
Paeonia tenuifolia 'Rosea', 165
Paeonia tenuifolia 'Rubra Plena', 165
Paeonia 'The Fawn', 174
Paeonia veitchii, 166
Paeonia 'Viking Full Moon', 177
Paeonia 'Walter Mains', 174
Paeonia 'White Innocence', 175
Paeonia 'Zuzu', 175
Paillis, 28, 31, 32, 37, 38, 42, 45, 46, 47, 81
Paillis – application, 32
Paillis – défauts, 31
Paillis – définition, 596
Paillis – enrichissement du sol, 31
Paillis – hauteur, 32
Paillis – remplacement, 32
Paillis – rôles, 31
Paillis – saison d'application, 32
Paillis d'aiguilles de conifère, 31
Paillis d'écorce, 28
Paillis d'écorce de conifère, 32
Paillis de cèdre, 32
Paillis de pierres, 31
Paillis de pruche, 32
Paillis décomposable, 28, 30, 32
Paillis forestier, 32
Paillis vs couvre-sols rampants, 31
Painted Daisy, 566
Pale Coneflower, 399
Pale Rose Hollyhock, 507
Palmé – définition, 596
Panaché – définition, 596
Panicule – définition, 596

INDEX

Pantaloons, 110
Papaver, 490
Papaver atlanticum, 491, 492
Papaver atlanticum 'Flore Pleno', 491, 492
Papaver x hybridum 'Flore Pleno' Voir *Papaver lateritium* 'Fire Ball'
Papaver lateritium, 491, 492, 493
Papaver lateritium 'Fire Ball', 493
Papaver lateritium 'Nana Plena' Voir *Papaver lateritium* 'Fire Ball'
Papaver lateritium 'Nanum Flore Pleno' Voir *Papaver lateritium* 'Fire Ball'
Papaver rupifragum, 491, 492
Papaver rupifragum atlanticum Voir *Papaver atlanticum*
Papaver rupifragum 'Flore Pleno', 493
Papaver rupifragum 'Orange Feathers' Voir *Papaver rupifragum* 'Tangerine Dream'
Papaver rupifragum 'Tangerine Dream', 493
Papier journal, 26, 27, 28, 29, 40, 41
Papilionacé – définition, 596
Papyracé – définition, 596
Pâquerette des murailles, 331
Parasites, 62
Paripenné – définition, 596
Partenelle, 562
Parthénocarpique – définition, 596
Pas japonais – définition, 596
Passe-rose, 501
Patrinia spp., 119
Pavot cambrique, 488
Pavot d'Arménie, 493
Pavot d'Espagne, 492
Pavot de l'Atlas, 491
Peachleaf Bellflower, 229
Pédicelle – définition, 596
Pédoncule – définition, 596
Pelargonium, 424
Pelouse – définition, 596
Pelté – définition, 596
Penné – définition, 596
Penstemon, 275, 276
Penstemon à feuilles de pin, 281
Penstemon à feuilles ovées, 278
Penstemon à fleurs de gloxinia, 283
Penstemon à grandes fleurs, 281
Penstemon arbustif, 280
Penstemon barbatus, 279, 283, 284
Penstemon barbatus 'Hyacinth Mix', 279
Penstemon barbatus 'Iron Maiden', 280
Penstemon barbatus praecox nanus 'Pinacolada Blue Shades', 280
Penstemon barbatus praecox nanus 'Pinacolada Deep Rose Shades', 280
Penstemon barbatus praecox nanus 'Pinacolada Light Rose Shades', 280
Penstemon barbatus praecox nanus 'Pinacolada Red Shades', 280
Penstemon barbatus praecox nanus 'Pinacolada Rose Red Shades', 280
Penstemon barbatus praecox nanus 'Pinacolada Violet Shades', 280
Penstemon barbatus praecox nanus 'Pinacolada White Shades', 280
Penstemon barbatus praecox nanus 'Rondo', 280
Penstemon barbu, 279
Penstemon campanulatus, 283
Penstemon clutei, 284
Penstemon 'Dark Towers', 278
Penstemon de Mexicali, 283
Penstemon digitale, 276
Penstemon digitalis, 276
Penstemon digitalis 'Husker Red Strain', 277
Penstemon digitalis 'Husker Red', 276, 277
Penstemon digitalis 'Mystica', 277
Penstemon digitalis 'Ruby Tuesday', 277
Penstemon dressé, 282
Penstemon 'Elfin Pink', 282
Penstemon fruticosus, 280
Penstemon glaber, 280, 284
Penstemon glabre, 280
Penstemon x gloxinioides, 283
Penstemon grandiflorus, 281
Penstemon hirsute, 278
Penstemon hirsute nain, 278
Penstemon hirsutus, 278
Penstemon hirsutus pygmaeus, 278
Penstemon x mexicali, 283
Penstemon x mexicali 'Pike's Peak Purple', 284
Penstemon x mexicali 'Sunburst Amethyst', 284
Penstemon x mexicali 'Sunburst Colours', 284
Penstemon x mexicali 'Sunburst Ruby', 284
Penstemon x mexicali Red Rocks®, 284
Penstemon ovatus, 278
Penstemon palmeri, 284
Penstemon pinifolius, 281
Penstemon pinifolius 'Mersea Yellow', 281
Penstemon pinifolius 'Shades of Mango', 281
Penstemon pinifolius 'Wisley Flame', 281
Penstemon 'Pink Chablis', 284
Penstemon 'Prairie Dawn', 284
Penstemon 'Prairie Dusk', 284
Penstemon 'Prairie Fire', 284
Penstemon 'Prairie Snow', 284
Penstemon 'Prairie Splendor', 284
Penstemon 'Prairie Twilight', 284
Penstemon 'Pretty Petticoat', 284
Penstemon 'Sweet Grapes', 284
Penstemon rigide, 282
Penstemon strictus, 282
Penstemon virgatus, 282
Penstemon virgatus 'Blue Buckle', 282
Pépinière – définition, 596
Perce-oreilles, 68
Perceur de l'iris, 51
Perceuses, 67
Pérennant – définition, 596
Pérenne – définition, 596
Perennial Flax, 456
Perennial Foxglove, 245
Perennial Sage, 526
Perfoliée – définition, 596
Perovskia, 527
Persian Cornflower, 242
Persicaire chinoise, 181
Persicaire de l'Himalaya, 181
Persicaria, 181, 494, 495
Persicaria amplexicaulis, 69, 495, 496
Persicaria amplexicaulis 'Alba', 496
Persicaria amplexicaulis 'Atrosanguinea', 496
Persicaria amplexicaulis 'Blackfield', 496
Persicaria amplexicaulis 'Blotau', 496
Persicaria amplexicaulis 'Firedance', 496
Persicaria amplexicaulis 'Firetail', 496
Persicaria amplexicaulis 'Golden Arrow', 496
Persicaria amplexicaulis 'Inverleith', 496
Persicaria amplexicaulis 'Orange Field', 497
Persicaria amplexicaulis 'Pink Elephant', 497
Persicaria amplexicaulis 'Rosea', 497
Persicaria amplexicaulis Taurus" Voir *Persicaria amplexicaulis* 'Blotau'
Persicaria bistorta, 497
Persicaria bistorta 'Superba', 494, 497
Persicaria bistorta carnea, 497
Persicaria microcephala, 500
Persicaria microcephala 'Red Dragon', 500
Persicaria microcephala 'Silver Dragon', 500
Persicaria polymorpha, 11, 23, 178, 495
Persicaria polystachya Voir *Persicaria wallichii*
Persicaria virginiana, 498
Persicaria virginiana filiformis, 498, 500
Persicaria virginiana filiformis 'Compton's Form', 499
Persicaria virginiana filiformis 'Lance Corporal', 499
Persicaria virginiana filiformis 'Painter's Palette', 498, 499
Persicaria virginiana filiformis 'Variegata' Voir *Persicaria virginiana* groupe Variegata
Persicaria virginiana groupe Variegata, 499
Persicaria wallichii, 181
Persicaria weyrichii, 181
Persistant – définition, 596
Pétale – définition, 596
Pétaloïde, 156
Pétiole – définition, 596
Petit calament, 479
Petit pigamon, 297
Petite alchémille, 187
Petite pimprenelle, 321
Pétunia, 34
Petunia x hybrida, 34
pH, 25, 35, 596
pH – modification, 35
Philadelphia Fleabane, 327
Phlomis, 285, 286
Phlomis de Russel, 286
Phlomis russeliana, 286
Phlomis tubéreux, 287
Phlomis tuberosa, 286, 287
Phlomis tuberosa 'Amazone', 287
Phlomis viscosa Voir *Phlomis tuberosa*
Phlox – à racines nues, 38
Phlox des jardins, 69
Phlox paniculata, 69
Phlox résistants, 62
Phosphate de fer, 68
Photopériodisme – définition, 596
Photosynthèse – définition, 596
Phototoxique – définition, 596
Phyllodie – définition, 596
Pied d'alouette, 89
Pieds de pot, 60
Pigamon, 288

INDEX

Pigamon à feuilles d'actée, 291
Pigamon à feuilles d'ancolie, 290
Pigamon à grosses fleurs, 293
Pigamon d'Henan, 295
Pigamon d'Ichang, 295
Pigamon de Delavay, 292
Pigamon de Kyushu, 296
Pigamon de Rochebrun, 298
Pigamon dioïque, 293
Pigamon filamenteux, 294
Pigamon jaune, 294
Pigamon luisant, 296
Pigamon pubescent, 297
Pigsqueak, 213
Pimprenelle, 319
Pincushion Flower, 537
Pineleaf Penstemon, 281
Pink Coreopsis, 380
Pissenlit, 30
Pistil – définition, 596
Pivoine, 69
Pivoine – à racines nues, 38
Pivoine à feuilles de fougère, 165
Pivoine arbustive jaune, 175
Pivoine commune, 14
Pivoine de Chine, 160
Pivoine de l'Himalaya, 160
Pivoine de Mlokosewitsch, 161
Pivoine de Veitch, 166
Pivoine des bois, 163
Pivoine du Japon, 163
Pivoine herbacée, 154
Pivoine mâle, 162
Pivoine mloko, 161
Pivoine officinale, 164
Pivotant – définition, 596
Planification de plate-bande, 23
Plantain, 30
Plantain Hosta, 139
Plantain Lily, 139
Plantation, 35, 36, 37
Plantation – compétition racinaire, 40
Plantation – espacement, 35, 36
Plantation – méthode, 36, 37
Plantation – plantes à racines nues, 38, 39
Plantation – plantes en pot, 35, 36, 37
Plantation – saison, 35
Plantation – soins après, 38
Plantation – zone de compétition racinaire, 41
Plantation en pot, 60
Plante des savetiers, 215
Plante grimpante – définition, 595
Plante herbacée, 12
Plante ligneuse, 12
Plante pérenne, 12
Plante tapissante, 596
Plantes à problèmes, 62
Plantes à racines nues, 38, 39
Plantes résistantes, 62
Plantes résistantes aux cerfs, 72
Plantes traçantes, 28
Plaquette jaune collante, 64
Plate-bande, 19, 22, 23
Plate-bande – bordure, 28, 29
Plate-bande – entretien, 42

Plate-bande – la convertir à l'entretien minimal, 30
Plate-bande – nettoyage, 50
Plate-bande – préparation, 26, 27, 28
Plate-bande à l'anglaise, 19
Plate-bande d'entretien minimal, 24
Plate-bande d'entretien minimal – facteurs, 24
Plate-bande de vivaces, 22, 23
Plate-bande de vivaces – planification, 23
Platycodon, 299
Platycodon grandiflorus, 299, 300, 301, 302
Platycodon grandiflorus 'Albus', 300
Platycodon grandiflorus 'Apoyama Fairy Snow' Voir *Platycodon grandiflorus* 'Fairy Snow'
Platycodon grandiflorus 'Astra Blue Semi-Double', 300, 301
Platycodon grandiflorus 'Astra Blue', 300
Platycodon grandiflorus 'Astra Double Blue' Voir *Platycodon grandiflorus* 'Astra Blue Semi-Double'
Platycodon grandiflorus 'Astra Double Lavender' Voir *Platycodon grandiflorus* 'Astra Lavender Semi-Double'
Platycodon grandiflorus 'Astra Lavender Semi-Double', 300
Platycodon grandiflorus 'Astra Pink', 301
Platycodon grandiflorus 'Astra White Semi-double', 301
Platycodon grandiflorus 'Astra White', 301
Platycodon grandiflorus 'Dwarf' Voir *Platycodon grandiflorus* 'Zwerg'
Platycodon grandiflorus 'Fairy Snow', 301
Platycodon grandiflorus 'Freckles', 301
Platycodon grandiflorus 'Fuji Blue', 302
Platycodon grandiflorus 'Fuji Pink', 302
Platycodon grandiflorus 'Fuji White', 302
Platycodon grandiflorus groupe Apoyama, 300
Platycodon grandiflorus 'Hakone Blue', 302
Platycodon grandiflorus 'Hakone Double Blue' Voir *Platycodon grandiflorus* 'Hakone Blue'
Platycodon grandiflorus 'Hakone White', 302
Platycodon grandiflorus 'Hakone' Voir *Platycodon grandiflorus* 'Hakone Blue'
Platycodon grandiflorus 'Komachi', 302
Platycodon grandiflorus 'Mariesii', 302
Platycodon grandiflorus 'Misato Purple', 302
Platycodon grandiflorus 'Plenus', 302
Platycodon grandiflorus 'Sentimental Blue', 302
Platycodon grandiflorus 'Sentimental White', 302
Platycodon grandiflorus 'Shell Pink', 302
Platycodon grandiflorus 'Zwerg', 302
Pleinement double – définition, 392
Pleureur – définition, 596
Polémoine, 303
Polémoine à feuilles pourpres, 308
Polémoine bleue, 304
Polémoine boréale, 305
Polémoine feuillue, 306
Polémoine rampante, 306
Polémoine visqueuse, 307
Polemonium, 303

Polemonium boreale, 305, 306
Polemonium boreale 'Heavenly Habit', 306
Polemonium boreale 'Iceberg Point', 306
Polemonium caeruleum, 303, 304, 305, 307
Polemonium caeruleum 'Blanjou', 305
Polemonium caeruleum Brise d'Anjou™ Voir *Polemonium caeruleum* 'Blanjou'
Polemonium caeruleum 'Lace Towers', 305
Polemonium caeruleum 'Northern Lights' Voir *Polemonium* 'Northern Lights'
Polemonium caeruleum 'Snow and Sapphires', 305
Polemonium foliosissimum, 306
Polemonium 'Heaven Scent', 309
Polemonium 'Lambrook Mauve', 309
Polemonium 'Northern Lights', 309
Polemonium reptans, 306, 307
Polemonium reptans 'Blue Pearl', 307
Polemonium reptans 'Firmament', 307
Polemonium reptans 'Pink Dawn', 307
Polemonium reptans 'Stairway to Heaven', 305, 307
Polemonium reptans 'Touch of Class', 307
Polemonium reptans 'Virginia White', 307
Polemonium 'Sonia's Bellflower', 309
Polemonium viscosum, 307, 308
Polemonium viscosum 'Blue Whirl', 308
Polemonium yezoense, 308
Polemonium yezoense 'Polbress', 308
Polemonium yezoense Bressingham Purple™ Voir *Polemonium yezoense* 'Polbress'
Polemonium yezoense hidakanum 'Purple Rain', 308
Polemonium yezoense hidakanum 'Purple Rain Strain', 308
Polygonum, 181 Voir *Persicaria*
Polygonum amplexicaule Voir *Persicaria amplexicaulis*
Polygonum bistorta Voir *Persicaria bistorta*
Polygonum filiforme Voir *Persicaria virginiana filiformis*
Polygonum microcephalum Voir *Persicaria microcephala*
Polygonum polymorphum Voir *Persicaria polymorpha*
Polygonum polystachyum Voir *Persicaria wallichii*
Polygonum virginianum Voir *Persicaria virginiana*
Polygonum weyrichii Voir *Persicaria weyrichii*
Popillia japonica, 69
Potentilla, 205, 310, 311
Potentilla alba, 311
Potentilla anglica, 317
Potentilla anserina Voir *Argentina anserina*
Potentilla 'Arc-en-ciel', 312
Potentilla argentea, 311, 312
Potentilla atrosanguinea, 312
Potentilla atrosanguinea argyrophylla, 312
Potentilla atrosanguinea hybride, 312
Potentilla aurea, 313
Potentilla crantzii, 315
Potentilla 'Flamenco', 312
Potentilla fragiformis, 314
Potentilla 'Gibson's Scarlet', 310, 312
Potentilla x *hopwoodiana*, 313

INDEX

Potentilla hyparctica, 313
Potentilla hyparctica nana, 313
Potentilla megalantha, 314
Potentilla megalantha fragiformis, 314
Potentilla megalantha 'Gold Sovereign', 314
Potentilla 'Melton Fire', 314
Potentilla 'Monsieur Rouillard', 312
Potentilla nepalensis, 313, 314, 317
Potentilla nepalensis 'Melton Fire' Voir *Potentilla* 'Melton Fire'
Potentilla nepalensis 'Miss Willmott', 314
Potentilla nepalensis 'Ron McBeath', 314
Potentilla nepalensis 'Roxana', 314
Potentilla nepalensis 'Shogran', 315
Potentilla neumanniana, 315
Potentilla recta, 313, 316
Potentilla recta macrantha Voir *Potentilla recta* 'Warrenii'
Potentilla recta sulphurea, 316
Potentilla recta 'Warrenii', 316
Potentilla reptans, 316
Potentilla reptans 'Pleniflora', 316, 317
Potentilla tabernaemontani Voir *Potentilla neumanniana*
Potentilla thurberi, 317
Potentilla thurberi 'Monarch's Velvet', 317
Potentilla x tonguei, 317
Potentilla tridentata Voir *Sibbaldiopsis tridentata*
Potentilla verna Voir *Potentilla neumanniana*
Potentilla 'Volcan', 312
Potentilla 'Vulcan' Voir *Potentilla* 'Volcan'
Potentilla 'William Rollison', 312, 313
Potentilla 'Yellow Queen', 313
Potentille, 310
Potentille à grosses fleurs, 314
Potentille ansérine, 317
Potentille arctique, 313
Potentille argentée, 311
Potentille blanche, 311
Potentille de Crantz, 315
Potentille de Hopwood, 313
Potentille de Tongue, 317
Potentille dorée, 313
Potentille dressée, 316
Potentille du Népal, 314
Potentille du printemps, 315
Potentille écarlate, 317
Potentille rampante, 316
Potentille rubis, 312
Potentille tridentée, 318
Poterium canadensis Voir *Sanguisorba canadensis*
Pourriture grise – *Paeonia*, 159
Prairie False Lupin, 255
Prairie Mallow, 551
Prairie Smoke, 209
Pré fleuri, 20, 56
Pré fleuri – entretien, 20
Pré fleuri – établissement, 20
Prêle, 28, 30
Prévention – maladies, 75
Problèmes récurrents, 63
Problèmes sporadiques, 62
Problèmes sporadiques – traitements, 63
Protection hivernale, 53

Protection hivernale – vivaces cultivées en pot, 59, 61
Protection hivernale naturelle, 52, 53
Pruine – définition, 596
Pseudofumaria, 413
Pseudofumaria alba, 336, 413, 414, 415
Pseudofumaria lutea, 413, 414, 415
Pubescent – définition, 596
Puccinia hemerocallidis, 118, 119
Pucerons, 62, 68, 80, 437
Pucerons du lupin, 68
Punaises, 69
Punaises ternes, 69
Purple Bergenia, 216
Purple Betony, 222
Purple Coneflower, 389, 391
Purple Leaf Polemonium, 308
Pyramidal – définition, 596
Pyranean Aster, 360
Pyrèthre, 566
Pyrèthre de Dalmatie, 566
Pyrèthre moussu, 562
Pyrèthre rose, 566
Pyrethrum balsamita Voir *Tanacetum balsamita*
Pyrethrum cinerariifolium Voir *Tanacetum cinerariifolium*
Pyrethrum macrophyllum Voir *Tanacetum macrophyllum*

Q

Quadripenné – définition, 596
Qualité du sous-sol, 29
Quinquefolié – définition, 596
Quinte-feuille, 316

R

Raifort panaché, 66
Rampant – définition, 596
Raquette – définition, 596
Rayon – définition, 596
Réceptacle – définition, 596
Red Dragon Fleeceflower, 500
Red Feather Clover, 569
Red Valerian, 571
Redbirds in a Tree, 545
Réfléchi – définition, 596
Reflexed Coneflower, 399
Rejet – définition, 596
Remontant, 117
Remontant – définition, 596
Remonter – définition, 596
Réniforme – définition, 596
Renouée, 181, 494
Renouée amplexicaule, 69, 495
Renouée bistorte, 497
Renouée de Virginie, 498
Renouée filiforme, 498
Renouée microcéphale, 500
Renouée polymorphe, 11, 178, 179, 180, 181
Repiquage – semis, 56
Restrictions d'arrosage, 44, 46
Rétrocroiser – définition, 596
Réversion – définition, 596
Rhazya orientalis Voir *Amsonia orientalis*
Rheum, 69

Rhizomateux – définition, 596
Rhizome – définition, 596
Rhubarbe, 69
Rocaille – définition, 596
Rocky Mountain Penstemon, 282
Rosa spp., 166
Rose trémière, 69, 501
Rose trémière à feuilles de figuier, 506
Rose trémière à feuilles rugueuses, 508
Rose trémière commune, 503
Rose trémière du Kurdistan, 507
Rose trémière pâle, 507
Roses trémières résistantes, 62
Rosette – définition, 596
Rosier, 166
Rosiers anciens, 166
Rosiers anglais, 166
Rouille, 79, 80
Rouille – définition, 597
Rouille de l'hémérocalle, 118, 119
Rouille de la rose trémière, 79, 504
Roundleaf Alumroot, 443
Rubané – définition, 597
Rudbeckia, 511, 512, 513
Rudbeckia alpicola, 523
Rudbeckia fulgida, 512, 513
Rudbeckia fulgida 'Blovi', 513
Rudbeckia fulgida 'City Garden', 513
Rudbeckia fulgida deamii, 513
Rudbeckia fulgida fulgida, 513, 514
Rudbeckia fulgida speciosa, 515
Rudbeckia fulgida speciosa 'Summerblaze', 515
Rudbeckia fulgida sullivantii, 514
Rudbeckia fulgida sullivantii 'Early Bird Gold', 515
Rudbeckia fulgida sullivantii 'Goldsturm', 513, 514
Rudbeckia fulgida sullivantii 'Pot of Gold', 515
Rudbeckia fulgida Viette's Little Suzy™ Voir *Rudbeckia fulgida* 'Blovi'
Rudbeckia hirta, 511, 512, 515, 516
Rudbeckia hirta 'Autumn Colors', 516
Rudbeckia hirta 'Double Gold', 517
Rudbeckia hirta 'Gloriosa', 517
Rudbeckia hirta 'Gloriosa Double', 517
Rudbeckia hirta 'Indian Summer', 517
Rudbeckia hirta 'Irish Eyes', 518
Rudbeckia hirta 'Prairie Sun', 518
Rudbeckia hirta 'Sonora', 518
Rudbeckia hirta 'Tetraploid', 518
Rudbeckia laciniata, 512, 518, 519, 520, 522
Rudbeckia laciniata 'Autumn Sun' Voir *Rudbeckia laciniata* 'Herbstsonne'
Rudbeckia laciniata 'Gold Drop' Voir *Rudbeckia laciniata* 'Goldquelle'
Rudbeckia laciniata 'Gold Fountain' Voir *Rudbeckia laciniata* 'Goldquelle'
Rudbeckia laciniata 'Golden Glow' Voir *Rudbeckia laciniata* 'Hortensia'
Rudbeckia laciniata 'Goldquelle', 519
Rudbeckia laciniata 'Herbstsonne', 519
Rudbeckia laciniata 'Hortensia', 520
Rudbeckia laciniata 'Juligold', 520
Rudbeckia laciniata 'Starcadia Razzle Dazzle', 520

INDEX

Rudbeckia maxima, 520, 521
Rudbeckia missouriensis, 522
Rudbeckia newmanii Voir *Rudbeckia fulgida speciosa*
Rudbeckia nitida, 520, 522
Rudbeckia nitida 'Goldquelle' Voir *Rudbeckia laciniata* 'Goldquelle'
Rudbeckia nitida 'Herbstsonne' Voir *Rudbeckia laciniata* 'Herbstsonne'
Rudbeckia occidentalis, 522, 523
Rudbeckia occidentalis alpicola Voir *Rudbeckia alpicola*
Rudbeckia occidentalis 'Black Beauty', 523
Rudbeckia occidentalis 'Green Wizard', 523
Rudbeckia subtomentosa, 523, 524
Rudbeckia subtomentosa 'Henry Eilers', 524
Rudbeckia 'Takao' Voir *Rudbeckia triloba* 'Takao'
Rudbeckia triloba, 524, 525
Rudbeckia triloba 'Prairie Glow', 525
Rudbeckia triloba 'Takao', 525
Rudbeckie, 511
Rudbeckie à feuilles bleues, 520
Rudbeckie à feuilles de chou, 520
Rudbeckie du Missouri, 522
Rudbeckie hérissée, 512, 515
Rudbeckie laciniée, 518
Rudbeckie nitida, 522
Rudbeckie occidentale, 522
Rudbeckie orangée, 513
Rudbeckie subtomenteuse, 523
Rudbeckie trilobée, 524
Russian Hollyhock, 508
Rusticité, 14
Rusticité – culture en pot, 59, 61
Rustique – définition, 597

S

Sableux – définition, 597
Sablonneux – définition, 597
Sabot de la vierge, 92
Saintpaulia ionantha, 14
Saison d'intérêt, 18
Salad Burnet, 321
Salvia, 69, 526, 527, 528
Salvia argentea, 526
Salvia azurea, 535, 536
Salvia baumgartenii Voir *Salvia transsylvanica*
Salvia x 'Eveline', 533
Salvia farinacea, 526
Salvia forskahlei Voir *Salvia forsskaolii*
Salvia forskahlii Voir *Salvia forsskaolii*
Salvia forsskaolii, 531
Salvia gauranitica, 527
Salvia glutinosa, 527, 531, 532
Salvia greggi, 527
Salvia koyamae, 532
Salvia leucantha, 527
Salvia lyrata, 536
Salvia lyrata 'Burgundy Bliss' Voir *Salvia lyrata purpureorubra*
Salvia lyrata 'Purple Knockout' Voir *Salvia lyrata purpureorubra*
Salvia lyrata 'Purple Volcano' Voir *Salvia lyrata purpureorubra*

Salvia lyrata purpureorubra, 536
Salvia x 'Madeline', 534
Salvia nemorosa, 528, 529
Salvia nemorosa 'Amethyst', 529
Salvia nemorosa 'Blue Hill' Voir *Salvia* x *sylvestris* 'Blauhügel'
Salvia nemorosa 'Blue Mound' Voir *Salvia* x *sylvestris* 'Blauhügel'
Salvia nemorosa 'Caradonna', 529
Salvia nemorosa 'Haeunmanarc', 529
Salvia nemorosa 'Lubecca', 529
Salvia nemorosa Marcus™ Voir *Salvia nemorosa* 'Haeunmanarc'
Salvia nemorosa 'May Night' Voir *Salvia* x *sylvestris* 'Mainacht'
Salvia nemorosa 'Ostfriesland', 526, 529, 530
Salvia nemorosa 'Pink Friesland', 530
Salvia nemorosa Plumosa™ Voir *Salvia nemorosa* 'Putzaflamme'
Salvia nemorosa 'Putzaflamme', 530
Salvia nemorosa 'Sensation Blue Improved', 530
Salvia nemorosa 'Sensation Blue', 530
Salvia nemorosa 'Sensation Deep Blue Improved', 530
Salvia nemorosa 'Sensation Rose', 531
Salvia nemorosa 'Sensation Sky Blue', 531
Salvia nemorosa 'Sensation White', 531
Salvia nemorosa 'Sensation Deep Rose Improved', 531
Salvia nemorosa série Sensation, 530
Salvia nemorosa tesquicola, 531
Salvia nipponica 'Fuji Snow', 532
Salvia nutans, 532
Salvia officinalis, 526
Salvia pratensis, 528, 532, 533, 534
Salvia pratensis 'Indigo', 533
Salvia pratensis 'Pink Delight', 533
Salvia pratensis 'Rhapsody in Blue', 533
Salvia pratensis 'Rose Rhapsody', 533
Salvia pratensis série Ballet, 533
Salvia pratensis 'Swan Lake', 533
Salvia pratensis 'Sweet Esmeralda', 533
Salvia pratensis 'Twilight Serenade', 533
Salvia sclarea, 526
Salvia splendens, 526
Salvia x *superba*, 528, 529
Salvia x *superba* 'Merleau', 530
Salvia x *superba* 'Merleau Blue' Voir *Salvia* x *superba* 'Merleau'
Salvia x *superba* 'Merleau Rose', 530
Salvia x *superba* 'White Hill' Voir *Salvia* x *sylvestris* 'Schneehügel'
Salvia x *sylvestris*, 528, 529
Salvia x *sylvestris* 'Blauhügel', 529
Salvia x *sylvestris* 'Blaukönigen', 529
Salvia x *sylvestris* 'Blue Queen' Voir *Salvia* x *sylvestris* 'Blaukönigen'
Salvia x *sylvestris* 'Mainacht', 529
Salvia x *sylvestris* 'Rosakönigin', 530
Salvia x *sylvestris* 'Rose Queen' Voir *Salvia* x *sylvestris* 'Rosakönigin'
Salvia x *sylvestris* 'Rose Wine' Voir *Salvia* x *sylvestris* 'Rosenwein'
Salvia x *sylvestris* 'Rosenwein', 530
Salvia x *sylvestris* 'Schneehügel', 530

Salvia x *sylvestris* 'Viola Klose', 531
Salvia transsylvanica, 534
Salvia transsylvanica 'Blue Spire', 534
Salvia verticillata, 534
Salvia verticillata 'Alba', 535
Salvia verticillata 'Endless Love', 535
Salvia verticillata 'Purple Rain', 535
Salvia verticillata 'White Rain', 535
Sanguisorba, 319, 320
Sanguisorba albiflora, 322
Sanguisorba canadensis, 320
Sanguisorba 'Chocolate Tip', 324
Sanguisorba dodecandra, 321
Sanguisorba hakusanensis, 322
Sanguisorba magnifica alba Voir *Sanguisorba albiflora*
Sanguisorba menziesii, 321
Sanguisorba menziesii 'Dali Marble', 321
Sanguisorba minor, 321, 322
Sanguisorba obtusa, 319, 322
Sanguisorba obtusa 'Beth Chatto', 322
Sanguisorba officinalis, 321, 323
Sanguisorba officinalis 'Lemon Splash', 323
Sanguisorba officinalis 'Pink Tanna', 323
Sanguisorba officinalis 'Red Thunder', 323
Sanguisorba officinalis 'Shiro-fukurin', 323
Sanguisorba officinalis 'Tanna', 323, 324
Sanguisorba officinalis Tanna Seedling, 324
Sanguisorba 'Pink Brushes', 322
Sanguisorba tenuifolia, 324
Sanguisorba tenuifolia alba, 324
Sanguisorba tenuifolia alba 'Korean Snow', 324
Sanguisorba tenuifolia 'Big Pink', 324
Sanguisorba tenuifolia 'Pink Elephant', 324
Sanguisorba tenuifolia 'Purpurea', 324
Sanguisorbe, 319
Sanguisorbe à feuilles fines, 324
Sanguisorbe à fleurs blanches, 322
Sanguisorbe de l'Alaska, 321
Sanguisorbe du Canada, 320
Sanguisorbe du Japon, 322
Sanguisorbe du mont Hakusan, 322
Sanguisorbe italienne, 321
Sanguisorbe officinale, 323
Sarclage, 26, 30
Sarmatian Bellflower, 231
Sarmenteux – définition, 597
Sauge, 69, 526
Sauge à feuilles de lyre, 536
Sauge argentée, 526
Sauge azurée, 535
Sauge de Transylvanie, 534
Sauge des Balkans, 531
Sauge des prés, 532
Sauge écarlate, 526
Sauge farineuse, 526
Sauge glutineuse, 531
Sauge mexicaine, 527
Sauge officinale, 526
Sauge penchée, 532
Sauge russe, 527
Sauge sclarée, 526
Sauge superbe, 528
Sauge verticillée, 534
Sauge vivace, 526

INDEX

Savon insecticide, 63
Savory Calamint, 479
Sawsepal Penstemon, 280
Scabieuse, 537
Scabieuse à feuilles de graminée, 542
Scabieuse à fleurs de lait, 542
Scabieuse colombaire, 539
Scabieuse des jardins, 543
Scabieuse du Caucase, 538
Scabieuse japonaise alpine, 542, 543
Scabiosa, 537, 538
Scabiosa arvensis Voir *Knautia arvensis*
Scabiosa atropurpurea, 537, 543
Scabiosa x 'Blue Diamonds', 543
Scabiosa caucasica, 538, 539, 540
Scabiosa caucasica alba, 539
Scabiosa caucasica 'Blue Perfection' Voir *Scabiosa caucasica* 'Perfecta Blue'
Scabiosa caucasica 'Clive Greaves', 539
Scabiosa caucasica 'Compliment' Voir *Scabiosa caucasica* 'Kompliment'
Scabiosa caucasica 'Fama', 539
Scabiosa caucasica 'Kompliment', 539
Scabiosa caucasica 'Miss Willmot', 539
Scabiosa caucasica 'Perfecta Alba', 539
Scabiosa caucasica 'Perfecta Blue', 539
Scabiosa caucasica 'Perfecta Lilac Blue', 539
Scabiosa caucasica série Perfecta, 539
Scabiosa caucasica 'White Perfection' Voir *Scabiosa caucasica* 'Perfecta Alba'
Scabiosa columbaria, 539, 540
Scabiosa columbaria 'Balharbu', 541
Scabiosa columbaria Blue Buttons™ Voir *Scabiosa columbaria* 'Walminiblue'
Scabiosa columbaria 'Blue Note', 541
Scabiosa columbaria 'Butterfly Blue', 537, 540
Scabiosa columbaria Harlequin Blue™ Voir *Scabiosa columbaria* 'Balharbu'
Scabiosa columbaria 'Misty Butterflies', 541
Scabiosa columbaria 'Nana', 541
Scabiosa columbaria nana 'Pincushion Pink' Voir *Scabiosa columbaria* 'Pincushion Pink'
Scabiosa columbaria ochroleuca, 542
Scabiosa columbaria ochroleuca 'Moon Dance', 542
Scabiosa columbaria 'Pincushion Blue' Voir *Scabiosa columbaria* 'Nana'
Scabiosa columbaria 'Pincushion Pink', 541
Scabiosa columbaria 'Pink Lemonade', 541
Scabiosa columbaria 'Walminiblue', 541
Scabiosa graminifolia, 542
Scabiosa graminifolia 'Pink Cushion', 542
Scabiosa japonica alpina, 542
Scabiosa ochroleuca Voir *Scabiosa columbaria ochroleuca*
Scabiosa ochroleuca 'Moon Dance' Voir *Scabiosa columbaria ochroleuca* 'Moon Dance'
Scabiosa x 'Pink Mist', 540
Scabiosa rumelica Voir *Knautia macedonica*
Scabiosa x 'Vivid Violet', 541
Scarabée japonais, 64, 69, 460, 503
Scarabée japonais – plantes susceptibles, 69
Scarecrow, 72, 73

Scarification – définition, 597
Scarlet Avens, 206
Scarlet Cinquefoil, 317
Scentless Feverfew, 559
Scrophulaire, 544
Scrophulaire à oreillettes, 546
Scrophulaire aquatique, 546
Scrophulaire écarlate, 545
Scrophularia, 544, 545
Scrophularia aquatica Voir *Scrophularia auriculata*
Scrophularia auriculata, 544, 546
Scrophularia auriculata 'Variegata', 546
Scrophularia coccinea Voir *Scrophularia macrantha*
Scrophularia macrantha, 544, 545
Scrophularia nodosa 'Variegata' Voir *Scrophularia auriculata* 'Variegata'
Scutellaire, 547
Scutellaire blanchie, 549
Scutellaire des Alpes, 548
Scutellaire du lac Baïkal, 549
Scutellaria, 547, 548
Scutellaria alpina, 547, 548
Scutellaria alpina 'Alba', 549
Scutellaria alpina 'Arcobaleno', 549
Scutellaria alpina 'Moonbeam', 549
Scutellaria baicalensis, 549
Scutellaria incana, 549
Scutellaria ovata, 549
Semence – définition, 597
Semi-aquatique – définition, 597
Semi-double – définition, 597
Semi-persistant – définition, 597
Semis, 55, 56
Semis – à l'automne, 56
Semis – acclimatation, 56
Semis – définition, 597
Semis – en pleine terre, 56
Semis – repiquage, 56
Semis – traitement au froid humide, 55, 56
Semis – vivaces non fidèles au type, 55
Sépale – définition, 597
Sépalé – définition, 597
Serré – définition, 597
Sessile – définition, 597
Sève définition, 597
Shasta Daisy, 267
Shining Coneflower, 522
Shining Meadow-Rue, 296
Showy Elecampane, 202
Showy Evening Primrose, 485
Showy Fleabane, 327
Shrubby Penstemon, 280
Sibbaldiopsis tridentata, 318
Sibbaldiopsis tridentata 'Nuuk', 318
Siberian Bluebells, 468
Siberian Catmint, 476
Siberian Yarrow, 351
Sidalcea, 550
Sidalcea x 'Brilliant', 552
Sidalcea candida, 552
Sidalcea candida 'Bianca', 552
Sidalcea x 'Elise Heugh', 552
Sidalcea x 'Little Princess', 553
Sidalcea malviflora, 551

Sidalcea malviflora 'Stark's Hybrids' Voir *Sidalcea* x 'Stark's Hybrids'
Sidalcea x 'Oberon', 550, 553
Sidalcea oregana, 552
Sidalcea oregana 'Brilliant' Voir *Sidalcea* x 'Brilliant'
Sidalcea x 'Party Girl', 553
Sidalcea x 'Prairie Mallow', 553
Sidalcea x 'Purpetta', 553
Sidalcea x 'Rosaly', 553
Sidalcea x 'Rosanna', 553
Sidalcea x 'Stark's Hybrids', 553
Sidalcée, 550, 551
Sidalcée à fleurs de mauve, 551
Sidalcée blanche, 552
Sidalcée de l'Orégon, 552
Sidalcée hybride, 552
Siebold's Hosta, 139
Silver Tansy, 561
Silverlace Tansy, 568
Silvery Cinquefoil, 311
Silvery Yarrow, 340
Simple – définition, 597
Skullcap, 547
Skunkweed, 307
Slender-leaf Burnet, 324
Small Pincushion Flower, 539
Small Sundrops, 485
Small-Flowered Alumroot, 444
Smooth White Penstemon, 276
Sneezewort, 349
Sol, 25
Sol – amélioration, 25
Sol – ameublissement, 30
Sol acide, 35
Sol alcalin, 35
Sol argileux, 25
Sol glaiseux, 25
Sol neutre, 25
Sol sablonneux, 26
Soleil, 33, 34
Solidago, 579
Souffle de bébé, 479
Sourcil de Vénus, 344
Souris, 71
Sous-arbrisseau, 12, 597
Sous-espèce, 597
Sous-ligneux – définition, 597
Sous-sol – qualité, 29
Spanish Foxglove, 248
Spanish Poppy, 492
Spatulé – définition, 597
Speedwell, 574
Sphaigne, 77
Spiderwort, 407
Spiked Speedwell, 580
Spontané – définition, 597
Sport – définition, 597
Spotted Bellflower, 234
spp. – définition, 597
Spring Cinquefoil, 315
Spurred Bellflower, 233
Stachys, 220, 221, 222
Stachys affinis, 222
Stachys densiflora Voir *Stachys monieri*
Stachys grandiflora Voir *Stachys macrantha*

INDEX

Stachys macrantha, 221
Stachys macrantha 'Alba', 221
Stachys macrantha 'Robusta', 221
Stachys macrantha 'Rosea', 221
Stachys macrantha 'Superba', 221
Stachys minima, 222
Stachys monieri, 222
Stachys monieri 'Hummelo', 220, 222
Stachys officinalis, 222
Stemmacantha centaureoides, 243, 244
Stemmacantha rhaponica, 244
Stérile – définition, 597
Stewart's Catmint, 477
Sticky Polemonium, 307
Sticky Sage, 531
Stiff Bluestar, 99
Stoke's Aster, 554
Stokesia, 554, 555 Voir
Stokesia laevis 'Alba', 555
Stokesia laevis 'Blue Danube', 555
Stokesia laevis 'Blue Star', 555
Stokesia laevis 'Colorwheel', 555
Stokesia laevis 'Elf', 556
Stokesia laevis 'Honeysong Purple', 556
Stokesia laevis 'Klaus Jelitto', 554, 556
Stokesia laevis 'Mary Gregory', 556
Stokesia laevis 'Peachie's Pick', 556
Stokesia laevis 'Purple Parasols', 556
Stokesia laevis 'Träumerei', 556
Stokesia laevis 'White Star' Voir *Stokesia laevis* ' Iräumerei'
Stolon – définition, 597
Stolonifère – définition, 597
Strachey's Bergenia, 216
Stratification – définition, 597
Straw Foxglove, 247
Strawberry Foxglove, 248
Succulent – définition, 597
Sulphur Cinquefoil, 316
Sulphur Clover, 570
Summer Aster, 357
Sundrops, 480
Suppression – pointe des feuilles de l'iris, 51
Suppression des fleurs fanées, 48, 49
Suppression des fleurs fanées – avantages, 48, 49
Suppression des fleurs fanées – désavantages, 48, 49
Swamp Verbena, 586
Sweet Coneflower, 523
Sweet Scabious, 543
Swordleaf Elecampane, 201
Sylvilagus floridanus, 73
Symbiose, 36, 37
Symboles, 83
Système d'irrigation par aspersion, 44, 45
Système d'irrigation par aspersion – défauts, 44, 45
Système d'irrigation par aspersion – détecteur de pluie, 45

T
Tache de couleur, 23
Tache septorienne, 512
Taches foliaires, 80
Taille, 48
Taille – maladies, 75
Taille – vivaces qui s'écrasent, 50
Taille d'embellissement, 49
Taille d'embellissement – vivaces alpines, 49
Tall Coreopsis, 381
Tall Gayfeather, 259
Tall Meadow-Rue, 297
Tanacetum, 557, 558
Tanacetum balsamita, 558, 559
Tanacetum balsamita balsamita, 559
Tanacetum balsamita balsamitoides, 559
Tanacetum bipinnatum huronense Voir *Tanacetum huronense*
Tanacetum cinerariifolium, 566
Tanacetum coccineum, 566, 567, 568
Tanacetum coccineum 'Double Mix', 567
Tanacetum coccineum 'Dura', 568
Tanacetum coccineum 'Eileen May Robinson', 568
Tanacetum coccineum 'James Kelway', 568
Tanacetum coccineum 'Robinson's' Voir *Tanacetum coccineum* série Robinson's Giant
Tanacetum coccineum 'Robinson's Crimson', 568
Tanacetum coccineum 'Robinson's Mixed' Voir *Tanacetum coccineum* série Robinson's Giant
Tanacetum coccineum 'Robinson's Pink', 568
Tanacetum coccineum 'Robinson's Red', 566, 568
Tanacetum coccineum 'Robinson's Rose' Voir *Tanacetum coccineum* 'Robinson's Pink'
Tanacetum coccineum série Robinson's Giant, 568
Tanacetum corymbosum, 557, 559
Tanacetum densum amanii Voir *Tanacetum haradjanii*
Tanacetum haradjanii, 568
Tanacetum huronense, 560
Tanacetum huronense terrae-novae, 560
Tanacetum macrophyllum, 560, 561 Voir *Achillea grandiflora*
Tanacetum macrophyllum 'Cream Klenza', 561
Tanacetum niveum, 561
Tanacetum niveum 'Jackpot', 561, 562
Tanacetum parthenium, 562, 563, 564
Tanacetum parthenium 'Aureum', 563
Tanacetum parthenium 'Double White', 563
Tanacetum parthenium 'Golden Ball', 563
Tanacetum parthenium 'Golden Moss', 564
Tanacetum parthenium 'Select', 564
Tanacetum parthenium 'Snowball', 564
Tanacetum parthenium 'Ultra White Double', 564
Tanacetum parthenium 'White Stars', 564
Tanacetum vulgare, 564, 565
Tanacetum vulgare crispum, 565
Tanacetum vulgare 'Isla Gold', 565
Tanacetum vulgare 'Silver Lace', 565
Tanaisie, 557-568
Tanaisie à grandes feuilles, 560
Tanaisie balsamite, 558
Tanaisie commune, 564
Tanaisie de Syrie, 568
Tanaisie du lac Huron, 560
Tanaisie en corymbe, 559
Tanaisie neigeuse, 561
Tanaisie parthénium, 562
Tansy, 557
Tapissant – définition, 597
Tawny Daylily, 120
Taxonomie – définition, 597
Taxonomiste – définition, 597
Telekia speciosa, 204
Tennessee Coneflower, 400
Tépale – définition, 597
Terminal – définition, 597
Terre arable, 25, 26
Terre de qualité, 26
Terre de sous-sol, 25, 26
Terre en sac, 27
Terre en vrac, 27
Terre libre de mauvaises herbes, 27
Terre noire, 27
Tétranyques, 80
Tétranyques à deux points, 65
Tétraploïde, 516, 597
Texas Bluestar, 98
Thalictrum, 288, 289, 290
Thalictrum actaefolium, 291, 292
Thalictrum actaefolium brevistylum 'Perfume Star', 292
Thalictrum actaefolium brevistylum 'Twinkling Star', 292
Thalictrum angustifolium Voir *Thalictrum lucidum*
Thalictrum 'Anne', 298
Thalictrum aquilegifolium, 289, 290, 291
Thalictrum aquilegifolium 'Alba', 291
Thalictrum aquilegifolium 'Atropurpureum' Voir *Thalictrum aquilegifolium* 'Purpureum'
Thalictrum aquilegifolium 'Purpureum', 291
Thalictrum aquilegifolium 'Roseum', 291
Thalictrum aquilegifolium 'Sparkler', 291
Thalictrum aquilegifolium 'Thundercloud', 291
Thalictrum aquilegifolium 'White Cloud', 291
Thalictrum 'Black Stockings', 291
Thalictrum delavayi, 292, 293
Thalictrum delavayi 'Album', 292
Thalictrum delavayi 'Hewitt's Double', 292, 293
Thalictrum delavayi decorum, 292
Thalictrum diffusiflorum, 293
Thalictrum dioicum, 293, 294
Thalictrum dipterocarpum Voir *Thalictrum delavayi*
Thalictrum dipterocarpum 'Album' Voir *Thalictrum delavayi* 'Album'
Thalictrum elegans, 293
Thalictrum 'Elin', 298
Thalictrum filamentosum, 294
Thalictrum filamentosum tenerum 'Heronswood Form', 294
Thalictrum flavum, 294

INDEX

Thalictrum flavum glaucum, 294, 295, 298
Thalictrum flavum glaucum 'Silver Sparkler', 295
Thalictrum flavum glaucum 'True Blue', 294, 295
Thalictrum flavum 'Illuminator', 295
Thalictrum hononense, 295
Thalictrum ichangense, 295
Thalictrum ichangense 'Evening Star', 295
Thalictrum kiusianum, 296
Thalictrum kiusianum 'Album', 296
Thalictrum lucidum, 296, 297
Thalictrum minus, 297
Thalictrum minus 'Adiantifolium', 297
Thalictrum pubescens, 297
Thalictrum pubescens 'Purple Haze', 297
Thalictrum rochebrunianum, 298
Thalictrum rochebrunianum 'Lavender Mist' Voir *Thalictrum rochebrunianum*
Thalictrum speciosissimum Voir *Thalictrum flavum glaucum*
Thalictrum 'Splendide', 293
Thermopsis, 253, 254, 255, 256
Thermopsis caroliniana Voir *Thermopsis villosa*
Thermopsis chinensis, 254
Thermopsis chinensis 'Sophia', 254
Thermopsis lanceolata, 254, 255
Thermopsis lupinoides Voir *Thermopsis lanceolata*
Thermopsis montana Voir *Thermopsis rhombifolia montana*
Thermopsis rhombifolia, 255
Thermopsis rhombifolia montana, 255, 256
Thermopsis villosa, 253
Threadleaf Bluestar, 97
Threadleaf Coreopsis, 382
Three-Lobed Coneflower, 524
Three-toothed Cinquefoil, 318
Thrips, 70, 80
Throatwort Bellflower, 231
Tickseed, 374
Tige – définition, 597
Tomenteux – définition, 597
Tondeuse, 50
Tongue Cinquefoil, 317
Tooth-leaved Sundrops, 487
Tortueux – définition, 597
Tour d'arrosage, 44
Tourbe – définition, 597
Tourbière – définition, 597
Toute bonne, 526
Tovara filiforme Voir *Persicaria virginiana filiformis*
Tovara virginiana Voir *Persicaria virginiana*
Traçant – définition, 597
Tradescantia, 407, 408, 409
Tradescantia x *andersoniana* Voir *Tradescantia* groupe Andersoniana
Tradescantia x *andersoniana* rouge Voir *Tradescantia* x 'Rubra'
Tradescantia x 'Bilberry Ice', 409
Tradescantia x 'Blue and Gold' Voir *Tradescantia* x 'Sweet Kate'
Tradescantia x 'Blue Stone', 409
Tradescantia x 'Concord Grape', 410

Tradescantia fluminensis, 407
Tradescantia fluminensis 'Maiden's Blush', 412
Tradescantia groupe Andersoniana, 50, 409
Tradescantia groupe Andersoniana 'Blushing Bride' Voir *Tradescantia fluminensis* 'Maiden's Blush'
Tradescantia x 'Hawaiian Punch', 410
Tradescantia x 'Innocence', 410
Tradescantia x 'Isis', 410
Tradescantia x 'J. C. Weguelin', 410
Tradescantia x 'Karminglut', 410
Tradescantia x 'Little Doll', 410
Tradescantia x 'Little White Doll', 410
Tradescantia x 'Lucky Charm', 410
Tradescantia x 'Mac's Double', 410
Tradescantia x 'Mariella', 410
Tradescantia x 'Navajo Princess', 410
Tradescantia ohiensis, 409, 411, 412
Tradescantia x 'Osprey', 410
Tradescantia x 'Perrine's Pink', 410
Tradescantia x 'Pink Chablis', 410
Tradescantia x 'Purple Profusion', 410
Tradescantia x 'Red Cloud', 411
Tradescantia x 'Red Grape', 411
Tradescantia x 'Rubra', 411
Tradescantia x 'Satin Doll', 411
Tradescantia x série Charm™, 411
Tradescantia x 'Snowcap', 411
Tradescantia subaspera, 409, 412
Tradescantia x 'Sunshine Charm', 411
Tradescantia x 'Sweet Kate', 411
Tradescantia x 'True Blue', 411
Tradescantia virginiana, 407, 409, 412
Tradescantia x 'Zwanenburg Blue', 411
Tradescantia zebrina, 407
Trailing Verbena, 589
Traitement au froid humide, 55, 56
Transplantation – définition, 597
Transylvanian Sage, 534
Trèfle blanc, 569
Trèfle de Hongrie, 570
Trèfle jaunâtre, 570
Trèfle rougeâtre, 570
Trifolium, 569, 570
Trifolium ochroleucon, 570
Trifolium pannonicum, 570
Trifolium repens, 569
Trifolium rubens, 569, 570
Trifolium rubens 'Peach Pink', 570
Trifolium rubens 'Red Feathers', 570
Tripenné – définition, 597
Triploïde – définition, 597
Trou de plantation, 36
Trousse d'analyse de sol, 34, 35
Tubercule – définition, 597
Tubéreux – définition, 597
Tuberous Jerusalem Sage, 287
Tufted Evening Primrose, 482
Tuteur, 47, 48
Tuteur – définition, 597
Tuteurage, 47, 48
Tuteurage – comment l'éviter, 48
Tuyau spaghetti, 46, 61
Tuyau suintant, 28, 45, 46
Tuyau suintant – entretien hivernal, 45

Tuyau suintant – garantie, 46
Tuyau suintant – installation, 45
Tuyau suintant – prix, 45
Type anémone, 392

U
Upright Blue Beardtongue, 282

V
Valeriana officinalis, 304
Valériane grecque, 304
Valériane jaune, 119
Valériane rouge, 571
Variété – définition, 597
Végétatif – définition, 597
Veined Catmint, 475
Veitch's Peony, 166
Velvety Cranesbill, 435
Verbena, 585, 586
Verbena bonariensis, 588, 589
Verbena canadensis, 589
Verbena canadensis 'Homestead Purple', 589
Verbena hastata, 585, 586, 587
Verbena hastata 'Alba', 587
Verbena hastata 'Blue Spires', 587
Verbena hastata 'Pink Spires', 587
Verbena hastata rosea, 587
Verbena hastata 'White Spires', 587
Verbena stricta, 587, 588
Verge d'or, 579
Vergerette, 325, 357
Vergerette à feuilles segmentées, 331
Vergerette à fleurs jaunes, 330
Vergerette de Karvinski, 331
Vergerette de Philadelphie, 327
Vergerette glauque, 326
Vergerette gracieuse, 327
Vergerette hybride, 327
Vergerette orangée, 331
Vernonia, 69
Vernonie, 69
Veronica alpina, 575
Veronica alpina 'Alba', 575
Veronica austriaca, 576
Veronica x 'Atomic Amethyst Ray', 582
Veronica x 'Atomic Lavender', 582
Veronica x 'Atomic Pink Ray', 582
Veronica x 'Atomic Sky Ray', 582
Veronica x 'Atomic Violet Ray', 582
Veronica austriaca austriaca 'Ionian Skies', 576
Veronica austriaca teucrium, 576
Veronica austriaca teucrium 'Crater Lake Blue', 576, 577
Veronica austriaca teucrium 'Kapitän', 577
Veronica austriaca teucrium 'Königsblau' Voir *Veronica austriaca teucrium* 'Royal Blue'
Veronica austriaca teucrium 'Royal Blue', 577
Veronica x 'Blue Charm', 584
Veronica x 'Darwin's Blue', 582
Veronica x 'Eveline', 579
Veronica x 'Fairytale', 582
Veronica x 'First Love', 579
Veronica x 'Giles Van Hees', 582

INDEX

Veronica x 'Goodness Grows', 576
Veronica grandis, 584
Veronica x 'Heraud', 579
Veronica x 'Hocus Pocus', 583
Veronica x 'Lavender Charm' Voir *Veronica* x 'Blue Charm'
Veronica x 'Lavender Plume', 579
Veronica incana Voir *Veronica spicata incana*
Veronica longifolia, 577, 580, 582
Veronica longifolia 'Alba', 578
Veronica longifolia 'Blauriesin', 578
Veronica longifolia 'Blue Giant' Voir *Veronica longifolia* 'Blauriesin'
Veronica longifolia 'Blue Giantess' Voir *Veronica longifolia* 'Blauriesin'
Veronica longifolia 'Blue John', 578
Veronica longifolia 'Blue Shades', 578
Veronica longifolia 'Eveline' Voir *Veronica* x 'Eveline'
Veronica longifolia 'Joseph's Coat', 578
Veronica longifolia 'Lilac Fantasy', 578
Veronica longifolia 'Pink Shades', 578
Veronica longifolia 'Schneeriesin', 578
Veronica longifolia série Harmony™, 578
Veronica longifolia 'White Giant' Voir *Veronica longifolia* 'Schneeriesin'
Veronica x 'Midnight', 579
Veronica officinalis, 574
Veronica x 'Pink Damask', 579
Veronica x 'Purplelicious', 579
Veronica x 'Royal Pink', 579
Veronica x série Atomic™, 582
Veronica x 'Shirley Blue', 577
Veronica x 'Sonja', 579
Veronica spicata, 574, 580, 582
Veronica spicata 'Alba', 580
Veronica spicata 'Baby Doll', 580
Veronica spicata 'Blaufuschs', 580
Veronica spicata 'Blue Carpet' Voir *Veronica spicata* 'Nana Blauteppich'
Veronica spicata 'Blue Fox' Voir *Veronica spicata* 'Blaufuschs'
Veronica spicata 'Blue Peter', 580
Veronica spicata 'Erika', 581
Veronica spicata 'Foxy Lady', 581
Veronica spicata 'Glory', 581
Veronica spicata 'Heidekind', 581
Veronica spicata 'High Five', 581
Veronica spicata 'Icicle', 581
Veronica spicata incana, 583, 584
Veronica spicata incana nana, 584
Veronica spicata incana 'Silbersee', 584
Veronica spicata incana 'Silver Carpet', 584
Veronica spicata incana 'Silver Sea', 584
Veronica spicata 'Minuet', 581
Veronica spicata 'Nana Blauteppich', 580
Veronica spicata 'Noah Williams', 581
Veronica spicata 'Pavane', 581
Veronica spicata 'Pink Goblin', 582
Veronica spicata 'Pink Panther', 581
Veronica spicata 'Red Fox' Voir *Veronica spicata* 'Rotfuchs'
Veronica spicata 'Romiley Purple', 581
Veronica spicata 'Rosenrot' Voir *Veronica spicata* 'Pink Goblin'
Veronica spicata 'Rotfuchs', 582

Veronica spicata Royal Candles™ Voir *Veronica spicata* 'Glory'
Veronica spicata série Harmony™, 580, 581, 582
Veronica spicata 'Sightseeing', 582
Veronica spicata 'Snow White', 582
Veronica spicata 'Spitzentraum', 582
Veronica spicata 'Total Eclipse', 582
Veronica spicata 'Twilight', 582
Veronica spicata 'Ulster Dwarf Blue', 582
Veronica x 'Sunny Border Blue', 584
Veronica x 'Sweet Lullaby', 583
Veronica teucrium Voir *Veronica austriaca teucrium*
Veronica x 'White Jolanda', 580
Véronique, 574, 575
Véronique à longues feuilles, 577
Véronique argentée, 583
Véronique cordifoliée, 584
Véronique d'Autriche, 576
Véronique des Alpes, 575
Véronique en épi, 580
Véronique officinale, 574
Verticille – définition, 597
Verveine, 585
Verveine bonne à rien, 588
Verveine de Buenos Aires, 588
Verveine du Canada, 589
Verveine hastée, 586
Verveine veloutée, 587
Vesce jargeau, 28, 30
Violette africaine, 14
Vipérine de Madère, 583
Virginia Spiderwort, 409
Virus, 80
Virus X du *Hosta*, 80, 138
Vivace – définition, 12, 597
Vivaces – culture, 33
Vivaces – hauteur, 19
Vivaces – protection hivernale naturelle, 52, 53
Vivaces à beau feuillage, 18
Vivaces à dormance estivale, 50
Vivaces à entretien minimal, 182
Vivaces à feuillage attrayant, 19
Vivaces à feuillage persistant, 18, 19
Vivaces à floraison printanière, 336
Vivaces à floraison prolongée, 334, 336
Vivaces à floraison prolongée – origine, 334
Vivaces alpines – culture en pot, 59
Vivaces de courte vie, 48
Vivaces en contenant, 22
Vivaces qui préfèrent un sol pauvre et sec, 31
Vivaces vraiment sans entretien, 84
Vivaces xérophytes, 38

W

Wandering Jew, 412
Water Avens, 208
Water Figwort, 546
Wavyleaf Coneflower, 400
Wavy-leaved *Hosta*, 141
Waxy Lady's Mantle, 187
Welsh Poppy, 488
Western Bleeding Heart, 370

White Checker-Mallow, 552
White Cinquefoil, 311
White Corydalis, 415
White Evening Primrose, 484
White False Indigo, 103
White-flowered Burnet, 322
Willowleaf Oxeye, 203
Willow-leaved Elecampane, 203
Wlassov's Cranesbill, 431
Wolfsbane Monkshood, 91
Wood Mallow, 462
Woodland Peony, 163
Woolly Cinquefoil, 314
Woolly Speedwell, 583
Woolly Yarrow, 352

X

Xérophyte – définition, 597

Y

Yarrow, 338
Yellow Catmint, 473
Yellow Coneflower, 399
Yellow Daylily, 122
Yellow False Indigo, 104
Yellow Floxglove, 246
Yellow Meadow-Rue, 294
Yellow Wild Indigo, 106
Yellow Yarrow, 340
Yunnan Catmint, 477
Yunnan Meadow-Rue, 292

Z

Zigzag Spiderwort, 412
Zizia, 332, 333
Zizia aptera, 333
Zizia aurea, 333
Zizia des marais, 333
Zizia doré, 333
Zone climatique – définition, 597
Zone de rusticité – définition, 597
Zones de rusticité, 14, 15
Zones de rusticité d'Agriculture Canada, 14
Zones de rusticité de l'USDA, 14, 15
Zones de rusticité européennes, 15

West Nipissing Public Library